6

建筑设计资料集

（第二版）

中国建筑工业出版社

图书在版编目（CIP）数据

建筑设计资料集. 6/《建筑设计资料集》编委会编.
2版. —北京：中国建筑工业出版社，2005
ISBN 978-7-112-02224-3

Ⅰ.建... Ⅱ.建... Ⅲ.建筑设计-资料 Ⅳ.TU206

中国版本图书馆 CIP 数据核字（2005）第 019949 号

建筑设计资料集

（第二版）

6

《建筑设计资料集》编委会

*

中国建筑工业出版社出版、发行(北京西郊百万庄)
各地新华书店、建筑书店经销
北京圣夫亚美印刷有限公司印刷

*

开本：880×1230 毫米 1/16 印张：17¼ 插页：1 字数：712 千字
1994 年 6 月第二版 2015 年 3 月第二十次印刷
印数：113601—115100 册 定价：**55.00** 元
ISBN 978-7-112-02224-3
（7244）

《建筑设计资料集》(第二版)
总编辑委员会

《建筑设计资料集》(第二版)第6集
分编辑委员会

《建筑设计资料集》（第二版）第6集
编写单位和编写人员

项　目	编写单位	编写人员
公路客运站	甘肃省建筑设计院	章竟屋
铁路旅客站	天津大学	张　敕
港口客运站	大连市建筑设计研究院	朱年春　桑大卫　王旭波
航空港	北京市建筑设计研究院	刘国昭
地铁建筑	北京市城建设计研究院	蔡秀岳
停车场库	浙江省建筑设计研究院	刘从儒
冷库	国内贸易部设计研究院	宋伯平　张瑶冰
室内设计	同济大学	来增祥
	中央工艺美术学院	陈增弼　余　亮　郑曙旸 潘吾华　何镇强　张绮曼
电信建筑	邮电部北京设计院	王育民　徐志毅
广播电视建筑	广播电影电视部设计院	杨从理　刘学敏　邓宗理 马家骏
村镇规划	中国建筑技术发展研究中心	任世英　何建清
农村住宅	中国建筑技术发展研究中心	李维惠
畜禽舍	同济大学	张岫云
山地建筑	重庆建筑大学	罗　培　唐　璞　卢　峰
生土建筑	西安冶金建筑学院	侯继尧　李亦峰
太阳能建筑	天津大学	王瑞华　王玉生　冯佑葆 高　辉　曹　磊

前　言

广大读者翘首以待的新编《建筑设计资料集》（第二版）从1987年开始修订，历时八载，现在开始与读者见面了。这是我国建筑界的一大盛事。新编的《建筑设计资料集》（第二版）集中反映了我国80年代以来建筑理论和设计实践中的最新成果，充分体现了参加编写的建筑专家和学者们的卓越智慧，标志着我国第一部大型建筑设计工具书在原版的基础上更上了一层楼。

原版《建筑设计资料集》（1～3集）问世于60年代，70年代陆续出齐，曾先后重印过六次，发行量达二十多万套，深受读者欢迎，被誉为广大建筑设计人员的“良师益友”，在我国社会主义建设事业中发挥过巨大的作用。然而，随着我国改革开放的不断深化，建设事业发展迅速，建筑科技日新月异，人们的社会生活多姿多彩，对建筑设计工作的要求越来越高，原版有许多内容已显陈旧，亟需修订。在建设部领导的支持下，1987年由部设计局和中国建筑工业出版社共主其事，成立总编委会，开展《建筑设计资料集》的修订工作。经过全国50余家承编单位和100余位专家、学者的共同努力，克服重重困难，终于在1994年完成了此项系统工程，实现了总编委会提出的为广大设计人员提供一套“内容丰富，技术先进，装帧精美，使用方便”的大型工具书的要求。

新编《建筑设计资料集》（第二版）编写内容体例由本书顾问石学海同志撰写，经总编委会讨论修改定稿通过。它是在原版的基础上，按照总类、民用建筑、工业建筑和建筑构造四大部分进行修订的，第1、2集为总类；第3、4、5、6集为民用及工业建筑；第7、8集为建筑构造。编写体例仍以图、表为主，辅以简要的文字。此次修订着重资料的充实和更新，全面汇集国内建筑设计专业及其相关专业的最新技术成果和经验，同时有选择地介绍一些国外先进技术资料。

新编《建筑设计资料集》（第二版）有以下几个特点：

首先，它更为系统、全面，涵盖建筑设计工作的各项专业知识。它概揽古今中外建筑设计的各个领域；不仅与水、暖、电、卫、建筑结构、建筑经济等专业有着水乳交融的密切关系，而且还涉及哲学、美学、社会学、人体工程学、行为与环境心理学等诸多知识领域。

其次，此次修订，除个别项目保留原版内容外，绝大部分内容作了较大的更新或充实。新增项目有：形态构成；园林绿化；环境小品；城市广场；中国古建筑；民居；建筑装饰；室内设计；无障碍设计；商业街；地铁；村镇住宅；法院；银行；电子计算机房；太阳能应用等。此外新版所列各类建筑的技术参数、定额指标，以至设计原则，均选自新的设计规范，各种设计实例亦作全面更新，使这部大型工具书更具有实用性。

第三，在编写体系上分类明确，查阅方便。通用性总类集中汇编于1、2集，其他各集分别为各类型民用建筑、工业建筑和建筑构造。

第四，新版的装帧设计、版面编排注意保持原版的独特风格，保持这套大型工具书的延续性，但在纸张材料、印刷技术上较原版更为精美。

当前，处在世纪之交的我国建筑师，正面临深化改革、面向世界、构思21世纪建筑新篇章的关键时刻，相信新编《建筑设计资料集》（第二版）的问世，必将有力地推进我国建筑设计工作的发展，在我国“四化”建设中发挥重大作用。

值此新版问世之际，谨向所有支持本书编写工作的设计、科研和教学单位，以及为此发扬无私奉献精神、付出辛勤劳动的各位专家、学者表示最诚挚的谢意！

愿这份献给建筑界的具有跨世纪价值的礼物，将帮助我国建筑师，为人民创造更多更美好的空间环境作出新的贡献！

《建筑设计资料集》（第二版）总编辑委员会

中国建筑工业出版社

1994年3月

目　录

1 公路客运站 [1～9]

2 铁路旅客站 [1～30]

3 港口客运站 [1～15]

4 航空港 [1～31]

5 地铁建筑 [1～14]

6 停车场库 [1～15]

7 冷库 [1～10]

8 室内设计 [1～23]

一般说明

公路汽车客运站应由站前广场、站房、停车场、保修车间区及职工生活区等功能区组成。

站房为站区主要建筑，包括候车、售票、行包房、业务办公等营运用房。主要营运用房的建筑规模应由客运站的日发送旅客折算量、日发车量及发车位数控制。

公路汽车客运站建筑设计规模不宜过大，超过10000人次时宜另建分站。

站址选择

站址选择应符合下列要求：

一、符合城市规划的合理布局；

二、与城市交通系统联系密切，车辆流向合理出入方便；

三、地点适中，方便旅客集散和换乘；

四、远近期结合，近期建设有足够场地，并有发展余地；

五、有必要的水源、电源、消防、疏散及排污等条件；

站址不应选择在低洼积水地段、有山洪、断层、滑坡、流沙的地段及沼泽地区；

站址靠近河、湖、海岸或水库时，站区最低室外地坪设计标高应根据当地有关部门规定的最高水位计算。

防火

公路汽车客运站的耐火等级，一、二、三级站不应低于二级，四级站不应低于三级。

各级公路汽车客运站的停车场和发车位除设室外消火栓外，还必须设置扑灭汽油和柴油类易燃物质燃烧之设施，一、二级站候车厅应设室内消火栓。

建筑设备

水：各级公路汽车客运站应设室内外给排水系统。

采暖：采暖地区的一、二级站应采用热水采暖系统，三、四级站可采用其它方式采暖。

电力负荷：一、二级站为二级；三、四级站为三级。

照明：公路汽车客运站照明可分为工作照明、站场照明、事故照明、清扫照明等系统进行设计。

电讯：一、二级站应设置电话、调度电话、公用电话及广播系统；三、四级站应设置电话、广播。

防雷：公路汽车客运站应设防雷装置，一、二级站为二类；三、四级站为三类。

建筑规模

公路汽车客运站的建筑规模根据车站的日发送旅客折算量划分为四级。建筑规模的划分见表1。

建筑规模划分表　　表1

规模	一级	二级	三级	四级
旅客日发送折算量(人次)	7000～10000	3000～6999	500～2999	500以下

注：

①旅客日发送折算量：车站年平均日发送长途旅客的数量及短途旅客折算量之和。

②短途旅客：指班次密度大、站距短、旅客上下频繁或班线长途在30km以内的班车旅客，其旅客发送量按每2人次折合1人次计入车站旅客日发送折算量总数。

③日发车量：指车站年平均每日发车班次数。

④发车位：指车站发送当班车的停车位置。

⑤最高聚集人数：旅客日发送折算量乘以相应的百分比：

7000～10000人次者为18%～16%　　3000～6999人次者为25%～18%

500～2999人次者为30%～25%　　500人次以下者为40%～30%

⑥基本要求主要内容摘自《公路汽车客运站建筑设计规范》(JGJ60—89)

旅客站房的基本房间分类、组成及设置条件参考表　　表2

分类	房间名称	设置条件 一级站	二级站	三级站	四级站	注
客运用房	候车厅	●	●	●	●	
	母子候车室	○	○			
	售票厅	●	●	●		①
	售票室	●	●	●	●	
	票据库	●	●	●		
	行包托运处	●	●	可合并设行包托取		
	行包提取处	●	●			
	小件寄存处	●	●	●	○	
	站台	●	●	●	●	
	行包装卸廊	○	○	○	○	
	问讯处	●	●	●		
	广播室	●	●	●		
	调度室	●	●	●	●	
	医务室	●	●	●		
	值班站长室	●	●	●		
	站务员室	●	●	●	●	
	联运办公室	●	●			
	司助休息室	●	●	●	●	
	验票补票室	●	●			
	站前广场	●	●	●	●	
	电话亭	●	●	●		
	厕所	●	●	●	●	

分类	房间名称	设置条件 一级站	二级站	三级站	四级站	注
驻站单位用房	公安派出所					②
	海关办公室					③
	动植物检疫					③
	邮电					④
行政用房	党政办公室	●	●	●	●	
	计财办公室	●	●	●	●	
	会议室	●	●	●		
	门卫值班室	●	●	●	○	
	厕所	●	●	●		
生产辅助用房	加油站					⑤
	洗车台	●	●	●		⑥
	锅炉房					⑤
	浴室	●	●	●		⑦
	发电机房					⑤
保修车间用房	保养车间					⑤
	小修车间					⑤
	辅助工间					⑤
	材料库					⑤
	检修车台					⑤
	车间办公室					⑤
生活用房	宿舍					⑤
	食堂					⑤

图例：●应设

○宜设

注：①四级站可与候车厅合并不单独设置。

②按需设置。公安派出机构的平面位置应与候车厅、售票厅、值班站长室有较方便联系，室内应有独立通讯设施。

③按需设置。海关、检疫如与公路汽车客运站合建时，其布局应有利于各方面工作联系，并有各自单独出入口。

④按需设置。邮电业务用房，其位置可邻近候车厅，使用面积不应小于12m²。

⑤按需设置。

⑥一级站宜设置汽车自动冲洗装置；二、三级站应设一般汽车冲洗台。

⑦按司机及司机助理人员使用计算其数据。

总平面布置

一、符合城市规划的要求。

二、布置紧凑，合理利用地形，满足站务功能要求。

三、分区明确，使用方便，流线简捷，避免旅客、车辆及行包流线的交叉。

四、站前广场必须明确划分车流、客流路线，停车区域、活动区域及服务区域，在满足使用的条件下应注意节约用地。

五、合理布置绿化。

六、处理好站区排水。

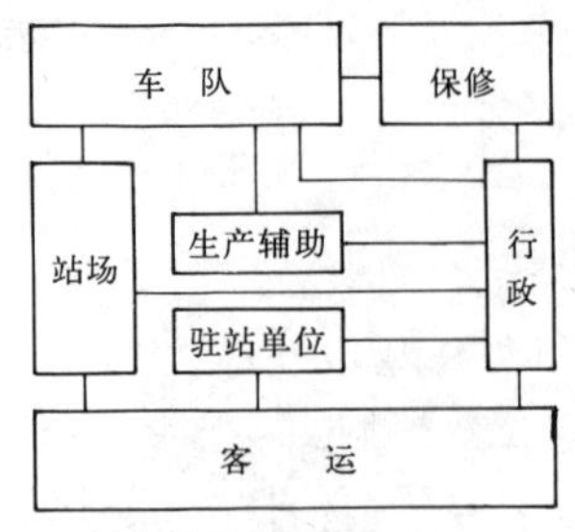

a 站务流线图

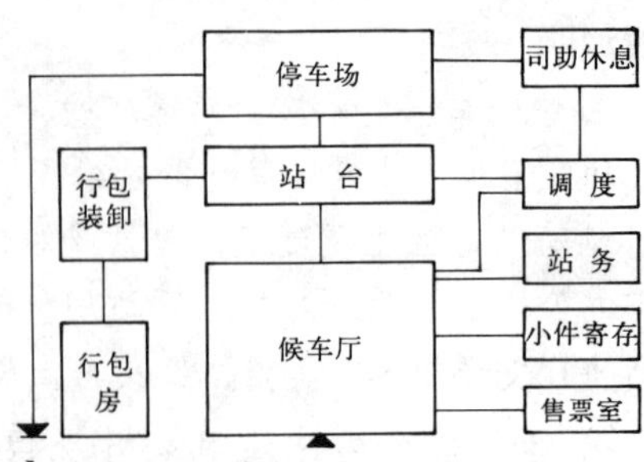

b 四级站旅客流线关系示意

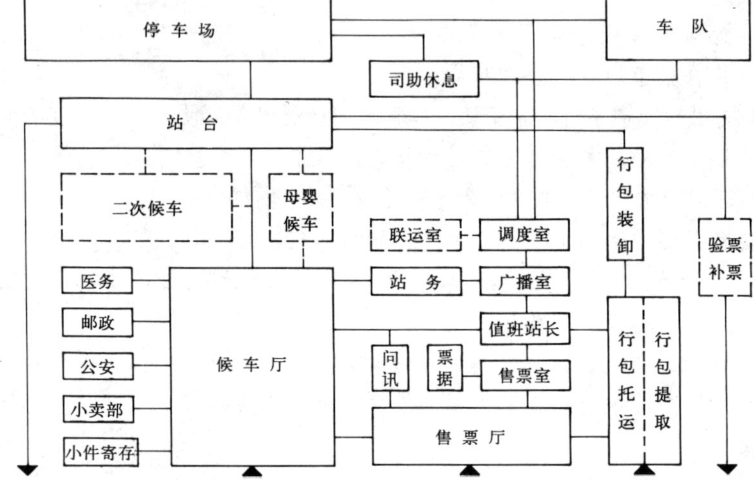

c 一、二、三级站旅客流线关系示意

1 站务功能关系

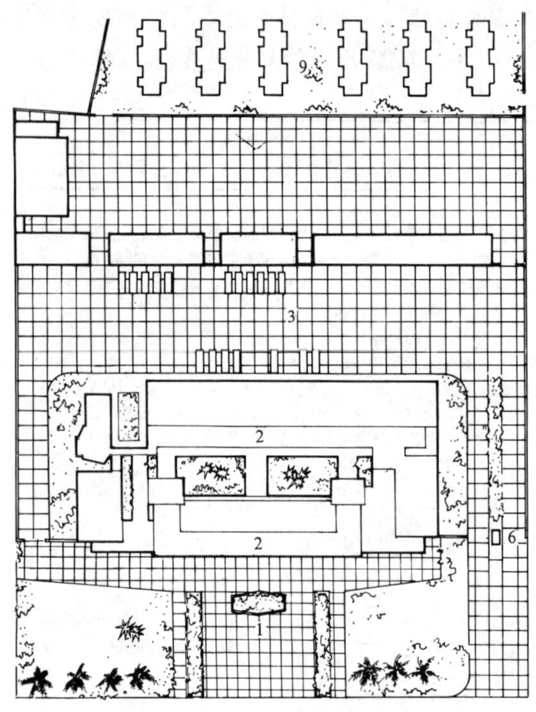
a 海口站

1 站前广场　5 零担区　9 生活区　13 食堂
2 站房　6 进出站口　10 洗车台　14 浴室
3 停车场　7 值班室　11 加油站
4 短途区　8 修理车间　12 修车台

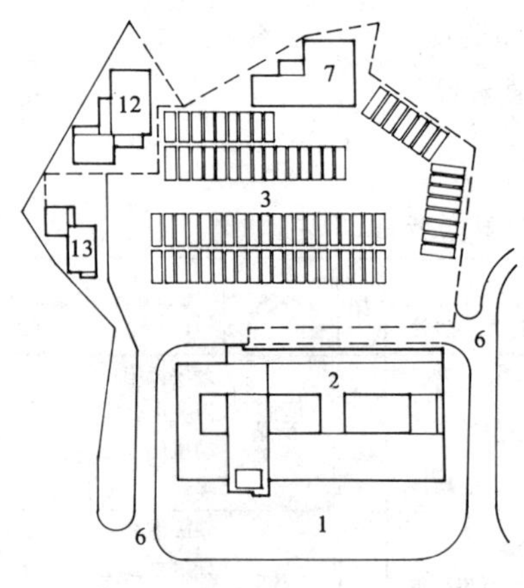
b 重庆南坪站

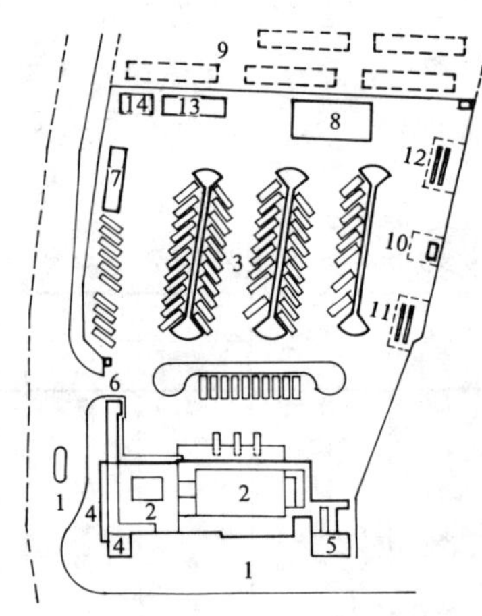
c 淮安站

2 总平面实例

进出站口

一、一、二级站汽车进出站口必须分别设置，三、四级站宜分别设置。汽车进出站口的宽度不宜小于4m。

二、汽车进出站口应与旅客主要出入口或行人通道保持一定的安全距离，并应有隔离措施。

三、汽车进出站口应设置引道，并应满足驾驶员视线的要求。

四、汽车进出站口宜设同步的声光信号。

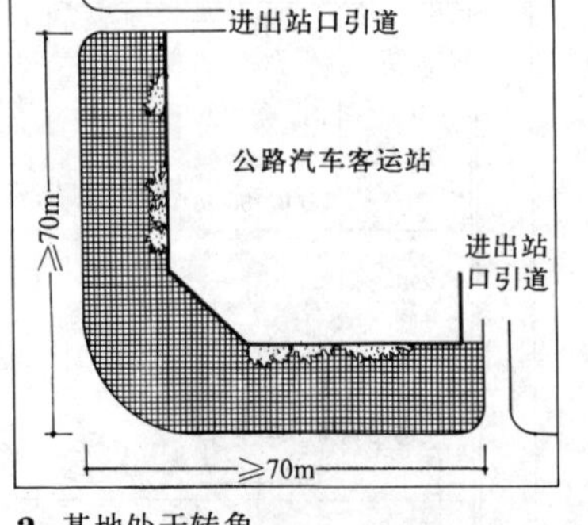

a 基地处于转角

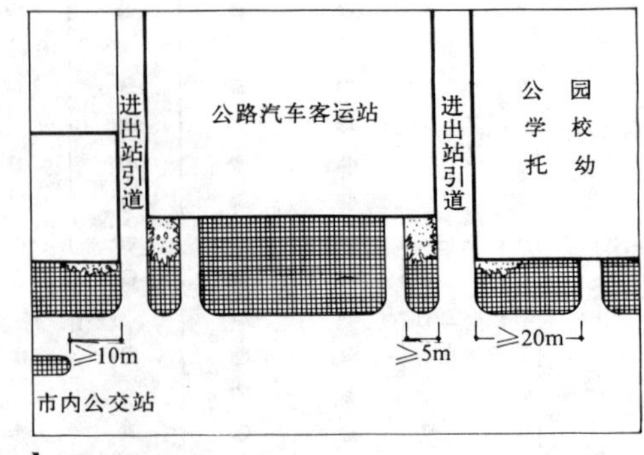

b 基地处于干道一侧

3 进出站口与市政设施关系

候车厅设计

一、候车厅使用面积指标，应按最高聚集人数每人 $1.10m^2$ 计算。

二、候车厅室内空间应符合采光、通风和卫生要求，净高不宜低于 3.60m。

三、候车厅应充分利用天然采光，窗地比不应小于 1/7。

四、候车厅室内空间处理应考虑吸音减噪措施。

五、候车厅及疏散走道不应采用具有镜面效果的装修饰面及假门。

六、除四级站外，应设供旅客使用的公用电话亭。

1 候车厅透视图

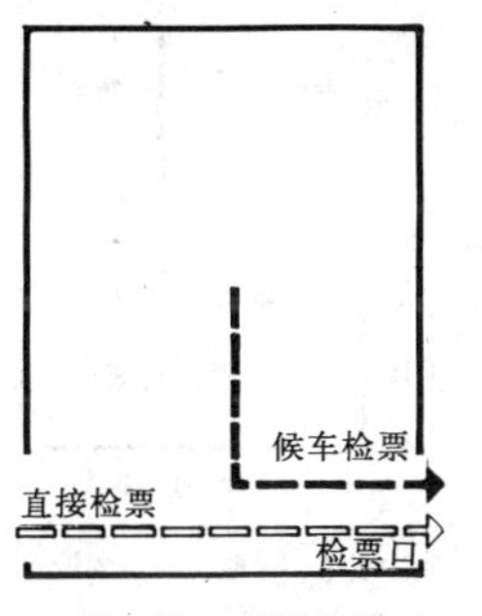

a 侧向候车的四级站

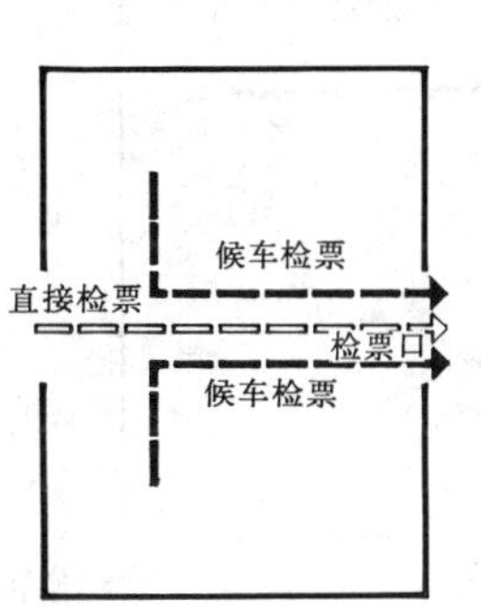

b 两侧候车的四级站

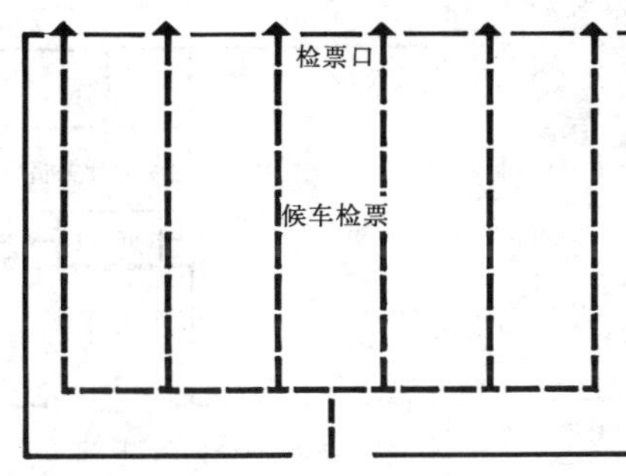

c 一般候车的一、二、三级站

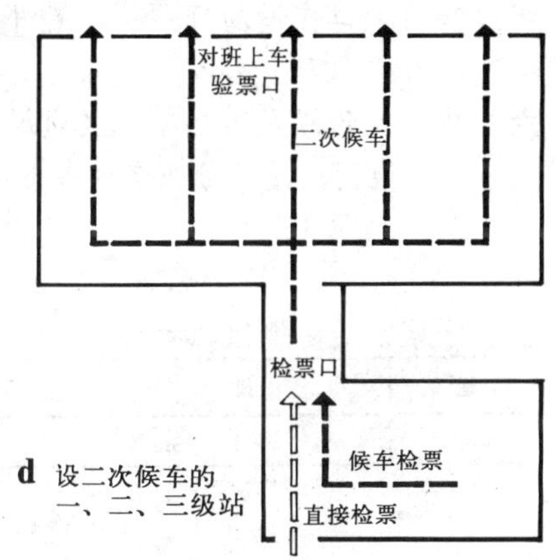

d 设二次候车的一、二、三级站

2 候车形式与平面关系

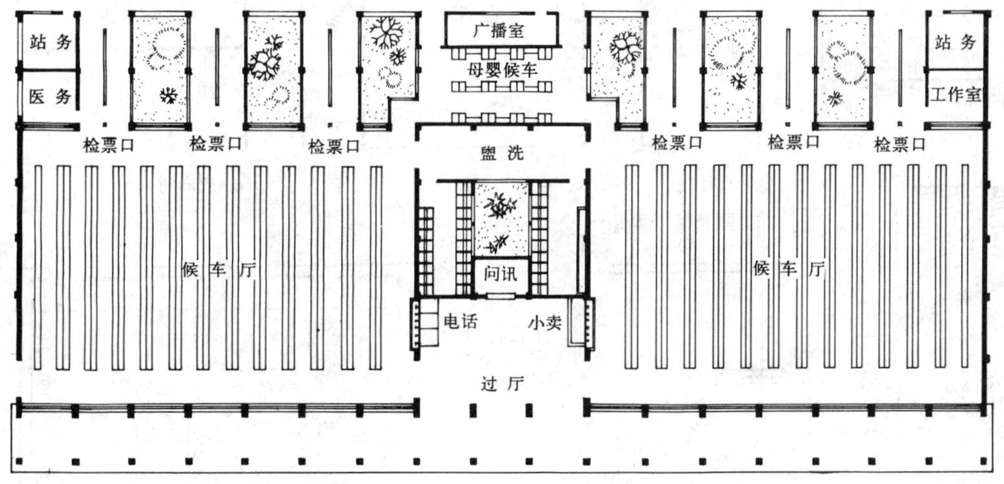

注：①一、二级站宜设母子候车室，母子候车室应邻近站台并单独设检票口。

②候车厅应设座椅，其排列方向应有利于旅客通向检票口。

③候车厅内应设饮水点，候车厅附近应设男女厕所及盥洗室。

④问讯处位置应邻近旅客主要入口处，使用面积不应小于 $6m^2$，问讯处前应设不小于 $10m^2$ 的旅客活动场地。

⑤候车厅安全出口应直通室外，室外通道净宽不应小于 3m。

⑥候车厅安全出口净宽不应小于 1.40m；太平门必须向外开，宜采用双扇自动门闩平开门，严禁设锁，不应设门坎。如设踏步，应在门线 1.40m 以外处起步；如设坡道，坡度不应大于 1/12，并应有防滑措施。

3 候车厅功能关系及布置

候车厅疏散

一、候车厅安全出口不应少于两个；二楼设置候车厅时疏散楼梯亦不应少于两个。安全出口、楼梯及室外通道宽度应按有关规范计算。

二、候车厅内带有导向栏杆的进站口均不应作为安全出口计算宽度。

三、安全出口必须设置明显标志及事故照明。

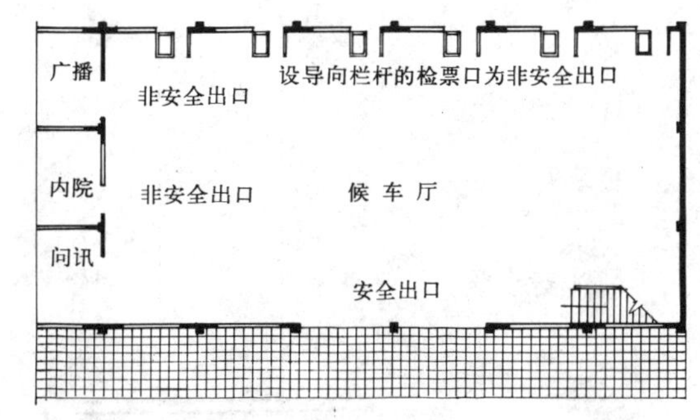

a 候车厅设于地面层

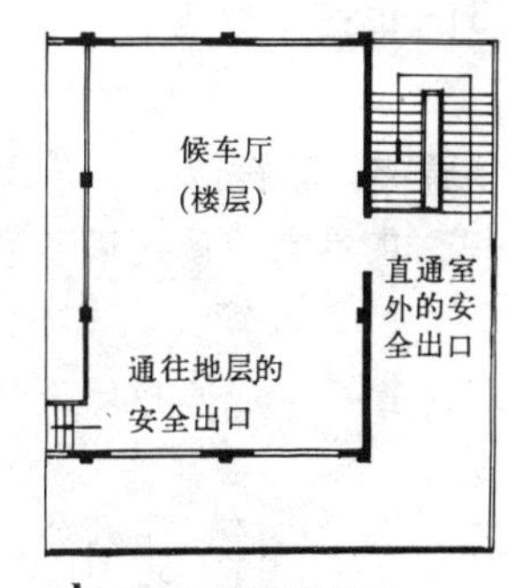

b 候车厅设于楼层

4 候车厅的安全疏散

售票厅

一、售票厅除四级站可与候车厅合用外，其余应分别设置，其使用面积按每个售票口 20m^2 计算。

二、售票厅应有旅客正常购票活动空间，不应兼作过厅。售票厅与行包托运处、候车厅等应有较好联系，并单独设出入口。

三、售票窗口数＝最高聚集人数／120

（120 为每小时每个窗口可售票数）

四、售票窗口前宜设导向栏杆，栏杆高度以 1.20m～1.40m 为宜。

五、售票窗口应设局部照明，局部照明其照度值不应小于 150lx。

六、售票厅除满足自然采光及通风外，宜保留一定墙面，用于分布各业务事项。

售票厅旅客活动规律参考表　　表 1

通道区	排队区	售票室
3～4m	12～13m	＞4m

此范围内不宜开设供旅客通往相邻空间的通道

注：排队长度按每人 0.45m 计，队列按 25 人左右考虑。

3 售票厅透视图

售票室、票据库

一、售票室的使用面积按每个售票口不应小于 5m^2 计算。

二、售票室应有良好采光、通风和安全设施。

三、票据库除四级站外应独立设置，使用面积不应小于 9m^2。

四、票据库的耐火等级不应低于 2 级。

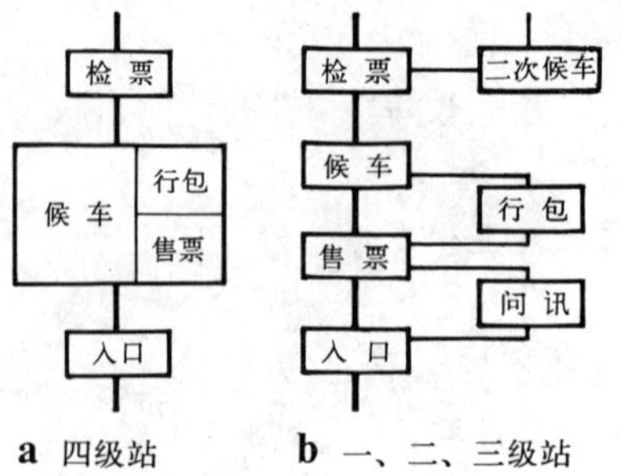

a 四级站　b 一、二、三级站

1 旅客流线示意

各级售票处的空间组成　　表 2

级别＼组成	售票厅	售票室	票据库	办公室
一、二级	●	●	●	●
三　级	●	●	●	○
四　级	◑	●		

图例：●应设　○宜设
◑可与候车厅合用

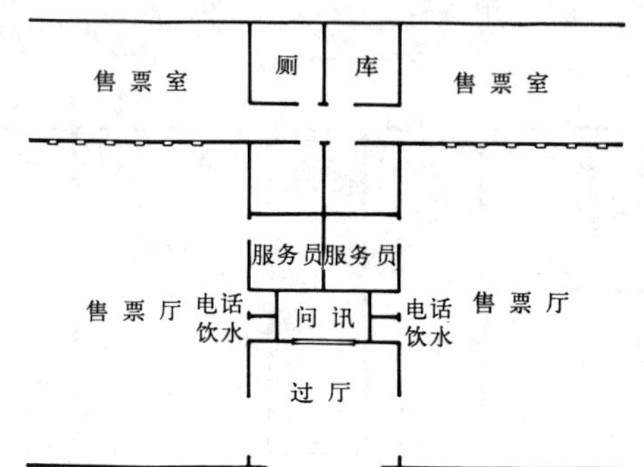

a 按发车方向分向售票

b 按长、短途分向售票

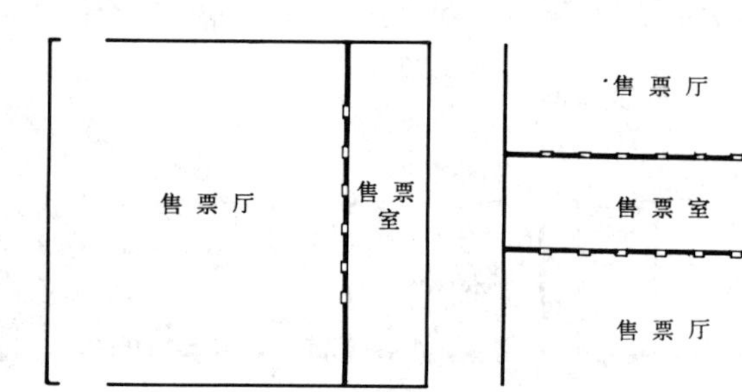

c 袋形售票厅之一　d 袋形售票厅之二　e 双向售票室

2 售票厅的平面组合

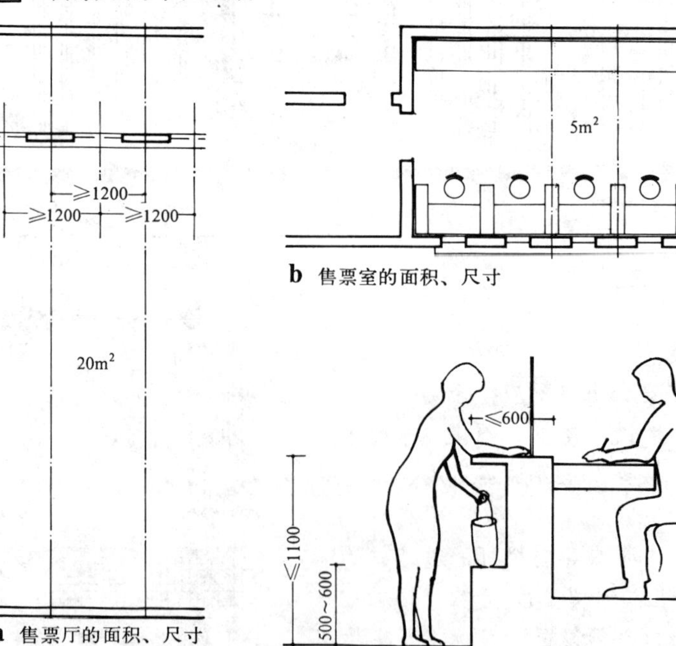

a 售票厅的面积、尺寸　b 售票室的面积、尺寸

4 售票厅、室的基本要求　5 售票口内外关系示意

行包房、行包装卸廊

一、行包房包括行包托运处、行包提取处与行包装卸廊，为一完整作业流线，不应与其他流线交叉或受干扰。和旅客直接联系的托运口、提取口，应考虑旅客进出站的流向，设置于方便之处。

二、一、二级站应分别设置行包托运处、行包提取处，三、四级站可合并设置。

三、除四级站外，应设行包装卸廊，其长度及开口数应与发车位相适应。

四、行包装卸廊与站场间应设较简捷的垂直交通设施。

五、行包房、行包装卸廊应具有防火、防盗、防鼠、防水、防潮等设施。

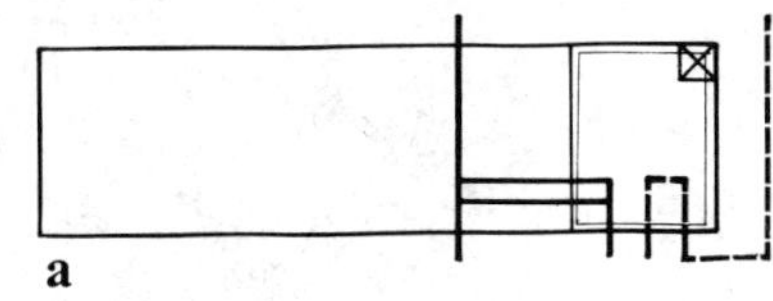

a

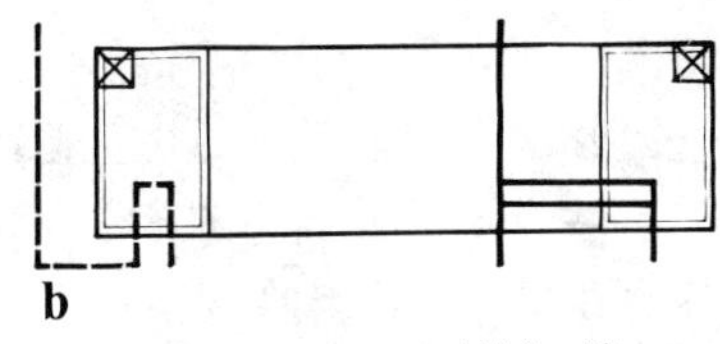

b

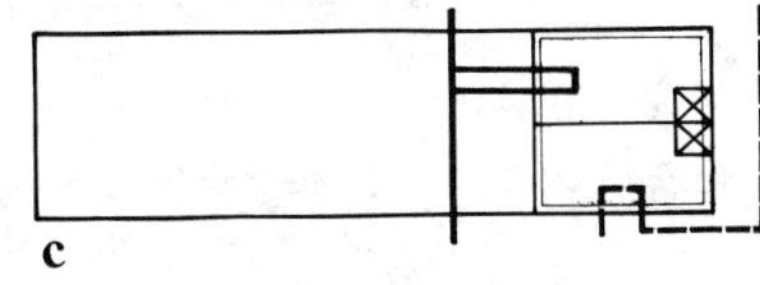

c

a 三、四级站行包房可设于站房一端。

b 一、二级站行包房的托运处和提取处按旅客进出站流线可分设于站房两端。

c 托运处和提取处按旅客流线分设，但集中在一端，便于管理。

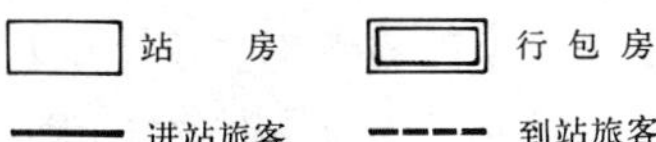

1 行包房在站房中的位置

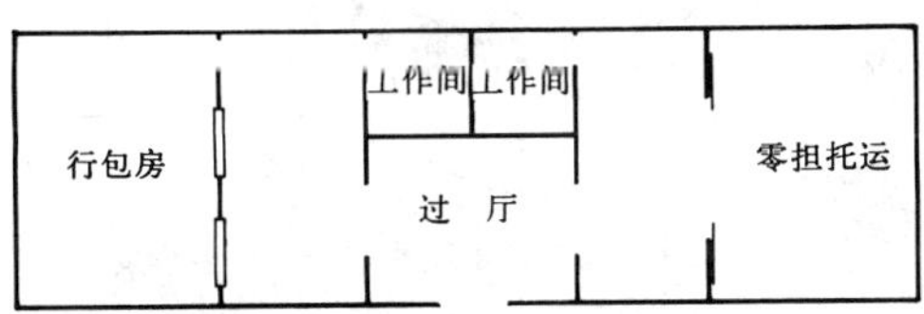

a 行包、零担集中布置

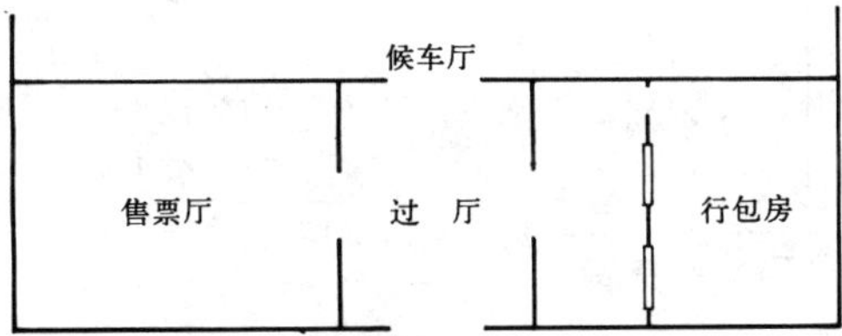

b 行包、售票、候车集中布置

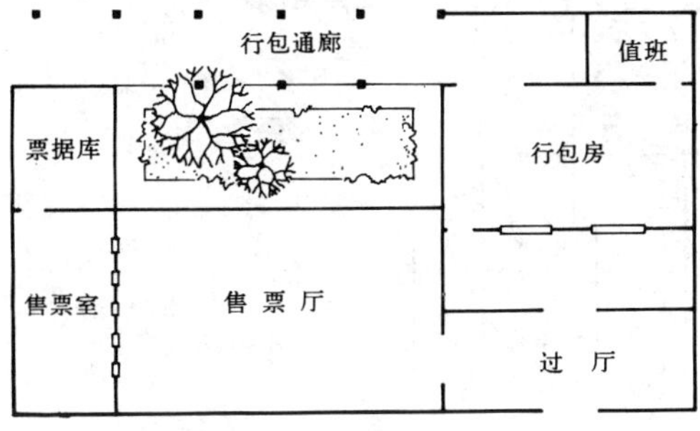

c 通廊庭院式布置

3 行包房与其他空间的平面组合

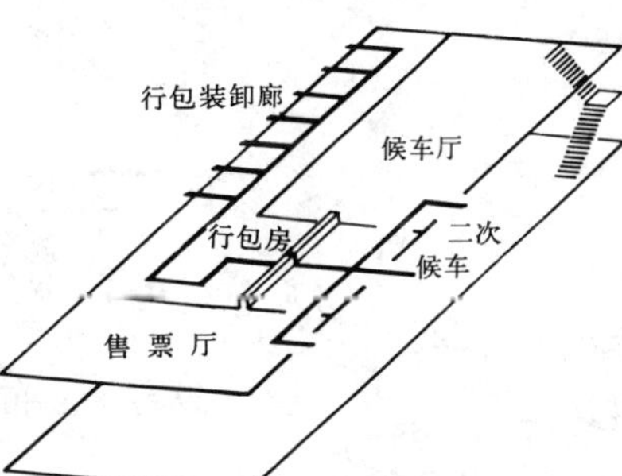

a 旅客主要出入口与停车场有较大高差时的流线

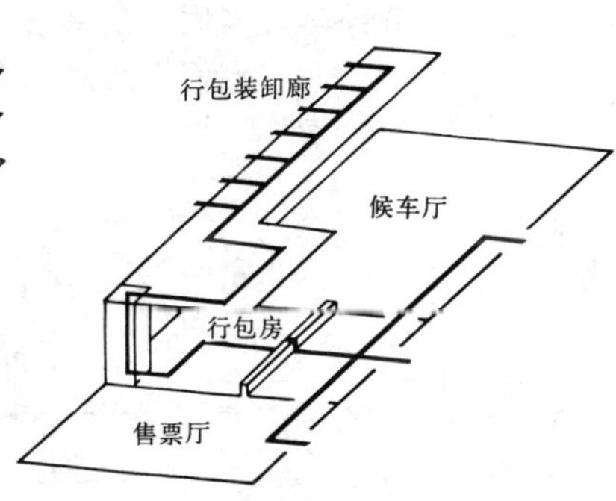

b 具有垂直提升的流线

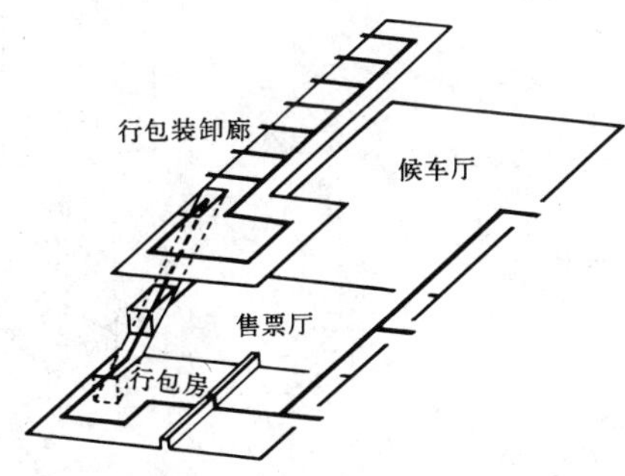

c 具有坡道提升的流线

行包托运处面积＝托运厅面积+库房面积+行包受理作业面积

托运厅面积＝20.00m^2×受理口数

库房面积＝0.30m^2×日受理行包总数+20.00m^2×受理口数

行包受理作业面积＝20,00m^2×受理口数

日受理行包总数按旅客日发送折算量1／10计算

每小时可受理行包数按30件计算

每日受理行包作业时间按10h计算

行包提取处面积＝(0.30～0.50)行包托运处面积

2 行包的几种不同流线

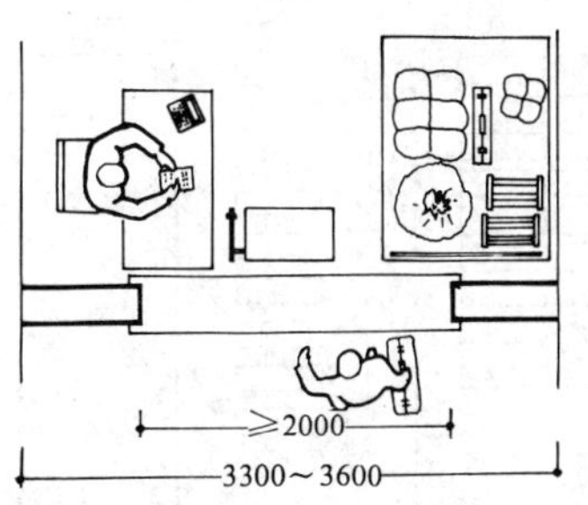

除四级站外，凡有邮政业务的各级公路汽车客运站，宜独立设置邮包房，并邻近行包房

行包暂存带净宽≥1200

人行带＋车行带≥1800

行包待装带净宽≥ 600

4 托运口（提取口）一般要求

5 行包装卸廊透视图

站台

一、公路汽车客运站必须设置站台。

二、站台设计应利于旅客上下车、行包装卸和客车运转，其净宽不应小于2.50m。

三、站台应设置雨棚，位于车位装卸作业区的站台雨棚，净高不应低于5m。

四、站台雨棚如设支承柱，柱距一般不应小于3.90m。柱位不应影响旅客交通和行包装卸。

五、站台雨棚下不应设悬挂型灯具。

六、发车位为旅客上车和客车始发位置，应设于站台与停车场之间。发车位地坪应设不小于5‰坡向站场的坡度。

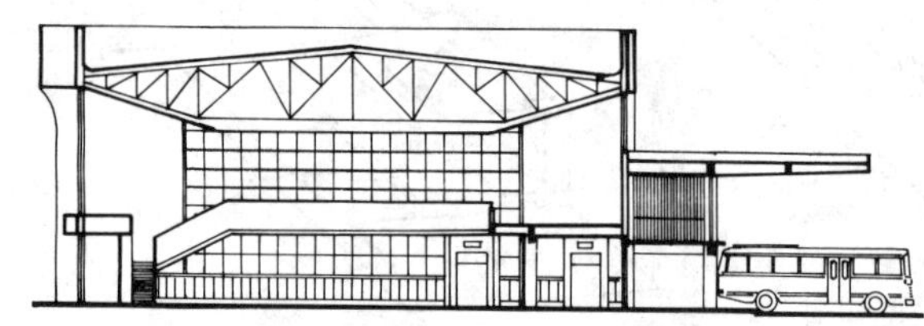

1 客运站剖面特性

停车场

一、停车场应满足驻站车辆停放及进出车要求。

二、一、二级站停车场的汽车疏散口不应少于两个。停车总数不超过50辆时可设一个疏散口。

三、客车进出口除应用文字和灯光分别标明进站口及出站口外，还宜装置同步的声、光进出车信号，其灯光信号必须符合交通信号规定。

四、停车场内车辆宜分组停放，每组停车数量不宜超过50辆。

五、站场停车超过50辆时，应按组分设汽车水箱供水点，严寒及寒冷地区还应设热水供水点。

六、一级站的停车场宜设置汽车自动冲洗装置，二、三级站应设一般汽车冲洗台。

七、站场污水应进行处理，达到排放标准后方可排入下水系统。

八、站场照明不得对驾驶员产生眩光，站场照明平均照度为3～10lx。

九、站场内设置的加油站、油库，其允许容量及防火间距必须符合现行建筑设计防火规范的要求。

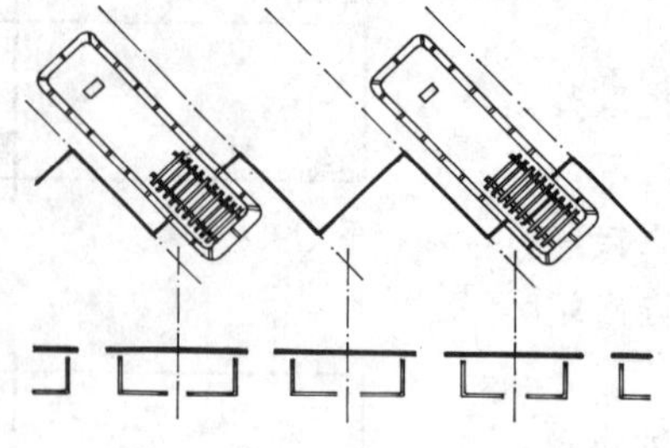

a 齿形站台，斜向发车位

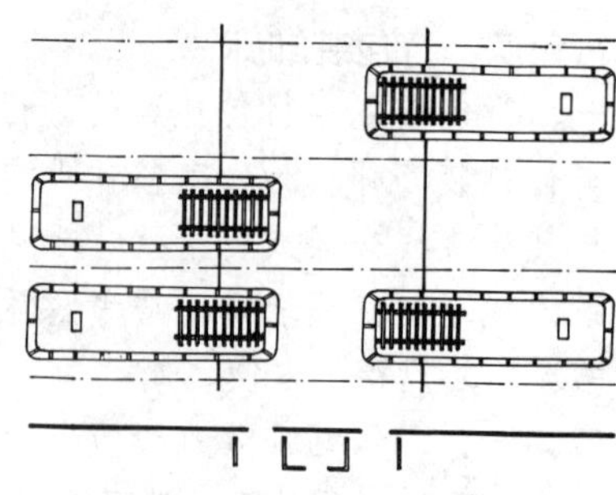

b 站台与候车厅垂直布置双向发车位

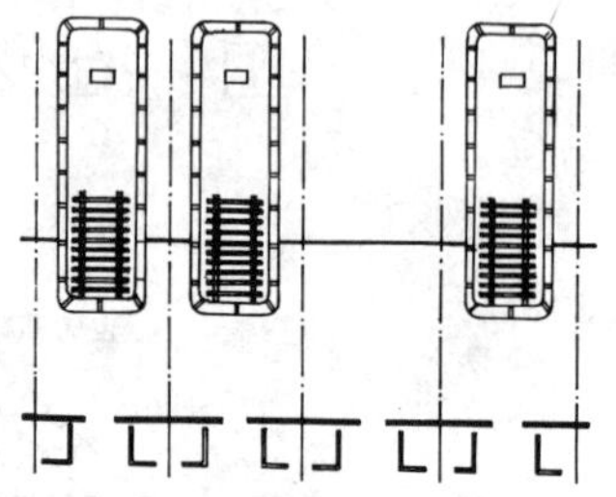

c 站台与候车厅平行，一般性发车位

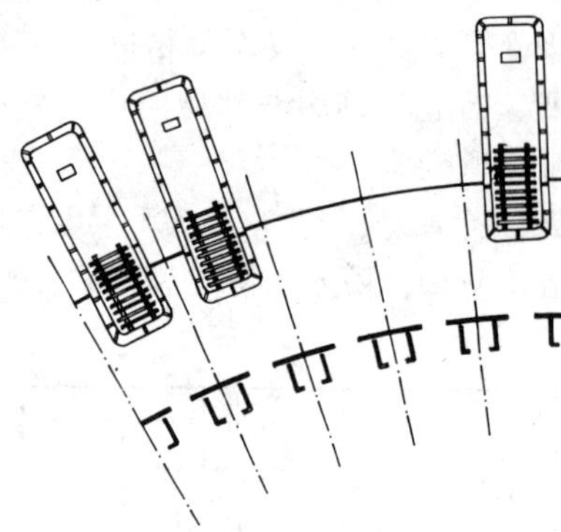

d 弧形候车厅及站台，放射形发车位

2 站台平面布置

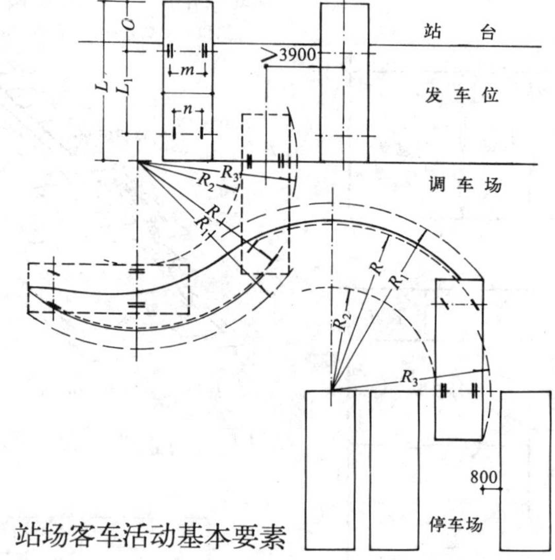

$R_1=\sqrt{(L-O)^2+(R_2+E)^2}$

$R_2\approx\sqrt{R^2-L_1{}^2}-m-O_1$

$R_3=\sqrt{(R_2+E)^2+O^2}$

L——总长

E——总宽

L_1——轴距

m——轮距

R——最小转弯半径

O_1——$\frac{E-m}{2}$

O——后悬

注：本图按JT660A公路客车有关数据绘制。

3 站场客车活动基本要素

有关汽车常用尺寸及一般计算公式，请查本册“停车库场、消防站”篇幅。本篇不再重复编绘。

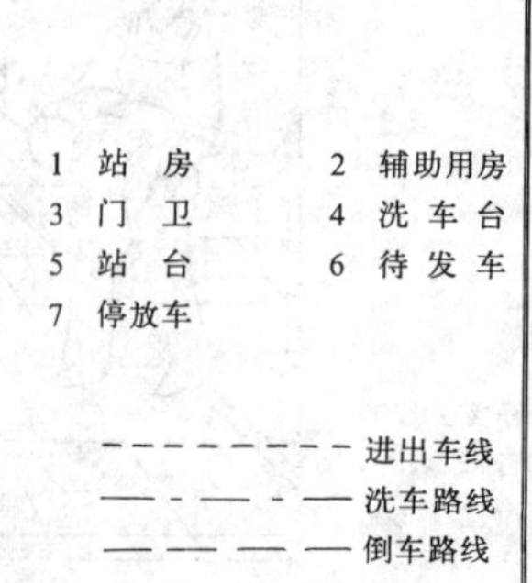

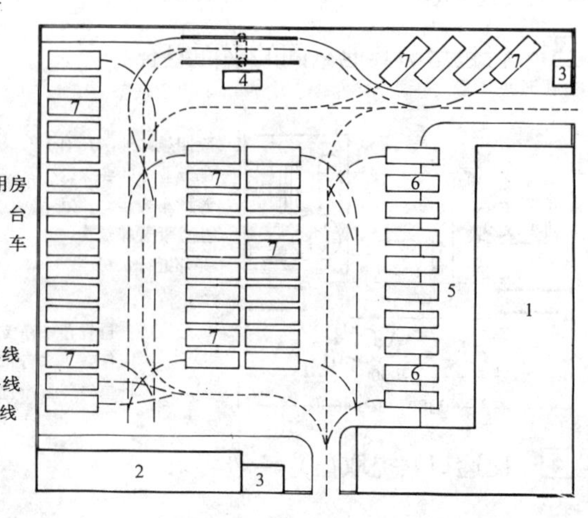

4 50辆驻站客车站布置图

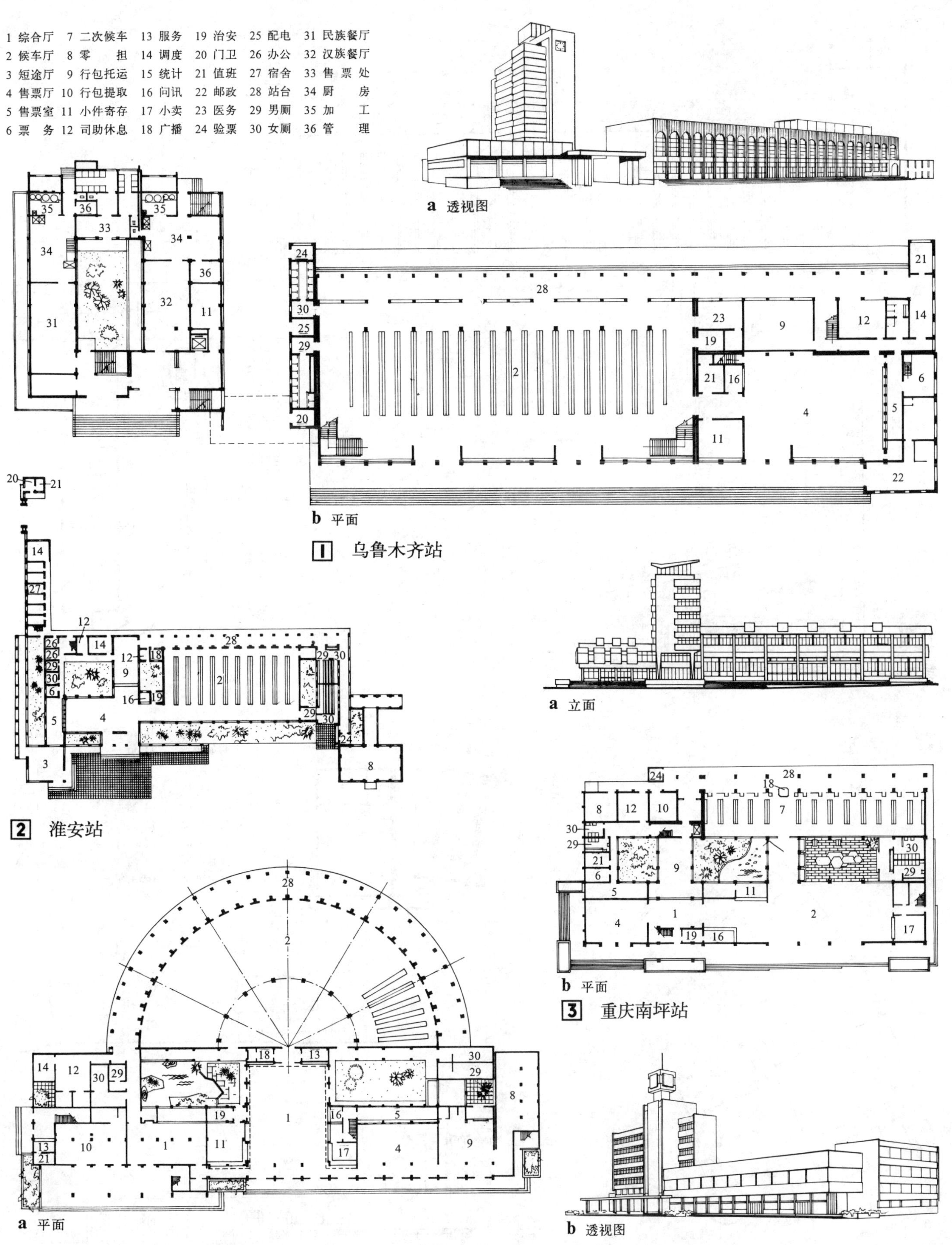

a 透视图

b 平面

1 乌鲁木齐站

2 淮安站

a 立面

b 平面

3 重庆南坪站

b 透视图

a 平面

4 昆明站

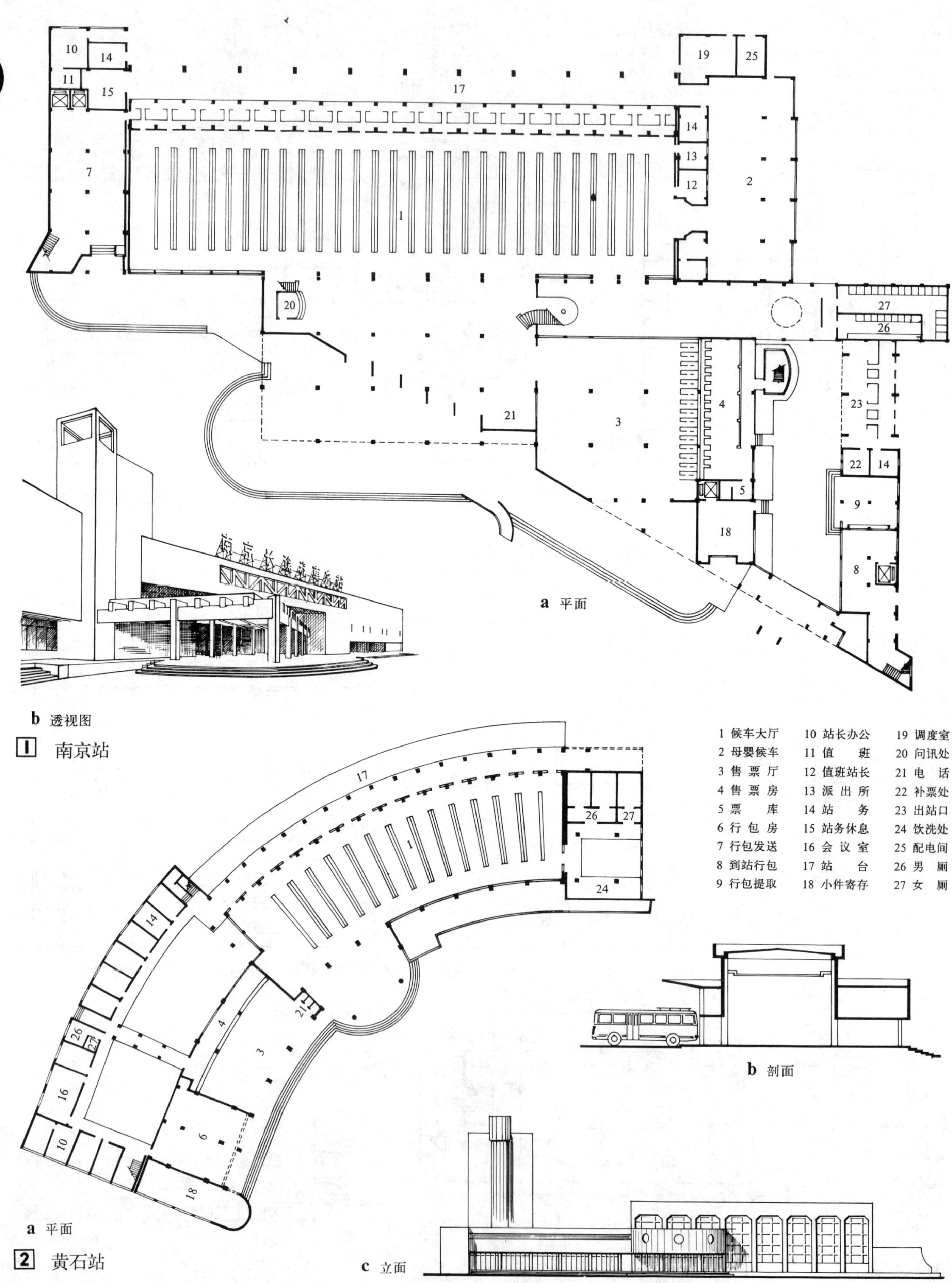

a 平面

b 透视图

1 南京站

a 平面

b 剖面

c 立面

2 黄石站

重庆汽车站

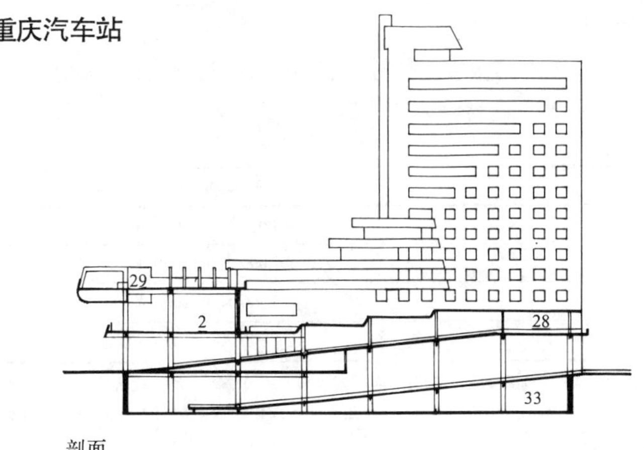

剖面

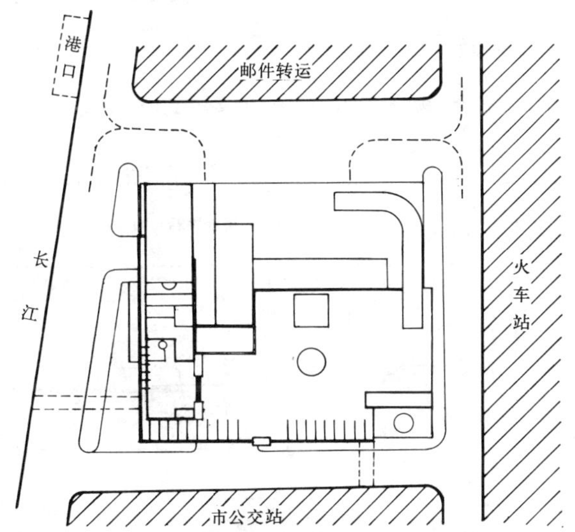

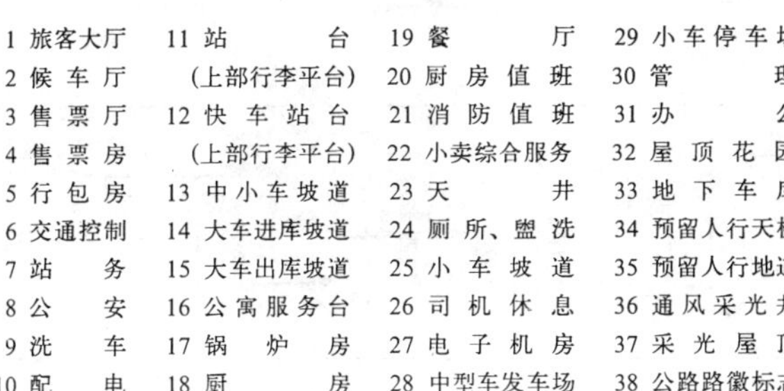

1 旅客大厅	11 站台（上部行李平台）	19 餐厅	29 小车停车场
2 候车厅	12 快车站台（上部行李平台）	20 厨房值班	30 管理
3 售票厅	13 中小车坡道	21 消防值班	31 办公
4 售票房	14 大车进库坡道	22 小卖综合服务	32 屋顶花园
5 行包房	15 大车出库坡道	23 天井	33 地下车库
6 交通控制	16 公寓服务台	24 厕所、盥洗	34 预留人行天桥
7 站务	17 锅炉房	25 小车坡道	35 预留人行地道
8 公安	18 厨房	26 司机休息	36 通风采光井
9 洗车		27 电子机房	37 采光屋顶
10 配电		28 中型车发车场	38 公路路徽标志

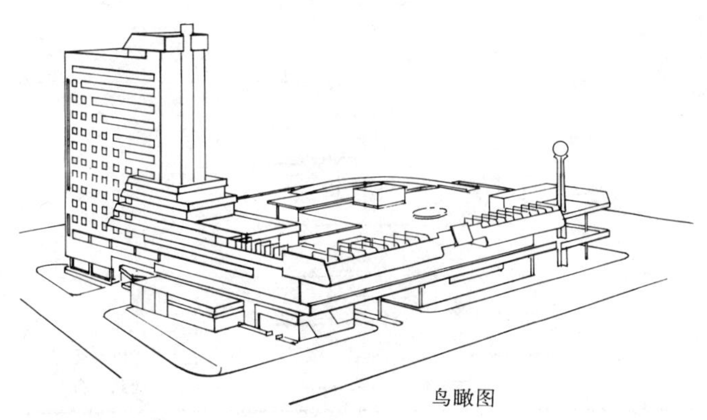

鸟瞰图

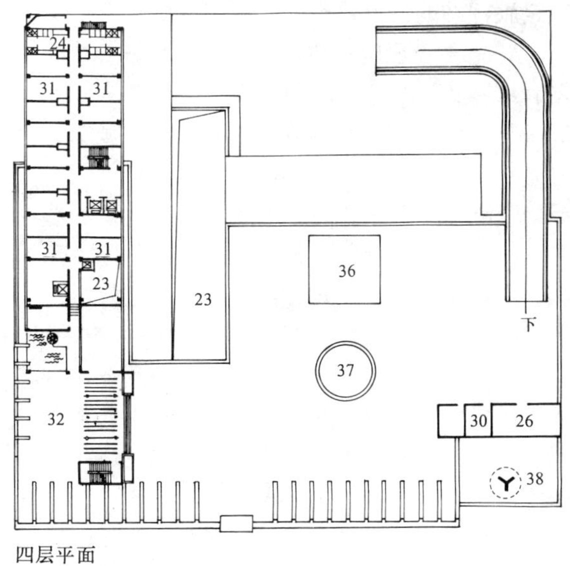

四层平面

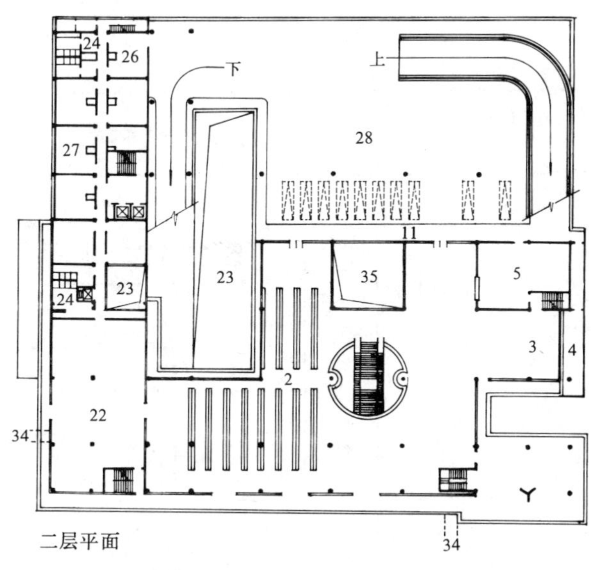

二层平面

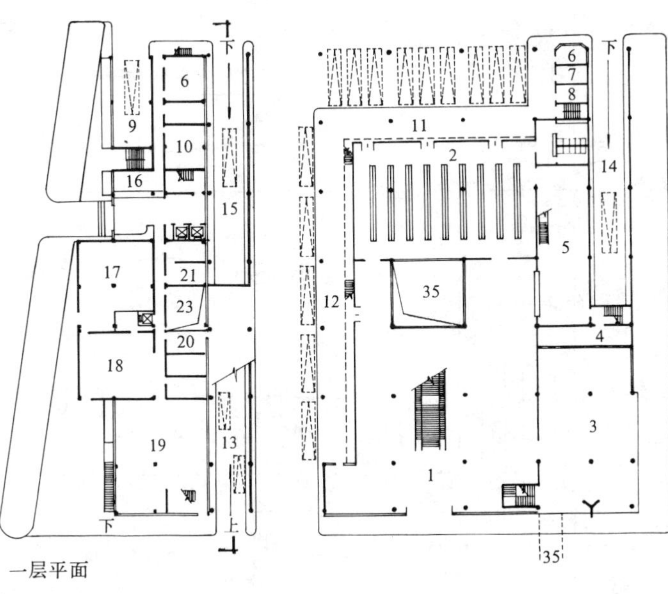

一层平面

铁路旅客站的设计要点

一、首先要合理确定建筑规模，并根据所在地区的城市规划和线路状况选择合理的建设地段和基地类型。

二、要充分考虑该站的客运特点，并使城市及地区特色得到充分体现。

三、合理组织流线，综合考虑站房、线路和城市广场三者关系，力求流线分明、简捷、流畅、布局紧凑。

四、要以方便旅客为原则，力求具备良好的、安全的建筑功能，为旅客创造舒适方便的旅行环境。

五、节约用地，尽量使用新材料、新技术、新设备，以提高站房建筑的经济效益、社会效益和环境效益。

六、要考虑使用上的灵活性和应变能力，以使站房既能满足近期使用要求，又能兼顾到长远发展。

七、除要执行铁路旅客站建筑设计规范外，尚应符合现行专业部门的有关标准、规范、规定。

建筑规模

设计铁路旅客站的建筑规模，系根据设计年度的旅客最高聚集人数划分为特大型、大型、中型和小型四种。

旅客站规模	旅客最高聚集人数
特大型	10000人～20000人
大　型	2000人～10000人
中　型	600人～ 2000人
小　型	50人～ 600人以下

注：旅客最高聚集人数系指年度中旅客最多的月份，平均一昼夜中同时在候车室内瞬时出现的最大候车（含送客）人数、最高聚集人数的平均值（通勤、通学旅客不计）。

可以采用以下公式计算：$H=\frac{S\times K\times C}{365}$

H——最高聚集人数（一般由铁道部门提供）；

S——设计年度全年上车旅客总数。设计年度按铁道部规定为旅客开始使用后的第十年；

K——年波动系数，即最高月份的日平均上车人数与一年的日平均上车人数的比例；

C——计算系数，即该站最高聚集人数占全日旅客发送人数的比例。

铁路旅客站的基本类型

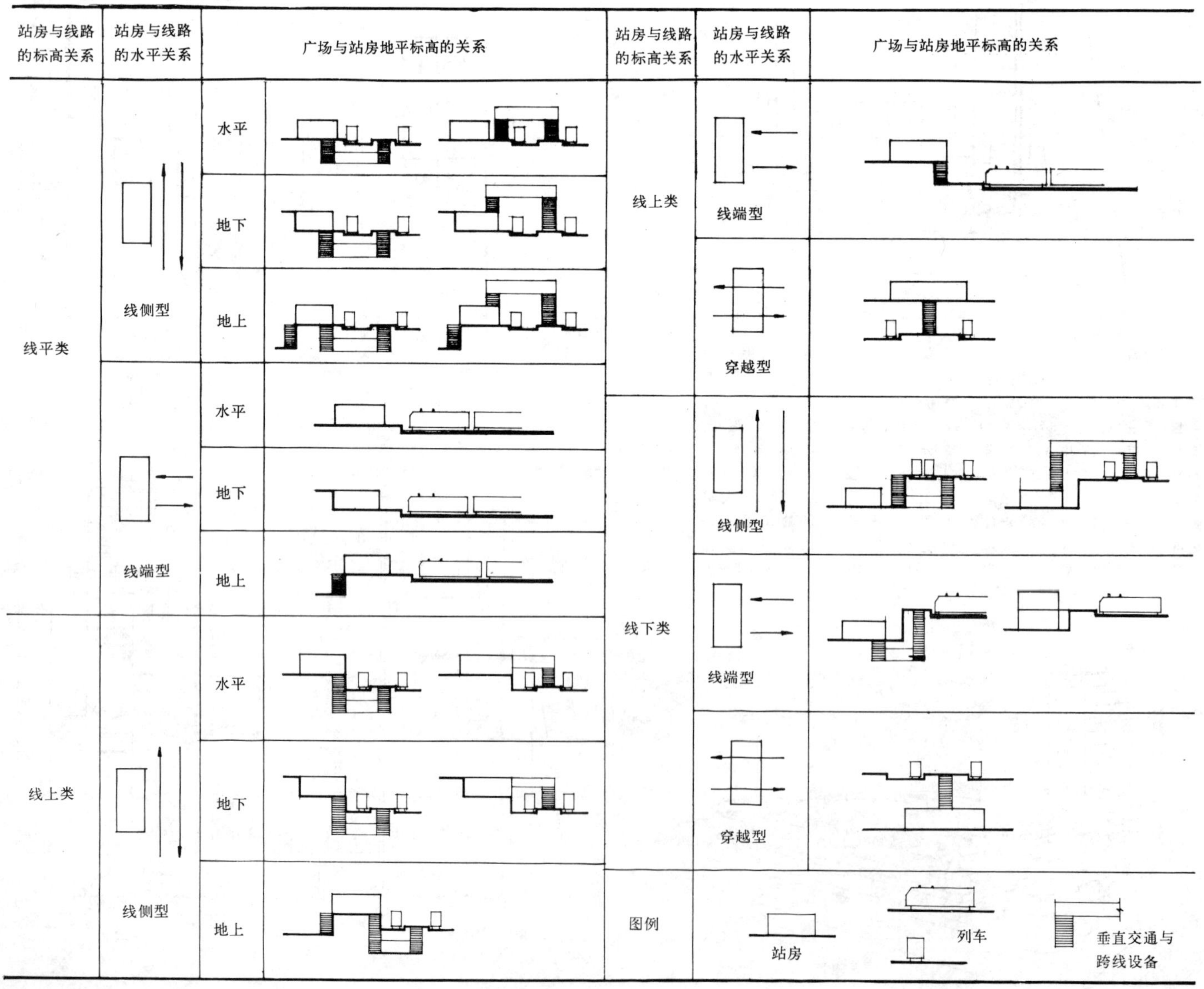

站房与线路的标高关系	站房与线路的水平关系	广场与站房地平标高的关系	
线平类	线侧型	水平	
		地下	
		地上	
	线端型	水平	
		地下	
		地上	
线上类	线侧型	水平	
		地下	
		地上	
线上类	线端型		
	穿越型		
线下类	线侧型		
	线端型		
	穿越型		

图例：站房；列车；垂直交通与跨线设备

一般旅客站房的基本房间组成

房间分类	房间名称		设置条件①：小型站 较小	小型站 较大	中型站 较小	中型站 较大	大型站 较小	大型站 较大	特大型站		附设运营管理用房	附设辅助用房
客运用房	综合厅	综合厅	■	■	□	□						
		市郊旅客厅					□	□	□	②		
	进站广厅	分配广厅					□	■	■		检票员室	
		营业广厅		□	□	■	■	□				
	出站广厅	出站厅					□	□	■		检票员室	
		出站口	■	■	■	■	□	□				
	售票处	售票厅			□	□	□	■	■	③	售票室、主任室、结帐室、站进款室	票据库、售票员间休室
		售票室	■	■	■	■	■	■	■		售票办公室	
		中转签票处				□	□	□	□	④		
		电话订票处					□	□	■		领班室、订票、准备、做票、送票	
		出站补票处				□	■	■	■			
	行包房	行包托取厅		□	□	■	■	■	■	⑤	行包托取作业、办公、计划、局用品等	装卸工人休息和更衣室、搬运车间、检修间
		到发行包房	■	■	■	■	■	■	■		行包仓库、中转仓库、特殊仓库	电瓶车充电间、蓄电池室
		行包堆场			□	□	■	■	■		过磅房、服务员室	
	候车室	普通候车室	□	□	■	■	■	■	■		服务员室	厕所、盥洗室
		母子候车室		□	■	■	■	■	■		服务员室	专用厕所、盥洗室、食品加热室、烘干室
		军人候车室				□	■	■	■		服务员室	
		中转休息室					□	□	□	⑥	服务员室、管理室、物品寄存室	专用厕所盥洗室
		软席候车室					□	□	■		服务员室	专用厕所盥洗室
		贵宾候车室					□	□	■		管理室、接待室、服务员室、保卫室	专用厕所、整容室、记者室、司机休息室、贮藏室
		国际候车室					□	□	□		管理室、服务员室	专用厕所、整容室
		团体候车室						□	■			
	旅客服务用房	小件寄存处		□	□	■	■	■	■		小件寄存库	
		餐厅、小吃部				□	□	■	■	⑦	备餐室、厨房、管理室	冷藏室、各种仓库、休息室、更衣室
		文娱、阅览室			□	□	■	■	■		管理室	贮藏室
		问讯处			□	■	■	■	■	⑧	问讯控制室、站外电话问讯室	
		售货处		□	■	■	■	■	■		管理室	仓库、站台售货车存放间
		邮电服务处			□	■	■	■	■		办公室、电报机房	间休室
		公用电话间			□	□	■	■	■			
		服务处			□	■	■	■	■			
		失物招领处			□	□	□	■	■	⑨		失物仓库
	客运管理用房				■	■	■	■	■		客运室、客运主任室、客运计划室、广播室、检票员室、服务员室	旅客接待室、客运交接班室、工作人员间休室广播设备室、各种贮藏室
驻站单位用房	铁路公安派出所				□	□	■	■	■	⑩	值班室、问话室、所长室、办公室、等候接待室	会议室、休息室、专用厕所盥洗室、宿舍、违禁品贮藏室、易燃品暂存处
	警卫室							□	□			
	卫生检查站				□	□	□	□	■			
	海关办公室						□	□	□		办公室、进出口业务室、行包检查处、接待室	违禁品暂存库
	军代表室					□	■	■	■		办公室、等候接待室、军调室	
其它用房	技术作业用房		■	■	■	■	■	■	■		运转室（包括控制和助理室）继电器室、通讯机械室、电源室	信号维修室、技师室、运转交接班、灯房、休息室、贮藏室
	行政办公用房		■	■	■	■	■	■	■		正副站长室、秘书室、人事、劳资、会计、总务、党团、工会等办公室	会议室、电话会议室、美工、园艺、木工、油漆、电工等用房、维修贮藏室、各种仓库、车库等
	职工生活用房		□	□	□	■	■	■	■	⑪		间休室、厕所盥洗、食堂、理发、淋浴、医务室、哺乳室、妇女卫生室、图书室、文娱室
	建筑设备用房		□	□	□	■	■	■	■	⑫	锅炉房、开水房、通用机房、水泵房、电梯机房、自动扶梯机房、变电间、配电间、热力交换室、母钟机械室、工人休息室等	

图例：■ 需要设置
□ 可设可不设

注：①设置条件系指左列基本房间，运营管理和辅助用房应根据需要和具体条件而定。
②市郊旅客厅的设置，根据市郊客流量的大小而定，一般在较大站才分开设置。
③较大站独立设售票厅，中小型站多在营业广厅和综合厅内售票。
④有中转旅客的站，应设中转签字处，在中转旅客较多的情况下，可设单独中转签票厅。
⑤根据站房规模、行包数量，托取行包房有分设、合设两种。中小型站的行包托取口常设于营业广厅或综合厅内；行包堆场在大型站应单独设置，在中小型站一般可利用部分广场或站台。
⑥中转休息室有小客房和一般候车室两种形式，根据使用条件而定。
⑦一般大型站均可设旅客餐厅，其管理和布置可与站房分设或合设。
⑧大型站可设几处电视问讯和电话问讯根据条件考虑。
⑨中小型站的失物招领处可同服务处或问讯处合并。
⑩派出所可设在站房外面广场部位，大站在站房内可设值班接待室。
⑪根据站房的具体条件设置。
⑫各设备用房需根据地区和站房建设条件设置。

铁路旅客站总体流线关系基本模式

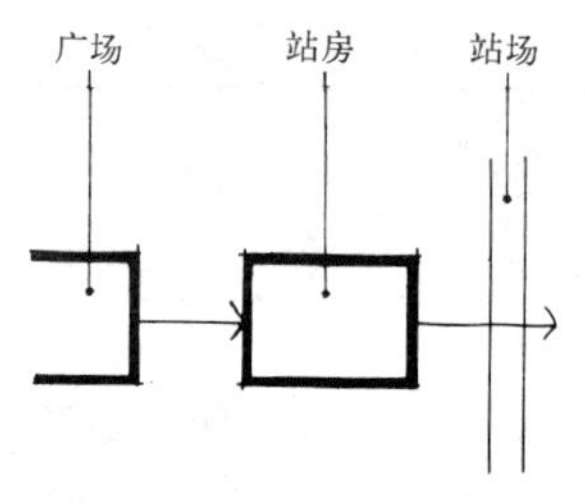

a 三段水平流线模式

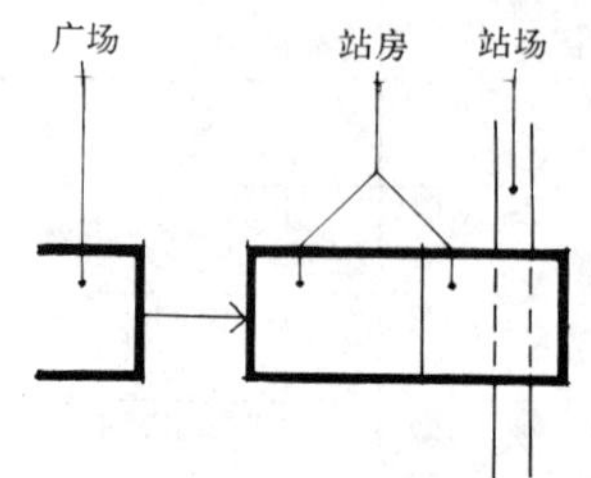

b 水平垂直综合流线模式

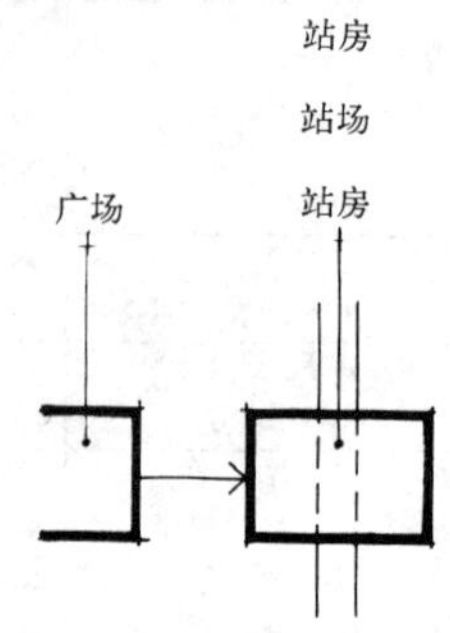

c 垂直流线模式

铁路旅客站总体流线关系剖面型式

线侧平式

a 平过道跨线

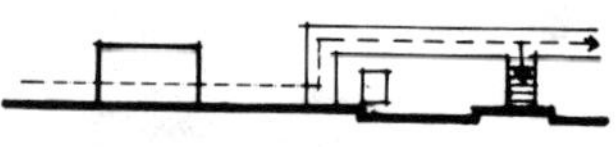

b 独立天桥跨线

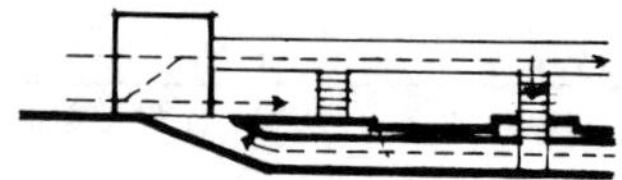

c 天桥进地道出

d 独立地道跨线

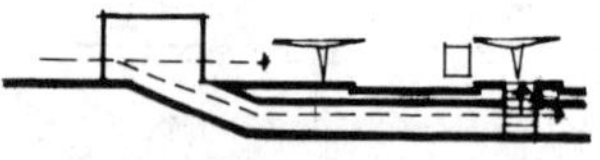

e 地道跨线

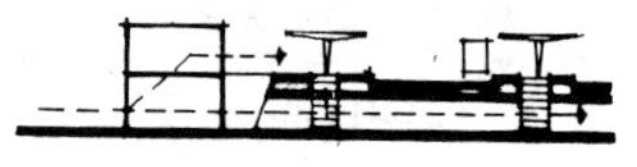

c 双层地道跨线

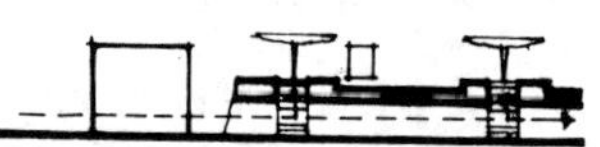

d 地道跨线

线侧下式

a 平过道跨线

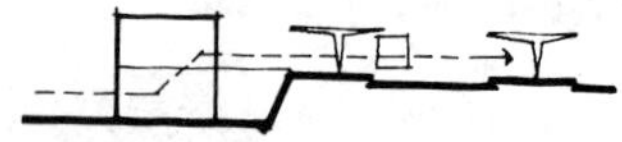

b 双层平过道跨线

线侧上式

a 平过道跨线

b 双层平过道跨线

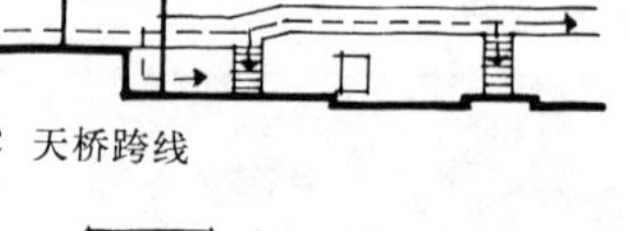

c 天桥跨线

d 双层天桥跨线

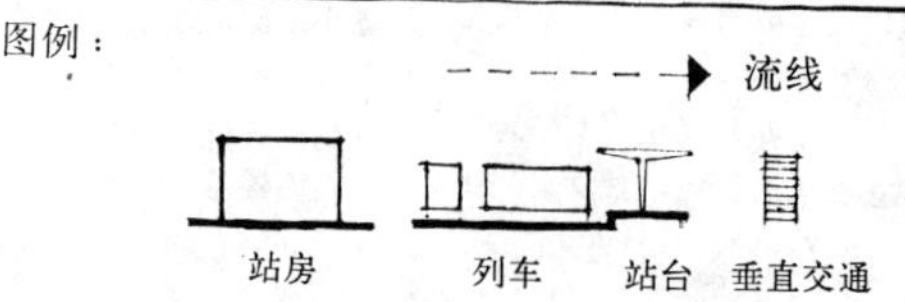

线端式

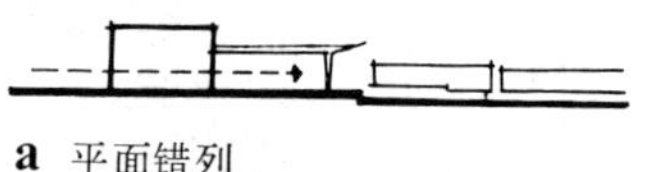

a 平面错列

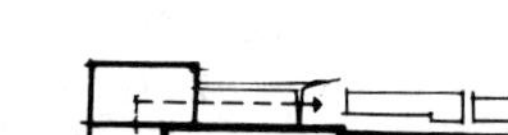

b 双层平面错列

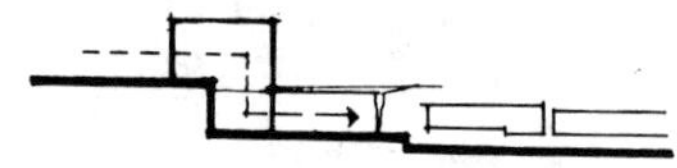

c 单层下平面错列

线上下式

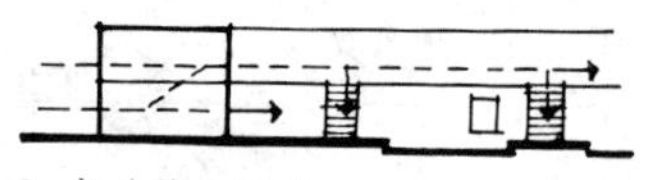

a 部分线上候车

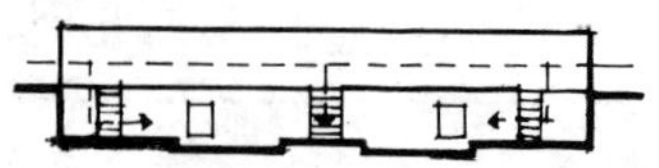

b 全线上候车

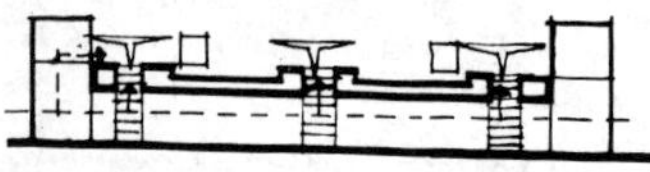

c 全线下候车

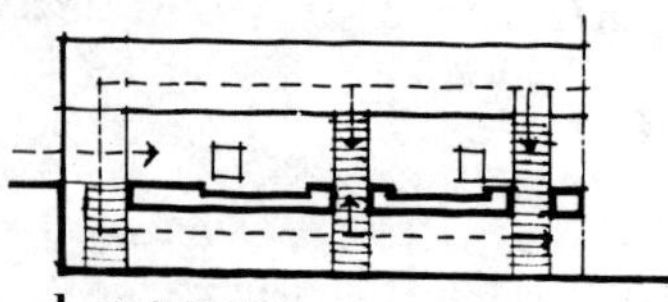

d 全方位候车

旅客站流线组织

一、旅客站的基本流线

铁路旅客站的基本流线有三种：一是旅客流线；二是行包流线；三是站前广场的车辆流线。

二、流线的组织原则

组织流线以进站和出站分开为基本原则；旅客流线与车辆流线要分清；旅客流线与行包流线要分开；一般旅客流线与贵宾和专用旅客适当分开；职工出入口与旅客出入口也要分开。

三、流线设计的要点

流线设计首先要分清进出站的顺序，并做到流线简捷、通顺，避免相互交叉、干扰和迂回，力求缩短旅客的流程距离。

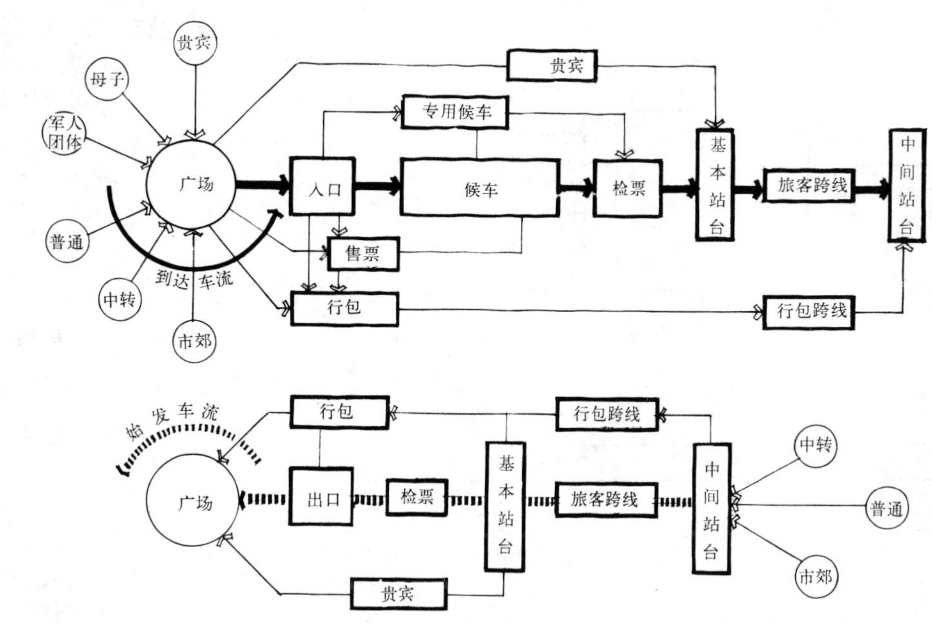

1 进出站旅客流线系统总体分析

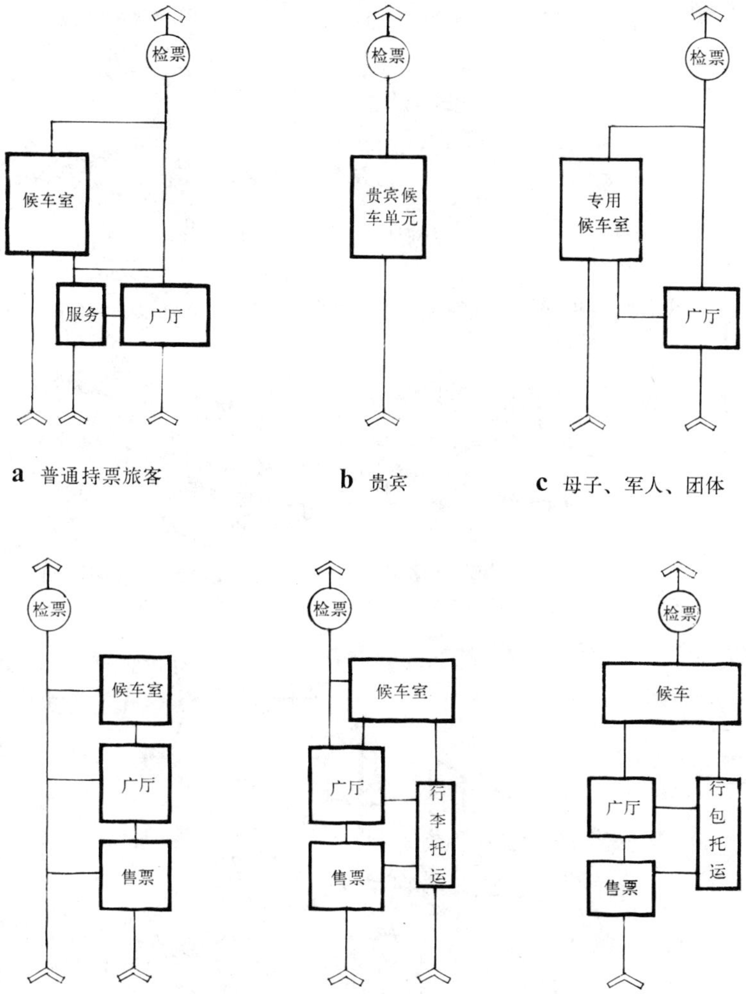

a 普通持票旅客

b 贵宾

c 母子、军人、团体

d 市郊旅客

e 托运行李旅客

f 未持票旅客

2 进站旅客流线与功能关系分析

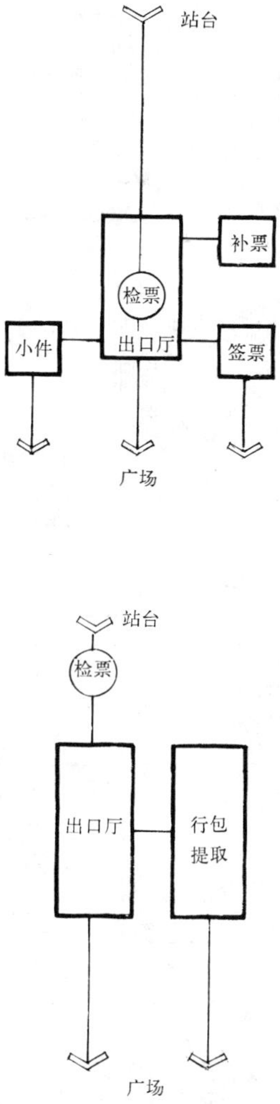

3 出站旅客流线与功能关系分析

普通候车室的功能分析

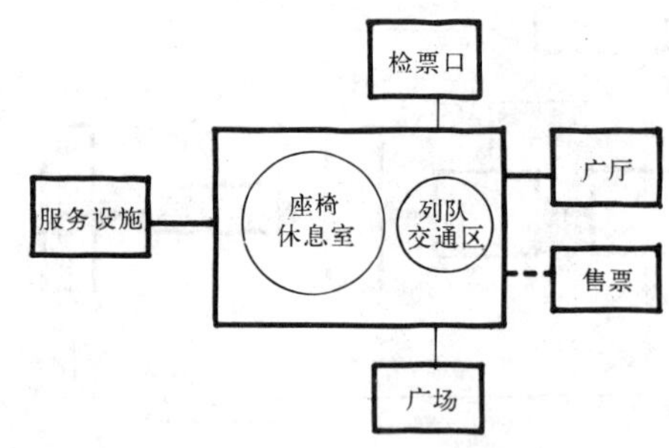

候车室的容量和面积

客站规模	候车室人数占旅客站最高聚集人数百分比	候车室面积
特大站	89.5%	每人 1.1~1.2m²
大型站	94.5~89.5%	每人 1.1~1.2m²
中型站	94.5~100%	每人 1.1~1.2m²
小型站	100%	每人 1.25~1.35m²

候车室内座椅与通道的布置和尺寸

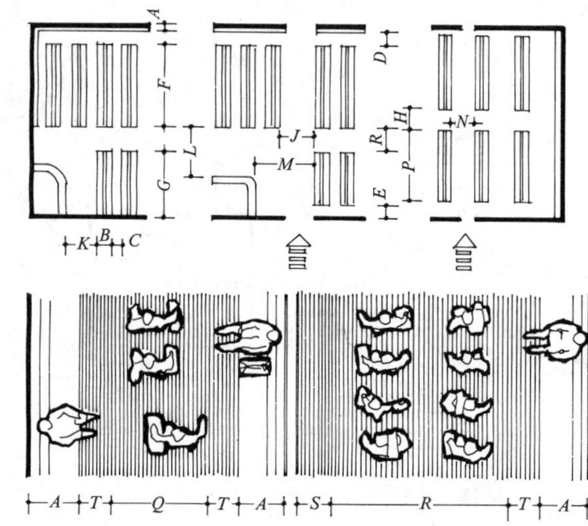

A	单面座椅深度		580~750	
B	双面座椅深度		1160~1500	
C	座椅间小通道		1200~1300(小站用 1200)	
D	座椅端部离纵向座椅边距		1200	
E	座椅端部离墙距		1000~1500(根据人流通行情况)	
F	座椅最大连续长度		1000	小通道为1200~1800
G	端部靠墙座椅最大连续长度		5000	
H	次要通道宽度		1800~2700	
J	主要通道宽度	小候车室	1800~2700	
		大候车室	2700~3200	
K	售货、服务处离座椅边距		4000	
L	售货、服务处前的次要通道		5000	
M	售货、服务处前的主要通道	小候车室	5000	
		大候车室	6000	
N	纵向排列的座椅间通道		1800~2400	
P	座椅最大连续长度		>F	
Q	单列检票队伍宽度		1000	
R	双列检票队伍宽度		2000	
S	检票队伍离墙边距		500~600	
T	检票队伍离椅边距		500~600	

普通候车室的设计要点

一、候车室是客运站房中的主体部分，应考虑其位置恰当，流线合理，环境舒适安静。

二、候车室应能方便地使用有关服务设施，一般应就近设置饮水处、盥洗室及厕所。

三、候车室的内部空间应合理划分为安静候车区（设座椅）、检票列队区、通行区及服务设施区。

四、合理布置出入口、检票口及相关服务设施，避免相互干扰。

五、高架候车室宜设方便老弱残旅客通向站台的电梯。

六、候车室不宜设计成套间和袋形空间。

候车室内旅客活动最小尺寸

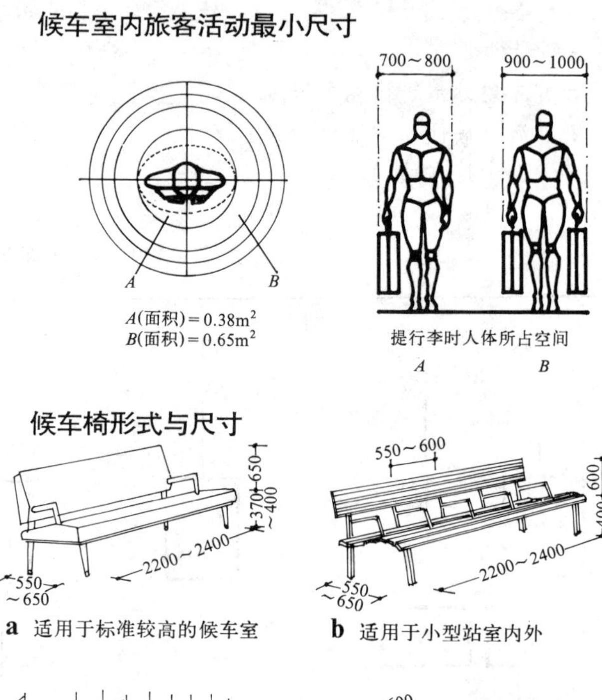

a 适用于标准较高的候车室

b 适用于小型站室内外

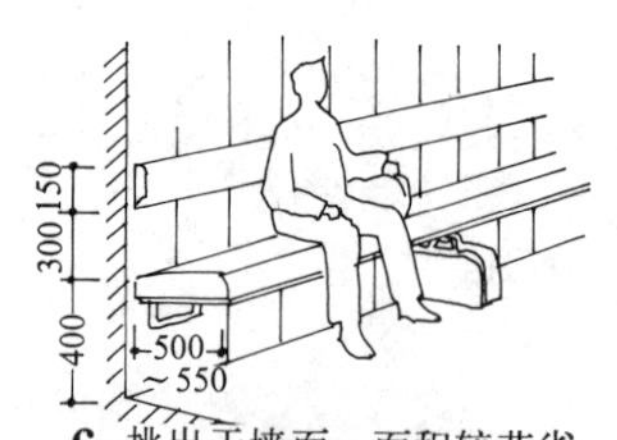
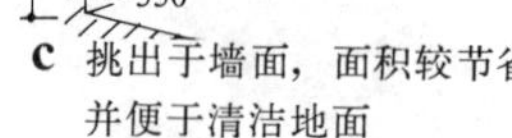

c 挑出于墙面，面积较节省并便于清洁地面

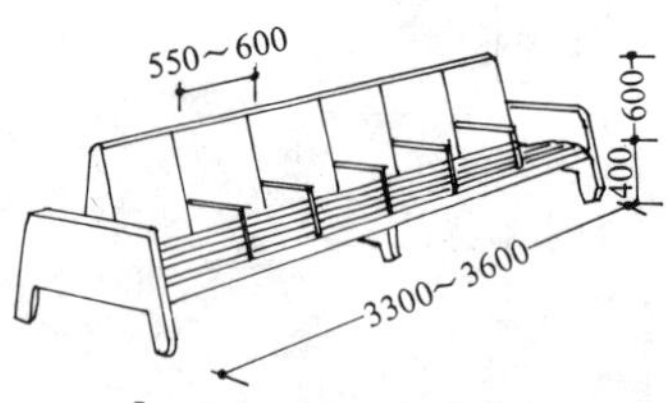

d 适用于中、小型站室内

检票口尺寸

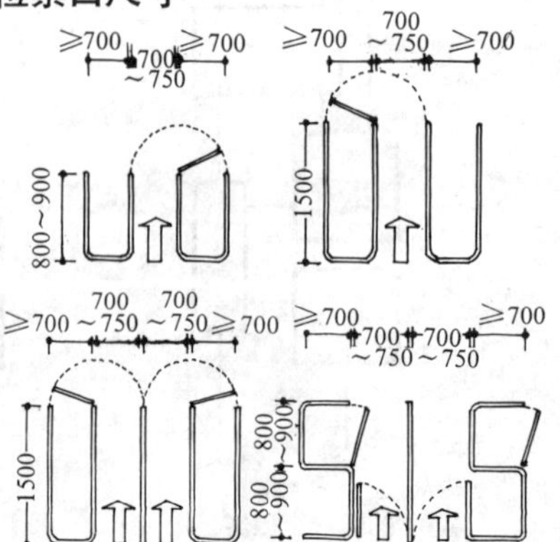

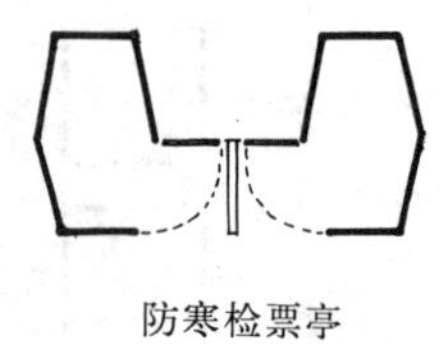

防寒检票亭

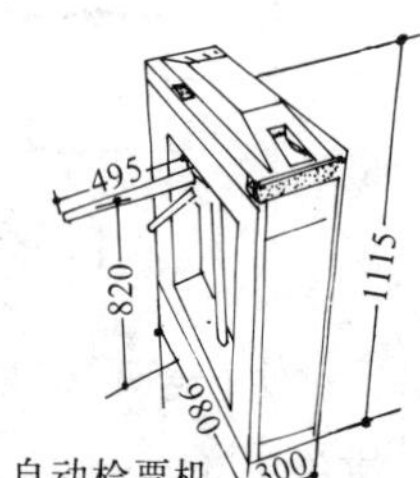

自动检票机

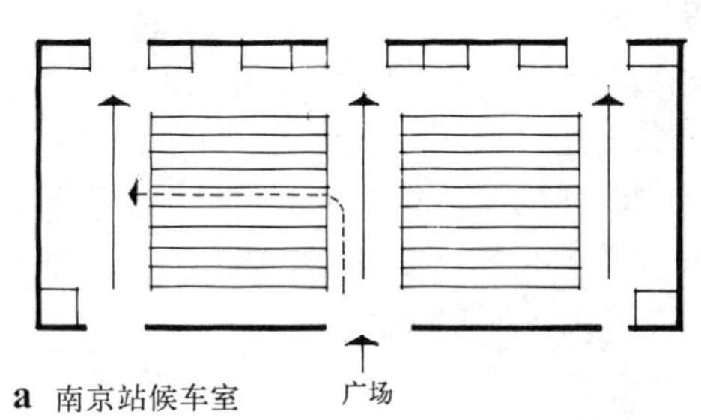

a 南京站候车室

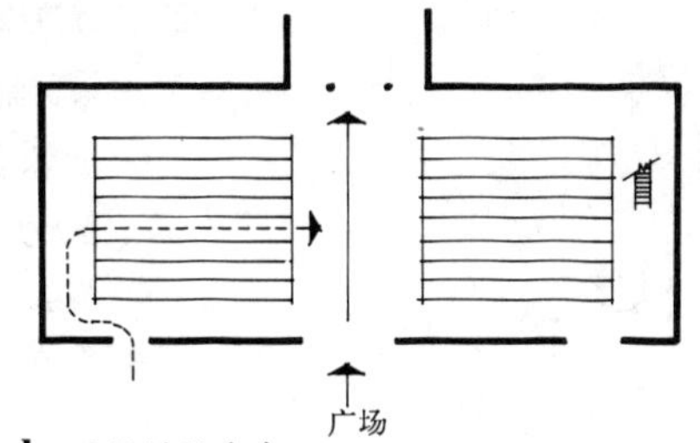

b 武昌站候车室

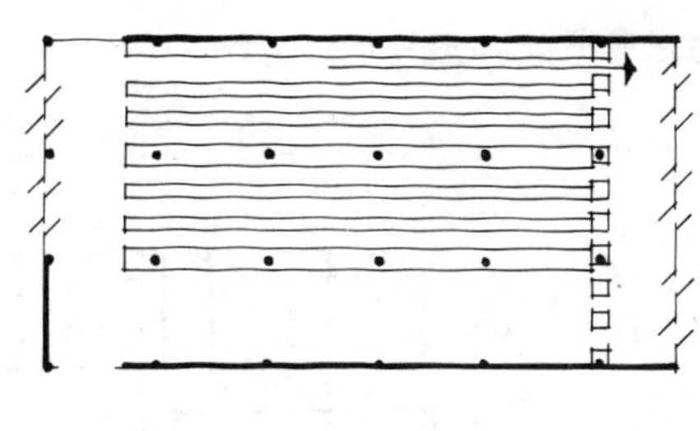
c 重庆站候车室

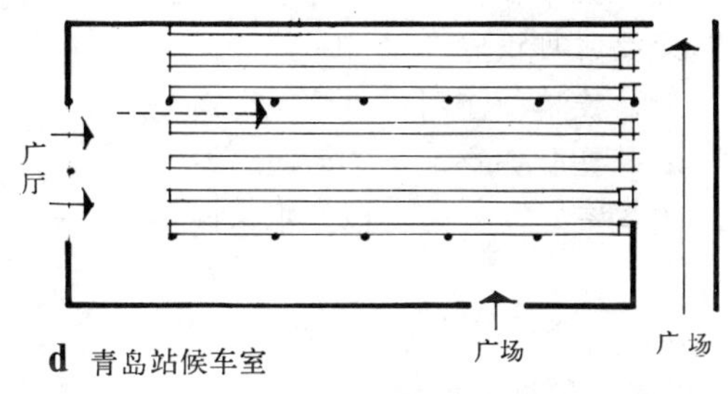

d 青岛站候车室

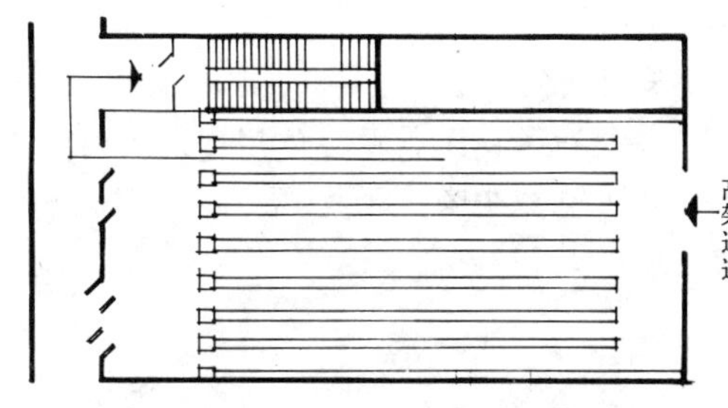

e 天津站高架候车室

a 在候车室内横向分区布置座椅候车，旅客交叉较多；

分散检票有利于人流疏导；

对广场开口较多，候车室易受干扰。

b 集中检票容易发生干扰，并隔断旅客交通与视线。

c 既有纵向座椅候车列队，又有并行的纵向列队区，方便灵活。

d 候车室内纵向布置座椅，候车列队一致，旅客稳定；

有自检票口内直通广场之通道，增加了管理灵活性。

e 纵向候车列队一致；

检票后旅客转换方向下达站台不便。

f 广厅与候车室在同一空间，适用于小型站房。

g 候车室不能目视检票口。

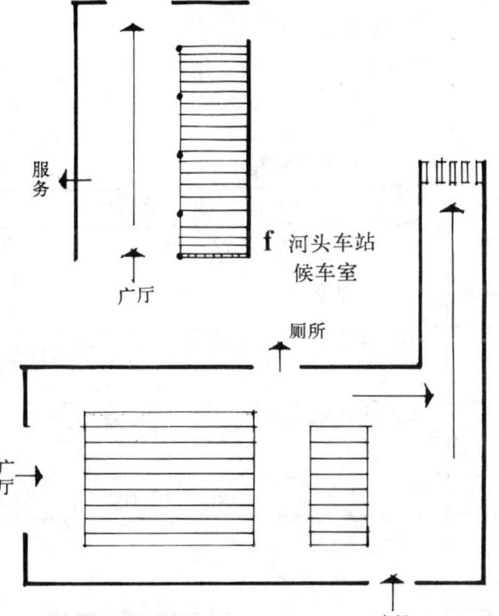

f 河头车站候车室

g 西安车站候车室

1 不同空间形态候车室示例

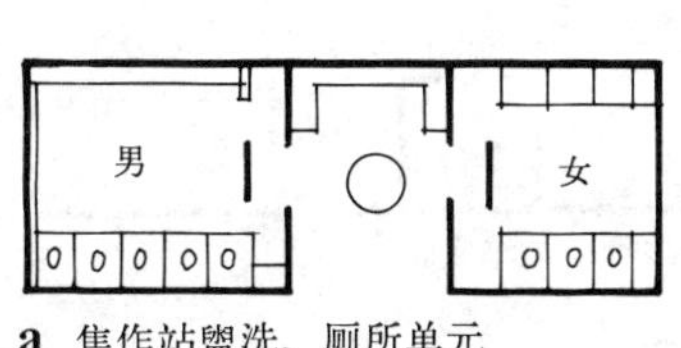

a 焦作站盥洗、厕所单元

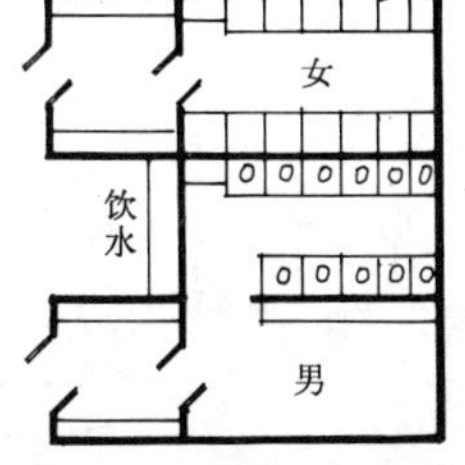

c 西安站盥洗、厕所单元

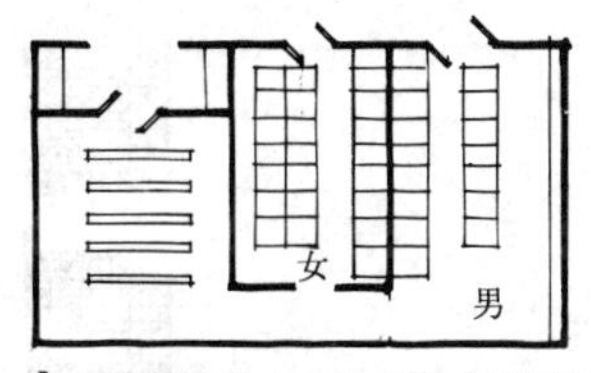

b 重庆站饮水、盥洗、厕所单元

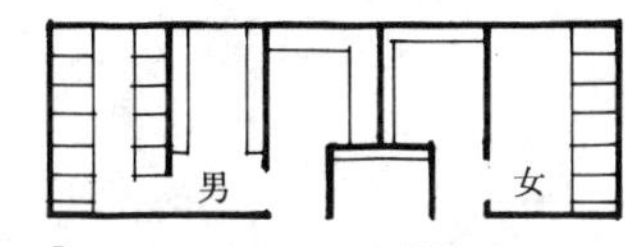

d 青岛站盥洗、厕所单元

2 候车室厕所、盥洗、饮水处设计

普通旅客用厕所、盥洗间设计指标　　表1

房间名称	设备、数量	使用面积	说　明
男厕	每80人设一坑位、一小便斗（或0.7m长小便槽）	$5.0m^2$／每坑位	按最高聚集人数70%计
女厕	每40人设一坑位	$4.0m^2$／每坑位	按最高聚集人数30%计
盥洗间	每150人设一盥洗位（或0.8m长盥洗台）	$2.5m^2$／每盥洗位	

a 随墙布置的盥洗台

b 独立设置的盥洗台

3 盥洗台型式

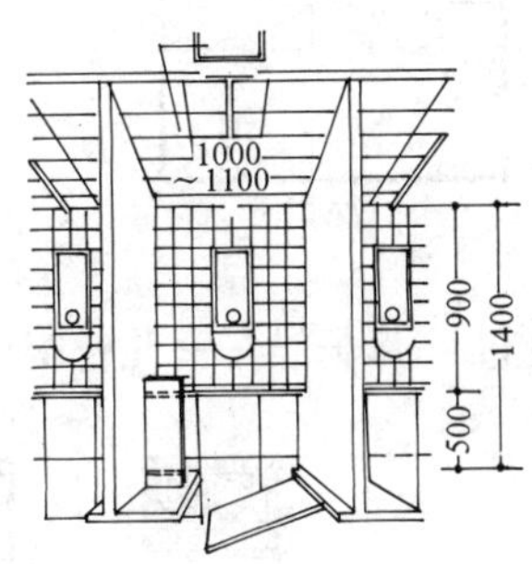

a 单独冲水厕所坑位

b 集中冲水厕所坑位

4 厕所型式

专用候车室的种类与功能分析

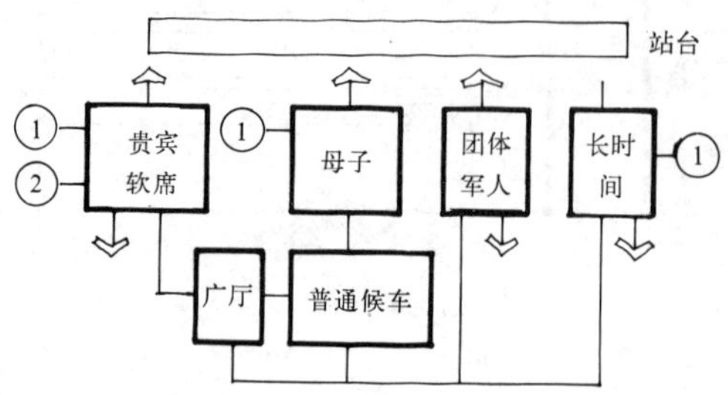

① 单独盥洗厕所
② 服务室

专用候车室设计参考指标

种类	使用面积(m²/人)	占最高聚集人数百分比%	设置条件
母子候车室	2.0	3%	大型及以上站房
软席候车室	2.0～2.5	2.5%	最高聚集人数1000人以上站
贵宾候车室	10000人及以上站房使用面积为150～200m²		直辖市、省会、自治区首府、旅游、对外开放城市
	4000人～10000人站房使用面积为100～120m²		
	4000人以下站房使用面积为40～60m²		
军人、团体	1.1m²	3.5%	4000人及以上站房
长时间候车室	4.0	按城市情况而定	中转旅客较多之大型以上站

专用候车室设计要点

一、母子候车室

1. 应设置单独使用之饮水、盥洗、厕所单元。
2. 应为儿童创造睡眠及游戏条件。
3. 应靠近站台并设有单独使用检票口。
4. 细部设计应考虑儿童安全。

二、贵宾、软席候车室

1. 应设置单独检票口，并应直接通向站台与广场。
2. 必要时可设置专用停车广场。
3. 应设置单独使用的盥洗、厕所间。
4. 应设置服务员室及备品间。
5. 候车室宜分成大、中、小不同房间。

三、军人、团体候车室

应设置单独进站检票口，其他设施可共用。

四、长时间候车室

1. 具住宿条件，具单独使用盥洗、厕所设备。
2. 尽可能减少噪声干扰。

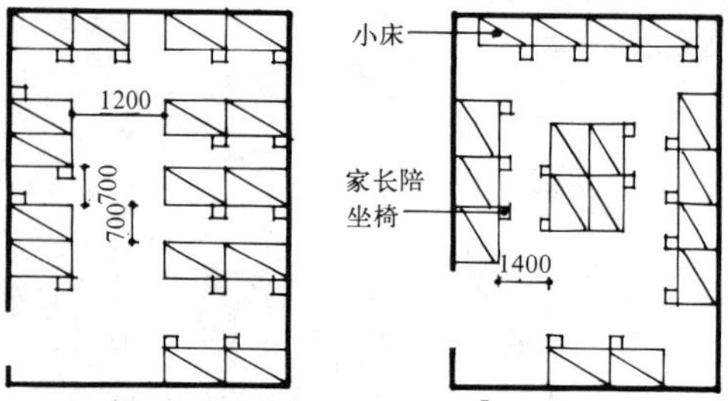

a 布置例1　　b 布置例2

1 母子候车室儿童床位布置示例

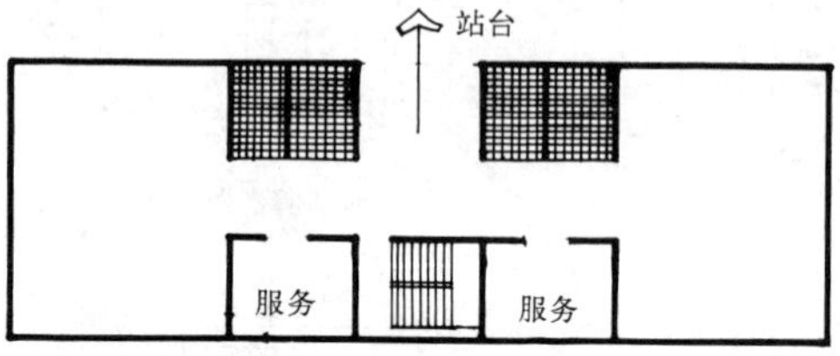

a 太原站贵宾室

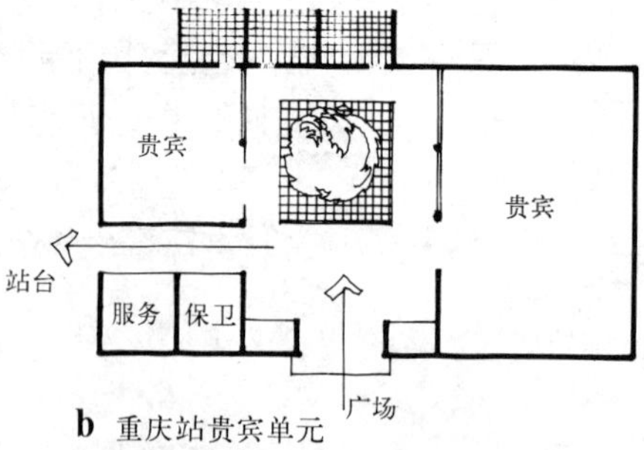

b 重庆站贵宾单元

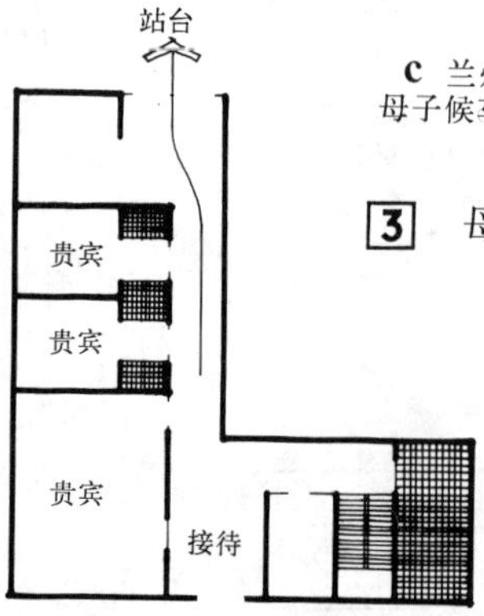

c 桂林车站贵宾单元

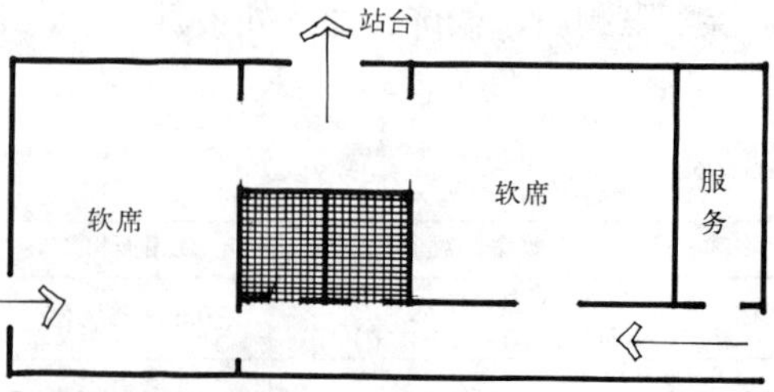

d 西安站软席候车室

2 贵宾、软席候车室设计示例

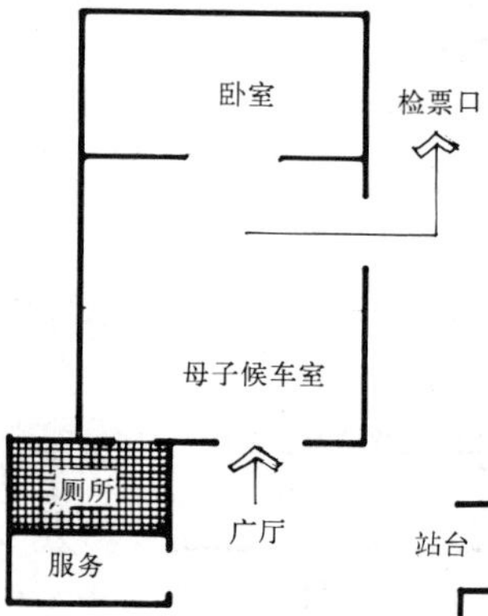

a 乌鲁木齐南站母子候车室

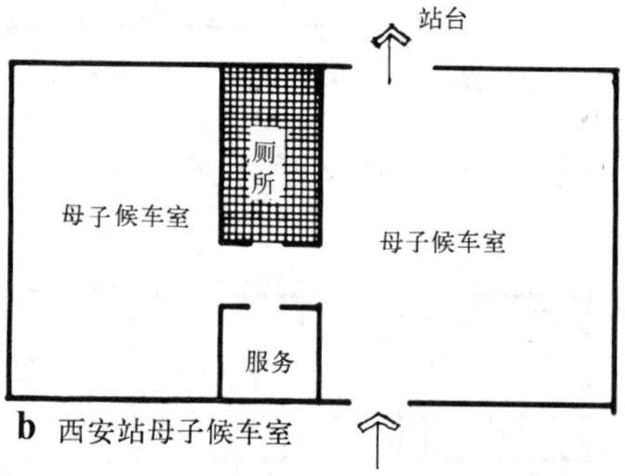

b 西安站母子候车室

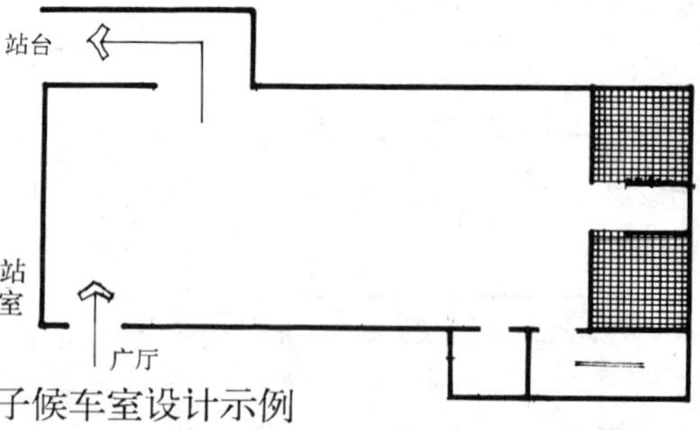

c 兰州站母子候车室

3 母子候车室设计示例

售票处的房间组成 表 1

房间名称	旅客站规模				说明
	特大型	大型	中型	小型	
售票厅	□	□	△		
售票室	□	□	□	□	
票据库	□	□	□	△	最高聚集人数 300 人以下时不设
售票办公室	□	□	□		最高聚集人数 1000 人以下时不设
进款室	□	□	□	△	
总帐室	□	□			非县、市、地区所在地不设
打号室	□	□	△		有始发车站设
订票室	□	△			有始发车站设
送票室	□	△			有始发车站设
微机室	□	□	△		

注：□为"应设"，△为"宜设"。

售票厅的设计要点

一、最高聚集人数在 1000 人以上的站房可设独立售票厅。

二、售票厅的售票室前应有足够的列队长度。

三、售票厅出入口人流路线不应穿越列队。

四、售票厅内应设计出用于悬挂公布旅客须知的各项铁路运营图表的墙面。

五、中型以上站房的售票厅，在售票窗口前应设 1.1m 高导向栏杆。

售票厅最小使用面积 表 2

站房规模	特大型	大型	中型
使用面积(m^2)／每售票窗口	32	27	16

售票室设计有关规定

一、每一售票口使用面积不小于 $6m^2$。

二、最高聚集人数 200 人以下的站房，每一售票口使用面积不小于 $10m^2$。

三、售票室不应向旅客用室直接开门。

四、售票室内地面应高于柜台外地面 0.20～$0.30m^2$。

五、采光通风良好，但要防止直射阳光。

售票厅列队进深尺寸参考数据 表 3

站房规模	通道及旅客逗留区	购票行列长度
大型站	4～5m	10～13m
中型站	3～4m	7～9m

注：购票行列按20～25人考虑，每人排队长度0.45m。
售票厅单独设在站房外时，厅内旅客逗留面积需扩大。

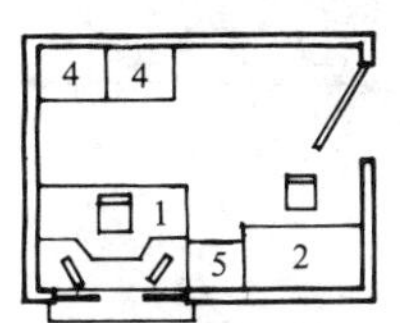
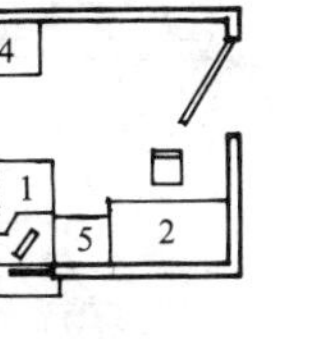

a 最小售票室

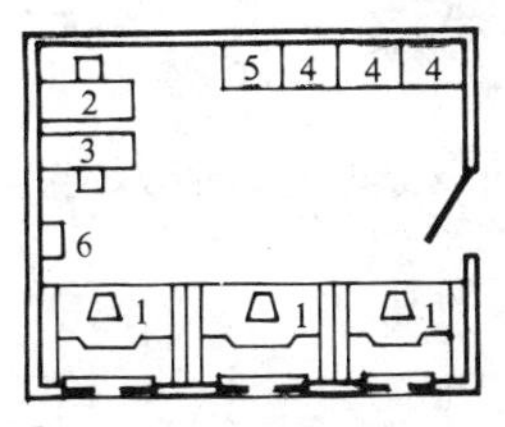
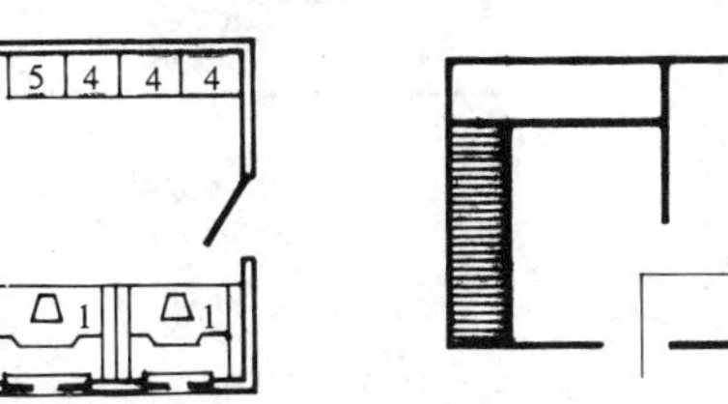

b 少窗口售票室

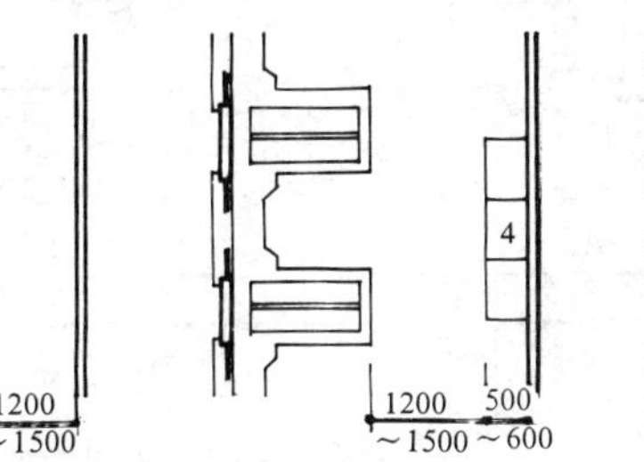

c 售票室走道最小尺寸

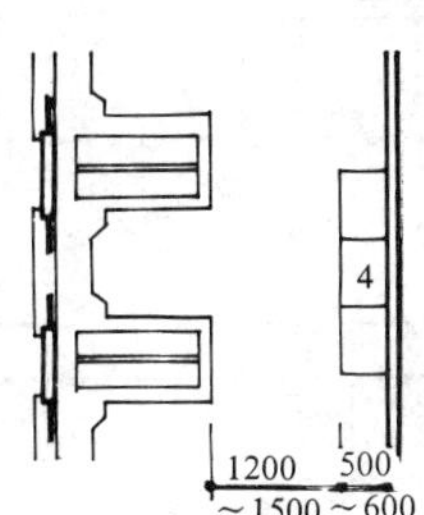

d 设票据柜尺寸

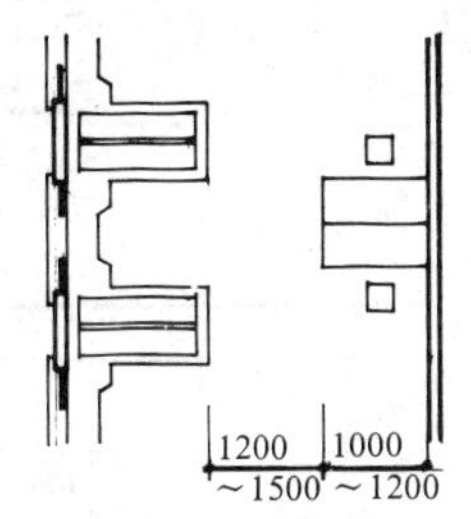

e 设结帐台尺寸

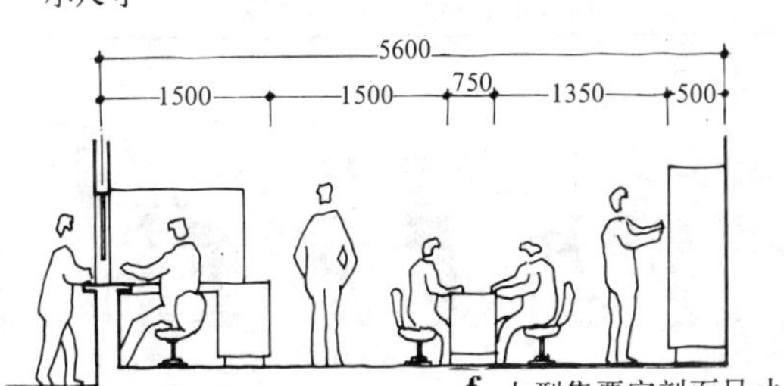

f 大型售票室剖面尺寸

1 售票员
2 结帐台
3 办公桌（兼作清点票据用）
4 票据柜
5 现金柜
6 洗手盆

1 售票室的布置与尺寸

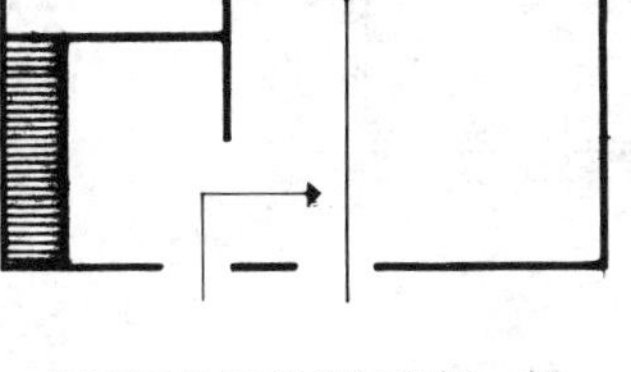
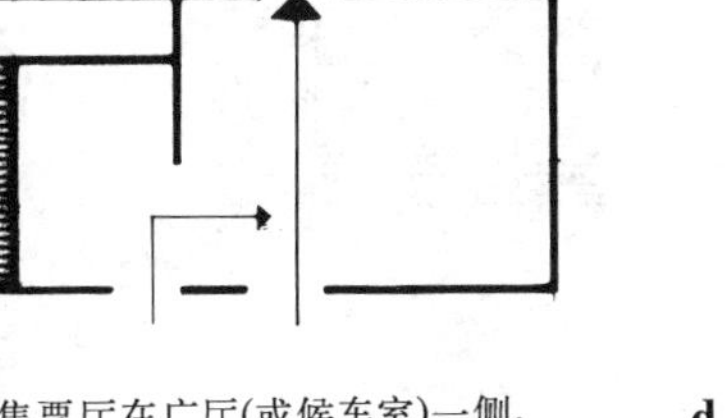

a 售票厅在广厅(或候车室)一侧，售票室面向广厅(或候车室)

d 售票厅在候车室前，售票室面向主人流

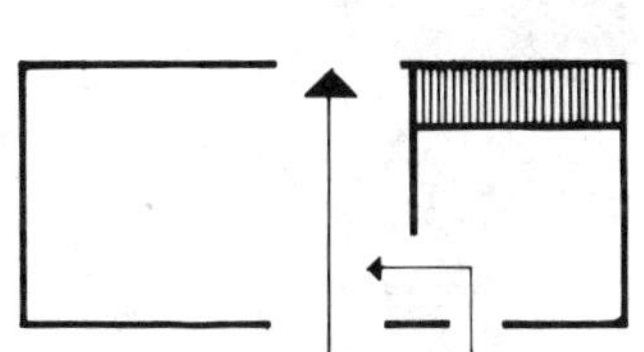

b 售票厅在候车室一侧，售票室面向广场

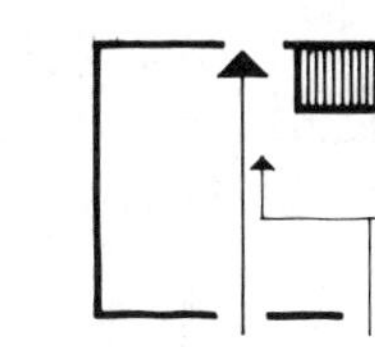
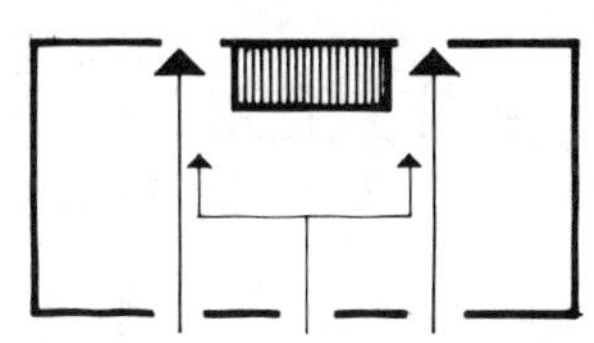

e 售票室在综合大厅之中，面向广场

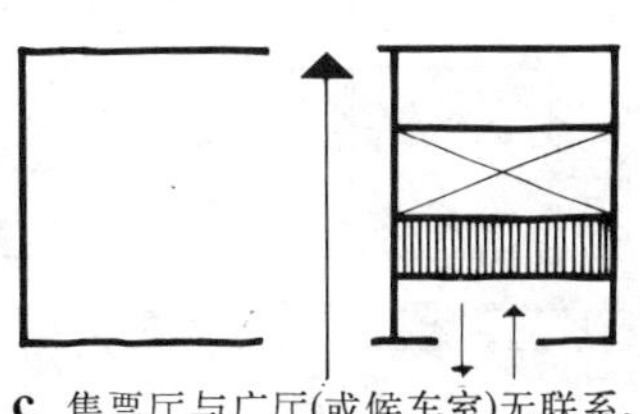

c 售票厅与广厅(或候车室)无联系，售票室面向广场

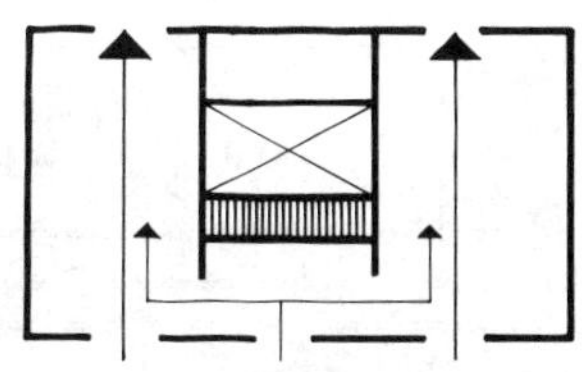

f 售票厅在两个候车室中间，售票室面向广场

2 售票厅位置的选择

售票窗口数量的确定

旅客站规模		售票口数量(个)
型　级	最高聚集人数	
特大型	20000	58
	14000	48
	10000	38
大　型	8000	32
	6000	25
	4000	18
	3000	14
	2000	10
中　型	1500	8
	1200	7
	1000	6
	800	5
	600	4
小　型	300、400	3
	200	2
	100	2
	50	1

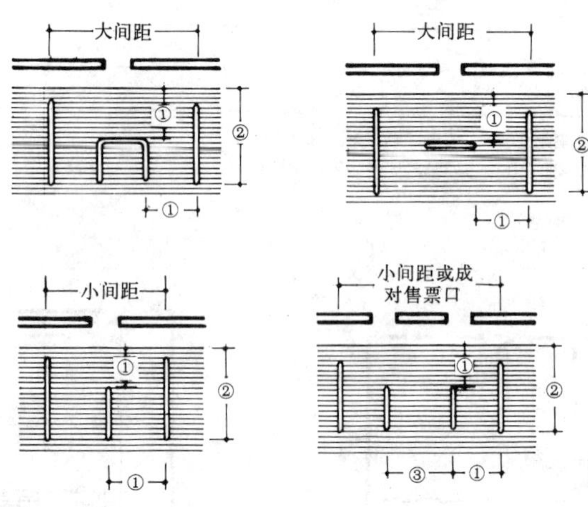

1 售票窗口前导向栏杆尺寸

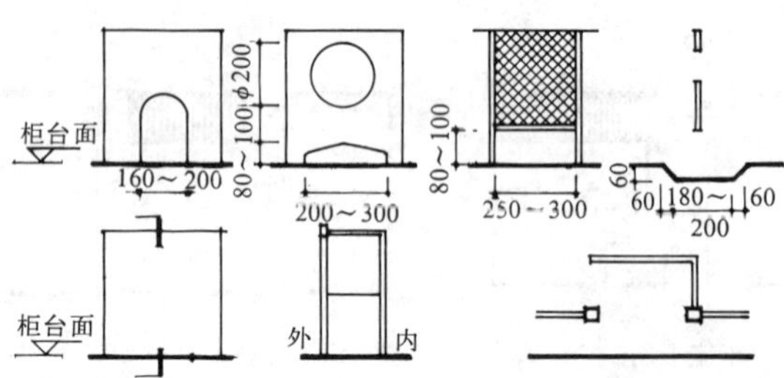

2 售票口孔洞

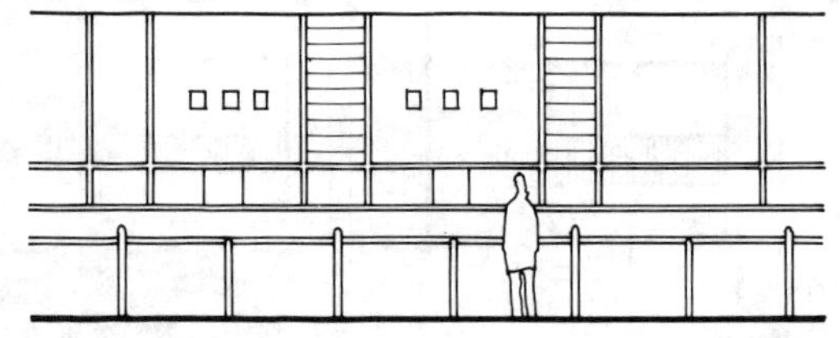

3 售票口设计示例

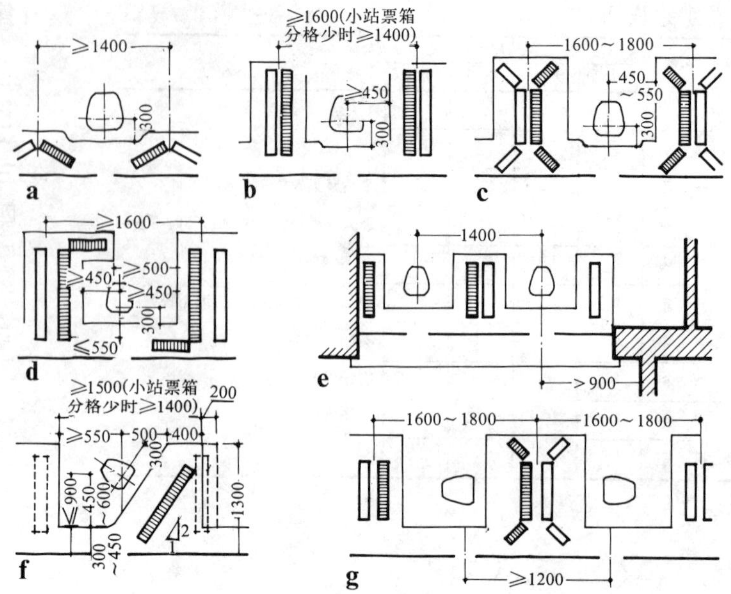

a 和 b 适用于小站或票箱分格不太多的售票口；c 和 d 适用于大型或特大型站，票箱分格多，售票员坐位面向旅客，便于从两侧票箱取票，同旅客接谈（长途旅客问讯较多）；e 售票口宽度 <1500 的情况，只能在不超过两个售票口的小站采用；f 和 g 售票员侧坐或斜坐时，平面布置经济，但由于主要票箱须放在售票员的正面，背后票箱只能作为辅助用，取票不方便，同时与旅客接谈也不够理想，因此适用于人数较少的中小型站和市郊售票口。

4 售票口布置型式

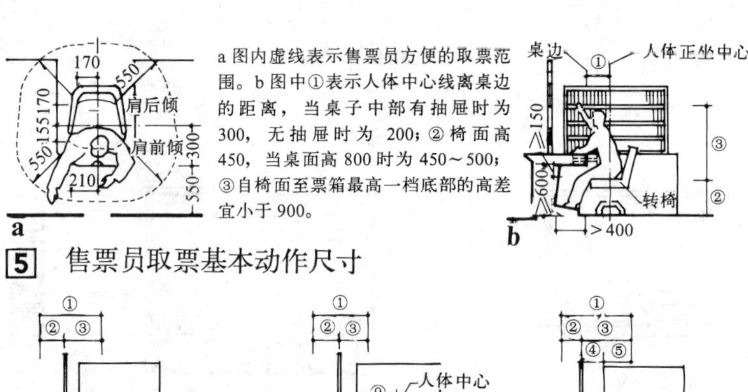

a 图内虚线表示售票员方便的取票范围。b 图中①表示人体中心线离桌边的距离，当桌子中部有抽屉时为 300，无抽屉时为 200；②椅面高 450，当桌面高 800 时为 450～500；③自椅面至票箱最高一档底部的高差宜小于 900。

5 售票员取票基本动作尺寸

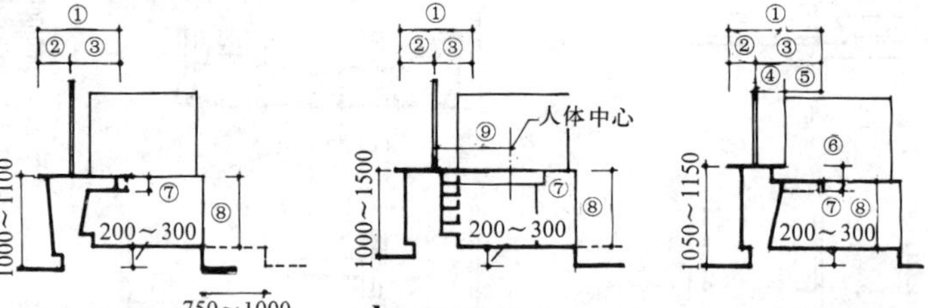

a 售票员正面坐，柜台面无高差　b 售票员侧面坐，柜台面无高差　c 售票员正面坐，柜台面有高差

	①	②	③	③	④	⑤	⑥	⑦	⑧	⑨	附注
a	900～1050	250～450(以 350～400 为宜)	500 *	500 *	—	—	—	150～200	750～800(以 750 为宜)	—	③′系指采用递票盘时的尺寸。* 系指当无抽屉时加大 100
b	650～850		300～450	300～450	—	—	—			≤900	
c	850～1000		450 *	—	100～150	350～450	100～150		750	—	

6 售票口剖面尺寸

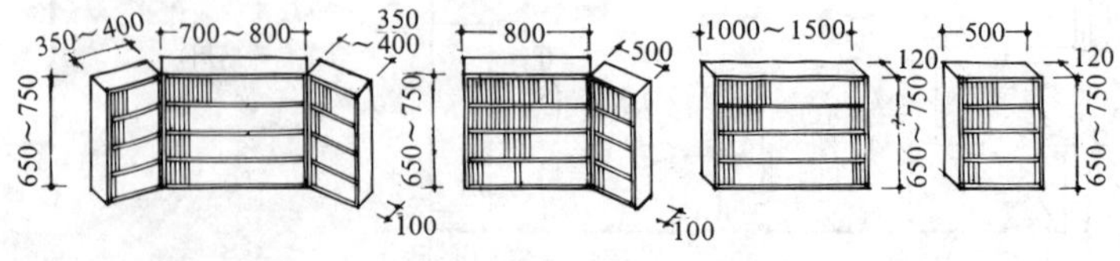

7 售票箱尺寸

行包房功能流线分析

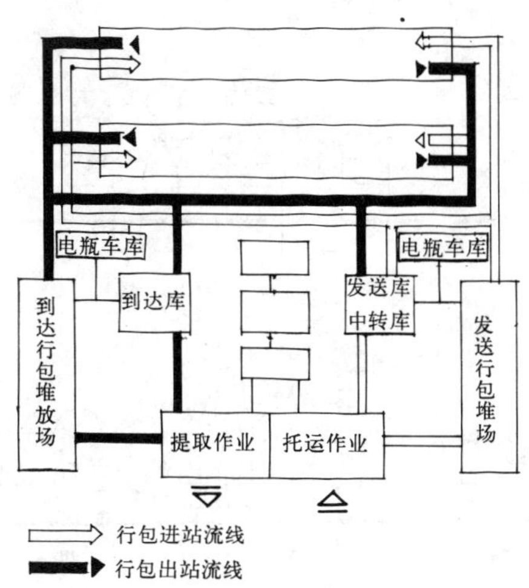

行包房房间组成与最小使用面积(m^2)参考数：

房间名称	旅客站规模					
	特大型	大型(最高聚集人数)		中型(最高聚集人数)		小站
		4000人～10000人以下	2000人～4000人以下	1000人～2000人以下	600人～1000人以下	
托取厅	250	200	100	40	20	15
托取办公室	140	85	40	24	12	
行包办公室	60	50	30			
行包主任室	30	20	15			
行包计划室	30	20	15			
票据库	60	50	30	10		
总检室	30	20	15			
微机室	30	30	15			
托取单元数(个)	10	7	4	2	1	1
行包库	按行包库存件数计 $0.45m^2$/每件行包					另加托取办理面积 $10m^2$
装卸工休息室	60	45	30	20		

行包作业程序

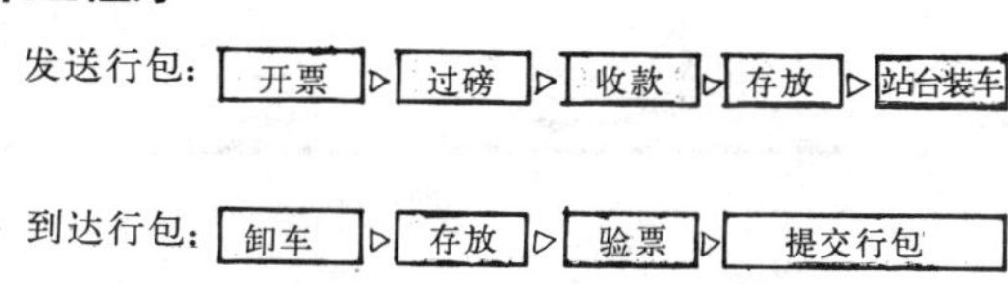

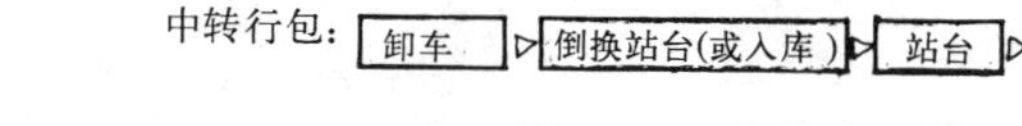

行包房在站房中的位置

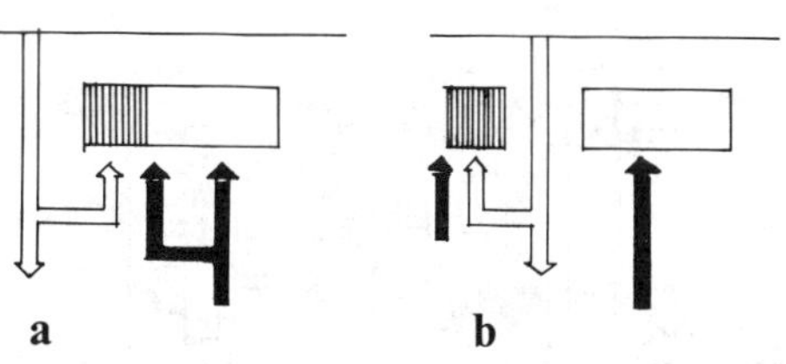

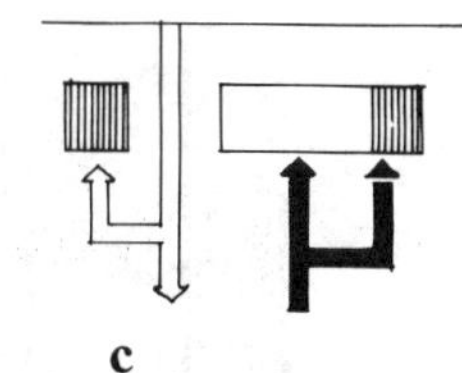

行包房平面布局示例

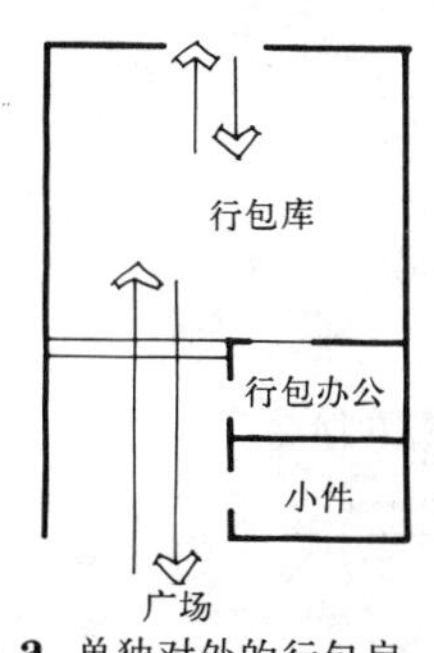

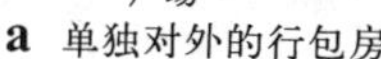

a 单独对外的行包房

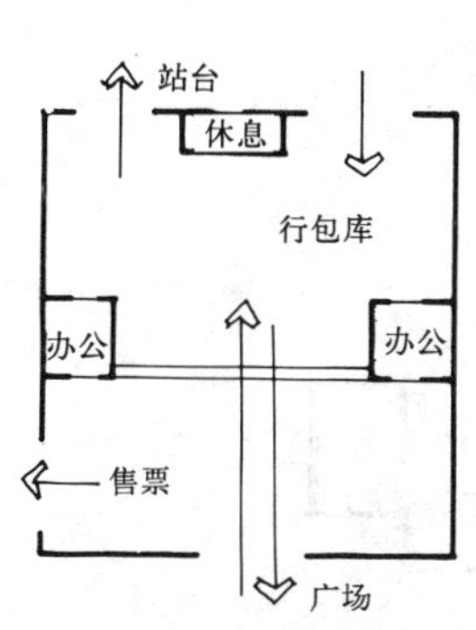

b 位于广厅一侧的行包房

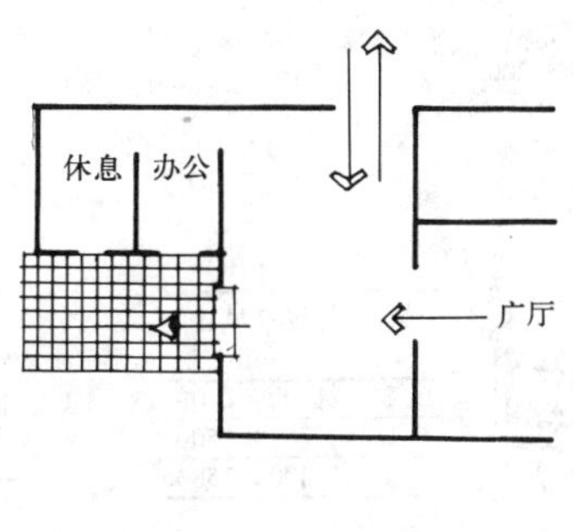

c 托取分开的中小型行包房

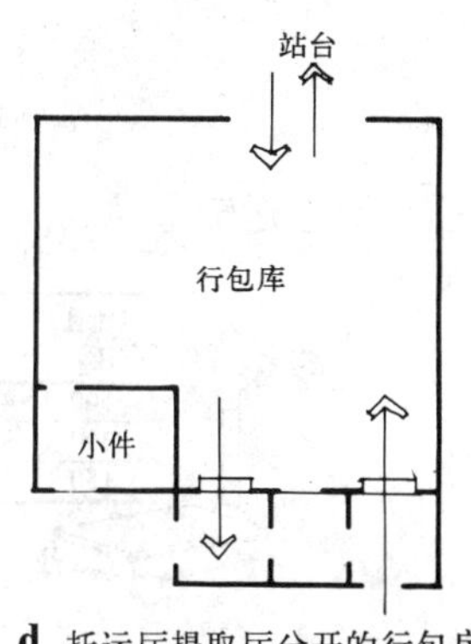

d 托运厅提取厅分开的行包房

行李托取单元及行包票室

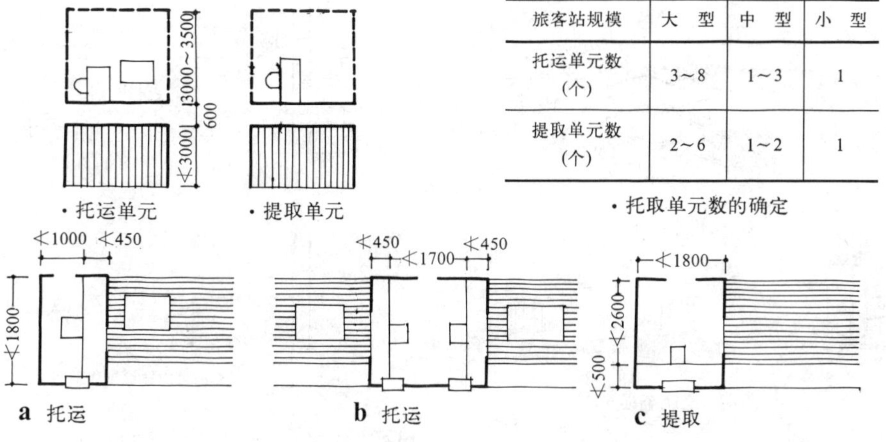

旅客站规模	大型	中型	小型
托运单元数(个)	3～8	1～3	1
提取单元数(个)	2～6	1～2	1

·托取单元数的确定

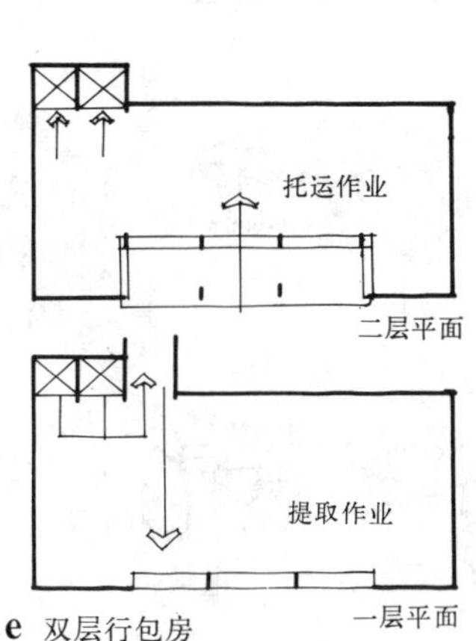

e 双层行包房

行包库设计要点

一、行包库位置宜靠近旅客列车的行李车处，并直通站台。

二、日均行包作业量小于 1000 件时，宜设到达、发送、中转综合库。

三、日均行包作业量在 1000 件以上时，宜分设到达库和发送库（位置宜相互靠近）。

四、日均行包作业量在 7000 件以上时，到达、发送库宜分设在站房两端。

五、日均中转行包作业量在 2000 件以上时，宜单独设置中转行包库。

六、中型以上站房宜设行包房室外堆放场地，并应在站前广场方向设行包停车场。

七、大型以上站房，办理运输鲜活货的包裹，宜在库房内设置专用堆放场地，并设清洗、排水设备。

八、行包库外窗应加防护设施。

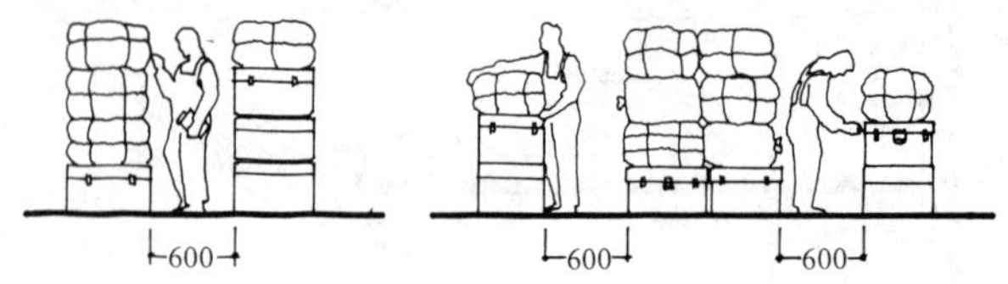

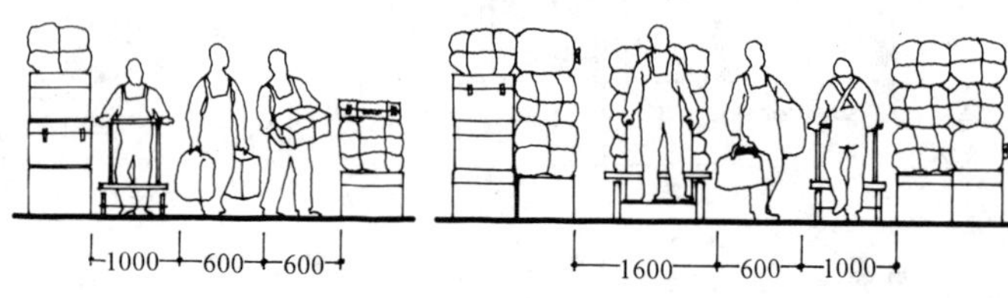

1 行包堆放尺寸

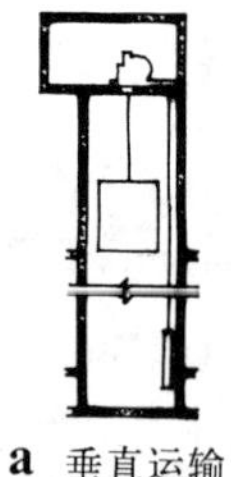

a 垂直运输

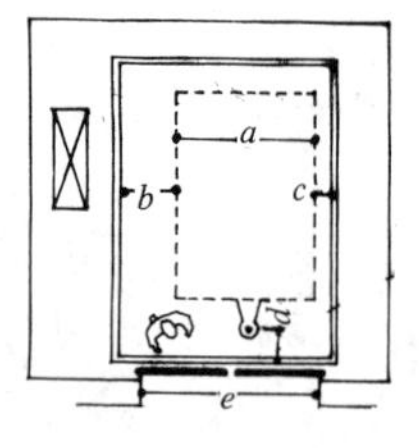

a—装载货物的搬运车界限
b=400～500　*d*=150～200
c=200　*e*≥*a*+400

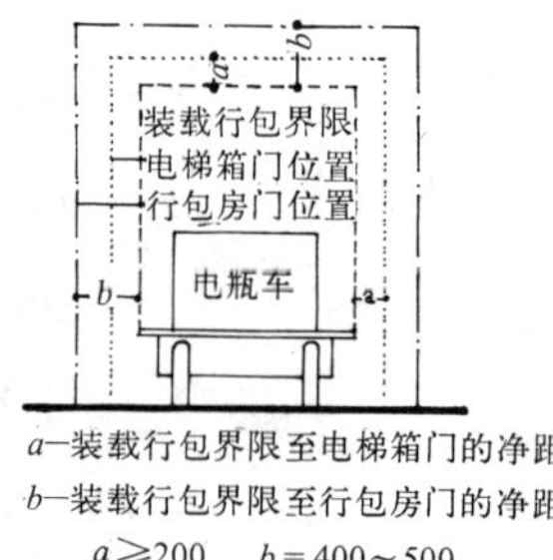

a—装载行包界限至电梯箱门的净距
b—装载行包界限至行包房门的净距
a≥200　*b*=400～500

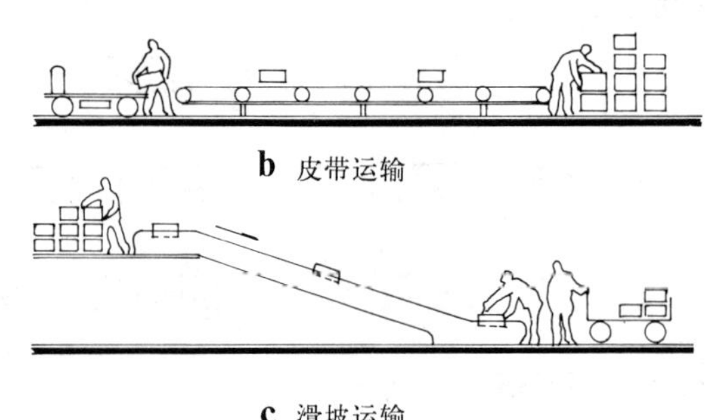

b 皮带运输

c 滑坡运输

2 行包运输方式

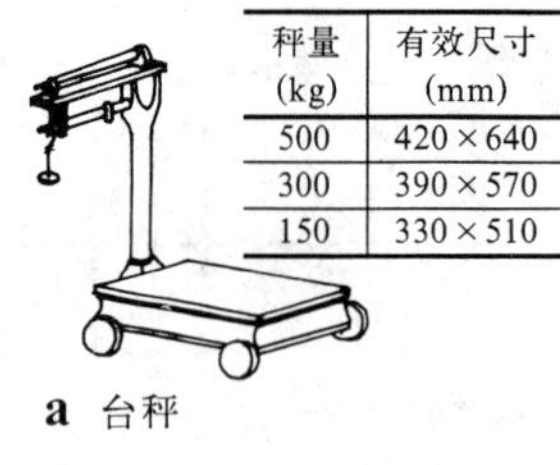

秤量 (kg)	有效尺寸 (mm)
500	420×640
300	390×570
150	330×510

a 台秤

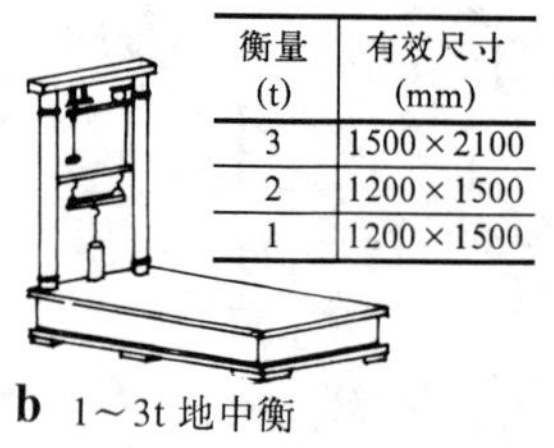

衡量 (t)	有效尺寸 (mm)
3	1500×2100
2	1200×1500
1	1200×1500

b 1～3t 地中衡

剖面

3700　1700　2100　1520　500　5400

平面

c 2t 地中衡布置示例

3 行包库使用磅秤

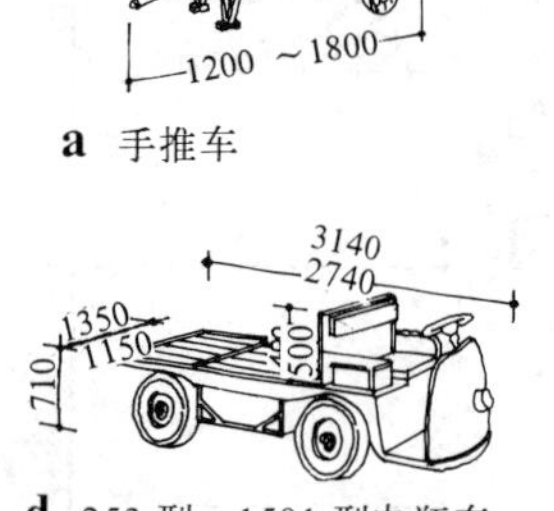

a 手推车

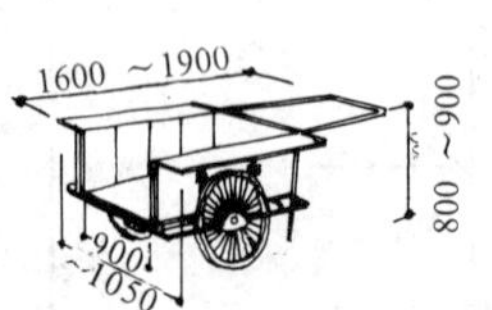

b 手推车

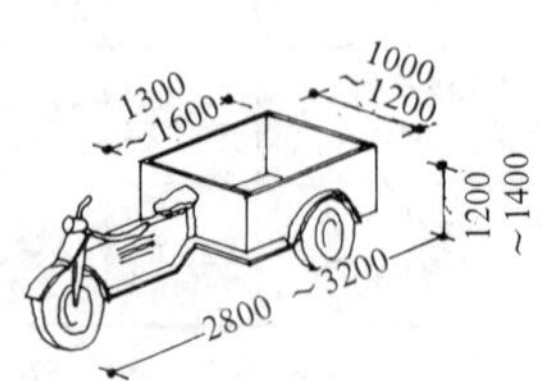

c 三轮摩托车

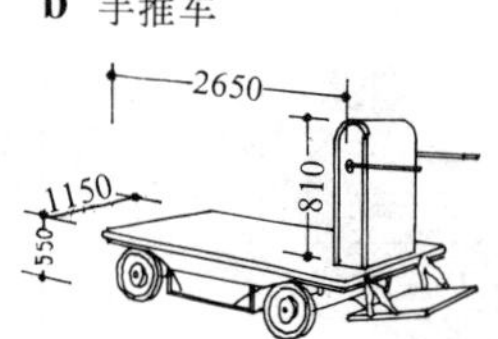

d 253 型、1501 型电瓶车

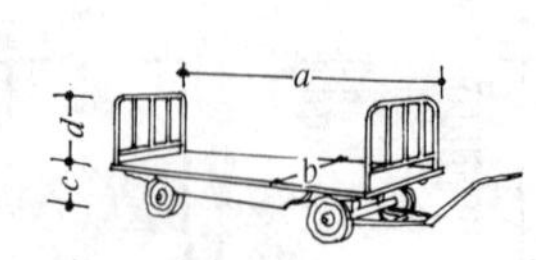

e 207 型电瓶车

f 电瓶车拖车

c=490～555
d=590～785

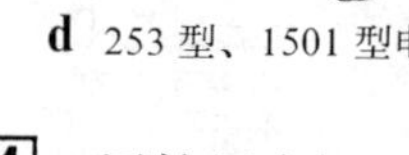

4 运输用车辆

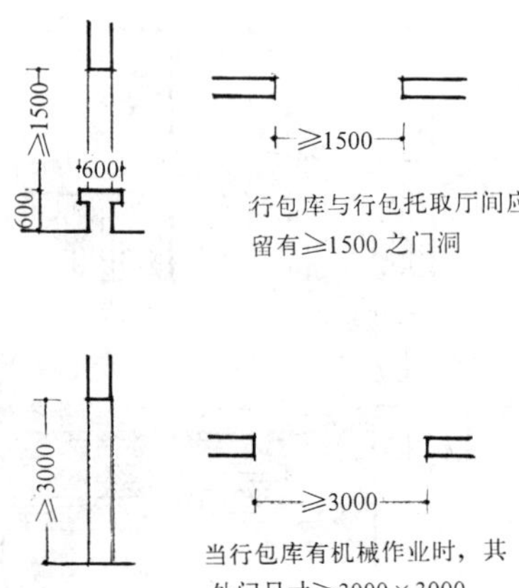

行包库与行包托取厅间应留有≥1500之门洞

当行包库有机械作业时，其外门尺寸≥3000×3000

5 行包库柜台与开门尺寸

旅客商业服务设施的设计要点

一、最高聚集人数在200人以上站房应设置旅客商业服务设施，其使用面积不小于$0.1m^2$/每旅客。

二、大型以上站房的售货部可设计成商场型或专用商店，并应附设相应的专用仓库、业务办公辅助用房。

三、最高聚集人数在1000人以上站房宜设餐饮厅。

四、商店营业厅通道净宽应比一般商场增加20%左右。

五、大型以上站房宜设录像厅、游艺厅等文化娱乐场所，并应附设衣物寄存处。

六、为中转旅客或暂住旅客服务的长时间休息室，可按标准较低的旅馆招待所设计。

七、可把站房视为城市多种商业服务设施与之统一组合而成的城市交通综合体建筑。

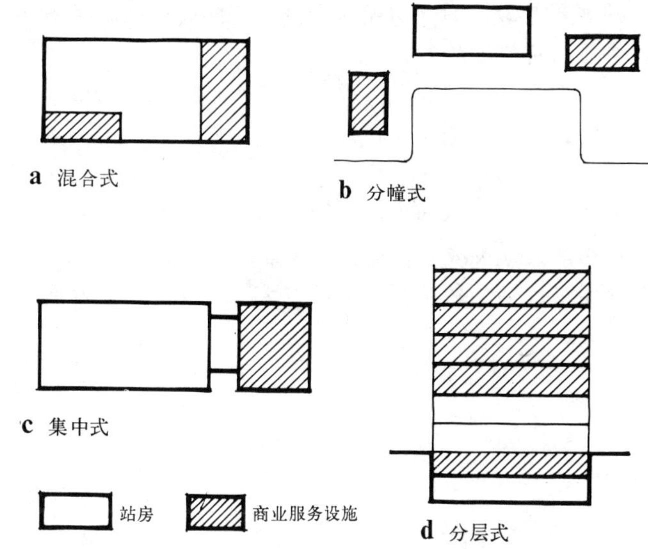

1 商业服务设施与站房的总体关系

商业服务设施设计示例

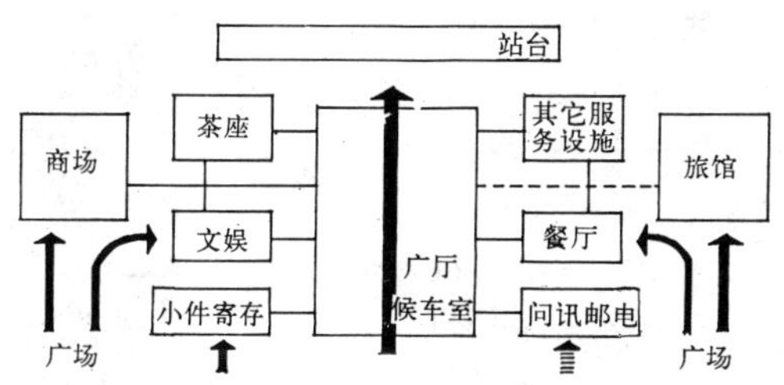

2 商业服务设施的分类

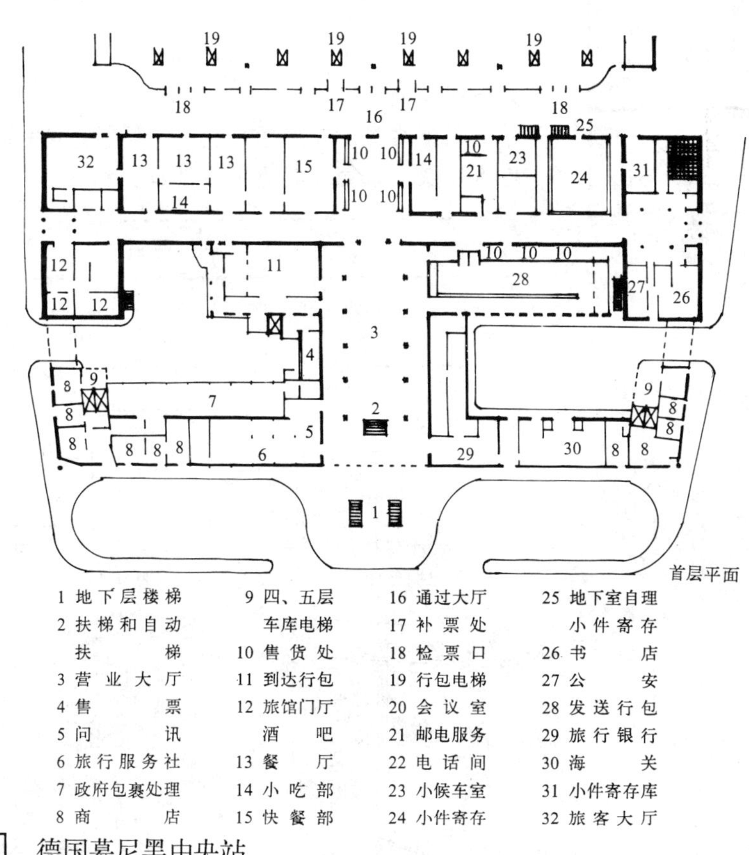

3 德国慕尼黑中央站

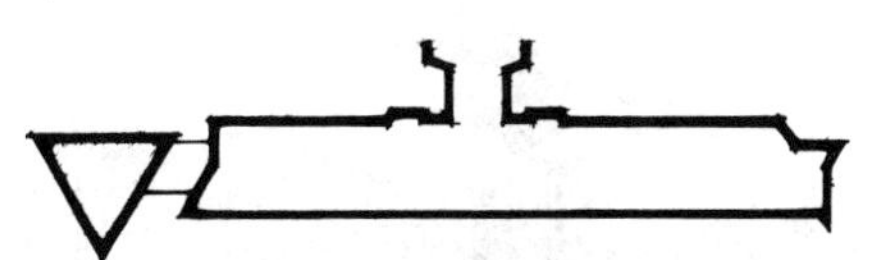

4 白俄罗斯明斯克车站 旅馆与站房相连组成统一的商业服务设施（参见［30］）

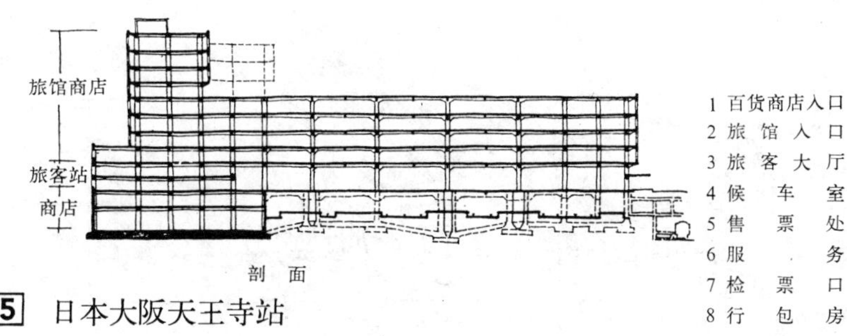

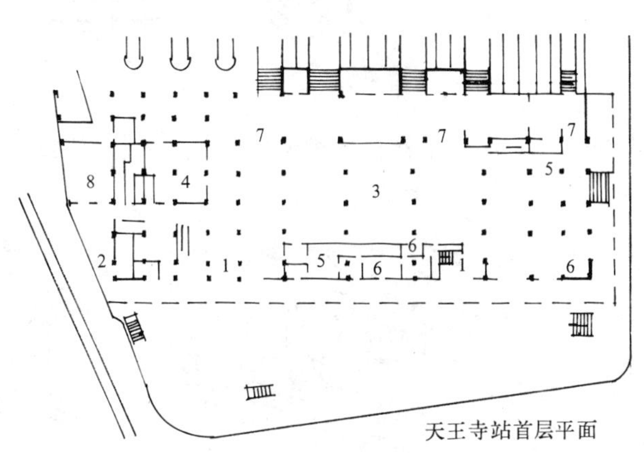

5 日本大阪天王寺站

广厅

一、旅客流量较大的大型站房应设广厅，以作为站房内外联系及内部交通枢纽之用。

二、广厅联系着行包房、售票厅并设有小卖部、小件寄存、邮电、问讯等服务设施时称营业广厅；如主要作为交通枢纽之用则称为分配广厅。

三、广厅大小按最高聚集人数每人0.2m^2（使用面积）计。

四、广厅的交通流线应简捷、明确，避免迂回交叉。

五、大型以上站房的广厅应考虑在主要入口处设置安全检查设施。

问讯处

电视问讯台

一、中型以上站房应设问讯处，小型站房可不单独设立问讯处。

二、问讯处应设置于广厅中，位置应明显，方便询问，也可向广场开设窗口。

三、大型以上站房应考虑设置电视、电话问讯设施，或分设两个以上问讯点。

小件寄存处

一、一般在400人以下的小站，不单设小件寄存处，可与问讯服务、行包房等合并，为了进出站旅客寄存方便，常设在广厅内；在中转旅客较多的站，宜设在出站处。寄存量较大时，可分设几处。

二、寄存处须考虑供存取旅客排队等候用的面积，存取口可采用窗口式、柜台式，但晚间业务量减少时，应考虑其关闭条件。

三、库房须设分层的物品存放架，并留出一定的余地以备堆放较大物件或节、假日寄存量增长的需要。库房内部要求有适当的通风，并考虑防火、防鼠、防蛀等措施。

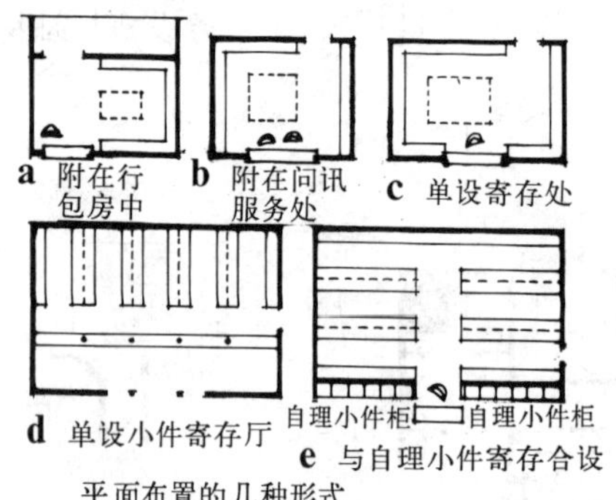

平面布置的几种形式

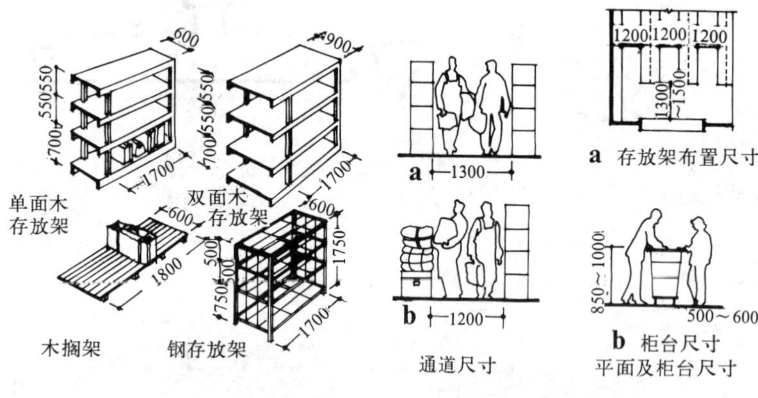

邮电服务处

中型以上站房应在广厅内设邮电服务处（电话、电报）及书报处，其使用面积如下表：

单位：m^2

房间名称	旅客站规模		
	特大型	大型	中型
邮电服务处	30～40	20～25	10～15
书　报　处	20	15	10

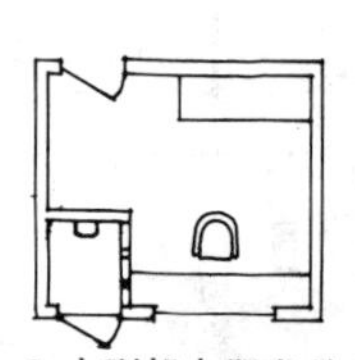

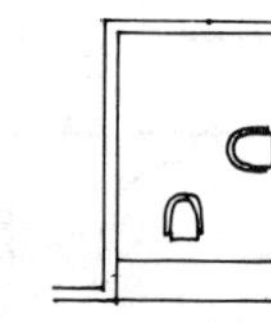

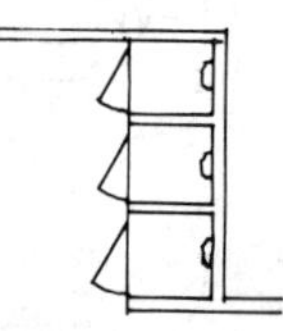

a 小型邮电服务处　b 开敞式大型邮电服务处

c 电话处　d 电话间

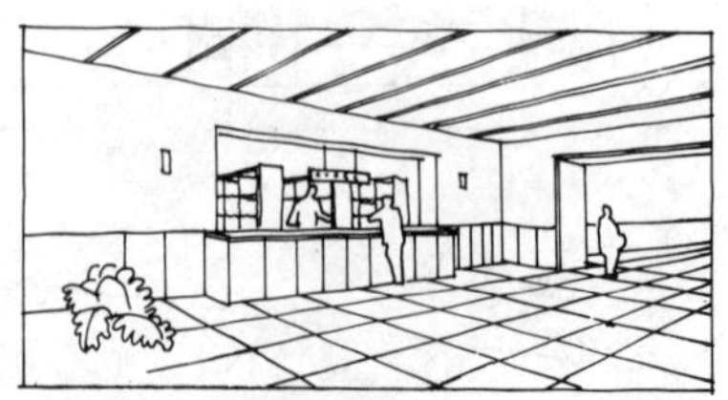

·柜台式小件寄存处

·窗口式小件寄存处

·自理小件寄存处

跨线建筑

一、基本站台与中间站台之间，应以跨线建筑（平过道、天桥、地道）相连接。在设计跨线建筑时，结合列车对数、跨线旅客人数、行包数量、地形及站房布局等具体条件，合理组织旅客流线和行包流线。

二、最高聚集人数 1000 人及其以上的旅客站，宜设旅客地道或天桥。

三、特大型旅客站的旅客立体跨线建筑不应少于 3 处（含行包地道）；大型旅客站不少于 2 处。

四、最高聚集人数 300 人以下的小型旅客站，可设平过道跨线，其位置宜在进出站口附近，并应设置两处。

五、出站旅客地道的出口宜直对站房出站口，或与站房出站大厅相连。

六、严寒及寒冷地区或多雨地区，天桥宜采用封闭或半封闭带顶建筑。

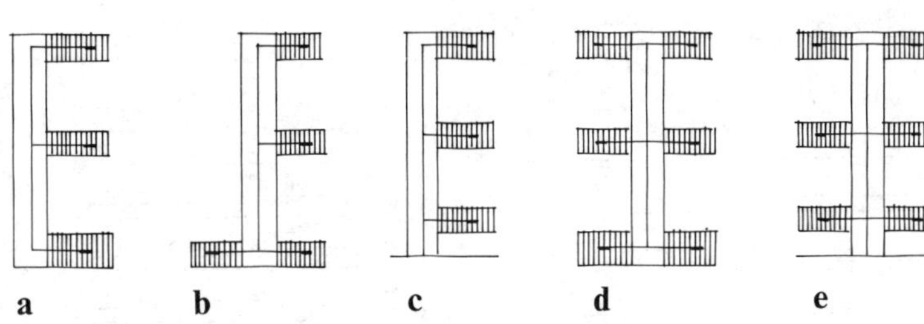

1 天桥、地道几种平面形式示意

天桥、地道最小宽度和最小净高(m)

名称	旅客天桥、地道				行包(邮件)地道
	特大型	大型	中型	小型	
最小宽度	6.0	5.0	4.0	3.0	5.2
最小净高	2.5(3.0)				3.0

注：括号内为封闭式天桥最小净高尺寸

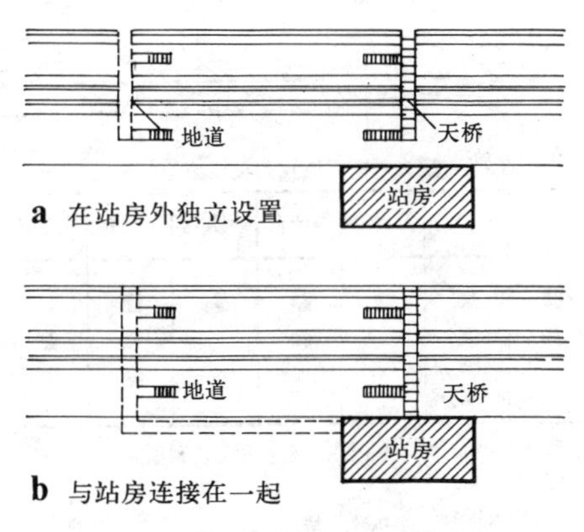

2 天桥、地道与站房的关系

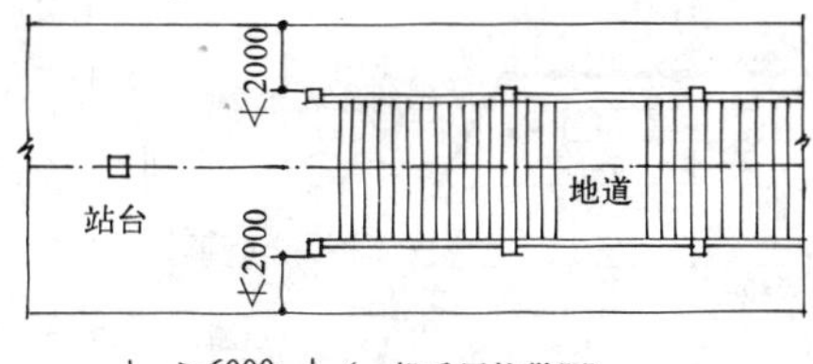

5 地道在站台的位置

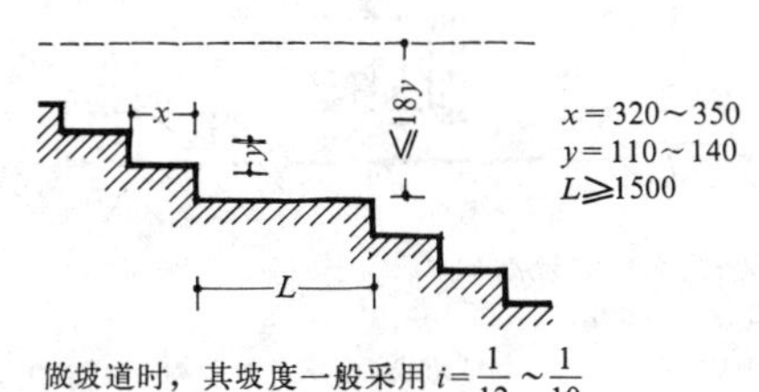

做坡道时，其坡度一般采用 $i=\frac{1}{12}\sim\frac{1}{10}$

6 天桥、地道踏步尺寸

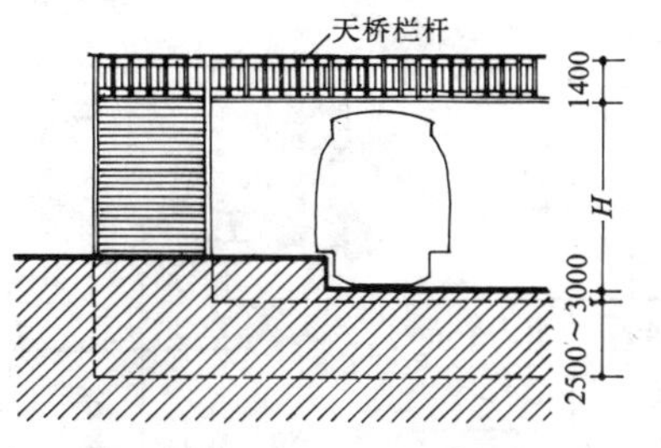

通行蒸汽和内燃机车时，$H=5500$；通行电力机车时，须与铁道部门有关单位联系确定

3 天桥、地道净高

天桥、地道设计的有关规定

一、通向站台出入口的宽度：特大型旅客站不小于 4m；大型旅客站不小于 3.5m；中型旅客站不小于 3m。

二、大型、特大型站旅客地道宜设阶梯和坡道各 1 个。

三、旅客地道采用坡道时，坡度不大于 1∶8，坡道应有防滑措施。

四、地道出口地面标高高出站台面不应小于 0.1m。

五、地道出入口应设旅客导向牌。

六、地道应有可靠的防水和排水设备。

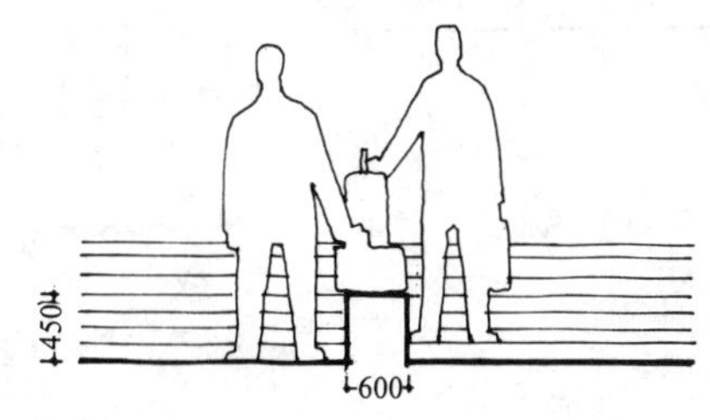

7 高架候车室下达站台楼梯宜设方便旅客的随梯平台

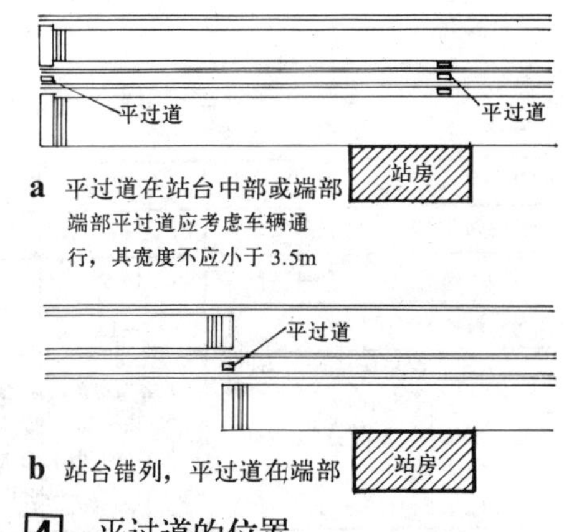

4 平过道的位置

行包地道设计

最高聚集人数 4000 人以上大型旅客站宜设行包（邮件）地道 1 处；特大型旅客站宜设行包（邮件）地道 2 处和联系地道 1 处。

行包（邮件）地道向各站台应设单向出入口，其宽度不宜小于 4m。

行包（邮件）地道的出入口坡道的坡度不大于 1∶12。

特大型旅客站的行包（邮件）地道应考虑自动化传送作业。

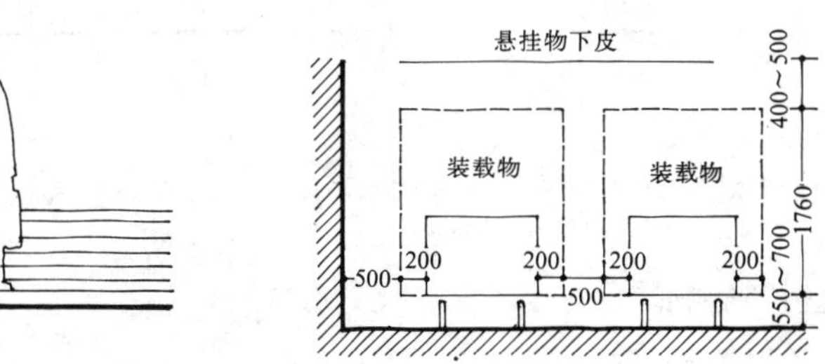

8 行包地道高宽尺寸

铁路旅客站[15]站台

一、站台的种类

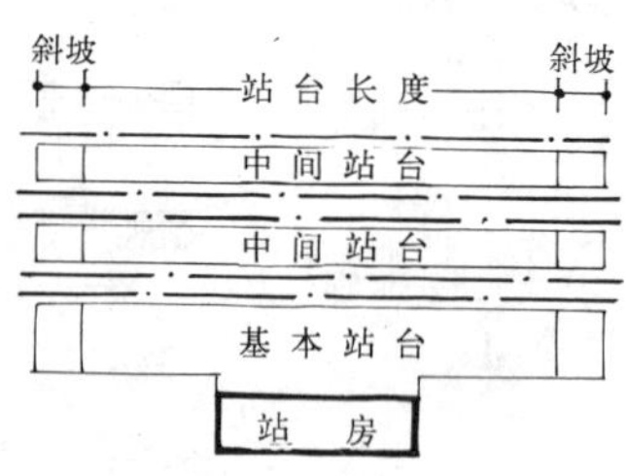

[1] 线侧式站的站台

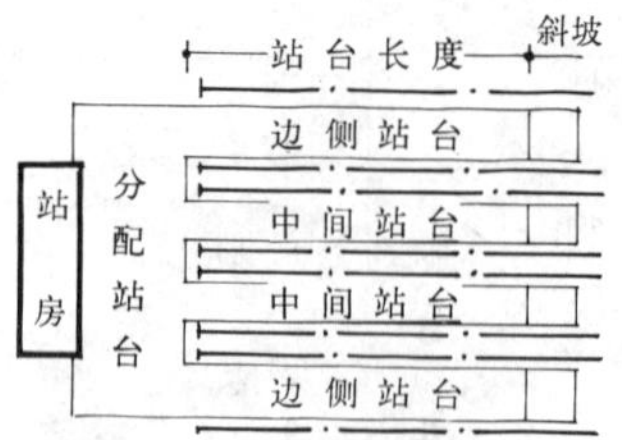

[2] 线端式站的站台

注：①按线路与站房的布置关系分为基本站台、中间站台、边侧站台和分配站台。
②按站台高度分为低型站台和高型站台。
③按站台用途分为旅客站台和行包站台。

二、站台的高度

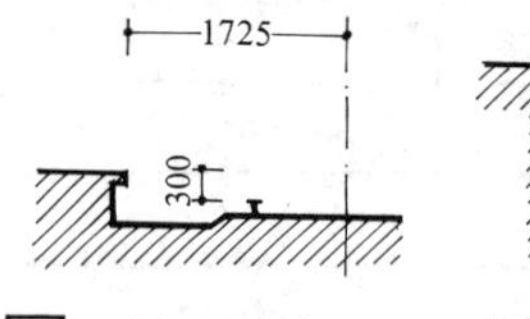

[3] 低型站台

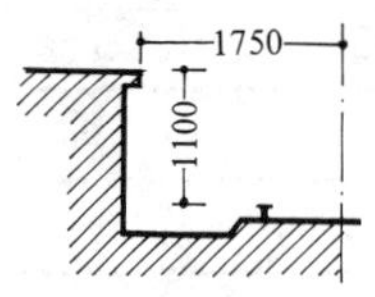

[4] 高型站台

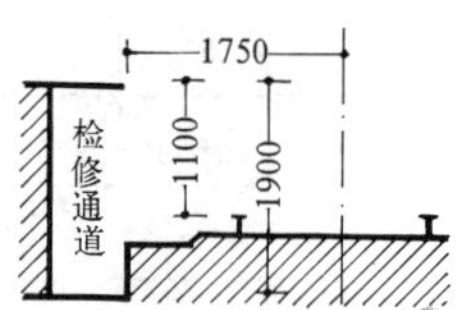

[5] 高型站台

注：①低型站台一般适用于中、小型站。
②高型站台用于旅客较多的特大型站或有机动车组行驶的车站，根据列车检修的要求，做检修人员通道，并每隔 80～100m 做一个检修人孔以保证检修作业的安全。

三、站台的宽度——应通过计算确定

一般旅客站站台宽度参考表(单位：m)　　表 1

站台类别	小型站	中型站	大型站	特大型站
分配站台	—	8～16	15～20	20～25
边侧站台	3～4	4～6	6～8	8～12
中间站台	5～6	8～10	10～12	10～12
基本站台	在旅客站房范围以内不应小于 8m 其余部分不应小于 4m，但乘降人数很少时可减至 3m	在旅客站房范围以内 12～20m，其余部分不小于 4m	在旅客站房范围以内≮20m，其余部分不小于 4m	≮25m

注：①以上站台宽度仅属一般使用情况下的参考数据。
②站台宽度的影响因素：
ⓐ 旅客的使用情况（进出口位置和数量、流线组织、配线使用方式等）；
ⓑ 站台上的附属设施和天桥、地道的设置情况；
ⓒ 行包搬运车的影响；
ⓓ 考虑扩建股道和天桥、地道的要求；
ⓔ 特殊用途（如迎送贵宾、检阅仪仗队及绿化布置等）。

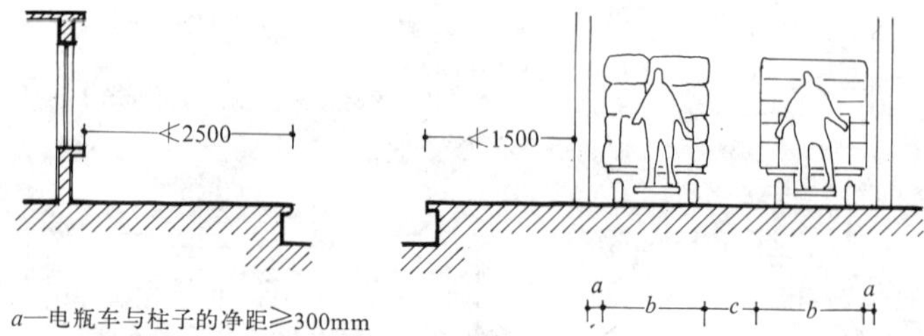

a—电瓶车与柱子的净距≥300mm
b—电瓶车的装载宽度限界（电瓶车实宽加 400mm）一般为 1540～1750mm
c—两个电瓶车之间的净距≥500mm

[6] 影响站台宽度的部分尺寸

注：①旅客站台上柱类建筑物离站台边缘至少1.5m
②如在站台上有天桥、地道的出入口、亭子及其他建筑物时，建筑物的边缘与站台边缘之间的宽度不应小于 2.5m。

四、站台的长度——根据旅客车列最大长度确定

旅客站台最大长度参考表　　表 2

客运种类		斜坡坡度 踏步	斜坡坡度 斜坡	站台长度
长途、短途		1：2	1：10	350～550m
市郊	蒸气机车牵引	1：2	1：10	300m
市郊	摩托车组	1：2	1：10	240m

注：①站台长度中不包括站台端部的斜坡长度和机车所占用的长度。
②旅客站台应配合运营年度的旅客车列长度分期修建。
③大型及特大型站，在站台上堆放和装卸行包占用较多面积时，可结合当地条件适当加长。
④尽端式站站台长度较上述规定所应增加的长度与车站配线方式有关，通常分为四种情况，如下图Ⅰ、Ⅱ、Ⅲ、Ⅳ所示。

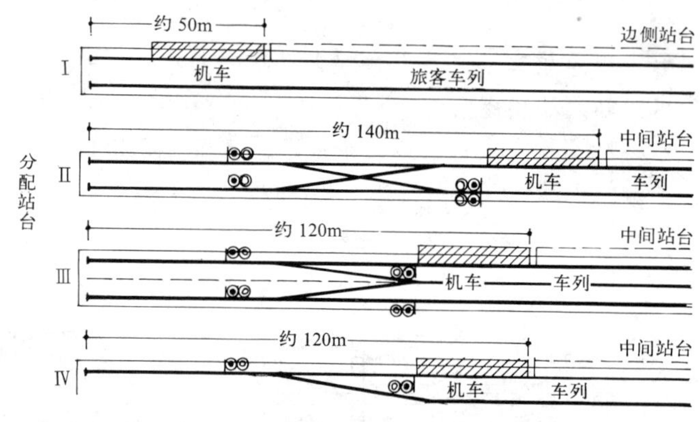

五、旅客站台常用的设施　■表示需要设置此项设施　　表 3

旅客站规模	站名牌	站台编号牌	时钟	扩音器	售货亭	盥洗台	饮水台	果皮箱	候车椅
大型	■	■	■	■	■	■	■	■	
中型	■	■	■	■		■		■	■
小型	■							■	■

注：在列车停站时间长、中转旅客换乘多的情况下，要考虑设置厕所。

六、标准轨距铁路直线建筑接近限界

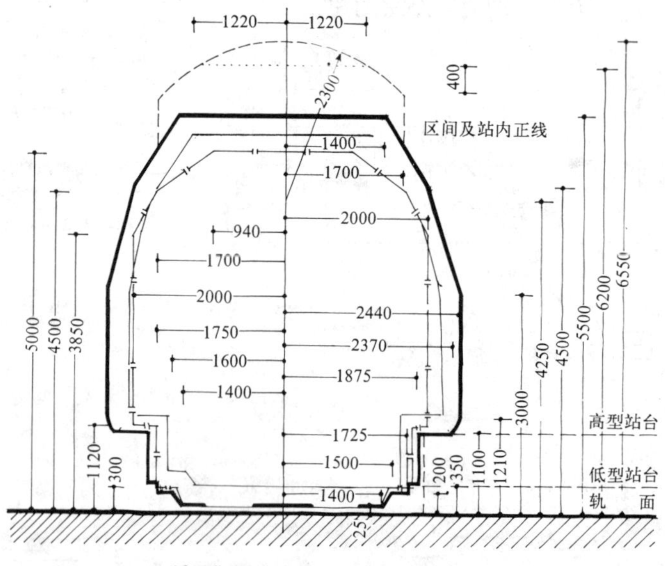

—·—·— 适用范围详见标准轨距铁路限界
——— 各种建筑物的基本接近限界
- - - - - 适用于电力机车牵引的线路的跨线桥、天桥及雨棚等建筑物
·········· 电力机车牵引的线路的跨线桥在困难条件下的最小高度

注：设计时必须考虑装修抹灰后的净尺寸以及施工误差等问题。

雨棚设计

一、在大、中型站，旅客及行包经常通行和聚集的站台应设置雨棚。

二、站台雨棚高度的确定：在满足直线建筑接近限界的要求下，能最大限度地遮挡雨、雪和日晒，并应考虑列车停靠站台时的采光要求及站台上部空间的高宽比例。

三、考虑站台上时钟、广播器、照明设备、站名灯、指示牌等的位置及其安装。悬挂物下部距站台地面以 3.00m 为宜。

四、雨棚的一般形式：

单柱式雨棚——单柱占站台面积少，旅客和搬运车辆在柱子两侧通行较为方便，站台内部空间开敞，适用于宽度不大的站台。

双柱式雨棚——适用于站台面较宽、跨线建筑（天桥、地道）出入口较多的站台。

跨线式雨棚——旅客使用条件较好，但造价太高、通风、采光、结构处理都比较复杂，在用蒸气机车牵引时，还要解决排烟问题。

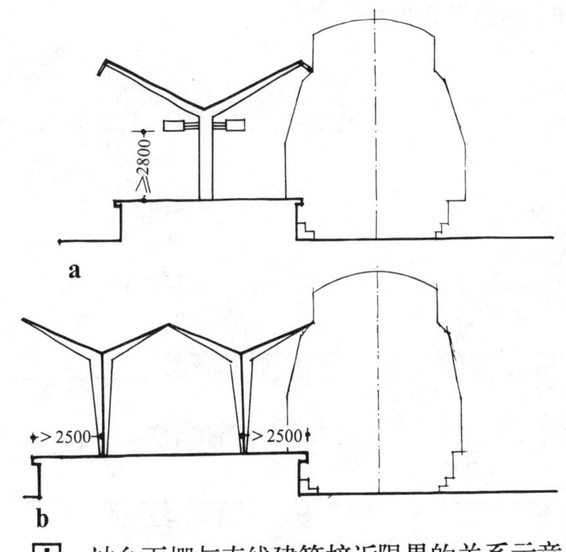

1 站台雨棚与直线建筑接近限界的关系示意

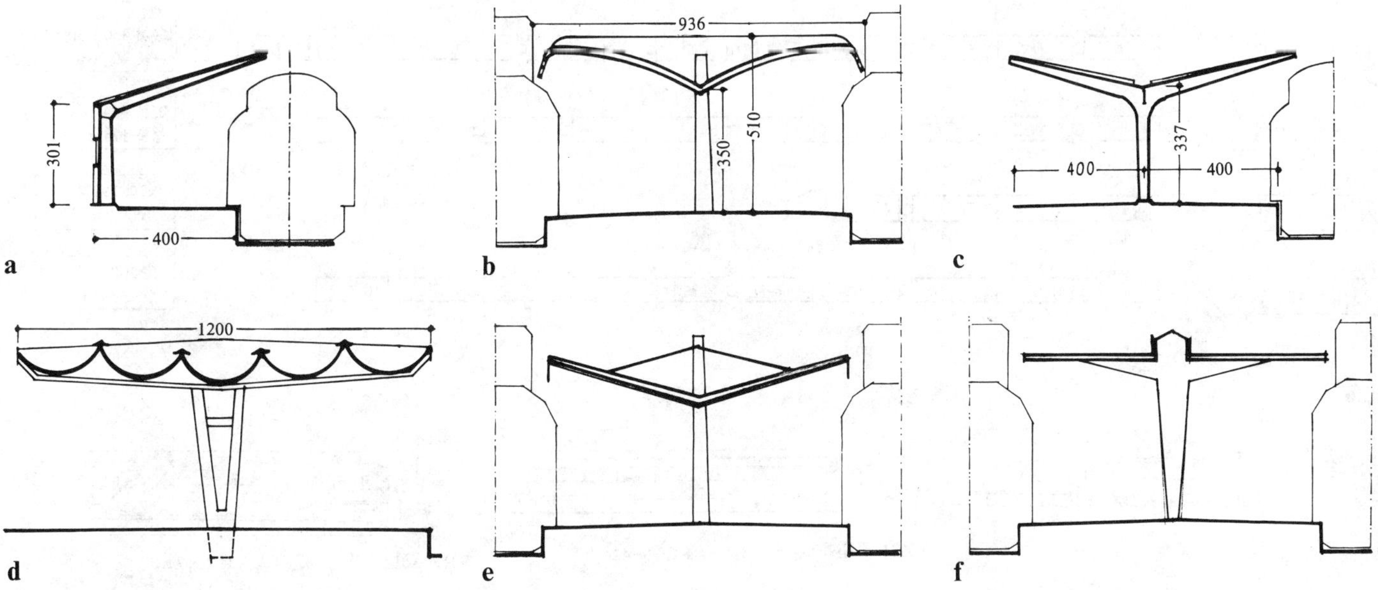

a b c d e f

2 单柱式雨棚

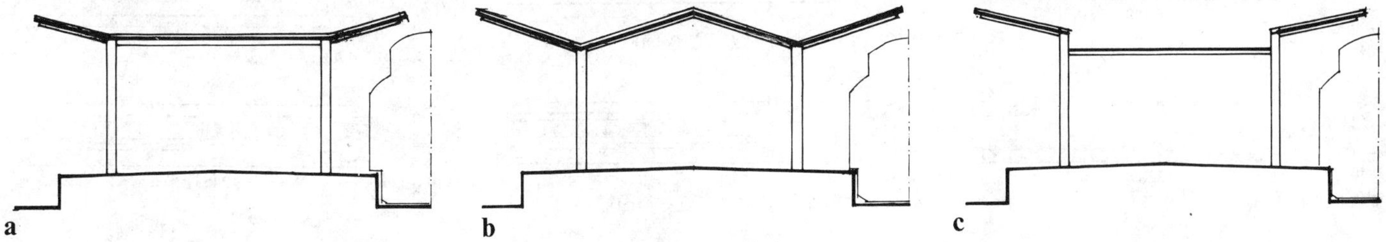

a b c

3 双柱式雨棚

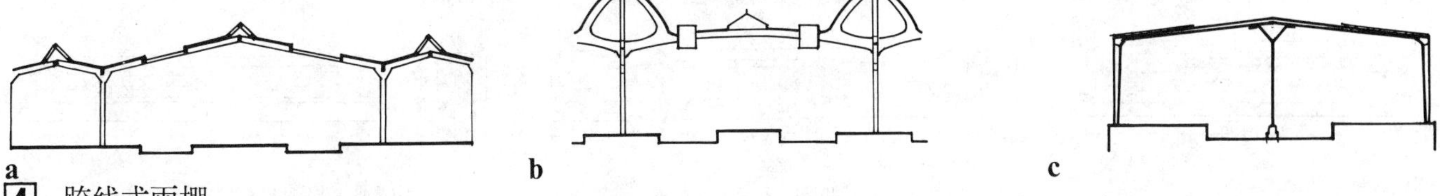

a b c

4 跨线式雨棚

2

列车编组及其长度

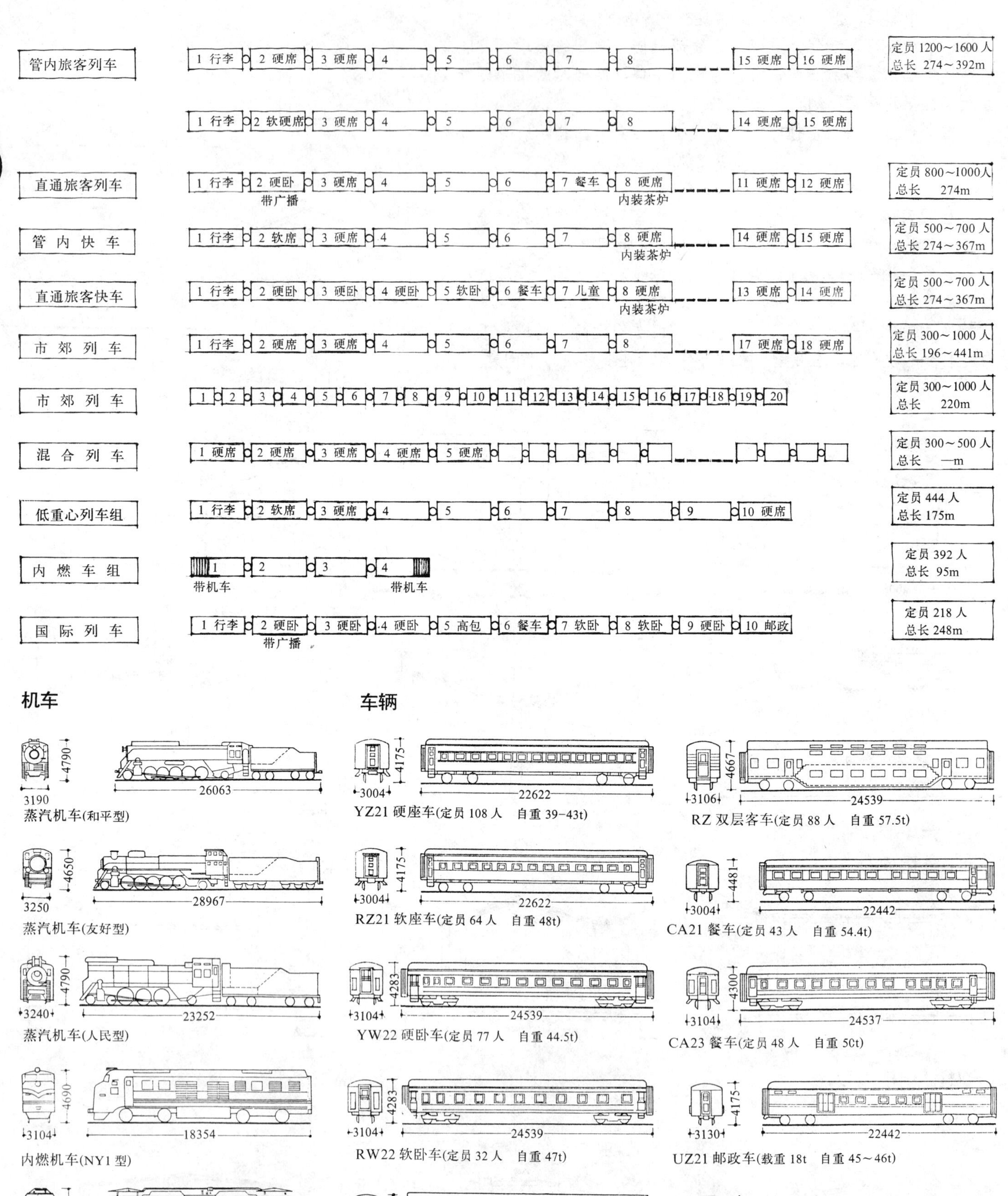

蒸汽机车(和平型)

蒸汽机车(友好型)

蒸汽机车(人民型)

内燃机车(NY1 型)

电力机车(韶山型)

YZ21 硬座车(定员 108 人　自重 39-43t)

RZ21 软座车(定员 64 人　自重 48t)

YW22 硬卧车(定员 77 人　自重 44.5t)

RW22 软卧车(定员 32 人　自重 47t)

YZ31 市郊车(定员 240 人　自重 41.4t)

RZ 双层客车(定员 88 人　自重 57.5t)

CA21 餐车(定员 43 人　自重 54.4t)

CA23 餐车(定员 48 人　自重 50t)

UZ21 邮政车(载重 18t　自重 45～46t)

XL21 行李车(载重 17t　自重 47t 容积 $103m^3$)

站前广场的组成

站前广场的设计要点

一、广场形态应与站房、人流、车流协调，与城市整体布局协调，满足城市规划要求。

二、人流、车流不得交叉，各种不同车流避免冲突，过境交通不得穿越广场。

三、广场内要选择恰当的人行活动平台，以使广场空间与流线组织各得其所。

四、注意美化环境，适当安排绿化，方便旅客休息。

五、功能分区明确，停车场地要适当分隔，全面考虑发展问题。

六、要充分利用地形条件与特点。

站前广场的基本形态

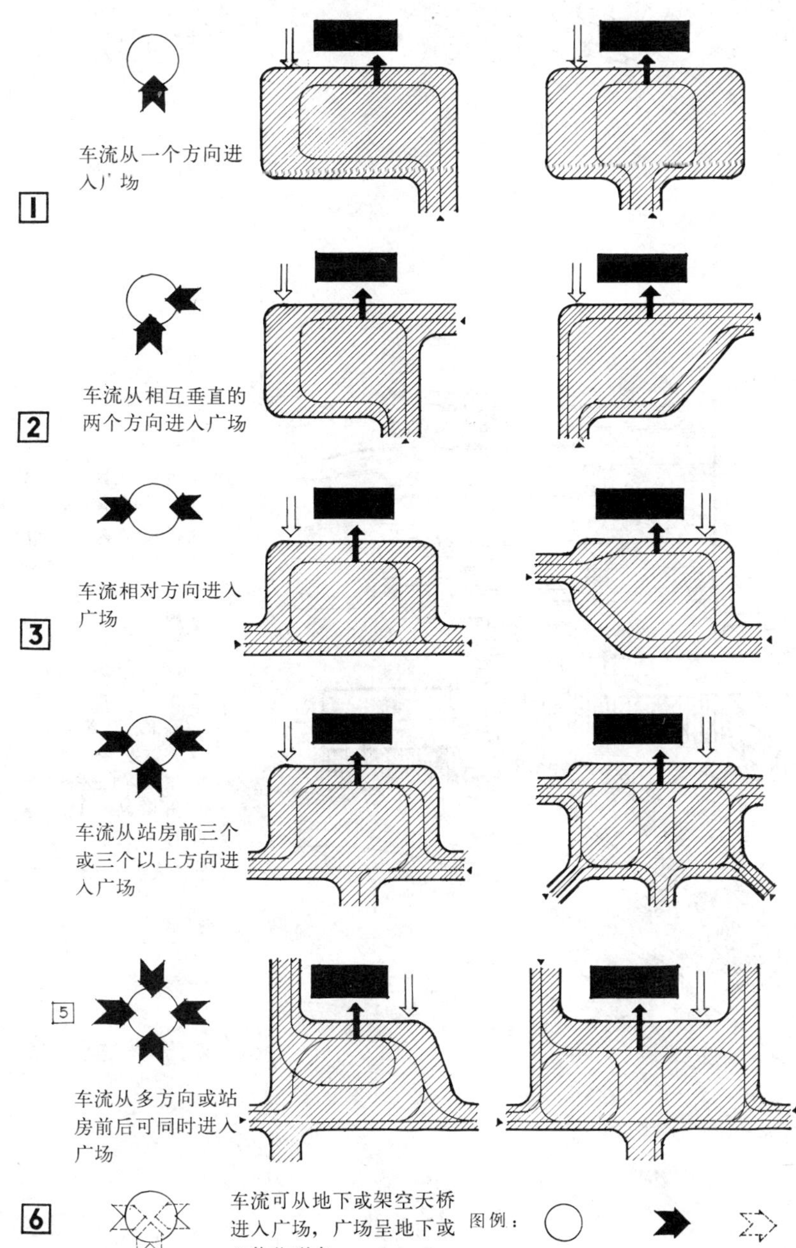

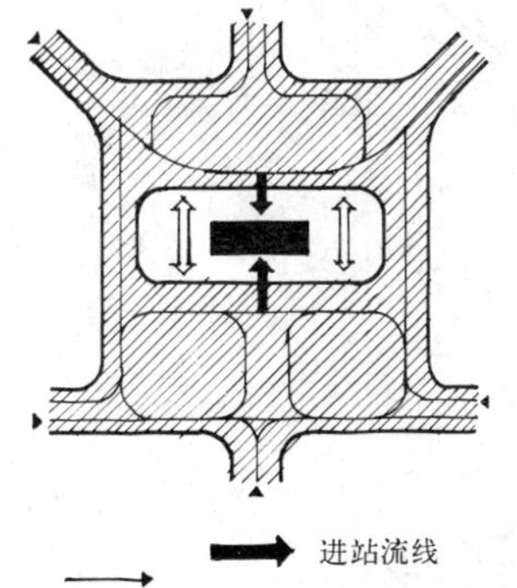

图例：广场　车流　地下车流　车流　进站流线　出站流线

人行活动平台(由站房平台向广场伸出部分)的基本形式

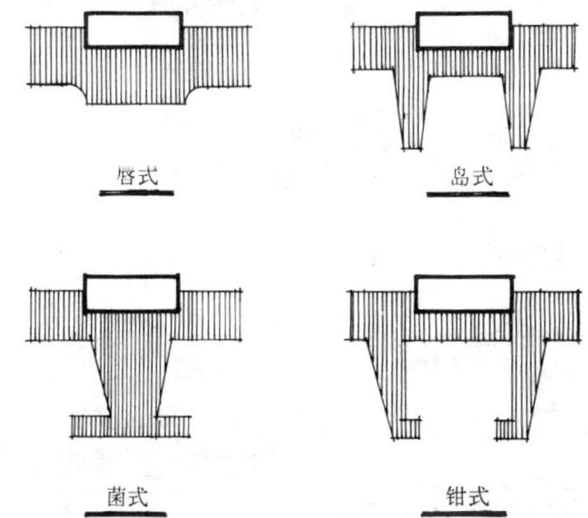

广场面积参考指标　　表1

旅客站规模	m^2/人	各部分占总面积百分比(%)		
		旅客活动地带	停车场、车行道	绿化等
特大型	6.0	48	42	10
大型	5.0～5.5	48	42	10
中型	4.5～5.0	58	27	15
小型	4.0～4.5	64	14	22

注：本表面积不包括公交车辆停靠站。本表按最高聚集人数计。

主要车辆占地面积参考表　　表2

车辆类型	公共汽车	电车	小汽车
车身尺寸(m)	2.66(宽) 11.00(长)	2.45(宽) 14.75(长)	2.00(宽) 5.70(长)
单位占地面积(m^2)	170～220	200～250	25

注：占地面积包括停车运输和中间通道面积三部分合成计算。

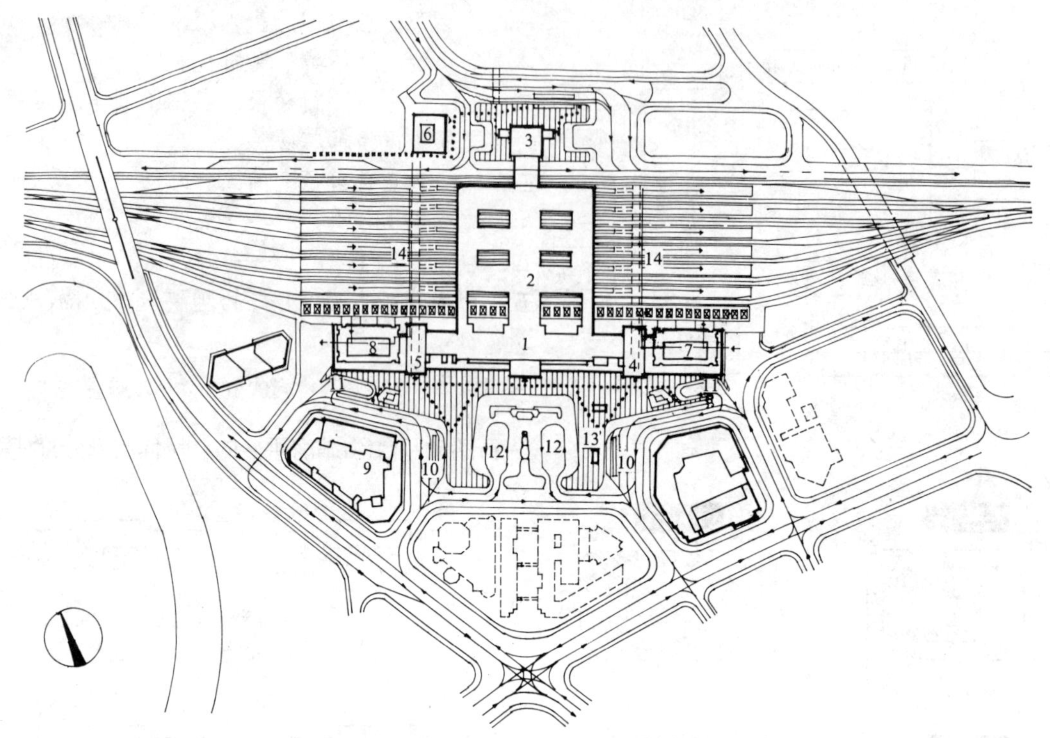

1 南进站厅
2 高架候车厅
3 北进站厅
4 东出口厅
5 西出口厅
6 北出口厅
7 东行包房（托运）
8 西行包房（提取）
9 邮政转运楼
10 公交终点站
11 出租车停车场
12 小汽车大客车停车场
13 地铁出入口
14 地道

图例：

···· 人流路线
—→ 车流路线

[1] 上海站地区总平面与广场交通流线

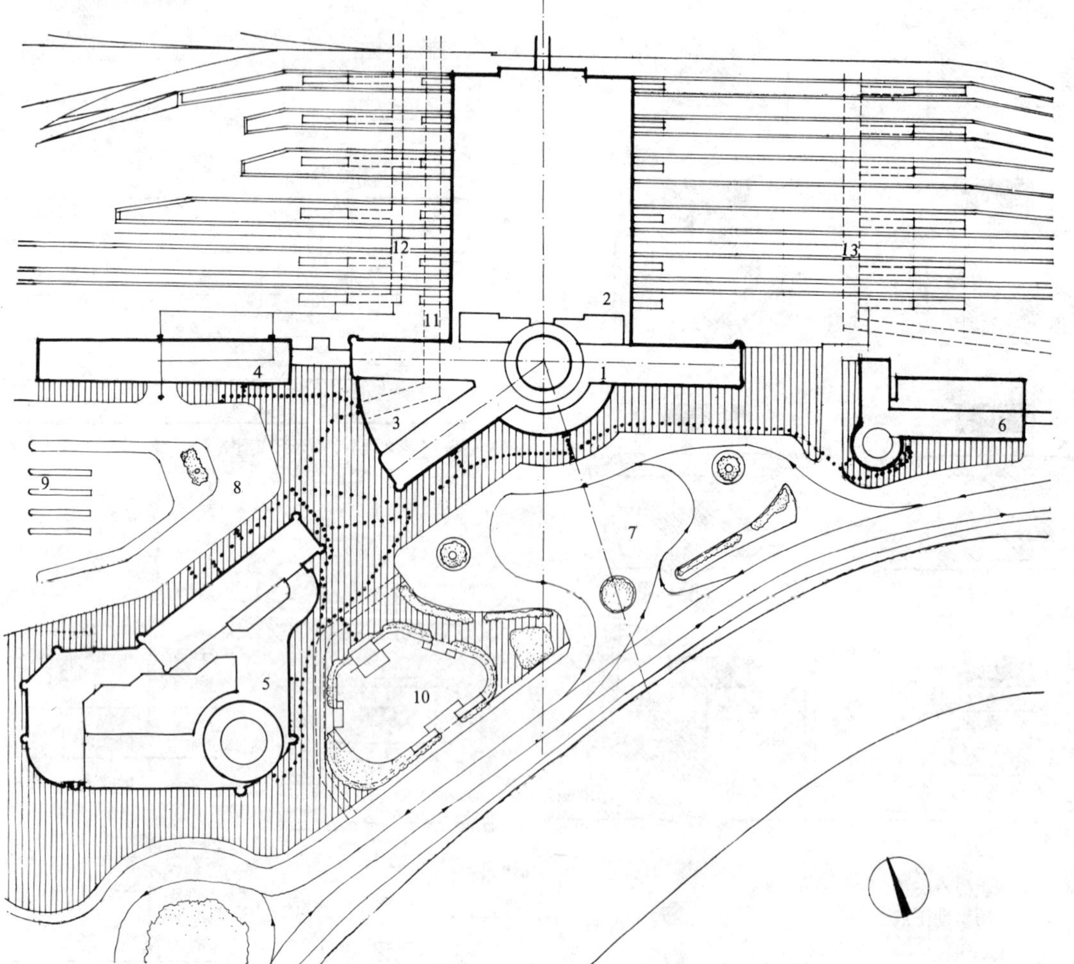

1 主站房
2 高架候车厅
3 出站厅
4 行包综合楼
5 商业服务综合楼
6 邮电楼
7 主广场（小汽车大客车停车场）
8 副广场（出租车停车场）
9 公交终点站
10 下沉式自行车停车场
11 出站地道
12 行包地道
13 邮包地道

图例：

······ 人流路线
—→ 车流路线

[2] 天津站地区总平面与广场交通流线

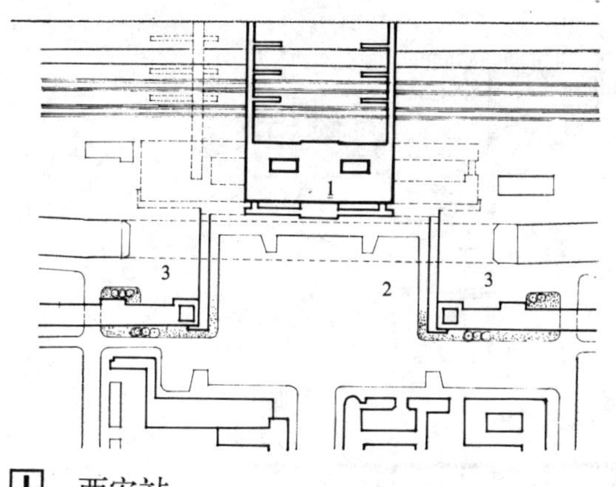

1 西安站

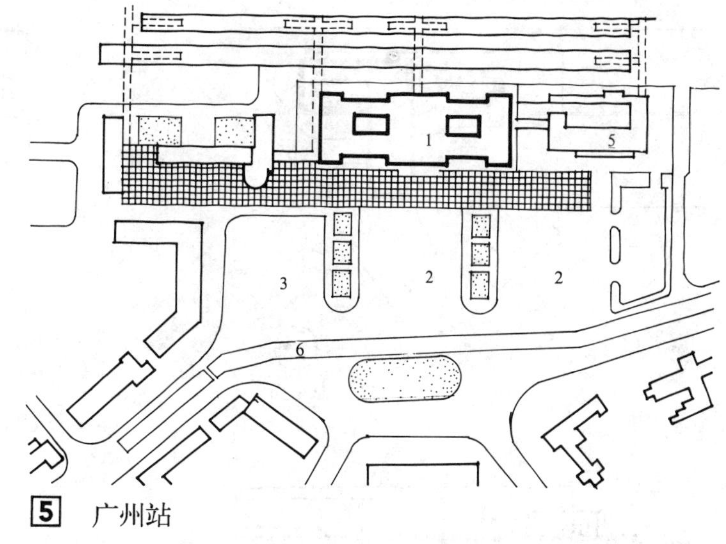

5 广州站

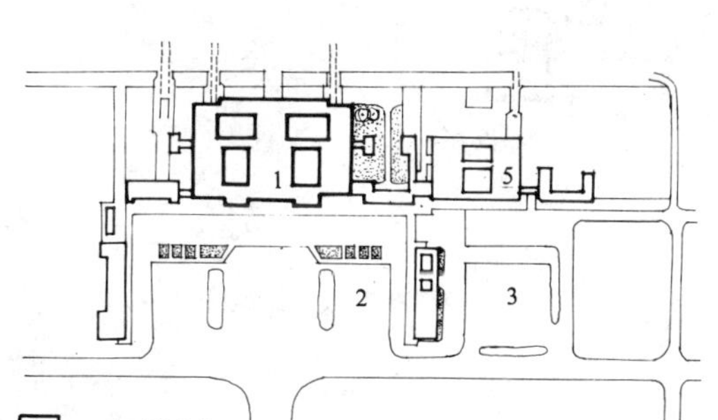

2 长沙站

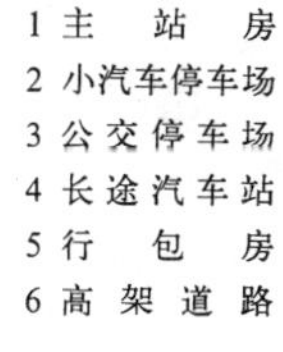

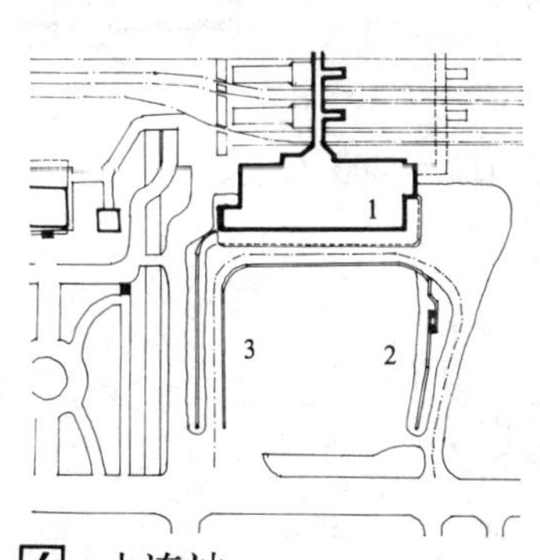

6 大连站

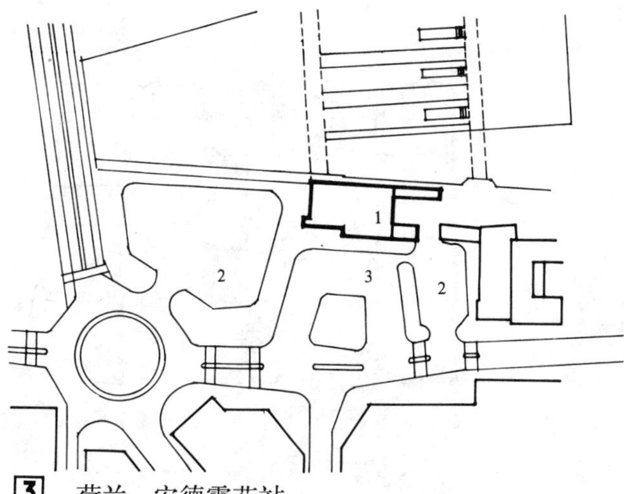

3 荷兰 安德霍芬站

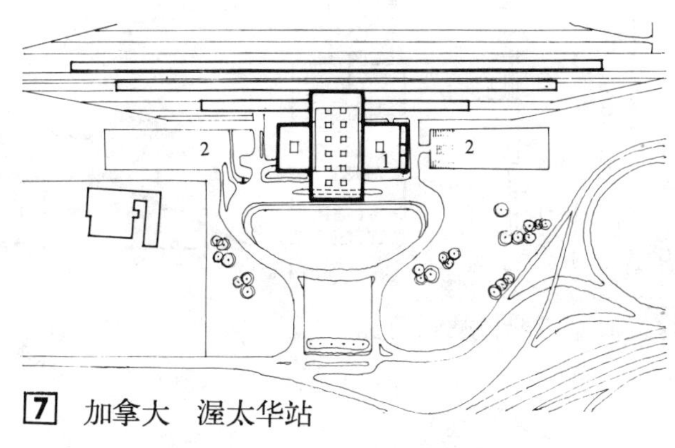

7 加拿大 渥太华站

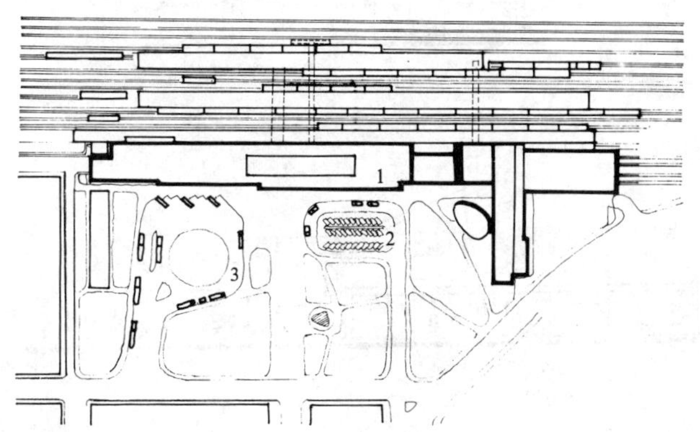

4 捷克 契柏站

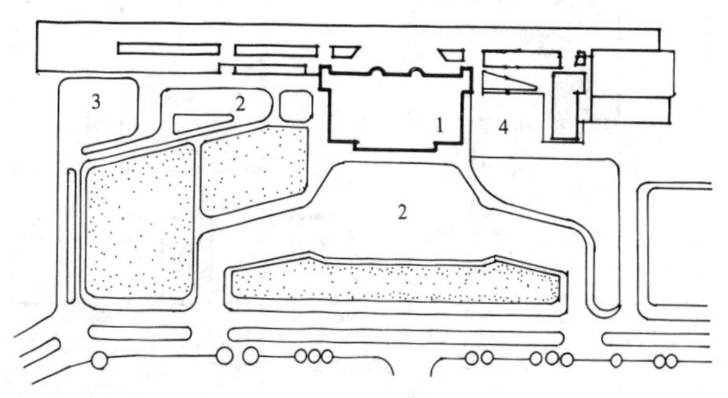

8 罗马尼亚 布拉索夫站

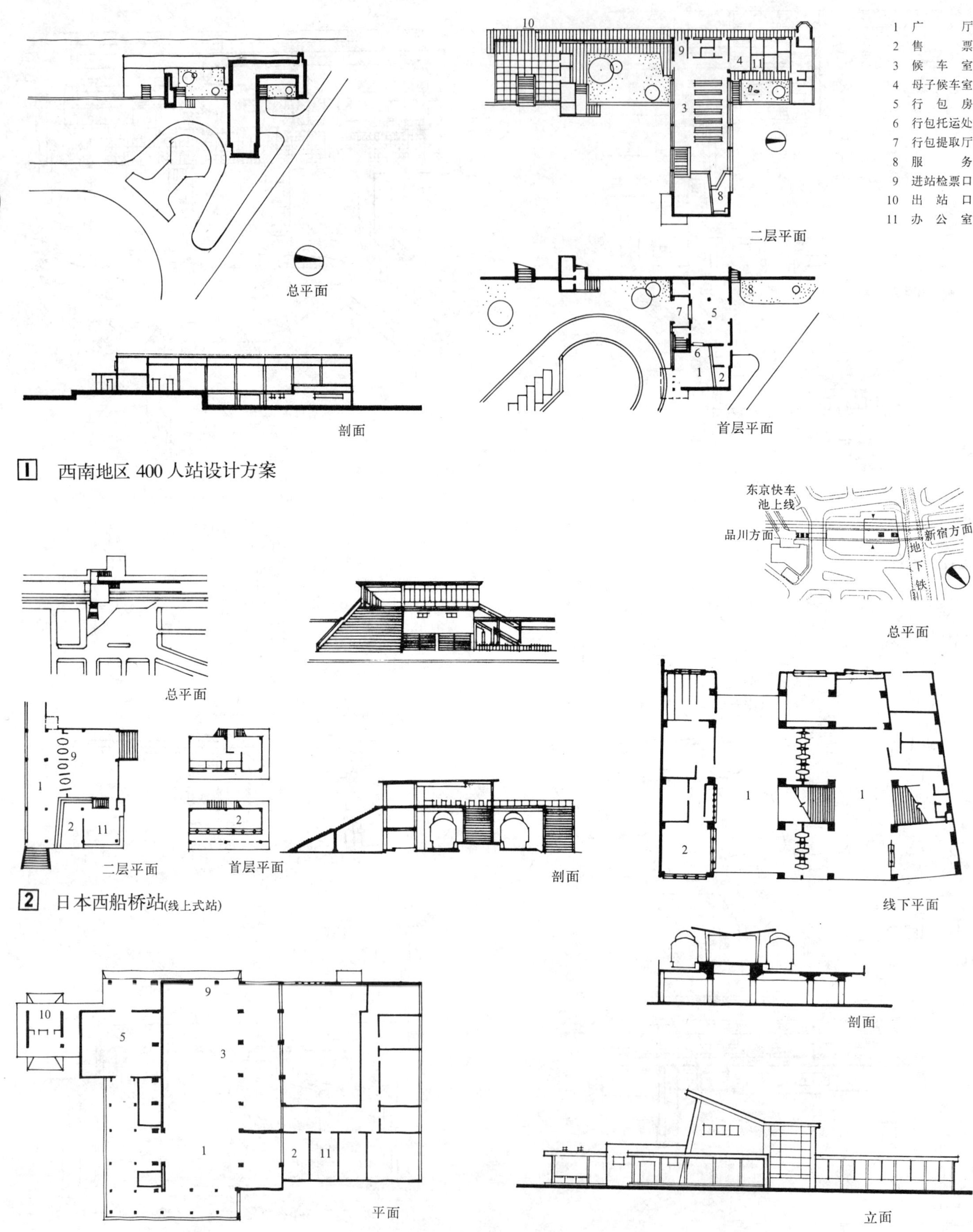

1 西南地区 400 人站设计方案

2 日本西船桥站(线上式站)

3 衡广线 河头站

4 日本五反田站(线下式站)

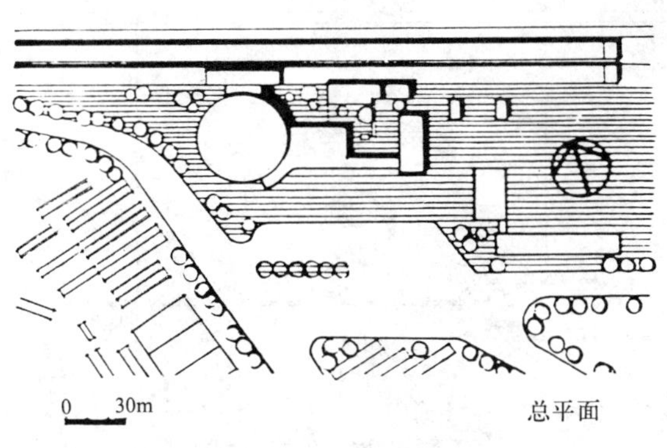

总平面

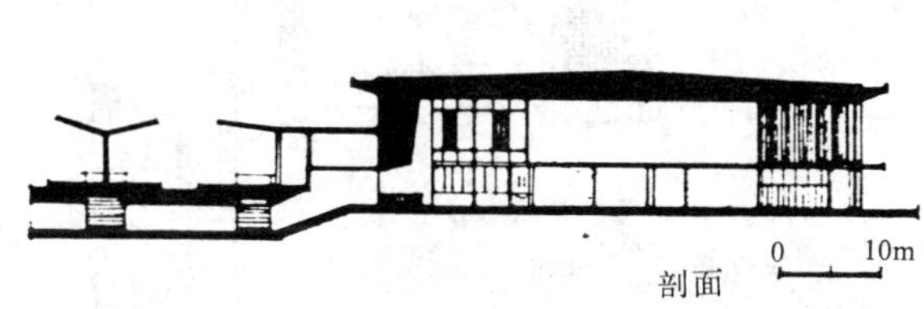

剖面

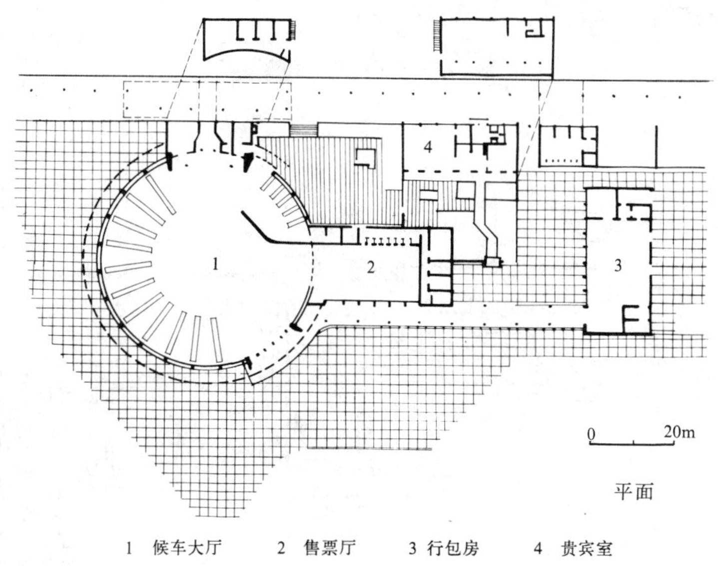

平面

1 候车大厅　2 售票厅　3 行包房　4 贵宾室

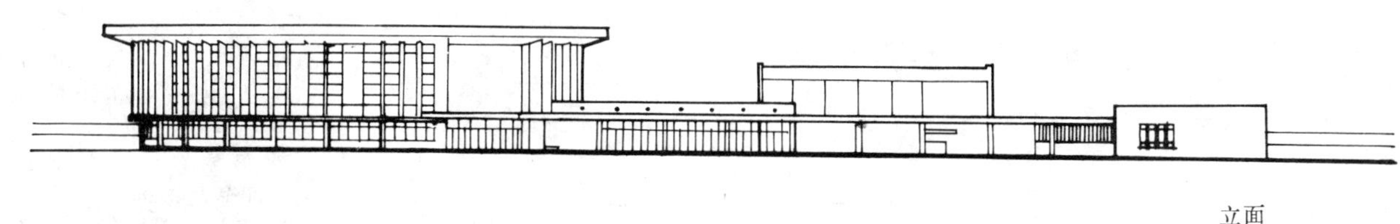

立面

1 天津塘沽站

设计规模最高聚集为1800人

建筑面积 4100m²

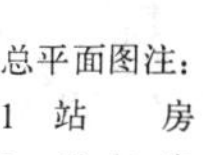

总平面图注：

1 站房
2 行包房及小件寄存处
3 雨廊
4 雨棚
5 地道
6 出站地道雨棚
7 小汽车进站坡道
8 水塘
9 停车坪

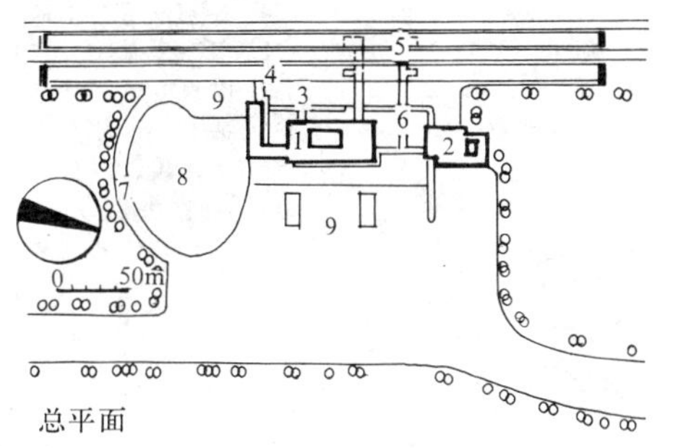

总平面

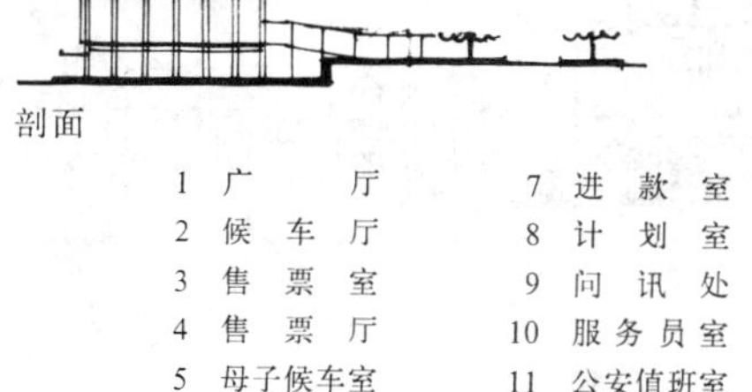

剖面

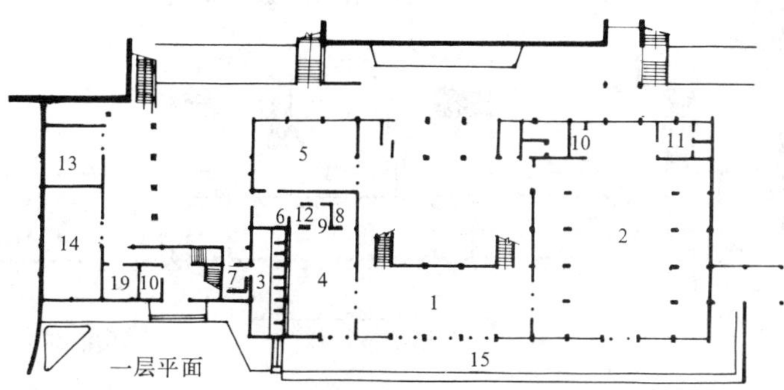

一层平面

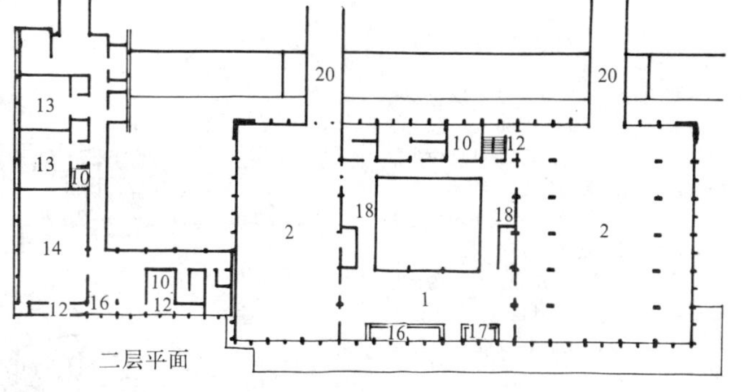

二层平面

1 广厅	7 进款室	13 贵宾室
2 候车厅	8 计划室	14 团体、贵宾室
3 售票室	9 问讯处	15 雨廊
4 售票厅	10 服务员室	16 售货处
5 母子候车室	11 公安值班室	17 邮电服务处
6 客运值班室	12 储藏室	18 饮水处
		19 接待室
		20 栈桥

2 桂林站

建筑面积 4200m²、其中候车面积为 2000m²

北京站

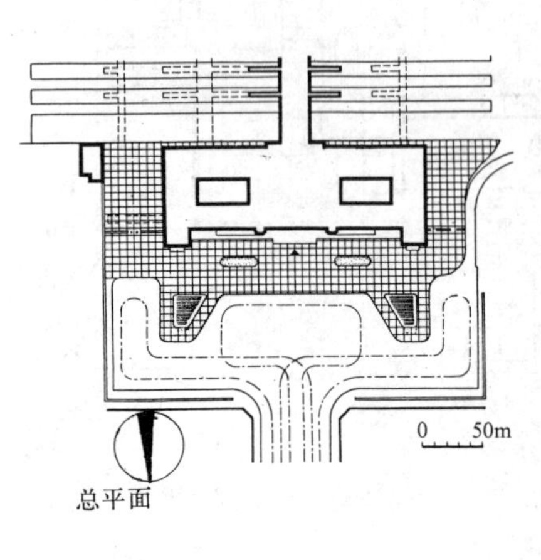

总平面

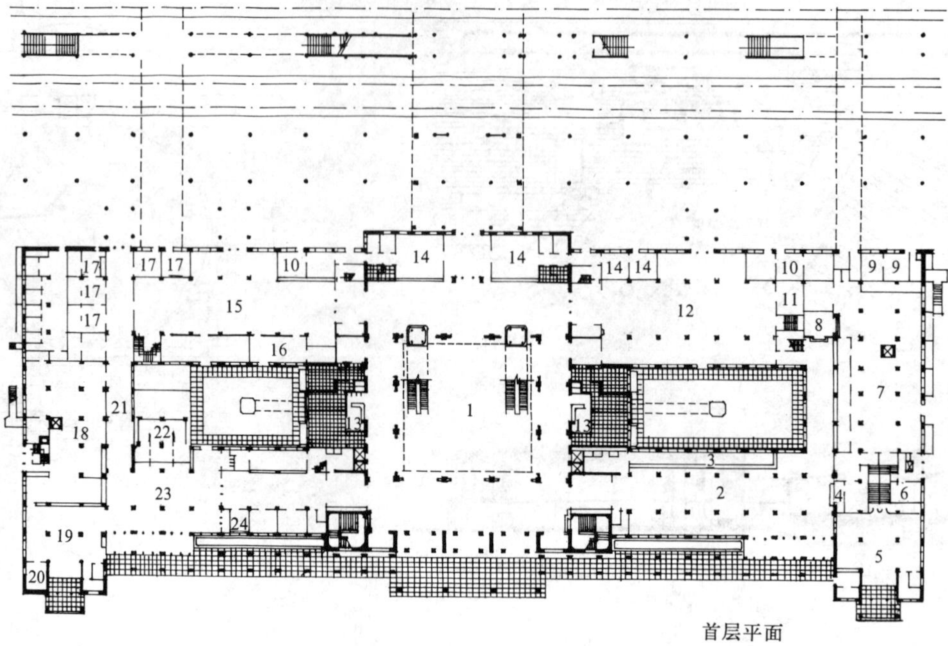
首层平面

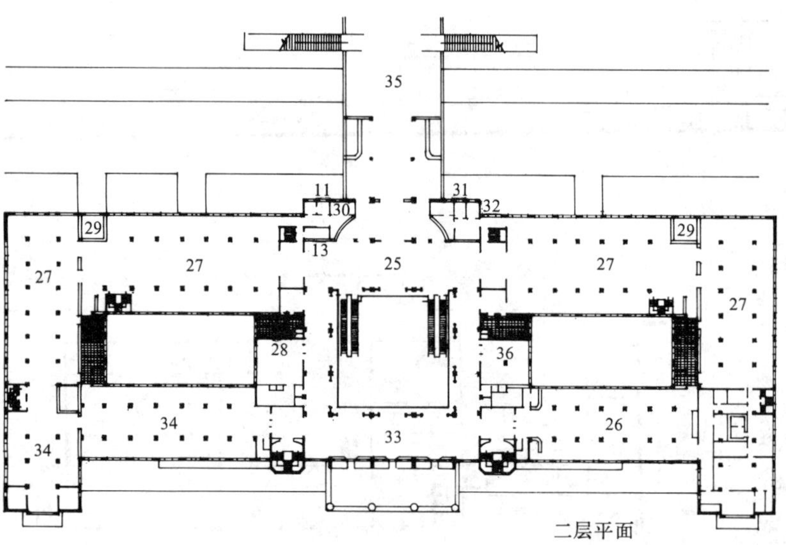
二层平面

1	进站大厅	19	行包提取厅
2	售票厅	20	海关进口办公室
3	售票室	21	基本站台出站通道
4	服务处	22	出站地道出口
5	市郊旅客厅	23	出站大厅
6	局用品办公室	24	失物招领、补票处
7	发送行包库	25	进站大厅二层
8	海关出口办公室	26	餐厅
9	休息室	27	普通候车室
10	副站长室	28	母子候车室
11	服务员室	29	小卖部
12	团体旅客候车厅	30	客运部
13	邮电服务处	31	广播室
14	贵宾室	32	电视电话控制室
15	国际列车候车室	33	书店
16	客运主任室	34	中转旅客休息室
17	专运办公室	35	高架进站大厅
18	到达行包仓库	36	军人候车室

设计说明：

1958年设计，1959年建成。设计规模最高聚集人数为12000～14000人，建筑面积为46700m^2。一层为交通、服务、作业和部分候车，二层主要为候车、餐厅、文娱等。三层为办公。除一站台外上车均在二楼经高架厅至各站台，下车经地道至出站口。

东、西、中三个停车场分别停放公共汽车、无轨电车、小汽车。地铁也在广场设了出入口。广场宽310m，深130m，面积约为4.1公顷。

该站为了避免大量的进出站旅客互相混杂，综合运用了从空间上和平面上错开的流线组织方法。

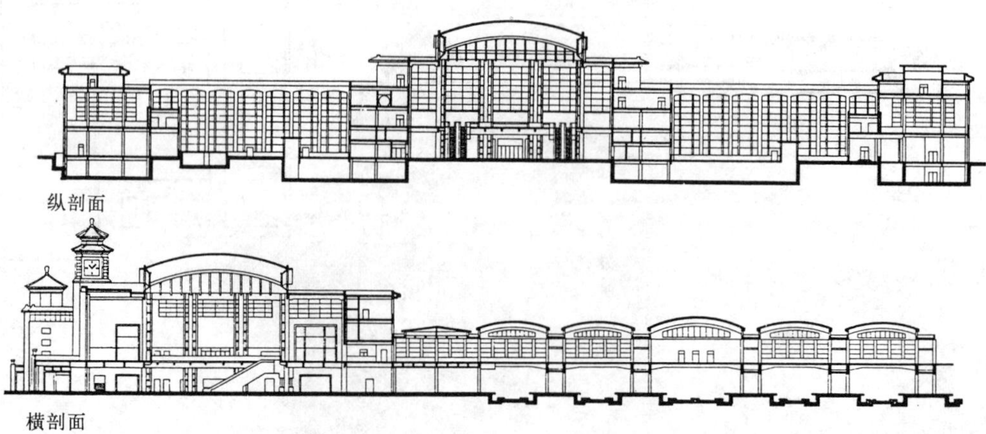
纵剖面

横剖面

上海站

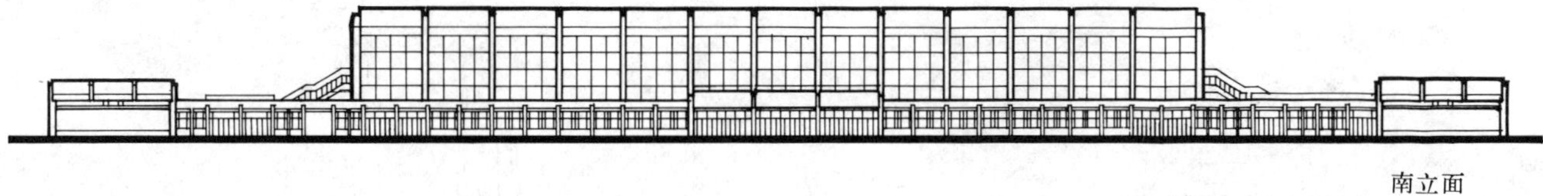

南立面

设计说明：

上海站设计规模按最高聚集人数 11000 人计，主站房建筑面积 45200m²，站台、地道、行包房、廊棚等 56500m²，总计建筑面积 101700m²。

主站房采取南北开口，高架候车的布局。中央通道贯穿南北，流线通畅简捷。

站房东西设 9m 宽出站地道各一条，5.2m 宽行包邮政地道各一条。

站房内还采用了显示器、电视监控系统、电视问讯、计时寄存等先进设备。

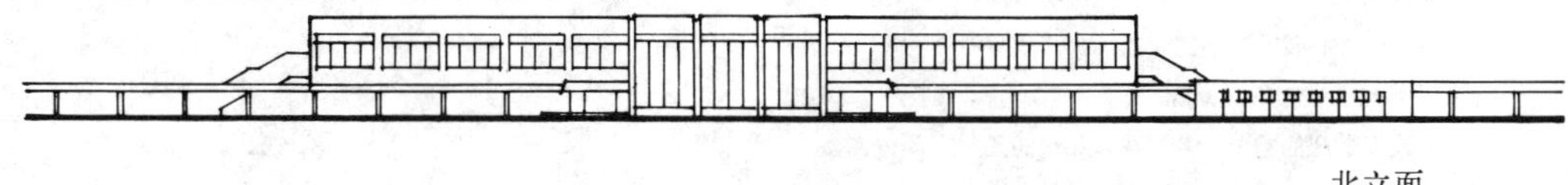

北立面

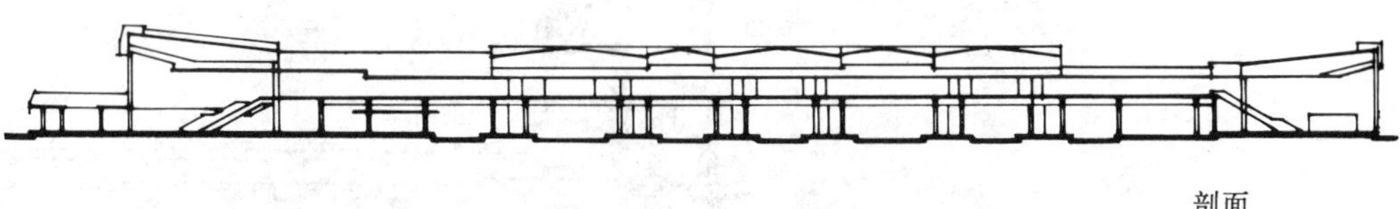

剖面

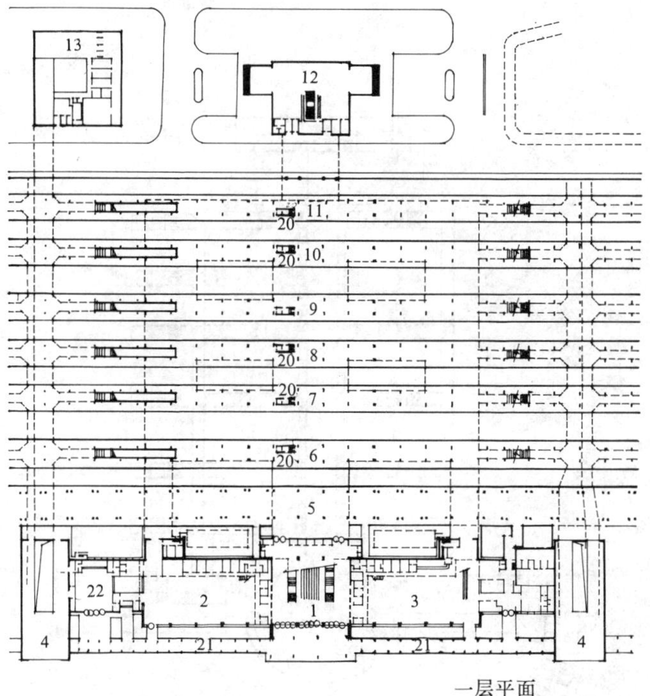

一层平面

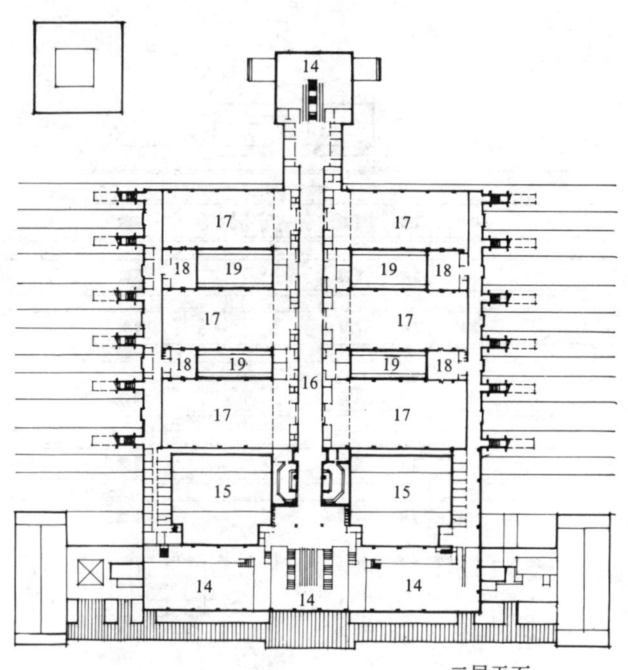

二层平面

1 广　　　厅
2 一号站台候车室
3 团体候车室
4 出　站　厅
5 一号站台
6 二号站台
7 三号站台
8 四号站台
9 五号站台
10 六号站台
11 七号站台
12 北入站广厅
13 北出站厅
14 上　　空
15 一号站台上空
16 高架中央通道
17 高架候车室
18 老幼候车室
19 轨线上空
20 电　　梯
21 旅客休息廊
22 售　票　厅

天津站

设计说明：

天津站是天津铁路枢纽地区改造工程中的主体工程，1988年建成投入使用。

该站设计规模按最高聚集人数10，000人，建筑面积62674m²。

该站主站房采用了“双向进出站，高架全跨线”的布局，共有高架候车室10个，面向主广场的建筑平面，采用了“Y”字形三翼形式，其西翼与南翼之间为出站厅，出站地道贯穿南北。

为了城市地区景观的需要，为了表现站房的建筑特色，在主站房中轴线圆厅上设计了总高为80m的圆形钟塔。

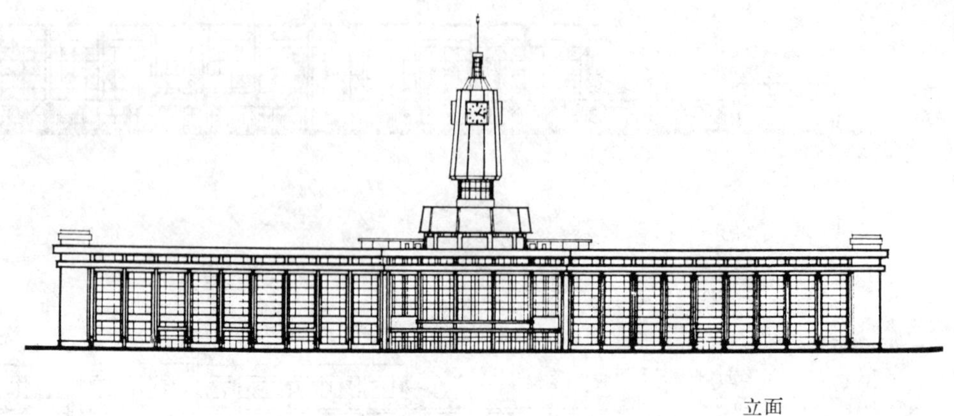

立面

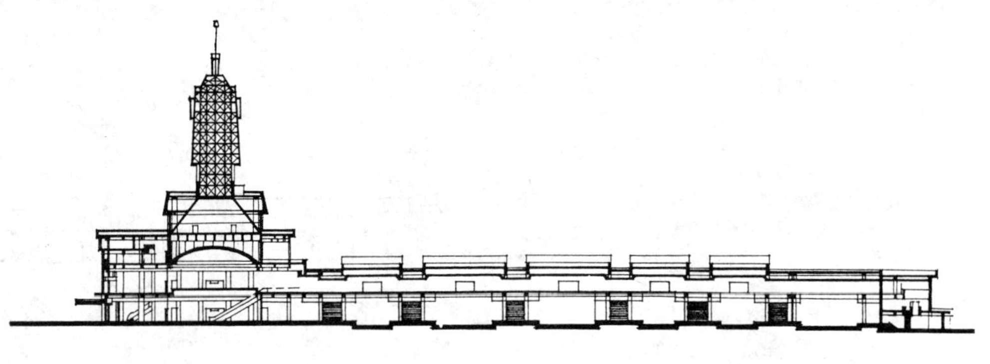

剖面

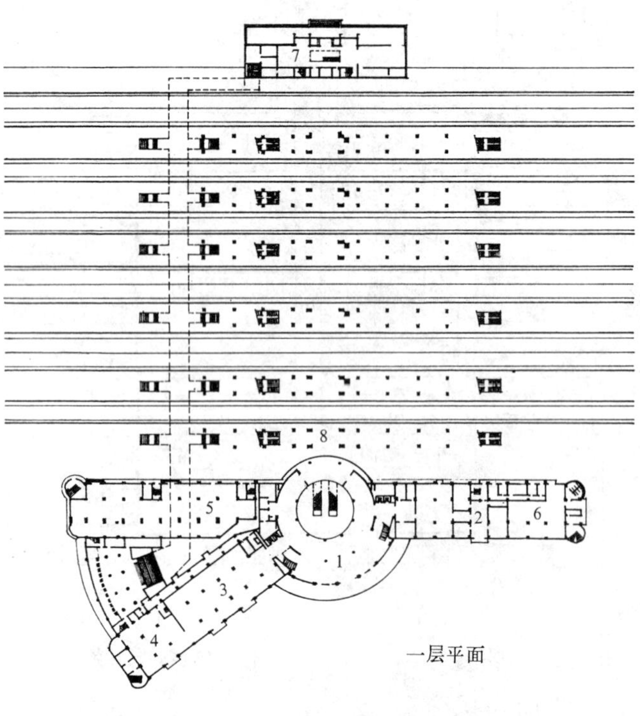

一层平面

二层平面

1 中央大厅　2 软席候车　3 售票厅　4 中转签字　9 餐厅　10 商场　11 团体候车　12 候车厅　13 办公
5 中转行包房　6 热力站　7 子站房　8 站台

沈阳北站

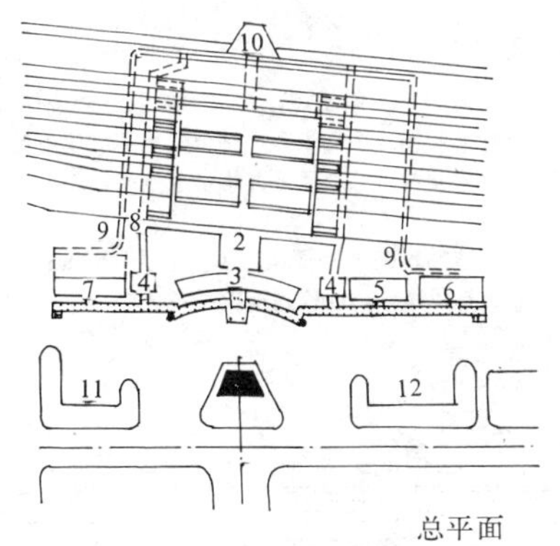

总平面

总平面图注：

1 高架候车厅
2 进站大厅
3 综合楼
4 出站厅
5 售票厅
6 始发行包
7 到达行包
8 出站通廊
9 行包地道
10 子站房
11 公共汽车
12 出租车

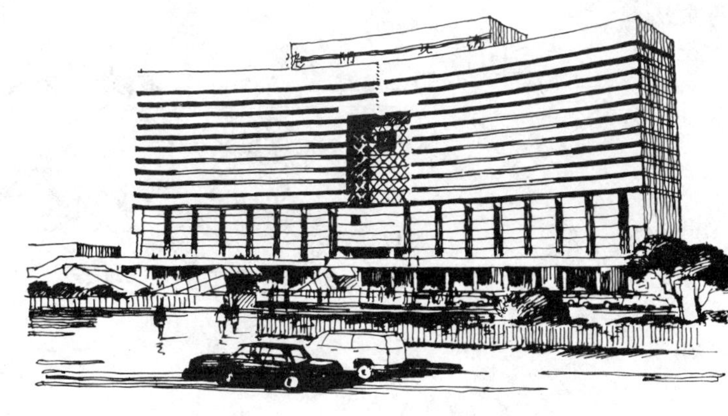

设计说明：

沈阳北站总建筑面积为58000m²，该站是高架候车房与综合服务建筑前后相联、紧密结合的综合性铁路客运站。

建筑主体16层，6～14层为客房层，地下一层中厅为旅馆大堂，设独立出入口，并与地下商业城相通。一层进站大厅设四部自动扶梯将旅客送至12m宽的高架通廊，进入6个大候车厅。出站旅客分两侧经地下通道出站，站前设400m长的风雨廊。

主体建筑中央开有高7层、宽22m的透空之“门”，比喻交通之门户。

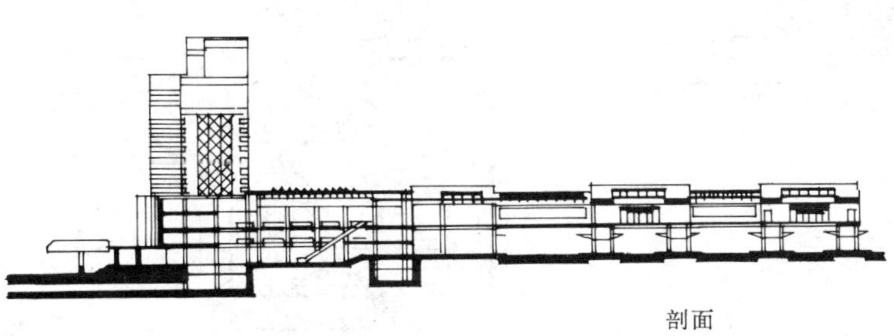

剖面

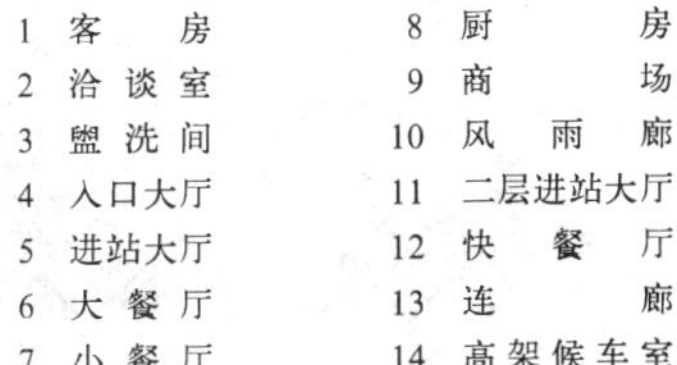

1	客房	8	厨房
2	洽谈室	9	商场
3	盥洗间	10	风雨廊
4	入口大厅	11	二层进站大厅
5	进站大厅	12	快餐厅
6	大餐厅	13	连廊
7	小餐厅	14	高架候车室

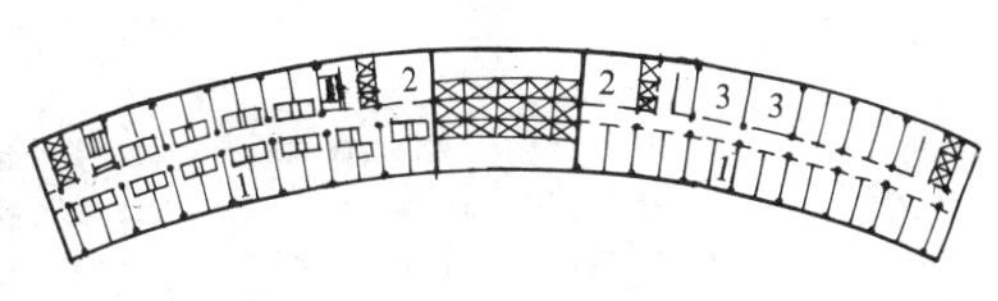

标准层平面

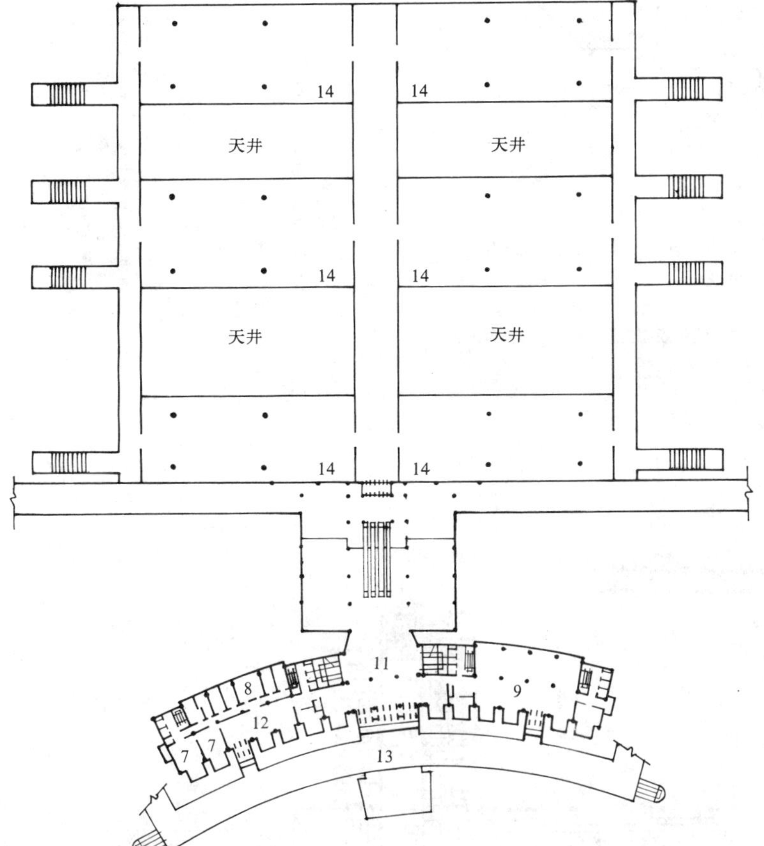

二层平面

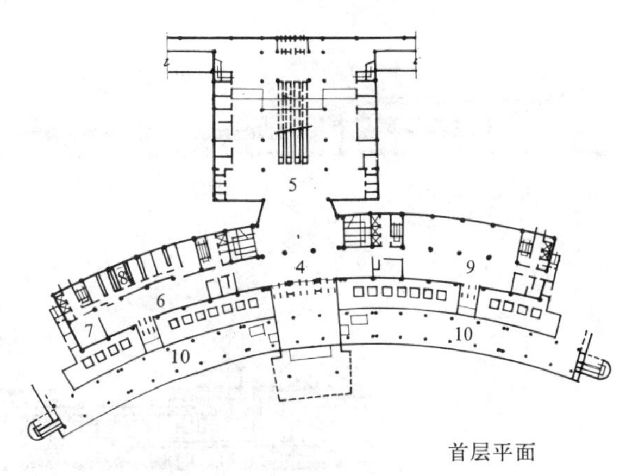

首层平面

丹东站

设计说明：

丹东站为我国东大门丹东市边境站。该站是把站房与旅馆、商场等建筑集中在一起，进行统一设计的综合性服务建筑群体，有较好的环境效益和经济效益。

该站各主体建筑，均采用方形空间旋转45°布局，使站房中低于基本站台的房间能获得良好的天然采光与自然通风，并增加了空间层次，带来建筑特色。

该站设两个普通候车室，各为1090m^2。国际旅客自成体系。联检联运设备齐全。

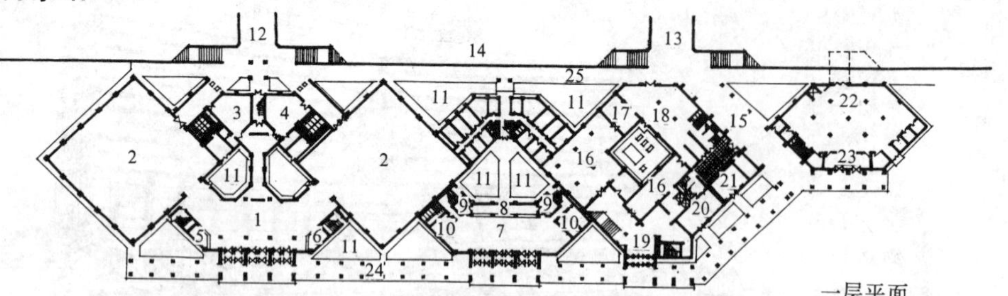

一层平面

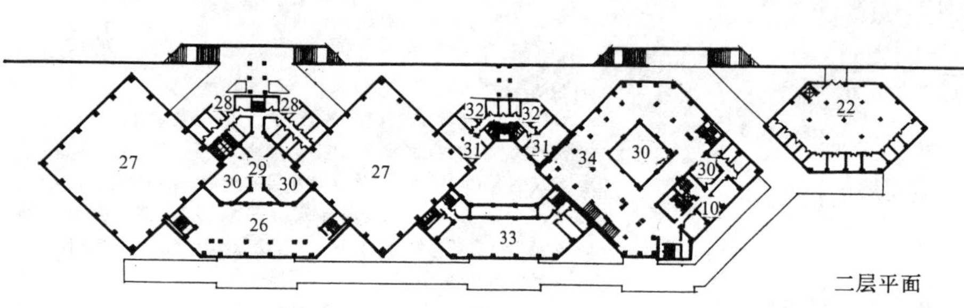

二层平面

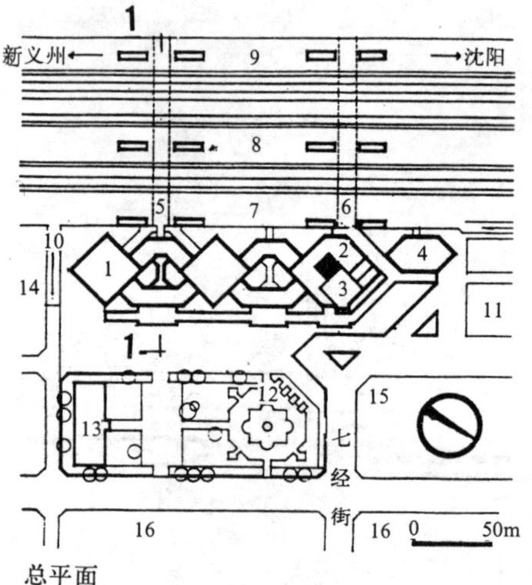

总平面

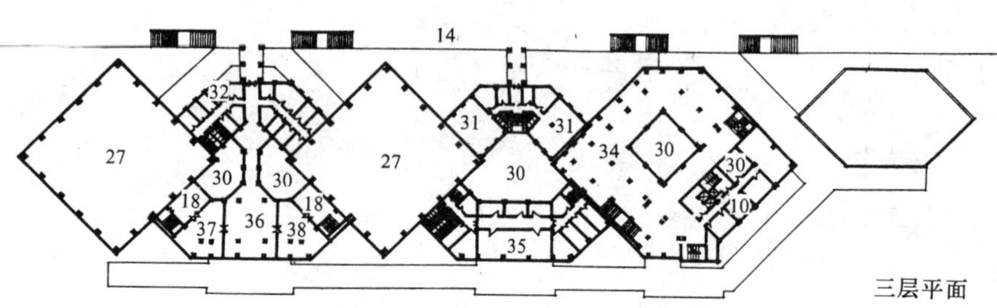

三层平面

总平面图注：

1 站房
2 商场
3 高层旅客
4 行包房
5 进站地道
6 出站地道
7 基本站台
8 二站台
9 三站台
10 坡道
11 公共汽车站
12 下沉广场
13 办公楼
14 铁路局
15 招待所
16 商业区

1 入口大厅
2 候车室
3 软席候车室
4 母子候车室
5 邮电
6 问讯、小卖
7 售票厅
8 售票室
9 值班室
10 办公室
11 院子
12 进站地道
13 出站地道
14 基本站台
15 出口通廊
16 餐厅
17 备餐
18 加工间
19 门厅
20 茶座舞厅
21 录像厅
22 行包房
23 营业厅
24 前廊
25 通道
26 大厅上空
27 候车室上空
28 客运办公
29 休息廊
30 天井
31 贵宾
32 海关联检
33 售票厅上空
34 商场
35 会议厅
34 国际候车室
37 中餐厅
38 西餐厅

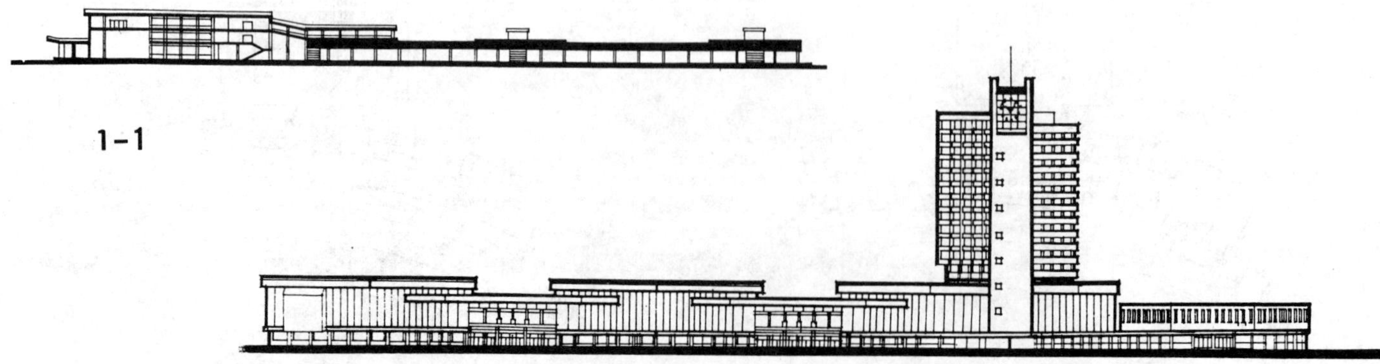

1-1

立面

深圳站

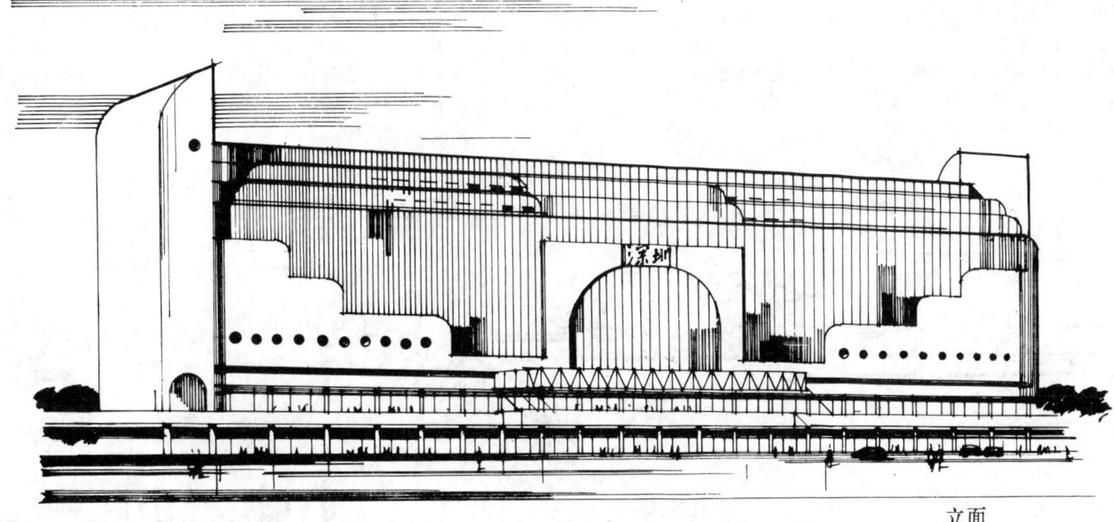

立面

设计说明：

深圳站设计规模按最高聚集人数4000人（其中香港人境旅客占40%），建筑面积96129m^2。

该站由东站楼、西站楼、跨线楼、环廊、出站及行包地道等部分拼成，为集客运站、海关、边防联检、写字楼、酒店、商场、餐厅、停车于一体的多功能现代化的综合性铁路客运站。

该站流线布置的原则为国内旅客“高进、低出”（即高架跨线进站，地道出站），香港旅客“高进、高出”（即高架跨线进站、跨线香港出境通道出站），合理安排了客流关系和走向。整个站房以东站楼为主，进站大厅设于东站楼一层及二层环廊的中央。

该站设有列车到站微机通告、自动引导显示、电视监控问讯、电子售票网络、行包安全检查等多种先进设备系统。

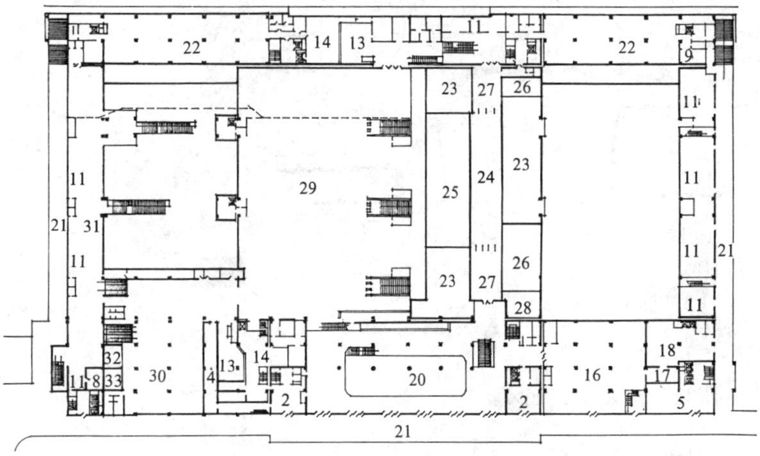

二层平面

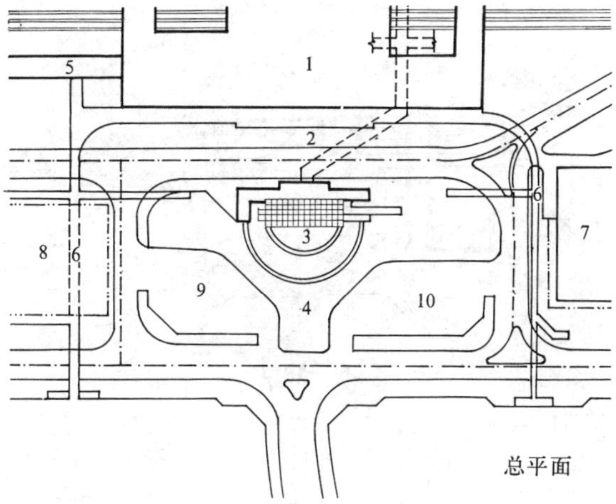

总平面

总平面图注：

1 火车站房
2 站前广场
3 出站口
4 中心广场
5 双向自动步行廊
6 高架步行廊
7 亚洲大酒店
8 高层宾馆
9 出租车上车区
10 公交、社团、私人上车区

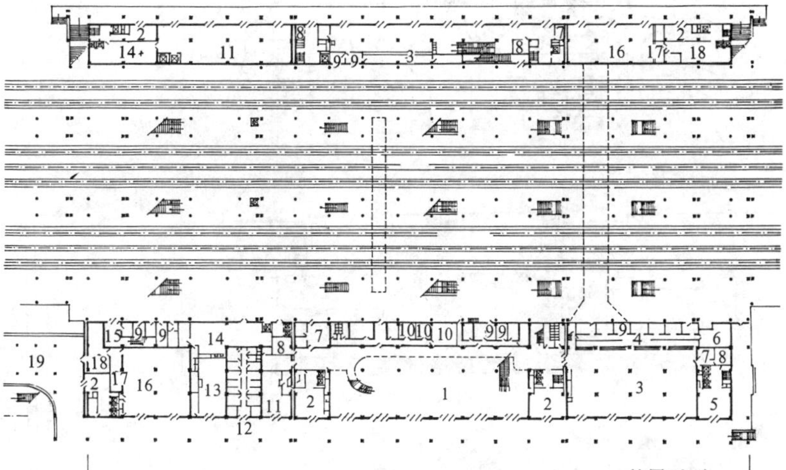

首层平面

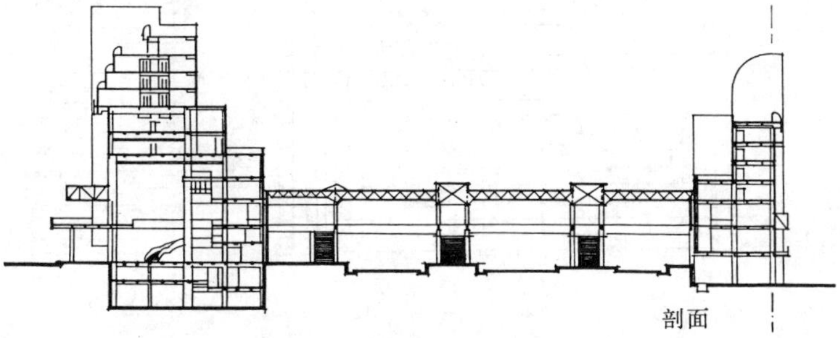

剖面

1 进站大厅
2 办公门厅
3 售票厅
4 售票室
5 酒店门厅
6 会议室
7 公安
8 空调机房
9 办公
10 贵宾
11 商店
12 医疗中心
13 行包房
14 库房
15 临时进站口
16 餐厅
17 备餐
18 厨房
19 架空人行道
20 进站大厅上空
21 通廊
22 出租办公
23 海关办公
24 海关候检区
25 海关检查
26 边检办公
27 边检候检区
28 口岸办
29 候车大厅
30 香港旅客售票厅
31 香港旅客出境通道
32 邮电
33 银行

鹿特丹中央站为线侧下式站房，站台高出大厅地面4m，面对广场的站房呈弧形。

中央大厅为22m×52m，设售票台、问讯处、行李房和四道检票口，旅客、行李和服务工作人员可通过各专用地道与各站台联系。

1 旅客大厅	5 行李票办理	9 旅客地道	13 汇　兑	17 餐　厅
2 售票柜台	6 进出站检票	10 小件寄存	14 航空公司	18 管　理
3 行　包	7 公用电话间	11 售　花	15 自行车库	19 站长、海关
4 行包地道	8 问讯服务处	12 售　货	16 海　关	20 调度控制

剖面

二层平面

总平面图注：

1 站　房　2 小汽车停车场　3 公交停车站　4 有轨车站　5 出租车　6 立　交

首层平面

1 荷兰　鹿特丹中央站

一层平面

1 通　道
2 进站检票
3 出　站
4 旅馆入口
5 商　店
6 商　场

地下层平面

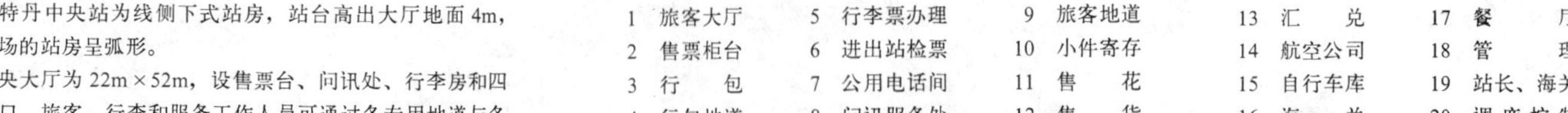

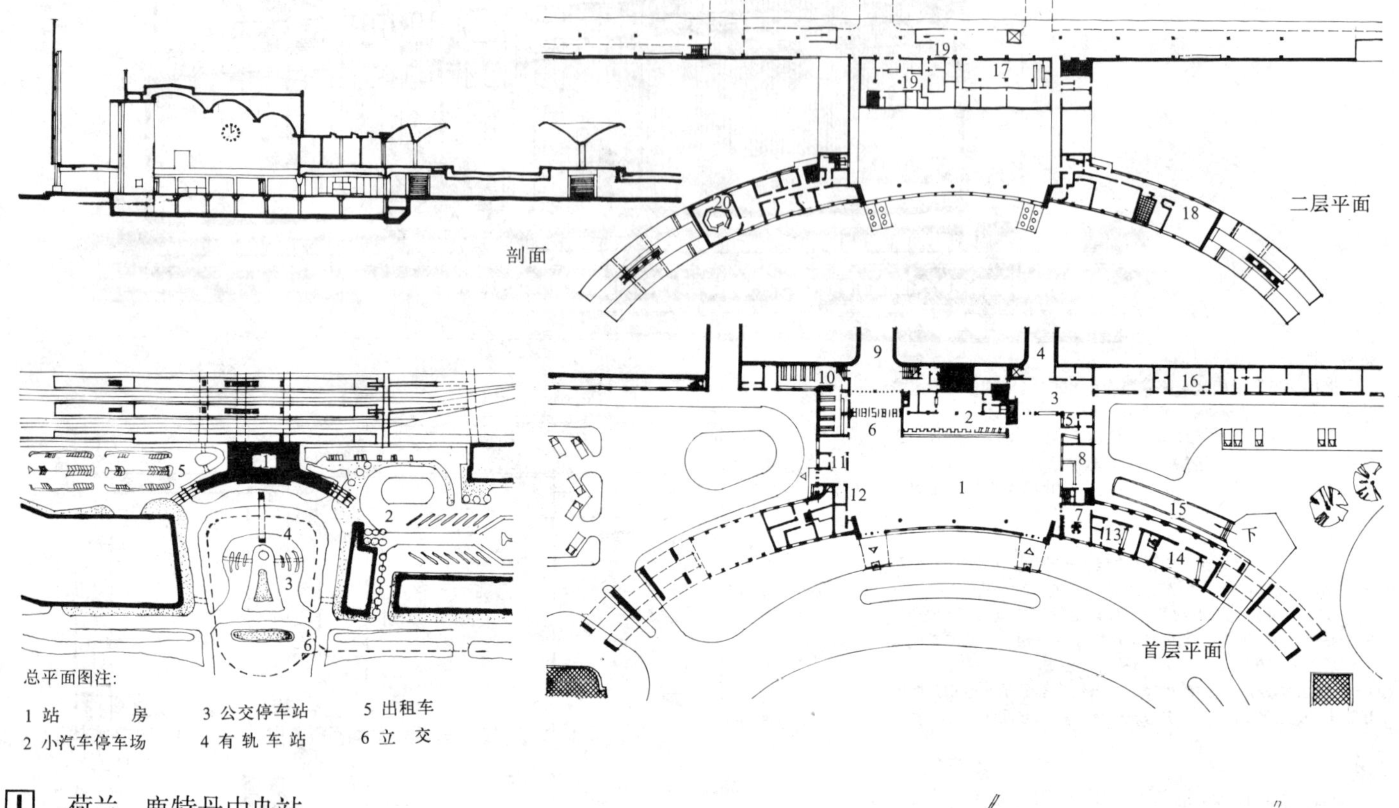

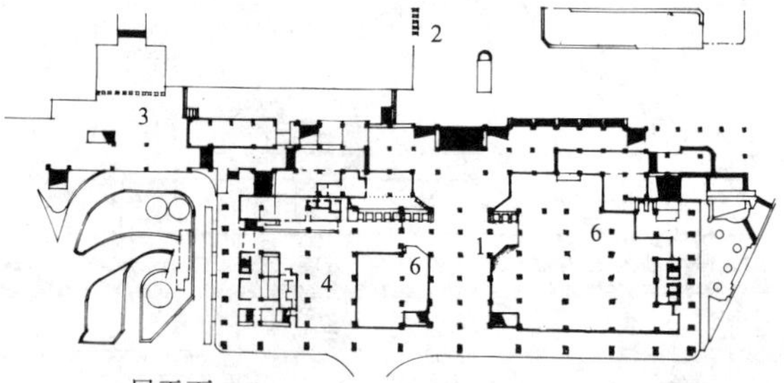

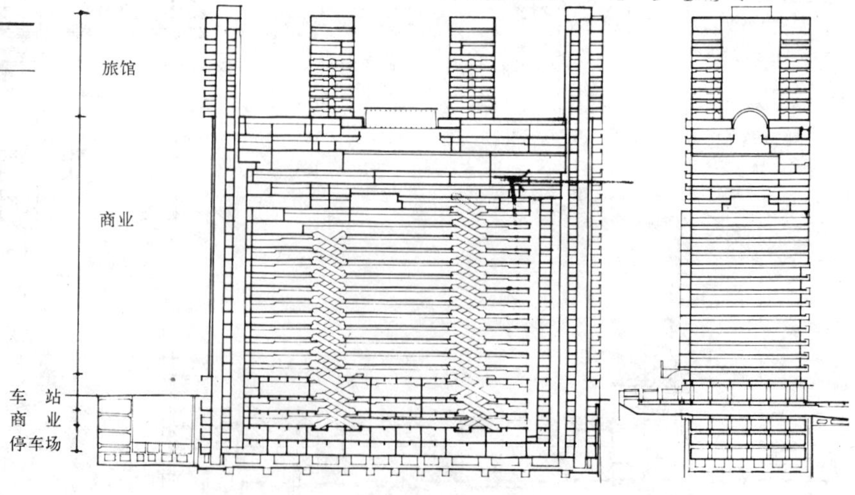

2 日本　大阪站

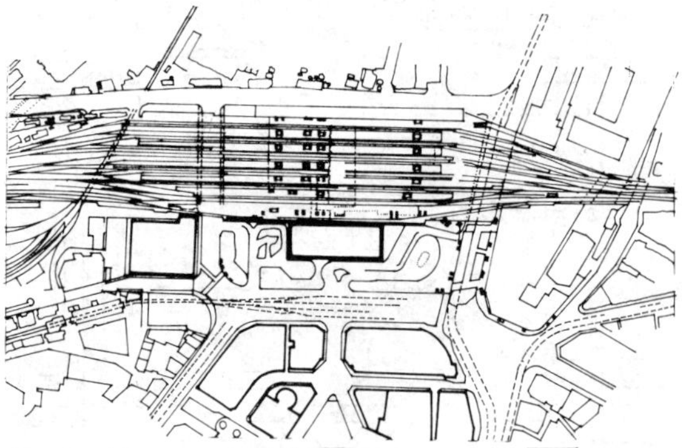

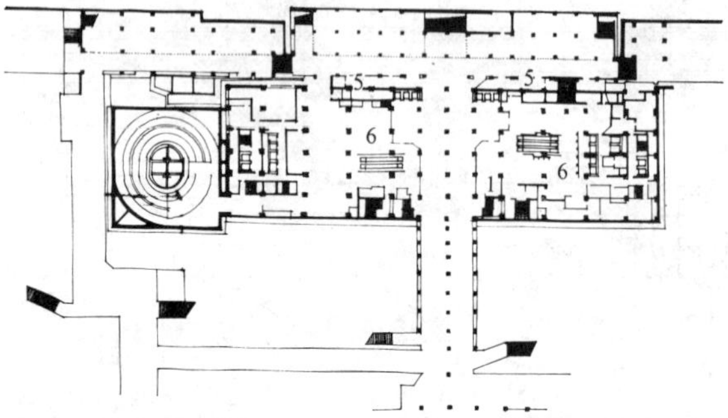

罗马总站建于1951年。车站包括旅客综合大厅、餐厅、服务用房及一座五层办公楼。车站一侧为服务商业，另一侧为旅客综合大厅。餐厅面向保留古迹，成为该站一大特色。

该站大厅入口有出挑20m的大雨棚，大厅地下室设有为旅客服务的各种设施，由大楼梯及自动扶梯，可与大厅、广场、地下铁道车站相通。

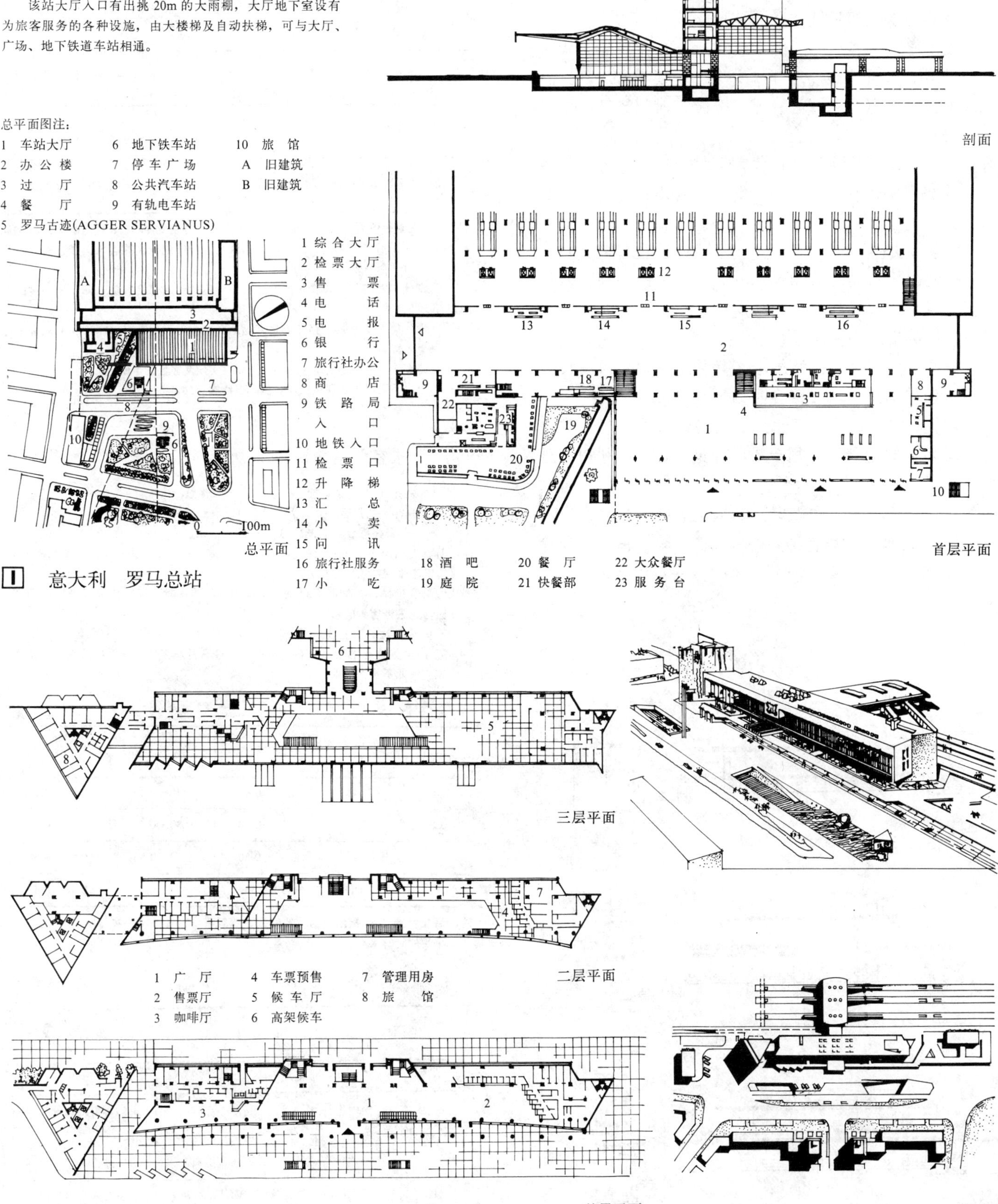

1 意大利　罗马总站

2 白俄罗斯　明斯克站

港口客运站[1]分类·规模

客运站的分类

一、按客运站性质分类：

1.专用客运站：以客运业务为主，不办或少量办理货运业务。可防止客、货流线干扰。

2.客货兼用客运站：既办理客运业务亦兼经营货运业务。客货流线易于干扰交叉，可采用客、货流线立交（如双层引道）、平面分道、时间错开等工艺流程，确保旅客安全。

3.多功能客运站：以经营客运、货运业务为主，并为旅客提供住宿、就餐、购物以及娱乐等综合性服务。

二、按规模分类：以设计年发客量或设计旅客聚集量分为小型站、中型站、大型站和特大型站，即分别为四级站、三级站、二级站和一级站。

三、按站房楼层和流线系统分类：

1.单层式：进、出站旅客、行包流线均在同一层，流线平面分开，可避免互相干扰交叉。

2.跃层式：进站旅客由一层到局部二层登船出港，出站或短途旅客使用一层，行包或货物则利用底层引道运送。

3.双层式：靠广场侧设有送站车辆坡道或步行道，进站旅客由二层直接登船出港，一层供出站或短途旅客使用，行包和货物运输使用一层引道。

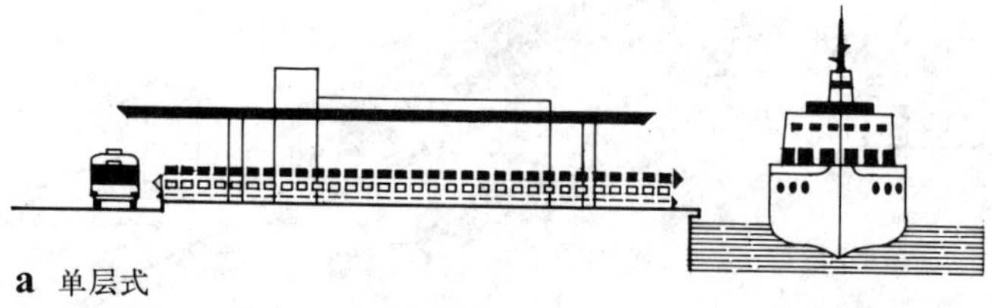

a 单层式

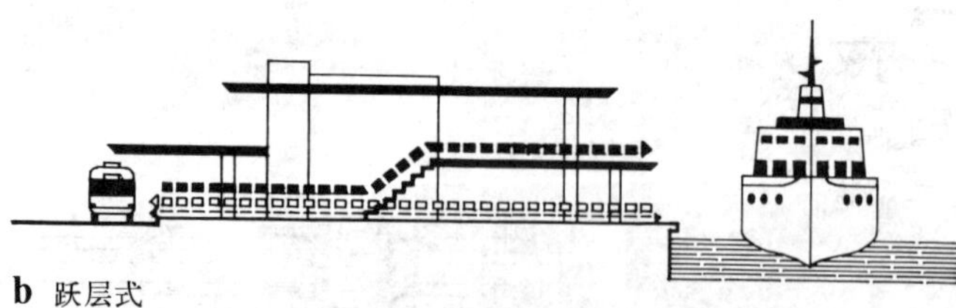

b 跃层式

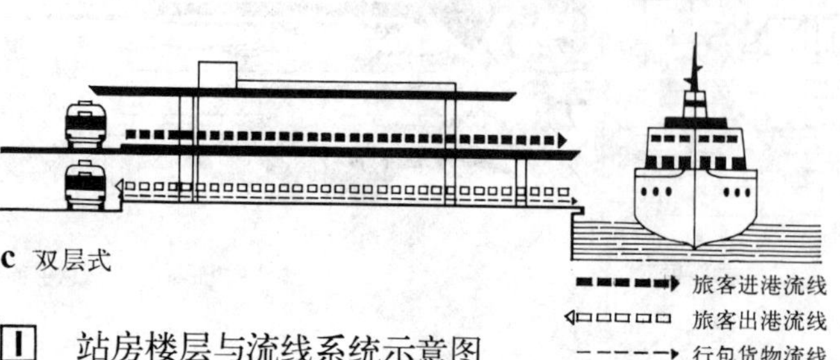

c 双层式

[1] 站房楼层与流线系统示意图

建筑规模

国内航线港口客运站的建筑规模，根据客运站的设计年发客量或设计旅客聚集量，划分四个等级：

客运站建筑等级划分表 表1

建筑规模等级	一级站	二级站	三级站	四级站
设计年发客量(万人)	＞200	100～200	30～100	3～30
设计旅客聚集量(人)	＞2500	1500～2500	500～1500	100～500

注：①上表划分系根据客运站的设计规模而定，与交通部1978规定的等级核定标准不同，后者系按港口所在城市的政治、经济地位、旅客聚集量、航线特征划分为三个等级。
②设计年发客量，指设计的客运站每年应达到的总发客量（即上船出港的总客运量）标准。
③设计旅客聚集量，指在确定客运站各组成部分规模时，所采用的旅客最高聚集人数。
④旅客航程小于50km的发客量，应按实际发客量折半定级。
⑤上表不适用于过江轮渡站和国际航线客运站。

设计旅客聚集量计算公式 $M=\frac{q}{n}K_1\cdot K_2$

式中：M——设计旅客聚集量；q——设计年发客量；
n——客运站营运天数，全年营运时，取$n=365$；
K_1——聚集系数，见表2；K_2——不均衡系数。

注：每日发船次数少于2次的客运站，设计旅客聚集量可采用最高月每航次的平均发客量（春运期除外）。
国际客运站，当同时有进港和出港的国际旅客时，设计旅客聚集量的确定，应考虑进港客量的影响。
不均衡系数K_2，指发客量波动，不均衡的影响所采用的计算系数。可按本站近10年发客量的统计资料，求得每年最高月发客量与月平均发客量的比值，该比值即不均衡系数。

聚集系数K_1表 表2

适用港口 \ 规模等级	一、二级站	三级站	四级站
沿海	0.35～0.40	0.40～0.45	0.45～0.50
长江、珠江、西江	0.25～0.30	0.30～0.35	0.35～0.40
黑龙江、松花江	0.45～0.50	0.50～0.55	0.55～0.60
其它内河	0.30～0.35	0.35～0.40	0.40～0.45

注：聚集系数K_1，指港口的发船密度、旅客集中程度、站房实际使用率等影响所采用的计算系数。

不均衡系数K_2参考表 表3

不均衡系数K_2	适用港口	备注
1.50	黑龙江、松花江沿线港口	
1.40	沿海港口	包括海湾港与河口港
1.30	四川、湖北、江西、安徽、浙江、福建等省内河港口、海南省港口	其中四川省包括长江沿线港口
1.20	长江沿线港口、珠江、西江沿线港口	含长江入海口处港口
1.10	除前4项之外的其他内河港口	

注：当求得K_2值大于1.50时，K_2取1.50。

一、总体组成

港口客运站由站前广场、站房、客运码头以及上下船设施等部分组成。总体布局应统筹兼顾，配套设置，形成统一的客运能力。

二、站址选择

1.站址应具有足够的水域、陆域面积，适宜的码头岸线和水深。

2.应符合城市和港口总体规划的布局要求。

3.站址应选在城镇或交通与通讯便利的地区，并具有可资利用的水源和电源。

4.站址应远离危险品、有毒品、粉尘等污染物作业场地并应符合环境保护、安全和卫生的有关规定。

三、总平面

1.总平面设计应充分利用站址的地形条件，合理布置，节约用地，考虑远、近期结合并留有发展余地。

2.站前广场、客运码头和站房，宜布置在沿江或沿海城市道路的同一侧。客运站房的平面布置，应尽量缩短客运站房与客运码头的距离，有条件时，站房可建在客运码头之上。

3.一、二级客运站应与港口货运作业区分开设置，三、四级客运站的位置，可根据港口具体情况确定。

4.总平面设计应功能分区明确，客、货流线通顺短捷，并应使客流、货流、车流分开；进、出站口分开，国际客运站应使联检前、后的旅客流线分开。

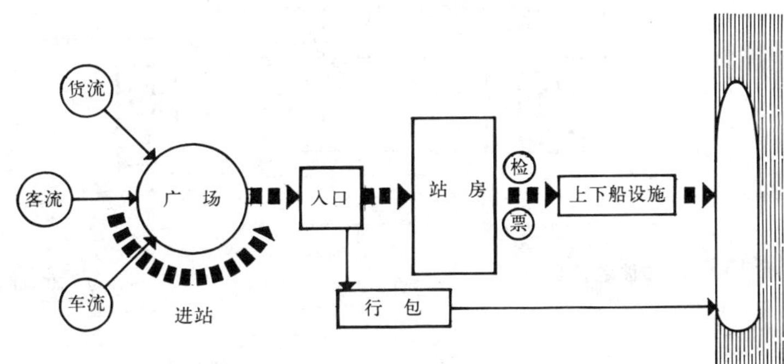

a 进站系统流线

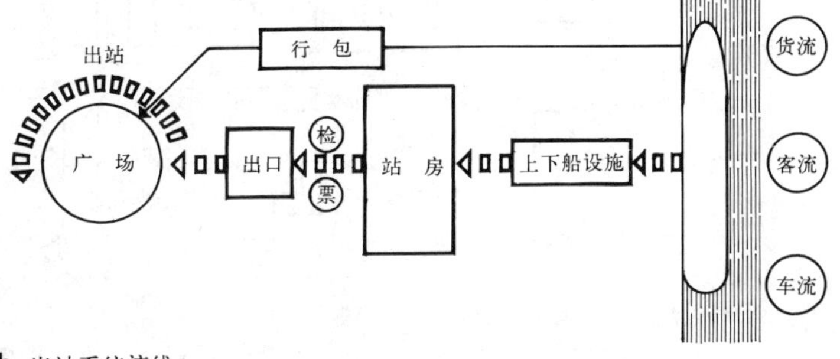

b 出站系统流线

1 进出站流线系统总体示意图

总平面示例

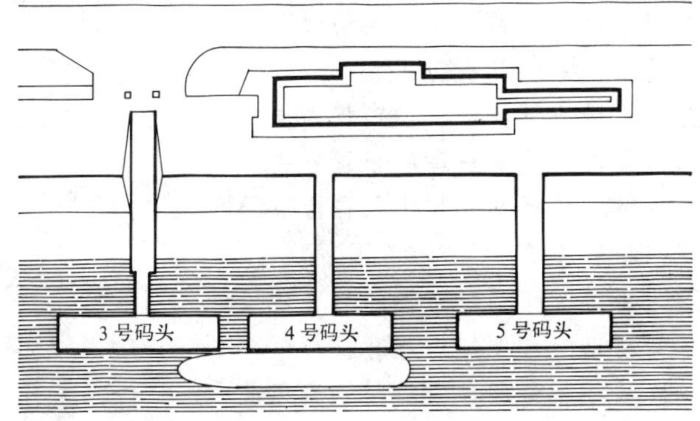

2 湖北 宜昌港客运站

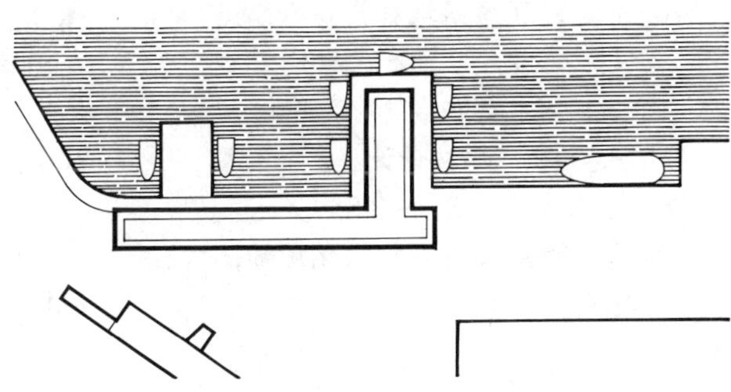

3 深圳 蛇口港客运站

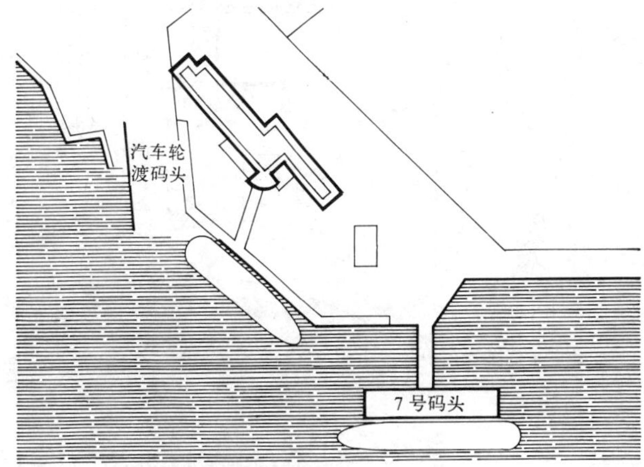

4 江苏 江阴港客运站

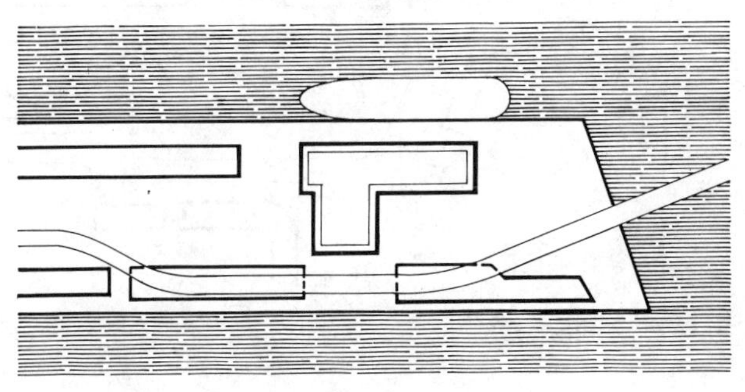

5 日本 神户港国际客运站

3

设计要求

一、站前广场主要由机动车与非机动车停车场、道路、旅客活动地带、服务设施和绿化用地组成。

二、广场设计应结合城市规划要求及地形条件，选择合理的布置方式。城市道路，广场与站房出入口应布局紧凑，尽量缩短旅客的步行距离。

三、妥善安排各种车辆的行驶路线和停车场地，合理组织旅客、行包、车辆流线，尽量避免车流与人流交叉干扰，保证旅客安全和使用方便。

四、广场的规模，应结合建设用地和地形条件，在节约用地和投资的原则下，合理分配各分区面积，既满足近期使用，又考虑扩建与发展的可能性。

广场的面积，当按设计旅客聚集量计算时，一般宜采用 3.0～3.5m^2／人。

五、站前广场应适当安排绿化用地，绿化系数不宜小于10%。

a
c
b
d

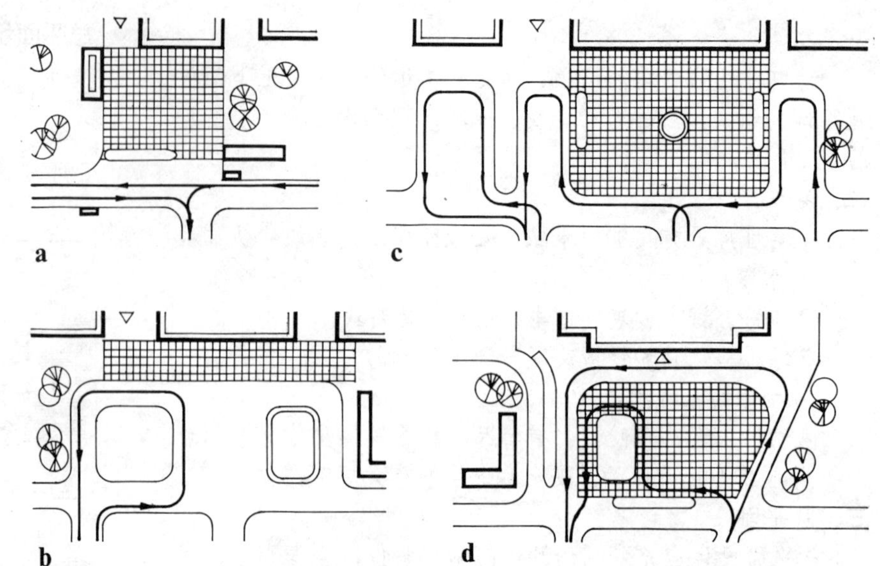

a 庭院式广场布局，公共交通车辆在城市道路上停靠，不进入广场。封闭式广场，不受交通车辆的影响。

b 停车场集中布置，当车辆种类和数量不多时，各种车辆集中停靠在广场的一侧，与旅客活动地带分开，互不干扰。出站口与城市道路相连，易明确划分人流，车流流线。

c 按车辆类型划分停车场，车辆类型和数量较多时，将不同类型的车辆停放在两个或两个以上的停车场上。场地接近站房，进出站旅客乘车方便。车辆不穿行广场，对广场干扰小。

d 立体交叉式广场布局，利用坡道将进出站旅客与到发汽车在上下空间错开，进出站旅客流线不交叉干扰。

1 广场布局类型

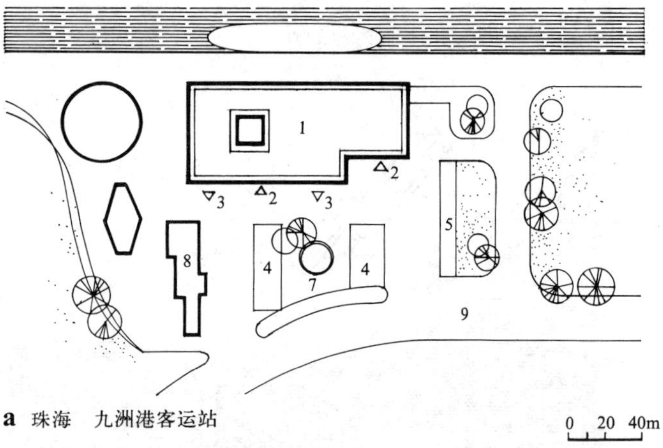

1
2
3
4
5
7
8
9
0 20 40m

a 珠海 九洲港客运站

1
2
3
6
8
9
0 20 40m

c 宁波港客运站

1
2
3
6
7
0 20 40m

b 安徽 池州港客运站

1
2
3
9
0 20 40m

d 湛江港客运站

2 广场实例 1 站房 2 进站口 3 出站口 4 机动车停车场 5 非机动车停车场 6 公共汽车站 7 绿化 8 服务设施 9 城市道路

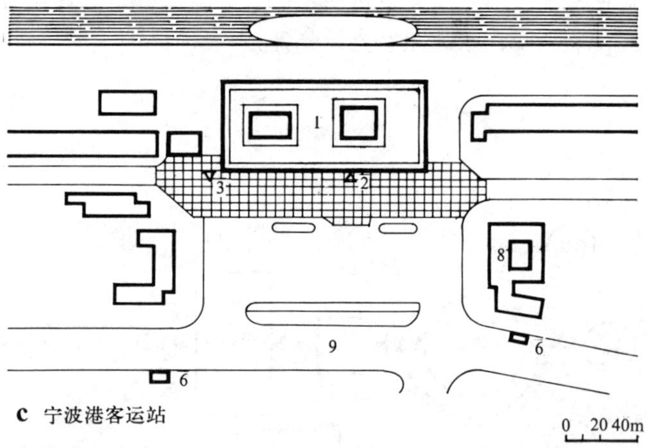

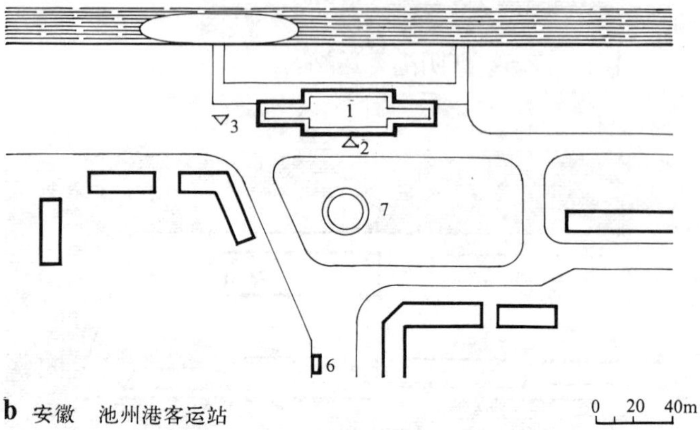

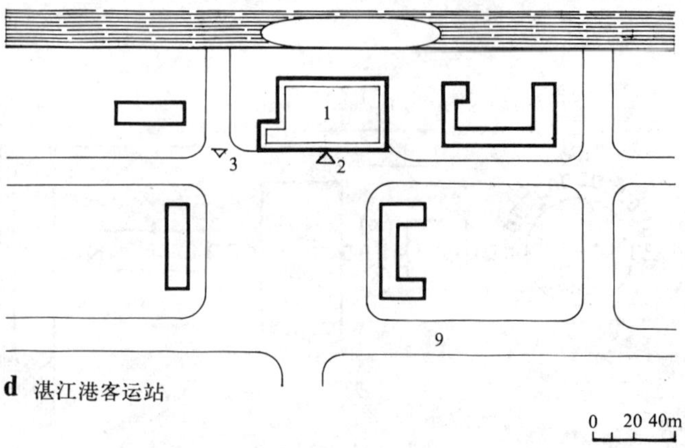

国内航线客运站基本房间组成及设置条件

表1

房间名称		设置条件① 一级站	二级站	三级站	四级站		运营管理用房	辅助用房
候船厅	普通候船厅	●	●	●	●		服务员室	厕所、盥洗室
	母子候船厅	●	●	○		②	服务员室	专用厕所、盥洗室
	团体候船厅	●	●					
	贵宾室	●	○	○			管理室、服务员室	专用厕所、洗手间
售票处	售票厅	●	●	●		③		
	售票室	●	●	●	●		主任室、结帐室、售票办公室	票据库、售票员间休室
行包房	行包托运厅	●	●	●	○	④	行包托运、领取仓库、主任室办公室	装卸工人休息、更衣室
	行包领取厅	●	●	○	○			
旅客服务用房	小件寄存处	●	●	●	○		小件寄存仓库	
	问询处	●	●	●	●	⑤		
	邮电服务部	●	○	○			办公室、电讯设备室	间休室
	文娱、阅览室	●	●				管理室	贮藏室
	餐厅、小吃部	●	○			⑥	管理室	厨房、备餐、冷藏、库房、更衣仓库
	小卖部	●	●	●	●		管理室	
	饮水处	●	●	●	●			加热设备间
	广播室	●	●	●	●			广播设备室
	医务室	●	○					
站务用房	客运管理用房	●	●	●	●		站长室、客运值班室、检票员室、业务办公室、电话总机室	会议室、工作人员间休室 厕所盥洗室
驻站单位用房	公安派出所	●	●	○	○	⑦	值班室、所长室、办公室、接待室	休息室、厕所盥洗、易爆品暂存处
其它用房	建筑设备用房	●	●	●	○	⑧	锅炉房、开水间、水泵房、电梯机房、变、配电间、通风机房	

备注

①设置条件系指左列基本房间，运营管理和辅助用房应根据需要和具体条件确定

②一、二级客运站，可设置二等舱旅客候船厅，供外国人、侨胞、港澳台同胞使用

③一、二级客运站应单独设置售票厅三、四级客运站可在综合厅内设售票处

④根据站房规模、行包数量、托取行包房可分设或合设，四级站行包房不分设

⑤四级站的问询处可与小件寄存处合并

⑥一级客运站根据需要和具体条件设置旅客餐厅。管理用房可与站房分设或合设

⑦公安派出所应设在与售票厅、候船厅、值班站长室等联系方便的部位，并设有专用通讯设施

⑧各设备用房需根据地区和站房建设条件设置

国际航线客运站基本房间组成及设置条件

表2

房间名称		设置条件① 大型站	中型站	小型站	②	运营管理用房	辅助用房
候船厅	普通候船厅	●	●	●		服务员室	厕所、盥洗室
	贵宾室	●	○	○		管理室、服务员室	专用厕所、洗手间
联合检查厅	候检厅	●	●	○	③		厕所、盥洗室
	卫生检疫厅	●	●	●		化验室、诊断治疗室	药房
	动植物检疫厅	●	●	●		动检物检查室	
	海关检查厅	●	●	●		技术检查室、计税室、调研室	退件仓库
	边防检查厅	●	●	●		监控室、签证室	
售票处	售票厅	●	●	●	④	主任室、结账室、售票办公室	票据库
	售票室	●	●	●			
行包房	行包托运室	●	●	○	⑤	行包托运、领取仓库、主任室、办公室	装卸工人休息、更衣室
	行包领取室	●	●	○			
旅客服务用房	小件寄存处	●	○			小件寄存仓库	
	问讯、广播	●	●	●			广播设备室
	邮电服务处	●	●	●		办公室、电讯设备室	
	银行	●	○	○		银行业务办公室	
	免税品商店	●	○			管理室	商品仓库、营业员休息室
	餐饮用房	●	○	○			
驻站单位服务用房	卫生检疫	●	●	○		卫生检疫业务办公室	
	动植物检查	●	●	○		动植物检疫业务办公室	
	海关	●	●	○		海关业务办公室	
	边防检查	●	●	○		边防业务办公室	
	公安	●	●	○	⑥	值班室	
站务用房	客运管理室	●	●	●		站长室、客运值班室、检票员室、业务办公室	
其它用房	建筑设备室	●	●	○	⑦	锅炉房、开水间、水泵房、通风机房、空调机房、电梯机房、变电间、配电间	

备注

①设置条件系指左列基本房间，运营管理用房和辅助用房，根据需要和具体条件确定。按使用功能可分为出境用房、入境用房及驻站业务用房。国际航班频繁的可单独建站，航班少的可与国内客运用房合建，但使用上应予分开，便于管理

②国际客运站的建筑规模，可根据各站和地区的需要及其具体条件确定

③候检和联检时间较长，联检前后均应设置厕所、洗手间

④大型站单独设置售票厅，中小型站可在综合厅内售票

⑤进出境旅客行李均自行携带检查，如其用房不在同一楼层时，应设有运送旅客和行包的垂直运输设备，如电梯、自动扶梯等

⑥驻站单位用房，可根据地区和各站需要，设置港务监督办公室、口岸办公室

⑦各设备用房需根据地区和站房建设条件确定。

图例：●需要设置　○可设可不设

港口客运站[5]面积定额

旅客候船用房使用面积定额参考表

表1

房间名称	设计旅客聚集量人数（M）百分比（%）	使用面积指标（β）m^2／人	修正系数（α）	说明
普通候船厅	90	1.10	0.90	当不设其他候船厅时M按100%计算
母子候船厅	5	1.80	0.05	
团体候船厅	3.5	1.30	0.035	包括军人及旅游团体
贵宾室（二等舱旅客候船厅）	1.5	1.50	0.015	包括外国人、侨胞、港、澳、台同胞

售票处使用面积定额指标参考表

表2

房间名称	使用面积指标（β）m^2／人	说明
售票厅	0.20	α＝1.00
售票室	0.04	α＝1.00
票据库	0.01	α＝1.00

行包房及小件寄存处使用面积定额指标参考表

表3

房间名称	使用面积指标（β）m^2／人	说明
行包房合计	0.30～0.34	α＝1.00　四级站取下限值
行包托运厅	0.02	α＝1.00
行包领取厅	0.02	α＝1.00
行包托运仓库	0.15	α＝1.00
行包领取仓库	0.15	α＝1.00
小件寄存处	0.06	α＝1.00，当寄存量大时，β＝0.10。

旅客服务用房使用面积定额指标参考表

表4

房间名称		使用面积指标（β）m^2／人	说明
问讯处		6.00	每900名旅客需服务员一名
邮电服务部		6.00～8.00	
文娱阅览室		0.05	α＝1.00，可放映录像
小卖部		0.01	一、二级站仓库面积增加0.05，β＝0.15
饮水处		6.00～8.00	每1000名旅客设饮水处一处，或最少一处
广播室		6.00～8.00	每1000名旅客需播音员一名或最少一人
医务室		0.01	α＝1.00，M×100%计算
旅客厕所	男厕 女厕	4.5m^2／蹲位 3.5m^2／蹲位	每80名旅客设大便器一个，小便器一个，或小便槽0.60m长 每50名旅客设大便器一个，当母子候船室设专用厕所时，应扣除其数量
旅客盥洗室		1.0m^2／脸盆	每150人设洗脸盆一个或盥洗槽0.70m长炎热地区按120人计算

国际航线客运站各类房间使用面积定额指标参考表

表5

房间名称		使用面积指标（β）m^2／人	说明
候船厅	普通候船厅 贵宾候船厅	1.30 2.00	α＝0.95 α＝0.05
联合检查厅	候检厅	1.60	分批候检，每批按200人计算
	卫生检疫厅	1.50	分批检查，每批按50人计算
	动植物检疫厅	1.50	分批检查，每批按50人计算
	海关检查厅	2.00	分批检查，每批按50人计算
	边防检查厅	3.00	分批检查，每批按50人计算
售票处	售票厅	0.25	α＝1.00
	售票室	0.05	α－1.00
	票据库	0.01	α＝1.00
行包寄存	行包房	0.40	α＝1.00
	小件寄存处	0.05	α＝1.00
旅客服务用房	免税品商店	0.15	包括营业库房，营业员休息室
	银行	8.0m^2／工作人员	按营业员人数计算
	邮电服务处	8.0m^2／工作人员	每400名旅客需工作人员一名
	问讯处	6.0m^2／工作人员	每400名旅客需服务员一名
	广播室	6.0m^2／工作人员	每500名旅客需广播员一名
	旅客厕所	0.06	α＝1.00，男女旅客比例按2：1
	旅客盥洗室	0.02	α＝1.00
驻站单位业务用房	卫生检疫	0.20	α＝1.00
	动植物检疫	0.20	α＝1.00
	海关	0.40	α＝1.00　包括出境入境用房
	边防	0.30	α＝1.00
	港务监督	6.0m^2／工作人员	按驻站工作人员数计算
	口岸办	6～8m^2／工作人员	按驻站工作人员数计算
	公安	6.0m^2／工作人员	按驻站工作人员数计算
	派出所值班	6.0m^2／工作人员	按驻站工作人员数计算

注：①除右表外均为国内航线客运站各类用房使用面积定额。平面系数k＝0.65～0.85。

②站房使用面积计算公式：$A=\alpha \cdot \beta \cdot M$

式中：A—客运站各类房间的使用面积　α—修正系数

β—客运站各类房间使用面积指标　M—设计旅客聚集量

③旅客厕所男女比例按2：1，旅游区按3：2计算。厕所应设前室，一、二级客运站应单独设置盥洗室。二等舱候船厅和母子候船厅可设专用厕所，站内工作人员厕所应与旅客厕所分开。四级站可合设。

④候船厅内应设饮水处，每1000名旅客设一处，每处不少于四个水嘴。

⑤问讯处前应留有不少于10m^2的旅客停候专用面积。

⑥站务用房执行《办公建筑设计规范》有关规定。规模按客运站人员编制计算。

⑦国际航线客运站各类用房面积定额指标，系经验数据，只供一般参考。

⑧仅设联检厅不设候检厅时，以每批50人，按6m^2／人计算。

⑨候检厅，联检厅均应单独设置旅客厕所和盥洗室。

流线组织

一、基本流线组成：港口客运站的流线由旅客流线、行包流线和车辆流线组成。按旅客流动方向划分为进站流线和出站流线两种。

二、流线组织原则

1.进站流线与出站流线分开。

2.旅客流线与行包流线分开。

3.旅客流线与车辆流线分开。

4.一般旅客与短途旅客、贵宾流线分开。

5.职工人数较多的特大型站，职工出入口应与旅客出入口分开。

6.国际航线客运站应使联检前的旅客及行包流线与联检后的旅客及行包流线分离。

三、流线设计要求：客运站设计应功能分区明确，按旅客进出站顺序力求流线通顺简捷，避免流线交叉、干扰和迂回现象，尽可能缩短各种流线的流程。

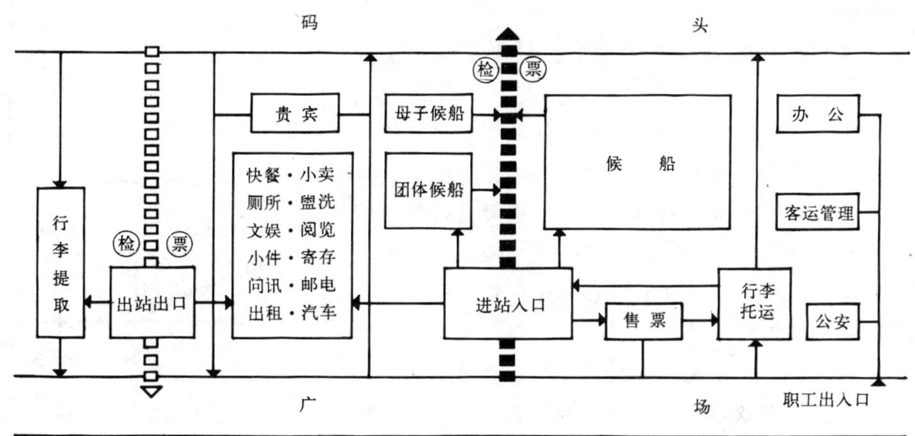

1 大型客运站流线关系示意

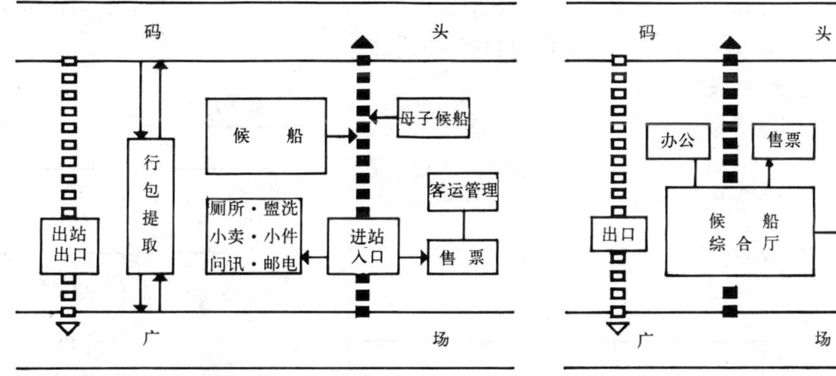

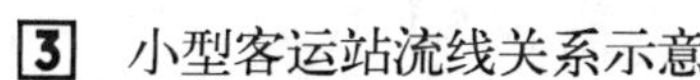

2 中型客运站流线关系示意

3 小型客运站流线关系示意

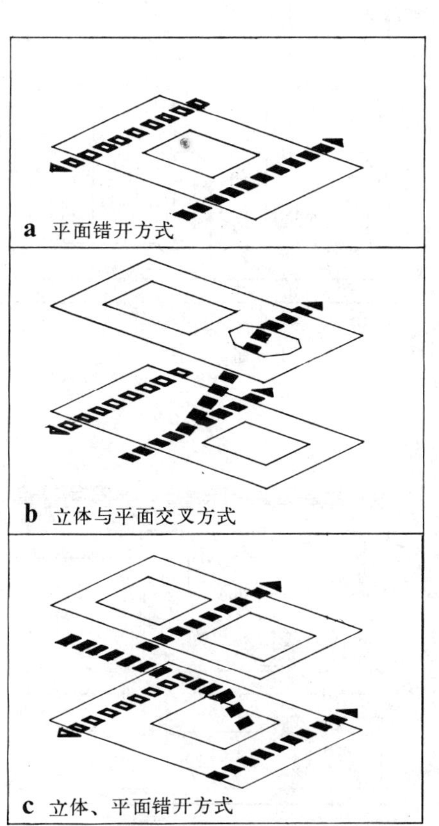

4 旅客进出站流线布置方式

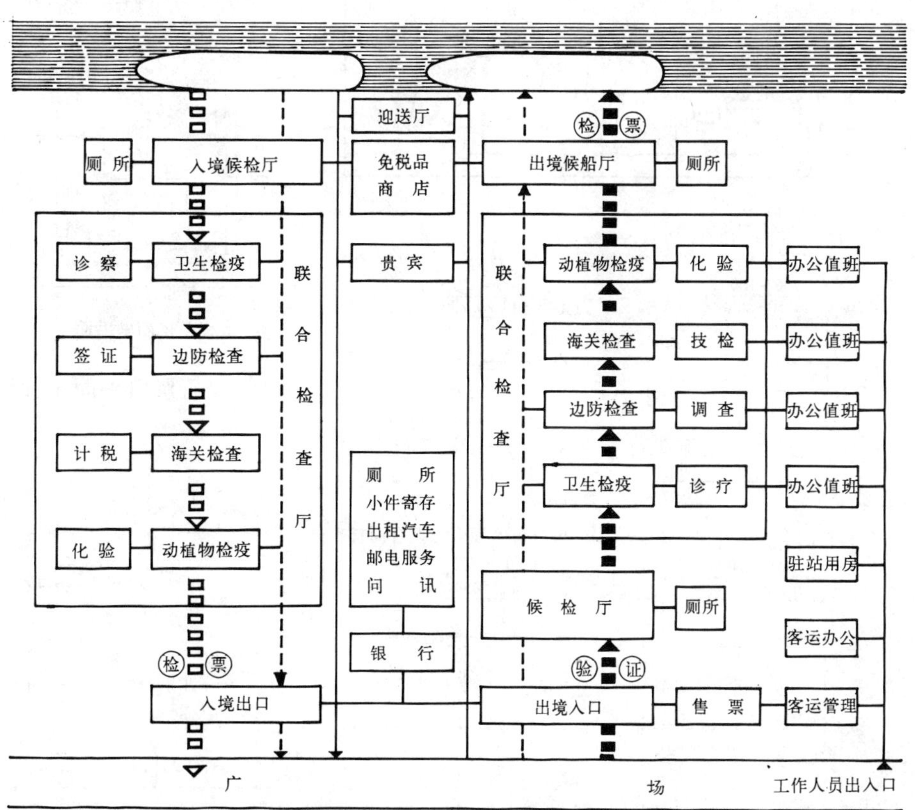

5 国际航线客运站流线关系示意

3

售票处设计

一、售票处由售票厅、售票室、票据库和办公用房组成。业务用房应集中布置，便于内部联系。

二、售票厅宜单设，四级站可与候船厅合建。售票厅须直通广场，宜邻近候船厅和行李托运厅。大型售票厅入口附近宜设问讯处。厅内应有良好的天然采光和自然通风，窗地比不宜小于1/6，净高不宜低于4.20m。天棚和墙面宜作吸声处理。

三、售票室须面对售票厅主要出入口。售票口的数量可根据本站历年统计资料确定。或参照下列公式计算：售票口数量＝设计旅客聚集量/110。①售票口中距不宜小于1.80m，靠墙中距不宜小于1.20m，窗台高度宜为1.10m～1.30m，窗台宽度不宜小于0.50m，售票口前宜设导向栏杆，其高度不宜低于1.20m。售票口上方应设置标有航线、时刻、票价及有无船票等文字显示设施。

四、票据库除四级站外宜单设，应与售票室联系方便，并应有良好的通风条件和防火、防盗、防鼠、防水、防潮等构造措施。

①：按每小时每个售票口可售票110张计算。

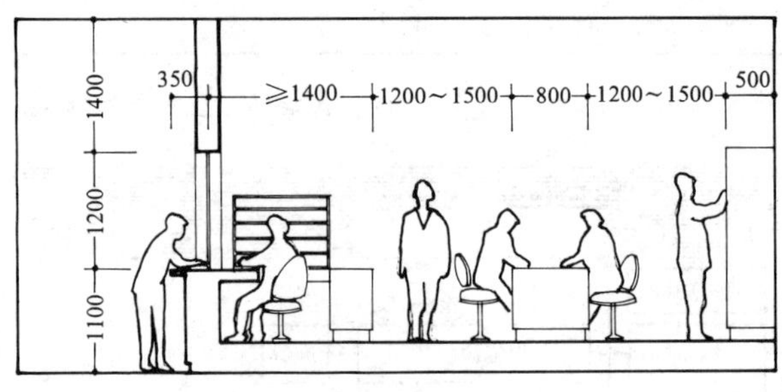

2 售票室室内示例

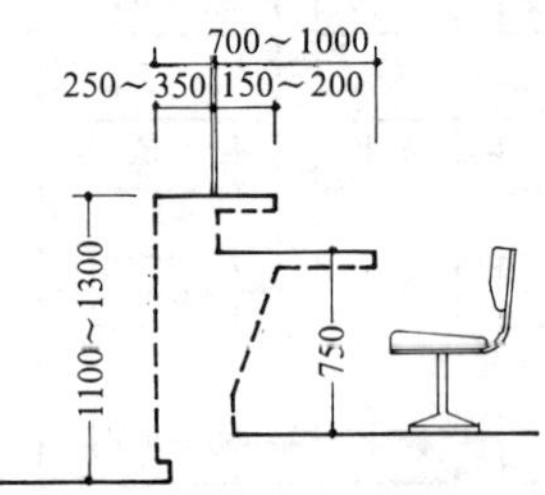

a 售票正面坐、柜台面有高差

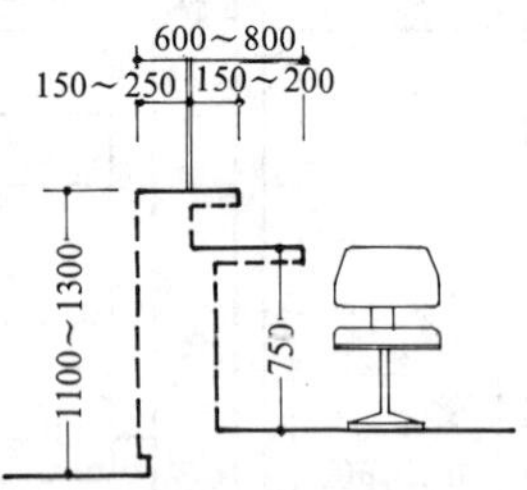

b 售票员侧面坐、柜台面有高差

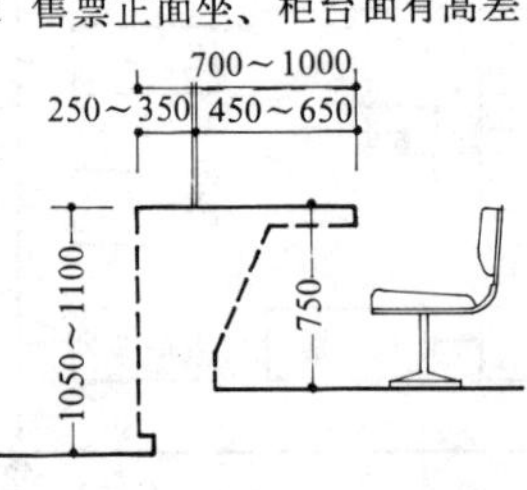

c 售票员正面坐、柜台面无高差

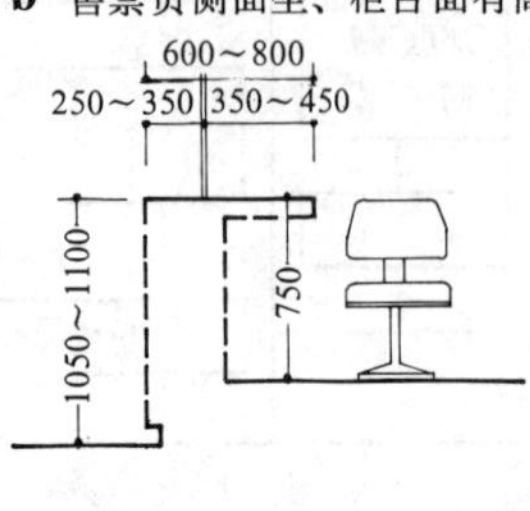

d 售票员侧面坐、柜台面无高差

3 售票口柜台剖面型式

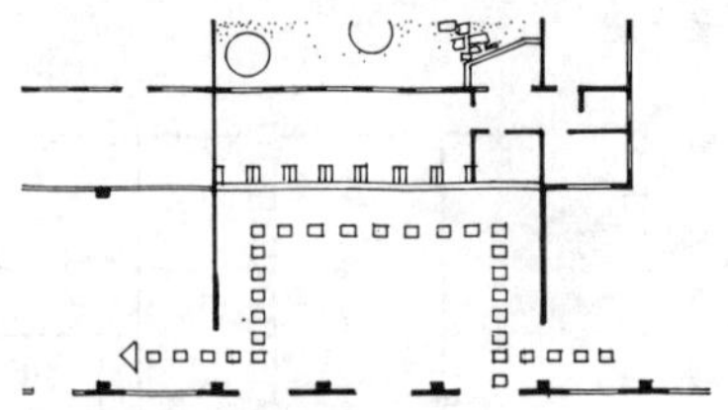

a 与候船厅、行李托运厅连接

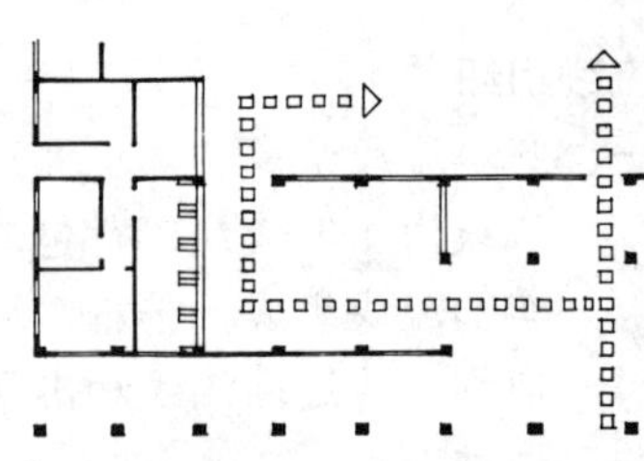

b 一侧售票与候船厅连接

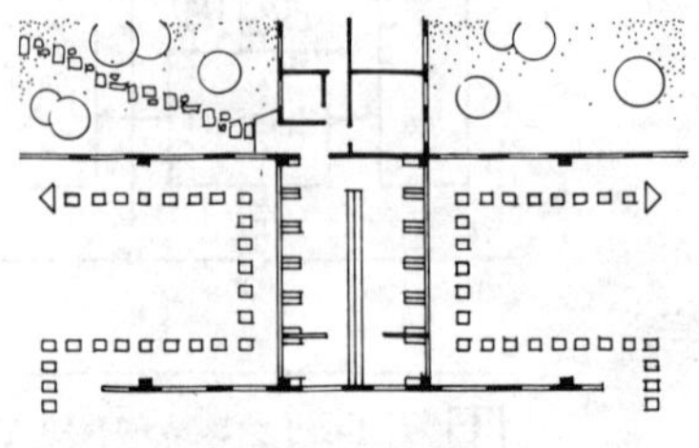

c 两侧售票与广厅连接

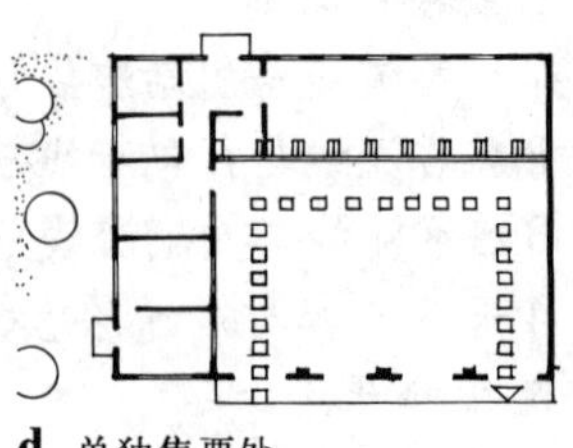

d 单独售票处

1 售票厅平面布置形式

售票厅设计尺寸参考表

站房规模	购票行列长度	通道及旅客逗留区
大型站	10～15m	4～5m
中型站	7～9m	3～4m
售票室		

注：①每人排队长度按0.45m计算，购票行列长度按20～25人考虑。
②售票厅单独设在站房外时，厅内应留有较大的逗留面积。

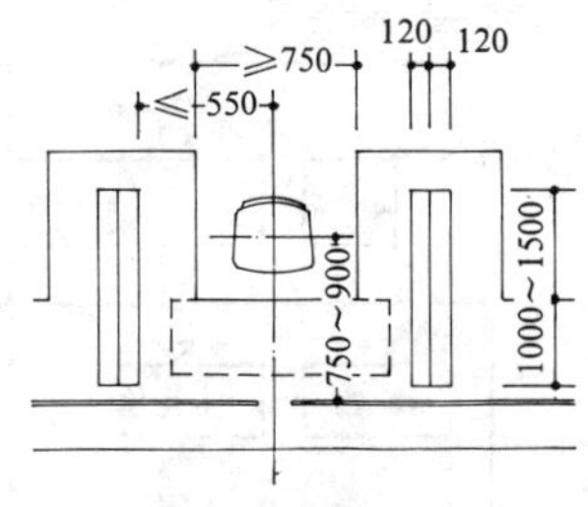

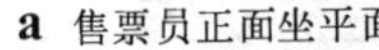

a 售票员正面坐平面

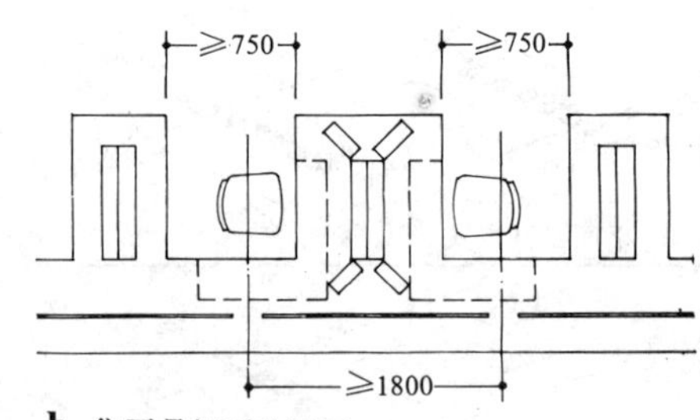

b 售票员侧面坐平面

4 售票口平面布置形式

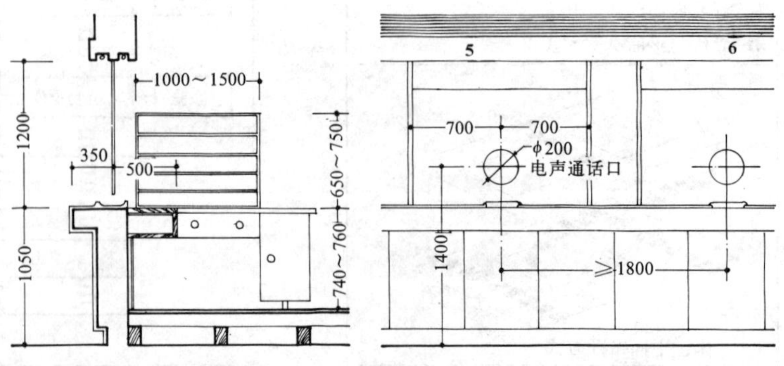

5 售票口示例

候船厅设计

一、平面布置应根据功能要求，合理划分候船区、检票区、通行区及服务设施区，使其互不干扰又有机结合，并具有灵活布置和调剂使用的可能性。

二、候船厅应设在明显和方便的部位，并尽量靠近码头。母子候船厅临近上船设施，室内或附近应专设饮水、盥洗及厕所；在可能条件下，宜设食品加热和烘衣房；气候炎热地区，宜设供儿童游戏的室外庭院。二等舱或贵宾候船室的出入口应单独设，并与一般旅客流线分开，出入口应考虑停车场和雨棚设施。贵宾室不宜设在行包房、小件寄存处或动力用房附近。

三、候船厅应有良好的天然采光和自然通风，窗地比不宜小于1/6，净高不宜低于4.50m。

四、天棚及墙面宜做吸声处理，地面和墙裙应采用易于清洁的建筑材料。

五、坐椅布置及排列方式，须结合进站流线，应便于组织旅客上船。

六、候船厅应设有播音、报时和文字显示设施。检票口应设导向栏杆，其高度不应低于0.80m。

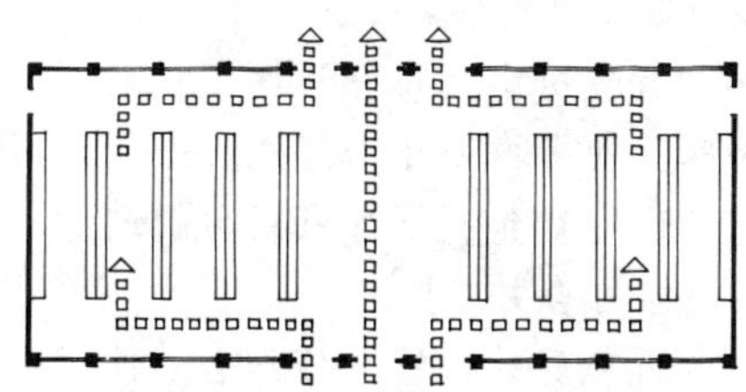

a 坐椅纵向布置，检票口、出入口位于中间，候船区在两侧

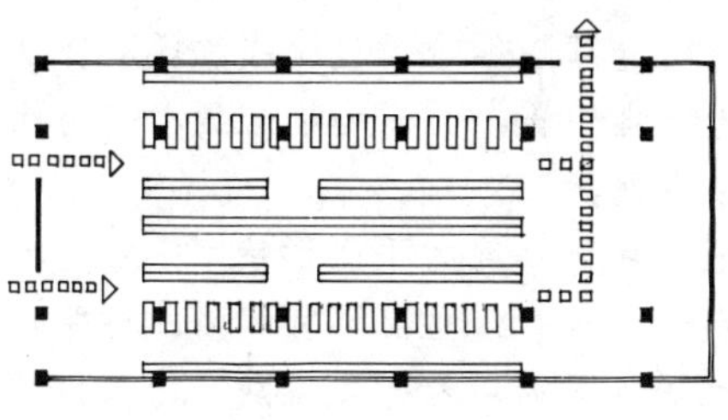

b 坐椅横向布置，检票口、出入口位于两端

1 候船厅透视

候船厅各种通道尺寸参考表

类别		宽度 (m)
主要通道	小候船室	1.6～2.7
	大候船室	2.7～3.6
次要通道		1.8～2.7
纵向排列坐椅间通道		1.8～2.4
坐椅最大连续长度		10
检票口通道	单排	2.0～2.2
	双排	3.0～3.2

注：按每一旅客双手提行李，宽度为0.90m。

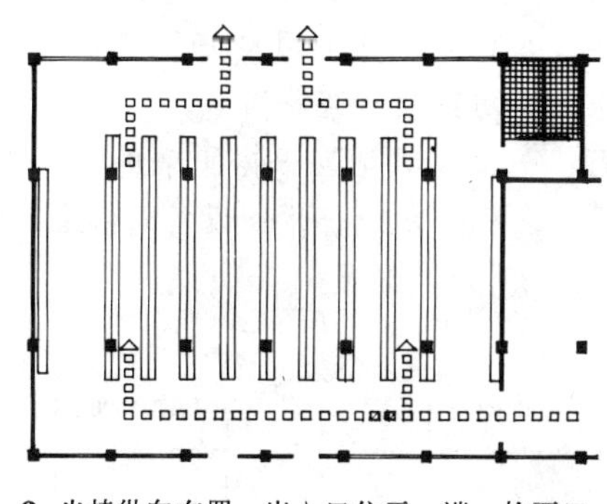

c 坐椅纵向布置，出入口位于一端，检票口在中间

2 候船厅平面布置示例

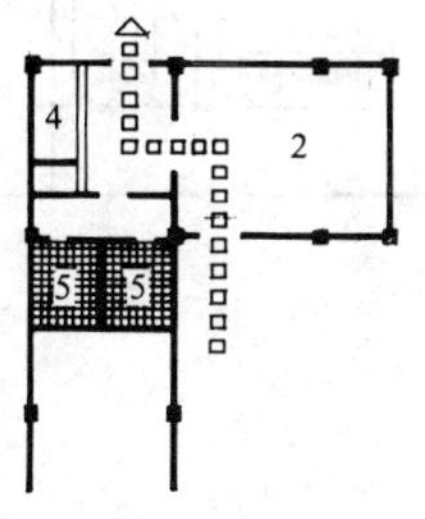

a 小型母子候船室 （温州港客运站）

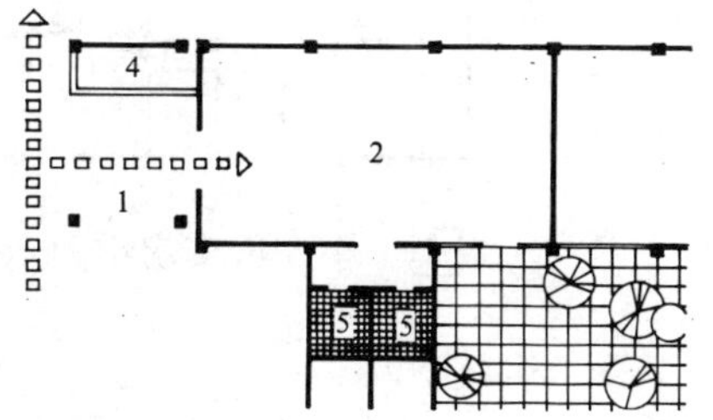

b 中型母子候船厅，外设庭院 （天津新港客运站）

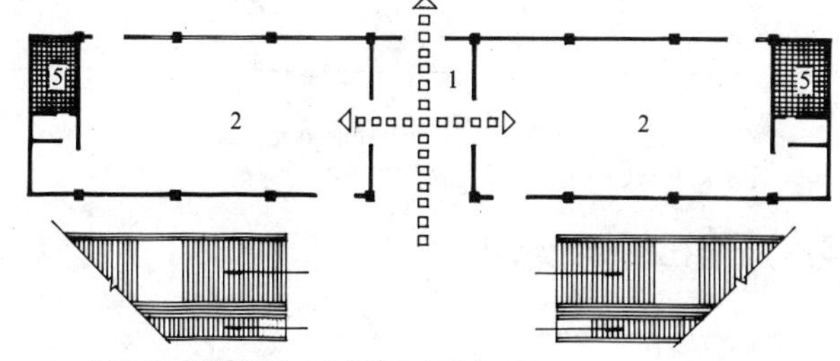

c 大型母子候船厅 （上海港十六铺客运站）

3 母子候船厅平面布置示例

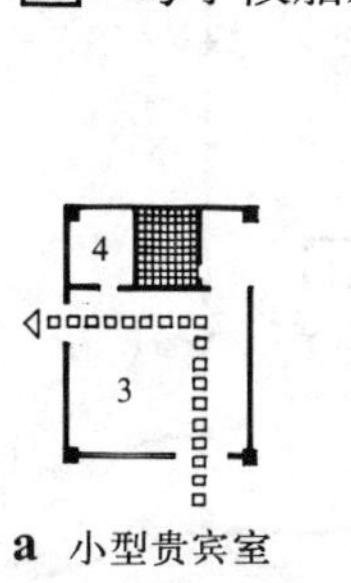

a 小型贵宾室 （九洲港客运站）

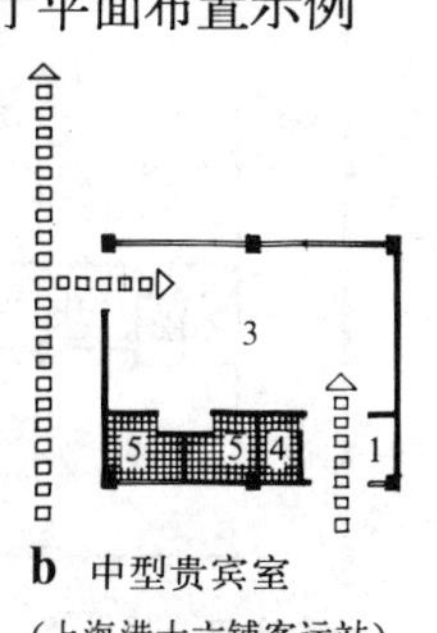

b 中型贵宾室 （上海港十六铺客运站）

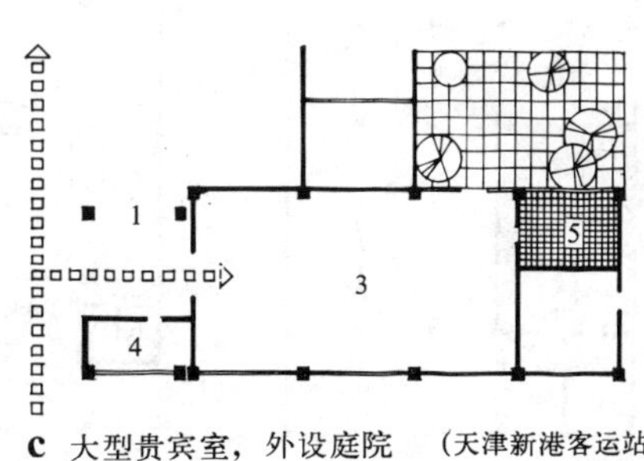

c 大型贵宾室，外设庭院 （天津新港客运站）

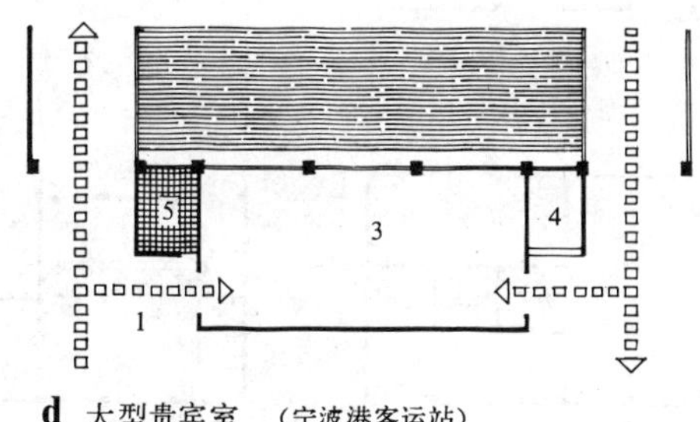

d 大型贵宾室 （宁波港客运站）

4 贵宾室平面布置示例　1 门厅　2 母子候船厅　3 贵宾室　4 服务员室　5 厕所及盥洗室

设计要求

一、行包房由行包托运厅、提取厅、托取仓库及业务办公用房组成。一、二级站可分开设置行包托运厅和行包提取厅，三、四级站可合并设置。

二、行包房的位置，应结合总体流线及旅客托取行包顺序，尽量减少与其它流线交叉和干扰，并方便旅客托取和装卸作业。行包仓库应结合行包流线和托取作业的位置合理布置，力求运输短捷，并与码头联系方便。

三、行包仓库的平面形状宜完整，型体不宜过于狭长，柱网不宜太密，柱距应便于运输工具通行和行包堆放，出入口的数量应尽量减少。窗台高度不宜低于1.50m，主要入口的坡道坡度不宜大于1/10。

四、行包仓库应通风良好，并考虑防潮、防火、防鼠和防盗等措施。

五、一、二级站应根据所采用的行包搬运设备，相应地设置运输设备间和维修间。

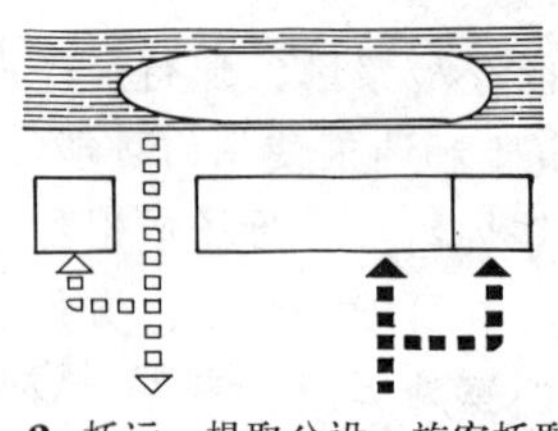
a 托运、提取分设，旅客托取流线不交叉，使用方便

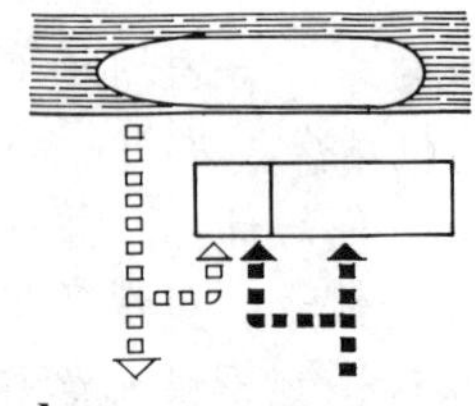
b 托取合设在进出站口之间，托取流线不交叉

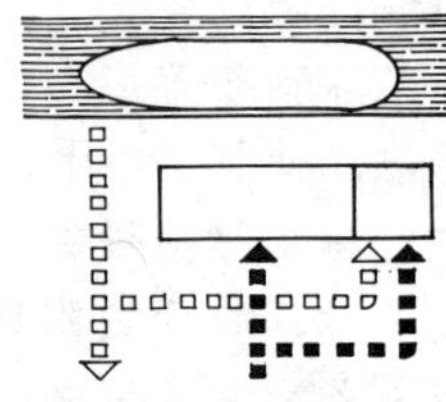
c 托取合设在进站口一侧，提取与进站人流有交叉

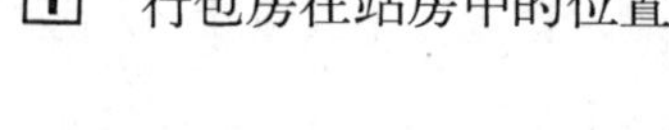

1 行包房在站房中的位置

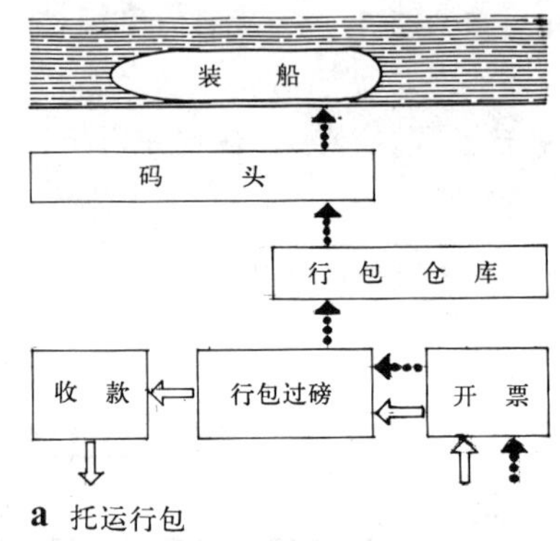

a 托运行包

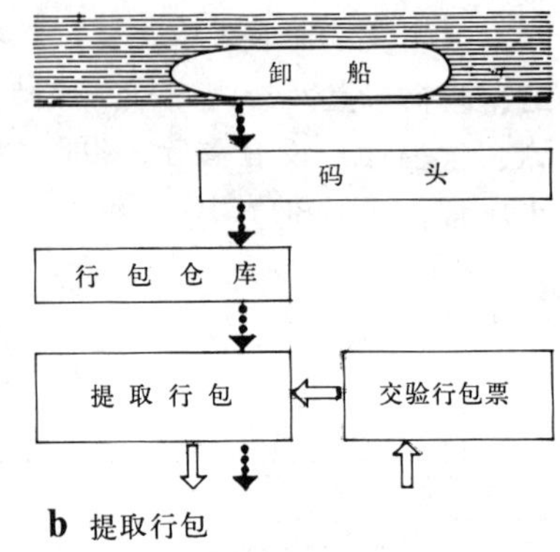

b 提取行包

2 行包托运、提取流程

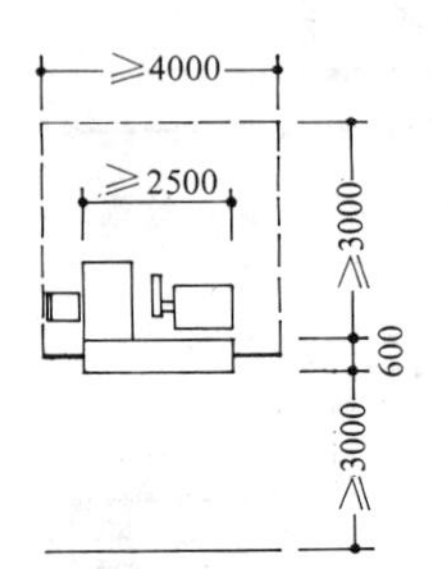

a 一个托运单元，两个工作人员分管开票、过磅

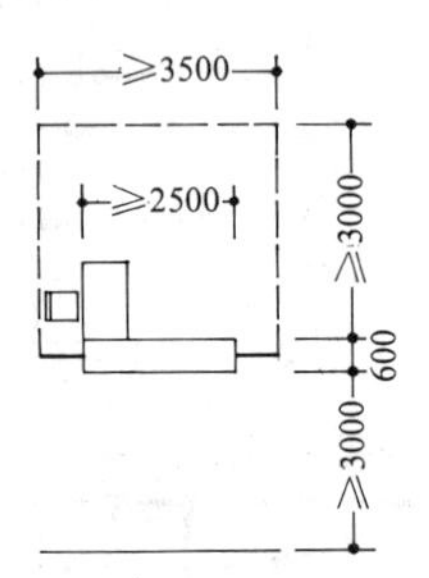

b 一个提取单元，提取业务量不大时采用

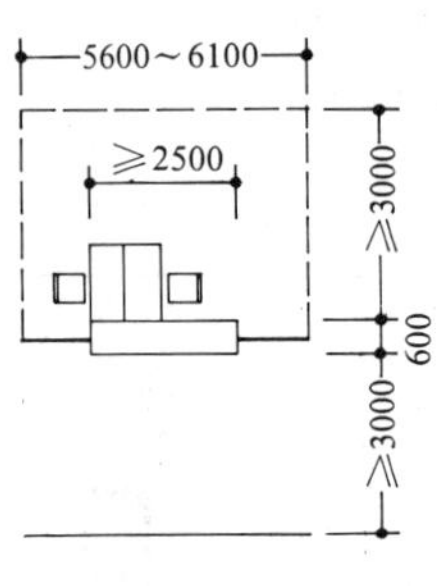

c 两个提取单元

3 行李托取单元尺寸

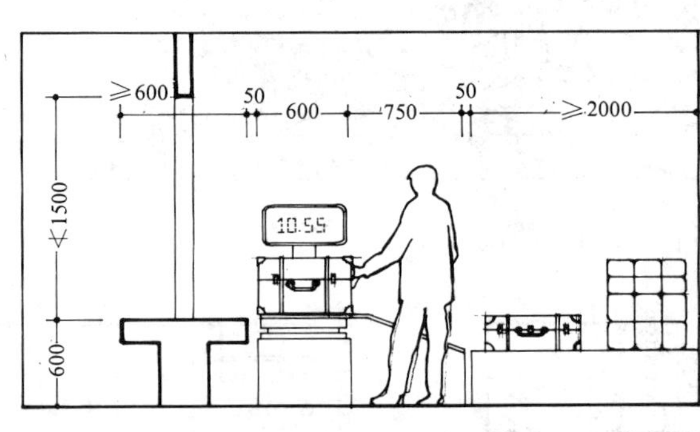

4 小型行李房室内示例

a 托取及仓库均设在候船厅内，适用于小型站

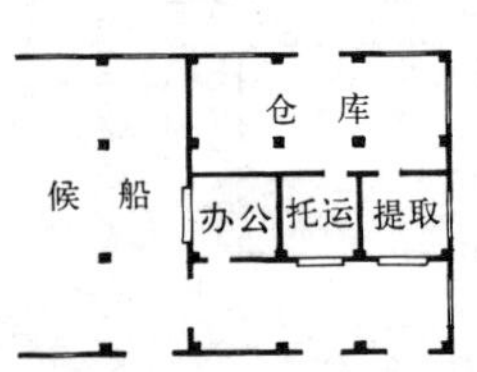

b 托运、提取厅合设，适用于中小型站

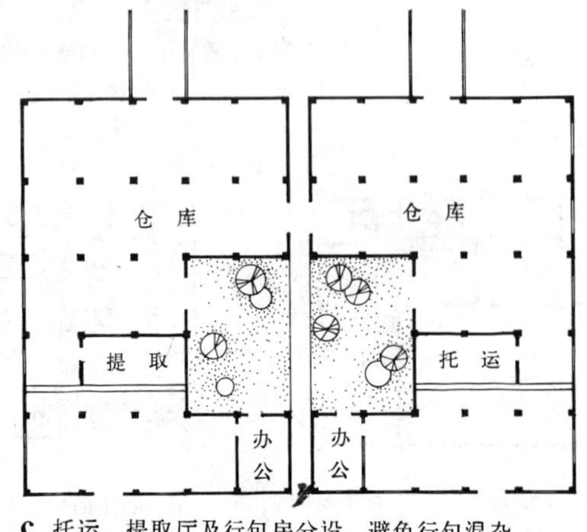

c 托运、提取厅及行包房分设，避免行包混杂，进出站客流不交叉，适用于大型站

d 托运厅、提取厅及行包仓库分层设置，旅客进出站流线上下层错开，互不交叉和干扰，适用于大型站

0 5 10m

5 行包房平面布置示例

一般要求

一、候船厅检票口与轮船出入口之间，应以上下船设施（斜梯、引桥、平台、天桥等）相连接。设施设计，应结合轮船到发班次、客运量、行包数量、地形及站房布局等具体条件，合理组织旅客流线和行包流线。

二、上下船通道均宜设屋盖，通道净高不应低于2.50m。不设侧墙处，应设栏杆，其高度不应低于1.10m。设侧墙处墙台高度不低于0.90m。墙上突出物距地面高度不应低于2.00m。通道或天桥的宽度，应根据客流密度确定，但其宽度不应小于3.00m。短途携重旅客候船处，宜设避雨设施，并设专用检票口。

三、采用斜坡道的坡比不宜大于1∶8，行包通道坡比宜为1∶10~1∶12，并采取防滑措施。采用斜梯时，每个梯段的踏步不应超过18级，亦不少于3级。

四、客滚船码头应分别设置旅客和车辆登船设施，有条件时宜采用立体交叉形式。在客滚船码头附近应设登船车辆的专用停车场，其容量宜为设计代表船型载车数量的1~2倍。

上下船设施有关尺寸参考表

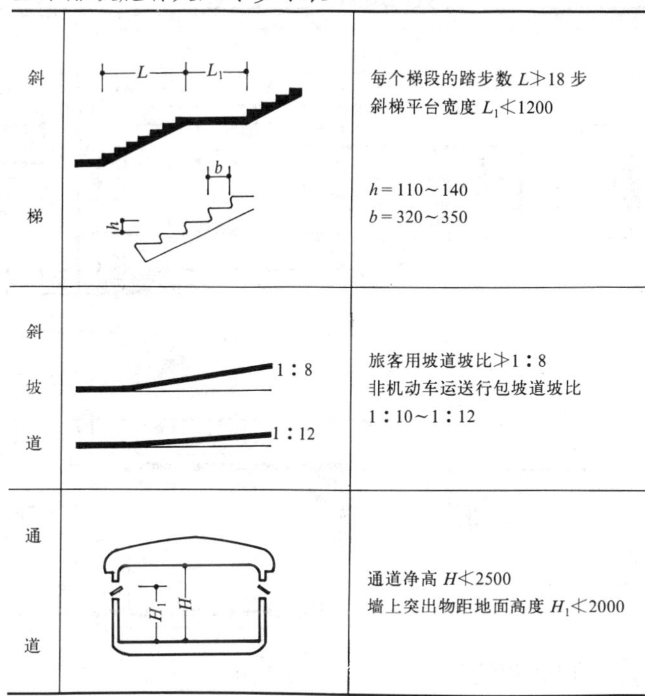

斜梯		每个梯段的踏步数 $L \ngtr 18$ 步 斜梯平台宽度 $L_1 \nless 1200$ $h = 110 \sim 140$ $b = 320 \sim 350$
斜坡道		旅客用坡道坡比≯1∶8 非机动车运送行包坡道坡比 1∶10~1∶12
通道		通道净高 $H \nless 2500$ 墙上突出物距地面高度 $H_1 \nless 2000$

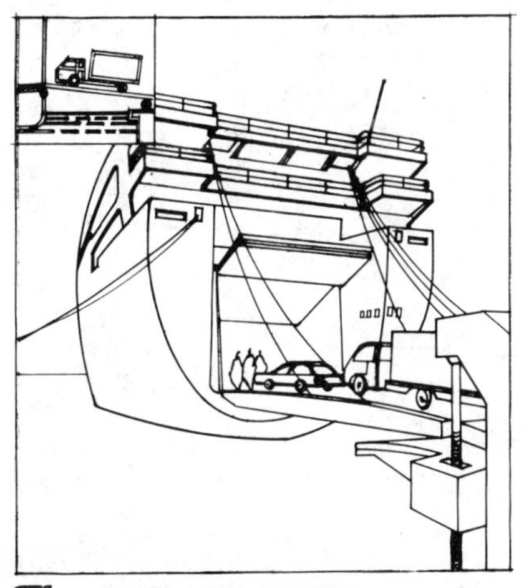

1 客滚船升降钢引桥

2 钢索缆车

3 液压式升降通道

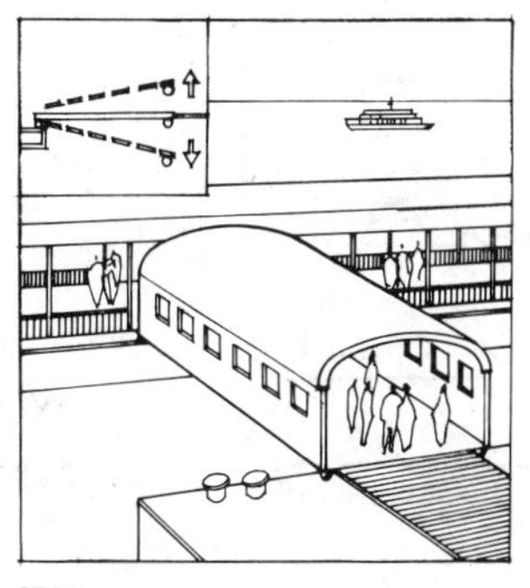

4 两铰式钢引桥

5 轨道式升降钢引桥

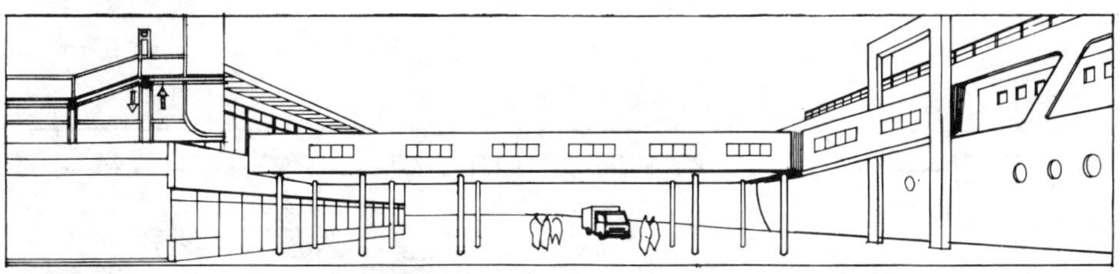

6 天桥端部升降式通道

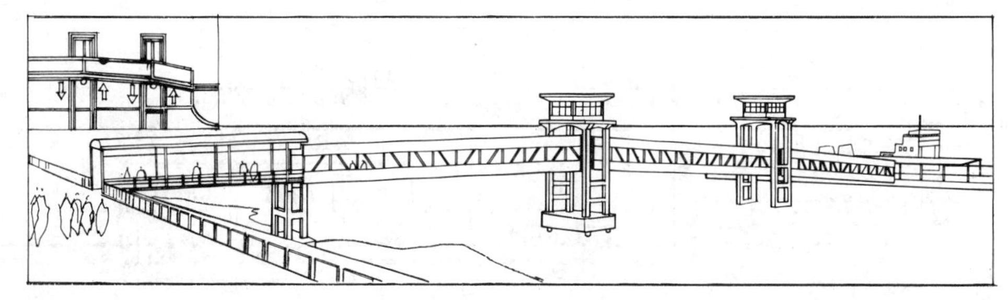

7 机械卷扬式升降通道

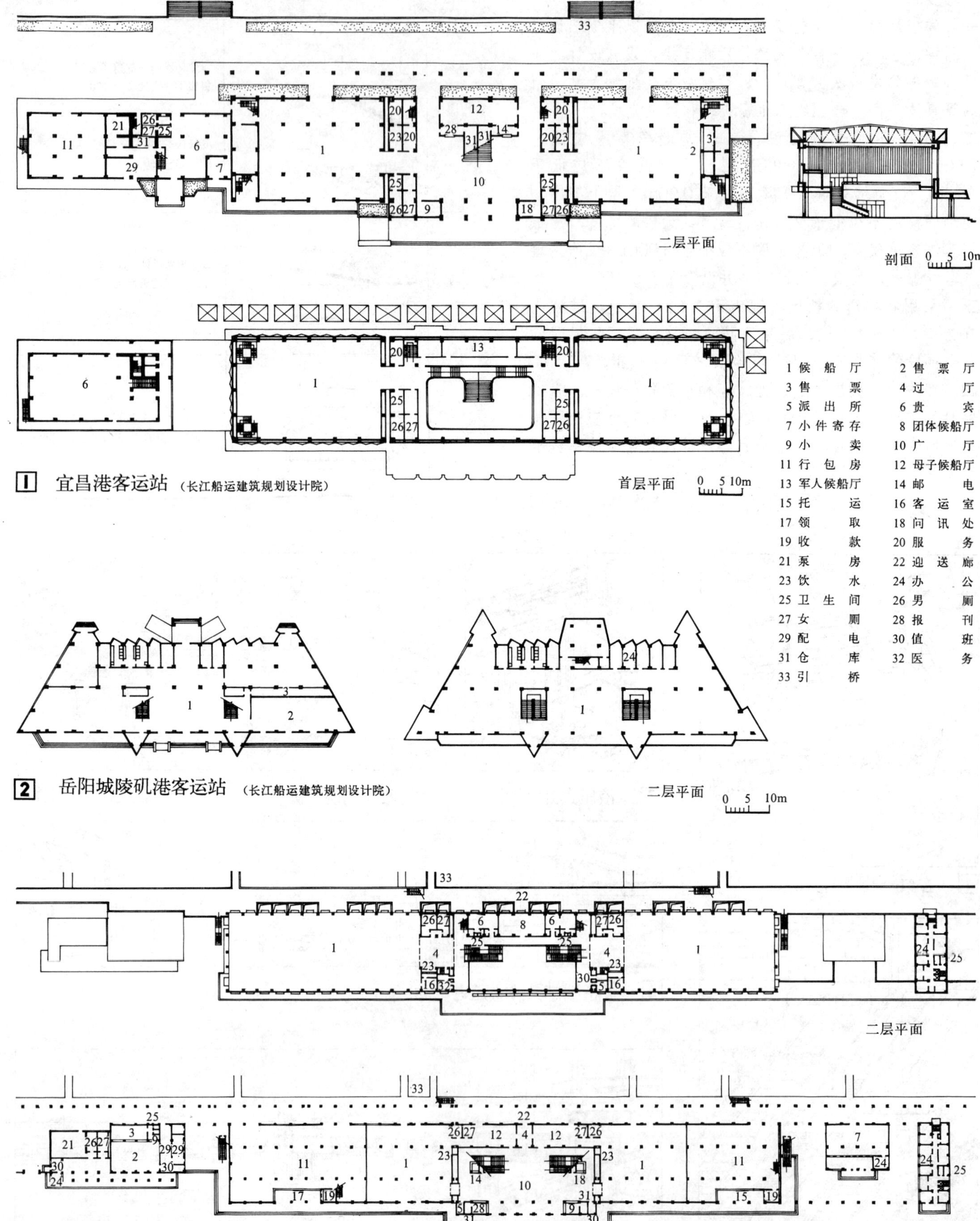

1 宜昌港客运站（长江船运建筑规划设计院）

2 岳阳城陵矶港客运站（长江船运建筑规划设计院）

3 上海十六铺港客运站（华东建筑设计院）

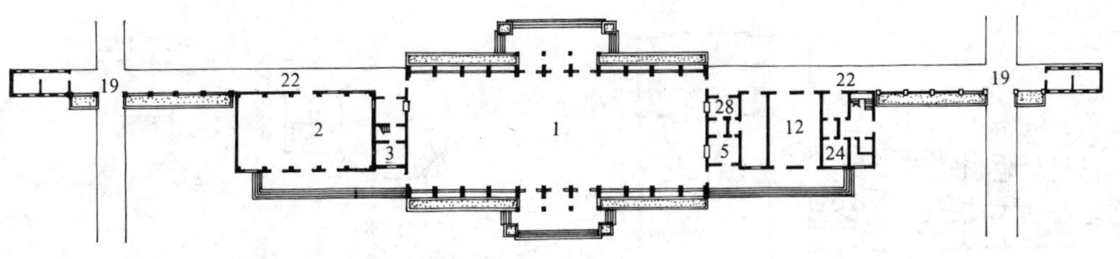

1 池州港客运站（长江航运建筑规划设计院）

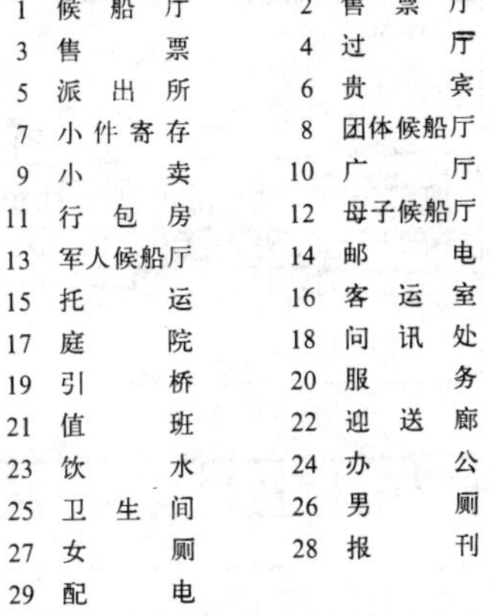

1	候船厅	2	售票厅
3	售票	4	过厅
5	派出所	6	贵宾
7	小件寄存	8	团体候船厅
9	小卖	10	广厅
11	行包房	12	母子候船厅
13	军人候船厅	14	邮电
15	托运	16	客运室
17	庭院	18	问讯处
19	引桥	20	服务
21	值班	22	迎送廊
23	饮水	24	办公
25	卫生间	26	男厕
27	女厕	28	报刊
29	配电		

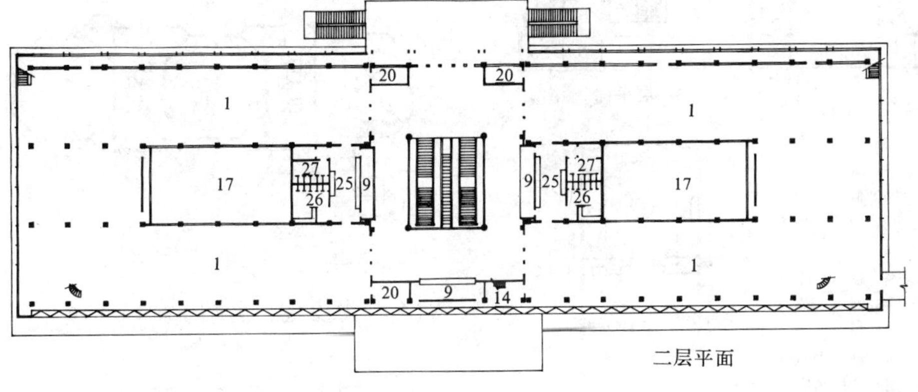

二层平面

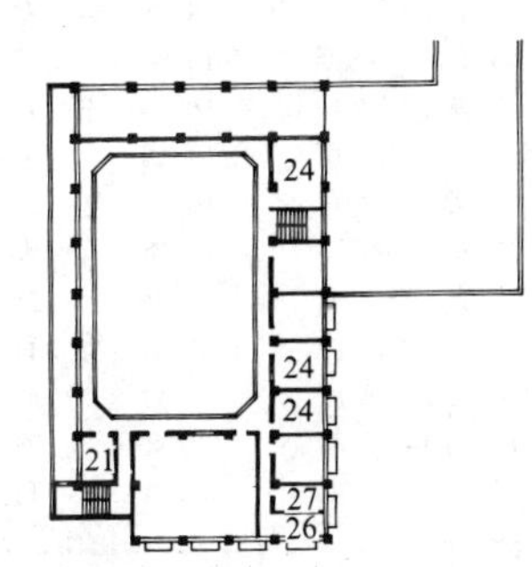

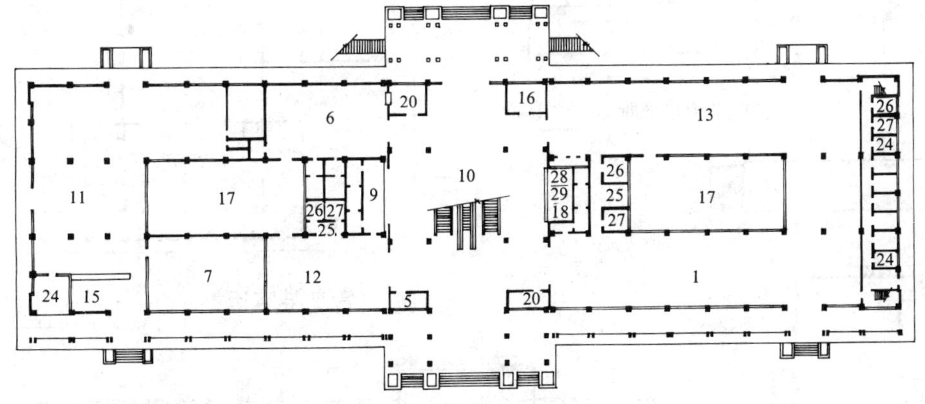

一层平面 0 5 10m

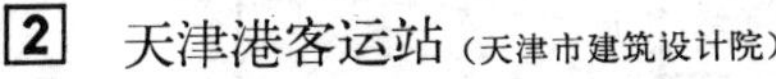

2 天津港客运站（天津市建筑设计院）

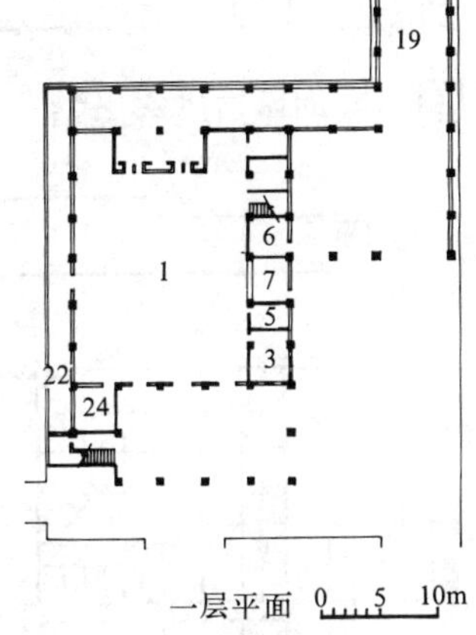

一层平面 0 5 10m

4 厦门内河港客运站（厦门市建筑设计院）

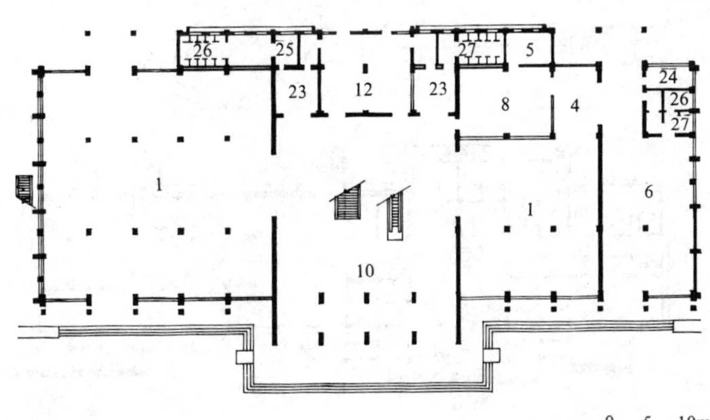

一层平面 0 5 10m

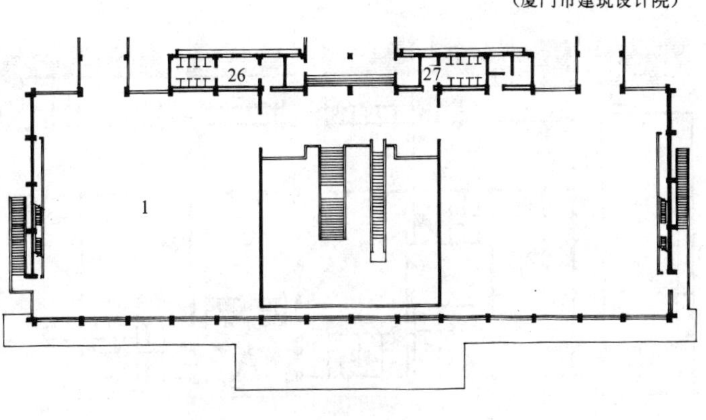

二层平面 0 5 10m

3 南通港客运站

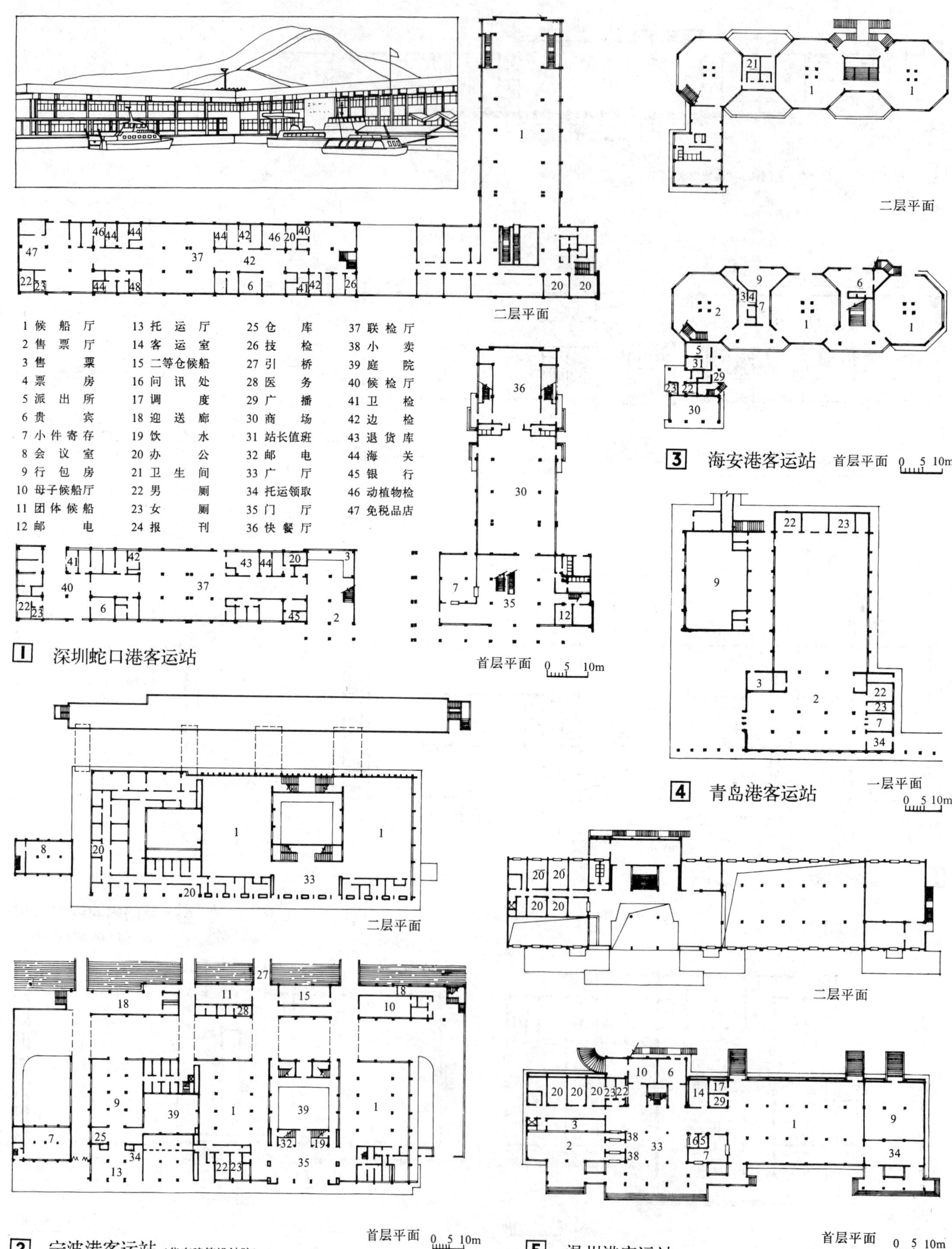

1 深圳蛇口港客运站

3 海安港客运站

4 青岛港客运站

2 宁波港客运站（华东建筑设计院）

5 温州港客运站

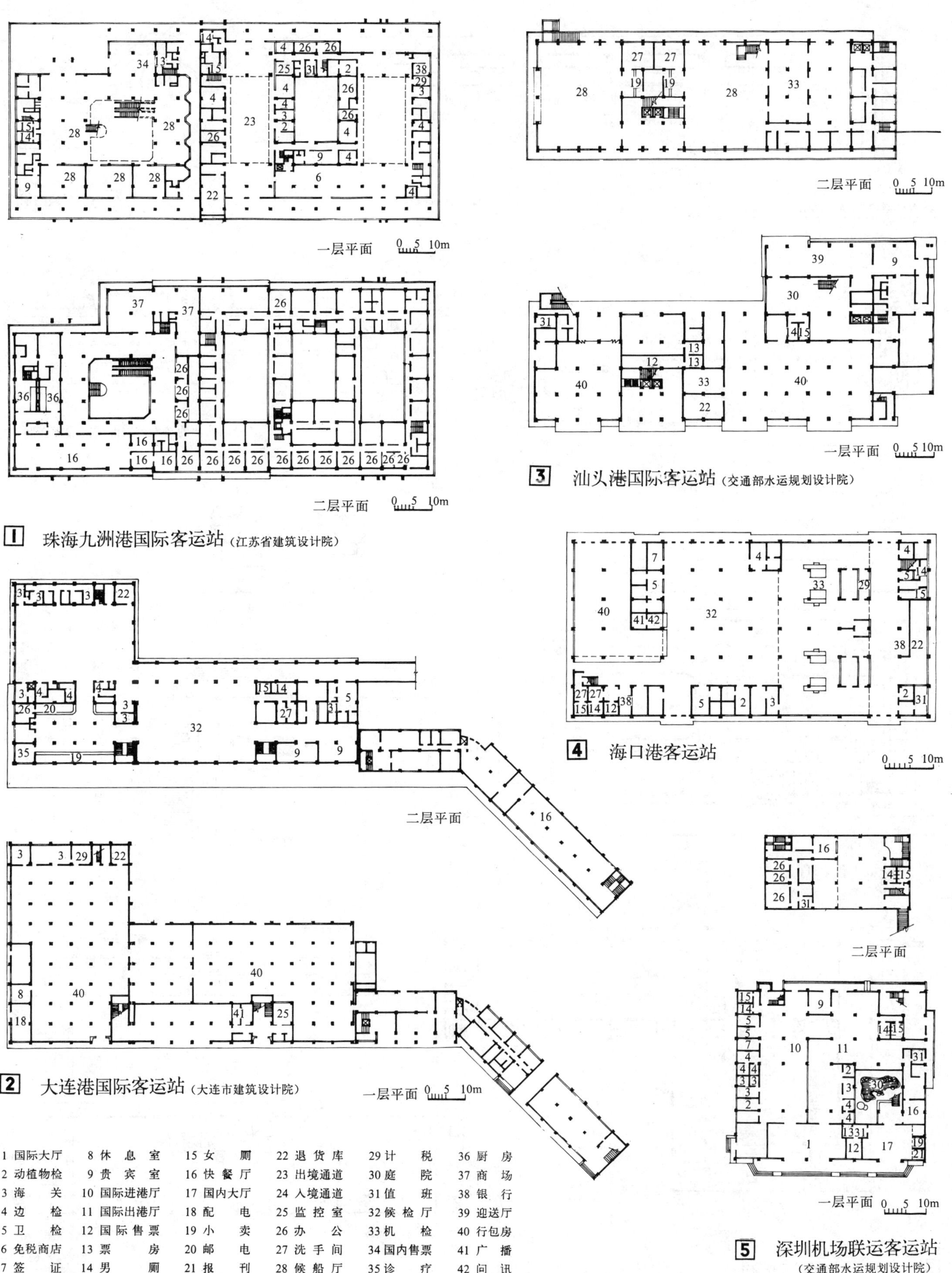

1 珠海九洲港国际客运站（江苏省建筑设计院）

2 大连港国际客运站（大连市建筑设计院）

3 汕头港国际客运站（交通部水运规划设计院）

4 海口港客运站

5 深圳机场联运客运站（交通部水运规划设计院）

1 国际大厅	8 休息室	15 女厕	22 退货库	29 计税	36 厨房
2 动植物检	9 贵宾室	16 快餐厅	23 出境通道	30 庭院	37 商场
3 海关	10 国际进港厅	17 国内大厅	24 入境通道	31 值班	38 银行
4 边检	11 国际出港厅	18 配电	25 监控室	32 候检厅	39 迎送厅
5 卫检	12 国际售票	19 小卖	26 办公	33 机检	40 行包房
6 免税商店	13 票房	20 邮电	27 洗手间	34 国内售票	41 广播
7 签证	14 男厕	21 报刊	28 候船厅	35 诊疗	42 问讯

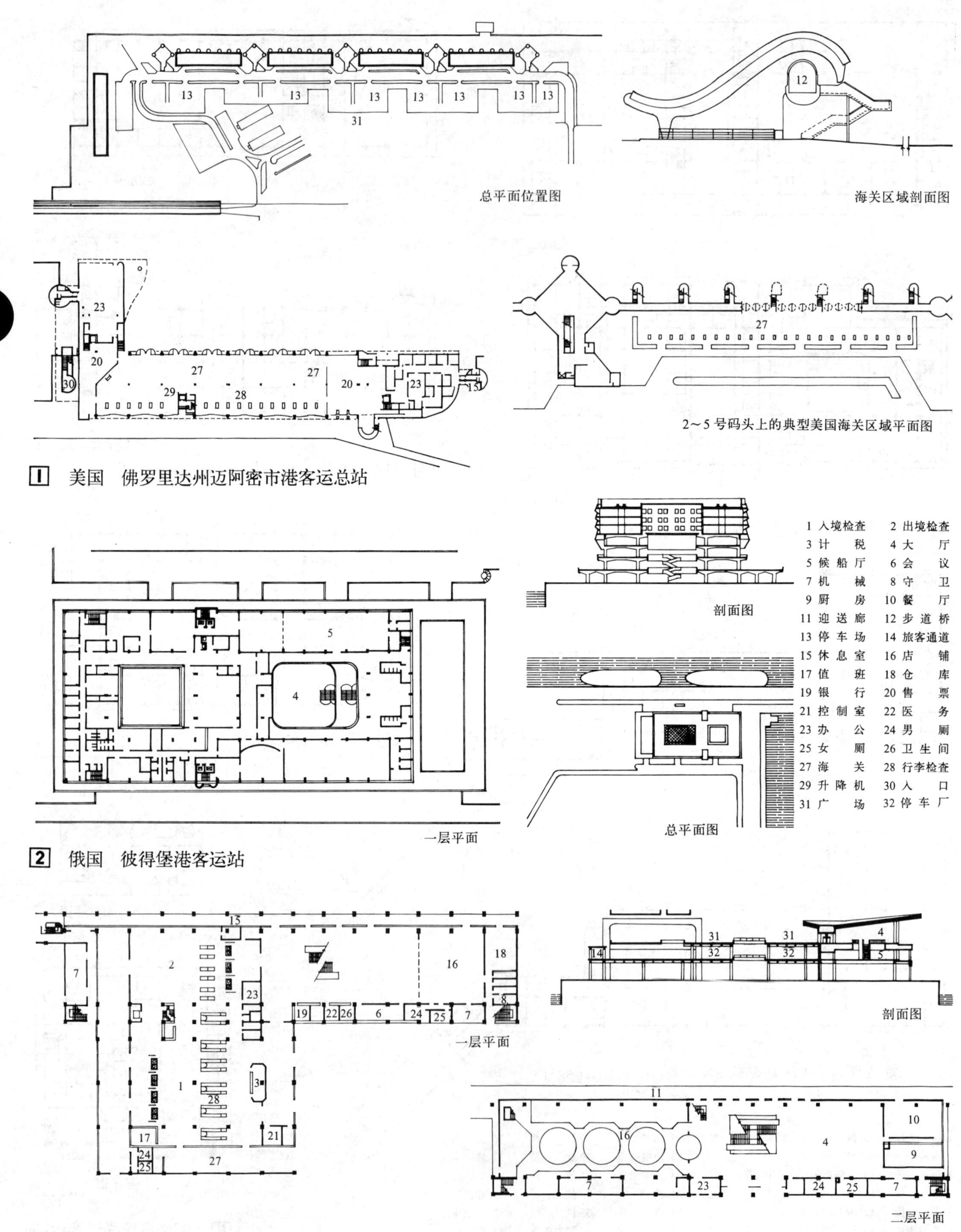

1 美国 佛罗里达州迈阿密市港客运总站

2 俄国 彼得堡港客运站

3 日本 神户港客运站

航空港是供飞机起飞、降落、停放，保障飞行活动的场所。通常设有跑道、滑行道、停机坪和指挥调度、通信导航、气象观测、维护修理、油料器材等各种建筑物和设备，以保证旅客、货物、邮件正常地运送。

选址

一、航空港的位置应保证最终发展所需的进近区空域没有障碍，并对空港周围地区的环境和影响（特别是噪声）减至最少。

二、具有较好的大气条件。雾霾和烟的出现会降低飞行的能见度，直接影响到空港的交通畅通。若周围地形没有阻挡风时，将对消除烟雾有利。

三、要从地形、地质和市政设施等方面综合考虑，尽可能节省建设投资。

四、要考虑空港与城市距离，合理规划地面交通道。一般多在 10～30 km，如超出 30 km 时旅客由市中心出发到航站楼登机所需 100 min左右，见[1]。

五、在规划用地上应考虑扩建的可能性，并贯彻节约土地、少占耕地的原则。

注：有关空港的升降带及净空要求，请参照民航局制定的技术规范。

总体规划

一、土地使用规划——根据飞机噪声的影响范围和程度，对空港选址的土地使用的合理性作出评估，对空港进近区和空域能否适应跑道的发展作出评估，对空港的扩建如何能经济合理地征用土地作出计划等。

二、功能分区规划——从总体上安排不同使用性质的地段及其设施。

三、航站区规划——确定航站区与跑道之间的关系，并对航站楼、航管楼、停机坪、停车场、特种车库、消防救援站以及动力设施等全面布置规划。

四、地面交通规划——预测进出空港的总交通量，合理安排航站区（特别是航站楼附近）的各种车辆交通组织以及停车场、汽车站、步行道等。

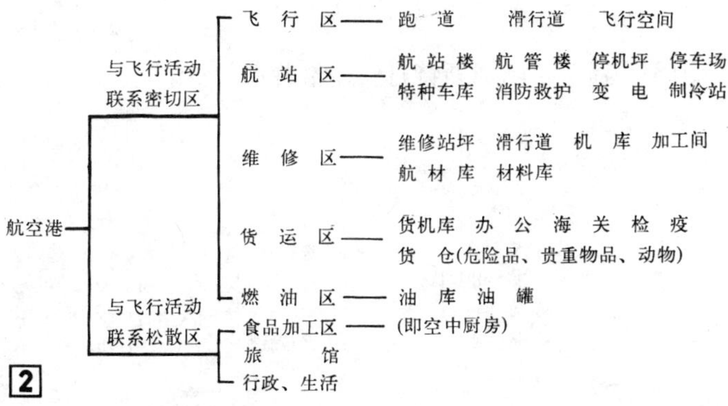

[2]

表 1

国家及城市	空港名称	距市中心(km)	国家及城市	空港名称	距市中心(km)
北京	首都国际空港	30	澳大利亚	悉尼	11
广州	白云空港	7	美国	亚特兰大	13
上海	虹桥空港	17	美国	奥海尔	36
杭州	笕桥空港	20	美国	达拉斯	24
南京	南京空港	14	美国	洛杉矶	16
荷兰	斯希普霍尔	12	美国	迈阿密	11
丹麦	哥本哈根	8	美国	肯尼迪	24
爱尔兰	都柏林	9	美国	旧金山	21
德国	法兰克福	10	美国	杜勒斯	43
芬兰	赫尔辛基	19	加拿大	多伦多	29
英国	希思罗	24	印度	德里	15
意大利	罗马	30	泰国	曼谷	32
挪威	奥斯陆	8	新加坡	樟宜	11
法国	奥利	14	日本	东京	19
瑞典	斯德哥尔摩	38	马来西亚	吉隆坡	19.3
奥地利	维也纳	18	加拿大	蒙特利尔	55
瑞士	苏黎世	12	日本	成田	66

市中心　停车场　航站楼

由市中心到航空港 30 min+15 min (延误)　停车场到航站楼 15min　办理手续 30min　登机 10 min

100 min

[1] 由市中心到航空港时间表

功能分区

一、体系：由两大部分组成，“空侧”飞机活动区，“陆侧”地面工作区，见[2]。

空侧——飞行空间、空港空间、跑道、滑行道、停机坪及有关设施。

陆侧——航站楼、旅客、行李、货物、邮件、进出空港的交通道路、停车场等。

二、分区：空港总体规划的功能分区视其规模和性质而定，较为完整的功能分区构成见[2]。

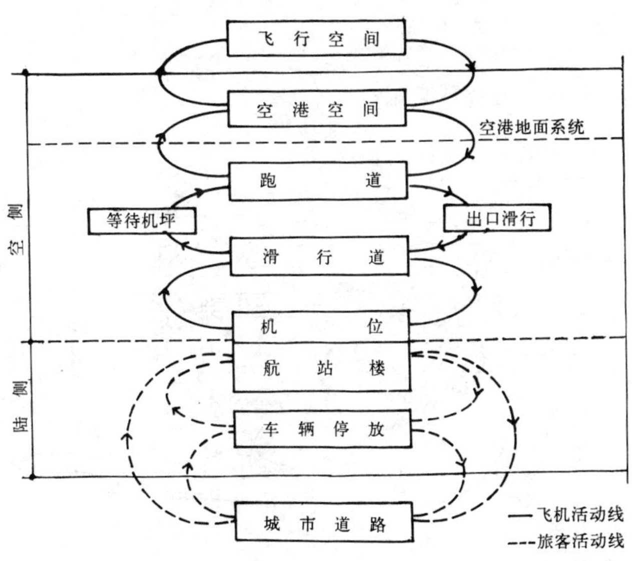

[3] 空侧，陆侧划分示意图

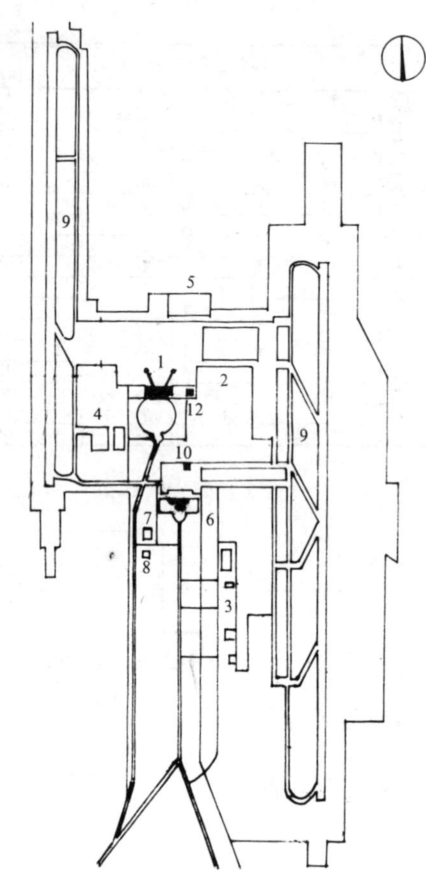

[2] 北京 首都国际空港

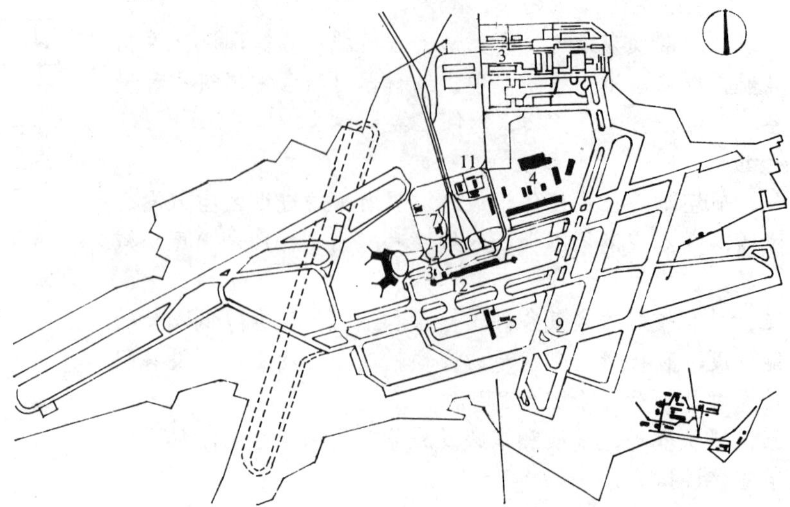

[1] 法国 巴黎奥利空港

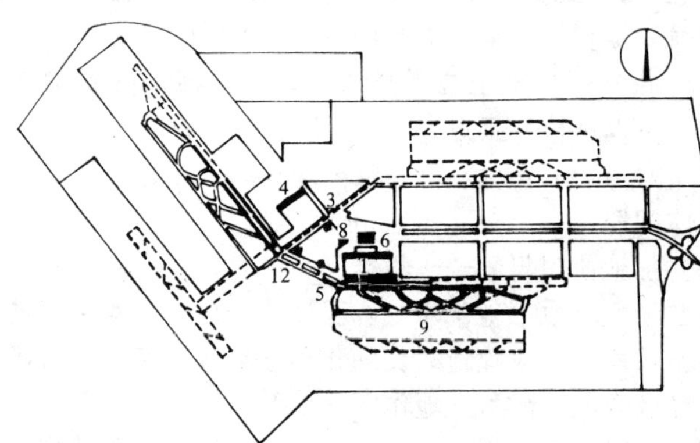

[3] 加拿大 蒙特利尔 米拉贝尔空港

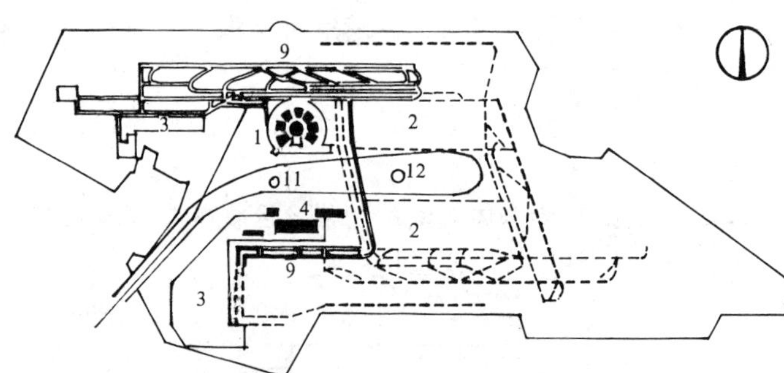

[4] 法国 巴黎戴高乐空港

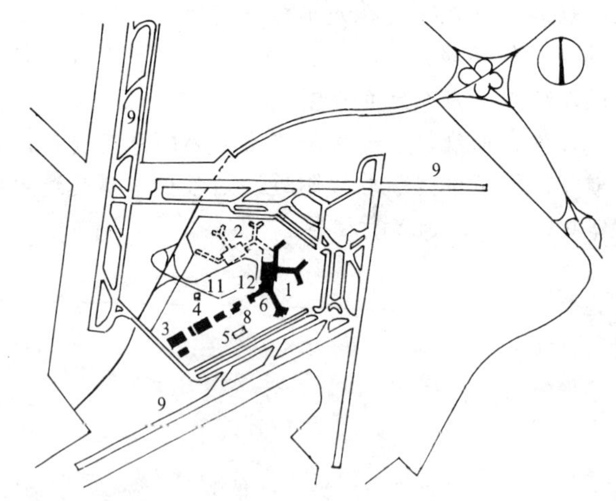

[5] 荷兰 阿姆斯特丹 斯希普霍尔空港

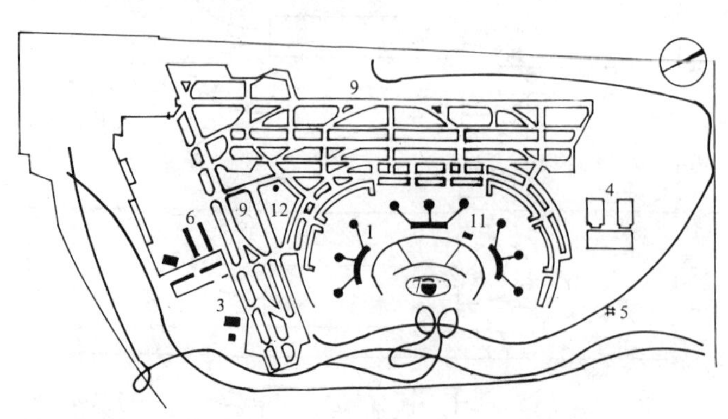

[6] 美国 纽约 纽瓦克空港

1 航站区	5 燃油区	9 飞行区
2 扩建区	6 行政区	10 气象
3 维修区	7 旅馆	11 冷热电站
4 货运区	8 食品加工区	12 塔台

空港构形

空港构形是根据跑道的数量，布置航站区之间关系。世界各国空港构形较多，应根据国情和具体情况，综合其规模和发展规划加以确定。

	说明	构形	实例
单条跑道	单条跑道：一般在空港容量不大的情况下，大多采用这种布置。在方案布置中应考虑飞机不论从跑道的哪一端起飞和降落至航站区的滑行距离均等。	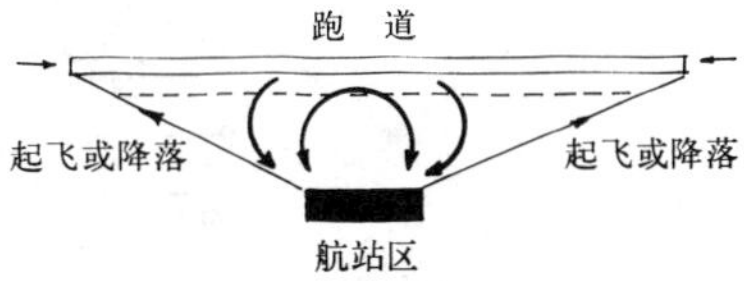 跑道 起飞或降落 起飞或降落 航站区	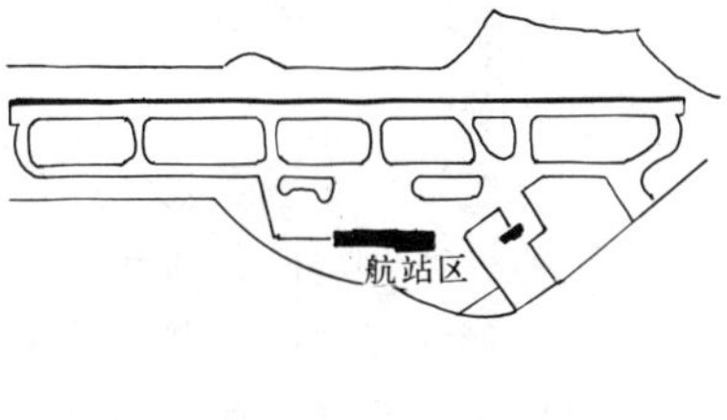 航站区 1 广州 白云空港
两条平行跑道	两条平行跑道：如空港容量较大，其高峰小时按飞机起降90架次考虑，航站区以位于平行跑道之间的中心区为宜。如风向条件可使飞机从两个方向起降，一条作为主跑道，而另一条则为副跑道。	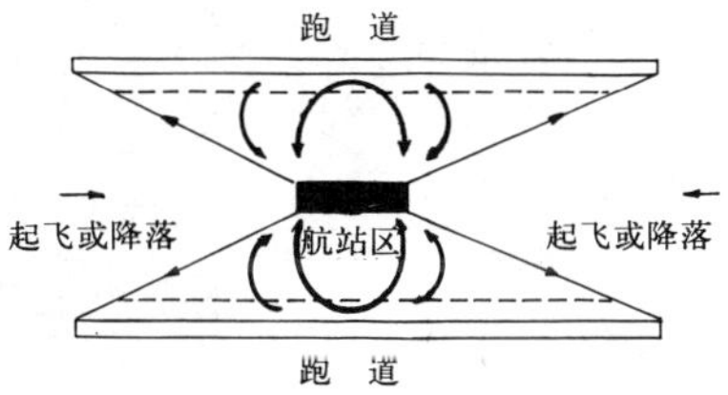 跑道 起飞或降落 航站区 起飞或降落 跑道	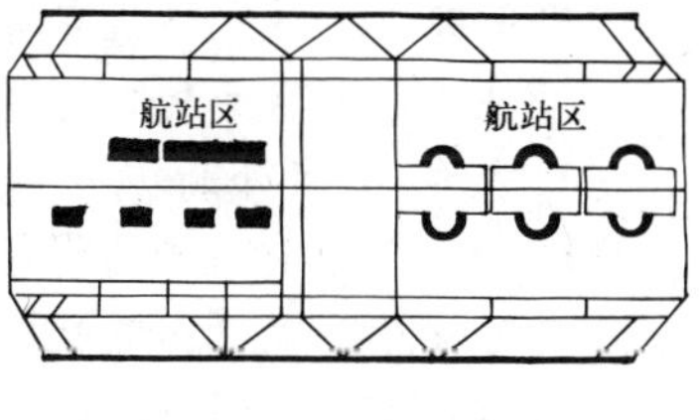 航站区 航站区 2 德国 汉堡卡尔顿基空港
两条错开平行跑道	两条错开平行跑道：基本条件与两条平行跑道相似，错开平行跑道可将一条用于起飞，另一条则用于降落，这种构形飞机起飞和降落时至航站区滑行距离减少。	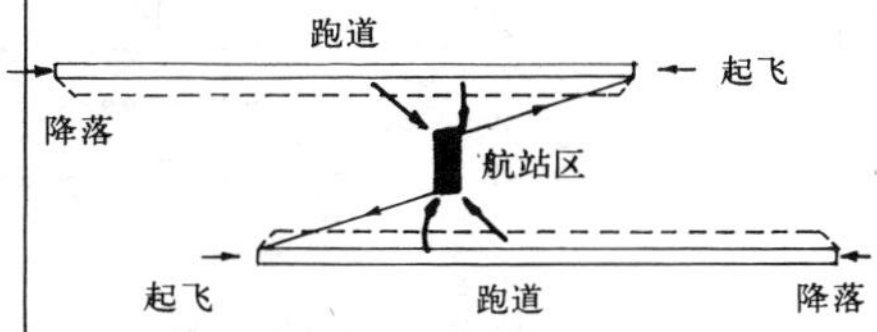 跑道 起飞 降落 航站区 起飞 跑道 降落	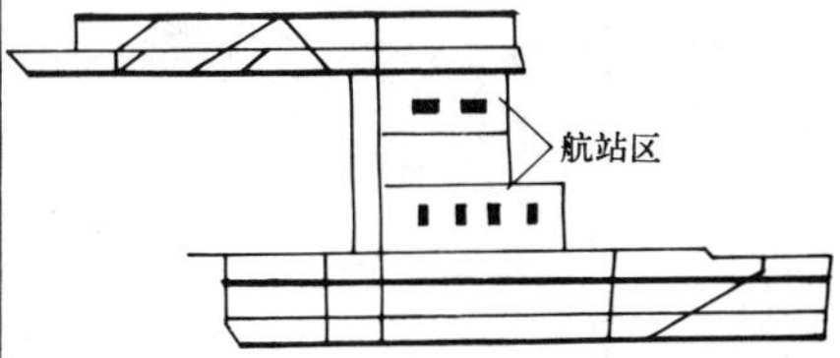 航站区 3 美国 洛杉矶空港
两条开口—V形跑道	两条开口——V形跑道：两条散开，但不相交，而形成V形跑道。若空港的风向要求必须设置一条以上的跑道时，则宜将航站区设置在中间。这种构形使飞机起降滑行距离较短，在风向允许的情况下两条跑道均可用于起飞和降落。	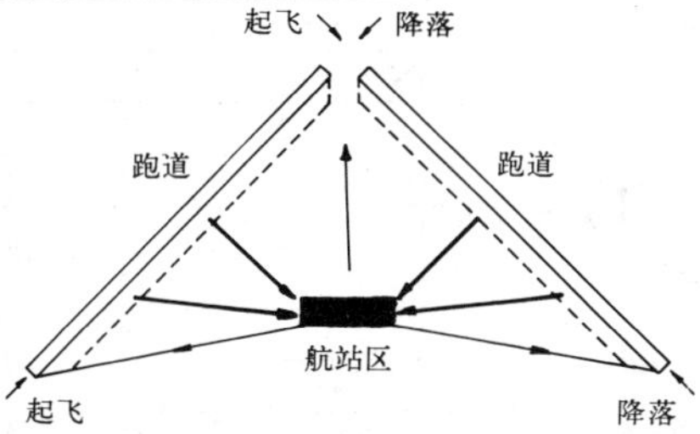 起飞 降落 跑道 跑道 航站区 起飞 降落	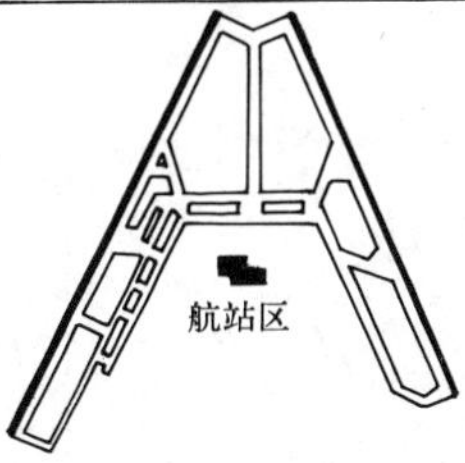 航站区 4 美国 堪萨斯州维奇托空港
三条跑道	三条跑道：空港容量很大，其高峰小时的最大容量按100架次考虑时，需设置三条跑道。航站区宜位于适中地段。	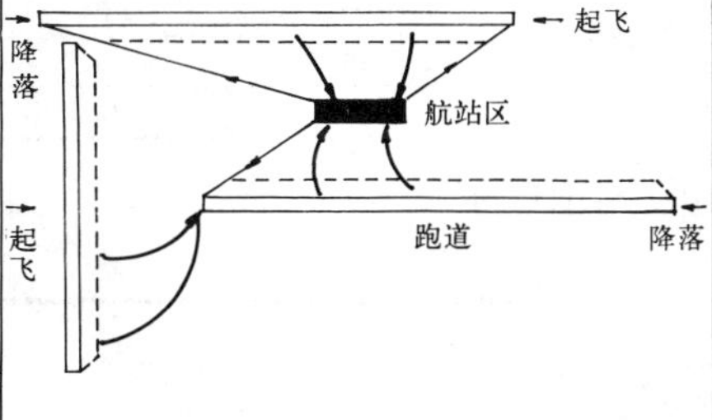 起飞 降落 航站区 起飞 跑道 降落	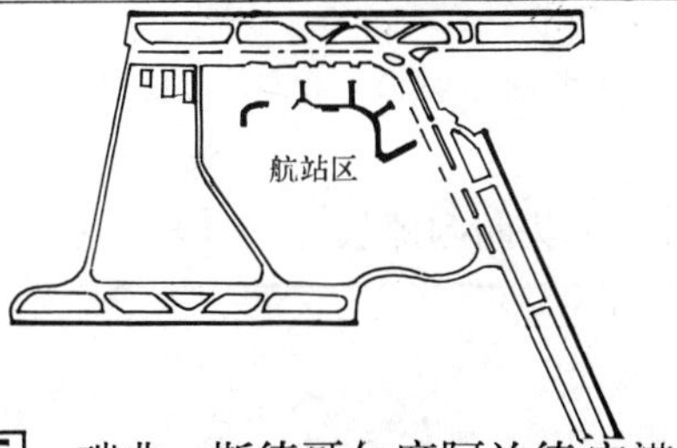 航站区 5 瑞典 斯德哥尔摩阿兰德空港
四条平行跑道	四条平行跑道：空港容量很大，高峰小时的最大容量按120架次考虑时，应预先考虑两条跑道供起飞用，而另两条用于降落。这种构形可避免飞机滑行中交叉干扰。	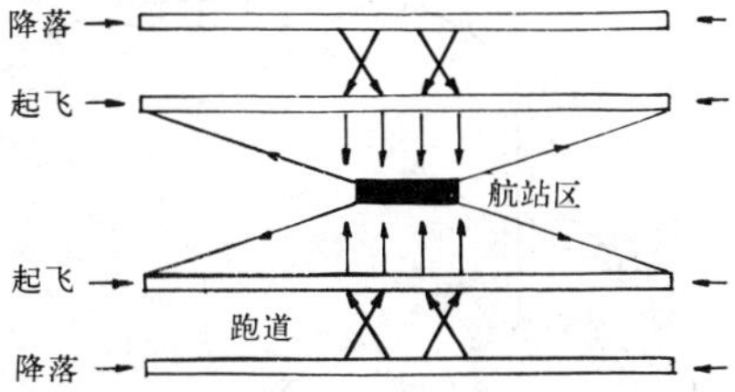 降落 起飞 航站区 起飞 跑道 降落	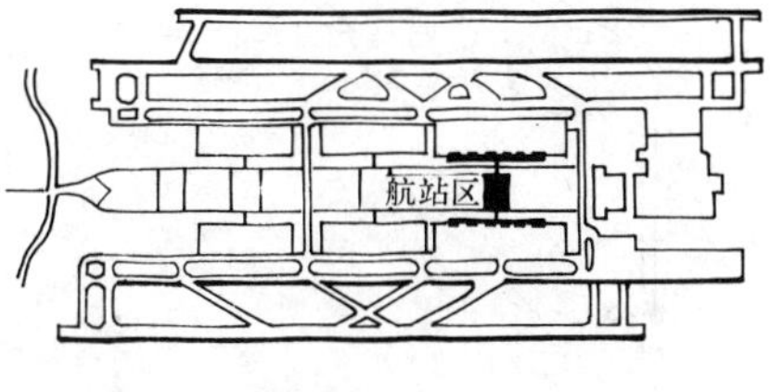 航站区 6 台北 桃园空港

机位

飞机在航站楼停靠在固定的门位处，供旅客上下飞机，装卸行李，飞机加油，整理客舱，地面服务等。

一、飞机在门位地区的大小和占用时间取决于飞机型号（大、中、小型飞机在门位处活动所需几何尺寸不同）及相应型号的飞机占用门位的时间（应区别进港、出港或经停航班）。

飞机在门位处服务程序所需时间参考表1。

几种机型占用门位的时间参考表2。

二、飞机停放方式：飞机停靠在航站楼门位处，飞机滑进、滑出，是靠自身的动力或借助牵引进出，须依空港的具体情况而定。

1.机头向内停放：飞机自滑至门位处，被牵引推出一定距离，靠自身动力滑行，见1。

2.机头斜角向外停放：飞机停放角度为45°～60°，飞机靠自身动力滑行，见3。

3.平行停放：飞机与航站楼成平行方向停放，用牵引或靠自身动力滑行，见4。

4.飞机以自身的动力滑入、滑出门位，见5。

三、机头向内，飞机推出和滑出门位处，包迹尺寸见2及表3。

飞机在门位处作业所需时间(min)　　表1

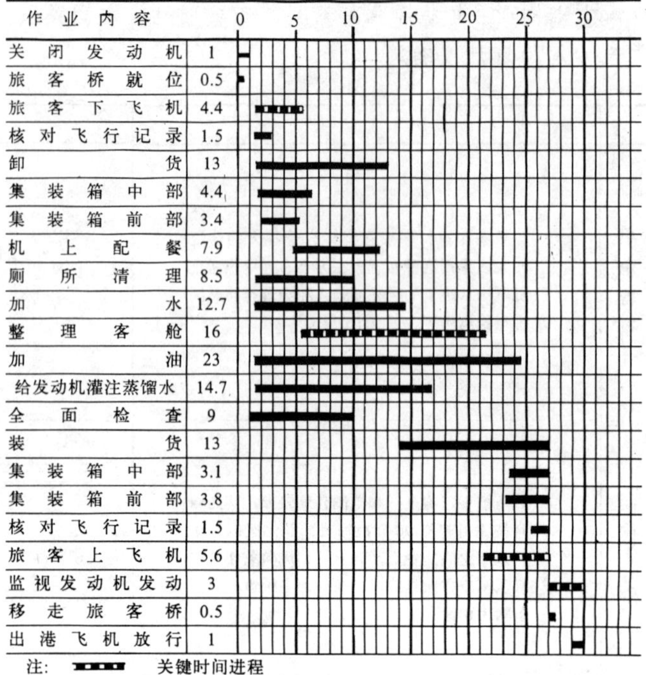

作业内容	时间(min)
关闭发动机	1
旅客桥就位	0.5
旅客下飞机	4.4
核对飞行记录	1.5
卸货	13
集装箱中部	4.4
集装箱前部	3.4
机上配餐	7.9
厕所清理	8.5
加水	12.7
整理客舱	16
加油	23
给发动机灌注蒸馏水	14.7
全面检查	9
装货	13
集装箱中部	3.1
集装箱前部	3.8
核对飞行记录	1.5
旅客上飞机	5.6
监视发动机发动	3
移走旅客桥	0.5
出港飞机放行	1

注：▬▬ 关键时间进程

几种机型占用门位的时间　　表2

机型	占用门位的时间(min)	备注
B-747	60	按实际情况表中所列时间偏低
DC-9　L-1011	60	
B-727	40	
DC-9	40	

飞机推出和滑出包迹尺寸　　表3

机型	推出		滑出		机头距航站楼外墙
	L(m)	W(m)	L(m)	W(m)	净距(m)
BAC-111	37.64	34.50	39.60	42.22	9.14
DC9-10	40.97	33.35	45.46	40.97	9.14
DC9-21.30	45.48	34.54	45.41	42.16	9.14
B-727	52.78	39.01	59.14	46.63	9.14
B-737	36.57	34.44	44.29	42.06	9.14
B-707	52.70	50.52	78.63	58.14	6.10
B-720	48.77	45.97	69.49	53.59	6.10
DC8-43.51	52.04	49.50	64.56	57.12	6.10
DC8-61.63	63.22	51.33	76.91	58.95	6.10
L-1011	57.50	53.44	80.31	61.00	3.04
DC-10	58.59	56.48	88.69	64.01	3.04
B-747	73.71	65.73	191.41	73.35	3.04

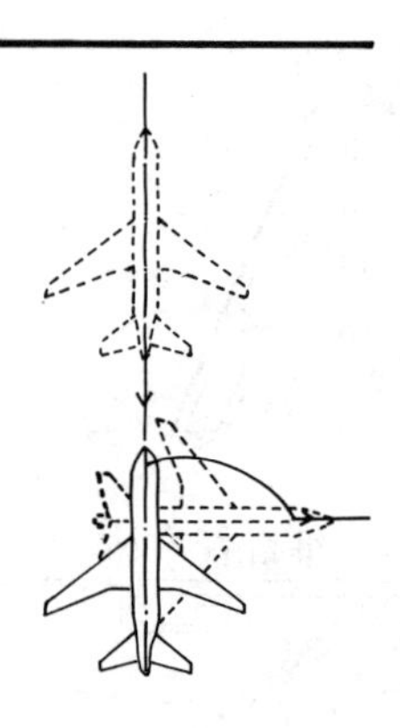

1 机头向内停放

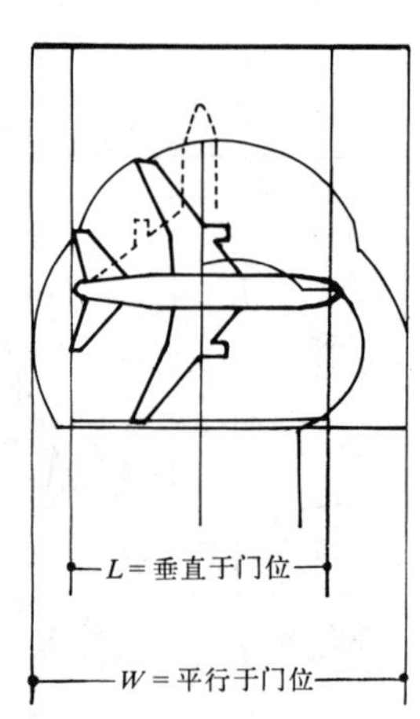

2 飞机推出、滑出包迹

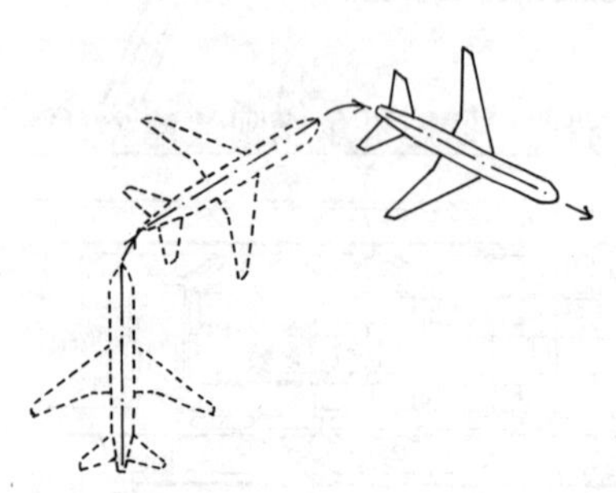

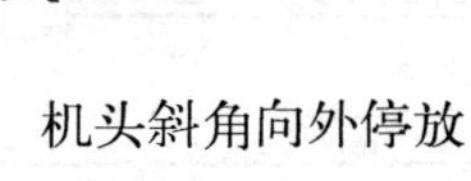

3 机头斜角向外停放

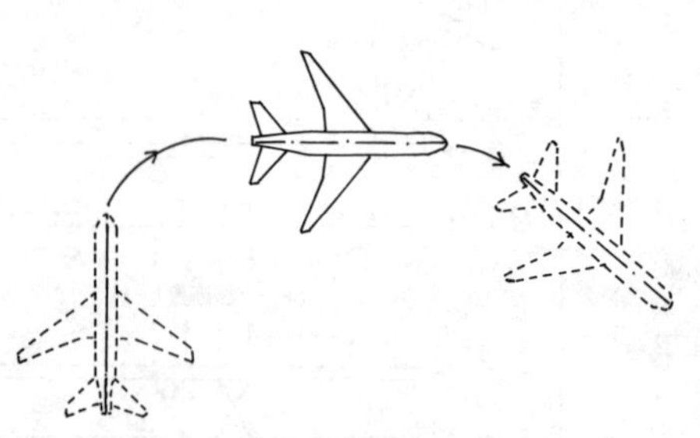

4 飞机平行停放

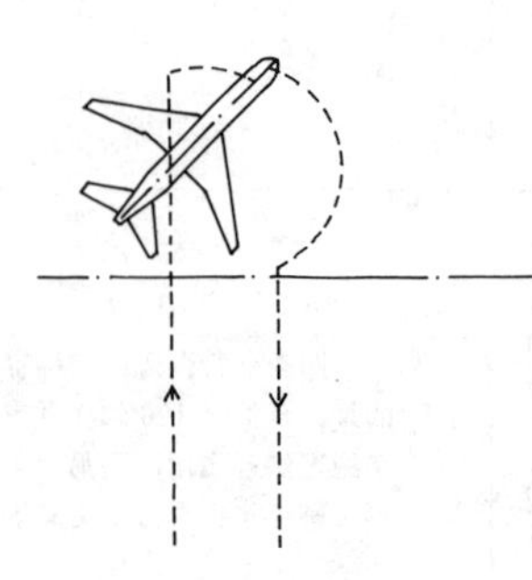

5 飞机自身动力滑入、滑出

机位　机位组合：按四组不同机型（A、B、C、D组），分别在卫星式、廊道式、线型式、转运车式停放于门位及所占机坪面积比较。

1.飞机滑入、滑出停放在卫星式，见1；停放在廊道、线型式，见2。

2.飞机滑入、推出停放在卫星式，见3；停放在廊道，见4；停放在线型式，见5；停放在转运车式，见6。

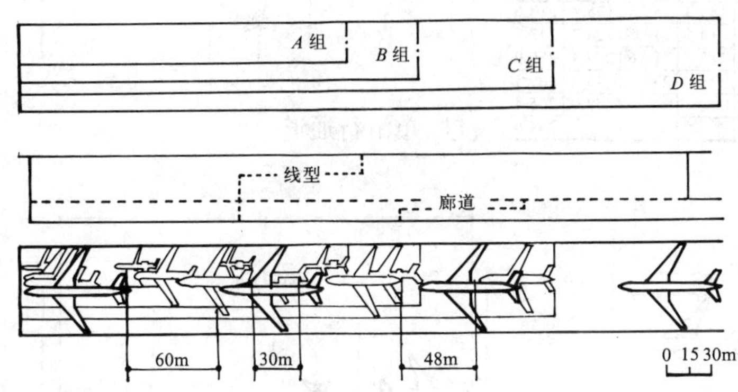

1 滑入、滑出停放在廊道、线型式

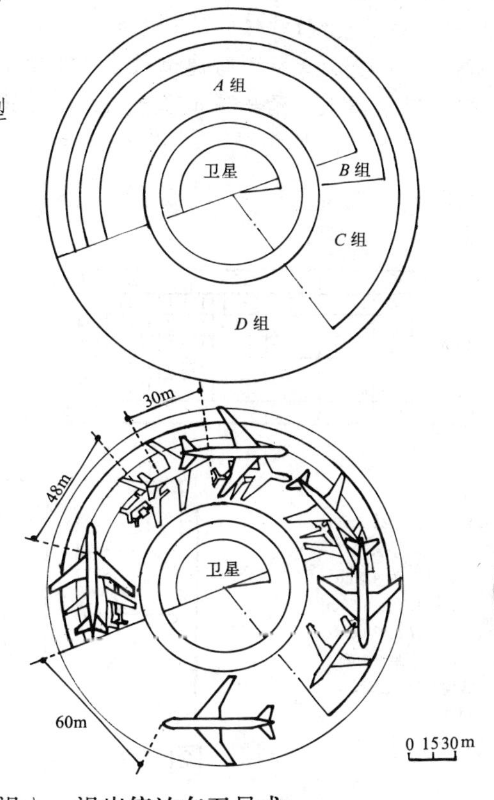

2 滑入、滑出停放在卫星式

四组各类机型　表1

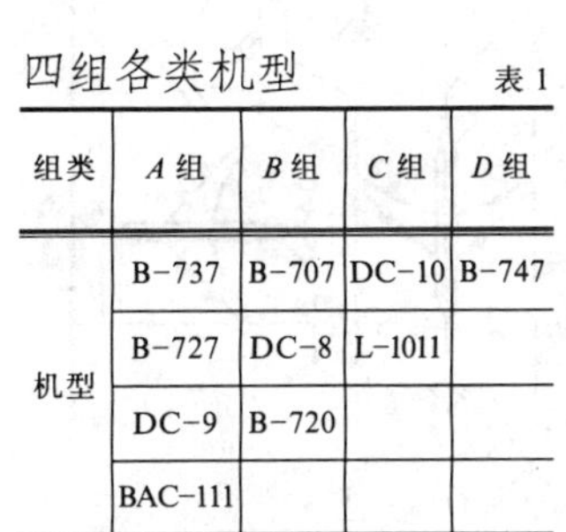

组类	A组	B组	C组	D组
机型	B-737	B-707	DC-10	B-747
	B-727	DC-8	L-1011	
	DC-9	B-720		
	BAC-111			

注：在机位组合时上述各组机型可选其中任意一种飞机滑入、滑出时其间距按飞机启动时的喷气吹袭 80km/h 为依据。

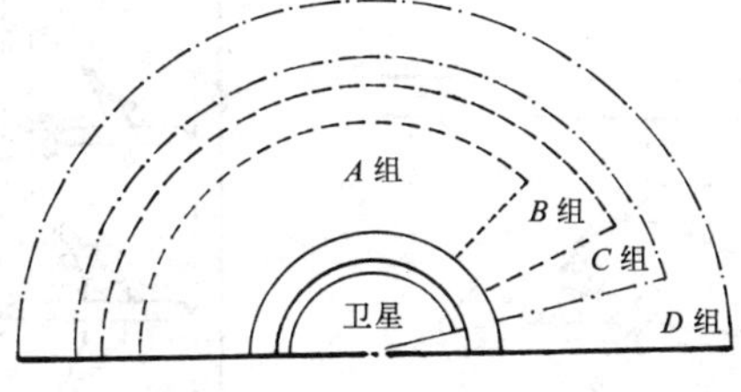

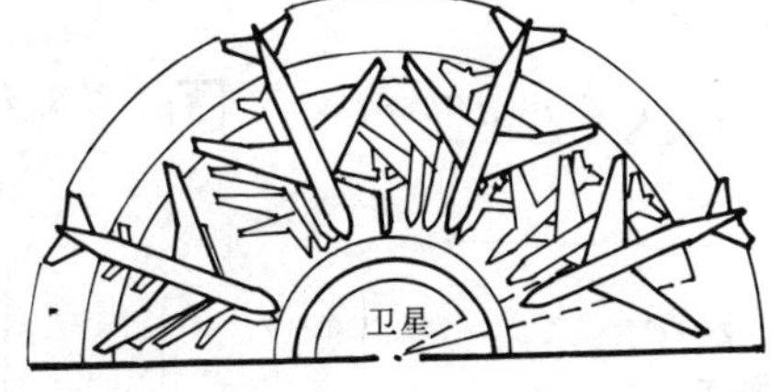

3 滑入、推出停放在卫星式

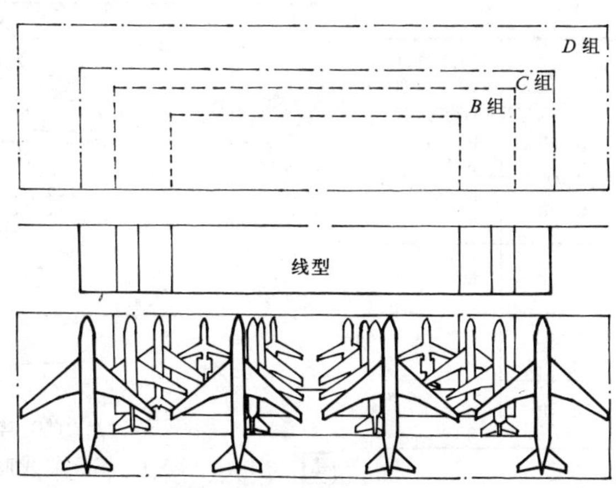

5 滑入、推出停放在线型式

飞机尺寸(m) 表2

机型	翼展	全长
BAC-111	28.50	32.61
DC-9	28.50	38.30
B-727	32.90	46.70
B-737	28.30	30.50
B-707	44.42	46.61
B-720	45.41	48.15
DC-8	45.20	57.10
DC-10	50.42	57.10
L-1011	48.30	54.20
B-747	59.60	70.50

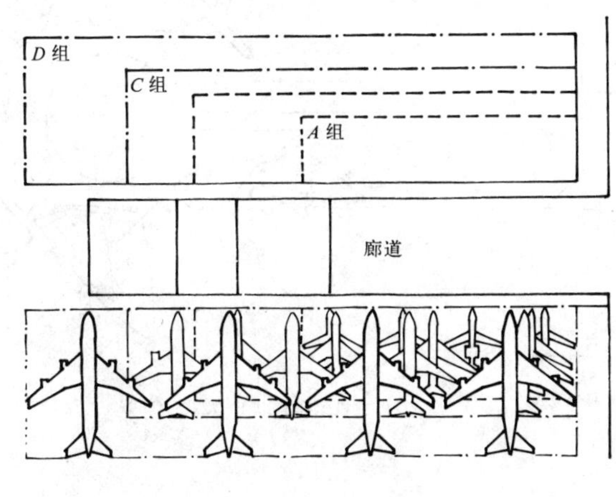

4 滑入、推出停放在廊道式

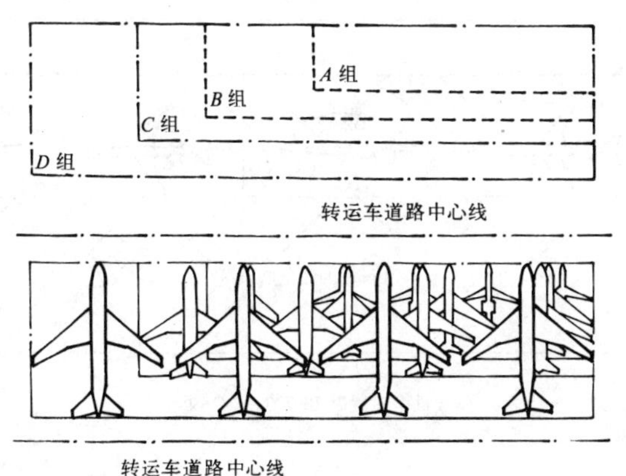

滑入、推出停放在转运车式

飞机滑行通道

一、飞机进出航站楼的滑行通道分为单通道，见[1]；双通道，见[2]；单双结合通道，见[3]。单双滑行通道尺寸及机型种类参考表1、表2。

二、飞机滑入、滑出通道喷气吹袭区于转运车式，见[4]；线型式、廊道式，见[5]；卫星式，见[6]。

单滑行道宽度 W_1(m) 表1

飞机组别		A	B	C	D	E	F
停放的飞机	A	111.3	112.2	121.1	121.1	132.6	145.1
	B		131.4	156.9	156.9	161.8	174.3
	C			160.1	160.1	164.9	177.4
	D				178.3	183.2	195.6
	E					179.5	192.0
	F						222.5

双滑行道宽度 W_2(m) 表2

飞机组别		A	B	C	D	E	F
停放的飞机	A	153.1	155.1	185.3	185.3	195.1	218.6
	B		185.0	214.5	214.5	224.3	247.8
	C			217.6	217.6	227.4	250.9
	D				235.9	245.6	269.1
	E					242.0	265.4
	F						294.9

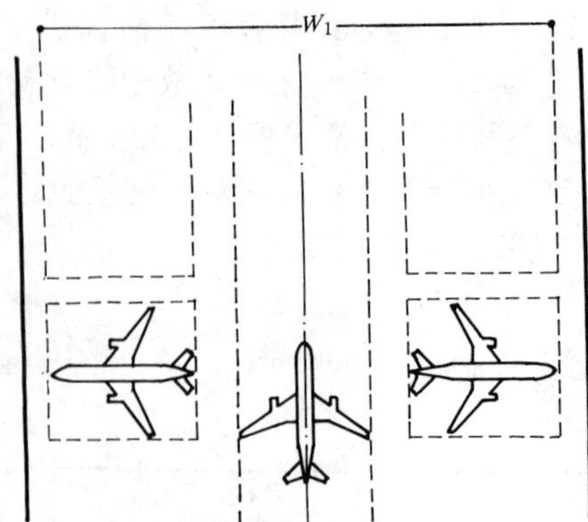

[1] 单滑行通道

注：
翼尖净距离为6.50m
机头至航站楼尺寸
B-747为4.50m
L-1011为4.50m
B-707为7.60m
DC-9为9.10m
翼尖至航站楼尺寸为14.00m

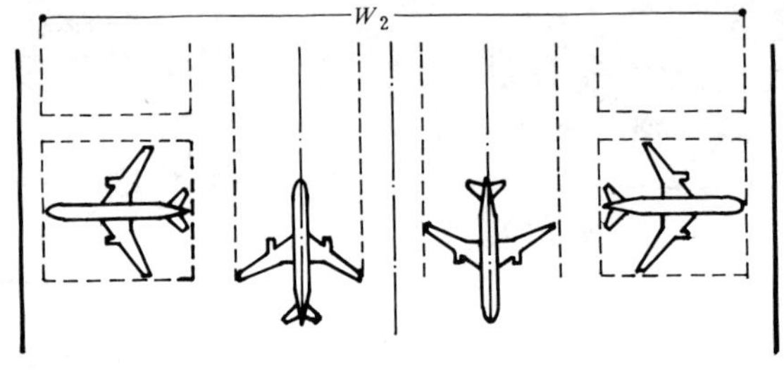

[2] 双滑行通道

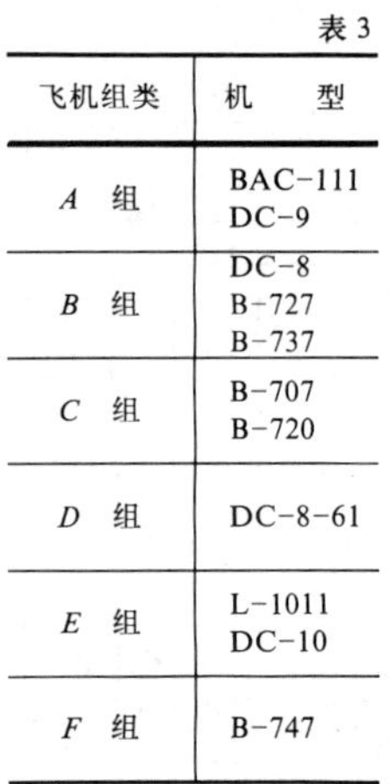

表3

飞机组类	机型
A 组	BAC-111 DC-9
B 组	DC-8 B-727 B-737
C 组	B-707 B-720
D 组	DC-8-61
E 组	L-1011 DC-10
F 组	B-747

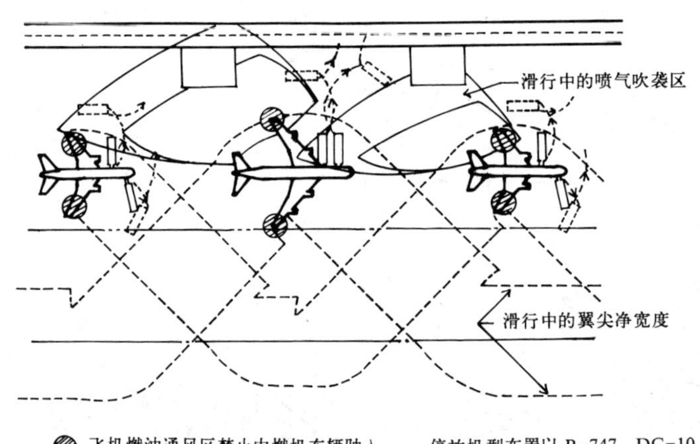

[4] 滑入、滑出转运车式喷气吹袭区

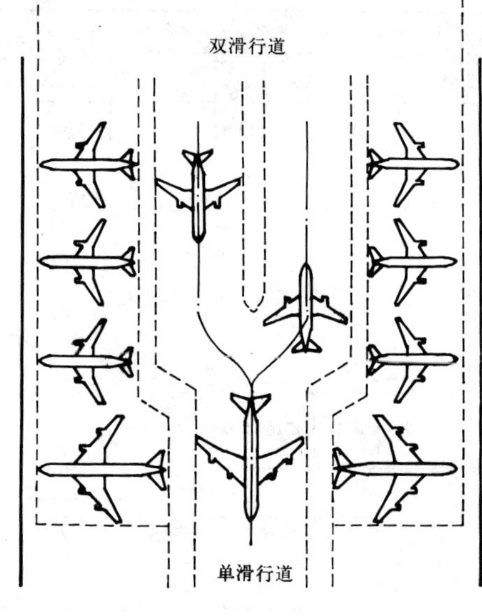

[3] 单双结合滑行通道

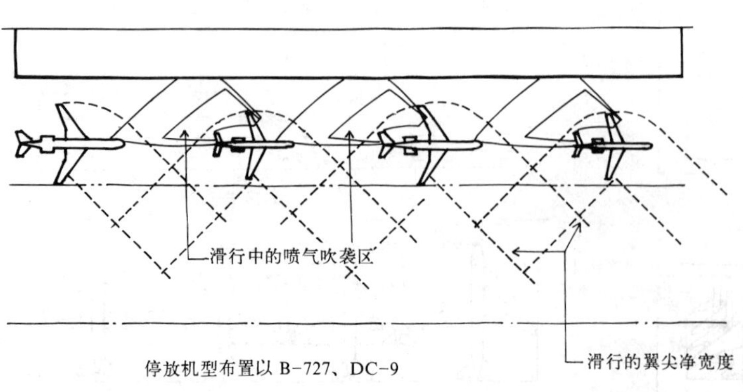

[5] 滑入、滑出线型式、廊道式喷气吹袭区

滑行中的翼尖净宽度

滑行中的喷气吹袭区

停放机型布置以B-727 DC-9

[6] 滑入、滑出卫星式喷气吹袭区

飞机在机位上各种服务车辆

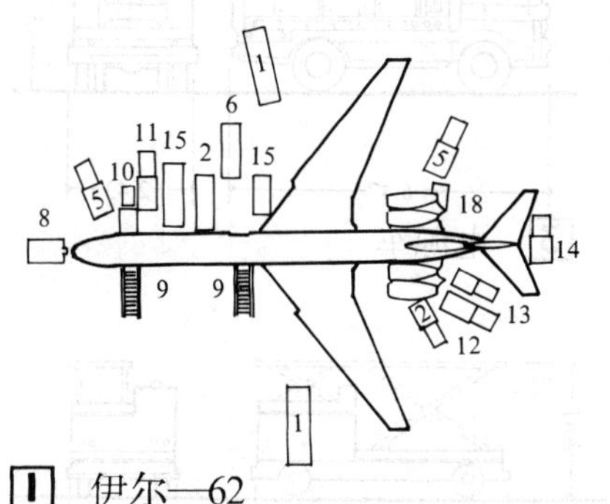

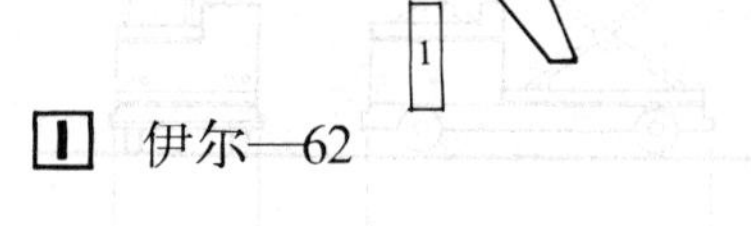

1 伊尔—62

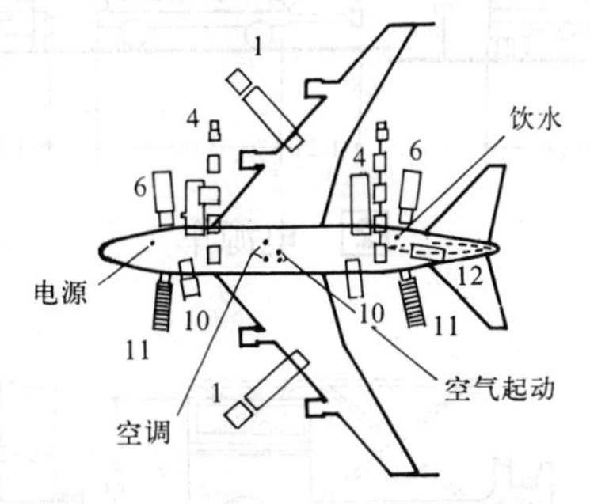

2 B-747SP

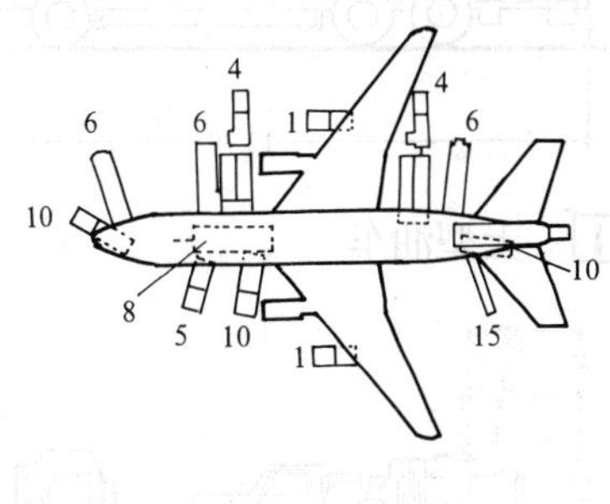

3 DC-10

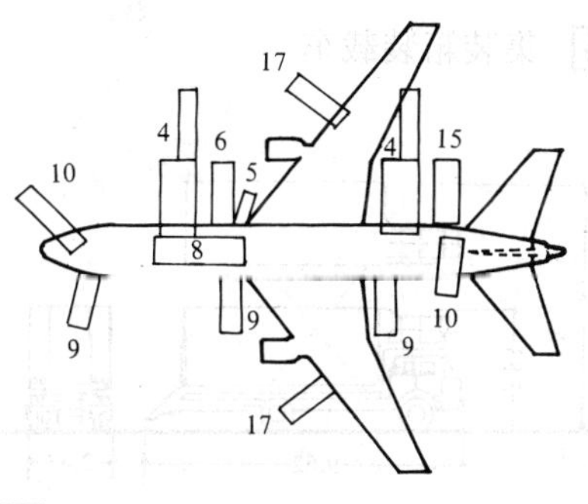

4 L-1011

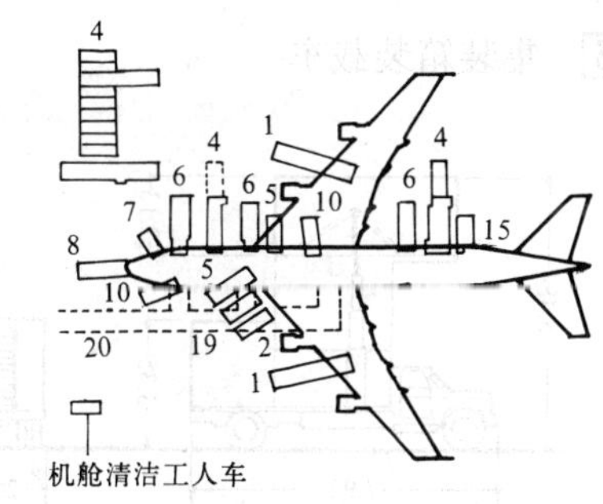

5 B-747B.C

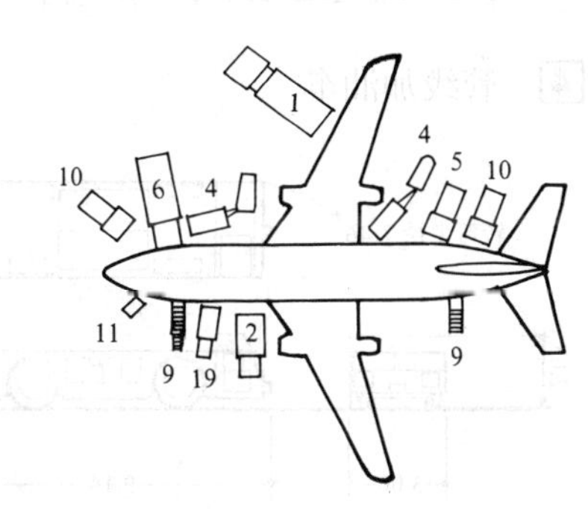

6 B-737

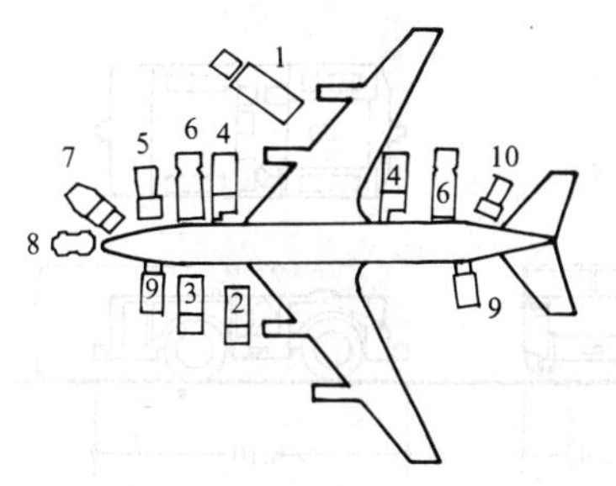

7 B-727.720

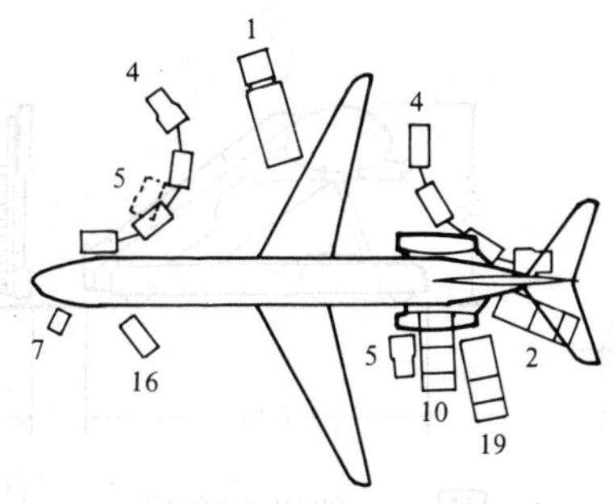

8 DC-9

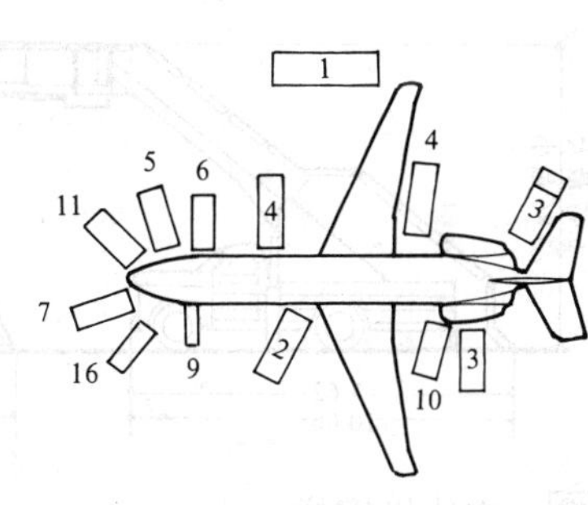

9 BAC-111

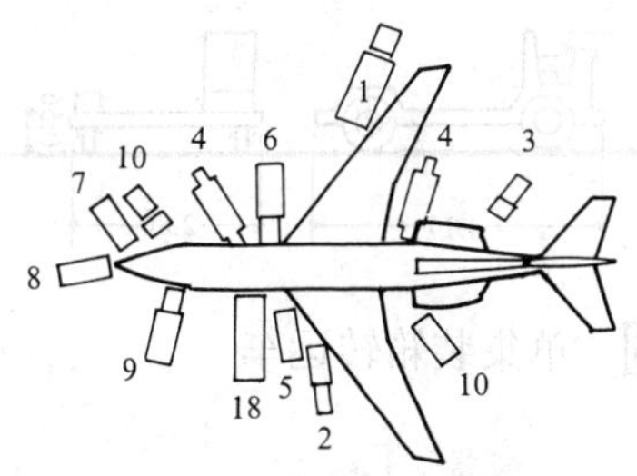

10 B-727

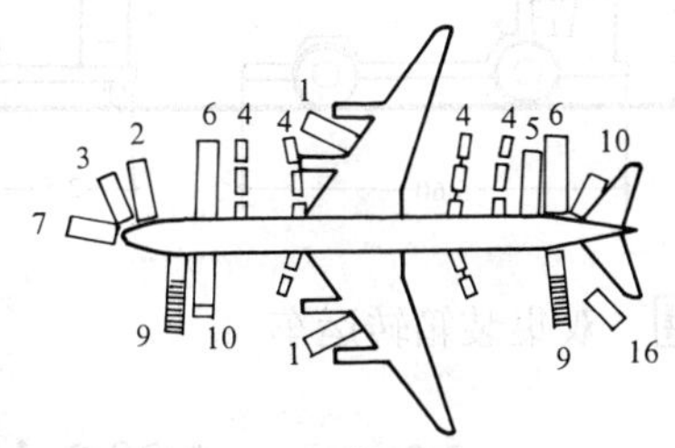

11 DC-8

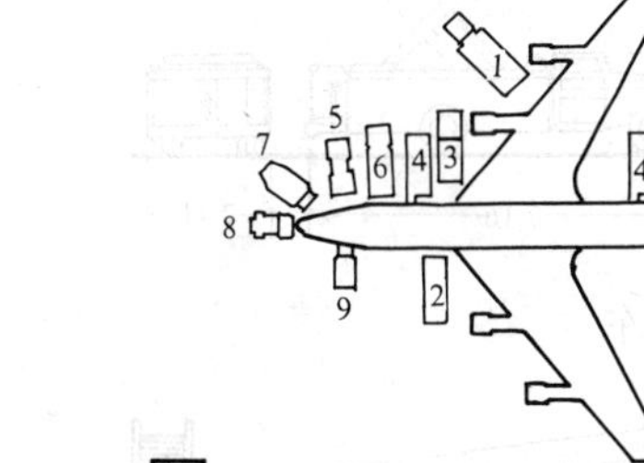

12 B-707

1 加油车	2 空调车	3 发动机起动车	4 行李装卸车	5 饮水供应车
6 食品车	7 电源车	8 牵引车	9 客梯	10 清洁车
11 充氧车	12 液压装备车	13 发动机加温车	14 工作台	15 行李传送带
16 客舱清洁车	17 消防车	18 货物载重车	19 空压机	20 旅客桥

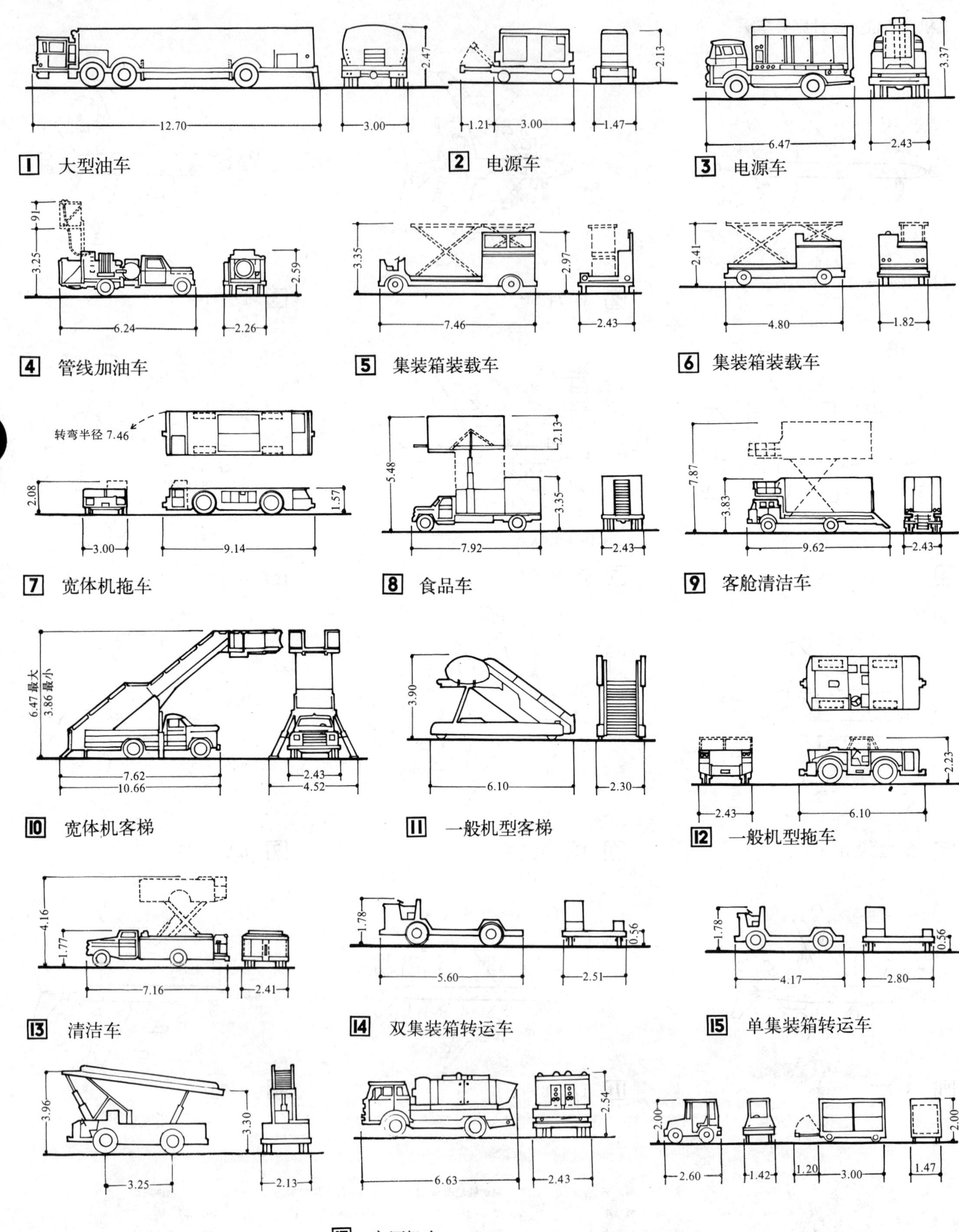

1 大型油车
2 电源车
3 电源车
4 管线加油车
5 集装箱装载车
6 集装箱装载车
7 宽体机拖车
8 食品车
9 客舱清洁车
10 宽体机客梯
11 一般机型客梯
12 一般机型拖车
13 清洁车
14 双集装箱转运车
15 单集装箱转运车
16 行李装载传送带
17 空压机车
18 牵引行李托车

航站楼

布置类型	简要说明	类型图示	已建成空港名称
正面式	适用于空港规模不大、吞吐量较小的航站楼。一般停放3～5架飞机。旅客上下飞机徒步几十米。当飞机停放较远时，采用汽车接送旅客。由于气候影响，会对旅客露天行动造成不便	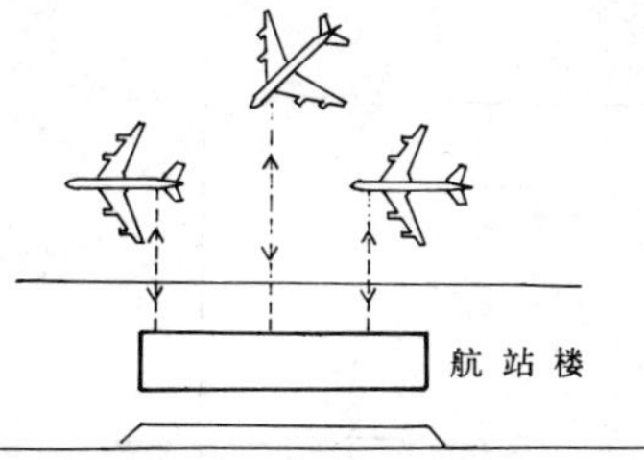 航站楼	国际上很多国家和国内大部分空港，建成使用正面式的空港
指廊式	飞机直接停靠在廊道两侧，机位固定，便助设置为飞机服务的各种设施。旅客不受气候影响。一般采用登机桥。在吞吐量增多时，扩建较为方便；廊道可延伸。如廊道扩建较长时，需设自动步道	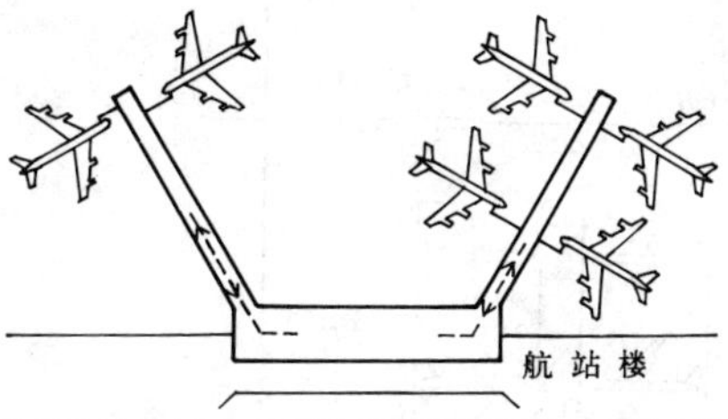 航站楼	英国：伦敦希思罗空港 美国：芝加哥奥海尔空港 德国：杜塞尔多夫空港 荷兰：阿姆斯特丹空港
卫星式	从航站楼放射出几个"卫星"厅，飞机围绕卫星厅停放，一般停放6～8架。卫星厅与航站楼之间用廊道连接，可采用地上通道，也可采用地下通道。无论采用哪一种均需设立登机桥	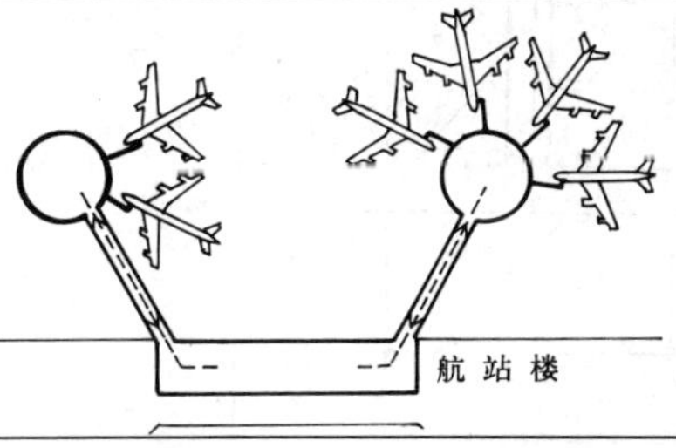 航站楼	法国：戴高乐空港 日本：东京成田空港 美国：坦帕空港 前苏联：谢列明契夫空港
转运车式	飞机停放在距航站楼较远的机坪，用汽车接送旅客上下飞机。转运车型有两种：一是一般大客车，旅客上下机步入车厢；另一种是可升降的客车，旅客直接进出飞机	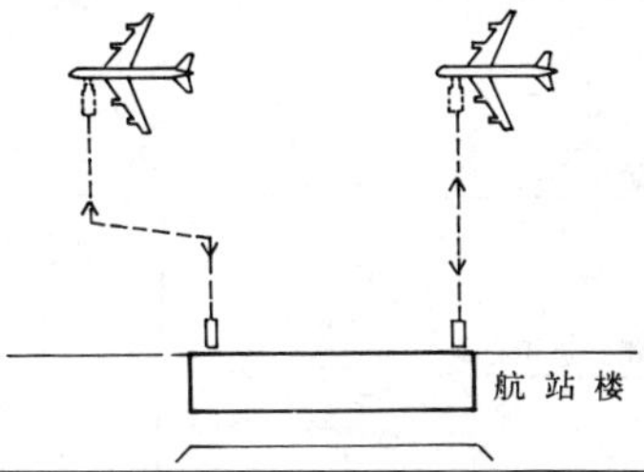 航站楼	美国：华盛顿杜勒斯空港 希腊：雅典空港
岛　式	亦称"空中码头式"，是将航站楼比做一个岛屿。飞机围绕圆形航站楼停放，汽车直驶入楼内，设立多层车库。旅客上下飞机均在楼内乘换	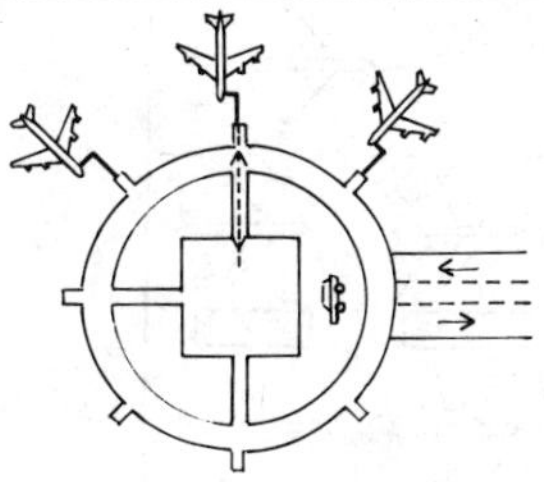	加拿大：多伦多空港 美国：堪萨斯空港
空侧式	亦称"陆侧／空侧式"是在岛式和卫星式的基础上发展起来的。它的中心枢纽为航站楼，即"陆侧"，四周设立四座卫星即"空侧"。空侧卫星与陆侧航站楼之间采用高架电车连接	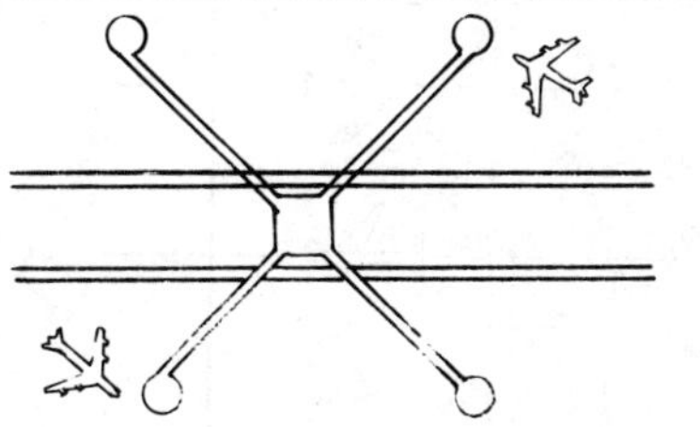	中国：台湾桃园空港 美国：休斯顿空港
线型式	亦称"直线型"，是将每个单元的航站楼布置在空港路的两侧，象一串"项链"。按航线使用，对扩建非常有利	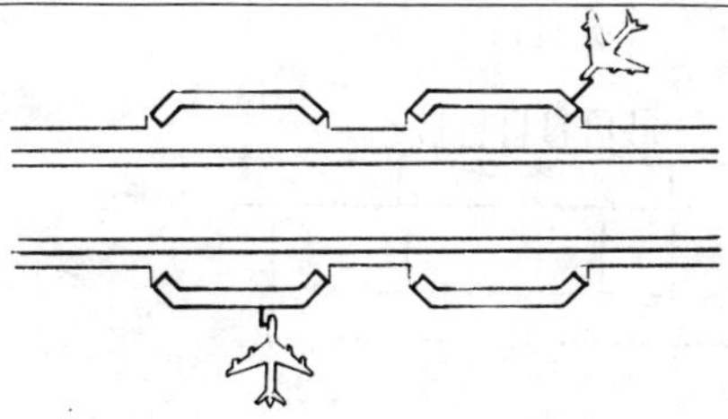	伊朗：德黑兰空港 德国：汉堡卡尔顿空港 美国：达拉斯空港

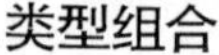

类型组合

四种布置类型，在同一机型对占地面积、旅客步行距离比较。

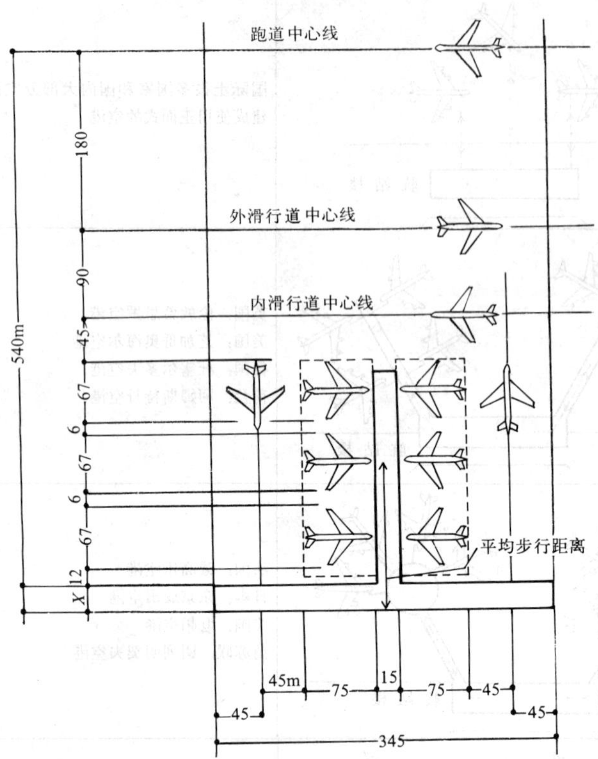

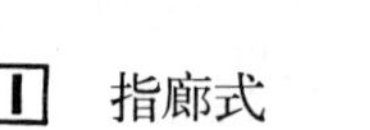
1 指廊式

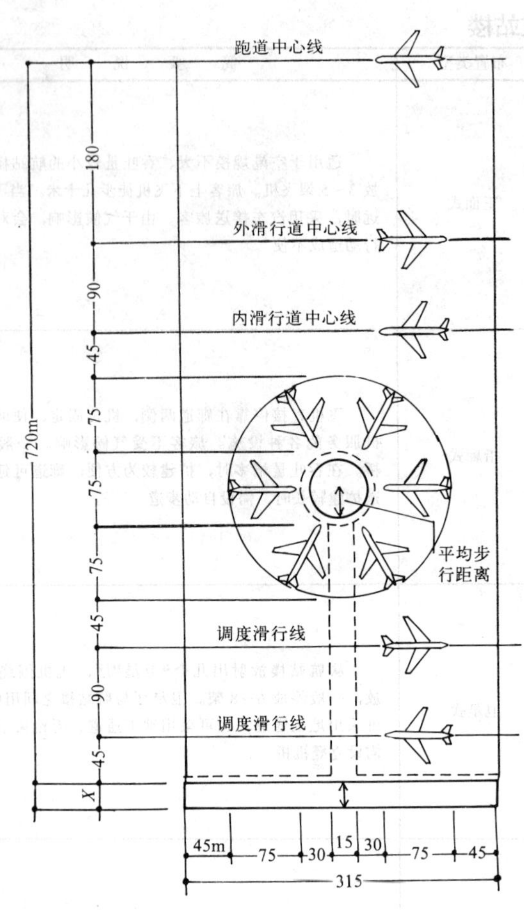

2 卫星式

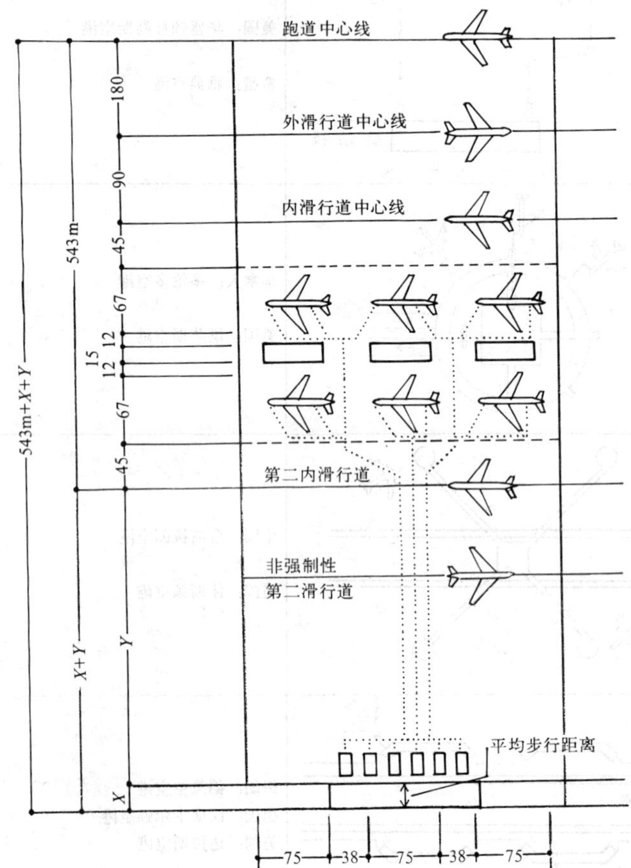

3 转运车式

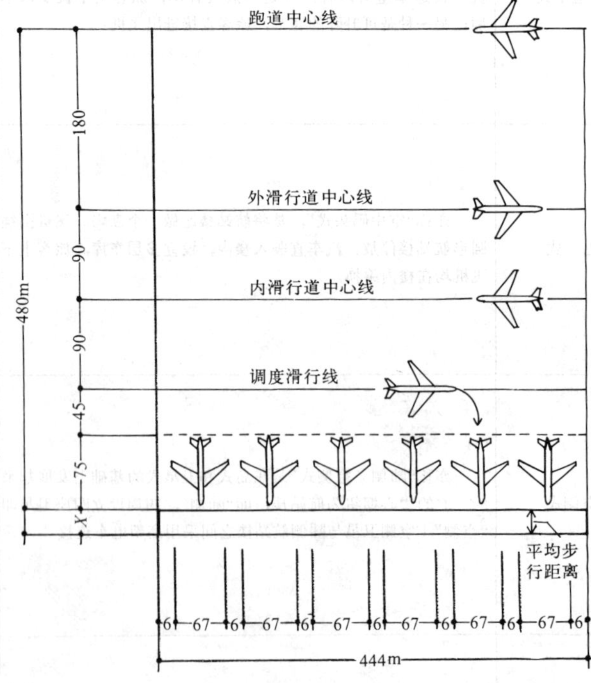

4 线型式

	指廊式	卫星式	转运车式	线型式
占地面积	186300m^2	226800m^2	162900m^2	213120m^2
旅客平均步行距离	140～150m	60～70m	20～30m	20～30m

流线组织

一、基本流线的组成

航空港的基本流线有：出港旅客及行李流线，进港旅客及行李流线，国际航线旅客及行李流线，国内航线及行李流线，迎送者及参观者流线等。

二、流线组织的原则

1.避免各种流线交叉干扰，严格区分国际与国内航班，严密分隔安全区与非安全区，在流线组织上确保控制走私、劫机、贩毒等非法活动。

2.旅客流线要简捷、通顺，并有连续性，做到"流线自明"，并可借助各种标志指示牌，顺利到达目地的。

3.旅客通过的流线，应避免变换地面标高，需设立时应设计坡道（残疾人使用）。

4.在人流集中的地方，如办理各种手续、安检等应考虑足够的工作面及旅客排队等候面积，并不受其他人流的干扰。

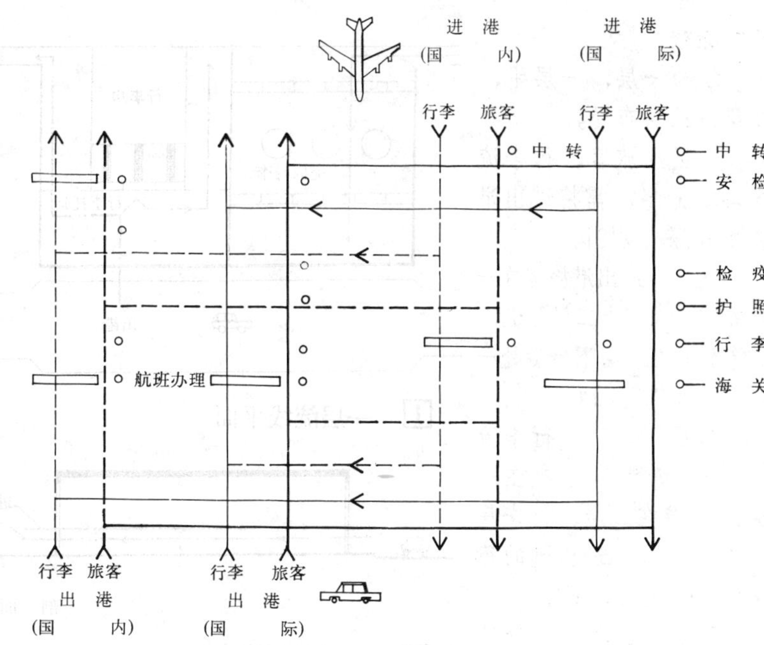

1 航站楼内流线关系示意

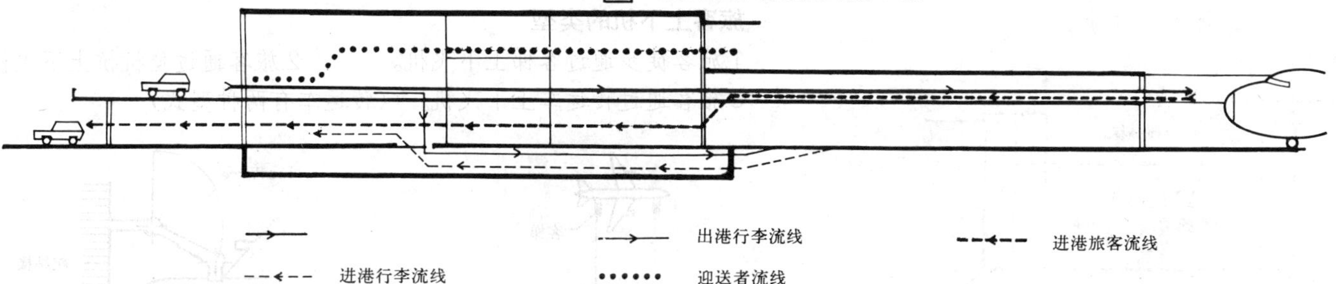

2 航站楼内剖面流线

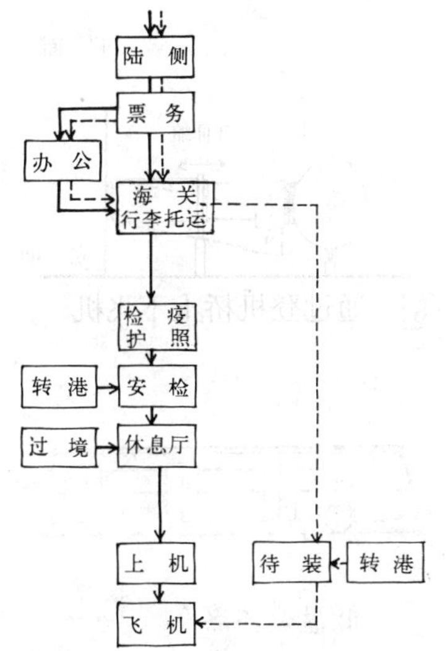

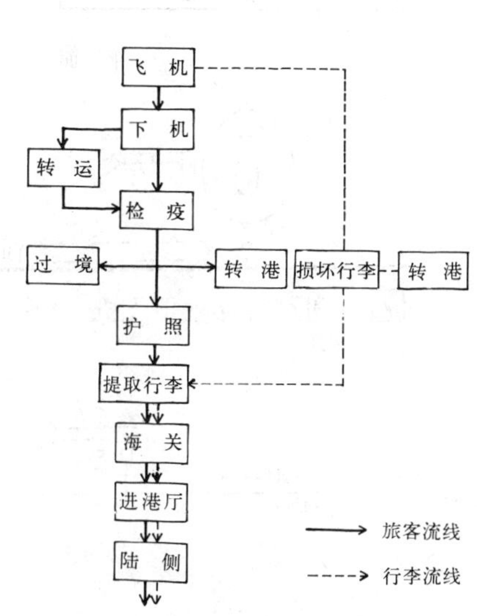

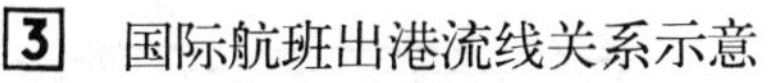

3 国际航班出港流线关系示意　4 国际航班进港流线关系示意

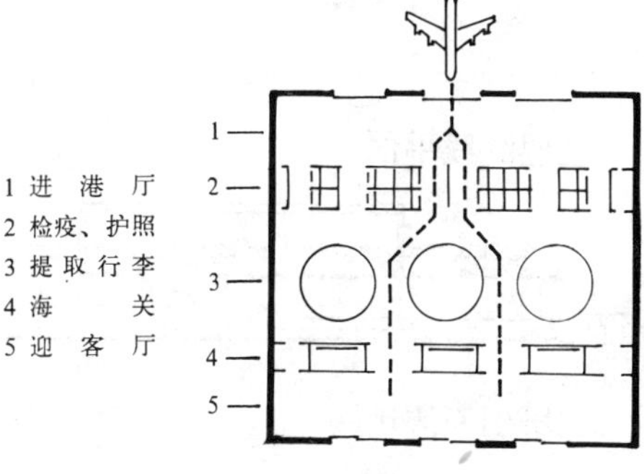

5 国际航班进港流线示意

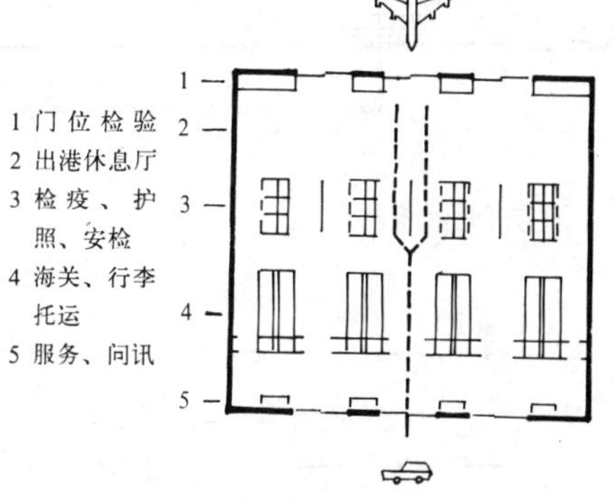

6 国际航班出港流线示意

旅客步行距离参考尺寸　表1

项目	距离	项目	距离
1. 航站楼门口至交付行李柜台	20	5. 登机门(门位)至机舱门	50
2. 停车场最远点至交付行李柜台	300	6. 提取行李至航站楼门口	20
3. 行李柜台至最远登机门	330	7. 提取行李至停车场最远点	300
4. 最远登机门至行李提取	330	单位：(m)	

剖面流线

分为一层，一层半，二层，三层布局。

一层：旅客、行李流线均在同层，需将进出港流线分隔，见[3]。

一层半：出港旅客在一层办理手续后上二层登机，进港旅客在二层下机后赴一层提取行李，见[4]。

二层：旅客、行李流线分层布置，进港在一层，出港在二层，行李房布置在一层（进出港的行李分隔布局），见[6]。

三层：旅客及行李流线布置同二层，只将行李房平置在半地下室或地下室，见[9]。

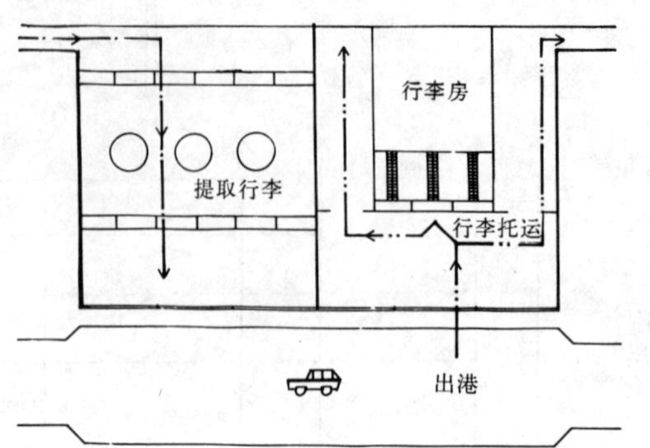

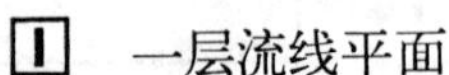

[1] 一层流线平面

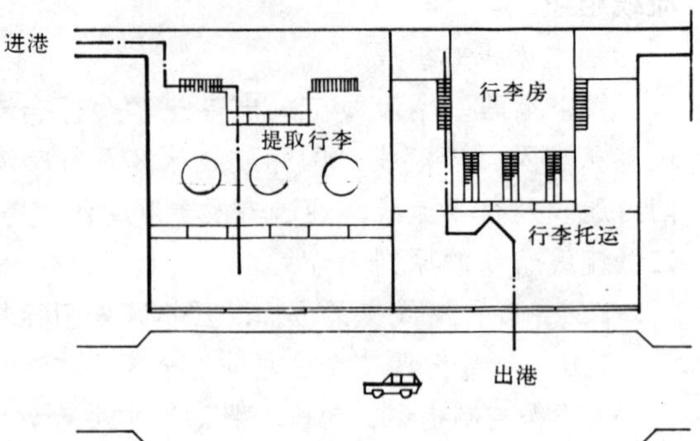

[2] 一层半流线平面

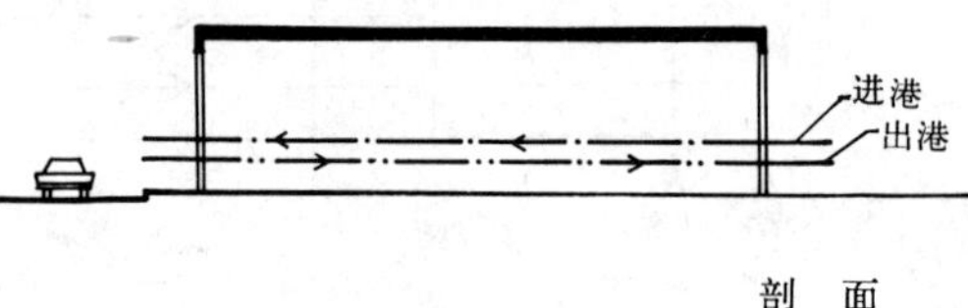

[3] 一层剖面流线

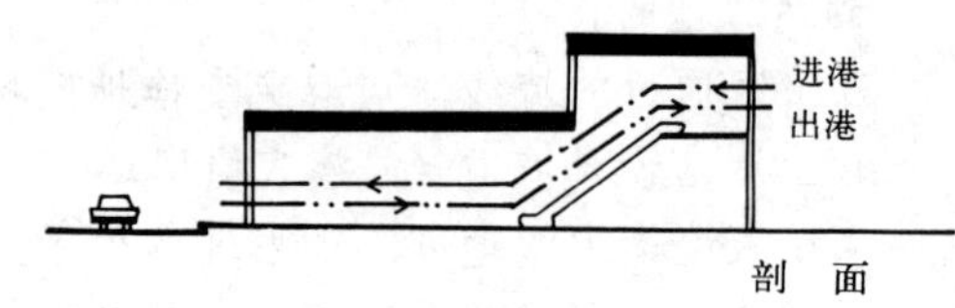

[4] 一层半剖面流线

旅客上下机的类型

1.旅客徒步通过客梯上下飞机。 2.旅客通过登机桥上下飞机。
3.旅客通过转运车上下飞机。（转运车有两种型式）

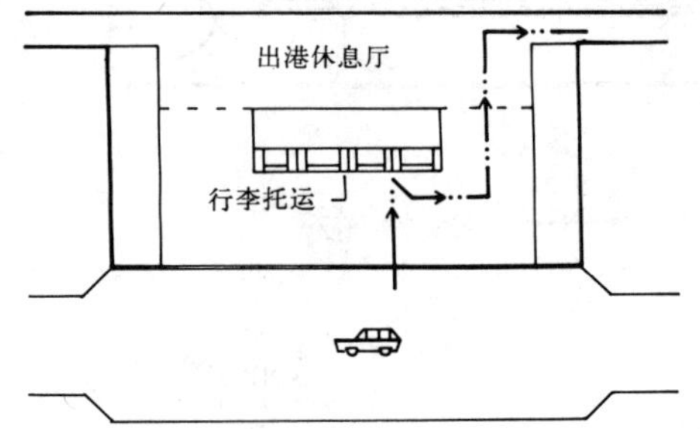

[5] 二层流线平面

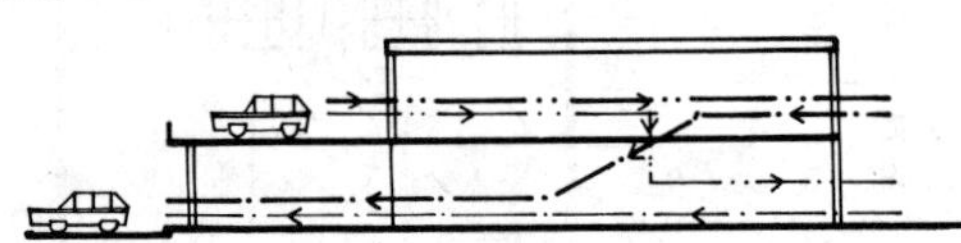

[6] 二层剖面流线

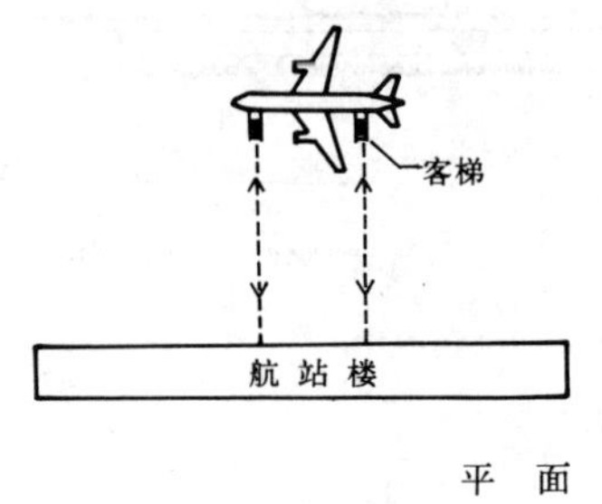

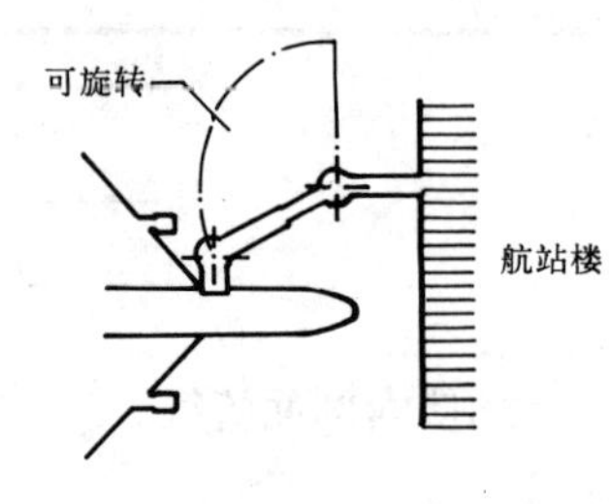

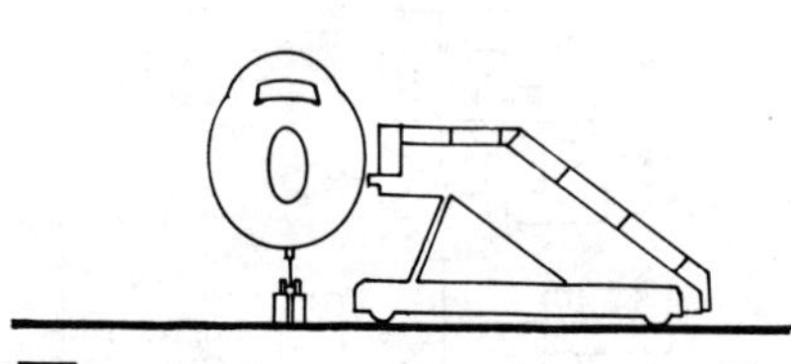

[7] 通过客梯上下飞机 立 面

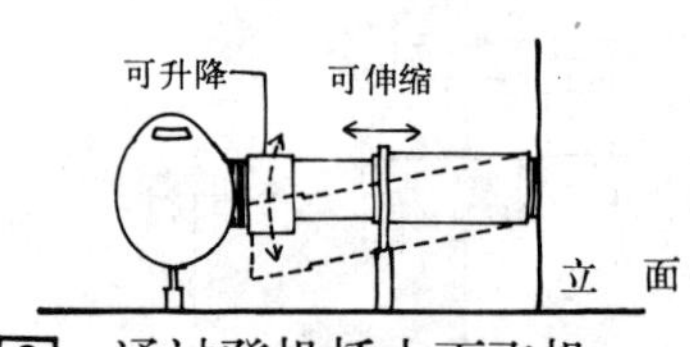

[8] 通过登机桥上下飞机

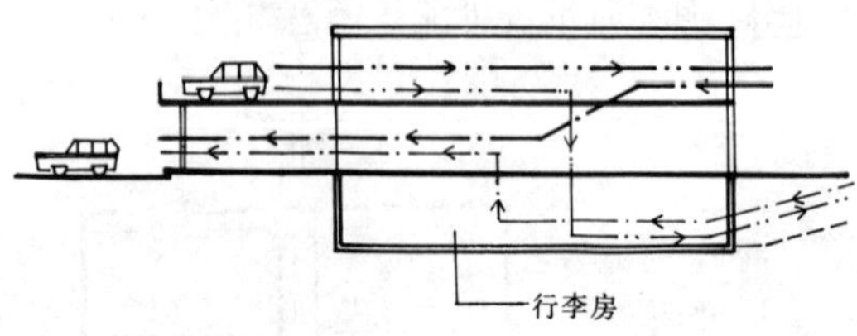

[9] 三层剖面流线

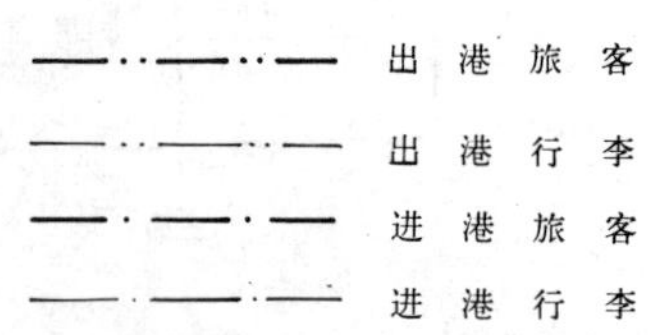

停机线
转运车
航 站 楼

[10] 通过转运车上下飞机

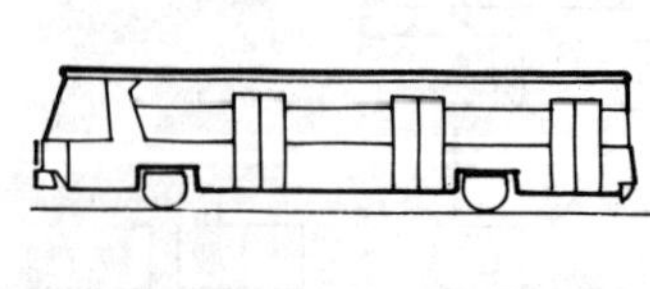

[11] 低盘宽体客车（可容 70~80 人）

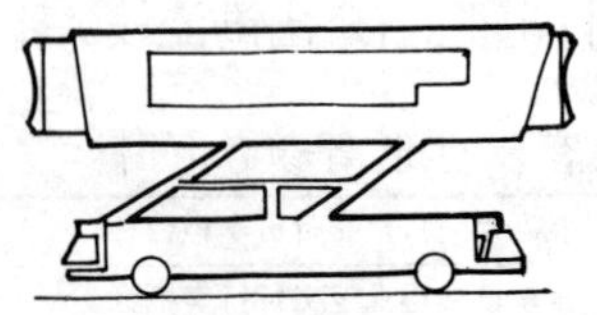

[12] 升降客车（可升降各种机型的机舱门）

旅客登机进程类型

分为集中式、门位式，根据各民航当局和航空公司要求不同，在设计方案时应确定原则。

集中式：正面型，见[1]。指廊型，见[2]。旅客办理登机手续，则有固定航班程序和混合航班程序。

a.固定航班：旅客要乘坐的航班到指定的柜台办理手续，见[3]。

b.混合航班：旅客要乘坐的航班，可到任何一柜台办理手续，见[4]。

门位式： 旅客直达去目的地的门位，办理手续，见[5]，[6]。另一种是旅客在大厅内了解所去目的地的航班，到指定的门位办理手续，见[7]、[8]。

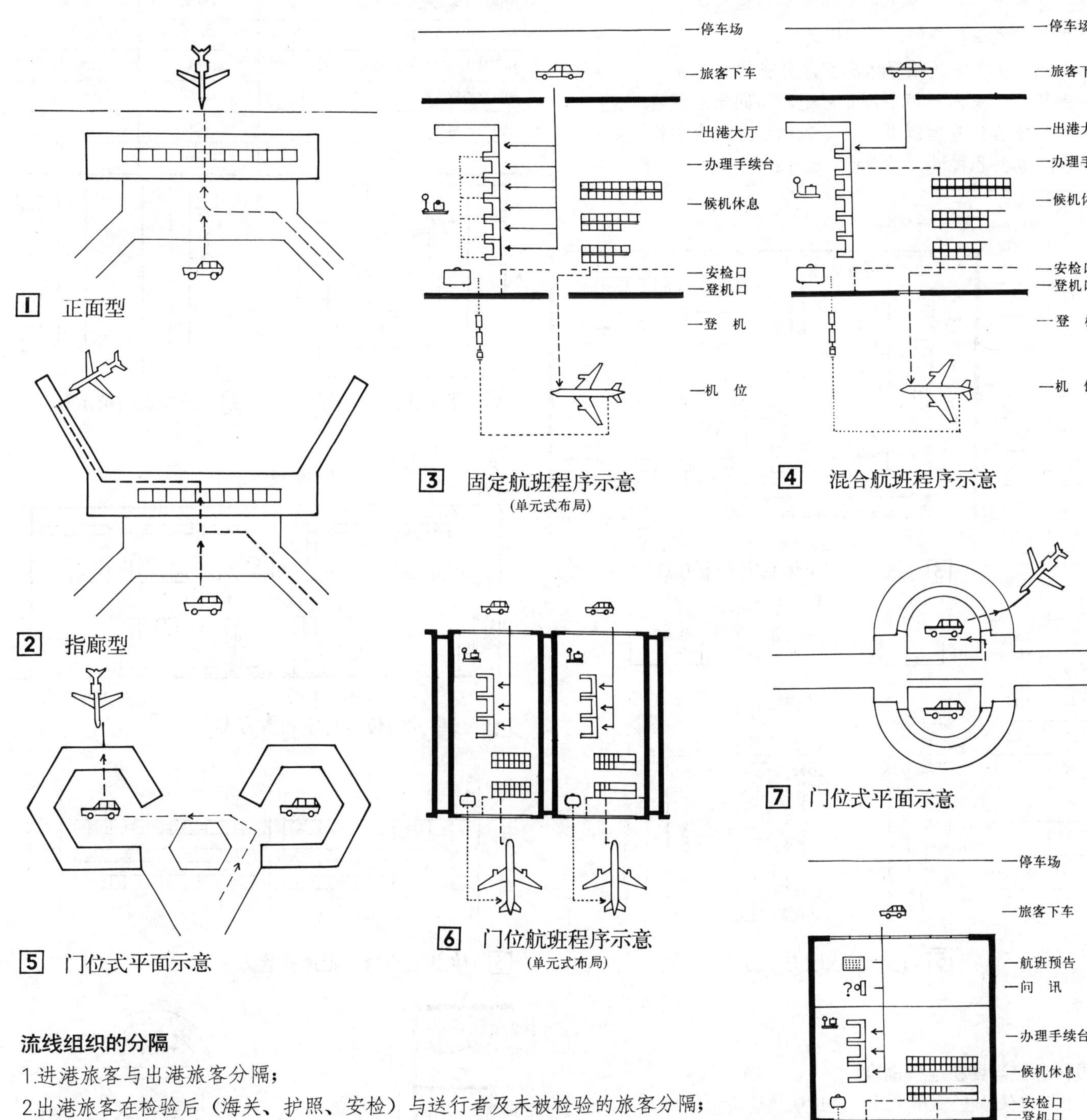

[1] 正面型

[2] 指廊型

[3] 固定航班程序示意
(单元式布局)

[4] 混合航班程序示意

[5] 门位式平面示意

[6] 门位航班程序示意
(单元式布局)

[7] 门位式平面示意

[8] 门位航班程序示意 (单元式布局)

流线组织的分隔

1.进港旅客与出港旅客分隔；

2.出港旅客在检验后（海关、护照、安检）与送行者及未被检验的旅客分隔；

3.进港旅客未检验前（检疫、护照、海关）与迎接者分隔；

4.国际航班与国内航班分隔，（进港旅客及行李，出港旅客及行李分隔）；

5.贵宾的流线与一般旅客流线分隔；

6.专机与一般正常航班分隔；

7.旅客流线与行李流线分隔。

门位休息室设计要求

1.门位休息室是出港旅客所乘航班集合的场所，供暂短停留，需有一定的休息面积；

2.室内要有隔音措施，环境要宁静、舒适；

3.门位休息室前需设立验票柜台；

4.既要考虑一般飞机的容量，也要考虑大型飞机的容量，可设置灵活隔断或做玻璃隔断加门贯通，或做折叠门、推拉门均可；

5.要设立头等舱旅客休息室，并备饮料、热食制作间，室内环境要高雅舒适，要同一般经济舱的旅客休息室隔开。头等舱休息室应全部设座，其面积按 4m²／人计，其中：

大型客机头等舱旅客平均以25人计——所需100m²

一般客机头等舱旅客平均以15人计——所需60m²

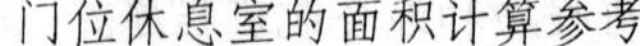

门位休息室的面积计算参考 表1

	大型客机容量	一般客机容量
门位服务客机旅客总额	420 名	250 名
80%旅客乘载系数	336 名	200 名
50%站立旅客所需面积(1m²／人)	168m²	100m²
50%坐着旅客所需面积(1.5m²／人)	252m²	150m²
10%的交通面积	42m²	25m²
计	462m²	275m²

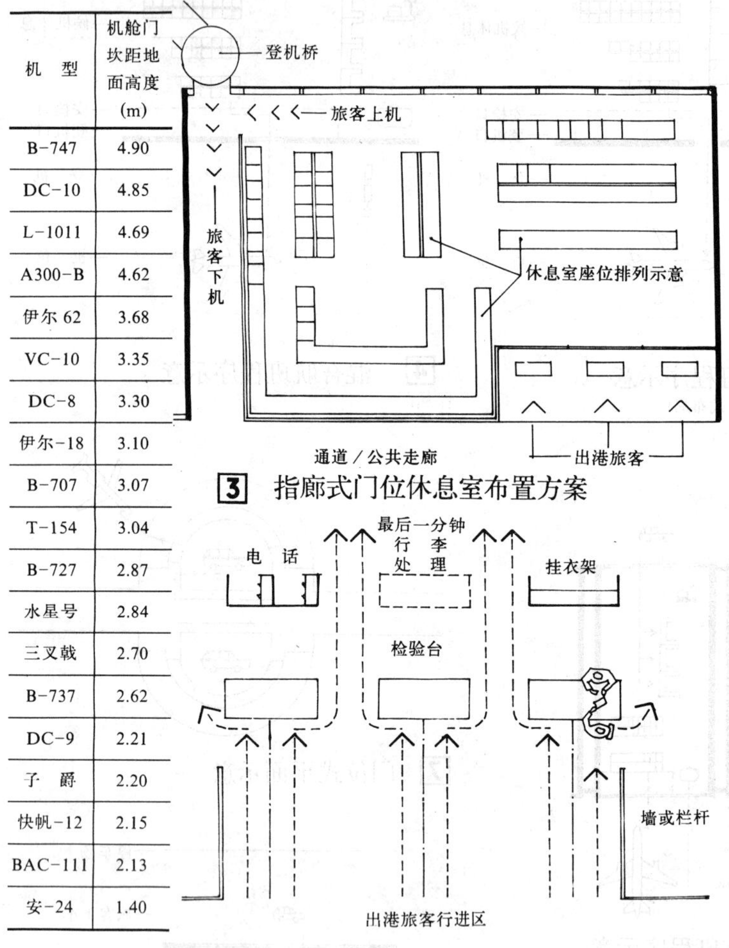

机型	机舱门坎距地面高度(m)
B-747	4.90
DC-10	4.85
L-1011	4.69
A300-B	4.62
伊尔 62	3.68
VC-10	3.35
DC-8	3.30
伊尔-18	3.10
B-707	3.07
T-154	3.04
B-727	2.87
水星号	2.84
三叉戟	2.70
B-737	2.62
DC-9	2.21
子爵	2.20
快帆-12	2.15
BAC-111	2.13
安-24	1.40

3 指廊式门位休息室布置方案

5 门位等候区布置方案

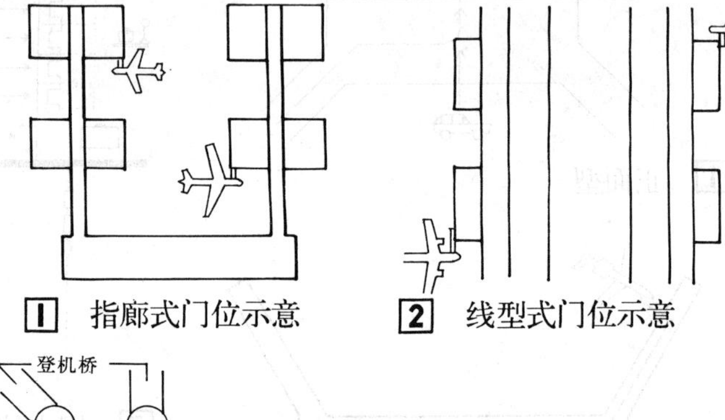

1 指廊式门位示意

2 线型式门位示意

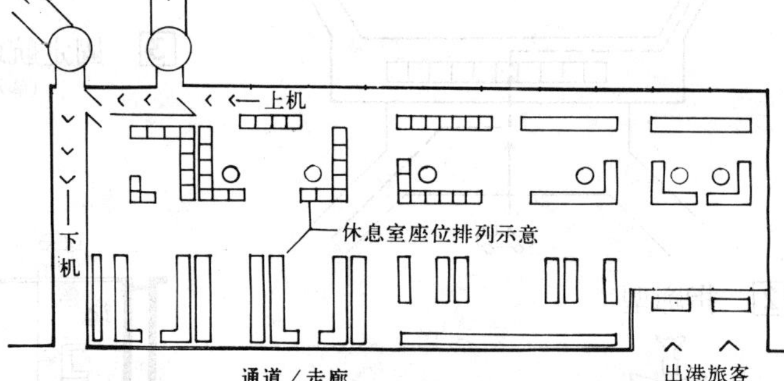

4 线型式门位休息室布置方案

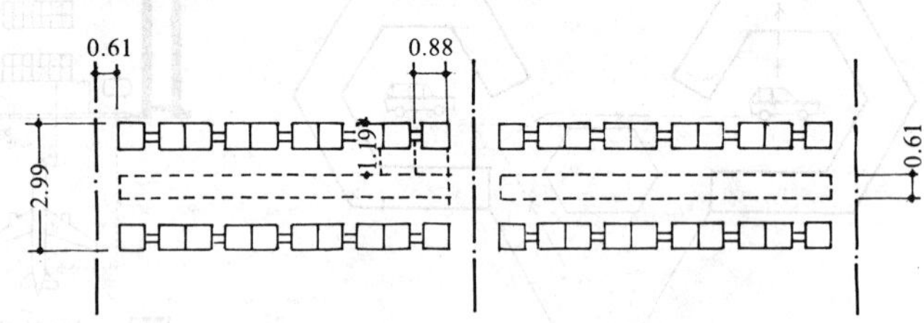

6 休息室座椅、走道布置方案

门位休息室与客机连接高度

1.门位休息室设在二层，通过登机桥进出飞机。

2.根据各类飞机的型号调整高度，坡度的允许范围向上及向下可控制在10%以内。

3.一般门位休息室的标高，比一层地面高4.10~4.30m为宜，采用这个高度可使登机桥下的空间通行车辆，一层布置为机务服务设施用房。

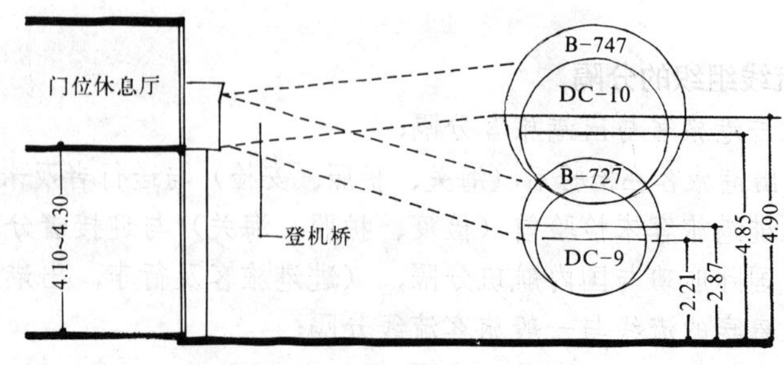

7 门位登机桥与飞机连接示意

行李流程

1.进港行李与出港行李流程应严格分开，其程序参见[1]、[2]。

2.进港行李与出港行李的流程布局，依航站楼的规模、吞吐量确定，可采用同层、二层、三层等方案。

3.进港旅客及行李检验流程以及各检验部门所需办公用房的关系，其布置方式有折线通过，直线通过，参见[7]、[8]。行李提取厅内为旅客服务设施的位置，应明确醒目，使旅客容易找到。

4.客流量大，业务繁忙的航站楼，行李提取厅内应计算足够的面积，特别是高峰时间，要求厅内流线应简捷，顺畅，互不干扰。

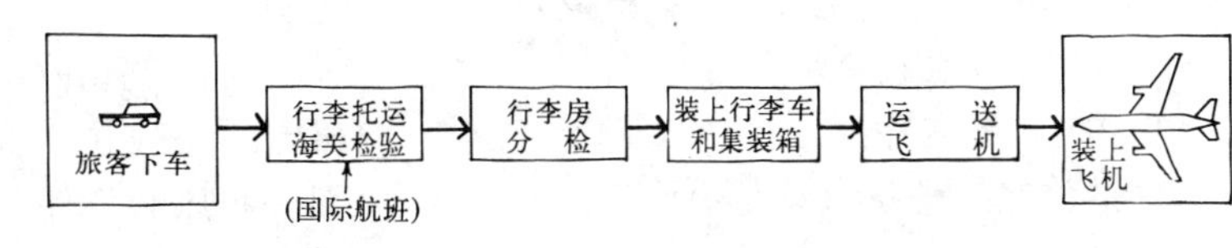

[1] 出港行李流程

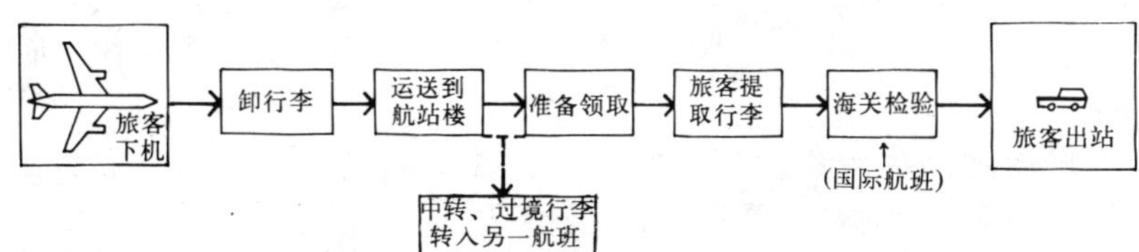

[2] 进港行李流程

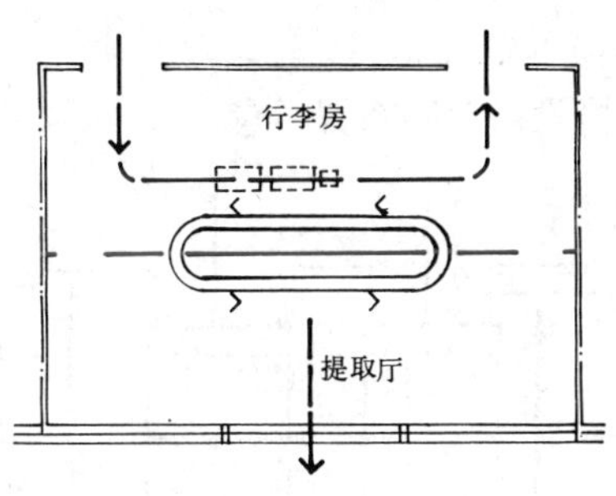

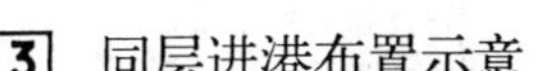
[3] 同层进港布置示意

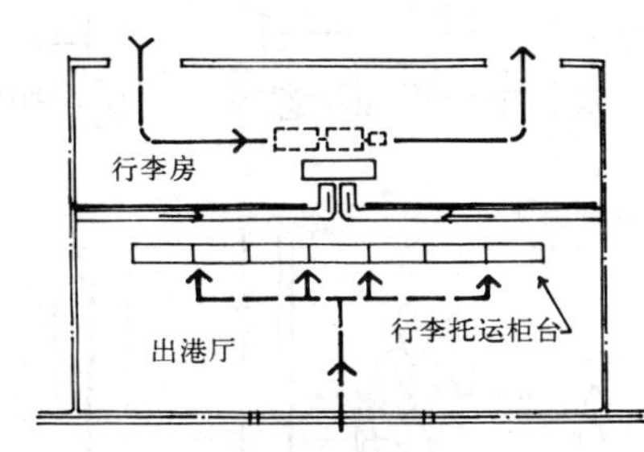

[4] 同层出港布置示意

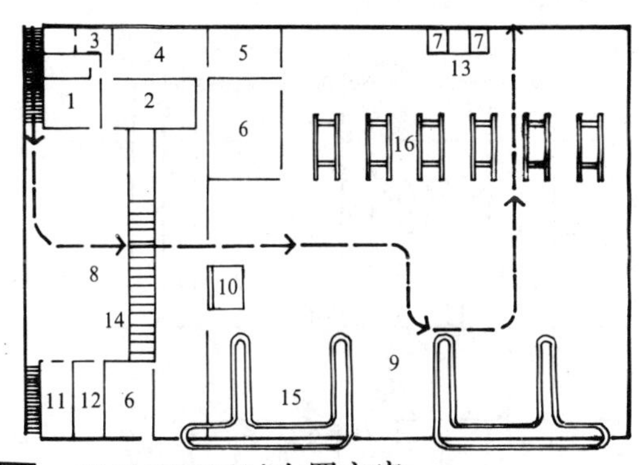

[7] 进港折线通过布置方案

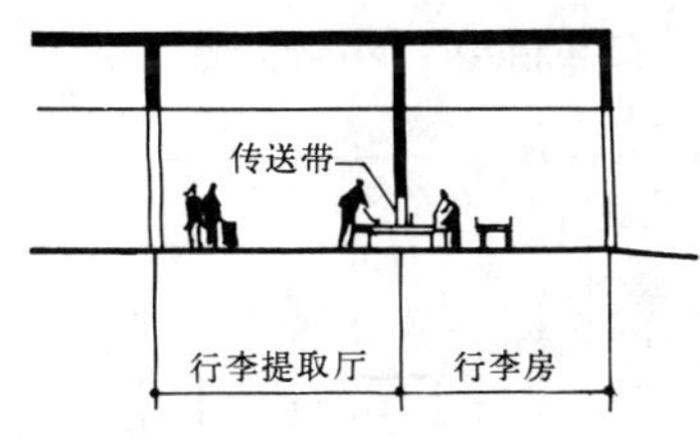

[5] 同层进港剖面示意

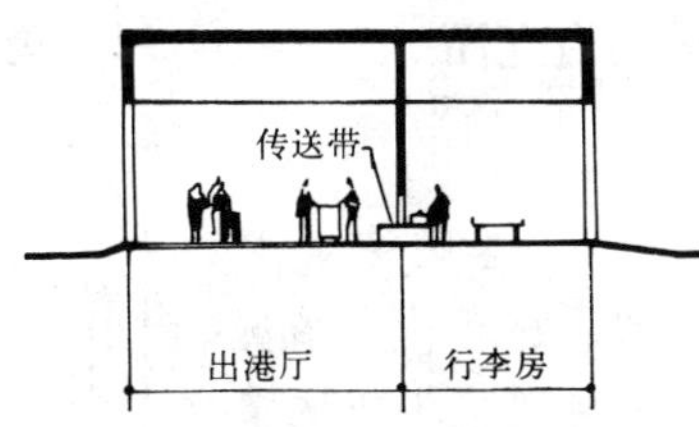

[6] 同层出港剖面示意

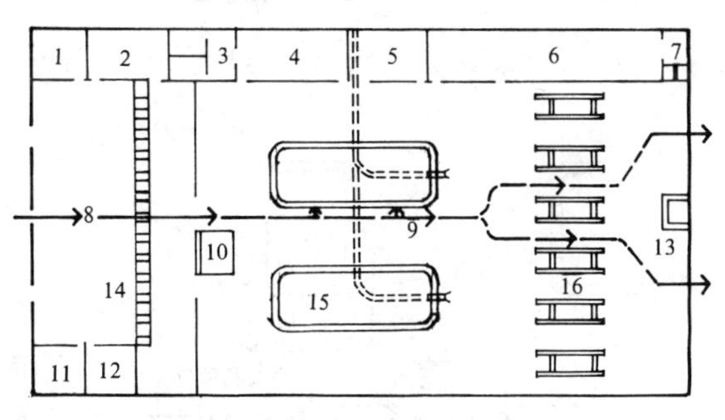

[8] 进港直线通过布置方案

1 边防办公　4 联检办公　7 搜查室　10 检查室　13 海关纳税　16 海关检查台
2 检　疫　5 动植物检疫　8 进港厅　11 男　厕　14 边　防
3 检　查　6 海　关　9 行李提取厅　12 女　厕　15 行李转盘

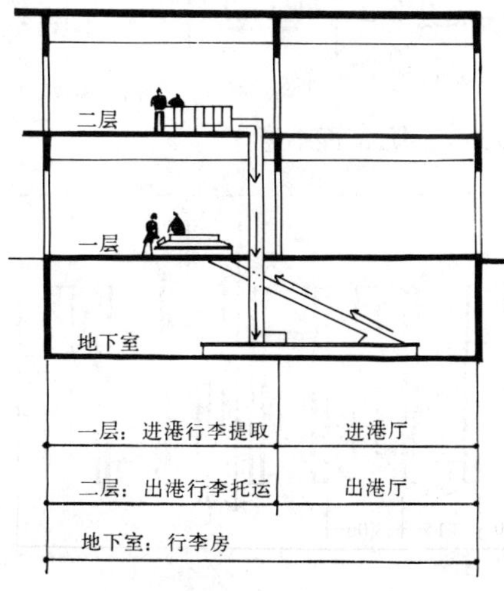

[9] 三层进出港行李流程剖面示意

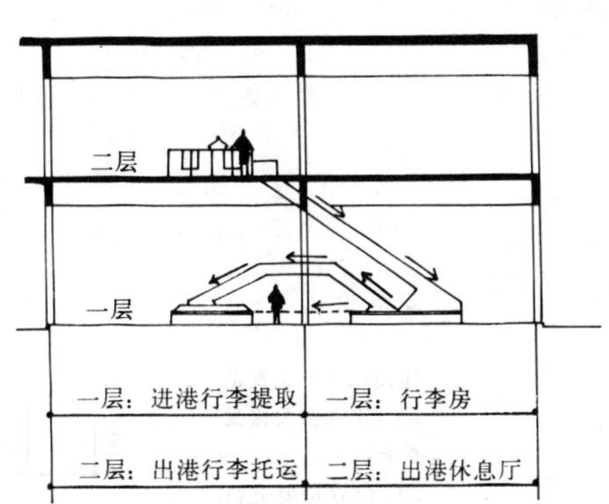

[10] 二层进出港行李流程剖面示意

行李传送

1.客流量不大的航站楼，采用同层布置方案，传送简便，见[5]、[6]。

2.二层布置。将进港与出港分层传送，出港行李采用坡道式传送带，进港行李采用同层传送或坡道式传送，见[10]。

3.三层布置。行李房集中在地下室或半地下室，出港行李采用压带式垂直传送机，进港行李为坡道式传送带，见[9]。

4.行李房内严格区分进港、出港行李的作业区，并考虑中转行李的暂放处。

检验部门设有检疫（动植物检疫），边防，海关等安全检查。

国际航班的联检程序：

进港旅客：检疫（动植物检疫）——边防——海关。

出港旅客：海关——检疫，边防——安检。

检疫

按国际卫生组织规定，对天花、霍乱、疟疾等十余种疫情需严密监视，严格控制带有传染病的旅客入境，旅客在入境时需填表并检验证件，见1。

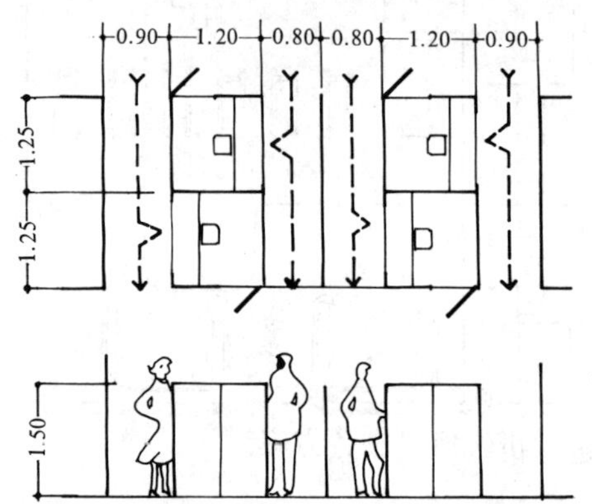

1 检疫口布置示意

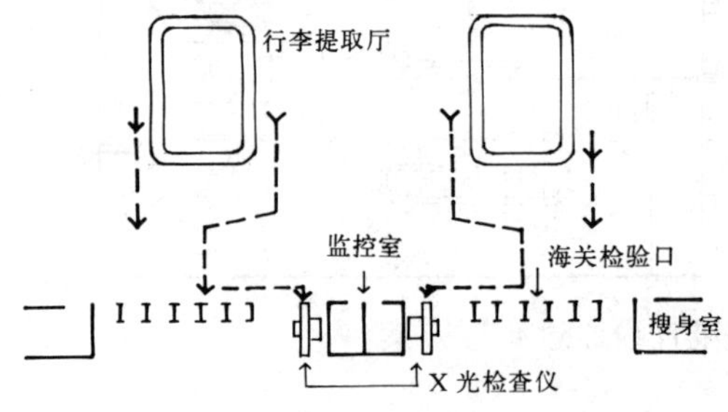

7 海关采用X光检查仪布置示意

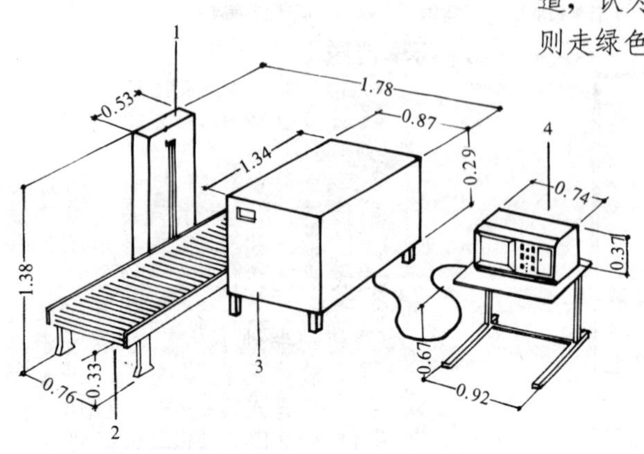

1 探 测 器

2 传 送 带

3 X 光 机

4 视频、显示

10图示1的位置是旅客进入海关接受检查。

2的位置是要进行第二次详细检查。

8 X光检查仪

边防

国际航线的旅客在进出港时必须在边防检验口交付护照和证件，检验口通道只接受一人通行，检验口的布置形式有单间并列和双间背对背，见2～6。

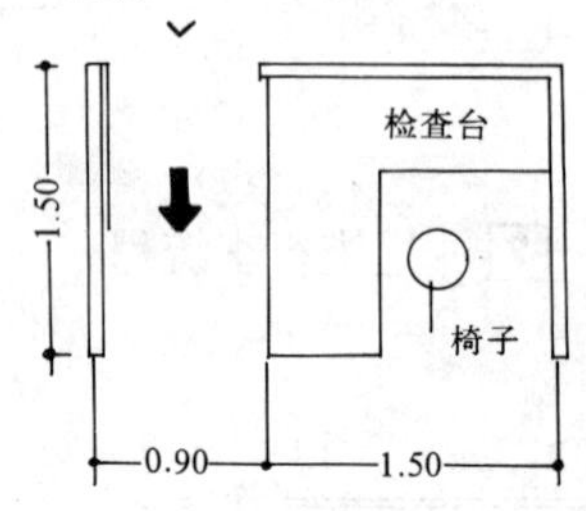

3 检验柜台平面示意

4 检验柜台立面

海关

海关检查：各国海关制度，检查重点，旅客构成情况均有不同，设计时应根据国情制度而定。布置中应考虑银行、搜身室、物品保管室。

在大中型空港宜采用“双通道系统”：认为自己需要申报的旅客，走红色标志的通道，认为自己勿需申报的旅客则走绿色标志的通道。见9

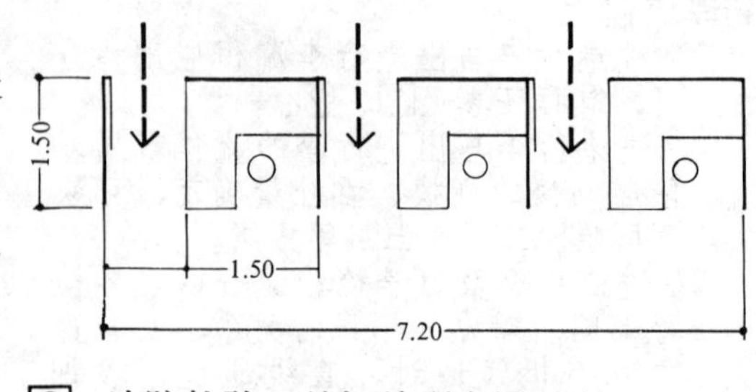

2 边防检验口单间并列布置示意

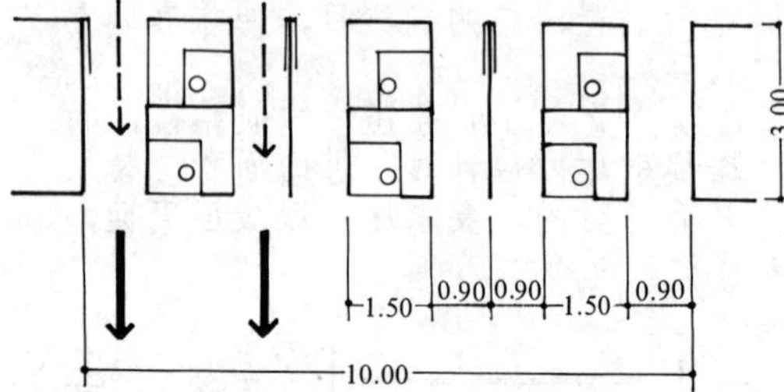

5 边防检验口双向布置示意

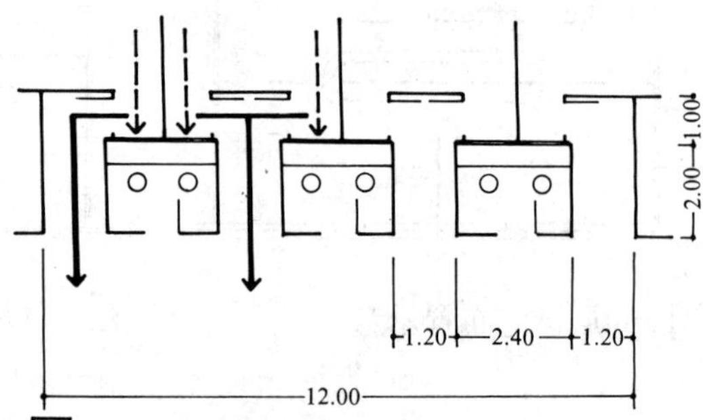

6 边防检验口单间并列布置示意

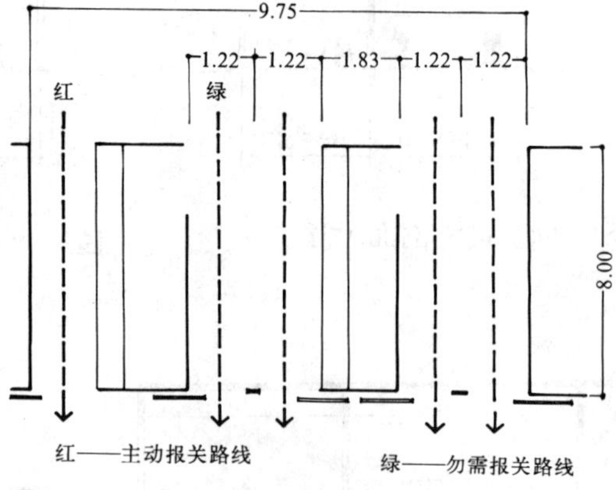

9 双通道系统布置示意

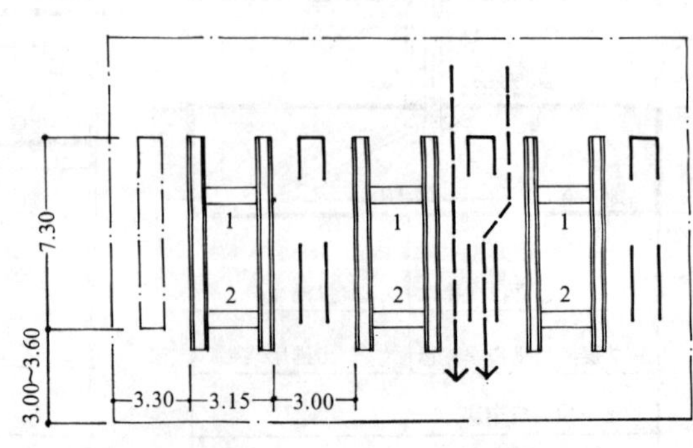

10 双通道系统布置示意

安全检查

为保证飞行安全，防止劫机事件发生，安全检查是现代空港运营管理中极为重要的一个组成部分。其设计上充分考虑平面布局的灵活性，以适应发展需要和管理的改进。

检查类型

1.门式磁感应设备：旅客通过磁力门探测随身是否有隐藏的武器。手提行李通过传送带传至X光机，见1～3。

2.徒手检查：保安人员手持电子棒探测器，对旅客周身探测，见4，其手提行李通过X光机。

3.手提行李由保安人员打开检查，旅客则通过磁感应门，见5～6。

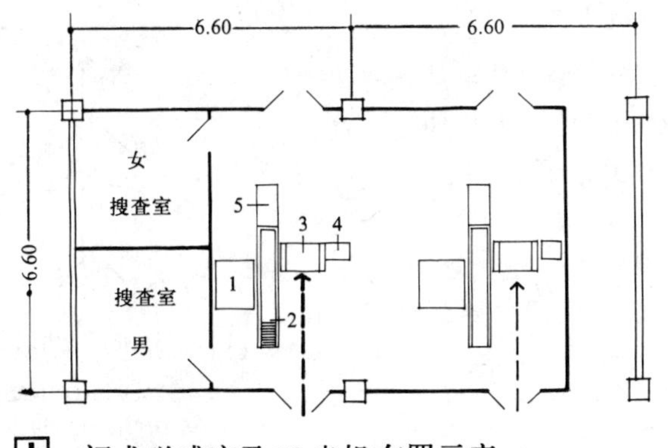

1 门式磁感应及X光机布置示意

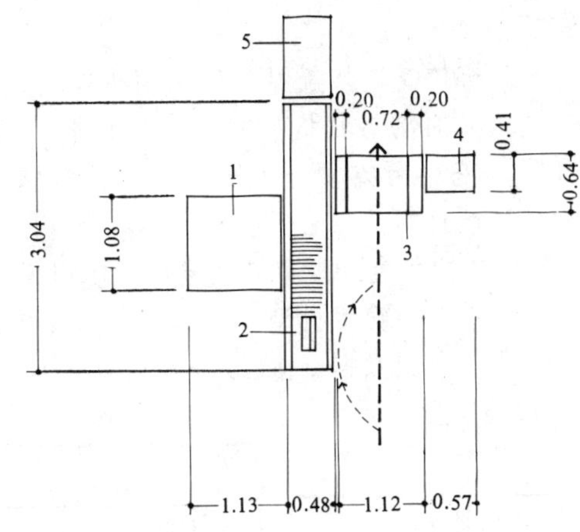

2 门式磁感应，X光机平面尺寸

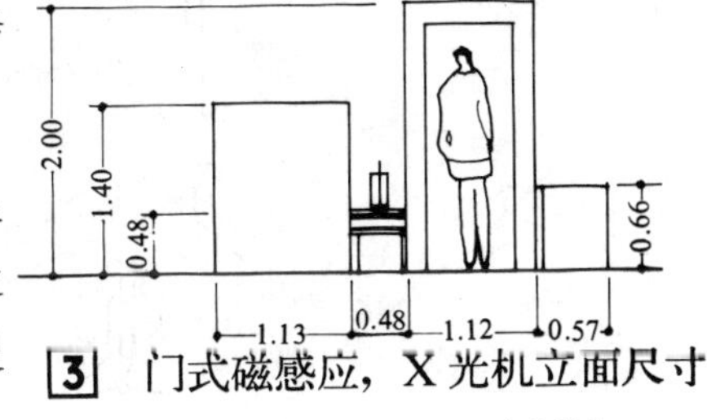

3 门式磁感应，X光机立面尺寸

1 X光机　2 手提行李传送带　3 门式磁感应　4 机柜　5 行李桌

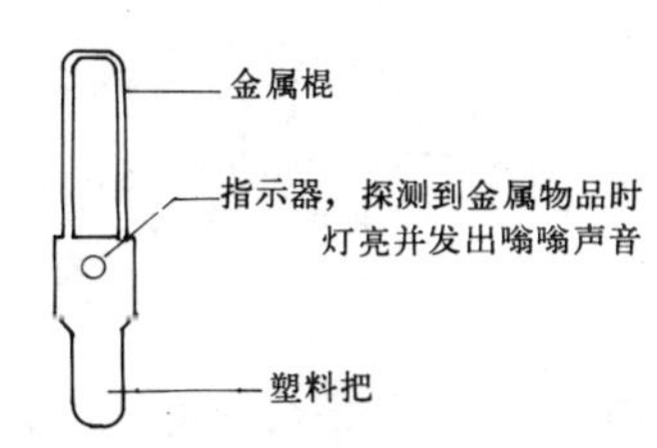

4 徒手检查电子棒探测器

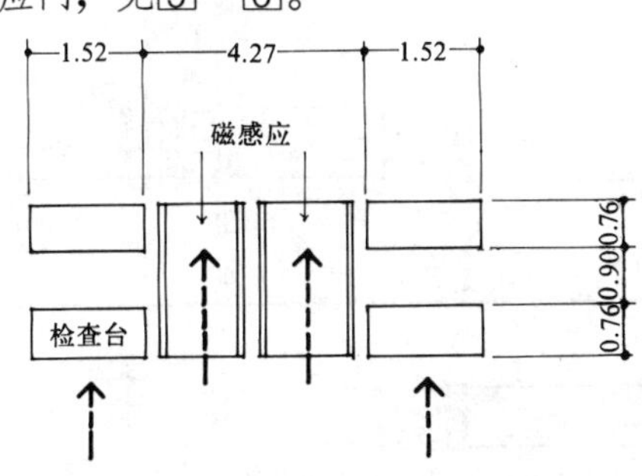

5 出港厅两个检查单元布置示意

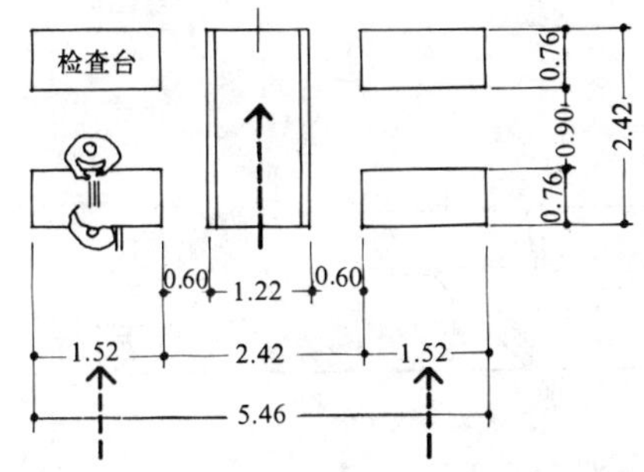

6 出港厅一个检查单元布置示意

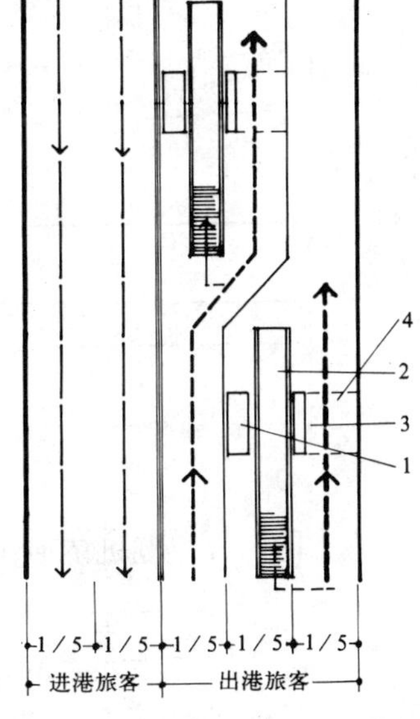

7 指廊式两个检查单元错开布置示意

8 指廊式两个检查单元并列布置

1 X光机　2 传送带　3 监视器　4 门式磁感应

空港规模较大的宜采用门式磁感应，X光机设备，采用这种设备，速度快，灵敏度高。

空港规模较小的采用徒手检查，占用保安人员较多，在高峰时旅客有排队等候现象。

1 门式磁感应
2 传送带
3 X光机
4 保安人员
5 行李桌

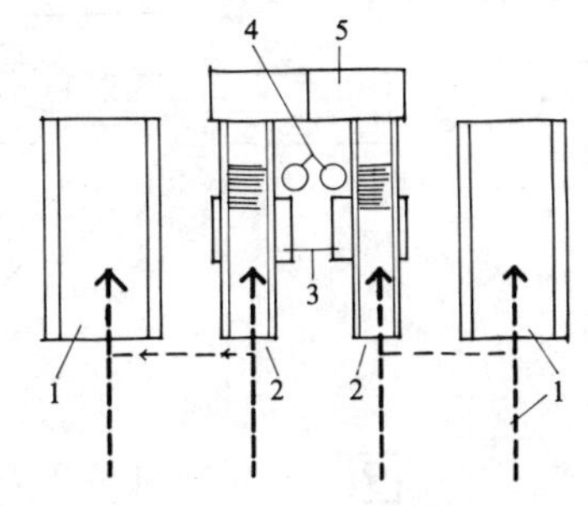

9 出港厅两个并列检查单元布置

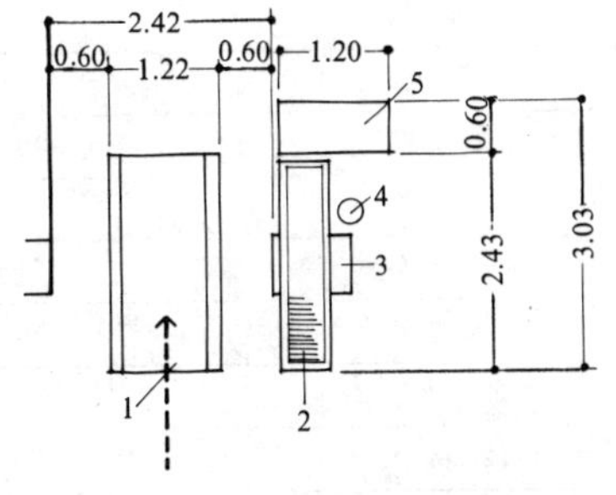

10 出港厅一个检查单元布置

登机桥

登机桥是连接航站楼门位同机舱门之间的过渡，是金属外壳做成的通道，可为各种机型服务。桥本身可以水平转动、前后伸缩、高低升降，它运行方便，安全可靠，使旅客免受风、雨、雪、喷气的影响，密闭性好，噪音干扰少。

1.登机桥的种类：世界各空港广泛使用的类型分为七种，见[1]～[7]

2.设计要求：确定机型及机舱门距地高度，航站楼门位处距机坪地面高度，登机桥操作动力（电动或液压），气候（温度、风力、雨雪）。

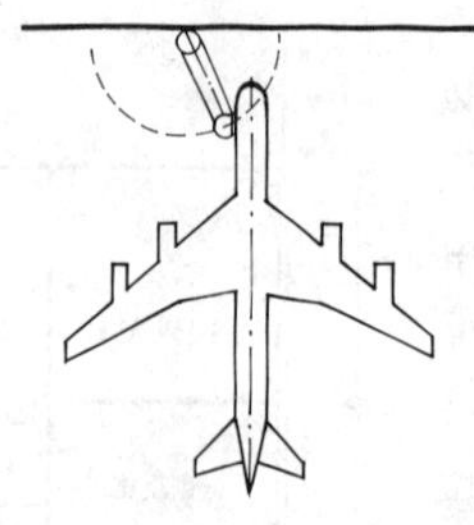

[1] 直接型一节登机桥

直接与航站楼门位处边接，左右转运可达 130°

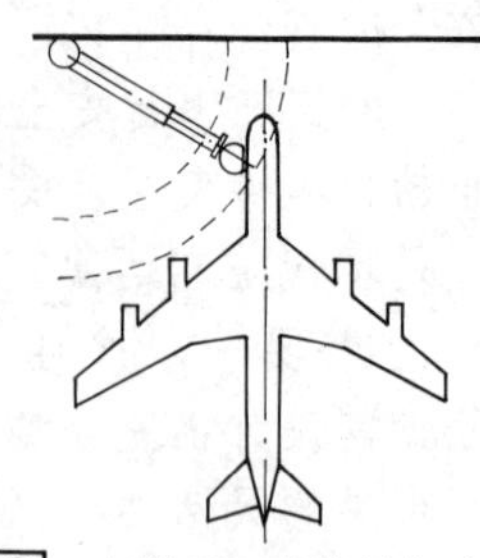

[2] 直接型两节登机桥

两节桥身，适用于较大机型停放距离稍远

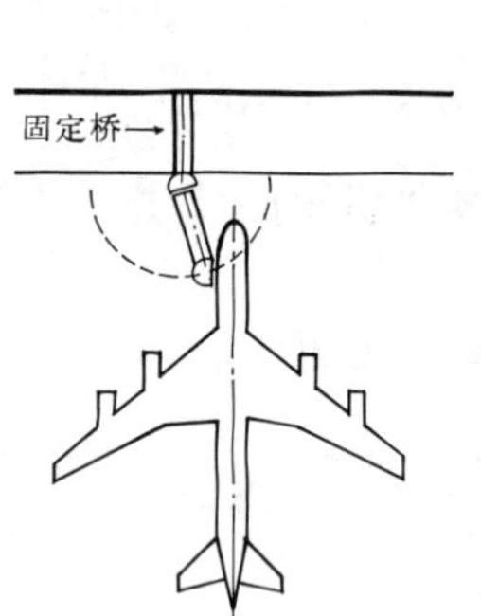

[3] 间接型一节登机桥

航站楼门位处设立固定桥，桥下可通行车辆

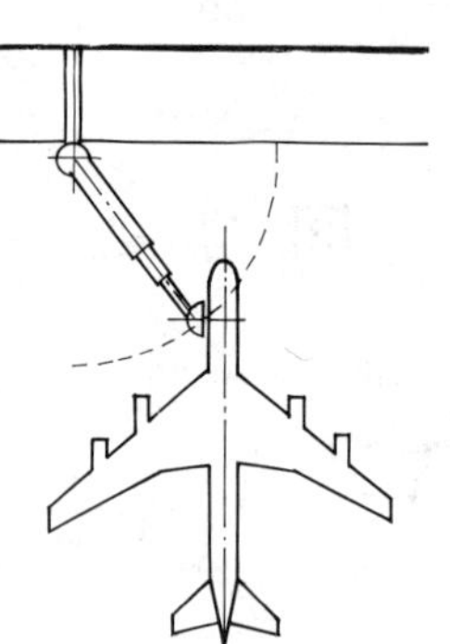

[4] 间接型三节登机桥

三节桥身适用于机型较大，停放较远

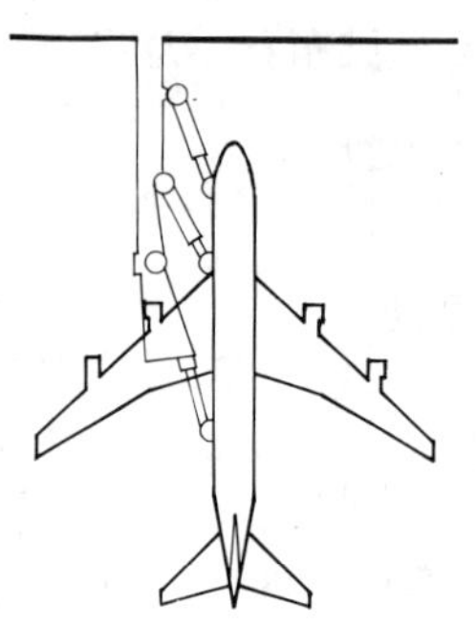

[5] 翼上型登机桥

登机桥采取龙门吊跨过机翼，对准三个机舱门

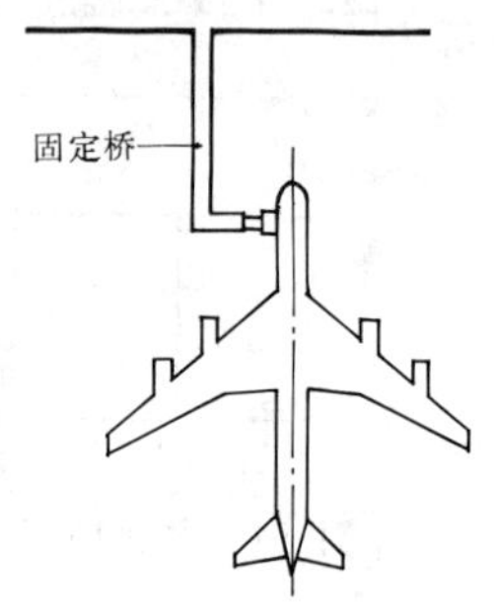

[6] 间接型短节登机桥

固定桥较长，登机桥短，伸缩能力 2m 左右

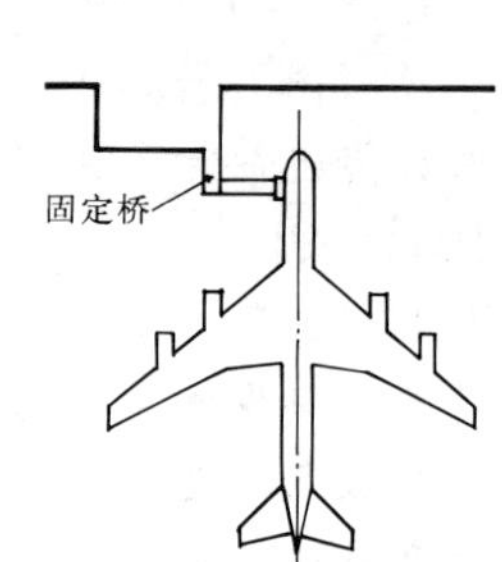

[7] 间接型长节登机桥

固定桥短，登机桥较长，伸缩能力 10~12m

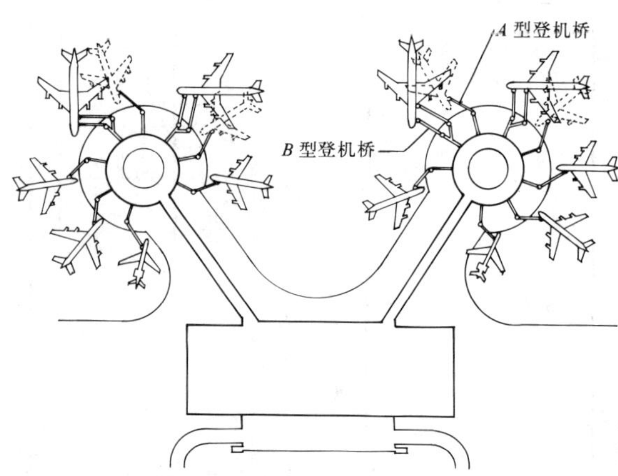

北京首都国际空港登机桥布置

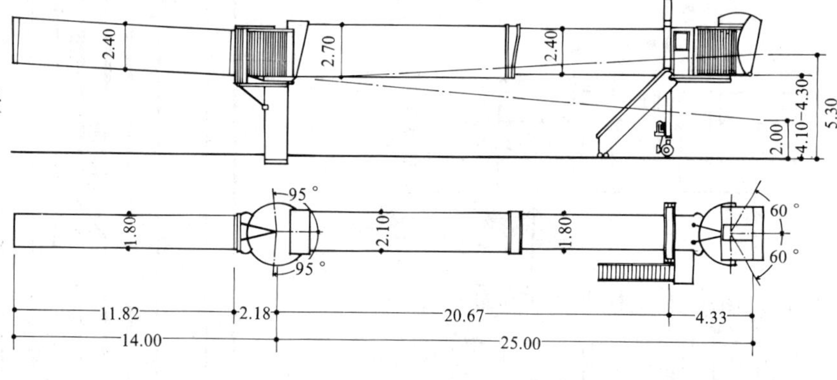

[8] *A* 型登机桥平立面图

登机桥的技术参数　当今世界各国空港的登机桥，采用的技术参数大致相似，我国生产的“*A*”及“*B*”型参数如下：

项　目　内　容	*A*　型	*B*　型
最大伸张长度	25m	33m
最小回缩长度	19m	25m
伸　缩　节　数	2 节	2 节
桥筒最小宽度	1.8m	1.8m
桥筒最大宽度	2.1m	2.1m
登机桥最高升至	5.3m	5.3m
登机桥最低降至	2.0m	2.3m
桥身水平转动	190°	190°
桥头水平旋转	120°	120°

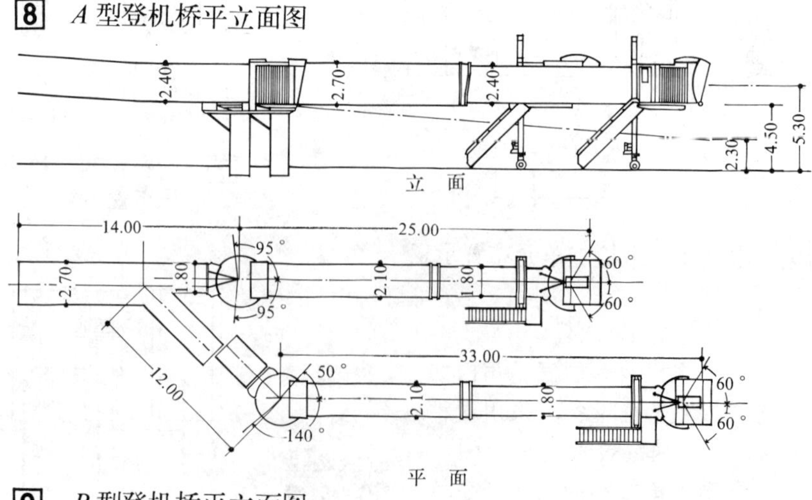

[9] *B* 型登机桥平立面图

A 型及 *B* 型登机桥是由我国上海起重机运输设备厂生产的

一、登机桥的坡道

当飞机在机位关闭发动机后，登机桥对上机舱门的时间一般不超过 60s。

登机桥的坡道一般向上和向下不应超过 10%。在航站楼门位处设立的登机桥，见1。设有固定桥的伸缩登机桥，见2。

二、登机桥与机舱门连接

登机桥与各类机型连接时，应考虑能适应各种机舱门的宽度，由于门宽不同，对旅客通过的速度和流量也有所不同，见3，表 1。

1 门位处设立登机的坡度

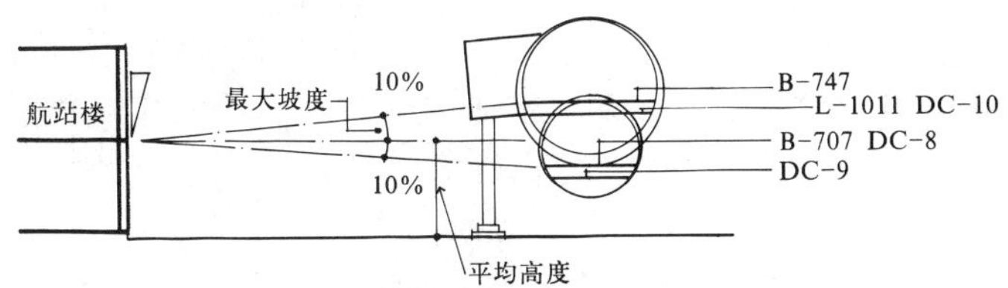

2 门位处设立固定桥的坡度

列举主要机型与机舱门的宽度

表 1

机 型	舱门宽度	机 型	舱门宽度	机 型	舱门宽度
B-747	1.06m	DC-9	0.88m	B-727	0.86m
DC-10	1.07m	DC-8	0.87m	B-707	0.86m
L-1011	1.06m	B-737	0.86m	BAC-111	0.84m

注：机舱门最大的 1.07，每分钟通过约 40~45 人
机舱门最小的 0.84，每分钟通过约 30~32 人

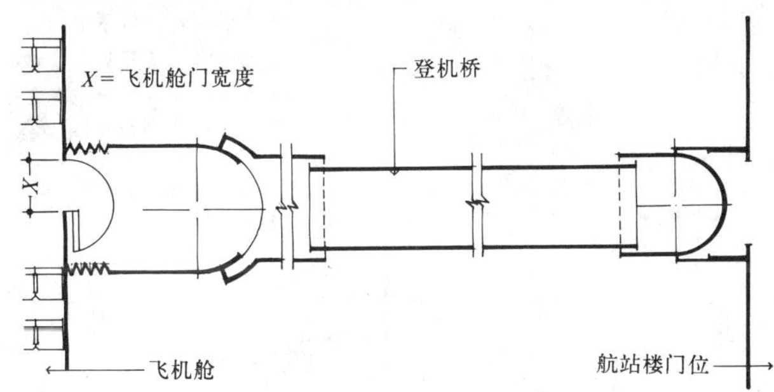

3 登机桥与机舱门的连接示意

自动人行道

自动人行道，又称“水平电梯”，借助机械传送替代旅客的步行，运行安全，舒适平稳，可载乘童车、残疾人轮椅，由于连续运行，避免人流拥挤，当断电时可作为路面行走。

自动人行道实例

荷兰：阿姆斯特丹空港，见4。

法国：巴黎奥利空港，见5。

北京：首都国际空港，见6。

北京 首都国际空港自动人行道实例
上海迅达电梯厂生产制造

4 荷兰：阿姆斯特丹空港设立自动人行道

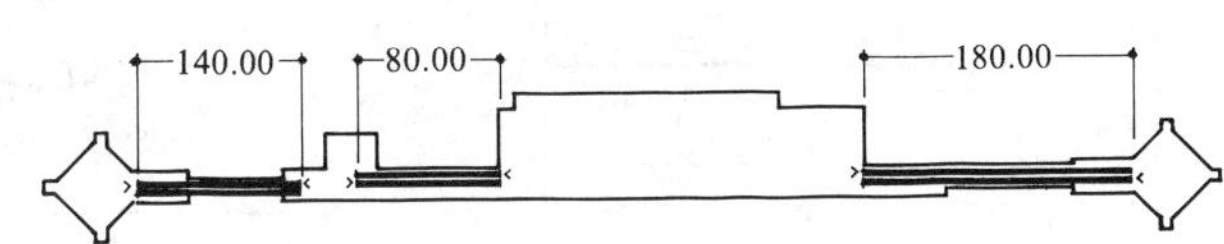

5 法国：巴黎奥利空港设立自动人行道

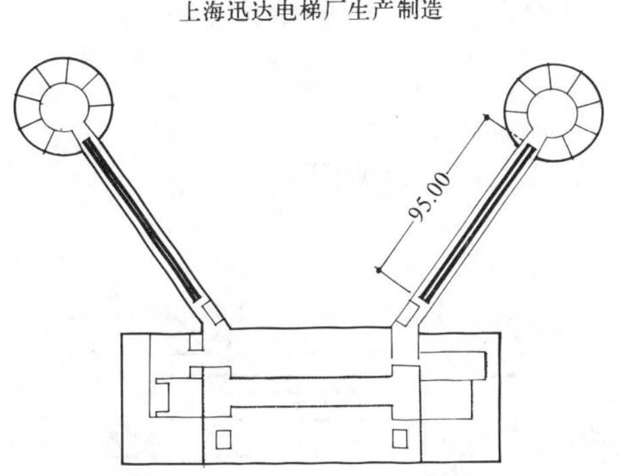

6 北京 首都国际空港设立自动人行道

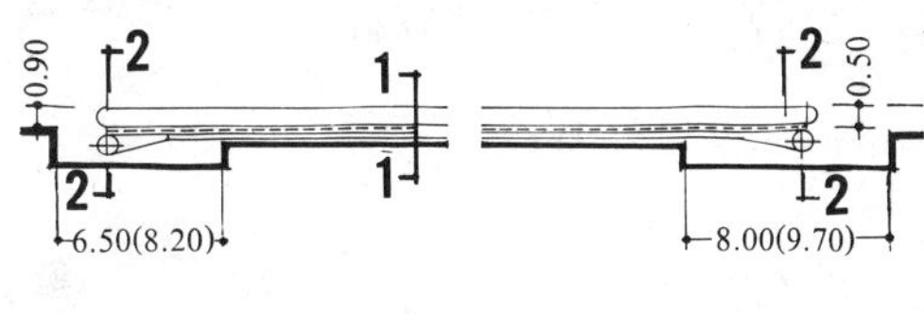

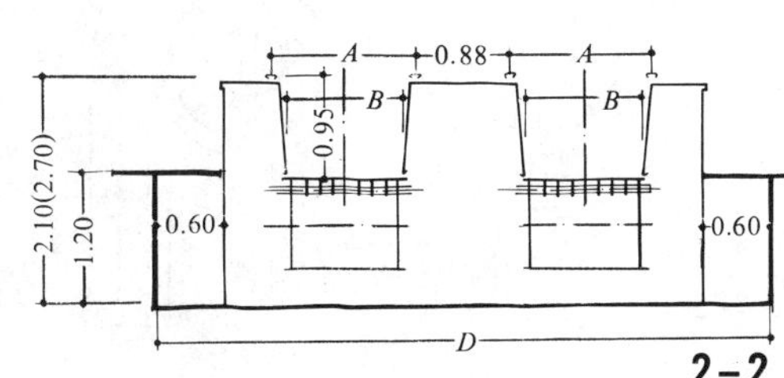

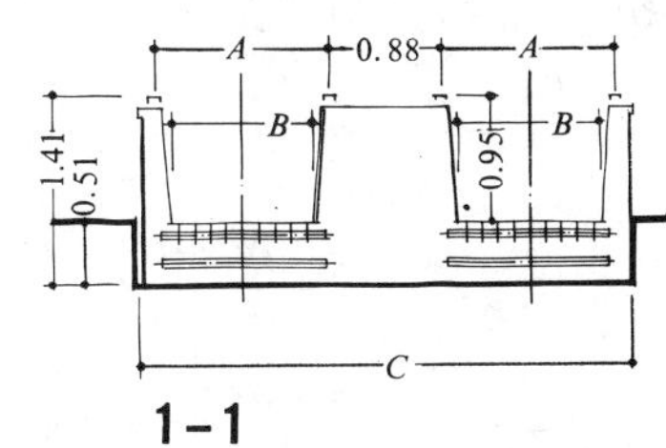

7 自动人行道纵剖面

自动人行道设计选用参数

A	945mm	1145	1345
B	720	920	1120
C	3065	3465	3865
D	4880	5280	5680

行李传送

不论是进港旅客行李提取，还是出港旅客行李托运，在设计行李传送设备时应将最大行李和最小行李尺寸确定下来，以便作为设计考虑的依据。

进港旅客行李提取

分为直线式、长圆盘式、跑道式、圆盘式等。有关布置尺寸，参见[2]～[5]。一个单元跑道式转盘所需尺寸，参见[6]。一个单元圆盘式转盘所需尺寸，参见[7]。其同层及错层剖面方案，参见[8]～[9]。各类型式的转盘，在旅客活动区域划分所需尺寸，参见[10]～[12]。

北京首都国际空港采用长圆盘的参数：

型　式	速　度	荷　载	传送周长	鳞板宽度	驱动功率	水平弯曲半径
长圆盘	0.44m／s	100kg／m	33.00m	1.00m	3kW	1.02m

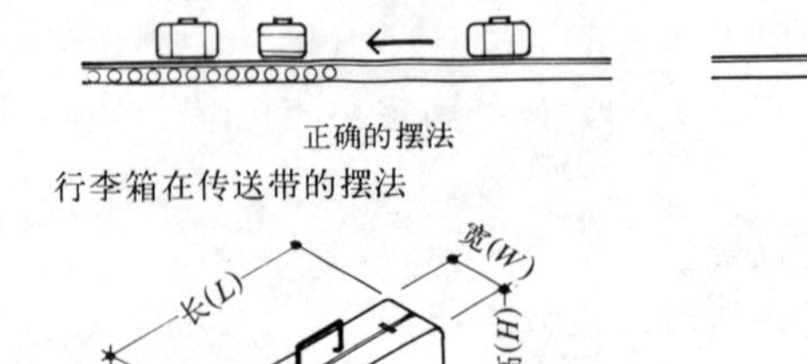

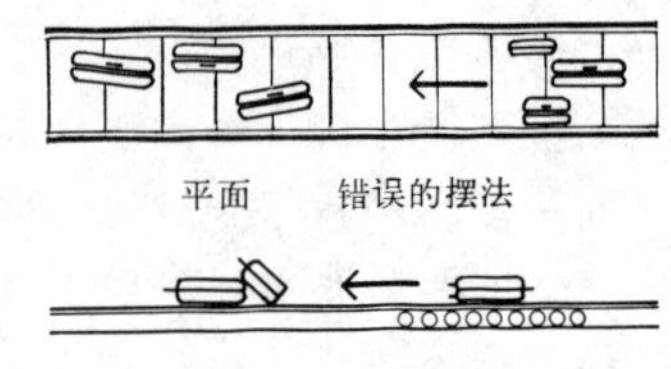

行李箱在传送带的摆法

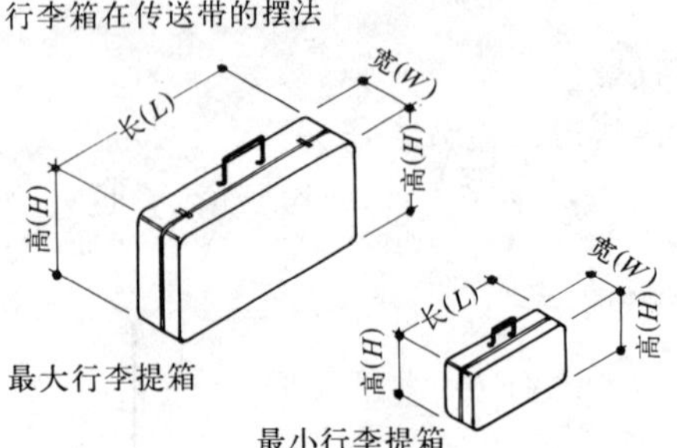

行李提箱常规尺寸

最	大	最	小
长(L)	0.90m	长(L)	0.30m
宽(W)	0.35m	宽(W)	0.30m
高(H)	0.70m	高(H)	0.30m

注：如有特大行李提箱超过规定尺寸时，不能放在正常的传送系统，需由行李拖车直接由飞机舱卸下，拉到指定地点。

[1] 行李箱尺寸

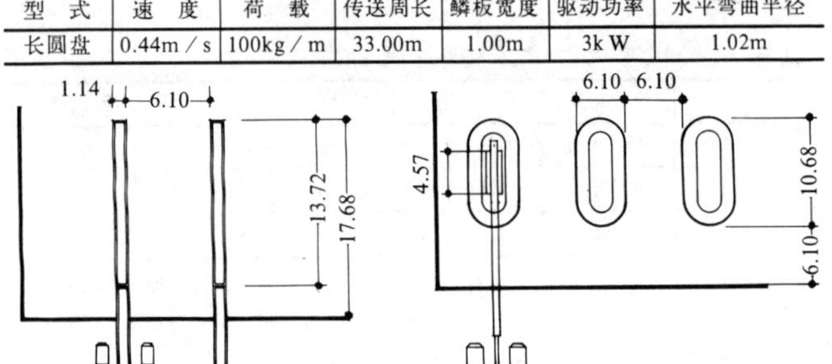

[2] 直线式传送带布置方案

直线传送带长度	13.72m
每条传送带占地	$20m^2$
可容行李数	36 件
只能直线传送不能循环	

[3] 长圆盘式转盘布置方案

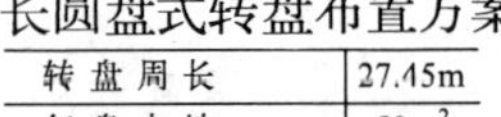

转盘周长	27.45m
每盘占地	$50m^2$
可容行李数	69 件
循环传动提取行李面积大	

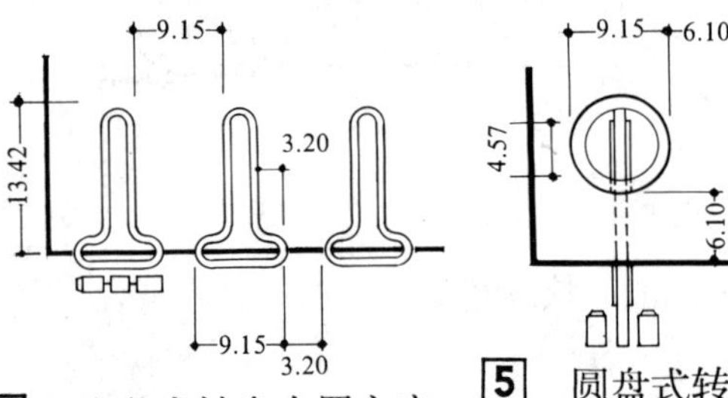

[4] 跑道式转盘布置方案

转盘周长	35.10m
每盘占地	$54m^2$
可容行李数	120 件
88 件在大厅内，32 件在行李房	

[5] 圆盘式转盘布置方案

转盘周长	28.73m
每盘占地	$65m^2$
可容行李数	72 件

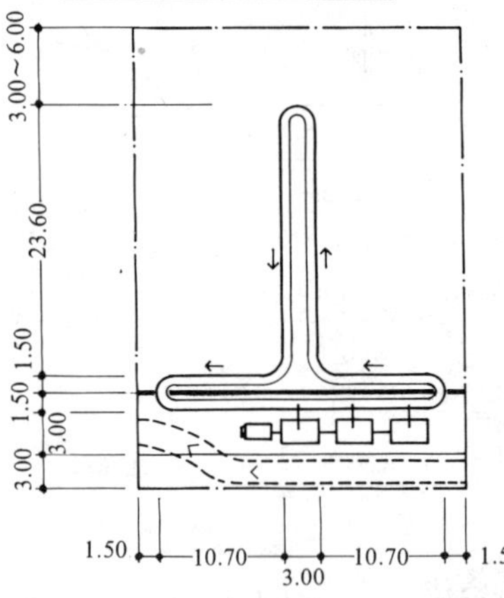

[6] 一个单元跑道式转盘布置方案

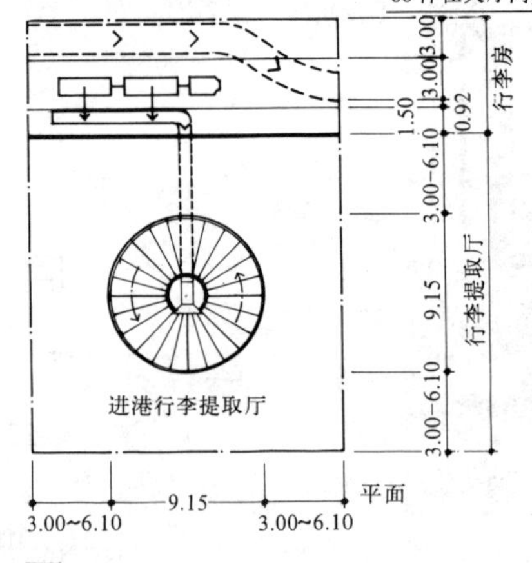

[7] 一个单元圆盘式转盘布置方案

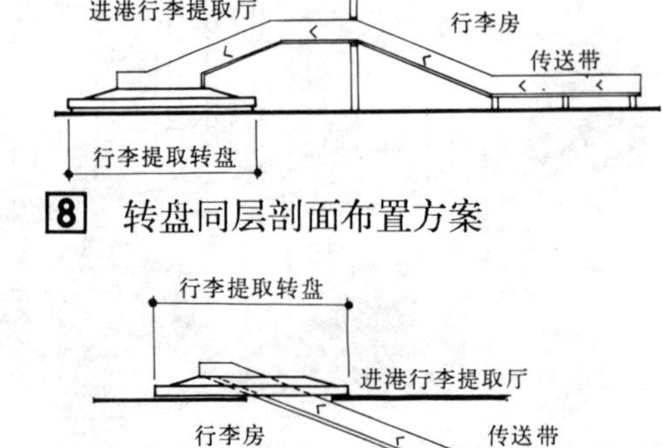

[8] 转盘同层剖面布置方案

[9] 转盘错层剖面布置方案

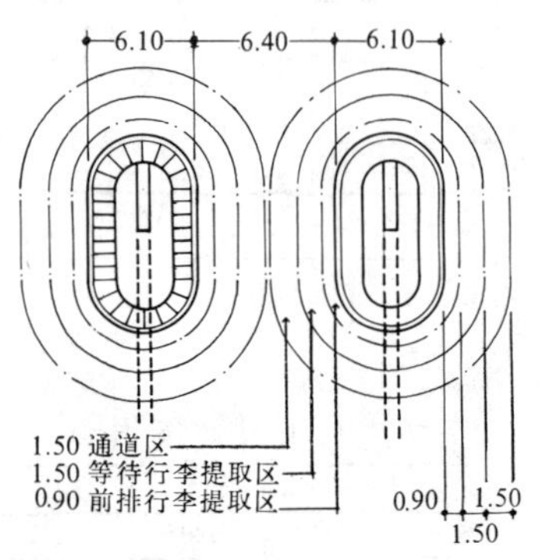

[10] 长圆盘式转盘区域划分示意

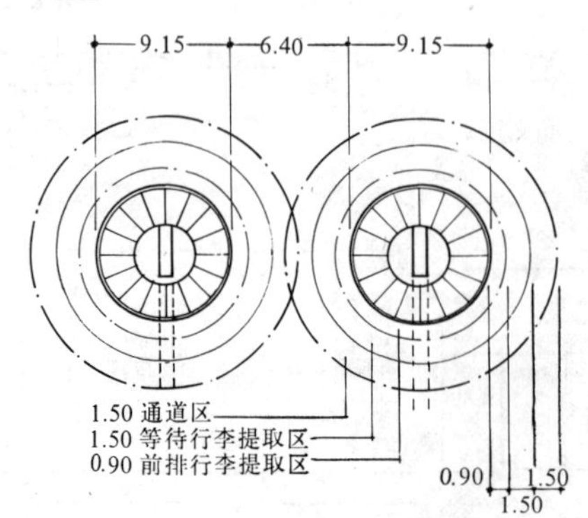

[11] 圆盘式转盘区域划分示意

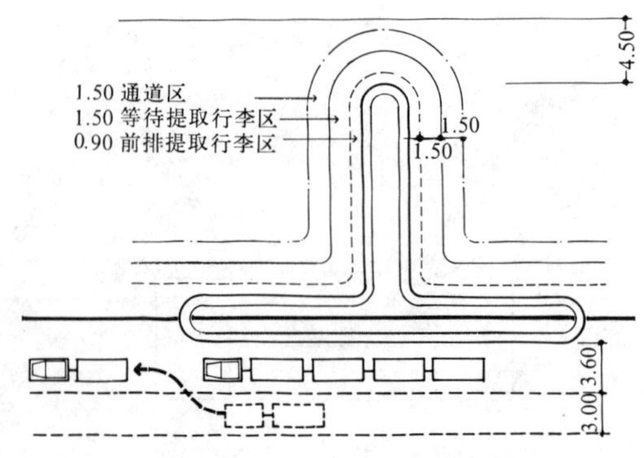

[12] 跑道式转盘区域划分示意

出港旅客托运行李

旅客在柜台前办理机票和托运，将行李过磅，挂好标签，传送至行李房，运往飞机。

出港行李托运柜台布置分为正面线型，正面通过式，岛式。

1.正面线型：适用于同层布置方案，将柜台排列成直线与传送带平行布置，见1～3。

2.正面通过式：适用于错层布置方案，旅客在柜台前办完手续后，通过柜台之间到达门位休息室，见4、14。

3.岛式：适用于错层布置方案，将柜台组成一组，由主传送带输入垂直输送机或斜坡道传送带至行李房，见6、7、9。

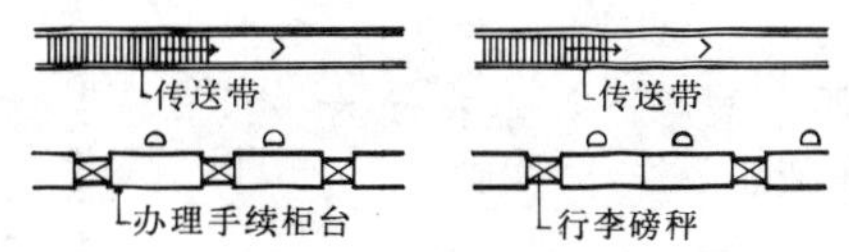

1 正面式线型单、双柜台布置方案

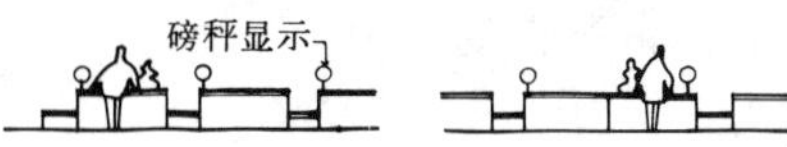

2 正面式柜台立面

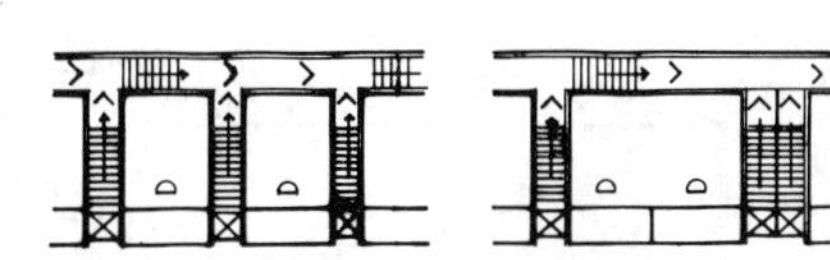

3 正面式单、双柜台代传送带布置方案

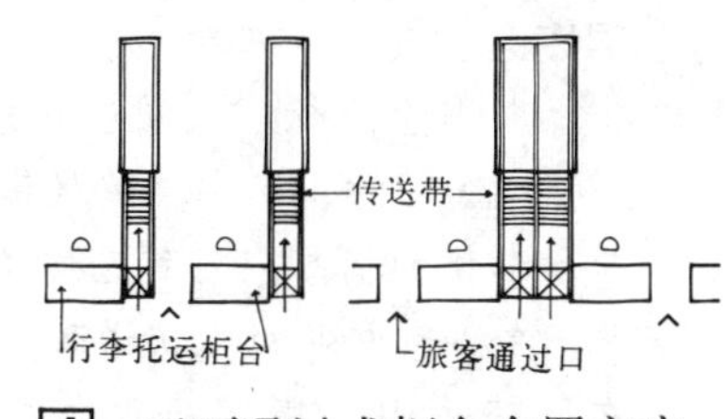

4 正面通过式柜台布置方案

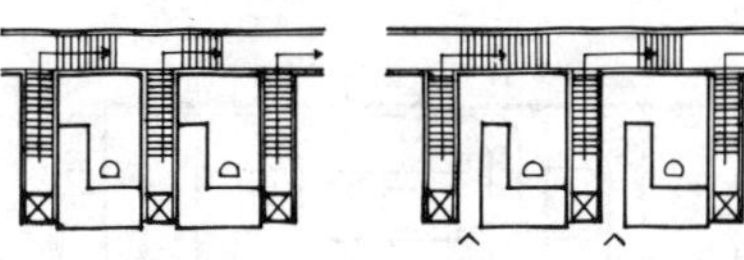
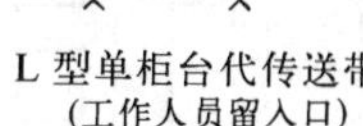

5 正面式 L 型柜台代传送带布置方案

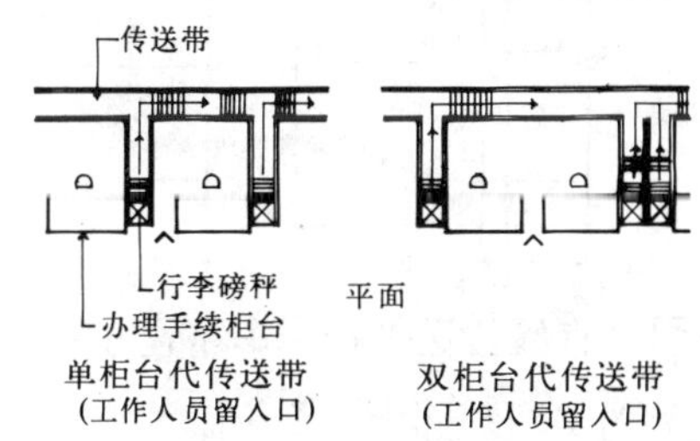

8 正面式单、双柜台代传送带布置方案

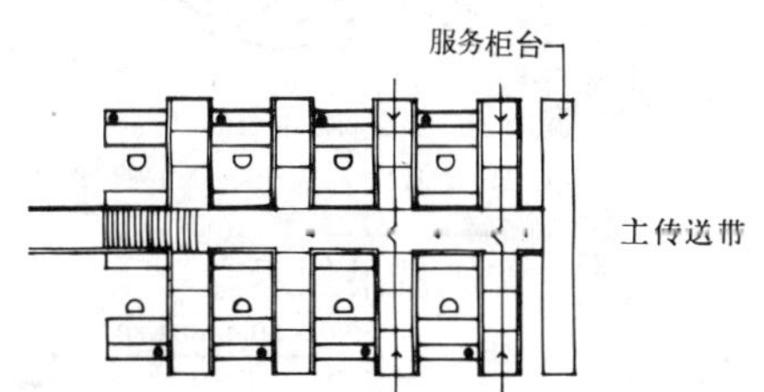

6 岛式柜台布置方案 (90°)

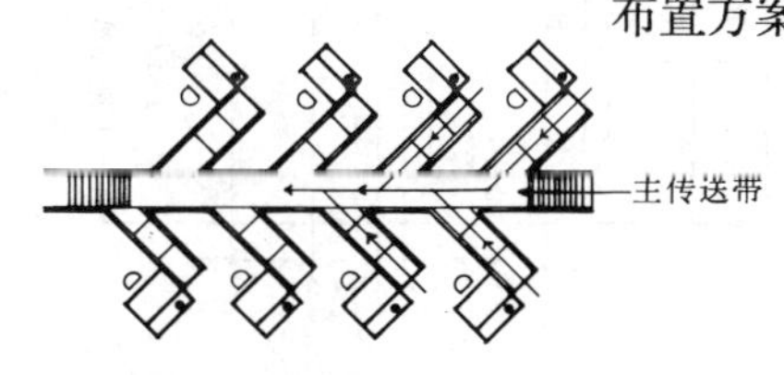

7 岛式柜台布置方案 (45°)

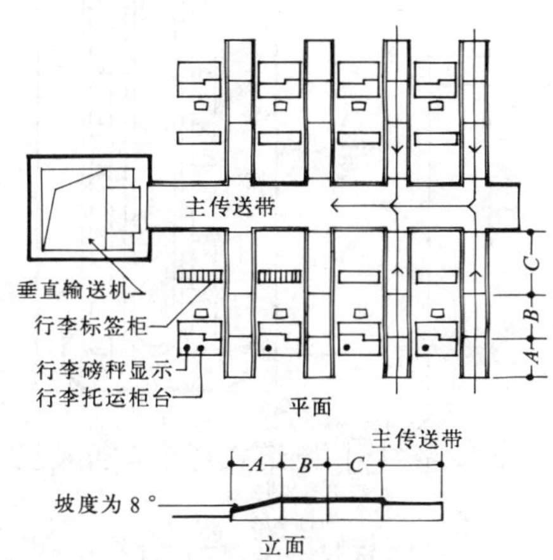

9 北京 首都国际空港岛式柜台布置

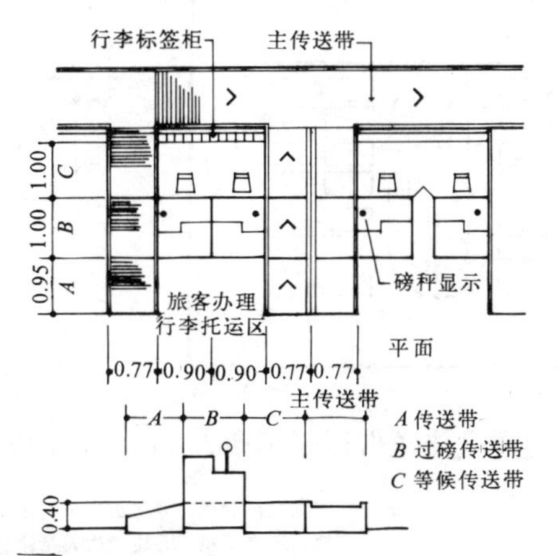

10 法国 巴黎奥利空港岛式柜台布置

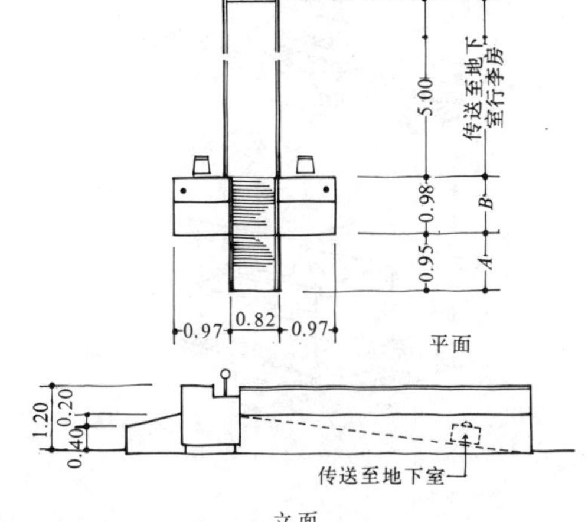

11 荷兰 阿姆斯特丹空港柜台布置

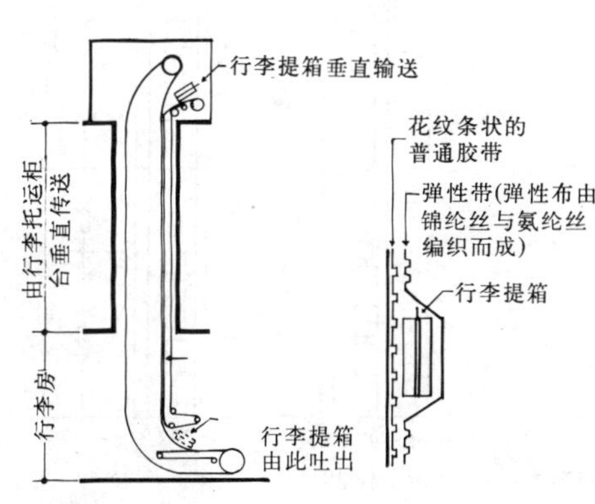

12 垂直输送机剖面示意

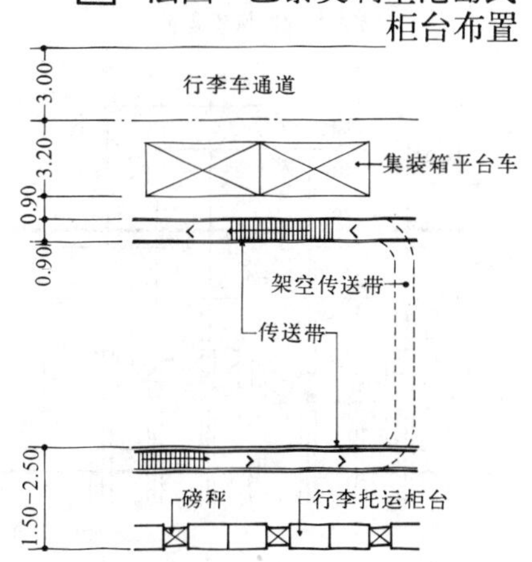

13 正面式柜台架设传送带示意

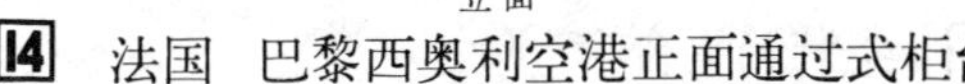

14 法国 巴黎西奥利空港正面通过式柜台

行李房传送设施

1.进港行李作业面积：在同层和错层方案中，行李车分为平板车，有传送带的行李车，单双集装箱平台车，见1、10。

2.出港行李作业面积：在错层方案中行李车分为平板车，集装箱平台车垂直与平行主传送带，所占空间面积，见2～8。

在行李房中，集装箱平台车及平台车所占通道及停车位置，见11。单双集装箱平台车有关尺寸，见9。

1 同层方案四种行李车作业面积

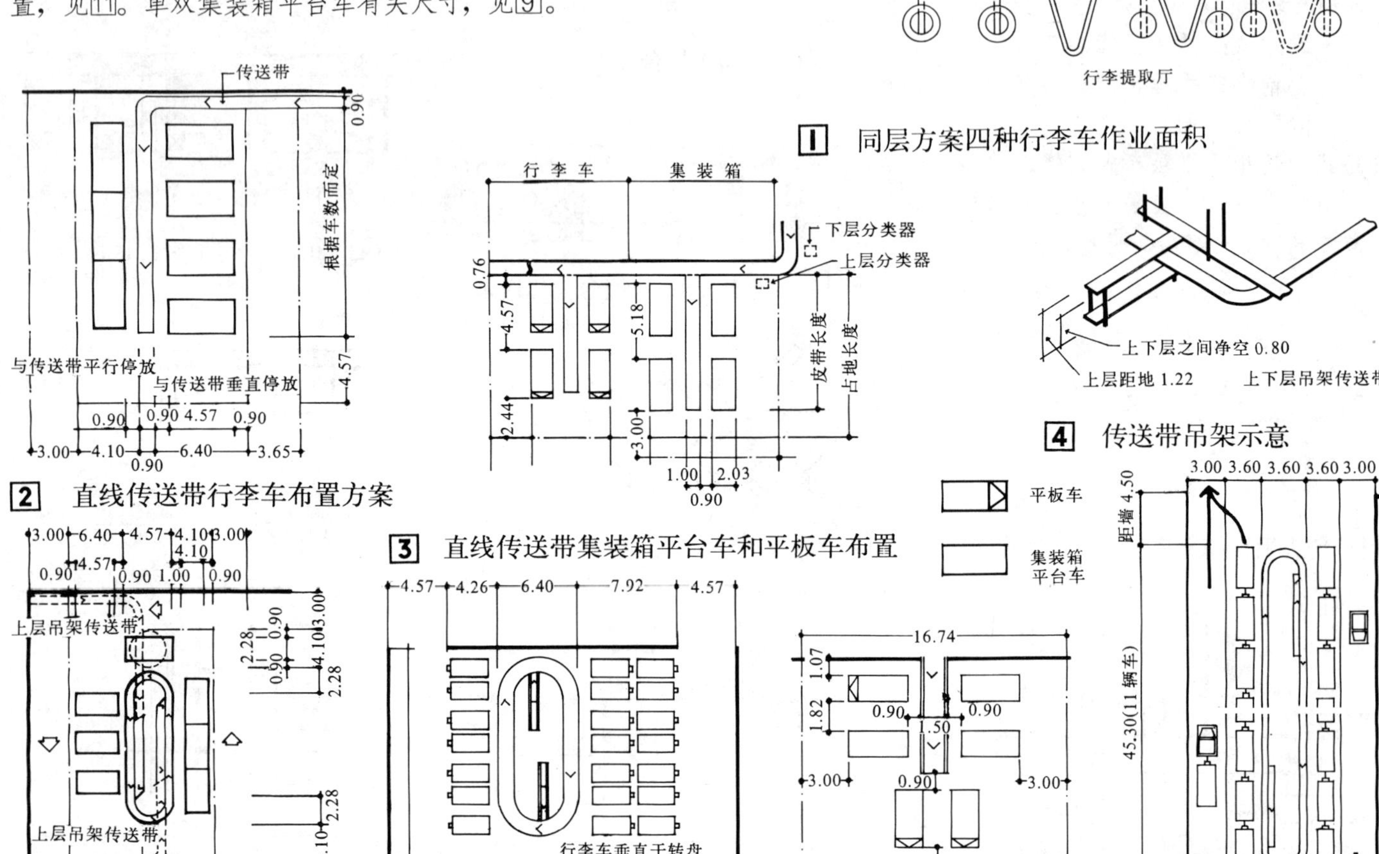

2 直线传送带行李车布置方案

3 直线传送带集装箱平台车和平板车布置

4 传送带吊架示意

5 跑道式传送带行李车布置 6 跑道式传送带行李车布置 7 直线传送带行李车布置 8 跑道式行李车行驶线

注：1 根据空港规模，要考虑足够行李车的停放、维修面积，并设工作人员休息室。
2 行李房的传送带四周设置防撞装置以防行李车作业时撞坏设备。

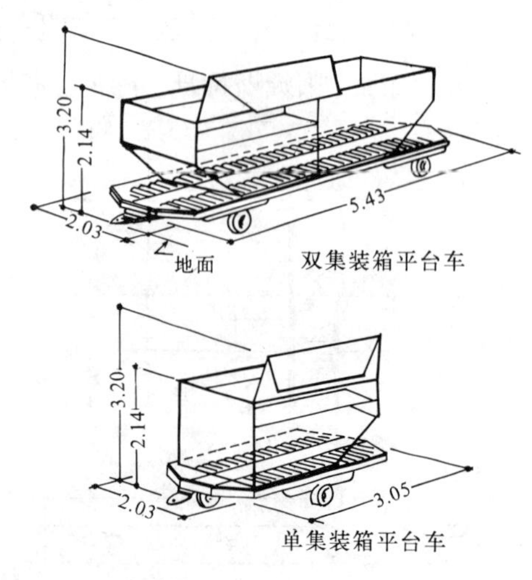

9 集装箱平台车

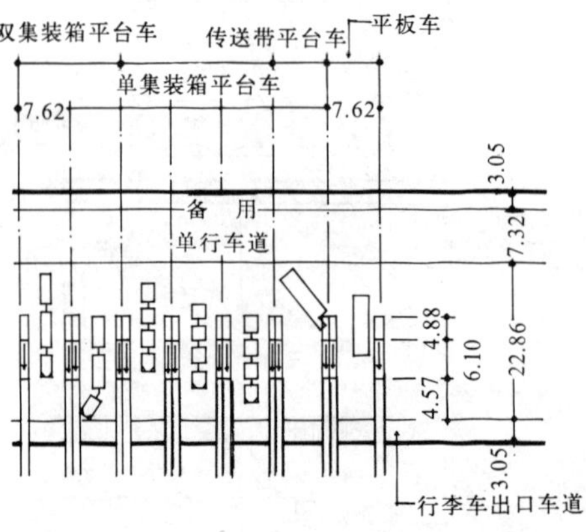

10 错层方案四种行李车作业面积

11 集装箱平台车行驶通道

引导装置

在航站楼内，为旅客服务的公共场所和旅客行走的路线，都应设置引导标志，引导装置以文字和图案所组成，尤其以形象图案引人注目，一般采用两种颜色加以区分，出港部分，进港部分，颜色以蓝、绿、灰为宜，以求给人以宁静感觉。引导装置的位置和数量要得当，图案标志的尺寸应结合室内空间而定，以醒目为原则，略大为宜。

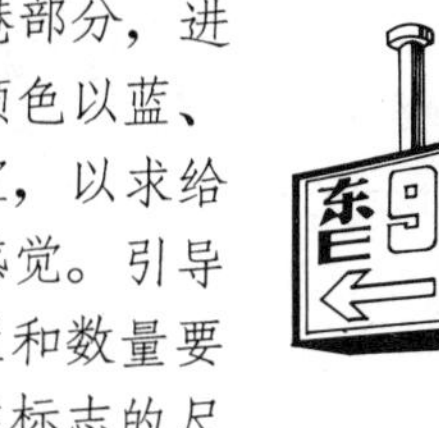

航空港

进港

出港

转港

托运行李

行李服务人员

边防

海关

提取行李

自存小件行李

暂存行李

迎送观光

停车场

禁止停车

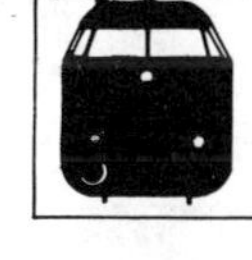
火车站

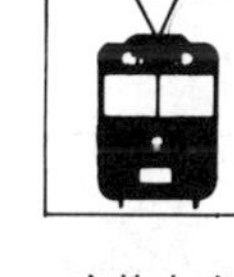
有轨电车

公共汽车

地下铁路

小公共汽车

私人汽车

出租汽车

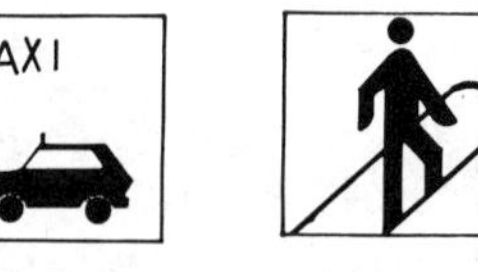
自动扶梯

楼梯

电梯

出口

入口

休息厅

禁止狗通行

危险区

火警

紧急出口

问讯

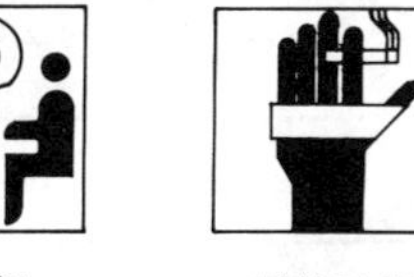
严禁吸烟

指示方向

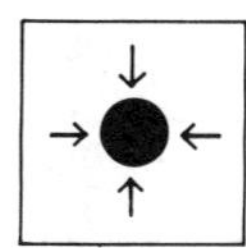
集合点

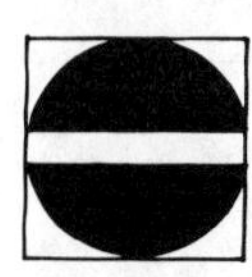
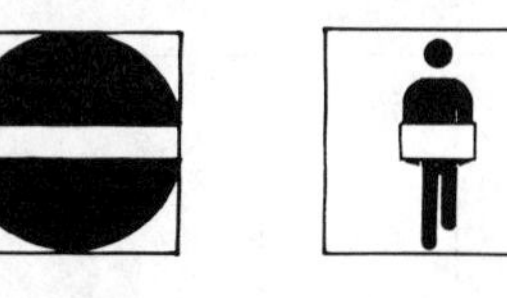
禁止通行

严禁通行

电话

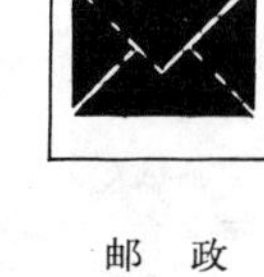
邮政

信箱

电报

失物招领

寻找儿童

轮椅

盥洗室

男盥洗室

女盥洗室

男厕

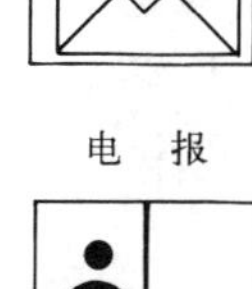
女厕

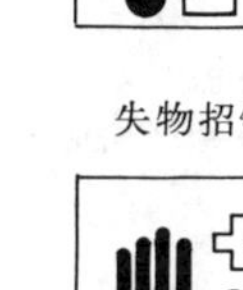
医务室

抢救室

银行

香烟

礼品

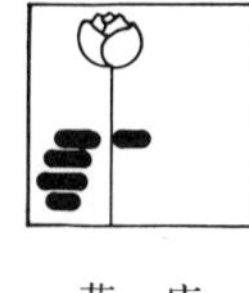
眼镜

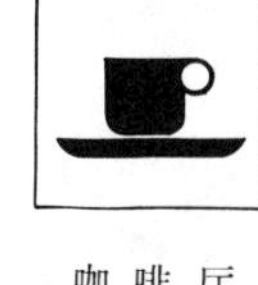
花店

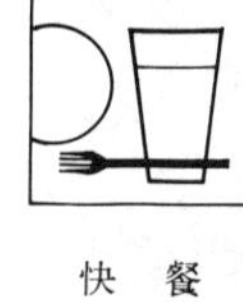
咖啡厅

快餐

餐厅

免税商店

酒吧

售相机店

理发

浴室

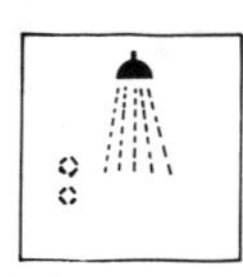
淋浴

婴儿室

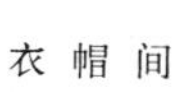
衣帽间

航管楼与塔台

航管楼是空港的指挥调度中心，是实施航行调度，空中交通管制和航空通讯、气象的综合建筑物。

在空港的总体布局中，航管楼既要便于观察机坪、跑道和飞机进近空域，又要根据该空港的最终发展规模而与航站楼保持一定的位置关系。

塔台作为空港的眼睛，指挥着该空港五 km 半径范围内空中和地面的飞机活动。

塔台是现代空港的重要标志物，除应满足使用功能要求外，还应结合航站楼、航管楼的建筑形式与风格以及塔台的结构构思，使其艺术造型个性化。

	部门名称	业务内容	一般要求
航管楼	航行调度（站调）	调派飞机和机组，办理飞行申请，放行飞机，掌握飞行动态，通报飞行情况，处理飞行中的特殊问题。	由室内能观察到机坪，跑道上飞机活动的情况，与电台、通讯、机组人员联系设值班室，夜班值班、领航室、资料室、领航室设置钉挂大幅地图的木装修墙。
	空中交通管制（区调）	根据规定的飞行计划，对飞机在空中的活动进行了解和掌握，以防空中飞机相撞或飞机与地面障碍物相撞，并有效地利用空域，安全地加速空中运输。	空内设置钉挂大幅地图装修墙面和飞行动态牌，设进近管制室，宜靠近区调。塔台可设在屋顶，也可根据具体情况单独建造。
	航空通讯	为飞行业务及时传递各种信息，以保证正常飞行。	设电台、电传、可集中布置，也可分开布置，应与站调、区调直接联系方便。
	航空气象	直接为飞行业务及时地提供气象情报。	气象预报、填图室、应靠近站调和区调，气象雷达图象室，与预报填图室直接联系，气象电传室，靠近预报填图室。
	根据航管部门业务具体组成情况，设置办公室、会议室、值班室、库房、维修间、机房、配电间等，在较大型空港航管楼中，还设有专为空中交通管制系统服务的电子计算机房。		

	设计要点	基本组成	平面形式
塔台	塔台位置及其高度应能无阻挡地看到跑道。 滑行道，停机坪，并能目视飞机进出空域及空港周围地面情况。 塔台所处位置的高度，应能满足安全飞行的侧净空要求。	屋顶设置：通讯天线、雷达、避雷针、障碍灯等。 指挥室：控制台、特高频接收机、地图桌等。另设设备间、维修间、电瓶间、电缆井、电梯等辅助用房。	正方形 多边形 圆形
	指挥室四周的大玻璃窗应向外倾斜，以避免对停机坪、跑道、进近空域产生眩光，同时也便于向下、向外观察。大玻璃分格不应有碍指挥员坐、立时的观察视线，寒冷地区应采用夹层玻璃，指挥室的周围宜设室外平台。		

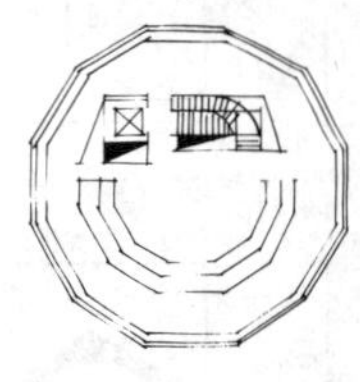

飞行仪表控制室示意

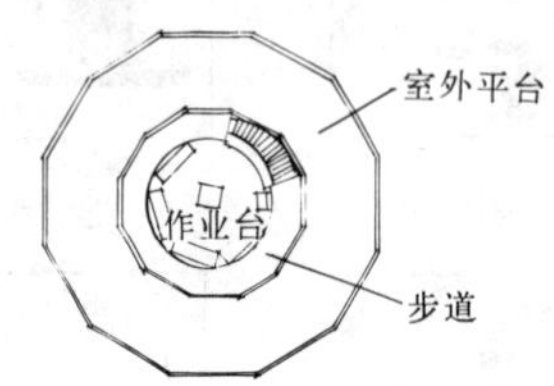

指挥室示意

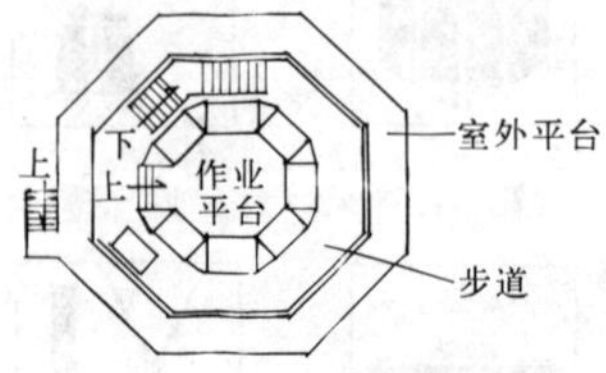

指挥室环形布置示意

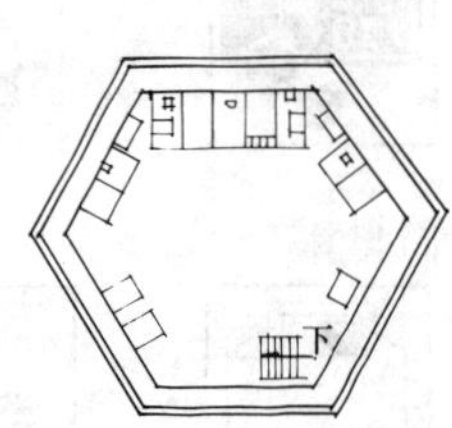

指挥室靠窗布置示意

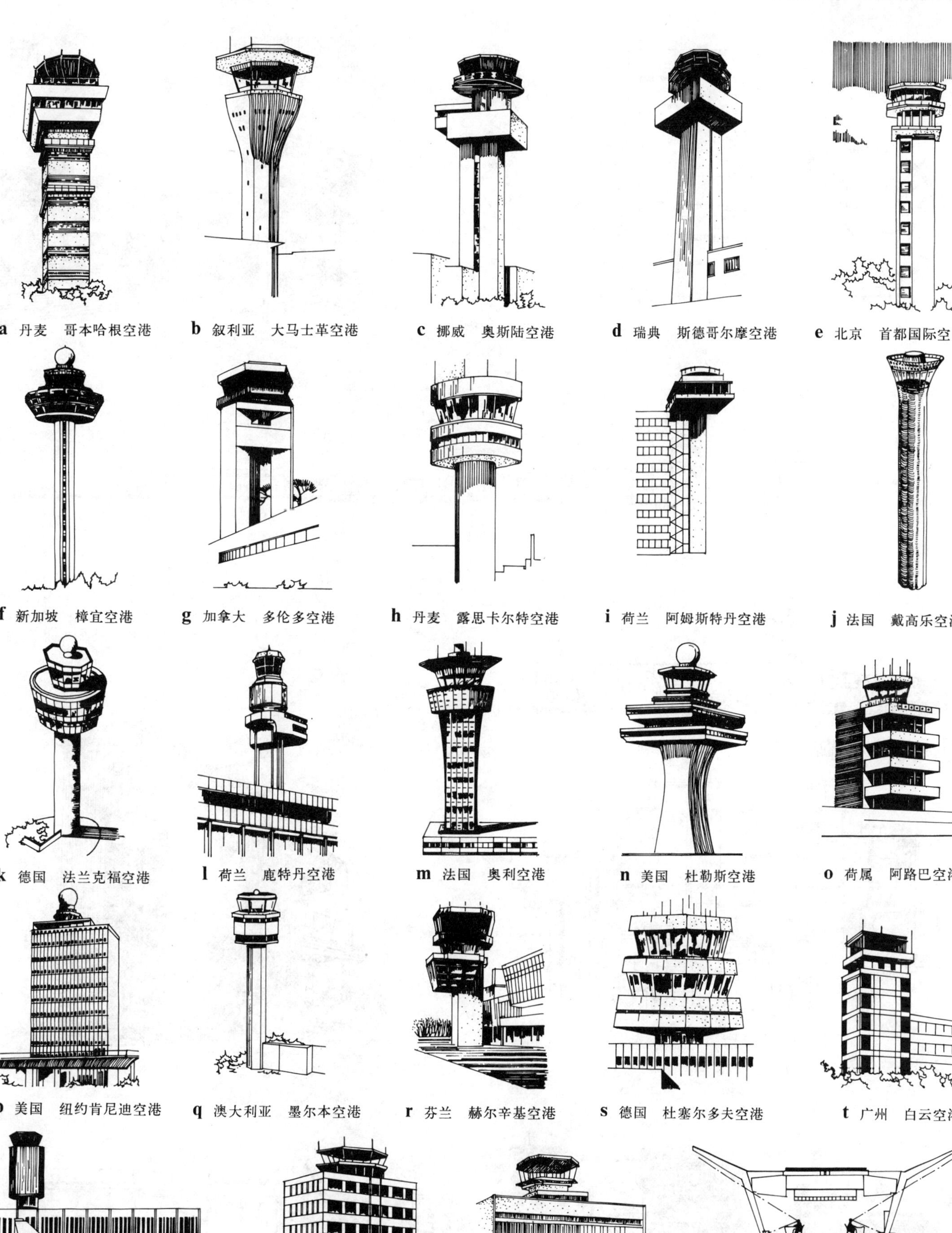

a 丹麦　哥本哈根空港　**b** 叙利亚　大马士革空港　**c** 挪威　奥斯陆空港　**d** 瑞典　斯德哥尔摩空港　**e** 北京　首都国际空港

f 新加坡　樟宜空港　**g** 加拿大　多伦多空港　**h** 丹麦　露思卡尔特空港　**i** 荷兰　阿姆斯特丹空港　**j** 法国　戴高乐空港

k 德国　法兰克福空港　**l** 荷兰　鹿特丹空港　**m** 法国　奥利空港　**n** 美国　杜勒斯空港　**o** 荷属　阿路巴空港

p 美国　纽约肯尼迪空港　**q** 澳大利亚　墨尔本空港　**r** 芬兰　赫尔辛基空港　**s** 德国　杜塞尔多夫空港　**t** 广州　白云空港

u 瑞士　巴赛尔空港　**v** 上海　虹桥空港　**w** 日本　大阪国际空港　**x** 指挥室剖面示意

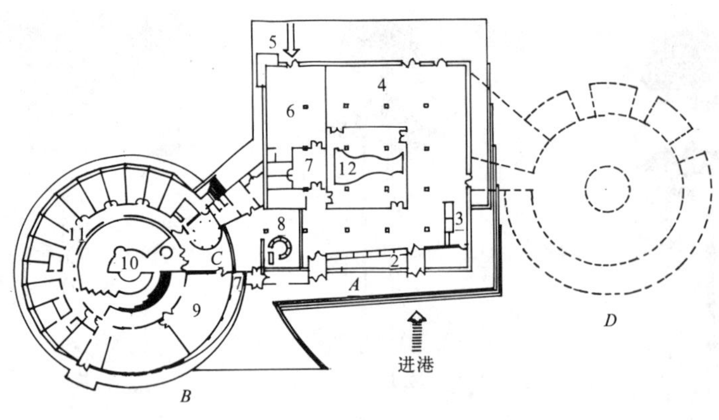

平面图

旅客大厅外墙上龛洞、窗口、垂花门

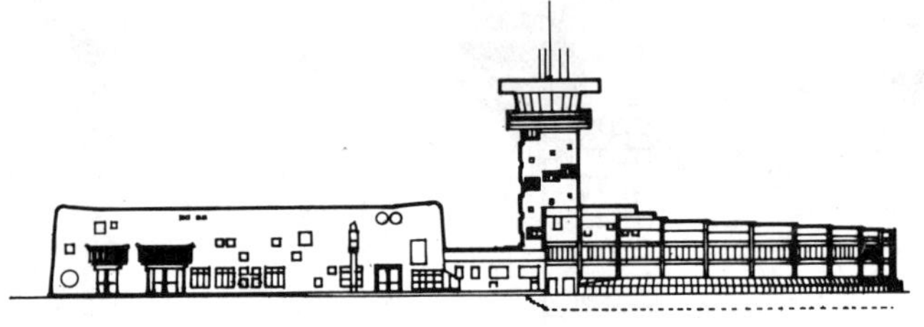

南立面（在停机坪）

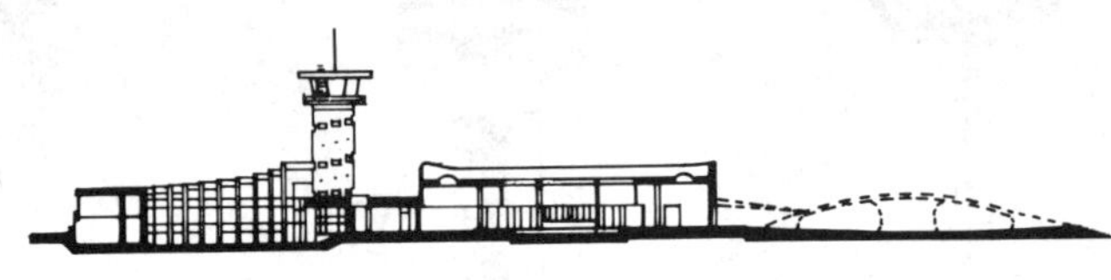

剖面

A 航站楼	B 综合楼	C 塔　台	D 规划发展
1 进港口	2 商　店	3 行　李	4 休息厅
5 出港口	6 出港厅	7 安全检查	8 饮料室
9 餐　厅	10 天　井	11 招待所	12 内　院

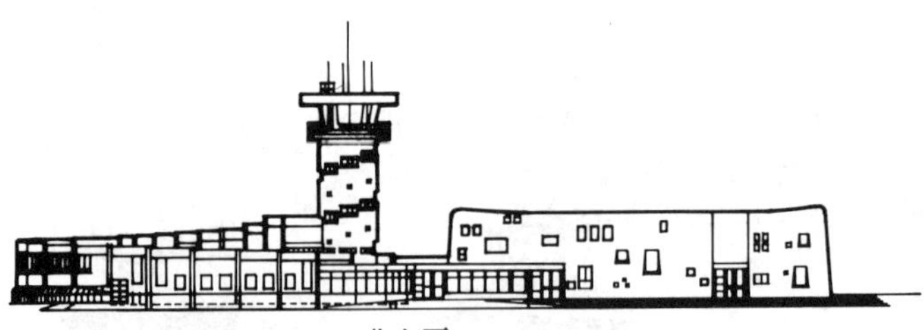

北立面

1 敦煌空港航站楼

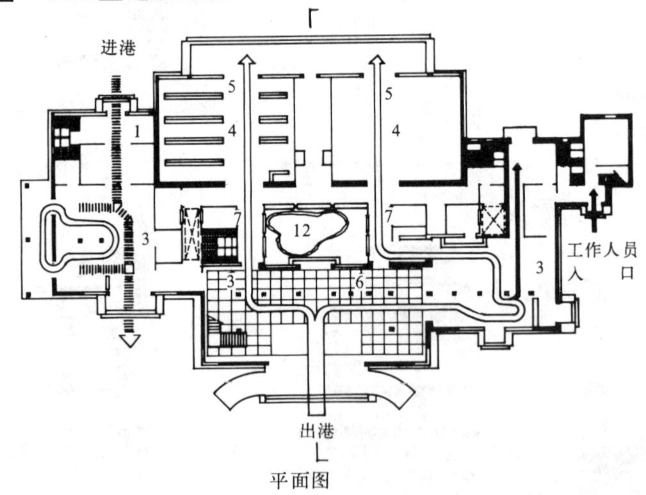

平面图

航站楼主要入口

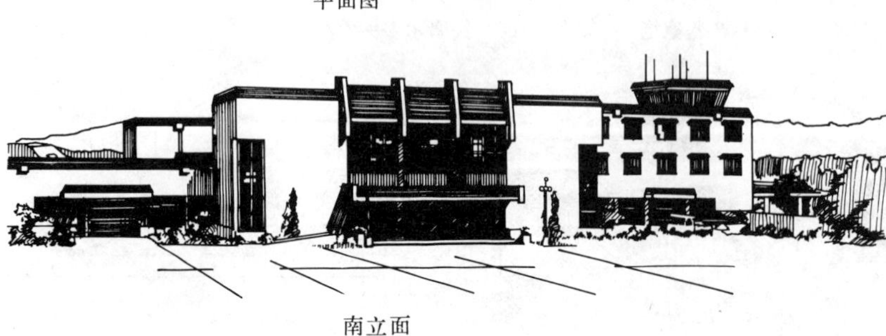

南立面

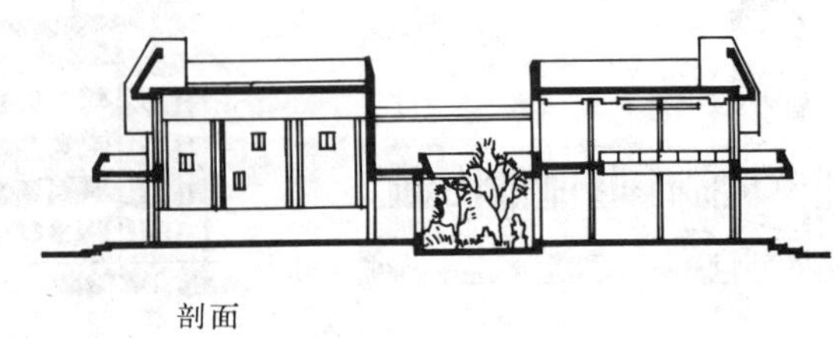

剖面

2 黄山空港航站楼

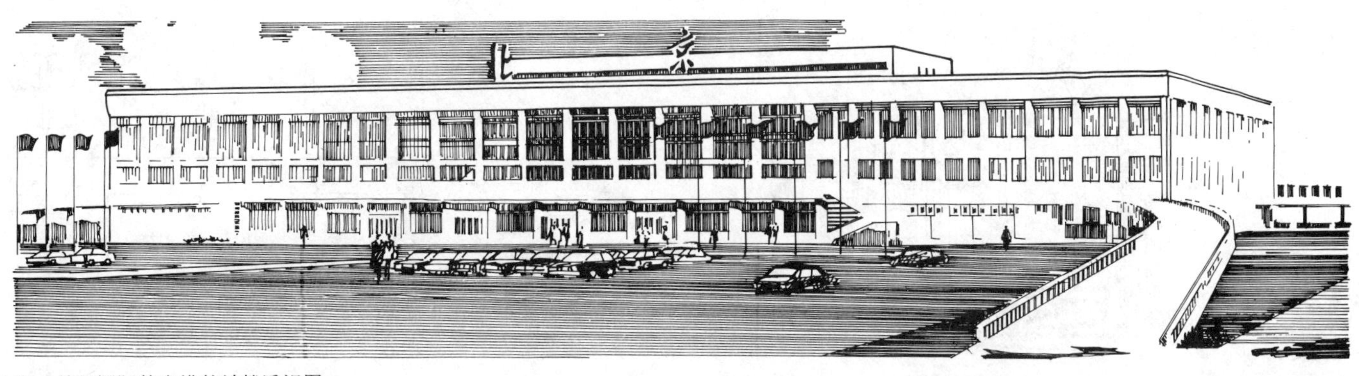

北京 首都国际航空港航站楼透视图

鸟瞰图

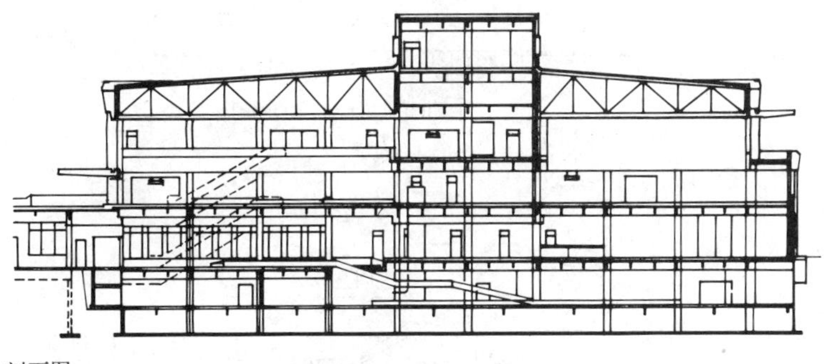

剖面图

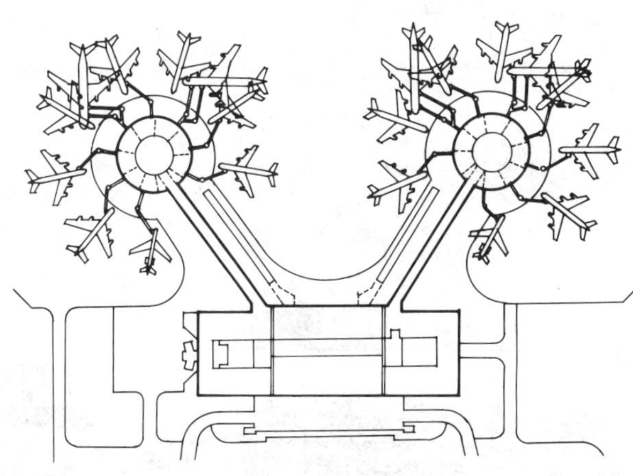

机位图

1 进港厅 2 海关 3 行李提取 4 边防 5 检疫 6 贵宾室 7 外航办公 8 航材 9 出港厅 10 行李托运 11 边防 12 安全检查 13 海关 14 廊道 15 门位休息 16 卫星厅

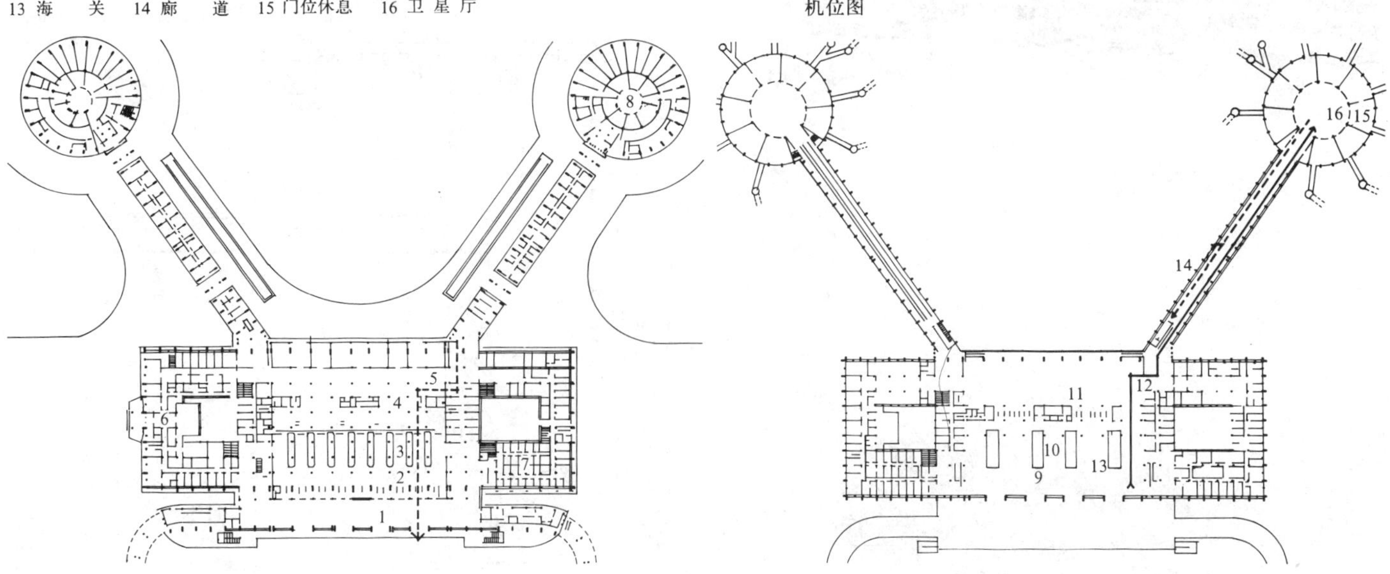

一层平面(进港)

二层平面(出港)

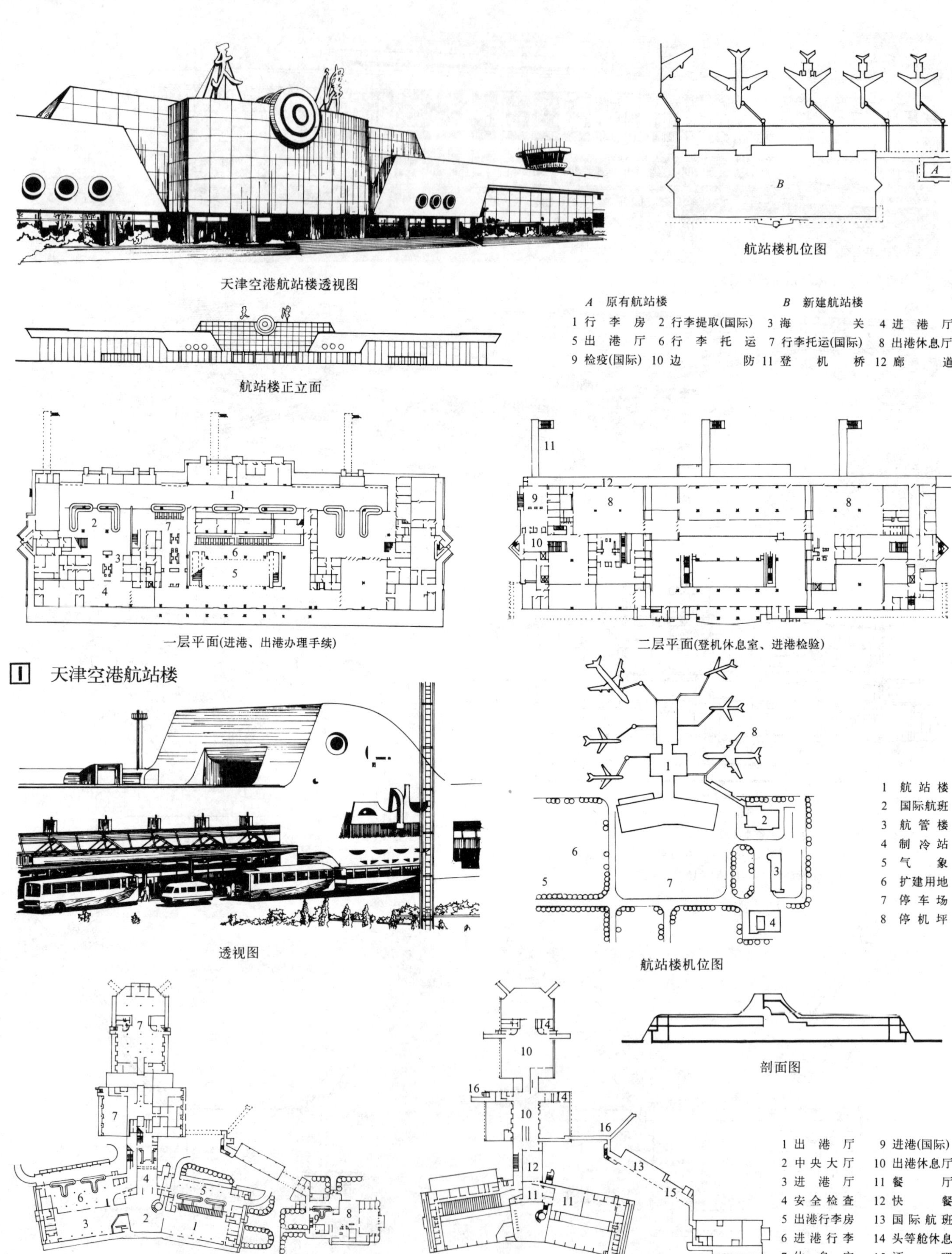

1 天津空港航站楼

2 重庆空港航站楼

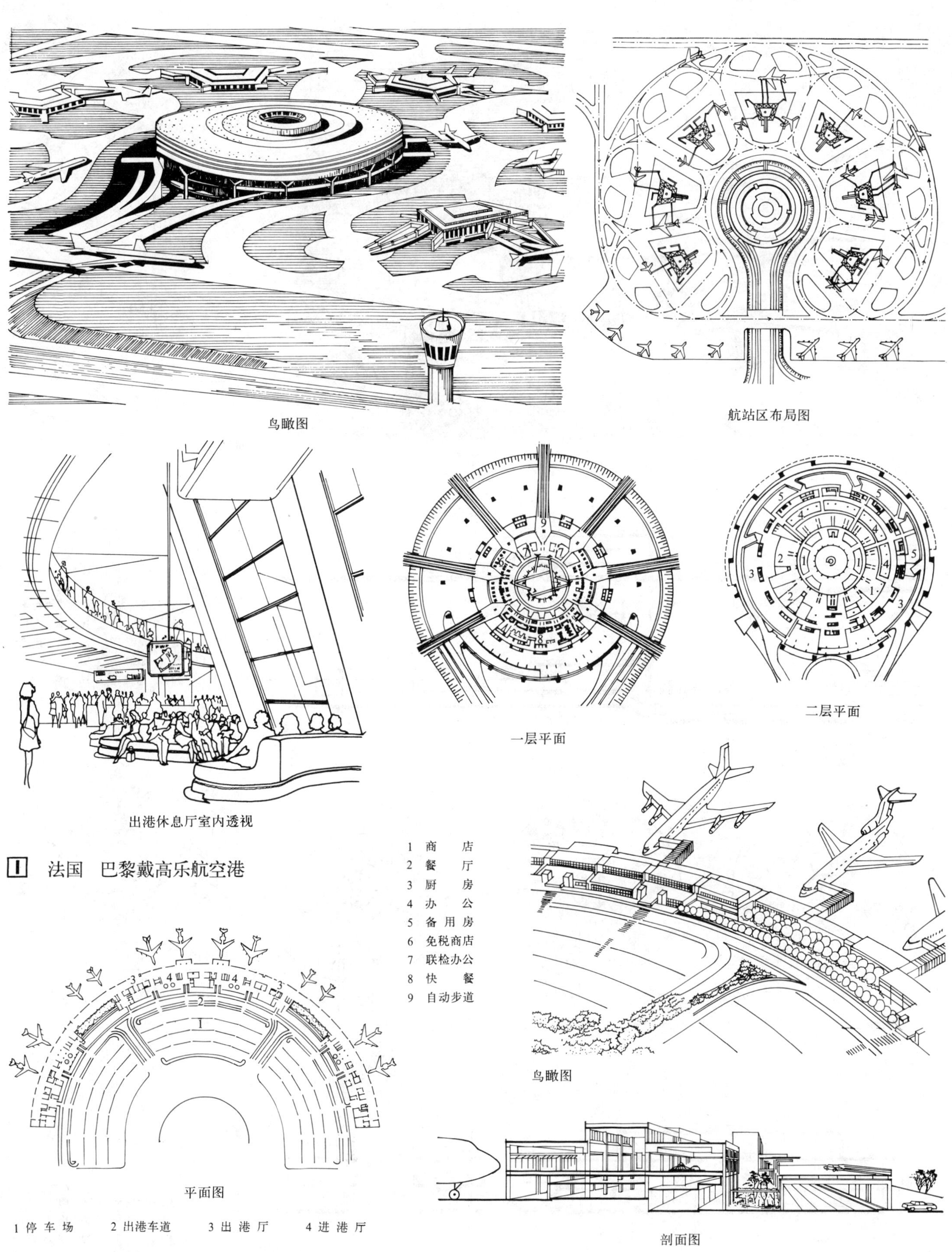

鸟瞰图

航站区布局图

出港休息厅室内透视

一层平面

二层平面

1 法国 巴黎戴高乐航空港

1 商 店
2 餐 厅
3 厨 房
4 办 公
5 备用房
6 免税商店
7 联检办公
8 快 餐
9 自动步道

鸟瞰图

平面图

1 停车场　2 出港车道　3 出港厅　4 进港厅

剖面图

2 美国 德克萨斯州达拉斯航空港

鸟瞰图

航站区布局

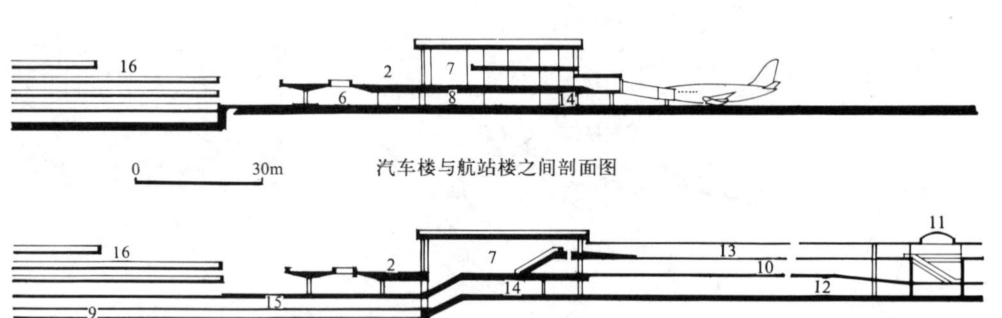

汽车楼与航站楼之间剖面图

停车楼与航站楼廊道卫星之间剖面

1	停车场	2	出港路
3	航站楼	4	廊道
5	卫星	6	进港路
7	出港厅	8	进港行李提取
9	行李通道	10	廊道
11	卫星厅	12	行李处理
13	预留高架车	14	行李房
15	预留旅客通道	16	停车楼

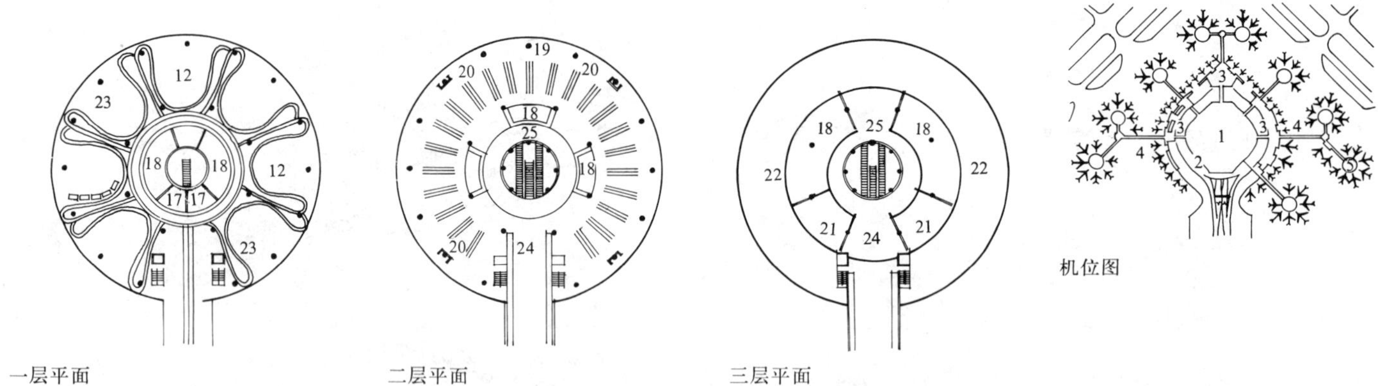

一层平面　　二层平面　　三层平面

机位图

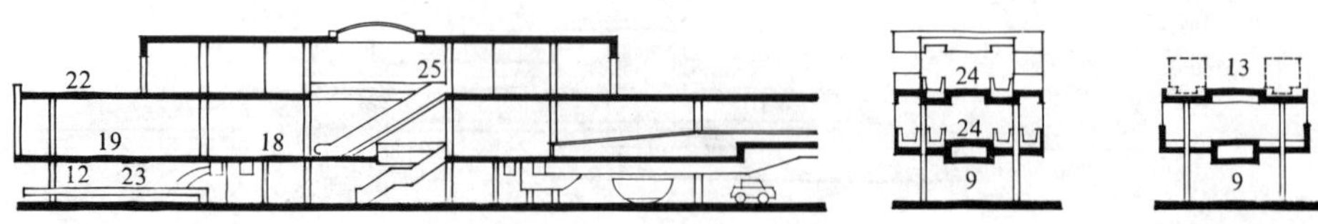

卫星剖面

17	盥洗室	18	商店
19	门位休息室	20	检验
21	机房	22	迎送观光
23	行李传送带	24	自动步道
25	自动扶梯		

美国　旧金山空港

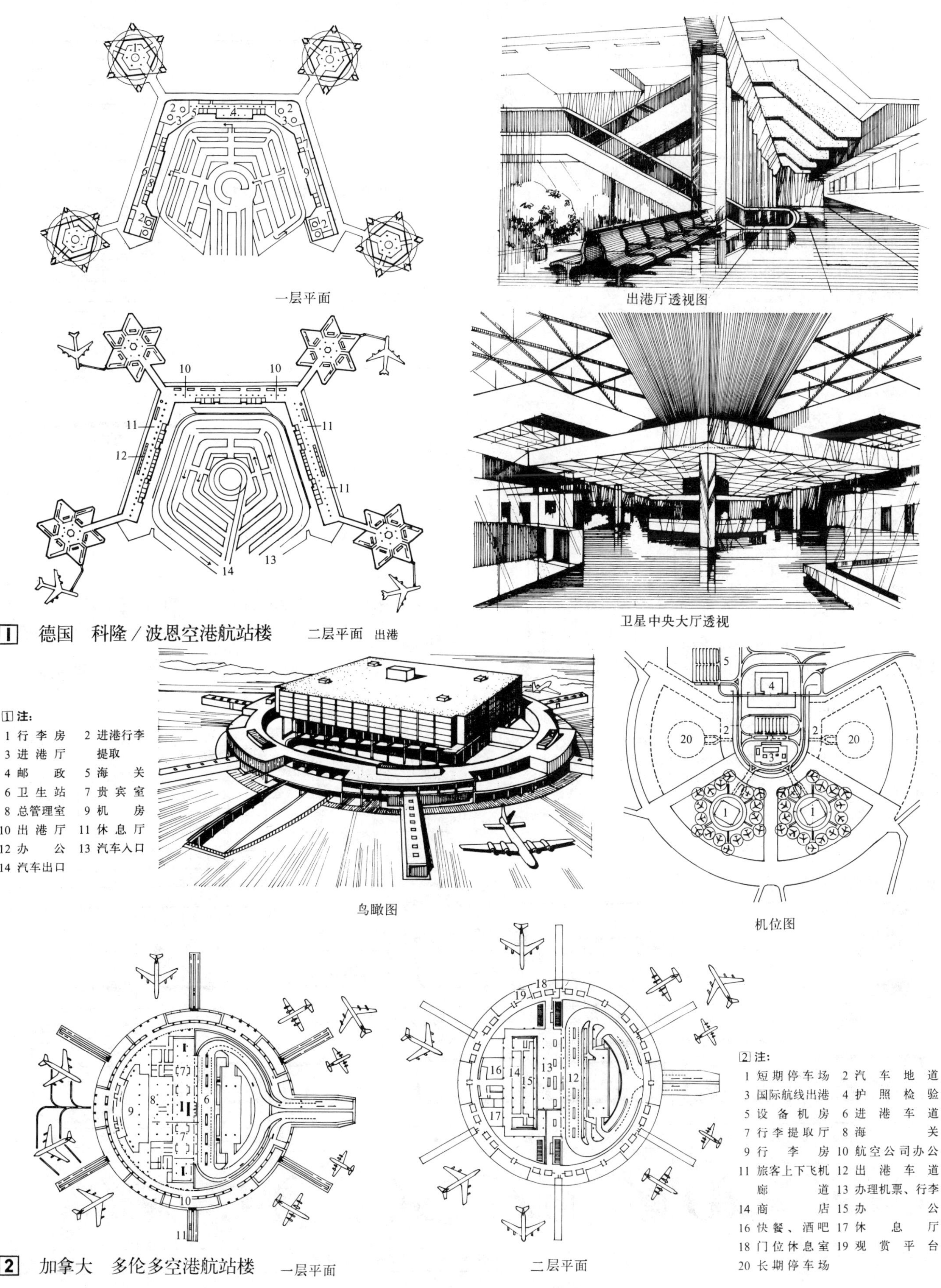

1 德国 科隆／波恩空港航站楼

1 注:

1 行李房 2 进港行李提取
3 进港厅 4 邮政
5 海关 6 卫生站
7 贵宾室 8 总管理室
9 机房 10 出港厅
11 休息厅 12 办公
13 汽车入口 14 汽车出口

2 加拿大 多伦多空港航站楼

2 注:

1 短期停车场 2 汽车地道
3 国际航线出港 4 护照检验
5 设备机房 6 进港车道
7 行李提取厅 8 海关
9 行李房 10 航空公司办公
11 旅客上下飞机廊道 12 出港车道
13 办理机票、行李 14 商店
15 办公 16 快餐、酒吧
17 休息厅 18 门位休息室
19 观赏平台 20 长期停车场

路网规划原则

一、根据城市总体规划及预测客流量，制定路网规划。

二、规划期限：近期为交付运管后第10年，远期为25～30年。

三、路网密度：车站以750m为吸引半径。联接火车站、公交枢纽站及商业、文化、生活、劳动、旅游等大型集散点。以轨道交通为主干。

四、站间距：市中心区为1000m左右；市郊以1500～2000m为宜。

五、线路走向与主客流方向相符，原则上市区走地下，市郊走地上。

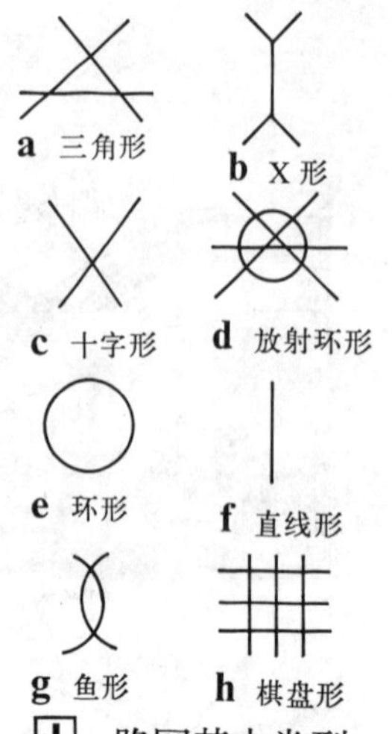

1 路网基本类型

车站按运营性质分类

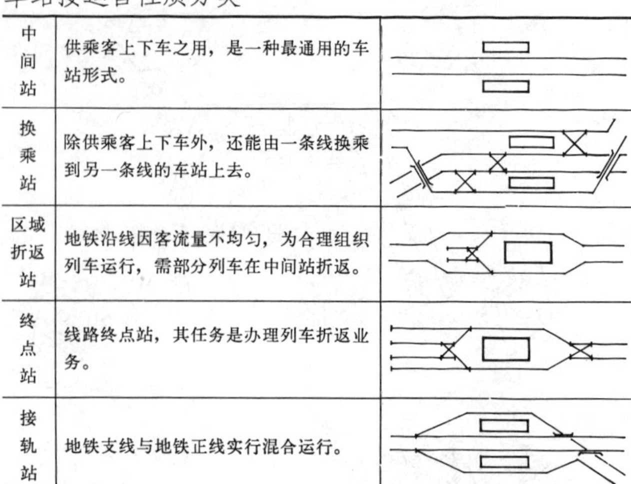

中间站	供乘客上下车之用，是一种最通用的车站形式。	
换乘站	除供乘客上下车外，还能由一条线换乘到另一条线的车站上去。	
区域折返站	地铁沿线因客流量不均匀，为合理组织列车运行，需部分列车在中间站折返。	
终点站	线路终点站，其任务是办理列车折返业务。	
接轨站	地铁支线与地铁正线实行混合运行。	

车站组成与人流路线

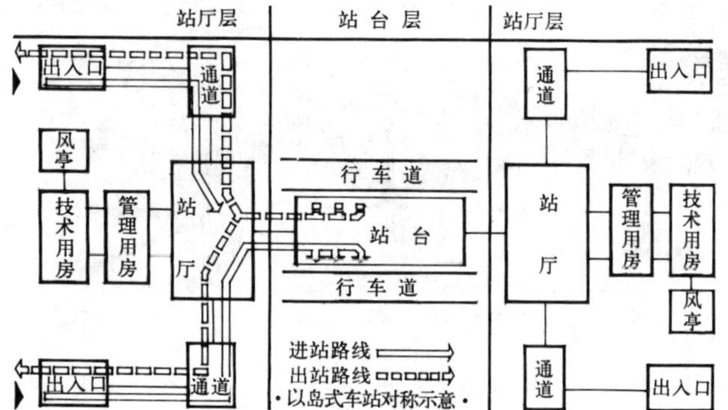

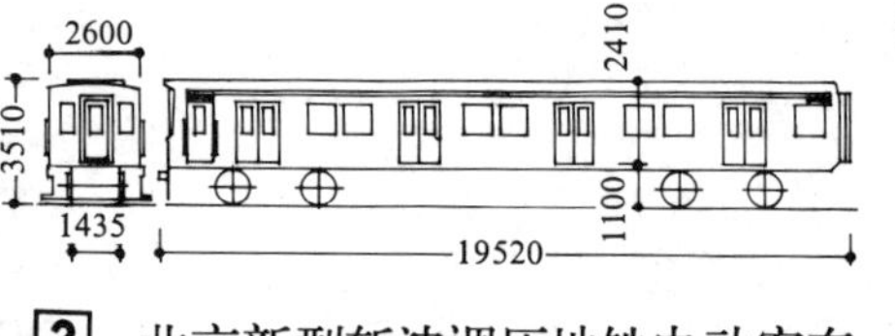

2 北京新型斩波调压地铁电动客车

地下铁道限界由于施工方法、车辆型式和馈电方式不同，各种限界要相应改变。右图为直线段矩形隧道，按接触轨馈电方式绘制。

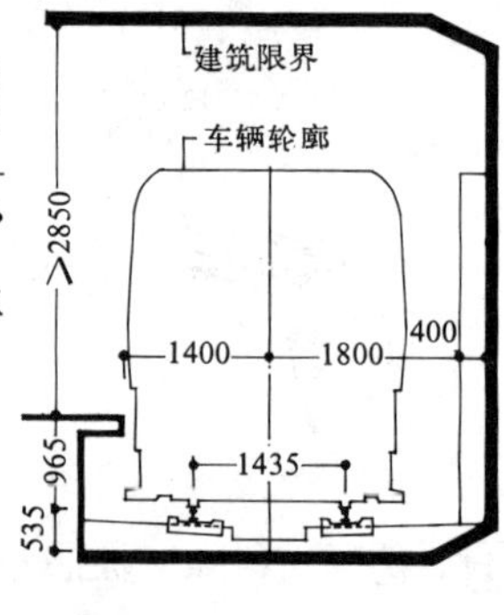

3 车站建筑限界

车站选型

车站空间有限，施工条件差、难度大、造价昂贵，选型自由度小，很大程度上受施工方法和工程造价的制约。

施工方法选择原则

- 要因地制宜考虑三个重要因素：工程地质和水文地质条件；城区和郊区的形势条件；地面交通条件。
- 车站类型（特别是换乘站）对施工方案的选择，起决定性作用。
- 尽量选择技术先进、经济合理、工期短、干扰少的施工方案。

施工方法选择（浅埋）

表1

类别		明挖法			盖挖法	暗挖法		
		柏林法	连续墙	敞口		新奥法	盾构法	矿山
车站	城区·综合功能·交通干扰大				△			
	城区·综合功能·交通干扰小		△					
	城区·中间站·交通有干扰				△	△	△	
	郊区	△	△					
区间	城区·交通干扰大					△	△	
	城区·交通干扰小	△						
	郊区	△		△				

世界各国车站断面型式

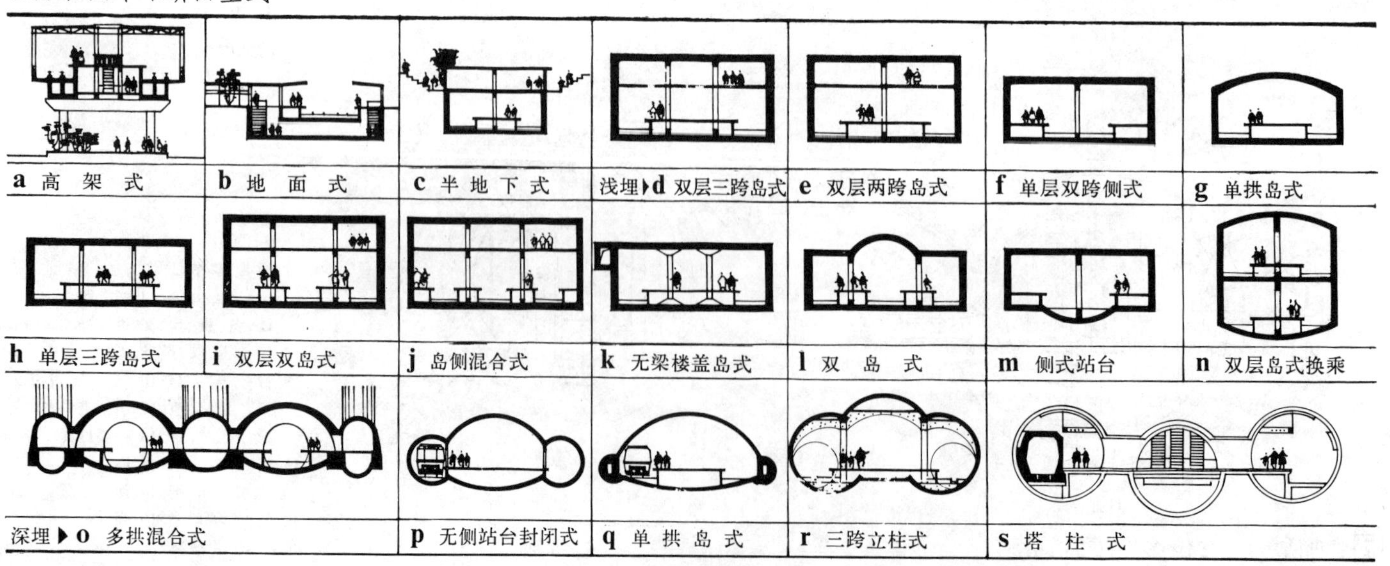

设计原则

一、出入口应根据所在位置地面建筑及街道具体情况布置，一般应设在街道两侧人行便道上或交叉路口拐角处，并尽量和地面建筑物及地下过街道相结合。

二、出入口宽度按计算确定，但最小宽度不少于2.5m。

三、出入口应设置醒目的统一地铁标志。

四、出入口数量：浅埋车站一般不少于四个，郊区站可酌减。深埋车站一般不少于二个。

五、出入口地面建筑形式，应结合当地气候条件和街景要求。

六、车站的垂直交通，有仅设楼梯和楼梯与自动扶梯并排设置两类。也可先楼梯后自动扶梯分段设置。

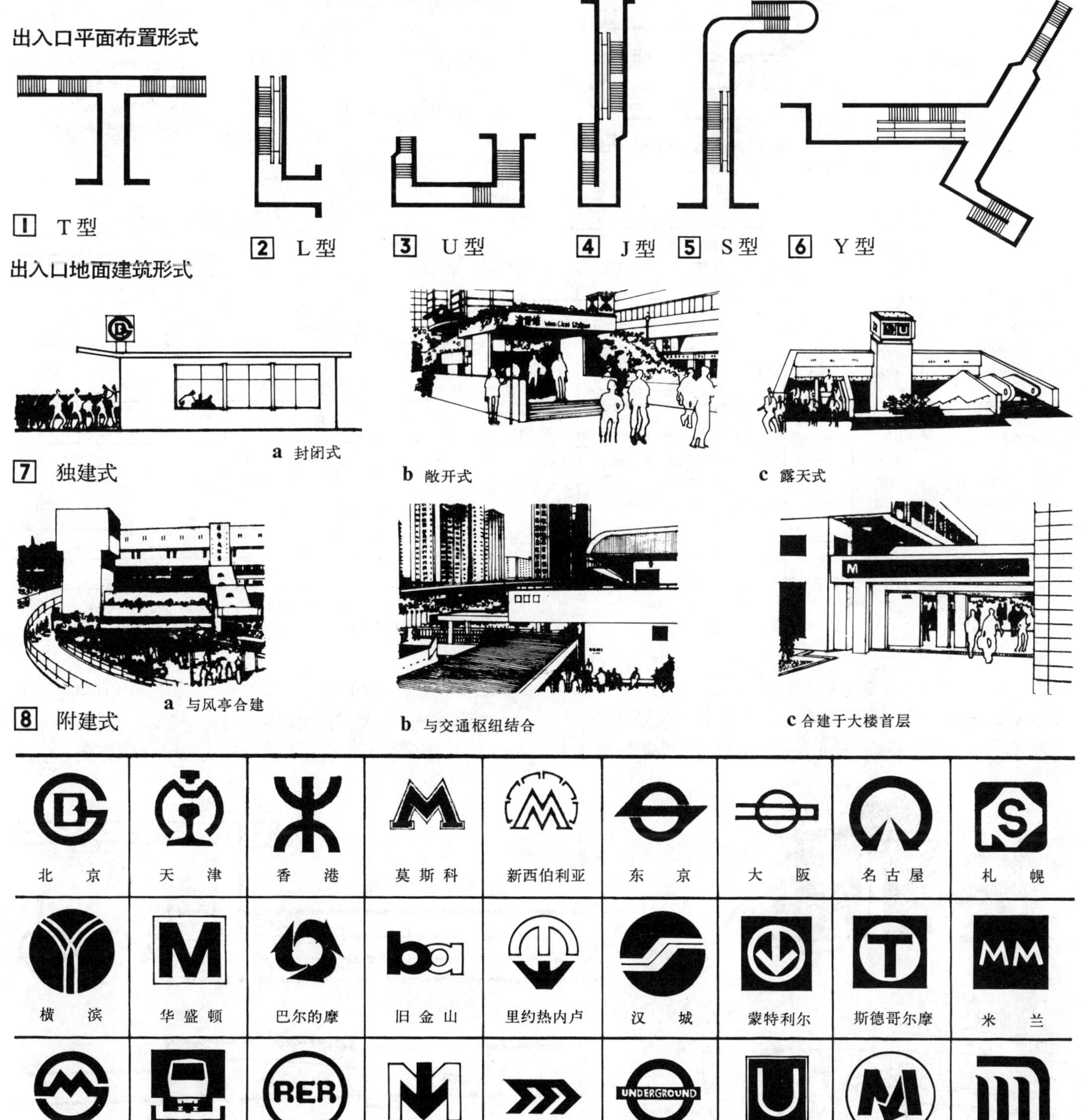

出入口平面布置形式

1 T型　2 L型　3 U型　4 J型　5 S型　6 Y型

出入口地面建筑形式

7 独建式　a 封闭式　b 敞开式　c 露天式

8 附建式　a 与风亭合建　b 与交通枢纽结合　c 合建于大楼首层

9 世界城市地铁标志

出入口、通道数目和宽度

一、出入口宽度计算：(单位 m)

单　向（二侧）$B_1 \geqslant b_1$

双　向（二侧）$B_2 = \dfrac{b_1 \times \alpha}{2}$

双向（二侧、四支）

$$B_3 = \frac{b_2 \times \alpha}{4}$$

式中：α 为不均匀系数，一般取 1～1.25

二、通道宽度计算：(单位 m)

单　支（二侧）

$$b_1 = \frac{超高峰客流量 \times \alpha}{C \times 2}$$

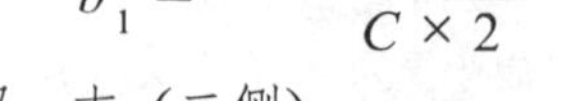

双　支（二侧）

$$b_2 = \frac{超高峰客流量 \times \alpha}{C \times 4}$$

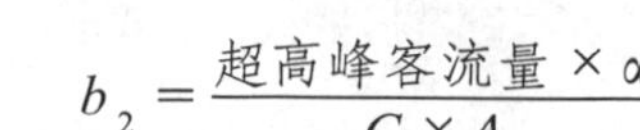

式中　C为通道双向混行通过能力，见表1

α为不均匀系数，一般取1～1.25

三、楼梯宽度计算：

$$B = \frac{Q \times T}{C}(1 + a)$$

式中　T——列车运转间隔时间 (min)

Q——超高峰通过客流量 (人／min)

C——楼梯通过能力 (人／min)

a——加宽系数 (一般采用0.15)

出入口楼梯、通道的通过能力　表1

项目 \ 名称	通过人数 (人／h)					
	北京	上海	香港	布达佩斯	莫斯科	巴黎
1m 宽通道：						
单向通行	5000	5280	5400	4500	4000	6000
双向混行	4000	4200	4020	4000	3400	——
1m 宽楼梯：						
单向下行	4200	4200	4200	4000	3500	4500
单向上行	3800	3780	3720	3500	3000	3600
双向混行	3200	3180	4000	3000	3200	——
1m 宽自动扶梯	8100	8100	9000	8000	8500	7200

出入口、楼梯、通道最小尺寸规定　表2

名　称	≥	
	净宽 (m)	净高 (m)
出入口	2.50	2.40
楼　梯	2.00	2.40
通道或天桥	2.50	2.40

出入口楼梯踏步参考尺寸　表3

名称	高×宽 (mm)	名称	高×宽 (mm)
北京	150×300 ※172×300	东京	160×320 165×330 ∗172×300
莫斯科	140×320		
巴黎	160×320	伦敦	180×280
纽约	180×280	鹿特丹	160×280

注：①※表示楼梯与自动扶梯并排设置，采用30°倾斜角时的尺寸。

②楼梯在高度方向不超过18级设一休息平台，宽1.2m～1.8m。

无障碍设计

目前地下铁道的无障碍设计尚不普及，少数发达国家在设计现代化地铁时，对于处于市中心的车站（一般为地下车站），每个车站至少要有一个出入口，考虑作无障碍设计，供残废人使用。无障碍出入口的形式，根据地形的可能，设计成斜坡道，规定其最大坡度不得超过 8%，最小宽度不得少于 1.6m；或设计垂直电梯，直接下达到售票厅或站台。

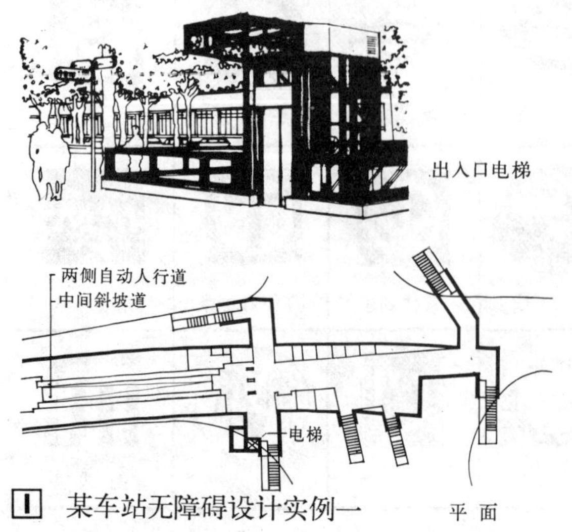

1 某车站无障碍设计实例一

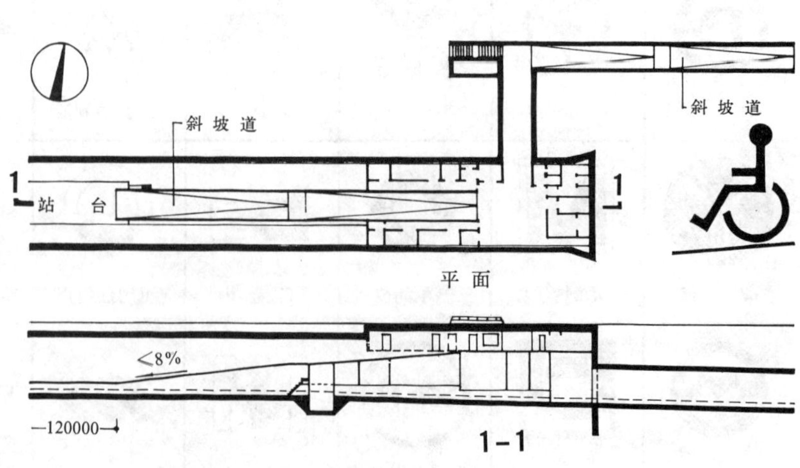

2 某车站无障碍设计实例二

站厅

一、根据不同售票、检票方式，采用不同布置方法。售票方式有：人工售票；半自动售票机售票（人工收款，机器出票）；自动售票机售票。检票方式有人工和自动二种。

二、售票机应设在便于乘客进站经过之处，避免设在人流交叉和干扰多的地方。检票机的位置应与人流成垂直方向布置。出站的检票机要靠近出站通道口布置；进站检票机要靠近下行的楼梯口布置，尽量缩短乘客在站内停留时间。进出站检票机所在的位置，即为付费区与非付费区的交界处。

三、车站控制室应设在便于对售票机、检票机、楼梯或自动扶梯口等部位进行监视地方。

四、平面布置应注重功能分区，并留有发展余地。强弱电设备应分开布置。有噪声源的设备房间均应远离乘客活动区。

售票、检票通过能力　　表1

项　　目	通过人数（人次/h）					
	北　京	上　海	香　港	布达佩斯	莫斯科	巴　黎
人工售票口	1200	——	——	1200	1300	——
自动售票机（一种票）	600	——	1200	600	600	——
自动售票机（多种票）	——	——	900-1080	——	——	——
半自动售票机	——	900	——	——	——	——
人工检票口（车　票）	2600	——	——	2600	2300	——
人工检票口（通用票）	3600	——	——	3600	——	——
自动检票口（入　口）	1800	1800	1800	2000	1200	1500
自动检票口（出　口）	——	——	2100	——	2500	——

注：自动检票机型式繁多。长×宽×高参考尺寸1000×300×880mm。

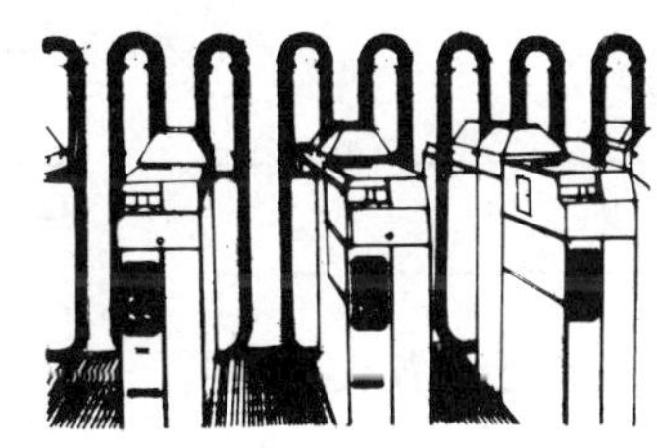

a 门式

b 栏杆式

1 自动检票机

地下站厅布置形式

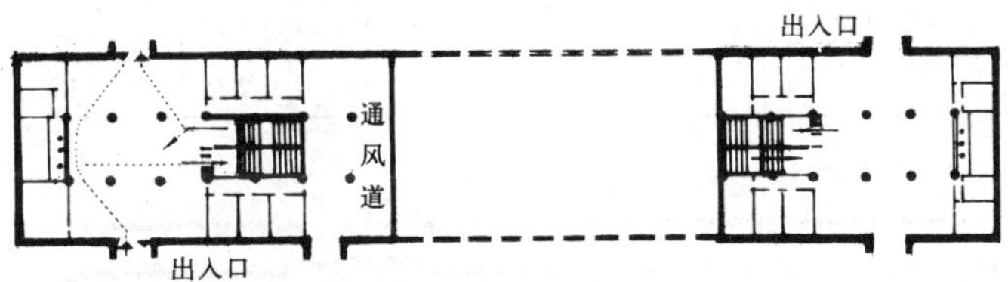

2 分离式站厅（三跨岛式）

站厅设在车站两端地下局部一层，中间不连通。采用工人售检票方式。

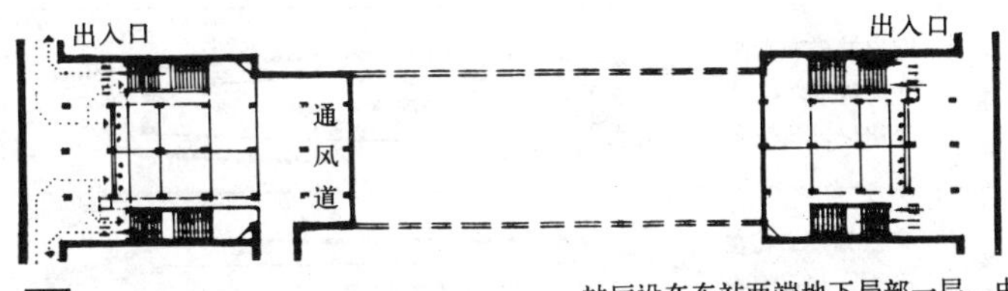

3 分离式站厅（双跨侧式）

站厅设在车站两端地下局部一层，中间不连通。采用人工售检票方式。

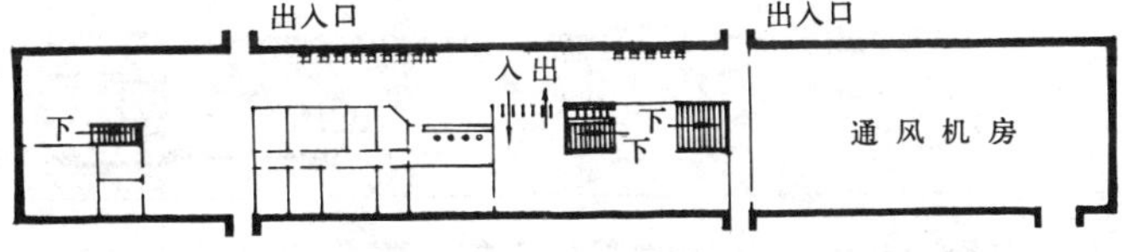

4 贯通式站厅（单拱岛式）

站厅设在地下一层，采用自动售票和自动检票方式，进出站检票机一字形排列。

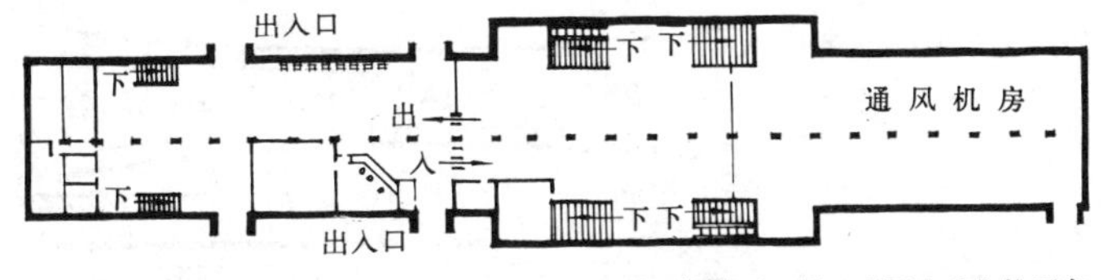

5 分区式站厅（双跨侧式）

站厅设在地下一层，采用自动售检票方式。用检票机群划分付费区和非付费区。

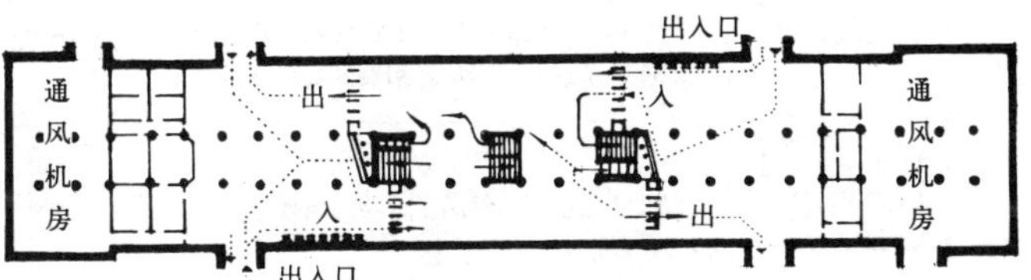

6 贯通式站厅（三跨岛式）

站厅设在地下一层，多组楼梯沿纵向布置，采用半自动售票和自动检票方式。

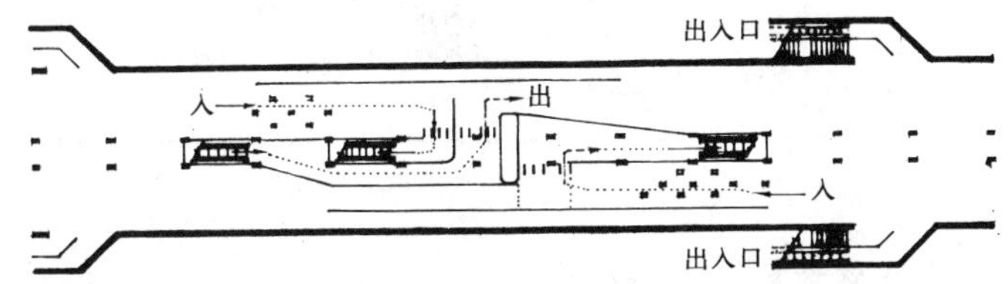

7 贯通式站厅（三跨岛式）

站厅设在地下一层，采用立式自动售票机错位布置，自动检票机一字排列导栏隔离。

站厅设在地下一层，采用自动售票和自动检票方式。敞宽的站厅实际上成为多功能的地下人行过街通道，它多处设有出入口，连通地面街道、大楼底层、地下商业街，交通四通八达。

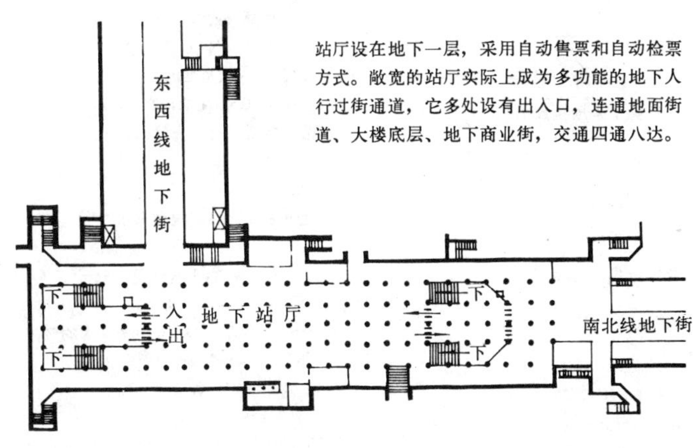

8 站厅与地下商业街连通平面

一般设计原则

一、站台宽度与车站规模直接相关。站台宽度应根据远期预测客流量、列车编组长度和车站所处位置等因素确定。

二、站台计算长度一般规定为：列车编组长度加1～2m的停车偏差距离。

三、站台上的疏散楼梯（或自动扶梯），一般设在站台两端或站台中央。大客流量的车站，宜采用多组楼梯或自动扶梯沿站台纵向布置的方式。

四、站台上乘客安全紧急疏散时间，一般规定不大于6 min。紧急疏散的计算客流量，可按一列车乘客及站台上候车乘客和站内工作人员数的总和考虑。

站台型式与选择原则

名称	断面	选择原则
岛式		·终点站选用岛式站台有利 ·在路面狭窄的街道下及结构埋深又较深的情况下，选用岛式站台有利 ·当车站与两条单线盾构施工的区间相接时应设岛式站台
侧式		·在路面狭窄的街道下及结构埋深又较浅的情况下，修建一层侧式站台有利 ·当车站与复线盾构施工的区间隧道相接时应设侧式站台 ·地面车站或高架车站选用侧式站台有利
双岛·一岛一侧		该型式多数设在换乘站、分岔站或联运站（地下铁道与地面铁路联运）
上下式	重叠式 交错式	该型式实际上是变相的侧式站台，多数修建在街道狭窄地区的车站，造价昂贵

站台宽度计算方法（单位m）

一、经验公式：

侧站台宽度 $b=\frac{m\times W}{L}+0.45$

岛式站台总宽度

$B=2b+n$ 柱宽+(楼梯+自动扶梯)宽

B 宽要求采用模数化

式中

m——超高峰小时每间隔列车单方向上下车人数

L——站台计算长度（m）

0.45——安全线宽度（m）

W——站台上人流密度m^2／人(上海取0.4，香港取0.5，莫斯科取0.75)

n——站台横断面的柱子数

二、按客流量计算：

站台面积 $A=P\cdot a$

$$P=P_{车}\cdot N(P_{上}+P_{下})\times\frac{1}{100}$$

故：侧式车站的一个站台宽度应为

$b=\frac{A}{L_{计}}+0.45$，并另增加$\frac{1}{2}b_0$。

单拱岛式车站站台总宽应为 $B=2b+b_0$。

三跨岛式车站站台总宽应为

$B=2b+b_0+2$ 柱宽+(楼梯+自动扶梯)宽

式中

P——超高峰小时每间隔列车单方向上下车人数

a——站台人流密度(正常情况0.75m^2／人)

$P_{车}$——每节车厢容纳人数

$P_{上}+P_{下}$——上下车乘客占全列车乘客的%，根据预测客流或调查资料取20～50%

N——一列车的车厢数

$L_{计}$——列车计算长度（m）

b_0——乘客沿站台纵向流动宽度取2～3m

注：不论采用任何计算方法,其计算结果,站台宽度均不得小于(表1)所规定尺寸。

我国站台宽度规定（m） 表1

车站站台型式	站台总宽 ≥	侧站台 ≥
多跨岛式站台车站	8	2
地面岛式站台车站	8	2
单拱岛式站台车站	8	——
无柱侧式站台车站	——	3.5
有柱侧式站台车站		
柱外站台	——	2
柱内站台	——	3

上海1号线车站尺寸（m）表2

项目 \ 岛式车站 规模	大	中	小
站台总宽	14	12	10
侧站台宽	3.5～4	2.5～3	2.5
站台长度	186	186	186
站台面至楼板底高	4.1	4.1	4.1
站台面至吊顶面高	3	3	3
吊顶设备层高	1.1	1.1	1.1
纵向柱中心距	8～8.5	8～8.5	8

日本站台宽度分类（m） 表3

车站位置	岛式	侧式无立柱	侧式有立柱
位于以住宅区为主地区内的小站	8	4	5
位于以住宅商业为主地区内的中等站	8～10	4～5	5～6
位于以商业办公为主地区内的大站	10～12	5～6	6～6.5
位于以商业办公为主地区内的换乘站或与铁路的联运站	12以上	6以上	6.5以上

北京一期车站尺寸（m） 表4

项目 \ 岛式车站 规模	大	中	小
站台总宽	12.5	11	9
站台中跨集散厅宽	6	5	4
站台面至顶板底高	4.95	4.55	4.35
侧站台宽	2.45	2.10	1.75
站台纵向柱中距	5	4.5	4
站台长度	118	118	118
地下站厅高	2.95	2.95	2.95
地下通道宽	4	4	4
地下通道高	2.55	2.55	2.55

站台平面布置形式

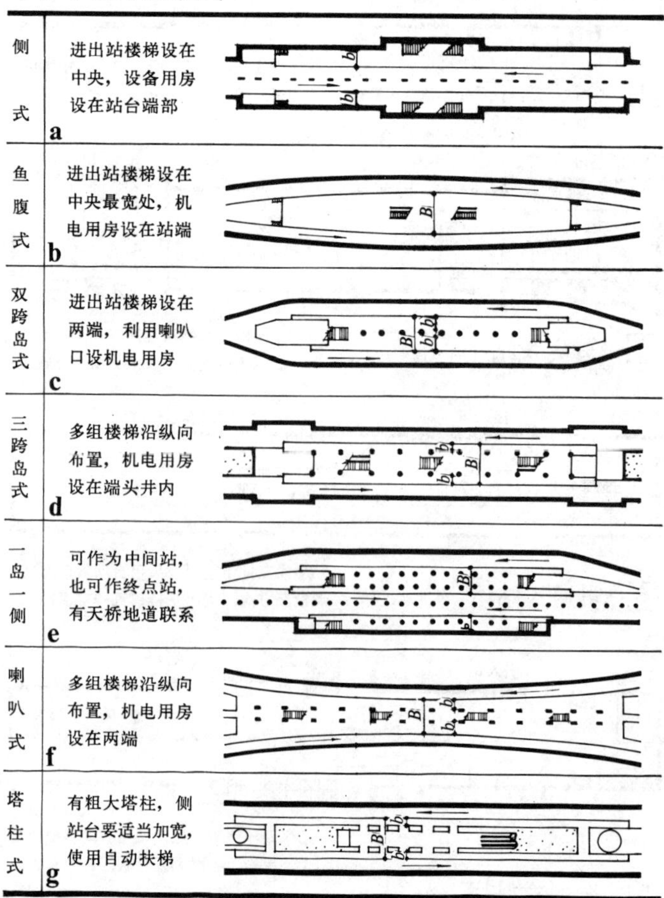

各城市地铁管理机构、管理办法的不统一，车站大小、技术设备标准的不同，车站的行车、管理、技术用房组成内容和面积也不同（见表 1、2）。关于站内厕所的设置，有两种做法：一种只设内部职工厕所；另一种设公用厕所，北京、天津、上海均属前者。厕所位置，一种设在站台或售票厅端部；另一种设在自动检票口附近醒目处。

车站行车、管理用房参考面积 (m²) 表 1

房　名	大	中	小	说　　明
站长室	20	15	10	设在站厅层、接近车站控制室
办事员室	15	15	10	设在站厅层、接近站长室
站务室	20	15	10	设在站厅层
会议室	40	30	20	设在站长室附近或地面上
车站控制室	35	30	25	设在站厅层客流最多一端
值班员休息室	10	10	10	靠近车站控制室
副值班室	8	8	8	设在站台中部或端部
会计室	15	10	10	设在站厅层
保卫室	20	15	10	设在站厅层客流最多一端 1～2 处
男女暂宿室	45	30	30	设在地下或地面
男女更衣室	30	30	20	设在地下或地面
票务室	20	15	10	3～4 站设一处，地下或地面
清洁工具间	10	8	6	站台层及站厅层各设一处
清洁员室	10	8	8	设在站厅层、接近盥洗室
开水间	10	8	6	设在站厅层接近上下水处
备品库	20	15	15	设在站台层或站厅层
盥洗间	10	8	6	接近厕所及开水间
男女厕所	15	10	8	内部职工使用，每层 1～2 处
乘务员休息室	20	15	10	仅设在有折返线车站站台端部
售票处	12	8	8	设在站厅层
问讯处	6	4	4	接近售票处
公用电话	4	3	3	设在站厅层
小卖服务部	8	6	4	设在站厅层
补票处	6	4	4	设在站厅层付费区内

车站主要技术用房参考面积 (m²) 表 2

房　名	面　积	说　　明
通信机械室	35	接近车站控制室
广　播　室	10	与车站控制室靠近
信号机械室	35	靠近行车值班室，接近有道岔一侧
行车值班室	25	不设车站控制室时则设行车值班室
牵引变电所	320～460	设在站台层，不一定每站皆设
降压变电所	130～210	每站必设
环控及通风机	1300～2000	随通风方式不同设站台或站厅层两端
消防泵房	50	设在便于消防人员使用处，带贮水池
污水泵房	20	一般设在厕所下方或附近
废水泵房	25	一般设在站台端部
防灾控制室	20	靠近车站控制室或与其合并

北京环线车站站台厅照度实测值 (lx) 表 3

项　目 \ 站　名	建国门	雍和宫	安定门	鼓楼	积水潭	车公庄	阜成门	复兴门（上层）	复兴门（下层）	平均值
站台面平均照度	406	400	404	359	371	248	263	286	256	333
1m 高平均照度	461	460	436	405	392	271	287	329	290	371
1.5m 高平均照度	489	488	456	424	401	294	300	351	306	390

注：平均照度值为站台顶棚灯全亮时实测值

北京一号线车站站台面照度实测值 (lx) 表 4

站　　名	北京站	崇文门	前门	新华街	宣武门	长椿街	礼士路	军博
平均照度	124	150	171	139	236	178	116	249

大阪车站主要管理用房 表 5

名　称	面积 m²	说　　明	名　称	面积 m²	说　　明
站　长　室	83	含办公、更衣、值班、茶水室	清扫员值班室	18	车站清扫工作人员用
工作人员室	108	茶水间与站长茶水间合	垃圾堆存间	13	兼清扫工具存放处
暂宿、更衣室	93	分为暂宿和男女更衣	仓　　库	61	分为几处设置
售　票　室	58	分有人工和自动售票	厕　　所	62	分公共和内部厕所
定期票售票处	34	不是每站都设	警察值班室	16	按需设置或兼会议室

大阪车站技术用房 表 6

名　称	面积 m²	说　　明	名　称	面积 m²	说　　明
行车调度所	86	一条线仅设一处	送风机室	222	包括电器室送风
ATC、CTC 机 械 室	175	包括更衣、暂宿、空调机房	分电盘室	80	各层一处站台厅二处
信号继电器室	86	仅在终点站、交叉站设置	排水泵房	75	一般设在站台两端
继电器室	45		电　器　室	270	含变压器、受电组架
断路器室	41		消防水泵房	35	设一处
空压机室	80	仅设在有转辙器车站	污水泵房	63	一般设在厕所下层
通信机械室	47		水　表　室	15	一般各层设一处
蓄电池室	22				

东京 6 号线日比谷车站管理及技术用房 表 7

序　号	房　间　名　称	面积 m²	序　号	房　间　名　称	面积 m²
1	站　务　室	138	14	电 气 室 B	67
2	售票室 A.B.C	221	15	排 风 机 室	22
3	补　票　室　A	29	16	仓库 A.B.C.D.E	159
4	补　票　室　B	3.5	17	仓库　F.G	102
5	工作人员室 A.B.C.D	219	18	消防水泵房	40
6	休　息　室	66	19	厕　　所	58
7	会　议　室	97	20	广　播　室	27
8	保安人员值班室	20	21	乘务员休息室	28
9	乘务员室 A.B.C	126	22	信号员休息室	22
10	信号员、运转助理室	22	23	信　号　所	56
11	检车人员休息室	22	24	空 压 机 房	50
12	通风机房　A.B	870	25	污 水 泵 房	22
13	电　气　室　A	81	26	水　泵　房	14

一、在地下铁道路网中，两条或多条线路相交一点时，各线路车站之间必须设置相互联通的换乘设施。

二、车站的换乘形式和组合方式的设计原则是，方便乘客，缩短换乘距离，减少高差，直达便捷。对于换乘的客流路线和进出站的客流路线，应该分开。当换乘客流特大时，可将换乘距离适当拉长，使换乘客流在行进中逐步缓解。

三、车站的换乘形式，必须依据地铁路网规划慎重确定，并妥善考虑其续建工程的预留与接口。

四、十、T、L 型车站换乘，较容易造成人流集中，增加先期投资，其车站站台及换乘楼梯（或自动扶梯）应有足够宽度。

五、采用联络通道换乘形式较灵活，但其联络通道长度不宜超过 100m。若超过 100m 时，应安装自动人行道。

六、同一个车站内的侧式站台之间，应用天桥或地道加以联系。

几种主要换乘形式

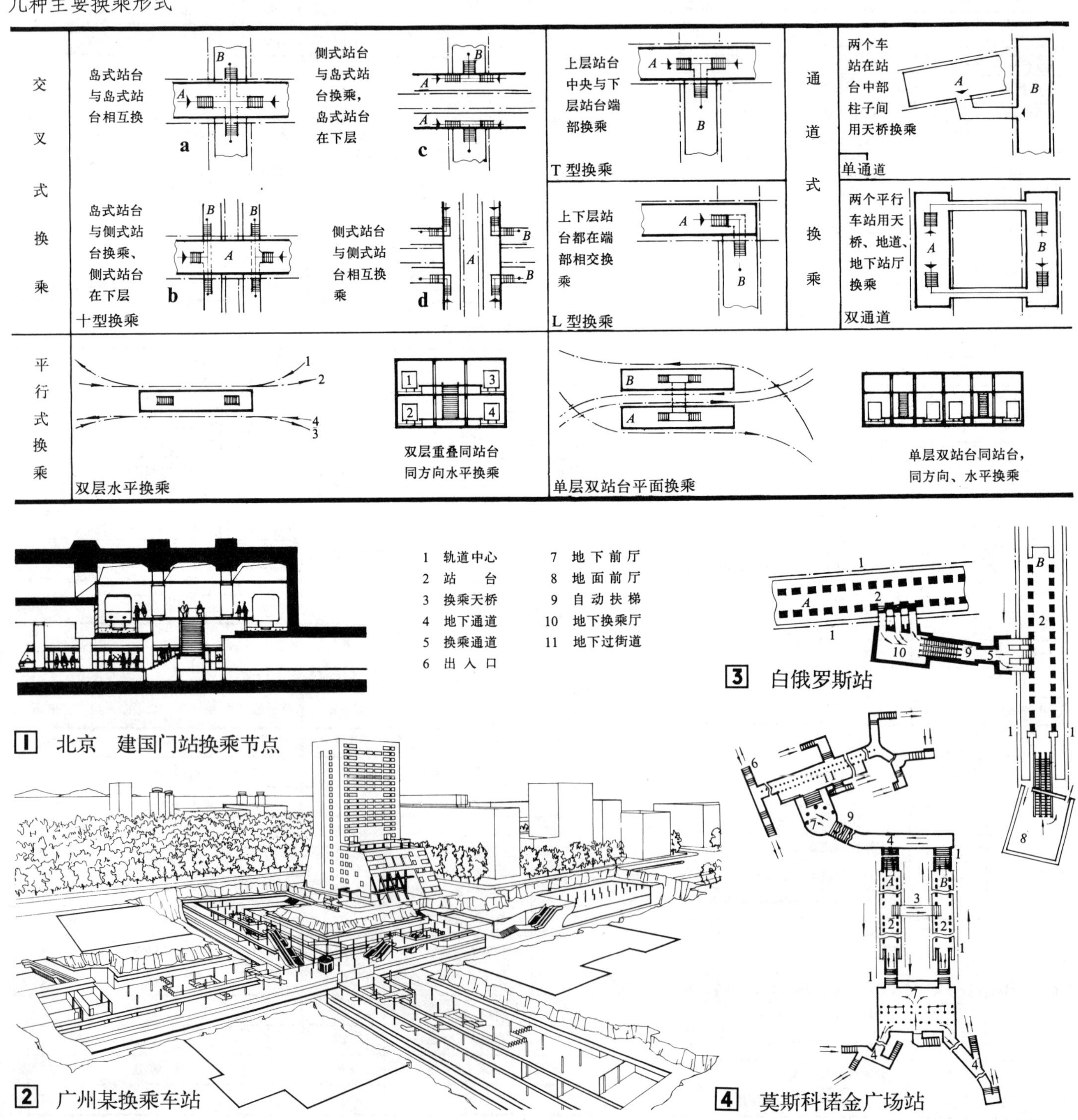

1 北京 建国门站换乘节点

2 广州某换乘车站

3 白俄罗斯站

4 莫斯科诺金广场站

利用覆土层空间综合开发

开发利用已开挖覆土层空间，减少回填，把地铁车站建成多层、多功能、综合性车站。在规划或设计时，应考虑下列问题：出入口与城市地下过街通道相结合；与地下商业街、公共建筑物地下层的连通与结合；与各种公共交通工具的换乘衔接（如火车站、汽车站、航空港、轻轨交通、区域性地铁快车线、市郊小汽车停车场、自行车停车场）；与市政管网廊道结合。北京某车站结合路口立交桥，设计成地下三层多方位立交综合性车站，解决了行人、自行车、机动车、公共汽车、市政管网之间的错纵矛盾。整个地下一层除供地下人行过街道外，其它面积均作为地下商场，见3 示意图。上海某车站则结合交通枢纽位置和下立交桥条件，设计成地下三层车站、将路口的地下人行过街道和地下空间开发区与地铁车站连通，适用方便，见4。

节约空间使用

车站平面和空间布局应紧凑合理，在满足功能前提下，降低空间高度，节省空调费用。站台厅净高一般为 3m 左右，见1。

利用地铁结构作基础

结合地铁所需设备、管理用房，在其上方建楼，把车站出入口、地面通风亭、冷却塔、停车库等辅助建筑置于其中，见2。

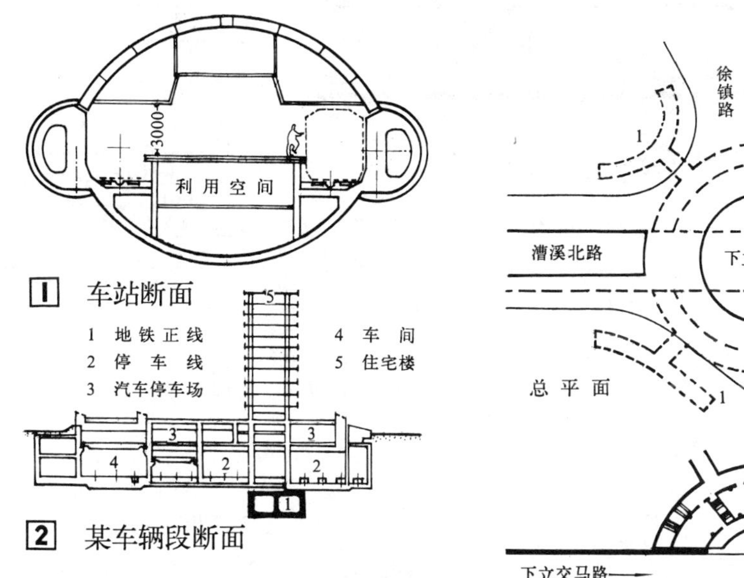

1 车站断面

2 某车辆段断面

1 地铁正线　2 停车线　3 汽车停车场　4 车间　5 住宅楼

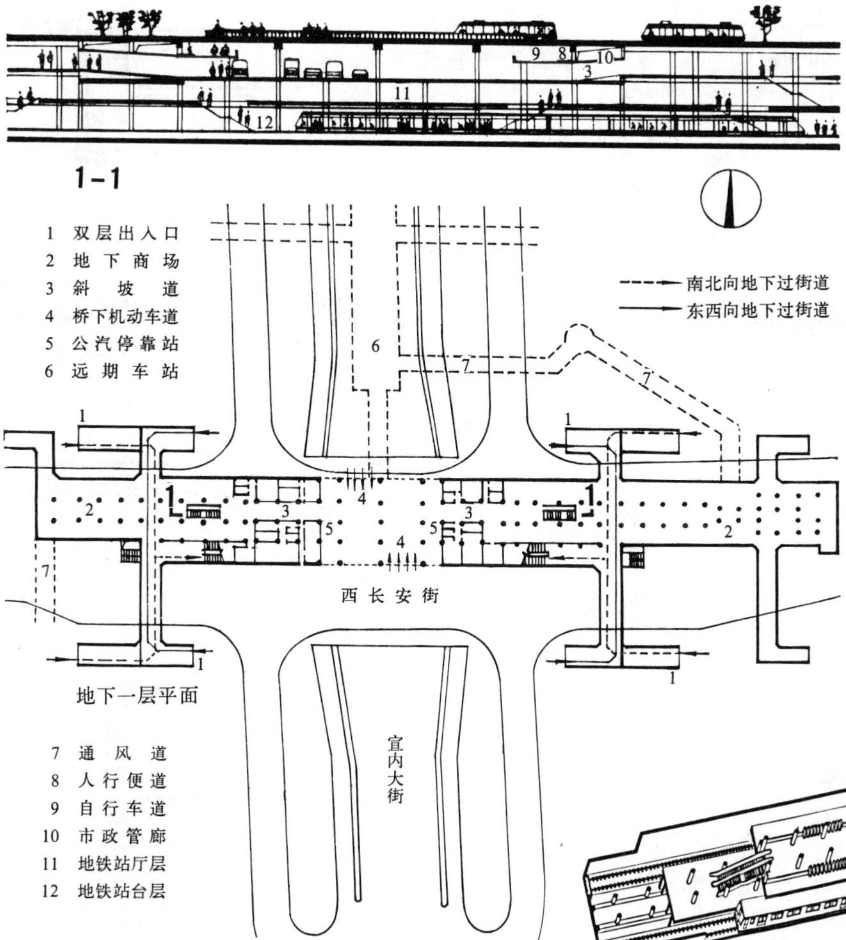

1—1

1 双层出入口
2 地下商场
3 斜坡道
4 桥下机动车道
5 公汽停靠站
6 远期车站
7 通风道
8 人行便道
9 自行车道
10 市政管廊
11 地铁站厅层
12 地铁站台层

南北向地下过街道
东西向地下过街道

西长安街　宣内大街

地下一层平面

3 北京某车站

徐镇路　华山路　漕溪北路　下立交圆盘

总平面

下立交马路

地下一层平面

地下二层平面

2—2

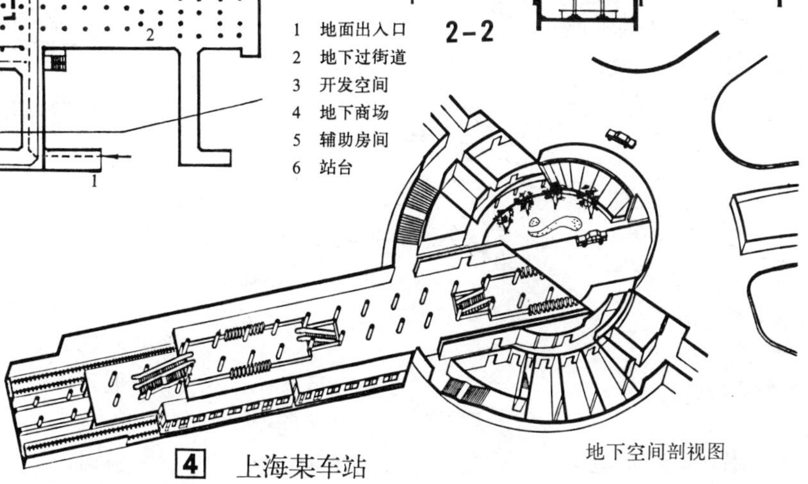

1 地面出入口
2 地下过街道
3 开发空间
4 地下商场
5 辅助房间
6 站台

地下空间剖视图

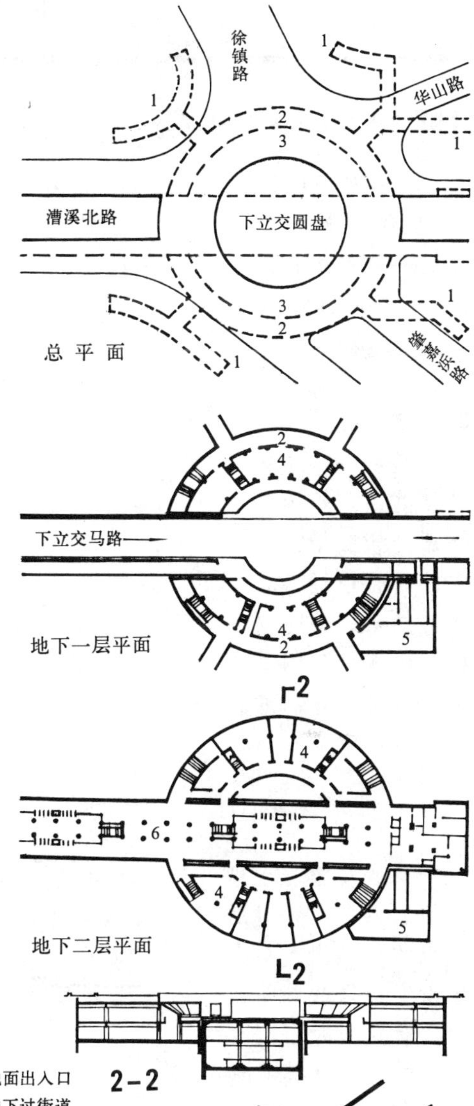

4 上海某车站

防火

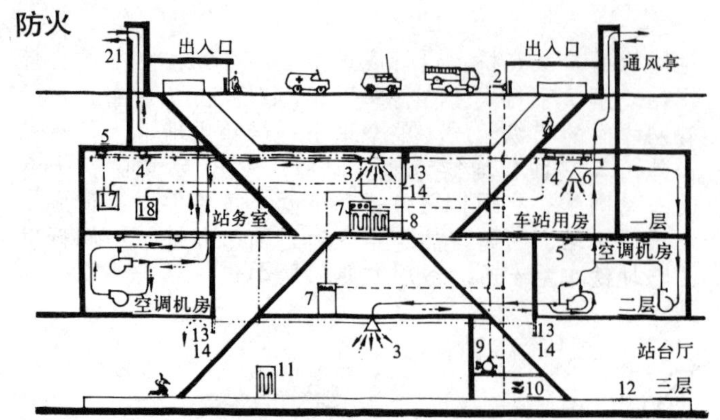

1 地下车站防火设施示意

——— 送排风配管
------- 消火栓配管
—·—·— 喷水器配管
←·—·—· 报火灾设备配线
—···—— 烟感联动器配线

1 止水板
2 水泵结合器
3 送排风口
4 喷水头器
5 火灾探测器
6 专用排风口
7 消火栓
8 专用放水口管箱
9 消防泵房
10 贮水池
11 消火栓用软管箱
12 站台下消火栓
13 防烟铁卷帘门
14 防烟悬垂壁

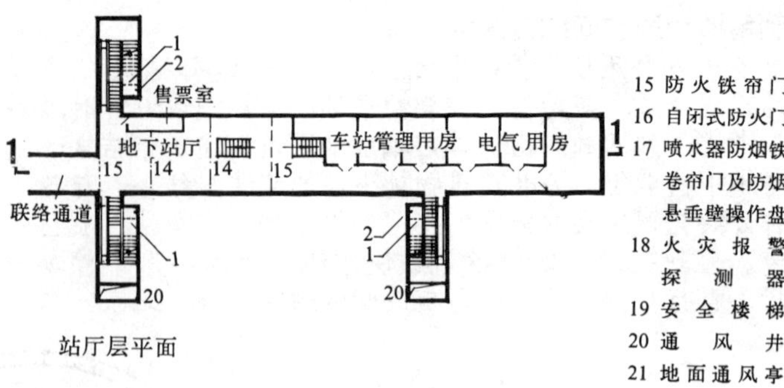

15 防火铁帘门
16 自闭式防火门
17 喷水器防烟铁卷帘门及防烟悬垂壁操作盘
18 火灾报警探测器
19 安全楼梯
20 通风井
21 地面通风亭

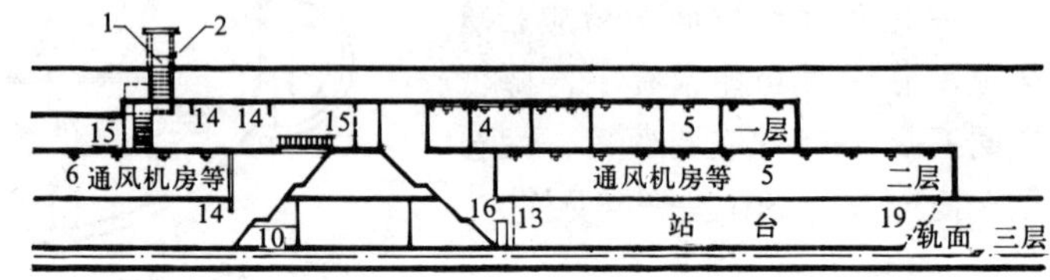

1-1

2 地下车站防火防烟分区示意

防水淹

插板防水灌入通常在出入口内侧墙裙处留凹槽，有灾情时将板插入，作为挡水的临时措施。出入口周围筑0.9～1.2m高钢筋混凝土外墙。

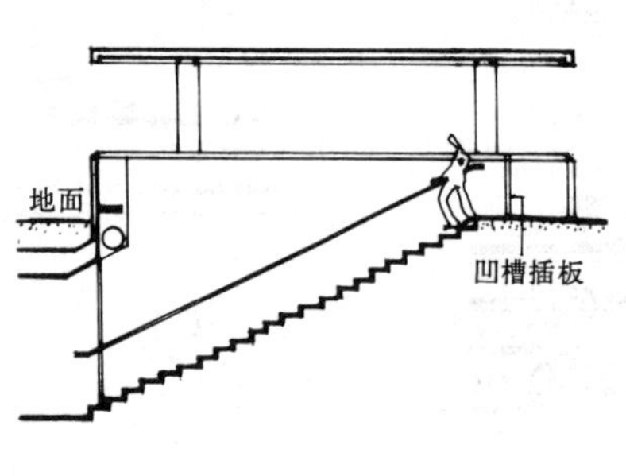

a 插板法

有大规模涨水地区的出入口，如近海城市的车站出入口，应设置两道铁制防水门。有灾情时密闭关牢，乘客另从其它地面安全出入口进出。

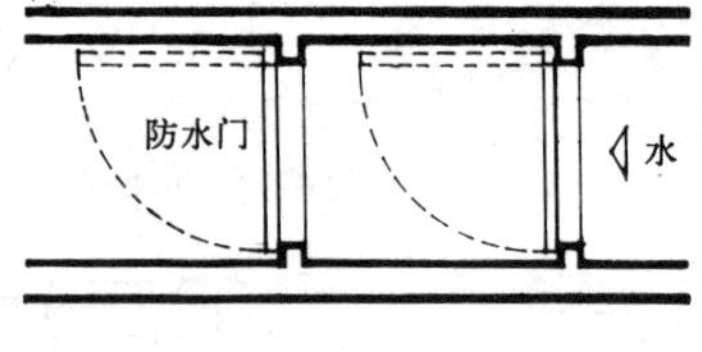

b 防水门

c 抬高标高

3 出入口防水淹

将出入口标高抬至高出周围路面满潮水位高度，并设置防潮铁门。

当通风口与人行道路面齐高时，一般的雨水、清扫水可由隧道内的集水坑泵出去。为防止大量水灌入，可在通风口设置能翻转的电动防水盖，平时呈垂直状态，有灾情时则联动关闭。

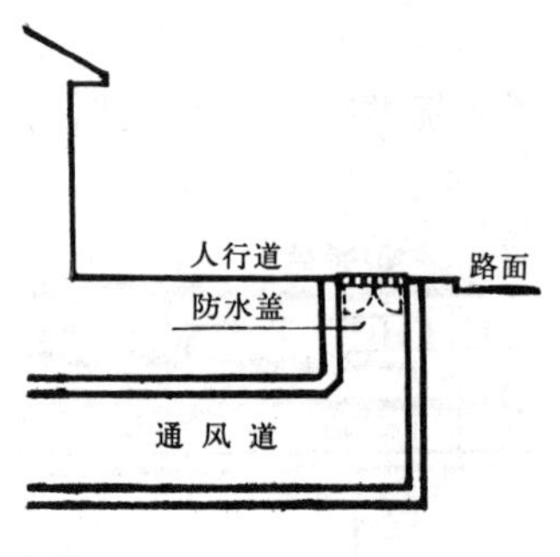

4 通风口防水淹

地铁从地下向高架过渡的开口部位，如处于低洼地则易受水害，应在开口部位筑钢筋混凝土防水壁。防水壁应高过可能发生的最高水位。

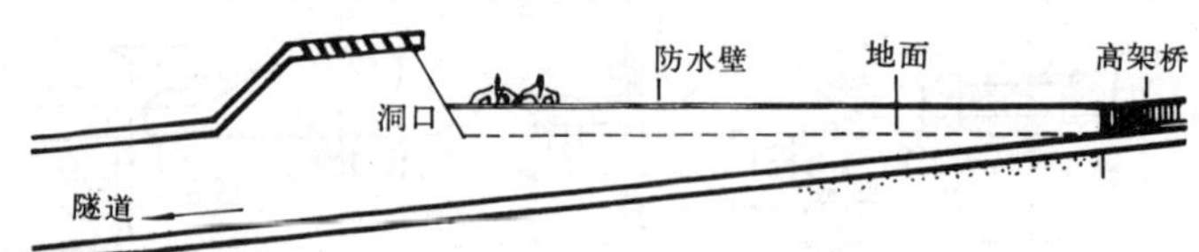

5 开口防水淹

地铁为多条隧道连通，如某局部开口处向隧道内灌水，就可能波及全局，因此应在隧道内设防水隔断门，把可能灌水的区间限制在最小范围内。过河段两端的隧道内，也应作防水隔断门。

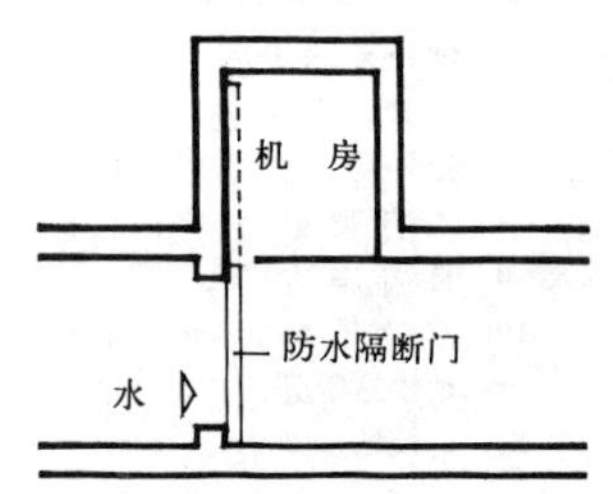

6 隧道防水淹

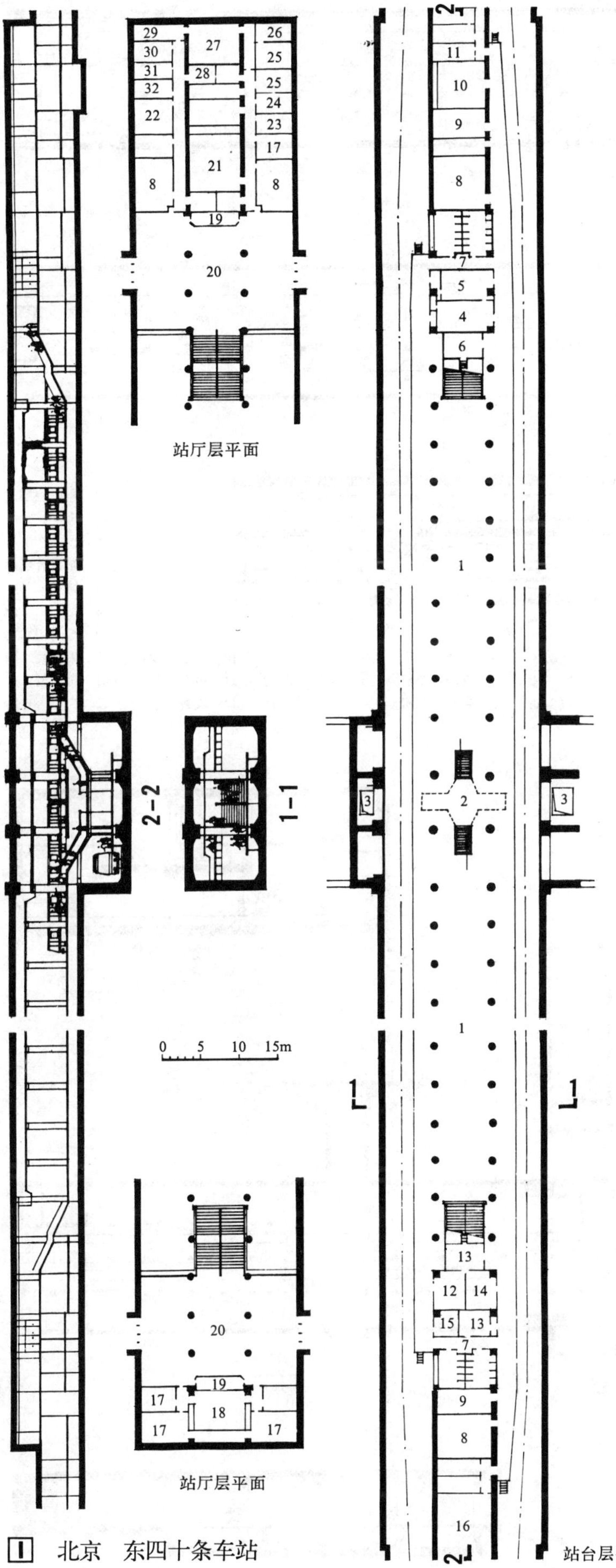

站厅层平面

0 5 10 15m

站厅层平面

站台层平面

1 北京 东四十条车站

1 站台
2 换乘楼梯
3 通风道
4 主值班室
5 广播室
6 稳压室
7 厕所
8 通风机房
9 水泵房
10 排水站
11 电缆工区
12 副值班室
13 库房
14 工务室
15 配电室
16 高低压控制室
17 站务室
18 会议室
19 售票房
20 售票厅
21 继电器室
22 电器室
23 信号工区
24 通信工区
25 休息室
26 引入配线室
27 交换机室
28 仪表室
29 电源室
30 调度总机房
31 数传机室
32 广播工区

2 汉堡 某车站

3 斯德哥尔摩 某车站

4 里昂 某车站

车站透视

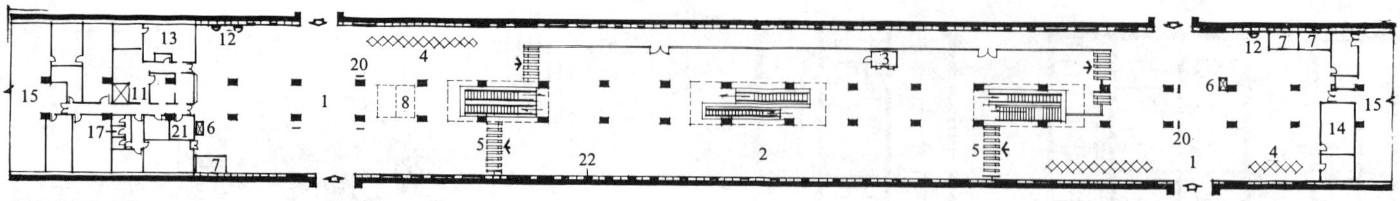

站厅层平面

0 5 10m

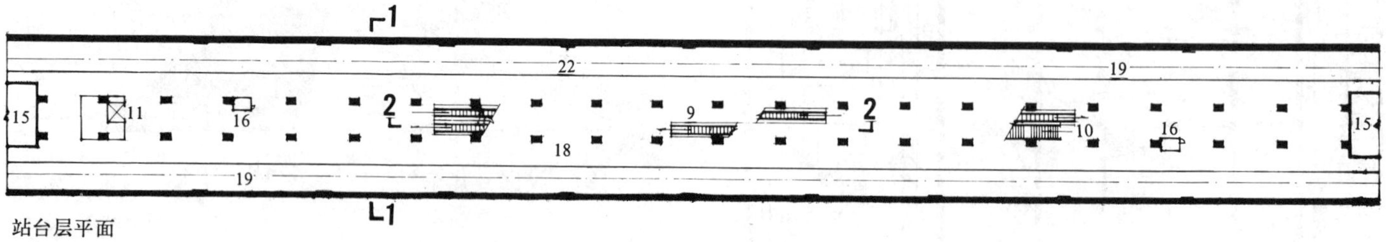

站台层平面

1-1

2-2

0 5 10m

1 自由活动区
2 付费区
3 补票处
4 自动售票机
5 自动检票机
6 自动询问机
7 售通用票房
8 预留售票房
9 自动扶梯
10 消防楼梯
11 电梯
12 收费电话
13 车站控制室
14 银行
15 设备用房
16 站台管理房
17 厕所
18 站台
19 行车轨道
20 乘车线路牌
21 警卫室
22 广告灯箱

1 香港 深水埗车站

车站透视

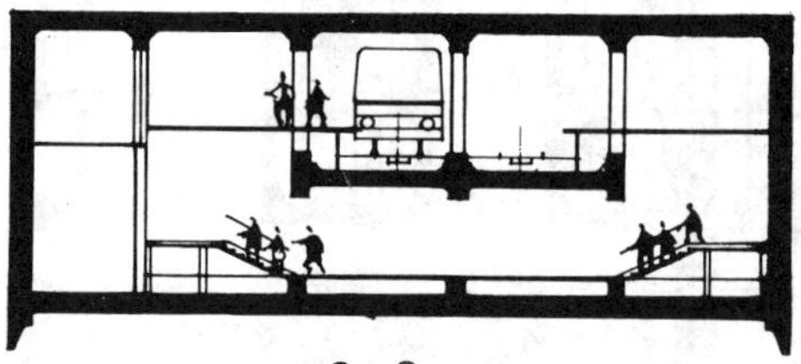

地下联络通道平面

3-3

0 5m

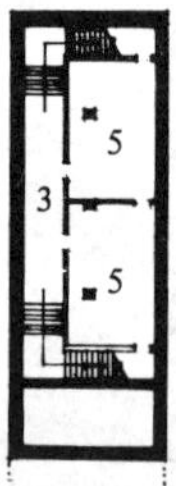

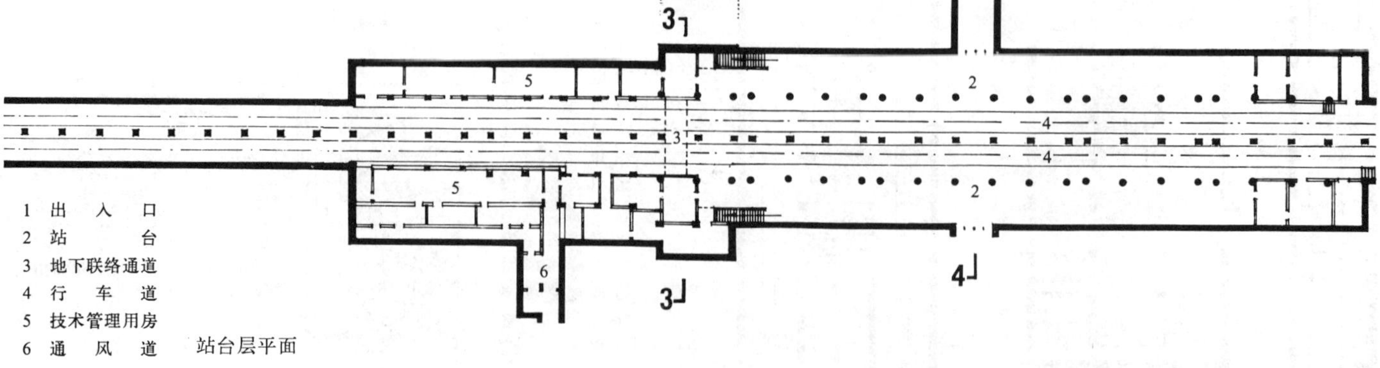

1 出入口
2 站台
3 地下联络通道
4 行车道
5 技术管理用房
6 通风道

站台层平面

0 5 10m

4-4

2 天津 新华路车站

[I] 新加坡某车站

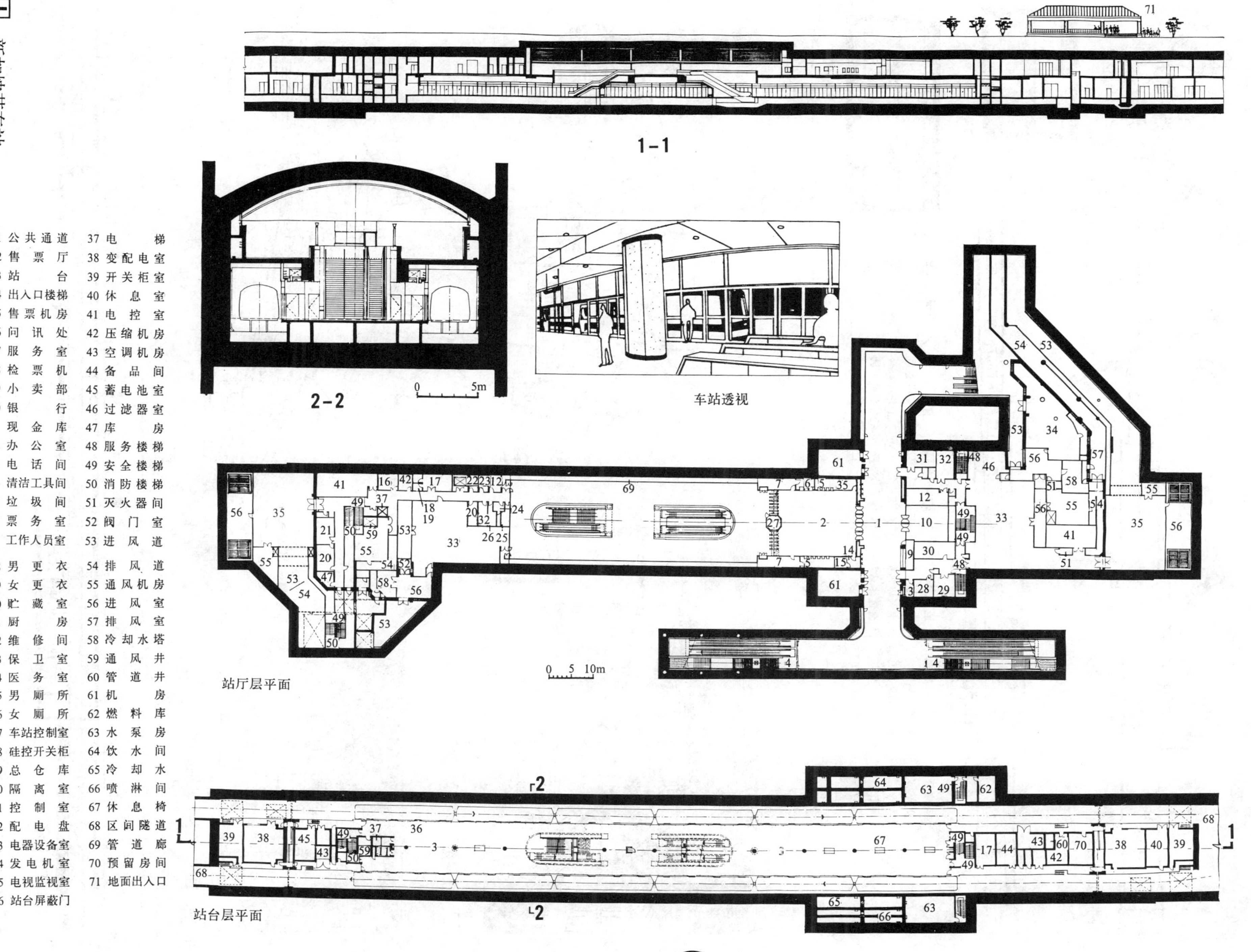

1-1

2-2

车站透视

站厅层平面

站台层平面

1 公共通道
2 售票厅
3 站台
4 出入口楼梯
5 售票机房
6 问讯处
7 服务室
8 检票机
9 小卖部
10 银行
11 现金库
12 办公室
13 电话间
14 清洁工具间
15 垃圾间
16 票务室
17 工作人员室
18 男更衣
19 女更衣
20 贮藏室
21 厨房
22 维修间
23 保卫室
24 医务室
25 男厕所
26 女厕所
27 车站控制室
28 硅控开关柜
29 总仓库
30 隔离室
31 控制室
32 配电盘
33 电器设备室
34 发电机室
35 电视监视室
36 站台屏蔽门
37 电梯
38 变配电室
39 开关柜室
40 休息室
41 电控室
42 压缩机房
43 空调机房
44 备品间
45 蓄电池室
46 过滤器室
47 库房
48 服务楼梯
49 安全楼梯
50 消防楼梯
51 灭火器间
52 阀门室
53 进风道
54 排风道
55 通风机房
56 进风室
57 排风室
58 冷却水塔
59 通风井
60 管道井
61 机房
62 燃料库
63 水泵房
64 饮水间
65 冷却水
66 喷淋间
67 休息椅
68 区间隧道
69 管道廊
70 预留房间
71 地面出入口

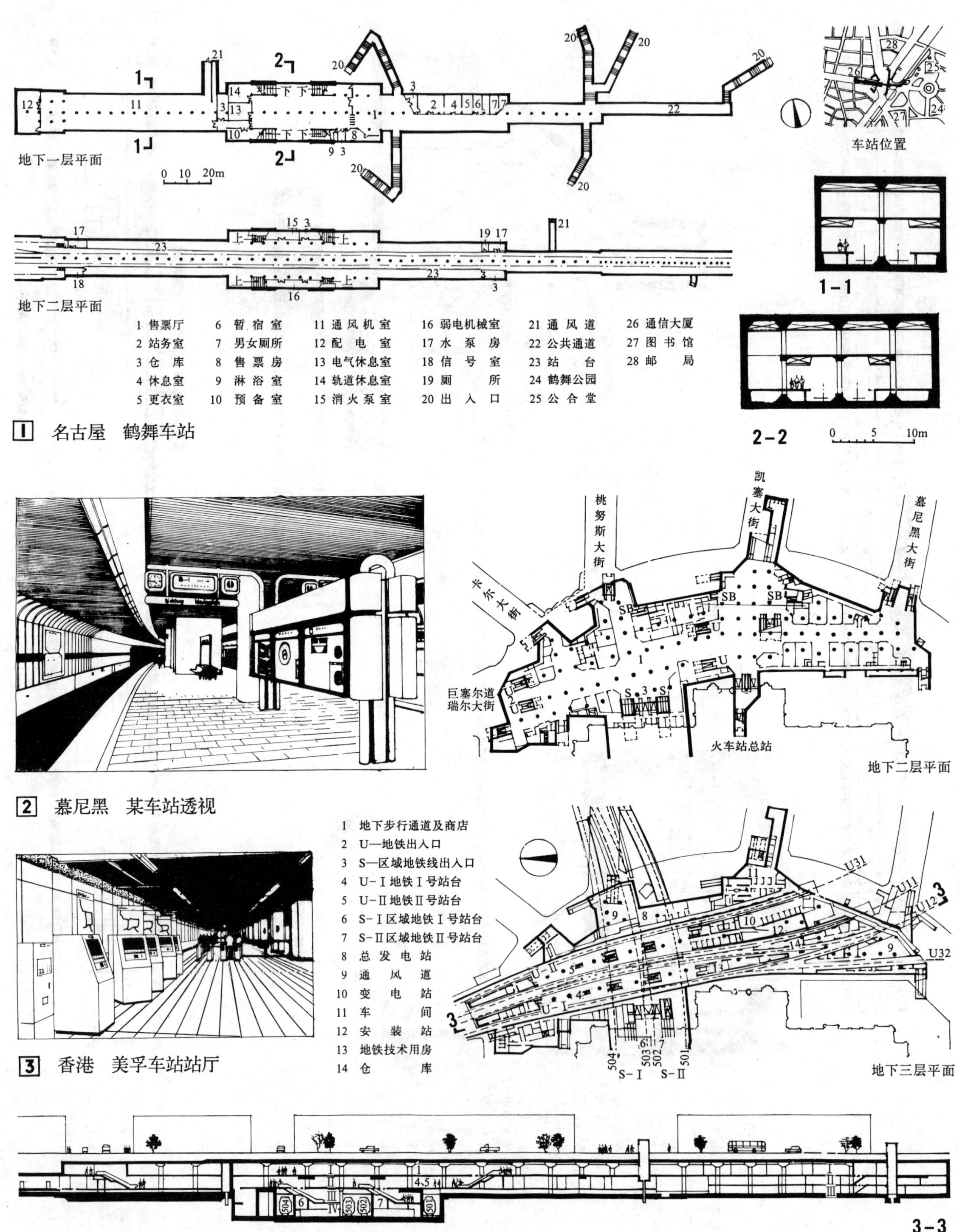

1 名古屋 鹤舞车站

2 慕尼黑 某车站透视

3 香港 美孚车站站厅

4 法兰克福 火车站总站

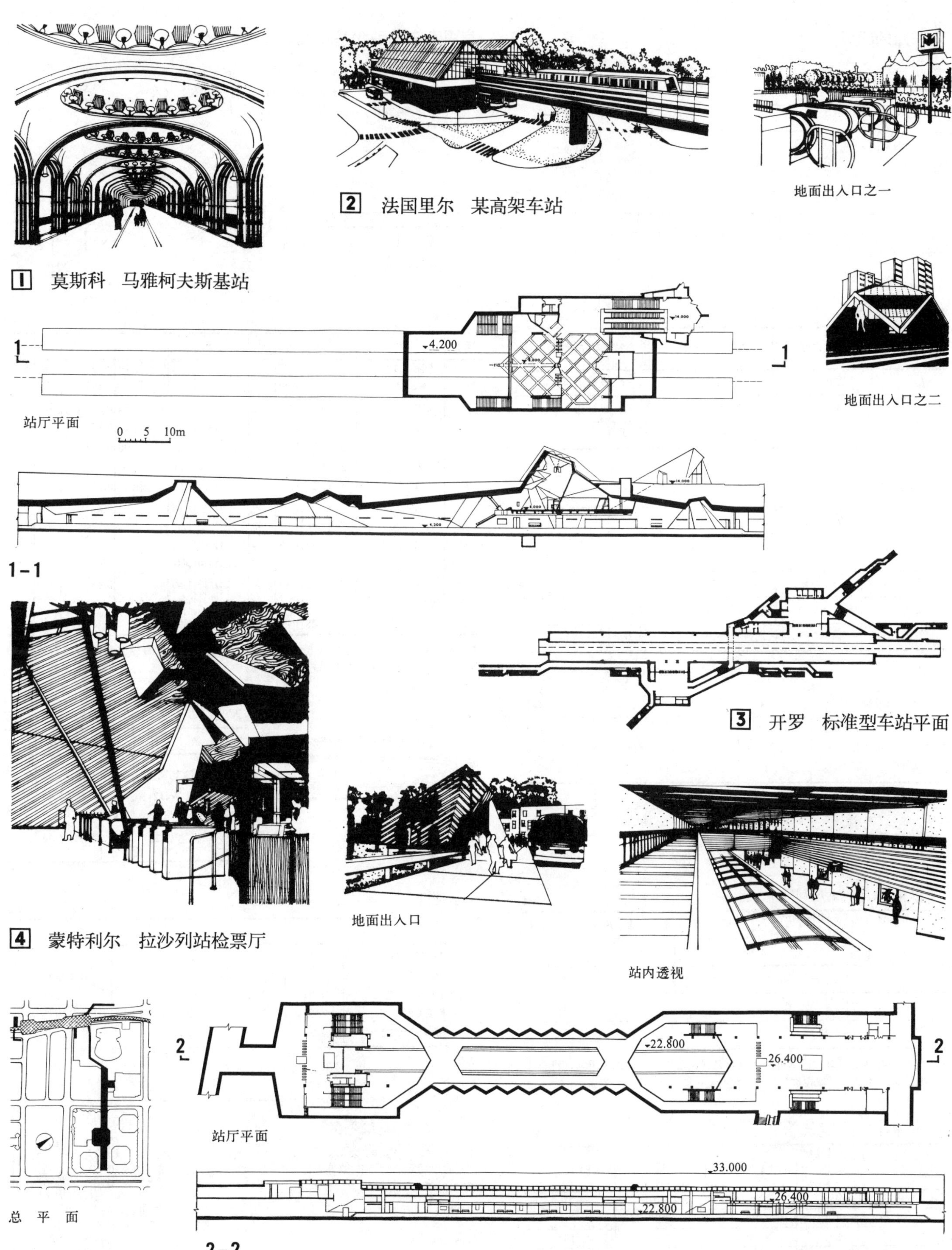

1 莫斯科 马雅柯夫斯基站

2 法国里尔 某高架车站

3 开罗 标准型车站平面

4 蒙特利尔 拉沙列站检票厅

5 蒙特利尔艺术宫站

6

停车库的组成

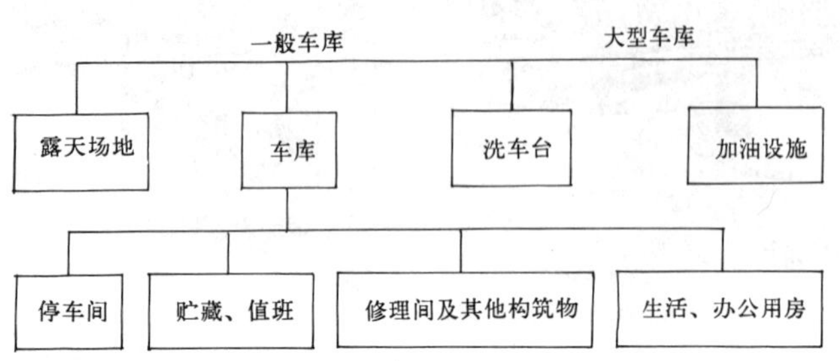

停车库的分类

表 1

类别	按建筑形式分	按使用性质分	按运输方式分
内容	1. 单建式车库	1. 公共车库	1. 坡道式车库
	2. 附建式车库	2. 专用车库	2. 机械化车库
		3. 储备车库	

停车库场的防火类别

表 2

名称 \ 数量 \ 类别	Ⅰ	Ⅱ	Ⅲ	Ⅳ
停车库	>200 辆	101～200 辆	26～100 辆	≤25 辆
修车库	>15 车位	6～15 车位	3～5 车位	≤2 车位
停车场	>300 辆	201～300 辆	101～200 辆	≤100 辆

停车库的耐火等级

表 3

车库类别 \ 耐火等级 \ 防火分类	Ⅰ	Ⅱ	Ⅲ	Ⅳ
地下车库	一级	一级	一级	一级
地上车库	≥二级	≥二级	≥二级	≥三级

注：建筑物的耐火等级见《汽车库设计防火规范》表 2.0.2。

汽车停车库的防火间距

表 4

防火间距(m) 汽车库名称和耐火等级 \ 建筑物名称和耐火等级		停车库、修车库、厂房、库房、民用建筑		
		一、二级	三级	四级
停车库	一、二级	10	12	14
修车库	三级	12	14	16
停车场		6	8	10

注：停车库与其它建筑的防火间距见《高层民用建筑设计防火规范》、《汽车库设计防火规范》、《城市煤气设计规范》及《建筑设计防火规范》。

停车库与其它建筑物的卫生间距

表 5

名称 \ 间距(m) \ 车库类别	Ⅰ～Ⅱ	Ⅲ	Ⅳ
医疗机构	250	50～100	25
学校、幼托	100	50	25
住宅	50	25	15
其它民用建筑	20	15～20	10～15

注：附建式车库及设在单位大院内的汽车库除外。

常用汽车车型和基本尺寸

L—全长（m）　n—前轮距（m）　W—载重量（t）　r—最小转弯半径（m）
E—全宽（m）　m—后轮距（m）　Y—座位数（人）　h—最小离地高度（m）
H—全高（m）　P—前　悬（m）　β_1—接近角（度）
L_1—轴距（m）　O—后　悬（m）　β_2—离去角（度）

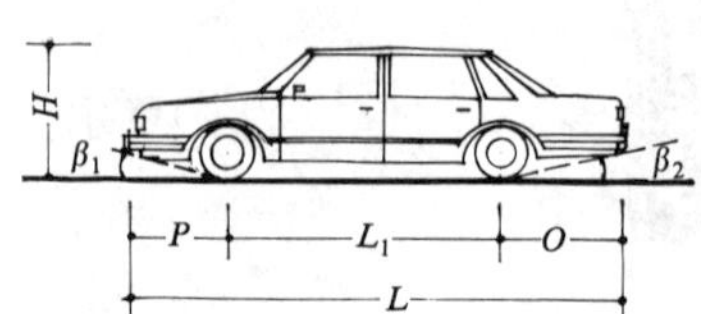

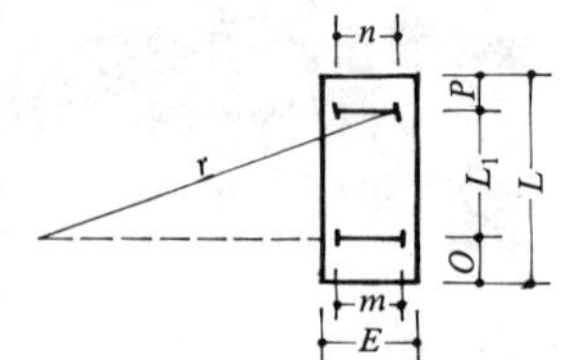

小轿车

表 6

国名	车名	Y	L	E	H	L_1	n	m	P	O	h	β_1	β_2	r
中	上海 SH760A	5	4.86	1.77	1.59	2.83	1.45	1.48	0.79	1.14	0.16	32	18	5.6
中	桑塔纳 LX	5	4.55	1.89	1.41	2.55					0.13			5.4
中	红旗 CA770A	8	5.98	1.99	1.62	3.72	1.58	1.55	0.92	1.35	0.16	27	18	7.5
中	奥迪	5	4.80	1.82	1.44	2.69	1.47	1.47			0.15			5.8
日	丰田 1600	5	4.20	1.57	1.40	2.43	1.30	1.29	0.75	1.00	0.18	32	17	4.8
法	标致	5	4.80	1.69	1.55	2.90	1.42	1.36			0.17			
法	雷诺	5	4.24	1.65	1.45	2.65	1.34	1.29			0.12			
德	奔驰 200	5	4.68	1.77	1.44	2.75	1.45	1.44			0.17			5.5
德	奔驰 450SEL	7	5.06	1.87	1.43	2.96	1.52	1.50			0.14			5.9
英	奥斯汀 1100	4	3.72	1.53	1.34	2.37	1.30	1.29			0.16			
美	雪佛兰	5	5.61	2.02	1.38	3.08	1.59	1.59			0.14	30	21	
意	菲亚特	5	4.75	1.81	1.44	2.72	1.47	1.47			0.13			
俄	伏尔加 M-21B	5	4.83	1.80	1.62	2.70	1.41	1.42						6.3
波	波罗乃兹	5	4.28	1.65	1.38									5.4

注：目前我国常用小轿车的车型多、牌号杂，设计时选用的标准车型尺寸宜为：长 4.90m，宽 1.80m，高 1.60m。

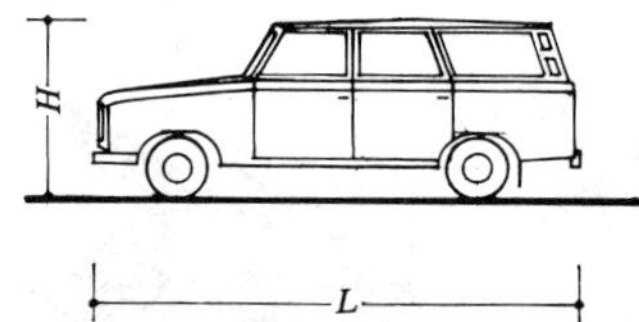

吉普车（越野汽车）

表 7

国名	车名	L	E	H	r
中	北京切诺基	4.29	1.79	1.62	6.0
中	武汉 WH213	4.49	1.75	1.80	6.2
中	解放 CA220	4.55	1.90	2.07	6.0
俄	拉达 2121	3.72	1.68	1.64	5.5

摩托车

表 8

车名	L	E	H	Y	备注
幸福 250C	2.05	0.74	1.30	2	
长江 750G	2.35	1.71	1.25	3	公安摩托车
幸福 50 型	1.55	0.70	1.20	1	轻便摩托车
嘉陵 CJ50-Ⅰ	1.66	0.72	1.01	1	轻便摩托车
泰山 250 型	2.05	0.68	1.03	2	中型摩托车

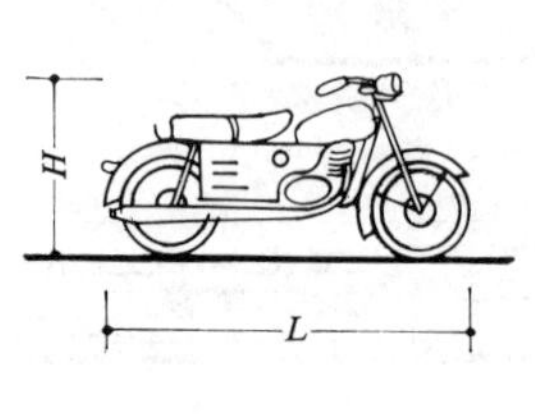

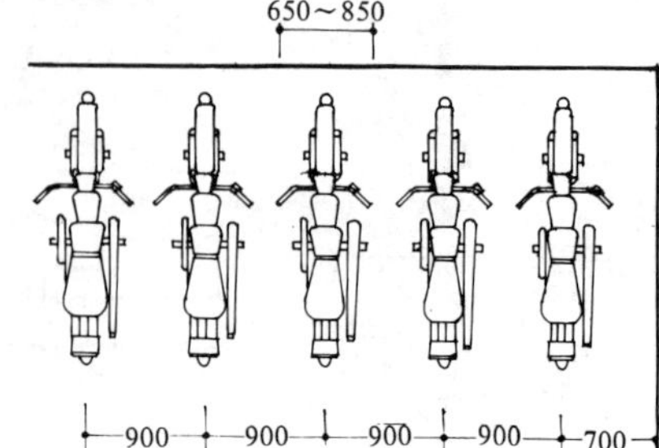

[1] 摩托车的停车尺寸

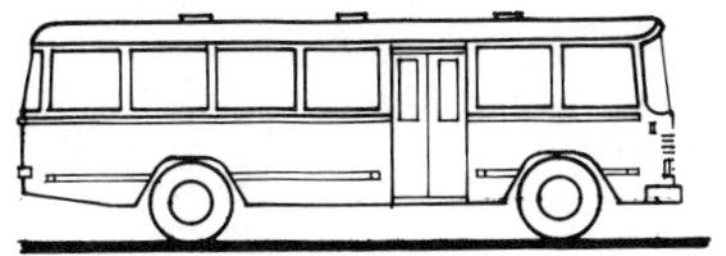
大、中型客车

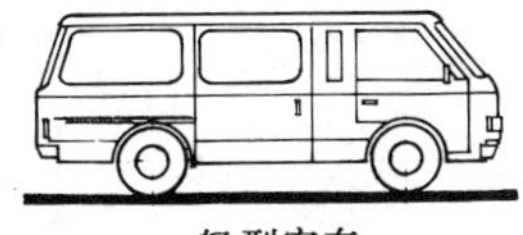
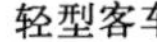
轻型客车

特大型客车

客车

表 1

类型	车名	Y	L	E	H	L_1	n	m	r
微型	天津大发(国标)	≤7	≤3.5	≤1.5	≤2.0				≤4.0
	长安 SC110(国标)	≤7	≤3.5	≤1.5	≤2.0				≤4.0
轻型	国标规定	10～35	3.5～7.0	1.8～2.4	2.3～3.0				5～9
	万利特(日)	9	3.90	1.60	1.77				4.2
	三菱(日)	12	4.39	1.69	1.99				4.7
	上海 SK632	16	4.92	1.86	2.26	2.5	1.45	1.45	5.0
	上海 SK631A	24	6.77	2.34	2.68	3.5	1.59	1.65	7.6
中型	国标规定	50～80	7.0～10.0	≤2.5	≤4.0				<11.0
	广州牌 GZ655	65	8.98	2.47	2.97	4.8	1.70	1.75	10.0
	北京 BK640	72	8.65	2.45	2.95	4.5	1.70	1.74	9.0
	北京Ⅰ型	85	8.60	2.54	2.92	4.5	1.70	1.74	9.1
大型	国标规定	65～110	10～12	≤2.5	≤4.0				11.8
	黄海 680	61	11.33	2.50	3.21	6.0			11.8
	上海 SK651	90	10.40	2.55	2.94	5.5	1.93	1.75	11.0
	北京 BK651	100	10.50	2.60	2.93	5.5	1.93	1.75	11.5
特大型	国标铰接客车	135～170	13～18	≤2.5	≤4.0				<11～12
	国标双铰接客车	250	20～23	≤2.5	≤4.0				<12
	国标双层客车	100～160	10～12	≤2.5	≤4.0				<12
	北京 BG660 铰接车	270	17	2.5	3.12				12

注：根据我国客车型谱国标规定，客车按形体可分为以上五种类型外，按用途结构又可分为城市客车、长途客车、旅游客车、团体客车及特种客车五类。

无轨电车

表 2

车名	L_1	L	E	H	Y	n	m	r
北京Ⅰ型	5.0	9.42	2.45	3.24	83	1.70	1.74	9.9
北京铰接Ⅰ型	6.0	15.00	2.45	3.27		1.74	1.74	11.9
上海 SKD-644	4.3	8.72	2.45	3.36	68	1.70	1.74	10.5
上海 SKD-633 铰接式	5.1	15.72	2.45	3.48	149	1.70	1.74	11.6
上海 SKD-650	5.4	10.50	2.55	3.30	84	1.96	1.74	10.5
上海 SK-561 铰接式	4.3	14.69	2.45	3.45		1.70	1.74	10.5
解放 10B-59 型	4.3	8.62	2.40	3.64		1.70	1.74	8.2
解放 10B-65 型铰接式	4.2	14.79	2.40	3.64		1.70	1.70	11.1

三轮汽车

表 3

车名	W	L	E	H	用途
东风 BMOZI	0.35	3.18	1.25	1.73	货用
上海 58-1	1.20	4.40	1.62	1.95	货用
跃进 YJ750F	0.50	3.16	1.24	1.80	自卸
西湖 250	0.30	3.28	1.28	1.95	客货
春燕 CY750-4	0.50	3.20	1.22	1.75	液罐
天鹅 750I 型	0.50	3.20	1.27	1.06	游览

轻型载重车

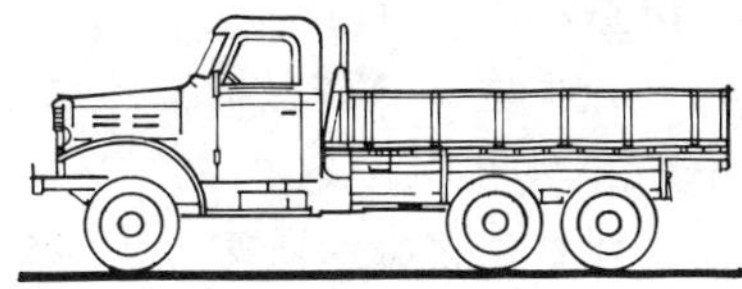
重型载重车

载重汽车

表 4

种类	车型	车名	W	L	E	H	L_1	n	m	r
普通载重车	轻型	丰田 H_1ACE(日)	1.2	4.31	1.69	1.90	2.29	1.36	1.36	4.8
		跃进 NJ136 A_2	2.0	5.99	2.08	2.13	3.31	1.59	1.49	6.8
		跃进 NJD-131	3.0	6.05	2.08	2.29				7.6
		马自达 EBA755(日)	4.2	7.28	2.18	2.26	4.10	1.69	1.57	7.5
	中型	解放 CA141	5.2	7.21	2.48	2.40	4.05	1.80	1.74	8.2
		尼桑 CK10K(日)	6.2	8.46	2.47	2.72	4.80	2.02	1.78	8.3
		东风 EQ155	8.0	8.16	2.43	2.47	4.63	1.93	1.74	10.5
		扶桑 FP101J(日)	9.0	8.32	2.50	2.76	4.60	2.00	1.83	7.9
	重型	长征 XD250	10.0	8.30	2.50	2.60	4.18	2.08	1.80	10.0
		日野 HNOTC861(日)	14.1	11.06	2.46	2.75		1.99	1.84	11.2
		湖北 HB161	15.0	8.60	2.50	2.65	4.06	2.06	1.86	
平板挂车	半挂	汉阳 HY920	7.0	6.11	2.64	2.46	4.22		1.74	8.6
	半挂	汉阳 HY940A	15.0	8.70	3.00	1.72	6.47	1.53	0.77	8.4
	全挂	汉阳 HY870	25.0	11.38	3.20	1.47	5.80	1.60	0.80	12.0
	全挂	汉阳 HY881	50.0	12.30	3.20	1.78	6.80	1.70	0.82	11.7
自卸车		东风 EQ340	4.5	6.36	2.41	2.51				≤8
		黄河 DQ352	7.0	6.42	2.58	2.45				7.7
		天津 TJ360	15.0	6.47	3.06	3.04	3.50	2.36	2.27	8.5
		北京 BJ370	20.0	7.89	2.96	3.14	3.60	2.36	2.05	9.6
		上海 SH380	32.0	7.50	3.55	3.50	3.76	2.85	2.42	9.1
牵引车		解放 CA-10BB	4.0	6.72	2.46	2.18	4.00	1.70	1.74	8.6
		黄河 JN-440	7.5	6.00	2.40	2.84	3.50	1.93	1.74	8.4
		长征 XD-980		7.65	2.58	2.55		2.08	1.80	9.2

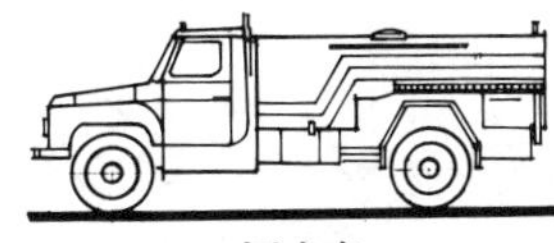
洒水车

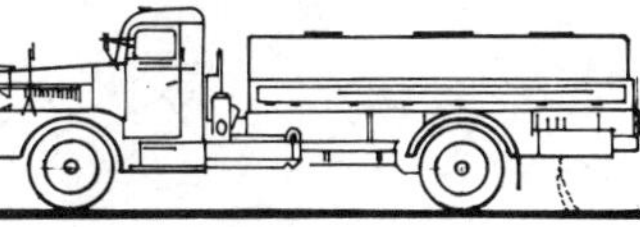
油罐车

其它专业用车

表 5

车名	产地	型号	L	E	H	r	备注
油罐车	北京	BJ130	5.10	1.90	2.00		容量 2500L
油罐车	济南	JZ162	8.20	2.50	2.81		容量 9500L
液化石油气罐车	北京	BENZ-2626	10.50	2.50	3.20		容量 22400
救护车	天津	三峰 TJ620BJ	4.74	1.93	1.82	6.5	乘载 7 人
邮政车		红星 HX621YZ	4.76	1.90	1.93	6.0	
电视转播车	河北	邢台 XT532	5.74	2.15	2.60	5.7	
洒水车	武汉	东风 WS-5B	6.91	2.40	2.35	8.0	
清扫车	沈阳	金杯 T1001	5.10	1.95	2.25	5.7	载重量 1500kg
垃圾自动装卸车	四川	SC330ZLJ	4.54	1.85	2.22	5.7	最大容积 $5m^3$
垃圾自动装卸车	四川	SC3460DX	6.38	2.42	2.65	8.0	最大容积 $10m^3$
吸粪车	四川	SC4460XF	6.50	2.40	2.45	8.0	容积 5000L
集装箱运输车	上海	SH161-2JP	9.72	2.66	2.85	10.0	载重量 15t
集装箱运输车	南京	NE940IJ	10.71	2.49	3.99	8.0	承载长度 4.01m
冷藏车	镇江	ZL140LCLC	6.94	2.43	3.19		车厢容积 $15m^3$
冷藏车	镇江	ZL130LC	4.86	1.89	2.58		车厢容积 $7.3m^3$
高空作业车	河北	XT535	6.27	1.95	2.86	5.7	最大起重量 2t
散装水泥车	武汉	雁虹 WH-DQ5e	6.83	2.43	2.58	8.0	最大容量 4500kg
囚车	沈阳	SY424	4.76	1.77	1.90	6.0	乘载 11 人

车位基本尺寸（m）

汽车在车库停放时，除车体本身所占空间外，汽车与墙、柱之间应留有一定余地，以保证打开车门、行驶、调车用。每车所需占用的总面积称为停车位。

小轿车标准车位尺寸（单间停放）(m)　　表1

尺寸＼国名	中	美	英	德	日	俄	备注
长度	6.10	5.80	4.88	5.00	6.10	5.30	开敞停放(室内无柱)为：长5.30 宽2.30
宽度	2.80	2.75	2.44	2.50	2.75	2.80	
车库净高		2.30	2.30		2.30		

注：一般车型的载重车标准车位尺寸为：单间停放时，长8.0m，宽3.70m。开敞停放（室内无柱）时，长7.30m，宽3.10m。

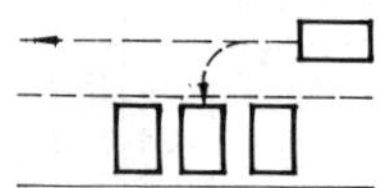

所需通道宽度较大，用于行车集中、出车不急的车库。

a 顺车进倒车出

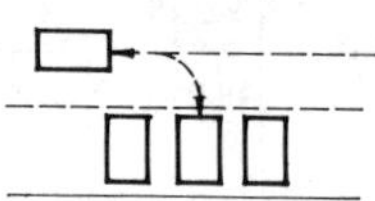

所需通道宽度最小，用于有紧急出车要求的多层、地下车库。

b 倒车进顺车出

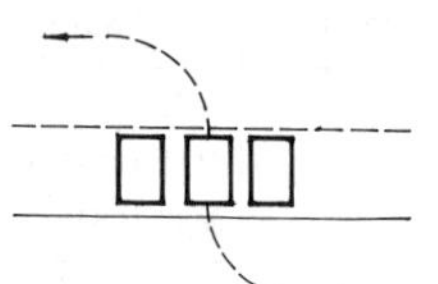

所需通道宽度最大，进出方便，用于有紧急出车要求的多层、地下车库。

c 顺车进顺车出

1 车辆停驶方式

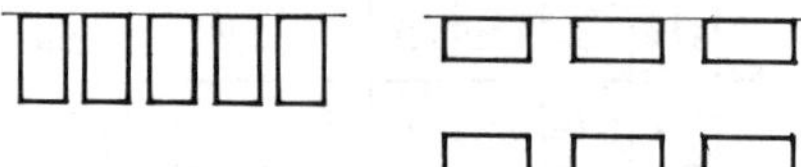

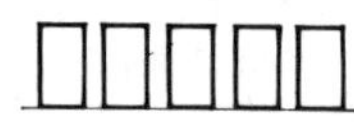

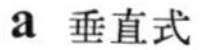

a 垂直式

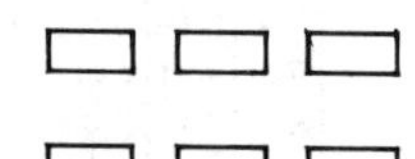

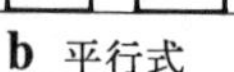

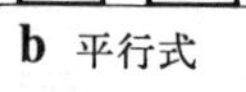

b 平行式

c 倾斜交叉式

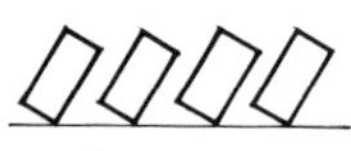

d 60°倾斜式

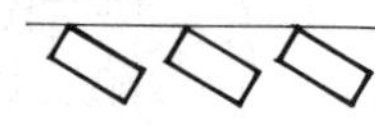

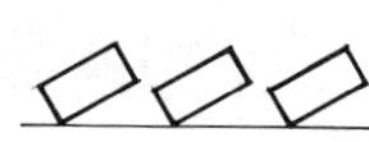

e 30°倾斜式

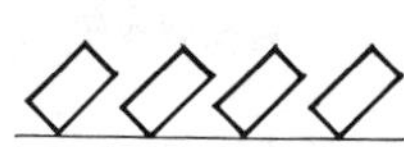

f 45°倾斜式

2 车辆存放形式

小轿车每车位占用通道及停车段宽度　　表2

国别	每车位占通道长度 C(m) 45°	60°	90°	每车位占停车段宽度 D(m) α	45°	60°	90°	国别
中	3.96	3.23	2.80	单排 D_1	6.29	6.69	6.10	中
					6.04	6.41	5.80	美
美	3.87	3.17	2.75		5.19	5.45	4.88	英
					5.30	5.60	5.00	德
英	3.46	2.82	2.44		6.10	6.40	6.10	日
					5.37	5.96	5.30	俄
德	3.55	2.90	2.50	双排 D_2	5.30		6.10	中
					5.08	5.73	5.80	美
日	3.89	3.15	2.75		4.27	4.79	4.88	英
					4.43	4.97	5.00	德
俄	3.25	2.65	2.30		5.10	5.71	6.10	日
					4.57	5.39	5.30	俄

汽车通道及停车段计算公式

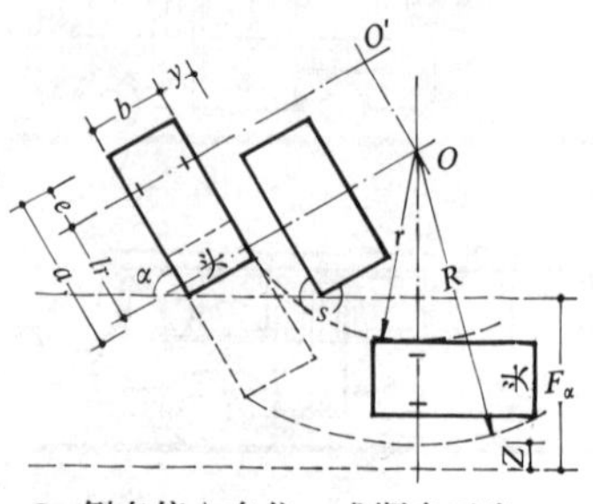

a 倒车停入车位，或顺车开出

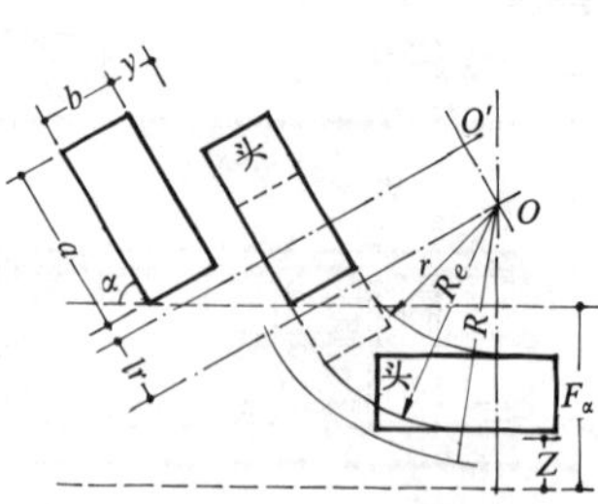

b 顺车停入车位，或倒车开出

3 通道计算

a. $F_\alpha=R+Z-\sin\alpha[(r+b)\mathrm{ctg}\alpha+(a-e)-lr]$

其中：$lr=(a-e)-\sqrt{(r-s)^2-(r-y)^2}+(y+b)\mathrm{ctg}\alpha$

$R=\sqrt{(l+d)^2+(r+b)^2}$　　$r=\sqrt{r_1^2-l^2}-(b+n)/2$

当$\alpha=90°$时，$F_{90°}=R+Z-\sqrt{(r-s)^2-(r-y)^2}$

b. $F_\alpha=Re+Z-\sin\alpha[(r+b)\mathrm{ctg}\alpha+e-lr]$

其中：$lr=e+\sqrt{(R+s)^2-(r+b-y)^2}-(y+b)\mathrm{ctg}\alpha$

$Re=\sqrt{(r+b)^2+e^2}$

当$\alpha=90°$时，$F_{90°}=Re+Z+\sqrt{(R+s)^2-(r+b+y)^2}$

Z＝行车与车或墙安全距＝100cm，

n＝前轮距
m＝后轮距
l＝轴　距
d＝前　悬
e＝后　悬
r_1＝最小回转半径
y＝车与车间距＝60cm
s＝出入口与邻车安全距＝30cm

D—车位长度
B—车位宽度
C—每车位所占通道长度
D_1—单排每车位占停车段宽度
D_2—双排每车位占停车段宽度
W_1—单行通道宽度
W_2—双行通道宽度
F_1—单行通道二排停车段宽度
F_2—双行通道二排停车段宽度
F_3—单行通道四排停车段宽度
F_4—双行通道四排停车段宽度
A_1—单行二排停车段每车位所占面积
A_2—双行二排停车段每车位所占面积
A_3—单行四排停车段每车位所占面积
A_4—双行四排停车段每车位所占面积

$F_1=2D_1+W_1$　　$F_2=2D_1+W_2$
$A_1=(F_1\times C)/2$　　$A_2=(F_2\times C)/2$
$A_3=(F_3\times C)/2$　　$A_4=(F_4\times C)/2$

4 停车段计算

小轿车每车位占用面积　　表3

停车段方式	通道宽度 W(m) α	45°	60°	90°	α	停车段宽度 F(m) 45°	60°	90°	每车位面积 A(m²) 45°	60°	90°	国名
	单行 W_1	3.68	5.47	7.23	单行 F_1A_1	16.3	18.5	19.4	32.2	29.8	27.2	中
		3.97	5.49	7.32		16.0	18.3	18.9	31.2	29.0	26.0	美
		3.05	5.49	6.10		13.4	16.4	15.9	22.7	23.1	19.4	英
		3.20	4.50	7.00		13.8	15.7	17.0	24.5	22.8	21.3	德
		4.75	6.10			17.0	18.9	19.8	32.2	29.8	27.2	日
		3.00	5.20	6.00		13.7	17.1	16.6	22.3	22.7	19.1	俄
两排停车一条通道	双行 W_2	5.89		7.23	双行 F_2A_2	18.5		19.5	36.6		27.3	中
				7.32				18.9			26.0	美
		4.88		7.32		15.3		17.1	26.4		20.8	英
												德
			7.60					19.8			27.2	日
												俄
四排停车两条通道					单行 F_3A_3	31.9	36.4	39.5	31.0	28.7	27.2	中
						30.0	35.2	37.8	29.2	28.0	26.0	美
						25.0	31.5	31.7	21.6	22.2	19.3	英
						26.8	30.1	34.0	23.8	21.9	21.3	德
						31.9	36.4		31.0	28.7		日
						25.9	33.1	33.2	21.0	21.9	19.1	俄

汽车回转轨迹

汽车在弯道上行驶时，它的前后轮及车体前后突出部分的回转轨迹将随着转弯半径的变化而变化。为保证汽车在弯道上行驶时不致碰撞车库墙、柱，其弯道宽度应按计算要求加宽。

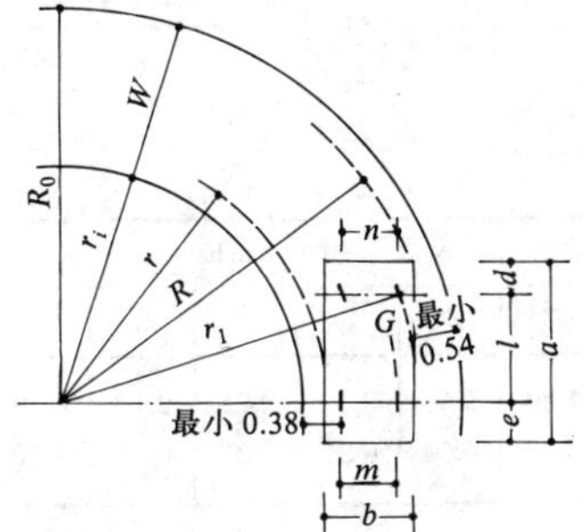

$$r=\sqrt{r_1^2-l^2}-(b+n)/2$$

$$R=\sqrt{(l+d)^2+(r+b)^2}$$

$$G\text{（前后轮半径差）}=r_1-\sqrt{r^2-l^2}$$

a 小汽车回转轨迹

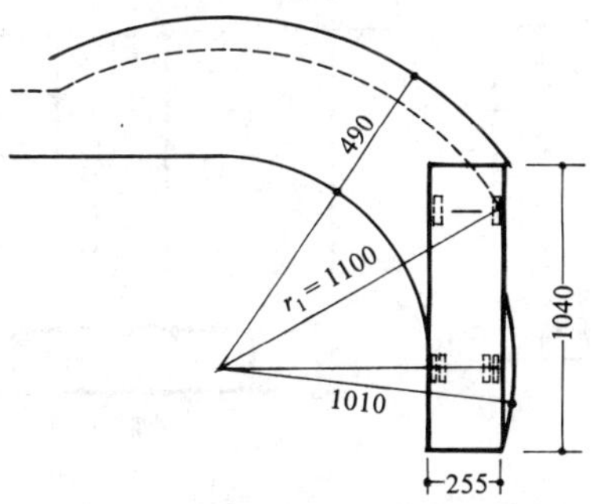

b 上海 SK651 型大型客车回转轨迹例

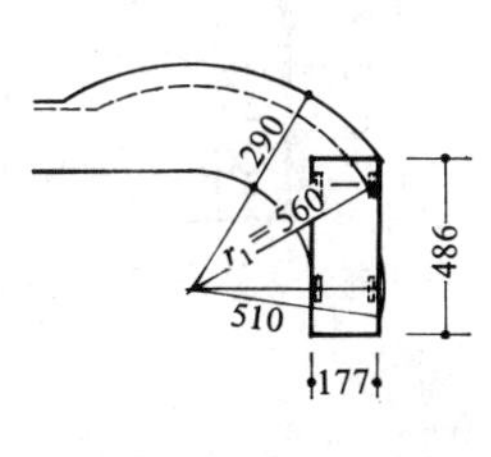

c 上海 SH760 型小客车回转轨迹例

Ⅰ 汽车回转轨迹计算

环道内外半径及最小道宽参考表（m） 表 1

环道外半径 R_0		最小道宽 W	环道内半径 r_i	
最小值	最大值		最小值	最大值
8.85	9.15	3.35	5.50	5.80
9.15	9.46	3.33	5:82	6.13
9.46	9.76	3.30	6.16	6.46
9.76	10.07	3.28	6.48	6.79
10.07	10.37	3.25	6.82	7.12
10.37	10.68	3.23	7.14	7.45
10.68	10.98	3.20	7.48	7.78
10.98	11.29	3.18	7.81	8.11
11.29	11.59	3.15	8.14	8.44
11.59	11.90	3.13	8.46	8.77
11.90	12.51	3.10	8.80	9.41
12.51	13.12	3.08	9.43	10.04
13.12	13.73	3.05	10.07	10.68
13.73	14.34	3.03	10.70	11.31
14.34	14.95	3.00	11.34	11.95
14.95	15.56	2.98	11.97	12.58
15.56	16.47	2.95	12.61	13.52
16.47	17.39	2.93	13.54	14.46
17.39	18.61	2.91	14.48	15.70
18.61	19.83	2.88	15.73	16.96
19.83	21.36	2.85	16.98	18.51
21.36	22.88	2.83	18.53	20.05
22.88	25.01	2.80	20.08	22.21
25.01	27.15	2.78	22.23	24.37
27.15	30.21	2.75	24.40	27.46

坡道

多层车库、地下车库的坡道和出入口是汽车进出的唯一通道，也是多层车库地下车库的重要组成部分，在车库的面积、空间、造价等方面都占有相当大的比重。坡道的类型主要有直线坡道和曲线坡道两种。

坡道的数量

坡道的数量主要决定于进出车速度、数量和安全要求，以及车辆在库内水平行驶的长度、出入口位置与数量等。坡道的通过能力一般按每小时通过约 300 台小轿车进行设计，但从消防和战备方面考虑，停 25 辆以上的车库，至少应在不同的方向设有两条坡道。

坡道的横向坡度

直线坡道采用 1～2%

曲线坡道应保持横向超高，采用 5～6%

坡道的纵向坡度 表 2

坡度 类型 / 车型	直线坡道%	曲线坡道%	备注
小轿车	<12	<9	采用倾斜楼板代替坡道纵坡应≯5%，采用错层式时纵坡可以适当加大。
公共汽车	< 7	<5	
载重车	< 8	<6	

注：确定合理的纵向坡度应考虑多方面因素，一般情况下宜采用表 2 所列坡度。

坡道的尺寸 表 3

行驶方式	坡道宽度计算	一般宽度（m）		备注
		小轿车	载重车	
直线单行	车宽+0.8	3.0～3.5	3.5～4.0	考虑两侧距墙的安全距离
直线双行	2 车宽+1.8	>5.5	>7.0	考虑两侧距墙的安全距离
曲线单行	车宽+1.0	4.2～4.5	5.0～5.5	考虑最小转弯半径
曲线双行	2 车宽+2.2	>7.8	>9.4	考虑最小转弯半径

注：坡道的总长度由等坡段长度和缓坡段长度组成。在计算面积时应按实际总长度计算，坡道宽度则有直线或曲线单行坡道和双行坡道宽度。一般采用表 3 所列尺寸。

缓坡 表 4

国别	对缓坡的规定	附图
中国	1.缓坡长度一般为 3.6～6.0m 2.坡度为坡道纵坡之半	3.6～6.0；6%；12%；6%；3.6～6.0
英美	1.缓坡长度不得少于 3.66m 2.坡度为坡道坡度的 1/2	>3.66；6%；12%；6%；>3.66
德国	缓坡的半径是 22.5m 的圆弧	R=22.5；18%；R=22.5
俄国	1.缓坡长度不得少于 3.60m 2.坡度为坡道坡度的 1/2	>3.60；7.5%；15%；7.5%；>3.60

注：为了保障行车安全和不使车辆的前后档与地面碰撞，在坡道与平地相连接处，均须设置缓冲的坡段，称为缓坡段。其坡度可取坡道纵坡的一半，长度则根据车辆长度而定。各国对缓坡的规定宜采用表 4 的数据。

设计要点

表1

项目	内　容　要　求
总平面布置	1.Ⅰ、Ⅱ类停车库宜单独建造。Ⅲ、Ⅳ类停车库可贴邻建在无明火作业的丁、戊类厂房、库房旁或附设在其底部，也可设在高层、多层民用建筑的底部或贴邻建造，但不应直接设在人员密集的公共场所的下面或上面建造 2.按现行《汽车库设计防火规范》合理确定停车库的占地面积、人车疏散出入口的数量和位置、为车库服务的其它用房及设施的位置和消防给水 3.寒冷地区车库门应避免朝北或正对冬季主导风向 4.停车库门前应有足够的露天场地作为停车、调车、洗车等用
墙	1.停车库贴邻其它建筑物建造时，必须用防火墙隔开。设在其它建筑物内的停车库应用耐火极限不低于2h的非燃烧体楼板和3h的非燃烧体隔墙与其它部分隔开 2.停车库内设修理车位时，停车部位与修理部位之间应设防火隔墙 3.防火墙和防火隔墙的设置及要求应按现行《汽车库设计防火规范》执行 4.洗车间墙面应作防潮处理
柱	1.每开间停一辆或前后各停一辆车，车头对门布置时柱网尺寸为： 中小型客车：柱网开间 3.0～3.6m，　进深 6～8m 大中型客车：柱网开间 3.6～4.2m，　进深 9～12m 载　重　车：柱网开间 3.6～4.2m，　进深 9～12m 2.加宽每单间尺寸和增大进深，中间增设柱子，每开间停二辆或三辆车，则用地较为经济 3.北方寒冷地区，载重车进库停放、停车数量多时，可采用大跨度，中间不设柱网，这样汽车进出、停放灵活，但不及以上方法经济 4.汽车与汽车、墙、柱之间的间距见表2
地面	1.应采用非燃烧性、强度大的材料，一般采用混凝土地面 2.停车间与保养修理间地面均向外倾斜，坡度不应小于1%，洗车间地面坡度不应小于2%，向地漏倾斜 3.为防止汽车撞及墙壁，沿墙地面宜设置轮档 小轿车　$h=0.15$m　$L=1.4～1.6$m 中型载重车 $h=0.20$m　$L=2.0$m 大型载重车 $h=0.20$m　$L=E+0.2$m
屋顶	1.当屋盖为耐火极限不低于1h的非燃烧体材料时，防火墙、防火隔墙可砌至屋面基层的底部，不必高出屋面 2.屋顶宜采用难燃烧或非燃烧体材料 3.寒冷地区洗车间应作蒸汽隔绝层
门	1.在车库停放车辆的前后可设门也可不设门和敞开布置 2.车库门宜采用上推门，不宜向内开。其净高不小于最大汽车总高加0.3m，净宽不小于最宽汽车总宽加0.6～0.8m
净高	室内有效高度应为最大汽车总高加0.5m，但不小于2.5m
采光	玻璃面积与地板面积之比为： 停车间 1∶15　　洗车间 1∶10　　保养修理间 1∶8
消防	1.停车库的人员安全出口和车辆疏散出口应分开设置。设计底层停车库时，其车辆疏散出口应与其它部分的人员安全出口分开设置 2.停车库内的人员安全出口，当同一时间出口人数超过25人时，至少应设两个出口 3.停车库的车辆疏散出口，当停放车辆超过10辆时，至少应设两个出口 4.停车库应设有消防给水，可由给水管道、消防水池或天然水源供给。消防给水及灭火设备的设置、要求按现行《汽车库设计防火规范》执行 5.Ⅰ、Ⅱ、Ⅲ类底层停车库应设自动喷水灭火设备和火灾自动报警设备，并设置相应的消防控制室 6.停车库内不应设置汽油罐、加油机。停放易燃液体、液化石油汽罐车的停车库内严禁设置地下室和地沟

汽车与汽车、墙、柱之间的间距

表2

间距(m) 汽车尺寸(m) / 项目	车长＜6或车宽＜1.8	车长6.1～8或车宽＜2.2	车长8.1～12或车宽＜2.5	车长＞12或车宽＞2.5
汽车与汽车	0.5	0.7	0.8	0.9
汽车与墙	0.5	0.5	0.5	0.5
汽车与柱	0.3	0.3	0.4	0.4

小轿车车库

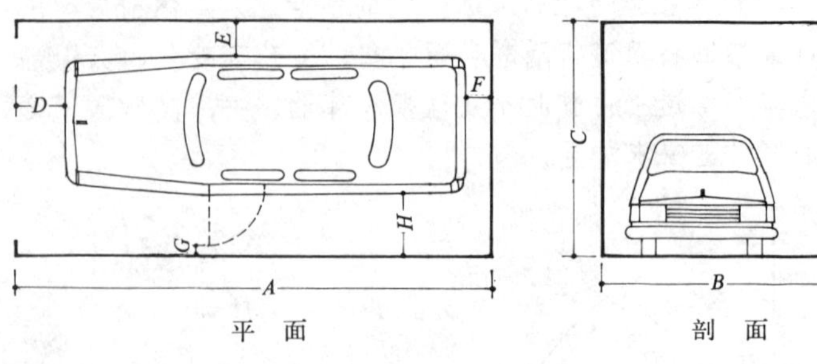

类　型	最小尺寸(m)							
	A	B	C	D	E	F	G	H
车长＜4.95	5.80	2.80	3.00	0.60	0.25	0.25	0.10	0.70
车长 4.96～5.70	6.55	3.25	3.00	0.60	0.25	0.25	0.10	1.00

实例

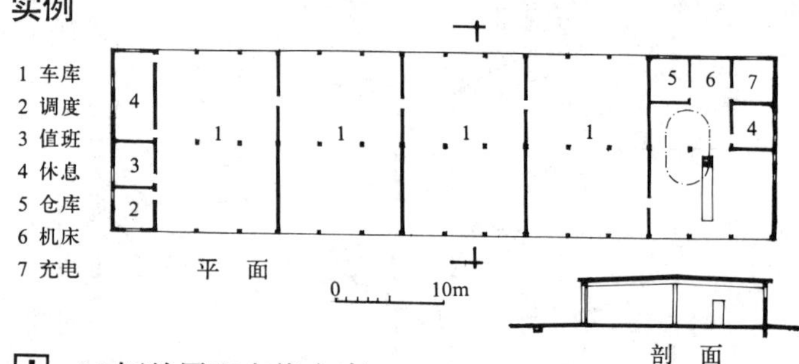

1　25辆单层汽车停车库

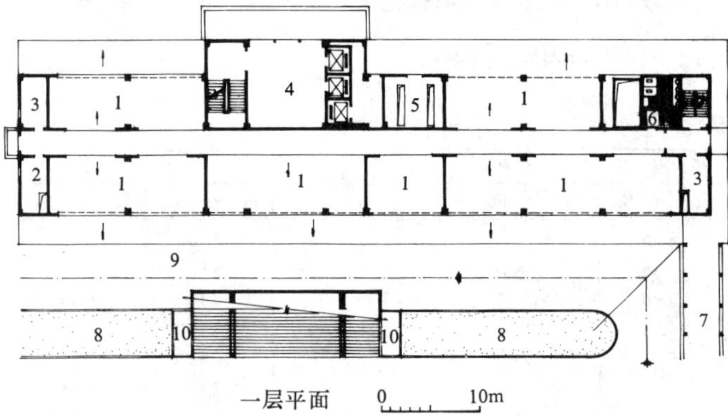

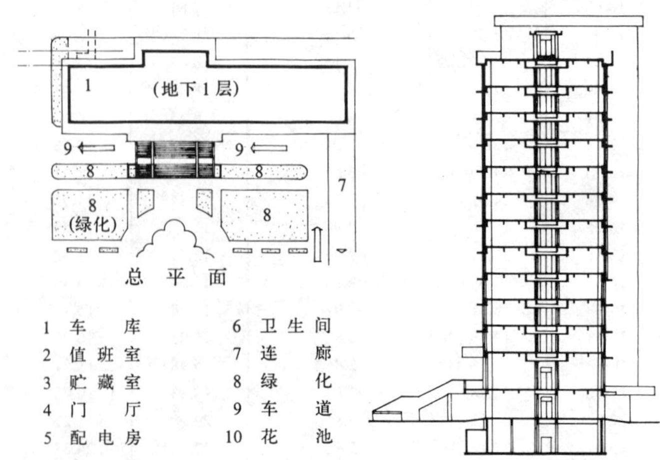

1 车　　库　　6 卫 生 间
2 值 班 室　　7 连　　廊
3 贮 藏 室　　8 绿　　化
4 门　　厅　　9 车　　道
5 配 电 房　　10 花　　池

2　广东省政府办公楼底层停车库

设计要点 表1

项目	内容
选点要求	1.多层车库进出车辆频繁，库址宜选在道路畅通、交通方便的地方，但须避免直接建在城市交通干道旁和主要道路交叉口处 2.多层车库是消防重点部门之一，并有噪音干扰，须按现行防火规范与其周围建筑保持一定的消防距离和卫生间距，尤其不宜靠近医院、学校、住宅建筑 3.多层建筑除自身建筑外，需考虑一定的室外用地作停车、调车及维修费用 4.多层车库建筑体量较大，设计时要考虑与周围环境的协调和统一
总平面布置	1.同单层车库设计总平面布置要求（1）（2）（4）中有关部分 2.多层车库内设置汽车修理车位时，车位数不宜超过5个并应布置在底层 3.地下车库一般是平时和战时均能存车，可结合人防搞地下车库，在设计上应考虑两个出入口。但25辆以下的停车库可设一个出入口
建筑技术要求	1.建筑面积指标：一般设计停放小客车的多层、地下车库，平均每辆车需建筑面积30～40m²，停放4～5t载重车的平均每辆车需建筑面积50～70m² 2.行车通道可分成单车道和双车道。通道与停放车位的关系是： 一侧通道，一侧停车 中间通道，两侧停车 两侧通道，中间停车 环形通道，两侧停车 3.结构柱网布置应考虑车型、停车方式、停放角度和通道布置方式等因素。柱间最小净距尺寸见表2 4.停车库的楼板面层要具有耐磨、耐水、耐油和防滑性能。通常有以下几种： 水泥砂浆面层：标准厚度为20～30mm 水刷石面层：防滑性能较好，但易挂轮胎上的污泥 混凝土面层：厚度以90mm以上为好，加铺铅丝网分块以防开裂 地砖面层：美观、不易污染、耐磨、耐油性能好，如局部损坏，便于调换，但价格较贵 沥清面层：防水修补方便，费用经济，耐油性能差，厚度为结构面以上30～50mm 5.采暖：一般车库设计温度为+5℃，地下车库一般不要求采暖。需要采暖的停车库应尽量采用集中采暖或火墙，但其炉门、节风门、除灰门严禁设在停车库内 6.通风：车库换气量一般以一氧化碳作为计算依据。有围护墙的车库换气应不少于3次，一般4～5次。设有通风系统的停车库，其通风系统应独立设置，风管应采用非燃烧材料做成 7.照明：多层和地下车库应设有照明设备以保证交通安全。除一般照明外，还应设事故照明和疏散标志。车库的坡道、出入口及库内通道地面最低照度为10lx
消防要求	1.停车库的耐火等级、占地面积、防火隔间面积、防火墙、防火隔墙的设置、电梯井、管道井、电缆井和楼梯间的设置及对使用材料的要求，必须按现行《停车库设计防火规范》执行 2.停车库的外部出口或楼梯间至室内最远工作地点的距离不应超过45m，设有自动喷火灭火设备时，其距离可增至60m 3.疏散用的室内楼梯应设封闭楼梯间。高度超过24m的多层停车库，其室内疏散楼梯应设防烟楼梯间。疏散楼梯宽度不应小于1.1m 4.消防给水的方式、灭火设备的设置、火灾自动报警设备的装置等，均按现行《停车库设计防火规范》执行

柱间最小净距尺寸 表2

停车类型	小轿车			载重车、中型客车		
两柱间停车数(辆)	1	2	3	1	2	3
最小柱距(m)	3.0	5.4	7.8	3.9	7.2	9.9
车库类别	多层车库和地下车库			地下车库		

注：①一般采用柱网尺寸为5.4m～7.8m，超过8m的柱网不够经济。
②表内尺寸系指一般常用车型，特殊车型可适当增大。

运输方式

多层车库、地下车库，除水平交通外还有垂直交通。在垂直交通方面，按运输方式又可分为坡道式车库和机械化车库两类。

一、坡道式车库

表3

类型	形式	特点	备注
直线坡道	1.整层长坡道 2.半层短坡道（错层式） 3.倾斜楼板	1.进、出车方便、迅速、造价低能耗小，不受电源和机械性能的影响 2.占地面积较多	多层车库、地下车库中汽车出入口的数量一般与坡道数相同，在停放车辆不多的情况下，由于坡道面积在总建筑面积中占比重较大，在设计Ⅲ类多层停车库和Ⅳ类地下停车库时可采用一条坡道双车道宽的方法
曲线坡道	1.整圆形坡道（螺旋形） 2.半圆形坡道		

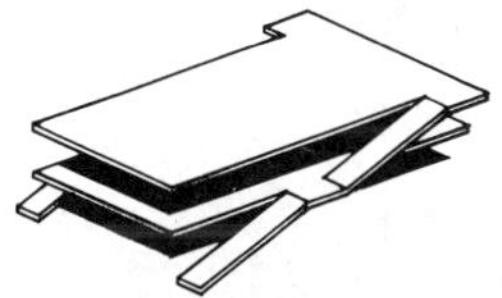

a 长坡道式

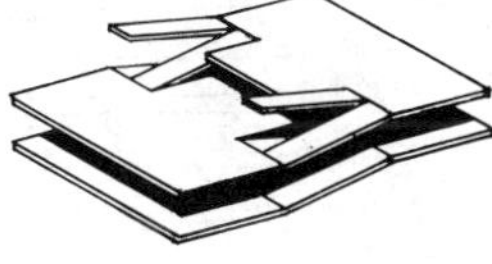
b 错层式

c 倾斜楼板式

d 螺旋坡道式

1 坡道式车库

二、机械化车库

1.电梯式（升降机）系统

a 停车与井道成直角　b 停车与井道平行　c 地下车库

2 活动电梯笼

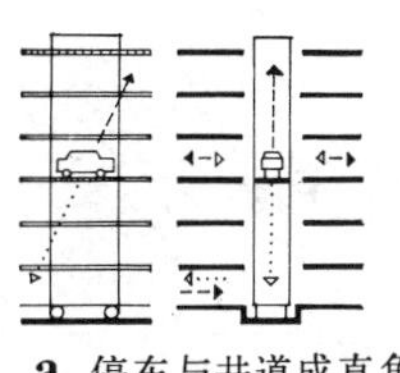
d 停车与井道成直角

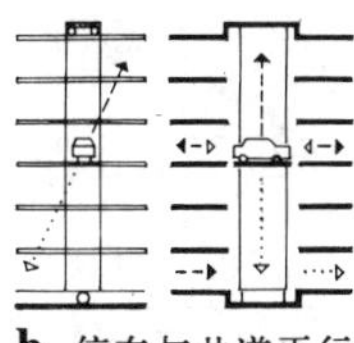
e 停车与井道平行

3 固定电梯笼

国外小轿车用电梯尺寸（日） 表4

车体尺寸	电梯尺寸
4.7×1.7	5.3×2.2
5.5×1.9	5.6×2.4
5.8×2.1	6.3×2.5

注：单位m

2. 连续链系统

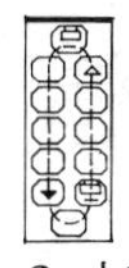
a 水车原理

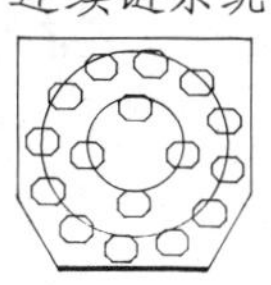
b 巨轮原理

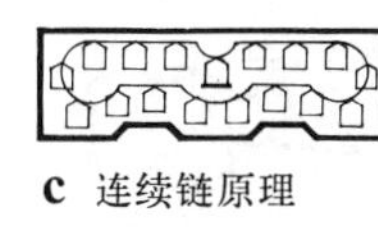
c 连续链原理

d 传送带原理

4 连续链系统

电梯系统中电梯能上下移动，也可兼作水平行动，每一部可服务一行或几行垂直贮车带。而连续链系统与电梯系统相反，不是车移至贮车位，而是贮车位移至车前。

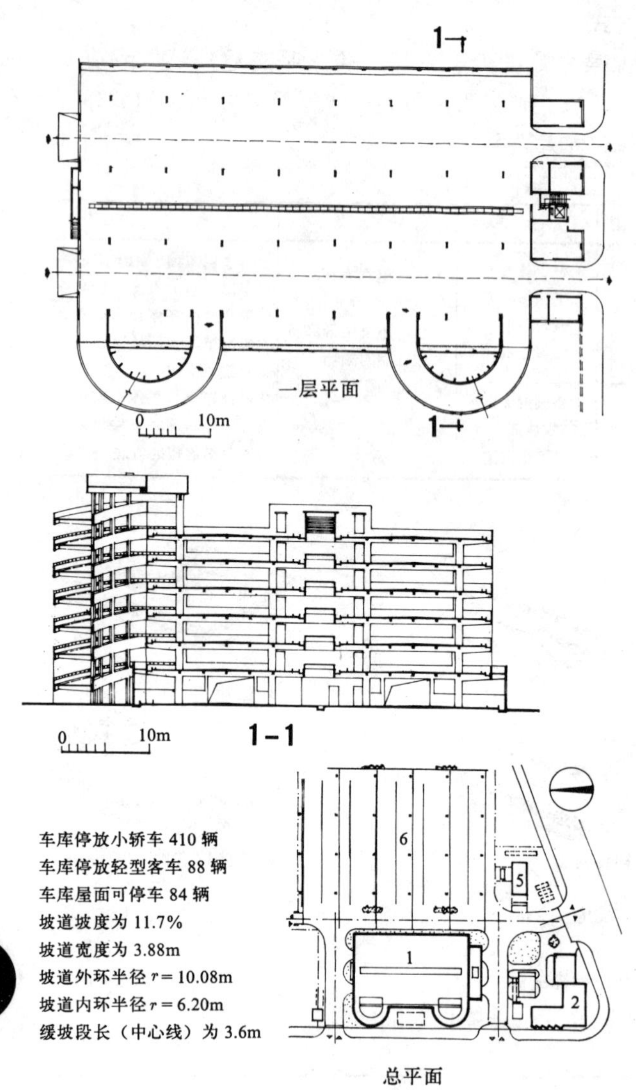

车库停放小轿车 410 辆
车库停放轻型客车 88 辆
车库屋面可停车 84 辆
坡道坡度为 11.7%
坡道宽度为 3.88m
坡道外环半径 $r=10.08$m
坡道内环半径 $r=6.20$m
缓坡段长（中心线）为 3.6m

总平面

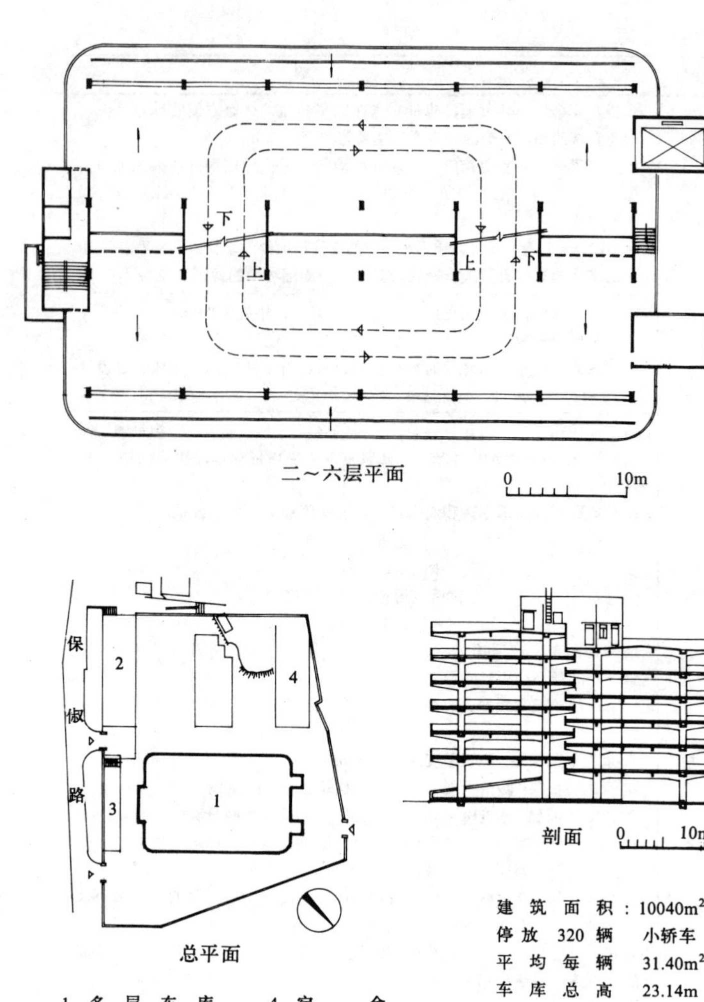

总平面

剖面

1 多层车库	4 宿舍		
2 办公用房	5 加油		
3 辅助用房	6 停车场		

建筑面积：$10040m^2$
停放 320 辆 小轿车
平均每辆 $31.40m^2$
车库总高 23.14m
坡道坡度 为 15%
坡道宽度 为 6.4m

1 上海友谊汽车服务公司吴中路多层车库

2 浙江省机关事务管理局多层车库

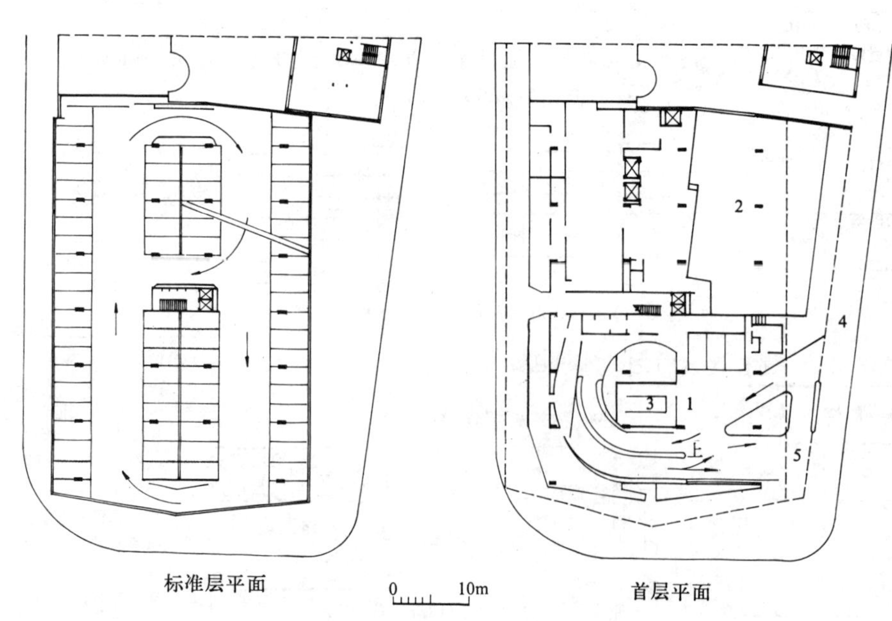

标准层平面　　0 10m　　首层平面

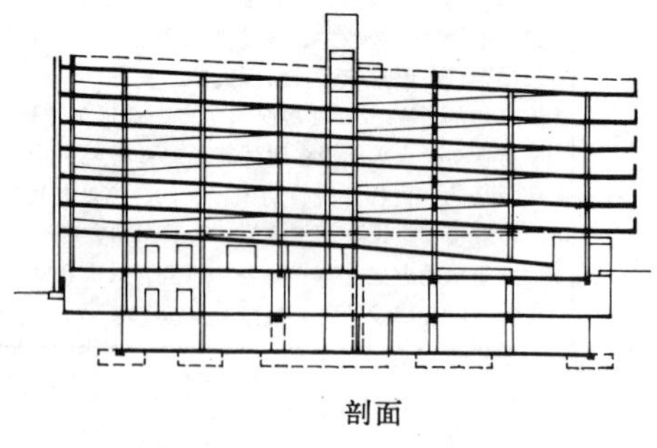

剖面

3 德国杜伊斯堡市多层停车库

1 大厅　2 商店　3 修理　4 进口　5 出口

注：车库为双螺旋倾斜楼板式。全部钢筋混凝土结构。建筑面积共 $11843m^2$，共容纳 430 辆车，平均每辆车占面积 $27.54m^2$。楼板坡度为 10% 和 4.7%，通道宽 7m，全部建筑除迎风一面有窗，其它三面敞开，窗裙墙高为 1.10m。首层有修理间、服务间、加油站、卫生间等。为便于管理，出口和入口集中一处，用自动化操纵计时、付款，并通知存车空位地点。操作迅速，车辆不至停滞。混凝土地面抹平。楼面至梁底净高 2.10m，至楼板底的净高 2.55m，每层设有地漏和排水漕。

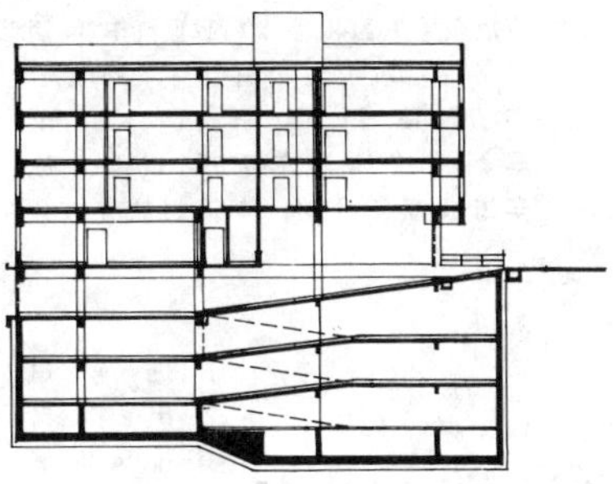

1-1

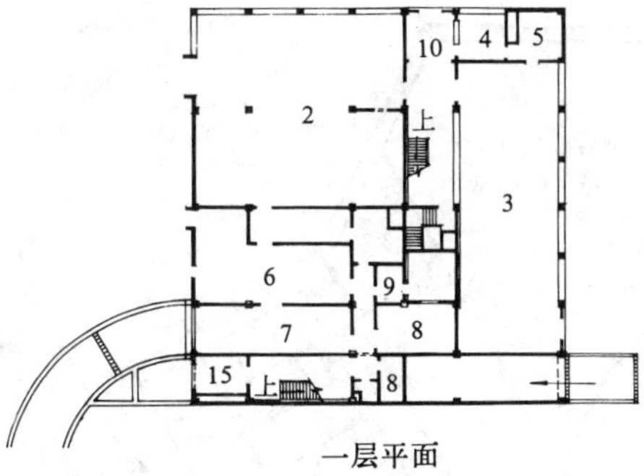

地面上四层为业务楼　车库坡道坡度为15%
地面下三层为停车库　车库缓坡坡度为7.5%
可停放小轿车110辆　缓坡段长度为3.6m
饭店做密植绿篱分隔　层高3.1m，每层停39辆

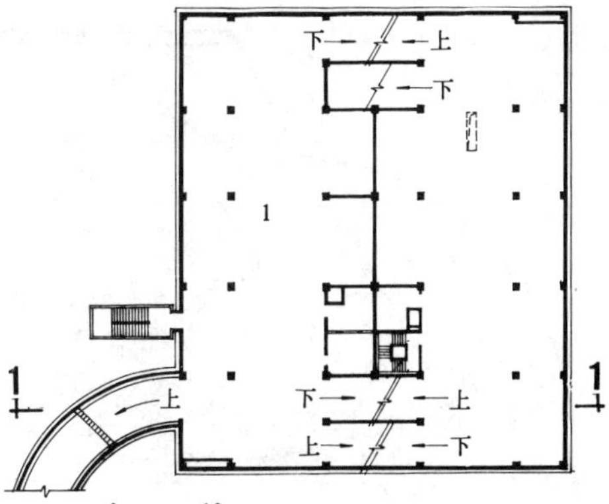

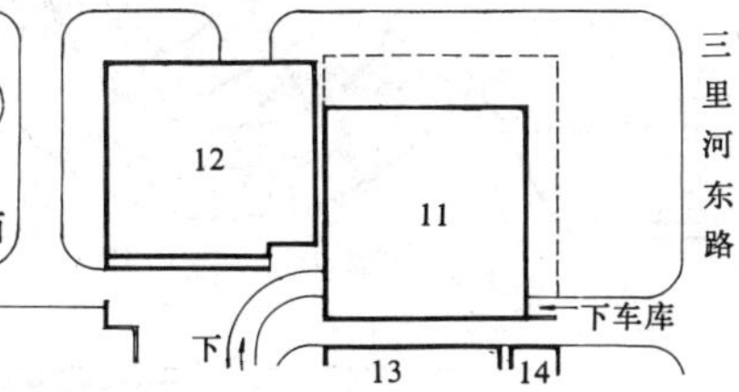

一层平面

总平面

地下一层平面

1 车库　2 餐厅　3 营业厅　4 传达　5 消防
6 副食加工间　7 主食加工间　8 库房　9 值班室　10 门斗
11 停车库　12 饭店　13 住宅　14 商店　15 门厅

1 北京市出租汽车公司地下停车库

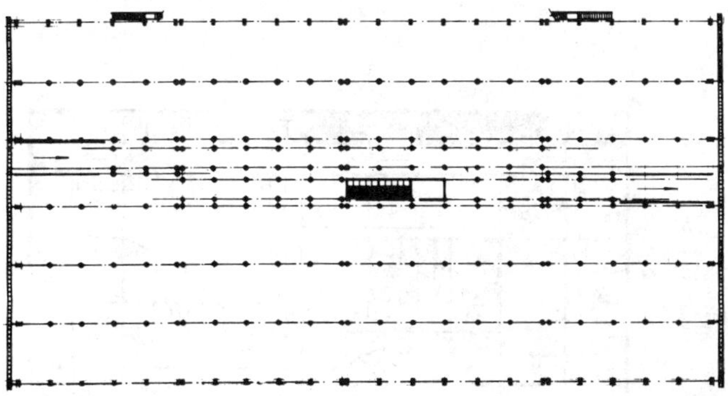

底层平面

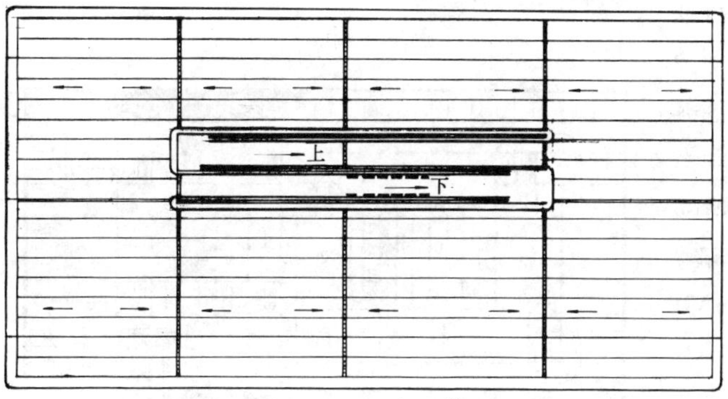

二层平面

停放大型绞接式汽车200辆（上层80辆，底层120辆）
主体双层车库建筑楼层面积为8291.50m²
每车占地面积为105m²
上下坡度为5.0%～6.67%

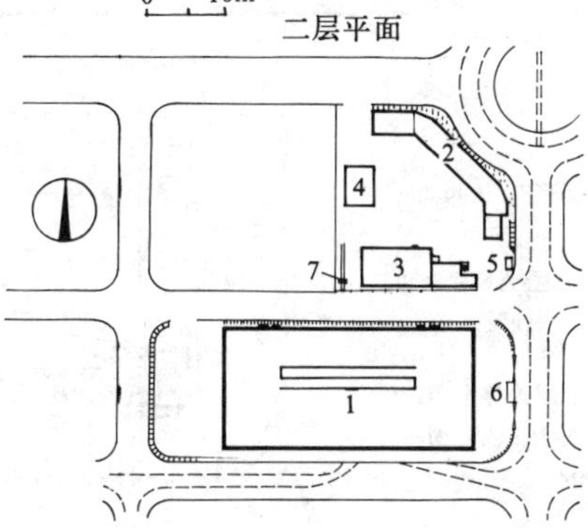

1 双层停车库　2 综合楼　3 一级保修库　4 加油检查站
5 配电间　6 警卫室　7 洗车设备

总平面

2 上海国和路双层大型绞接式汽车停车库

1 入口
2 出口
3 候机位
4 出车位
5 电梯笼
6 休息室
7 厕所
8 办公
9 贮藏
10 配电室
11 消防梯
12 贮车位

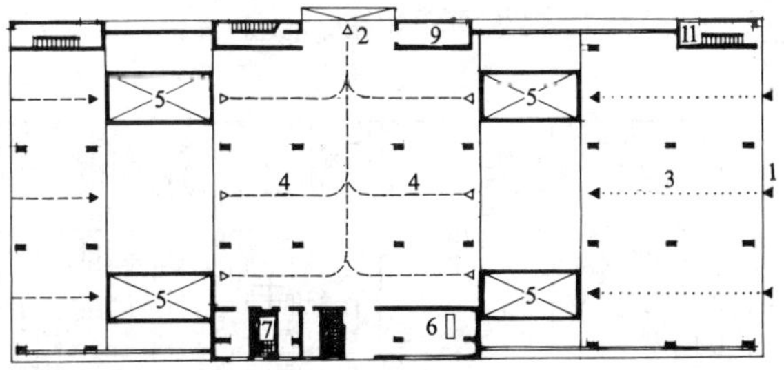

首层平面

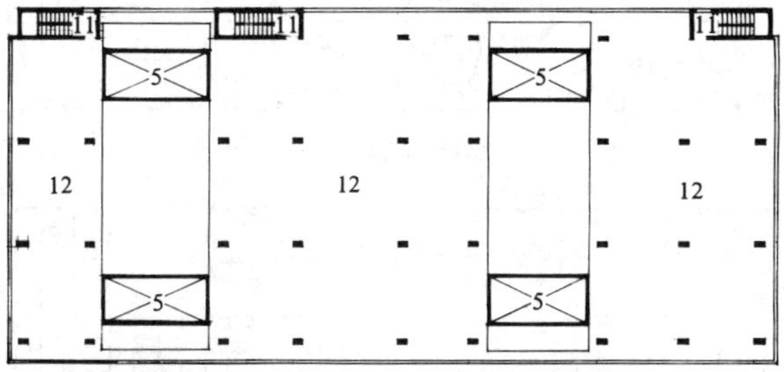

标准层平面

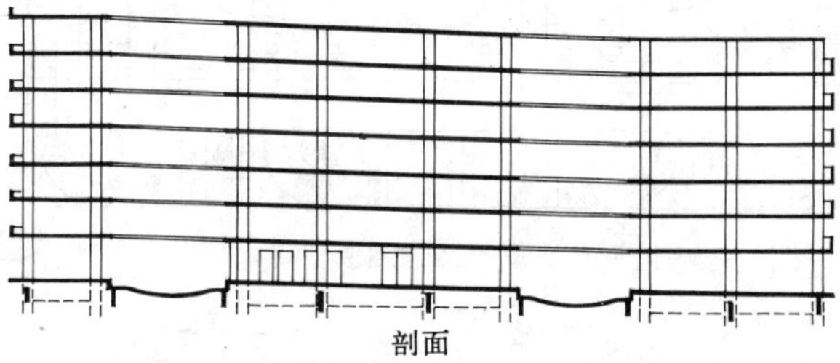

剖面

注：
该车库容量为396辆车，8层高，基地面积为1800m²，混凝土框架结构，层高为2.3m，平均每辆车占面积25.8m²。车库建在多伦多市中心，两端均为入口，车库内有两条横向宽7m的电梯笼井道，每个井道有两个电梯笼，贮车位进深6.4m。

3 加拿大多伦多市“鸽笼式”停车库

6

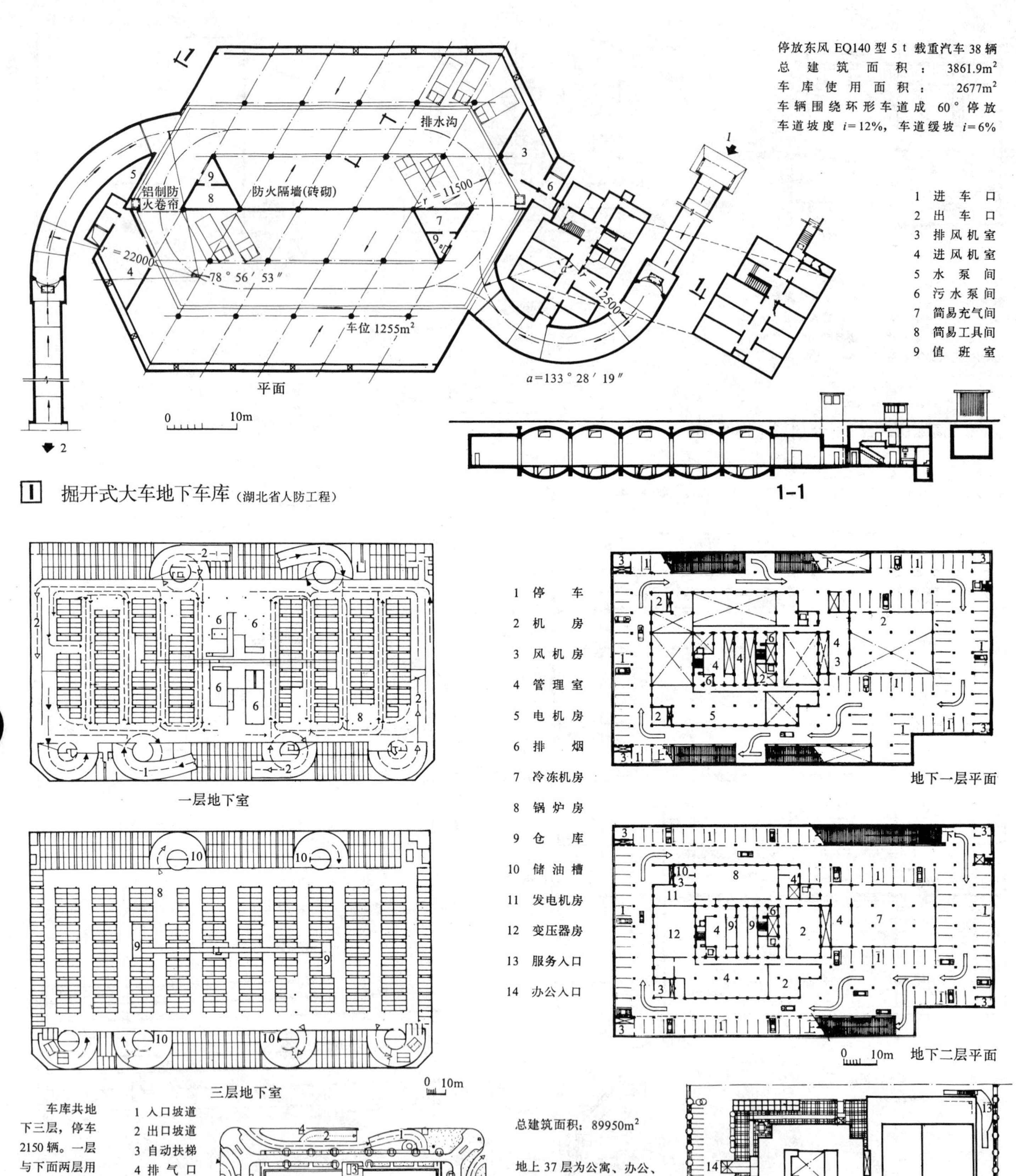

1 掘开式大车地下车库（湖北省人防工程）

2 美国洛杉矶波星广场地下车库

3 上海国际贸易中心地下车库

载重汽车平面位置

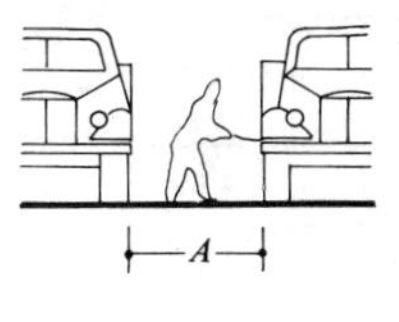
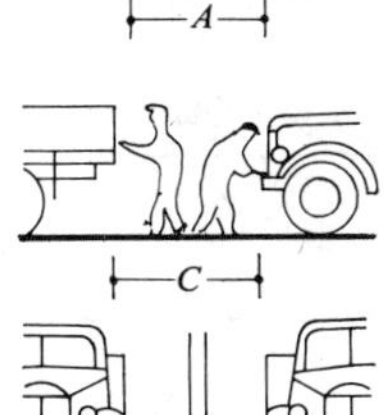
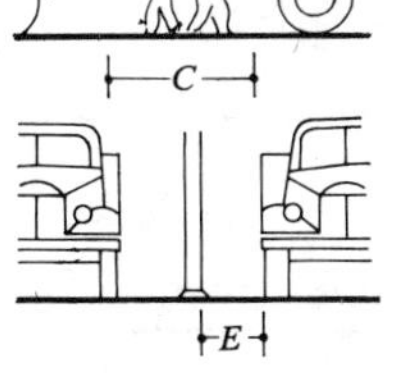
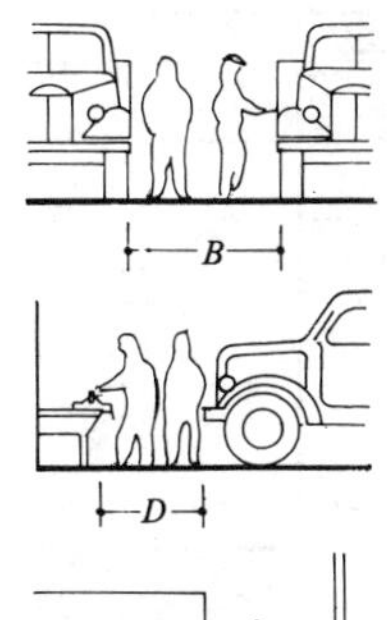
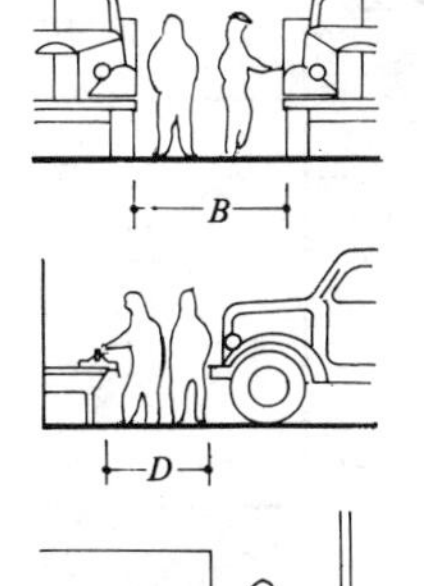

平面间距 表1

代号	间距(m)
A	1100
B	2000
C	1200
D	1200
E	700
F	1500

注：汽车修理间面积按每台位60～70m² 计算，其余部分（机工间、充电间、材料库等）视修理任务及设备条件酌定。

1 平面间距位置

汽车保养、修理设施

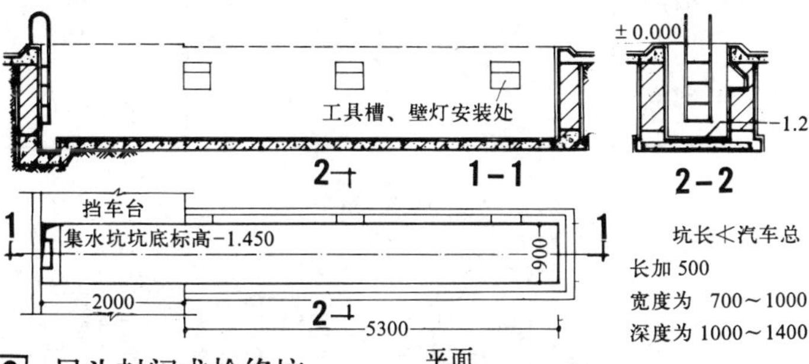

坑长≮汽车总长加500
宽度为 700～1000
深度为 1000～1400

2 尽头封闭式检修坑

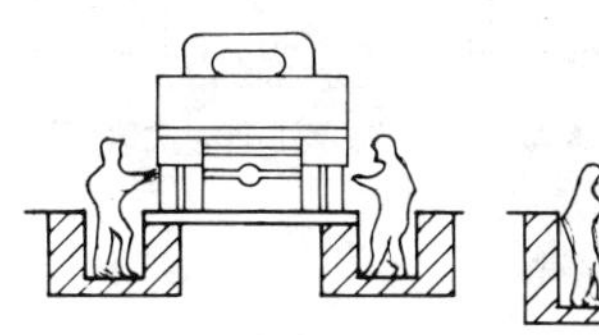

坑长及宽度可参照尽端式检修坑尺寸。
专供洗车时：
深度为：600～800
宽度应不小于 600
引道坡度应≯25%

3 侧面检修坑 4 混合式检修坑

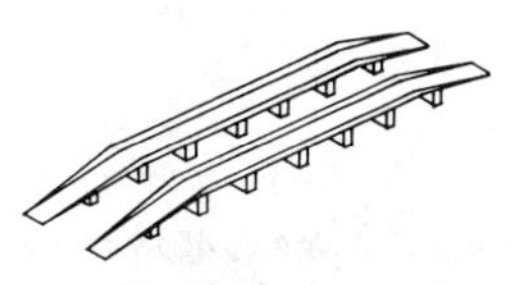

检修、洗衣栈桥一般均为贯通式，亦有作成尽头式及半栈桥式的。

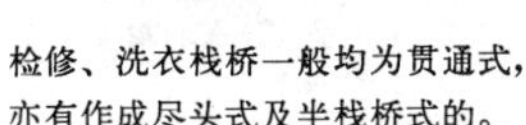

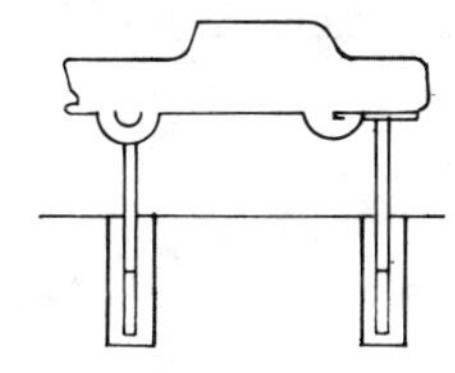

升降机作用与栈桥相同，可自由调整至需要高度。有液压风动式、液压式、电动机械式三种。支柱有单柱及双柱两种。

5 贯通式栈桥 6 双柱升降机

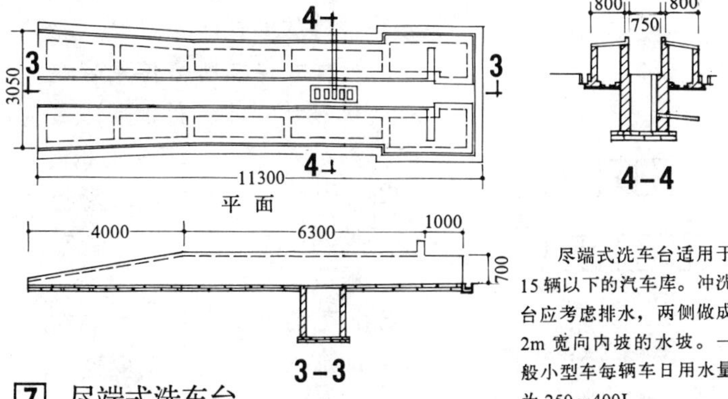

尽端式洗车台适用于15辆以下的汽车库。冲洗台应考虑排水，两侧做成2m宽向内坡的水坡。一般小型车每辆车日用水量为250～400L。

7 尽端式洗车台

加油设备

一、汽车加油机与建筑物、铁路、道路的防火间距

表2

名称			防火间距(m)	备注
民用建筑、明火或散发火花的地点			25000	1.加油站的油罐应采用地下卧式油罐并直接埋设，甲类液体总储量不超过 60m³，单罐容量不超过 20m³ 2.储油罐上应设有直径不小于38mm并带有阻火器的放散管，其高度距地面不应小于4m，且高出管理室屋面不小于50cm 3.汽车加油机、地下油罐与民用建筑之间如设有高度不低于2.2m的非燃烧体实体围墙隔开，其防火间距可适当减少
独立的加油机管理室距地下油罐			5000	
靠地下油罐一面墙上无门窗的独立加油机管理室距地下油罐			不限	
独立的加油机管理室距加油机			不限	
其他建筑	耐火等级	一、二级	10000	
		三级	12000	
		四级	14000	
厂外铁路线（中心线）			30000	
厂内铁路线（中心线）			20000	
道路（路边）			5000	

二、加油平台周围应有足够空地以备汽车调度用。

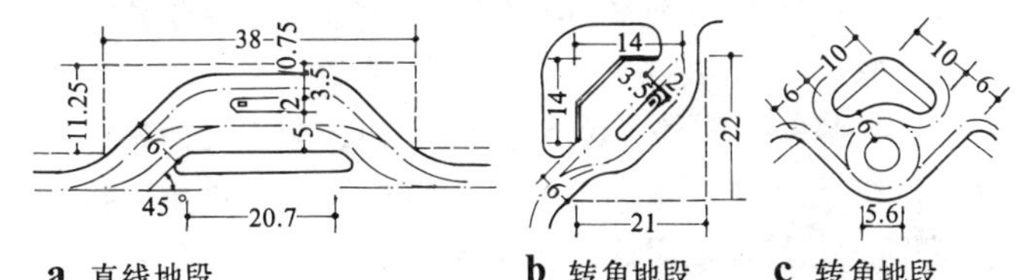

8 加油平台布置方式

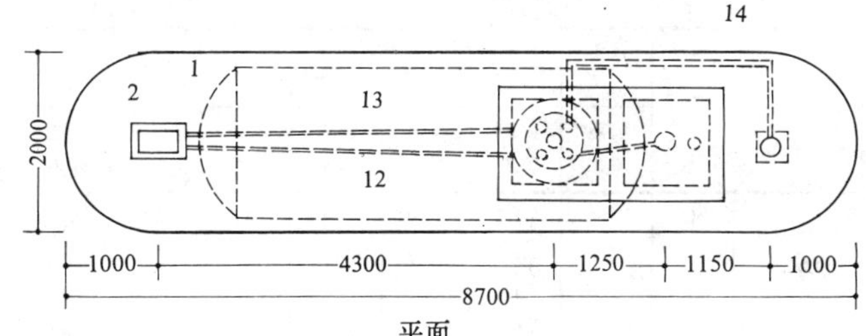

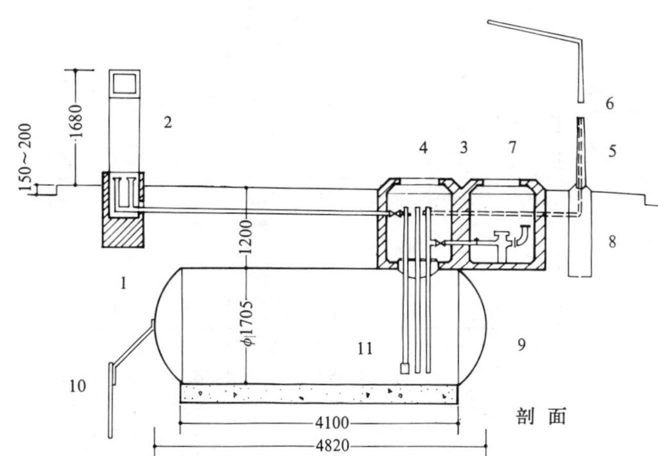

三、地下油槽可直接设置于加油平台下或加油平台外离加油柱 30m 以内的地段。每个油槽容积≤25m³。

1 油罐	8 注油过滤器
2 汽油加油柱	9 量油管
3 检视井盖	10 接地铁管
4 角式灭火器	11 吸油阀
5 通风口	12 主管
6 照明柱	13 回油管
7 注油井盖	14 通风管

9 加油柱及地下油槽

市内停车场设计要点

一、市内机动车公共停车场须设置在车站、码头、机场、大型旅馆、商店、体育场、影剧院、展览馆、图书馆、医院、旅游场所、商业街等公共建筑附近。其服务半径为 100～300m。

二、公共建筑附近停车场停车位指标

表 1

类　别	单位停车位数	车位数	类　别	单位停车位数	车位数
旅　馆	每 客 房	0.08～0.20	医　院	每 100m²	0.20
办公楼	每 100m²	0.25～0.40	游览点	每 100m²	0.05～0.12
商业点	每 100m²	0.30～0.40	火车站	高峰日每 1000 旅客	2.00
体育馆	每 100 座位	1.00～2.50	码　头	高峰日每 100 旅客	2.00
影剧院	每 100 座位	0.80～3.00	饮食店	每 100m²	1.70
展览馆	每 100m²	0.20	住　宅	高级住宅每户	0.50

注：除饮食店每 100m² 为营业面积外，其余每 100m² 系指建筑面积。

三、公共停车场用地面积均按当量小汽车的停车位数估算，一般按每停车位 25～30m² 计算。具体换算系数为：
微型汽车：0.7　小型汽车：1.0　中型汽车：2.0
大型汽车：2.5　铰接汽车：3.5　三轮摩托：0.7。

四、公共停车场的停车位大于 50 个时，停车场的出入口数不得少于 2 个；停车位大于 500 时，出入口数不得少于 3 个。出入口之间的距离须大于 15m，出入口宽度不小于 7m。出入口距人行天桥、地道和桥梁应大于50m。

五、机动车停车场的设计参数

表 2

项目 \ 车型 \ 停车方式		平行式	斜列式 30°	斜列式 45°	斜列式 60°	斜列式 60°	垂直式	垂直式
		前进停车	前进停车	前进停车	前进停车	后退停车	前进停车	后退停车
垂直通道方向停车带宽(m)	1	2.6	3.2	3.9	4.3	4.3	4.2	4.2
	2	2.8	4.2	5.2	5.9	5.9	6.0	6.0
	3	3.5	6.4	8.1	9.3	9.3	9.7	9.7
	4	3.5	8.0	10.4	12.1	12.1	13.0	13.0
	5	3.5	11.0	14.7	17.3	17.3	19.0	19.0
平行通道方向停车带长(m)	1	5.2	5.2	3.7	3.0	3.0	2.6	2.6
	2	7.0	5.6	4.0	3.2	3.2	2.8	2.8
	3	12.7	7.0	4.9	4.0	4.0	3.5	3.5
	4	16.0	7.0	4.9	4.0	4.0	3.5	3.5
	5	22.0	7.0	4.9	4.0	4.0	3.5	3.5
通道宽(m)	1	3.0	3.0	3.0	4.0	3.5	6.0	4.2
	2	4.0	4.0	4.0	5.0	4.5	9.5	6.0
	3	4.5	5.0	6.0	8.0	6.5	10.0	9.7
	4	4.5	5.8	6.8	9.5	7.3	13.0	13.0
	5	5.0	6.0	7.0	10.0	8.0	19.0	19.0
单位停车面积(m²)	1	21.3	24.4	20.0	18.9	18.2	18.7	16.4
	2	33.6	34.7	28.8	26.9	26.1	30.1	25.2
	3	73.0	62.3	54.4	53.2	60.2	51.5	50.8
	4	92.0	76.1	67.5	67.1	62.9	68.3	68.3
	5	132.0	78.0	89.2	89.2	85.2	99.8	99.8

注：1 指微型汽车、2 指小型汽车、3 指中型汽车、4 指大型汽车、5 指铰接汽车。

六、停车场内部要根据车型、停车性质和停放形式进行布置。场内的交通路线采用与进出口行驶方向一致的单向行驶路线，进出口须有停车线、限速等各种标志和夜间显示装置。同时要综合考虑绿化、照明、排水等设施。

七、停车坪采用混凝土刚性结构，地坪排水坡度≯0.5%。

车辆纵横向净距

表 3

尺寸(m) 车辆类型 / 项目		微型汽车和小型汽车	大、中型汽车和绞接车
车间纵向净距		2.00	4.00
车背对停车时车间尾距		1.00	1.00
车间横向净距		1.00	1.00
车辆与围墙、护栏及其他构筑物之间	纵	0.50	0.50
	横	1.00	1.00

停车场通道的最小平曲线半径和最大纵坡度

表 4

车辆类型	最小平曲线半径(m)	通道直线坡度(%)	通道曲线坡度(%)
绞接车	13.00	8	6
大型汽车	13.00	10	8
中型汽车	10.50	12	10
小型汽车	7.00	15	12
微型汽车	7.00	15	12

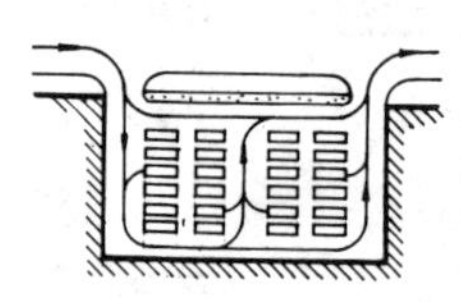
a 港湾式停车场

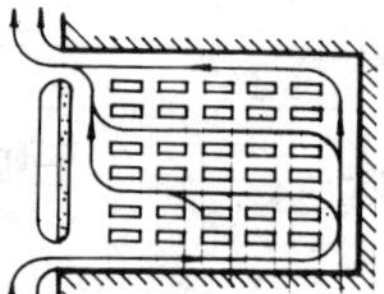
b 港湾式停车场

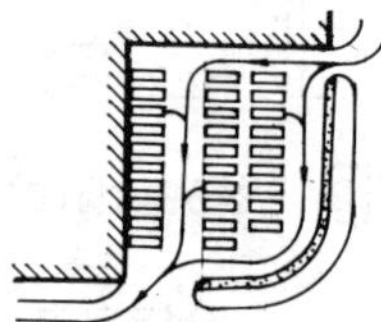
c 转角处港湾式停车场

1 干道边停车场布置的三种形式

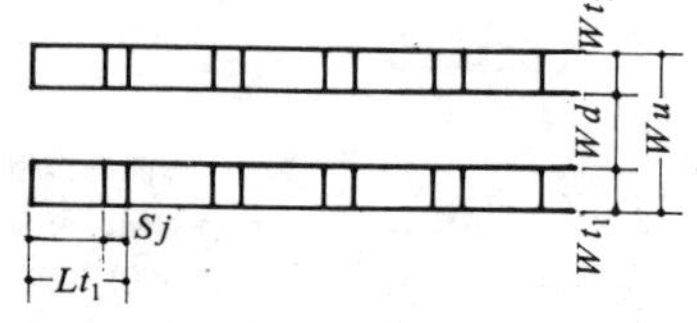

a 平行式停车

b 斜列式停车

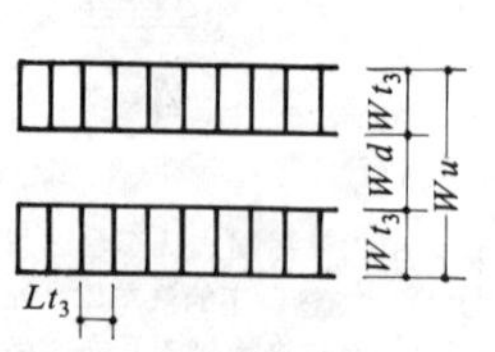

c 垂直式停车

2 车辆的停放形式

At：单位停车面积
Wd：通道宽
Wu：单位停车宽
Sj：车辆的间隔
Wt_1：平行式停车，垂直通道的车位尺寸
Wt_2：斜列式停车，垂直通道的车位尺寸
Wt_3：垂直式停车，垂直通道的车位尺寸
Lt_1：平行式停车，平行通道的车位尺寸
Lt_2：斜列式停车，平行通道的车位尺寸
Lt_3：垂直式停车，平行通道的车位尺寸

车辆停放形式

1.平行式停车所需停车带窄，在设置适当的通行带后，车辆出入方便但每车位停车面积大。

2.斜列式停车对场地的形状适应性强，出入方便，但每车位占地面积较大。

3.垂直式停车所需停车带宽度大，出入所需通道宽度也大，但停车紧凑出入方便。

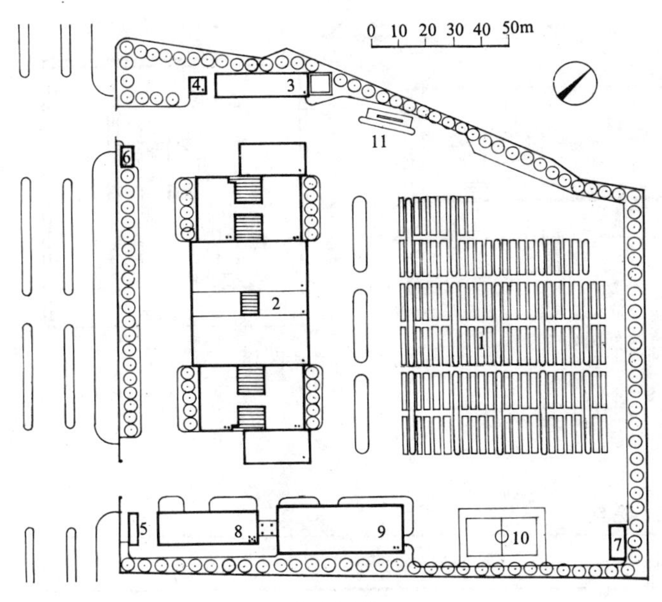

停车数：100辆铰接式电车　　总用地面积：31780m²

1 停车场地：10000m²
2 保修车间：5245m²
3 铁工、拆洗、电瓶车间：325m²
4 配电：52m²
5 传达、路救：60m²
6 门卫、配汽：35m²
7 危险品库：84m²
8 办公、宿舍：2397m²
9 综合楼：1777m²
10 篮球场
11 洗车台

1 杭州电车第二停车场

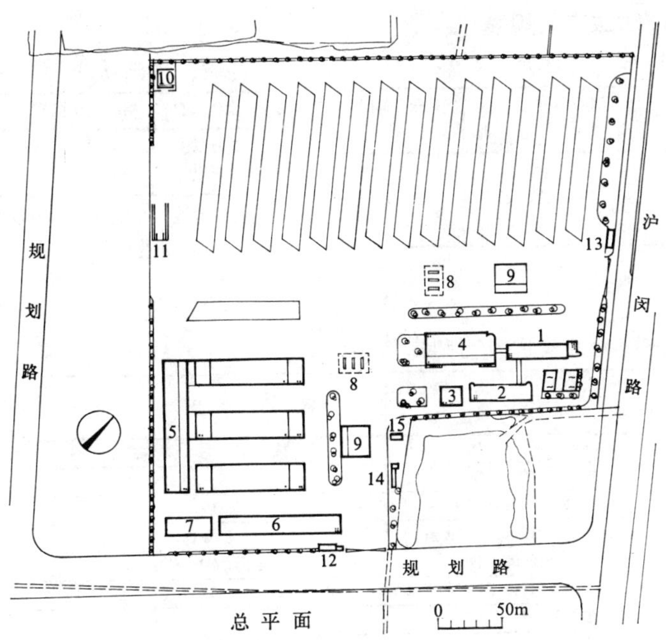

1 综合楼
2 生活楼
3 锅炉房
4 食堂、文娱室
5 车库工间
6 总成、金工间
7 空压锻工
8 加油
9 例保
10 危险品库
11 洗车台
12 警卫、消防
13 警卫、厕所
14 配电
15 污水处理

停放大型汽车：400辆
高级保养车辆：600辆
总建筑面积：30017m²
每辆车占地：274m²

2 上海莘庄大型车辆保养停车场

1 首都体育馆
2 停车场
3 无轨电车停车场
4 自行车停车处
5 紫竹院公园

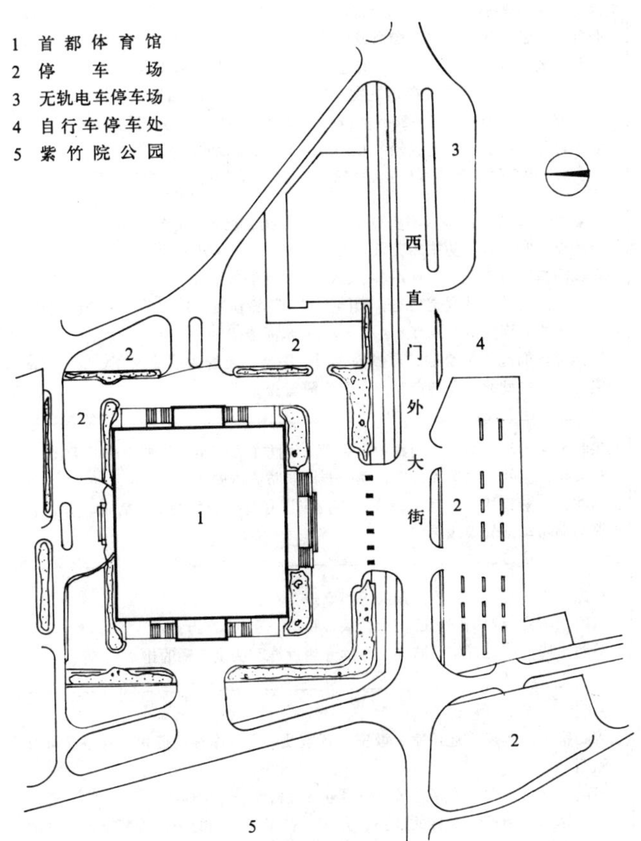

3 北京首都体育馆停车场

1 小汽车停车场
2 市内公共汽车停车场
3 市郊公共汽车停车场
4 无轨电车停车场
5 北京动物园
6 商场
7 天桥
8 地道

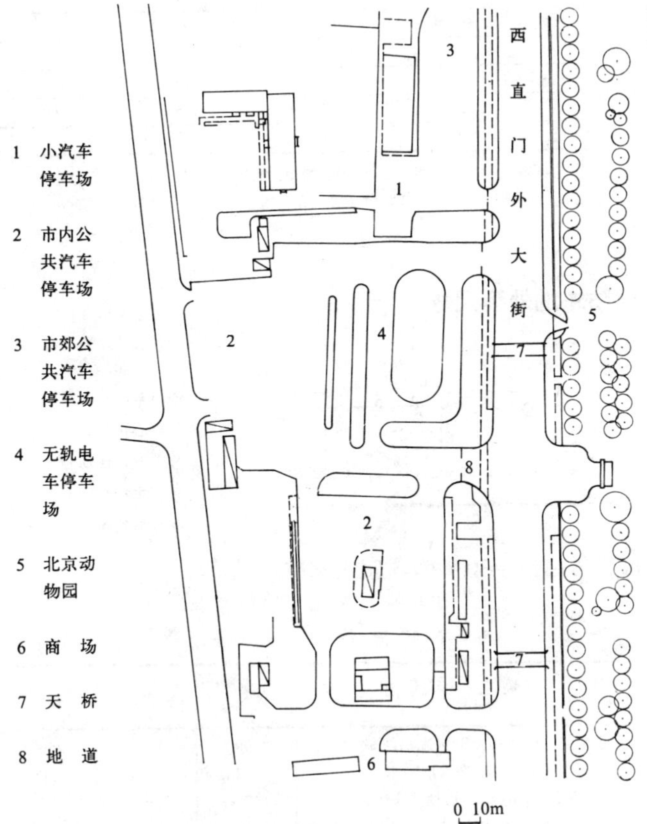

4 北京动物园公共交通停车场

消防车库的规模

城市消防车库　　表 1

站级	消防车(辆)	责任区类别	责任区面积(km^2)
一	6～7	甲	4～5
二	4～5	乙	5～6
三	3	丙	6～7

县城、镇消防车库　　表 2

常住人口	站级	消防车(辆)
5 万以上	二	4～5
5 万以下	三	3

注：人口在 5 万以上的镇，可设 2 个三级消防站。

消防站的组成及面积定额　　表 3

面积(m^2) 车辆数 / 内容	2～3 辆	4～5 辆	6～7 辆
车库		按车型确定	
通讯室		15～20	
司务长室兼值勤宿舍		10	
干部办公室兼值勤宿舍		每人 10	
战斗员值勤宿舍		每人 6（包括物品贮藏 0.3m^2/人）	
会议室兼阅览室	40	55	70
警卫、传达室		10	
卫生室		12～15	
图书室		10～15	
厨房（包括贮藏面积）		50 人以下按 50，每增加 1 人加 0.55	
餐室		每人 0.9	
烧水房		5	
家属探亲用房	40	50	60
蓄电池室		10	
修理间	12	15	20
清洗室	8	10	12
烘干室	10	15	20
器材库	25	30	35
被服库	12	15	20
枪支贮存室		10～15	
杂具间	12	15	20
油库		12～15	
浴室、更衣室	40	50	60
盥洗室、厕所		每人 0.6	

注：消防站训练场地面积分别为：1500、2000、2500m^2，场内设100m长的跑道，当训练场地面积达不到以上要求时，其面积可适当减小，但不得小于 1000m^2。

消防车的外型尺寸

内座式水罐消防车，是由双级离心泵及其引水装置、传动装置、车身等主要部分所组成。

1 CG18／30A 型内座式水罐消防车

消防车的型号和外形尺寸　　表 4

型号	长	宽	高
CG18／30A 型水罐消防车	7000	2400	2600
CPP30 型泡沫消防车	7680	2400	3300
CF10 型干粉消防车	6780	2400	2930
CFP2／2 干粉泡沫联用消防车	10500	2800	3700
CQ23 曲臂式登高消防车	11200	2600	3740

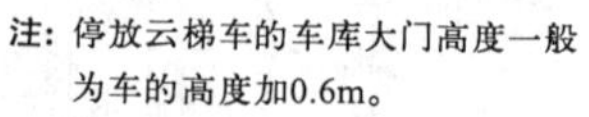

剖　面

注：停放云梯车的车库大门高度一般为车的高度加0.6m。

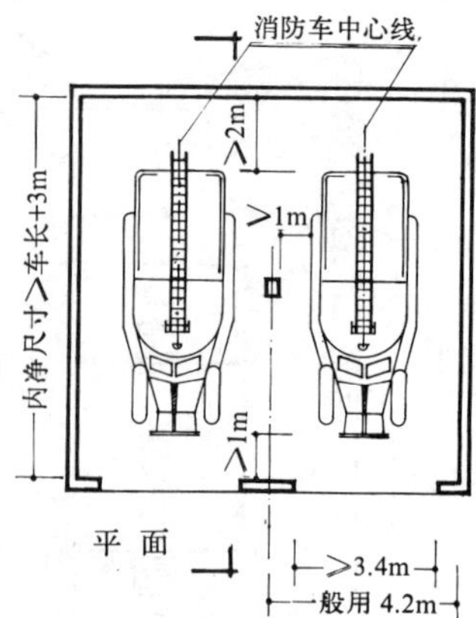

平　面

2 车库基本尺寸

设计要点　　表 5

项目	内容要求
平面布置	1.消防车库应布置在建筑物正面一层便于车辆迅速出动的部位 2.车库正门距规划道路红线不宜小于10m，门前地面应用混凝土或沥青等材料铺筑，并向道路边线做 1～2%的坡度 3.车库内消防车外缘之间的净距不小于2m；消防车外缘至边墙、柱子表面的距离不小于 1m；消防车外缘至后墙表面的距离不小于 2.5m；消防车外缘至前门垛的距离不小于 1m；车库的净高不小于车高加 0.6m 4.车库应设置修理间和检修坑，其位置不宜靠近通讯室。超过三辆消防车的车库，应设置一个有前后门的隔间，并在其车位下面设置检修坑 5.车库每个车位都应设有独立的大门并设自动开启装置，门的宽度应不小于车宽加 1m，高度应不小于车高加 0.3m。靠近通讯室的车库大门上，应设置一个供人通行的小门 6.通讯室应设在靠近车库出口的一侧，它与车库之间的墙上应设有传递窗 7.蓄电池室应与通讯室、车库毗连。其出入口处宜设有套间或斗门，门均应向外开。蓄电池室应设有酸类或碱类的贮存间 8.队长办公室（兼值勤宿舍）应布置在建筑物一层并与通讯室相邻 9.战斗员值勤宿舍宜布置在建筑物一层并靠近车库。如布置在二层时，必须设置直通车库直径为 7～8cm 的滑杆，在滑杆底部应设置直径不小于 0.8m 的弹性垫，楼板上人孔直径为 0.9～1.0m，周围设置防护设施 10.在寒冷和多雨地区，可设置面积不小于50m^2的训练室、烘干室等
建筑构造	1.消防站的建筑耐火等级不应低于三级。如为二层及二层以上的三级耐火等级的建筑时，其消防车库顶板耐火极限不应低于 1 小时 2.车库门口上方应设置宽度不小于0.8m的非燃烧体雨棚 3.车库平开大门应装置定门器。大门上方如不设窗时，应在门扇上安装玻璃 4.车库内的墙面宜设有高度不小于1.2m的水泥墙裙 5.通讯室内的地面、墙壁、顶棚的表面应平整、光滑、不易积聚灰尘。通讯室与车库之间的墙和传递窗，应采取隔音措施
采暖通风	1.采暖地区的消防站应采用集中式采暖。消防车库的室内温度不应低于10℃ 2.非采暖地区的消防车库，应根据需要采取防冻措施 3.消防站一般采用自然通风，在车库内应设置排出废气的专用管道，并用软管与消防车排气管相连接
给水排水	1.车库内应设置生活及生产用的上下水道。 2.消防站内应设置训练用的消火栓或容积不小于20m^3的蓄水池 3.消防车库内应设置供消防车上水的专用设施和洗刷车辆的排水设施
电气照明	1.值勤宿舍、车库、通讯室、教室、餐室及其通往车库的通道，应设置事故照明 2.蓄电池室及易燃液体库应采用防爆电气设备 3.消防站内必须设有警铃的装备，并应该在车库大门的一侧安装车辆出动的警灯和警铃

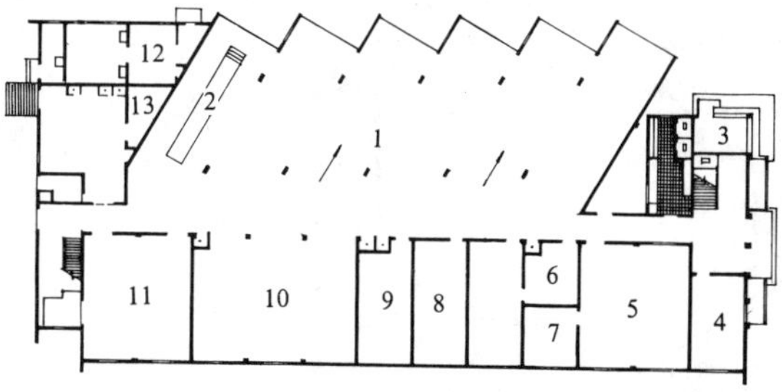

底层平面

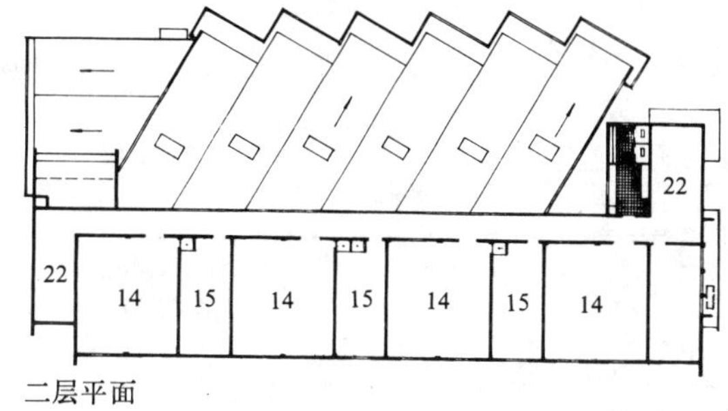

二层平面

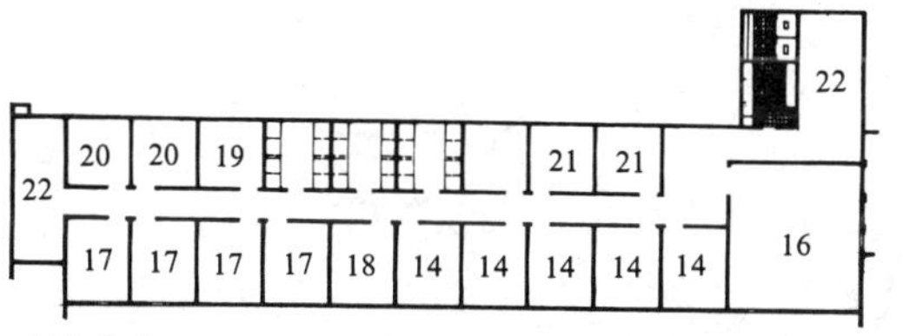

三层平面

0 10m

建筑面积：2070m²

1 车库
2 修理坑
3 警卫
4 防火科
5 阅览
6 电讯
7 图书
8 队长办公
9 训练器材
10 训练
11 食堂
12 浴室
13 贮藏
14 宿舍
15 学习室
16 会议室
17 家属宿舍
18 医务室
19 药剂库
20 仓库
21 防火
22 楼梯

1 消防车库
2 值勤楼
3 修理间
4 训练塔

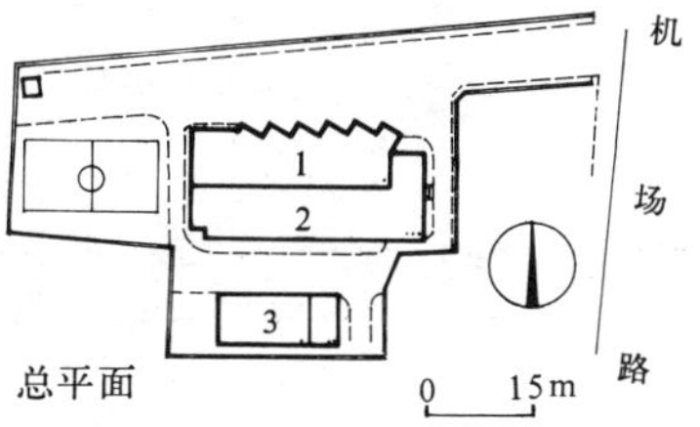

总平面

0 15m

机场路

1 杭州艮山消防支队车库

1 车库
2 警卫室
3 门厅
4 内务库
5 厕所
6 盥洗室
7 副食库
8 热加工
9 餐厅
10 配餐室
11 副食加工
12 主食加工
13 主食库
14 器材库
15 烧火间
16 文娱室
17 接待室
18 值勤室
19 办公室
20 机房
21 电话
22 小餐室
23 值班室
24 宿舍

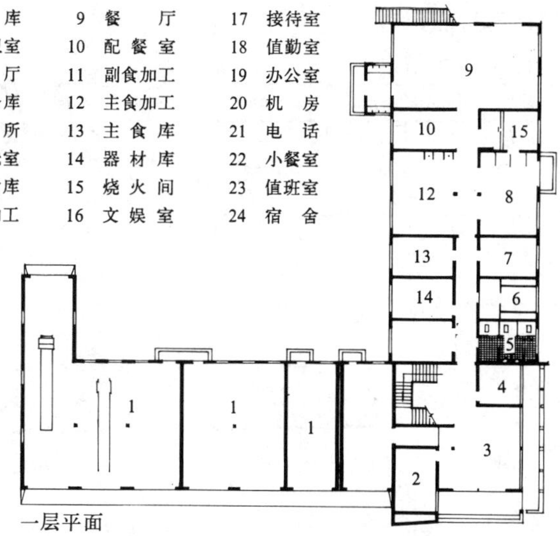

一层平面

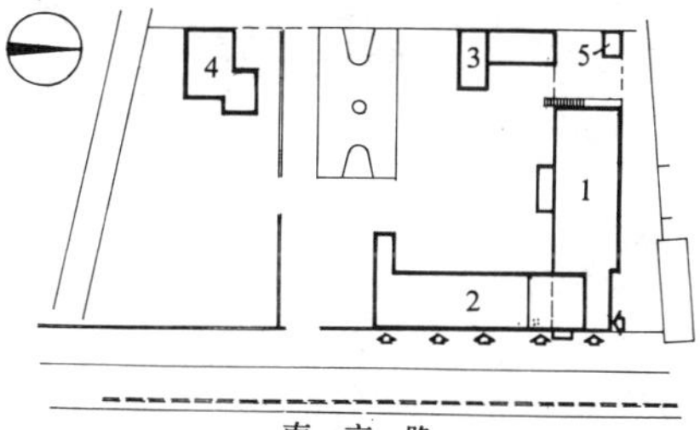

总平面

南京路

1 综合楼
2 车库
3 训练塔
4 住宅
5 配电室

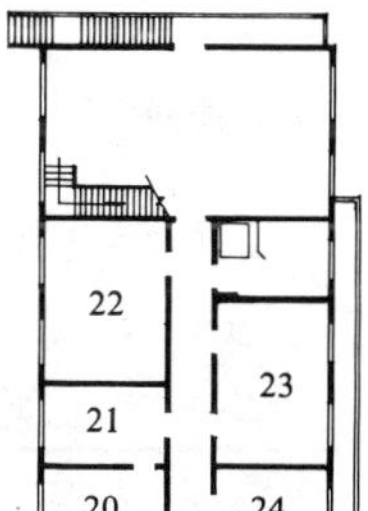

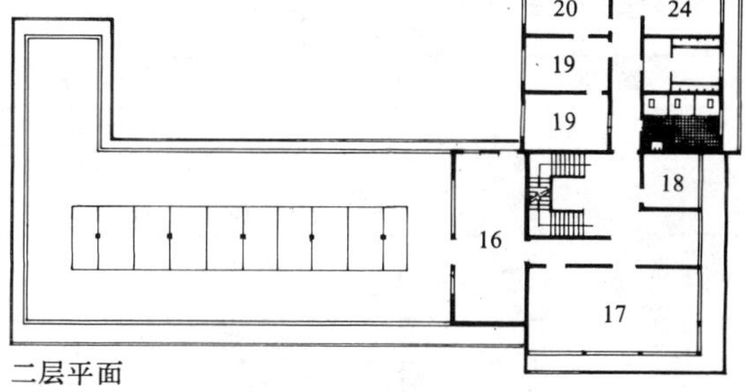

二层平面

2 青岛消防中队车库

0 10m

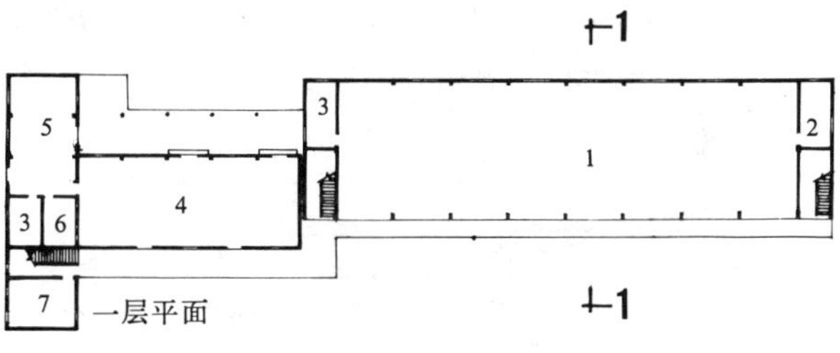

一层平面

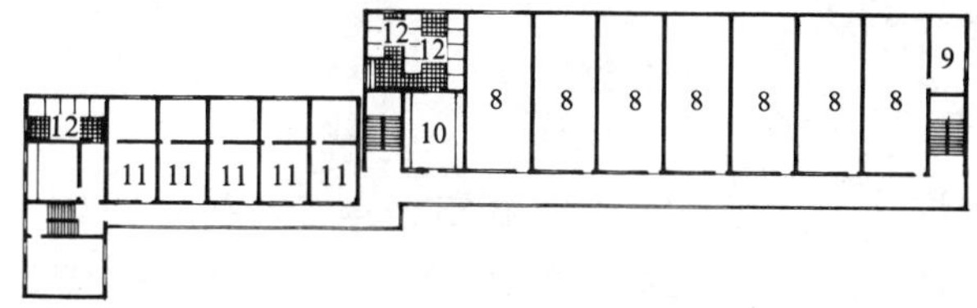

0 10m

标准层平面

1 消防车库
2 值班
3 仓库
4 餐厅
5 厨房
6 备餐
7 训练器械
8 战士宿舍
9 电台
10 盥洗室
11 招待所
12 浴厕
13 特种车库
14 商店
15 指挥楼
16 门卫
17 洗车台
18 训练塔

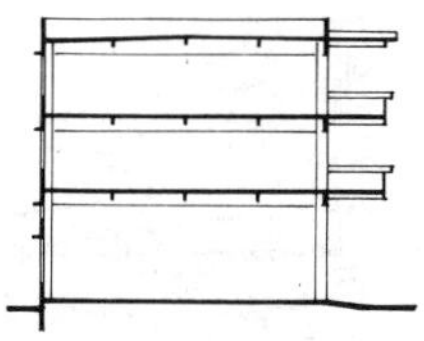

1-1

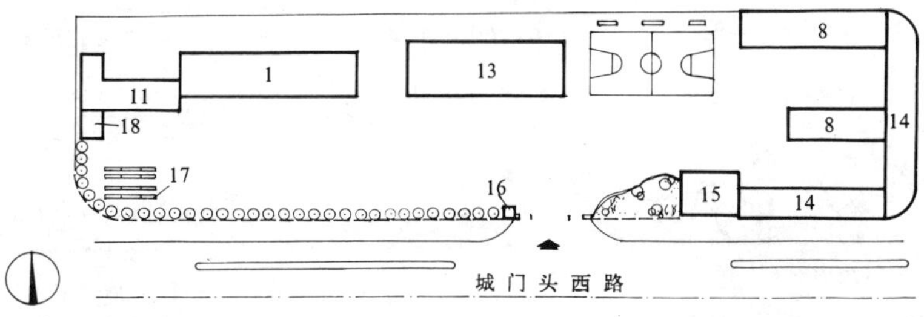

总平面

城门头西路

3 佛山消防车队车库

自行车停放尺寸

自行车的车型尺寸　　表1

类型	a(mm)	b(mm)	c(mm)
28 型	1940	1150	520～600
26 型	1820	1000	
20 型	1470	1000	

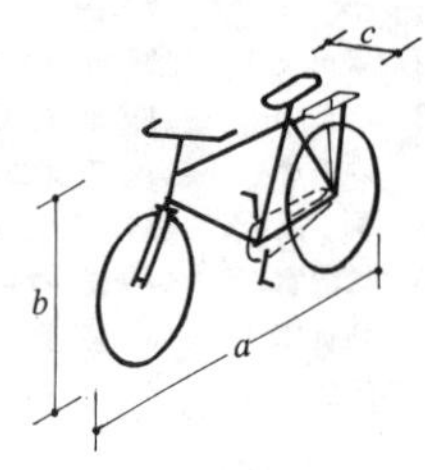

每辆自行车的停放车位尺寸为：$2.0 \times 0.6m^2$

自行车的停放形式和占地尺寸

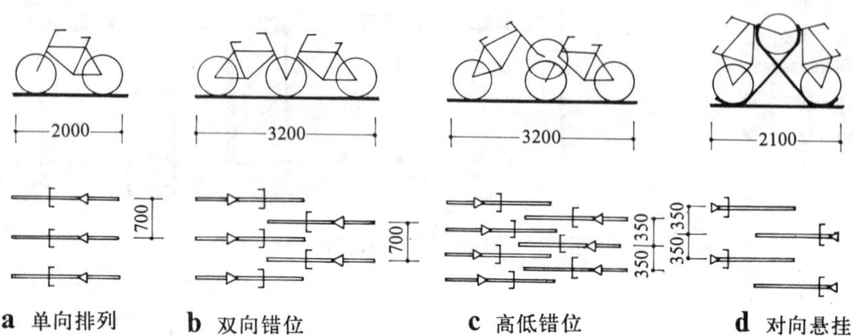

a 单向排列　b 双向错位　c 高低错位　d 对向悬挂

1 自行车的停放尺寸

自行车停车带宽度和通道宽度　　表2

停车方式		停车带宽		车辆间距	通道宽度	
		单排停车	双排停车		一侧使用	两侧使用
垂直排列		2000	3200	700	1500	2600
斜排列	60°	1700	2770	500	1500	2600
	45°	1400	2260	500	1200	2000
	30°	1000	1600	500	1200	2000

自行车单位停车面积　　表3

停车方式		单位停车面积 (m^2/辆)				备注
		单排一侧	单排两侧	双排一侧	双排两侧	
垂直排列		2.10	1.98	1.86	1.74	地下自行车停车库坡道坡度一般为12%～14%
斜排列	60°	1.85	1.73	1.67	1.55	
	45°	1.84	1.70	1.65	1.51	
	30°	2.20	2.00	2.00	1.80	

自行车车棚

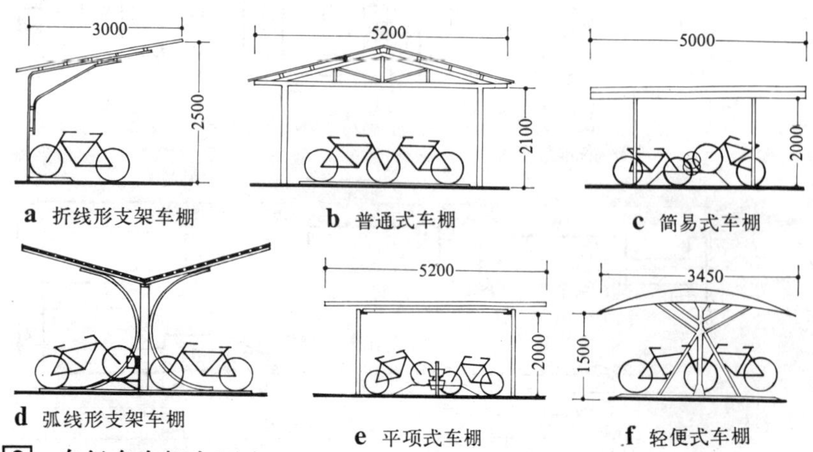

a 折线形支架车棚　b 普通式车棚　c 简易式车棚　d 弧线形支架车棚　e 平项式车棚　f 轻便式车棚

2 自行车车棚主要类型

实例

1 商　店
2 停车场
3 自行车库
4 商店仓库
5 管理室

1 2 3 4 5

底层平面

0　10m

剖　面

规模及内容：自行车库、里委会及商店
建筑面积：$539m^2$
结构形式：砖混、框架
建成日期：1981 年

3 常州清潭新村自行车库

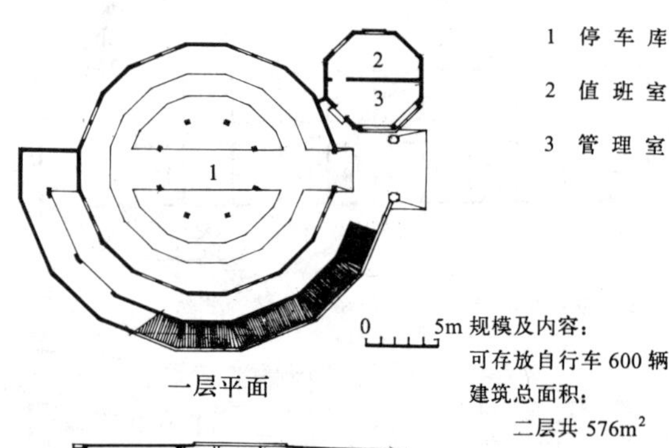

一层平面

规模及内容：可存放自行车 600 辆
建筑总面积：二层共 $576m^2$
结构形式：混合结构
建成日期：1982 年

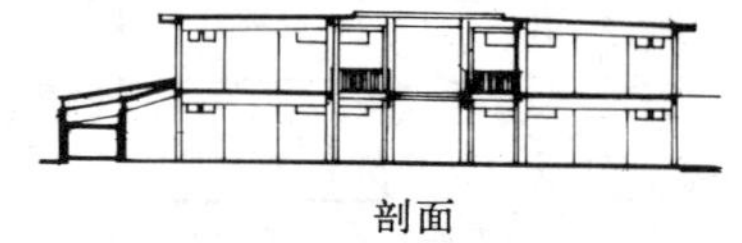

剖面

4 无锡清杨新村 A 区自行车库

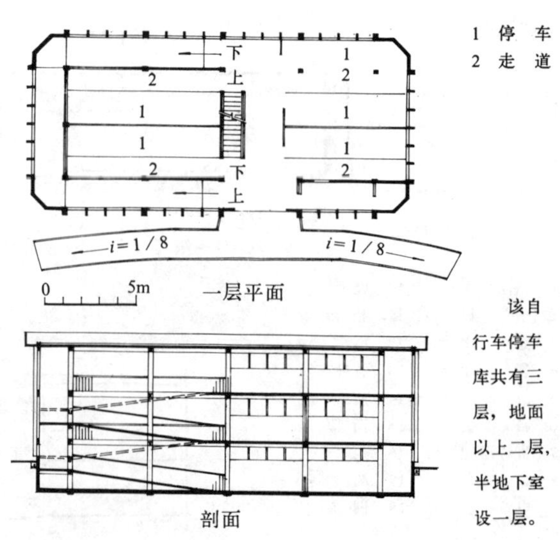

一层平面

剖面

该自行车停车库共有三层，地面以上二层，半地下室设一层。

5 上海彭浦新村东区自行车停车楼

冷库主要是贮存肉类、蛋类以及水果、蔬菜等易腐食品。还有特种需要的冷库如中药材库、冰库等。由于贮存种类繁多，使用要求不同，建设规模不一，以及各地气候条件差异，因此对建筑的要求也有所不同。

冷库分类

一、按使用性质分类

表1

生产性冷库	为食品加工企业生产车间的组成部分，设有较大的冷却、冻结加工能力及相应的冷藏间，食品经短期贮存后即外销
分配性冷库	以冷藏为主，设有少量的冻结加工能力或复冻能力，可以较长时期地贮存一定数量的食品，以调节市场供应

二、按建筑规模分类

1.大型冷库：冷藏容量≥5000t

2.中型冷库：冷藏容量　1000～1500t

3.小型冷库：冷藏容量<1000t

公称容积计算方法

公称容积为冷藏间或储冰间的净面积（不扣除柱、门斗和制冷设备所占有的面积）乘以房间净高。冷藏间的容量可按下列公式计算：

$$G=\frac{\sum v\gamma n}{1000}$$

式中：G　冷库贮藏吨位(t)

v　冷藏间或贮冰间的公称容积(m^3)

n　冷藏间或贮冰间的容积利用系数

γ　食品的计算重度(kg/m^3)

1000　吨换算千克的数值(kg/t)

冷藏容积利用系数

表2

序号	公称容积(m^3)	容积利用系数 n
1	500～1000	0.40
2	1001～2000	0.50
3	2001～10000	0.55
4	10001～15000	0.60
5	>15000	0.62

注：①对于仅储存冻结食品或冷却食品的冷库，表内公称容积为全部冷藏间公称容积之和；对于同时贮存冻结食品和冷却食品的冷库，表内公称容积则分别为冻结食品冷藏间或冷却食品冷藏间各自公称容积之和。

②蔬菜冷库的容积利用系数应按表中数值乘以0.8的修正系数。

储冰间容积利用系数

表3

序号	储冰间净高(m)	容积利用系数 n
1	≤4.2	0.4
2	4.21～5.00	0.5
3	5.01～6.00	0.6
4	>6.00	0.65

食品计算重度

表4

序号	食品类别	食品重度γ(kg/m^3)
1	冻　肉	400
2	冻　鱼	470
3	鲜　蛋	260
4	鲜蔬菜	230
5	鲜水果	230
6	冰　蛋	600
7	机制冰	750
8	其　他	按实际重度采用

注：同一冷库如同时存放猪、牛、羊肉（包括禽、兔）时，其重度均按400kg/m^3计；当只有冻羊腔时，重度按250kg/m^3计；只存冻牛、羊肉时重度按330kg/m^3计。

建筑设计采用室外气象参数的规定

一、库房围护结构传入热量计算的室外计算温度，应采用夏季空气调节日平均温度。

二、计算库房围护结构最小总传热阻时的室外空气相对温度，应采用最热日平均相对湿度。

三、开门热量和冷间换气热量计算的室外温度应采用夏季通风温度；室外相对湿度应采用夏季通风室外计算相对湿度。

注：室外气象参数可参见现行《采暖通风和空调设计规范》。

冷间设计温度和相对湿度

表5

序号	冷间名称	室　温(℃)	相对湿度(%)	适用食品范围
1	冷却间	0		肉、蛋等
2	冻结间	-18～-23		肉、禽、兔、冰蛋、蔬菜、冰淇淋等
		-23～-30		鱼、虾等
3	冷却物冷藏间	0	85～90	冷却后的肉、禽
		-2～0	65～80	鲜蛋
		-1～+1	90～95	冰鲜鱼
		0～+2	85～90	苹果、雅梨等
		-1～+1	90～95	大白菜、蒜苔、葱头、菠菜、香菜、胡萝卜、甘蓝、柠菜、莴苣等
		+2～+4	85～90	土豆、桔子、荔枝等
		+7～+13	85～95	柿子椒、菜豆、黄瓜、蕃茄、冻蔬菜、冰淇淋、冰棒等
		+11～+16	85～90	香蕉等
4	冻结物冷藏间	-15～-20	85～90	冻肉、禽、兔和副产、冰蛋
		-18～-23	90～95	冻蔬菜、冰淇淋、冰棒等冻鱼、虾等
5	储冰间	-4～-6		盐水制冰的冰块

注：①冷却物冷藏间设计温度一般为0℃，储藏过程中应按照食品的产地、品种、成熟度和降温时间等调节其温度与相对湿度。

②储冰间即冰库。

7

各类冷库的内部组成概况

用房名称		冷藏及冷加工部分								交通运输设施						管理及生活部分						机房及变配电部分									
		冷却物贮藏间	冻结物冷藏间	贮冰间	冷却间	冻结间	脱钩间	脱盘间	包装间	电梯间	楼梯间	穿堂或走道	公路站台	铁路站台	出冰站台	过磅间	分发间	值班室	休息室	更衣室	生活间	氨压缩机房	设备间	控制室	工具间	油处理间	变压器室	高压配电室	低压配电室	电气维修间	电工值班室
室内温度(℃)		0	−15～−20	−4～−6	0	−23			−4～−10																						
冷库类别	大型冷库	○	○	△	△	△	△	△	○	○	○	○	○	○	△	○	○	○	○	○	○	○	○	○	○	○	○	○	○	○	○
	中型冷库	○	○	△	△	△	△	△	△	○	○	○	○	△	△	○	○	○	○	○	○	○	○	○	○	○	○	○	○	○	○
	小型冷库	○	○													○		○	○	○		○	○	△	△		△	△	△	△	△

○ 必须具备部分　△ 根据具体要求补充部分

库址选择

一、肉类、鱼类等加工厂的冷库应布置在城市居住区夏季风向最小频率的上风侧。

二、库址应选择在交通运输方便的地方。

三、库址周围应卫生条件良好，并应避开产生有害气体、烟雾、粉尘等的工业企业及传染病院、火葬场等。

四、库址必须具备可靠的水源和电源。

工艺流程

工艺流程按肉类、水产、禽蛋、果蔬加工性质的不同，分为以下六种：

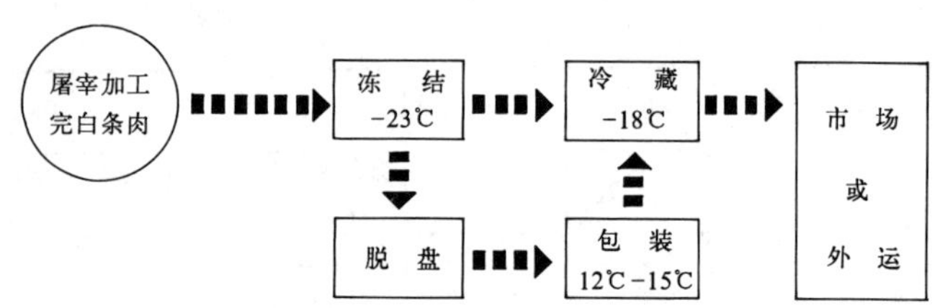

1 肉类生产性冷库

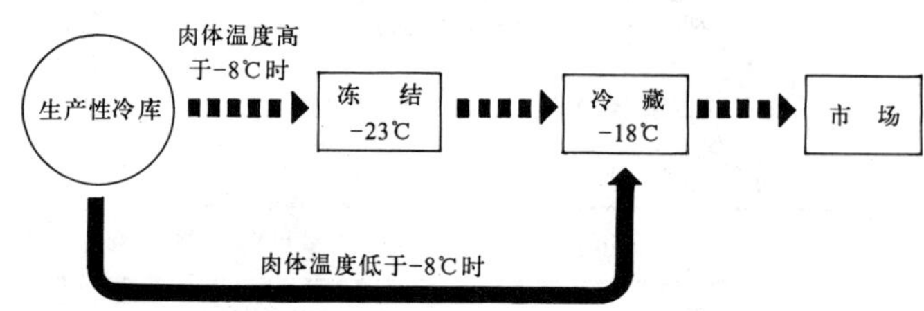

2 肉类分配性冷库

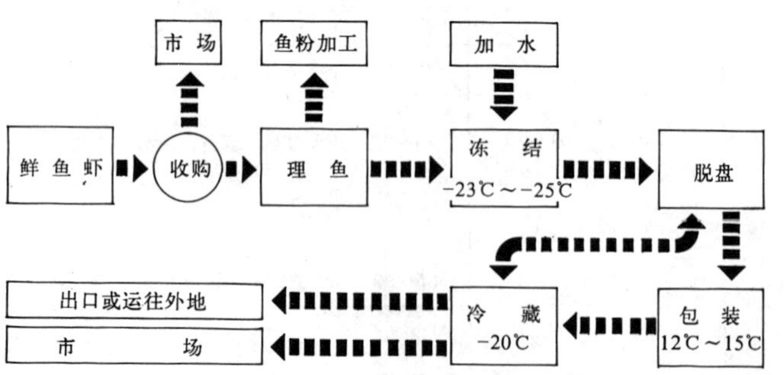

3 水产生产性冷库

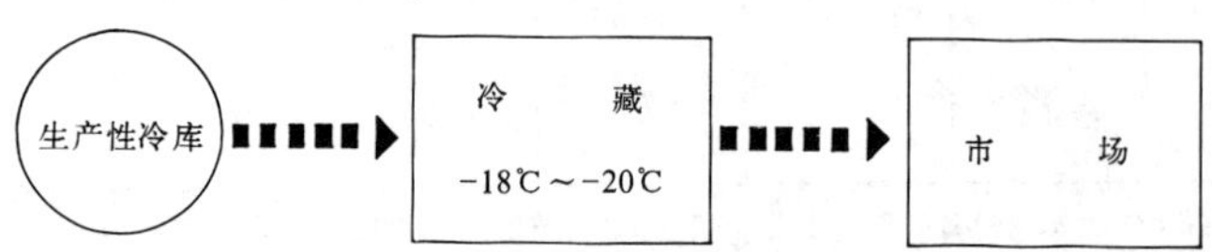

4 水产分配性冷库

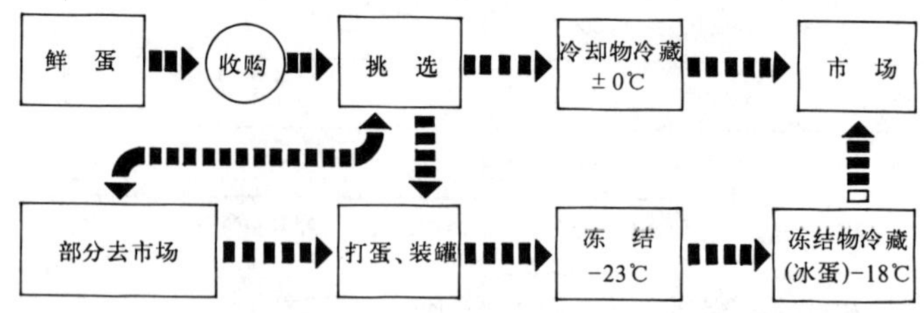

5 禽蛋冷库生产流程

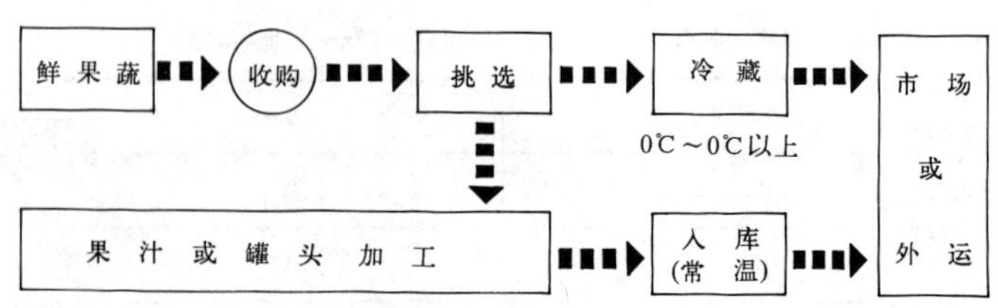

6 果蔬冷库生产流程

库区区划

一、一般在生产性冷库中可分为原料区、加工贮藏区（厂前区）；在分配性冷库中只有贮藏区和行政生活区；

二、原料区包括猪舍、病猪（畜）栏、家禽栏、验收分级栏、候宰间、卸猪（畜）站台、饲养员更衣室、兽医室、押运员宿舍、污水处理场等；

三、加工贮藏区包括屠宰车间、冷藏库、冻结间、整理间、公路铁路站台及生产辅助设施如锅炉房、机修间、物料库、水塔、车库等；

四、行政生活区包括办公楼、食堂、宿舍、幼托设施及文化娱乐设施等。

库区建筑系数及利用系数

一、建筑系数宜控制在：

1.生产性冷库 ≥30%　　2.分配性冷库 ≥50%

二、利用系数宜控制在：

1.生产性冷库 ≥40%　　2.分配性冷库 ≥70%

总平面布置的基本原则　　表1

序号	分类	内容
1	建构筑物布置	应按原料区、加工贮藏区、行政生活区等分区布置
2	库区布置	1.远近期结合，以近期为主，考虑扩建可能； 2.冷库布置在原料区、锅炉房、煤场、污水处理场的上风向； 3.有铁路专用线的新建冷库其扩建位置留在铁路线一侧或两侧
3	职工住宅区	1.应与库区分开布置； 2.应位于原料区、屠宰厂、污水处理场的上风向
4	交通组织	1.人行、货运道路尽量不要与铁路专用线平面上有交叉； 2.污物与成品的进出大门、路线等应分开设置；铁路卸猪站台应单独设置，其铁路路基应采用混凝土整体道床以利清洗
5	铁路专用线	1.站台宽7～9m；长220m，采地形限制时可缩短，应≥120m； 2.站台边缘应高于轨面110m，距铁路中心线水平距离为1.75m，距站台柱净距≥2.0m，铁路双股道的标准轨距为5m；机车回车路线长55m；铁路专用线警中标之间的距离≥250m

总平面类型

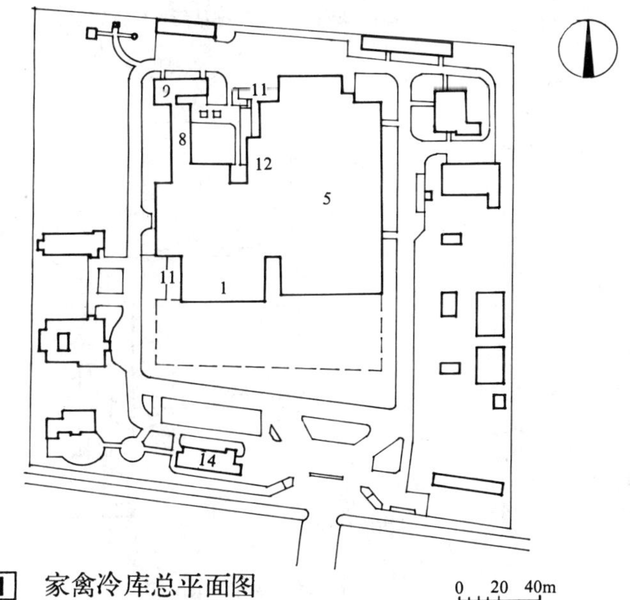

1 家禽冷库总平面图

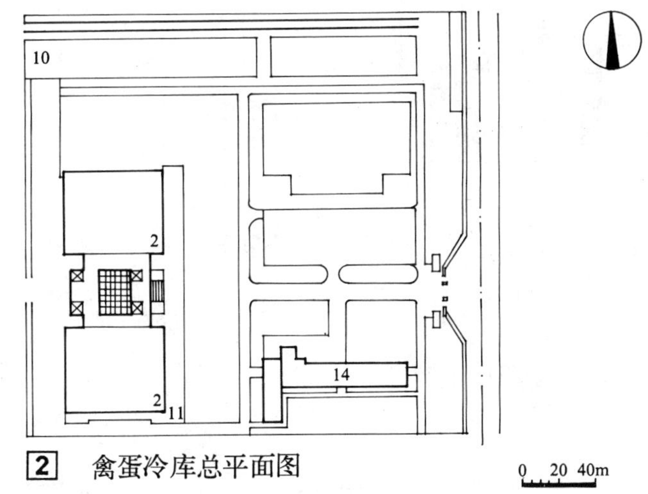

2 禽蛋冷库总平面图

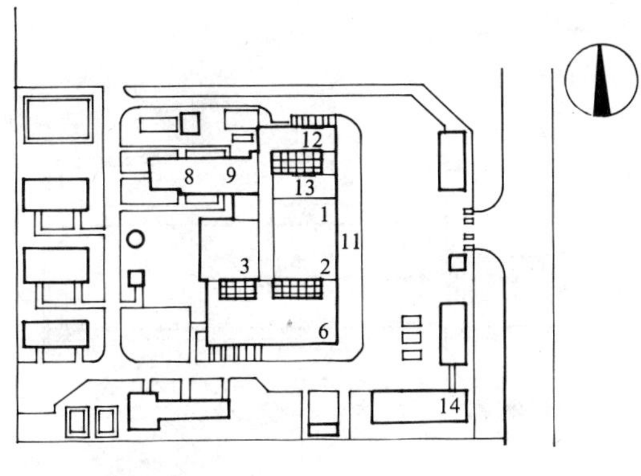

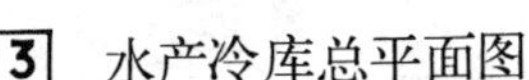

3 水产冷库总平面图

1 冻结物冷藏间　6 理鱼间　11 公路站台
2 冷却物冷藏间　7 候宰间　12 制冰间
3 冻结间　8 机房　13 冰库
4 猪屠宰车间　9 配电间　14 办公楼
5 鸡宰杀车间　10 铁路站台

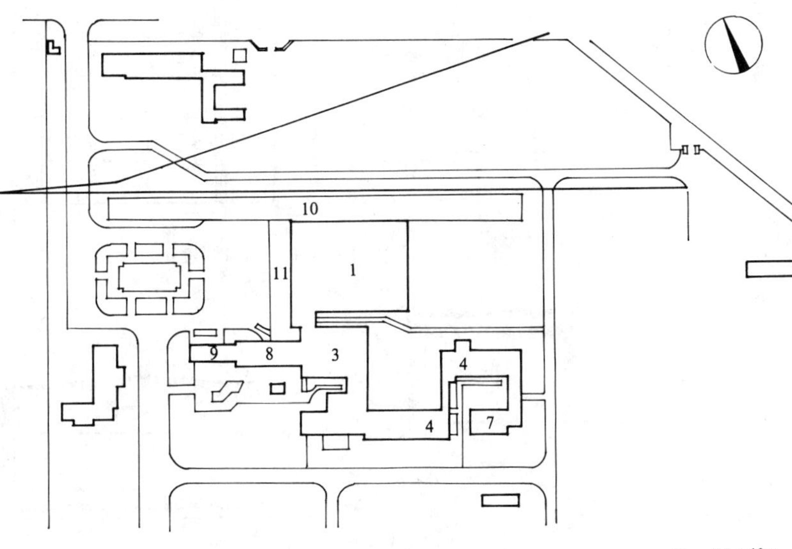

4 肉联厂总平面图

平、剖面设计原则

一、工艺流程顺，运输路线短，不交叉，不干扰。

二、符合厂（库）区总平面布局的要求，与其他生产环节和进出货流相衔接协调。

三、高、低温分区应明确。

四、冷库布置应尽量减少外围护结构的面积。

五、单层冷库净高宜≥5m；多层冷库层高一般为4.8m。

六、采用多层或单层建筑主要根据地形及使用性质、运输条件等因素决定。小型冷库宜采用单层建筑，大中型冷库宜采用多层建筑。

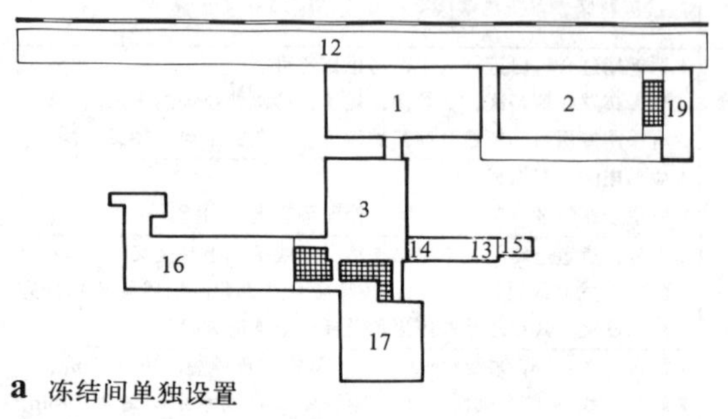

a 冻结间单独设置

1 冻结物冷藏间
2 冷却物冷藏间
3 冻结间
4 冰库
5 常温穿堂
6 中温穿堂
7 楼电梯间
8 盐水制冰间
9 碎冰机台
10 生活管理用房
11 公路站台
12 铁路站台
13 氨压缩机房
14 设备间
15 变配电间
16 猪屠宰车间
17 猪分割肉车间
18 鱼整理间
19 水果蔬菜整理车间
20 打蛋间
21 挑选间
22 回车场
23 联系站台
24 鸡宰杀车间
25 候宰间

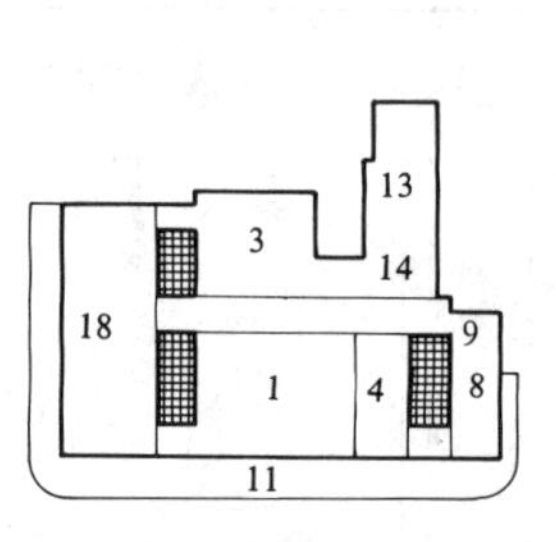

b 以贮水产品为主的水产冷库

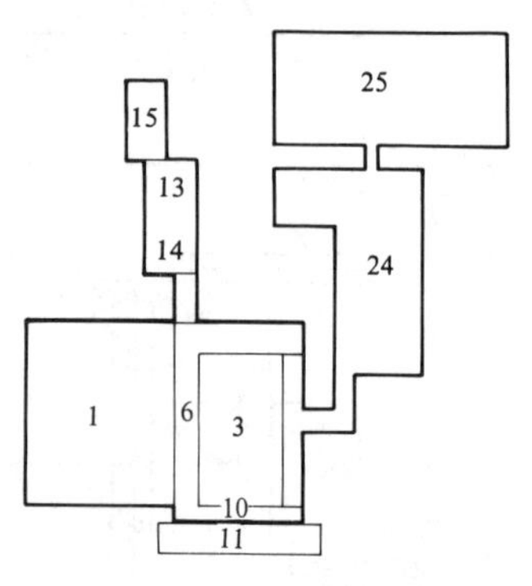
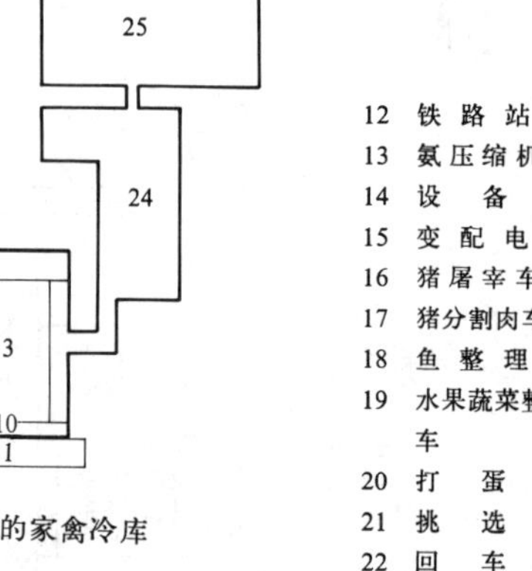

c 以贮鸡为主的家禽冷库

1 单层冷库平面组合

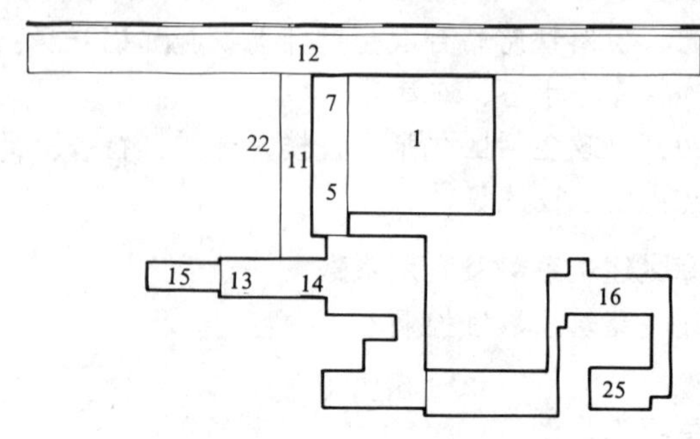

a 冷藏间为多层，冻结间单独设置

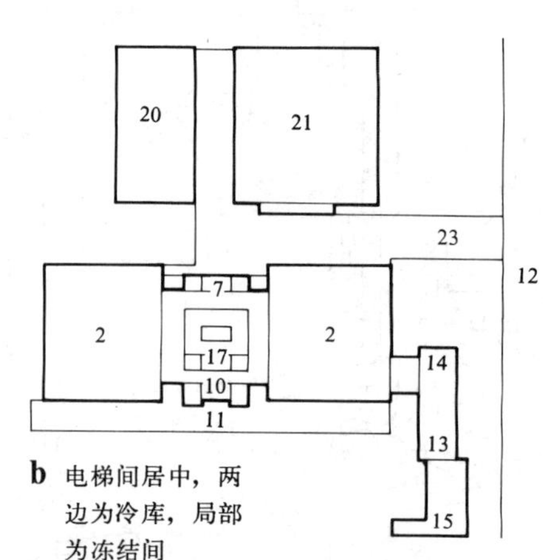

b 电梯间居中，两边为冷库，局部为冻结间

2 多层冷库平面组合

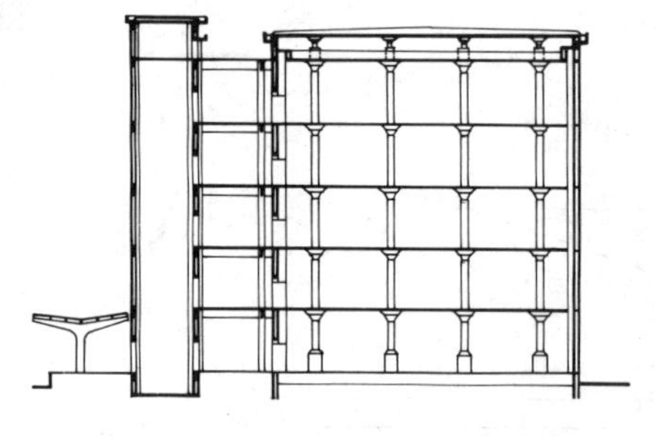

a 多层冷库，封闭阁楼外檐沟型式

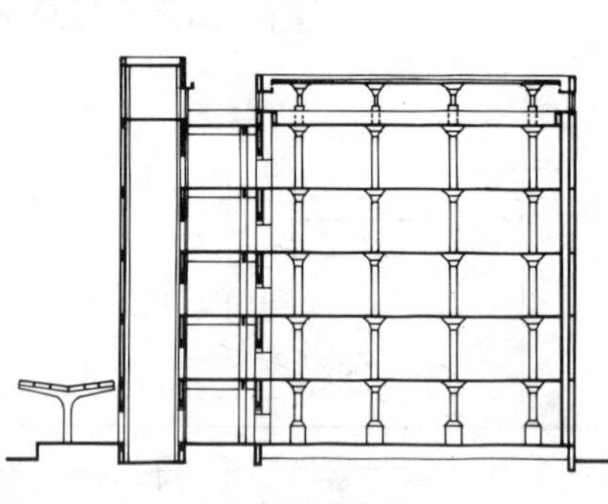

b 多层冷库，通风阁楼女儿墙型式

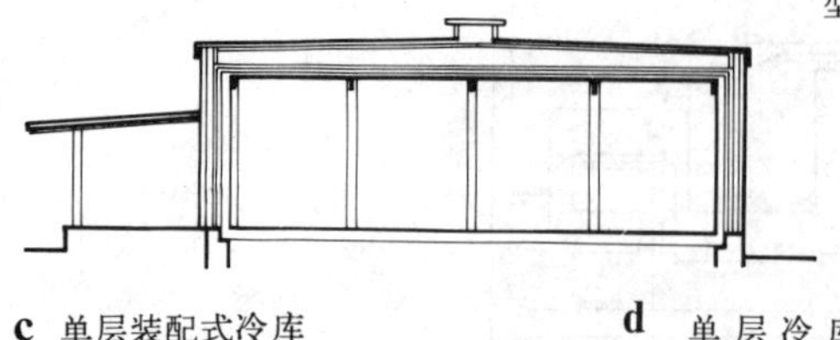

c 单层装配式冷库

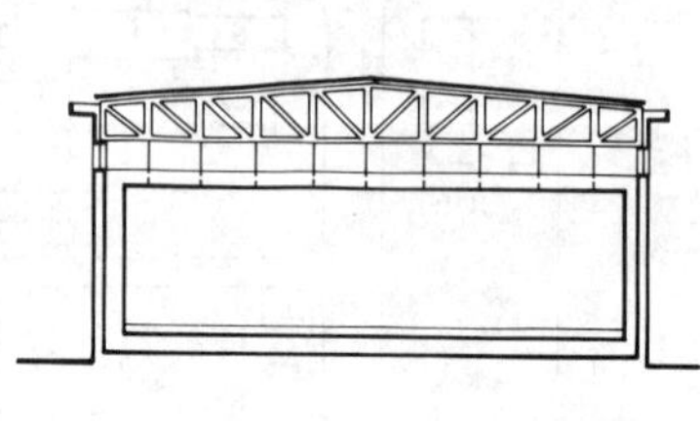

d 单层冷库通风阁楼钢屋架型式

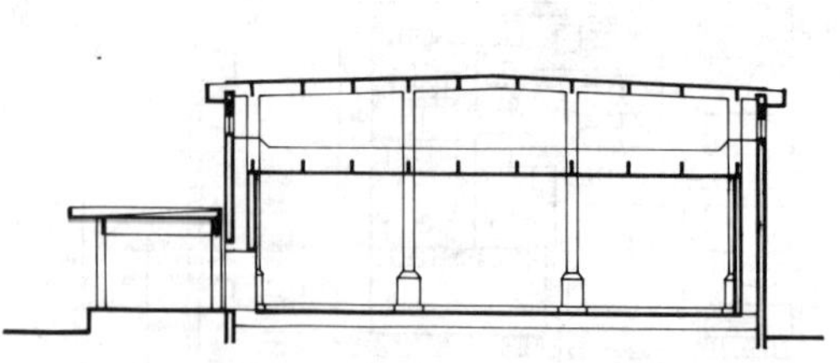

e 单层冷库，通风阁楼

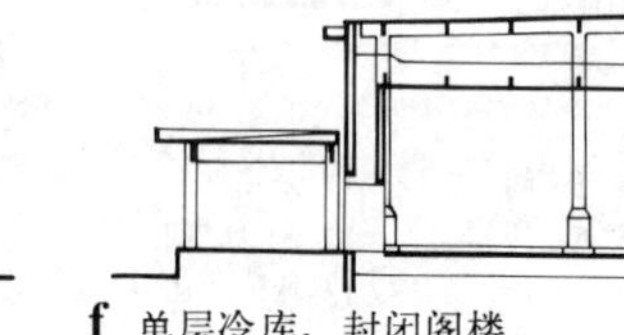

f 单层冷库，封闭阁楼

3 剖面类型

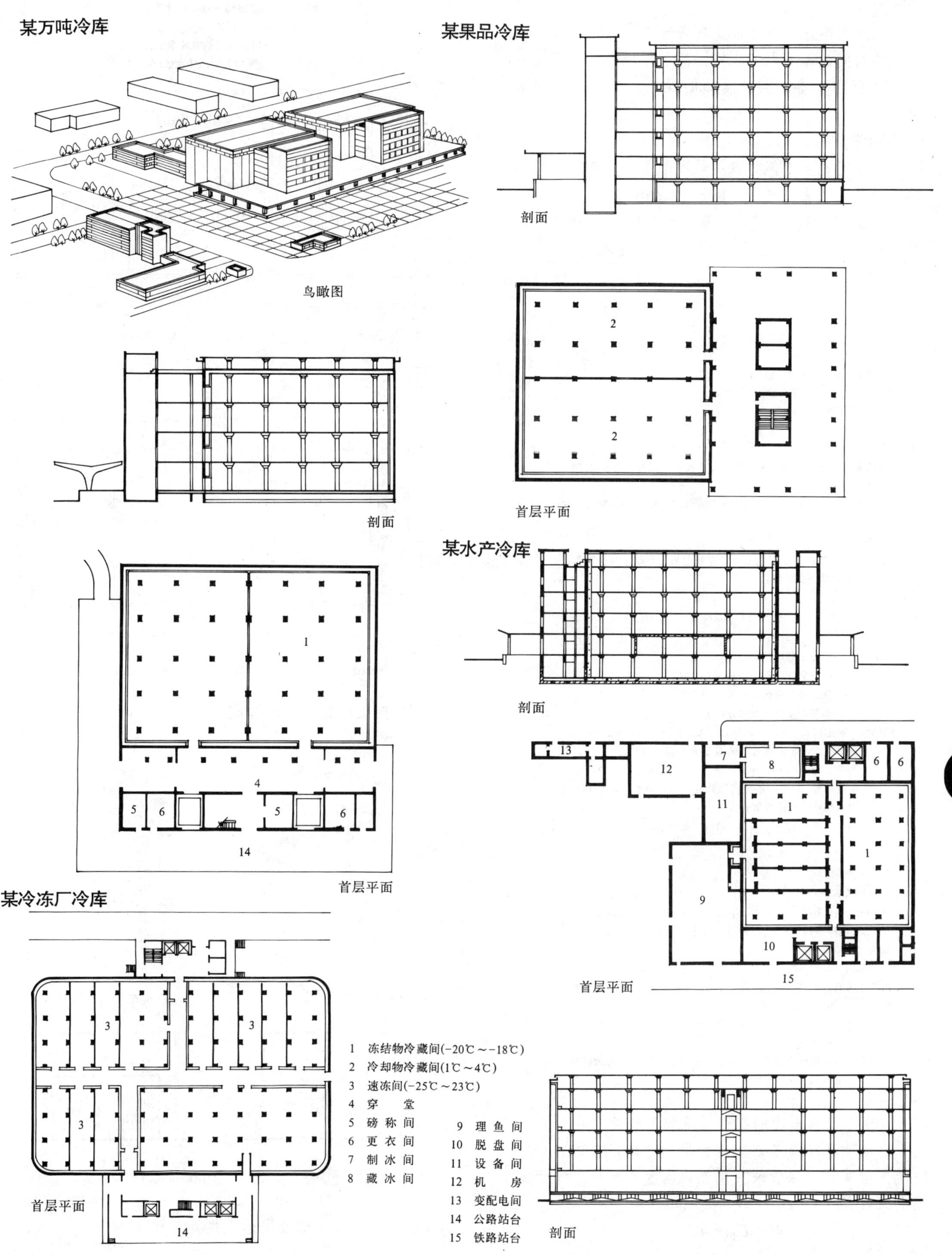
某万吨冷库
鸟瞰图
剖面
首层平面
1
4
5
6
14
某果品冷库
剖面
2
首层平面
某水产冷库
剖面
13
7
8
6
12
11
1
9
10
15
首层平面
某冷冻厂冷库
3
14
首层平面
1 冻结物冷藏间(-20℃～-18℃)
2 冷却物冷藏间(1℃～4℃)
3 速冻间(-25℃～23℃)
4 穿 堂
5 磅 称 间
6 更 衣 间
7 制 冰 间
8 藏 冰 间
9 理 鱼 间
10 脱 盘 间
11 设 备 间
12 机 房
13 变配电间
14 公路站台
15 铁路站台
剖面

设计要点

一、冻结间不宜与冷库布置在同一建筑物内。

二、冻结间的平面尺寸、空间高度等应根据冻结能力，采用的制冷设备、装载食品的设施、出入口等因素决定。

计算标准

冻结间的生产能力（简称冻结能力）系指每昼夜所能冻结加工的食品总量，以每t/24h计算。

1.吊轨冻结间冻结能力按下式计算：

$$G = LgN = Lg\frac{24}{t}$$

式中：

G　冻结间每昼夜冻结能力(t)

L　吊轨有效长度(m)

g　吊轨单位长度的载货量(t/m)

N　冻结加工的周转次数(次/24h)

t　冻结工序时间(h)

注：①白条肉加工间

当轨距为750～820mm时，每m可吊挂4.5～5头，每头重40～50kg；

当轨距为750mm时（即分配性冷库的再冻间），每m吊轨可吊挂2.5～3.5头。

②盘装食品

鱼、虾、肉类副产品等盘装食品多是用吊笼装载，其吊轨单位长度载货量按下式计算：

$$g = U_{P}mn\frac{1}{l}$$

式中：U_P　每盘食品净重(t)

m　吊笼装盘层数，一般为7～10层

n　每层装载盘数，一般为1～2盘

l　吊笼顺轨道方向长度(m)

例如：一般上口尺寸600×400mm²、底盘尺寸550×360mm²、高110～130mm的鱼盘，每盘装食品净重15kg；吊笼规格为720×880×1780mm³，共分10格，每格载2盘，每个吊笼共载20盘；吊笼在顺轨道方向计算长度取730mm，则吊轨单位长度载货量为：

$$g = 15 \times 2 \times 10 \times \frac{1}{0.73} \approx 411\text{kg/m} = 0.411\text{t/m}$$

③白条羊腔

当轨距为700～800mm时，每m吊轨挂12头羊吊笼，每头重量16.6kg；当轨距为700mm以下时（即分配性冷库的再冻间），每m吊轨可吊挂4头；当采用叉挡挂时，每m可吊挂8头，每头重量25kg。

④白条牛肉

当轨距为1000～1200mm且为二分体时，每m可挂3片，每片重150kg；当为四分体时，每m可挂3片，每片重80kg。

当轨距为1000mm以下时（即分配性冷库再冻间），每m可吊挂3片，每片重80kg。

冻牛肉的吊轨轨面高度不应低于2.20m（四分体），二分体时不应低于3.00m。

2.搁架式冻结间系由制冷排管组成多层管架的冻结装置，用于冻结盘装或听装食品，计算其冻结能力时先要确定每一层管架可搁置的盘数或听数，然后按下式计算：

$$G = U_P m'n'N$$

式中：U_P　每盘或每听食品的净重

m'　搁架的层数

n'　一层搁架可搁置的盘数或听数

N　冻结加工的周转次数(次/24h)

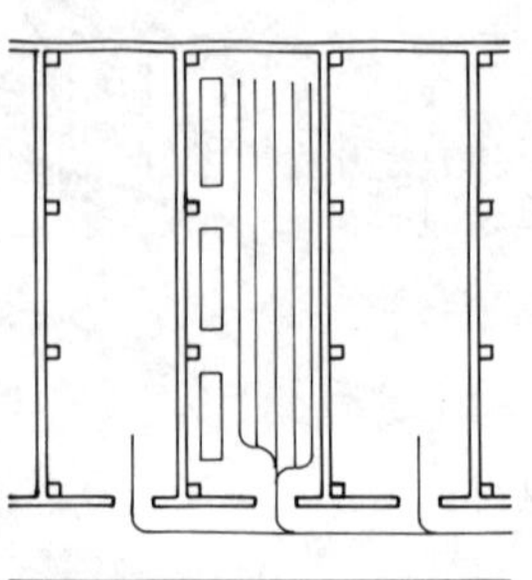

a 单面进出

b 双面进出

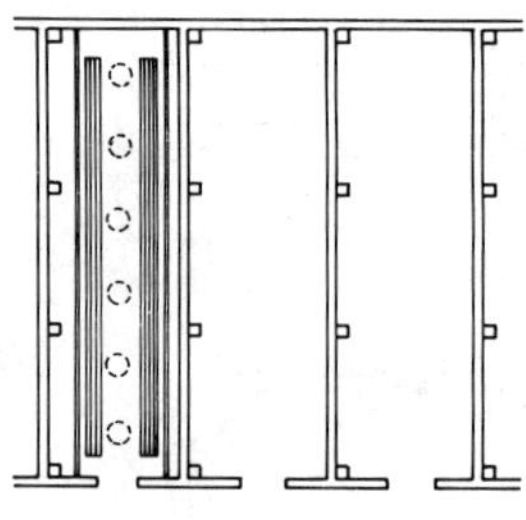

a 单面进出

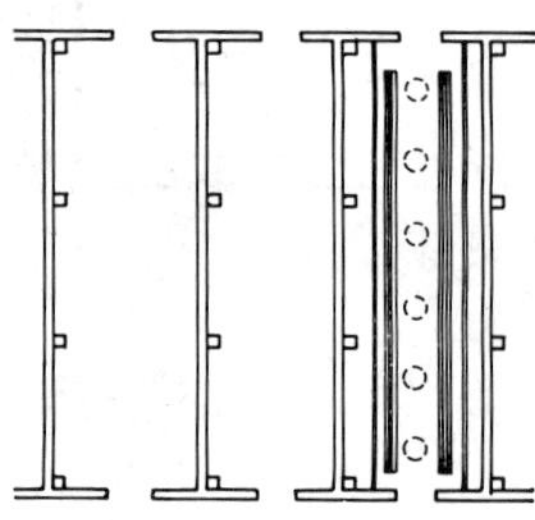

b 双面进出

2 搁架冻结间平面型式

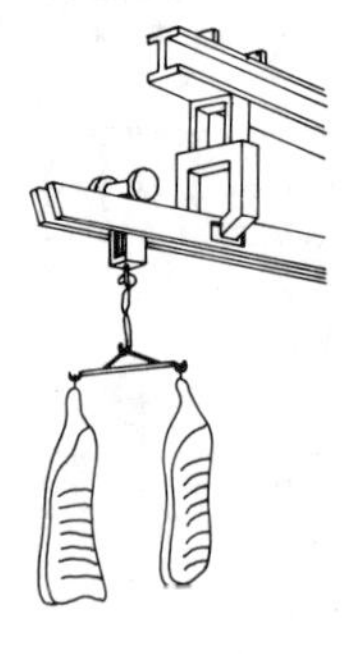

a 白条肉吊运工具

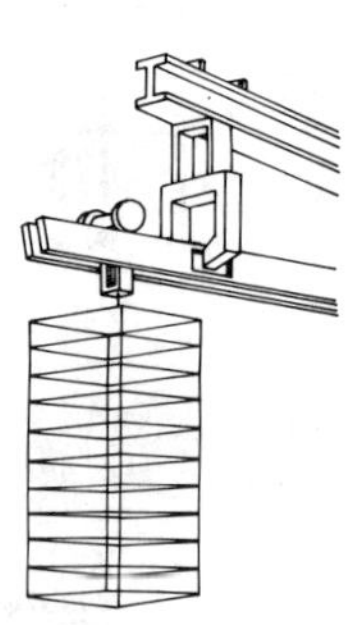

b 鱼车吊运工具

落地式冷风机

a 吊轨冻结间剖面

挡风板

顶式轴流风机

b 搁架冻结间剖面

3 冻结间剖面及吊运工具

制冰间

一、应确定日制冰能力及起吊冰桶的设备种类。

二、制冰间应毗连公路或铁路站台，其倒冰台应紧靠冰库布置，冰池底部及四周应设隔热层，底部不应直接建在土壤上，且应有通风设施。

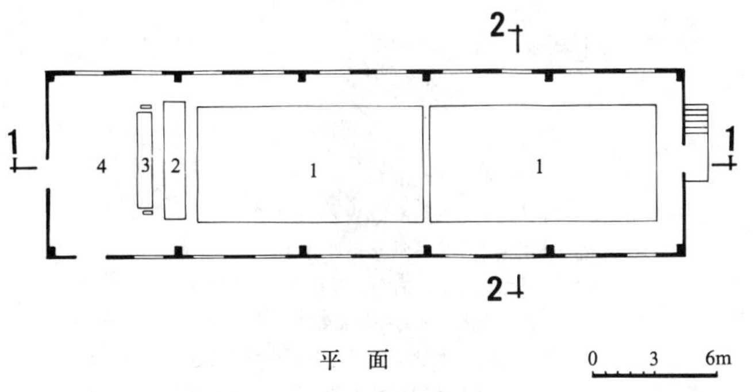

平 面

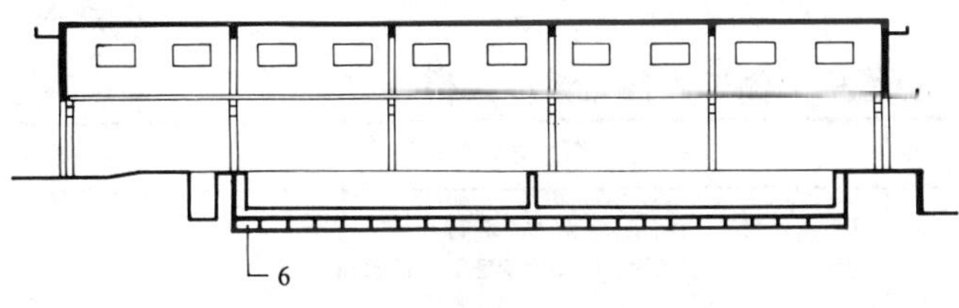

1-1

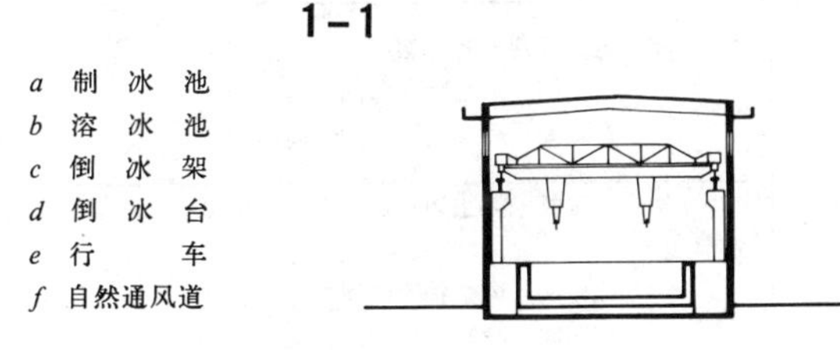

2-2

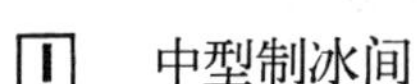

1 中型制冰间

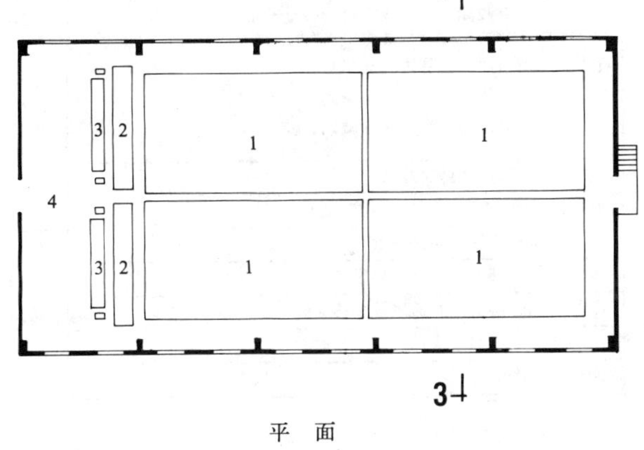

平 面

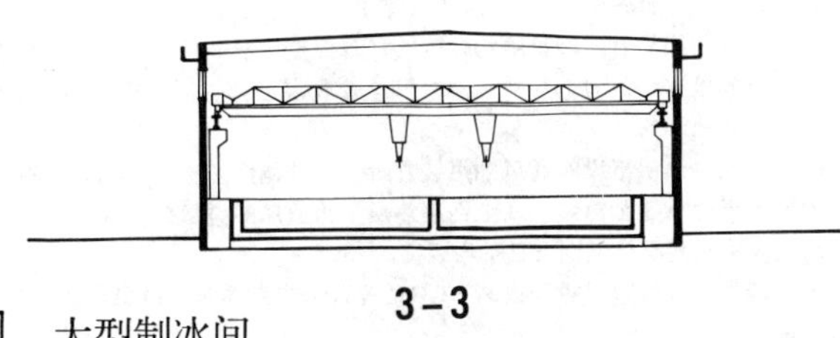

3-3

2 大型制冰间

冰库

一、一般冰库温度为-6℃～-4℃。

二、冰库内墙面及柱角均应做护壁，常用护壁材料为木骨架钉竹片。

三、盐水制冰的冰块尺寸见表1。

表1

冰块重量 (kg)	尺 寸 (mm)		长 度 (mm)
	大 头	小 头	
50	435×175	405×155	1040
100	595×290	577×265	810
	495×270	460×245	1080
125	560×280	535×255	1080

注：堆冰高度：人工堆≤2.4m；地面机械提升≤4.40m；吊车提升≤6.00m为宜。

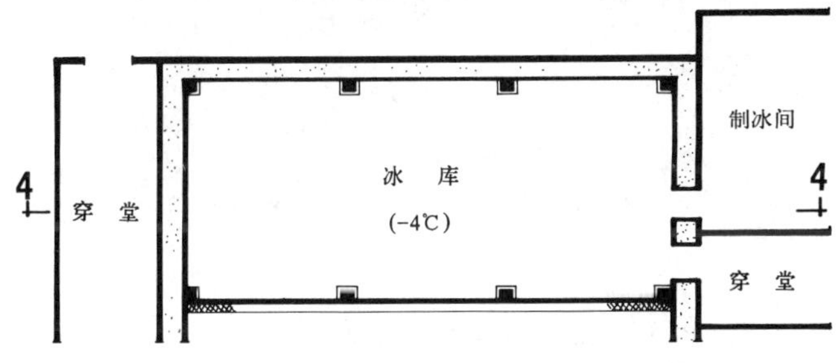

平 面

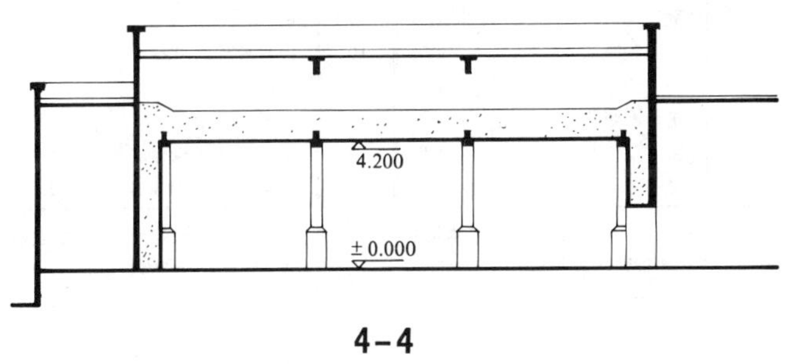

4-4

氨压缩机房

一、氨压缩机房应有较好的自然通风及采光，机房地面及墙裙应光滑易清洗。

二、机房宽度小型冷库不宜小于6m；布置双排压缩机的机房不宜小于12m。

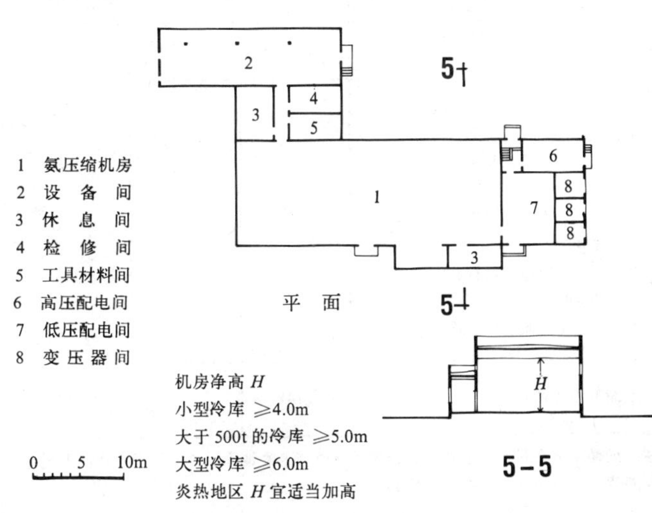

平 面

5-5

基本要求

一、冷库的外墙、屋顶、楼面、地面、内墙应设置足够隔热层。对隔热材料的要求是：

1.导热系数小；

2.不散发有毒物质或异味，不易变质；

3.块状材料不易变形，易于切割加工，并便于与基层粘结；

4.地面、楼面采用的隔热材料，其抗压强度不应小于0.25N/mm²。

二、冷库在使用过程中，其隔热材料处在一个不断加湿的过程中，导热系数λ值也随之增大，因此，设计隔热层时，采用的导热系数值应按下式确定：

$$\lambda=\lambda' b$$

式中：λ　设计采用的导热系数　W/(m·K)

λ′　正常条件下测定的导热系数　W/(m·K)

b　导热系数的修正系数

隔热材料导热系数的修正系数 *b* 值　　表1

序号	材料名称	b	序号	材料名称	b
1	软　木	1.2	8	聚氨脂泡沫塑料	1.4
2	稻　壳	1.7	9	矿　棉	1.8
3	膨胀珍珠岩	1.7	10	沥青珍珠岩	1.2
4	炉　渣	1.6	11	泡沫混凝土	1.3
5	聚苯乙烯泡沫塑料	1.3	12	加气混凝土	1.3
6	玻璃棉	1.8	13	水泥膨胀珍珠岩	1.3
7	岩　棉	1.8	14	水玻璃膨胀珍珠岩	1.3

注：泡沫混凝土、加气混凝土、水泥膨胀珍珠岩及水玻璃膨胀珍珠岩的修正系数，为经过烘干的块状材料用沥青等不含水粘结材粘贴铺，砌筑时的数值。

7

库房围护结构外表面和内表面换热系数 d_w、d_n 和换热阻 R_w、R_n　　表2

围护结构部位及环境条件	d_w [W/(m²·K)]	d_n [W/(m²·K)]	R_w 或 R_n [m²·K/W]
无防风设施屋面、外墙外表面	23.26		0.043
顶棚上为阁楼或有房屋和外墙外部紧邻其他建筑物外表面	11.63		0.086
外墙和顶棚的内表面、内墙和楼板的表面、地面的上表面：			
1. 冻结间、冷却间设有强力鼓风装置时；		29.075	0.034
2. 冷却物冷藏间设有强力鼓风装置时；		17.445	0.057
3. 冻结物冷藏间设有鼓风冷却设备时；		11.630	0.086
4. 冷藏无机械鼓风装置时。		8.141	0.123
地面下为通风架空层	8.141		0.123

注：地面下为通风加热管道和直接铺设于土壤上的地面以及半地下室外埋入地下的部位，外表面换热系数均可不计。

三、块状隔热材料铺贴时，严禁用水性胶结材料；

四、围护结构隔热材料的厚度，应按下式计算：

$$d=\lambda\left[R_0-\left(\frac{1}{\alpha_w}+\frac{d_1}{\lambda_1}+\frac{d_2}{\lambda_2}+\cdots\cdots+\frac{1}{\alpha_n}\right)\right]$$

式中：d　隔热材料的厚度(m)

λ　隔热材料的导热系数[W/(m·K)]

R_0　围护结构总传热阻[m²·K/W]

α_w　围护结构外表面的换热系数[W/(m²·K)]

α_n　围护结构内表面的换热系数[W/(m²·K)]

d_1、d_2… 围护结构除隔热层外各层材料的厚度(m)

λ_1、λ_2… 围护结构除隔热层外各层材料的导热系数[W/(m·k)]

围护结构两侧温差修正系数 *a* 值　　表3

序号	围护结构部位	a
1	D>4 外墙：冻结间，冻结物冷藏间 冷却间、冷却物冷藏间、储水间	1.05 1.10
2	D>4 相邻有常温房间的外墙： 冻结间、冻结物冷藏间 冷却间、冷却物冷藏间、储水间	 1.15 1.20
3	D>4 的冷间顶棚，其上为不通风阁楼，屋面有隔热层或通风层： 冻结间、冻结物冷藏间 冷却间、冷却物冷却间、储水间	 1.15 1.20
4	D>4 的冷间顶棚，其上为通风阁楼，屋面有隔热层或通风层： 冻结间、冻结物冷藏间 冷却间、冷却物冷藏间、储水间	 1.20 1.30
5	D>4 无阁楼屋面，屋面有通风层： 冻结间、冻结物冷藏间 冷却间、冷却物冷藏间、储水间	 1.20 1.30
6	D>4 的外墙：冻结物冷藏间	1.30
7	D≤4 的无阁楼屋面：冻结物冷藏间	1.60
8	半地下室外墙外侧为土壤时	0.20
9	冷间地面下部无通风等加热设备时	0.20
10	冷间地面隔热层下有通风等加热设备时	0.60
11	冷间地面隔热层下为通风架空层时	0.70
12	两侧均为冷间时	1.00

注：① D为围护结构热惰性指标；

② 负温穿堂可参照冻结物冷藏间选用 a 值；

③ 计算内墙和楼面时，围护结构外侧的计算温度应取其邻室的室温，当邻室为冷却间或冻结间时，应取该类冷间空库保温温度。即：冷却间为10℃，冻结间为-10℃；

④ 冷间地面隔热层下设有通风加热装置时，其外侧温度按1℃～2℃计算；如地面下无通风等加热装置或地面隔热层下为通风架空层时，其外侧的计算温度应采用夏季空气调节日平均温度；

⑤ 表内未列的其他室温等于或高于0℃的冷间可参照各项中冷却间的a值进行选用。

设计要点

一、围护结构的总传热阻必须大于按下列公式计算出的最小传热阻：

$$R_{0\min}=\frac{t_g-t_d}{t_g-t_1}bR_w$$

式中：$R_{0\min}$ 围护结构最小传热阻($m^2\cdot K/W$)

t_g 围护结构高温侧的气温(℃)

t_d 围护结构低温侧的气温(℃)

t_1 高温侧空气的露点温度(℃)

b 传热阻的修正系数

当围护结构热惰性指标 $D\leqslant4$ 时

$b=1.2$

其他围护结构时

$b=1.0$

R_w 围护结构外表面换热阻

二、围护结构热惰性指标 D 可按下列公式计算：

$$D=R_1S_2+R_2S_2+\cdots\cdots+R_nS_n$$

式中：R_1、$R_2\cdots\cdots R_n$ 各层材料的传热阻 ($m^2\cdot K/W$)

S_1、$S_2\cdots\cdots S_n$ 各层材料的蓄热系数 [$W/(m^2\cdot k)$]

冷间外墙、无阁楼屋面、有阁楼的顶棚的总传热阻 $R_0(m^2\cdot K/W)$ 表 1

室内外温差 $a\cdot\Delta t$(℃)	单位面积传入热量(W/m^2)				
	8.141	9.304	10.467	11.630	12.793
90	14.910	13.073	11.630	10.479	9.537
80	12.909	11.630	10.583	9.711	8.315
70	11.630	10.583	8.955	8.315	7.269
60	9.711	8.955	7.734	6.862	6.455
50	8.315	7.269	6.455	5.815	5.292
40	6.455	5.815	5.059	4.652	4.129
30	5.059	4.303	3.896	3.489	3.140
20	3.315	2.908	2.559	2.326	2.093

铺设在架空层上的冷间地面总传热阻 R_0 表 2

冷间设计温度(℃)	R_0 ($m^2\cdot K/W$)
0～-2	2.150
-5～-10	2.709
-15～-20	3.439
-23～-28	4.084
-35	4.772

冷间隔墙的总传热阻 $R_0(m^2\cdot K/W)$ 表 3

隔墙两侧室名及设计温度		单位面积传入热量(W/m^2)	
		10.467	12.793
冻结间	冷却间 0℃	4.885	4.012
冻结间	冻结间 -23℃	3.605	2.908
冻结间	穿堂 +4℃	3.489	2.849
冻结间	穿堂 -10℃	2.849	2.093
冻结物冷藏间 -18～-20℃	冷却物冷藏间 0℃	4.245	3.489
冻结物冷藏间 -18～-20℃	储水间 +4℃	3.605	2.966
冻结物冷藏间 -18～-20℃	穿堂 +4℃	3.605	2.966
冷却物冷藏间 0℃	冷却物冷藏间 0℃	2.849	2.093

注：隔墙中的传热阻已考虑生产中的温度波动因素

直接铺设在土壤上的冷间地面总传热阻 R_0 表 4

冷间设计温度(℃)	R_0 ($m^2\cdot K/W$)
0～-2	1.720
-5～-10	2.537
-15～-20	3.181
-23～-28	3.998
-35	4.772

注：当地面隔热层采用炉渣时，总传热阻按本表数据乘以 0.8 修正系数。

冷间楼面的总传热阻 R_0 表 5

楼板上下冷间设计温度差(℃)	R_0 ($m^2\cdot K/W$)
35	4.772
23～28	4.084
15～20	3.009
8～12	2.580
5	1.892

注：①楼板总传热阻已考虑生产中温度波动因素；
②当冷却物冷藏间楼板下为冻结物冷藏间时，其楼板的总传热阻不宜小于4.75 ($m^2\cdot K/W$)；
③楼板上下冷间设计温差应按生产过程中最不利情况考虑。

基本要求

一、围护结构两侧设计温度等于或大于5℃时，应在温度较高的一侧设置隔汽层。

二、冷库系低温建筑，除设置必要的隔热层外，尚应设置必要的隔汽层及防潮层，以保证隔热层的隔热效果。

三、库房冷间围护结构应采取有效措施，防止由于下列原因导致水份进入隔热层，降低隔热效果。

1. 由于围护结构两侧水蒸汽分压力差，水份向隔热层内部渗透。

2. 围护结构外表面受雨淋，水份向围护结构隔热层内部通过毛细管现象吸收。

3. 围护结构内表面吸湿，水份向隔热层内部通过毛细管现象吸收。

4. 地面隔热层的上下均应设置必要的防潮层，既防止土壤中的水份通过毛细管现象进入隔热层，又防止隔热层上部地面施工水进入隔热层，因而楼面或地面隔热层上部亦应设置防水层，如温差超过要求时，隔热层下部还应设隔汽层。

冷桥

冷库围护结构隔热层设计应防止在下列部位形成冷桥

1. 外墙、隔墙、楼地面隔热层的交接处；

2. 门洞、孔洞四周，冷库门洞外局部楼地面；

3. 柱子与楼地面的交接处。

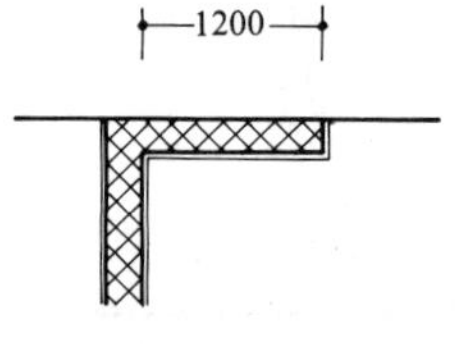

a 两侧温差＞5℃时隔墙与顶板之间

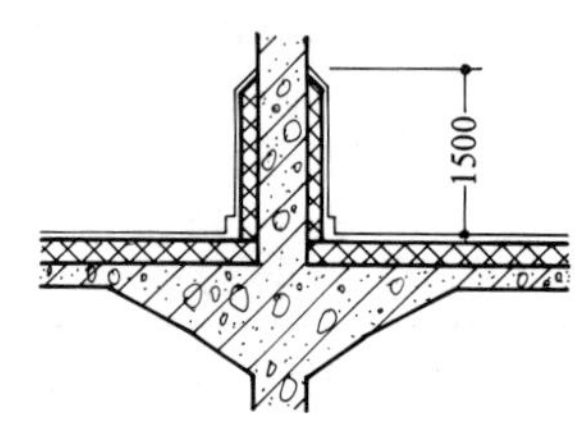

b 两侧温差＞5℃时柱子与楼面之间

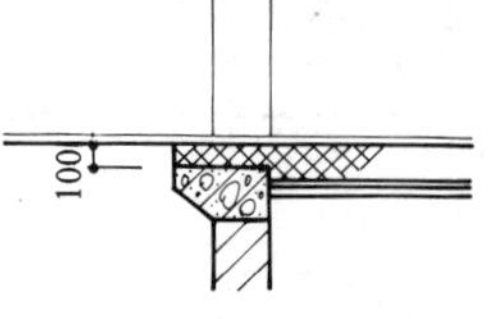

c 门洞处楼(地)面处理

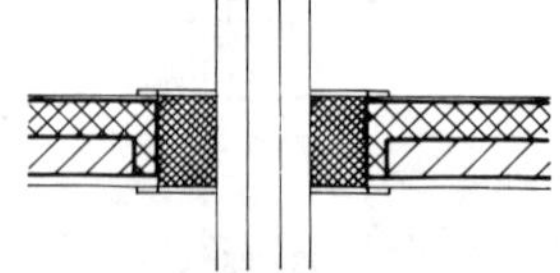

d 管道穿墙处理

防火

一、冷库中冷间建筑的耐火等级、层数和面积应符合下表规定

冷间建筑的耐火等级、层数和面积 表1

冷间建筑耐火等级	最多允许层数	最大允许占地面积(m^2)			
		单层		多层	
		冷间建筑	防火墙隔间	冷间建筑	防火墙隔间
一、二级	不限	6000	3000	4000	2000
三级	3	2100	700	1200	400

注：本表不适用轻型预制隔热板装配冷库。

二、外墙与阁楼楼面均采用松散隔热材料时，其交接处宜设防火带，并兼作防汽带。

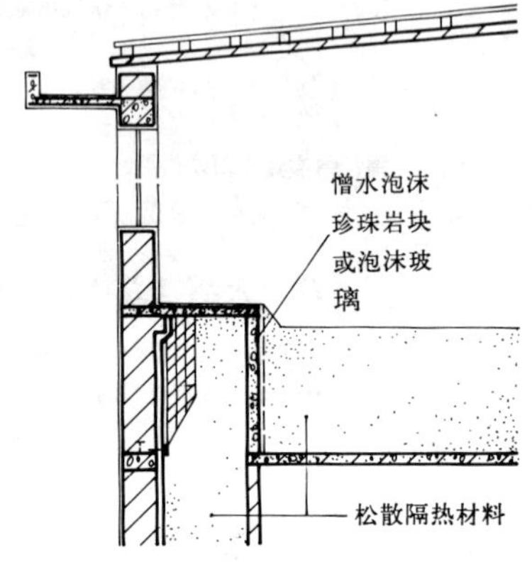

阁楼防火防汽带做法

蒸汽渗透阻计算公式

围护结构蒸汽渗透阻可按下式计算：

$$H_0 \geqslant 1.6(P_{sw}-P_{sn})$$

式中：H_0 围护结构隔热层高温侧各层材料（隔热层以外）的蒸汽渗透阻之和（$m^2 \cdot h \cdot Pa/g$）

P_{SW} 围护结构高温侧空气的水蒸汽分压力（Pa）

P_{Sn} 围护结构低温侧空气的水蒸汽分压力（Pa）

冷库常用的防潮、隔汽材料的热物理性能计算参数 表2

系数 \ 材料		石油沥青油毡	石油沥青或玛琋脂一道	一毡二油	二毡三油	聚乙烯塑料薄膜
密度 kg/m^3	γ	1130	980			1200
厚度 mm	δ	1.5	2.0	5.5	9.0	0.07
导热系数 $W/(m \cdot K)$	λ	0.267	0.198	0.035	0.056	0.163
热阻 $m^2 \cdot K/W$	R	0.005	0.010			0.002
导温系数 m^2/h	$a \times 10^3$	0.32	0.38			0.28
比热 $kJ/(kg \cdot K)$	C	0.442	0.593			0.395
蓄热系数 $W/(m^2 \cdot K)$	S	4.582	5.408			3.977
蒸汽渗透系数 $g/(m \cdot h \cdot Pa)$	μ	8.850×10^{-7}	7.501×10^{-6}			2.025×10^{-8}
蒸汽渗透阻 $m^2 \cdot h \cdot Pa/g$	H	1106.573	266.644	1639.861	3013.077	3466.372

室内设计是根据建筑物的使用性质，所处环境和相应的标准，运用物质技术手段和建筑美学原理，创造功能合理、舒适优美、满足人们物质和精神生活需要的室内环境。

一、设计内容

室内设计内容包括的主要方面，列表如下：

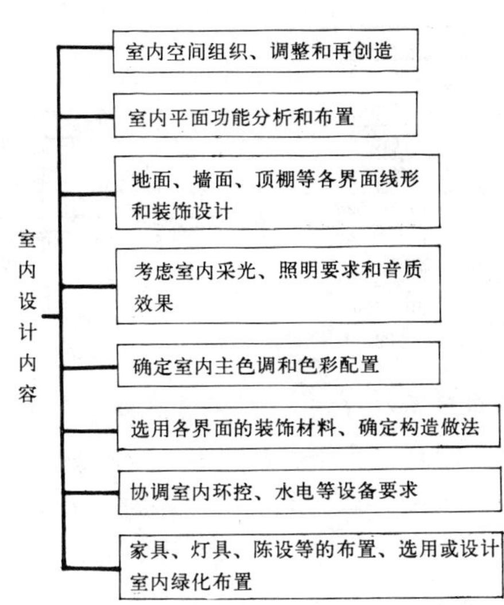

与室内设计关系密切的一些学科和技术因素，列表如下：

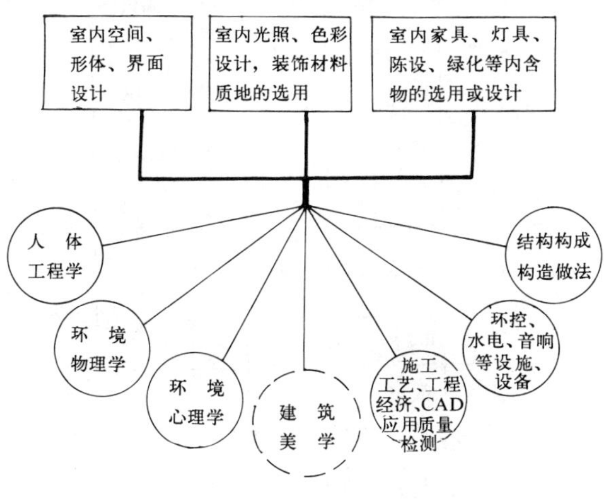

二、设计要求

1.空间组织和平面布局合理，符合相应的声、光、热效应的要求。

2.空间构成和界面处理恰当、光色配置和环境气氛宜人。

3.选用合适的装饰材料和所需的设施设备，采用合理的装修构造和技术措施，掌握设计标准。

4.符合安全疏散、防火、卫生等有关设计规范。

5.协调室内设计与结构、设备等专业工种的关系。

6.具有调整室内布置、更新装饰材料和设备的可能性。

三、设计的程序和步骤

设计准备

接受委托设计任务书，签订合同，或根据标书参加投标，制定设计计划，考虑各有关工种的协调与配合；

明确设计任务和要求，如设计的性质，规模，总造价，等级标准，使用特点以及所需创造的环境气氛，建筑风格等要求；

熟悉有关规范和定额标准，收集分析必要的资料和信息包括现场的调查和同类型实例的参观等。

方案设计

进一步收集、分析、运用有关的资料和信息；

构思立意，进行初步方案设计；

深入设计，进行方案分析比较；

确定初步设计方案，提供设计文件。室内初步设计的文件，通常包括：平面图、室内立面展开图、平顶图或仰视图、室内效果图、室内装饰材料实样、设计意图说明和造价概算等。待初步设计方案审定后，进行施工图设计。

施工图设计

补充施工必要的平面布置、室内立面和平顶图，包括细部大样、构造节点详图、设备管线图以及编制施工说明和造价预算。

设计实施

室内工程施工前设计人员应向施工单位进行设计意图及图纸的技术交底。工程施工期间，需按图纸要求核对施工实况，根据现场实际提出局部修改或补充。施工结束时，会同质检部门和建设单位进行工程验收。

四、分类

各种类型建筑室内设计的分类以及主要房间的设计列表如下：

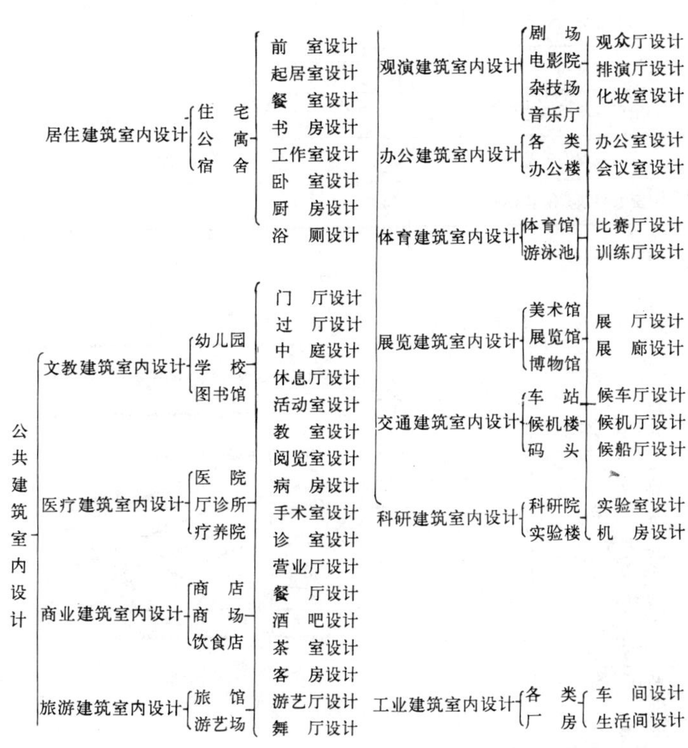

室内环境质量的综合评价，包括对室内尺度比例和几何形状等的空间环境，室内热、光、声、空气等因素的物理环境，以及艺术风格、环境气氛等因素的心理环境的综合评价。本书着重提供有关物理环境诸因素的质量指标。

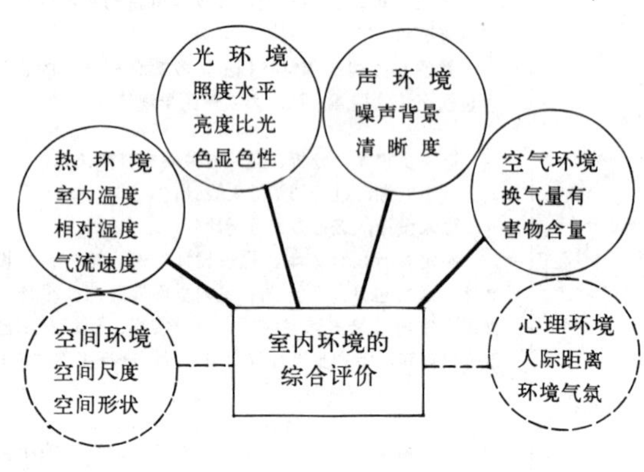

一、室内热环境

室内热环境也称室内小气候，室内热环境质量评价的基本项目为：室内温度、相对湿度和气流速度等指标，室内设计通过门窗面积大小和开启方式以及借助采暖、空调等设施满足要求。

室内热环境的主要参照指标　表1

项　　目	允许值	最佳值
室内温度℃	12～32	20～22(冬季) 22～25(夏季)
相对湿度%	15～80	30～45(冬季) 30～60(夏季)
气流速度 m／s	0.05～0.2(冬季) 0.15～0.9(夏季)	0.1
室温与墙面温差℃	6～7	＜2.5(冬季)
室温与地面温差℃	3～4	＜1.5(冬季)
室温与顶棚温差℃	4.5～5.5	＜20(冬季)

不同活动形式所需热量　表2

活 动 形 式	所需热量 (kJ／h)
睡　　眠	272
躺 着 休 息	293
坐 着 休 息	334
站 着 休 息	418
轻手工劳动:	
指尖及手腕	355
手 及 手 臂	564
重手工劳动:	
指尖及手腕	460
手 及 手 臂	773
站着轻微劳动	573
女 打 字 员	581
女 售 货 员	627
重 体 力 劳 动	1923

室内环境与闷热感觉　表3

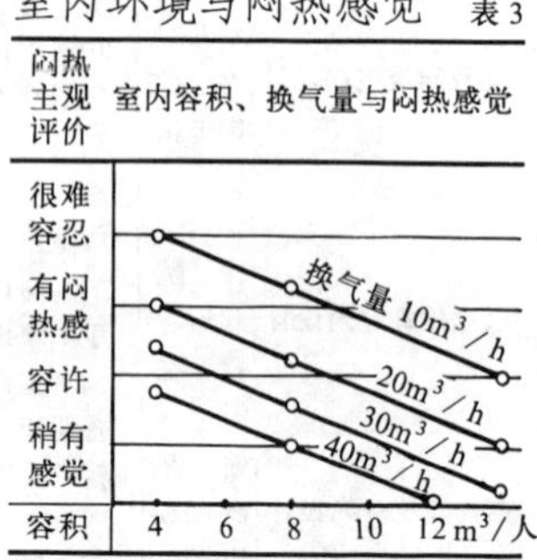

二、室内光环境

室内光环境质量评价的基本因素为：照度水平、亮度比、光色、显色性、避免眩光以及正确的投光方向等。

各类房间工作面上平均照度参照值　表4

房间名称	照　　度(lx)
居　室	75～150
幼儿活动室	150
教　室	150
办公室	100～150
阅览室	150～200
营业厅	150～300
餐　厅	100～300
舞　厅	50～100
计算机房	200

照度、色温与环境气氛

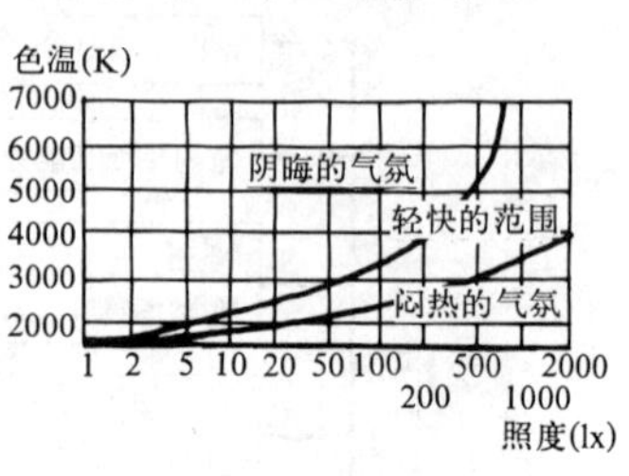

标准色度系统（CIE）取一般显色指数 Ra 指标，将灯的显色性能分为 5 个类别。其适应的使用功能范围见表 5 所示。表中高显色系数灯的光效往往偏低，实际选用时应根据使用功能性质的要求，兼顾显色性与光效。

显色类别及其室内的适应范围　表5

显色类别	显色指数范围	色表	应用示例	
			优先采用	允许采用
I_A	Ra≥90	暖 中间 冷	颜色匹配 临床检验 绘画美术馆	
I_B	80≤Ra＜90	暖 中间	家庭、旅馆 餐馆、商店 办公室 学校、医院	
		中间 冷	印刷、油漆 和纺织工业 需要的工业 操作	
Ⅱ	60≤Ra＜80	暖 中间 冷	工业建筑	办公室 学　校
Ⅲ	40≤Ra＜60		显色要求低 的工业	工业建筑
Ⅳ	20≤Ra＜40			显色要求低 的工业

造型效果与照明方向性质量评价　表6

$\overline{E}/E_S$ (方向性强烈)	照 明 方 向 性 评 价
3.0(很强烈)	对比强烈，看不清阴影中的细节
2.5(强　烈)	有清晰的方向性效果，适用于商业上的陈列，人脸一般显得太生硬
2.0(中　等)	在正式交往，或保持一定距离接触时，人的容貌感觉较好
1.5(较　好)	在非正式交往，或近距离接触时，人的容貌感觉较好
1.0(　弱　)	对比柔和，较弱的光影效果
0.5(很　弱)	平淡，无阴影，不能认为有方向性效果

表中$\overline{E}$—照度矢量，对空间一点照明方向性的表述

E_S—标量照度

注：有关照度、光色、显色性、避免眩光等内容与指标详见第1集

一、室内空间的形状

室内空间的大小和形状，是由人的尺度和活动范围，房间的家具、设计和使用特点，以及人们祈使室内空间的精神感受等因素确定的。室内空间的形状是由底面、顶面、墙面等室内界面围合而成，室内空间的不同形状，常给予人们心理上以不同的感受。

* 有关人体尺度及活动范围，室内家具、设施及使用特点，参阅本资料集人体尺度、人体工程学、建筑类型等章节。

	正向空间				斜向空间		曲面及自由空间	
室内空间界面围合成的形状								
可能具有的心理感受	稳定、规整	稳定、方向感	高耸、神秘	低矮、亲切	超稳定、庄重	动态、变化	和谐、完整	活泼、自由
	略感呆板	略感呆板	不亲切	压抑感	拘谨	不规整	无方向感	不完整

二、室内空间的类型

室内空间的类型是由底面、顶面、墙身等室内界面的围合方式或开口方式而定的。不同的室内空间类型，适用于不同的使用功能要求。室内空间的基本类型可分为：

固定空间　由固定位置的底面、顶面及四周墙面所围成，适应室内空间较为稳定的各种使用功能的要求。

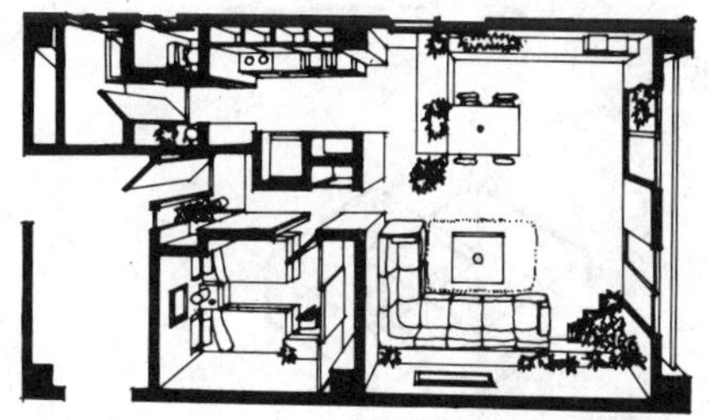

住宅内居室及辅助用房的固定空间

可变空间　由活动可变的或四周墙面所围成，适应室内空间具有不同规模和场合的使用要求。

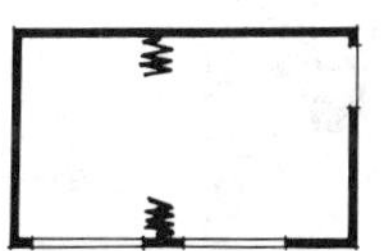

灵活隔断平面示意

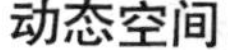

动态空间　空间的构成以及界面开口方式，对人流活动具有导向性，或空间之间形成动态的序列。

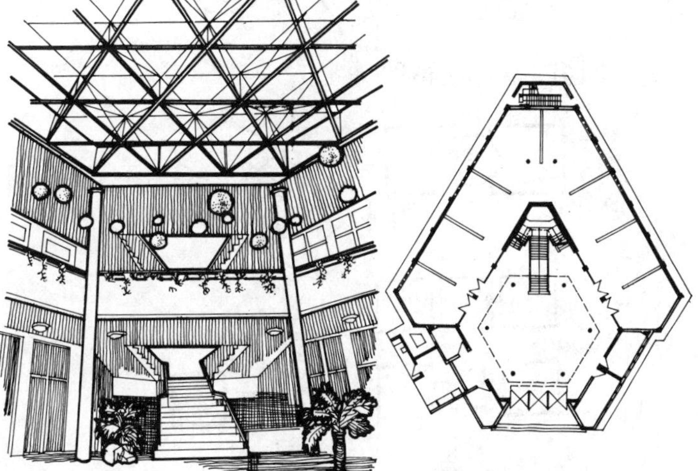

某文化馆进厅的固定空间

厅内以楼梯引导人流动向

8

开敞空间 围成空间的界面具有开口，使空间之间，室内外之间，能取得开敞联系或过渡。

民居中前廊的开敞空间

曼谷某使馆底层的开敞空间

虚拟空间 通过局部底面、顶面的升降，或借助家具、灯具、绿化、照明等手段，从视觉和心理上能感受到空间的限定，适应于在较大的室内空间中，功能上需要适当分隔的局部空间。

日本万座海滨旅馆大厅中供休息的虚拟空间

广州白天鹅宾馆进厅中水池构成虚拟空间

商店营业厅中陈列台与平顶照明形成的虚拟空间

室内空间的联系与分隔

室内空间根据使用功能或心理因素等需要，空间之间的联系或空间内分隔的方式，主要有下列几种：

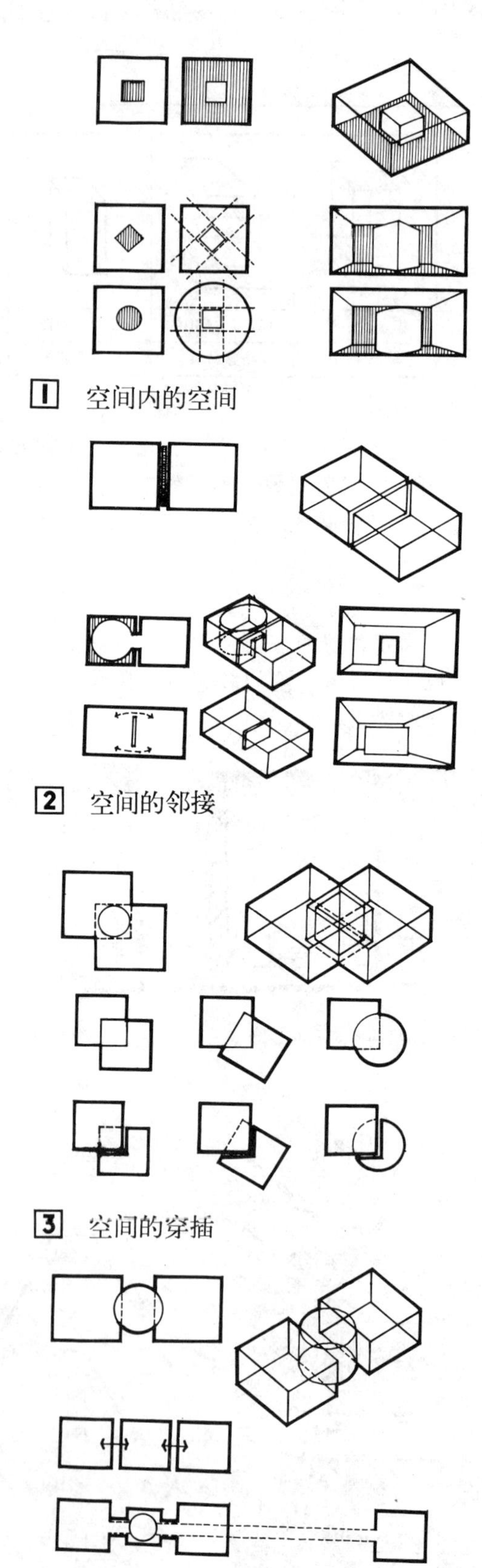

1 空间内的空间

2 空间的邻接

3 空间的穿插

4 以公共空间相连接

室内界面即围成室内空间的底面（楼、地面）、侧面（墙面）及顶面（顶棚），人们感受空间，但看到或触摸到界面。界面的线形、色彩和材料质地紧密结合，界面的设计既有功能技术要求，也有造型和美观要求。

一、各类界面的基本功能要求

基本功能要求	使用期限及耐久性	耐燃及防火性能	无毒不发散有害气体	核定允许的放射剂量	易于施工安装或加工制作便于更新	自重轻	耐磨耐腐蚀	防滑	易清洁	隔热保暖	隔声吸声	防潮防水	光反射率
底面（楼、地面）	●	●	●	●	●	○	●	●	●	●	●	●	
侧面（墙面）	○	●	●	●	●	○	○		○	●	●	○	○
顶面（顶棚）	○	●	●	●	●	●				●	●	○	●

注：●——较高要求；○——一般要求；

二、各类界面装饰材料的选用

底面装饰材料（楼、地面）	水泥砂浆	现浇水磨石	PVC 卷材	木地面	预制水磨石	陶瓷锦砖	花岗石	大理石
材料特性及其适用的室内楼地面	适用于一般生活活动及辅助用房	色彩和花饰可按设计配置，易清洁，防滑及吸声差，适用于公共活动和盥洗用房	色彩和花饰可供选择，有弹性，易清洁，易施工，适用于人流量不大的居住或公共活动用房	有纹理，隔热保暖性好，有弹性，适用于居住、托幼以及舞厅等	色彩和花饰可供选择，易清洁、易施工、防滑及吸声差，适用于公共活动和盥洗用房	耐久，耐磨性好，易清洁，易施工，吸声差，适用于公共活动用房、交通性建筑以及盥洗用房等	有纹理，耐久、耐磨性好，易清洁，吸声差，适用于装饰要求高的公共活动建筑的门厅、走廊及有大量人流的交通建筑等	有纹理，易清洁，吸声差，适用于装饰要求高的公共活动建筑的门厅、休息廊、餐厅等

侧面装饰材料（墙面）	灰砂粉刷 水泥砂浆粉刷	油漆 涂料	墙纸 墙布	PVC 板贴面	人造革及织锦缎	木装修木台度 木板夹板贴面	陶瓷面砖	大理石 花岗石	镜面玻璃
材料的性能及其适用的室内墙面	适用于一般生活活动及辅助用房	色彩可供选择，易清洗，适用于一般公共活动、居住用房	色彩、纹样可供选择，高发泡类稍具吸声作用，适用于旅馆客房、居住用房以及人流量不大的公共活动用房和走廊	色彩、纹样可供选择，易清洁，适用于行政办公、餐厅、会议等公共活动用房	色彩、纹样可供选择，触摸感好，吸声好，需经阻燃处理，适用于装饰要求高的会堂、接待餐厅或居住用房	有纹理，易清洁，触摸感好，需经阻燃处理，适用于公共活动及居住用房等	易清洁，维修更新较方便，吸声差，适用于公共活动以及盥洗室等	有纹理，易清洁，吸声差，适用于装饰要求高的旅馆、会场、文化建筑等门厅、走廊、公共活动用房，以及交通建筑等	具有扩大室内空间感，吸声差，适用于需要扩大室内空间感的公共活动用房

顶面装饰材料（平、吊顶）	灰砂粉刷 水泥砂浆粉刷	油漆、涂料	墙纸、墙布	木装修、夹板平顶	石膏板 石膏矿棉板	硅钙板 矿棉水泥板、穿孔板	金属压型板 金属穿孔板	金属格片
材料特性及其适用的室内平顶	适用于一般生活活动及辅助用房	色彩可供选择，易清洁，适用于一般公共活动，居住用房	色彩、纹样可供选择，高发泡类稍具吸声作用，适用于旅馆客房、居住用房以及人流量不大的公共活动用房和走廊	有纹理，需经阻燃处理，适用于居住生活及空间不大的公共活动用房	防火性能好，平顶上部便于安装管线，适用于各类公共活动用房	防火性能好，穿孔板具有吸声作用，适用于各类公共活动用房	自重轻，平顶上部便于安装和检修管线，适用于装饰要求较高的各类公共活动用房	自重轻，平顶上部便于安装和检修管线及灯具，适用于大面积公共活动用房及交通建筑

不同质感的界面材料示例

平整光滑的大理石

纹理清晰的木材

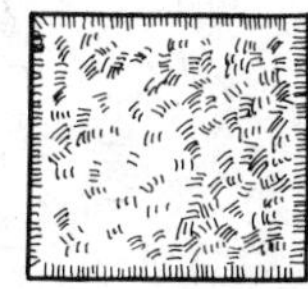
具有斧痕的斩假石

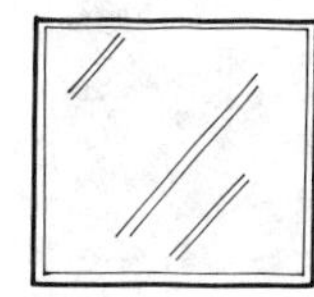
全反射的镜面玻璃

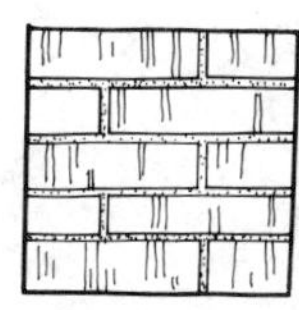
陶瓷面砖贴面

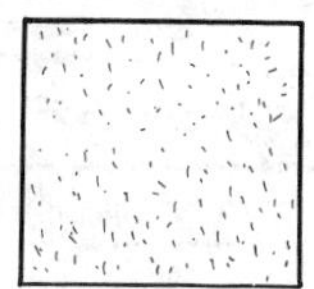
拉毛面喷塑涂料

8

室内界面处理与视觉感受

室内界面的线型划分、花饰大小、色调深浅等不同处理，可给人们在视觉上有不同感受。

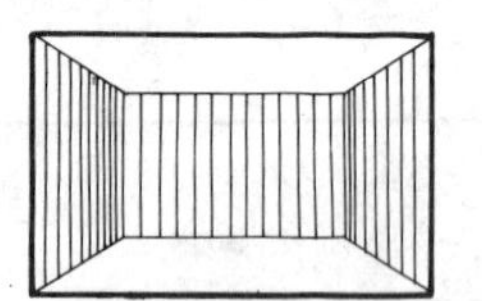

垂直划分感觉空间紧缩增高

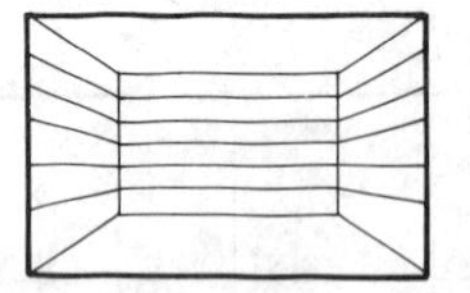

水平划分感觉空间开阔降低

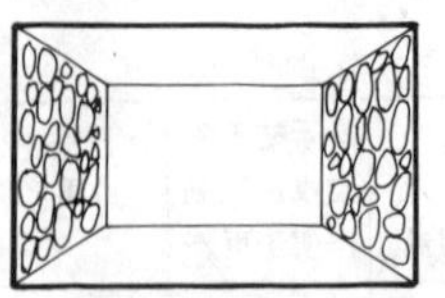

大尺度花饰感觉空间缩小

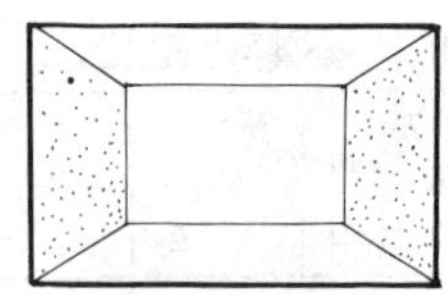

小尺度花饰感觉空间增大

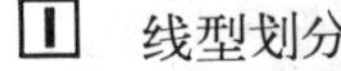

1 线型划分

2 花饰大小

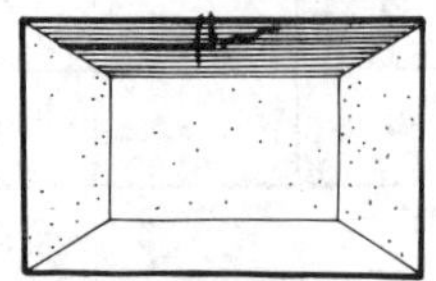

顶面深色空间降低

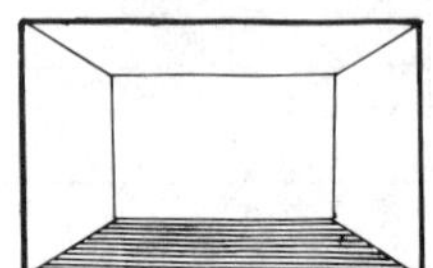

顶面浅色空间增高

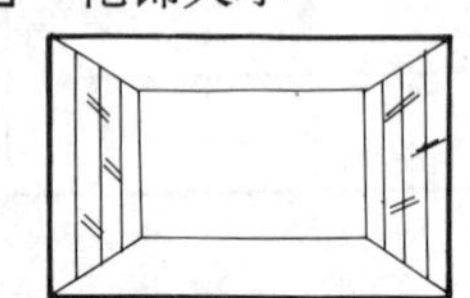

石材、面砖、玻璃挺拔冷峻

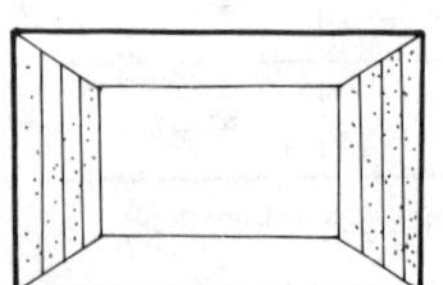

木材、织物较有亲切感

3 色调深浅

4 材料质感

室内界面处理示例

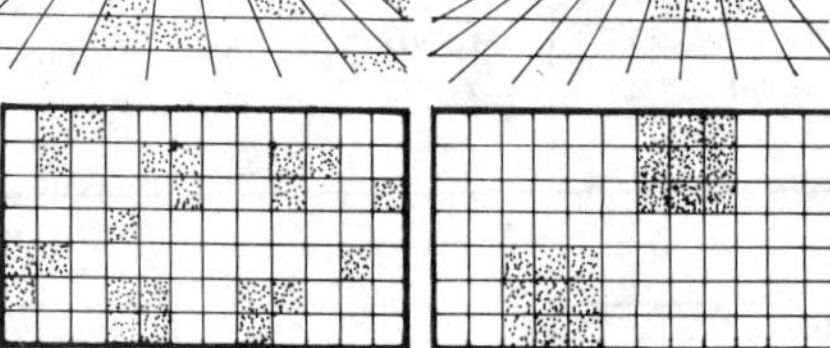

5 划格地面的不同花色处理

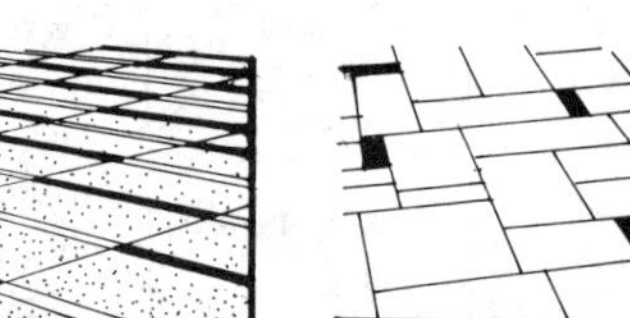

均匀分格

不均匀分格

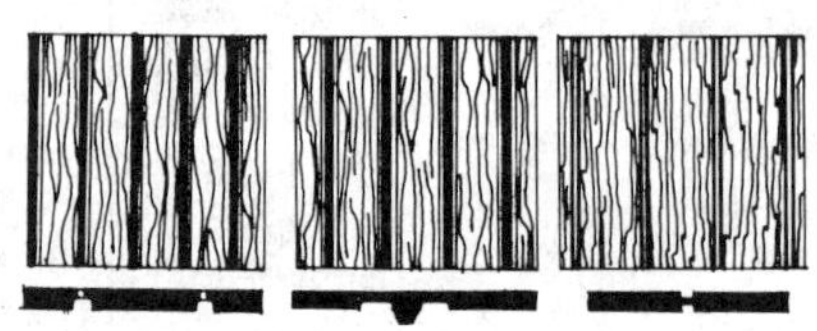

木台度分缝断石

6 木墙面的分缝处理

8 某鞋店的平顶与地面处理

井式平顶

透空格片

7 平顶结合照明的不同处理

9 某公共建筑大厅的平顶、墙石及地面处理

室内绿化的作用

表 1

改善环境质量	室内绿化有助于改善室内温湿度，净化室内空气，并且具有一定的吸声作用
美化室内环境	绿化具有生气和活力，富有形态和色彩的变化，使室内人工环境增加美感和舒适感
组织空间利用隙角	室内绿化能分隔和组织空间，利用室内隙角，借助绿化形成虚拟空间

室内绿化的配置形式

表 2

配置形式	适应范围
单盆单枝	单盆适宜于近距离观赏，可置于室内空间一角，作几桌面陈设或配置于门、廊、家具近旁。单枝形态、色彩具有特色，可形成室内景观主题
成组成团	成组成团的室内绿化在形态和色彩上可形成室内景观点，或烘托出室内重点装饰部分
水平绿化	条状水平绿化适用于分隔空间，引导方向；片状水平绿化可形成特定环境气氛或作为衬托背景等
垂直绿化	攀缘于室内侧界面上或悬挂于顶面及支架上的垂直绿化，可起烘托环境气氛、分隔空间、形成虚拟空间的作用

室内绿化的选择和常用品种

表 3

室内绿化选择		形态优美，色香和谐，装饰性强，易于适应室内的光照和温湿度等条件，便于管理
常用品种	观形	五针松、黑松、南洋杉、榕树、铁树、翠柏、翠竹
	观叶	棕榈、蒲葵、橡皮树、冬青、女贞、棕竹、铁线蕨、一品红
	观花	月季、海棠、杜鹃、扶桑、茶花、菊花
	观果	石榴、金桔、代代、天竺、珊瑚树、无花果
	闻香	珠兰、米兰、茉莉、四季桂、腊梅、晚香玉
	攀缘	常春藤、木香、薜荔、络石、爬山虎
	悬挂	吊兰、蟹爪兰、吊钟海棠、竹芦梅、吊金钱

室内植物品种示例

五加科木

光照：1250lx 以上
水分：保持土壤滋润
温度：喜温，耐寒性较差
尺寸：1.9～10m

橡皮树

光照：1500lx 以上
水分：保持土壤滋润
温度：喜温
尺寸：0.6～6m

龙树血

光照：750～1500lx 强阳光照射
水分：保持土壤滋润
温度：喜温
尺寸：0.3～6m

棕竹

光照：1250lx
水分：保持土壤滋润
温度：喜温
尺寸：0.9～3.6m

琴叶无花果

光照：1500lx 以上
水分：保持土壤滋润
温度：喜温
尺寸：0.6～3m

垂枝无花果

光照：1250lx 以上
水分：保持土壤滋润
温度：喜温
尺寸：1.2～7.5m

棘椰树

光照：1250～1500lx
水分：保持土壤湿润
温度：喜温
尺寸：0.3～3.6m

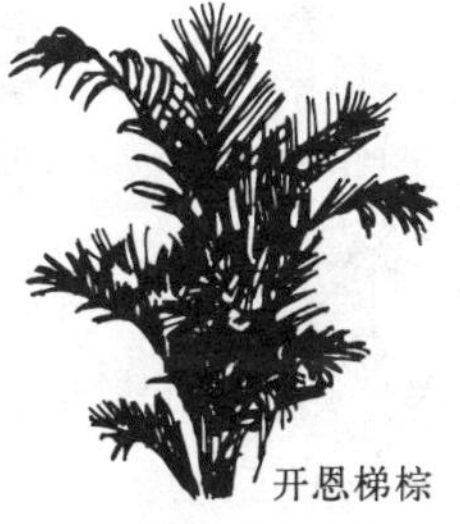

开恩梯棕

光照：750～1500lx
水分：保持土壤滋润
温度：喜温
尺寸：0.75～2.1m

七喜林芋

光照：500lx 以上
水分：每周一次，浇透或土表面干时浇水
温度：喜温
尺寸：0.3～1.5m

龟背竹

光照：1000lx 以上
水分：保持土壤滋润
温度：喜温
尺寸：0.6～1.5m

豹纹竹芋

光照：1250lx 以上
水分：每周一次，浇透，注意不要让土干燥
温度：喜温
尺寸：0.3m

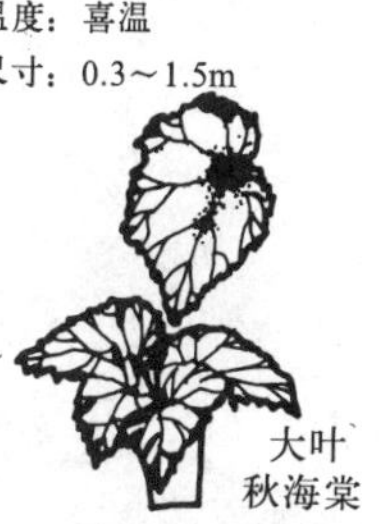

大叶秋海棠

光照：1000～1500lx，忌强光照晒
水分：保持土壤滋润
温度：喜温
尺寸：0.3m

吊兰

光照：1000～1500lx，喜半阴环境
水分：不可过于潮湿
温度：耐寒力较差
尺寸：0.3m

鸭跖草

光照：1000～1500lx，不耐阳光直晒
水分：保持土壤湿润
温度：喜温，不耐寒冷
尺寸：0.3m

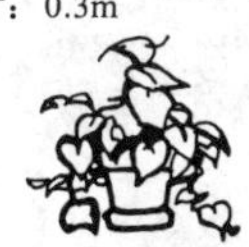

心叶芋

光照：750～1250lx
水分：保持土壤滋润
温度：喜温
尺寸：0.3m 蔓生

长叶球蕨

光照：1000～1500lx
水分：保持土壤湿润
温度：喜温
尺寸：0.3～1m 宽

常春藤

光照：1000～1500lx，性极耐阴
水分：保持土壤湿润
温度：耐寒性较差
尺寸：蔓生

球兰

光照：1500lx 以上
水分：保持土壤滋润
温度：喜温
尺寸：0.3m

花叶万年青

光照：100～1600lx，忌阳光直晒
水分：保持土壤滋润
温度：喜温
尺寸：0～0.3m

四季秋海棠

光照：1600lx 以上，忌烈日直晒
水分：保持土壤滋润
温度：喜温
尺寸：0.2m

8

带盆座的各种室内绿化形式

室内绿化示例

"A"点透视

"B"点透视

1 上海龙柏饭店室内绿化

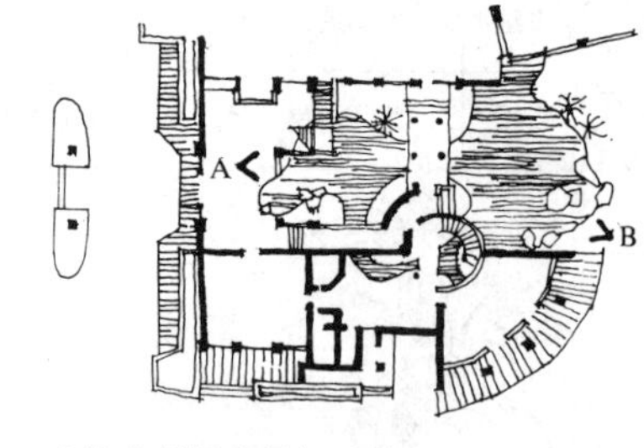

上海龙柏饭店局部平面

剖面

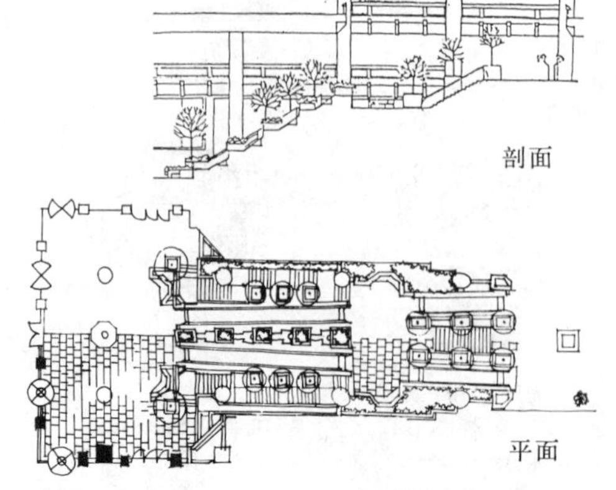

平面

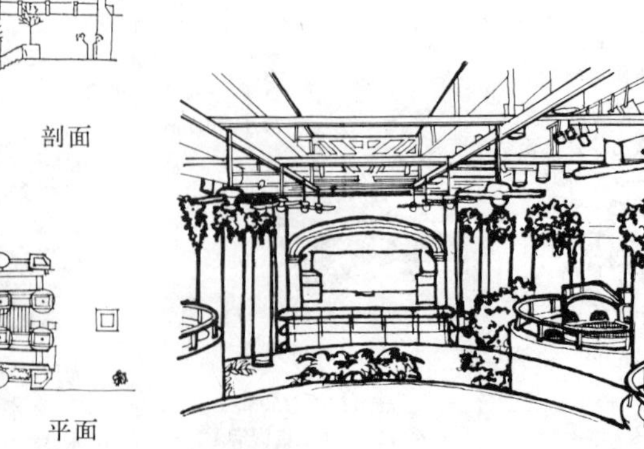

2 深圳大学图书馆中庭室内绿化

3 美国芝加哥水塔大厦大厅台阶式绿化

4 日本名古屋某餐厅影院室内悬吊绿化

庭园系指由建筑围成，并具有一定景观的空间。庭园可供人们观赏游憩，并使建筑环境与自然环境相结合，庭园的布局强调园内意境，寓情于景；它应与建筑空间组织紧密结合，并受建筑界面的限定。

中庭"A"点透视

白云宾馆甘泉厅透视

中庭"B"点透视

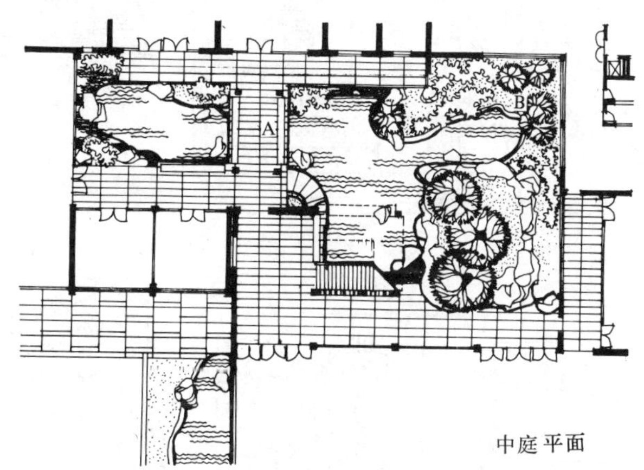

中庭平面

1 广州白云宾馆庭园

庭园透视

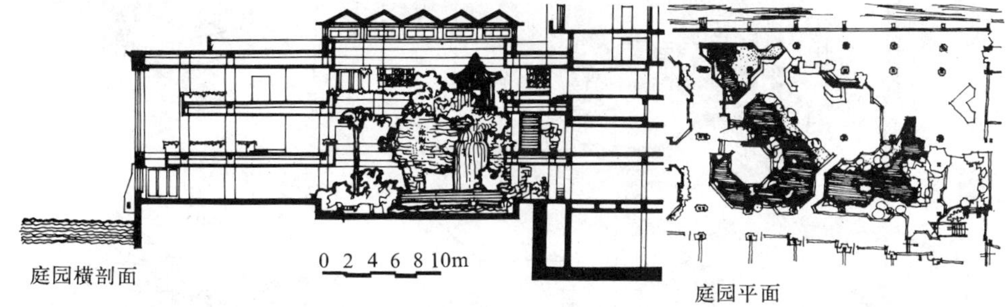

庭园横剖面

庭园平面

庭园透视

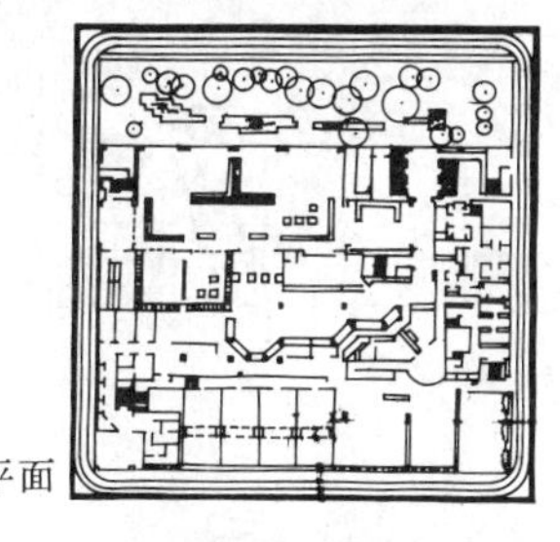

庭园平面

3 美国休斯顿某办公楼

0 2 4 6 8 10m

庭园纵剖面

2 广州白天鹅宾馆庭园

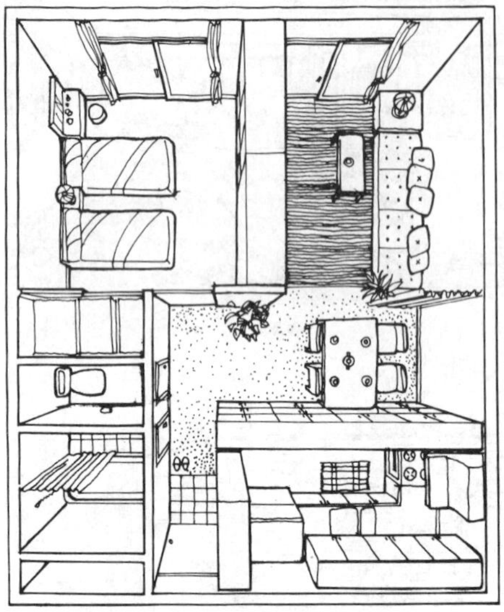

a 起居室

b 餐室

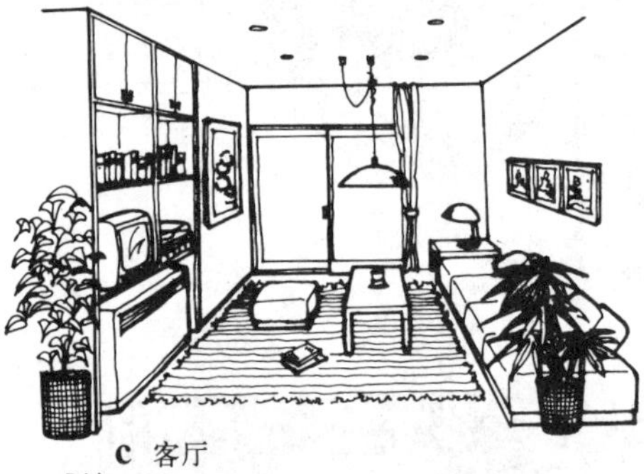

c 客厅

d 起居室

e 厨房兼餐室

f 起居室

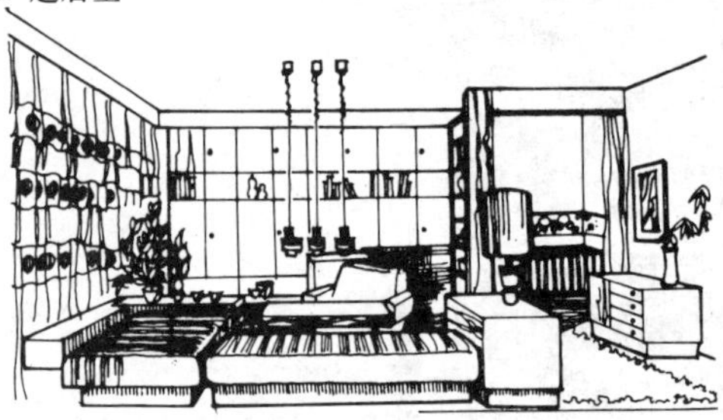

g 卧室

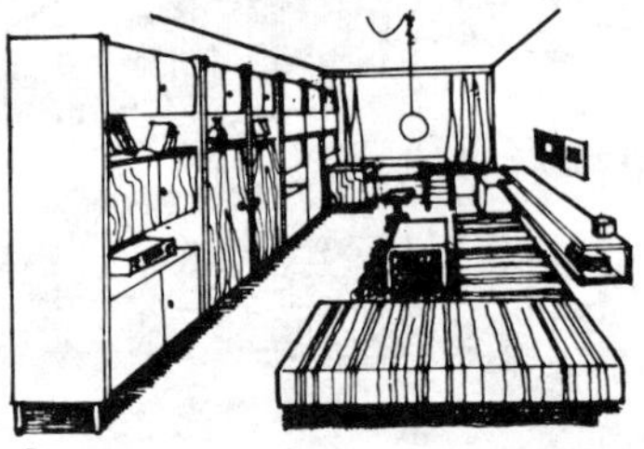

h 卧室

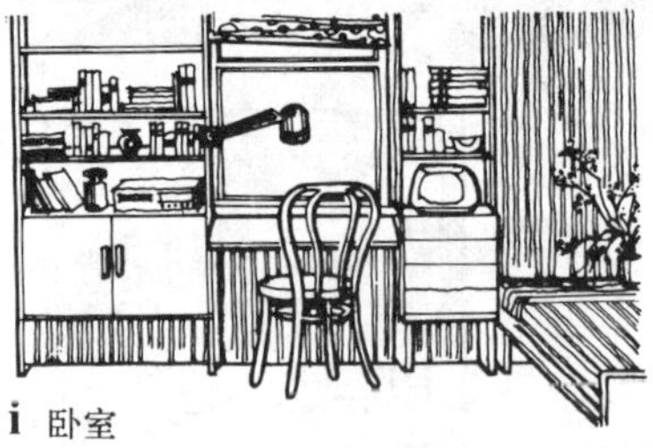

i 卧室

j 卧室

k 卧室

l 一字型厨房

m L 型厨房

n U 型厨房

p 一字型厨房

1 住宅室内设计

1 某住宅

2 美国亚特兰大某公寓内庭

3 深圳教育学院中庭

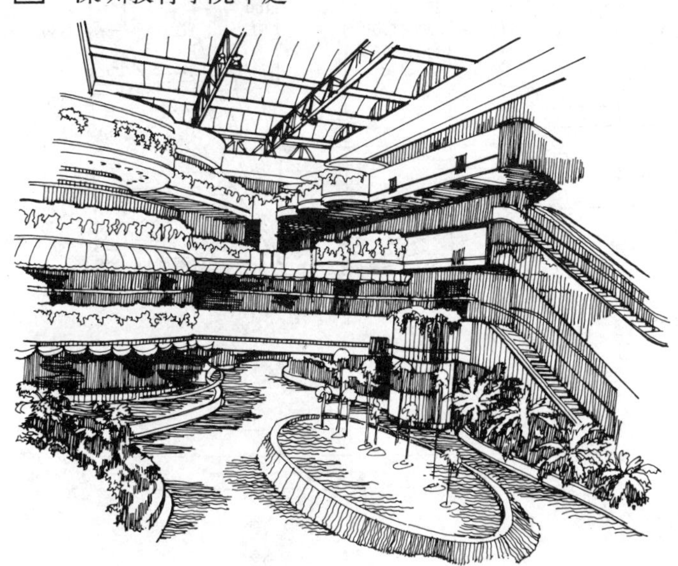

4 深圳国际贸易中心中庭

5 上海新苑宾馆“渔赋”茶座

坐具设计要点

坐具设计时为了取得舒适的使用效果，应掌握人体工程学知识。

设计时应注意以下几点：

1.人的大腿与躯干之间构成的角度应根据不同椅型确定；

2.设计的坐具应允许使用者变更姿势；

3.坐具的边缘应做成圆滑，以防硌痛和碰痛；

4.坐具靠背应根据人的脊椎曲线设计；

5.坐具的座面应根据不同坐具而设有不同的坐倾角；

6.扶手一般应设有软垫；

7.坐具造型应考虑文脉的因素和创新动机。

1 明式家具靠背曲线

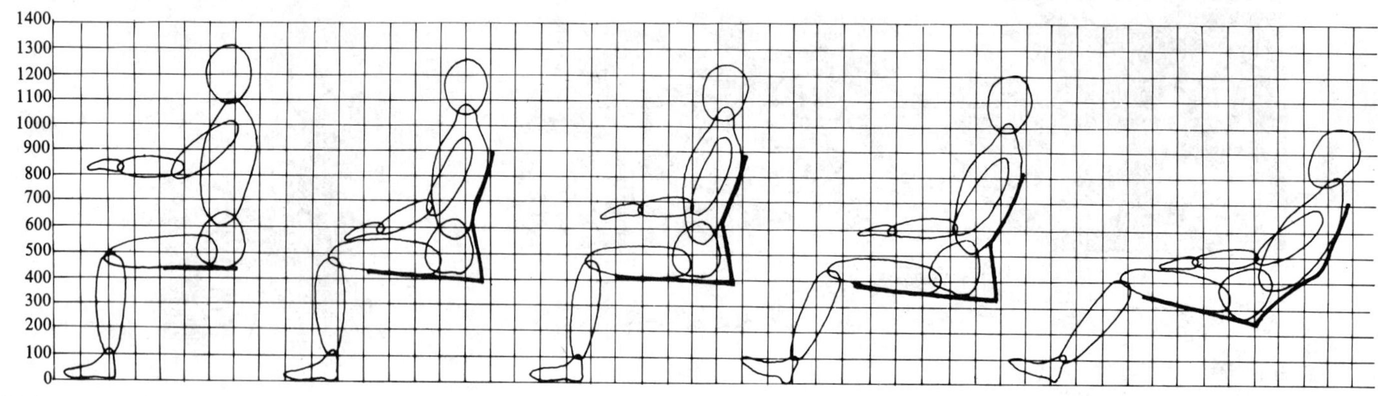

2 各类凳椅的尺度

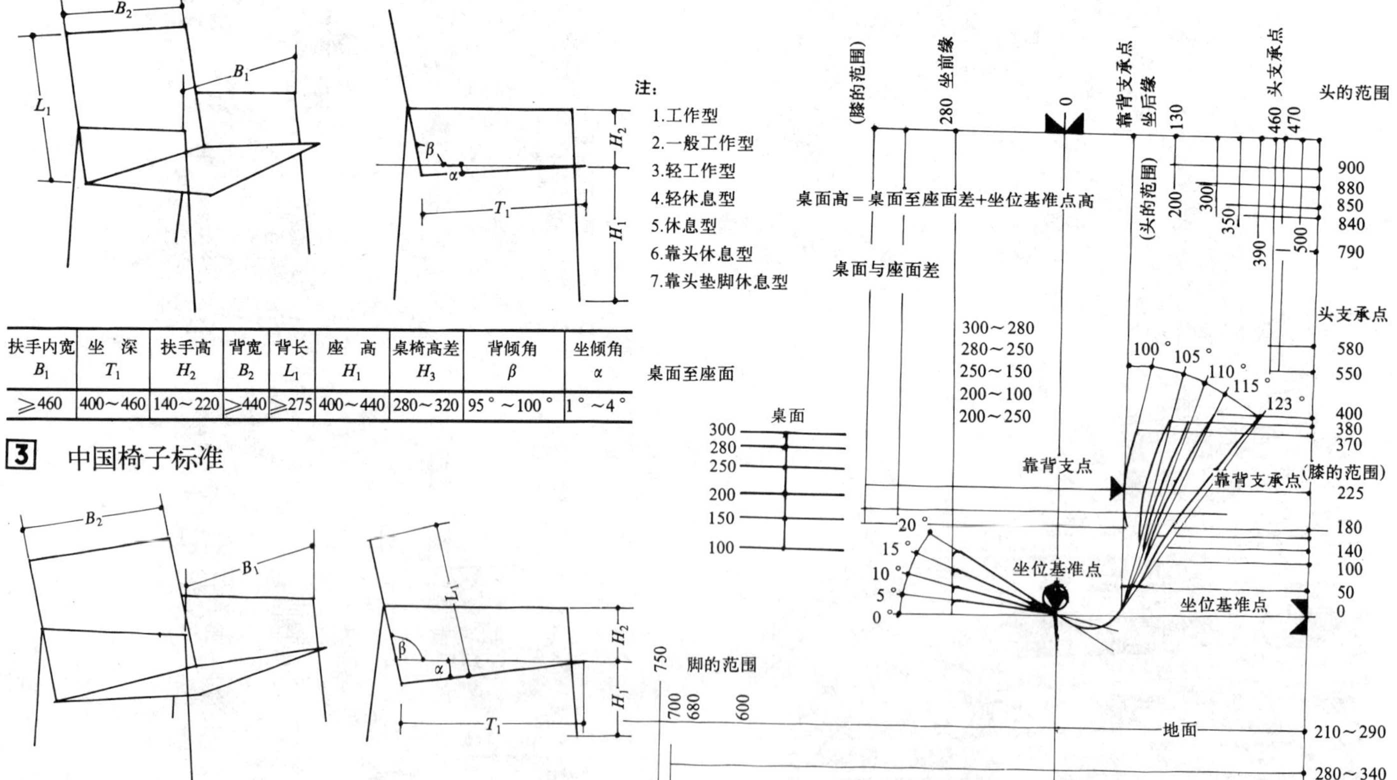

扶手内宽 B_1	坐 深 T_1	扶手高 H_2	背宽 B_2	背长 L_1	座 高 H_1	桌椅高差 H_3	背倾角 β	坐倾角 α
≥460	400～460	140～220	≥440	≥275	400～440	280～320	95°～100°	1°～4°

3 中国椅子标准

扶手内宽 B_1	座 深 T_1	扶手高 H_2	背 宽 B_2	背 长 L_1	座 高 H_1	背倾角 β	坐倾角 α
≥510～550	440～540	150～200	500～550	400～540	380～410	102°～104°	4°～6°

4 中国沙发标准

5 六种椅子类型尺寸关系

办公家具设计

要点

1.设计要体现对工作者的关心和提高工作效率；

2.既要满足办公需要，又要满足业务谈判需要。

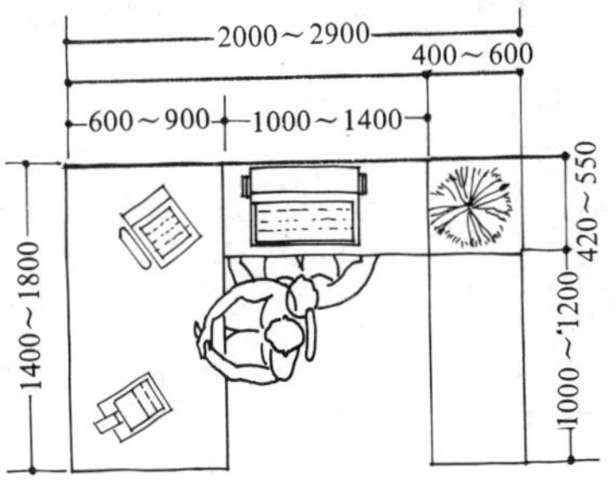

1 "U"型办公桌布置基本尺寸

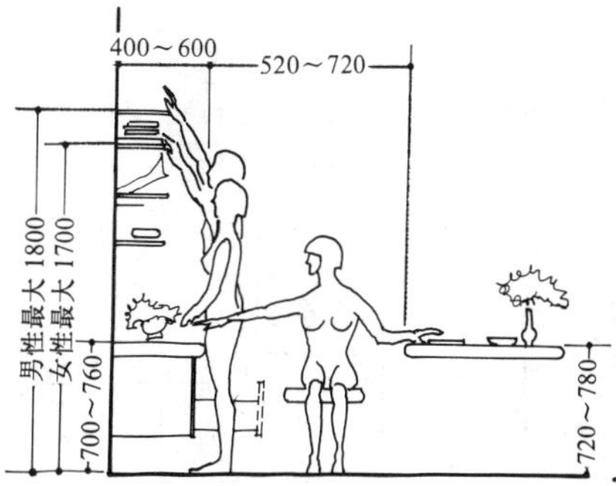

2 办公室主要尺寸（一）

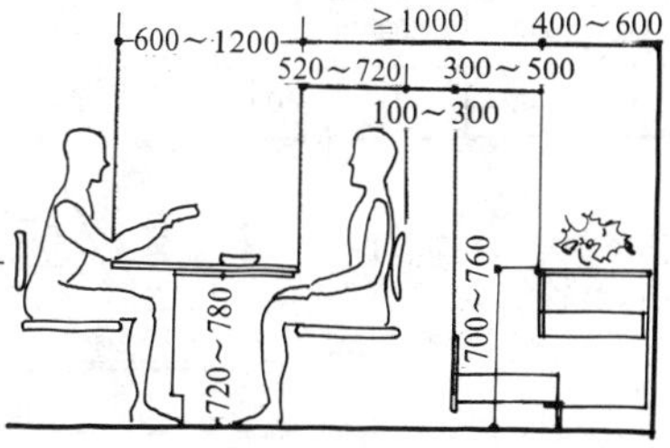

3 办公室主要尺寸（二）

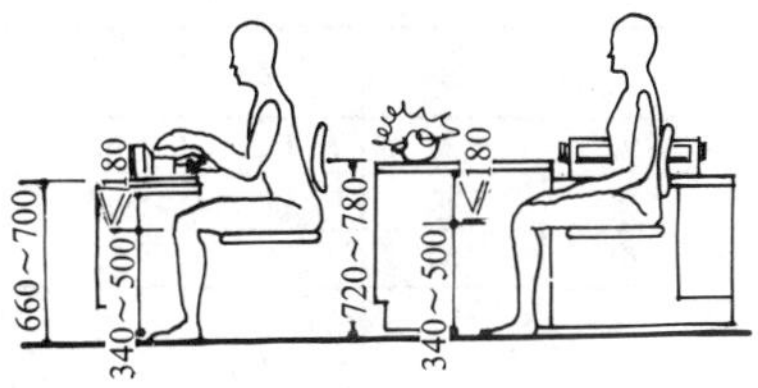

办公桌尺寸

	宽	深
二屉桌	900～1200	450～600
三屉桌	1100～1400	500～700
三件桌	1200～1800	600～850
经理桌	1400～2000	700～956

4 打字桌尺寸

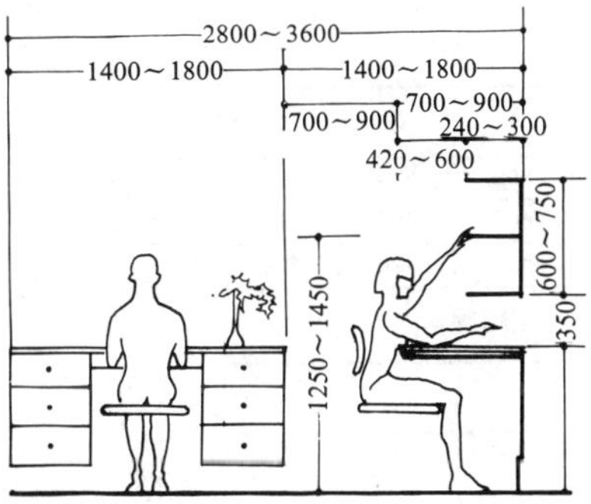

5 设有吊柜基本单元的办公尺寸

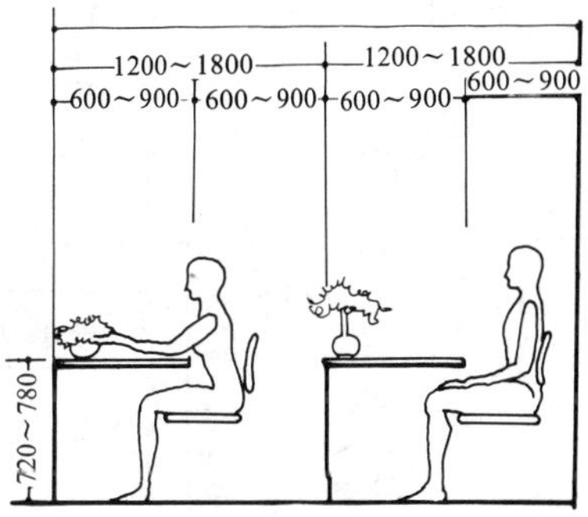

6 办公桌间距

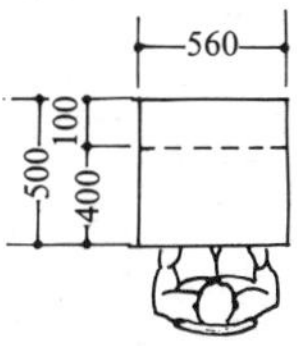

7 最小餐位尺寸

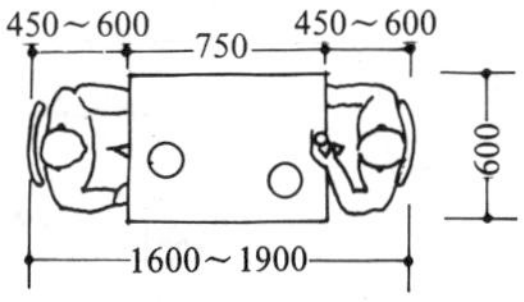

8 餐桌最小尺寸

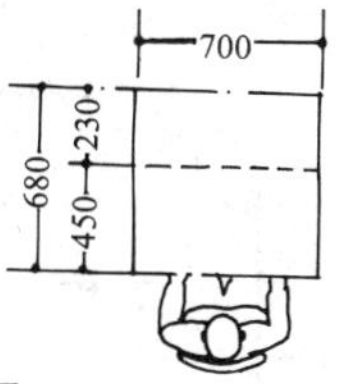

9 最佳餐位尺寸

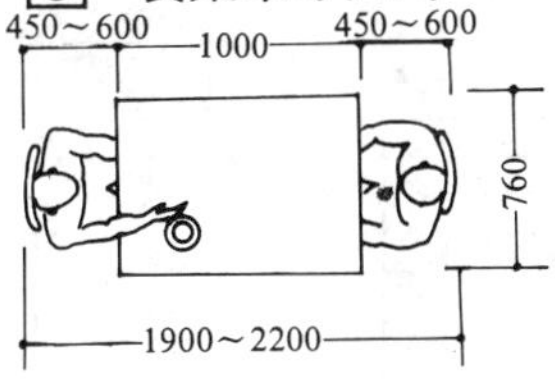

10 餐桌舒适尺寸

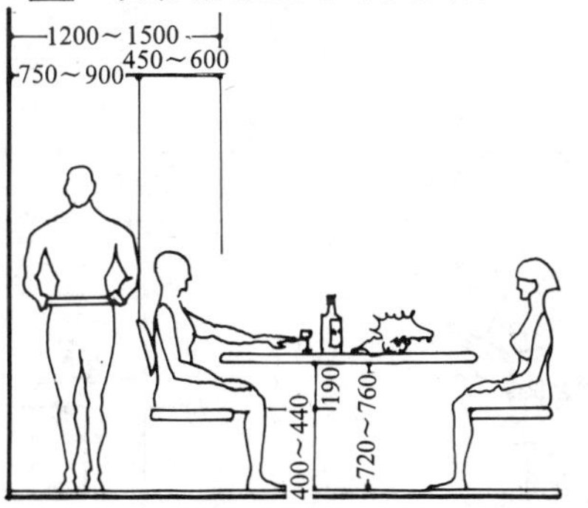

11 座椅后可通行的最小间距

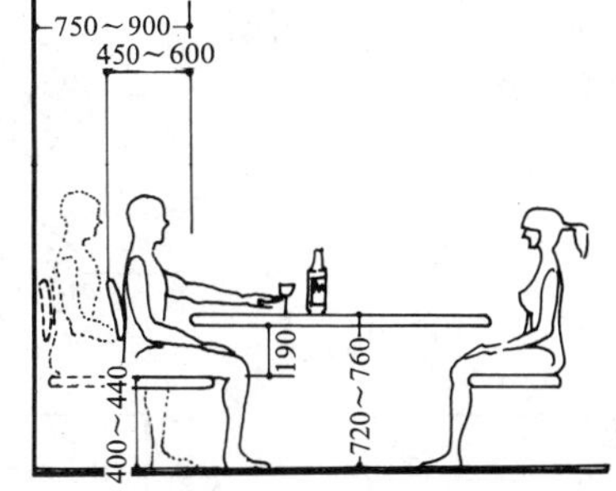

12 座椅后不能通行的最小间距

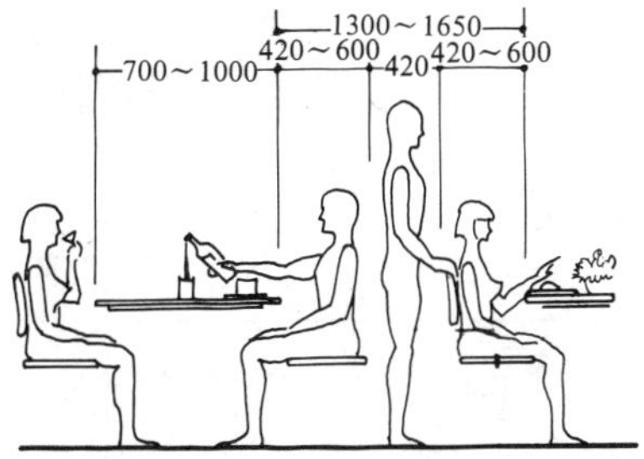

餐桌最小间距与非通行尺寸

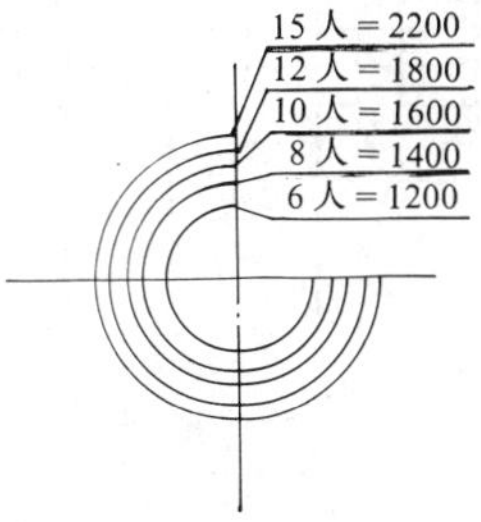

13 圆餐桌尺寸

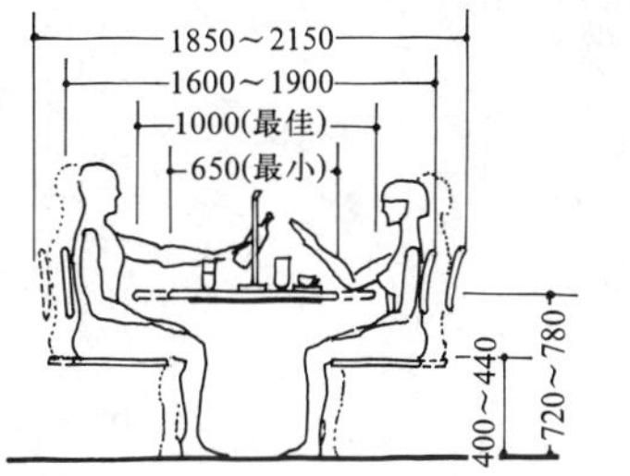

14 餐桌最佳、最小深度尺寸

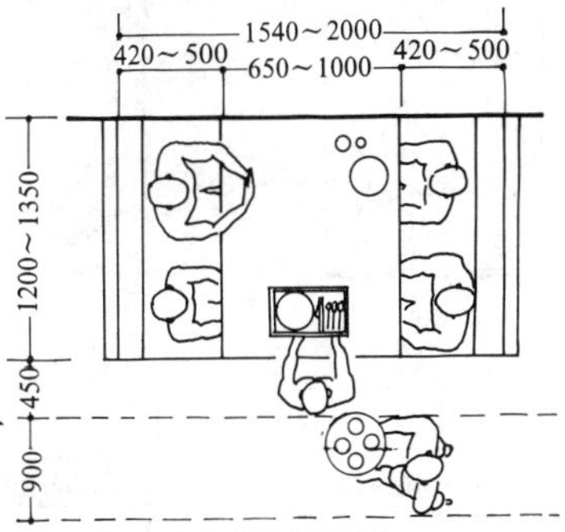

火车座及交通尺寸

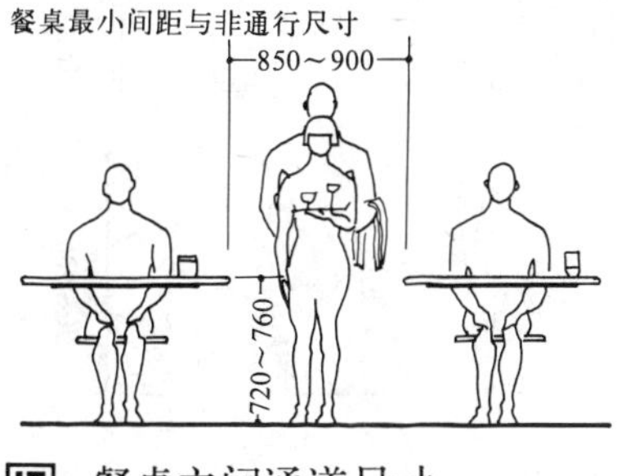

15 餐桌之间通道尺寸

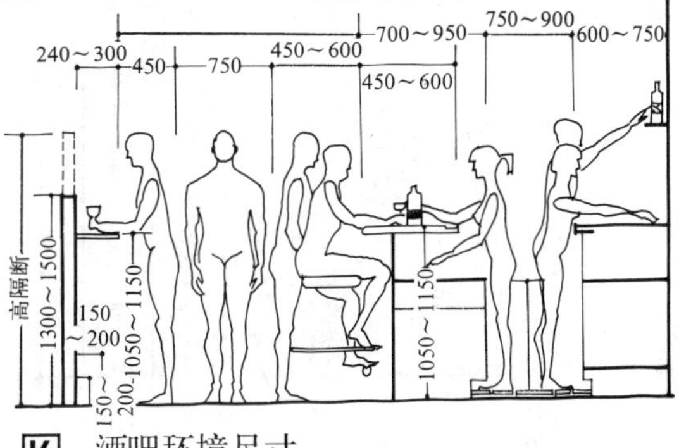

16 酒吧环境尺寸

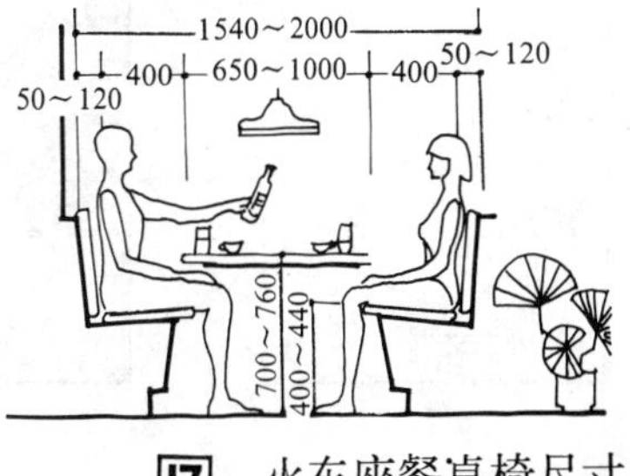

17 火车座餐桌椅尺寸

	长	宽	高
大	1400	650	720
中	1200	600	700
小	800	400	700

宾馆客房中化妆桌尺寸可根据具体情况确定。

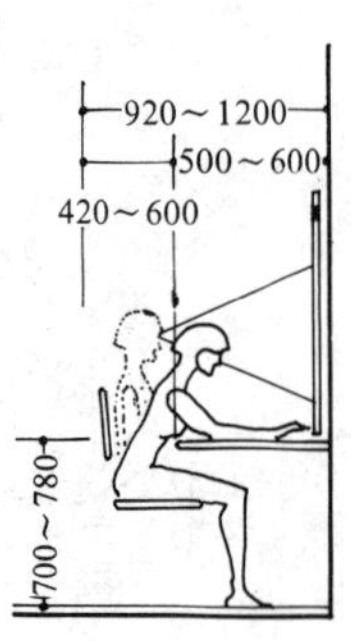

1 化妆桌尺寸

下面是文件柜
650～750
1350～1500
搁板
绘图板
绘图桌
900
可变化
可变化
300

2 绘图工作单元尺寸

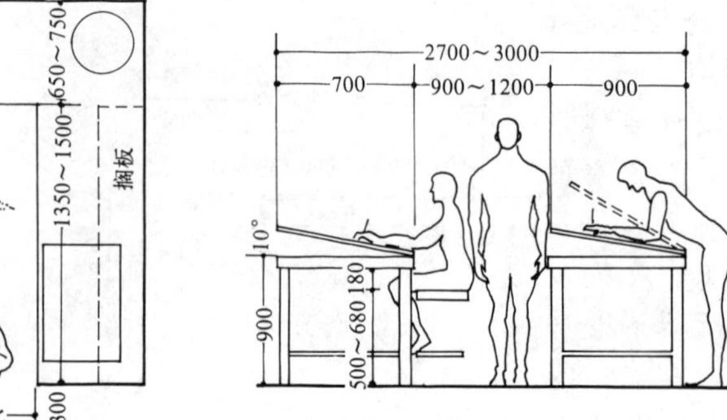

3 绘图桌间距

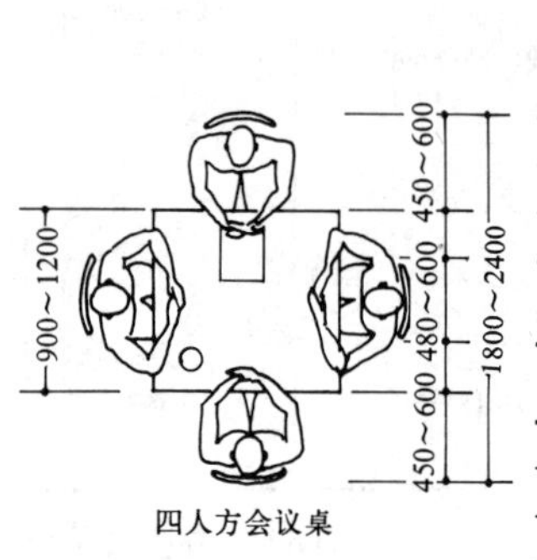

1.会议桌尺寸变化较大，排列组合多种多样；

2.每席位长度按 520～900 计算；

3.会议桌高 720～780。

900～1200
450～600
450～600
四人圆会议桌

4 会议桌设计

茶几尺寸

	长	宽	高
大	800	500	580
中	600	460	540
小	550	420	500

长茶几尺寸

	长	宽	高
大	1600	560	450
中	1200	520	420
小	1000	450	420

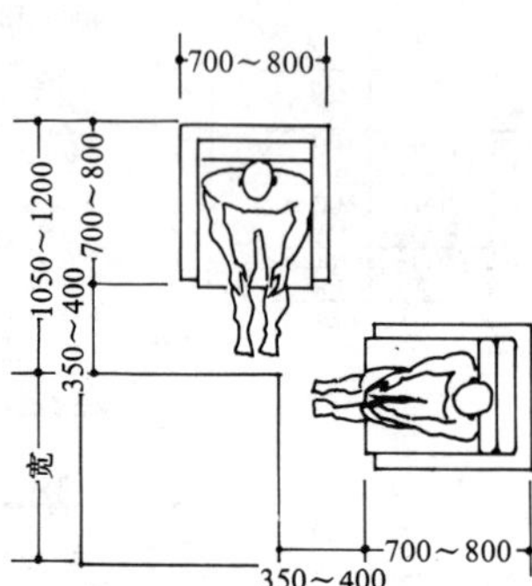

	长	宽	高
大	600	420	620
中	460	400	600
小	420	340	550

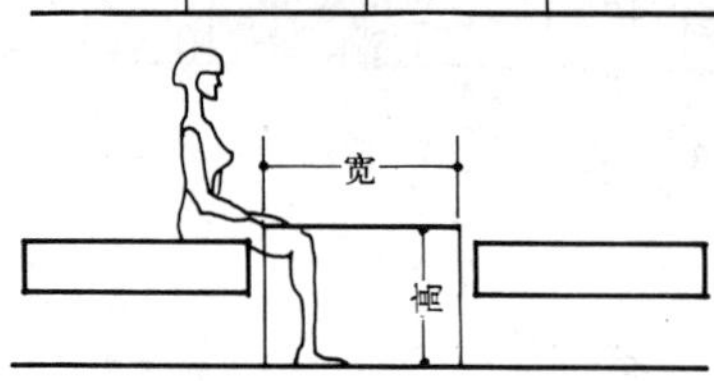

5 床头柜尺寸

搁板、抽斗、门的高度范围

表 1

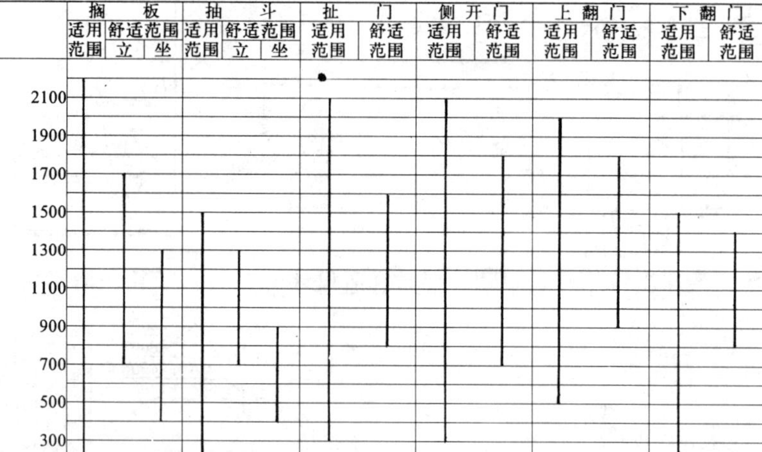

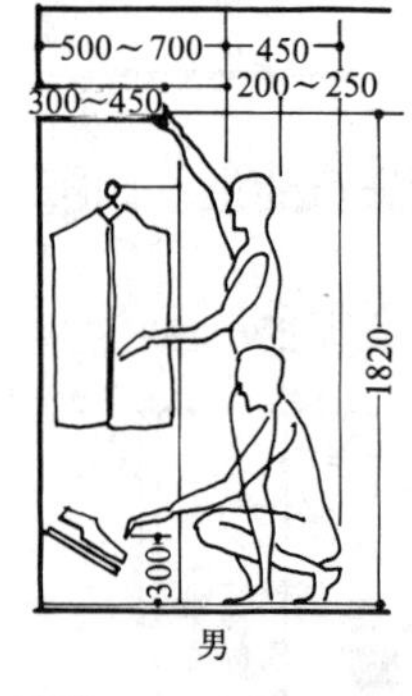

男

500～700
450
300～450
200～250
1720
250

女

6 壁柜尺寸

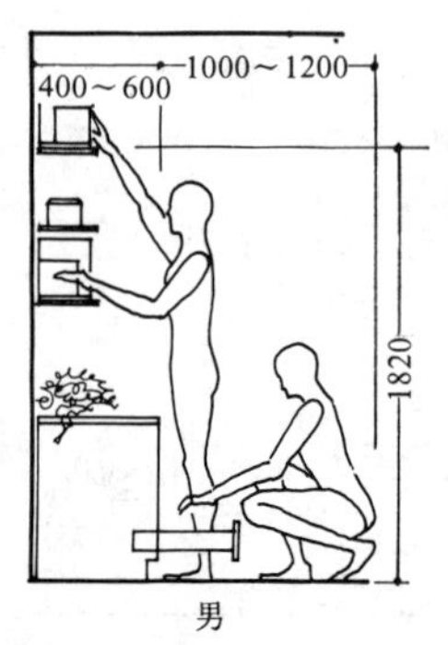

男

女

7 格架尺寸

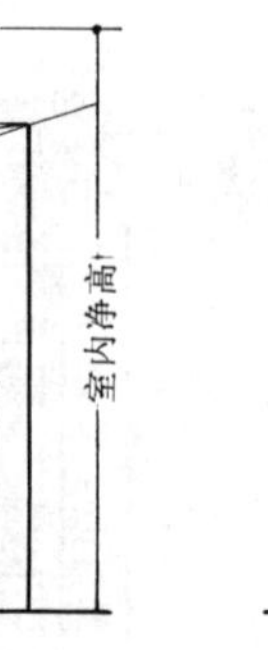

8 屏风尺寸

400～600
1500～2000
30°
750～1050
30°
可变化
室内净高
850～900

9 镜框悬挂尺寸

床设计要点

1.床本身尺寸要满足睡眠的舒适要求；
2.床上下四周要有可供人活动的必要环境尺寸；
3.注重观赏室外景色的房间，窗台高要考虑人躺在床上的视线尺寸；
4.双层床下铺和上铺必须保证人在床面上坐直；
5.儿童床外表不得有尖锐的棱角，或可危害儿童的构造作法；
6.旅(宾)馆中床尺寸及造型应方便服务员清洁打扫。

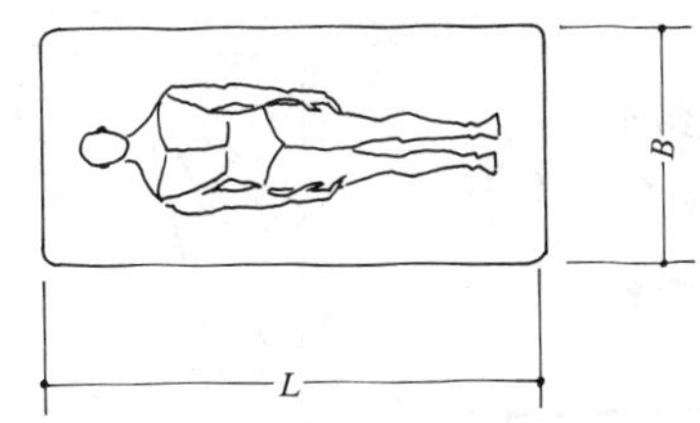

	长 L	宽 B	高 H
大	2000	1200	420～550
中	2000	1000	420～550
小	2000	900	420～550

1 单人床尺寸

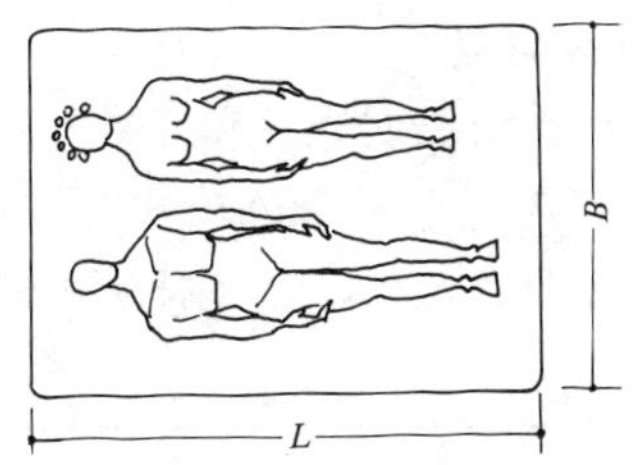

	长 L	宽 B	高 H
大	2000	1800	420～550
中	2000	1500	420～550
小	2000	1350	420～550

2 双人床尺寸

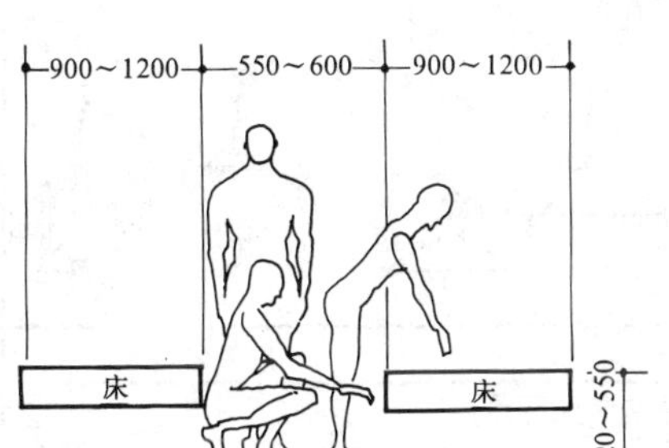
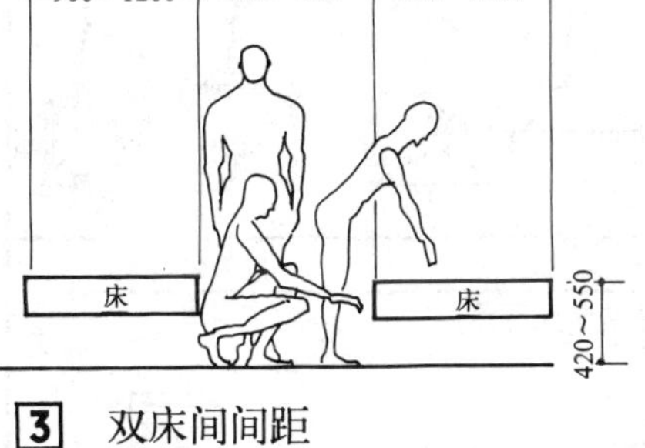

3 双床间间距

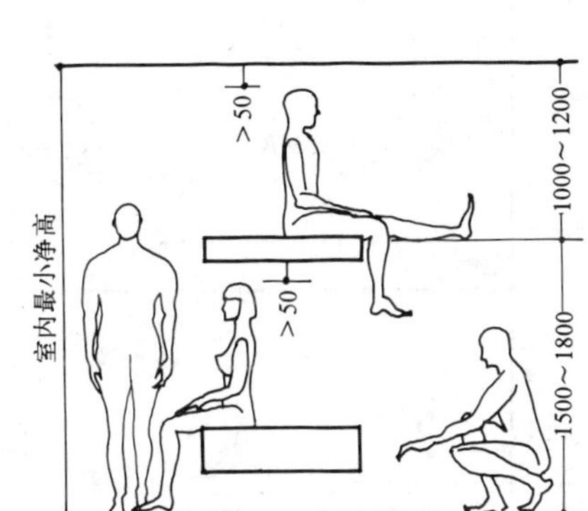
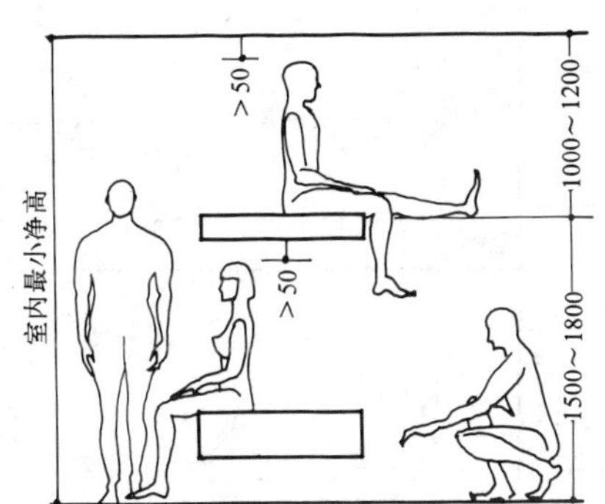
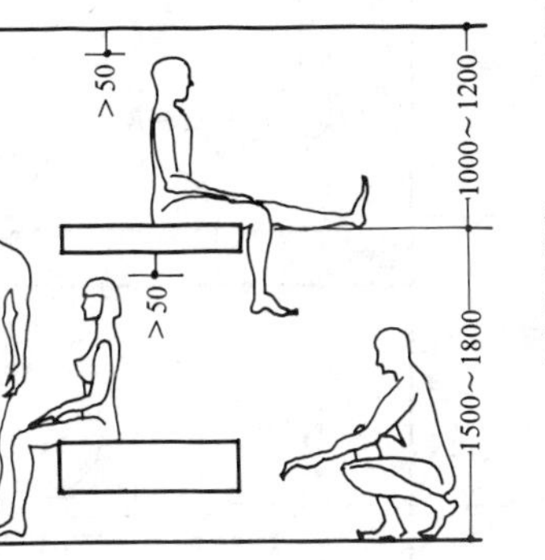

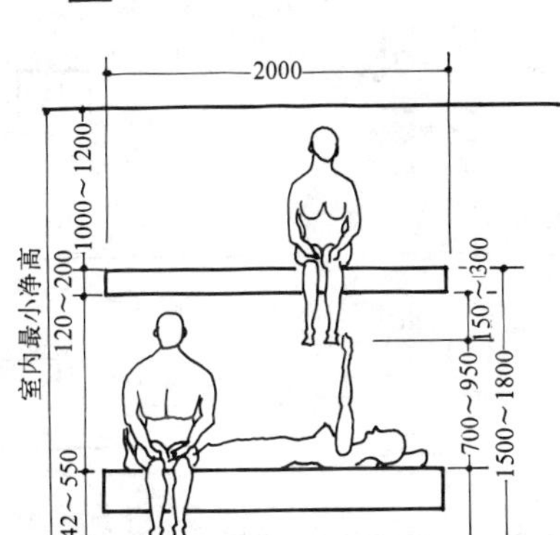

4 成人双层床尺寸

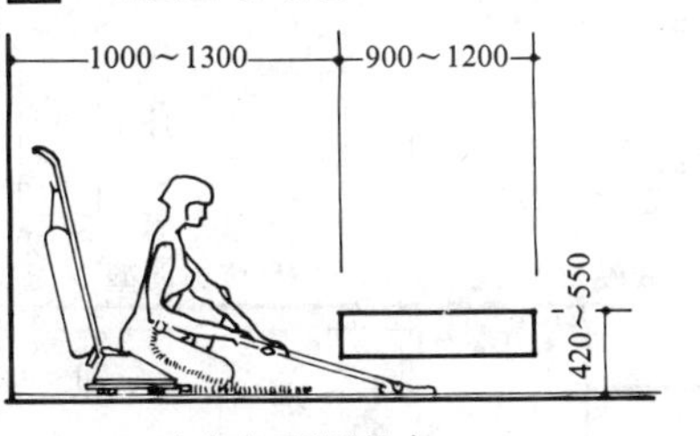

打扫床下所需尺寸

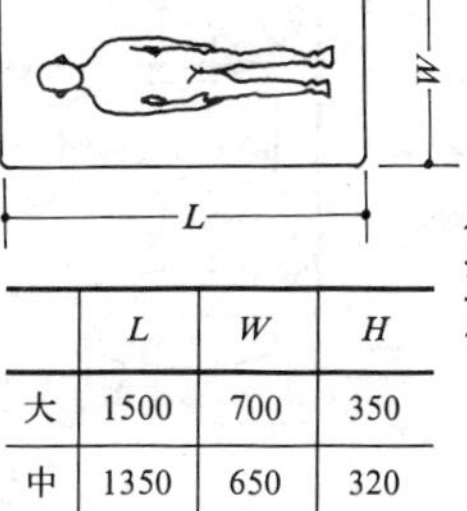

蹲着铺床单的尺寸

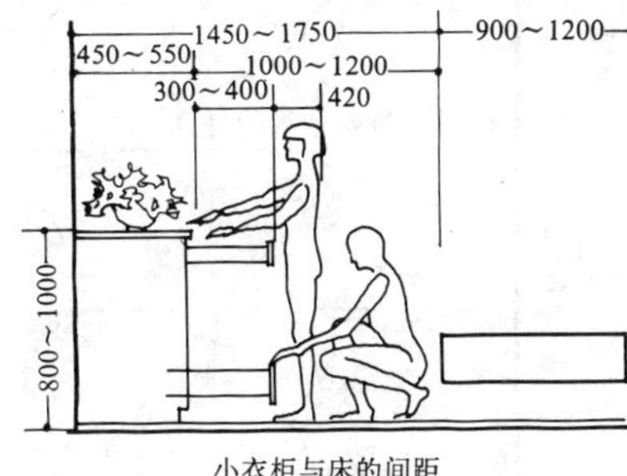

小衣柜与床的间距

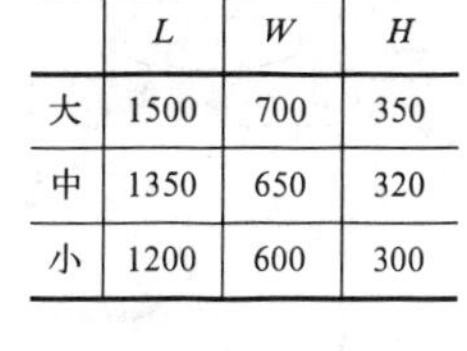

站着铺床单的尺寸

5 客房搞卫生所需的各种尺寸

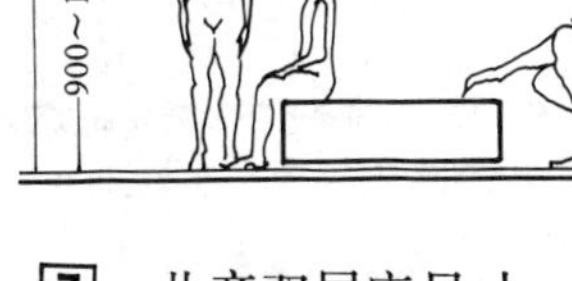

	L	W	H
大	1500	700	350
中	1350	650	320
小	1200	600	300

6 儿童床尺寸　7 儿童双层床尺寸

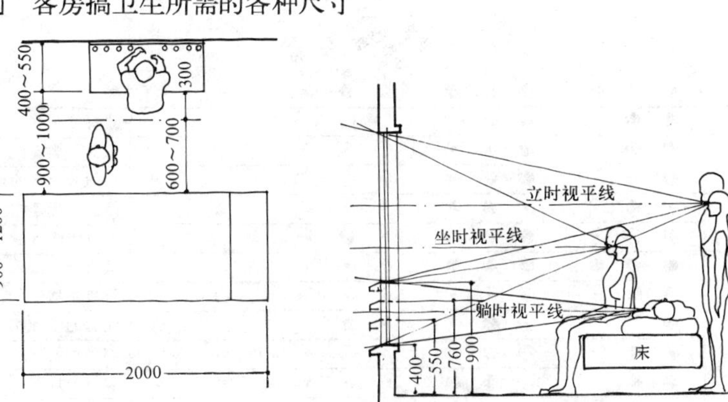

8 旅馆客房床与环境关系尺寸　9 卧室的视线与视野

10 幼儿园床布置与环境关系尺寸

灯具类型

1.灯具由照明光源和灯罩及附件组成

2.灯具类型可分为功能灯具及装饰灯具两部分。此外，还有特殊用途灯具。

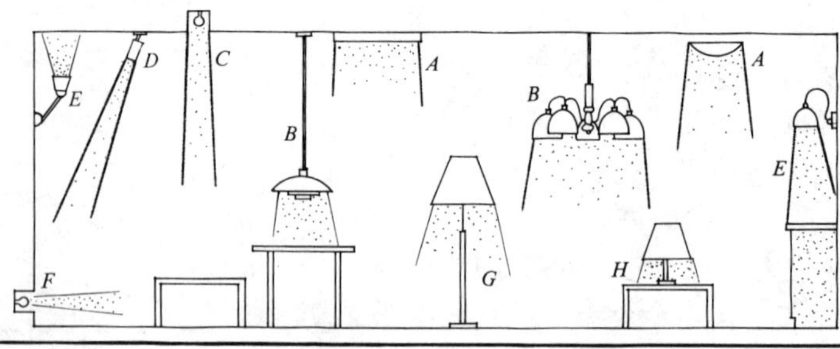

A 吸顶灯
B 吊 灯
C 嵌入灯
D 投光灯
E 壁 灯
F 脚 灯
G 落地灯
H 台 灯

a 宽光束断面

b 中等光束断面

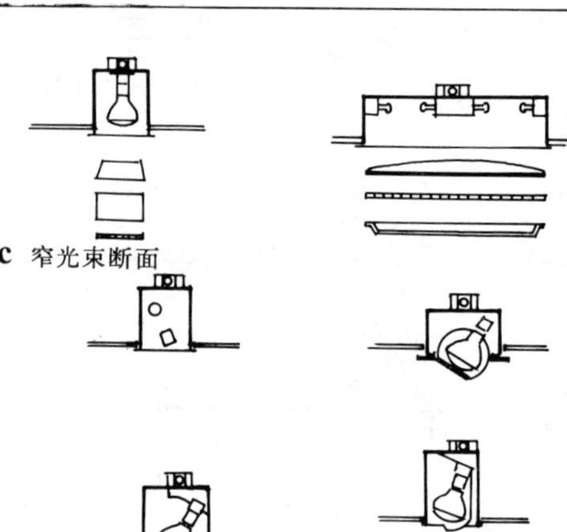

c 窄光束断面

d 不对称光束断面

吊灯

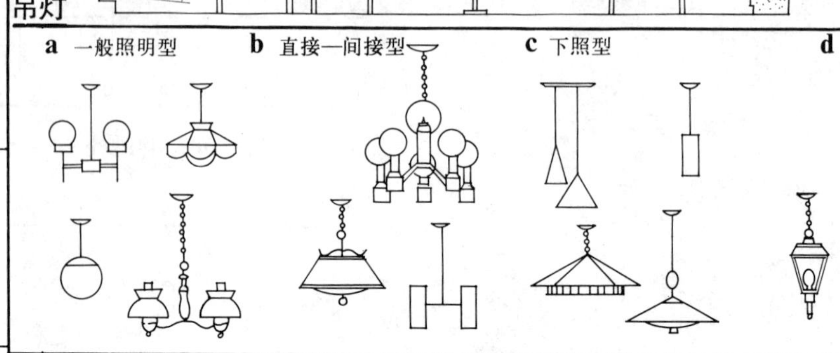

a 一般照明型　b 直接—间接型　c 下照型　d 裸露型

壁灯

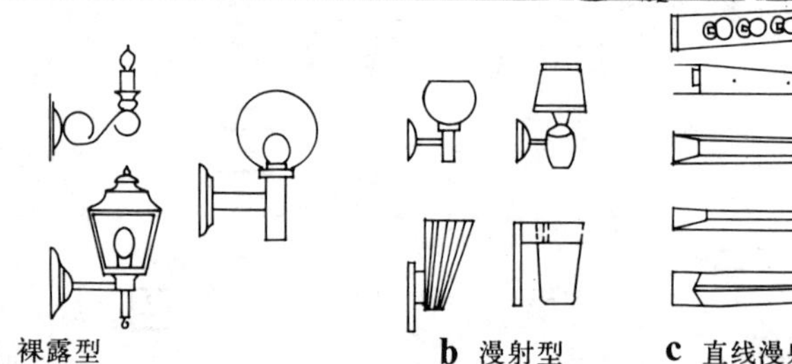

a 裸露型　b 漫射型　c 直线漫射型　d 强方向型

吸顶灯

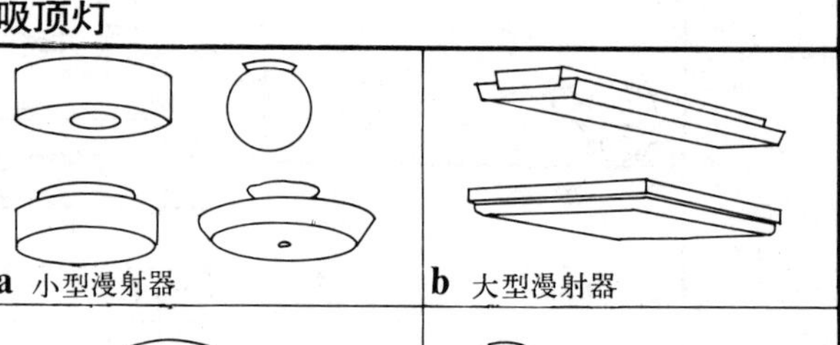

a 小型漫射器　b 大型漫射器

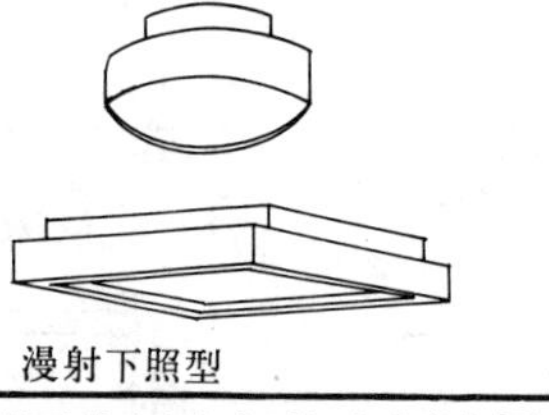

c 漫射下照型

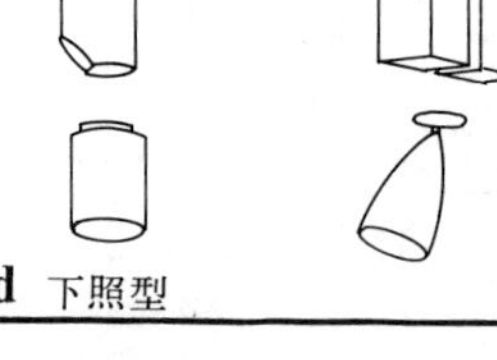

d 下照型

投光灯

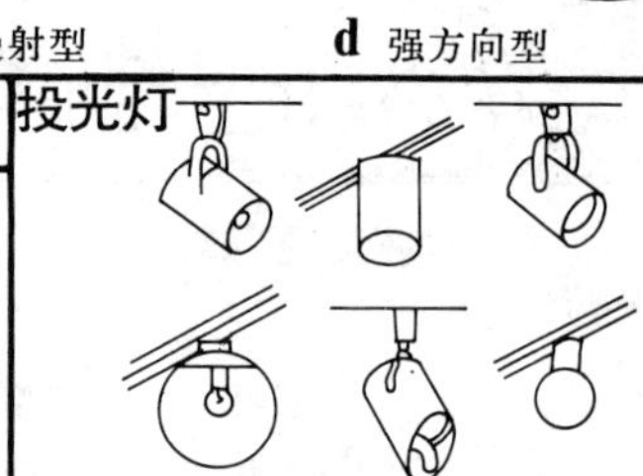

a 具有特殊效果的灯具

b 可调节的灯具

嵌入式灯光源选择

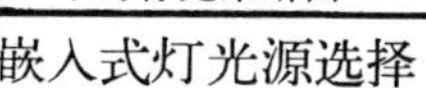

在光源一定的条件下，光分布的均匀程度取决于灯罩，此外，不同使用空间应选用不同光源。

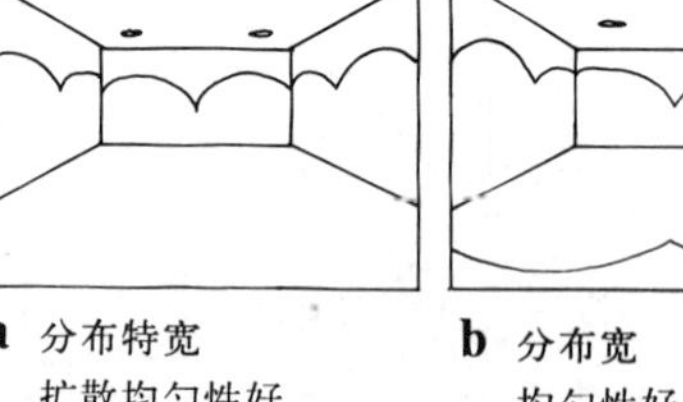

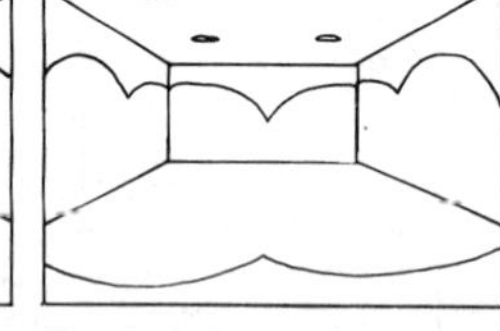

a 分布特宽　扩散均匀性好

b 分布宽　均匀性好

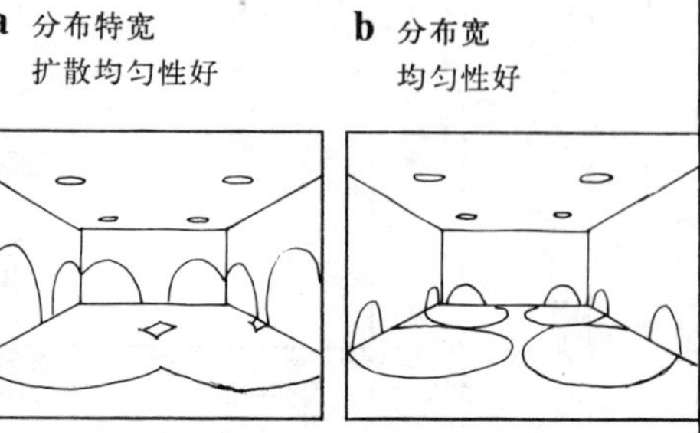

c 中等分布　均匀性一般

d 集中分布　不均匀

不同使用空间的光源选择

分类	名称	(使用光源)白炽灯	荧光灯	高压放电灯	(使用空间)住宅室内	商店室内	其它设施	(功能性质)结合防水	配光控制	安装程度	照明方式适用性	备注
一般灯具	枝形吊灯	●	●	○	●	●	⊙	○	○	○	☆	式样变化多
	一般吊灯	●	●	○	●	●	⊙	○	⊙	◯	◯	灯具种类多
	散顶灯	●	●	⊙	●	●	●	⊙	⊙	□	□	能适应众多的空间
	嵌入灯	⊙	●	⊙	⊙	●	●	×	⊙	★	☆	注意顶棚连接
	嵌入筒灯	●	○	⊙	●	●	●	×	●	★	□	注意光学性能
	壁灯	●	●	●	●	●	●	⊙	⊙	☆	□	具有光影效果
	台灯	●	●	×	●	⊙	⊙	×	⊙	◯	◯	可自由移动
	投光灯	●	○	○	⊙	●	⊙	⊙	●	□	□	注意光学性能
	灯带及整片灯	⊙	●	○	○	●	⊙	×	○	★	☆	与顶棚要呼应
特殊用灯	应急用灯	●	●	×	○	●	●	×	⊙	★	☆	要符合规范
	指引方向灯	⊙	●	×	×	●	●	○	○	★	☆	要符合规范

图例：●—很多　⊙—多　○—少　×—不用　◯—很容易　□—容易　☆—难　★—很难

灯具排列尺度

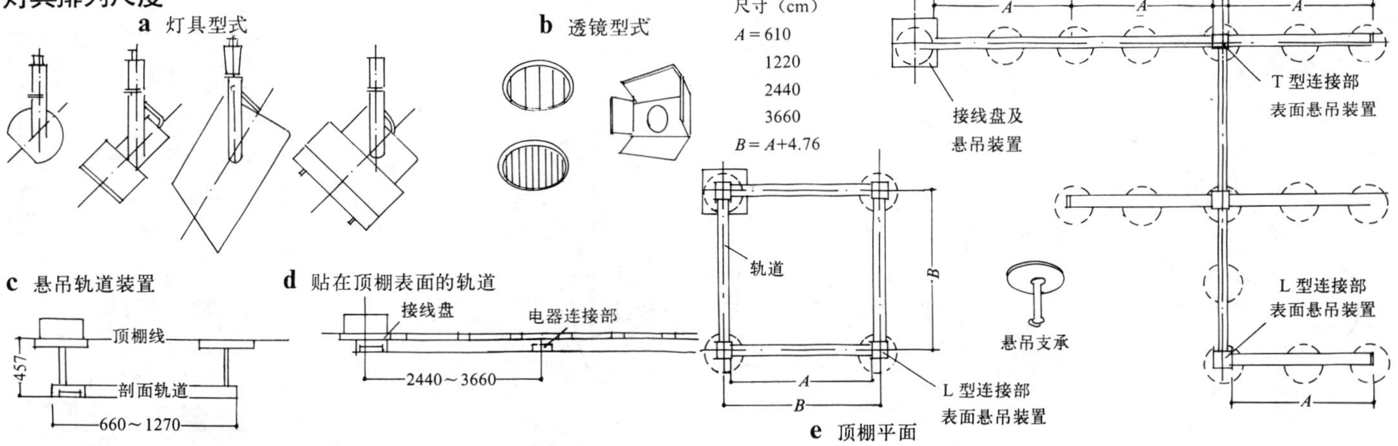

a 灯具型式

b 透镜型式

尺寸（cm）
$A=610$
1220
2440
3660
$B=A+4.76$

接线盘及悬吊装置

T 型连接部表面悬吊装置

轨道

悬吊支承

L 型连接部表面悬吊装置

c 悬吊轨道装置

顶棚线 457 剖面轨道 660～1270

d 贴在顶棚表面的轨道

接线盘 电器连接部 2440～3660

e 顶棚平面

1 典型轨道投光灯型式

灯具类型	间距(L)
直　　接	0.6～1.0h
半 直 接	0.9～1.1h
均 匀 漫 射	1.2h
间接、半间接	1.5h

a 水平间距与桂高

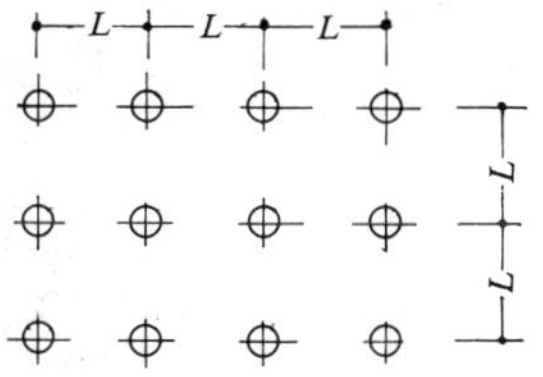

b 水平间距

c 从挂高求间距

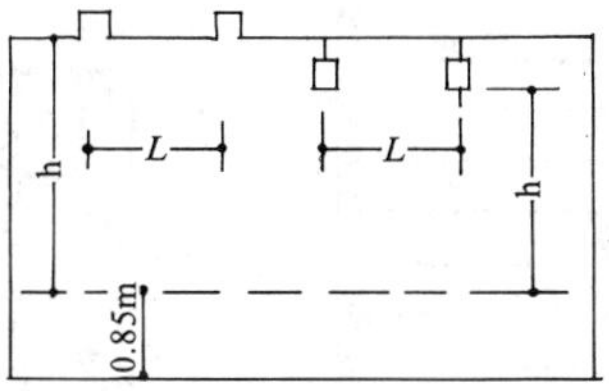

0.85m

2 灯具平面间距估算

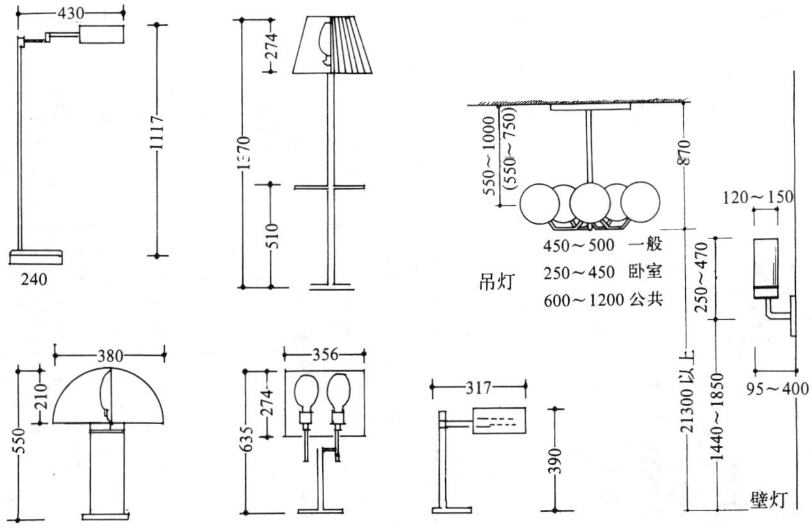

430 1117 240

274 1370 510

550～1000 (550～750) 870

450～500 一般
250～450 卧室
600～1200 公共

吊灯

120～150 250～470 95～400

21300 以上 1440～1850

壁灯

380 210 550

356 274 635

317 390

3 灯具尺度

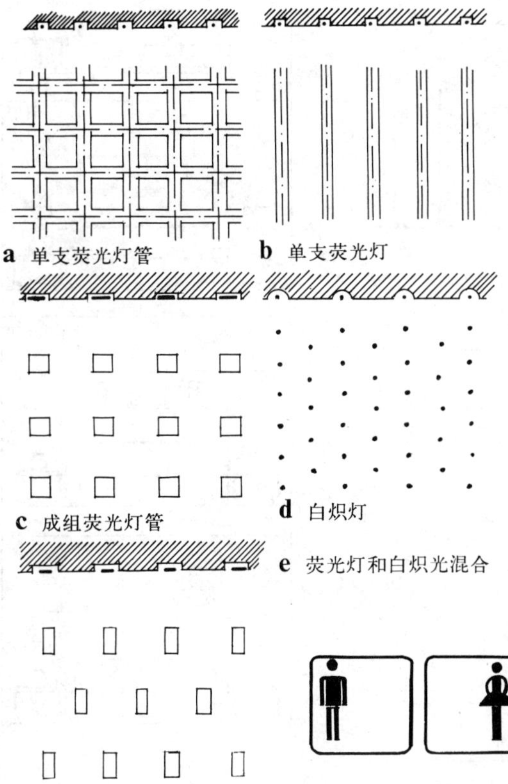

a 单支荧光灯管

b 单支荧光灯

c 成组荧光灯管

d 白炽灯

e 荧光灯和白炽光混合

4 灯具排列规则

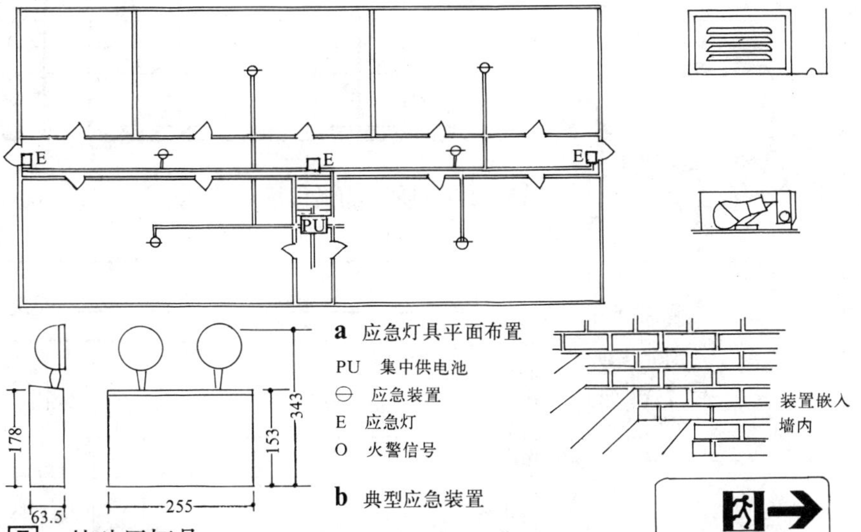

PU E

a 应急灯具平面布置

PU 集中供电池
⊖ 应急装置
E 应急灯
O 火警信号

178 63.5 255 153 343

b 典型应急装置

装置嵌入墙内

5 特殊用灯具

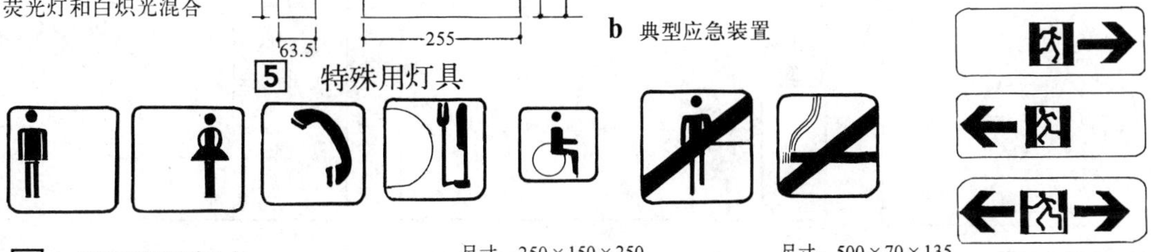

尺寸：250×150×250

尺寸：500×70×135

6 提示照明标志

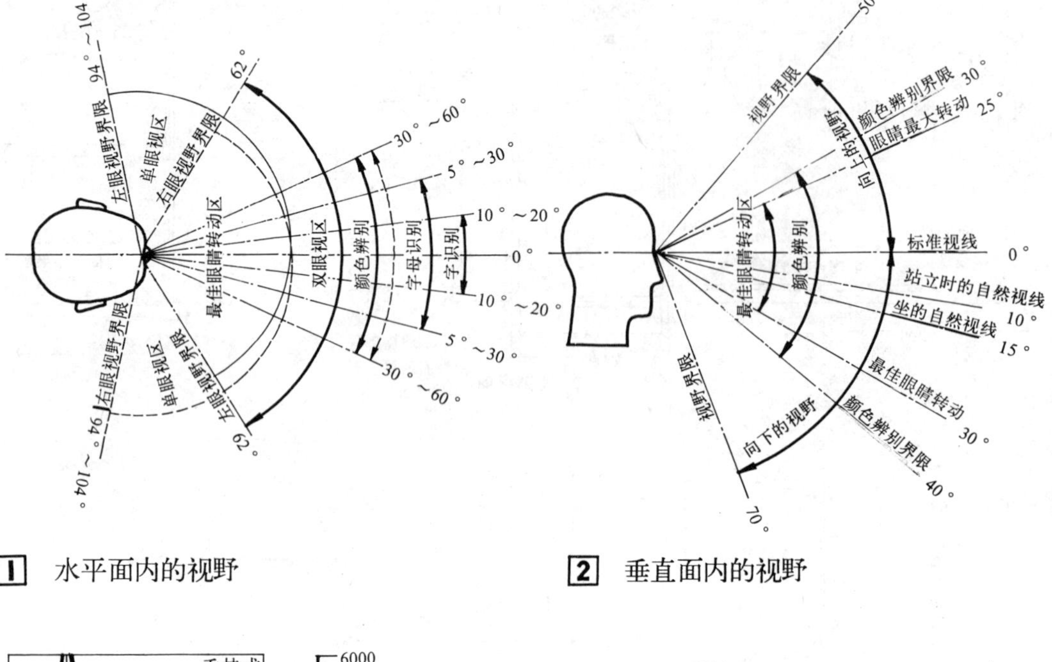

1 水平面内的视野

2 垂直面内的视野

垂挂式

搁板式

托架式

壁龛式

落地式

4 物品陈设方式

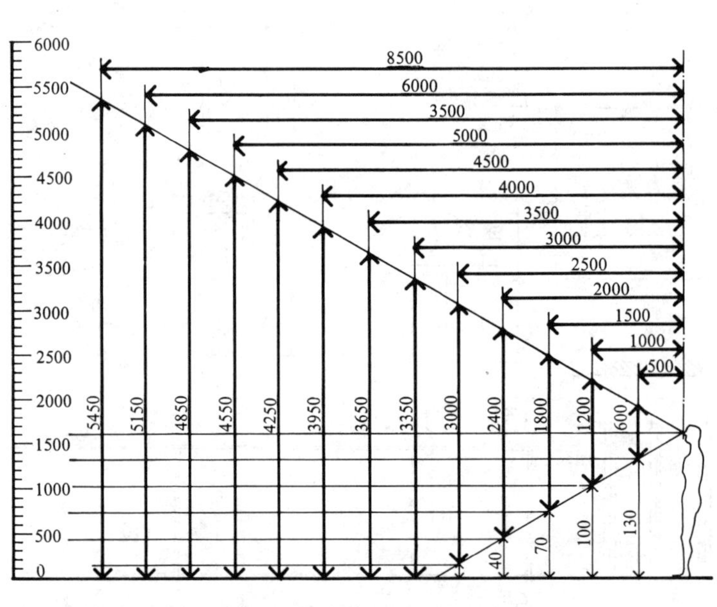

3 室内陈设的最佳展示视域

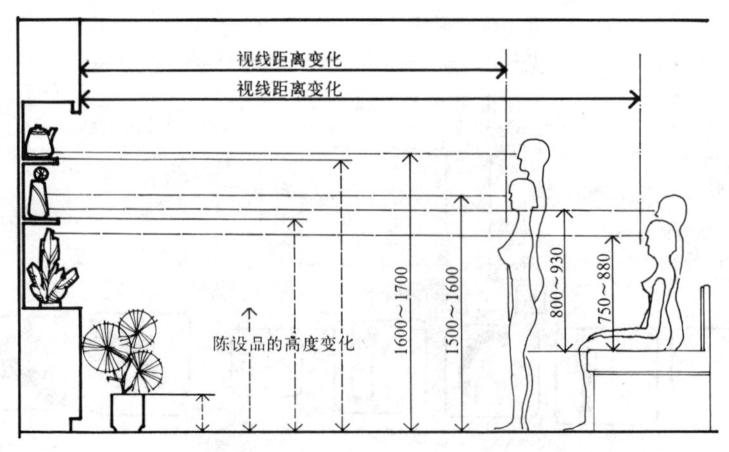

5 陈设品与视线的关系

对称

均衡

变化

自由

节奏

韵律

放射

6 壁面挂画形式

织物在室内覆盖面积大，对室内气氛、格调、意境能起很大作用。织物具有柔软之特性，触感舒适。在公用空间可做为点缀性、缓冲性出现，而私密空间能塑造出居室应有的温暖。

窗帘

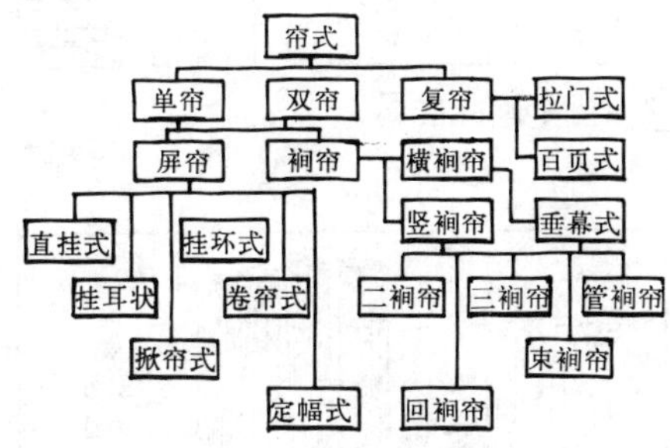

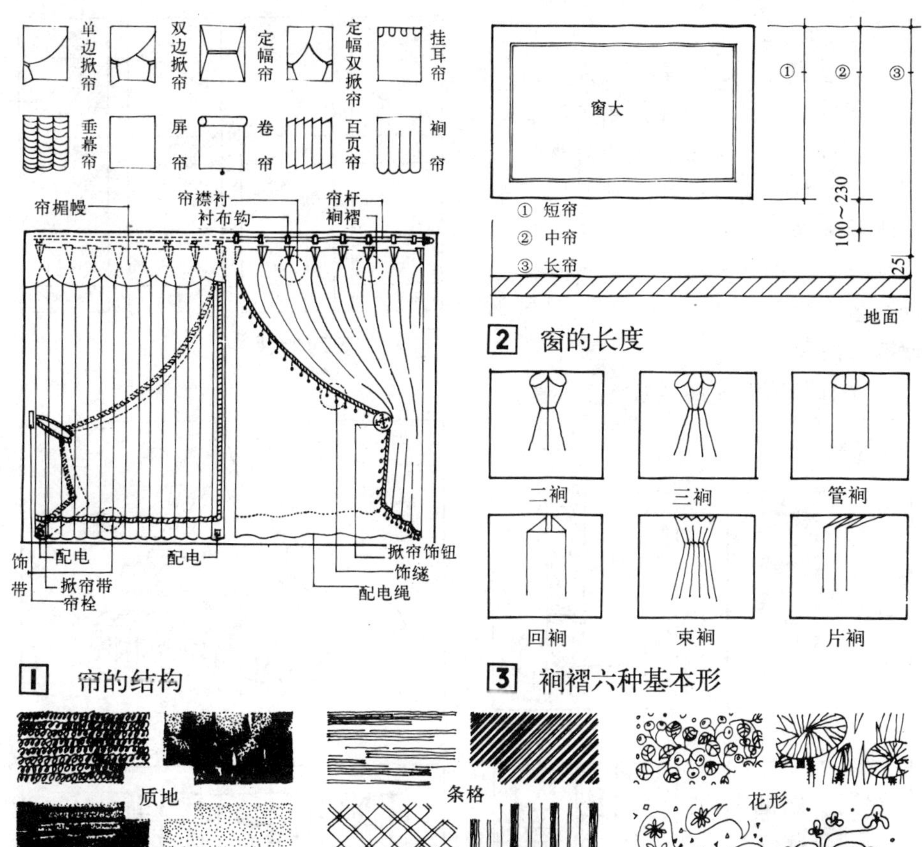

1 帘的结构

2 窗的长度

3 裥褶六种基本形

蒙面织物

品种：布、灯心绒、织锦、针织物、呢料、混纺织物等。

特点：厚实、有弹性、坚韧、耐拉、耐磨、触感好、肌理变化多、无亮光等。

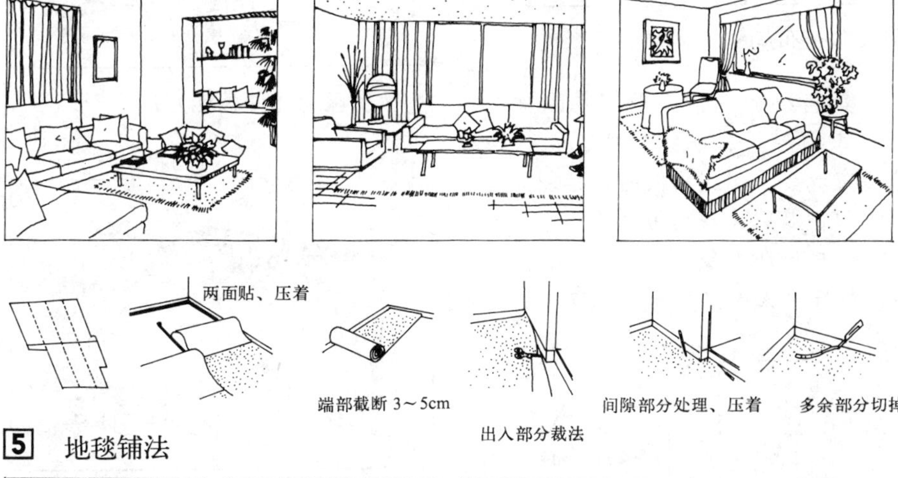

4 常用的蒙面织物

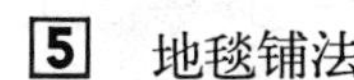

5 地毯铺法

地毯

不宜用严肃的主题性题材；地毯图案不宜太花太杂，凹凸不能过大，立体感不能太强；图案构图力求平稳、大方、安静；色彩宜淡雅，可采用含灰的含蓄的中和色彩。

设计选择地毯时应注意经纬密度以 90 道以上为好；织成后毛长应有 1.27cm 高，手压后回弹力要强；看羊毛纯净度；看含纯毛的比例；织后的磨损度；尽少静电性；染色后的耐晒度；染色后耐久度；耐火性；耐磨性；防虫、防潮性；加垫底为好。

覆盖织物

用于沙发上的沙发套和沙发巾；桌、台、橱、柜上的桌毯和台布；钢琴上的罩毯；书架、书柜上的帷幔或条毯；电视机、录音机上的罩毯、条毯或网扣；床罩、床单等。它们起着防磨损、防油污、防灰尘的作用，同时选择得好，也能起到应有的装饰作用。艺术性较高的覆盖织物，能增强室内环境的艺术品味。

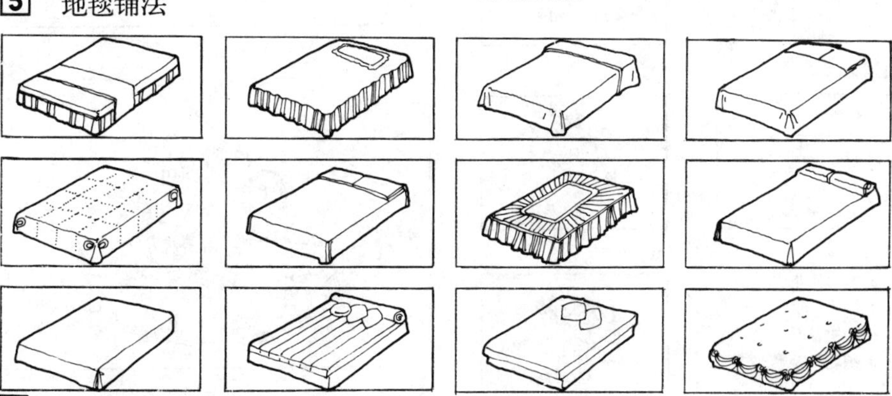

6 床罩的装饰手法

8

靠垫

靠垫是坐具、卧具（沙发、椅、凳、床等）上的附设品，用来调节人体的坐卧姿势，靠墙、靠柜的坐凳，用靠垫当做靠背和扶手；随意搁置在床上的靠垫可当枕头又可斜靠小憩；几何靠垫可组成小型沙发，它的装饰性更值得称道。

壁挂·吊毯

装饰墙面；能够活跃空间气氛。

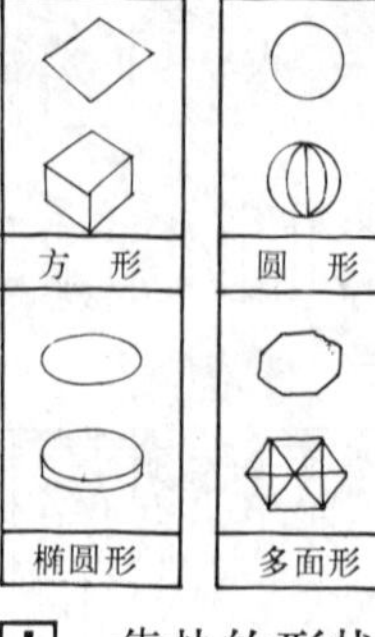

1 靠垫的形状

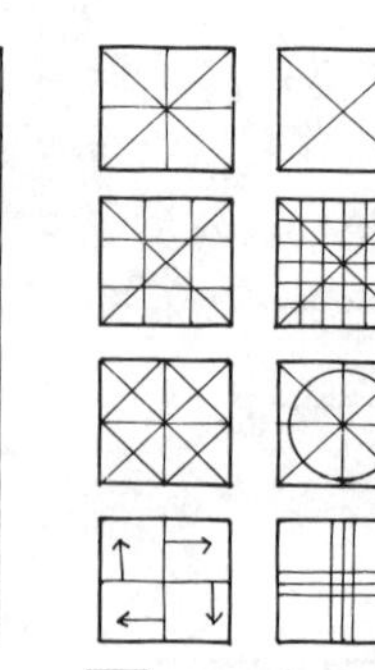
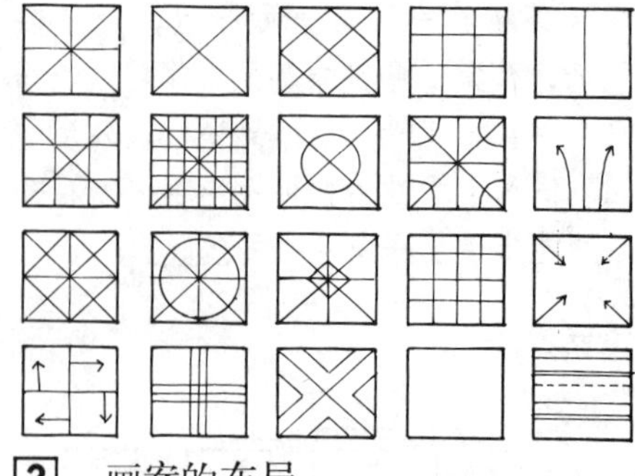

2 画案的布局

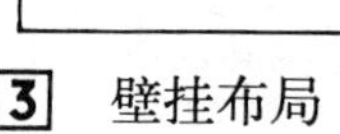

3 壁挂布局

4 吊毯的几种悬挂方式

其它织物包括天棚织物、壁织物、织物屏风、织物伞座、织物插花、布玩具、用织物做的工具袋、信插、织物灯罩、织物吊盆。此外用于海边休息场所的织物用具、卧具、坐具、软性吊床等都归于此类。

a

b

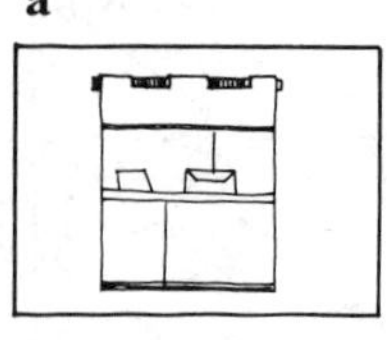

c

d

a 织物插花
b 织物灯罩
c 织物信插
d 织物吊盆

i

5 其它织物

e

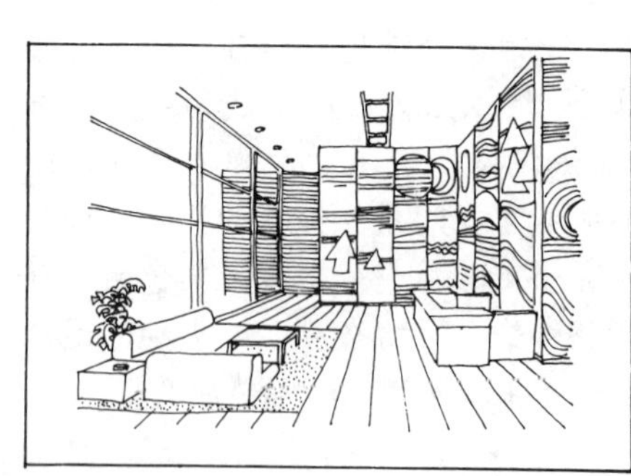

f

g

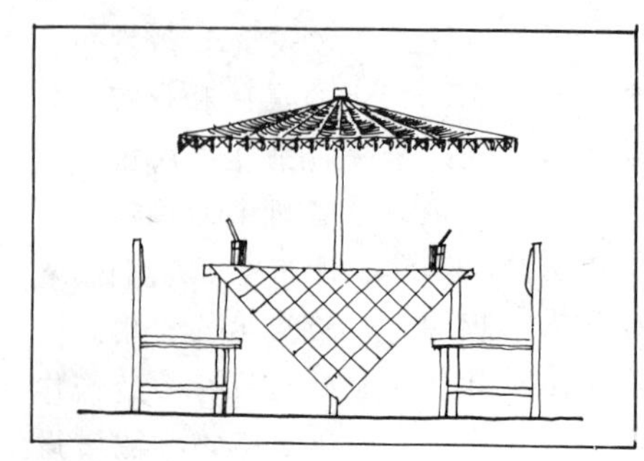

h

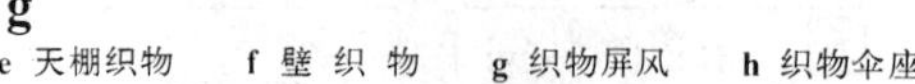

e 天棚织物　f 壁织物　g 织物屏风　h 织物伞座　i 织物玩具

一、建筑室内壁画与壁饰是依附于建筑的艺术，它应在建筑设计与其它建筑装修、室内外环境艺术设计中同步进行设计与创作。

二、壁画与建筑紧密结合融为一体，成为建筑空间不可缺少、不可分割的部分。

三、壁画与壁饰具有永久性不易更换的特点，有在墙面上直接绘制与预制安装两种制作方式。因此它必然要与建筑的设计过程和施工过程发生联系，并要求满足建筑设计和施工提出的一些要求。

四、壁画与壁饰应与建筑环境和谐一致，不应宾主不分，并考虑色彩、空间与位置的整体统一。壁画的设计部位非常重要，应注意观赏视野的良好视角，最佳视角应为 60°。日照、灯光对壁画的环境影响也是另一个关键的因素。当今新材料新技术的不断发展，为壁画与壁饰开拓了新的表现形式。

五、目前建筑室内壁画与壁饰分下列几类：

1.陶瓷材质：陶板、马赛克、釉上釉下彩瓷板、陶浮雕等。

2.纤维材料：壁毯、彩锦、绒绣、腊染、布贴、毛绣、绳编等。

3.特艺材质：漆刻、雕填、金漆镶嵌、贝壳镶嵌、景泰蓝、料器镶嵌等。

4.绘制材质、丙烯、沥粉、漆绘、堆砂等。

5.硬质金属与其它材质：大理石线刻、金属浮雕、玻璃磨砂与腐蚀、金属腐蚀、石板拼嵌、木板拼嵌、料器拼嵌、木雕、贴石子等。

壁画施工安装详图引出部位示意

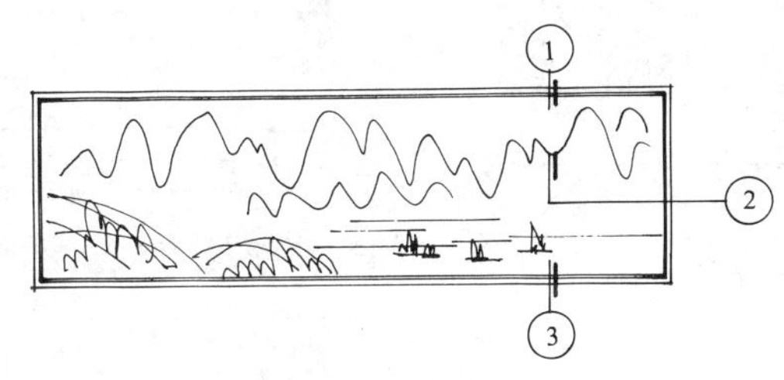

陶瓷画、小块石料壁画画面剖面详图②

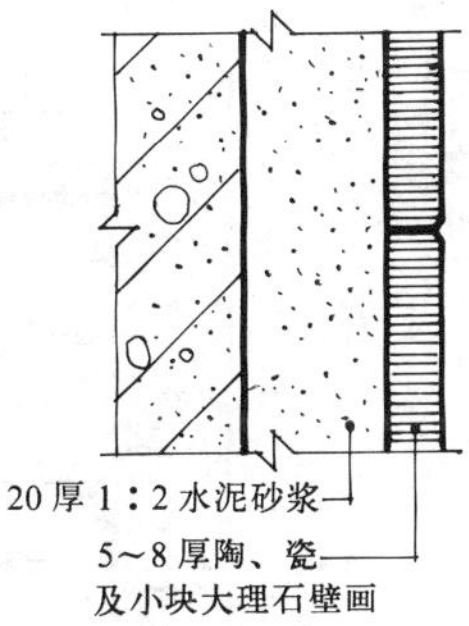

0 10m

20 厚 1：2 水泥砂浆

5～8 厚陶、瓷及小块大理石壁画

1

大理石、花岗石壁画浮雕画面剖面详图②

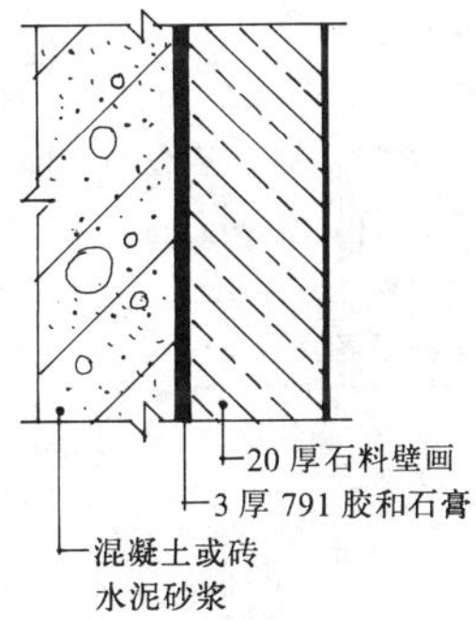

0 10m

20 厚石料壁画

3 厚 791 胶和石膏

混凝土或砖水泥砂浆

2

石膏装饰或石膏浮雕画面剖面详图②

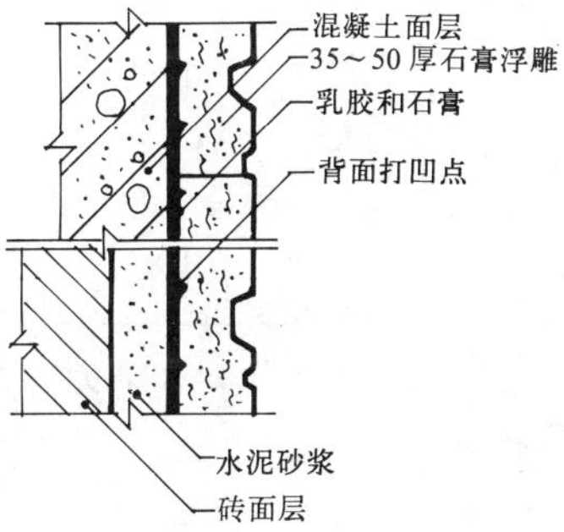

0 50m

混凝土面层

35～50 厚石膏浮雕

乳胶和石膏

背面打凹点

水泥砂浆

砖面层

3

以木板做底的各类带边框壁画画面剖面详图①③

0 50m

顶棚

木角线

胶合板

防潮涂料

丙烯画或织物

龙骨

木脚线

地面

水泥砂浆

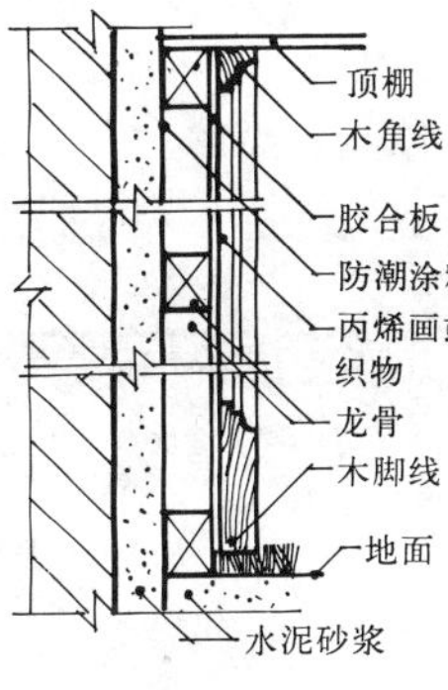

4

无边框磨漆壁画或其它木制底壁画画面剖面详图①③

0 50m

顶棚

3 厚铁板

水泥钉

磨漆画或其它画面背后漆防潮

多层胶合板

水泥砂浆

地面

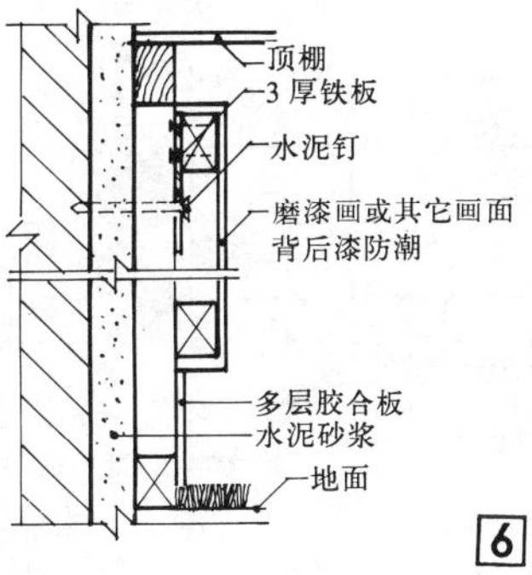

5

壁毯或织物浮雕悬挂部分剖面详图①

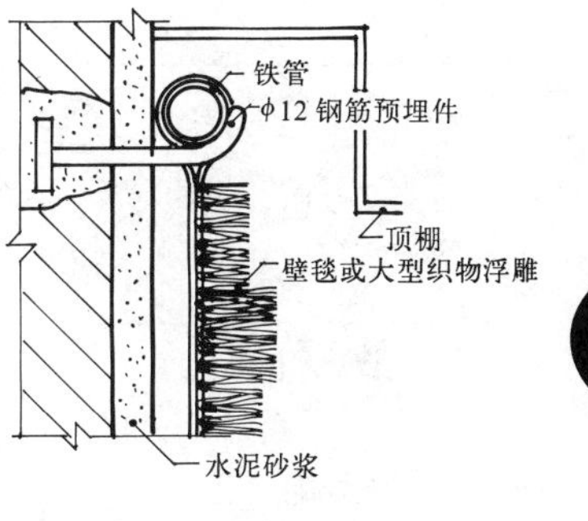

0 50m

铁管

ϕ12 钢筋预埋件

顶棚

壁毯或大型织物浮雕

水泥砂浆

6

双面固定式带灯光玻璃画画面剖面详图①③

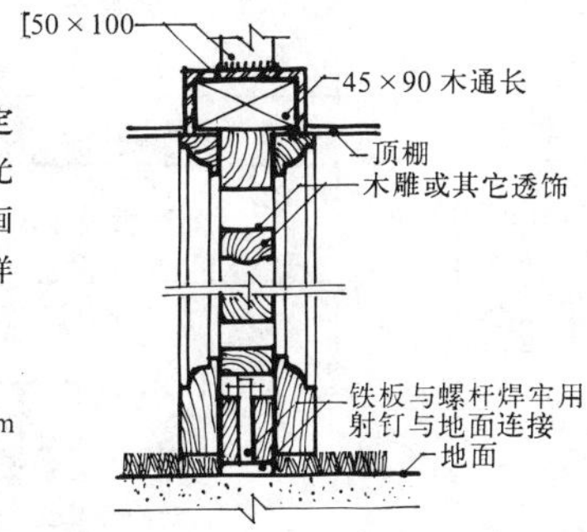

0 50m

[50×100

45×90 木通长

顶棚

木雕或其它透饰

铁板与螺杆焊牢用射钉与地面连接

地面

7

双面固定式装饰或雕刻画面剖面详图①③

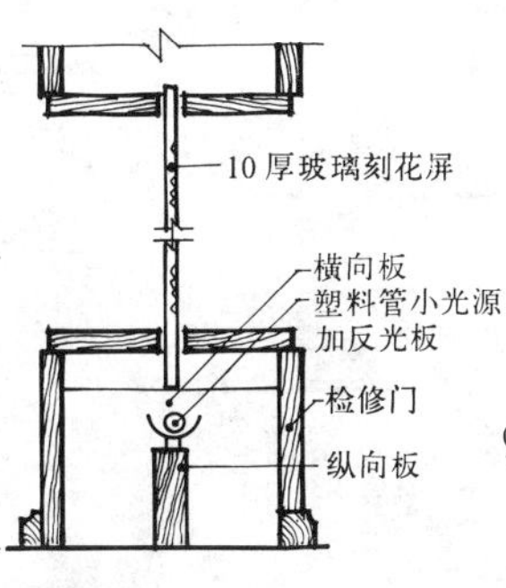

0 50m

10 厚玻璃刻花屏

横向板

塑料管小光源加反光板

检修门

纵向板

8

金属壁饰与墙面连接局部剖面详图②

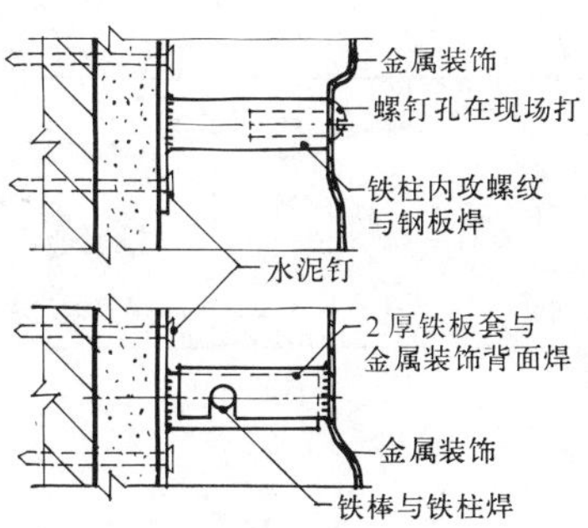

0 50m

金属装饰

螺钉孔在现场打

铁柱内攻螺纹与钢板焊

水泥钉

2 厚铁板套与金属装饰背面焊

金属装饰

铁棒与铁柱焊

9

8

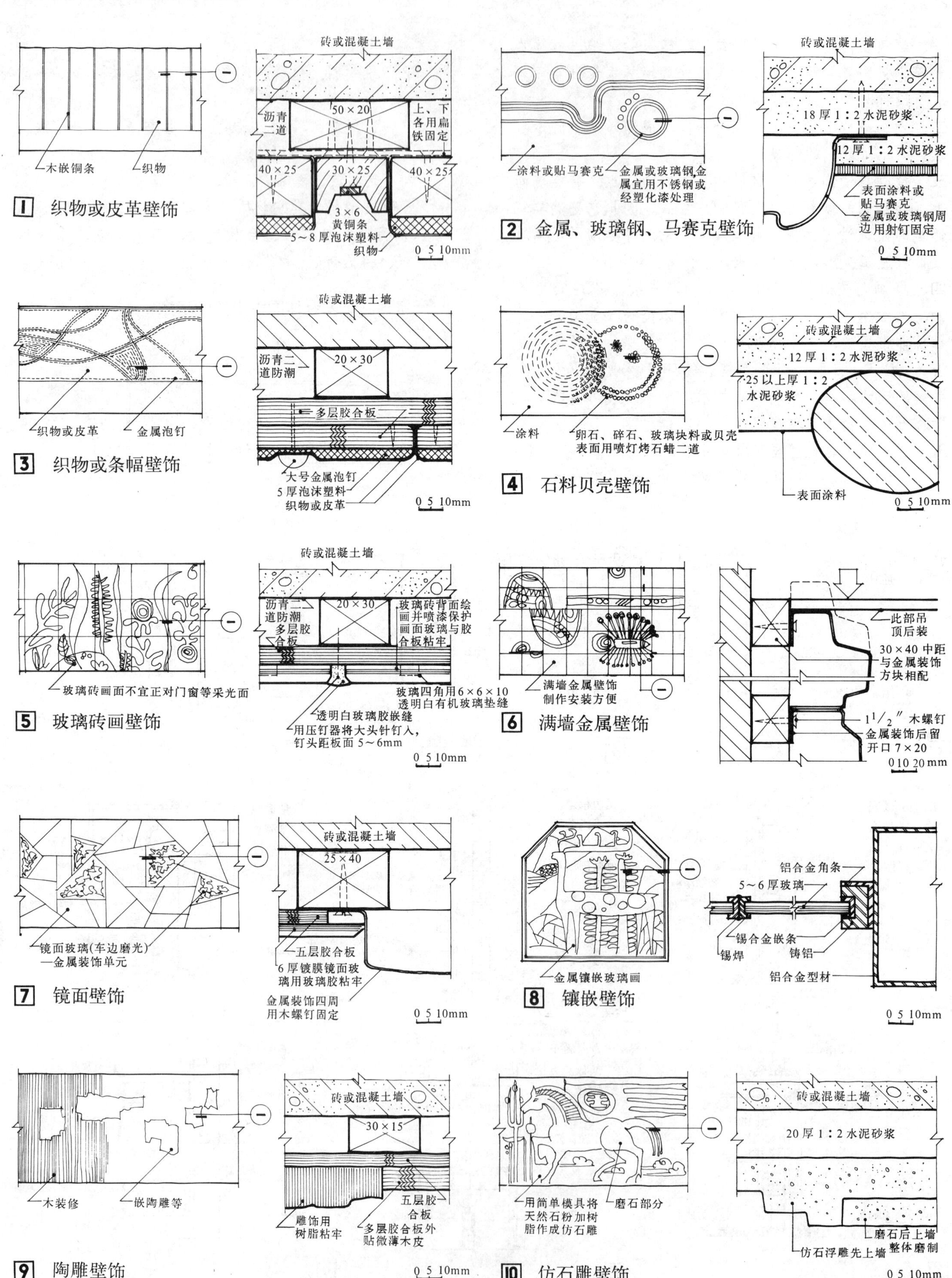

1 织物或皮革壁饰

2 金属、玻璃钢、马赛克壁饰

3 织物或条幅壁饰

4 石料贝壳壁饰

5 玻璃砖画壁饰

6 满墙金属壁饰

7 镜面壁饰

8 镶嵌壁饰

9 陶雕壁饰

10 仿石雕壁饰

一、室内色彩调节

室内色彩调节是现代室内环境设计的重要手段，其作用是：

1.使人得到安全感、舒适感和美的享受；

2.有效利用光照，使人易于看清；减少眼疲劳，提高注意力；

3.有利于提高工作效率；有利于整理、清洁。

二、室内各部配色

1.墙面

- 墙面对创造室内气氛起支配作用。
- 墙面暗时，即使照度高，也给人以灰暗的感觉。
- 暖色系色彩的墙面能产生快活、温暖的气氛。
- 冷色系色彩的墙面能产生寒冷的感觉。
- 明快的中性色彩会产生明朗、舒适的感觉。
- 一般墙面要比顶棚色略深，多采用明度较高的淡色。

2.墙裙

- 为使墙裙不易被弄脏，可降低色彩的明度。
- 墙裙与上部墙涂色分开时，分割线宜与窗台拉齐。
- 墙裙与上部墙面材料改换时，上下部色应分开处理。

3.踢脚线

- 应采用比墙面色明度低且耐脏的深色。

4.地面

- 宜不同于墙面色。采用同色系时，可强调明度的对比效果。
- 一般地面用色较深；木本色也常被采用。

5.顶棚

- 一般用白色，或接近于白色的明亮色。
- 若采用与墙面同一色系时，应比墙面的明度更高些。

6.装饰配件

- 为了室内统一，所有墙面及门、窗框色彩都应予以调和。木材本色或中明度的灰、蓝灰、浅灰等均可。
- 墙面较暗时，门、窗框可以明亮些。反之，门、窗框则应较暗，可以醒目。
- 窗扇常处逆光状态，故不可过深。
- 挂镜线用色多用木本色、白色，但在墙面整体需要时，也可使用深色。

7.家具

- 一般情况下，多采用无刺激色相、彩度低的色彩。
- 在特殊要求的室内环境中，亦可采用与周围环境的对比色相。
- 暖色系墙面，家具一般选用冷色系或中性色；相反，冷色系或无彩色墙面，家具若采用暖色系，可取得令人满意的气氛。

三、变色

- 容易变色的室内用材是纺织品、木材、有涂料的材料和塑料等。
- 一般高明度、高饱和色容易变色。
- 考虑室内大面积色彩时，应考虑一定变色幅度而不破坏室内总体效果。

四、配色设计注意点

1.选择配色应与使用环境的功能要求、气氛、意境相适合；

2.选择配色应追求室内环境的整体效果，并与建筑风格相一致；

3.选择配色应尊重使用者的爱好和性格；

4.选择配色应尽量限定色数；

5.选择配色应考虑光源的照明方式所带来的色彩变化；

6.选择配色要注意材料的固有色特点；

7.选择配色应考虑与相邻房间的有机联系。

居室合理的色彩调配表

房屋的使用对象及目的	墙壁的颜色	门和窗帘的颜色	备　注
孩子的房间、餐厅	稍带黄色的粉红色	银、淡奶油色	创造活泼气氛
起居室	淡粉红色	鹅黄色、粉红色及明亮颜色	有舒适明亮之感
朝北较冷的房间采光较差的房间	奶油色系统	鹅黄色	使房间全部看起来感觉明亮或充分利用照明
书房、工作室	绿色系统、淡色	粉红色系统及淡而明亮颜色	创造安静舒适的阅读工作环境
厨房	奶油色系统、亮的颜色	绿色系统等淡而明	

荧光灯照射下物体色彩变化

色　相	物体色	在荧光灯下所具色	色　相	物体色	在荧光灯下所具色
红	红	浅红	橙	浅橙	浅黄头的橙色
红	浅红	胡萝卜红色	橙	浅褐橙	浅橙
红	小豆红	红褐	橙	浅黄	浅蛋黄
橙	红砖红	浅红头的橙色			

钨丝灯色光照射下物体色彩的变化

光色 / 物体色	红	黄	蓝	绿
白	明亮桃色	明亮黄色	明亮蓝色	明亮绿色
黑	红头黑色	暗橙色	蓝黑色	绿头黑色
鲜蓝	红头蓝色	亮红头蓝色	纯蓝色	绿头蓝色
深蓝	深红头紫色	红头绿色	亮蓝色	暗绿头蓝色
绿	橄榄绿	黄绿色	蓝绿色	亮绿色
黄	红橙色	亮橙色	褐色	亮绿头橙黄色
茶	红褐色	茶色头橙色	蓝头茶色	暗茶绿色
红	大红色	亮红	深蓝头红色	黄头红色

饭店公共厅堂合理的色彩调配参考表

厅堂名称	墙壁的颜色	门、窗帘的颜色	地毯家具颜色	备　注
门　厅	白色、浅黄色系列	浅黄色系列、浅红色系列、明亮色	浅红色系列、假金色、明亮色	有迎客温暖之感
大　堂休息厅	白色 极浅灰色	淡雅蓝绿色系列 淡雅红色系列	蓝绿色 雅红色	创造高雅华贵的环境气氛
餐厅 中餐 西餐	奶油色系列 浅粉红系列	鹅黄色、雅浅红色及明亮颜色	茶色 雅红色	提供增加食欲的环境
餐　厅	红色系统 紫色系统	浅紫色系统 宝石蓝绿色	玫瑰红 玫瑰紫色	使人有兴奋热烈的感觉
多功能厅	极浅灰色	银色 浅蓝灰色	灰色系统 蓝色系统	以中性色调应付各种活动要求
客　房	淡雅暖色	淡雅明亮色	雅红色或雅蓝绿色	为旅客提供亲切怡人的休息环境

8

一、电信是以有线或无线链路为介质，利用电磁波将符号、音响、数据、图象等信息进行的空间传递。传递语言的称电话；传递文字的称电报；传递图象及真迹的称传真；既传语言又传图象的称电视电话。

二、电信业务目前主要有电话服务和电报服务两部分。电话服务包括住宅电话、企事业电话、长途自动电话、会议电话、可视电话、电视会议电话等。电报服务包括公众电报、用户电报、智能用户电板、传真电报等。

三、为使用各类电信手段进行信息传递所创造的空间环境称电信建筑。铁路、水运、民航、交通等系统的通信楼、电力系统的调度楼等也属于电信建筑。

四、电信建筑应创造安全、方便、安静、洁净的环境，有利于维护人员的工作和通信设备不间断地正常运行。应使通信线路、电源线路、维护路线简捷，有利于节省材料、电能，提高传输质量。机房平面应具有较高的灵活性和兼容性，以利于通信设备的不断更新。机房平面及总平面都应为远期发展留有余地。

五、局址总平面布置

生产建筑与生活建筑合建在同一基地时宜划分为生产区和生活区。两区之间宜用围墙分割以减少相互间的干扰。为保证通信安全和减少外部干扰，生产区周围应设置围墙、大门。围墙高度不小于 2.2m。

总平面布局时，应考虑锅炉房、油机房、油库、冷冻机房、食堂等易产生污染的部位对电信机房的干扰。机房主楼应有较好的朝向，以利采光通风，节约能源。

电信楼在局址中的位置应使通信电缆管道引入方便。应对局址内的电缆管道、人孔、电力电缆沟、通信设备接地网等多项地下设施的位置、高程予以综合考虑。

局址所在地区的洪水频率应根据电信楼的等级确定。省中心和重要城市的电信楼为 1%，一般城市的电信楼为 2%。

新建的长途电话局、市内电话局其建筑密度为 25%～35%，最大不超过 45%。

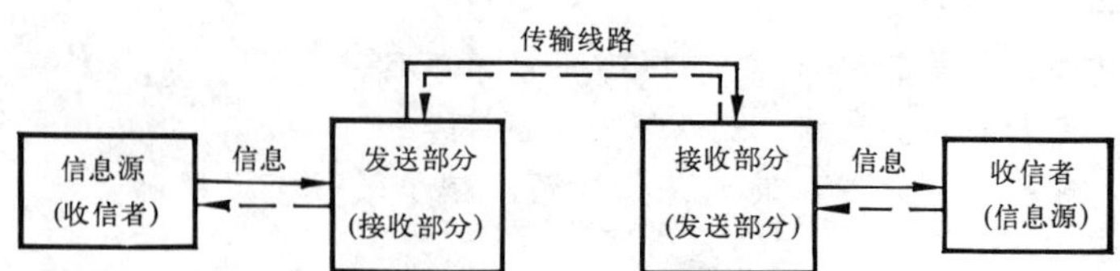

1 电信系统的基本组成

电信建筑分类　表 1

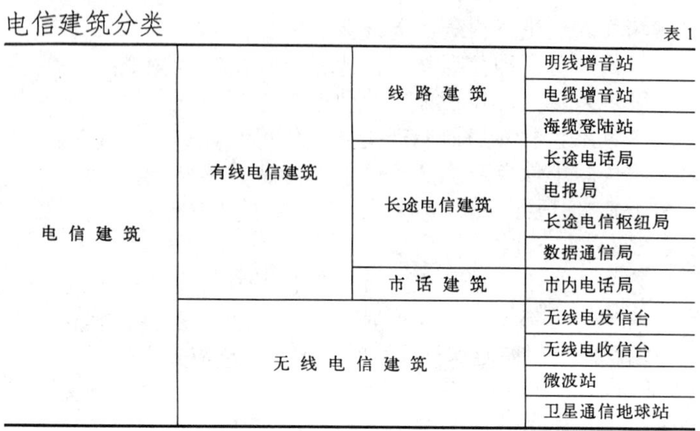

电信建筑	有线电信建筑	线路建筑	明线增音站
			电缆增音站
			海缆登陆站
		长途电信建筑	长途电话局
			电报局
			长途电信枢纽局
			数据通信局
		市话建筑	市内电话局
	无线电信建筑		无线电发信台
			无线电收信台
			微波站
			卫星通信地球站

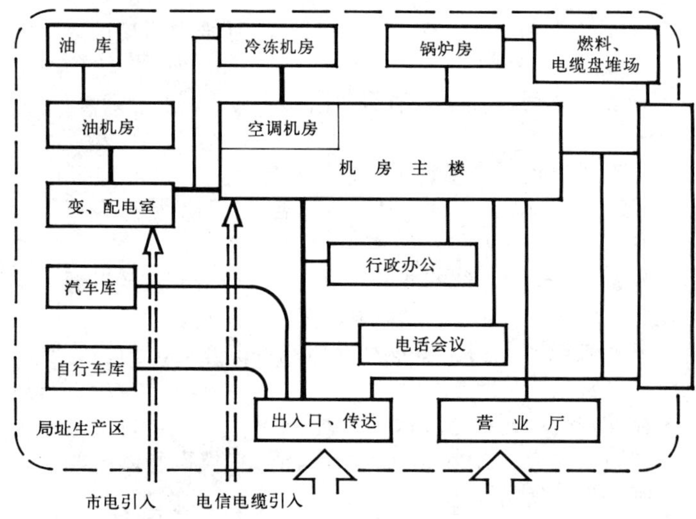

2 长途电话局、市内电话局局址构成

局址选择　表 2

环境要求	安全	附近没有易燃、易爆仓库和材料堆积场以及生产过程中容易发生火灾、爆炸危险的工厂； 应远离军事目标（如火车站、铁路调车站、大桥、发电站、大型仓库、重要工厂等）； 不应选择在易受洪水淹灌的地区。如无法避开时，基地高程应高于计算洪水水位0.5m以上； 应避免选在落雷区、积雪危害区、采矿崩落区及强电影响较大的地区
	安静	避免选在城市广场、影剧院、汽车停车场、贸易集市及闹市附近； 附近没有发生较大振动和较强噪声的工业企业
	卫生	附近没有散发较多烟雾、粉尘的工厂及堆积场（如火力发电站、水泥厂、面粉厂等）； 附近没有散发较多有害气体以及腐蚀性气体的化工厂
电信工艺要求		局址位置应符合通信网络规划。市内电话局应位于线路网中心地段； 电信电缆管线及城市水电引入方便； 微波通信方向无阻挡； 应考虑邻近的高压电站、电气化铁路等引起的干扰； 单建的微波站、电缆载波站应避开广播电台、电视台、雷达站、无线电发射台等干扰源

树木与建（构）筑物最小距离　表 3

建(构)筑物或管道名称	最小水平距离(m)	
	至乔木中心	至灌木中心
有窗机房外墙	5.00	1.50～2.00
无窗机房外墙	2.00	1.50～2.00
道路外缘、挡土墙脚	1.00	0.50
人行道边	0.75	0.30～0.50
有 望要求的围墙	6.00	6.00
高 2m 以上的围墙	4.00	1.00～2.00
电杆中心	2.00～3.00	不限
冷却塔	塔高 1.5 倍	不限
冷却水池外缘	3.00	3.00
电力电缆	2.00	1.00
弱电电缆沟	2.00	1.00

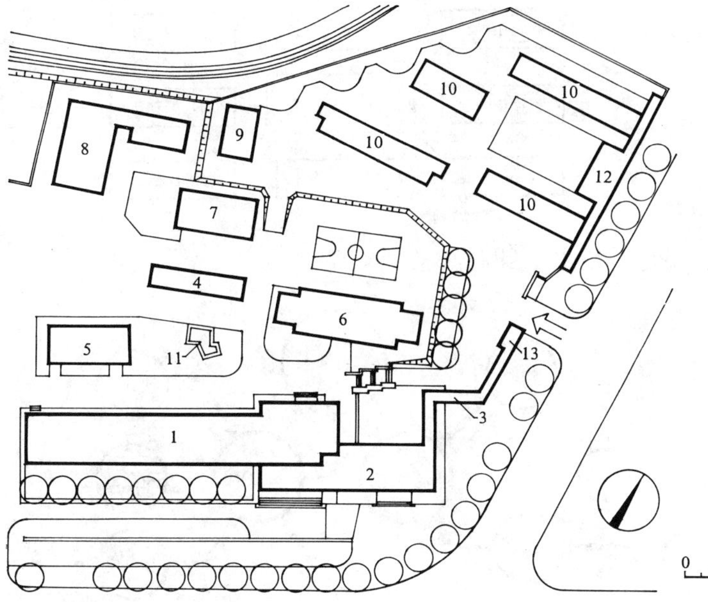

1 机房主楼
2 营业厅
3 夜间营业
4 变电油机
5 冷冻机房
6 办公楼
7 锅炉房
8 食堂
9 澡堂
10 宿舍
11 冷却水池
12 沿街商店
13 传达室

0 10 20 30m

1 合肥市电信局总平面

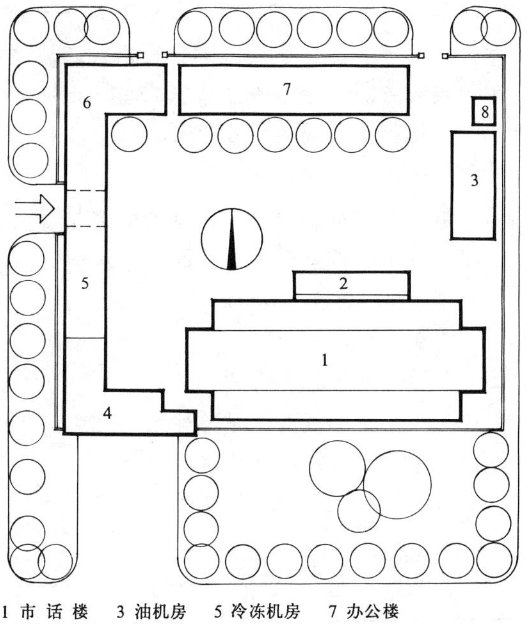

1 市话楼　3 油机房　5 冷冻机房　7 办公楼
2 变压器房　4 营业厅　6 食堂　8 油库

0 10 20m

2 某市话局总平面

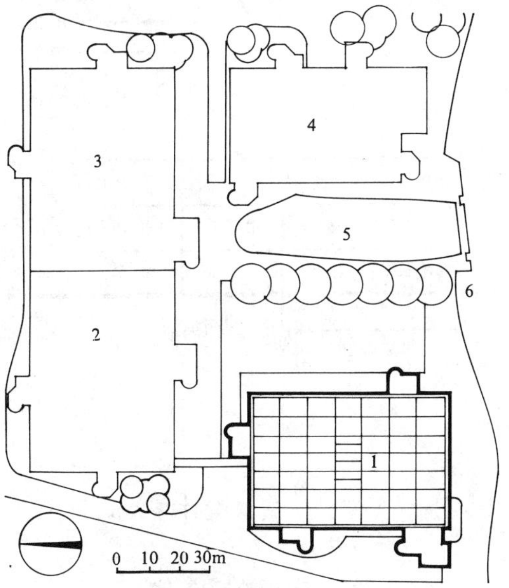

1 机房主楼　3 三期工程　5 船坞
2 二期工程　4 四期工程　6 泰晤士河

0 10 20 30m

3 英国伦敦道格拉斯数据通信中心

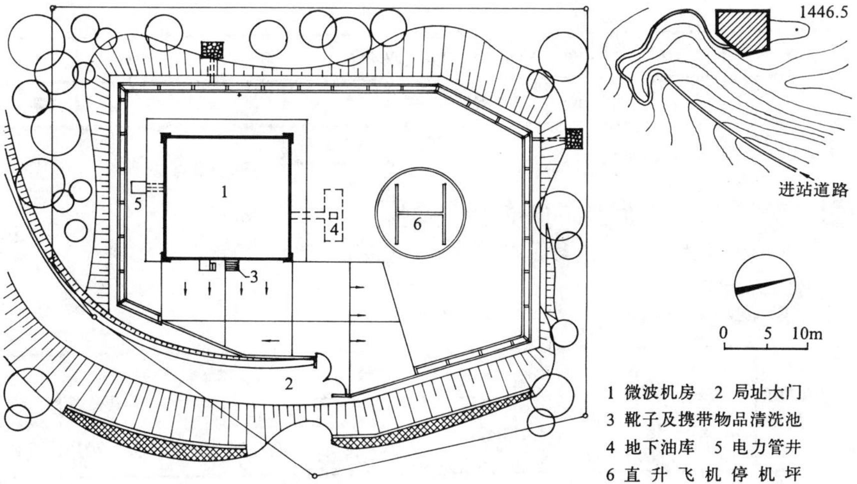

1446.5

进站道路

0 5 10m

1 微波机房　2 局址大门
3 靴子及携带物品清洗池
4 地下油库　5 电力管井
6 直升飞机停机坪

4 日本杖突微波站总平面

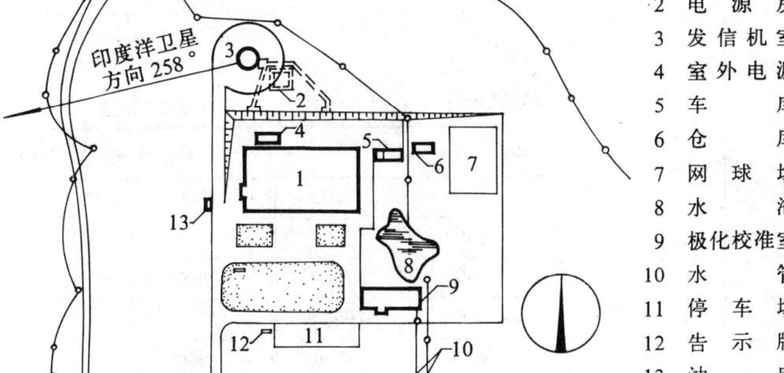

1 主机房
2 电源房
3 发信机室
4 室外电源
5 车库
6 仓库
7 网球场
8 水池
9 极化校准室
10 水管
11 停车场
12 告示牌
13 油库

5 日本山口卫星通信地球站

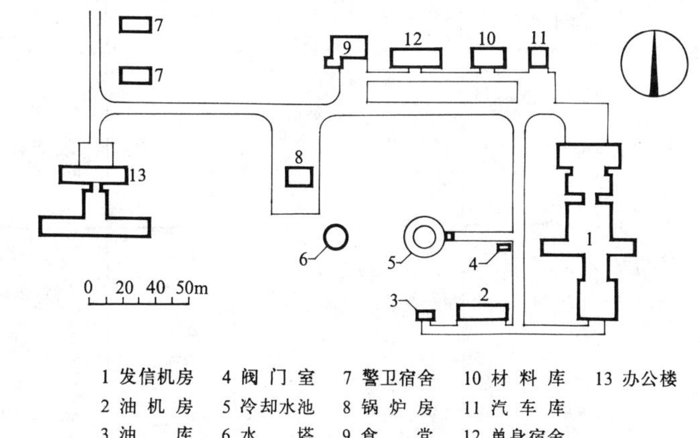

1 发信机房　4 阀门室　7 警卫宿舍　10 材料库　13 办公楼
2 油机房　5 冷却水池　8 锅炉房　11 汽车库
3 油库　6 水塔　9 食堂　12 单身宿舍

6 华北某发信台生产区总平面

9

一、市内电话系指在一个城市范围内使用的电话，其特点在于用户多，密度大，通话距离较短。市内电话按通话的接续方式，分为人工电话和自动电话。其中自动电话的交换机又分为步进制、旋转制、纵横制、布控电子以及程序控制等多种制式。

二、市内电话简称市话，市话局的多层或高层主体建筑物称市话楼。工业企业内部的电话站装机容量在800门以上时，可考虑设立单栋建筑物。其设计技术要求与小型市话楼相近。

三、市话楼内的工艺房间分为若干个技术单元。为了节省电缆和电能各技术单元除注意同层内的平面布局外，还应注意楼层间的对位关系。

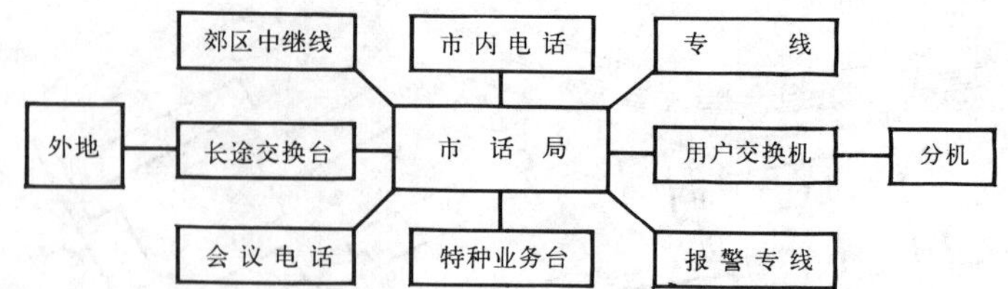

1 市内电话网构成

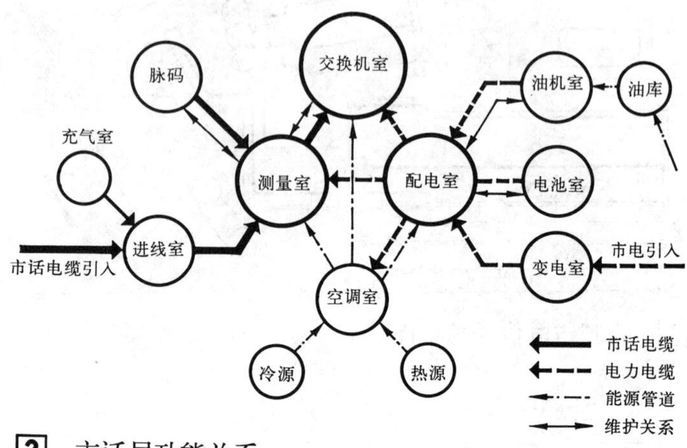

2 市话局功能关系

市话楼的技术单元

表1

进线				电源						交换			
局前人孔	电缆进线室	充气维护室	线路候工室	电力室	电池室	油机房	油库	变电室	贮酸室	测量室	交换机室	话务台室	调整室

测量 交换机 调整 办公 休息 二层
线路候工 电力 电池 空调 一层
电缆进线
剖面类型1

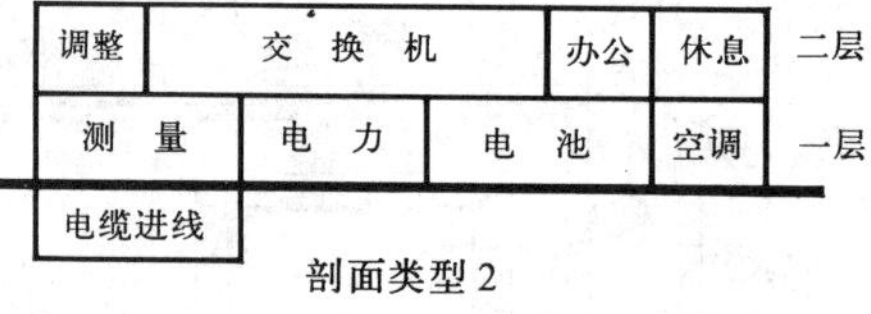

剖面类型2

交换机 调整 休息 三层
测量 话务台 空调 二层
线路候工 电力 电池 办公 一层
电缆进线
剖面类型3

3 市话楼工艺房间竖向布局类型举例

程控交换机的环境要求

表2

程控交换机设备型号	温度、湿度要求		防尘要求		机房净高 (m)	人工照明
	建议范围	极限允许范围	尘埃颗粒的最大直径(μm)	尘埃颗粒的最大浓度(颗粒数/m³)		照度 (lx)
国产 S1240	*T* 0~35℃ *RH* 20~80% 平均温度不得超过25℃	*T* -10~0℃ 35~45℃ *RH* 80~90% 10~20%	0.5 1 3 5	14×10^6 7×10^5 24×10^4 13×10^4	2.50	300
日本 F-150	*T* 15~30℃ *RH* 40~65% 设计标准 *T* 24℃ *RH* 55%	环境温度变化率维持在±10℃/小时以内 *RH*≥20%	>0.5 >1 >5 >10 >50	6×10^7 1.4×10^7 4×10^5 1×10^5 3×10^3	2.70	600
瑞典 AXE-10	*T* 15~25℃ *RH* 40~65%	*T* 5~30℃ 35℃ *RH* 20~80% 20~65%	≤10	每m³的尘埃含量≤50μg	低架: 2.75 高架: 3.40	300
法国 E10B	*T* 15~32℃ *RH* 20~60%	*T* 5~40℃ *RH* 15~85%	>1 >1.5 >5	5×10^6 5×10^5 3×10^4	2.70	300

注：引自电信工程设计手册电话交换（程控）编。

市话交换机的发热量计算公式：

$$Q=aVA\ (W)$$

式中：Q——交换机发热量（W）

a——折减系数，纵横制为0.95，程控制为1.0

A——忙时平均电流（A）

V——电压（V）

市话交换机每架平均发热量（W）

表3

程控制	纵横制
1200	114.4

AXE-10程控市话交换机发热量

表4

设备容量(门)	发热量(W)	设备容量(门)	发热量(W)
5000	13000	13000	29000
6000	15000	14000	31000
7000	17000	15000	33000
8000	19000	16000	35000
9000	21000	17000	37000
10000	23000	18000	39000
11000	25000	19000	41000
12000	27000	20000	43000

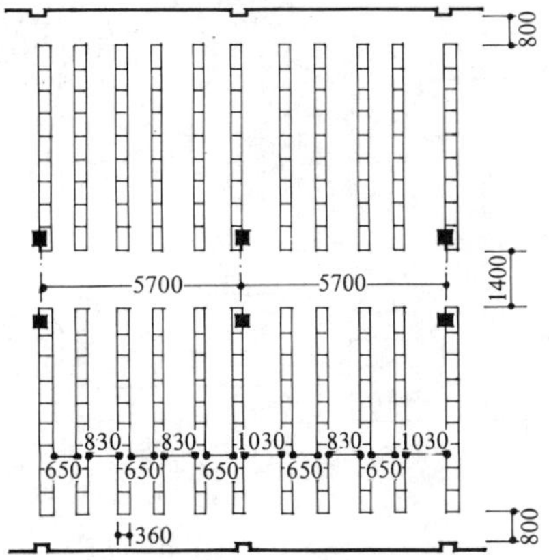

控制室

a HJ941 型纵横制机架布置示例

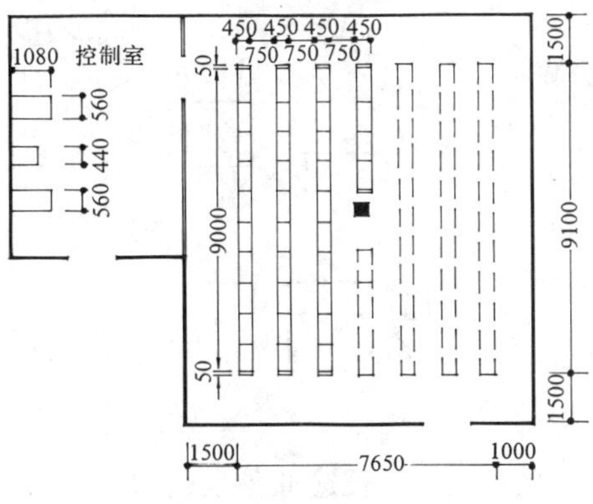

a S1240 型程控制机架布置示例

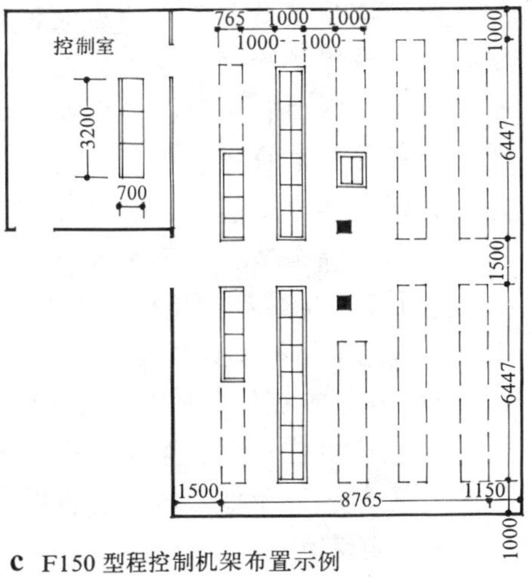

c F150 型程控制机架布置示例

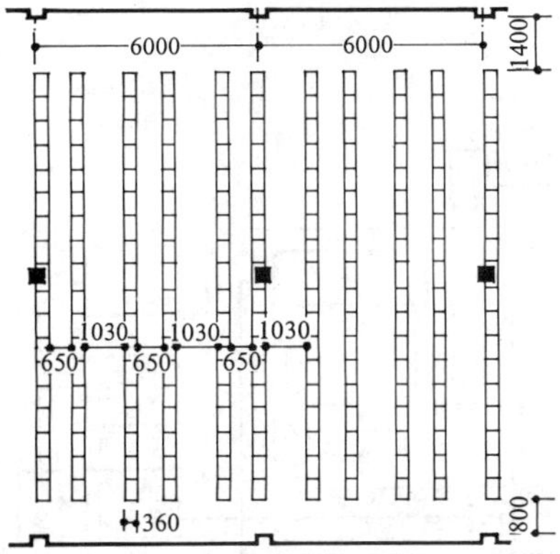

b HJ941 型纵横制机架布置示例

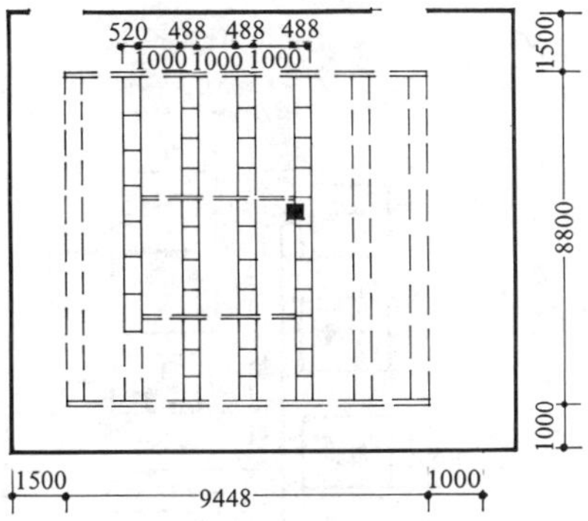

b E10B 型程控制机架布置示例

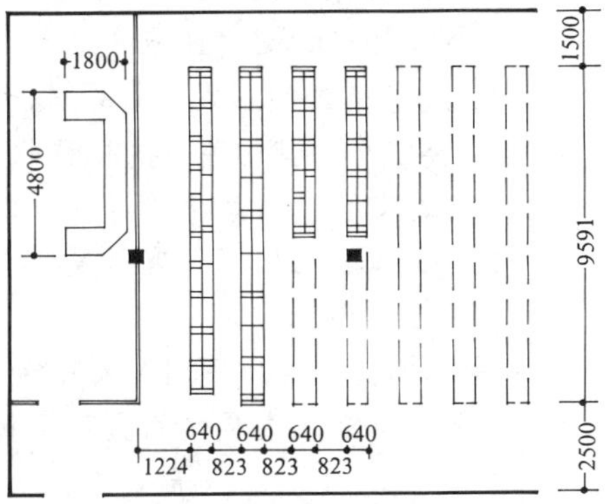

d AXE-10 型程控制机架布置示例

1 纵横制机架布置示例

2 程控制机架布置示例

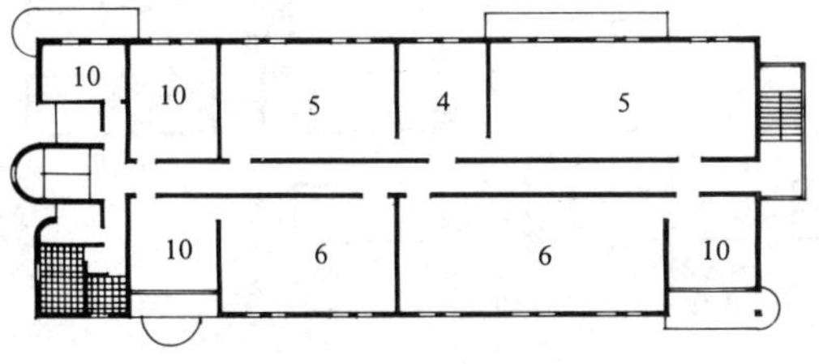

1	营 业 厅	7	电力室
2	门 厅	8	电池室
3	测 量 室	9	充气室
4	控 制 室	10	办公室
5	交换机室	11	进线室
6	传 输 室	12	钢瓶室

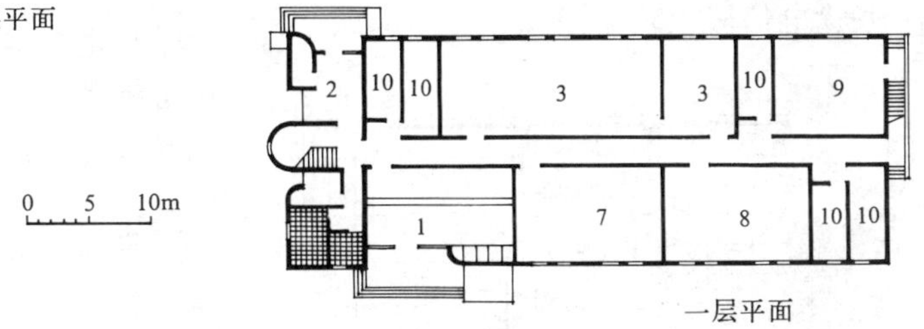

二层平面

一层平面

0 5 10m

3 上海高桥市话局

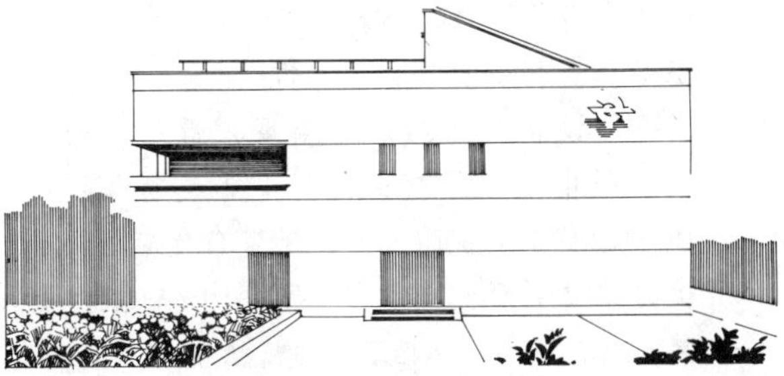

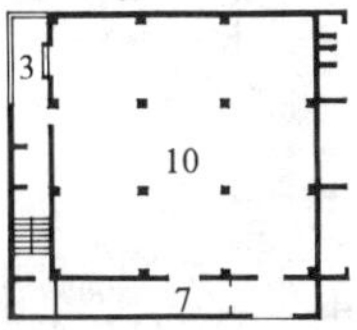

二层平面

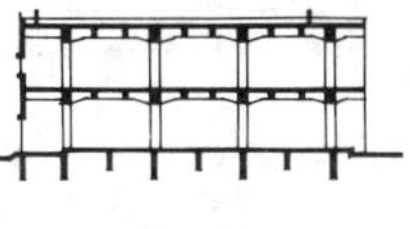

剖 面

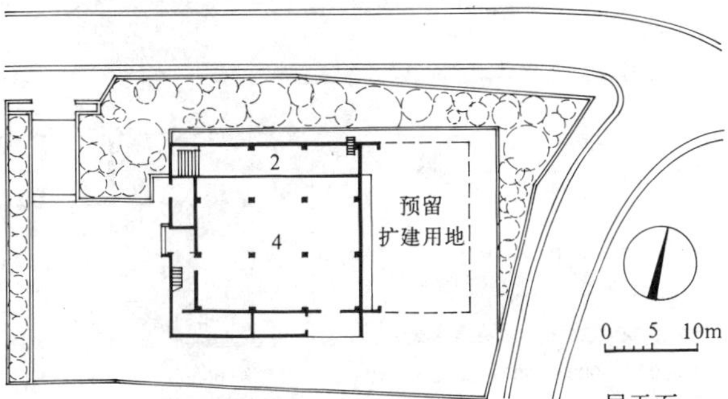

预留扩建用地

一层平面

0 5 10m

4 日本植木岩野市话局

一、长途电信楼是指安装长途电话、电报、传真、微波等长途通信设备的建筑物。安装长途通信设备的称长话楼，安装电报、传真通信设备的称电报楼，安装微波通信设备的称微波楼，楼内安装多项长途、市话通信设备的称电信综合楼。属于国家中心、省间中心、省中心的电信综合楼则称通信枢纽楼。

二、长途电信楼的设计要点：

1.机房布置应使电力电缆、通信电缆、波导管及相关的维护路线最短。一些机房之间有水平和垂直的传送装置应简捷便利，避免迂回。

2.机房之间的位置应尽量满足线路传输损耗小的要求；同时还应考虑节约能源，将用电量大的机房靠近电源室。

3.各类机房与其相关的技术用房和辅助用房组成在维护关系上相对独立的技术单元，技术单元相对位置以及内部分隔均应满足工艺生产的要求。

4.平面布置应考虑不同人流的特点，使内部职工与外部人员之间互不干扰。会议电话部分因外部人员较多，应自成一区，并设置专用出入口。

5.主要机房应根据通信发展规划预留适当的发展余地。隔断墙、楼面荷载也应为工艺布置的变更提供灵活性。

6.通信设备对机房室内温度、湿度、防尘、防电磁波干扰、防静电等均有一定要求。空调系统的选择、风管布置应与建筑的平立剖面统一考虑。建筑构造和室内装修材料应满足通信工艺的特殊要求。

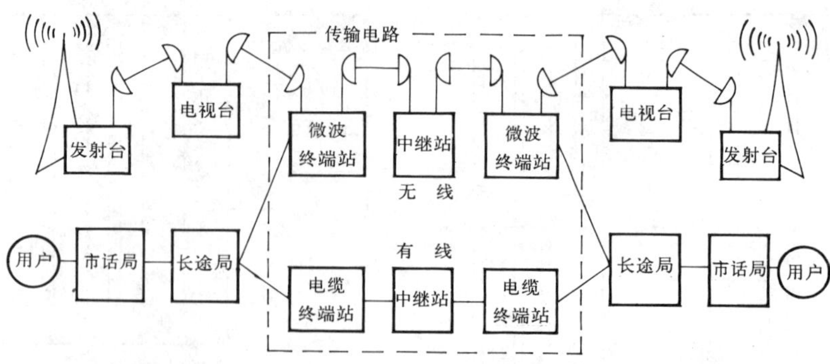

1 长途通信及传输电路

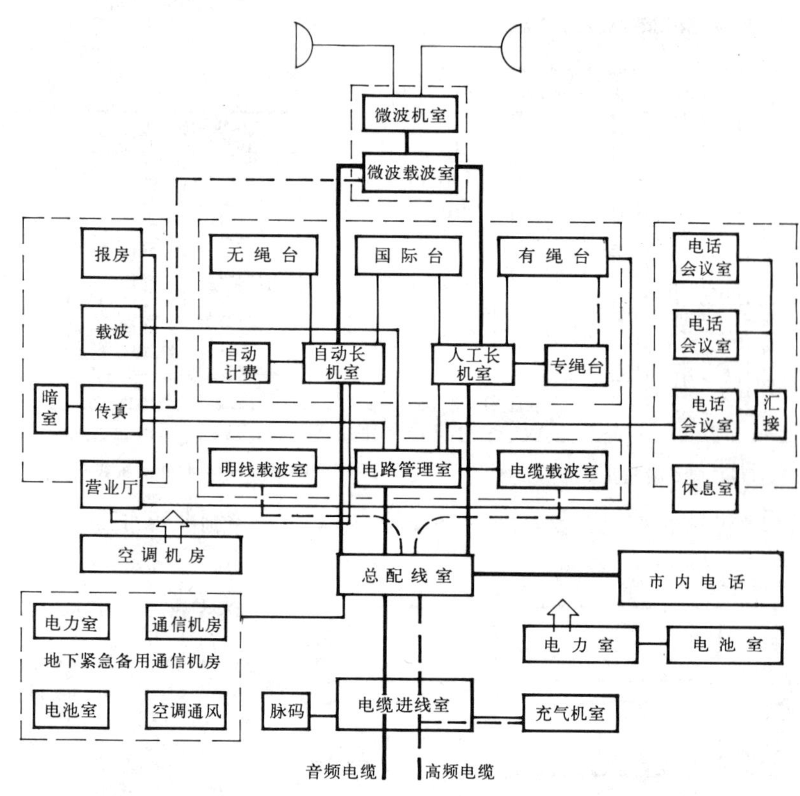

2 长途电信楼工艺流程

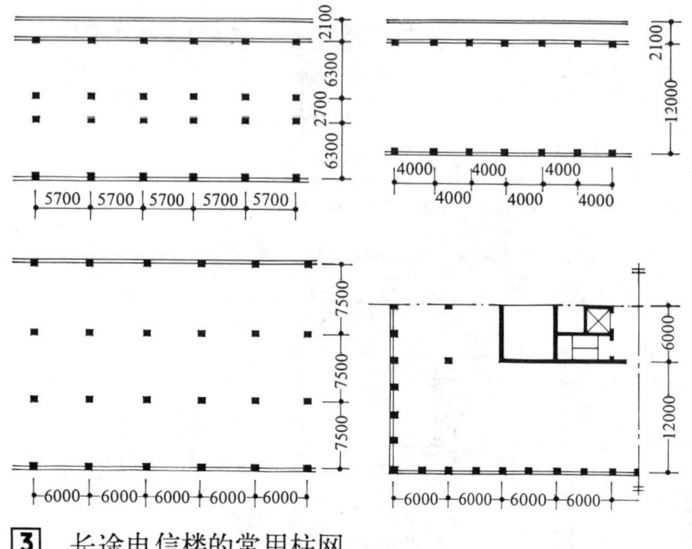

3 长途电信楼的常用柱网

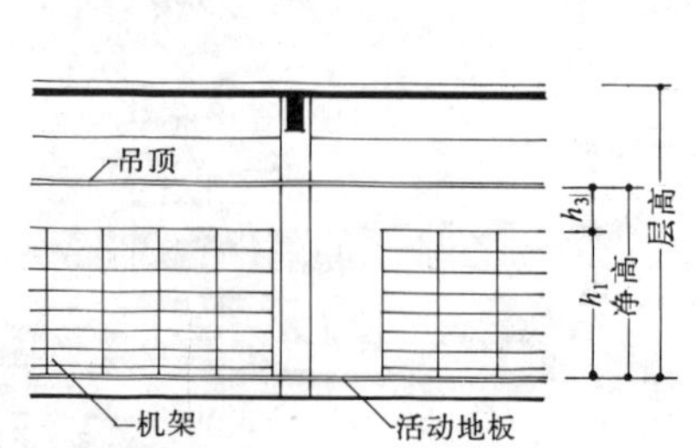

4 层高与净高的确定

长途电信楼的层高应由机房的净高、结构层厚度、吊顶构造高度、活动地板高和风管高度等综合确定。

$$H=h_1+h_2+h_3$$

式中：

H—机房净高

h_1—通信设备的高度

h_2—走线槽及电缆的高度

h_3—施工、检修维护的高度

楼内各层可有不同的层高，但在同一层内的层高宜一致。

长途电信楼技术单元

表 1

类别	技术单元	类别	技术单元	类别	技术单元	类别	技术单元
进线	电缆进线室	长话	长话机械室	电报传真	载波电报机室	电源	电力室
	充气维护室		长话交换室		电报机房		电池室
	总配线架室		生产检查台		话传室、用户电报室		变压器室
	线务员候工室		专线台、查号台		传真机室、暗室		油机发电机室
载波	明线载波机室		国际台		查核问讯室		油库
	电缆载波机室		话单贮藏室		营业译电缮封室		值班室
	微波载波机室		技术办公室		派送候工室	会议电话	控制室
	电路管理室		换班休息室		修机室、金工室		电话会议室（一）
	修机室、材料室	微波	微波机室		报底贮藏室		电话会议室（二）
	技术办公室		电视室		技术办公室		录音室
	换班休息室		仪表室、修机室		换班休息室		休息室

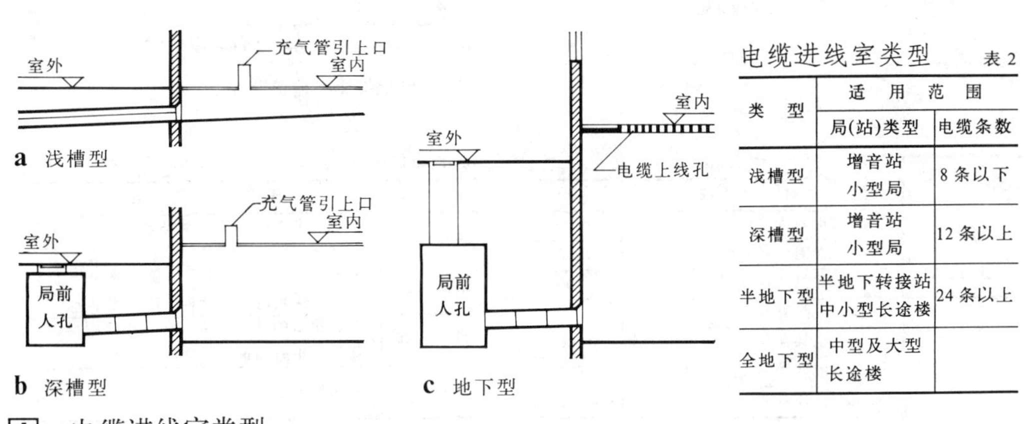

1 电缆进线室类型

电缆进线室类型

表 2

类型	适用范围	
	局(站)类型	电缆条数
浅槽型	增音站 小型局	8 条以下
深槽型	增音站 小型局	12 条以上
半地下型	半地下转接站 中小型长途楼	24 条以上
全地下型	中型及大型 长途楼	

载波机房面积

表 3

机房名称	每路面积(m^2)
明线载波室	0.4
电路管理室	0.02～0.04
电缆载波室	0.07～0.10
微波载波室	0.09～0.12

直流 24V 耗电量估算

表 4

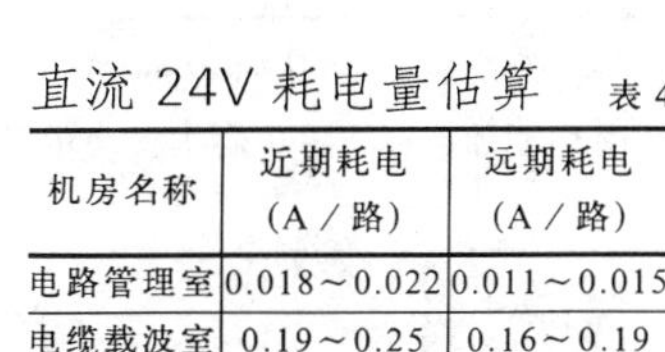

机房名称	近期耗电 （A／路）	远期耗电 （A／路）
电路管理室	0.018～0.022	0.011～0.015
电缆载波室	0.19～0.25	0.16～0.19
微波载波室	0.25～0.40	0.14～0.16

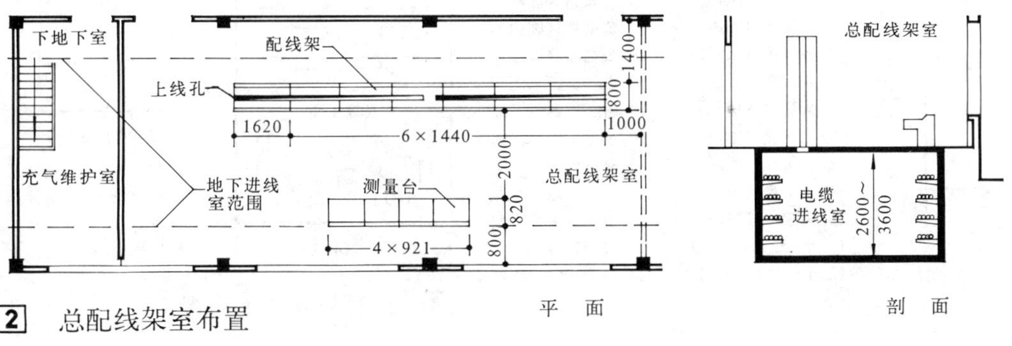

2 总配线架室布置

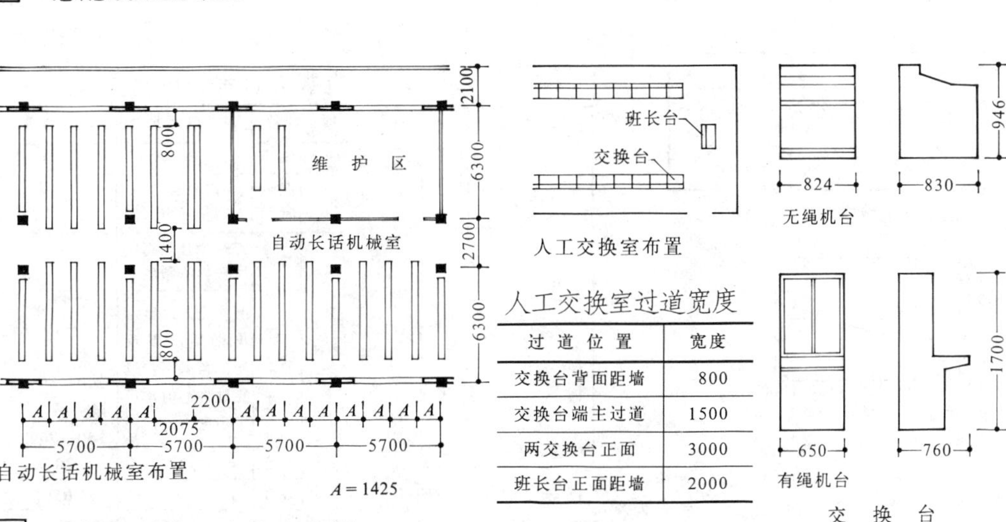

人工交换室过道宽度

过道位置	宽度
交换台背面距墙	800
交换台端主过道	1500
两交换台正面	3000
班长台正面距墙	2000

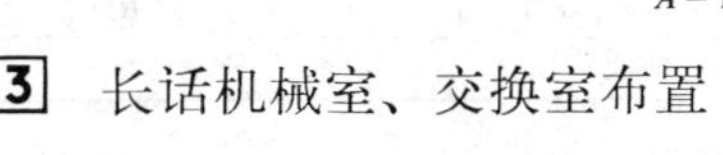

3 长话机械室、交换室布置

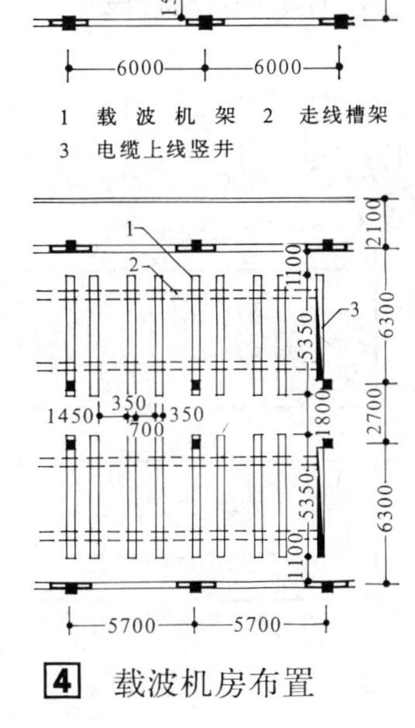

1 载波机架 2 走线槽架
3 电缆上线竖井

4 载波机房布置

9

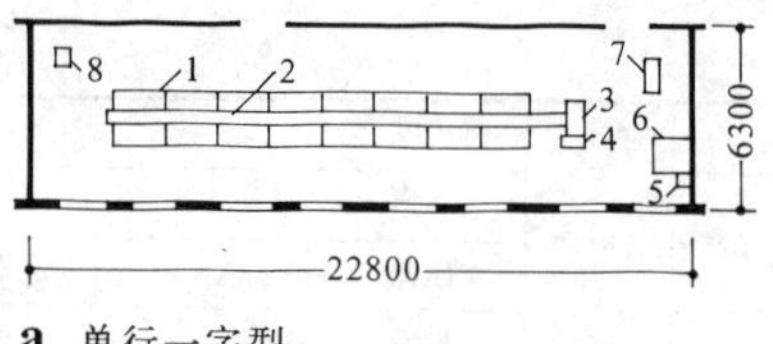

a 单行一字型

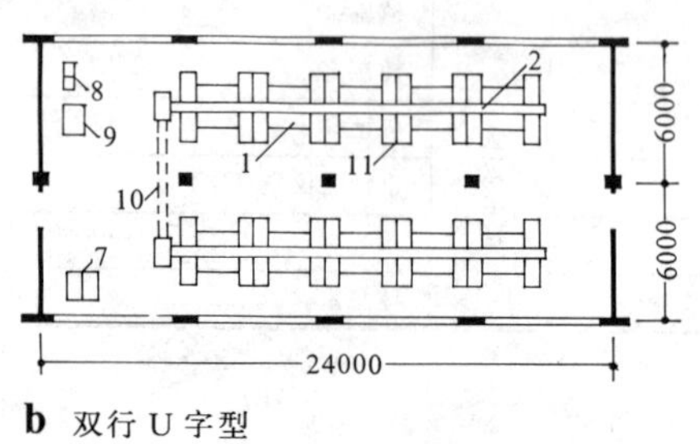

b 双行U字型

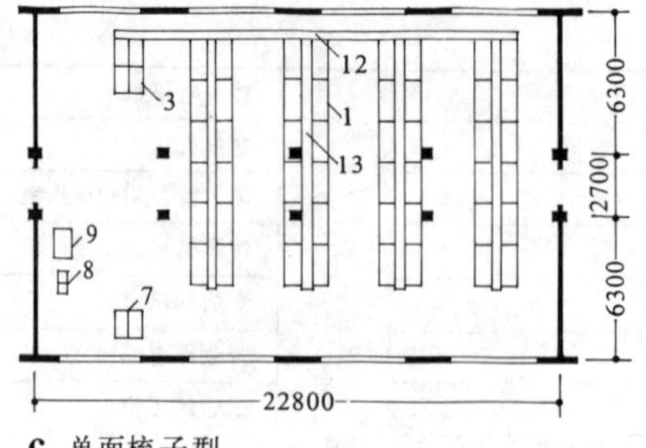

c 单面梳子型

1 电报机桌　6 来报处理席　11 电报小机桌
2 输送设备　7 班长台　12 主输送带
3 分发台桌　8 报房电源架　13 支输送带
4 公电处理席　9 报房调度台
5 投报筒　10 双向输送带

1 电报机房平面布置

电报机房过道宽度 (mm)　表1

过道名称	机房排列形式		
	单行一字型	双行U字型	单面梳子型
主要过道	1300～1600	1600～1800	1600
辅助过道	1100～1300	1100～1300	600～800
列间过道			1000
调度台距墙		800	

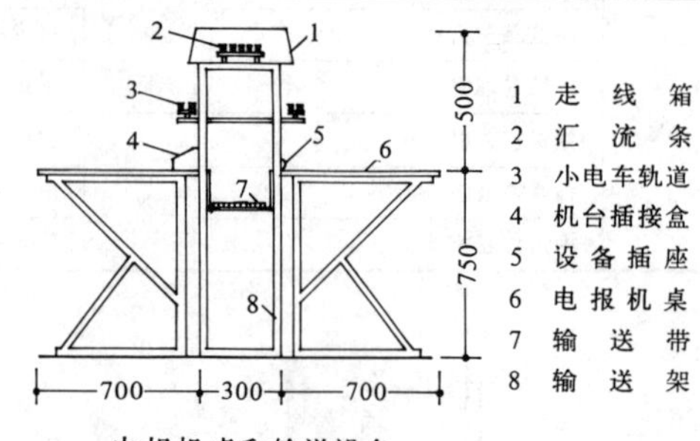

1 走线箱
2 汇流条
3 小电车轨道
4 机台插接盒
5 设备插座
6 电报机桌
7 输送带
8 输送架

电报机桌和输送设备

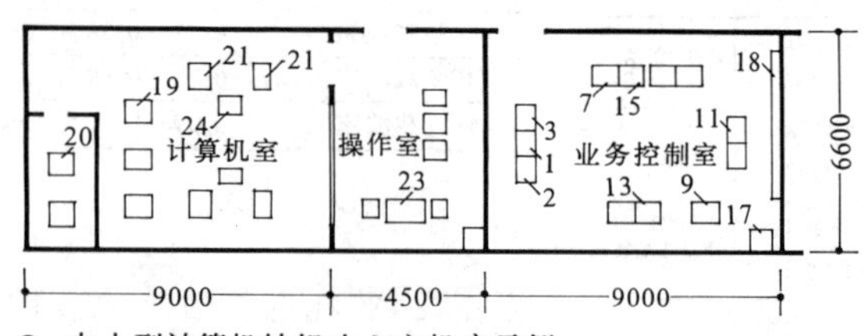
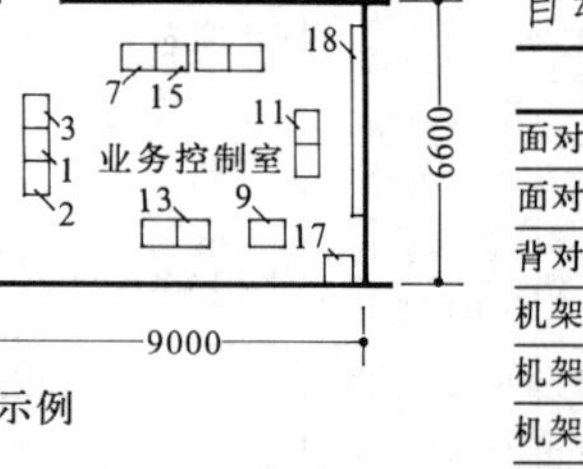

a 中小型计算机转报中心主机房示例

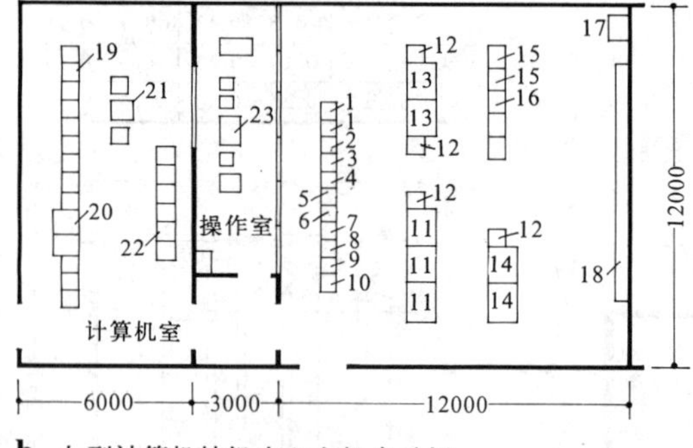

b 大型计算机转报中心主机房示例

自动转报机房过道宽度　表2

过道位置	宽度(mm)
面对面排列架面之间	1300
面对背排列架之间	1100
背对背排列架之间	800
机架背与墙之间	1000
机架端与墙之间做主走道	1300
机架端与墙之间做维护道	800
程控机架正面与墙之间	2000～2500

1 报告席(国内)　13 拦截席(国内)
2 监控席(国内)　14 拦截席(国际)
3 告警席(国内)　15 公电席(国内)
4 报告席(国际)　16 公电席(国际)
5 监控席(国际)　17 电源架
6 告警席(国际)　18 备品柜
7 监录席(国内)　19 中央处理机
8 监录席(国际)　20 磁盘
9 人工席(国内)　21 光电机
10 人工席(国际)　22 磁带机
11 半自动分发　23 线路测试台
12 电传打字机　24 控制台打字机

2 计算机自动转报机房平面布置

传真通信业务分类　表3

业务分类	使用范围
相片传真	军政、新闻、公务、普通四种业务。主要传送新闻照片、相片、图表、手迹等
话路传真	军政、新闻、公务、普通和公电五种业务。传送黑白两色文件、图表和手迹
报纸传真	开放报纸的传送业务，传送报纸清样、样张和更正通知单
气象传真	传送气象图

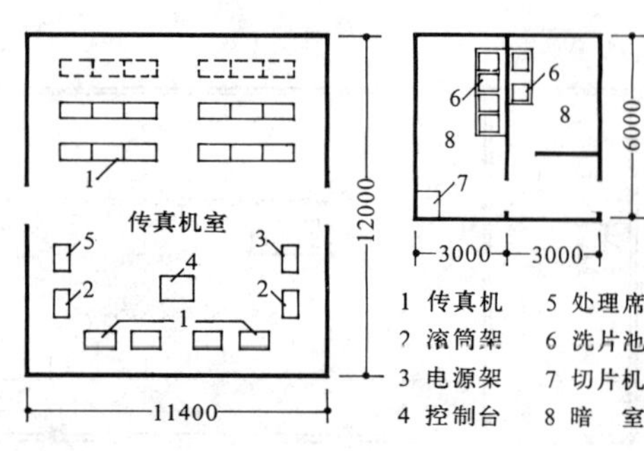

1 传真机　5 处理席
2 滚筒架　6 洗片池
3 电源架　7 切片机
4 控制台　8 暗室

3 传真机房平面布置

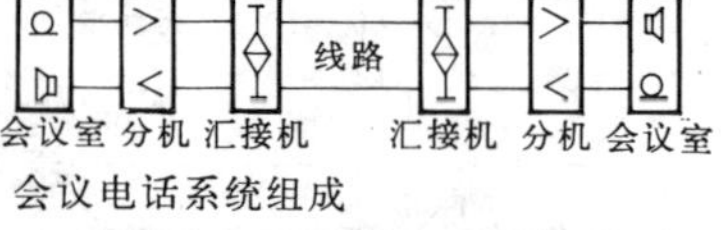

会议电话系统组成

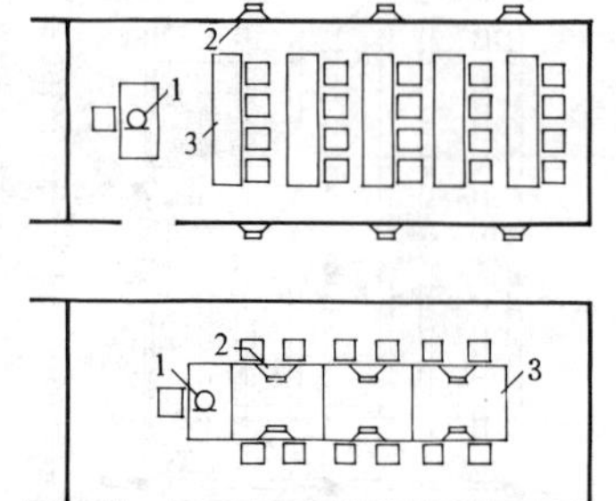

电话会议室布置示例

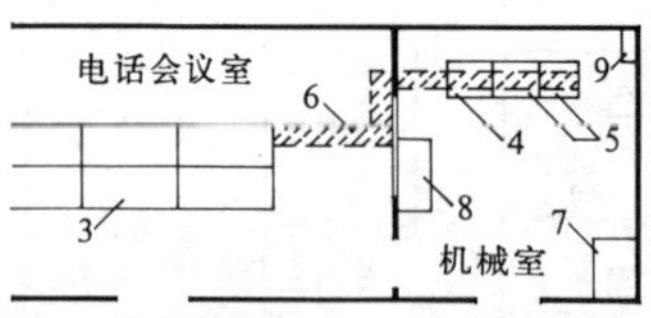

会议电话机械室布置

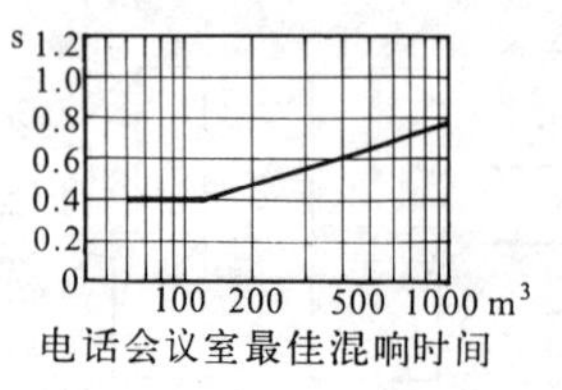

电话会议室最佳混响时间

1 传声器　4 分机　7 工作台
2 扬声器　5 汇接机　8 控制桌
3 会议桌　6 走线槽　9 配电盘

4 会议电话

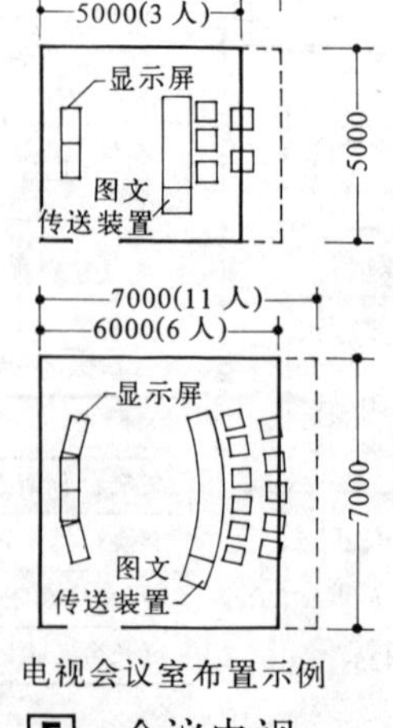

电视会议室布置示例

5 会议电视

电视会议室的环境要求　表4

项目		一般要求	理想要求
音响条件	噪声		＜50dB(A)
	混响时间	声音清晰无回声	0.4s
照明条件	光源	闪烁少且能真实反映物体颜色	
	照度	照度充分，显示屏面不出现反光，背景不宜过亮过暗，窗户应采用窗帘遮挡	被摄物：600～1000lx 背景：200～500lx 显示屏：150～200lx
室内条件	温度	20℃	
	湿度	65%	
地面构造		活动地板(敷设电线)	

9

一、电信枢纽楼的营业厅，一般是由电报营业和电话营业两个部分组成。少数的营业厅设置市话报装服务部。电报营业包括公众电报和用户电报，电话营业包括长途电话和市内电话。

二、为了便于顾客使用，营业厅一般设在建筑物的底层，要求有良好的天然采光和通风条件，避免靠近发出较大噪音的房间，如空调机室、发电机室、冷冻机室等。

三、电报营业厅内应设置书写台、座椅。书写台和座椅宜使用固定家具，以避免桌椅移动时产生噪音，并保持营业厅的整齐美观。营业厅内明显处宜设置标准时钟和固定的日历牌、宣传栏等。

四、电话营业部分应布置在较安静的位置上，厅内需设置候话座椅。规模较大的营业厅宜设单独的候话室。营业柜台的位置应能使营业员直接观察到并方便地控制电话隔音间。

五、电话隔音间应有良好的隔音条件，内部墙面和吊顶应做吸音处理。并做好自然通风或机械通风。条件许可宜设空调。封闭式电话间的净尺寸为 1.0m 至 1.25m 的正方形或长方形。高度为 2.0m 至 2.2m。

六、用户电报隔音间内部除设置电传打印机机台外，还应考虑衣帽和提包的放置。由于用户电报的工作时间较长，应设置良好的空调设施。隔音间的净尺寸为 1.20m～1.50m×1.50m～2.0m 的长方形。高度为 2.0m～2.2m。

七、夜间营业厅若与营业厅合设时，应考虑在夜间使用时与其他部分分隔开，并设置单独的出入口。大多数的电信综合楼则另辟独立的夜间营业厅，以利管理。夜间营业厅平面布置应考虑柜台与营业员休息室联系方便，营业柜台采用封闭形式，开设小窗口以确保营业员安全。营业厅内不应产生营业员观察不到的死角，营业员应能自动地控制电话隔音间，并能直接观察到隔音间内的活动情况。夜间营业厅的入口处应设置醒目的标志灯。

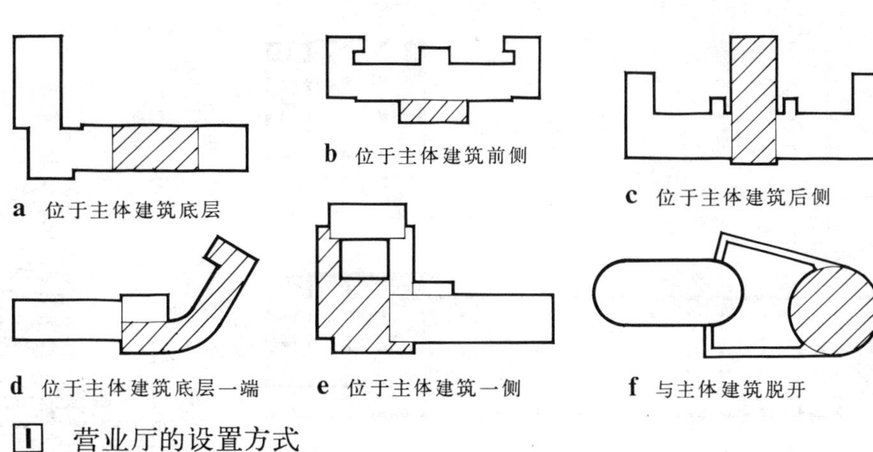

1 营业厅的设置方式

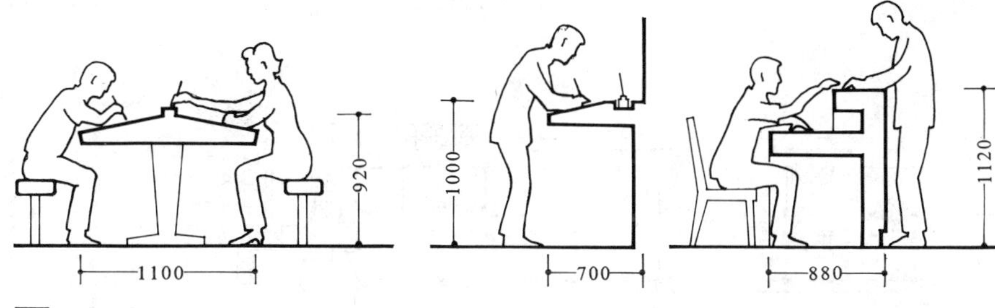

2 书写台、营业柜台尺度

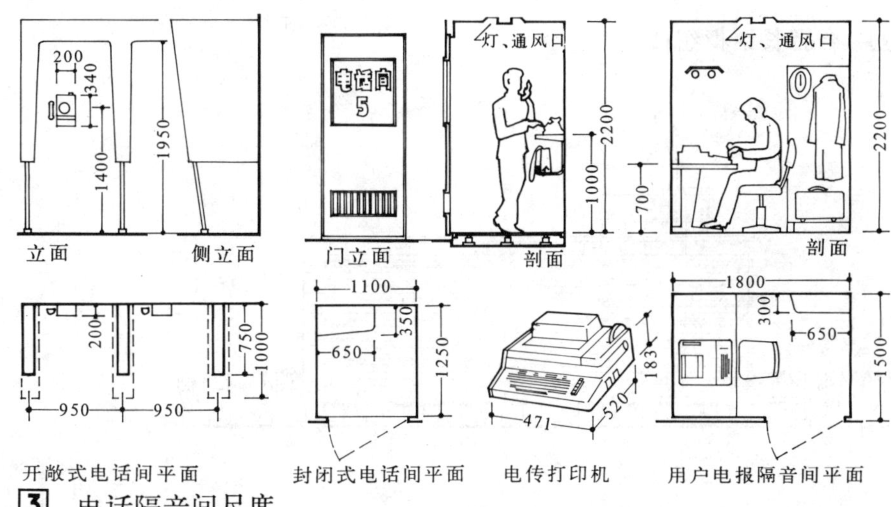

3 电话隔音间尺度

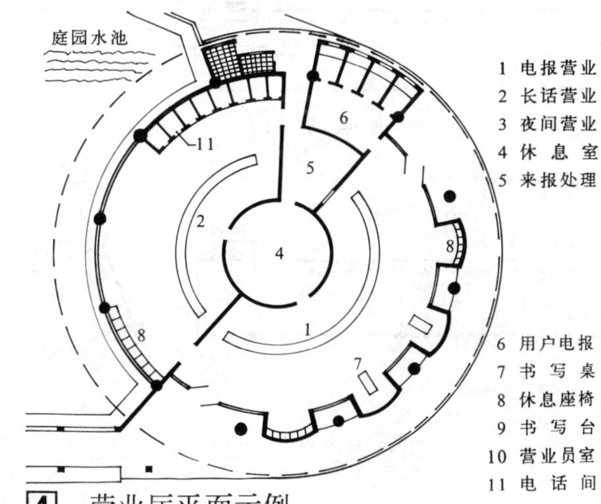

4 营业厅平面示例

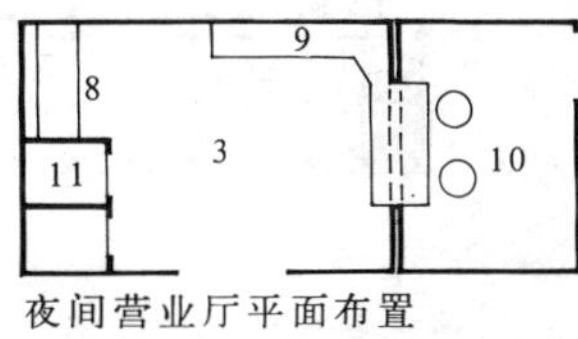

夜间营业厅平面布置

营业厅面积统计表　表 1

电信建筑名称	营业厅面积(m^2)
天津电信枢纽楼	546
上海电信枢纽楼	1684
合肥长话枢纽楼	596
南京电信枢纽楼	740
杭州电信枢纽楼	740
武汉长话枢纽楼	820
沈阳电信枢纽楼	616
北京电报大楼	1000

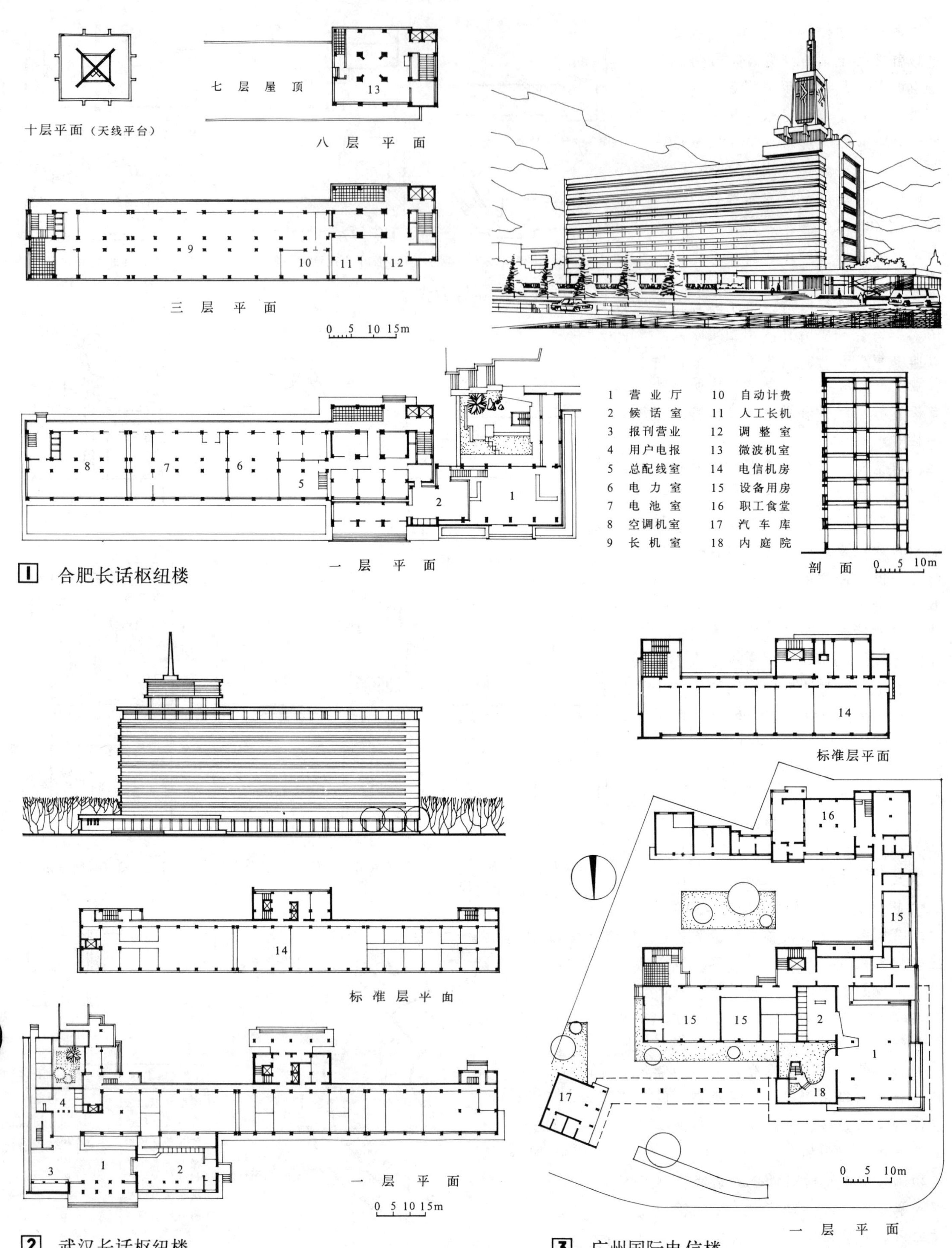

1 合肥长话枢纽楼

2 武汉长话枢纽楼

3 广州国际电信楼

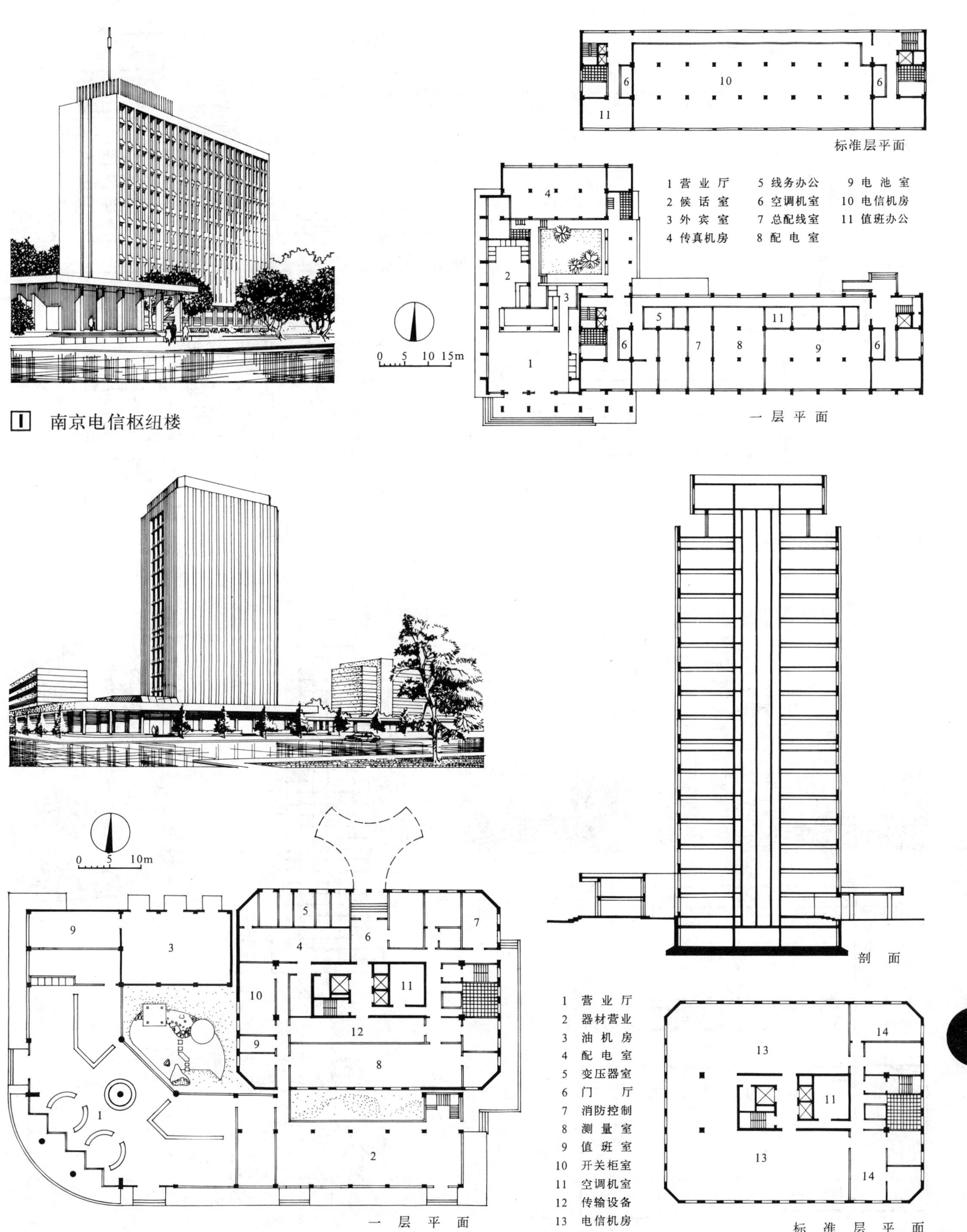

1 南京电信枢纽楼

2 太原电信枢纽楼

9

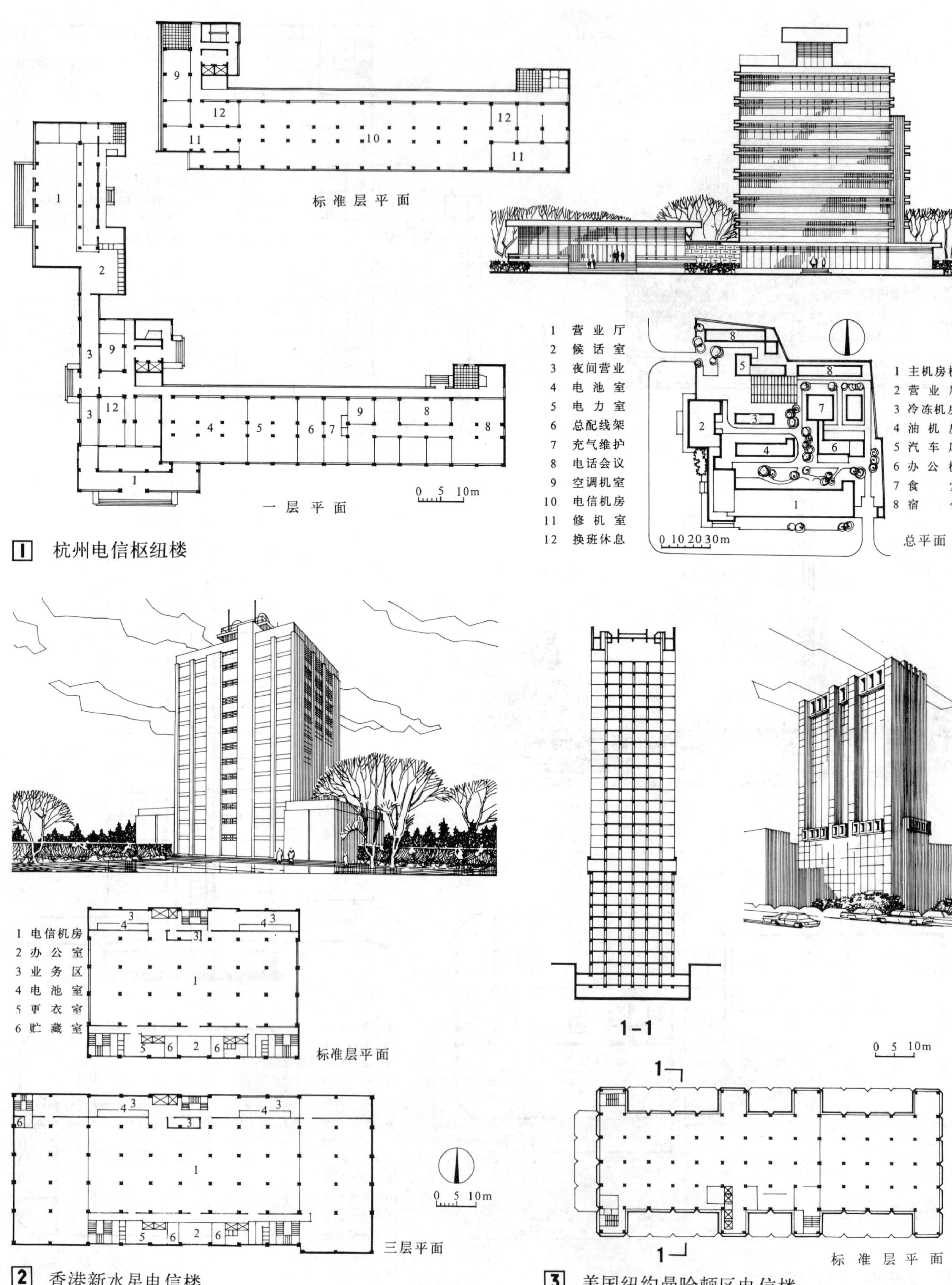

1 杭州电信枢纽楼

2 香港新水星电信楼

3 美国纽约曼哈顿区电信楼

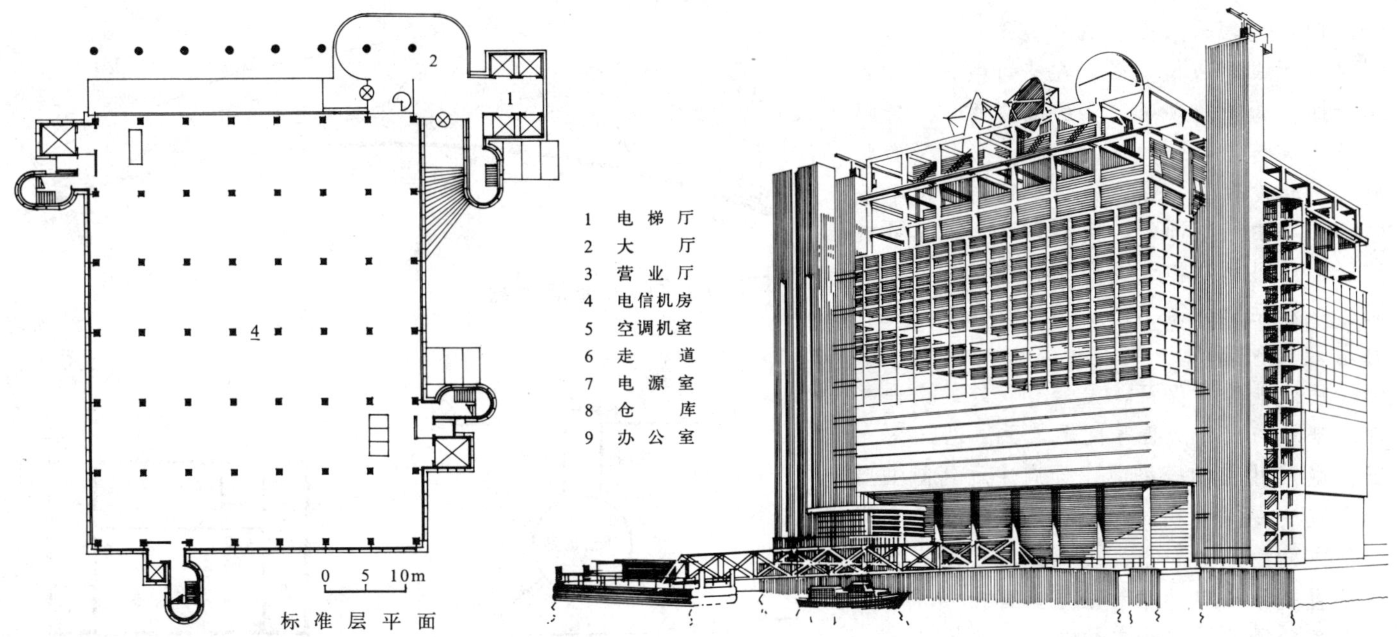

1 英国伦敦道格拉斯数据通信中心

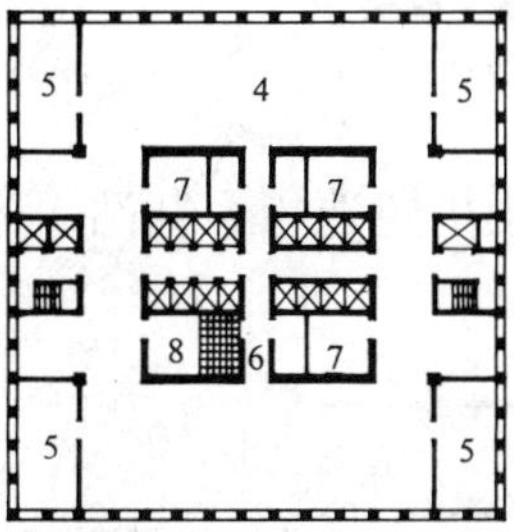

通信机械层平面

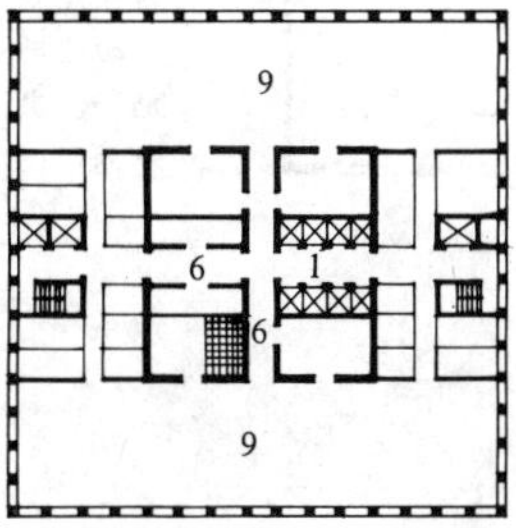

办公室层平面

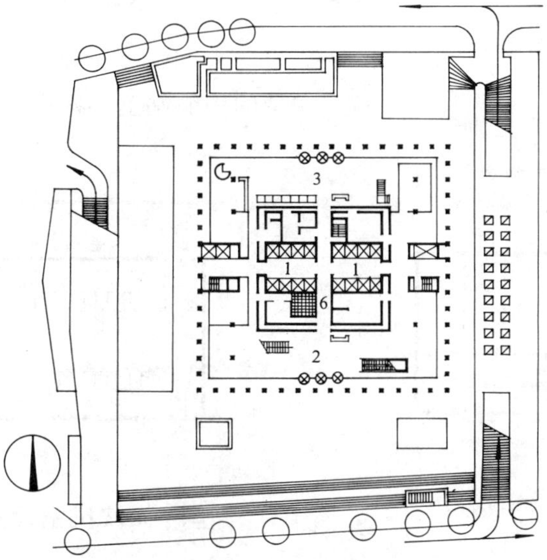

一层平面

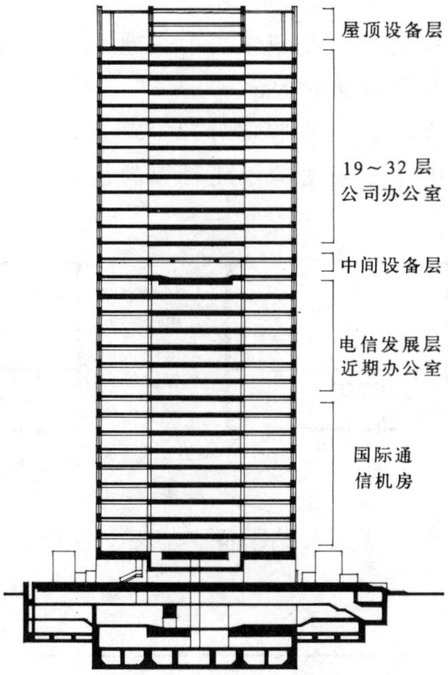

屋顶设备层
19～32层 公司办公室
中间设备层
电信发展层 近期办公室
国际通信机房

剖面

1974年建成。

平面为54m见方的正方形。地下3层，地上32层，屋顶上设二层微波天线塔。建筑物总高为164.7m。2～17层为通信机房层，层高4.8m。19～32层为办公室，层高4m。总建筑面积123803m²。

备用发电机房、汽车库全部建于地下。通风窗井等构筑物饰以浮雕装修。整个场地进行绿化，并向市民开放。场地及地面构筑物为暗红色面砖，与银白色的主体建筑在色彩上形成鲜明对比。

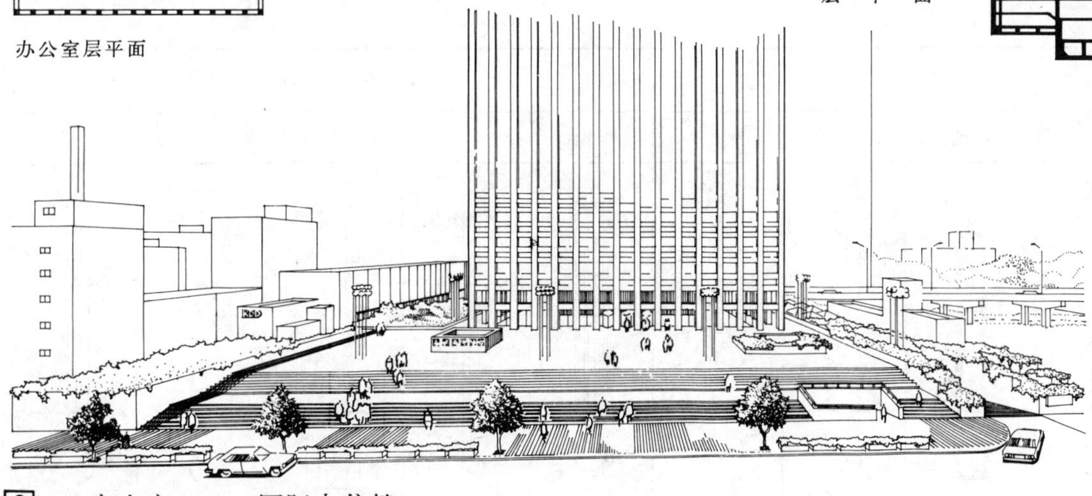

2 日本东京KDD国际电信楼

9

一、微波通信一般是指在1～30GHz频率范围内的无线电通信。微波在空间中只能作直线传播。为了实现长距离的微波通信，每隔一段距离需设一站，将收到的信号经过变频放大再转发到下一站。这种站就叫微波中继站。主要由通信部分、电源部分、人工环境部分、燃料部分和天线部分组成。

二、微波站选址需了解岩溶地质现象；是否有滑波的可能；土壤是否有较好的接地条件；用水能否有保证；是否有较好的交通条件；基地防火、防兽等问题是否得以解决。

三、微波站主机房平面设计应注意到使主要设备室有良好的朝向；微波室的轴线约在两通信方向的分角线上，使天线与机房有合理的位置关系；电池室和配电室直接相邻，配电设备和微波机室的安装按工艺进行。

四、国内外常见的天线塔有铁塔和钢筋混凝土塔。塔高由工艺设计确定。微波信号对方向性要求较严，不但应尽量减少天线的扭转和晃动，还应依据有关规定安装航空标志灯和障碍物色标。

五、微波站的设计应考虑微波辐射产生的影响，所以对周围建筑布局应作妥善安排。

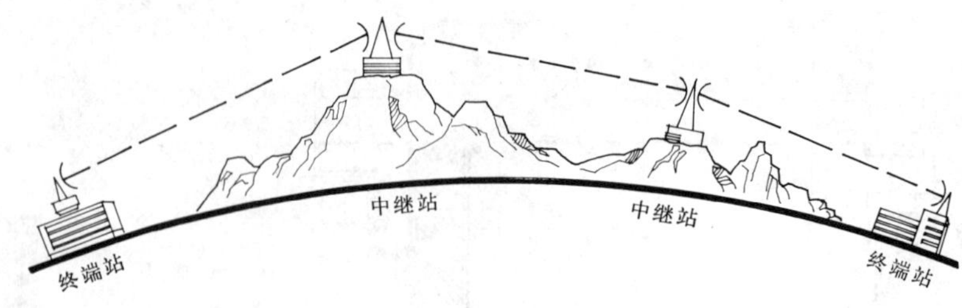

1 微波中继通信示意

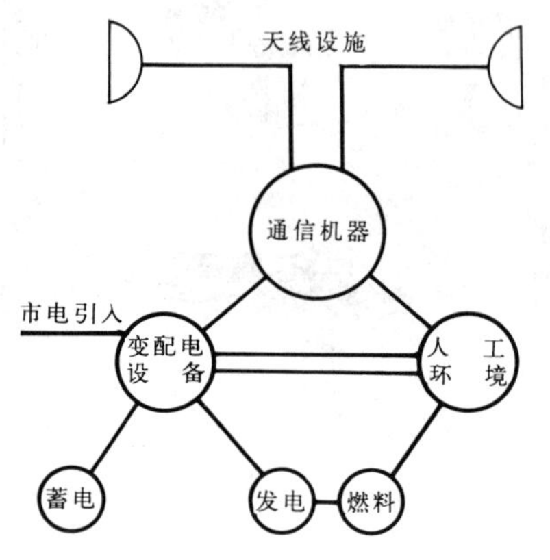

2 单建的中继站工艺构成

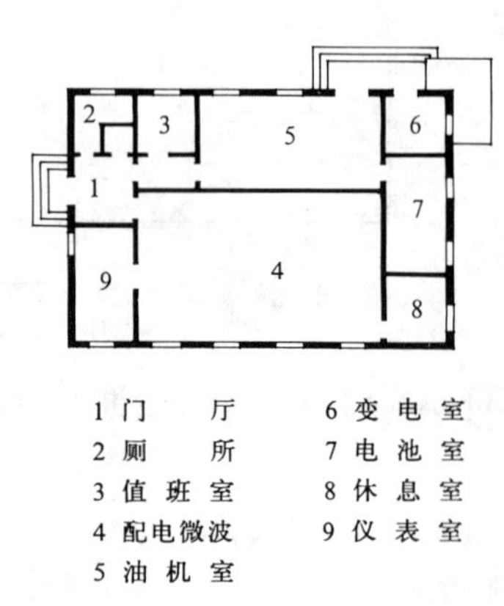

3 集中建造的中继站

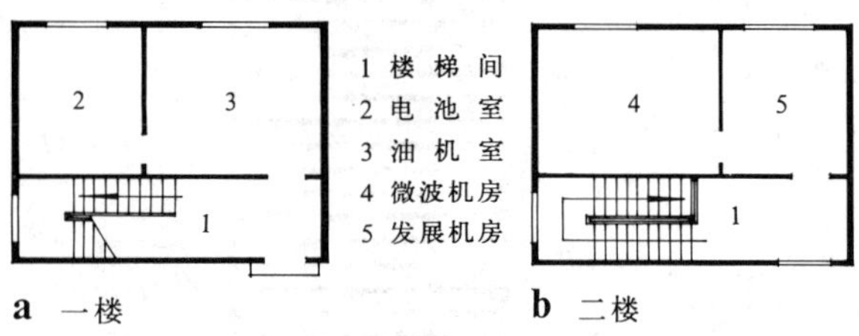

4 某无人站平面

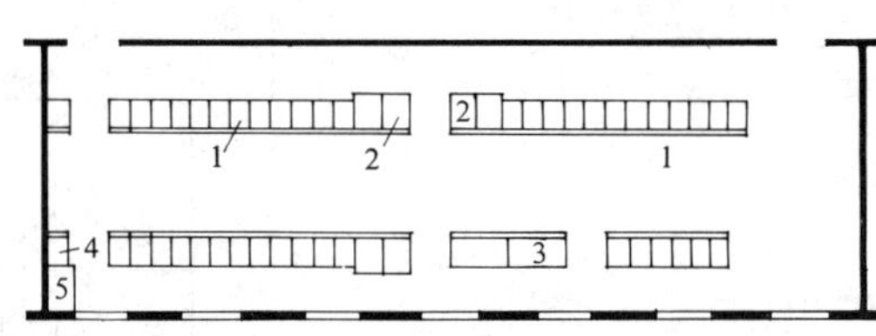

5 微波机室设备布置示例

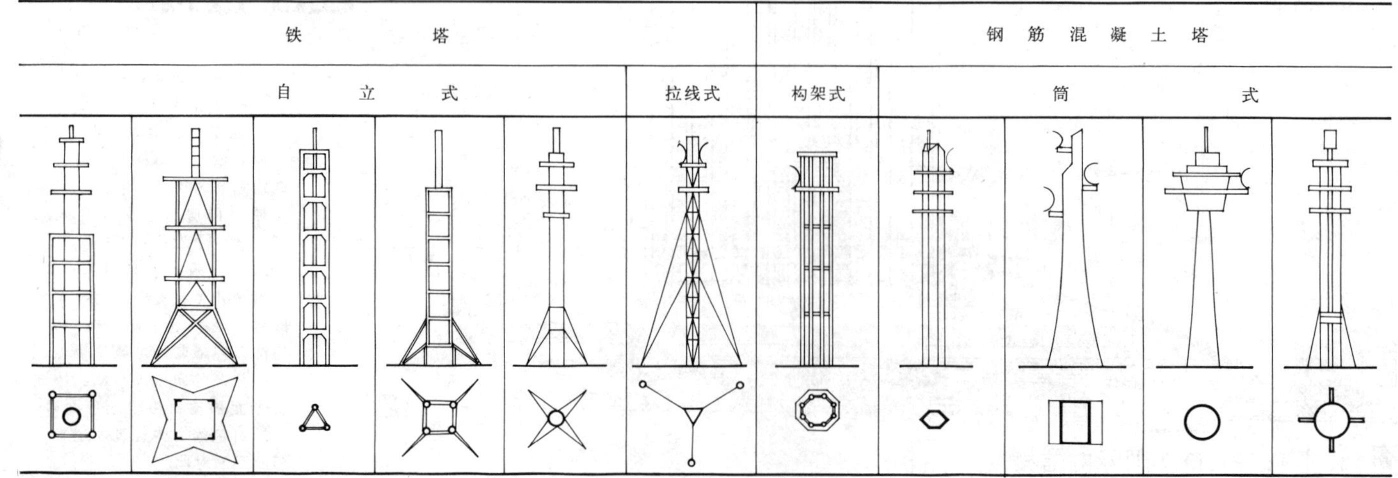

基础按水文、地质、
地震资料进行设计
平面
塔高 76.90
70.10
48.00
20.00
13.280
11.747
8.24
6.00
T_1-3
T_2-4
T_3-1
T_4-1

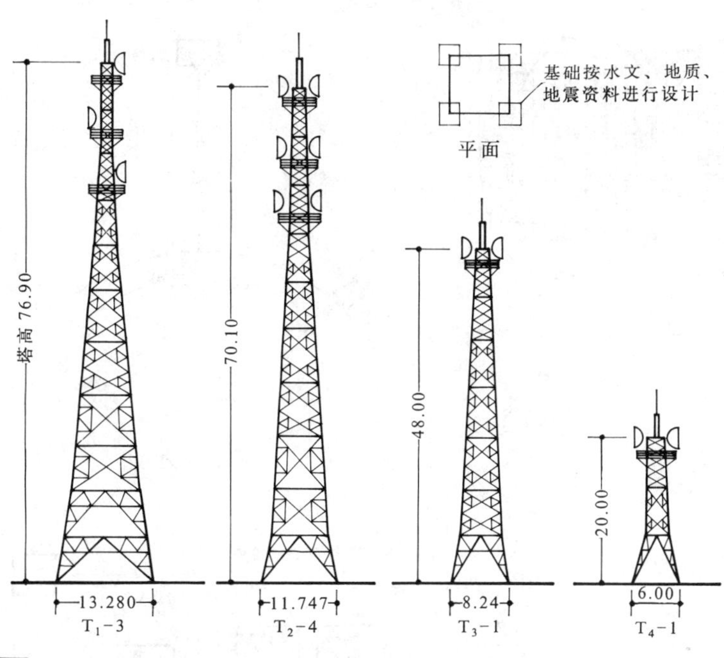

1 自立式角钢结构铁塔示例

自立式角钢结构铁塔选型 表1

编号	塔高/支座距离(m)	设计风速(m/s)	编号	塔高/支座距离(m)	设计风速(m/s)
T_1-1	90.5/18.08	25、30	$T_{2K}-6$	70.1/14.113	30、35
T_1-2	83.7/15.68	25、30	$T_{2K}-7$	63.3/11.747	30、35
T_1-3	76.9/13.28	25、30	$T_{2K}-8$	55.8/11.00	30、35
T_1-4	70.1/10.80	25、30	$T_{2K}-9$	48.3/9.50	30、35
T_1-5	62.6/98.80	25、30	$T_{2K}-10$	40.8/8.30	30、35
T_1-6	55.1/89.00	25、30	T_3-1	48/8.24	30
T_2-1	90.5/18.847	30、35	T_3-2	40/7.241	30
T_2-2	83.7/16.48	30、35	T_3-3	32.8/6.562	30
T_2-3	76.9/14.113	30、35	T_4-1	20/6.00	35
T_2-4	70.1/11.747	30、35	T_4-2	12.8/3.794	35
T_2-5	76.9/16.48	30、35			

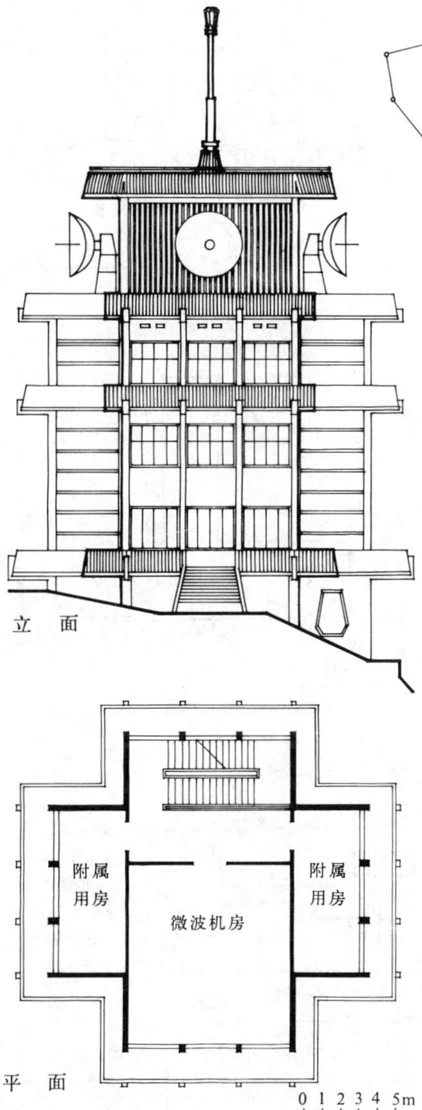

立 面
附属
用房
附属
用房
微波机房
平 面
0 1 2 3 4 5m

2 马鞍山微波中继站

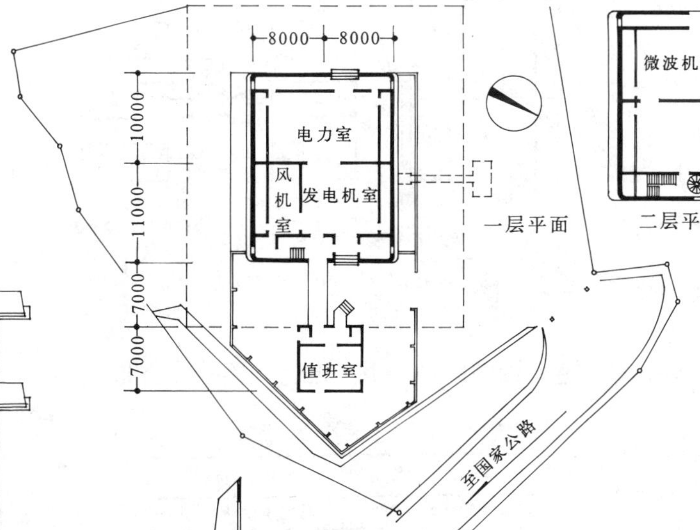

8000
8000
10000
11000
7000
7000
电力室
风
机
室
发电机室
值班室
一层平面
至国家公路

微波机室
二层平面
天线
平台
平台1
平面
天
线
平
台
平台2
平面

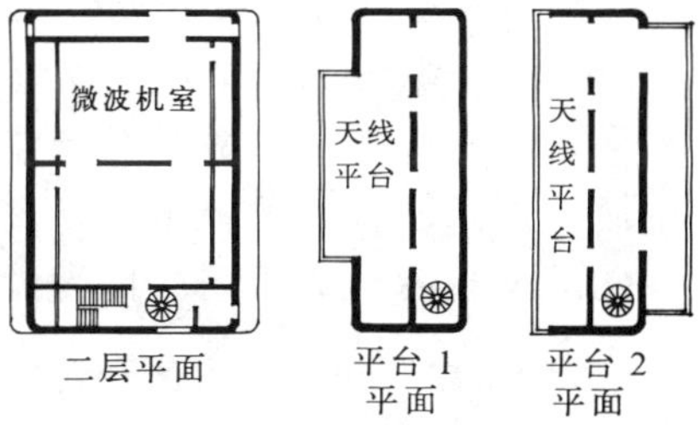

站址位于日本青森县的石崎。该地区寒冷多雪，不用铁塔而用钢筋混凝土塔对于天线的维护有利。因靠近海边，又能经得起海风的盐蚀。建筑造型与周围环境比较协调。

建筑物总高度89m

建筑面积570.54m²

77.00 平台3
65.00 平台2
57.00 平台1

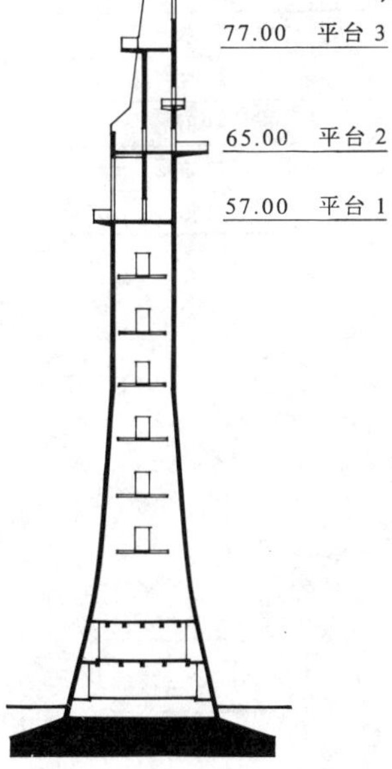

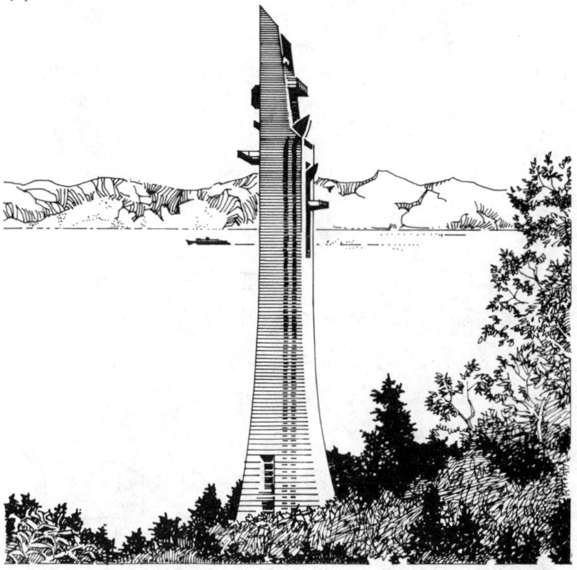

外观

3 日本石崎微波中继站

一、卫星通信地球站是利用人造卫星来转发或发射微波电信号的地面设施。它由天线系统、发射系统、接收系统、通信控制系统和电源系统等组成。地球站分为固定式、移动式和可拆卸站等数种；就建筑来讲，只有固定式地球站一种。

二、站址选择应考虑防电磁波的干扰且便于把信号送入市内，一般建在距大中城市中心几十公里的地方。因工艺的要求，站址宜选择在四面小山环抱的盆地中。天线要求障碍物的仰角不超过3度。选址还需要有适当大小的平地，有足够的面积，良好的地质条件，需经地质钻探，保证天线基础十年内不均匀沉降控制在10～15mm。站址所在地区应是基本具备良好的气候、充足且质量合标的水源、良好的道路、方便的生活设施并远离军用、民用机场和低航线，以及不可能发生洪灾的地区。

三、总平面布置：生产区主要有天线设施、通信主机房、变配电站、自备发电机房、办公室、警卫室、气象设施、停车场等。生产区需要围墙，天线正前方不宜布置道路和活动场地，也不应正对附近居民区。生活区包括住宅宿舍、食堂、浴室等。若与生产区相邻应以围墙分隔；若条件允许，宜将生活区设在生产区附近的城镇中。

四、机房设计：地球站主要通信设备由天线系统、跟踪系统、接收系统、终端接口设备及监控系统组织等构成。机房分为上部机房和主机房，上部机房装低噪声接收机等设备，与天线一起形成高重心、大偏心荷载的构筑物。主机房由通信机室、控制室、计算机室、电视设备室、电池室、配电室、空调室、仪表室、器材室和技术管理室组成。

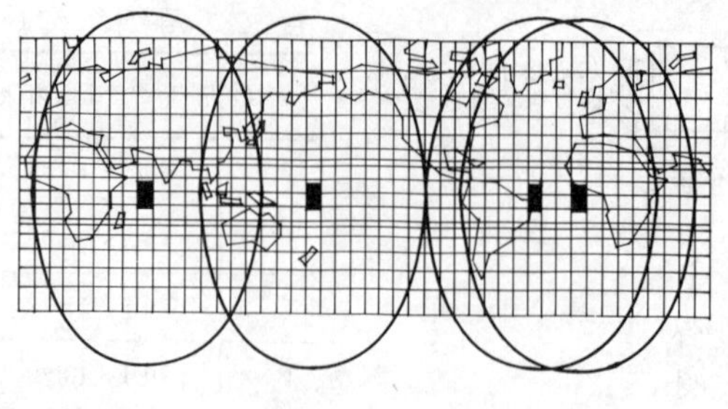

1 国际卫星通信示意

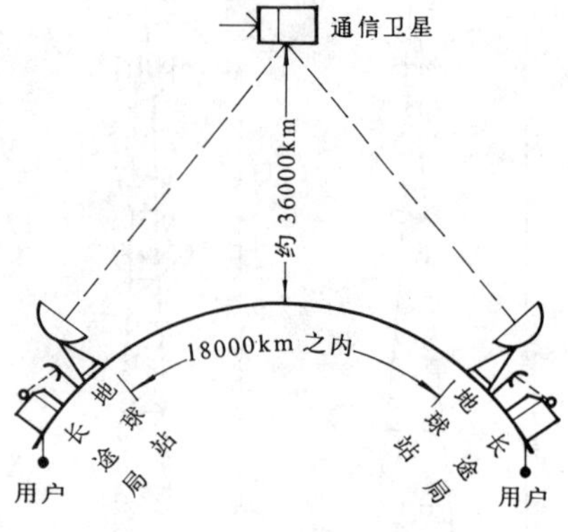

2 卫星通信系统示意

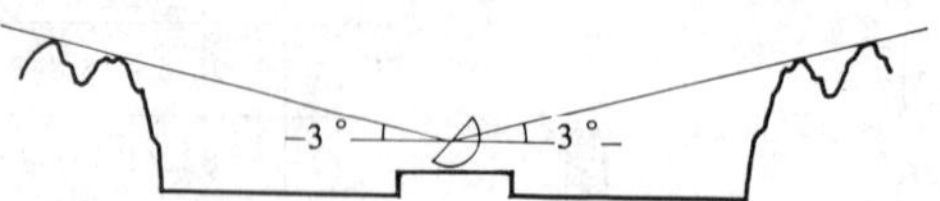

3 较理想的地形断面

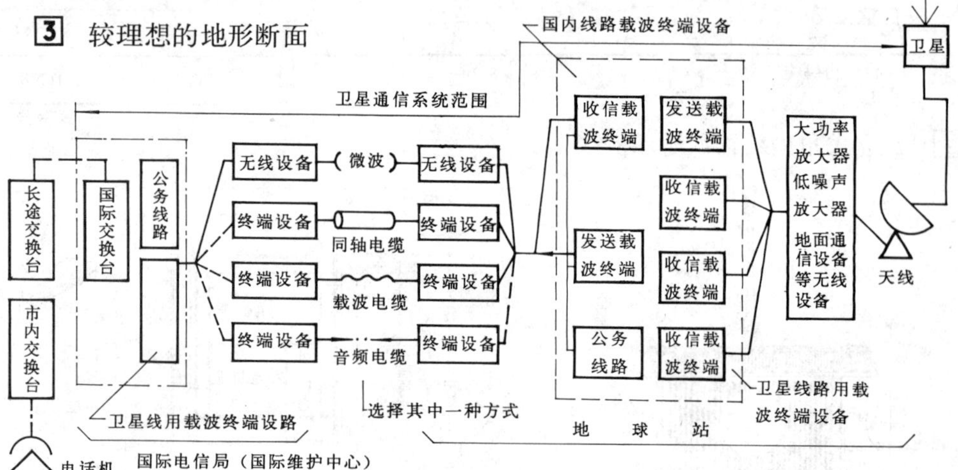

4 国内线路与卫星通信线路连接方框图

地球站与附近城市的距离　表1

站　名		距离（km）	
布伊特拉戈	（西）	马德里以北	80
詹姆斯堡	（美）	蒙特利尔	35
唐关	（巴西）	里约热内卢北	80
福西诺	（意）	罗马以东	10
赖斯汀	（德）	慕尼黑西南	32
北京	（中）	北京西北	26

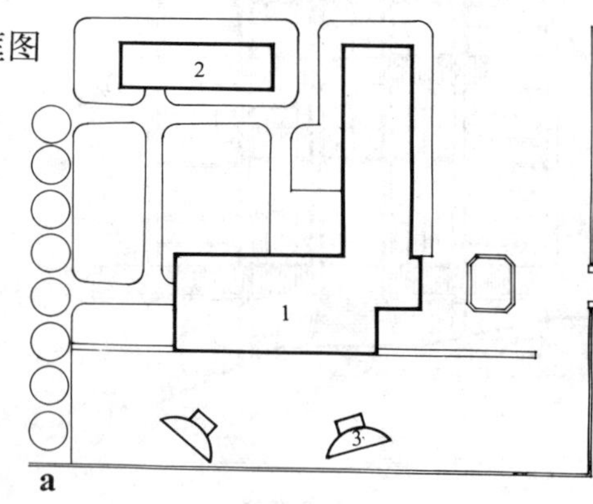

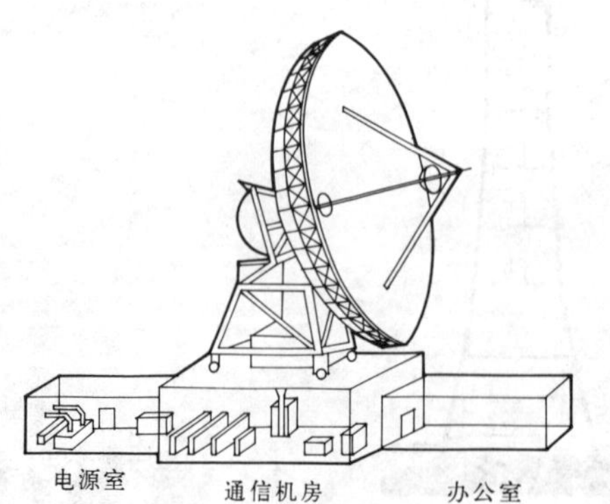

5 轮轨式天线与机器布局

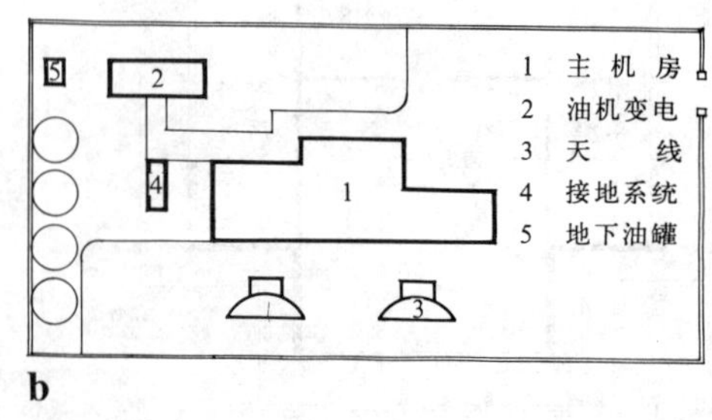

6 轮轨式天线与机器布局

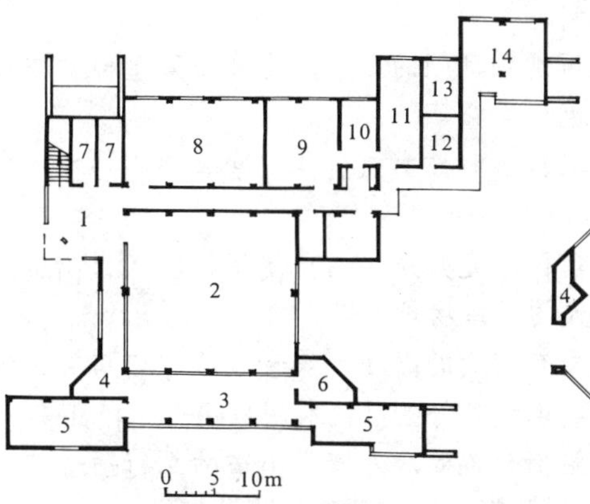

1 门　厅　3 控制室　6 材料室　9 电力室　12 机　修
2 通信设备室　4 接班室　7 厕　所　10 值班室　13 变压室
5 高功放　8 电池室　11 低压室　14 杂务室

a 一层平面

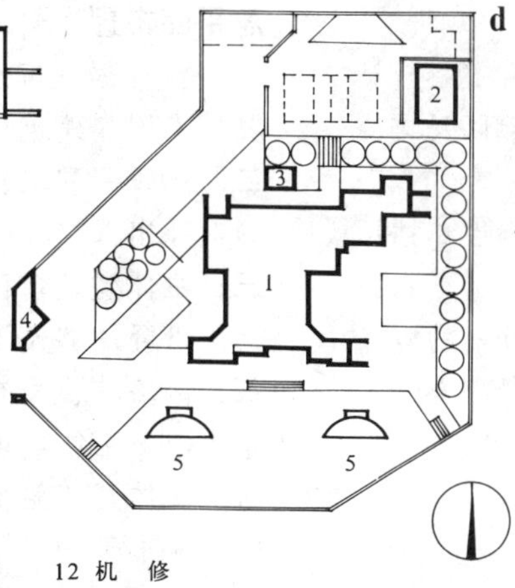

d 总平面

1 机房主楼
2 油机房
3 泵　房
4 门　卫
5 天　线

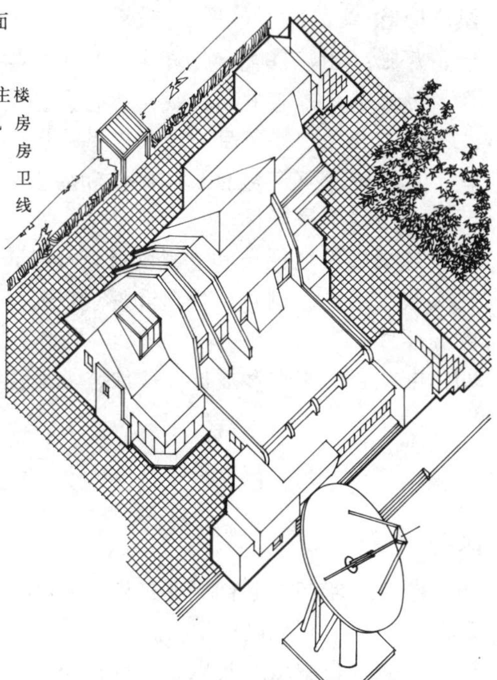

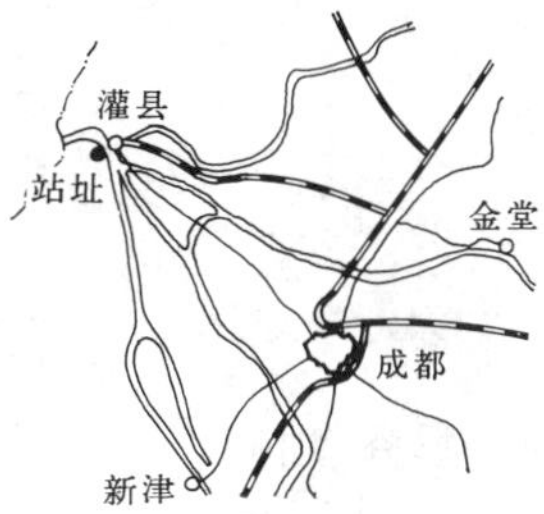

灌县　站址　金堂　成都　新津

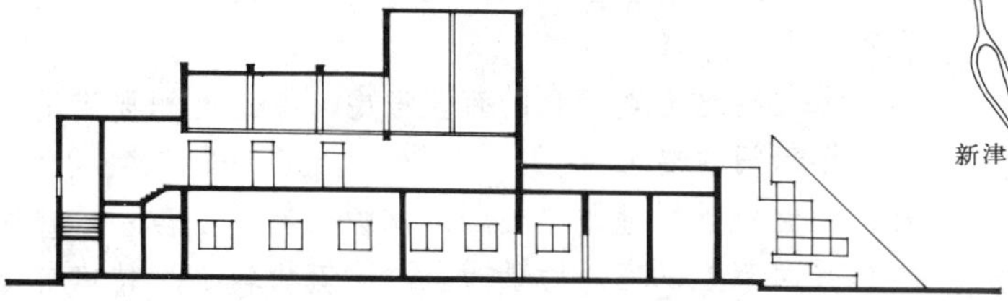

b 剖　面

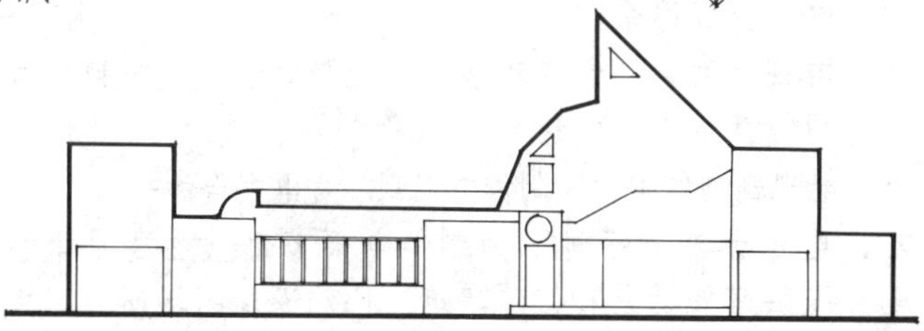

e 侧立面

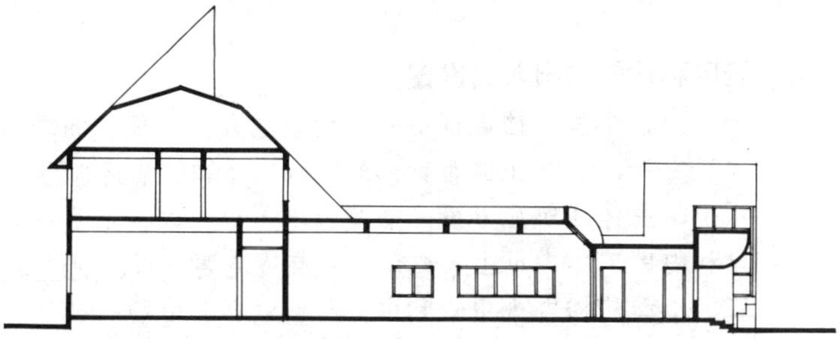

c 剖　面

成都地球站位于都江堰市桐梓园，占地 8226m²。总建筑面积 1321m²，其中，生产机房建筑面积 1092m²，油机房建筑面积 119m²，泵房建筑面积 40m²，门卫建筑面积 70m²。

站址距都江堰市 5km，交通方便，风景秀丽，周围地形为工艺通信、电波传送提供了良好条件。成都地球站的建筑设计结合周围山势，建筑造型不拘一格，丰富的屋顶与天线形体极为协调，具有较强的电信建筑风格。

1 中国成都卫星地球站

天线位于高功放机房之上例

2 意大利福西诺 3 号站

天线位于机房之上例

3 巴基斯坦某地球站

天线位于场地之上例

4 中国北京某卫星地球站

基本概念

一、广播：由广播电台（即电台）和广播发射台（塔）以及分散的广播接收机组成；制作、播出和发射以及接收一般综合性广播节目或调频广播节目。

二、广播电台（即电台）：制作和播出一般综合性广播节目或调频广播节目。

三、电视：由电视台和电视发射台（塔）以及分散的电视接收机组成；制作、播出和发射以及接收一般综合性电视节目。

四、电视台：制作和播出一般综合性电视节目。

类型

一、电台：即广播电台，现亦称广播中心。

二、电视台：亦称电视中心。

三、广播电视中心：集电台和电视台为一体，但各自相对独立，自成体系。

四、电视教育台：制作和播出专业教育性电视节目，亦称电视教育中心（电教中心）。

五、电视剧制作中心：制作电视剧，是电视台的一部分。

六、电视台外景基地：为制作电视节目（主要是电视剧）提供室外场景和特殊建筑、特殊设施的场所，是电视台的一部份。

七、电视剧场：为电视台提供现场录制或现场转播大型文艺节目的剧场，是电视台的一部份。

场址选择

一、宜设置在交通比较方便的城市中心附近，临近城市干道或次干道。

二、应尽可能考虑环境比较安静，场地四周的地上和地下没有强振动源和强噪声源，空中没有飞机航道通过；并尽可能远离高压架空输电线和高频发生器。

三、电台、电视台和广播电视中心场址，必须考虑与其发射台（塔）进行节目传送（空中和地下）的技术通路。

四、场址选择时，要留有足够的发展用地。

五、选择电视台或广播电视中心场址时，最好在同一场址内设置外景场地；当因场址面积小或其它因素，外景场地可单独设置或不设置。

六、电视教育台和不设置外景场地的电视剧制作中心可参照电视台选址，但要求略低。

七、设置外景场地的电视剧制作中心和电视台外景基地选址时，可离开市区甚至离开城市。

总平面布置

一、应根据城市规划部门的要求，合理布置主体建筑及其技术附属建筑和设施等。

二、如设置警卫营房和技术人员值班宿舍，则应有单独的对外出入口。

三、主体建筑前面，尤其是供演员使用的出入口附近，必须设置足够大的停车场地。

四、因冷冻机房有较大的振动和噪音，冷冻机房宜单独布置，与主体建筑尤其与主要技术用房隔开一段距离。

五、主体建筑沿街布置时，外墙距街道的车行道边沿一般不应小于30m距离，以满足隔声隔振要求。

六、电视台和广播电视中心布置总平面时，如设置布置道具车间，则布景道具车间靠近电视制作区的演播室既要联系方便，又要保持一定距离。

七、道路系统要合理布局，主体建筑周围要有符合消防规定的环形车道。

八、绿化要结合建筑物的布置考虑，绿化面积要满足城市规划部门的要求。

九、设置外景场地的电视剧制作中心和电视台外景基地的总平面布置以室外场景为主，建筑物较少；其建筑物可集中或分散布置。

场区和建筑物出入口设置

一、大、中型广播电视中心和大型电台、电视台的功能比较复杂，其总平面布置中的场区出入口设置不应少于两个；主体建筑应分设广播演员出入口、电视演员出入口和内部工作人员出入口等，人流货流要分开，见[1]。

二、小型广播电视中心和中、小型电台、电视台的场区和建筑物出入口可简化合并设置。

场区和建筑物出入口设置要求

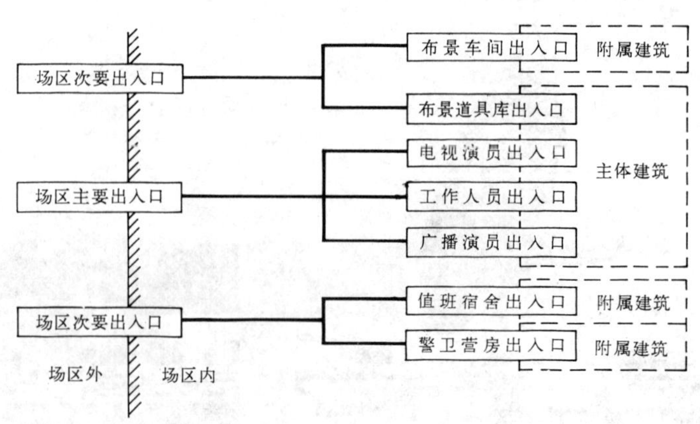

[1] 场区和建筑物出入口设置要求

10

建筑规模

我国按行政级别把广播电视中心（电台、电视台）规模划分为四级：国家级，省、自治区、直辖市级，省辖市级和县级；国家级以下各级规模又按节目制作量和节目播出量划分为Ⅰ类和Ⅱ类，其建筑面积指标见表1。

广播电视中心（电台、电视台）建筑面积参考指标　表1

		省、自治区、直辖市级			省辖市级	县级
		电台	电视台	广播电视中心	广播电视中心	广播电视中心
建筑面积（m^2）	Ⅰ类	7000	14000*	21000	6000*	1200
	Ⅱ类	10000	19000*	29000	8000*	2000

注：①表中数字注"*"者，其数字摘自广播电影电视部标准：（GY23-84）省级电视中心建设规范和（GY24-84）省辖市级广播电视中心建设规范。
②表中数字未注"*"者，系参考我国已建或正在建的省、自治区、直辖市级、省辖市级、县级广播电视中心建设规模。
③表中数字仅为广播电视中心（电台、电视台）基本用房建筑面积，不包括布景制作车间等技术用房和职工生活用房建筑面积。

设计要求

一、电台、电视台和广播电视中心的主体建筑设计，其功能分区必须明确。要防止外来演员进入内部工作区。

二、电台的文艺录音区和电视台的演播区，其建筑平、剖面形式较复杂，且主要为外来演员使用，宜布置在第一层，其平面形式见[1]。

三、录音室、播音室和演播室等技术房间有较高的隔声隔振要求和室内音质要求。

四、电台、电视台的消防设计根据国家《建筑设计防火规范》和《高层民用建筑设计防火规范》以及广播电影电视部《广播电视工程建筑设计防火标准》进行，文艺录音室和演播室等不开设外窗的大空间密闭房间，必须按要求考虑建筑防火、结构防火和设置消防报警设施、防烟排烟设施、灭火设施。

五、微波机房和控制室，需电磁波屏蔽。

六、磁带库荷载较大，宜布置在一层，室内要求恒温恒湿。如磁带库在地下室，应严格采取防潮措施。

七、空调机房不宜靠近录音室等声学要求较高的技术房间，且应采取空调设备减振和降低其室内噪声等措施。

a　直线式

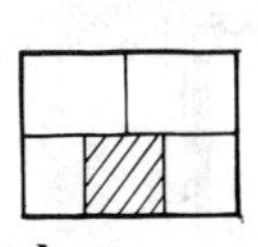
b　集团式

c　环形式

▨ 候播室
□ 文艺录音室或演播室

[1]　文艺录音区和演播区的平面形式

基本组成

电台和电视台均由技术用房和编辑办公用房两大部分组成，其技术用房基本组成见表2。广播电视中心（电台、电视台）组成关系见[2]。

广播电视中心(电台、电视台)技术用房组成　表2

		技术用房分类	各类技术用房主要房间
广播电视中心	电台	录音室制作用房	文艺录音室　语言录音室　候播室
		复制合成用房	复制室　合成室　审听室　磁带库
		节目播出用房	语言播音室　播出机房　播出控制室　新闻播音室
		节目传送用房	节目传送室　微波机房　微波天线室
	电视台	演播室制作用房	演播室　导演室　中心机房　录象机房　布景道具库　化妆室　候播室
		后期制作用房	文艺录音室　语言录音室　配音编辑室　电子编辑室　电视电影机房　转录复制室　审听审看室　磁带库
		节目播出用房	串编演播室　导演室　播出机房　播出控制室　节目传送室　新闻演播室
		节目传送用房	节目传送室　微波机房　微波天线室

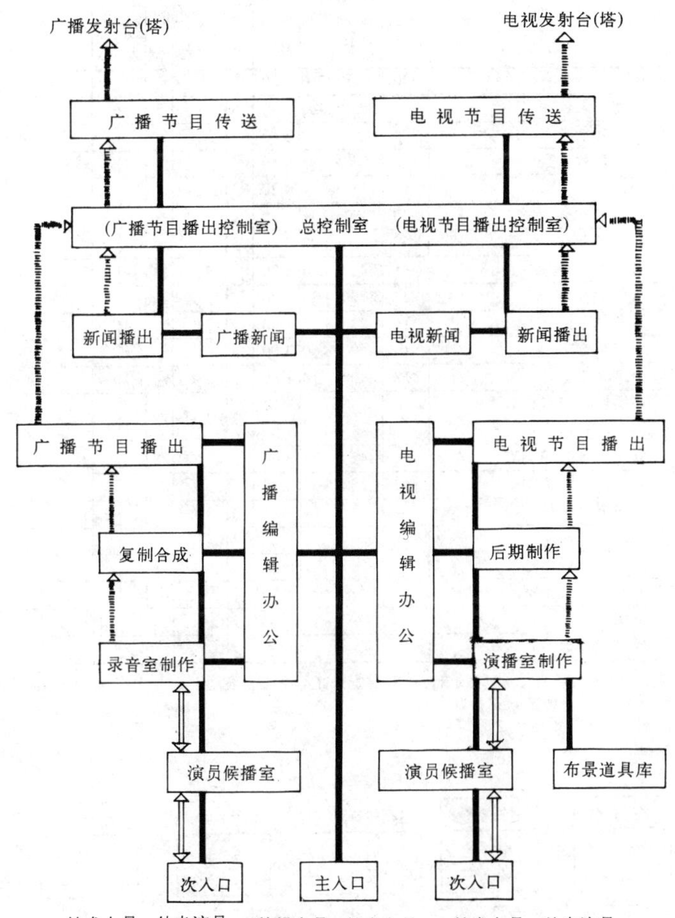

[2]　广播电视中心(电台、电视台)组成关系

广播电视建筑[3]电台录音区

设计要点

一、建筑设计依据：详见电台录音区房间明细表（表1）。

二、各类型录音室均应通过声闸方可进入。声闸的作用在于隔断外部环境空气噪声，以保证录音室声学质量。声闸的长×宽×高通常为 2m×2m×3m。

三、语言录音室和文艺录音室与各自控制室间可设隔声观察窗，其位置应适中，以便导演看到录音室内最大工作区域。

四、录音室与控制室相邻并设各自独立出入口，且二出口应靠近。混响器室应与控制室相邻且相通。

五、播音员备稿室应靠近语言录音室。

六、演员候播室应与内部技术区严格分开。

七、录音调度室位置应适中，以便与节目制作区的各类演、职员及时联系。

八、录音区宜放在电台内最僻静处，并应设置单独出入口，以利电台安全保卫工作。

电台录音区房间明细表

表1

房间名称	使用面积 (m^2)	常用尺寸（长×宽）(m)	净高 (m)	房间组成 大型 大	大型 小	中型 大	中型 小	小型 大	小型 小	备注
大文艺录音室	400	23.50×17.00	9.00	○	○	○	△			
大文艺录音室	300	20.50×14.50	8.50	○	○	○	△			
中文艺录音室	200	17.50×11.50	7.00	○	○	○	○	△		
中文艺录音室	150	15.80×9.50	6.30	○	○	○	○	△		
小文艺录音室	70	10.50×7.08	4.20	○	○	○	○	○	○	
语言录音室	70	10.50×7.08	4.20	○	○	○	△			
语言录音室	50	8.40×6.00	4.20	○	○	○	△			
语言录音室	35	7.40×5.10	3.90	○	○	○	△			
语言录音室	24.	5.70×4.20	3.20	○	○	○	△			
语言录音室	16	5.28×3.25	3.00	○	○	○	○	○	○	
语言录音室	16	4.50×3.60	3.00	○	○	○	○	○	○	
语言录音室	12	3.90×3.10	2.80	○	○	○	○	○	○	
广播剧录音室、效果室、消声室和语言录音室				○	○	○	△			
立体声录音控制室	56	8.45×6.75	3.60	○	○	○	△			
立体声录音控制室	42	7.25×5.75	3.50	○	○	○	△			
单声道录音控制室				○	○	○	△			
混响器室				○	○	○	△			
维修室、仪器室				○	○	○	△			
外出录音准备室				○	○	○	△			
备稿室				○	○	○	○	○	○	
候播室				○	○	○	○	○	○	

注：①非距形平面、折状顶者，则长×宽×高不受此表限制。

②○应设置，△可设置

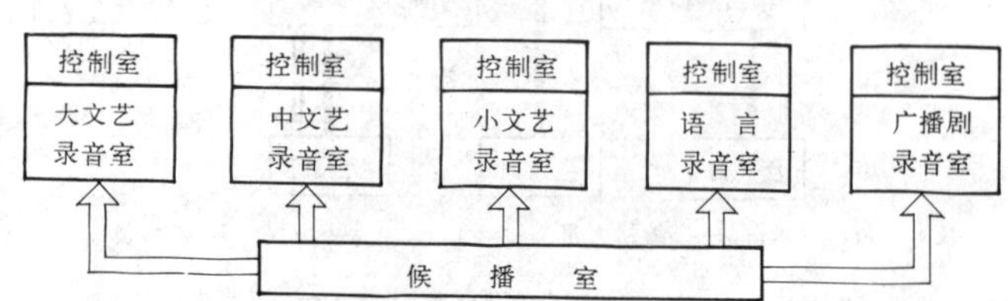

1 录音区工艺流程图

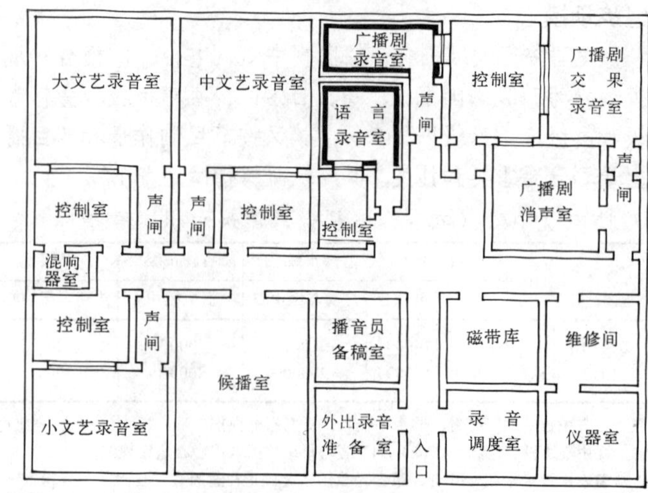

2 录音区房间关系图

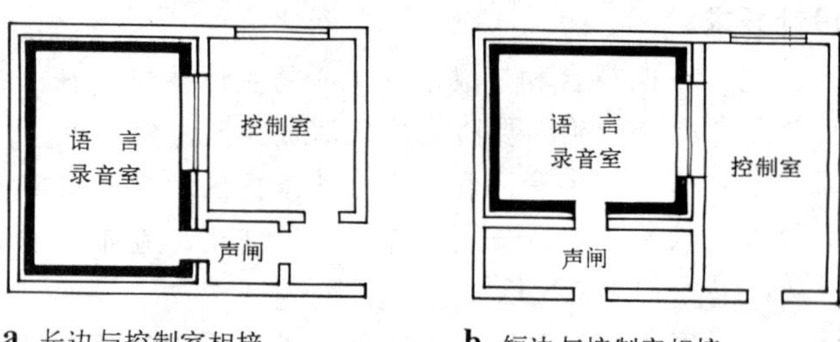

a 长边与控制室相接　b 短边与控制室相接

3 语言录音室平面布置类型

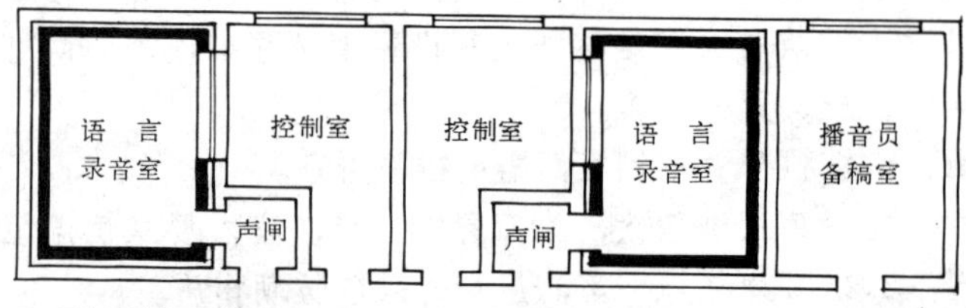

a 两控制室相邻

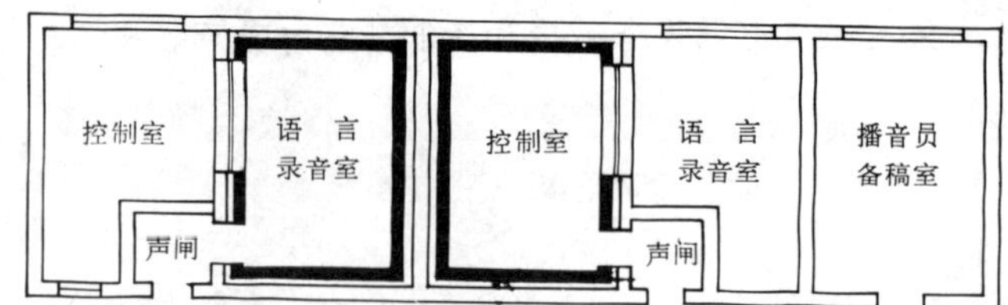

b 两语言录音室相邻

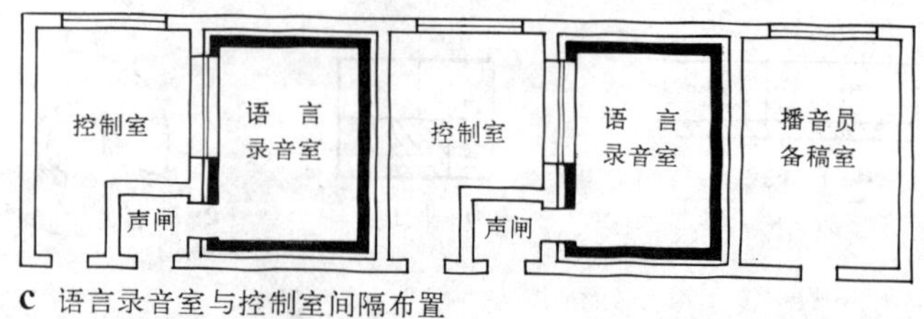

c 语言录音室与控制室间隔布置

4 语言录音室及其控制室的组合形式

一、语言录（播）音室由于对音质要求很高，故其室内应做隔声隔振套房。套房与主体结构之六面体间均应为弹性连接，故也称“悬浮结构”。套房设计要点：

1、套房地板为钢筋混凝土承重板，板厚由结构专业计算确定。构造见[1]。

2、套房墙体材料及结构形式由建筑、结构和声学三专业共同商定。常用墙体类型见[2]。

3、套房顶板常采用现制钢筋混凝土板或轻钢龙骨轻质板吊顶。见[3]。

4、套房墙体与主体结构墙体间应保持适当净距（*F*），一般为100～150mm，该空隙内不得有任何异物，以免形成声桥而破坏隔声隔振作用。套房顶板与主体结构板（梁）间应留有适当空隙，且二者应为柔性连接。

5、套房应安装隔声门，常用宽×高为1000×2000mm。

6、套房与控制室相接墙面应设隔声观察窗，位于该墙面居中位置，窗台高700～800mm，窗宽1500～1800，窗高1100～1200mm，玻璃一般2～3层。

7、套房与主体结构间的门、窗筒子板应在接缝处采用柔性连接构造，避免硬连接。

8、进入套房的一切管线均应采用软连接件断开。

二、语言录（播）音室与控制室或其它邻房间地坪关系为：当地坪同高时，其优点为运载仪器设备的手推车运行便利，其缺点为各房结构板上垫层厚，以至荷载加大，构造复杂。当地坪高差200mm左右时，优缺点与上述相反。详见[5]。

三、语言录（播）音室容许噪声评价数：*NR*—10

语言录(播)音室房间尺寸和混响时间明细表 表1

面积 (m²)	房间尺寸(cm) 长×宽×高	混响时间 (t) 100	125	250	500	1K	2K	4K
12	390×310×280	0.3	0.3	0.3	0.3	0.3	0.3	0.3
16	450×360×300	0.3	0.4	0.4	0.4	0.4	0.4	0.4
17	528×325×300	0.3	0.35	0.35	0.4	0.4	0.45	0.45
24	570×420×320	0.3	0.35	0.35	0.4	0.4	0.45	0.45

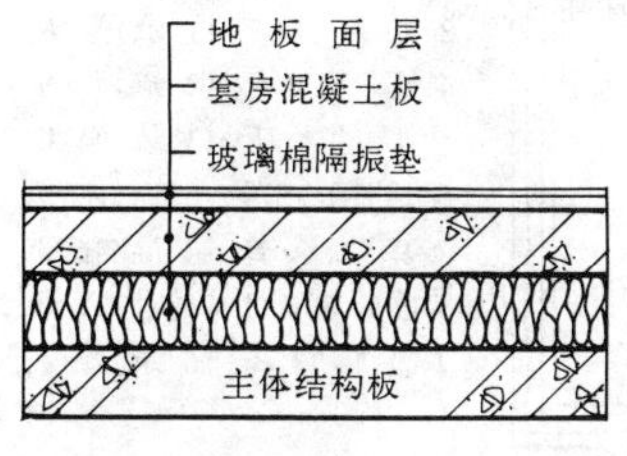
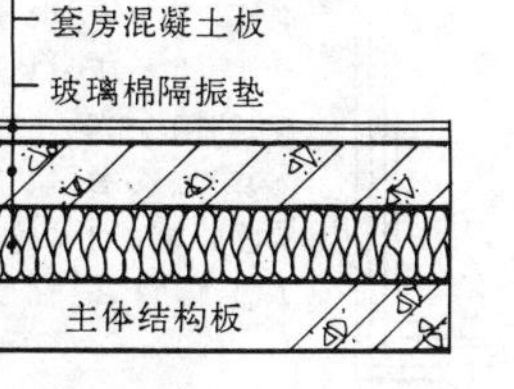

a 玻璃棉隔振垫层

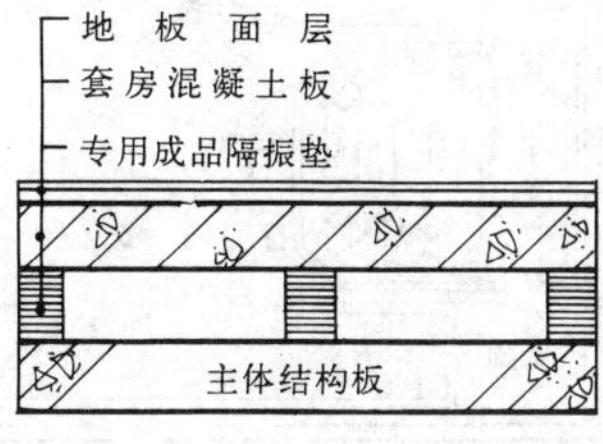

b 专用成品隔振垫层

[1] 语言录(播)音室套房地板隔振构造

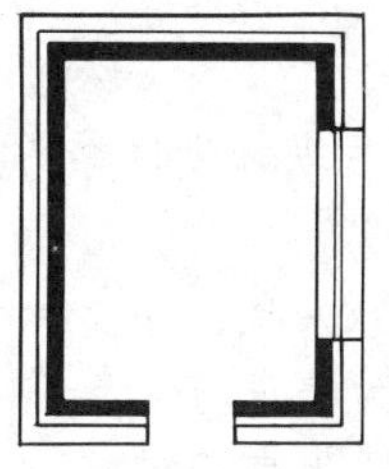
a 钢筋混凝土套墙

b 砖混套墙

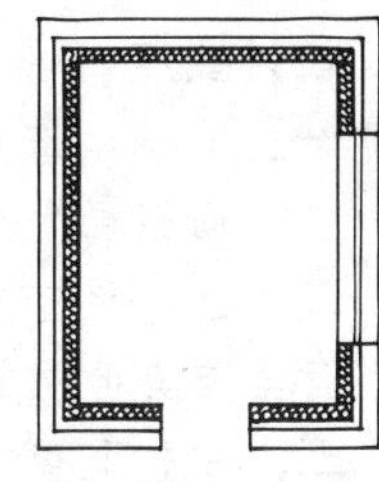
c 轻质套墙

[2] 语言录(播)音室套房墙体类型

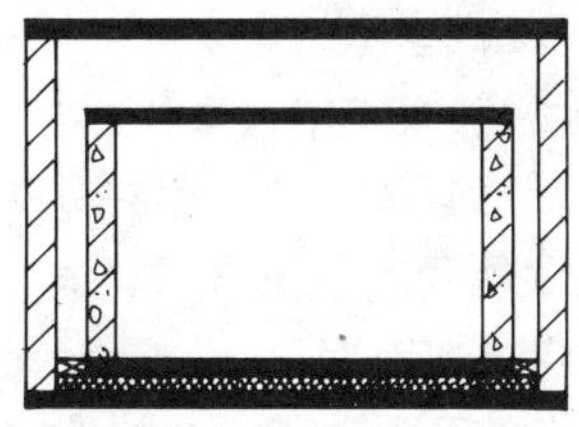
a 钢筋混凝土套顶板

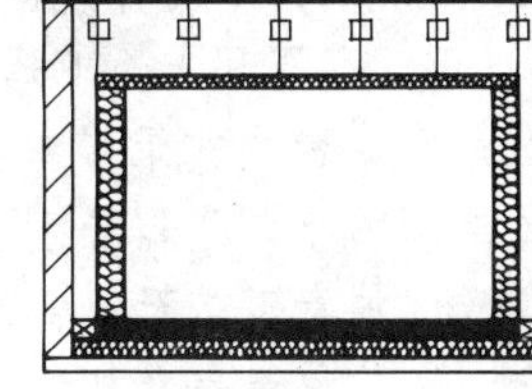
b 轻钢龙骨轻质套顶板

[3] 语言录(播)音室套房顶板类型

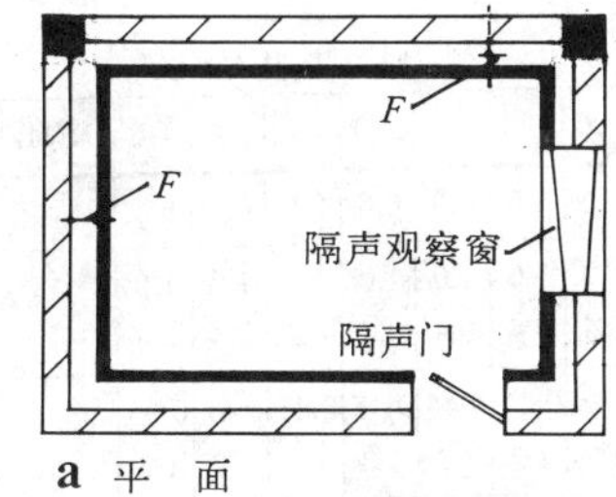

a 平 面

b 剖 面

[4] 套房平、剖面图　　*F* 套房与主体结构之间净距

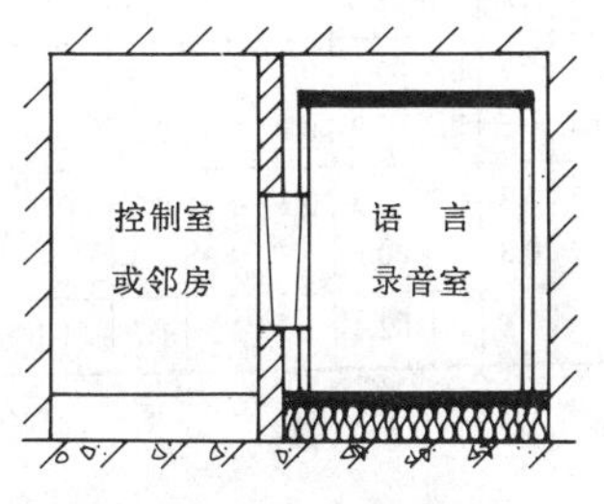

a 录音室与邻房地面同高

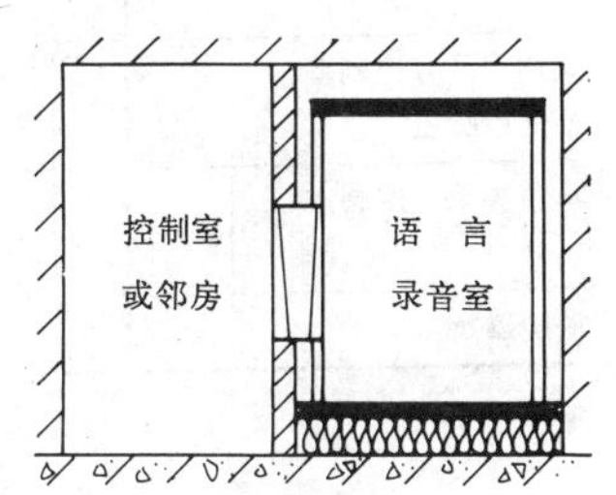

b 录音室与邻房地面不同高

[5] 语言录(播)音室与控制室及邻房地面关系图

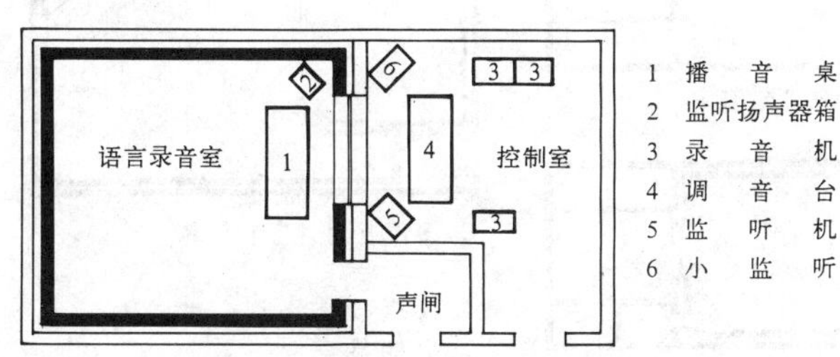

1 播音桌
2 监听扬声器箱
3 录音机
4 调音台
5 监听机
6 小监听

[6] 语言录(播)音室及控制室设备布置图

设计要点

一、文艺录音室及其控制室短边相接且纵轴线重合为最佳平面布局方案。

二、文艺录音室及其控制室入口均应设声闸，小文艺录音室与其控制室可合用声闸。声闸门为隔声门。

三、文艺录音室与其控制室间通常设置隔声观察窗。

四、建筑声学专业根据环境震动噪声情况确定文艺录音室是否设隔声隔振套房。通常有下列三种方案：

1、四周有环境振动噪声，做基础断开的双墙。

2、上、下有环境振动噪声，做套房。

3、四周和上、下均无环境振动噪声不做套房。

五、多声道文艺录音室除设主录音区外，尚有若干小录音室，为不同乐器分别单独录音所用。小录音室数目组合应视录音工艺及录音师的工作习惯而定。

六、文艺录音室及其控制室容许噪声评价数：*NR*–15

文艺录音室面积和混响时间

表 1

房间名称	面积 (m^2)	混响时间 (t)									
		63	80	100	125	250	500	1K	2K	4K	8K(Hz)
小文艺录音室	70			0.6	0.6	0.6	0.6	0.6	0.6	0.6	
中文艺录音室	150			1.0	1.0	1.0	1.0	1.0	1.0	1.0	
		或	0.4	0.4	0.4	0.4	0.4	0.4	0.4	0.4	
中文艺录音室	200	0.45	0.45	0.45	0.45	0.45	0.45	0.45	0.45	0.45	0.45
	300		或	1.2	1.2	1.2	1.2	1.2	1.2	1.2	
大文艺录音室	300			1.3	1.3	1.3	1.3	1.3	1.3	1.3	
	300		或	1.5	1.4	1.3	1.3	1.3	1.3	1.3	
	300	0.5	0.5	0.5	0.5	0.5	0.5	0.5	0.5	0.5	0.5
大文艺录音室	400			1.6	1.6	1.6	1.6	1.6	1.6	1.6	
			或	1.9	1.75	1.6	1.6	1.6	1.6	1.6	
立体声录音控制室、	56	0.3	0.3	0.3	0.3	0.3	0.3	0.3	0.3	0.3	0.3
标准审听室	42		0.3	0.3	0.3	0.3	0.3	0.3	0.3	0.3	
单声道录音控制室		0.3	0.3	0.3	0.3	0.3	0.3	0.3	0.3	0.3	0.3
			0.3	0.3	0.3	0.3	0.3	0.3	0.3	0.3	
混响器室		0.8			1.5	2.1	2.4	2.5	2.2	1.7	1.1

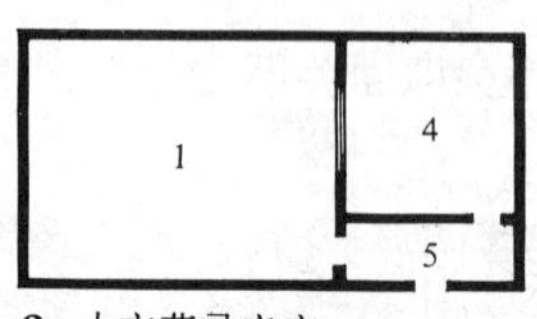

a 小文艺录音室

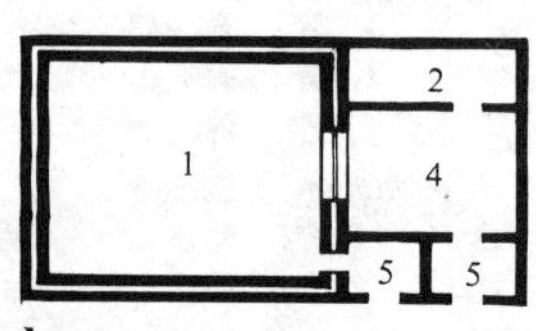

b 单声道大、中文艺录音室

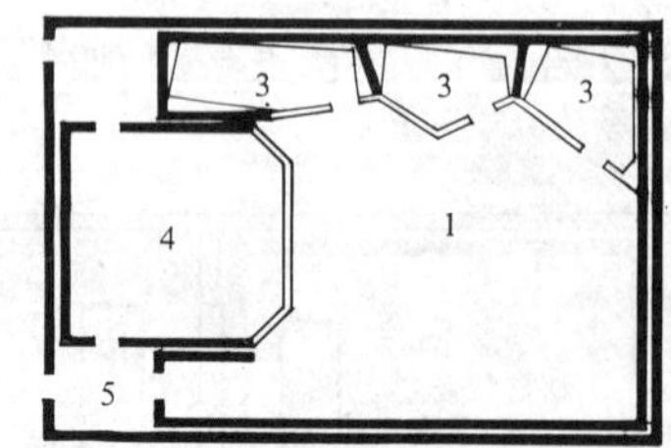

c 多声道大文艺录音室

1 文艺录音室　4 控制室
2 混响器室　5 声闸
3 小录音室

1 文艺录音室平面分类示意图

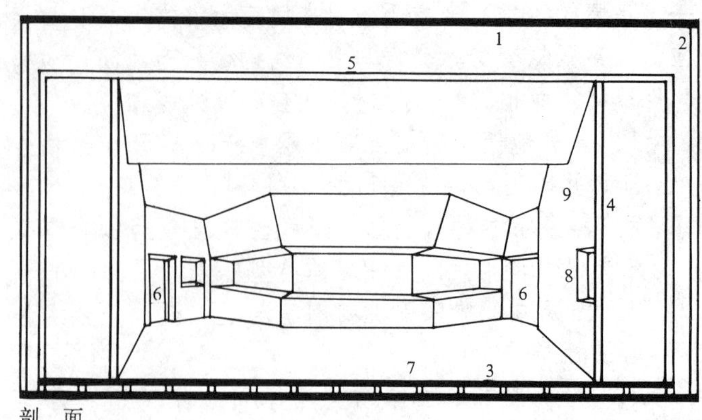

剖面

1 主体结构楼板　4 套房墙体　7 浮筑地板垫块
2 主体结构墙体　5 套房顶板　8 隔声观察窗
3 套房浮筑地板　6 隔声门　9 小录音室隔墙

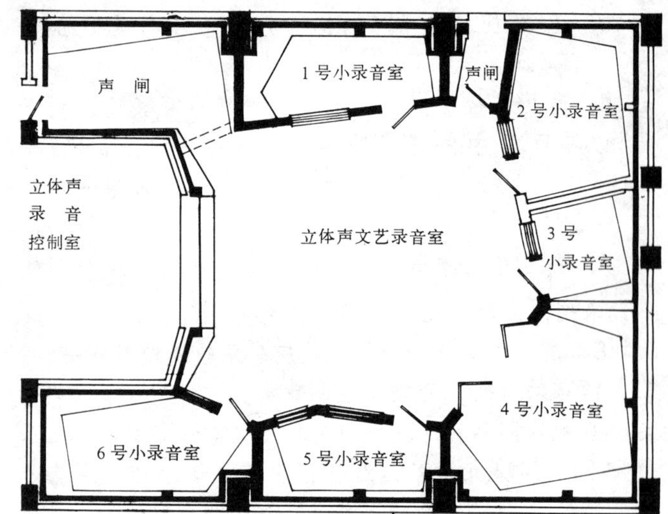

平面图

2 多声道文艺录音室实例—广州太平洋影音公司业务楼Ⅰ号录音室

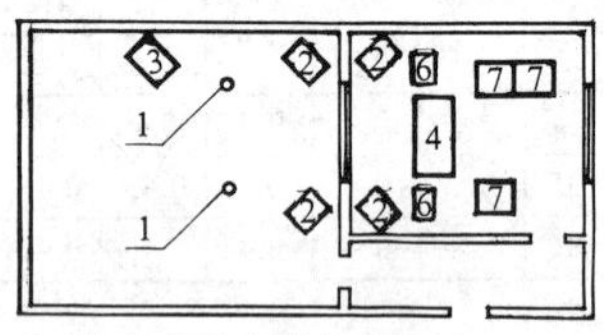

a 小文艺录音室设备

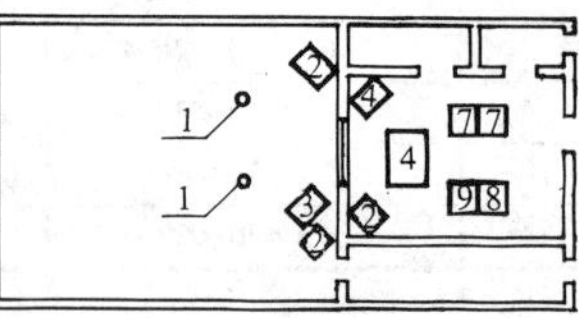

b 大、中文艺录音室设备

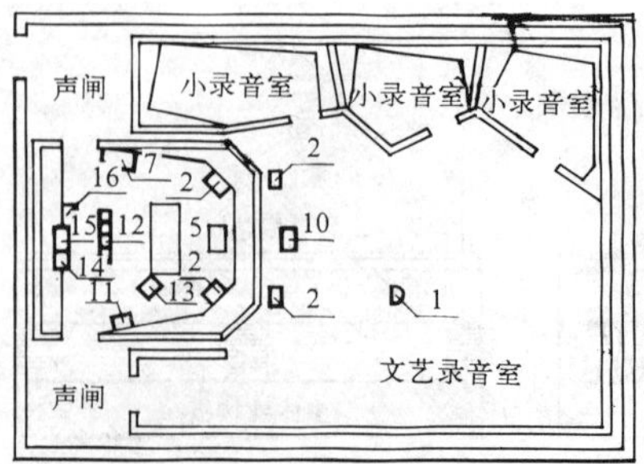

c 多声道文艺录音室设备

1 传声器　10 彩色监视器
2 监听机　11 录像机
3 扬声器箱　12 椅子
4 调音台　13 录像机遥控器
5 小监听　14 混响器架
6 延时混响器　15 录音设备
7 双轨录音　16 录音机
8 多轨录音机
9 音频设备

3 文艺录音室及其控制室设备布置图

复制区功能：将已录制好的节目素材磁带和外来节目素材磁带经过编辑、合成等多种后期制作手段，加工制作并复制成成品节目磁带后入库待用。

复制区设计要点：

一、对外复制室及审听室宜设在该区人流主入口处，以便外来联系业务或审听人员不干扰内部工作。

二、空白磁带库和节目磁带库应设在货流主入口处，并应与编辑室、复制室和审听室间联系方便。

三、立体声复制室和立体声审听室均应设置声闸，并且为保证音质与隔声质量，通常设置隔声隔振套房。

四、复制编辑室与立体声复制室间宜设隔声观察窗。

播出区功能：将成品节目磁带（包括新闻节目磁带），现场采访以及文艺体育现场实况的转播，通过必要的技术手段，经传送系统，将节目播发出去。

播出区设计要点：

一、播出值班室应位于该区入口处。

二、播出区内含新闻中心，二者均各自组成独立的功能分区，该两区之间既应联系方便，又要互不干扰。

三、播出区与新闻中心应靠近播出节目磁带周转库。

四、播出控制室应靠近总控制室和公用设备室。

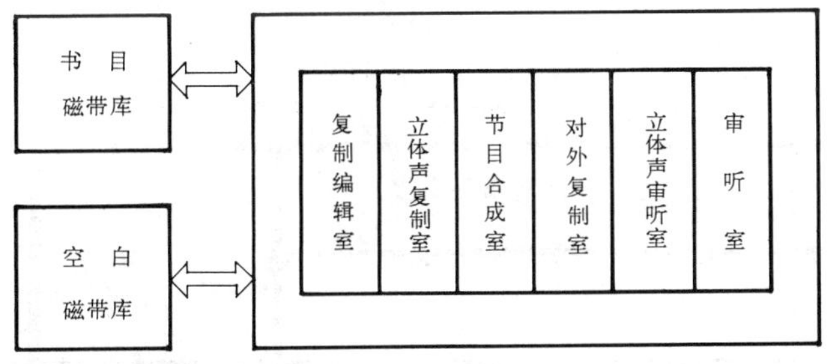

1 复制区工艺流程图

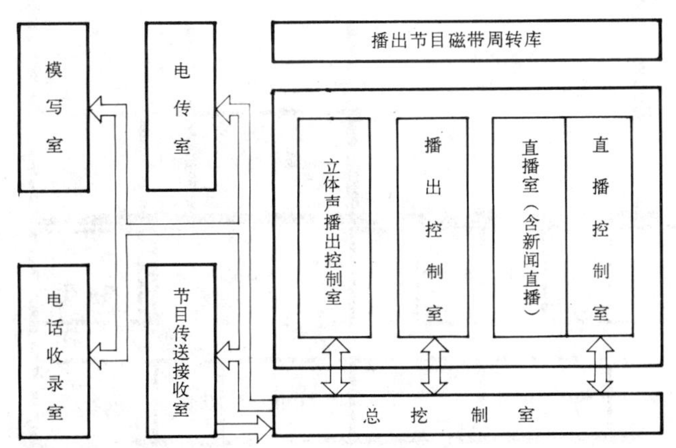

2 播出区工艺流程图

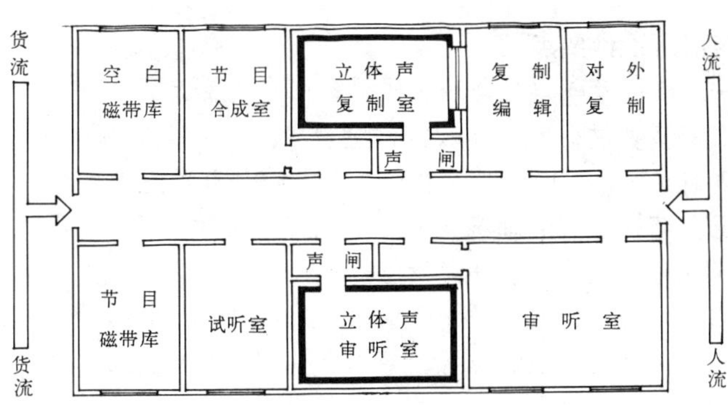

3 复制区房间关系图

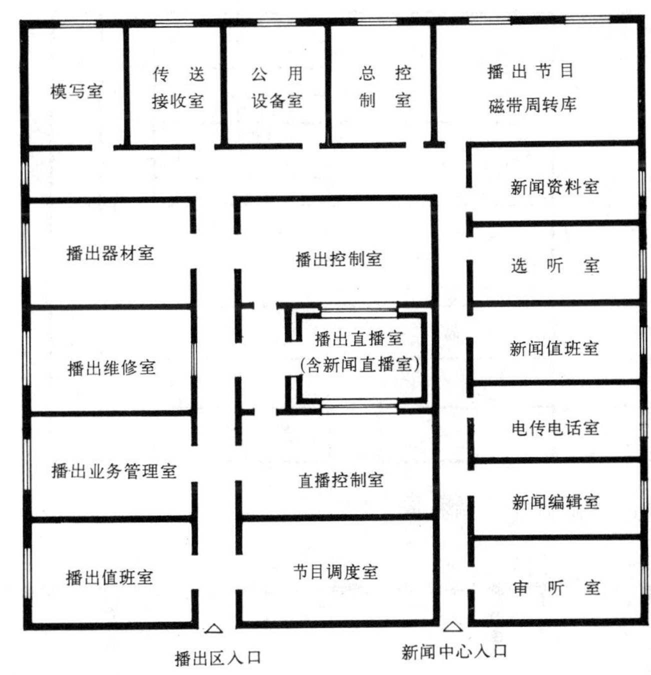

4 播出区房间关系图

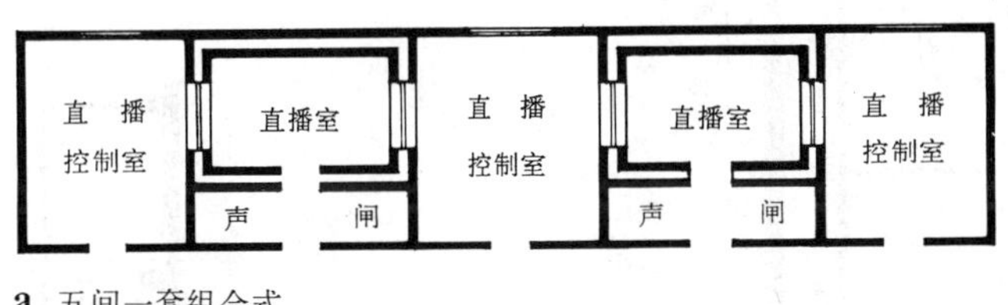

a 五间一套组合式

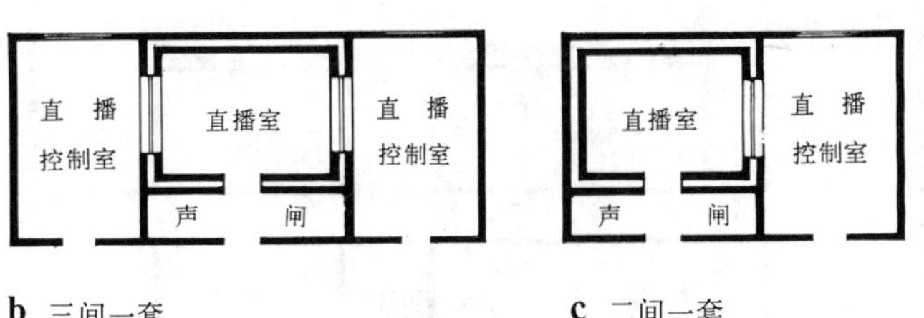

b 三间一套　　c 二间一套

5 直播播音室、控制室的组合形式

演播区设计要点

一、演播室入口应与演员候播室相连或靠近。

二、演员候播室、化妆室、整容室、服装室及浴厕组成演员区，它与电视台内部各区严格分开以免互扰。

三、演播室应直通导演室、调光调像室和调音室，且演播室与上述三室间宜设置隔声观察窗。

四、外出录像室应位于演播区之主入口旁。

五、演播室距空调机房、冷冻机房和变配电室宜近。

六、有观众席的大演播室，观众和演员入口宜分开。

七、大演播室旁宜设转播车库，以便现场实况转播。

电视台演播区主要房间明细表

表1

房间名称	使用面积 (m^2)	常用尺寸 (长×宽) (cm)	天幕净高 (m)	房间组成					
				大型		中型		小型	
				大	小	大	小	大	小
大演播室	800	360×240	10.0	○	△				
大演播室	600	300×210	8.0	○	○	○	△		
大演播室	400	240×180	7.0	○	○	○	△		
大演播室	250	180×150	6.0	○	○	○	△		
大演播室控制室及调光器室				○	○	○	△		
中演播室	160	150×120	5.5、5.0、4.0	○	○	○	○	△	
中演播室	120	135×105	5.0、4.5、4.0	○	○	○	○	△	
中演播室控制室及调光器室				○	○	○	○	△	
小演播室	80	114×90	4.5、4.0、3.5	○	○	○	○	○	○
小演播室	50	90×69	3.5、3.0	○	○	○	○	○	○
小演播室控制室及灯控室			/	○	○	○	○	○	○
中心机房			/	○	○	○	○	○	○
录像机房			/	○	○	○	○		
布景道具库			/	○	○	○	○	○	○
候播室			/	○	○	○	○	○	○
排练室			/	○	○	○	△		
大化妆室			/	○	○	○	△		
小化妆室			/	○	○	○	○	○	○
整容室			/	○	○	△	△		
服装室			/	○	○	○	○		
淋浴室			/	○	○	○	○		
商谈室			/	○	○	○	○	△	
教学准备室			/	○	○	○	△		

注：○应设置，△可设置，表中无数字者视工程具体情况灵活掌握。

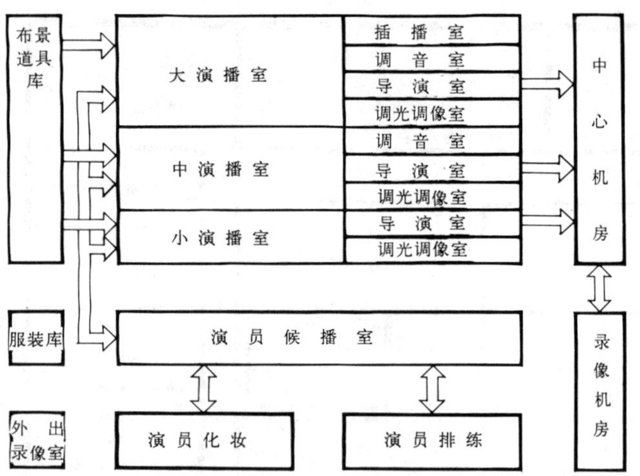

1 演播区工艺流程图

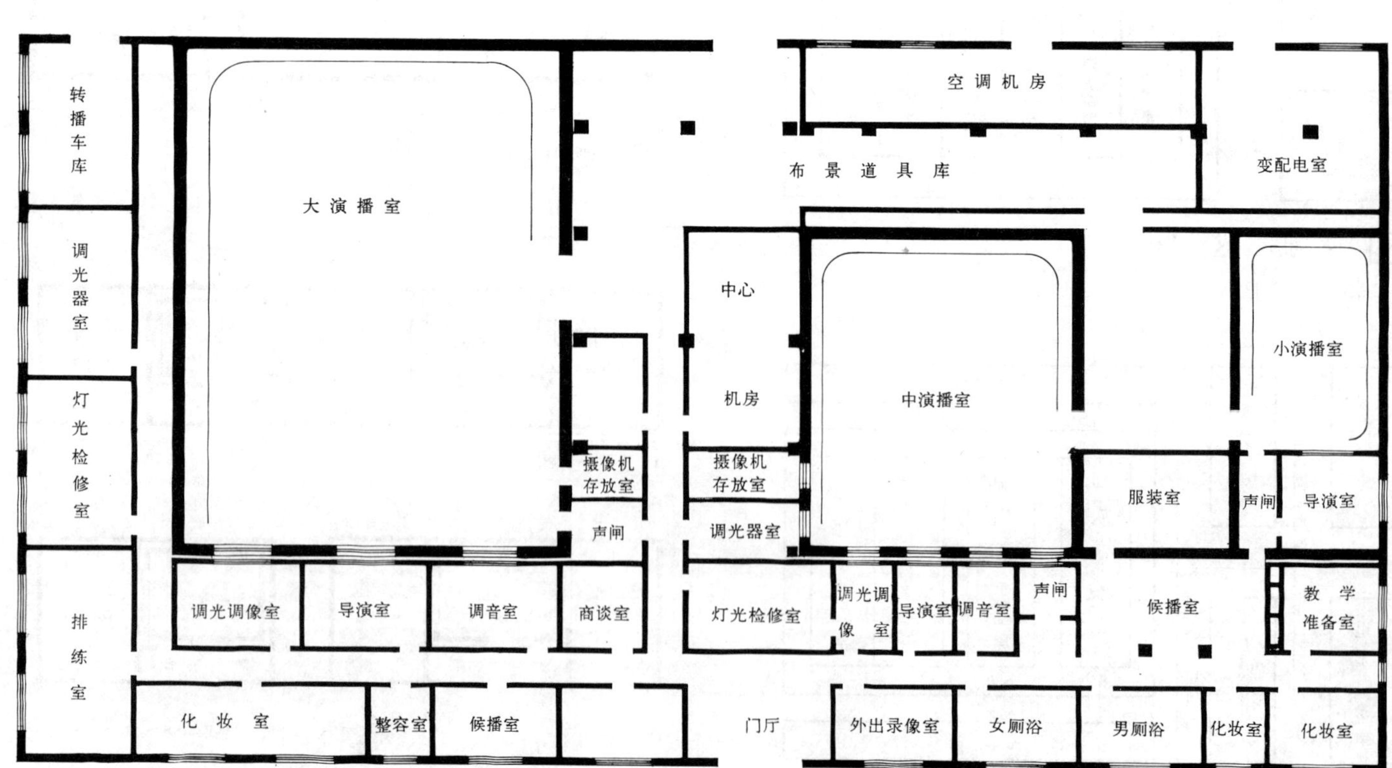

2 电视台演播区房间关系图

演播室平面设计要点

一、演播室长×宽×高尺寸由电视节目制作工艺和建筑声学要求而确定。常用尺寸见〔7〕页表格

二、演播室与导演室、演员候播室、摄像机存放室和布景道具库之间应设隔声门。人流主入口设声闸。

三、演播室与调音室、调光调像室和灯控室间应联系便捷，可直通，也可与导演室互为套间关系。

四、设计演播室平面时，应尽量增大天幕范围，以提高演播室的利用率。天幕后面不宜设门。

五、天幕至内墙面净距“D”和天幕转弯半径“R”的尺寸，与演播室规模成正比，常用数据详见表1。

演播室剖面设计要点

一、演播室的室内高度由以下诸因素控制：详见[2]。

1. $H1$—天幕高，根据电视节目规模性质决定。
2. $H2$—演播室灯光工作区，由演播室灯光设计师根据电视工艺要求所选用的灯光特性而决定。
3. $H3$—演播室灯光检修所需空间的高度，由演播室灯光设计师根据所选用之灯光设备而定。
4. $H4$—空调、消防控制系统及供电照明管线所需之空间。由有关专业设计师视工程情况定。
5. h'—演播室灯光承重结构高度。
6. h—隔声吊顶和吸声吊顶构造高度。

二、演播室墙面和吊顶的吸声材料由建筑声学设计师根据音质设计决定。布置方案由建筑和建声商定。

三、为上检修平台及吊顶人孔，需设钢梯，其位置应适当，以不影响演播室正常交通和遮挡工作视线为准。

导演室平面、剖面设计要点

一、应设独立入口，与演播室间宜设隔声门。

二、与调音、调光调像和灯控室间相通或相邻。

三、净高根据工艺设备定，通常为3m。

演播室天幕转弯半径参考值　　表1

演播室面积 (m^2)	D (mm)	R (mm)	演播室面积 (m^2)	D (mm)	R (mm)
800	800	2500	160	300	2000
600	800	2500	120	300	2000
400	800	2500	80	300	1500
250	800	2000	50	300	1500

[2] 注：

1 隔声窗	6 演播室灯光	11 空调、消防空间
2 演播室地面	7 空调风口	12 屋架
3 天幕	8 吸声吊顶	13 墙体
4 吸声墙面	9 隔声吊顶	14 屋面
5 检修平台	10 灯光承重件	15 女儿墙

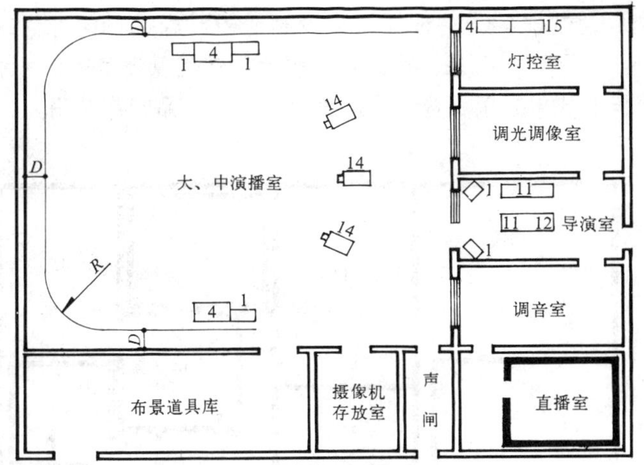

a 大、中演播室平面及设备布置

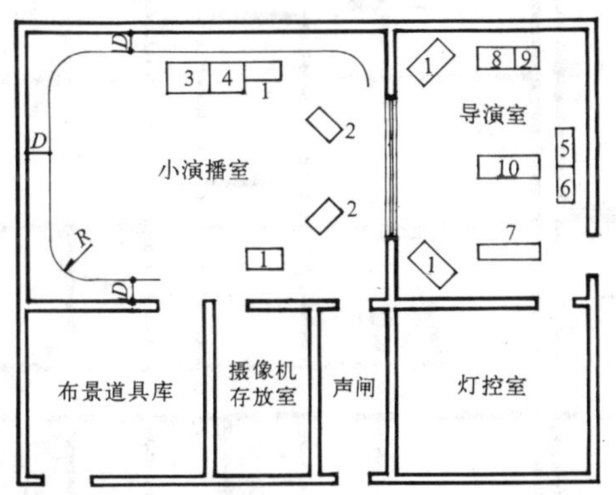

b 小演播室平面及设备布置

[1] 演播室平面及设备布置图

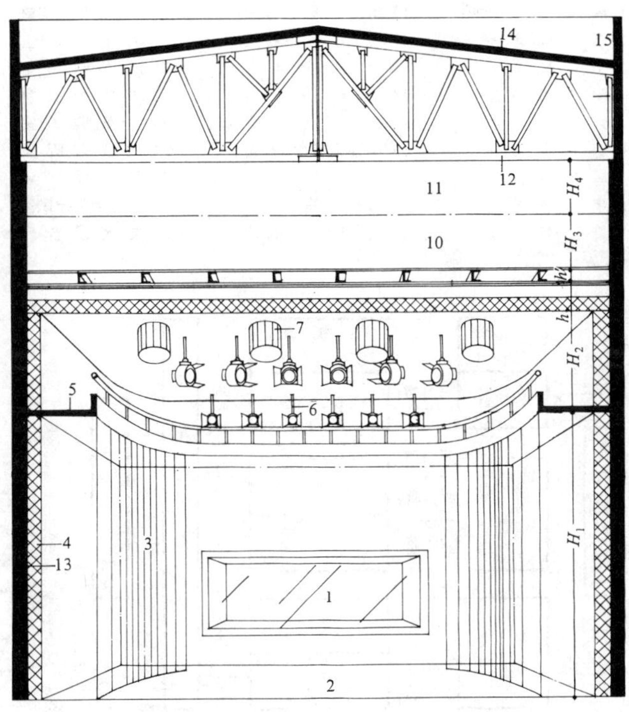

[2] 演播室剖面示意图

10

后期制作区是将演播室中录制的素材带进行配音、配乐、配音响效果、插入字幕图片并采用现代编辑合成手段制成电视节目成品带，经审定后入成品带库待用。

播出区（含新闻中心）功能是将电视节目成品磁带、现场新闻采访（含录像）及实况转播（含录像）通过多种技术手段送至电视节目传送系统，将节目播发出去。

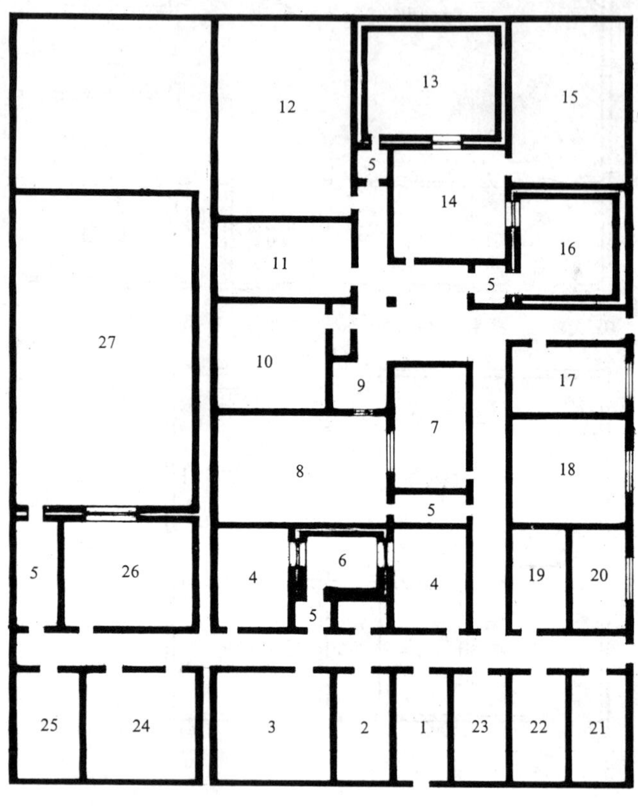

1 电视台后期制作区房间关系图

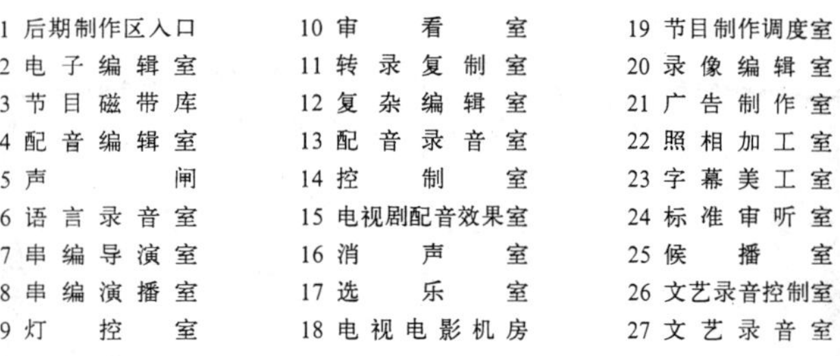

1 后期制作区入口
2 电子编辑室
3 节目磁带库
4 配音编辑室
5 声闸
6 语言录音室
7 串编导演室
8 串编演播室
9 灯控室
10 审看室
11 转录复制室
12 复杂编辑室
13 配音录音室
14 控制室
15 电视剧配音效果室
16 消声室
17 选乐室
18 电视电影机房
19 节目制作调度室
20 录像编辑室
21 广告制作室
22 照相加工室
23 字幕美工室
24 标准审听室
25 候播室
26 文艺录音控制室
27 文艺录音室

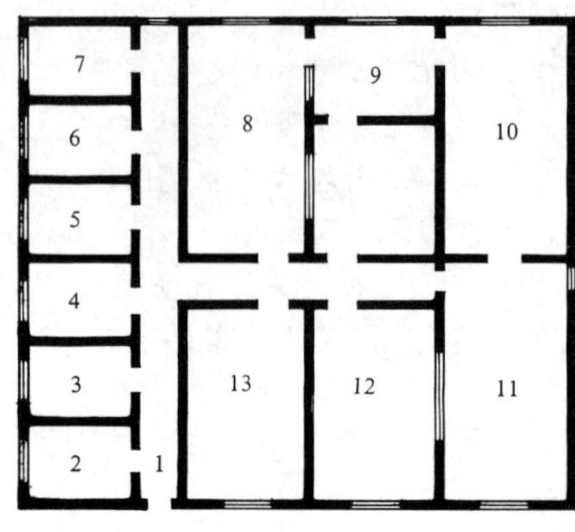

1 播出区入口
2 播出磁带周转库
3 节目磁带库
4 播出值班室
5 设备维修室
6 学习值班室
7 夜班宿舍
8 播出设备室
9 播出控制室
10 播出中心机房
11 总控制设备室
12 总控制室
13 节目传送设备室

2 播出区房间关系图

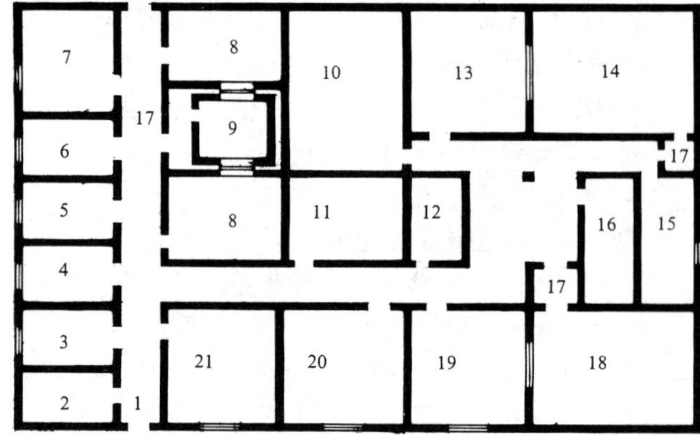

3 新闻中心房间关系图

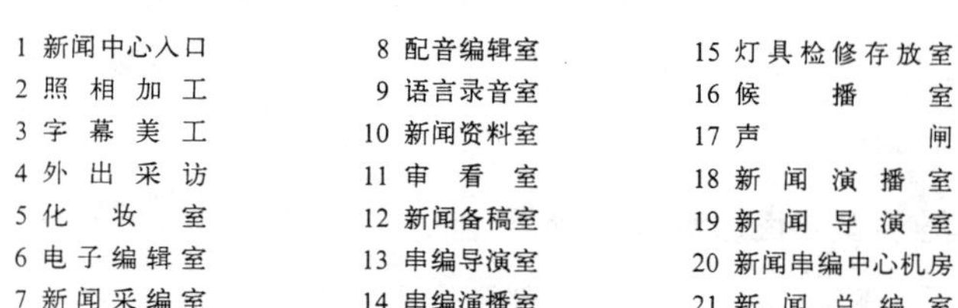

1 新闻中心入口
2 照相加工
3 字幕美工
4 外出采访
5 化妆室
6 电子编辑室
7 新闻采编室
8 配音编辑室
9 语言录音室
10 新闻资料室
11 审看室
12 新闻备稿室
13 串编导演室
14 串编演播室
15 灯具检修存放室
16 候播室
17 声闸
18 新闻演播室
19 新闻导演室
20 新闻串编中心机房
21 新闻总编室

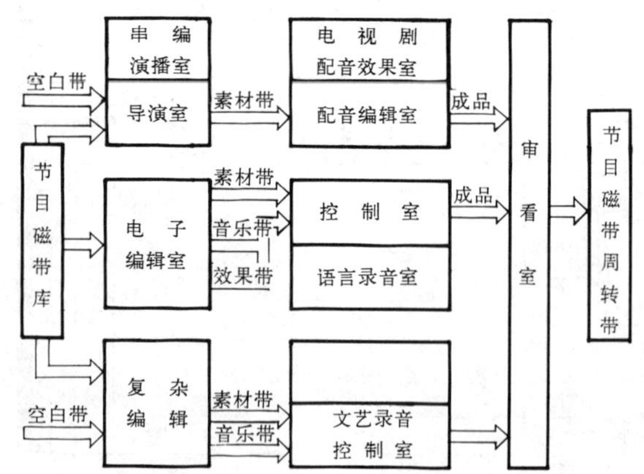

4 电视台后期制作区工艺流程图

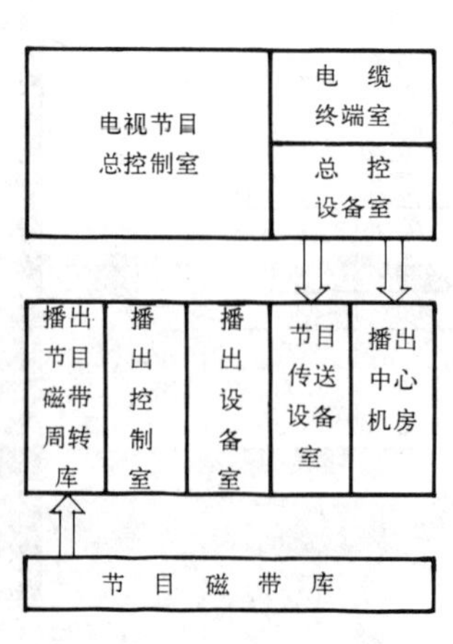

5 播出区工艺流程图

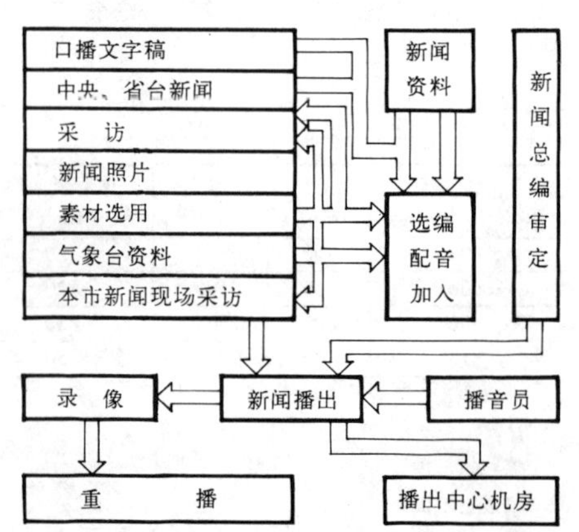

6 新闻中心工艺流程图

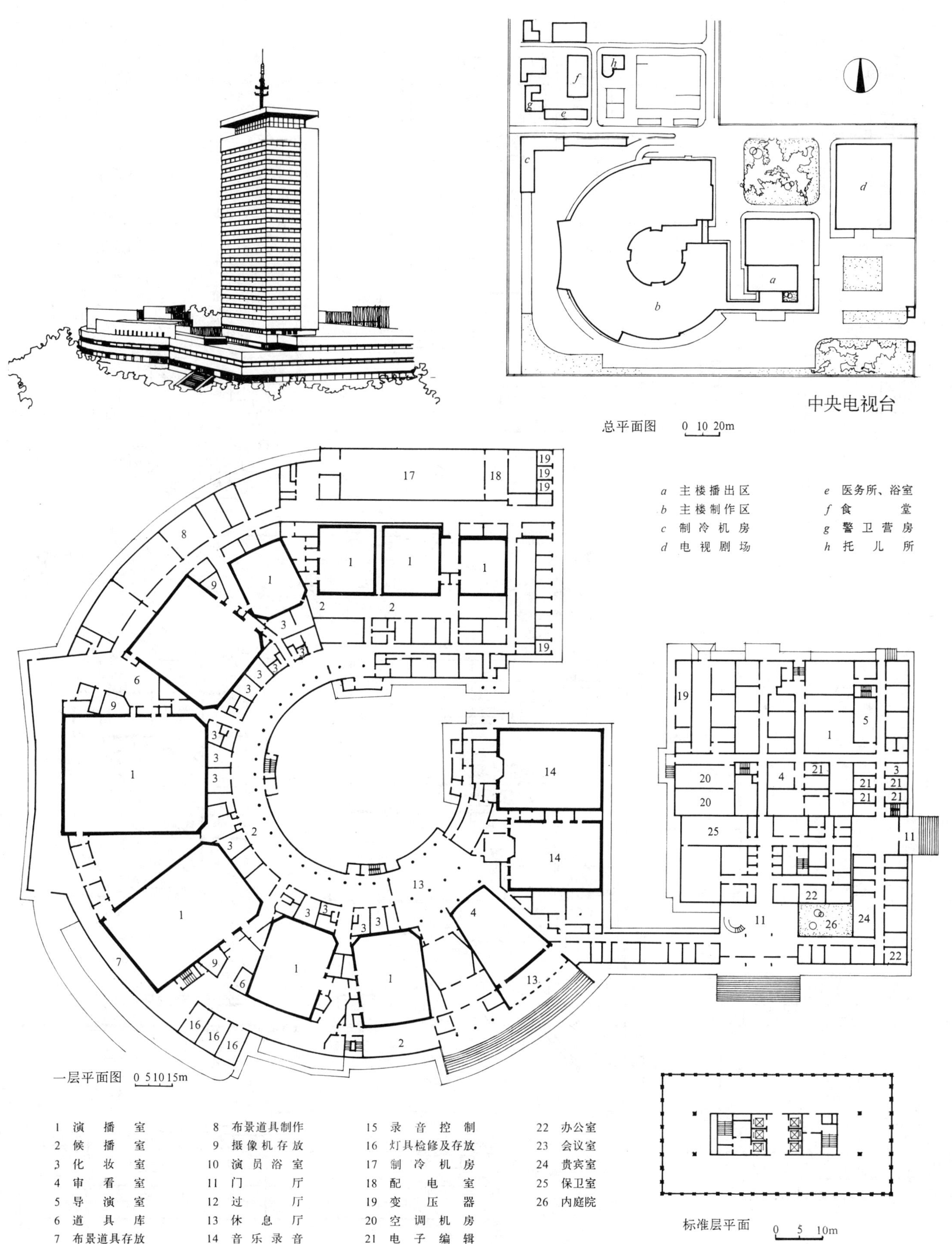

1 演播室	8 布景道具制作	15 录音控制	22 办公室
2 候播室	9 摄像机存放	16 灯具检修及存放	23 会议室
3 化妆室	10 演员浴室	17 制冷机房	24 贵宾室
4 审看室	11 门厅	18 配电室	25 保卫室
5 导演室	12 过厅	19 变压器	26 内庭院
6 道具库	13 休息厅	20 空调机房	
7 布景道具存放	14 音乐录音	21 电子编辑	

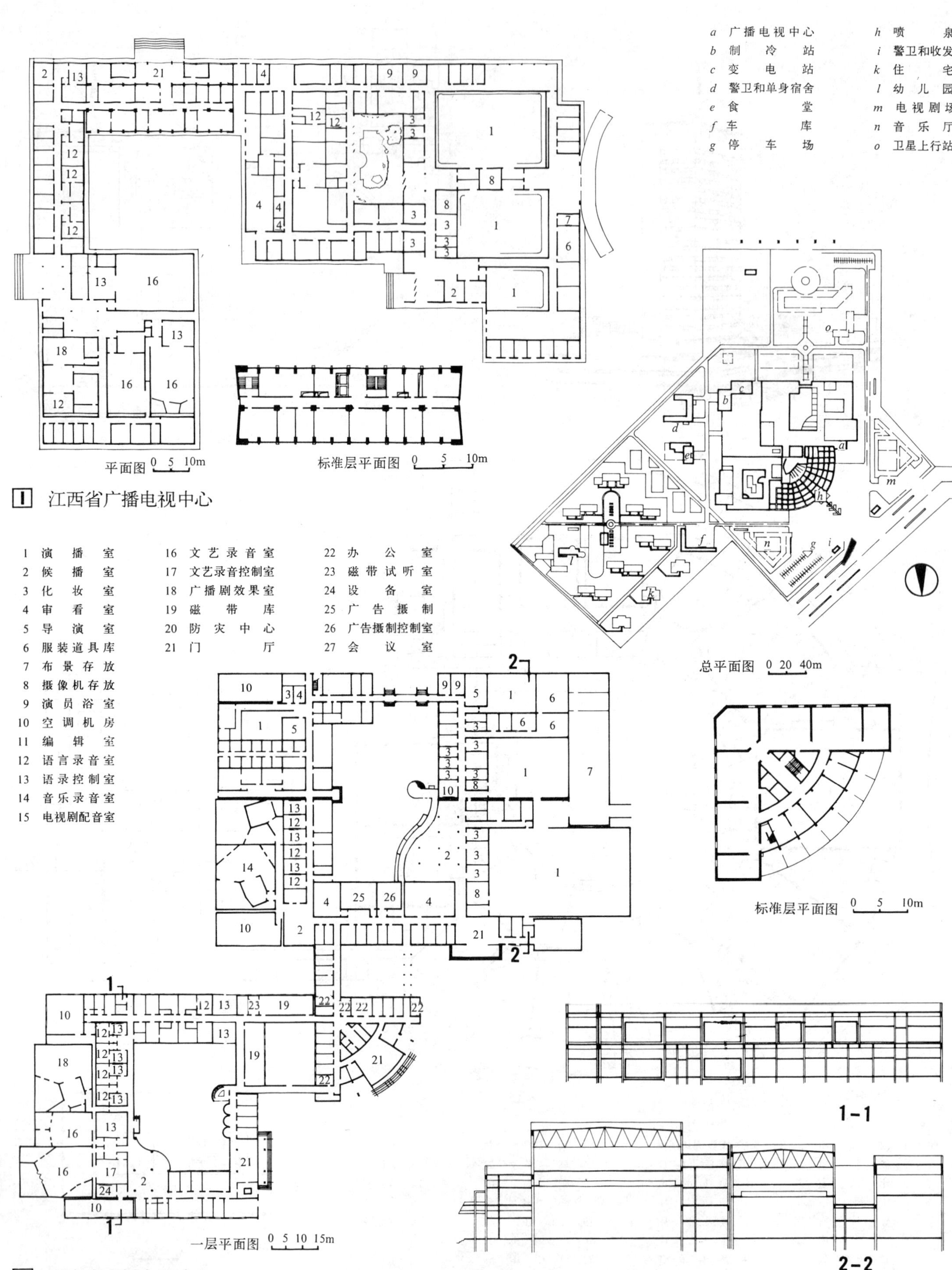

1 江西省广播电视中心

2 海南省广播电视中心

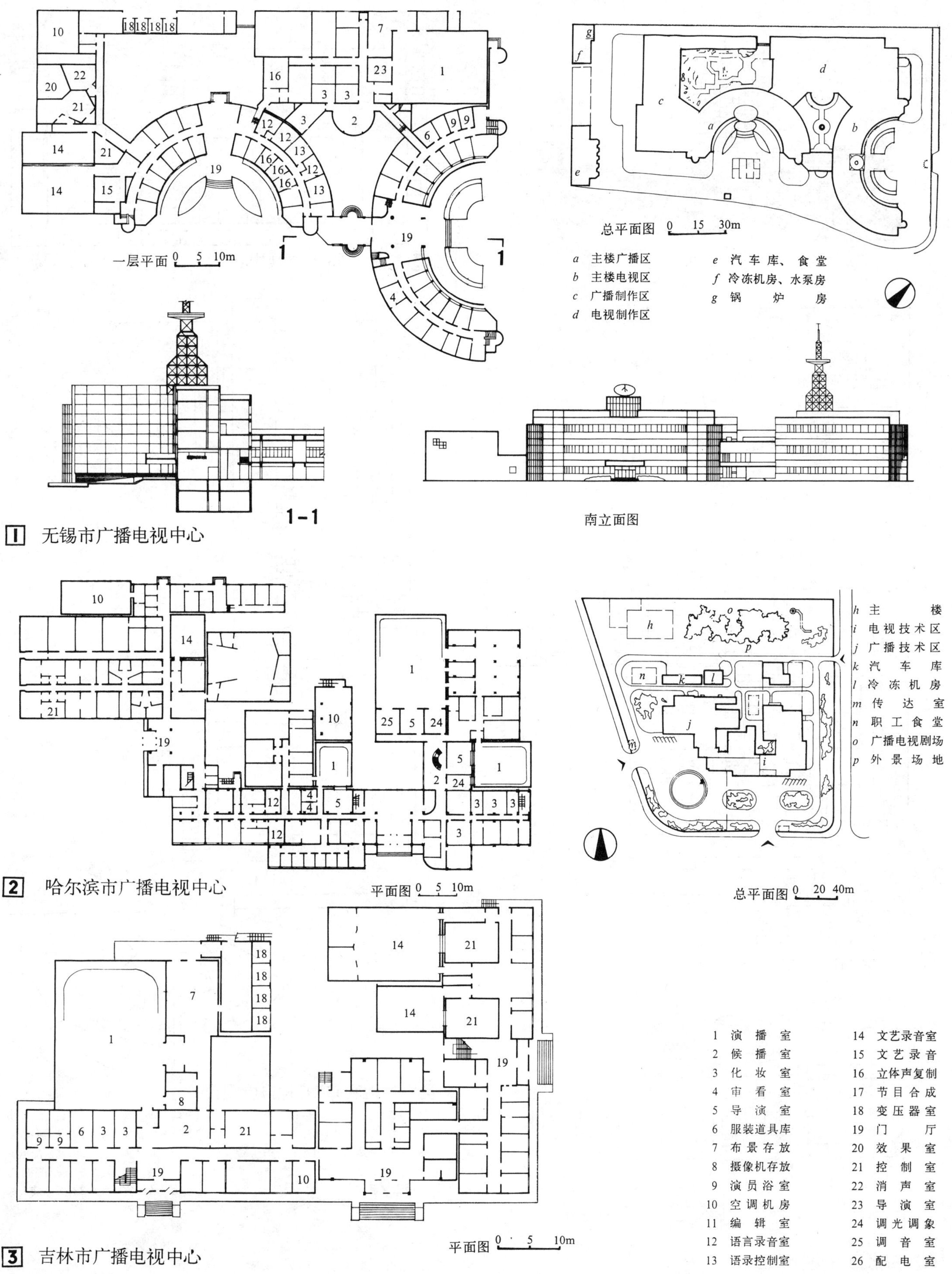

1 无锡市广播电视中心

2 哈尔滨市广播电视中心

3 吉林市广播电视中心

10

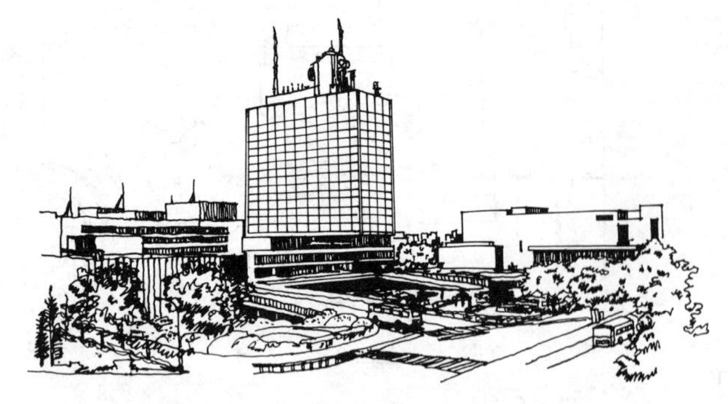

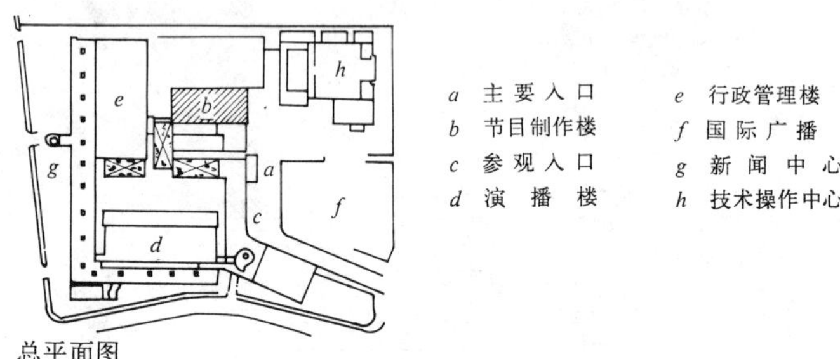

总平面图

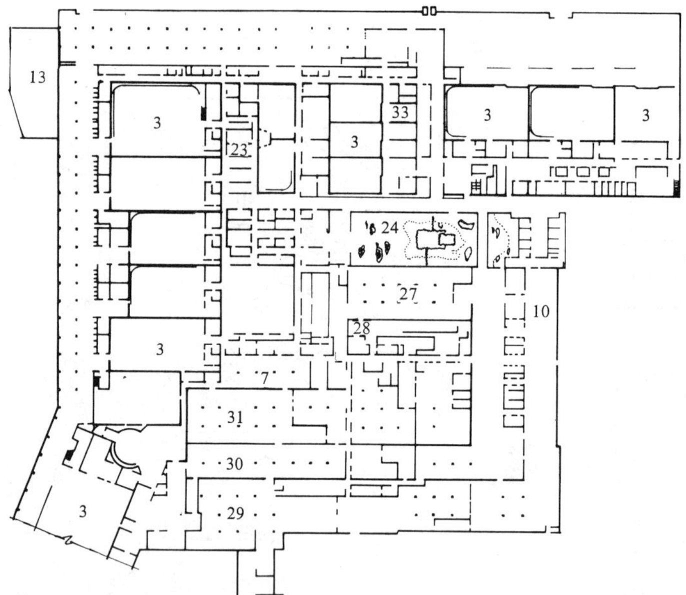

平面图

1 日本 NHK 电视中心台

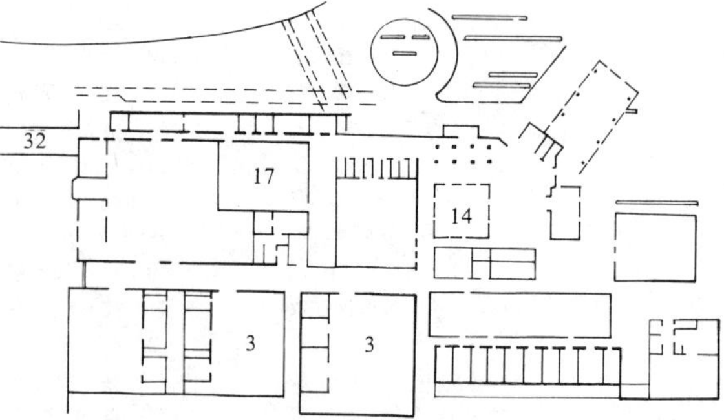

2 西德 SFB 电视中心台

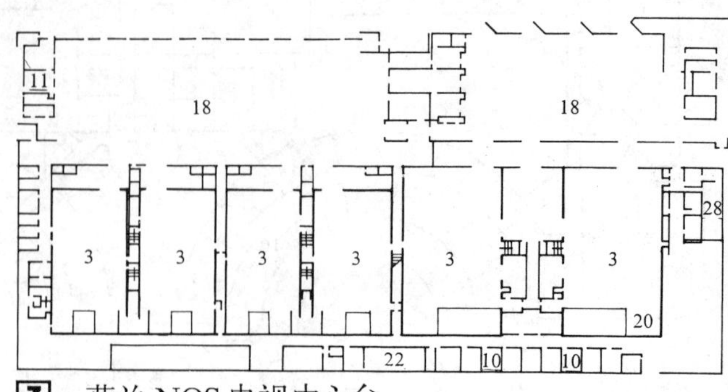

3 荷兰 NOS 电视中心台

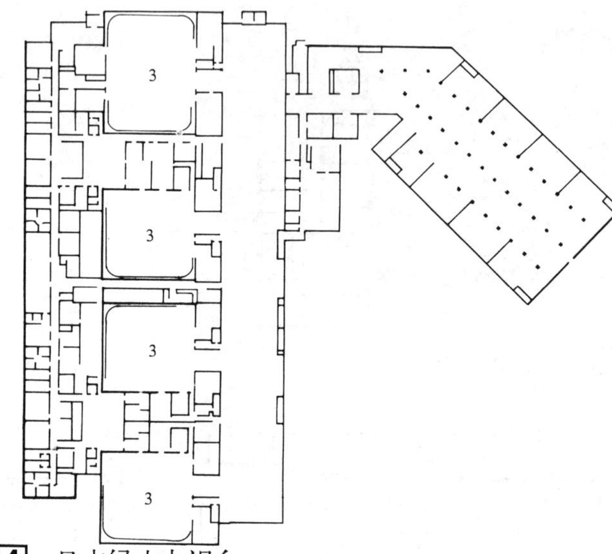

4 日本绿山电视台

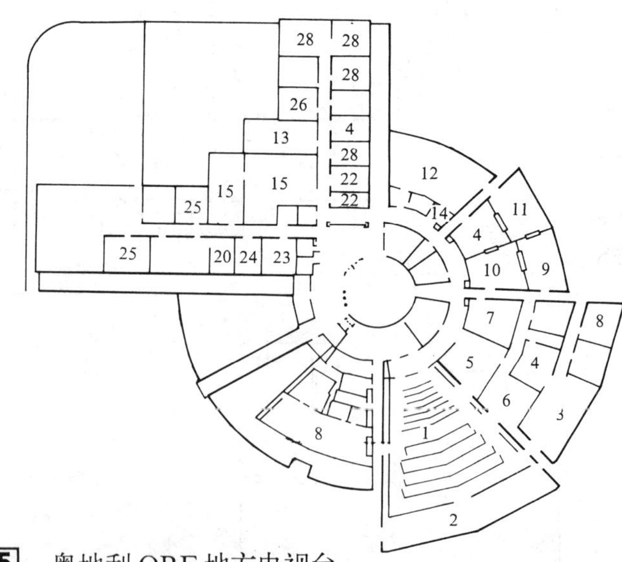

5 奥地利 ORF 地方电视台

1 播音室	10 办公室	19 编辑室	28 厨房
2 广播立柜室	11 更衣室	20 摄像机存放	29 发电机室
3 演播室	12 复制室	21 新闻室	30 高压配电室
4 音乐演奏室	13 变电室	22 磁带库	31 冷冻机房
5 广播剧演播室	14 入口大厅	23 化妆室	32 服装库
6 录音室	15 配电室	24 庭院	33 仓库
7 休息室	16 布景制作	25 保卫室	
8 演播效果控制	17 木工室	26 垃圾处理站	
9 总控室	18 布景装配厅	27 食堂	

中波广播主要靠地波传播，传播距离较近，多为地区性对内广播。

短波靠天波传播，传播距离远，作对外广播，对内作远距离节目传输。

选址要点

一、根据电台的服务对象和范围，选择其发射效果、技术条件最佳的区域。

二、选择地势相对较高的场地。

三、场址的大小在能满足天线、主机房及行政、生活用房和今后发展等技术要求的前提下，应少占地、不占或少占耕地。

四、场址应靠近城镇，与城镇居民区的距离应符合电磁场强度对人体健康保护的有关标准。

五、必须与工厂、企业有一定距离，场址与飞机场的距离，一定要和民航、空军部门协商，征得其同意。

六、与普通架馈电线和通讯线保持一定距离。

七、在发射中心天线场地及其外围500m地区内，地形应是平坦的，其总坡度一般不超过3%，短波对中远地区（大于2000km）的广播天线前方1000m内，其总坡度不超过3%，以获得好的发射效果。

八、外电要可靠，保证二路外电供电。

九、交通方便，传音电缆、交通运输线路要考虑短捷、经济。

十、场址附近要有可靠的水源，水量应满足设备、消防和生活用水的要求。

十一、不宜选于地震烈度9°地震区。

十二、水文地质须符合工程建设条件。

总平面设计要点

一、根据天线形式及其布置方案确定主机房与天线的距离和位置，以主机房为中心合理布置技术区、行政生活区和警卫区，分区要明确。

二、合理布置各区间的建筑物，使各建筑物间的联系最方便最经济，管道和馈电线最短，并符合有关标准。

三、变电站应布置于技术区内，电台内的备份电源不应离主机房太远。天线区应设围网。

四、技术区、警卫区和行政生活区之间应设围墙，其建筑物应离开适当距离。

五、广播发射台的天线区（包括地网）一般应采用围墙或围网加以围护，中波天线塔桅底部必须用围栏局部加以围护。

六、根据发展需要考虑将来发展和增设天线的位置。

七、技术区内建筑物之间的最小距离应符合表1规定和防火有关标准。

技术区内建筑物间的最小距离　表1

建筑物名称	最小距离 m
主机房距技术区围墙	40
主机房距技术区大门	50
主机房距单独设立的变压器修理间	20
主机房距柴油发电机室	30
主机房距油库及危险品库	30
喷水冷却池距任何建筑物	30
冷却塔距主机房	20(注)
水井、储水池等供水构筑物距任何建筑物	50

注：当采用玻璃钢冷却置于主机房顶上时不受此限。

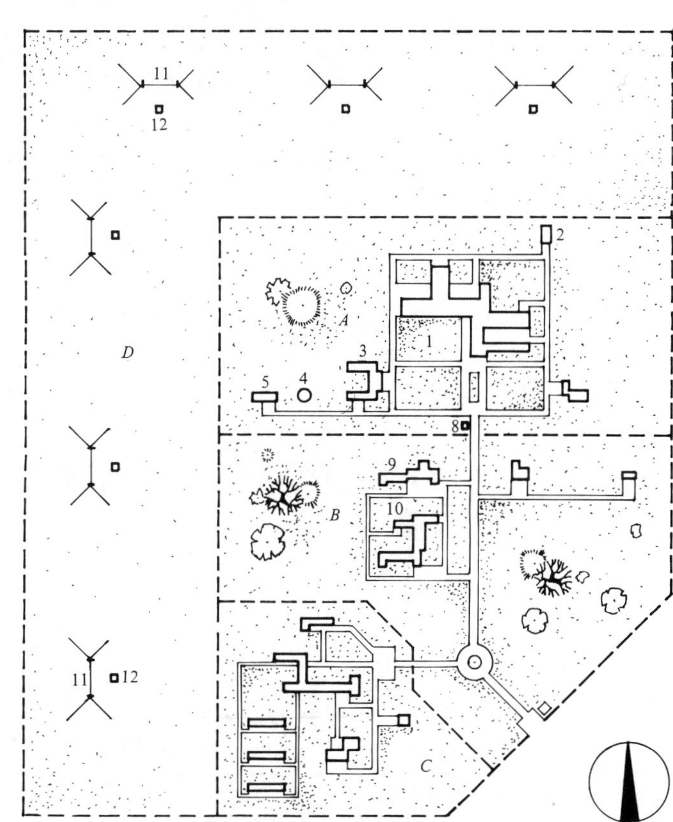

1 总平面图示例

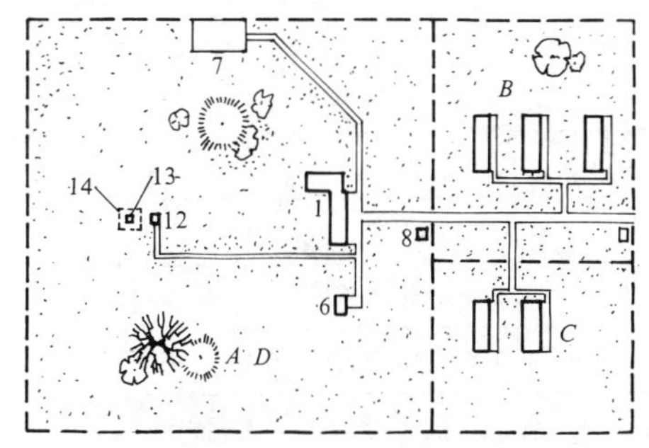

2 总平面图示例

A 技术区
B 行政生活区
C 警卫区
D 天线区
1 主机房
2 变压器修理间
3 技术辅助用房
4 水塔
5 水泵房
6 备份电源
7 变电站
8 警卫门岗
9 食堂
10 办公楼
11 短波发射天线
12 调配室
13 中波发射塔
14 围网

10

设计要点

一、机房采用二层为宜。

二、发射机室前要设有一定宽度的机房大厅，并有良好的自然采光、通风。[2]、[3]为机房排列的图例。

三、控制设备应单独设控制室，并紧靠发射机大厅，便于维护（如为自动控制或为总控制室，则可布置于机房大厅附近）。控制室与机房大厅间需作玻璃隔断或观察玻璃窗，并要作屏蔽处理。

四、机房需"三防"处理（防尘、防虫、防雨），并应满足各项技术指标；即温度、湿度、噪声、照度等。

五、低压配电室宜与机房大厅在同一层，并尽量靠近机房大厅。

六、在发射机室或机房大厅处应考虑设备搬运的出入口和设备的吊装。

七、发射机室与机房大厅用悬墙相隔，以利隔热、隔音、屏蔽，也增加机房的美观。

八、当发射机采用风冷冷凝器时，宜设在发射机室上部，以利于隔声和排热。

九、根据需要设置必要的辅助房间和满足设备维修、搬运的通道，见表1、2。

十、主机房的组成见图[1]，设计时要处理好它们之间的关系，满足功能上的要求。

十一、通风、空调设备及其房间要作好防震、消音和隔声的处理。

十二、在满足天线发射方向和馈线出口的条件下，主机房应尽可能争取好朝向。

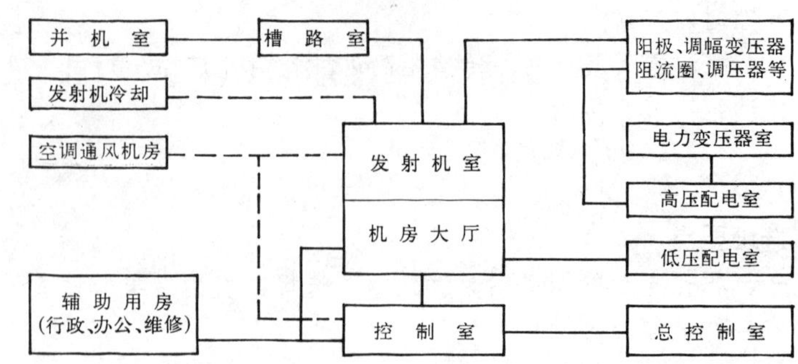

[1] 主机房组成关系图

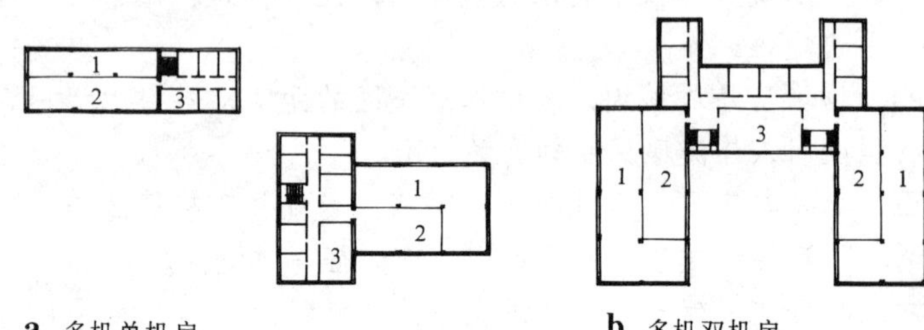

a 多机单机房　　b 多机双机房

[2] 单面排列

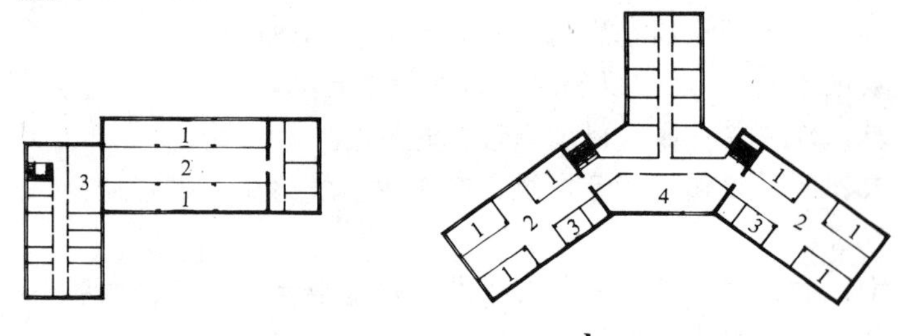

a 多机单机房　　b 多机双机房

[3] 双面排列

1 发射机室　3 控制室
2 机房大厅　4 总控制室

维护通道最小距离　表1

维护通道名称	最小距离(m)
后面开门检修的机箱与墙之间	1.2
机架或设备不需经常检修的一面与墙或围栏之间	0.6
有侧向门的相邻两发射机之间	1.5
无侧向门的相邻两发射机之间	1.0
有侧向门的发射机与墙之间	1.2
无侧向门的发射机与墙之间	0.8
控制桌前面与其他设备之间	2.0
控制桌后面、侧面与墙之间	1.2
发射机面板与前墙之间(即单面排列时机房大厅的宽度)	3.5
发射机面板与面板之间(即双面排列时机房大厅的宽度)	4.5
电力设备包括阳极和调幅变压器、调幅和滤波阻流圈调压器等相互间距离及与墙之距离	按电气规程执行

发射机房辅助房间及其技术要求　表2

房间名称	技术要求	间数或面积	附注
电真空器件库	防潮、防尘、室温>5℃	>15m²	发射机数量确定
元件库	同　上	>15m²	大型台多于2间
应急元件库	同　上(靠近发射机室)	1间	机房多可多设
电子管灯丝预热间	根据各类发射机电子管技术要求确定	1间	
实验仪器室	与发射机室同层、需屏蔽	1～2间	大型台可分开设
高压试验室	靠近电真空器库	1间	大型台设
会议兼接待室		30～50m²	
资料室		1间	
金工室		30～80m²	与机房可分开
主任、工程师室		2间	
值班人员工作室		每班组一间	
值班人员休息室	男女分设	1～2间	当台内无单身宿舍时

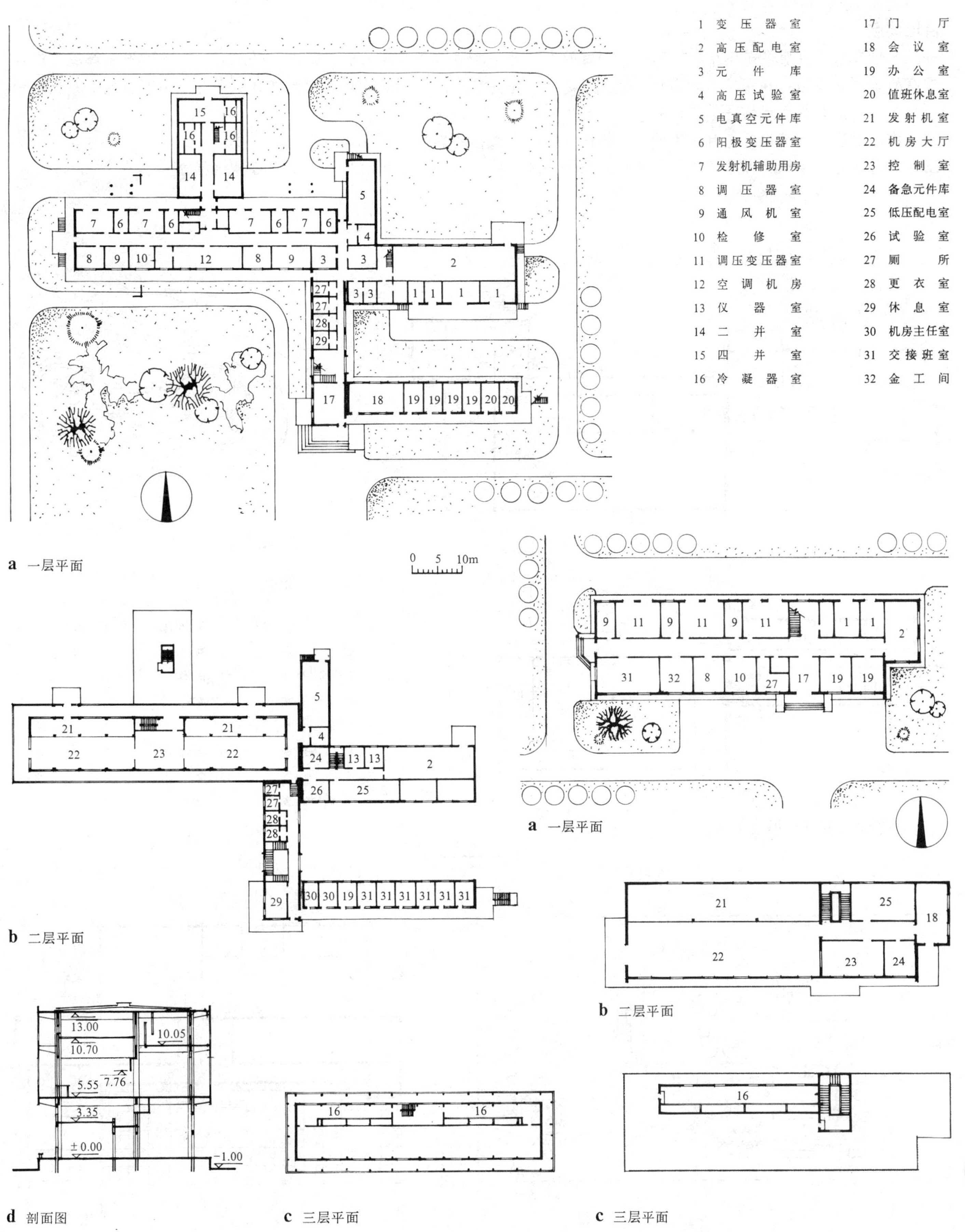

a 一层平面

b 二层平面

d 剖面图

c 三层平面

a 一层平面

b 二层平面

c 三层平面

[1] 某大型发射机房

[2] 某市发射机房

0 5 10m

台址要点

一、台址宜选择在服务范围中心区附近。一定的发射功率，要达到一定的服务范围，必须有其一定的发射高度，选择较高的地形或高山，利用其绝对高度，减低塔高或不建高塔，以达到既满足发射高度和服务范围又节省投资。发射台和插转台均应与其发射塔一起建设。

二、在考虑发射和节目传送时，不受周围构筑物或高山遮挡的影响。

三、高山建台时要综合考虑道路、电源和水源等技术条件，场地大小应满足布置发射塔和机房等建筑的要求。

实例

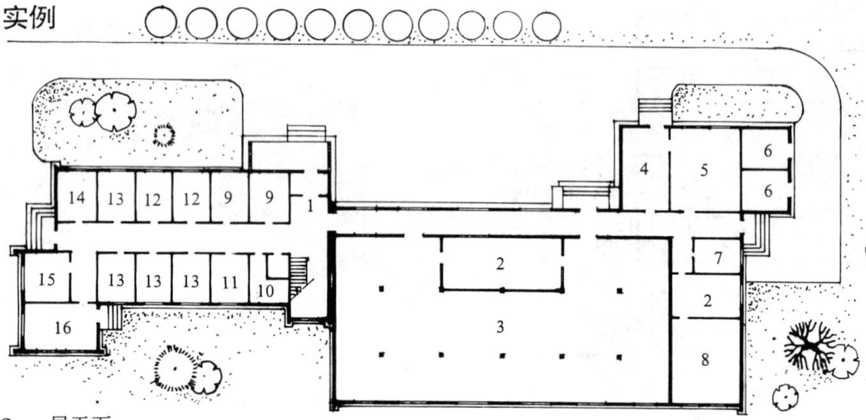

a 一层平面

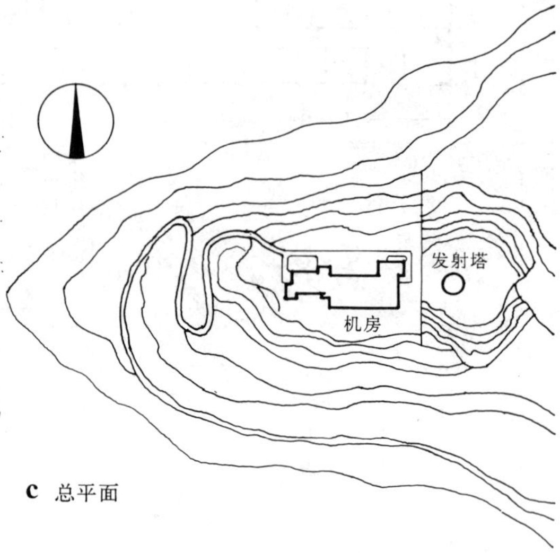

c 总平面

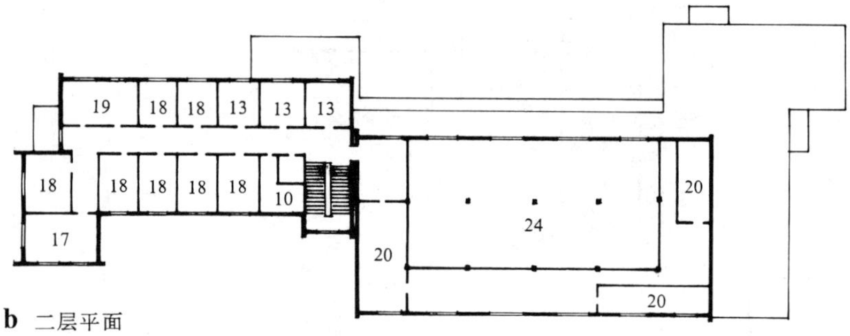

b 二层平面

1 门厅	9 仪器室	17 阅览室
2 控制室	10 厕所	18 宿舍
3 电视调频机室	11 维修室	19 会议室
4 高压配电室	12 库房	20 风机室
5 低压配电室	13 办公室	21 电视发射机房
6 变压器室	14 金工间	22 调压器室
7 蓄电池室	15 食堂	23 调频机房
8 微波机房	16 厨房	24 吊顶上部

[1] 某电视、调频广播发射台

0 5 10m

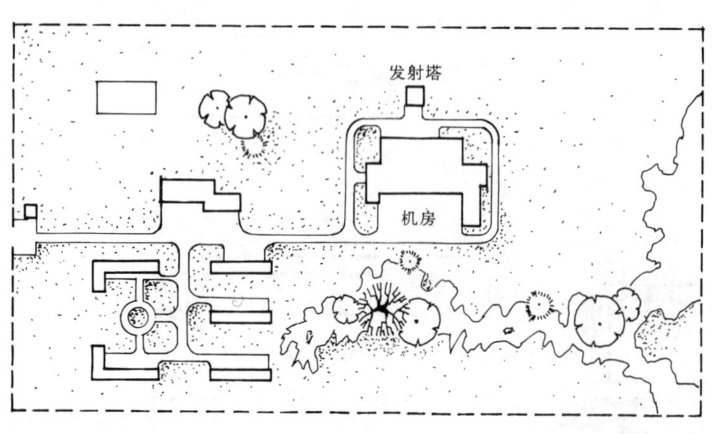

a 总平面

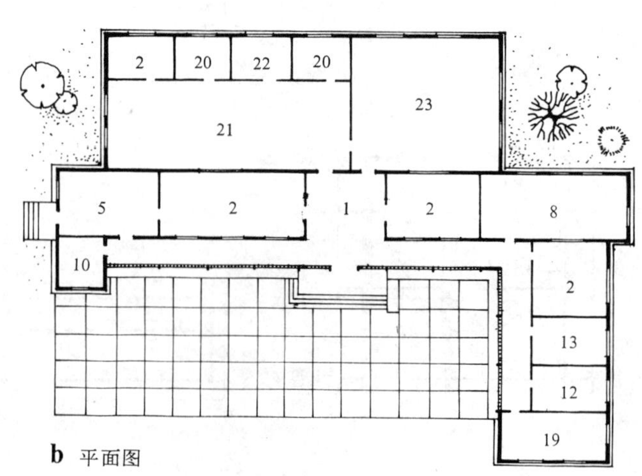

b 平面图

[2] 某电视、调频发射台

0 5 10m

类型

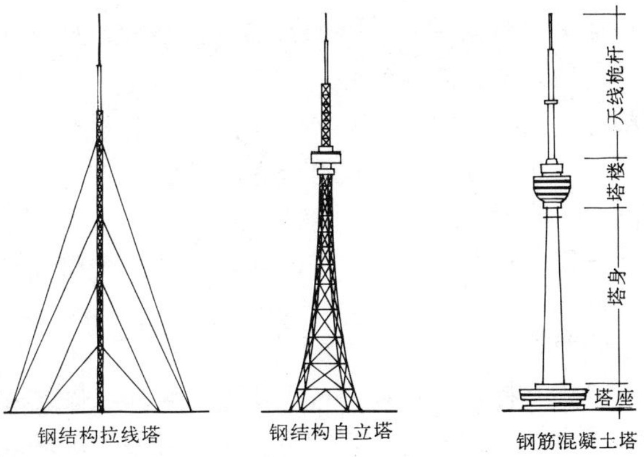

天线桅杆
塔楼
塔身
塔座
钢结构拉线塔
钢结构自立塔
钢筋混凝土塔

1 塔的类型及组成

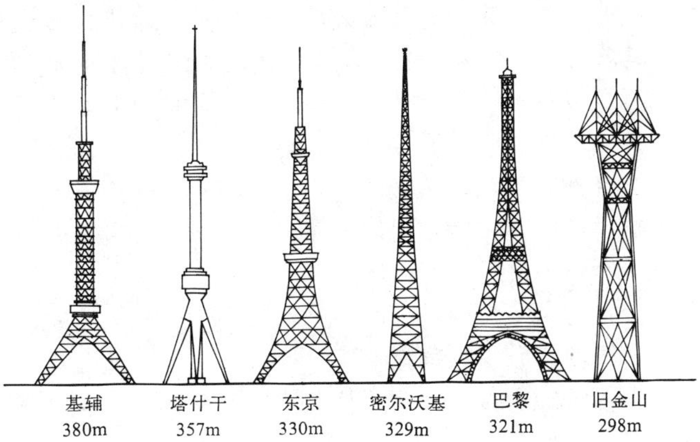

基辅 380m
塔什干 357m
东京 330m
密尔沃基 329m
巴黎 321m
旧金山 298m

2 钢结构电视塔

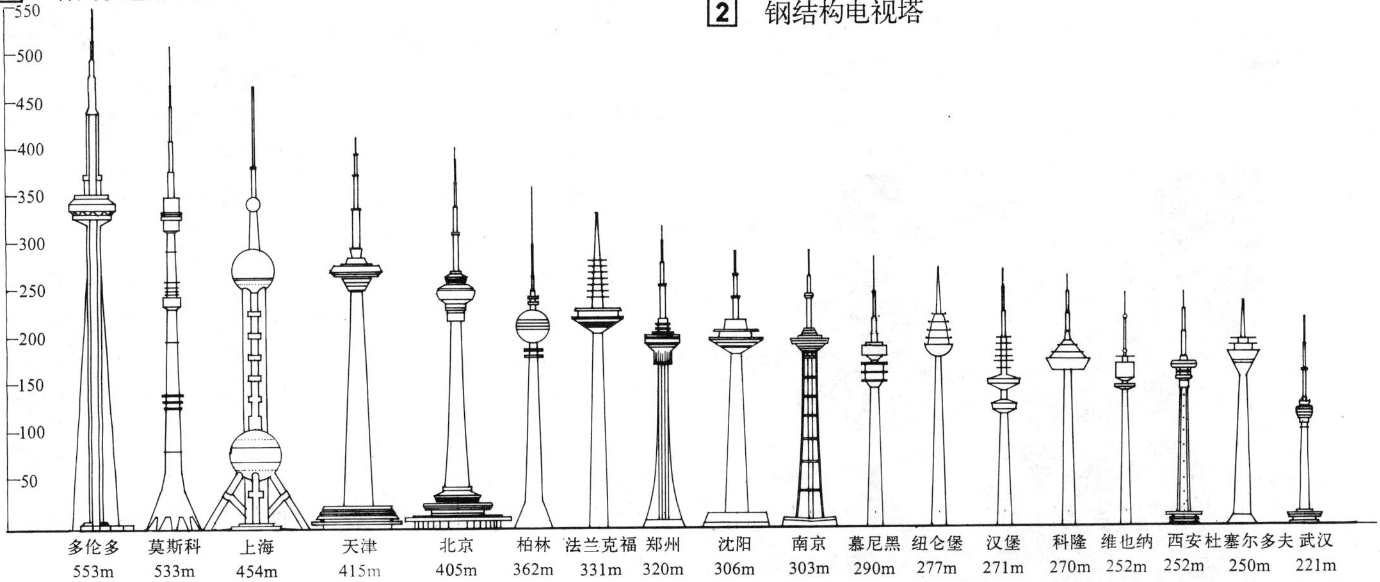

550
500
450
400
350
300
250
200
150
100
50
多伦多 553m
莫斯科 533m
上海 454m
天津 415m
北京 405m
柏林 362m
法兰克福 331m
郑州 320m
沈阳 306m
南京 303m
慕尼黑 290m
纽仑堡 277m
汉堡 271m
科隆 270m
维也纳 252m
西安 252m
杜塞尔多夫 250m
武汉 221m

3 钢筋混凝土电视塔

塔址选择

广播电视塔具有发射广播电视节目和开展登塔旅游并兼有通讯、环保、保安、地震监测等多种功能。选塔应考虑：

一、应靠近服务区域的中心地带，有利于广播电视节目的良好覆盖。

二、尽量选在城市制高点或靠近公园绿化及水面等风景优美、视野开阔地段，以形成城市新的旅游点和景观。

三、应避开航空港的航道和微波通讯枢纽的通路，且不能距大型变电站、重要军事设施和超高层建筑太近。

四、应有良好的建塔地质条件。不允许选在地震断裂带及地震时可能发生滑波、山崩、地陷等不良地段上。

五、有较好的市政设施，并需解决两路电源供电。

六、要考虑节目信号传输的方便，尽量靠近广播电视中心。

七、应位于交通方便，道路通畅，有利于游人前往游览观光的地段，并有足够的游人活动空间和车辆停放场地。

汉 口
汉
水
长
武
龟 山
电视塔
江
汉
昌
阳
黄鹤楼

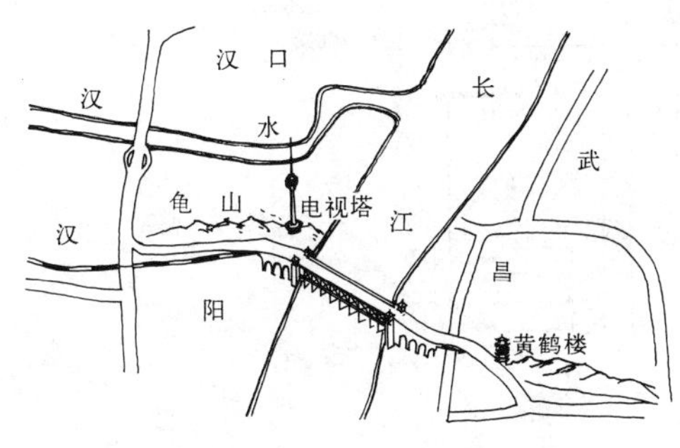

塔址位于武汉三镇的制高点龟山上，地处长江和汉水的交汇处和长江大桥的桥头，与对岸黄鹤楼隔江相望，位置极其优越。

4 武汉电视塔

北京东路
黄
浦东公园
南京东路
外
电视塔
地
铁
陆家嘴
浦
滩
渡
轮
过江隧道
江
延安东路

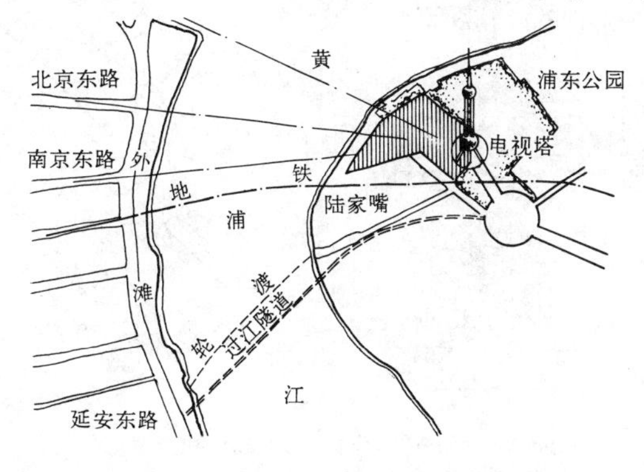

塔址位于浦东陆家嘴，与浦东公园为邻，临黄浦江与西岸的上海外滩相对，并与浦西南京东路等九条大街形成对景，位置十分显要。

5 上海电视塔

10

总平面布置要点

一、塔的位置应充分考虑与城市干道的关系，能成为城市干道的对景。塔前应留出较大空间和人流集散场地。

二、塔区应设两个以上的出入口，主出入口面向城市干道。游人与工作人员有各自的进塔出入口。

三、车流和人流应避免交叉，宜在入口处就分开。如主出入口面向交通主干道时，需考虑采用立体交通方式来解决人和车进出场地的问题。

四、应结合场地的环境和地形特点，布置各项旅游设施，创造良好的观光游览条件。

五、少占绿地，多置绿化。技术辅助用房及停车场尽量设在塔下或地下。

六、场地内应设置环形消防车道。必要时还需考虑消防车通到塔座顶部的车道。

塔位于两条城市干道之间的开阔水面上，形成高塔出平湖和湖光塔影的特殊景观。

1 天津电视塔总平面

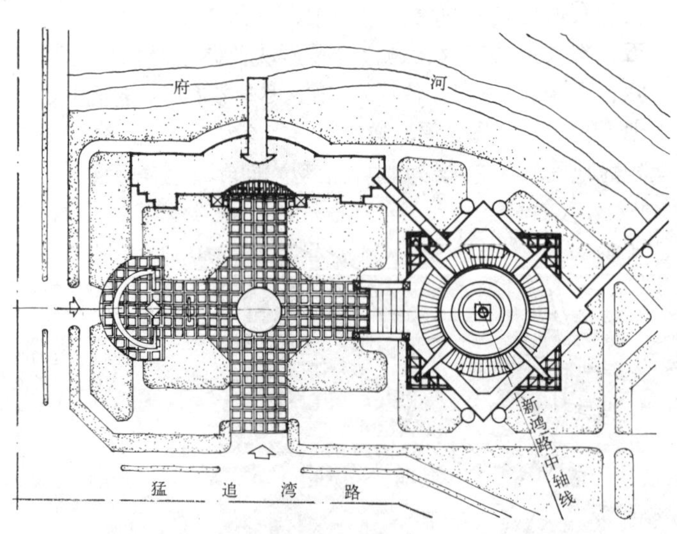

塔定位于场地中心线和新鸿路中轴线的交叉点上，使电视塔成为城市干道新鸿路的端景

2 四川电视塔总平面

塔楼组成

一、广播电视技术用房：调频广播及电视发射机房、微波机房、控制室、冷却机房。

二、旅游用房：了望厅、旋转餐厅、餐饮服务用房等。

三、综合利用：根据需要设置通讯、消防、保安、环境保护、地震监测等。

四、技术辅助用房：变配电室、空调机房、电梯机房、水箱间等。

塔楼设计要点

一、造型要有特色，应结合城市特点使其具有标志性。

二、塔楼内技术部分与旅游部分应分层设置，并有隔离措施，使游人不能进入技术区内。

三、交通组织上，游人的路线要清楚，并尽量避免交叉和不必要的往返。电梯和楼梯应有足够的容量。

四、房间布置应力求紧凑并充分利用各种空间。

五、塔楼剖面形式的确定应有利于增加游游的面积和层次，有利于通风和气流的组织，并需考虑结构的合理性和有关设备安装的必要空间。

六、外围护结构要充分考虑当地的自然条件。建筑材料和构造的选择要满足抗风、防雨、密封、保温隔热、防雷、防腐蚀、防水、耐久等要求。

七、各层平面布置及建材与配件的选用，要满足电视塔有关防火设计规范的要求。钢结构部件要进行防火处理。

八、需考虑设备更换或检修时的吊装方式并设置相应的设施。

九、需设置擦窗机，寒冷地区需设置人工、机械扫雪或电融雪装置。

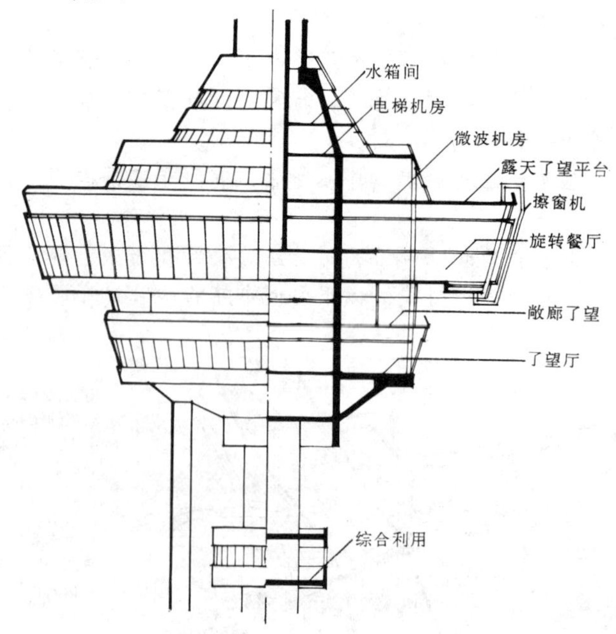

3 南京电视塔塔楼

天线桅杆长度和截面

桅杆长度和截面尺寸由天线发射的广播电视节目的套数及其占用的频道来确定。钢筋混凝土塔的桅杆，上部为钢结构，下部为钢筋混凝土结构。

天线桅杆设计要点

一、确定桅杆长度时要考虑为广播电视节目的发展留有余地。

二、各天线段之间应设工作平台，其栏杆高度不低于1.2m。

三、桅杆顶部和各工作平台上应设航空障碍标志灯。

四、桅杆内应设工作楼梯或爬梯，有条件可设简易电梯。

五、桅杆上开向工作平台的门及各馈线的出口要能防止雨水的浸入。

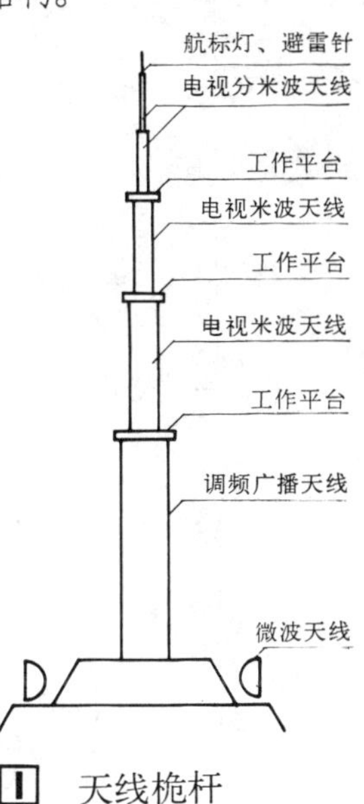

1 天线桅杆

塔身类型和形式

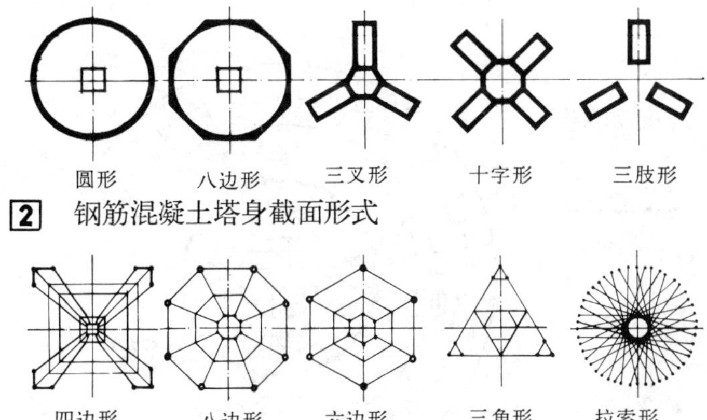

2 钢筋混凝土塔身截面形式

3 钢结构塔身截面形式

塔身设计要点

一、塔身截面形式与大小应满足结构受力的要求和垂直交通工具及设备管线装设的需要。

二、根据塔高和塔楼容纳人数确定电梯数量，载重量和速度。一般300m以下塔设2至3部旅游用高速电梯和1部工作用高速电梯，设一部疏散楼梯。应将各电梯都做成消防电梯。

三、塔身内应设置各专业的管线竖井。电梯楼梯井道及管线竖井，都必须符合防火设计规范的要求。

四、塔身内因结构需要设置的平台应尽量加以利用。

塔座组成

一、广播电视技术用房：一般350m以下的塔，发射机房设在塔下。并设有广播电视发射机房及其控制室，广播电视总监控室、计算机室、电话机房、有线广播和闭路电视机房、消防控室等。

二、技术辅助用房：机器冷却及空调机房、冷冻机房、水泵房、配变电室等。

三、旅游用房：根据塔的具体情况和要求，设置商贸、餐饮、文化娱乐等用房，内容与规模各异。

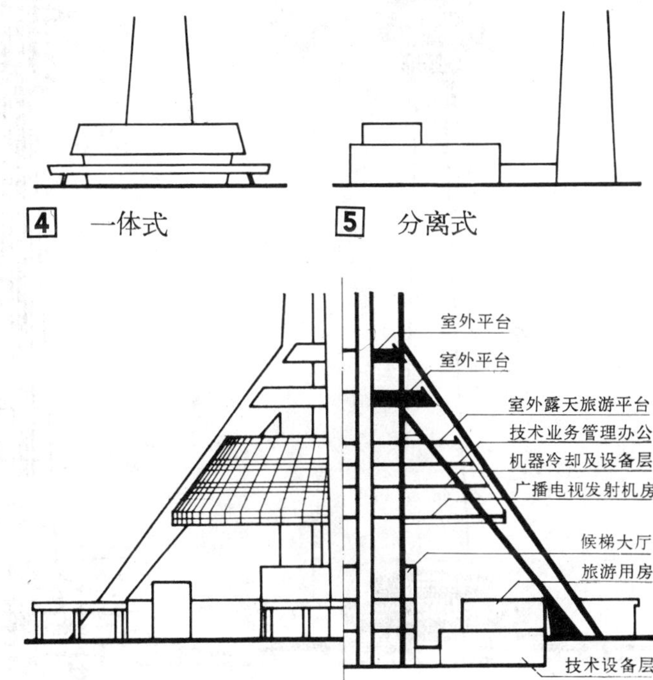

4 一体式

5 分离式

发射机房置于距地18m的半空中

6 半空式

塔座设计要点

一、技术用房与旅游用房应严格分开，尽量分层设置并有各自的出入口。

二、上下塔人流应避免交叉，组织垂直交通时应将这两股人流分层错开。

三、塔座入口处应有宽敞的人流聚散空间。

四、塔座通向塔身垂直通道的门和孔洞要符合防火设计规范的要求。

五、从电梯厅至塔座大门口应有通畅的疏散通道。

六、塔座绕塔身设置时，应尽量利用塔的基础来支承塔座的结构，并尽量利用结构形成的空间。

七、应尽量利于塔座屋顶作露天了望平台。

八、对噪音较大的技术辅助用房应进行消声隔音处理。

中央电视塔

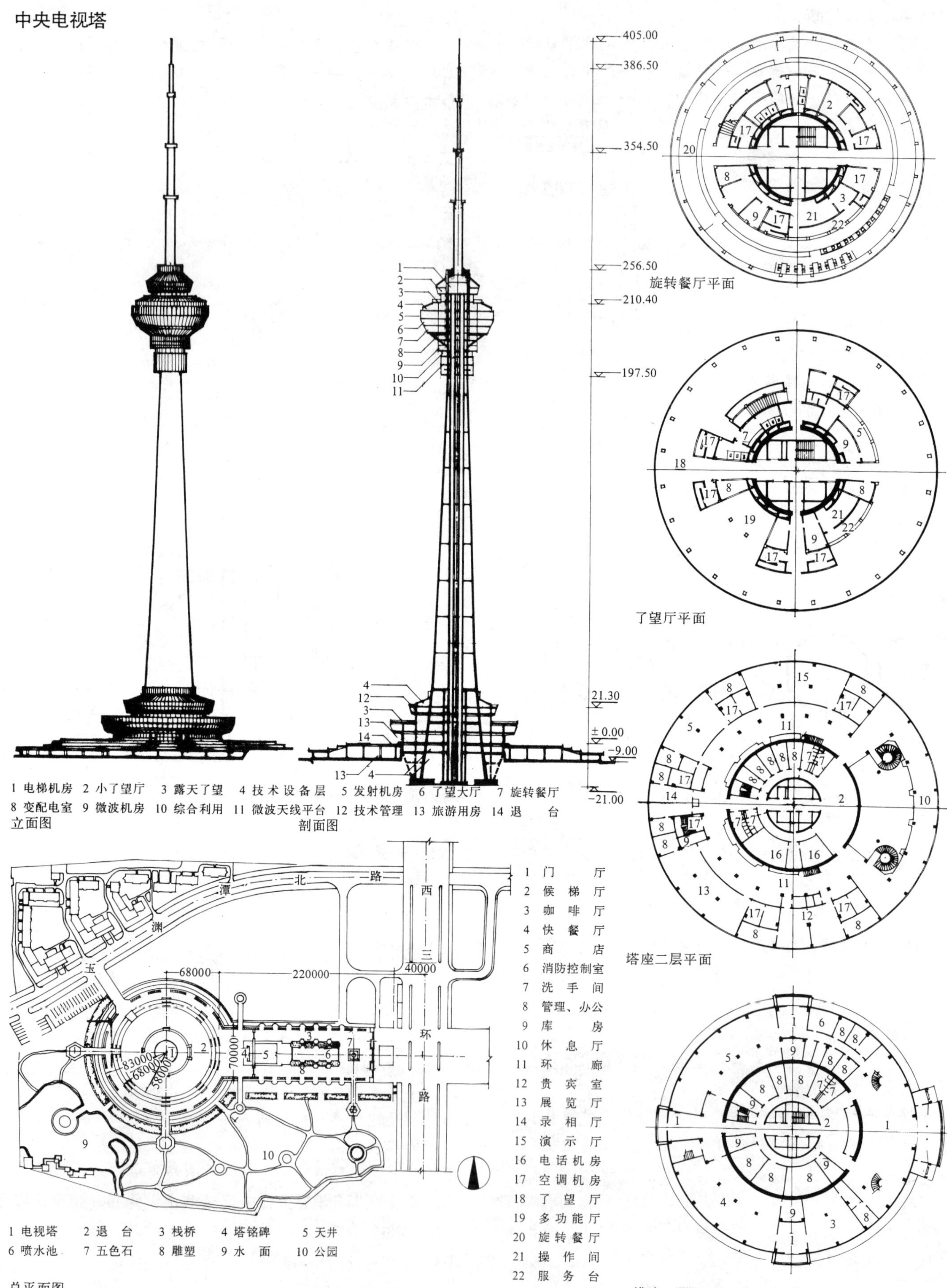

立面图

剖面图

总平面图

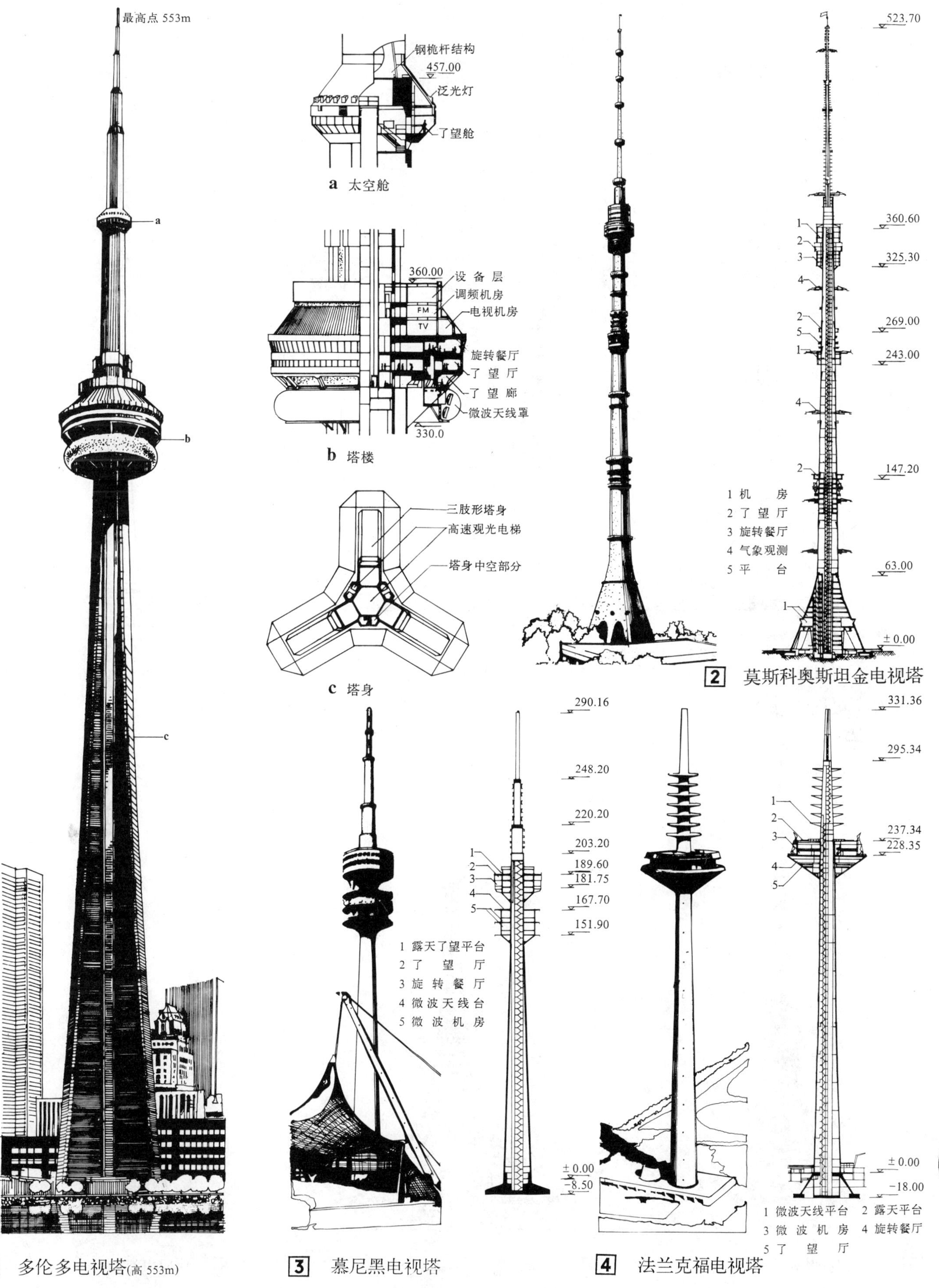

1 多伦多电视塔(高 553m)

2 莫斯科奥斯坦金电视塔

3 慕尼黑电视塔

4 法兰克福电视塔

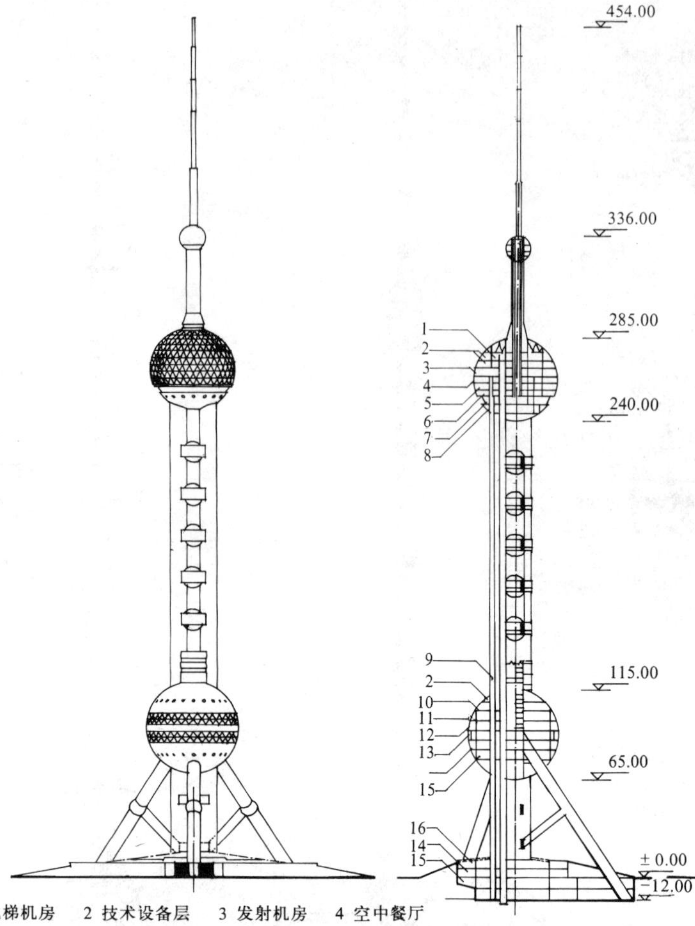

1 电梯机房　2 技术设备层　3 发射机房　4 空中餐厅
5 旋转茶室　6 了望平台　7 微波机房　8 变配电室　9 中间环廊　10 办公
11 备用层　12 舞厅曲艺　13 观光平台　14 出塔大厅　15 商品展销　16 进塔大厅

1 上海电视塔

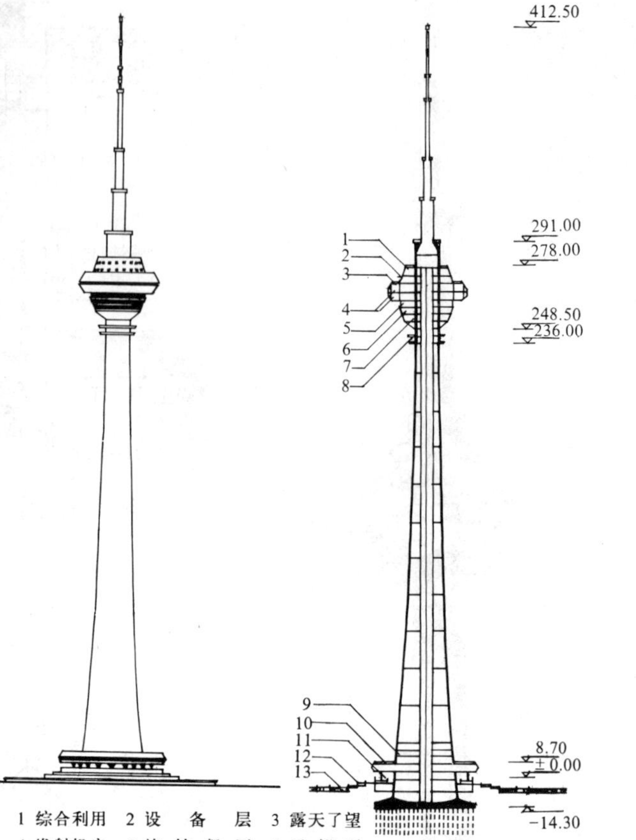

1 综合利用　2 设备层　3 露天了望
4 发射机房　5 旋转餐厅　6 了望厅
7 微波机房　8 微波天线平台　9 技术用房　10 屋顶了望平台　11 旅游用房
12 叠水　13 湖面

2 天津电视塔

3 东京电视塔　　**4** 艾菲尔塔

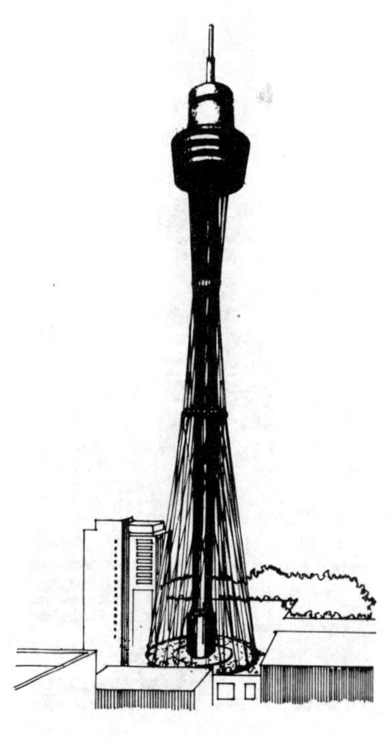

5 悉尼电视塔

村镇是以乡村经济为基础的居民点，在我国城乡居民点体系中分布广、数量多。

1990 年我国城乡居民点概况

表 1

居民点类别、数量及人口所占比重		分级名称	数　量（个）	人口规模（人）	占全国比重(%)	行政区划
城 12200 个 18.96%	市 467 个 13.30%	特大城市	31	100 万以上	5.54	直辖市
		大 城 市	28	50-100 万	1.68	省　会
		中等城市	119	20-50 万	3.28	地　区
		小 城 市	289	20 万以下	2.80	县　城
	镇 51885 个 12.07%	建 制 镇	11733	平均 7470	5.66	乡(镇)
乡 382 万个 81.04%		未建制镇	40152	平均 1803	6.41	
	村 377 万个 74.63%	中 心 村	734805	平均 470	74.63	村民委员会
		基 层 村	3038357	平均 150		村 民 小 组

注：表中市镇村数量系 1989 年末统计数，暂缺台湾省。城市人口只计非农业人口，且不包括市辖县的人口。行政区划栏中 ▭ 表示设置政权机构。

村镇层次和规模分级　村镇体系是县以下一定区域内相互联系和协调发展的居民点群体网络。村庄、镇区按体系中的地位划分层次，再以常住人口规模分级。

表 2

类　别		村　庄		镇　区	
层　次		基 层 村	中 心 村	一 般 镇	中 心 镇
规模分级（人）	大	＞300	＞1000	＞3000	＞10000
	中	100～300	300～1000	1000～3000	3000～10000
	小	＜100	＜300	＜1000	＜3000

· 村庄——乡村中组织生产和生活的基本居民点。中心村规模较大设有日常生活的基本设施，一般是村民委员会所在地；基层村是一个或多个村民小组的聚居地。

· 镇区——乡村一定区域的经济、文化和服务中心，多为乡（镇）人民政府所在地。一般镇区具有组织本乡（镇）生产、流通和生活的综合职能，设有配套服务设施；中心镇区则还具有推动附近乡（镇）经济和社会发展的作用，各项设施更为齐全。

规划阶段和成果内容

表 3

规划阶段、依据、期限		图纸文件名称	表　明　内　容
乡(镇)域村镇体系规划 · 以县域规划为依据 · 以乡(镇)的行政辖区为范围制定村镇体系的发展部署 · 规划期限应与当地经济社会发展设想相适应，一般为十年至廿年		地位分析	县域城镇体系布局、资源分布、农业区划、地位特点
		镇域现状	村镇状况、土地利用、道路交通、供水供电、乡镇企业、主要公建
		村镇体系规划	村镇体系分布、性质规模、交通、设施、公建、企业、人口转移设想
		规划说明书	
村镇建设规划 · 以村镇体系规划为依据 · 对一个镇区或村庄的建设进行统筹安排，落实近期建设项目，为设计提供依据，具体指导当前建设 · 规划期限与村镇体系规划期限相同，对近期的建设项目安排一般可为三至五年	镇区	综合现状	用地、建筑、道路、交通、设施、环境、景观等状况
		规划布局	用地布局、对外交通、道路绿化、工程设施及发展备用地的安排
		专项规划 道路竖向 给水排水 电力电讯 其他专项	道路线形、标高、坡度、断面、交叉口布置、地段坡向、土方平衡给排水构筑物和干管的规划与布置变电所邮电所选址、干线规格走向防灾、环境、能源等
		近期建设及重点地段	建筑布置、景观设计、投资估算、资金来源
		规划说明书	
	村庄	现状图 规划图	用地、建筑、道路、设施、环境等
		规划说明书	

村镇规划的原则

一、有利生产、方便生活、促进流通、繁荣经济，使各项建设合理布局和协调发展。

二、合理用地、节约用地，充分挖掘原有村镇用地的潜力，严格控制占用耕地。

三、从实际出发制定建设标准，合理利用，逐步完善。

四、近远期结合，提高近期建设的完整性，并适应发展。

五、保护环境，防治污染，消除公害，提高环境质量。

六、结合自然条件、名胜古迹和传统特色，创造优美协调、具有地方风格和民族特点的村镇景观。

人口规模的发展预测

一、村镇人口规模的影响因素

1.乡镇经济的发展水平，第二、三产业的发展速度；

2.农村经济结构和劳力构成的变化趋势；

3.地理位置、与大中城市的关系、经济社会的职能作用、行政区划的层次级别等；

4.资源情况：包括矿产、水利、农业、森林、能源、旅游等资源的质量与数量；

5.建设条件：包括用地、用水、用电、交通、通讯、自然及人工障碍等限制因素。

二、镇区人口的分类和发展预测

1.镇区人口应按其居住状态和参与社会生活的性质分为常住人口、通勤人口、流动人口三类。

2.镇区各类人口发展预测的计算内容

表 4

镇区人口类别		计　算　范　围	计算内容
常住人口	村民	住在镇区的农业户人口	计算自然增长
	居民	住在镇区的非农业户人口(包括自理口粮户)	计算自然增长和机械增长
	集体	住在镇区的单身职工和寄宿学生等	计算机械增长
通勤人口		劳动、学习在镇区，住在镇区外的职工、学生	计算机械增长
流动人口		出差、探亲、旅游、赶集等临时来镇人员	估算发展变化

3.镇区人口发展预测的计算方法

①平均增长法：此法一般适用于发展项目不具体的概略估计。根据近年来人口增长情况进行分析，确定每年的人口增长率或增长数。

$N=N_0(1+k+p)^n$　　N—规划人口数　N_0—现状人口数

k—自然增长率　p—机械增长率

$N=N_0(1+k)^n+nP$　　n—规划年限　P—年机械增长数

②带眷系数法：此法用于乡镇企事业建设项目比较落实的计算，人口机械增长较稳定，应注意分析从业者的来源、婚育、落户等状况，以及集镇生活环境和建设条件等因素，确定新增从业人数及其带眷人数。

$N=N_0(1+k)^n+aA$　　A—从业人数　　a—带眷系数

③劳力转移法：此法是根据乡村商品经济发展的不同进程，对全乡（镇）域的土地和劳力进行平衡，估算规划期内农业剩余劳力的数量，考虑集镇类型、发展水平、地方优势、建设条件和政策影响等因素，确定进镇比例，推算进镇人口数量。

三、村庄人口的发展预测

1.自然增长　$N=N_0(1+k)^n$

2.调整转移　包括村庄布局迁并，剩余劳力转移等。

村镇用地分类

表 1

数码	代号	类别名称	范围
010	R	居住建筑用地	住宅及其间距，不包括路面宽 3.5m 以上道路
011	R_1	村民住宅用地	农业户宅基地及其间距、进户小路用地
012	R_2	居民住宅用地	居民户住宅及其间距用地
013	R_3	其他居住用地	不属于 R_1、R_2 的居住用地，如宿舍、敬老院
020	C	公共建筑用地	各类公建及附属设施、内部道路、绿化等用地
021	C_1	行政管理用地	行政、团体、经济贸易管理机构等
022	C_2	教育机构用地	托幼、小学、中学及各类专科院校、成人学校
023	C_3	文体科技用地	文化娱乐、体育、科技、展览、文物、宗教等
024	C_4	医疗保健用地	医疗、防疫、保健、休疗养等
025	C_5	商业金融用地	各类商业服务业设施及银行、信用、保险机构
026	C_6	集贸设施用地	集市贸易的专用建筑和场地，不包括临时占地
030	M	生产建筑和设施用地	独立设置的各种所有制的生产建筑及设施用地
031	M_1	一类工业用地	对居住和公共环境基本无干扰和污染的工业
032	M_2	二类工业用地	对居住和公共环境有一定干扰和污染的工业
033	M_3	三类工业用地	对居住和公共环境有严重干扰和污染的工业
034	M_4	农业生产设施用地	集体和专业户各类农业建筑及设施用地
040	W	仓储用地	物资的中转仓库、专业收购和仓储建筑及设施
041	W_1	普通仓储用地	存放一般货物的仓储用地
042	W_2	危险品仓储用地	存放易燃、易爆、剧毒等危险品专用仓储用地
050	T	对外交通用地	各种对外交通设施的线路及设施等用地
051	T_1	公路交通用地	公路站场及规划范围内的路段、附属设施等
052	T_2	其它交通用地	铁路、水运及其它对外交通的路段和设施用地
060	S	道路广场用地	规划范围内的道路、广场、停车场等设施用地
061	S_1	道路用地	路面宽 3.5m 以上的各种村镇内部道路
062	S_2	广场用地	公共活动场地和停车场，不含单位内部场地
070	U	公用工程设施用地	包括各类设施的建筑、构筑物、管理维修用地
071	U_1	公用工程用地	各项公用工程设施及防灾、殡葬等用地
072	U_2	环卫设施用地	公厕、垃圾站、垃圾处理设施等用地
080	G	绿化用地	各种公共绿地、生产防护绿地，不含专用绿地
081	G_1	公共绿地	公园、沿河海和路旁宽 5m 以上的绿地
082	G_2	生产防护绿地	园林苗圃及用于安全、卫生、防灾的林带绿地
090	E	其它用地	除上述各大类用地之外的地域
091	E_1	水域	河湖、水库、沟塘、滩涂等，不含公园内水面
092	E_2	农业种植地	农业生产种植地，包括农田、菜地、园地等
093	E_3	牧草地	生长各种牧草的土地
094	E_4	闲置地	由于各种原因闲置未用的土地
095	E_5	特殊用地	军事、外事、保安等用地

村镇建设用地标准 (村镇建设用地是指表 1 中前八类用地之和)

一、人均建设用地 (建设用地除以常住人口数的平均值)

表 2

指标级别	一	二	三	四	五
人均建设用地指标 (m^2/人)	50.1 ～60.0	60.1 ～80.0	80.1 ～100.0	100.1 ～120.0	120.1 ～150.0

注：①第一级用地指标仅适用于用地紧张的村庄，镇区不得选用。
②边远地区地多人少的村镇及牧民定居点，可根据省、自治区确定的指标执行。

新建的村镇建设用地指标宜在第三级内确定，因地偏紧时可选第二级。现有村镇的规划指标应根据现状人均建设用地水平，按表 3 的规定确定。

表 3

现状人均建设用地 (m^2/人)	允许采用的人均建设用地规划指标级别	允许调整幅度 (增减 m^2/人)
<50.0	一	应增 >+5
50.1～60.0	一、二	可增 0～+15
60.1～80.0	二、三	可增 0～+10
80.1～100.0	二、三、四	可减可增 −10～+10
100.1～120.0	三、四	可减 −10～0
120.1～150.0	四、五	可减 −15～0
>150.0	四、五	应减 <−5

二、建设用地构成

村镇规划中居住建筑、公共建筑、道路广场、公共绿地等用地占建设用地的比例应符合表 4 规定。

表 4

代号	用地类别	占建设用地的比例(%)		
		中心镇	一般镇	中心村
R	居住建筑用地	30～50	35～55	50～70
C	公共建筑用地	12～20	10～18	6～12
S	道路广场用地	11～19	10～18	6～14
G_1	公共绿地	2～6	2～6	2～4
上述四项之和适宜值		65～85	67～87	72～92

注：①通勤人口和流动人口较多的中心镇，公共建筑用地比例宜选规定幅度的较大值。
②邻近旅游区及现状绿地较多的村镇，公共绿地比例可高于规定的上限。

三、住宅建筑用地

村民宅基地和居民住宅用地的面积标准，由各省（自治区、直辖市）分别制定，以户为单位规定面积指标，同时规定分户标准或以每人的用地面积作为辅助指标。

四、公共建筑用地

各省（自治区、直辖市）根据表 4、5，分别规定各项公共建筑的定额指标。

村镇公共建筑项目配置

表 5

类别	公共建筑项目	中心镇	一般镇	中心村	类别	公共建筑项目	中心镇	一般镇	中心村
行政管理	1 乡(镇)政府、派出所	●	●		保健	21 防疫、保健站	●	△	
	2 法庭	△				22 计划生育指导站	●	●	△
	3 建设、土地管理所	●	●		商业金融	23 百货店	●	●	△
	4 农、林、水、电管理站	●	●			24 食品店	●	●	△
	5 工商、税务所	●	●			25 生产资料、日杂建材	●	●	△
	6 粮管所	●	●			26 粮店	●	●	
	7 交通监理站	●				27 煤店	●	●	
	8 居委会、村委会	●	●	●		28 药店	●	●	
教育机构	9 专科院校	△				29 书店	●	●	
	10 高中、职业中学	●	△			30 银行、信用、保险	●	●	△
	11 初中	●	●	△		31 饭店、小吃店	●	●	△
	12 小学	●	●	●		32 旅馆、招待所	●	●	
	13 幼儿园、托儿所	●	●	●		33 理发、浴室、洗染店	●	●	△
文体科技	14 文化站(室)	●	●	△		34 照相馆	●	●	
	15 影剧院	●	△			35 综合修理、缝纫店	●	●	△
	16 灯光球场	●	●		集贸设施	36 粮油、土特产市场	●	●	
	17 体育场	●	△			37 蔬菜、副食市场	●	●	△
	18 科技站	●	△			38 百货市场	●	●	
医疗	19 中心卫生院	●				39 燃料、建材、生资市场	●	△	
	20 卫生院(所、室)		●	△		40 畜禽、水产市场	●	△	

注：表中●——应设置的项目；△——根据条件可设置的项目。

各类公共建筑用地面积标准

表 6

层次	规划人口(人)	各类公共建筑用地面积标准(m^2/人)					
		行政管理	教育机构	文体科技	医疗保健	商业金融	集贸设施
中心镇	10001 以上	0.3～1.5	2.5～10	0.8～6.5	0.3～1.3	1.6～4.6	根据赶集人数经营品类计算用地面积
	3001～10000	0.4～2.0	3.1～12	0.9～5.4	0.3～1.6	1.8～5.5	
	3000 以下	0.5～2.2	4.3～14	1.0～4.3	0.3～1.9	2.0～6.4	
一般镇	3001 以上	0.2～1.9	3.0～9	0.7～4.1	0.3～1.2	0.8～4.4	
	1001～3000	0.3～2.2	3.2～10	0.9～3.7	0.3～1.5	0.9～4.6	
	1000 以下	0.4～2.5	3.4～11	1.1～3.3	0.3～1.8	1.0～6.4	
中心村	1000 以上	0.1～0.4	1.5～5	0.3～1.6	0.1～0.3	0.2～0.6	
	301～1000	0.1～0.5	2.6～6	0.3～2.0	0.1～0.3	0.2～0.6	

五、生产建筑及仓储用地

由各省（自治区、直辖市）制定各类生产建筑及仓储用地的面积标准和定额指标。

用地布局要点

一、深入分析建设现状，调整现状布局中所存在的问题，做好扩建、新建用地的比选。

二、村镇规模一般较小，布局应紧凑，有利生产方便生活，节约用地和投资。

三、协调乡镇企业与居住用地的关系，根据不同类型乡镇的特点（表 1），优先安排好用地布局中的重点，合理各项用地，相互联系，避免干扰，保护环境。

表 1

类型	乡镇特征	镇区规划特点
农贸型	农业、农产品加工占主导地位; 为农业生产服务的设施齐全; 满足本乡镇商品流通的需求	乡镇企业主要是农副产品加工、农机具修配; 安排剩余劳力进镇经商、务工、办服务业; 集贸市场经营农副产品、农业生产资料和日常生活用品
工矿型	集体所有制工业比重大; 农业剩余劳力就业较充分; 目前通勤人口比例较大; 个体商户相对较少	工业用地比例高,是布局的重点; 处理好生产与居住用地关系,注意环境保护; 居住用地近期比例小,应为远期留有余地; 道路系统要适应货流和上下班人流需要
贸工型	商品贸易额大,联系范围广; 自理口粮进镇人多,流动人口多; 工商业多以家庭经营为主; 生产经营专业性强	工业用地少,为生产服务的设施将会增加; 合理布置集贸市场是布局的重点; 适当提高道路密度,利于沿街布置店面; 门市、生产加工、居住相结合设计建筑物
交通型	位置优越,交通方便; 客货流量很大; 中转物资较多	有利于发展运输量大的工业项目; 车站码头选址、仓储和道路系统是布局的重点; 处理好对外交通与镇区发展的关系; 组织好河海岸线的使用与分工
旅游型	邻近旅游区; 直接为旅游服务的产业发达; 旅游工业、副食供应、土特产业发展迅速; 流动人口多,季节变化大	镇区发展规模决定于旅游业发展前景(涉及旅游资源、游览容量、与城市距离等因素); 镇区作为游览内容的一部分,镇区道路系统与游览路有机衔接; 游览区和服务用地是布局的重点; 建筑景观、体量、色彩应与周围环境相谐调
城郊型	邻近城市市区; 生产项目多与城市协作配套; 组织为城市服务的生活供应	在城市总体规划指导下进行规划; 与市区交通联系应便捷,用地布局应紧凑; 部分公共设施的设置,应考虑可能利用城市公共设施的因素

四、选好公共中心[5]、集贸市场[6、7]等的用地位置

五、规划结构合理，道路系统明确，内外交通便畅。

六、各项工程设施系统合理，选址恰当 [4]。

七、结合自然条件和使用功能，创造优美的景观。

八、确定近期建设安排，力求紧凑，减少投资，切实可行，并能适应发展需要。

建设用地的节约途径

一、根据人口构成分别计算居住用地、选址与设计（表 2），注意现状用地的挖潜，结合翻建调整改造，布置巷路系统、宅院组合（农村住宅[4]）和绿化，节约用地美化环境。

表 2

居住类别	住宅选型	住宅用地面积	选地及设计要求
职工户	单元式水平分户 连排式垂直分户	参考城市住宅 各地规定占地面积	镇区中、靠近工作地点
农业户	院落式	各地宅基地标准	村庄、镇区边缘
专业户	院落式	各地宅基地标准	邻近村镇边缘的生产用地
商业户	下店上宅 前店后宅 垂直分户	各地宅基地标准	沿商业街、市场布置, 减小面宽加大进深提高层数
集体户	集体宿舍		单独建宿舍楼，或与底层的厂房、办公、门市结合建设

用地布局形式

村庄、镇区的建设用地多呈集中式布局，但个别镇区由于自然条件（地形、岸线、资源等）和现状条件的影响，发展成为相对集中的组团式布局。

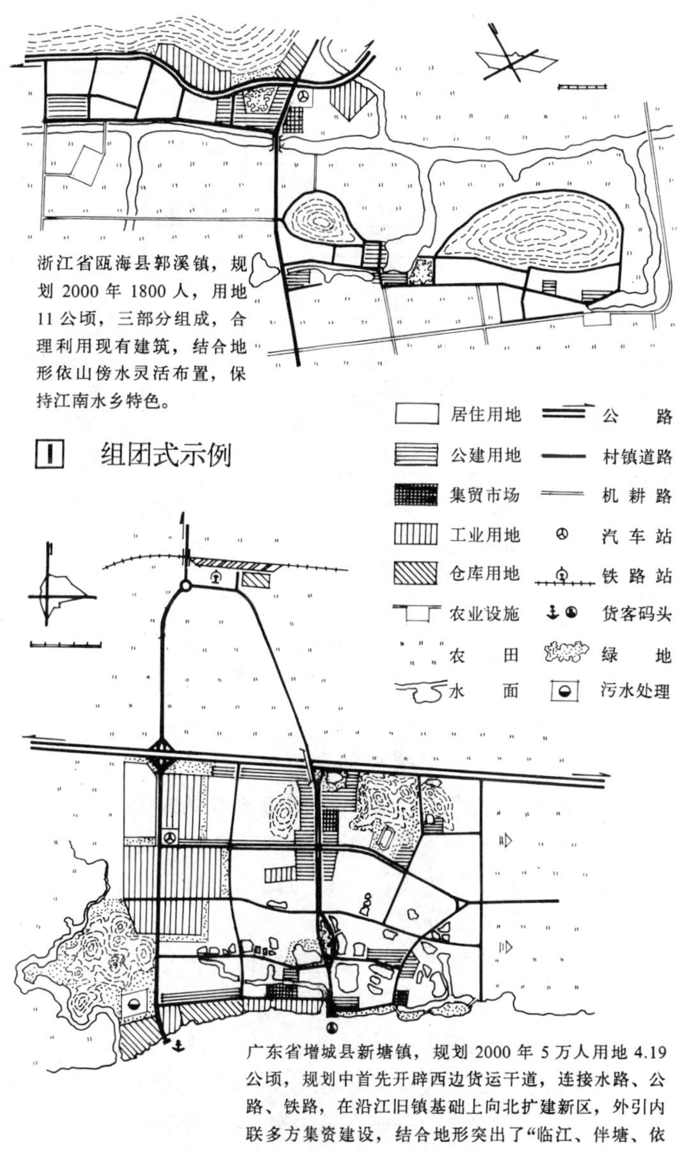

浙江省瓯海县郭溪镇，规划 2000 年 1800 人，用地 11 公顷，三部分组成，合理利用现有建筑，结合地形依山傍水灵活布置，保持江南水乡特色。

1 组团式示例

广东省增城县新塘镇，规划 2000 年 5 万人用地 4.19 公顷，规划中首先开辟西边货运干道，连接水路、公路、铁路，在沿江旧镇基础上向北扩建新区，外引内联多方集资建设，结合地形突出了“临江、伴塘、依丘”的环境特色。

2 集中式示例

二、根据公共建筑的服务范围和使用特点分级配置。

①项目选择应符合地方特点和群众爱好，规划中力求多种功能综合利用。

②村镇公建多为集资兴办，建设标准不必统一，但应严格控制用地。

③性质相近的项目建成综合楼，统筹安排附属设施，节约用地，减少投资，更可增大建筑体量。

④部分商业服务项目可以灵活设点、流动经营等方式，不必占地。

⑤提高集市场地和设施的利用率，高峰时可临时占用次要道路，非集时市场设施安排其他用途。

三、挖掘生产建筑用地的潜力，适应发展应留有余地。

①选址应相对集中，统一解决交通运输、基础设施、环境保护等问题。

②宜于分散加工的生产项目，镇区可只设发料、验收、销售的业务门市。

③专业户生产用地应根据生产内容、经营特点，可集中进行安排，而不宜分散布置在每户宅基地内，以适应发展，避免经营内容或方式变化时干扰居住。

四、根据村镇特点搞好绿化，节省用地又突出特色[4]。

村镇规划[4]基础设施

村镇道路的类别和规划要点

一、乡镇对外与村镇之间的道路，属于公路范围，均按《公路工程技术标准》规划设计（见总平面及运输[14]）。

二、村镇道路是村镇规划范围内宽 3.5m 以上道路的总称。村镇道路分为四级，见表 1：

村镇道路分级 表 1

主要规划设计指标			村镇道路分级 一	二	三	四
道路红线宽度 (m)			24～32	16～24	10～14	4～8
车行道宽度 (m)			14～20	10～14	6～7	3.5
每侧人行道宽度 (m)			4～6	3～5	2 或不设	不设
计算行车速度 (km / h)			40	30	20	—
不设超高最小平曲半径 (m)			250	150	100	50
停车视距 (m)			50	30	20	—
最大纵坡 (m)			4	5	6	6
道路建议间距 (m)			≥500	300～500	150～300	80～150
适用范围	规划人口	10001 以上	●	●	●	●
		3001～10000	△	●	●	●
		1001～3000		●	●	●
		1000 以下		△	●	●
	村庄规划人口	1001 以上		△	●	●
		301～1000			●	●
		300 以下			△	●

注：①图中：●—应设的道路级别，△—可设的道路级别。
②镇区常住人口超过30000时，道路红线宽度允许大于32m。
③非积雪地区，由于地形条件的限制，道路最大纵坡可增加1～2%。

三、村镇道路规划要点

根据村镇之间和村镇内部各项用地的功能联系，结合地形与现状，组织安全通畅、经济合理的道路交通系统，并为建筑布置和管线敷设创造有利条件。

1.利用村镇现有路网，疏通局部卡口和堵头，改造不合理的线形和交叉口。

2.配合布局调整，加强镇区道路的功能分工，适应乡镇企业的发展，开辟运输干路分流货运，使镇中干路由杂乱拥挤转变为繁华整洁的生活干路。

3.镇区汽车站的选址，要求与公路连接通顺，与公共中心联系便捷，并与码头、铁路站场密切配合。

4.结合集贸市场、商业街，设置停车场地；人流量大的公共建筑应设置必要的集散场地。

5.村镇道路网应与田间道路相配合，打谷场、农机库的位置应避免对村镇造成干扰。

6.配合村镇建设进程，安排好道路调整改造的步骤，逐步实现，适应发展。

村镇竖向规划要点

充分利用自然地形，尽量保留原有绿地和水面，进行建筑、道路及村镇景观的竖向布置，组织地面水排除。

一、合理确定建筑、道路、场地、排水设施等的标高。

二、确定地面排水方式及相应的排水构筑物。

三、进行土方平衡，确定取土、弃土地点。

竖向规划布置作法见总平面及运输[7—10]。

村镇绿化的类别和规划要点 表 2

绿化部位类别		主要功能	规划要点
居住用地	宅院绿化	调节小气候、遮阳乘凉防西晒	种植高大乔木、搭设棚架、水池
		美化环境、分隔空间	灌木、花卉、绿篱、垂直绿化
		发展庭院经济增加收益	种植果、菜、芳香植物，布置鱼池
	宅旁绿化	利用宅间的边角地 休息游戏、丰富景观	保留地段内的树木 开辟小片休息绿地、游戏场地
公共建筑用地绿化		配合建筑使用要求 美化室外环境	根据建筑使用要求进行布置 选择适宜的植物品种
生产建筑用地绿化 参见总图运输		发挥环境保护作用： 吸收有害物质，减轻污染 防尘、防灾、减弱噪声	根据环保要求选择树种 绿化布置形式适当 与构筑物、管线配合好
公共绿地		居民休息、游戏	利用地形，保留现有树木辟成小公园，结合文体中心布置小片绿地
		游览	结合名胜古迹安排游览地段
防护绿地		防风林带、卫生防护林	方向与主导风向垂直或30°以内偏角 依次布置透风、半透风、不透风型
		防噪声林	半透风、不透风型，选择适宜树种
道路绿化		防风、遮阳、固基、吸声、除尘 道路发展拓宽备用地	保证行车视距要求 注意树木生长与架空线的矛盾

注：绿化配置、树种选择：见第一集 绿化。

村镇工程设施规划要点 表 3

项目	内容和要点
给水	1.用水量估算：计算村镇生活、生产、消防的用水量 2.水源选择：原则是①水量充沛；②水质良好符合生活饮用水卫生标准；③考虑农业、水利、渔业的综合利用；④取水、净水、输水设施安全经济；⑤卫生条件好，利于卫生防护 3.给水设施类型选择：取水：分散型：如大口井、灶边井、压水机井等 集中型：深井、砂滤井 增压：高位水池、水塔、压力罐等 4.给水管网布置：确定线路走向及管径，绘制规划图
排水	1.排水量估算 2.排水系统选择：选用分流系统或合流系统 3.排水管渠布置：确定走向及管渠断面，绘制规划图 4.污水处理方式选定：①集中处理排放。处理厂选址在下游、下风位处。②生活污水排入沼气池或化粪池，生产废水分别处理。③生活污水尽量考虑与农田灌溉相结合，符合《农田灌溉水质标准》。
电力及其他能源	1.电力负荷的估算：包括农业生产、工业生产、村镇生活三方面分别估算其中农业生产用电包括：农田耕作、水利灌溉、养殖经营等 2.电源选择、变电所的选址 3.线路布置、编绘电网布置图 高压线路走向选择原则：①线路短捷、节省投资。②符合规定，保证安全。③尽可能少拆迁房屋。④尽量避免穿过村镇建设用地。⑤尽量减少与铁路、公路、河流的交叉。⑥不应设在洪水淹没、空气污浊的地段 4.根据地方条件，发展小水电、沼气池、太阳能、地热、风力以及种植薪炭林等多种能源，规划中应确定有关设施的位置及占地范围
电讯	内容包括乡村有线电话和广播，村镇规划中需与邮电部门共同确定： 1.邮电支局的选址要求：①便于使用。②县内干线便于引入。③位置适中出线便捷 2.电讯线路布置、编绘线路布置图 电讯线路走向选择原则：①尽量近、平、直。②避开洪水、滑坡、污染的影响。③少占农田。④适应发展减少迁移。⑤便于架设和检修。⑥一般架设在道路的西侧和北侧，与电力线路分开，以减少干扰。
防洪	1.根据当地水文资料、村镇地位、工程经济效益，在重现期为30~10年范围内选定防洪标准 2.防洪规划应与农田水利、水土保持、绿化造林等规划密切结合 3.统一安排河道整治、堤坝、圩垸、分洪、蓄洪、避洪等工程设施

注：①村镇规划设计中的防火、防风、防滑坡、抗震等要求，见第二集相应部分。
②给水排水、电力电讯规划设计作法，见第二集给水排水、电气部分。

公共建筑规划原则

一、按公共建筑的性质和使用要求进行布置。一般村镇内的公共建筑，不必分级设置，除学校、卫生院外，通常集中进行布置，构成公共中心。

二、位置选择要注意其合理的服务距离。

三、为方便使用和更加节约用地，宜将公共建筑按使用性质适当分类，组合布置；有些性质相近、互不妨碍的项目，可综合建在一座建筑物内。

四、既与对外交通联系方便，又不受其干扰。

五、考虑分期建设中的阶段性与景观效果的完整性。

公共中心的布置

一、布置在村镇中心地段；二、结合原中心及现建筑；

三、结合主要干道；　　　　四、结合景观有特色地段；

五、采用围绕中心广场、形成步行区或一条街等形式。

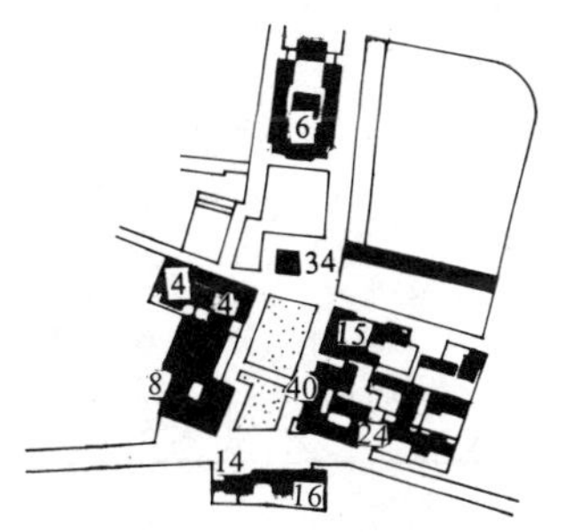

布置在村中心地段，结合原中心及文物古迹，使新建部分与改建部分相互衔接，关系和谐，构成适应现代化生活需要的内部与外部活动空间。公共建筑布局紧凑，分区明确。中心地段视野开阔，便于人流集散。

1 北京六郎庄村

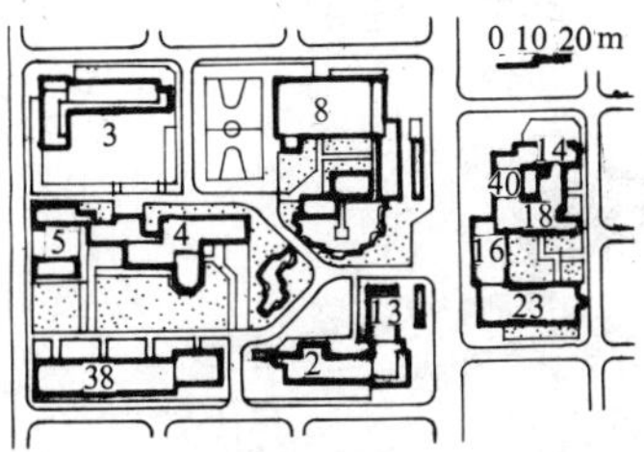

集中布置，根据功能划分地段，用地安排紧凑，流线简捷，使用方便，利于施工，群体空间变化丰富。

2 江苏铜山县东堌城村

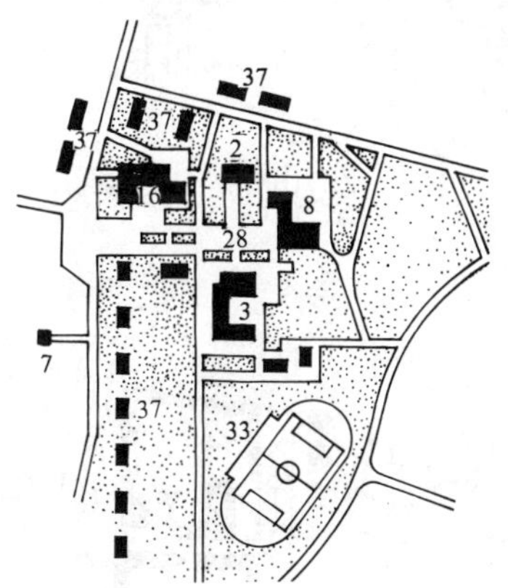

围绕较深的尽端式广场布置公共建筑。以文化宫为主体，重视环境绿化，中心广场之南设置体育场供学生和居民使用。

3 乌克兰基辅州特鲁什卡村

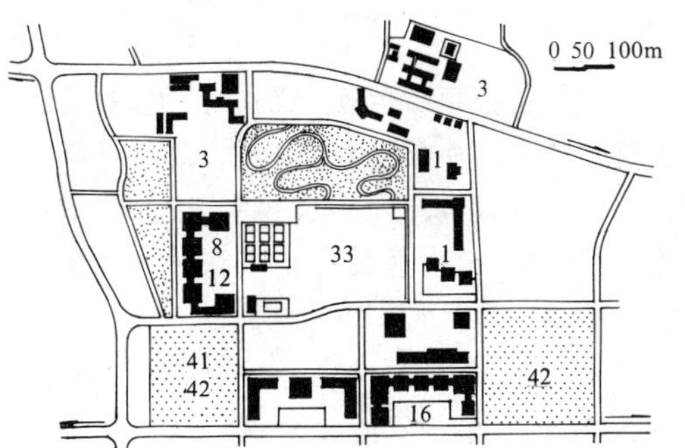

注意动静分区，满足不同性质使用要求，布局合理，设施完备，景色优美。

4 日本山形县栉引町

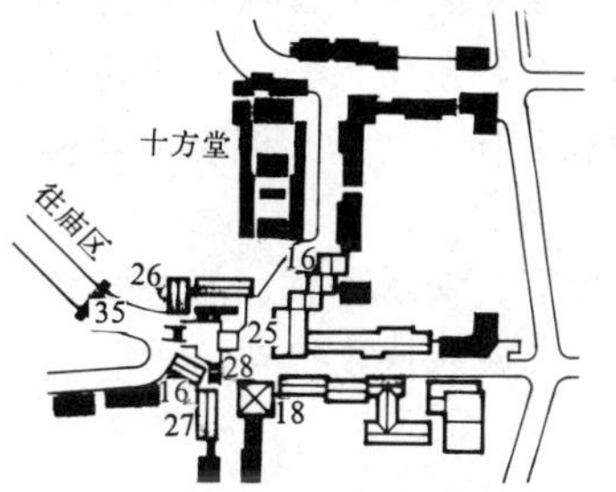

地处全镇的制高点，为登五台山必经之地，九条街道交汇于此。中心广场地面高差富于变化，周围新建筑与古建筑风格统一，景观富有特色，保持传统风格，具有吸引力。

5 山西五台县台怀镇

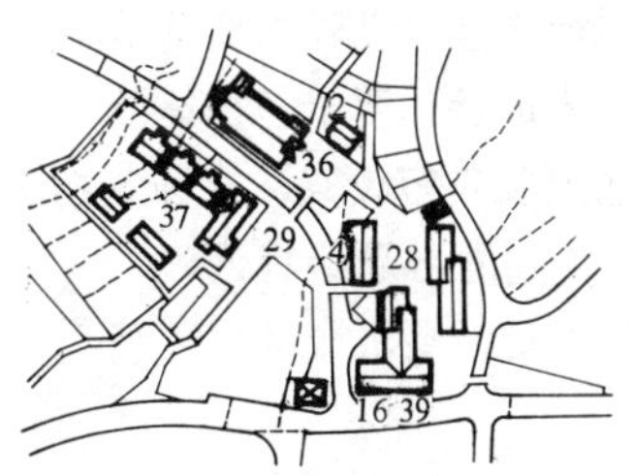

结合村庄主干道，在原来以教堂为主体的中心地段，新辟村中心广场和其它公共活动空间，整个中心广场充分利用了由南向北逐渐升起的地面变化，布置公共建筑、组织人流、车流，使建筑物错落有致，景观效果良好。

6 瑞士埃施村

布置成步行区，周围干道旁设停车场，新旧建筑结合，形成几处广场，作为全镇文化娱乐中心和商业中心，空间疏密得当，尺度宜人。其中配置的建筑小品，花草树木，减少了周围车流的干扰，环境宁静。

7 英国埃文郡纳尔希镇

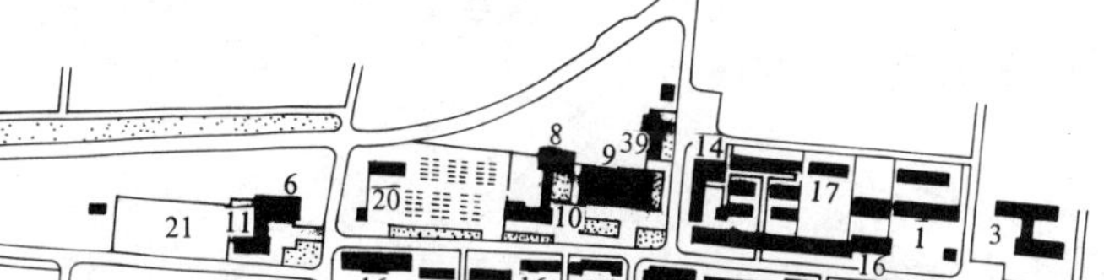

沿街两侧布置公共建筑，成为带形公共中心，与北部过境公路基本平行，联系方便，又不受公路干扰。牲畜市场、卫生院布置在相对独立的地段，避免污染镇区环境，形成了以商业服务、集贸市场、文化娱乐为中心的活动区域。

8 陕西周至县尚村镇

1 镇政府	7 纪念馆	13 医疗保健	19 超级市场	25 工艺美术	31 加油站	37 住宅
2 办公	8 文化宫	14 浴室	20 集贸市场	26 字画店	32 汽车站	38 宿舍
3 学校	9 影剧院	15 服务修理	21 牲畜市场	27 土特产店	33 运动场	39 照相
4 幼儿园	10 书店	16 综合商店	22 生产资料	28 中心广场	34 碑亭	40 理发
5 敬老院	11 农科站	17 银行邮电	23 招待所	29 步行街	35 牌坊	41 农田
6 展览馆	12 图书馆	18 饭店	24 花店	30 停车场	36 教堂	42 果园

集市类型

一、经营内容的多品类。按市场布置分为：粮油、副食、百货、土产、燃料、柴草、牲畜、生产资料、建筑材料。

二、交易时间的多形式。定期集、天天集、早、中、晚市。

三、服务范围的多层次。镇内居民、乡镇辖区、周围乡镇、跨越县境。

活动特征

一、明显的季节变化。农忙、农闲、节前假日，不同时期所需交易的品类有很大差异，赶集人次增减幅度大。

二、量大的瞬时集散。集日大量客货流主要来自镇外，黎明上市、午至高潮、日落散尽，赶集人数一般逾两千人，中心镇多达数万人，传统节日或物资交流会，规模可超过平集四、五倍。

三、突出的地方差异。经营内容、交易方式、服务对象不同，具有浓郁的地方习俗和民族风情等特点。

发展趋势

集市贸易迅速发展，对市场建设提出新要求：

一、品种增多，销售量大，需划行分市，设置专项用地。

二、人流增加，占地加大，需扩建市场，便于客货集散。

三、农民进镇营业开店、国营企业在集市设点，交易趋向经常化，要求集市场地部分固定，增置各项市场设施。

四、与科技信息、文化娱乐联系密切，要求服务更完善。

规划要点

一、做好现状调查：历史沿革、经营品类、服务范围、赶集人数、集市占地、设施状况、集散方向、运输工具。

二、分析现状，预测发展，确定市场用地规模。

三、根据客货流向，做好集市选址的方案比较。

四、规划好道路系统，组织好瞬时集散。

五、安排好大集时用地的临时措施。

六、配置集市各项设施：摊棚、停车场地、管理和服务机构、场地设施（绿化、给排水、公厕、垃圾等）。

集市场地规模估算方法

1.摊位占地法:(以平集最多摊位数计算) 集市占地＝摊位数×每摊占地×货摊密度	2.人均占地法:(以平集高峰人数计算) 集市占地＝平集高峰人数×每人占地指标
货摊占地参考面积： 品类 / 每摊占地 m^2 / 货摊密度% 禽蛋 0.3~0.5；蔬菜水果 0.8~1.0 — 10~20 竹木制品 1.0~3.0；木料竹材 1.5~2.0；猪羊兔 0.5~1.0；牛马驴 2.0~3.0 — 20~50 综合估算：可采取平均每摊 4−6m^2。	一些地区的占地参考指标： 浙江 0.4~0.6 m^2/人 广东 0.8~1.0 m^2/人 广西 0.35~0.5 m^2/人 贵州 0.65 m^2/人 江苏 0.4 m^2/人 湖北 0.8 m^2/人 注：各地差异很大，与交易品类、摊床设施、运输工具有关，应对本地集市进行调查，确定占地指标。

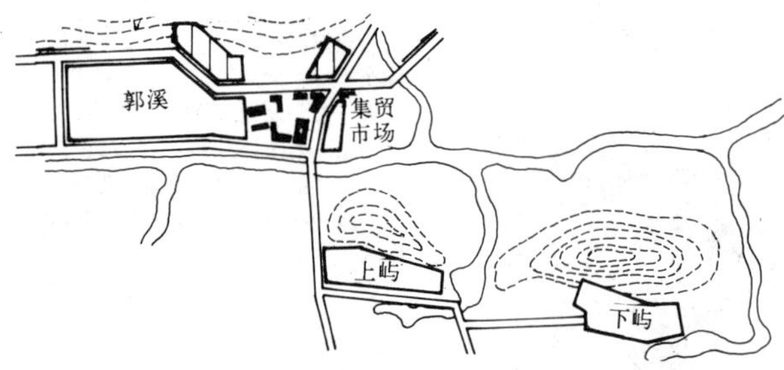

依托现状采取分散式布局的镇区。由郭溪、上屿和下屿三部分组成，农贸市场位置适中，水陆交通便利，既靠近镇中心，又是建设用地的边缘。

1 浙江瓯海县郭溪镇

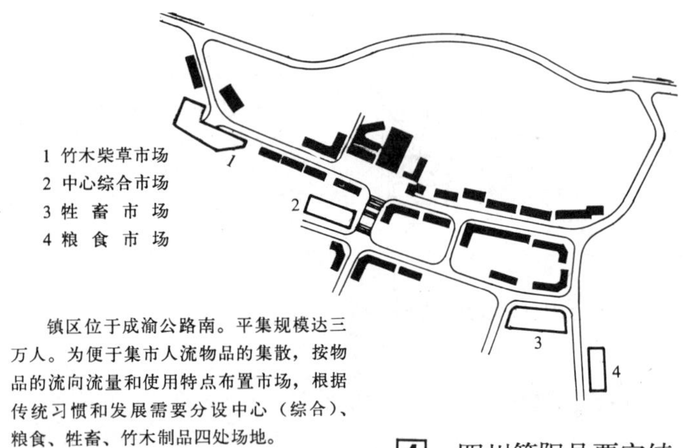

镇区位于成渝公路南。平集规模达三万人。为便于集市人流物品的集散，按物品的流向流量和使用特点布置市场，根据传统习惯和发展需要分设中心（综合）、粮食、牲畜、竹木制品四处场地。

4 四川简阳县贾家镇

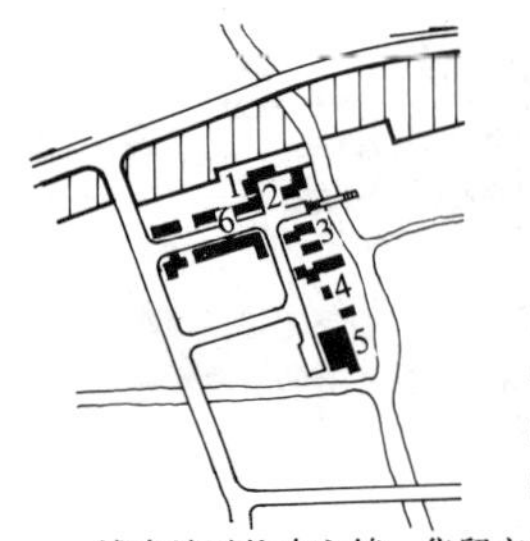

1 集贸市场
2 市场管理
3 行政办公
4 文化站
5 影剧院
6 商业街

浦南地区的中心镇，集贸市场西接公路，东靠叶榭河，与镇区的商业、文化中心结合良好，规划建设步行桥，使中心区与河东居住用地联系便捷。

2 上海松江县叶榭镇

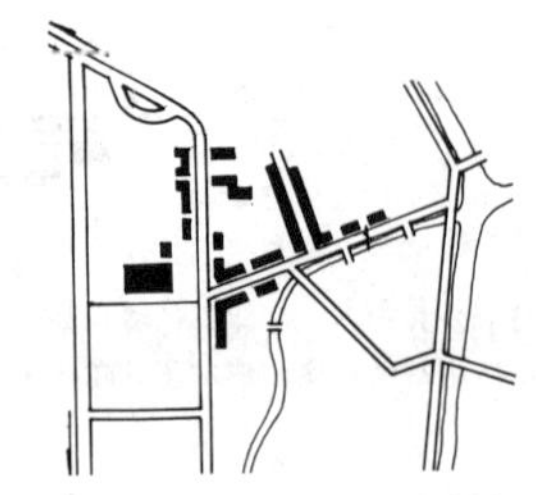

为节约用地，可考虑集市场地的多功能综合利用，做到一地多用，可与晒场结合，占用部分街道为集市。综合利用场地时，应从市场管理费中提取租金，做到互利。

3 江苏武进县焦溪镇

服务附近几个乡及河北省的部分农民，集贸市场采取混合设置的形式，专门开辟一处固定市场用地，配有棚架设施，并将邻近的一条次干道拓宽为集市街，以适应不同商品的要求和赶集人数的变化。

1 集市街　2 专用市场

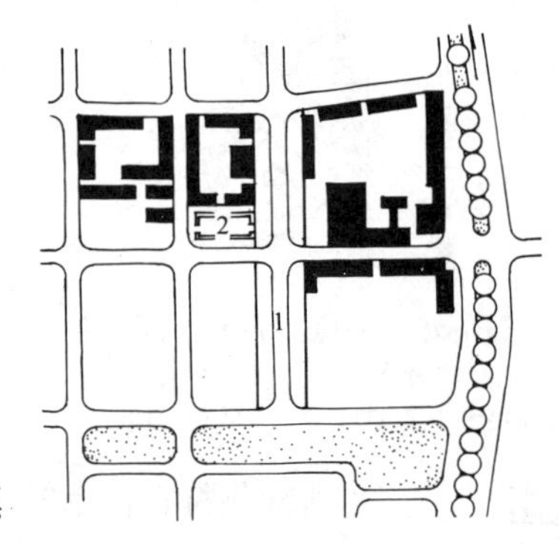

5 北京大兴县榆垡镇

集市场地的选址与布置

一、继承传统，适应发展。各地集市过去多是沿街临时摆摊，近年来商品经济迅速发展，赶集人数增加，市场拥挤，交通堵塞。要求在原有的传统市场基础上扩建改建，划行分市，建设专用场地。

二、对外交通便畅。根据商品类别、货源来向、人流集散选择集市场地。可接近对外交通，使人流、货流来去便捷，不穿越镇区，且保持适当距离，避免堵塞交通。为保证集市活动安全，切忌占用公路和镇区主干道，更不应跨公路、跨铁路布置集市场地。

三、与公共中心联系方便。将进镇进行贸易与使用商业服务、文化娱乐设施结合起来。定期集市应避开主干道，不妨碍镇区正常活动。以蔬菜副食为主的早市，可采取拓宽局部街巷的办法，与居住区和商业中心离而不远。

四、便于交易、利于管理。规模小的集市用地宜集中设置；规模较大时，需要根据经营品类分行设市，利于市场管理、人流集散及场地安排。

五、节约用地，提高土地利用率。

1.按平集规模规划。大集时考虑临时措施。如占用次要道路、广场、枯水期的河滩地、收获后的场院等。

2.一场多用，非集时兼做它用，如露天剧场、球场。

3.不同品类商品交易时间错开。如上下午错开、隔日错开、批发与零售错开等。

4.设计成多层市场或市场上层为住宅、办公、厂房。

六、有利于镇区环境卫生和防火。集市中特别是牲畜、柴草、竹木制品等场地的安排，宜设在镇区边缘、下风位处，有适当距离及绿化防护；相互有干扰的场地之间用绿地予以分隔。

根据商品种类，设置不同棚架，合理进行分区，避免相互干扰，利于组织交通。

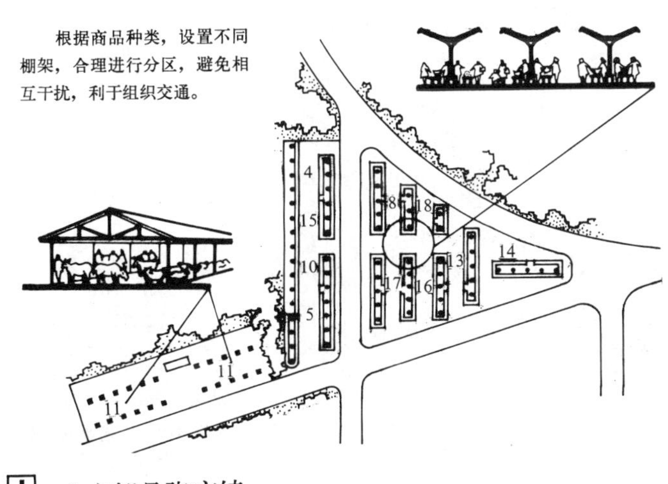

1 山东邹县张庄镇

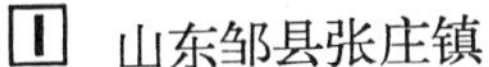

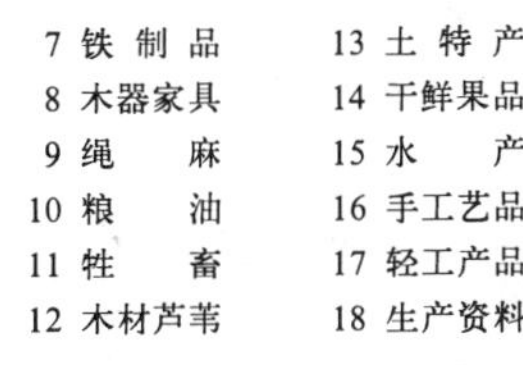

图例				
集贸市场	1 人革制品	7 铁制品	13 土特产
集市街	2 小百货	8 木器家具	14 干鲜果品
生产建筑	3 服装	9 绳麻	15 水产
设施用地	4 蔬菜	10 粮油	16 手工艺品
现状公建	5 肉食禽蛋	11 牲畜	17 轻工产品
规划公建	6 日杂	12 木材芦苇	18 生产资料

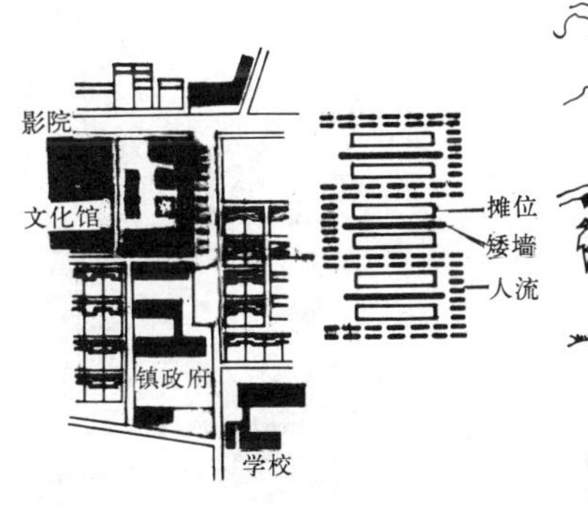

将干道部分拓宽，布置别具一格。靠边设垂直街道轴线的矮墙，墙的两侧摆摊。在较小的用地面积内争取了较多的摆摊面积。

3 天津蓟县官庄镇

保定地区北部商业贸易集镇，服务范围涉及邻县，交易商品类别齐全，近年来人革制品、小百货迅速发展，行销20多个省市。过去集市在古镇街和小巷中摆地摊，现迁出乡镇工厂，开辟小广场，新建商业街和专业市场。逢三、五、八、十为集日，平集达三、四万人。

4 河北新城县白沟镇

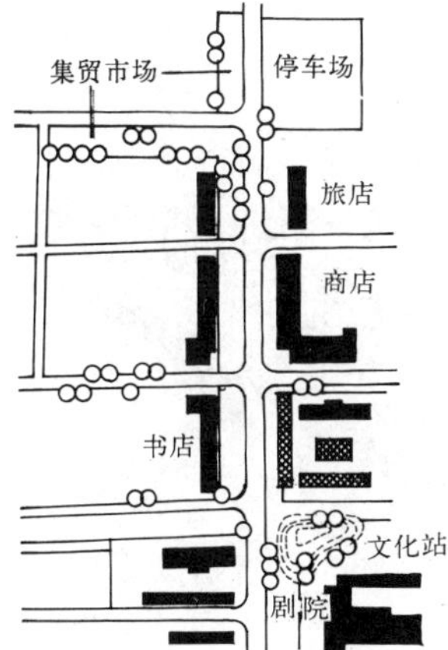

2 陕西蒲城县永丰镇

市场设在镇区干道北段西侧，市场内植高大乔木，逢集为市场，平时作为公共绿地。

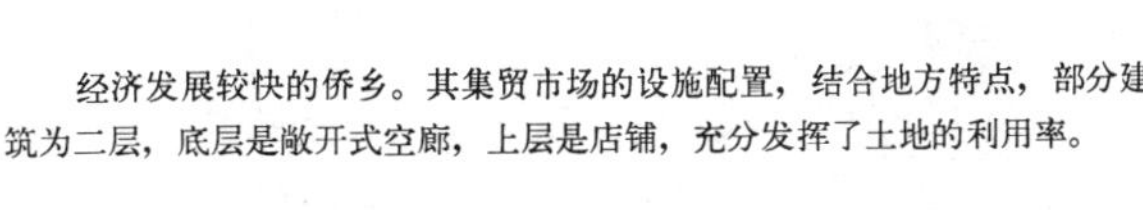

经济发展较快的侨乡。其集贸市场的设施配置，结合地方特点，部分建筑为二层，底层是敞开式空廊，上层是店铺，充分发挥了土地的利用率。

5 广东东莞市常平镇

1 镇政府、村委会　4 小学　7 文化站(室)　10 卫生院(所)
2 派出所　5 初中　8 体育场(馆)　11 影剧院
3 托幼　6 高中(职业中学)　9 农科站　12 敬老院
13 综合商店　17 旅馆、招待所　21 银行　25 消防站
14 书店　18 照相　22 邮电　26 变配电所
15 药店　19 理发、浴室　23 集贸市场　27 自来水管站
16 饭店　20 综合服务　24 汽车站　28 环卫站
29 铁路旅客站
30 工商税务

规划人口 3072 人，建设用地 29.21 公顷。

利用原公路作为镇内主干道，布置公共建筑。建筑结合丘陵地形，道路走向灵活。村民与居民分片布置，减少干扰，节约用地。绿化、果木、山林和雷锋纪念馆结合布置，环境幽雅，位置与镇区联系密切又相对独立。

1 湖南望城县黄花塘镇

规划人口 7000 人，建设用地 80.99 公顷。

漓江风景区的游览古镇。用地布局从景观出发，与游览路线密切配合，旅游用地采取不同档次，集中与分散相结合布置，新区与古街面貌协调，利用地形灵活布置，体量适宜，色彩淡雅。镇中新辟集贸市场和商业户步行街区。

2 广西阳朔县兴坪镇

规划人口 2400 人，建设用地 30.94 公顷。

镇区在蓟县——盘山公路单侧发展。主干道规划为尽端式，南侧布置公共建筑和集贸市场。注意利用现状建筑，保持传统住宅风格，新旧建筑结合良好。

3 天津蓟县官庄镇

规划人口 11000 人，建设用地 119 公顷。

4 广东东莞市常平镇

珠江三角洲地区外向型集镇，广州——深圳铁路中间站，乡镇企业发展迅速，水果蔬菜出口香港。结合现状调整布局，明确发展方向。住宅与渔塘穿插布置，富有特色。已建成以多功能体育馆、贸工农大厦为主体的镇中心广场。

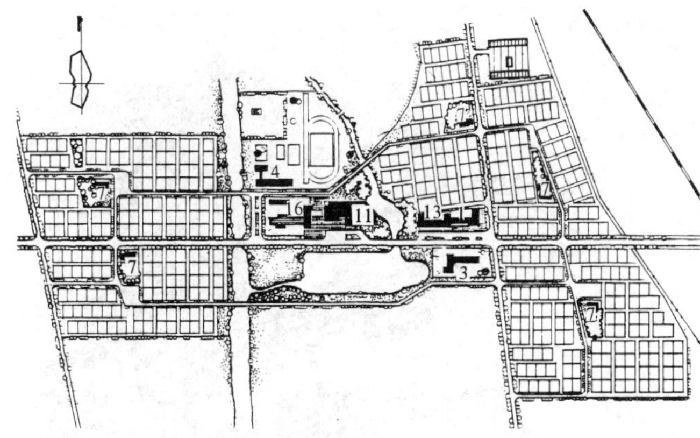

400 户，1768 人，用地 18.59 公顷，每户宅基地 $180m^2$。1985 年建成。

原为分散的八个自然村，选新址集中建设，节约村庄用地近千亩。围绕公共中心，划分为五个住宅组，用环路相串联。设计多种类型住宅，结合地形以及原有道路走向进行宅院组合，在基本规整的布局中取得丰富变化的新村面貌。

1 北京昌平县綵河新村

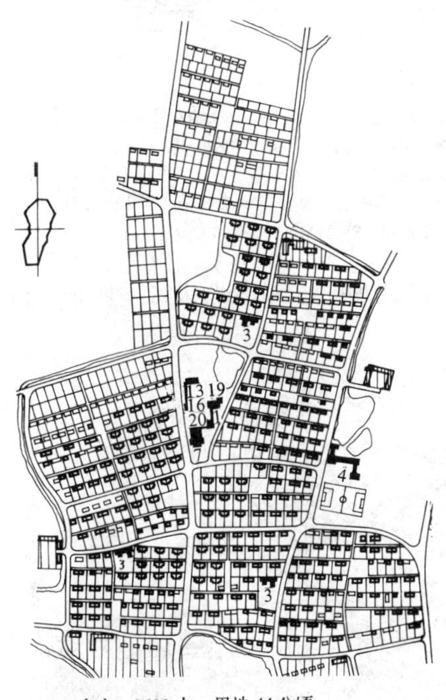

600 多户，2600 人，用地 44 公顷。

规划注意不占稻田，合理利用原有道路骨架和质量较好的建筑，对其中不适宜部分作相应调整；为合理插建宅院，规划中采用不同形式和多种规模的宅院组合，比现状节约宅基地 20%。在住宅组团中安排公共杂务用地，供临时停车、回车、存车或公共活动使用。

2 辽宁营口县前高坎村

1 镇政府、村委会
2 派出所
3 托幼
4 小学
5 初中
6 高中(职业中学)
7 文化站(室)
8 体育场(馆)
9 农科站
10 卫生院(所)
11 影剧院
12 敬老院
13 综合商店
14 书店
15 药店
16 饭店
17 旅馆、招待所
18 照相
19 理发、浴室
20 综合服务
21 银行
22 邮电
23 集贸市场
24 汽车站
25 消防站
26 变配电所
27 自来水管站
28 环卫站
29 铁路旅客站
30 工商税务
31 粮管所

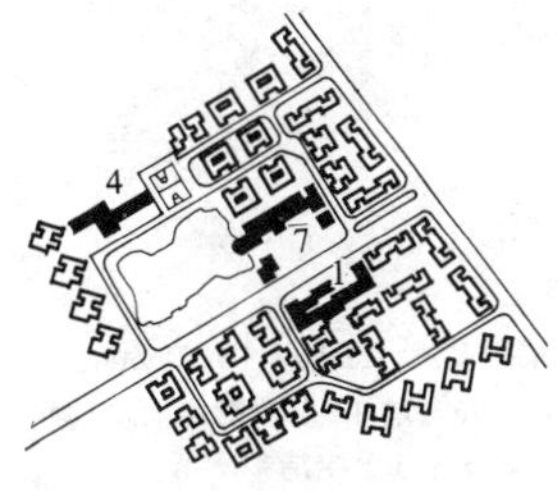

102 户，375 人，用地 1.6 公顷，1987 年建成。

该村是省、县、乡联合建设试点。统一规划和设计，配套进行建设。公共建筑综合布置，住宅建筑类型多样，体形丰富，色彩变化，风格形式统一，具有当地特色。

3 四川温江县永宁新村

500 多户，2788 人，用地 18.55 公顷。

对原有过密的宅巷进行改建和疏松。新建住宅选在荒坡地上，少占耕地。文化中心及小学位于中部高地上，结合地形布置建筑。

4 广东花县马溪村

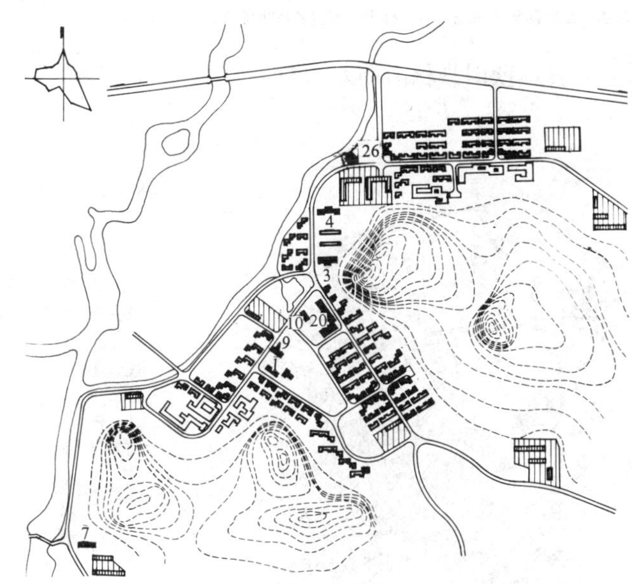

320 户，200 人，用地 14.65 公顷。

建在梧州——桂林公路南侧的山坳之中。配合耕地分布，形成三个村民住宅组团，掩映在秀丽的山林景色之间。中部布置公共建筑，使住宅组团联成整体。

5 广西平乐县高桥村

现状住宅建筑	住宅建筑用地	道路广场
规划住宅建筑	公共建筑用地	汽车站、停车场
现状公共建筑	生产建筑用地	铁路站场
规划公共建筑	仓贮用地	公路
生产建筑	绿化用地	变配电所
仓贮建筑	水域	用地发展方向

0 100m

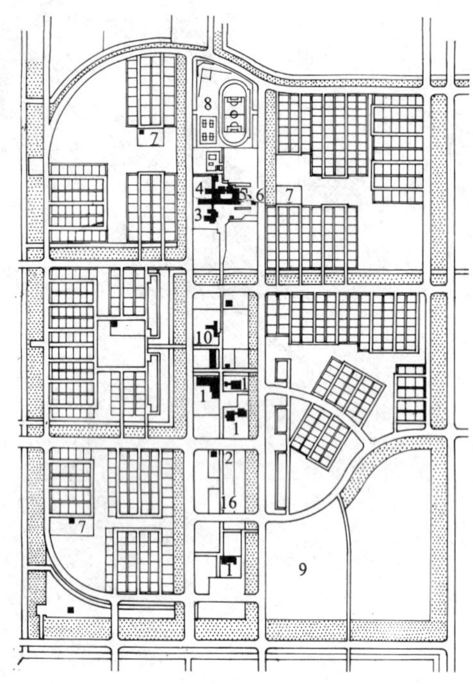

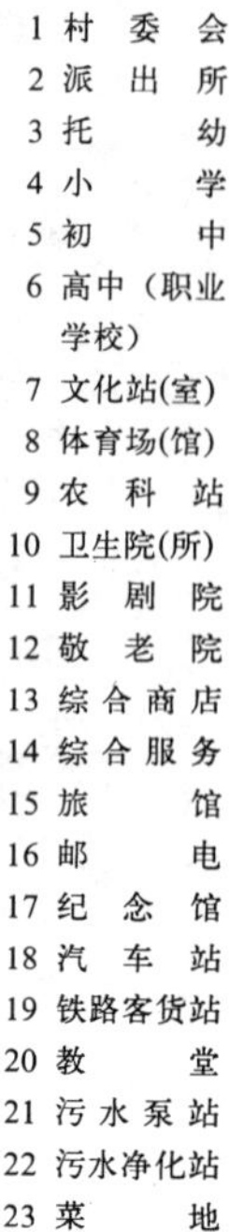

通过 20 年（1957-1977）的干拓工程，将湖水抽干，并在此基础上建成村庄，占地 210 公顷。

村庄位于日本海沿岸的沙丘地。到 1983 年，共有 700 户，人口 3440 人。村庄中心地带为公共建筑用地，占地 30 公顷；东西两侧为住宅，整齐排列，周围种植防风林。

1 日本秋田县秋田郡大潟村

人口 3000 多人，有独院式住宅 700 多户，另有少量单元式住宅。

按地形进行规划，岗地布置住宅，洼地作为农田、绿地，中部高地布置公共中心。独院式住宅结合地形及道路走向，沿主干道及尽端式支路布置成组团。地方性公路网两侧设有 10m 宽绿带，减少交通对居住的干扰。村庄景观效果良好，特色突出，环境优美。

3 白俄罗斯日托米尔州安德鲁谢夫区卡切利雅村

住宅建筑用地
公共建筑用地
生产建筑用地
绿化用地
道路广场
防风林
农田
果园
苇地
铁路
公路
水域
现状住宅建筑
规划住宅建筑
公共建筑
生产建筑

人口 3378 人，1982-1986 年进行规划建设。

注意传统建筑物的保护与修缮，保持原有景观特色与乡村文化特点。在改建扩建过程中，充分考虑新旧建筑物的过渡与衔接，组织新旧结合的道路系统，新辟过境道路，并将原有道路根据交通功能划分为村内干道、步行道、步车共用道路，性质明确，线型流畅。沿河流两岸布置绿化带，安排新住宅，形成优美的环境与景观。

2 德国黑森州布尔格霍尔茨豪森村

1974 年 5 月开始规划设计，1975 年 8 月建成。共有 1300 户，人口 6000 多人，原分散在 19 个自然村。规划居民点集中布置，并通过 12 条放射路同耕地联系起来。农户按照生产体制与作业班组结合布置，划分为 5 个生活基本单元。

4 朝鲜黄海南道安岳郡五局里合作农场

农村住宅地区特点形成因素

一、自然气候与地理环境。
二、人文状况及地方风俗习惯。
三、社会生产方式及经济发展水平。
四、地方材料及传统构造方式。

传统农居介绍

丰富多采、各具特色的传统农居是我国民居的重要组成部分。传统农居在因地制宜、就地取材、平面和空间组织、节能处理等方面的智慧和手法值得吸取。

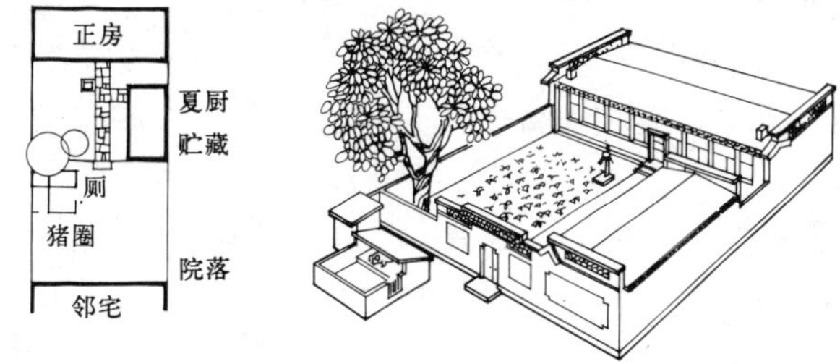

一明二暗四破五（一开间分为两个半间），南灶南炕，做饭取暖一把火，北墙封闭，南墙敞开，吸收太阳能

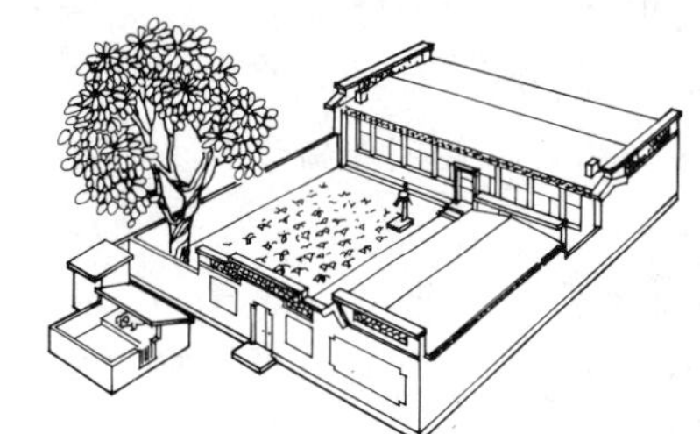

1 北京市郊农居（大兴县留民营村住宅）

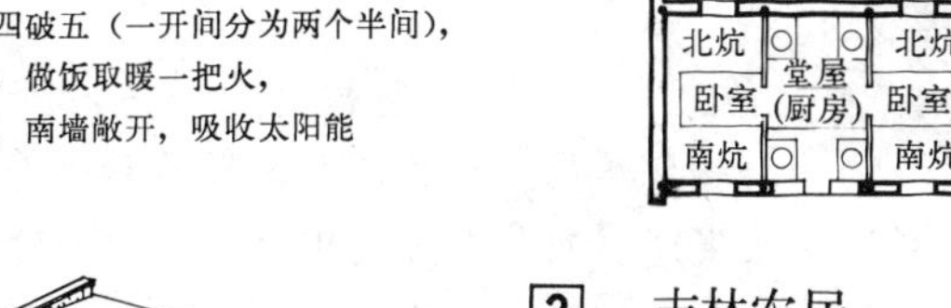

2 吉林农居
（扶余县八家子乡某宅）
一明二暗
南北对面炕

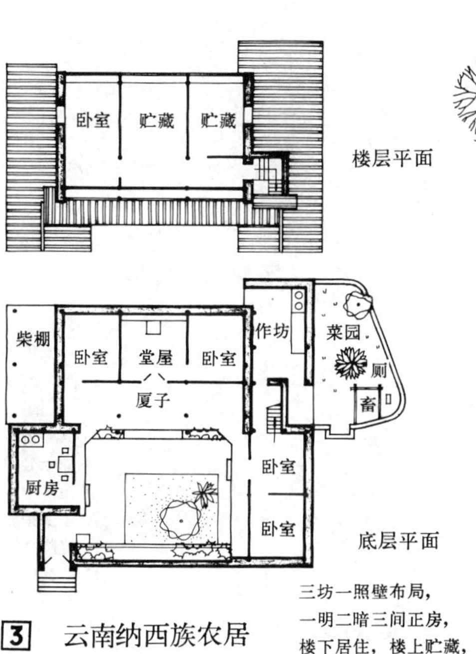

3 云南纳西族农居
（丽江大研镇某宅）

三坊一照壁布局，一明二暗三间正房，楼下居住，楼上贮藏，房前厦子为家庭副业、起居待客场所

外形规整，内部布局灵活，外墙封闭，天井采光，内部通风敞亮，土墙、木架、竹椽、草顶，江南农家草舍风貌

4 浙江农居
（吴兴南浔镇某宅）

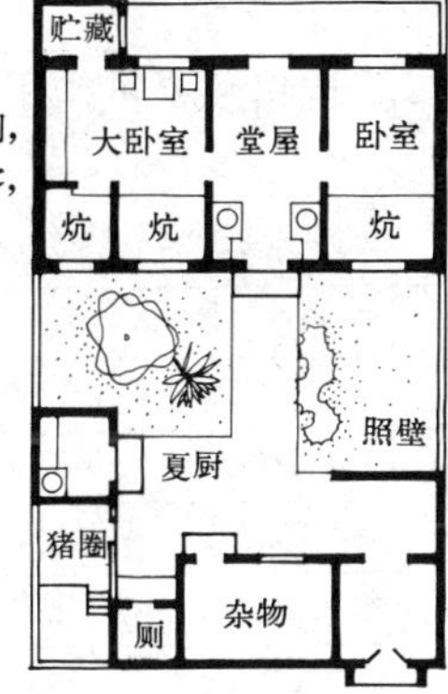

一明两暗加半间，大间卧室兼待客，前庭院后天井，采光通风好

5 山东农居
（烟台冶基村住宅）

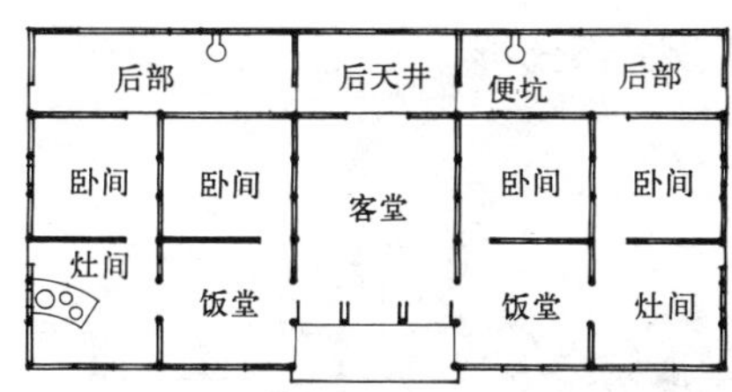

6 上海市郊农居
（北郊某宅）

三间堂（明三暗五）左右增筑成五间堂，兄弟合住，堂屋居中、前庭院后天井，里间卧室，外间饭堂、灶间

农村住宅现状

住宅建设宅基地控制指标

地区	人均耕地(亩／人)	宅基控制面积(m^2／人)
天津	0.76	100～200
辽宁	1.31	200～300
黑龙江	3.74	250～350
上海	0.36	80～120
浙江	0.62	75～140
山东	1.26	130～265
湖北	0.96	120～160
广西	0.91	100～250
四川	0.87	80～120
陕西	1.60	165～200
全国	1.26	

注：人均耕地为1990年统计资料。

农村家庭人口及住房面积变化

地区	户均人口(人)				人均住房建筑面积(m^2)				住房中楼房的面积比(%)		
	1957年	1986年	1988年	1990年	1957年	1986年	1988年	1990年	1986年	1988年	1990年
天津		3.95	3.84	3.62		15.21	16.29	17.14	0.34	0.79	1.12
辽宁		4.02	3.87	3.78		15.95	16.46	16.37	0.42	0.74	1.22
黑龙江		4.78	4.71	4.12		12.94	14.37	14.28	0.23	0.40	1.16
上海		3.24	3.25	3.06		31.28	33.18	36.69	67.28	64.44	70.99
浙江		3.64	3.49	3.42		28.61	30.27	31.27	60.20	67.10	71.88
山东		4.03	3.99	3.92		19.41	20.18	20.59	0.79	0.64	1.48
湖北		4.98	4.43	4.31		18.57	19.34	20.28	9.24	12.78	16.09
广西		5.20	5.07	4.95		17.83	17.84	18.55	15.92	17.45	15.67
四川		4.21	4.02	3.82		21.47	21.61	21.89	11.69	14.14	15.05
陕西		4.32	4.20	4.21		18.10	18.92	18.18	5.34	6.45	7.97
全国	4.55	4.38	4.23	4.10	11.30	18.99	19.45	20.01	17.63	19.47	22.84

注：1957年数字摘自国家统计局农村抽样调查统计数字，其余均摘自建设部村镇建设统计年报。

户型及特点

一、一般农业户 以小型种植业为主，兼营家庭养殖、饲养、编织等副业生产。住宅除生活部分外还应配置家庭副业生产、农具存放及粮食凉晒和贮藏设施。

二、专业生产户 专业规模经营种植、养殖或饲养等生产业务。有单独的生产用房、场地，住宅内需设置业务工作室、接待会客室、车库等。

三、个体工商服务户 从事小型加工生产、经营销售、饮食、运输等各项工商服务业活动。住宅内需增加小型作坊、铺面、库房等。

四、企业职工户 完全脱离农业生产的乡镇企业职工。进镇住户可采用城镇住宅形式。

设计要点

一、符合地区对不同类型住宅建设宅基地面积和建筑标准的控制指标，有利于节约用地。

二、适应地区环境、气候特点，尊重地方居住习惯，考虑地区建设条件和材料做法。

三、主要居室应有良好的朝向，湿热地区应组织穿堂风，满足各种房间的通风采光等卫生要求。

四、平面布局紧凑合理，空间组织完整实用，考虑分期建设、逐步完善、适应变化的条件。

五、体现节能设计要求，采用节能新技术。

六、结构合理、施工简便，满足地区地震设防要求。采用地方先进建筑技术，促进农村通用构配件的生产。

主要技术经济指标

户　　型	(一般农业)户、( )厅( )室	院落占地系数(%)		$\left(\frac{院落面积m^2}{宅基面积m^2}\right)$
主房建筑形式	(平或楼)房、(平或坡)顶			
建筑组合形式	(独立、并联或连排)式	每m^2主房建筑造价		元
每户宅基面积	(院墙以内的用地面积) m^2	其中	土建部分	元
每户建筑面积	(见注1) m^2		设备部分	元
每户院落面积	(见注2) m^2	每户主房建筑总造价		元

① 每户建筑面积包括厅堂、卧室、厨房、室内卫生间、贮藏间、楼梯间、内外廊及组织在主房内的生产用房面积。

② 每户院落面积指宅基范围内除去主房及畜舍、厕所、杂物棚等所形成的前庭、后院、侧院或天井的面积。

专业生产户生产设施构成取决于具体生产经营业务。组成联合体的专业户，其生产设施与宅院分离，集中设置，家庭专业户某些生产设施，如库房、作业室等常组织在宅院中。

平面关系分析

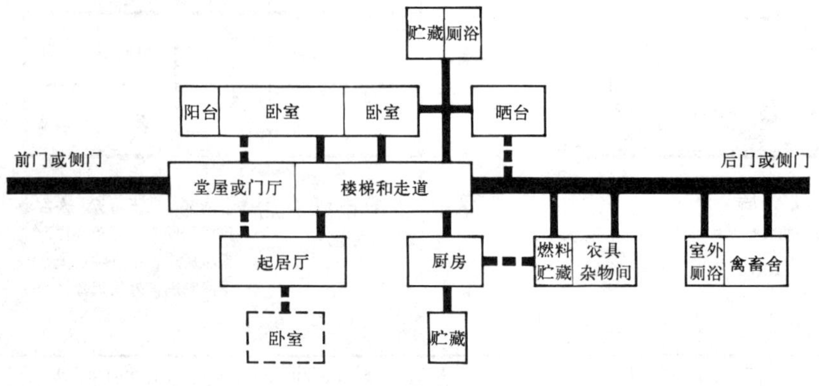

[1] 一般农业户住宅

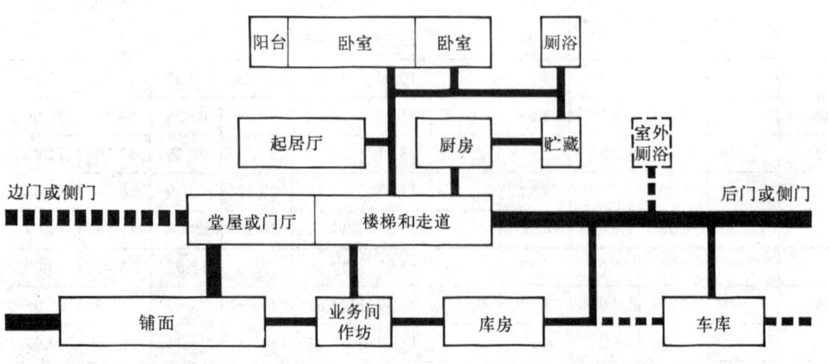

[2] 个体工商服务户住宅

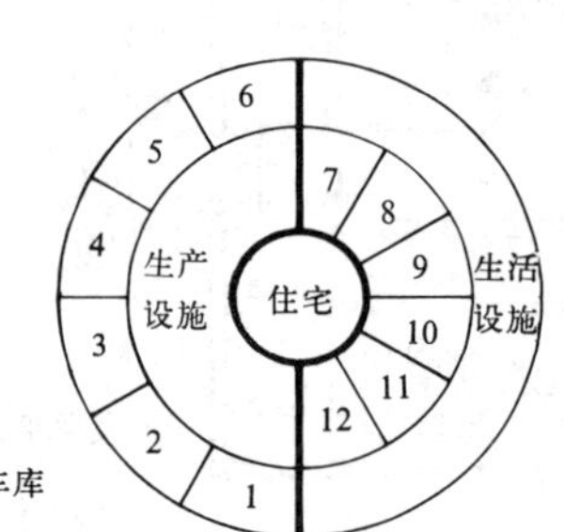

a 大田种植户

b 蛋禽饲养户

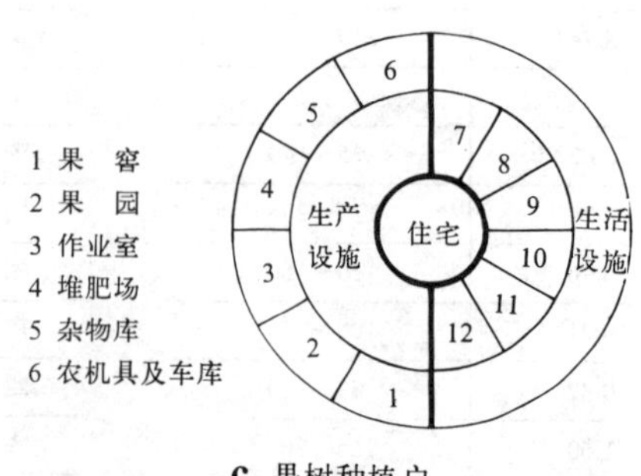

c 果树种植户

[3] 专业生产户设施构成示例

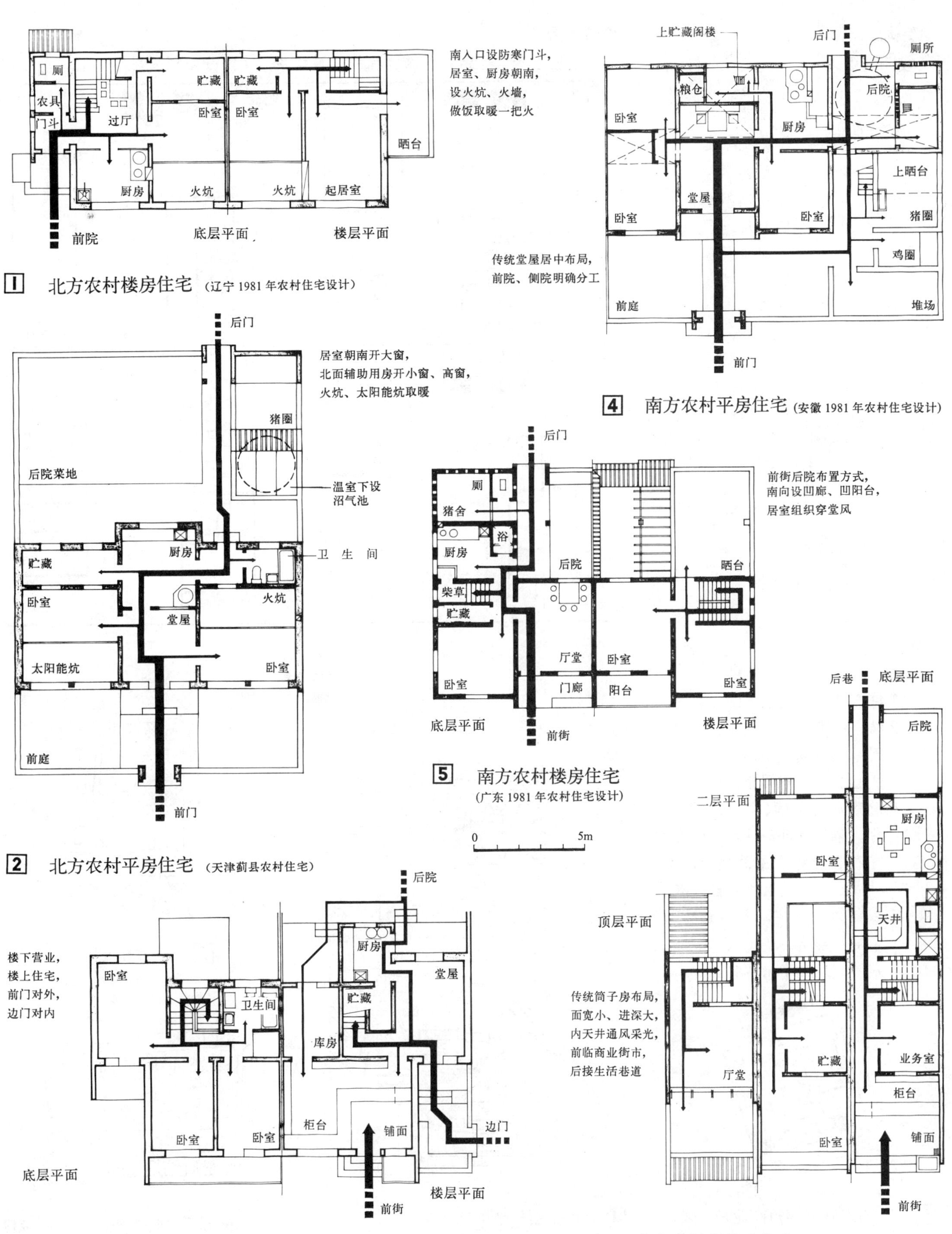

1 北方农村楼房住宅（辽宁 1981 年农村住宅设计）

2 北方农村平房住宅（天津蓟县农村住宅）

3 北方集镇商业户住宅（北京 1985 年农村住宅设计）

4 南方农村平房住宅（安徽 1981 年农村住宅设计）

5 南方农村楼房住宅（广东 1981 年农村住宅设计）

6 南方集镇商业户住宅（广西兴坪镇商业户住宅设计）

宅院构成

使用功能	设施项目	
一、生活起居	1 院门、院墙	
	2 院路	
	3 庭院绿化	
	4 住房	
	5 厕所浴室	附房*
二、物具贮存	6 仓房地窖	附房*
三、副业生产	7 副业用房	附房*
	8 晾晒场地	
	9 畜圈*	
	10 禽舍*	
	11 果树*	
	12 菜地*	
四、其他设施	13 能源 太阳能、沼气设施 柴堆、煤棚等	
	14 其他* 水井	

注：上表系指农户院落构成的各项要素，各地不同住户间的差异很大，注有 * 者有时不设。附房有时部分或全部纳入住房中，住房中的厨房或夏季厨房有时结合附房布置。为节约宅基用地，晾晒场地可利用屋顶平台。

宅院布置

根据住房、生活院、杂物院的位置关系，宅院分四种类型

住房 生活院 杂物院

前院型 天津 浙江

前侧院型 云南 河南

前后院型 福建 新疆

后院型 江苏 四川

宅院组合

一、基本要求

1.符合日照、通风、防火要求。

2.结合地形及现有建筑、道路、绿化。

3.因地制宜选择组合方式及院落形状，适当加大巷路间距，以节约用地。

4.道路走向明确、主次分明，避免过长的巷路，保证居住环境的安宁。

5.有利于能源设施的建设，创造沼气池机械出料和装置太阳能设施的条件。

6.多种体型住宅，分组进行布置，组间穿插小型公共建筑、绿地，生活使用方便，景观丰富变化。

二、实例

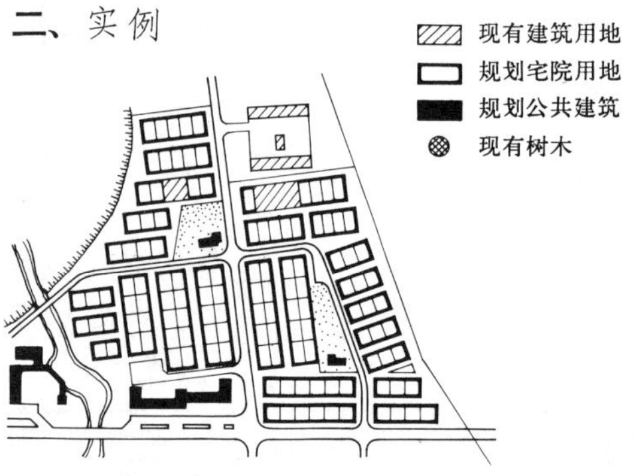

现有建筑用地 规划宅院用地 规划公共建筑 现有树木

1 北京昌平踩河村 结合现有建筑与地形，选用不同院落形状成组布置

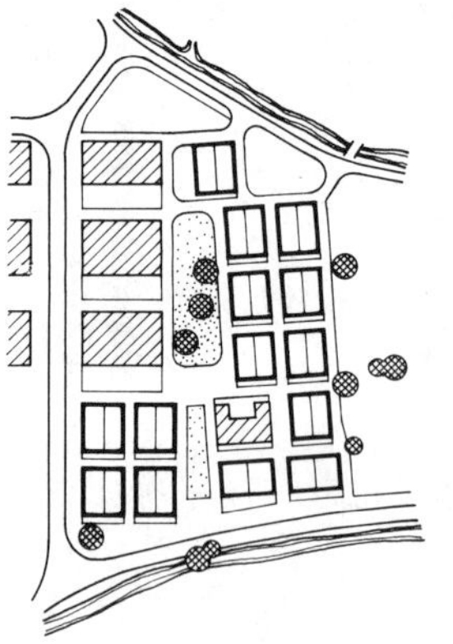

2 浙江杭州双峰村 保留现有建筑和大树，自然形成集中绿地

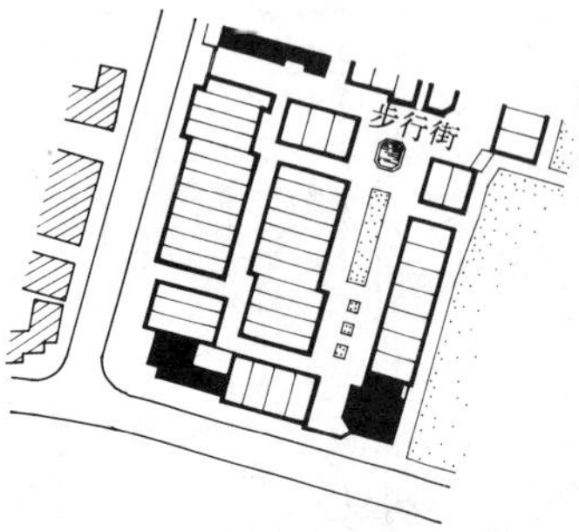

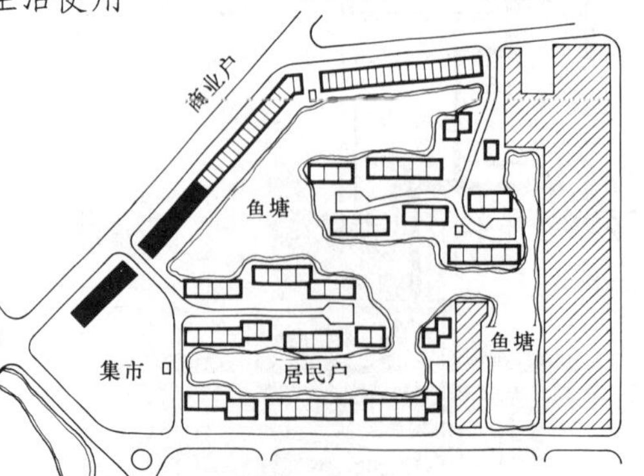

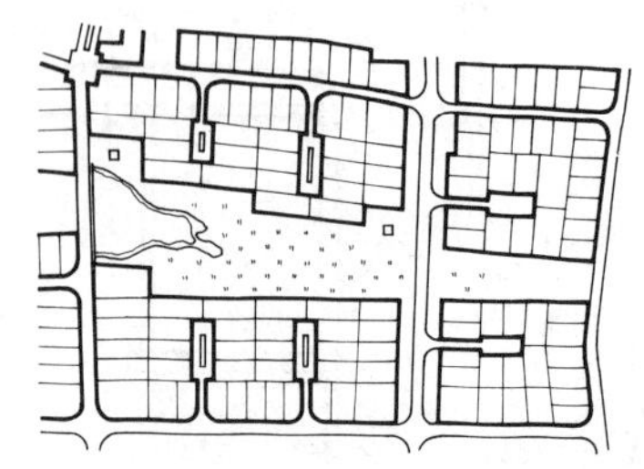

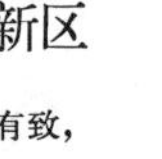

3 广西阳朔兴坪镇商业户新区 多种户型沿街连排布置，形状错落有致，空间曲折变化

4 广东东莞常平镇东区 住宅与鱼塘穿插布置，尽端式巷路，沿干路布置商业户

5 前苏联日特米尔省卡切利雅村 方格干路与尽端式巷路相结合的道路系统，住宅沿干路布置或围绕巷路组团式布置

农村新型住宅特点

一、满足生产与生活的不同需求，类型多样化。

二、突破传统格局，生产与生活空间分离，布局紧凑，居住舒适方便。

三、改善日照通风条件，提高设施水平。

四、采用节能设计手法和再生能源综合利用新技术。

五、适应现代生活方式，新式家具取代老式家具。

六、区分脏净院落，改善居住环境。

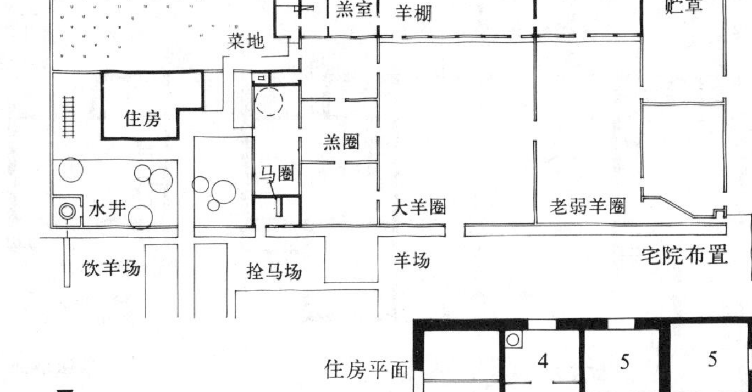

宅院布置

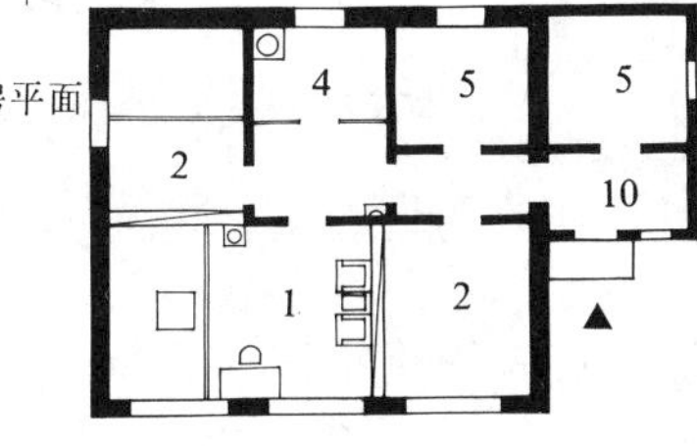

2 内蒙古 1981 年牧区住宅设计

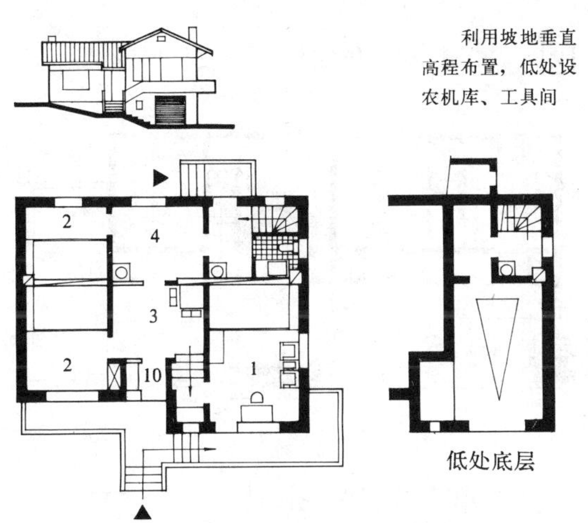

1 黑龙江 1985 年农村住宅设计

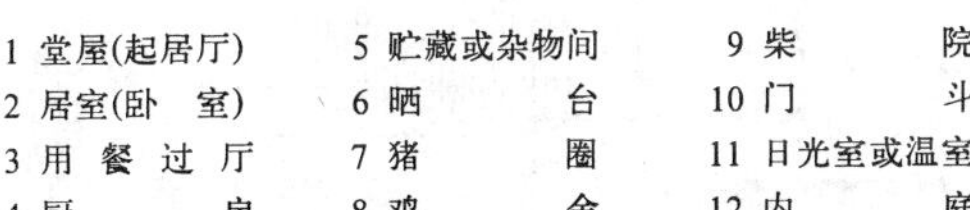

1 堂屋(起居厅)	5 贮藏或杂物间	9 柴院
2 居室(卧室)	6 晒台	10 门斗
3 用餐过厅	7 猪圈	11 日光室或温室
4 厨房	8 鸡舍	12 内庭

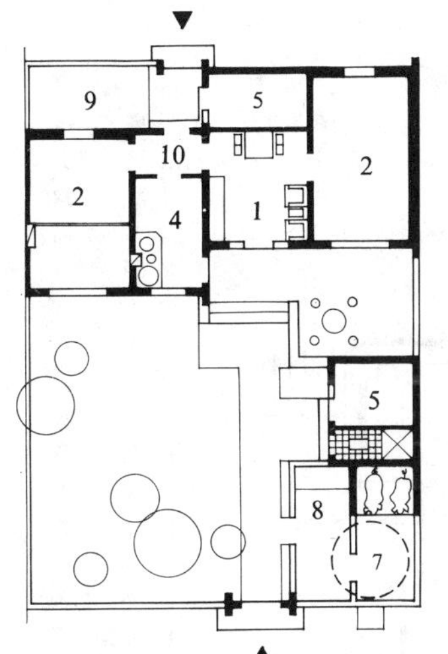

3 天津 1981 年农村住宅设计

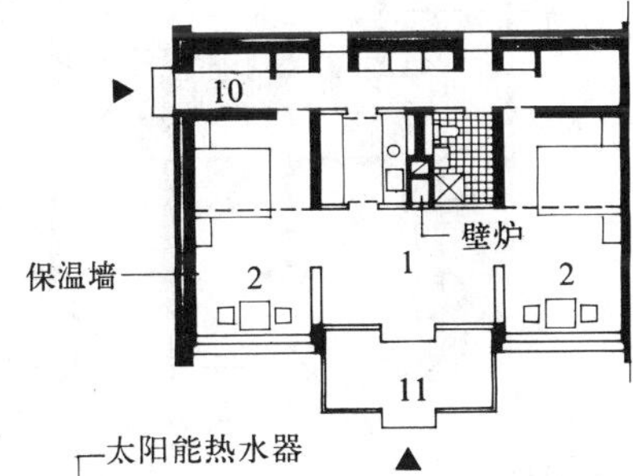

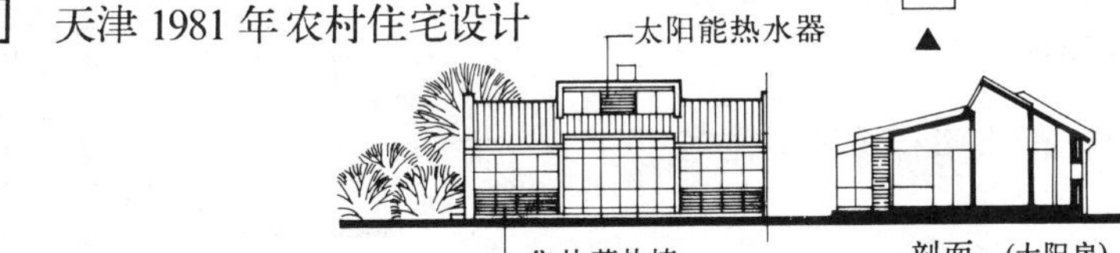

4 北京新能源村住宅

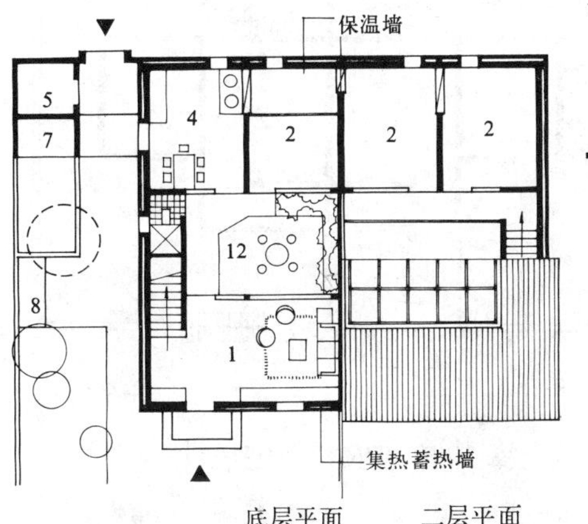

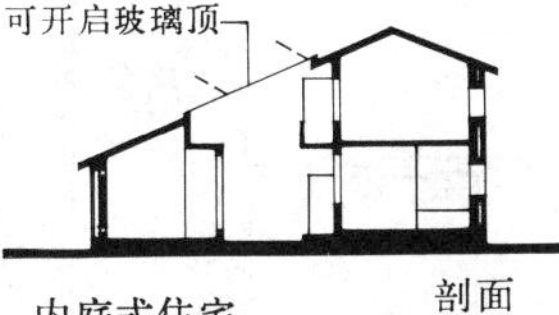

北方农村太阳能取暖住宅，居室朝南，设置日光室、温室和加玻璃顶的内庭，采用集热蓄热墙，吸收太阳热能，提高室温；居室内设置火墙、火炕作为辅助采暖热源

保温墙做法示例

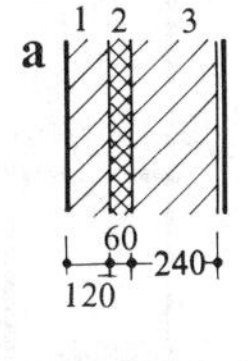

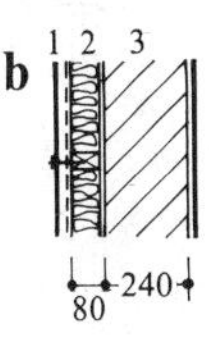

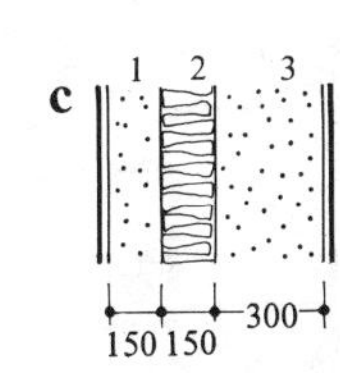

a	b	c
1 外砌砖墙	1 钢丝网钉石棉瓦	1 土坯墙外粉饰
2 成品保温板块	2 刷热沥青填矿棉	2 棉绒
3 砖墙内粉饰	3 砖墙内粉饰	3 土坯墙内粉饰
R $1.89m^2 \cdot K/W$	R $1.74m^2 \cdot K/W$	R $2.78m^2 \cdot K/W$

(成品保温块可采用聚苯乙烯泡沫塑料及尿醛泡沫塑料等的下脚料)

0 5m

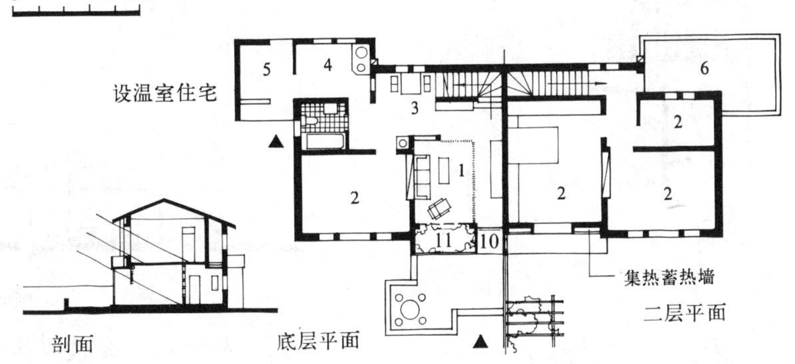

5 天津 1985 年农村住宅设计 (太阳房)

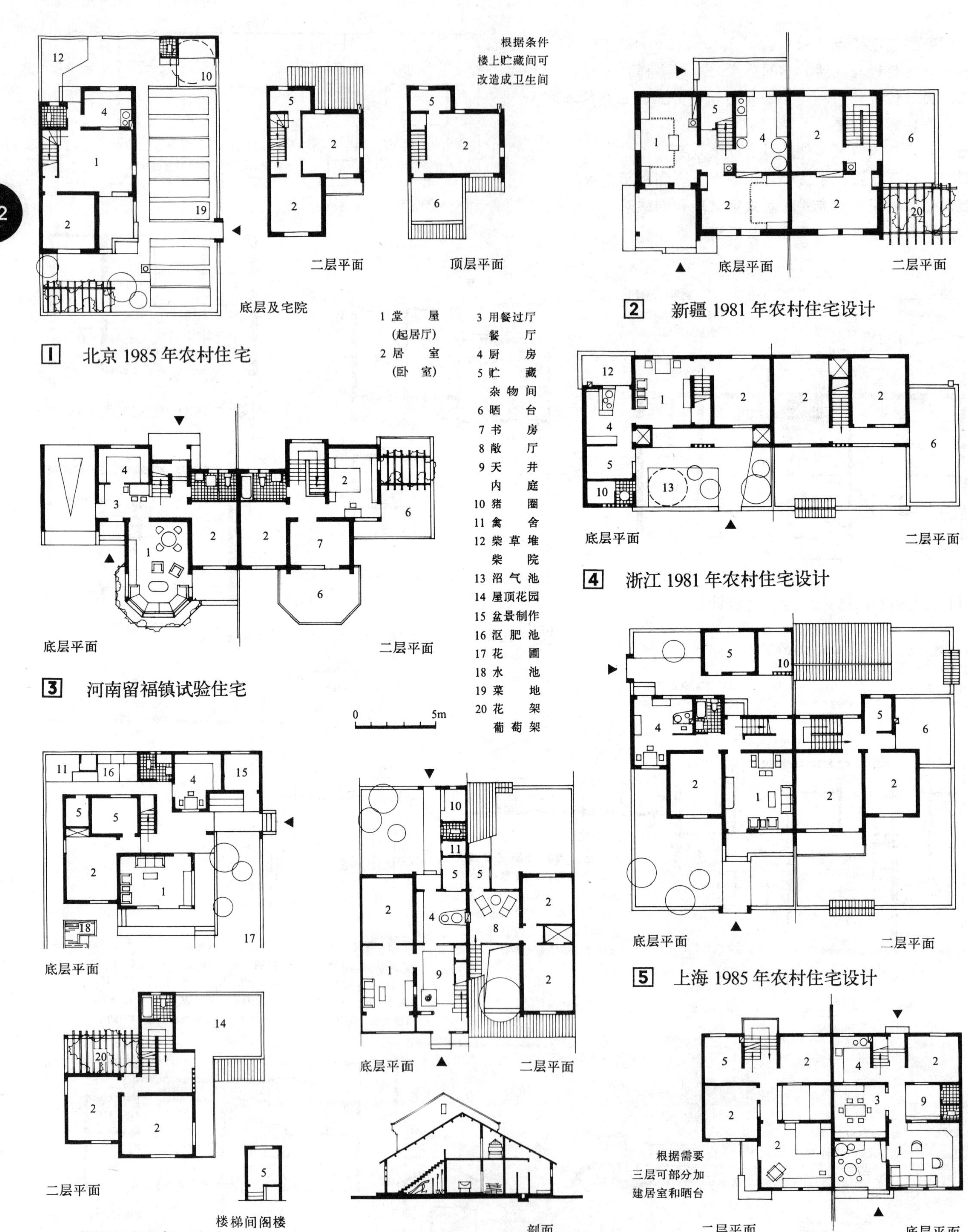

1 北京1985年农村住宅

2 新疆1981年农村住宅设计

3 河南留福镇试验住宅

4 浙江1981年农村住宅设计

5 上海1985年农村住宅设计

6 四川1985年农村住宅设计（花卉生产专业户）

7 安徽1985年农村住宅设计

8 广东东莞常平镇住宅设计

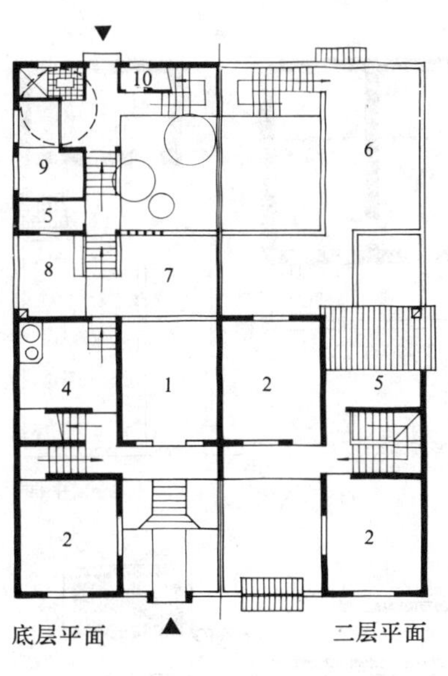

[1] 福建1985年农村住宅设计

（坡地住宅）

[2] 广东1985年农村住宅设计

4 5 9 5 8 2 10 1 2 2 8

底层平面 二层平面

[3] 广西1981年农村住宅设计

坡地住宅前低后高，设计最大地面坡度可达20～30%，楼梯居中，联系高低居室。

1 堂屋（起居厅）
2 居室（卧室）
3 餐厅
4 厨房
5 贮藏杂物间
6 晒台
7 敞厅
8 天井内庭
9 猪圈
10 禽舍
11 会客厅
12 家庭起居厅
13 老人卧室
14 制茶车间

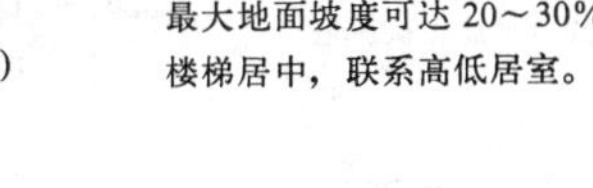

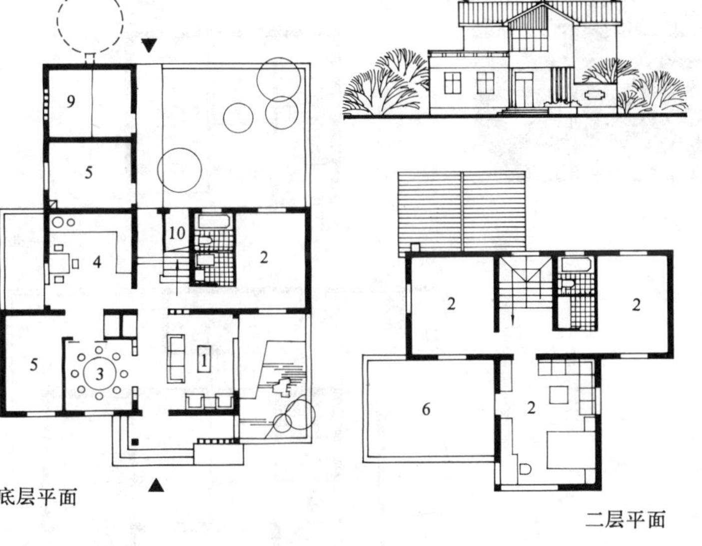

[4] 四川温江县永宁村住宅

0 5m

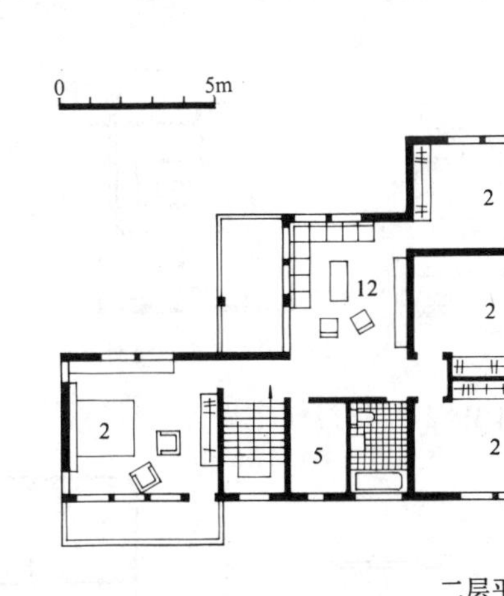

2 2 2 7 10 9 4 5

二层平面 底层平面

[5] 福建1981年农村住宅设计

住房 晒场 茶厂 茶园

宅院布置

13 3 4 11 5 14

底层平面

[6] 台湾花莲县舞鹤村茶农住宅设计

具有地方和民族特色的新农居

一、维族土拱住宅　采用传统半地下二层楼房，廊前搭葡萄凉棚。

二、黄土窑洞住宅　增设通气孔，扩大采光面，改善通风采光条件。

三、朝鲜族地炕住宅　增设防寒门和卫生间，楼层设置火墙取暖居室。

四、傣族干阑住宅　畜舍、旱厕移至楼外，厨房设排气天窗，改善卫生条件，楼层居室分隔，便于分居。

1 新疆1981年农村住宅设计（维族土拱住宅）

2 河南1981年农村住宅设计（黄土窑洞住宅）

3 吉林1985年农村住宅设计（朝鲜族地炕楼房住宅）

4 云南1981年农村住宅设计（傣族干阑新农居）

5 吉林1981年农村住宅设计（朝鲜族地炕平房住宅）

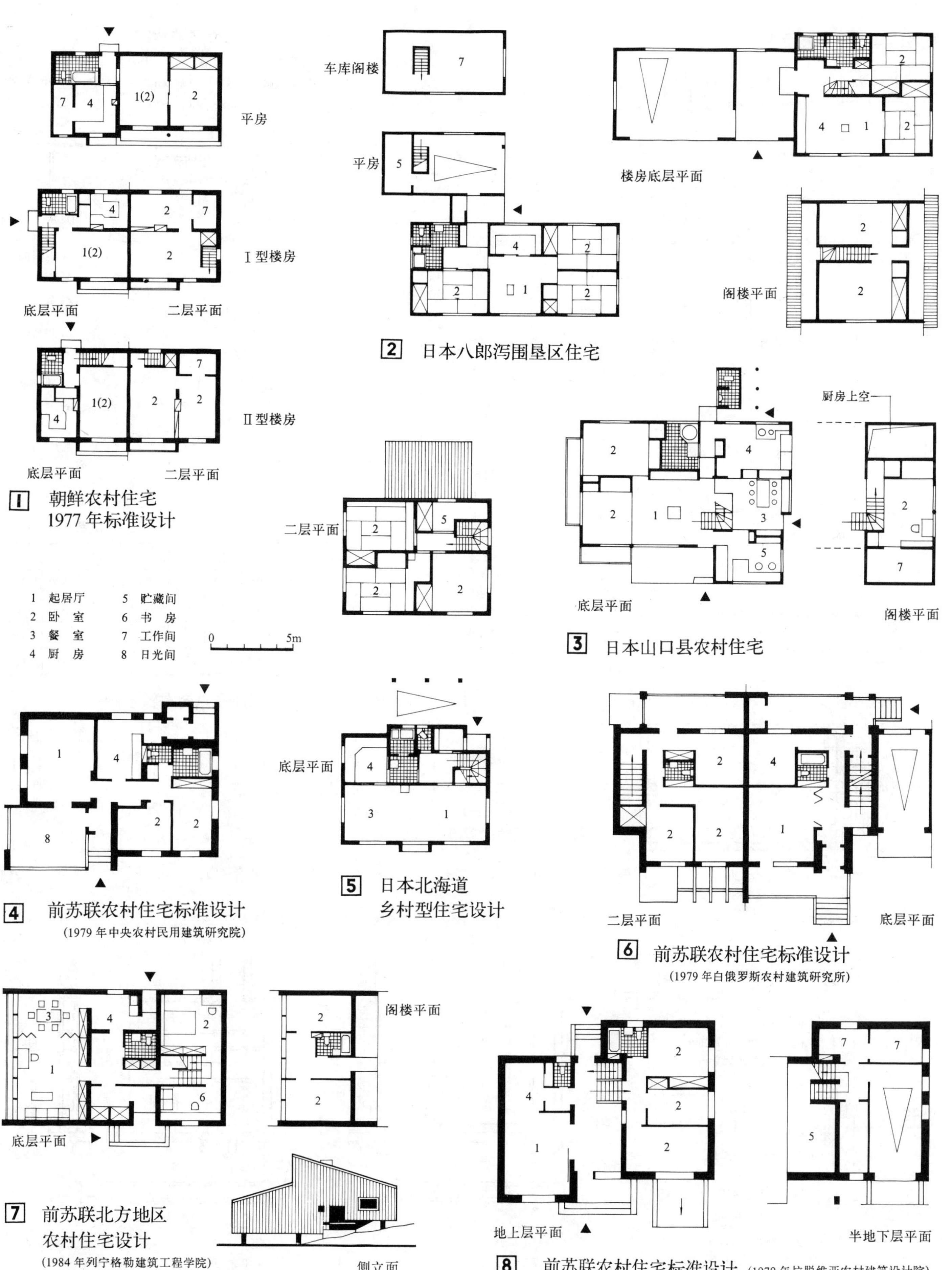

1 朝鲜农村住宅 1977年标准设计

2 日本八郎泻围垦区住宅

3 日本山口县农村住宅

4 前苏联农村住宅标准设计 (1979年中央农村民用建筑研究院)

5 日本北海道乡村型住宅设计

6 前苏联农村住宅标准设计 (1979年白俄罗斯农村建筑研究所)

7 前苏联北方地区农村住宅设计 (1984年列宁格勒建筑工程学院)

8 前苏联农村住宅标准设计 (1979年拉脱维亚农村建筑设计院)

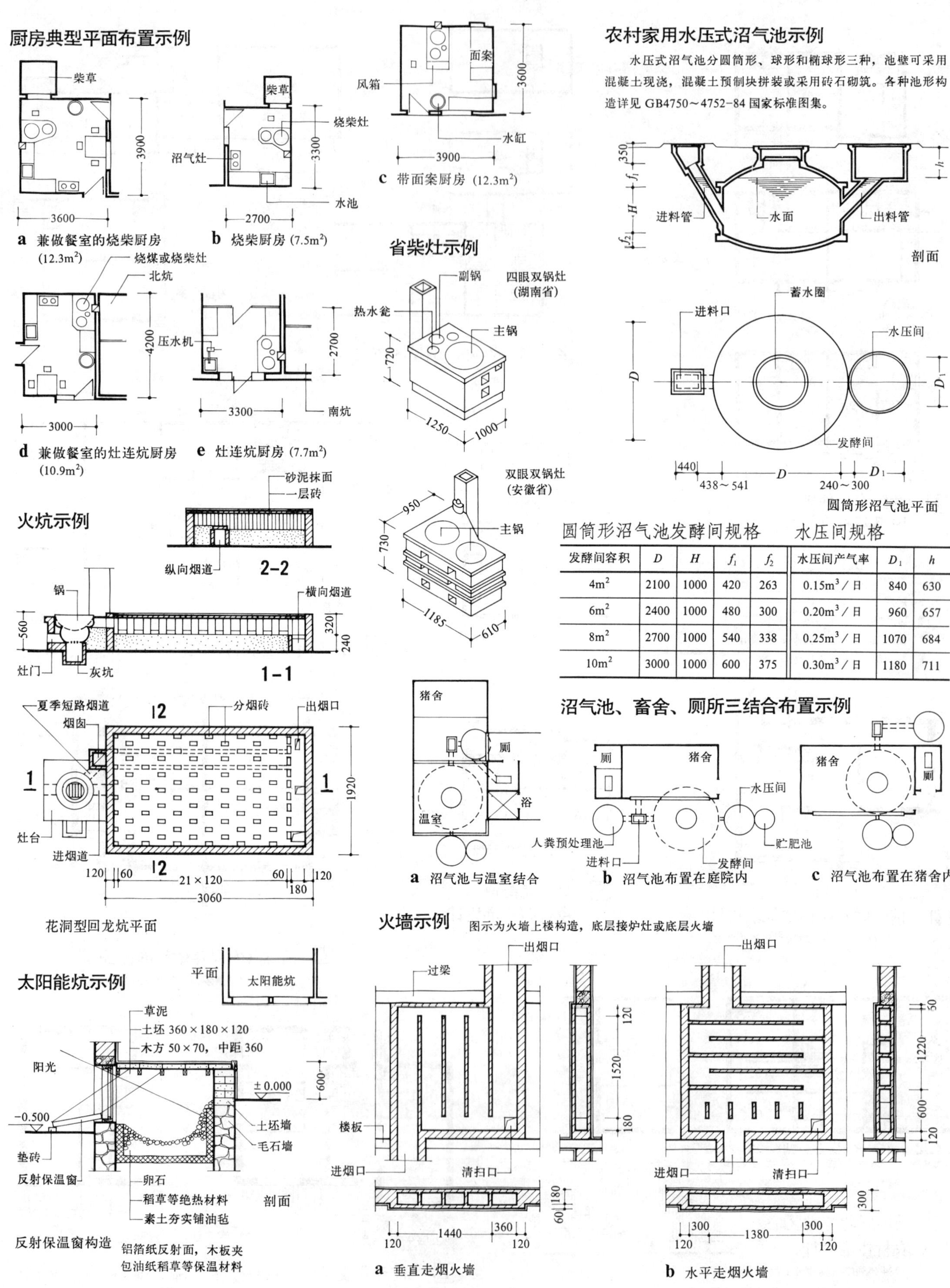

圆筒形沼气池发酵间规格　　水压间规格

发酵间容积	D	H	f_1	f_2	水压间产气率	D_1	h
4m²	2100	1000	420	263	0.15m³/日	840	630
6m²	2400	1000	480	300	0.20m³/日	960	657
8m²	2700	1000	540	338	0.25m³/日	1070	684
10m²	3000	1000	600	375	0.30m³/日	1180	711

乳牛的分群和分舍

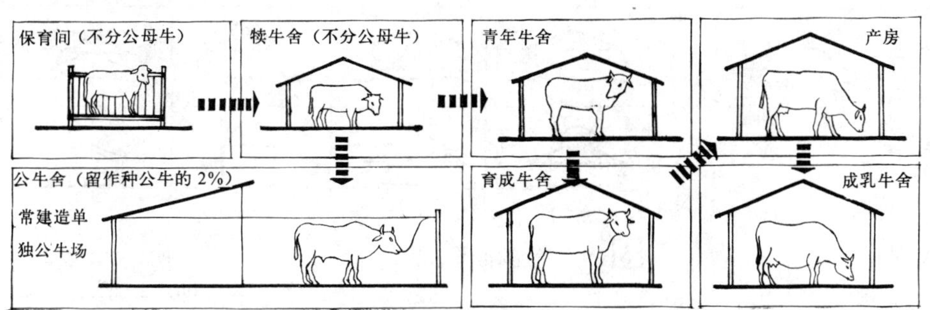

600 头乳牛场牛群组成参考

犊　牛	六个月以内的小牛(1～3 月) 30 头 (4～6 月) 50 头 (七天以内的犊牛在保育间内饲养)	占牛群 5% 占牛群 8%
青年牛	6～18 个月的未配母牛　60 头	占牛群 10%
育成牛	18 个月怀头胎至产前　60 头	占牛群 10%
成乳牛	产后能产奶的母牛　400 头 (其中 10～13%为产牛,2.5%为病牛)	占牛群 60%

场址选择

一、场址标高应低于居住区，且在其下风向；但标高应高于贮粪池及污水处理设施等，并在其上风向。

二、场地要求平坦、干燥，向阳背风，并有缓坡，砂性土壤。山区的牛场宜选较平缓的向阳坡地，坡度<25%，避免在山顶，坡底，谷地及风口等地区建场。

三、接近水量充足，水质良好的水源。

四、宜选交通运输方便之处，但避免在交通繁忙地区。靠近饲料供应地。远离沼泽地及蚊虻孳生较多的场所。

总平面布置

一、生活行政部分：宜在全场的上风向，一般靠近大门，以利于对外联系及防疫。

二、生产部分：

1.宜位于全场的中心，在兽医室及病牛隔离区的上风向。

2.成乳牛舍与乳品处理（或挤奶室）接近。

3.各种牛舍以南向、东南向或南偏西15°为宜。成乳牛舍的间距>30m，产房间距>60m；公牛舍宜在各种生产性建筑的上风向和人畜来往少处。并接近人工授精室；犊牛舍远离产房及成乳牛舍，牛舍与粪池间距>60m。

4.运动场宜设在各种牛舍的南侧空地上。

三、生产附属部分

1.兽医室应与人工授精室接近，但不宜分建。

2.车库、饲料库及饲料加工间紧靠大门，并有直接道路对外联系。也可设在场外离牛舍 200m 左右下风区。

乳牛场的组成和分区

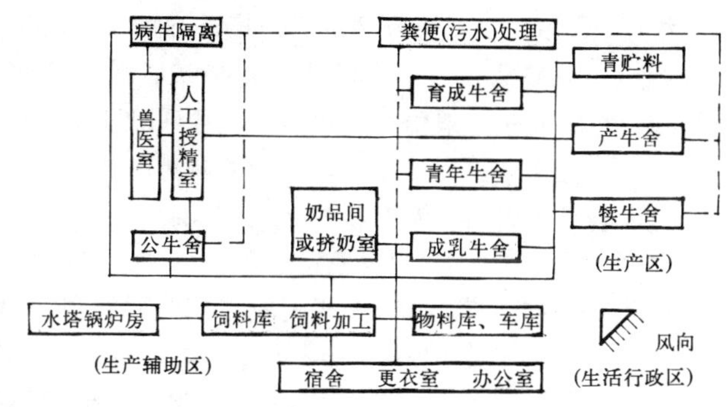

1 乳牛场组成

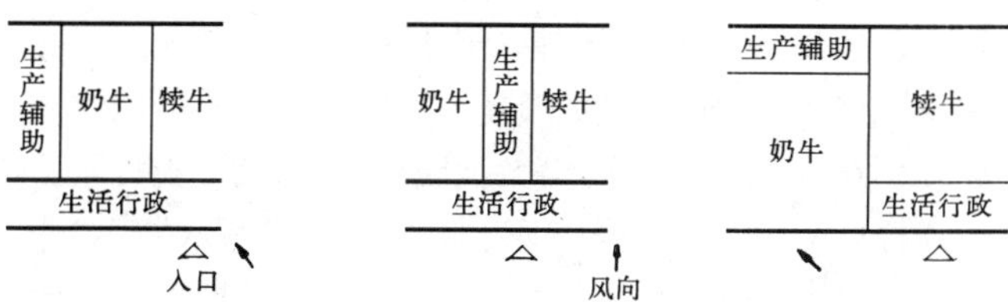

2 乳牛场分区

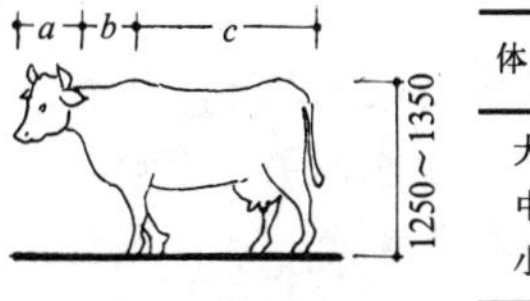

体型	肚　宽 (cm)	体长 (cm) a	b	c	总长
大	78～80	46	42	178	266
中	71～75	46	42	168	256
小	45～66	46	42	138	226

3 牛体尺寸（北京黑白花乳牛）

总平面布置形式

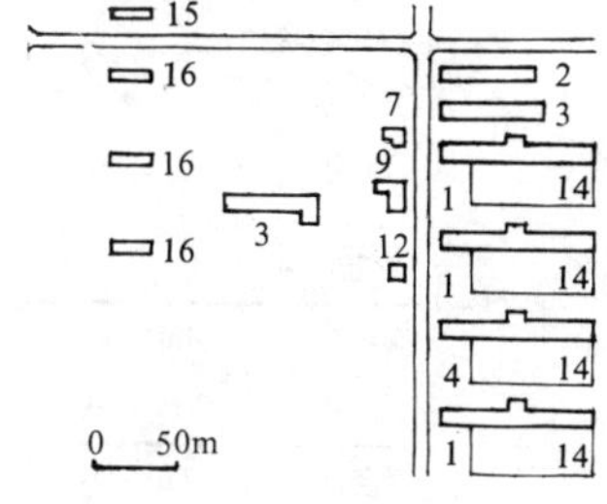

4 单列式　饲料清洁道与粪便污染道分工明确。适用于较小的牛场。

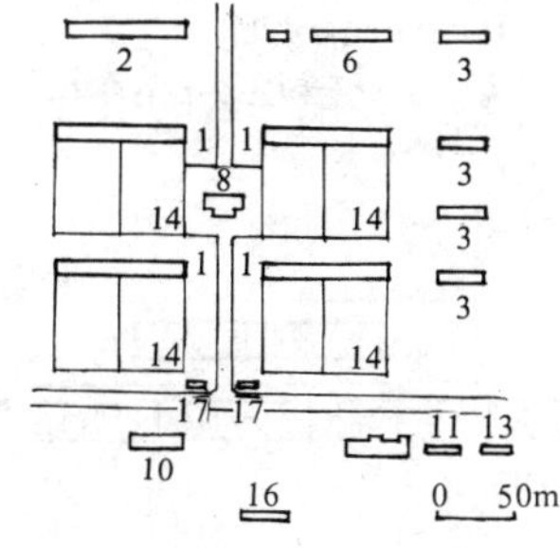

5 双列式　饲料道与粪便道明显缩短，但要避免交叉，采用集中挤奶室时，乳牛行走路线易组织。

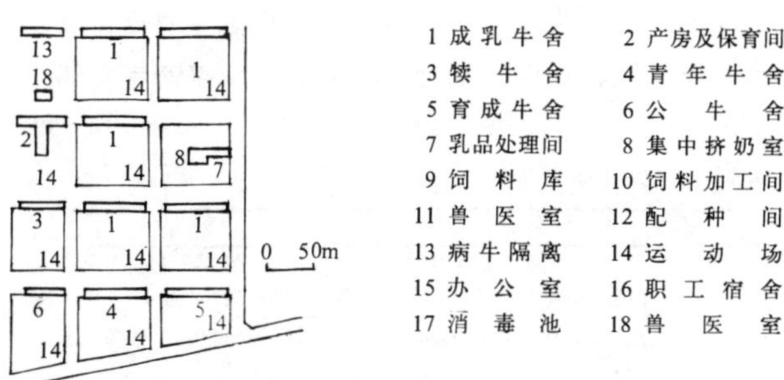

6 多列式　饲料道与粪便道不易分工明确，当集中挤奶室设在乳牛舍一边时有利于牛场防疫，适用于较大牛场。

乳牛的饲养方式

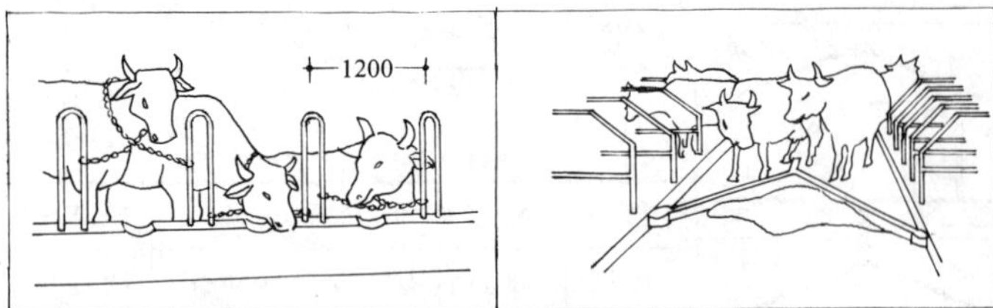

1 拴养式饲养　　2 隔栏式饲养

成乳牛舍的剖面和平面

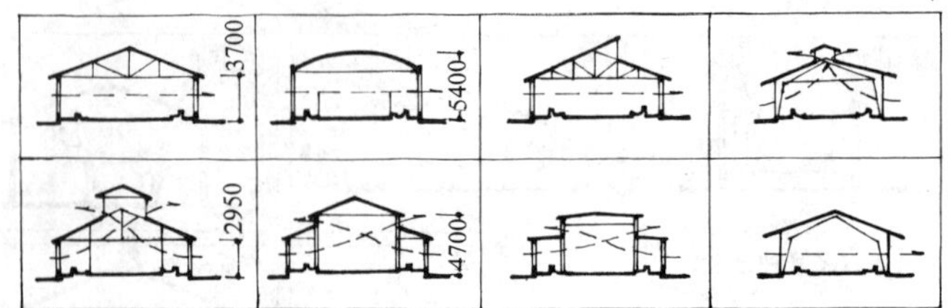

3 牛舍剖面形式

拴养式成乳牛舍

乳牛的特点　乳牛的品种很多，寿命一般为12～13年，约产10胎，妊娠期为280天，产前60天即人工停奶，产奶期300天左右，产奶量25kg／头日，产后40天又可配种，乳牛一般耐寒不耐热，气温到30℃时便会减产。采食量40kg／头日以上，耗水量较大，粪尿量40～60kg／头日，成乳牛传统采用拴养式饲养。

对牛舍的要求　设计时要妥善解决通风、朝向、日照及屋面外墙的保温隔热问题。在南方温暖地区可以用半开敞式或开敞式牛舍。北方寒冷地区的冬季大风会影响产奶量，要作防风处理。为了便于挤奶和饲喂，冬季的室内温度以6～12℃为宜。牛奶的质量和牛舍的卫生状况很有关系，要求地面具有较好的消毒洗刷的性能，还要求干燥平整，坚固耐磨，不透水，不滑，并且不要太硬，还要充分的直射阳光，目前多用水泥麻面，表面层做成顺着排水方向的菱形分格，保温差。沥青地面保温不透水等性能较好，但在南方炎热地区要注意沥青软化，陷粘牛足；寒冷地区则要求作成木牛床。牛的室内空间体积约为20～25m^3／头，牛舍中牛的出入口一般为（2～2.2）×（2～2.2）m，1个／25头。

隔栏式成乳牛舍

六十年代成乳牛曾流行采用散放式饲养，牛舍内没有固定的牛床，食槽，乳牛不上颈枷或拴系可自由运动，在运动场上有干草，青贮堆垛可自由采食，优点是经济，牛舍造价低，工人生产效率高，但舍内要垫草，对卫生防疫很不利。近年来流行隔栏式饲养，牛舍内有牛床，但乳牛不拴系，牛在其中只能站立，躺卧不能转身，粪便直接泄入沟内不沾污牛床，舍内另有食槽供乳牛自由采食，可充分提高机械、房舍的利用率，并在集中挤奶室挤奶。

a. 单排：只有一排牛床，适用于小型牛舍（＜25头），头数过多，房屋过长，对运送饲料、牛奶、打扫卫生等都不利，每头牛占建筑面积比双列式多6～10%，走道多，优点是跨度小，通风好，散热面大，易做开敞式建筑。

b. 双排：有二排牛床（分为对尾式和对头式两种），房屋跨度不大（10m左右），构造简单，通风易处理，面积使用率高，每幢容纳头数100头左右。

对尾式—采用较普遍，中间为清粪、运奶通道，牛也由此进出，管理工作方便，并便于挤奶及观察生殖器官病患情况。

对头式—中间为饲料通道，便于运送饲料，但运牛奶、清粪便均为双线，且对头易传染呼吸道病。尾部对墙，粪便易污染墙面。

c. 多排：有三排或四排牛床，也有对尾、对头之分，房屋跨度较大，有利于冬季保温，一般用在大型牛舍，为节约面积亦可取消饲料通道，由架空料车送料。有无饲料道三排，双尾四排，对头四排等平面形式。

选料道　清粪道

对尾双排

对头双排

无饲料道三排

双尾四排

对头四排

4 牛舍平面形式

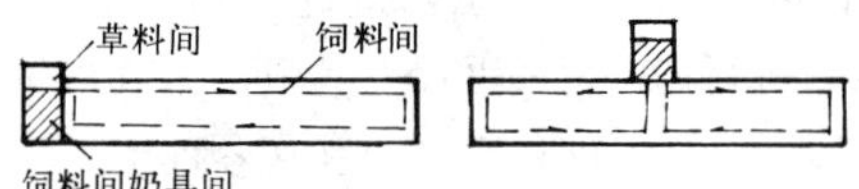

a. 辅助房间设在一端，节省面积，降低造价，牛房通风较好，室内运输不便

b. 辅助房间设在中间，辅助房间可降低层高，通风不利

c. 辅助房间设在中间，草料间分散，送料方便，奶具间在中间不经济

5 单幢牛舍的组合

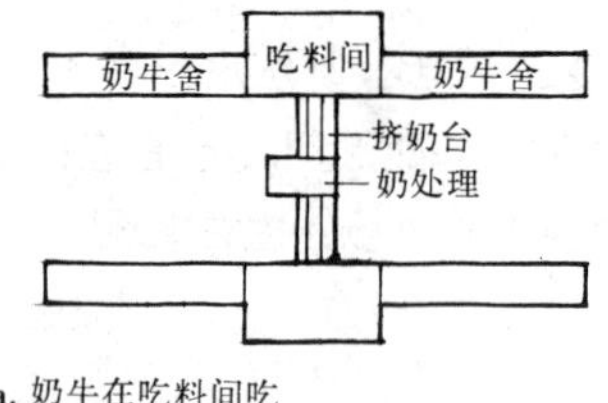

挤奶台　奶牛舍　奶处理　奶牛舍

a. 奶牛在吃料间吃料，进挤奶台挤奶

b. 奶牛在运动场吃料，进挤奶台挤奶

6 多幢牛舍的组合

牛舍的各组成房间的用途

名　称	用　　途
牛　房	供饲养、挤奶和牛休息，要为乳牛创造清洁、舒适的环境，并要为挤奶、运输和打扫卫生创造良好环境
饲料间	存放和搅拌饲料的房间，一般只存放一班乳牛的粗饲料，平均3～5kg／头、班
干草间	存放干草用
机器间	一般与奶具紧连，100头牛需一台挤奶机需4m^2
奶具间	存放奶桶、水桶、挤奶罐及称奶，100头牛舍约需10m^2
更衣室	工作人员更衣和休息，一般为10～12m^2

牛舍的组成

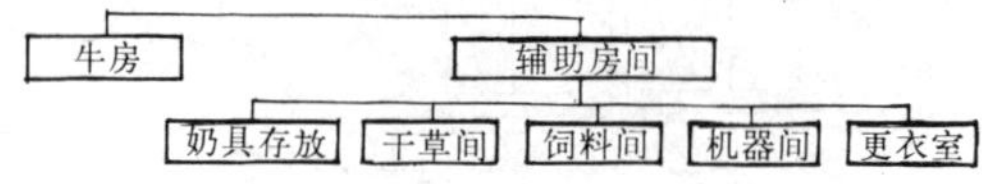

牛舍的温度

	适宜温度	最佳温度
乳用母牛	5～21℃	10～15℃
乳用犊牛	10～24℃	17℃

牛舍面积参考

成乳牛	8m^2／头
育成牛	7m^2／头
青年牛	66m^2／头
犊　牛	4.5m^2／头
产　牛	9.5m^2／头
病　牛	18m^2／头

奶牛运动场面积约20m^2／头
牛场占地面积约100m^2／头

拴养式牛床剖面组成

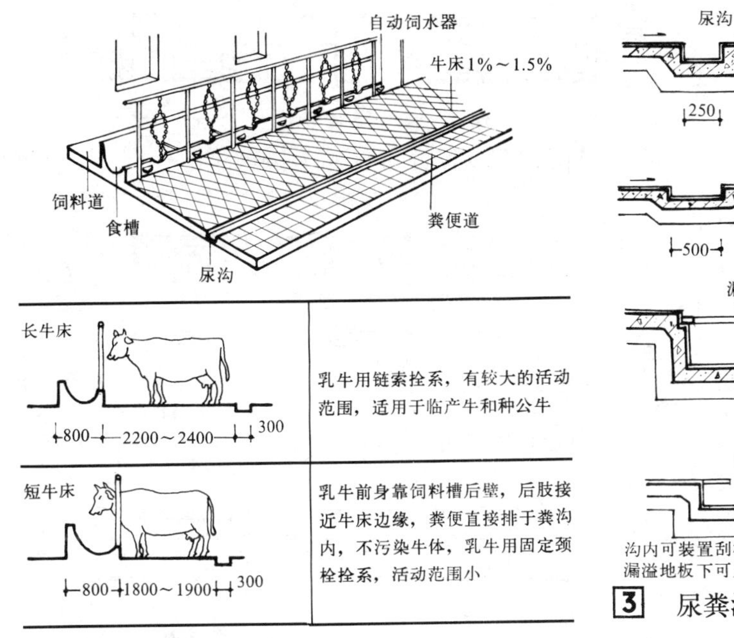

长牛床	乳牛用链索拴系，有较大的活动范围，适用于临产牛和种公牛
短牛床	乳牛前身靠饲料槽后壁，后肢接近牛床边缘，粪便直接排于粪沟内，不污染牛体，乳牛用固定颈栓拴系，活动范围小

[1] 牛床的长度

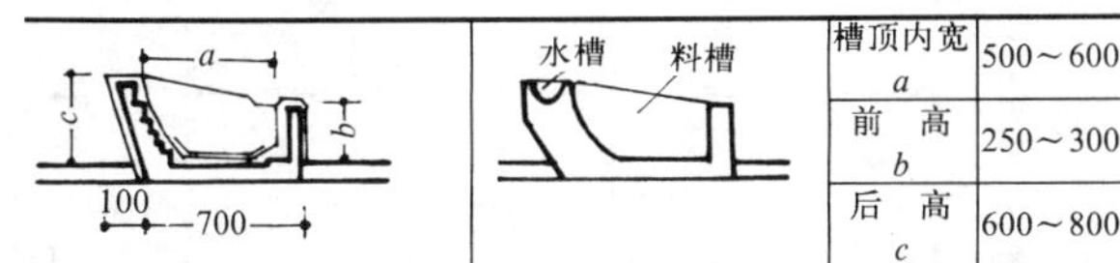

槽顶内宽 a	500～600
前高 b	250～300
后高 c	600～800

[2] 食槽的尺寸

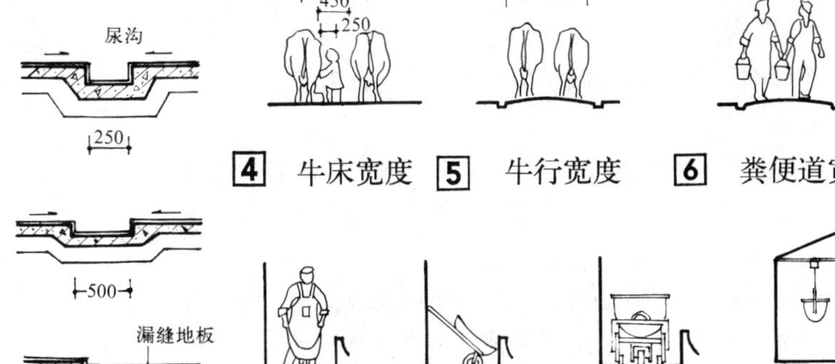

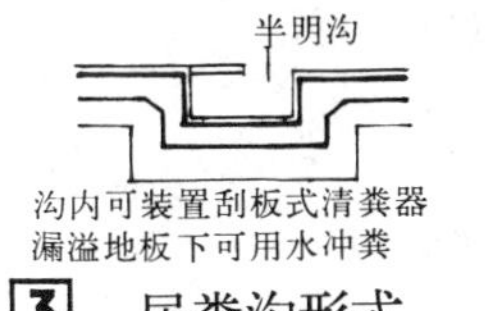

[3] 尿粪沟形式

[4] 牛床宽度 [5] 牛行宽度 [6] 粪便道宽度

600
300 300
1200
910～1240
910～1240

[7] 饲料道宽度

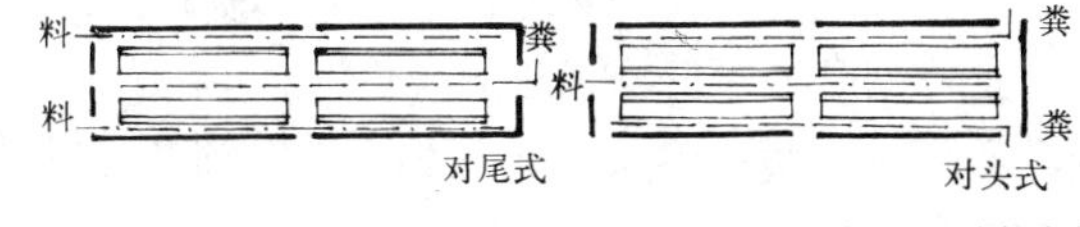

100头成乳牛舍平面尺寸11×68m，常分为两个单元(每边50头的床位)

[8] 拴养式牛舍

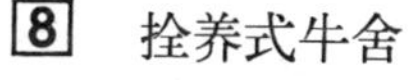

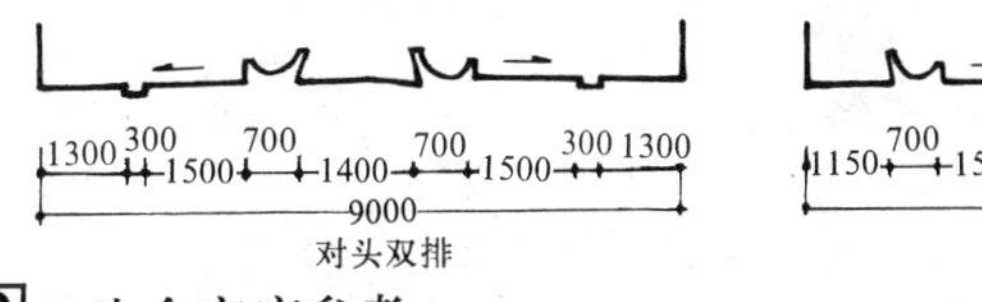

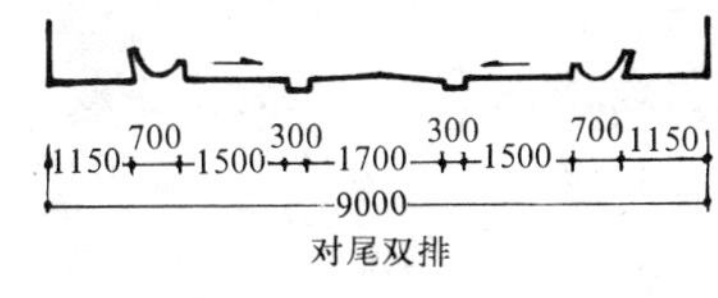

[9] 牛舍宽度参考

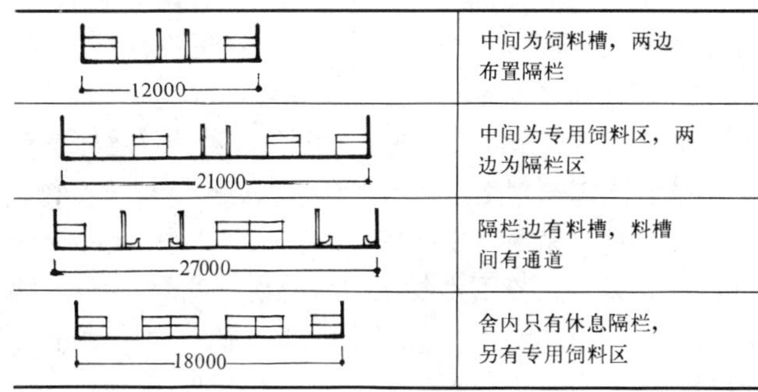

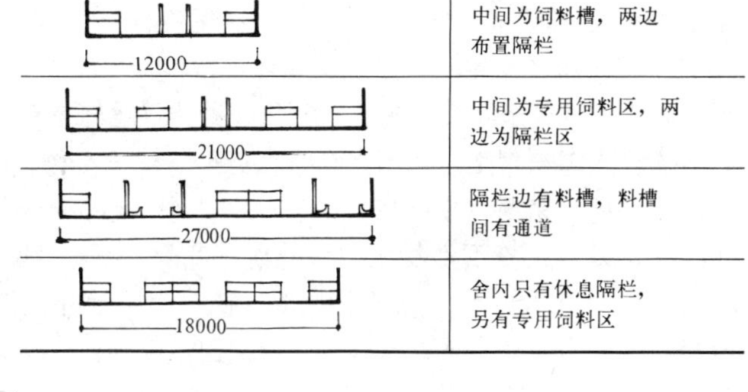

12000	中间为饲料槽，两边布置隔栏
21000	中间为专用饲料区，两边为隔栏区
27000	隔栏边有料槽，料槽间有通道
18000	舍内只有休息隔栏，另有专用饲料区

[10] 隔栏式牛舍组成方式

拴养式牛床组成

牛床—是乳牛吃料、挤奶和休息的地方，要保证乳牛能安静地休息，保持牛体的清洁，便于挤奶，并容易打扫，牛床应作成斜向尿沟的坡面（1～1.5%），但坡面过大会引起牛的疲劳和流产。栏杆、柱子都宜做成圆角，以免擦伤牛体。

食槽—一般固定在牛床前，要求坚固耐久，光滑，不透水并有小坡度以便清洁和消毒，食槽底要高于牛床地面30～50mm。分格食槽能按产奶量配给精料。可避免抢食，也减少传染病，但清扫不便。有条件可在食槽上设置自动饮水器。一般在运动场上饮水，只在食槽旁留有水龙头，用来冲洗食槽和地面。

饲料道—人工或半机械化操作时，运输工具多为提筐和手推车，饲料道应使小车能回转，高出牛床地面100～200mm。

粪便道—是清除粪便，输送牛奶和牛上下槽的通道。其宽度除应满足两头牛并行及车辆回转要求外，还要考虑二名工作人员提桶并行。或放在通道上的奶桶不致于溅入污物，因此常用宽度为1.8m。

尿沟—只供排尿，不排粪，一般宽度为250～300mm（根据铁锹宽度）沟深50～100mm，太深牛易滑倒，扭伤蹄子。

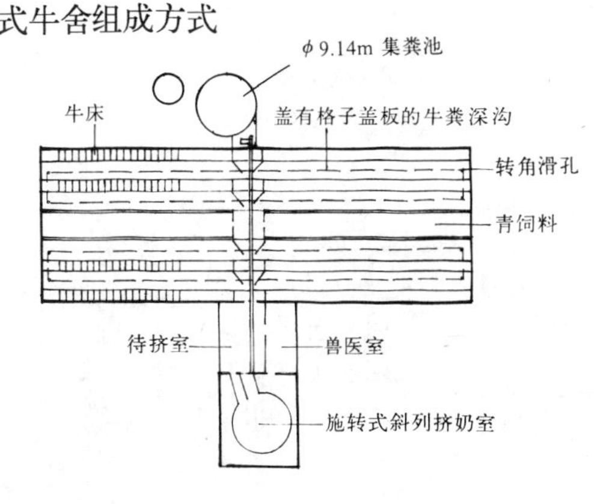

[11] 100～500头 隔栏式牛舍

其他牛舍

一、产房和保育间，一般产房和保育间常合建成一幢牛舍。

1.产房有单排及双排式，设有产间和难产手术室，床位数为乳牛的 10～13%，牛床宽度 1.4～1.5m，抹水泥墙裙 1.3m 高，尿沟的沟沿不宜做成垂直式，难产室还要考虑采暖。

2.保育间：一般将初生犊饲养在犊牛栏内，犊牛栏最好用轻便材料制成活动式的，并装车轮，房舍地面坡度可稍大些，要求阳光充足，相对湿度 70～80%。

二、犊牛舍：按月龄分群管理，用活动夹板固定饲喂，喂粗、精料和牛奶，有单排、双排，并要求有运动场。

三、青年牛舍，育成牛舍：比成乳牛舍稍小，常用对头式。

四、种公牛舍：要求单排敞开式，房舍及其附属设备均十分坚固。固定独槽饲喂，食槽需高一些，可利用绳索，限制公牛活动范围；房舍进深宜稍大，运动场四周应设围栏，防止脱缰时干扰全场。围栏常采用直杆，其间距考虑饲料员能侧身通过，以保证人身安全。

五、病牛舍：病牛常采用单栏饲养，每间约 12m²，栏数为乳牛数 2.5%，固定独槽饲喂。

其他主要建筑及设备

一、乳品处理间：乳品在这里经过降温后冷藏，锅炉房不宜与冷源或冷库相连，冷藏室最好有隔热层；为便于装车，冷库的出奶口宜砌成高台。

二、人工授精室：一般由采授精室，洗涤准备室，精液处理室组成，采授精室设采精、输精架，面积较大（10～30m²）；准备室、处理室面积约 10～12m²，内设器械柜，化验台等设备；精液处理室的温度应保持在 20～25℃，室内照度均匀，但应避免直射阳光。

三、兽医室：一般由化验室、治疗室、药房及值班室等组成；靠近人工授精室，但不宜合建（药味对精子不利）。

四、运动场及凉棚，应设在牛舍向阳的一边；乳牛除上槽外，大部分时间在运动场上；场地要求宽敞（每头 15～20m²），靠主导风向一面设挡风墙，除牛舍一面外，三面都设排水沟；场内设饮水池，水池周围做硬地面；运动场上设凉棚，以防日射和雨淋。

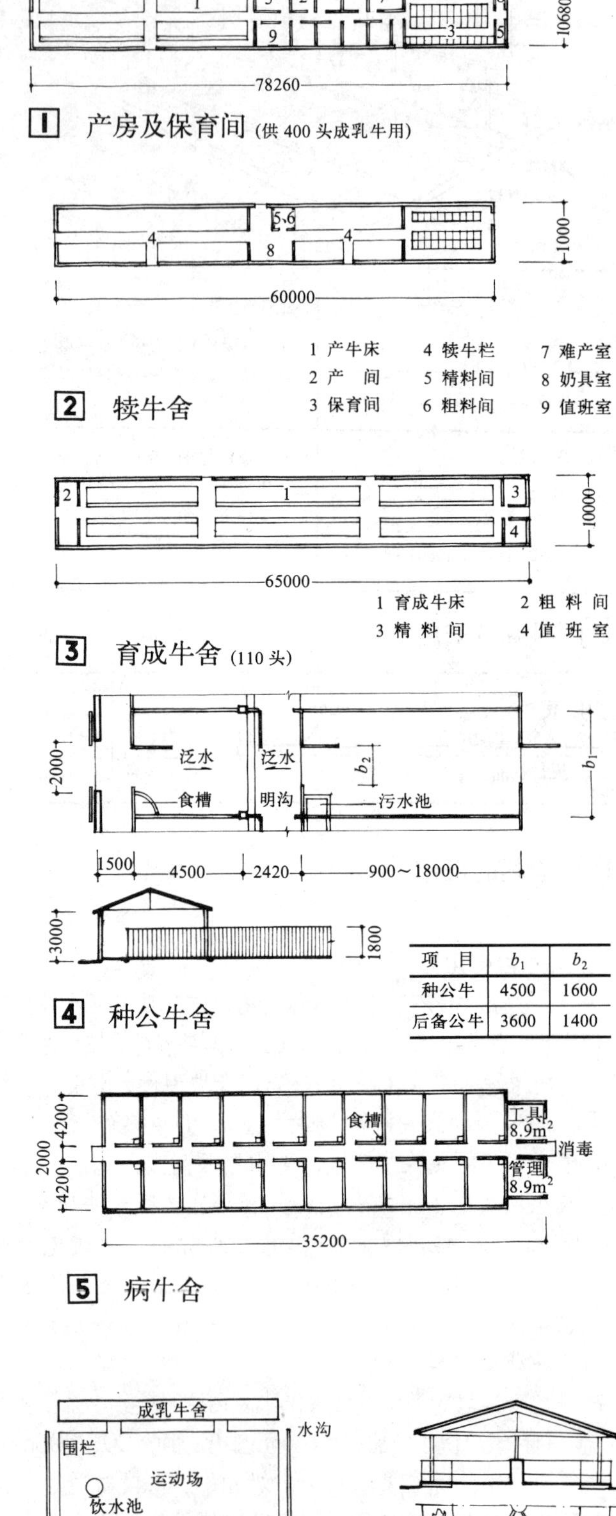

1 产房及保育间（供 400 头成乳牛用）

2 犊牛舍

3 育成牛舍（110 头）

4 种公牛舍

项 目	b_1	b_2
种公牛	4500	1600
后备公牛	3600	1400

5 病牛舍

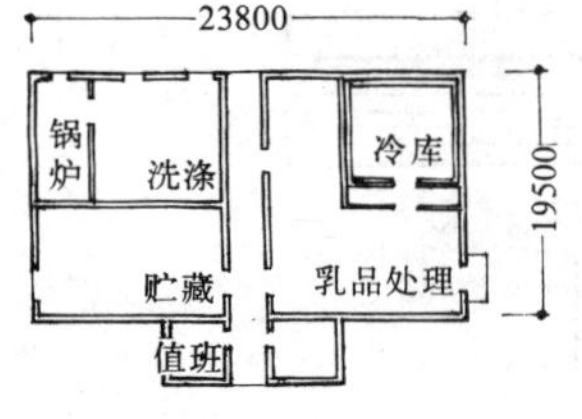

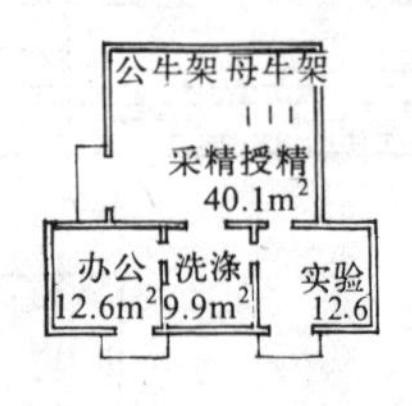

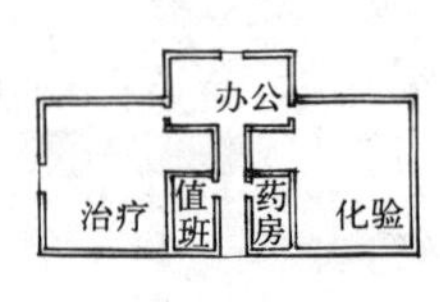

成乳牛舍
水沟
围栏
运动场
饮水池
凉棚
10200
(六头牛)

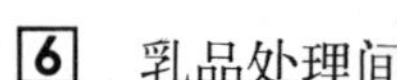

6 乳品处理间　7 人工授精室　8 兽医室　9 运动场及凉棚　10 公牛运动棚

挤奶系统

舍内挤奶　一般在牛舍内挤奶，可以采用半固定式机器挤奶，牛舍内装有电动机，通过真空泵、真空罐、真空调节器、真空表，由奶嘴，脉动器把牛奶挤在奶桶内。（或奶车内）

挤奶间挤奶　乳牛挤奶是轮流分批地到集中挤奶间进行。解决了冬季在牛棚中挤奶冻坏牛奶头及工人操作不便等问题。但牛舍到挤奶房的路线要方便短捷，避免与其它运输路线交叉。挤奶间挤奶的最大优点是牛奶在导管中运送，可以保证清洁卫生。工人可以在低于牛位的坑道内操作。可以不弯腰，减轻劳动强度。（坑深 750mm）

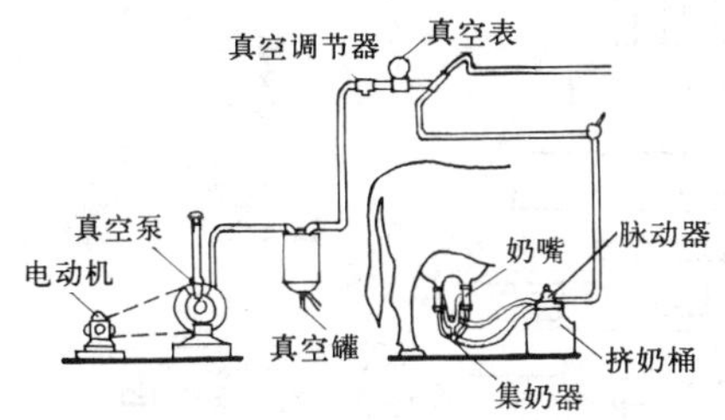

1 舍内半固定式挤奶

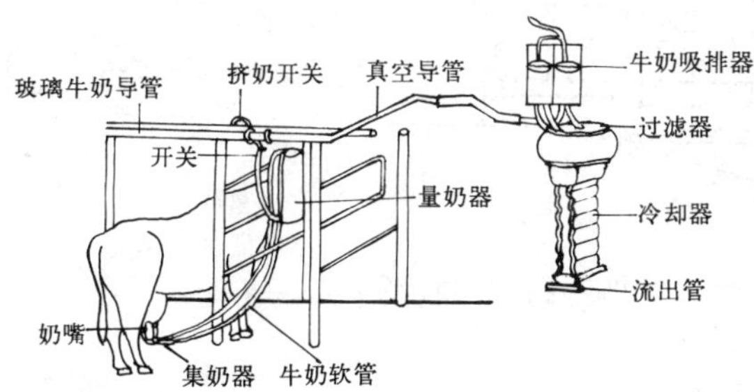

2 挤奶间挤奶示意

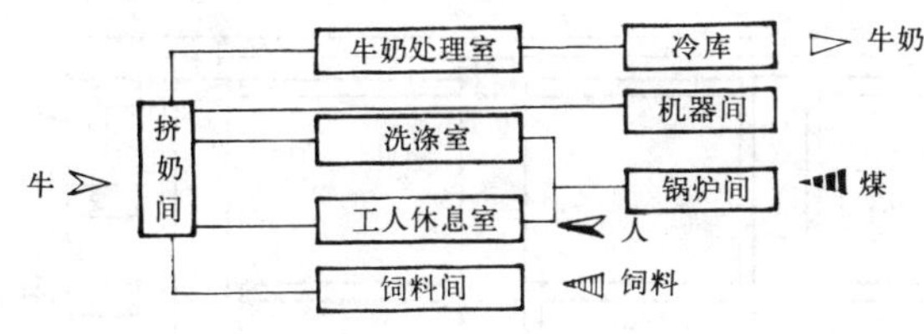

3 挤奶室组成

挤奶室设计要求：

一、位置：挤奶室的位置除了到各牛舍都方便外，并应考虑饲料运输，燃料运输，牛奶运输，工作人员等几条路线的分工，尽量不交叉，分清洁污，最好不使运奶车深入牛场。

二、功能：挤奶间，牛奶处理室，洗涤室等都应该有良好的通风和朝向，并互相靠近，锅炉房饲料间都要在下风向。机器间冷库在背阴面。冷库应与牛奶处理室接近，避免靠近锅炉房。

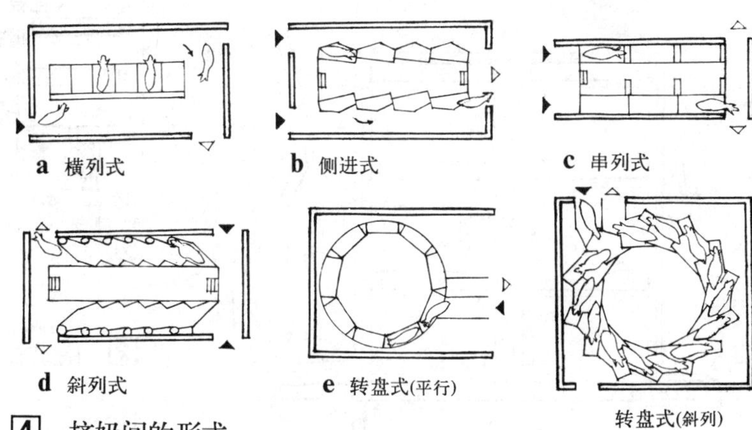

4 挤奶间的形式

各种型式挤奶间的比较

型　式	挤奶过程	效率	使用范围	床位数	建筑面积	分料方法
横列式	牛一头头不连续进出，可以作个别照顾	较差	小型牛场	宜为牛群数的8～10%	$6.6m^2$／头	每只台位食槽内都要设漏斗，或移动式吊斗向食槽逐个加料
侧进式		较差	小型牛场		$8m^2$／头	
串联式	牛是成组出入的	较差	小型牛场		$5m^2$／头	
斜列式		较高	中型牛场		$4m^2$／头	
转盘式	具有流水作业特点，牛一头头连续不断地进出	最高	大型牛场	宜为牛群数5～6%	斜向排列时$4m^2$／头 串联排列时$11m^2$／头	最方便，只在进口处设一固定加料斗

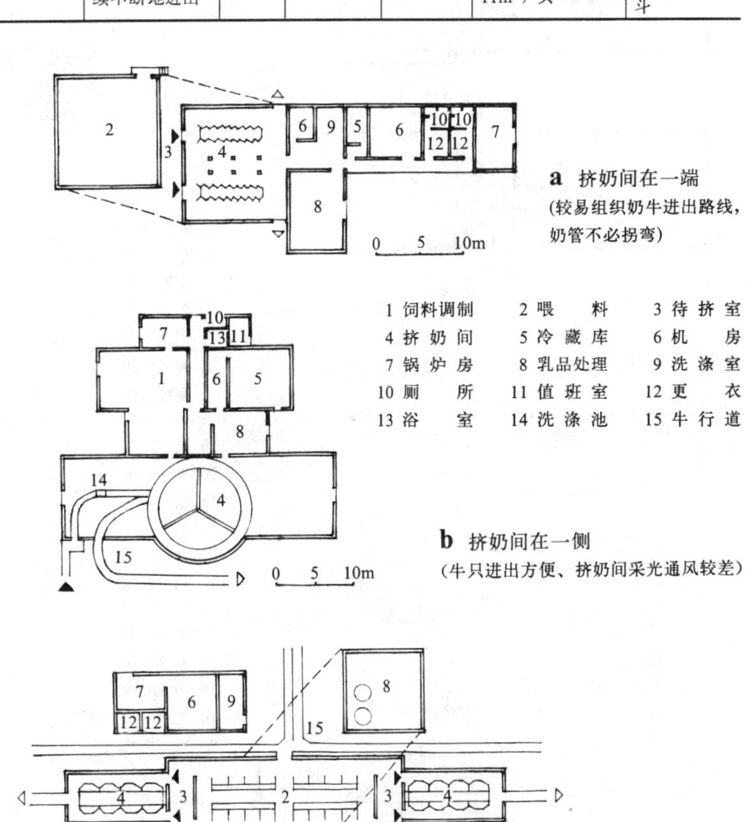

a 挤奶间在一端（较易组织奶牛进出路线，奶管不必拐弯）

b 挤奶间在一侧（牛只进出方便、挤奶间采光通风较差）

c 挤奶间在两端（组织奶牛进出路线较复杂，奶管线路比较短）

5 挤奶室的布置

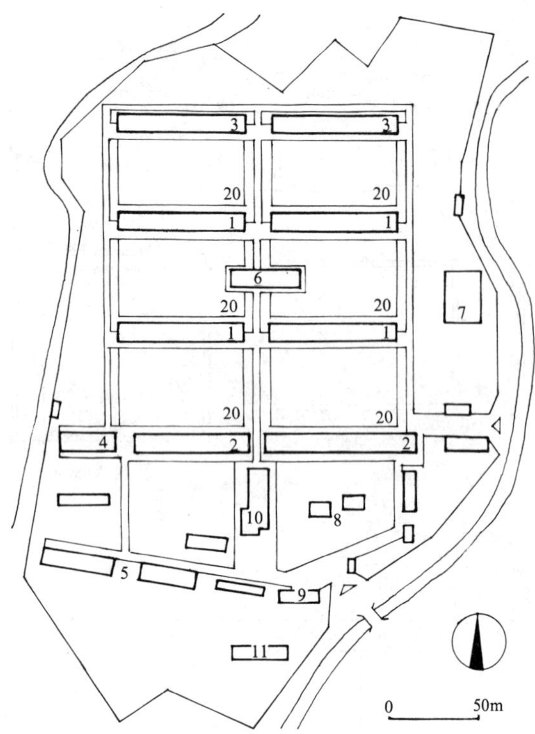

1 上海 牛奶公司第一牧场(600头成乳牛)

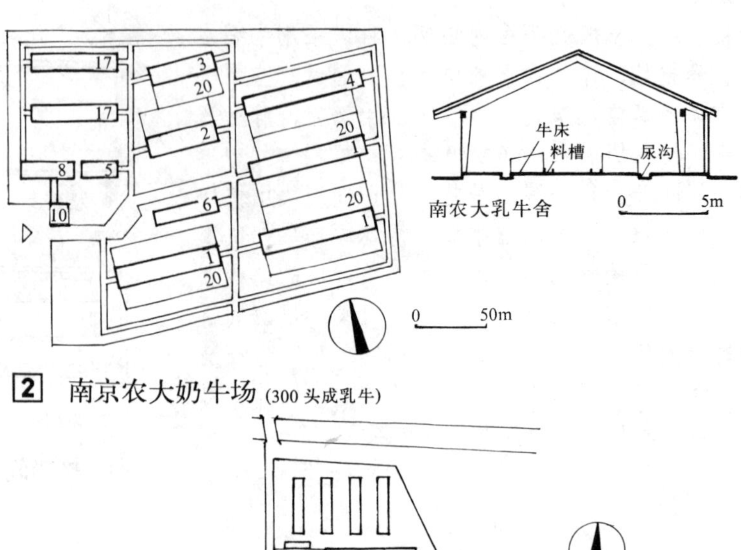

2 南京农大奶牛场(300头成乳牛)

3 上海 牛奶公司宝山牧场(900头成乳牛)

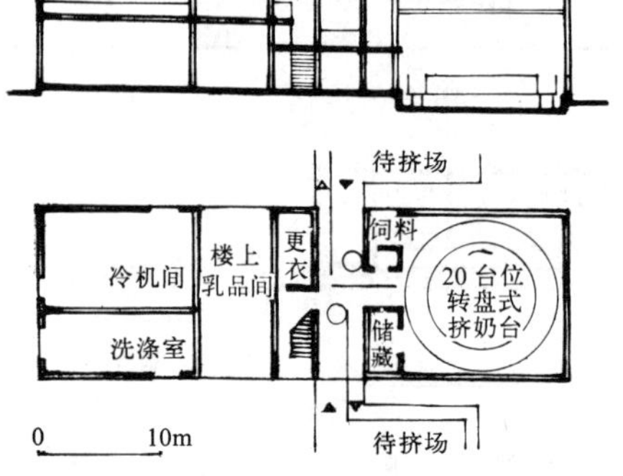

4 上海 牛奶公司第一牧场挤奶间

1 成乳牛舍
2 育成牛舍
3 青年牛舍
4 产牛舍
5 犊牛舍
6 挤奶间
7 饲料仓库
8 办公
9 食堂
10 更衣室
11 宿舍
12 精液冷冻
13 兽医室
14 锅炉房
15 汽车库
16 喂料棚
17 公牛舍
18 病牛舍
19 废水处理
20 运动场

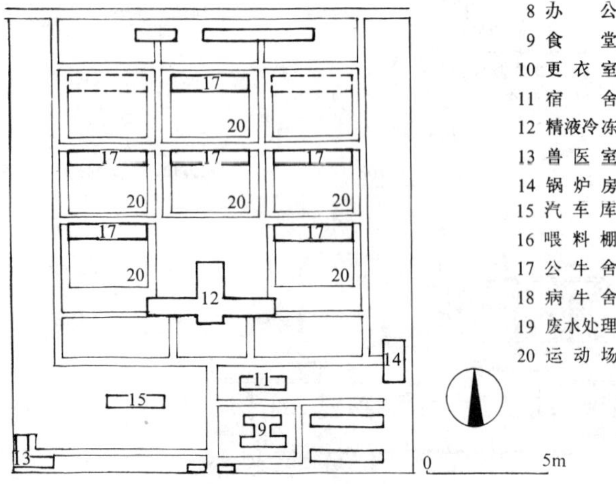

5 50头种公牛冷冻精液站

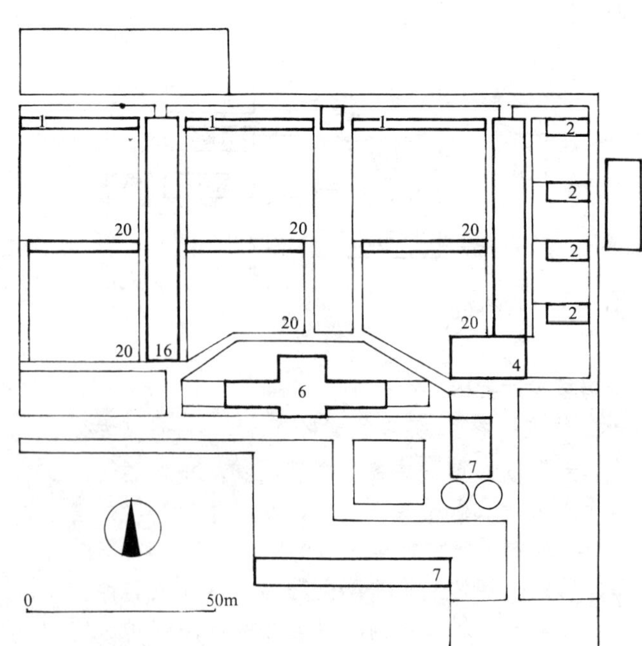

6 北京 农机院试验站乳牛场(400头成乳牛)

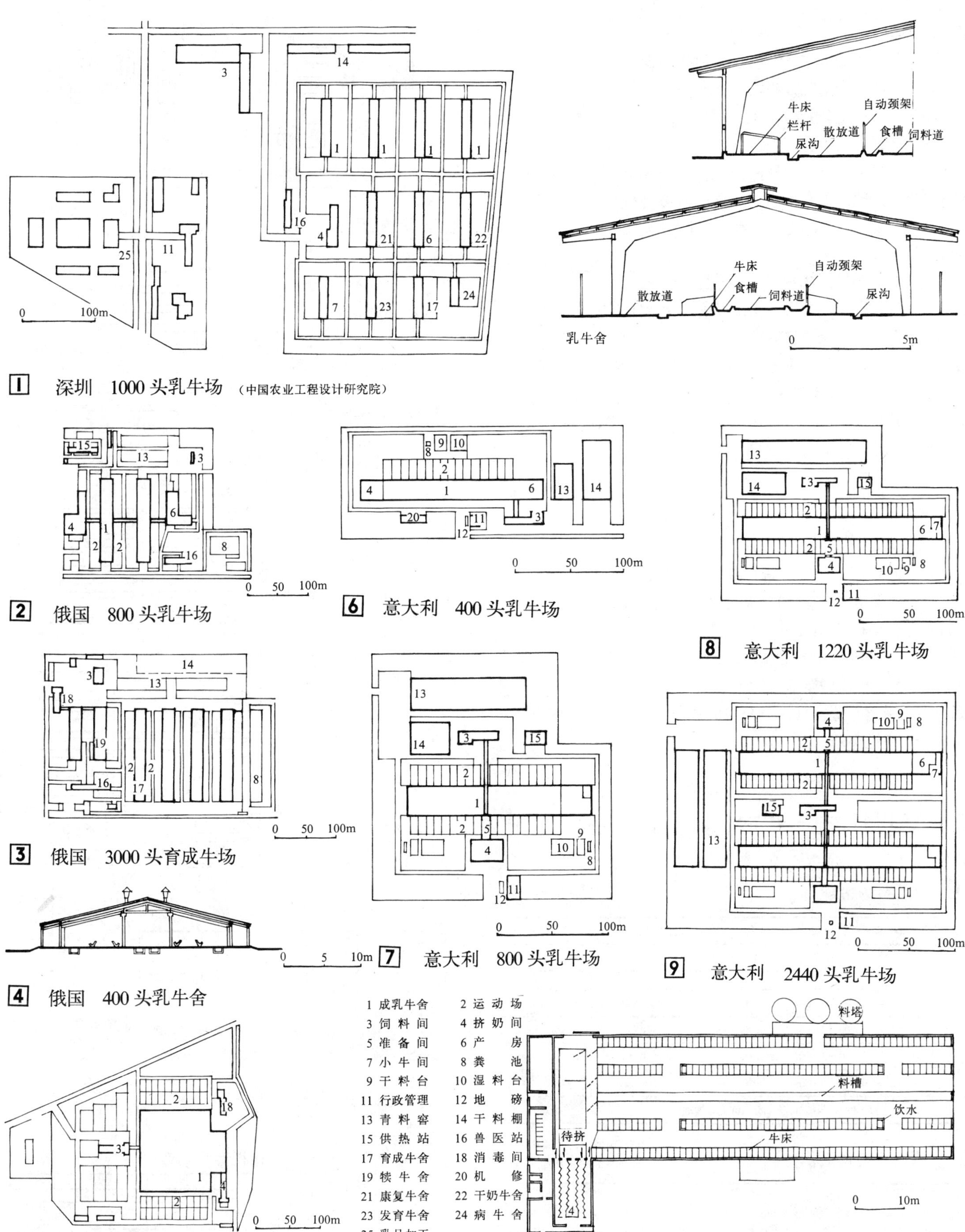

1 深圳 1000头乳牛场（中国农业工程设计研究院）

2 俄国 800头乳牛场

3 俄国 3000头育成牛场

4 俄国 400头乳牛舍

5 俄国 2000头乳牛场

6 意大利 400头乳牛场

7 意大利 800头乳牛场

8 意大利 1220头乳牛场

9 意大利 2440头乳牛场

10 美国 200头乳牛舍

1 成乳牛舍	2 运动场	3 饲料间	4 挤奶间
5 准备间	6 产房	7 小牛间	8 粪池
9 干料台	10 湿料台	11 行政管理	12 地磅
13 青料窖	14 干料棚	15 供热站	16 兽医站
17 育成牛舍	18 消毒间	19 犊牛舍	20 机修
21 康复牛舍	22 干奶牛舍	23 发育牛舍	24 病牛舍
25 乳品加工			

猪场的种类

商品猪场　任务是向市场提供商品猪，其规模少则几百头，多则几万头。

短期增肥猪场　附设在屠宰场内，其规模随宰场大小而定。

良种猪场　任务是培殖良种。

繁殖猪场　任务是推广良种。

综合猪场　无确定的单一任务，是一种多功能猪场。（或单一功能的育成，育肥专业猪场。）

场址选择

一、地势高，干燥，不被水淹，且易于排水。

二、地宜平坦，坡度不大的向阳缓坡，丘陵地亦可。

三、有水量充足，水质良好的水源。

四、附近交通方便，便于运输，但应距场外交通干线300m外。距一般公路100m外。

五、猪场应位于行政、生产和住宅区的下风，并保持一定的距离（生产区距居民区500m以上）。

总平面布置

一、猪场应分区明确，饲养区是整个猪场的主体部分，应布置在猪场的适中位置。猪舍间距10～15m。

二、生活管理用房等集中布置应与猪舍严格分开，饲养区出入口应加设清毒池。两区建筑之间卫生防疫间距＞50m。

三、种公猪舍应与其他猪舍分开建造并保持适当距离。

四、病猪舍，积粪池应远离猪舍和其他建筑，并在下风向。

五、场内道路布置应注意饲料清洁道与粪便污染道分清，坡度不宜超过10%。

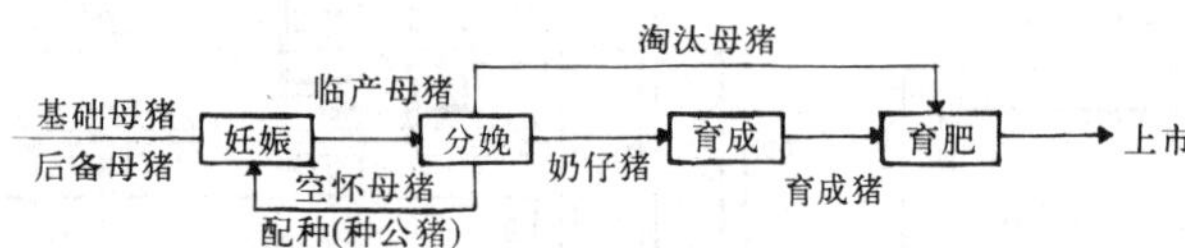

1　商品猪场猪群

猪场规模 出栏数／年	3000	5000	10000	15000	20000	25000
种母猪头数	180	300	600	900	1200	1500

建设规模 头／年	占地指标 m^2	生产建筑面积 m^2	其他建筑面积 m^2	饲料厂占地 m^2
3000	16000～20000	2700～3300	1000	2500～3500
5000	25000～30000	4300～5300	1300	4000～4500
10000	44000～54000	8000～10000	2100	5000～6000
＞10000	按 4m^2／头增加	按 0.8～1m^2／头增加		

2　猪场规模及面积指标　生产建筑面积按缝隙地板、母猪单栏如用实体地板或母猪群栏可增加10%

喂饲干料	喂饲稀料	清粪
可采用固定设备(往复式送料器或循环式送料器)	可采用移动式设备(牵引式、自动式料车）或管道输送	固定式刮粪板(浅沟式或深沟加缝隙盖板)全缝隙地板下水冲式或清粪铲车

3　猪场设备

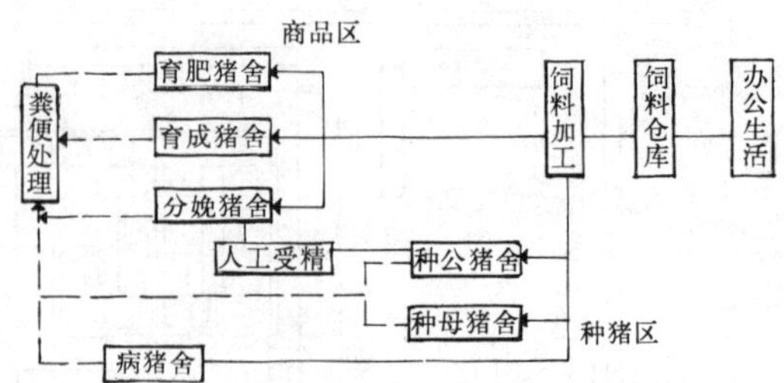

4　猪场的组成　三阶段饲养设种猪舍、分娩舍、幼猪及育肥舍　四阶段饲养设种猪、分娩、幼猪、育成及育肥舍

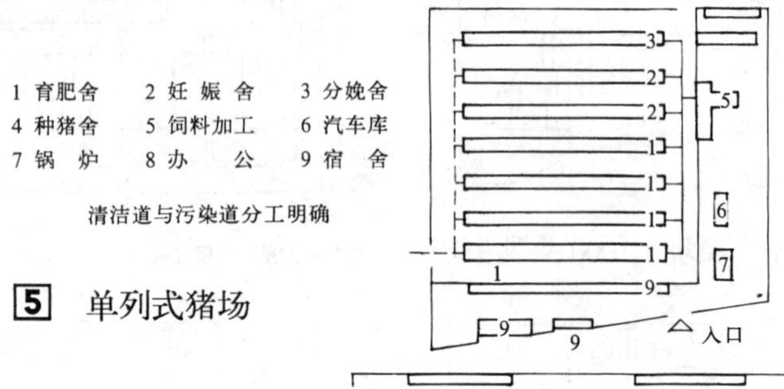

5　单列式猪场

1 育肥舍　2 妊娠舍
3 公猪舍　4 饲料间
5 汽车库　6 消毒
7 贮粪　8 工具间

送料、清粪路线较短捷

6　双列式猪场

1 育肥舍　2 育成舍
3 分娩舍　4 妊娠舍
5 种猪舍　6 饲料加工
7 办公

为避免清洁道与污染道交叉，粪便道宜采用地下式

辅助区

7　多列式猪场

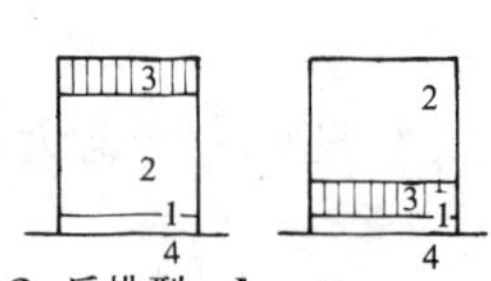

a　后排型（可利用室外运动场排粪，比较卫生）

b　前排型（躺卧区安静，清洁排粪，采食可露天）

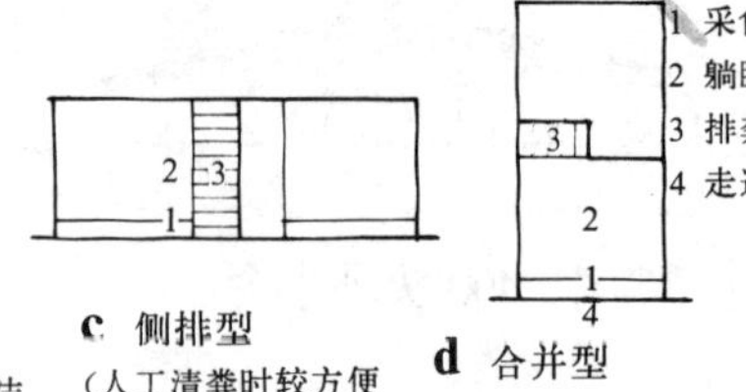

c　侧排型（人工清粪时较方便机械清粪有困难）

d　合并型（为节约面积，可合并粪沟）

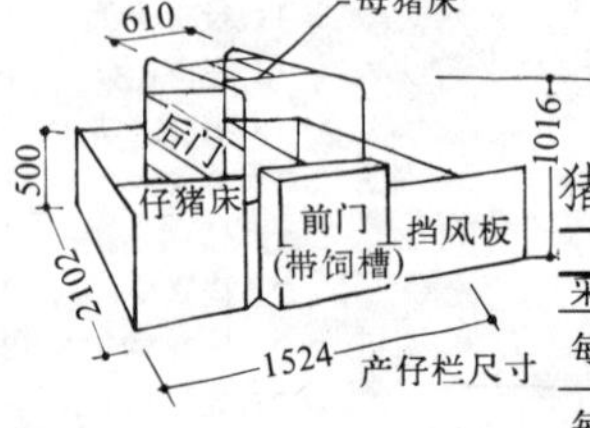

猪栏面积参考

	幼猪	肥猪	母猪
采食长度(cm)	20	30～33	45～50
每栏头数	20～30	10～20 20～30 30～50	10～20 20～25
每头面积(m^2)	0.5～0.7	1.0～1.2 0.8～1.0 0.7～1.8	1.8～2.0 1.5～1.8
躯卧长度(m)	1.4～1.8	1.8～2.5	2.4～2.8
排粪区长度(m)	0.8～1.0	1.0～1.4	1.2～1.6

栏高肥母猪0.7～0.8m 栏门宽0.8m，种公猪1～1.2m

8　猪栏的形式

育肥猪舍（育成）

传统肥猪舍常采用小群饲养（每栏5～6头），为节约猪舍面积可采用大群饲养育成猪，育肥猪。

单排式　后走道与传统猪舍相似，仅把猪栏扩大，南面可设运动场，北边设后走道。双走道一边为饲料道，一边为清粪道，但猪栏不宜过狭。建筑跨度不大。走道占猪舍面积较大。不够经济，适用于小型猪场。

双排式　中型猪场常采用双排肥猪舍。比较经济。总体布置也较紧凑。中走道中间为饲料通道，猪栏面积占猪舍面积的比例较高。粪沟沿墙也便于排出臭气。双走道对尾式布置猪栏，中间为排粪区。有利于节约清粪机械。对头式布置猪栏，中间为采食区。有利于节约送料机械。双走道虽然增加走道面积。但便于在走道上开关窗户，对防寒，防晒也较有利。

四排式　大型猪场常采用四排式肥猪舍。特别是在北方，可减少猪舍外墙面积。有三走道，四走道之分。三走道四排式肥猪舍可以使猪栏离开外墙面。

繁殖猪舍（妊娠、分娩）

传统的繁殖猪舍常采用单栏独养一头产仔母猪。

单排式　单排繁殖猪舍最为多见，跨度比较小，结构虽简单，但猪栏面积占猪舍面积比例低（约65%左右）。送料清粪、供水机械化不经济、常作为种猪舍用。后走道猪栏光照好，并可利用南向做运动场或清粪通道。前走道便于观察猪群，并可建成前高后低屋面，节约空间。

双排式　双排式繁殖猪舍适用于较大猪场。猪栏面积占猪舍面积的比例较高（约80%左右）。在机械设备上路线较短，比较经济。单走道的猪栏面积利用率高。粪沟可设在外墙边，利用产仔栏饲养母猪是比较好的办法，可以节约猪栏面积，保证仔猪的安全。并为猪仔提供最好的环境条件。南面布置产仔栏，北面布置怀孕母猪栏，可以减少猪只的转运。产仔栏亦能双排布置，形成中间为清粪，两边为送料的三走道。这样母猪头对墙壁，有利于防止疾病传染和便于饲养员观察。

四排式　四排布置产仔栏，常要求机械辅助通风。外墙面积比双排式显著减少（约40%左右），一般用于大型猪场。

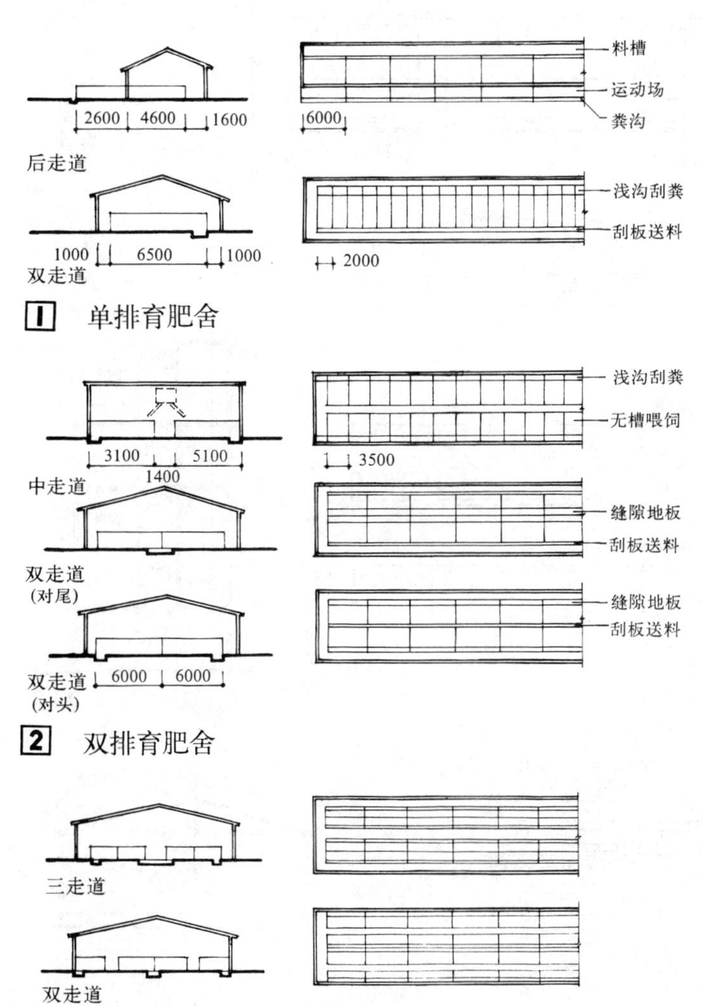

1 单排育肥舍

2 双排育肥舍

3 四排育肥舍

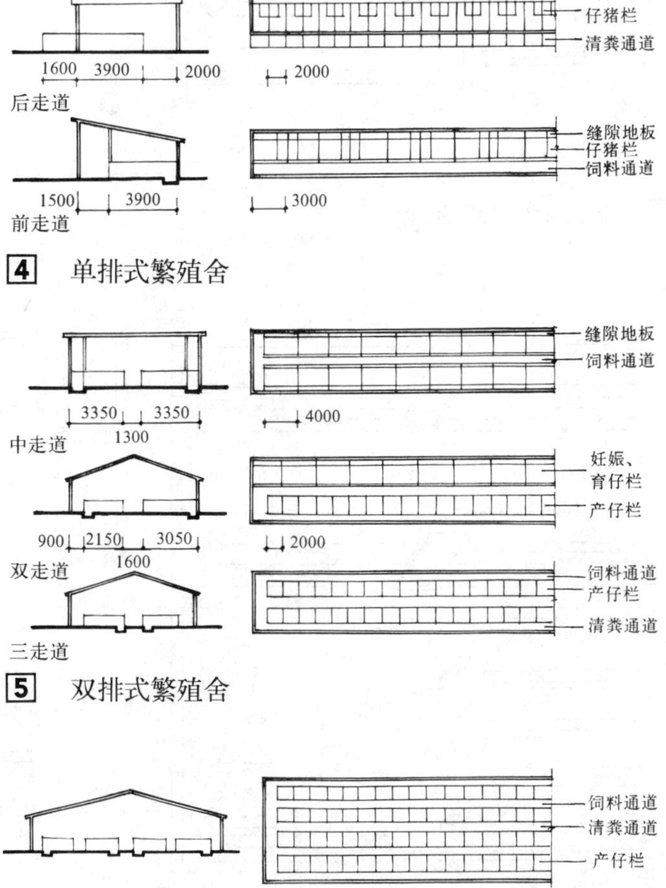

4 单排式繁殖舍

5 双排式繁殖舍

6 四排式繁殖舍

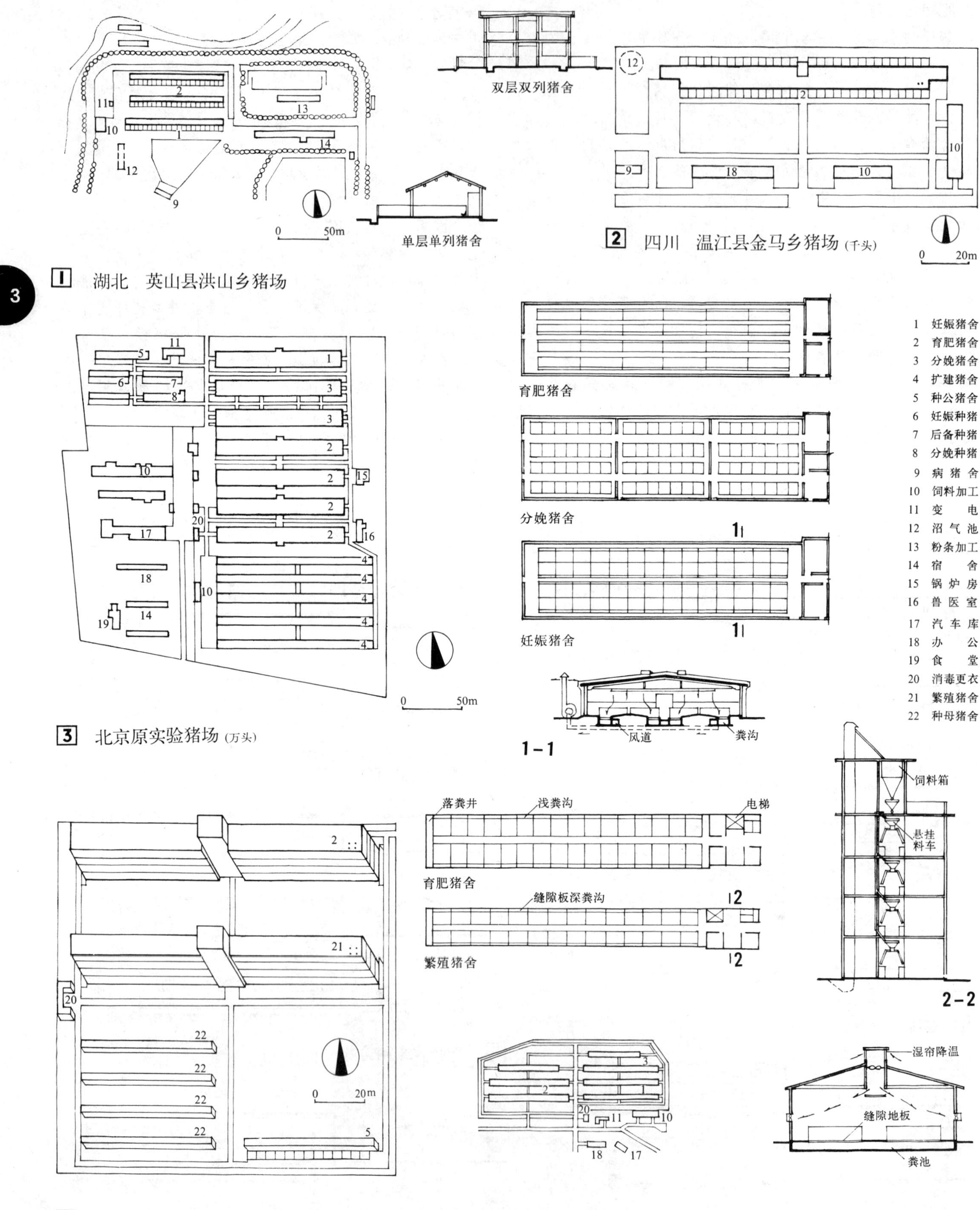

1 湖北　英山县洪山乡猪场

2 四川　温江县金马乡猪场(千头)

3 北京原实验猪场(万头)

4 上海　青东农场东风猪场(万头)

6 深圳　坪朗猪场(万头)

5 深圳　广三保猪舍

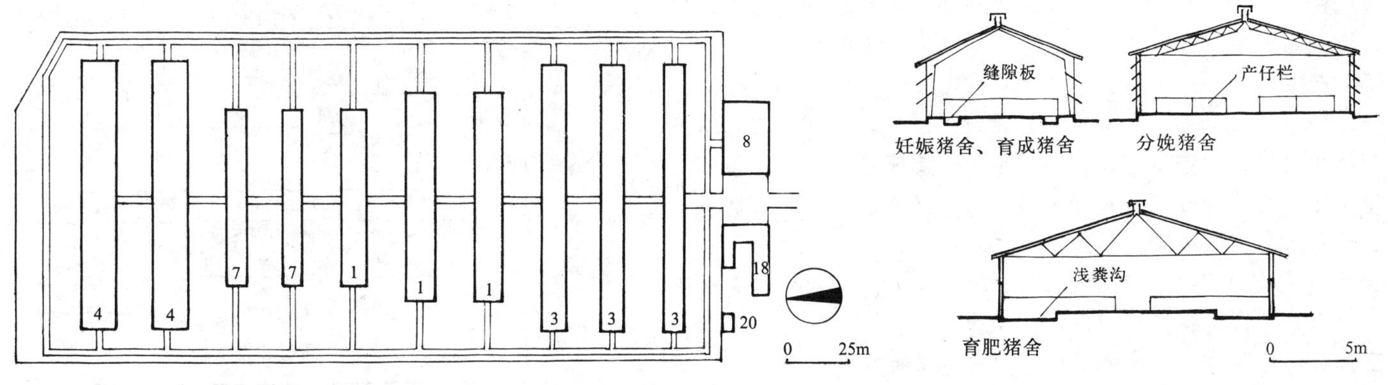

1 深圳 年产15000头猪场(华宝牧工商公司)

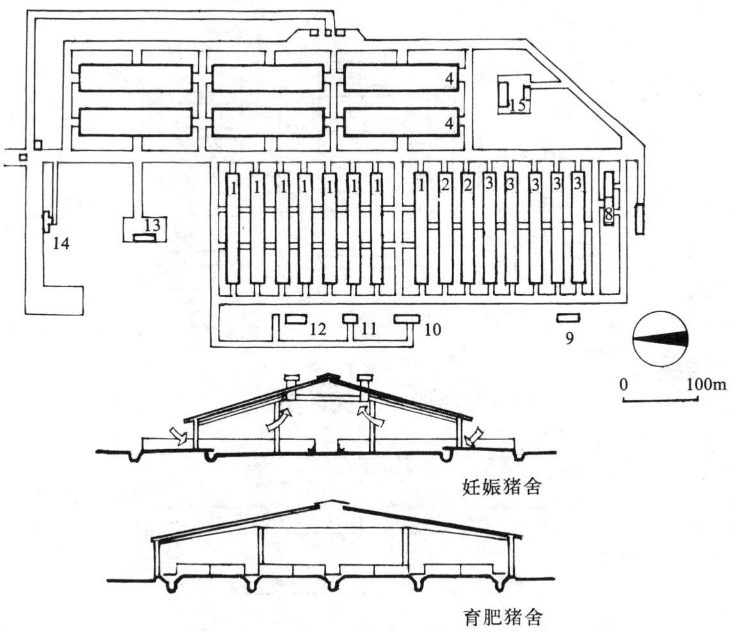

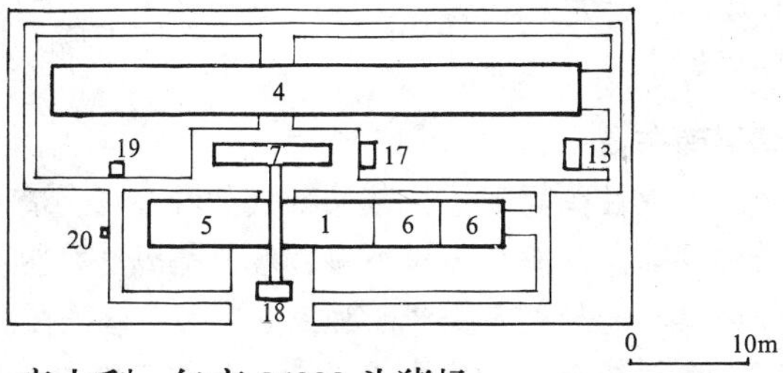

4 意大利 年产24000头猪场

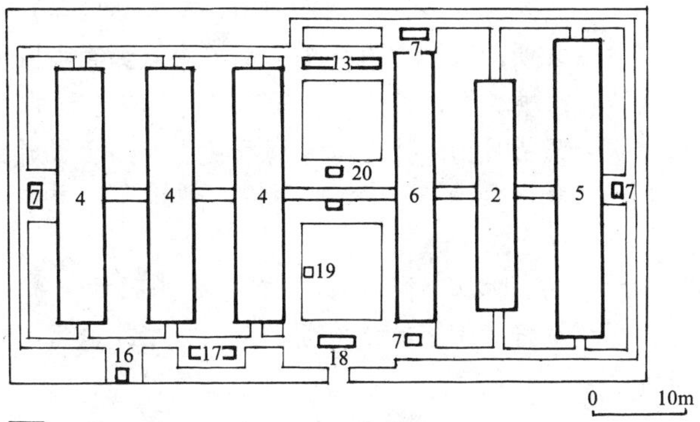

5 意大利 年产54000头猪场

妊娠猪舍

育肥猪舍

2 朝鲜 平壤猪场

1 分娩猪舍
2 后备猪舍
3 妊娠猪舍
4 育肥猪舍
5 公仔猪舍
6 断奶猪舍
7 育成猪舍
8 饲料
9 病猪处理
10 仓库
11 修理车间
12 锅炉房
13 兽医室
14 卫生消毒
15 污水处理
16 装猪台
17 汽车库
18 办公室
19 地磅
20 变电室
21 生活间

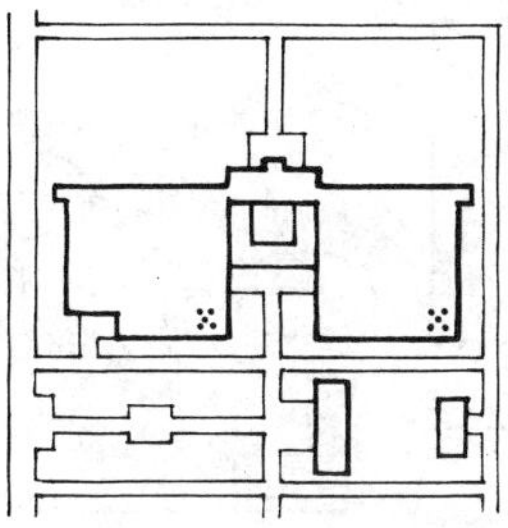

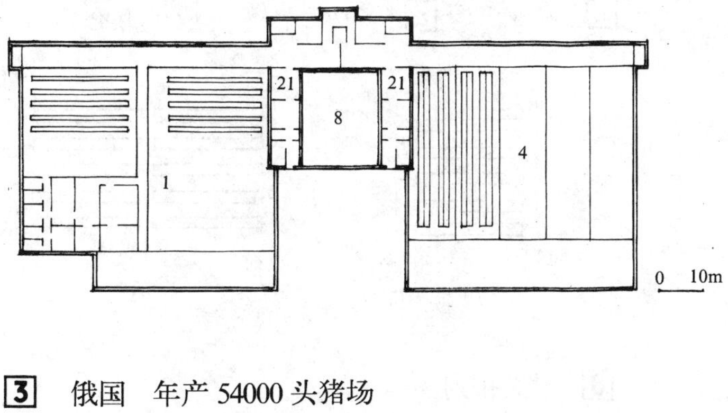

3 俄国 年产54000头猪场

育肥猪舍

妊娠猪舍

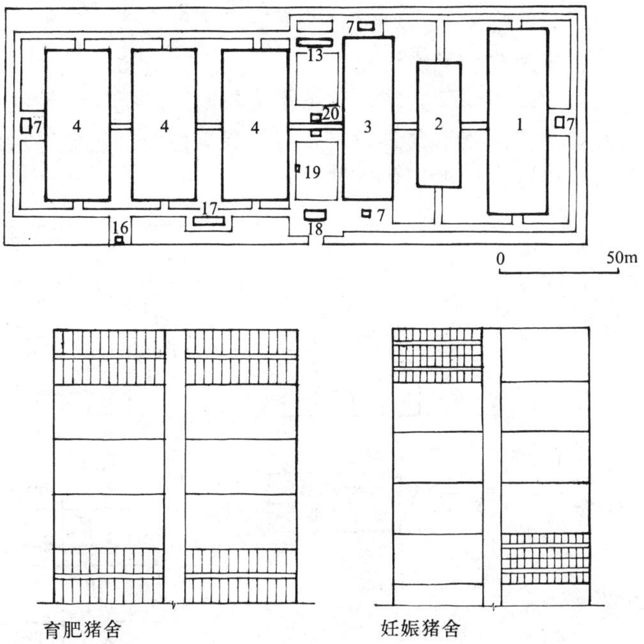

6 意大利 年产10800头猪场

鸡场种类 分种鸡场、蛋鸡场、肉鸡场三大类。种鸡场又分原种场、祖代场、父母代场，此外还有单独的孵化场。

场址选择

一、地下水位太高，容易造成环境潮湿，地势过高，容易召致寒风的侵袭，且交通困难，土质要好，宜于建造房屋，但不应侵占肥沃的耕地建场，坡地不宜过大，通常禽舍长轴与坡地等高线平行，坡向向阳。节约用地。

二、设在交通便利，又较僻静的地方，一般远离主要交通干道。尽量接近饲料产地或产品销往地区。

三、鸡场应位在居民区的下风向。有足够的卫生防疫间距。

四、除正常使用的电源外，还应设备用电源，在供电不能保证地区，宜考虑机械操作与手工操作并用。水源要丰富，水质条件要好。

总平面布置

一、专业性鸡场职能比较明确（如种鸡场、育成场、蛋鸡场、肉鸡场等），鸡舍类型不多，容易搞好防疫卫生。总体布置也较简单，一般仅有生产区和简单的场前管理区。

二、多功能鸡场总体比较复杂。总体布置中要按照不同职能划区（如生产区、育成区、生产辅助区、管理区等），各区之间既要联系方便，又要符合防疫隔离要求（如育种区应设在鸡场上风等），堆粪场、焚尸炉应设在离开鸡舍较远的下风地段。

三、联合鸡场可由若干个专业性鸡场组成，布置成树叶状鸡场 7 ，各场之间有 1～2km 的距离，通过专用道路连接后再接至交通干道上。

四、鸡舍可排成单列、双列，有等距排列的，也有成对排列的。要解决好送饲料和清粪便道路的分工，洁污不交叉，建筑间距 3～5 倍檐高。

鸡舍形式

开敞式 冬季可用塑料薄膜或树脂卷帘挡风。

有窗式 南墙受寒风小，日照率高，可开大窗，但窗过大会引进大量辐射热和光线过强。

密闭式 四季均衡生产，可缩小建筑间距，提高土地利用率，但耗能大，外墙和屋顶均有良好的保温性能，机械通风能控制舍内的温度、湿度、气流等。

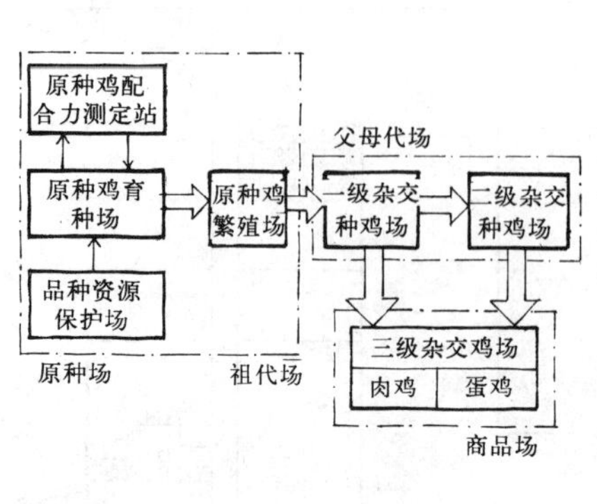

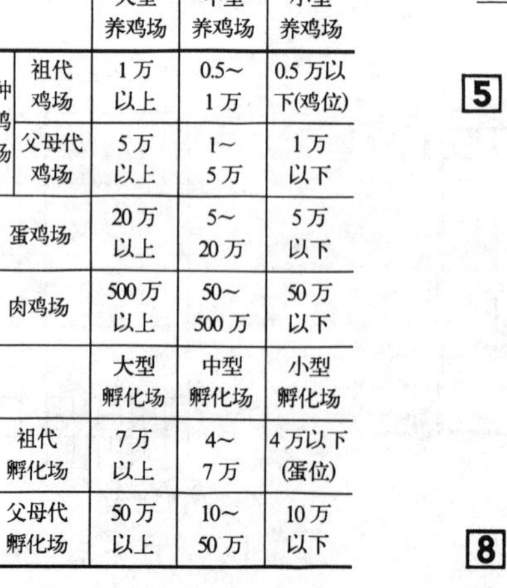

		大型养鸡场	中型养鸡场	小型养鸡场
种鸡场	祖代鸡场	1万以上	0.5～1万	0.5万以下(鸡位)
	父母代鸡场	5万以上	1～5万	1万以下
蛋鸡场		20万以上	5～20万	5万以下
肉鸡场		500万以上	50～500万	50万以下
		大型孵化场	中型孵化场	小型孵化场
祖代孵化场		7万以上	4～7万	4万以下(蛋位)
父母代孵化场		50万以上	10～50万	10万以下

1 养鸡体系图解及规模划分

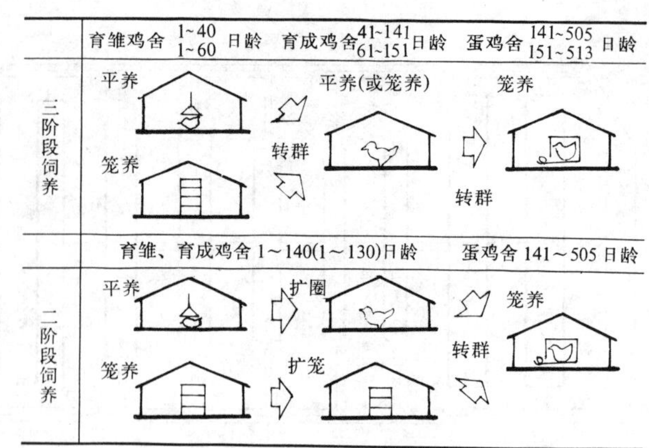

2 蛋鸡饲养方式

蛋鸡宜采用三阶段饲养
种鸡可以采用二阶段或三阶段饲养
肉鸡宜采用一阶段或二阶段饲养

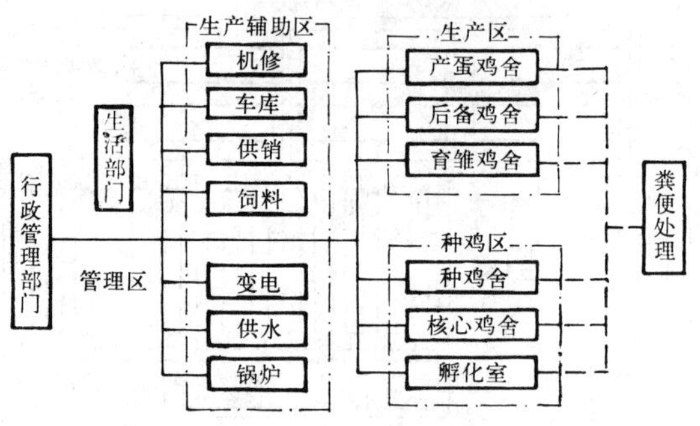

3 多功能鸡场关系图解

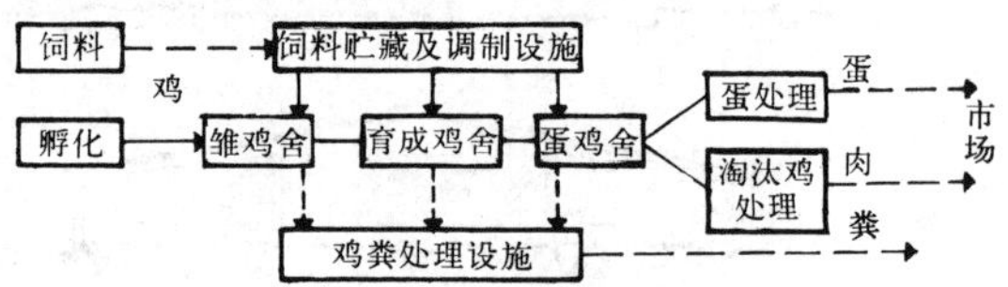

4 蛋鸡场流程

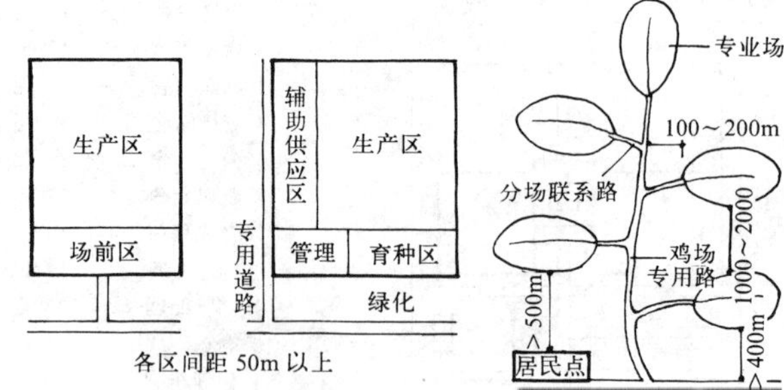

5 专业鸡场 6 多功能鸡场 7 联合鸡场

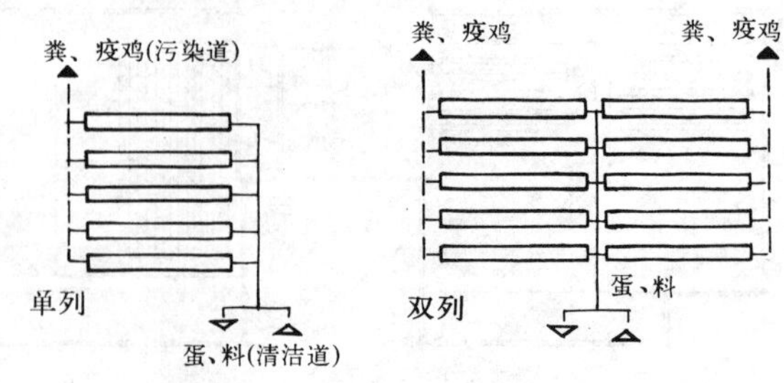

8 鸡舍排列

鸡舍设备 饲养形式有平养、笼养之分。鸡舍设备包括鸡笼、饮水、喂料、清粪、集蛋等设备。

平养 一般可用于种鸡、雏鸡、育成鸡和肉鸡，网上平养能使鸡床保持干燥。（平网离地400～700）网下鸡粪由机械或人工清理，平养饲养密度不高（5～7只/m²）但设备比较简单。

笼养 蛋鸡大都采用笼养，一般每笼养蛋鸡3～4只。

笼养优点：饲养密度高（12～25只/m²），为控制环境提供条件。
机械化生产效率高，能充分发挥饲养设备效率。
笼养限制鸡只活动，可提高饲养报酬。
便于集蛋，利于防疫，可加强饲养管理等。

蛋鸡笼又有深笼和浅笼的区别，一般认为浅笼养鸡的效果好，每只鸡都能任意取食。由于笼浅便于蛋滚出来。破蛋率也较低。但深笼能减少饲槽长度等，比较经济。

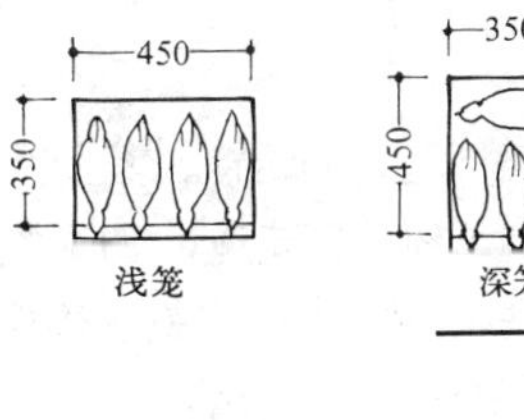

	雏鸡		育成鸡		种鸡		蛋鸡	肉鸡	
	平养	笼养	平养	笼养	平养	笼养	笼养	平养	笼养
饲养密度 只/m²	20～25	30～60	4.6～6.0	12～15	4.5～6.7	7～12	12～25	12～25	15～18

1 蛋鸡笼形式

鸡笼组合形式

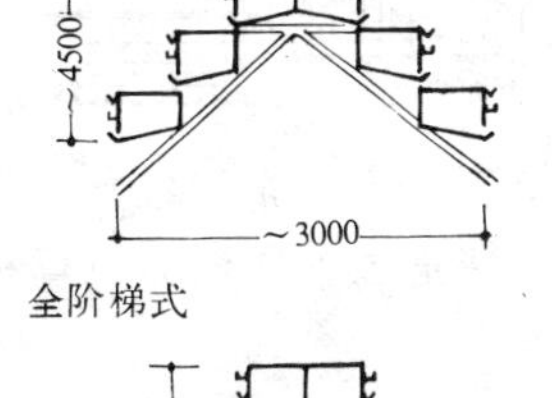

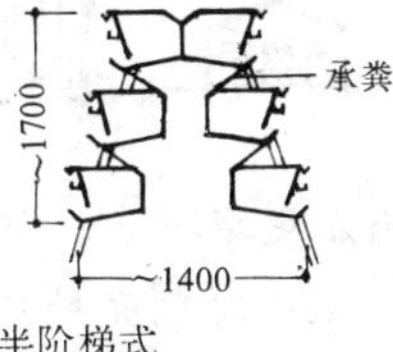

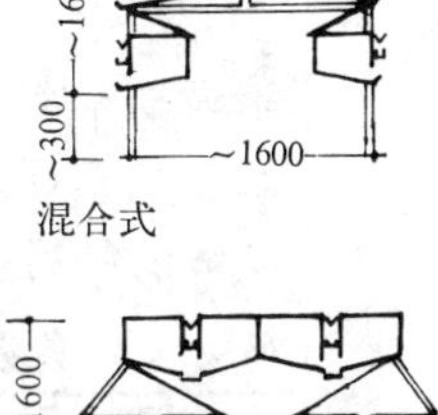

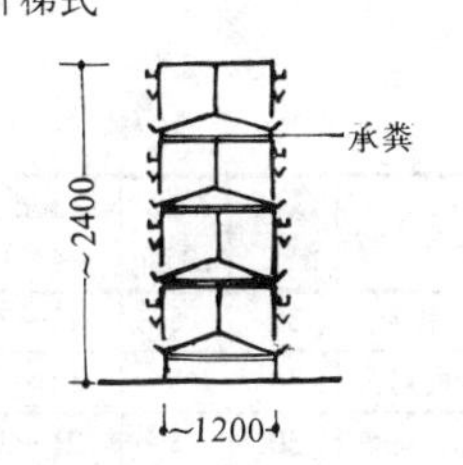

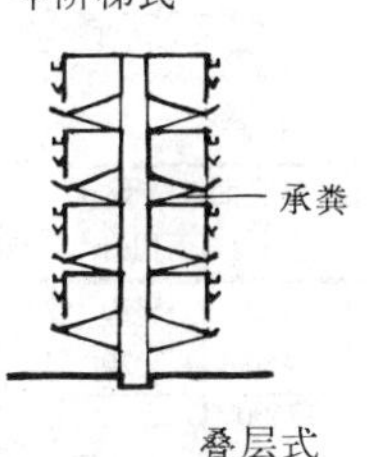

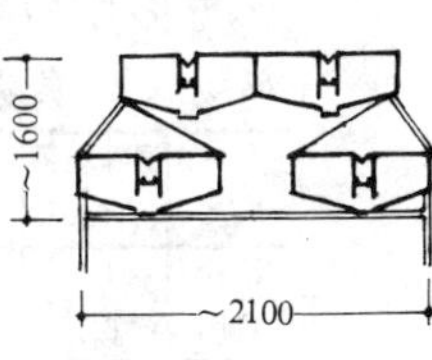

叠层式

平置式	二个笼子成一组，合用一条食槽，一条水槽，一条蛋槽，笼架结构比较简单，机械集蛋方便（只有水平方向运动），但舍饲密度低（9～10只/m²）。平置式常用于高坑鸡舍（笼下设有高坑），由于取消了走道，舍饲密度可达13只/m²，在成片的平置笼上增设给料行车，同时完成观察，捉鸡工作
阶梯式	一般呈三层阶梯，全阶梯式的鸡粪可自由落入下面粪槽内，清粪比较方便，舍内通风换气较好，光照也较均匀，但笼架槽向宽度大影响建筑跨度，其舍饲密度不高（10～13只/m²），半阶梯式、混合式都是为了减少笼架槽向宽度，提高舍饲密度，但由于鸡笼部分重叠，均需加设承粪板，清洁工作较麻烦
叠层式	鸡笼互相重叠，舍饲密度高（14～20只/m²），有利于控制环境，提高生产效率，但清粪、喂料机械比较复杂。每层笼下常采用移动承粪，或用刮板式清粪设备清粪，喂料设备除采用食槽内板喂料设备外，也可用跨笼式料车在笼架上移动送料。雏鸡、育成鸡也可采用叠层笼养，每笼养鸡10～25只，舍饲密度14～20只/m²

2 鸡笼组合形式

除蛋鸡笼外，还有育雏笼、育成笼、种鸡笼、肉鸡笼，饮水设备除水槽外，还有乳头式、杯式饮水器。

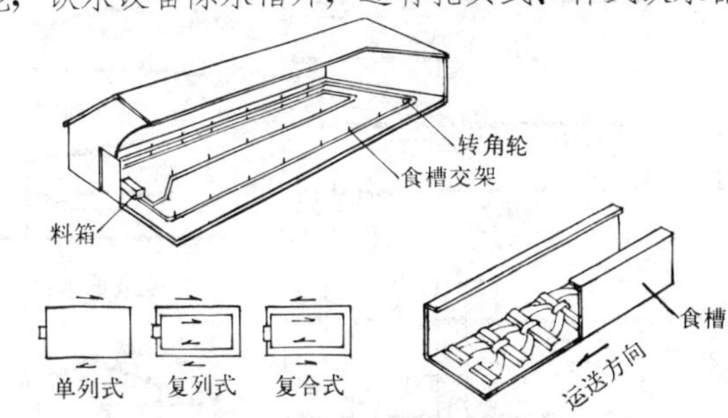

a 链片式喂料系统：链片经料箱时，带出饲料，工作效率高，拆装方便。较手工给料可提高工效4倍，节约饲料15%。

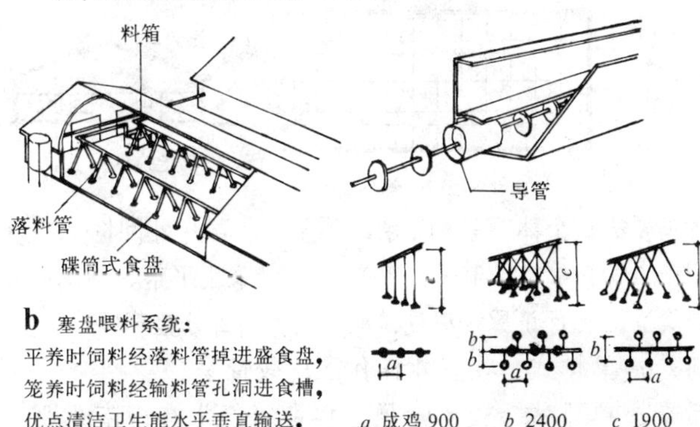

b 塞盘喂料系统：
平养时饲料经落料管掉进盛食盘，
笼养时饲料经输料管孔洞进食槽，
优点清洁卫生能水平垂直输送，
缺点维修困难。

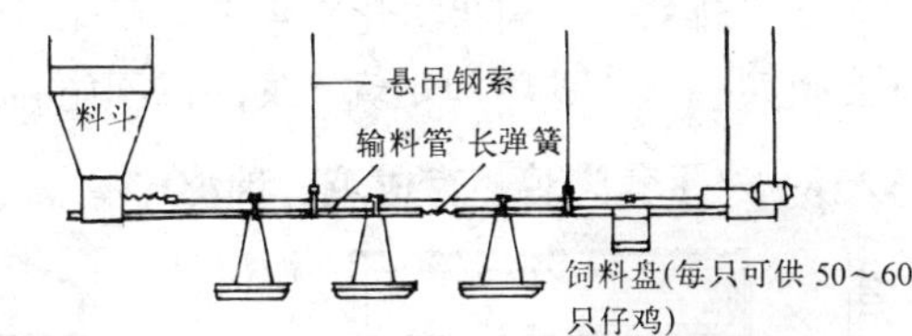

c 弹簧喂料系统：适用于平养，常配有圆形食槽，桶内饲料通过桶底与圆盘间隙流进食盘（多用于幼龄仔鸡）。

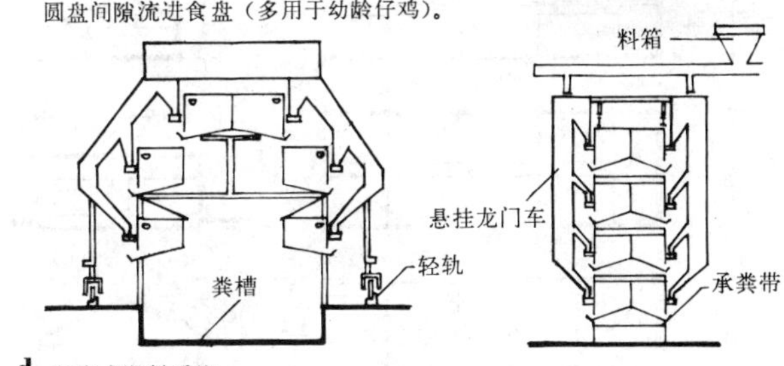

d 行车式喂料系统

3 喂饲设备

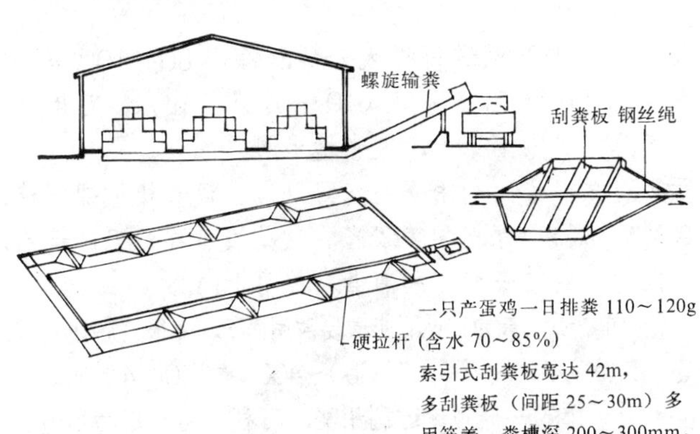

一只产蛋鸡一日排粪110～120g（含水70～85%）
索引式刮粪板宽达42m，
多刮粪板（间距25～30m）多用笼养。粪槽深200～300mm，1～2%纵坡

4 清粪设备

小群鸡舍(又称核心鸡舍)

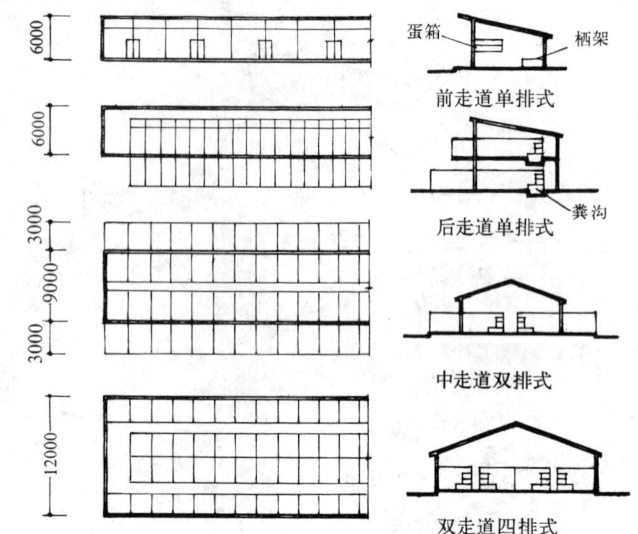

种鸡要进行个体观察和记录，需要用小群，小间饲养，（每间养 10 只母鸡、1 只公鸡），一般采用平养。自闭式产蛋箱集蛋，为保证原种鸡受精率，常保持部分垫草饲养。

前走道单排式　在室外操作，比较简易。

后走道单排式　较为常见，但蛋箱经常有碍南北通风，也可建楼房。

中走道双排式　中间走道比较经济，南北可设运动场。

双走道四排式　可增加建筑宽度，但不能利用运动场。

大群鸡舍(平养肉鸡、育成鸡、种鸡)　舍内净高 2.4～2.8m 为宜

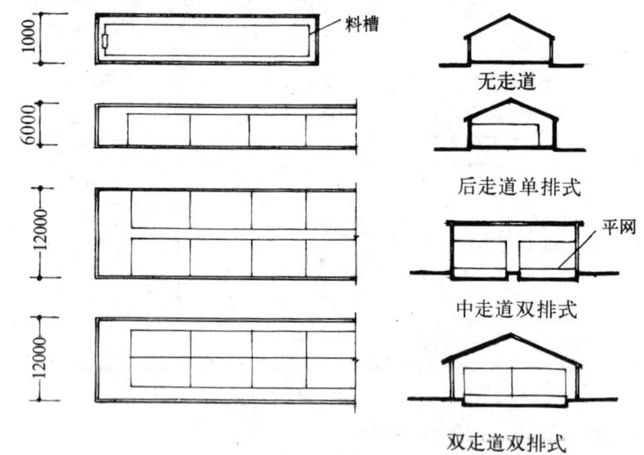

父母代种鸡可以进行扩大分群，每群 80～100 只，种鸡 4 只／m^2，后备种鸡（10～14 只／m^2），可用垫草平养，亦可网上平养，或半地半网。

无走道式　平面利用率高，可以自由设置机械喂料槽，自动饮水器，保温伞等设备。这些设备在鸡只转运后，可挂起一块彻底清扫和消毒。常用于肉鸡。

后走道单排式　最为常见，走道要占用面积，不很经济（45 只母鸡／蛋箱高 300～350，深 350～400 高300～400）。

中走道双排式　提高走道利用率，可利用南北运动场地。

双走道双排式　可在走道上开启窗户，有利于鸡防寒、防暑。

蛋鸡舍(高床鸡舍 4～4.5 米为宜)

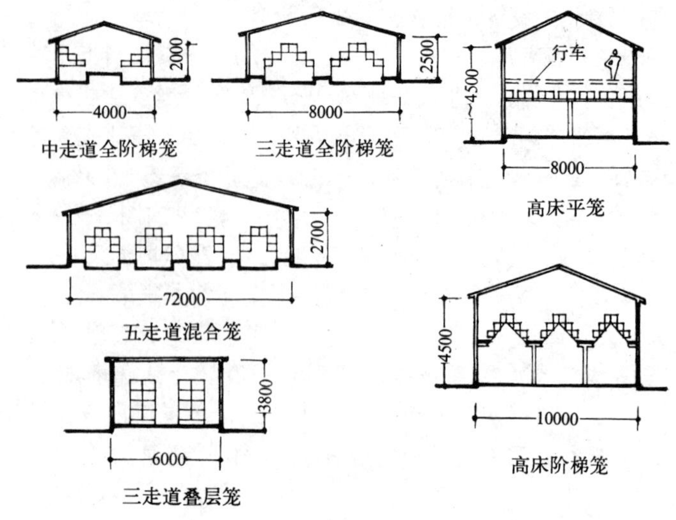

小型鸡舍　笼架靠墙布置，中间留有走道，供送料、集蛋用。

中型鸡舍　常见有二组笼三走道，三组笼四走道，四组笼五走道等。用链板机械或送料车送料，用刮粪机在笼下粪槽里清粪。（链板长度可达 300m，鸡舍可长 150m）

高床鸡舍　把鸡笼置在离地 2m 左右。下面形成积粪空间，依靠强力通风使鸡粪干燥，每年更换鸡群时，由拖拉机入内清理。优点是简化清粪设备。但要增加建筑高度。

育雏鸡舍

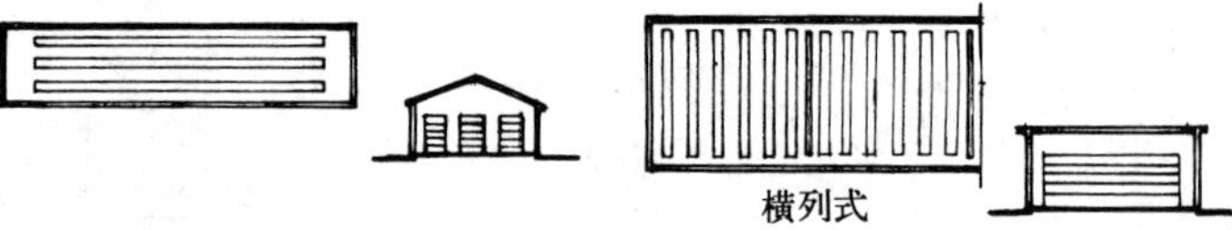

雏鸡平养常采用无走道鸡舍、加保温伞等设备。

雏鸡笼养可以创造良好饲养环境，常垂直纵向墙面布置笼架以便鸡舍分隔，按不同日龄施温。

鸡场设计参数

	饲养规模(鸡位万)	占地面积(公顷)	总建筑面积(m^2)	生产建筑面积(m^2)
祖代鸡场	1.0	4.4	6170	5370
	0.5	3.3	3480	3020
父母代鸡场	5.0	6.8	17500	15240
	1.0	1.7	3530	3100
	0.5	0.8	1890	1660
蛋鸡场	20.0	10.5	23590	20520
	10.0	6.1	10410	9050
	5.0	2.9	6290	5470
	1.0	0.5	1340	1160
肉鸡场	100.0	7.0	21530	18720
	50.0	3.8	10770	9340
	10.0	0.7	2150	1870

	最高温度	最低温度	适宜温度(℃)
种鸡舍	30	5	21～27
蛋鸡舍	30	5	13～28
肉鸡舍	30	5	21～27
育成舍	30	10	18～27
育雏舍	35	15	20～27

	祖代孵化场	父母代孵化场
规模(蛋位万)	4～7	7～55
建筑面积(m^2)	120～300	300～1200

孵化厅工艺流程

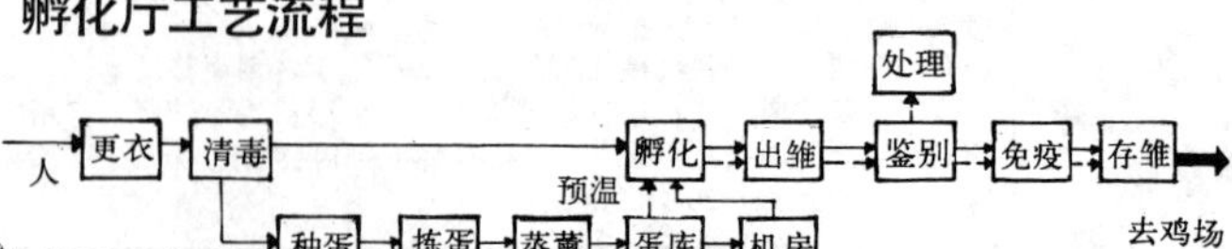

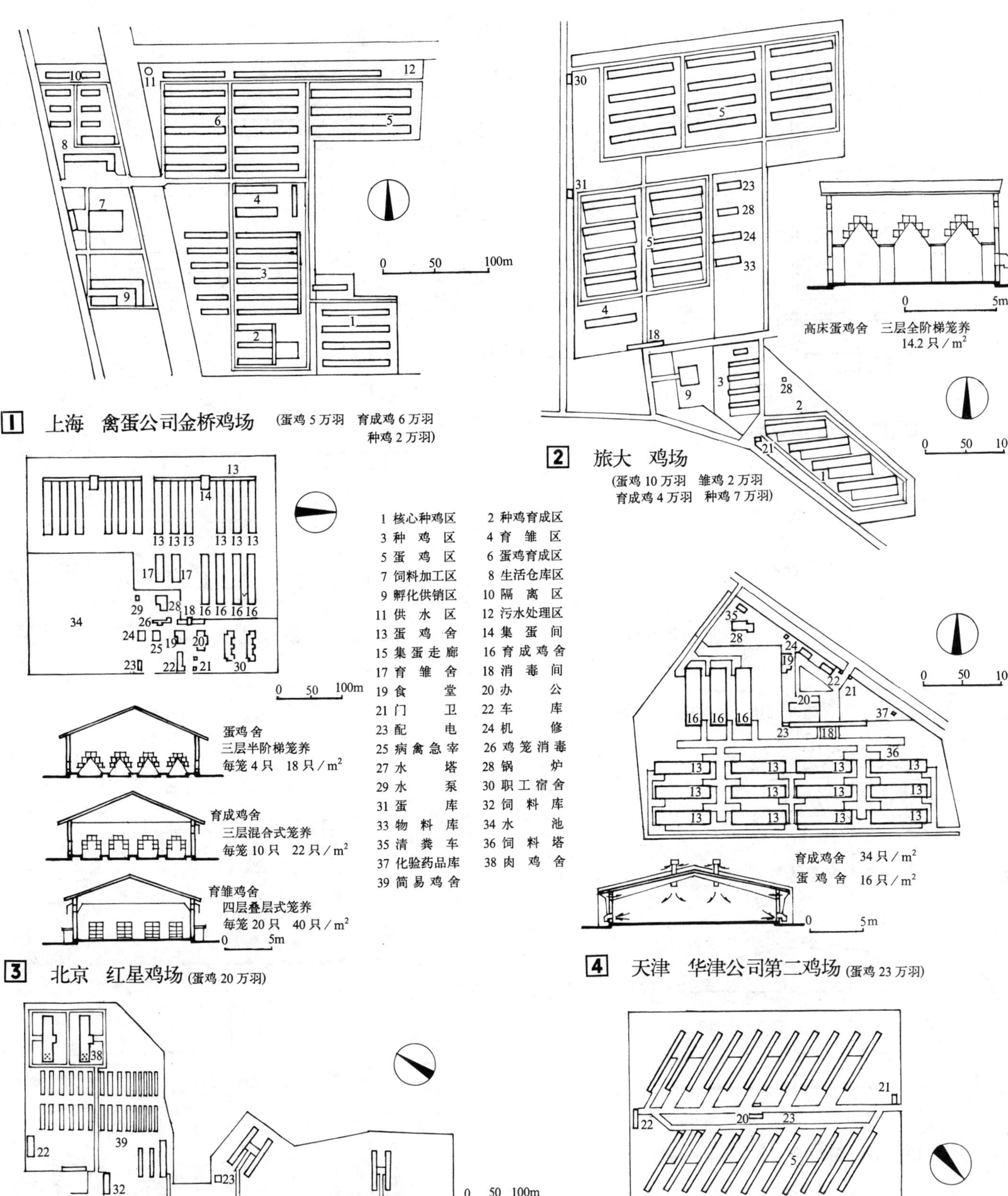

1 上海 禽蛋公司金桥鸡场 (蛋鸡 5 万羽 育成鸡 6 万羽 种鸡 2 万羽)

2 旅大 鸡场 (蛋鸡 10 万羽 雏鸡 2 万羽 育成鸡 4 万羽 种鸡 7 万羽)

3 北京 红星鸡场 (蛋鸡 20 万羽)

4 天津 华津公司第二鸡场 (蛋鸡 23 万羽)

5 朝鲜 龙城鸡场 (养鸡 110 万羽 年产鸡肉 5000 吨)

6 古巴 奥托比斯鸡场 (养鸡 18.9 万羽 年产蛋 2200 万只)

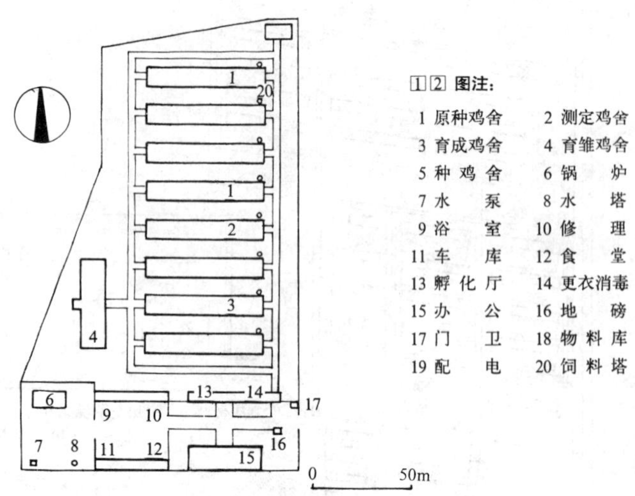

1 北京　原种鸡场（原种鸡 1 万羽）

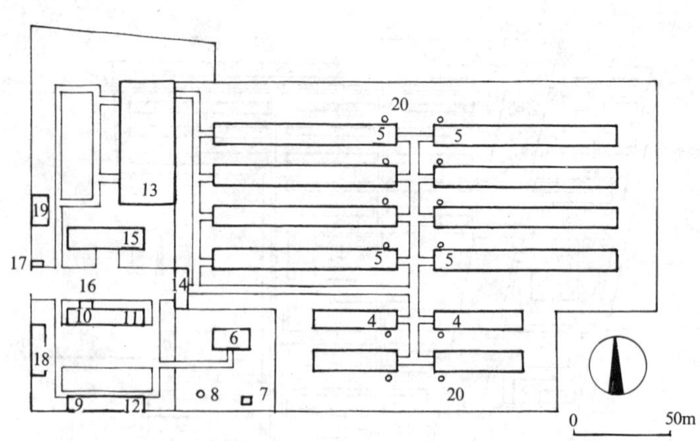

2 北京　种鸡场（种鸡 3 万羽）

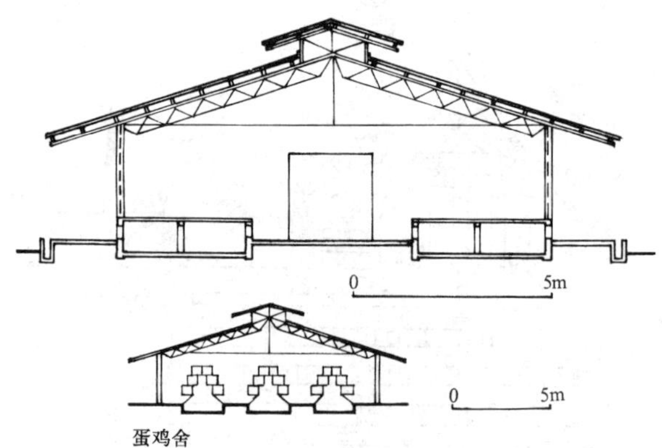

3 广州　南海县大岗鸡场种鸡舍　二高一低 一段饲养 开敞式

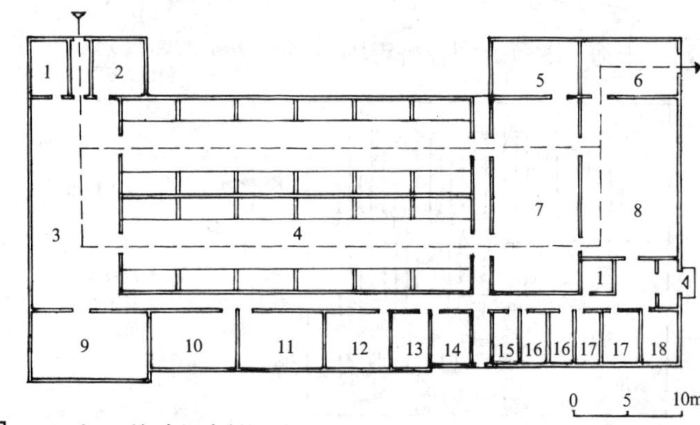

6 北京　种鸡场孵化厅

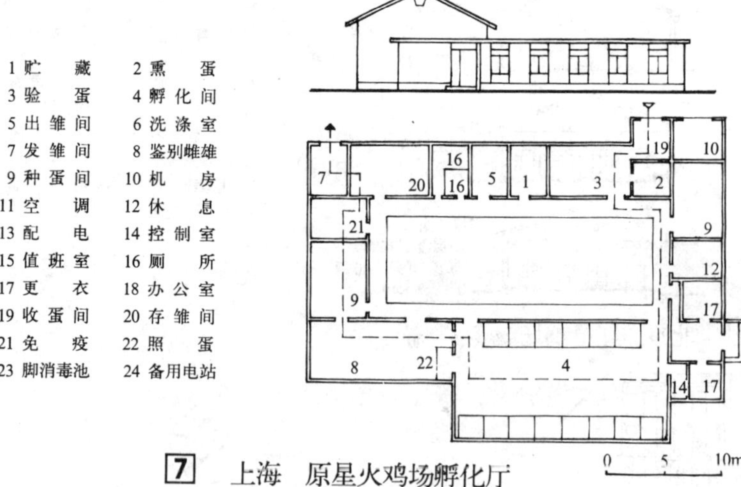

7 上海　原星火鸡场孵化厅

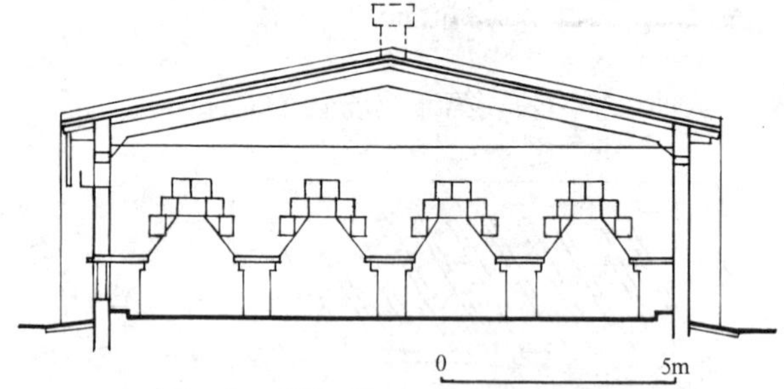

4 天津　第一鸡场蛋鸡舍　三层半阶梯半高床密闭式

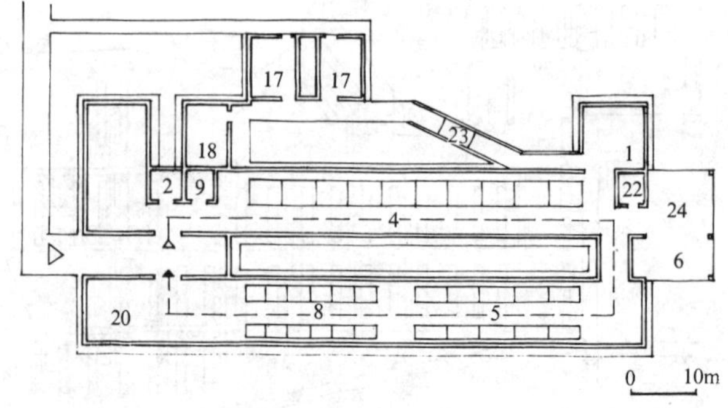

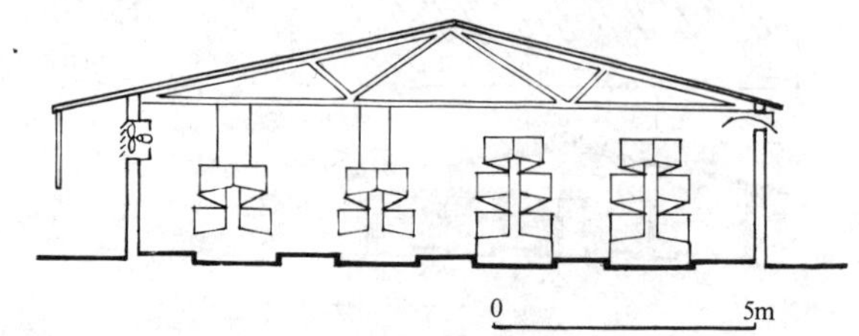

5 加拿大　蛋鸡舍　二、三层叠层笼密闭式

8 古巴　马丁奈斯德帕拉西奥斯孵化厅

山地建筑规划设计要点

一、我国是一个丘陵、盆地、高原、高山较多的国家，在设计中如何利用山地丘陵地区特点，充分利用山坡薄土、荒地作为建设用地，不占或少占良田好土，尽量减少土石方工程量，节约建设投资，具有十分重要的意义。

二、山区地形起伏多变，地质复杂，在选择建设用地时，要注意地形变化的特点，防止不良地质现象，必须进行认真勘查，然后确定取舍，以确保建筑物使用安全。

三、山区地形按其范围可分为大地形与小地形。大地形指相当地区内的大片地形，一般按特性可分为浅丘地带、浅丘兼深丘地带及深丘地带。大地形的选择及其特征主要与城市规划有关。小地形指局部小片地形，对居住区群体布置和用地组织影响较大，一般按其地貌分为山丘、山岗、山嘴、山坳、坪台、夹谷、盆地、山垭等型态。

四、建筑群体布置，要注意解决合理利用地形、少开土石方、节约用地和投资，同满足各类建筑总体设计的功能使用要求的矛盾；同时也要考虑日照、通风、防火及道路、绿化、环境等技术要求。因此，要结合地形特点，根据不同情况，采取多种多样的布置方式和处理手法，有效地组织建筑空间和丰富建筑造型，创造出一个高低错落、重点突出，与山势起伏、绿化掩映相配合的建筑风貌。

五、单体建筑设计如何利用地势特点，灵活组织建筑物内部空间的竖向关系，有多种处理手法，如筑台、掉层、错层、跌落、架空等，综合利用这些手法能使建筑物与地形有机地结合起来，既节约土石方量、扩大使用面积，又能满足采光、通风、交通组织及便利生产、生活等功能要求，妥善解决建筑物与地形等多方面的矛盾。

坡度分级标准

类型	坡　度	建筑区布置及设计基本特征
平坡地	3%以下	基本上是平地，道路及房屋可自由布置，但须注意排水
缓坡地	3~10%	建筑区内车道可以纵横自由布置，不需要梯级，建筑群布置不受地形的约束
中坡地	10~25%	建筑区内须设梯级，车道不宜垂直等高线布置，建筑群布置受一定限制
陡坡地	25~50%	建筑区内车道须与等高线成较小锐角布置建筑群布置及设计受到较大的限制
急坡地	50~100%	车道须曲折盘旋而上，梯道须与等高线成斜角布置，建筑设计需作特殊处理
悬崖坡地	100%以上	车道及梯道布置极困难，修建房屋工程费用大，一般不适于作建筑用地

山区大地形特征

类　型	特　　　征
浅丘地带	地形变化不大，自然坡度较平缓，约10～30%，相对高程在20～50m以内。
浅丘兼深丘地带	除浅丘外，地区内有若断若续的较大山丘，山丘之间往往有江河贯穿，沿河两岸地势平坦，自然坡度有缓有陡，一般在10～60%左右，也有高达100%的陡坡，相对高程在100m左右。
深丘地带	地形起伏变化大，陡坡、断层、冲沟多，相对高程达150m以上。

山地地形地貌基本形式

类型	特　征	平面断面简图	鸟　瞰
山丘形	局部隆起的地形称为山丘	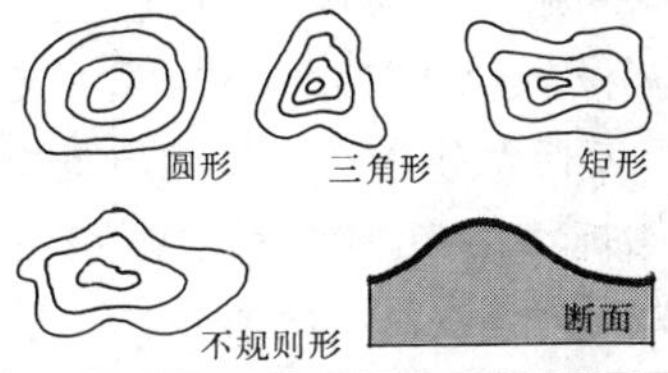 圆形　三角形　矩形　不规则形　断面	
山岗形	条形隆起的地形称为山岗，在山岗脊梁部分称梁	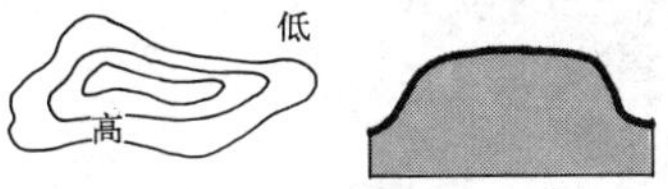 低　高	
山嘴形	如半岛形三面为下坡的突出高地称山嘴	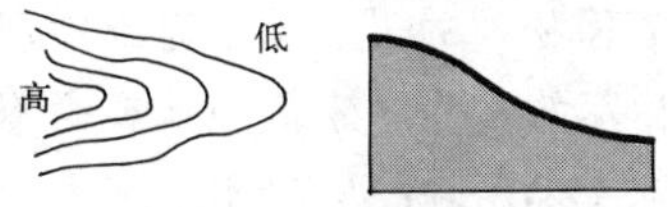 低　高	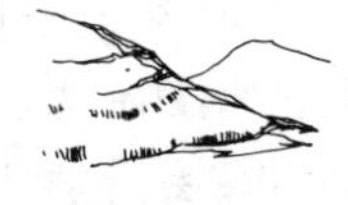
山坳形	三面为上坡所围的地形称山坳	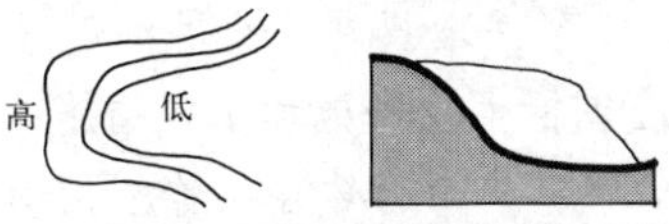 高　低	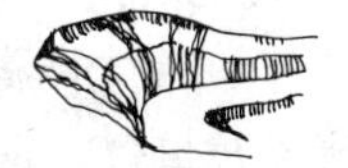
坪台形	山顶较平部分称为坪，较高地段上，范围较大的平缓地区称坪，山腰较平部分称台	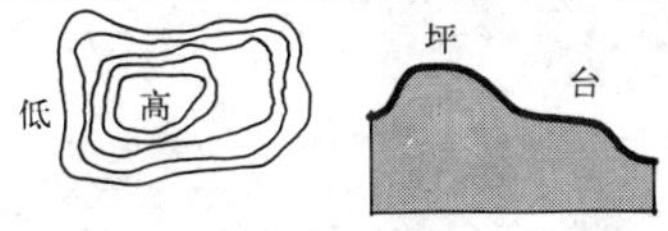 低　高　坪　台	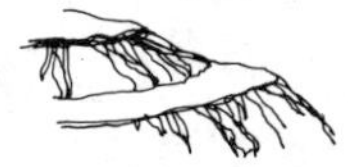
夹谷形	两侧为上坡所夹的谷地称为夹谷，沟谷部分称为沟或溪	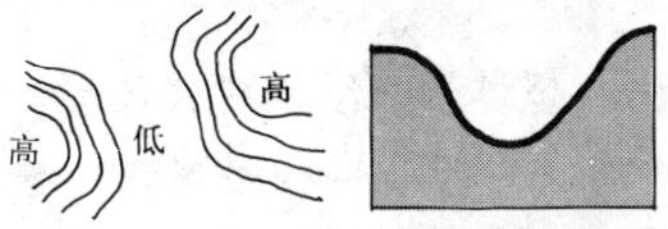 高　低　高	
盆地形	四面被上坡所围的低地称为盆地	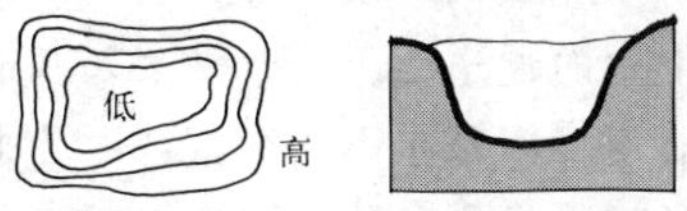 低　高	
山垭形	两侧为隆起的山丘所形成的地形称山垭	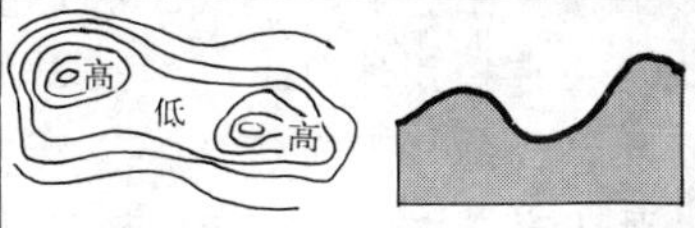 高　低　高	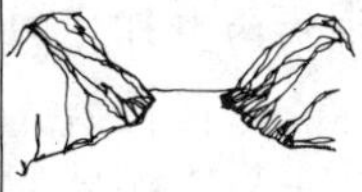

工程地质好坏，直接影响房屋安全、基建投资和进度。山地地质复杂，建设时应对滑坡、冲沟、崩塌、断层、岩溶等不良地质现象认真进行勘查，并采取相应的措施。

滑坡

斜坡上的岩层或土体在自重、水或震动等的作用下，失去平衡而沿着一定的滑动面向下滑动的现象，称为滑坡。滑坡多产生在山地的山坡、丘陵地区的斜坡，以及岸边、路堤或基坑等地带，它对工程建设的危害很大，轻则影响施工，重则破坏建筑物，危及人身安全。所以，在山区或斜坡地带布置建筑时，对于大滑坡则应回避，对于小滑坡则应研究其成因，并采取防治措施。

滑坡的表面现象[1]。

滑坡的成因[2]。

滑坡的防治，必须根据工程地质、水文地质条件以及施工影响等因素，认真分析滑坡可能发生或发展的主要原因，采取排水、支挡、减重等处理措施。ⓐ 排水：地面应设置排水沟，防止地面水浸入滑坡地段，必要时尚应采取防渗措施。在地下水影响较大的情况下，应根据地质条件，做好地下排水工程。ⓑ 支挡：根据滑坡推力的大小、方向及作用点，可选用重力或抗滑挡墙、阻滑桩及其他抗滑结构。ⓒ 减重：在保证卸载区上方及两侧岩石稳定的情况下，可在滑体主动区卸载，但不得在滑体被动区卸载。

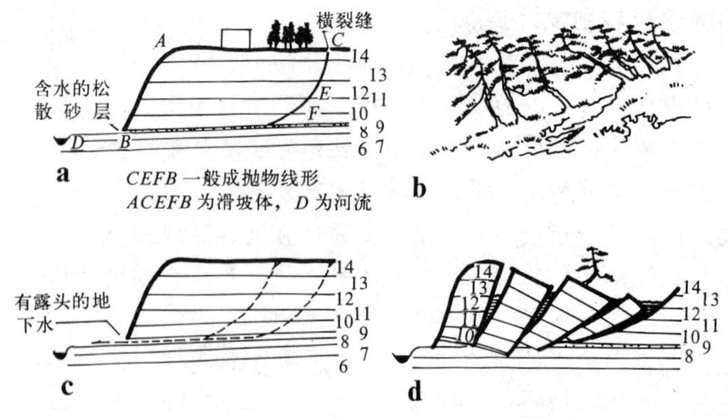

[1] 滑坡的表面现象举例（图中6～14为岩层编号）

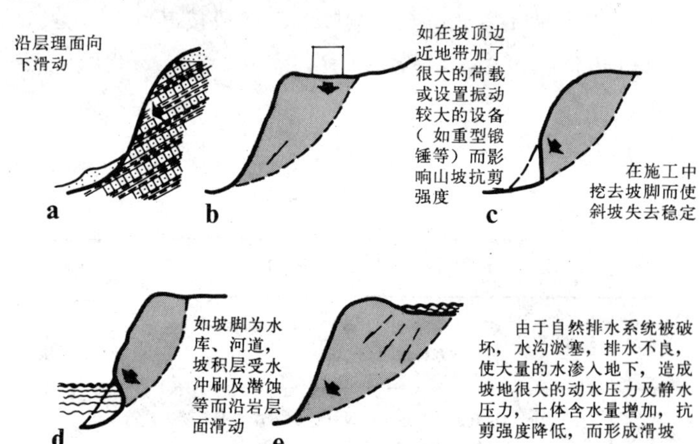

[2] 滑坡的成因举例

冲沟

冲沟是土地表面松软的岩层被地面水冲刷而成的凹沟，称为冲沟。稳定的冲沟对建筑用地影响不大，发展的冲沟会继续分割建设用地，引起水土流失，损坏建筑物和道路等工程，必须采取措施防止冲沟继续发展。

防治的措施应包括生物措施和工程措施两个方面。前者指植树、植草皮、封山育林等工作；后者为在斜坡上作鱼鳞坑、梯田、开辟排水渠道或填土，以及修筑沟底工程等。

断层

断层是岩层受力超过岩石体本身强度时，破坏了岩层的连续整体性，而发生的断裂和显著的位移现象。

断层会造成许多不良的地质现象，如使岩石破碎；断层破碎变为地下水的通道，因而加速岩石风化；断层的活动可能使岩石崩塌，产生不均匀沉降；尤其是地震区，断层受地震影响而发生移动，造成断层带上各种建筑物的毁坏。因此，在选择用地时，必须避免把场地选择在地区性的大断层和大的新生断层地带，对于大断层伴生的小断层，也要认真勘查，方可决定场地的取舍。

岩溶

岩溶（又叫喀斯特）是石灰岩等可溶性岩层被地下水侵蚀成溶洞，产生洞顶塌陷和地面漏斗状陷穴等一系列现象总称。在岩溶地区选择用地和进行建筑布置时，首先要尽量了解岩溶发育的情况和分布范围，并作好地质勘察工作。建筑物应避免布置在溶洞、暗河等的顶板位置上。在岩溶附近地段布置建筑，也要采取有效的防治措施，以防岩溶继续发展。

崩塌

山坡、陡坡上的岩石，受风化、地震、地质构造变动或施工等影响，在自重作用下，突然从悬岩、陡坡上跌落下来的现象，称为崩塌。

崩塌对建筑工程的危害很大，在崩塌发生的范围内，建筑物常被破坏，特别是大型崩塌（山崩），还会使道路破坏、河流堵塞，危害严重。对于大型崩塌，在选择建设用地时应避开。对于可能出现小型崩塌的地带，应采取防治措施，可用水泥灌浆法堵塞岩石的节理和裂隙，或用爆炸等方法将悬岩上不稳定的岩块彻底清除。

山地建筑风气候

影响山地建筑自然通风的风气候，除了大气候风（如季风）外，还由于地形和温差的影响而产生局部地方风[1]。有时这种地方小气候起着通风的主要作用，在建筑布置中应充分利用，以获得良好的通风效果。

当风吹向山丘时，由于地形影响，在其周围产生不同的风向变化，一般分成几个风向区[2]，同时也产生不同的风速区[3]。设计时须结合地形和风向进行总体布置，以取得良好的通风效果。表1表示不同风向区内的建筑布置。

当风向与等高线垂直或接近垂直时，则房屋与等高线平行或斜交布置通风较好；当风向与等高线斜交时，则房屋宜与等高线斜交布置，使主导风向与房屋纵轴夹角大于60°，以利组织穿堂风；当风向与等高线平行或接近平行时，则房屋宜垂直等高线布置，或采用锯齿形平面或点状平面，以争取穿堂风。

山地建筑通风间距

不同的风向、地形坡度及坡向，对房屋间距产生不同影响[4]。在平坦地区，当 $D=2H$ 时，通风效率可视为良好；当 $D=H$ 时，则通风效率仅为50%以下。在山坡地，由于地形高差变化，H 与 D 的关系发生变化。在迎风坡上，通风条件优于平地，D 只需要大于 H，通风效率即为良好，因此可相应提高建筑密度。在背风坡，则通风条件较差，要满足 $D=2H$，就要增大间距，则建筑密度低，用地不经济。

不同风向区的建筑布置

表1

分区	风向区名称	气流特点	建筑布置
1	迎风坡区	风向垂直等高线	建筑宜平行或斜交等高线布置
2	顺风坡区	气流沿等高线	建筑宜斜交等高线布置
3	背风坡区	可能产生绕风或涡风	此区内可布置不需通风的建筑
4	涡风区	在水平面上产生涡风	此区内可布置不需通风的建筑
5	高压风区	风压较大的区域	不宜建高楼,以免背面涡风区产生更大涡流
6	越山风区	风从山顶越过	夏季凉风多、冬季要注意防风

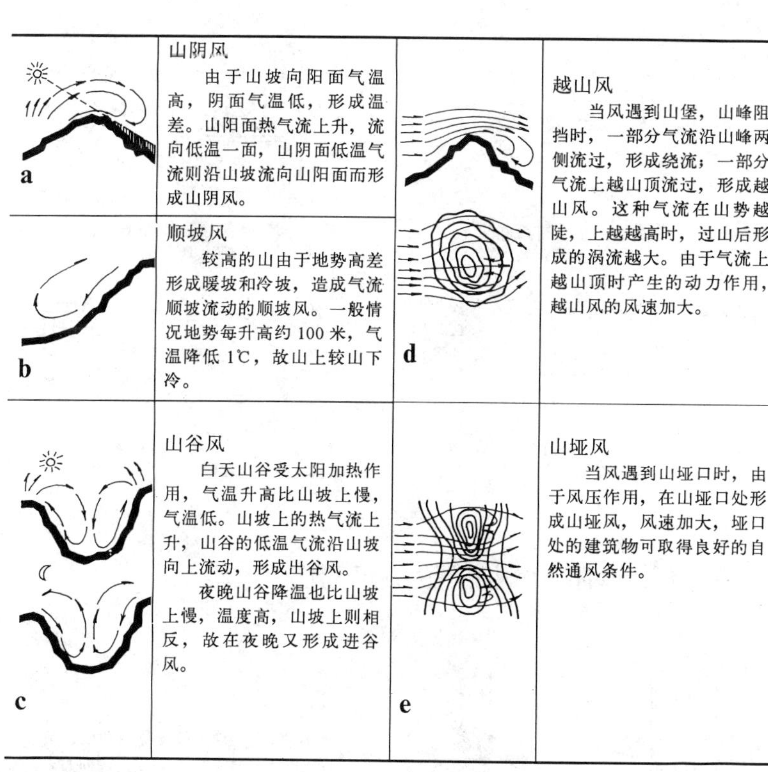

[1] 山地常见的地方风

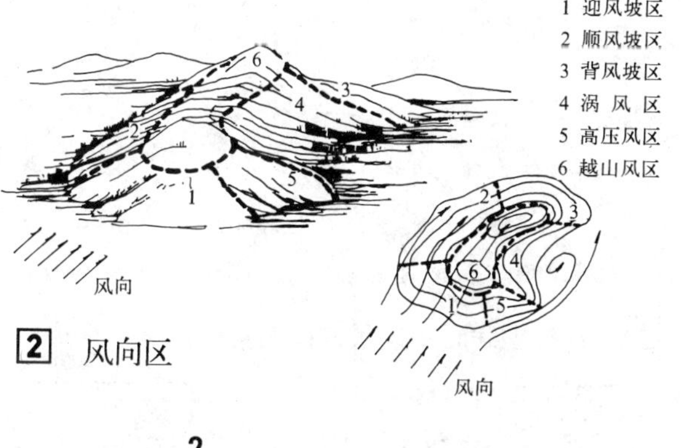

[2] 风向区

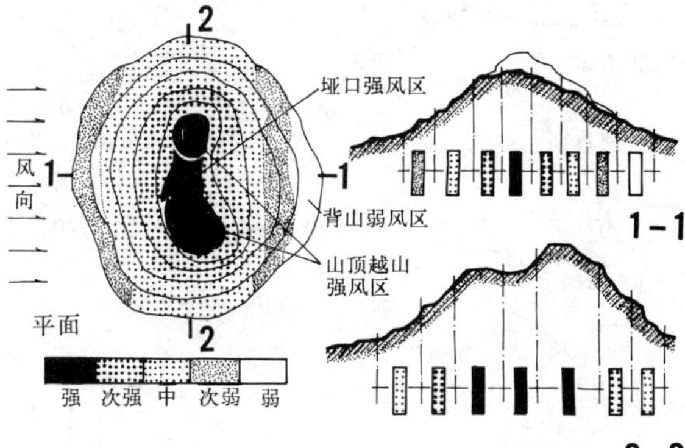

[3] 风速区

通风间距的计算：

一、迎风坡间距计算公式：$D=\dfrac{H-(d+d')\tan\gamma}{(1/L)+\tan\gamma}$

二、背风坡间距计算公式：$D=\dfrac{H+(d+d')\tan\gamma}{(1/L)-\tan\gamma}$

式中：D——两建筑间的通风间距(m)；

H——迎风面前的建筑物高度(m)；

O 及 O'——分别为前后建筑物地面设计基准标高点；

d 及 d'——分别为前后建筑物地面设计基准标高点离外墙的距离(m)；

L——平原地时所需（或所选）建筑物间距比（即建筑物间距与迎风面前建筑物高度的比值）；

γ——建筑物法线面（即与建筑物纵轴垂直的面）的地面坡度角，$\tan\gamma$ 亦可用下式求得 $\tan\gamma=\sin\alpha\cdot\tan i$；

i——地面坡度角；

α——地形坡向与迎风墙面的夹角。

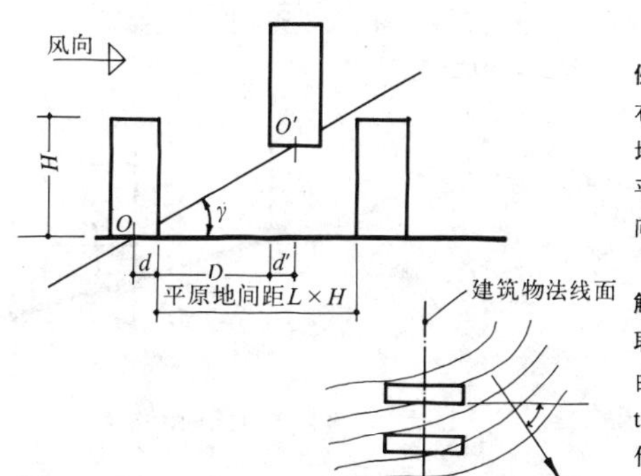

[4] 通风间距关系

例：居住区中住宅进深10m，高13m，布置在迎风坡上，采用半挖半填方法，地面坡度为28°，住宅平面与等高线平均倾斜30°（即迎风墙面与地形坡向的夹角为60°）。

解：

取住宅在平原地上的间距为1.3H。

由于均为同样住宅，故 $d+d'=10$m。

$\tan\gamma=\sin60°\times\tan28°=0.461$

代入迎风坡间距计算公式

$$D=\frac{13-10\times0.461}{(1/1.3)+0.461}=6.81\text{m}$$

日照间距

一、建筑物的朝向和间距，在很大程度上取决于日照要求。为了保证房间得到必要的日照时间，来确定建筑物之间的合理距离，称为日照间距。

二、在建筑群体布置时，要根据山地的地形坡度、坡向，建筑布置形式及朝向等确定合理的日照间距。同时还应综合考虑采光、通风、防火、工程间距及建筑投资等因素。

三、山地地形坡向一般习惯分为南、北、东、西四个主坡向，并可细分为东北、东南、西北、西南四个坡向。从日照角度来分析，南、东南、西南向坡为全日向阳坡；东、西向坡为半日向阳坡；北、东北及西北向坡为背阳坡。从卫生观点来分析，向阳坡最好；半阳坡次之；背阳坡最差。但从南方炎热地区夏季防晒效果考虑，南、北向坡最好；东南、东北向坡次之；东向坡较差；西向坡最不利。

四、当建筑平行于等高线布置时，向阳坡地，坡度愈陡，日照间距愈小，可提高建筑密度，节约用地；背阳坡地，坡度愈陡，日照间距愈大，用地不经济。

五、为了争取日照，减少建筑间距，可将房屋斜交或垂直于等高线布置，或采取斜列、交错、长短结合、高低搭配和点式平面等处理手法。2、3

六、当建筑方位与等高线的关系一定时，向阳坡的建筑以东南或西南向的日照间距为最小，南向次之，东、西向最大。背阳坡则以建筑为南北朝向时日照间距最大。1

七、当房间的朝向一定时，则日照间距以朝向与地形坡向相一致为最小。如南向房间在南向坡上日照间距最小，在北向坡上日照间距最大。

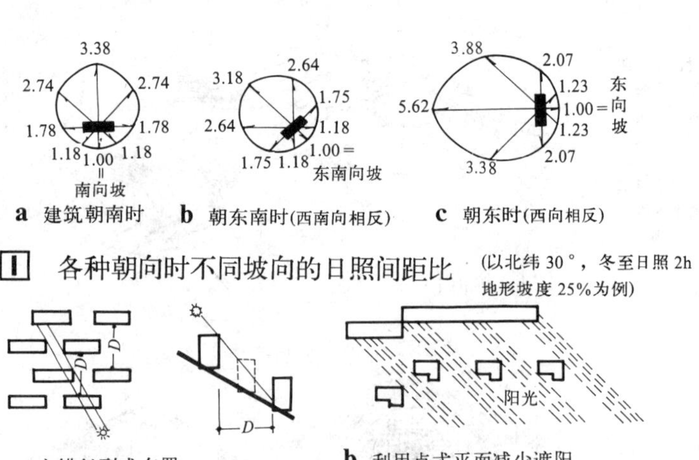

a 建筑朝南时　b 朝东南时(西南向相反)　c 朝东时(西向相反)

1 各种朝向时不同坡向的日照间距比（以北纬 30°，冬至日照 2h 地形坡度 25%为例）

a 交错行列式布置　b 利用点式平面减少遮阳

2 背阳坡上利用交错行列式和点式平面缩小间距

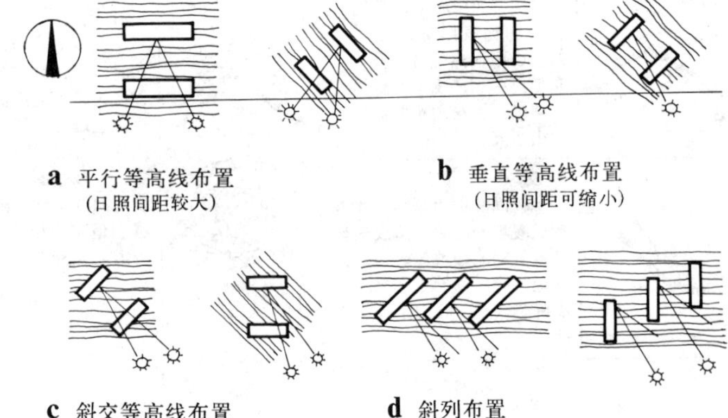

a 平行等高线布置（日照间距较大）　b 垂直等高线布置（日照间距可缩小）

c 斜交等高线布置（日照间距可缩小）　d 斜列布置（利于迎取阳光）

3 背阳坡群体布置的日照间距

日照间距的计算

一、向阳坡间距计算公式

$$D=\frac{[H-(d+d')\sin\alpha\tan i-h]\cos\omega}{\tan h_0+\sin\alpha\tan i\cos\omega}$$

二、背阳坡间距计算公式

$$D=\frac{[H+(d+d')\sin\alpha\tan i-h]\cos\omega}{\tan h_0-\sin\alpha\tan i\cos\omega}$$

式中（参见4）：

D—两建筑间的日照间距（m）；
H—前面建筑物高度（m）；
h—后面建筑物底层窗台离室外地面高差（m）；
O 及 O'—分别为前后建筑物地面设计基准标高点；
d 及 d'—分别为前后建筑物 O 及 O'点离外墙距离（m）；
θ—建筑物法线面的太阳投射角；
γ—建筑物法线面的地面坡度角；
i—地面坡度角；β—建筑方位角；
h_0—太阳高度角；A_0—太阳方位角；
ω—建筑方位与太阳方位之差角
即 $\omega=\beta-A_0$(或 $A_0-\beta$)
α—地形坡向与墙面的夹角。

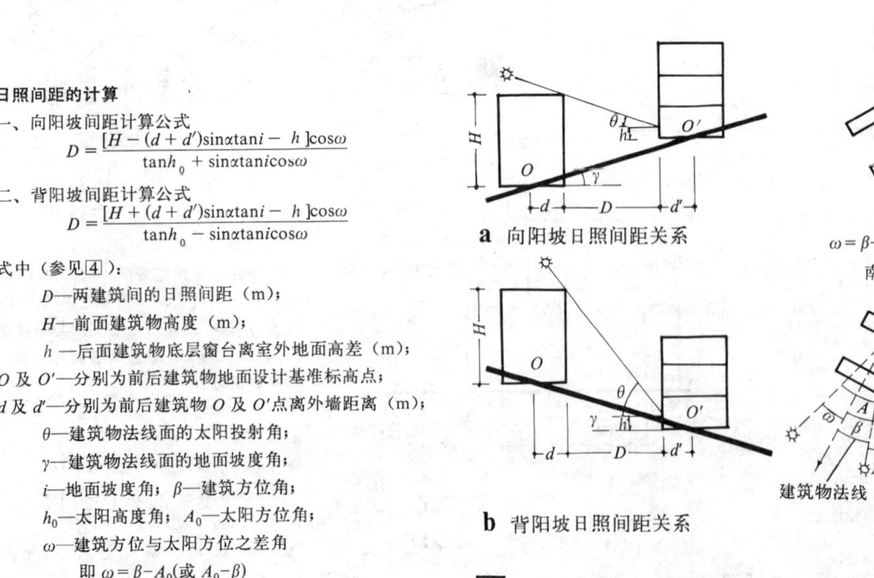

a 向阳坡日照间距关系

b 背阳坡日照间距关系

4 向阳坡、背阳坡上的日照间距关系

例 1： 济南某向阳坡地建造住宅，坡面为正南向，住宅平行等高线正南向布置，地面坡度角为 15°，前幢住宅高 15m，后幢房屋底层窗台距室外地面 1.5m，前后两幢房屋深均为 10m，求冬至日中午前后二小时所需的日照间距。

解： 济南为北纬 36°54′，用计算或图解得冬至日中午 11 时与 13 时的太阳高度角为 28°14′，住宅方位与太阳方位之差角 $\omega=15°$，$\alpha=90°$，$i=15°$，$d+d'=10$m

将各值代入公式

$$D=\frac{[15-10\times0.268-1.5]\times0.966}{0.537+0.268\times0.966}$$

$$=13.1\text{m}$$

例 2： 同前例题，若将坡面改为背阳坡，其他条件不变，求日照间距。

解： 将上例各值代入公式

$$D=\frac{[15+10\times0.268-1.5]\times0.966}{0.531-0.268\times0.966}$$

$$=56.2\text{m}$$

山地建筑防洪

一、在山区建房时，如何防治和避免山洪危害，确保安全，是设计中的一个突出问题。所谓山洪，就是山区的暴雨洪水。一般山区平时水少甚至干枯，汛期则水量急剧增加，集流快，流势猛，洪水迳流最大，对山地建筑威胁极大。

二、防洪的主要途径，除了配合农田建设，进行治山、治水工程，如修筑梯田、封山育林、水土保持等外，主要是修建防洪排洪工程，如开挖排洪沟、截洪沟等，将山区洪水引至天然水体或水库。

三、在排泄洪水时，采取“截洪分流”的原则，将全流域洪水在流到基地前，用排洪沟或拦洪坝进行截洪，并根据地形和排水方向，用几条排洪沟分流至基地以外。

四、一般主排洪沟的布置形式如[1]

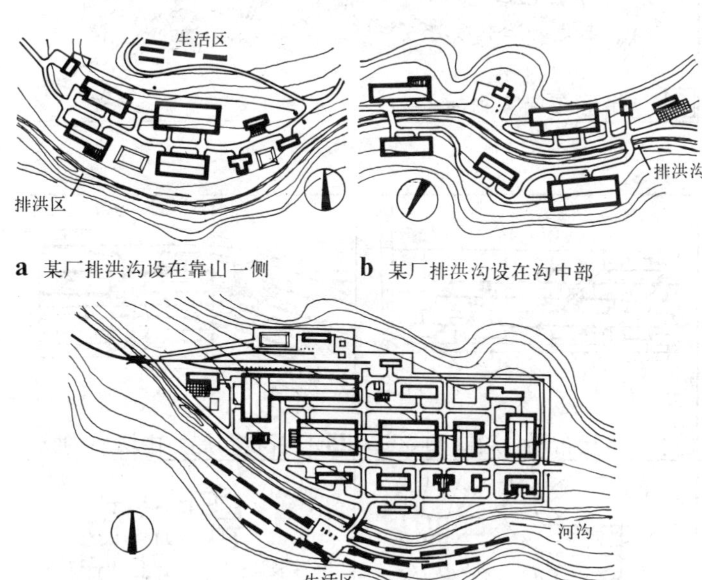

a 某厂排洪沟设在靠山一侧　b 某厂排洪沟设在沟中部

c 某厂厂区与生活区分别布置在排洪河沟两边

[1] 排洪沟的几种布置形式

山地建筑防护

一、在山地丘陵地区，为了保持生态平衡，防止环境污染和破坏，在规划设计中需满足山区环保要求。

二、由环境污染而造成的危害主要有大气污染、水质污染、土壤污染、噪声、振动、地面下沉和臭味等。由生产过程产生的有害气体和灰尘烟雾造成的大气污染，对山地建筑规划布局的影响更为突出。

三、大气污染程度取决于气象条件、地理因素及污染物扩散传播特性。图[2] 表示一个具有代表性的环境（平地、山坡、沟地）条件下，综合考虑了风向、地貌和烟尘扩散三者关系的分析图示，此种分析是进行规划布局、防止环境污染的基础。

四、在平原地区近距范围内（10～20km）的气象条件变化不大，污染物一般是随气流输送到下风向。而山地气象条件比较复杂，其污染物输送的路径受局部地方风的控制。因此山地工厂的布置要考虑地形、地物的影响。

五、设置必要的卫生防护距离[3]。工厂产生的有害因素，如废气、烟尘、噪声、振动等，通过一定防护距离，使它们在此距离内与大气、土壤、水体和植物发生一系列的物理、化学作用，逐步稀释和净化。山地工厂排放的有害物质对周围大气的污染程度，取决于排放条件和扩散条件（排放条件指排放场、排放量、排放制度、排放方式等人为条件；扩散条件指气象和地形、地物等自然条件）。综合考虑这两个因素后，才能确定合理的卫生防护距离。

六、以下地段不宜修建污染性工厂：通风不良地区，如走向与年盛行风向交角成45°～135°，而高度大于400m的山谷；水陆风较稳地区的高山和大型水域之间的靠山地段；全年静风频率超过40%的地区；经常发生低层逆温的地区。

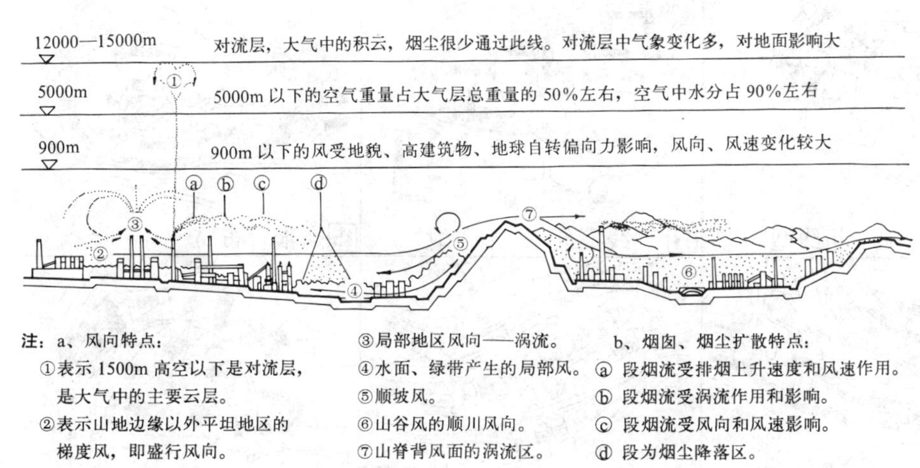

注：a、风向特点：
①表示1500m高空以下是对流层，是大气中的主要云层。
②表示山地边缘以外平坦地区的梯度风，即盛行风向。
③局部地区风向——涡流。
④水面、绿带产生的局部风。
⑤顺坡风。
⑥山谷风的顺川风向。
⑦山脊背风面的涡流区。

b、烟囱、烟尘扩散特点：
ⓐ 段烟流受排烟上升速度和风速作用。
ⓑ 段烟流受涡流作用和影响。
ⓒ 段烟流受风向和风速影响。
ⓓ 段为烟尘降落区。

[2] 山地地貌、风向和烟尘扩散综合分析

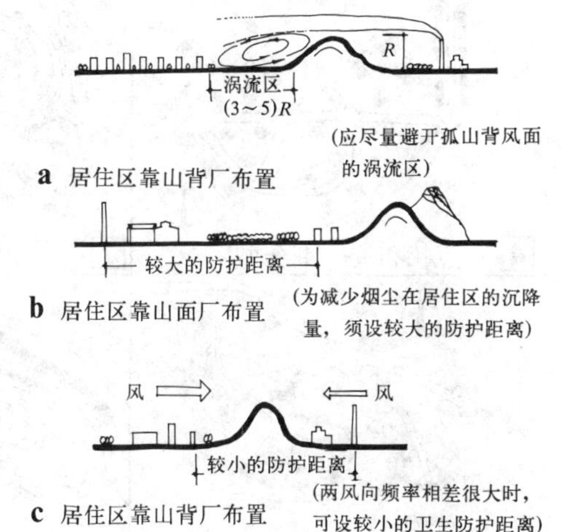

a 居住区靠山背厂布置

b 居住区靠山面厂布置

c 居住区靠山背厂布置

[3] 山地建筑布置的卫生防护距离

山地城市布局形态

山区城市布局和建筑群体划分，主要依据地形、朝向、风向等自然条件和开辟道路的可能性。由于地形条件复杂，用地往往被江河、沟谷、丘陵分割，城市布局形态取决于用地分布的分散零碎、参差不齐、大小不等和高低不一的特性，一般采取分散的布局形式。

一、组团式布局1　城市用地被复杂的地形及农田分割成数块，城市随地形分片布置，呈组团式布局。每块组团成为相对独立的片区，组团之间保持一定的距离，由道路、铁路或水运连接，城市道路系统依山就势自由布置，居住区的划分和形状依地形变化自由成形。如重庆、宜宾、乐山、遵义、黄石等城市。

二、带状布局2　受高山、峡谷和河流等自然条件的限制，城市只能沿江河或谷地的狭长地带伸展，形成带状布局。城市结合自然地形顺长向发展，一般有一条主要的交通干道贯穿全城，城市平面结构和交通流向的方向性较强。如兰州、渡口、青岛、西宁、康定等城市。

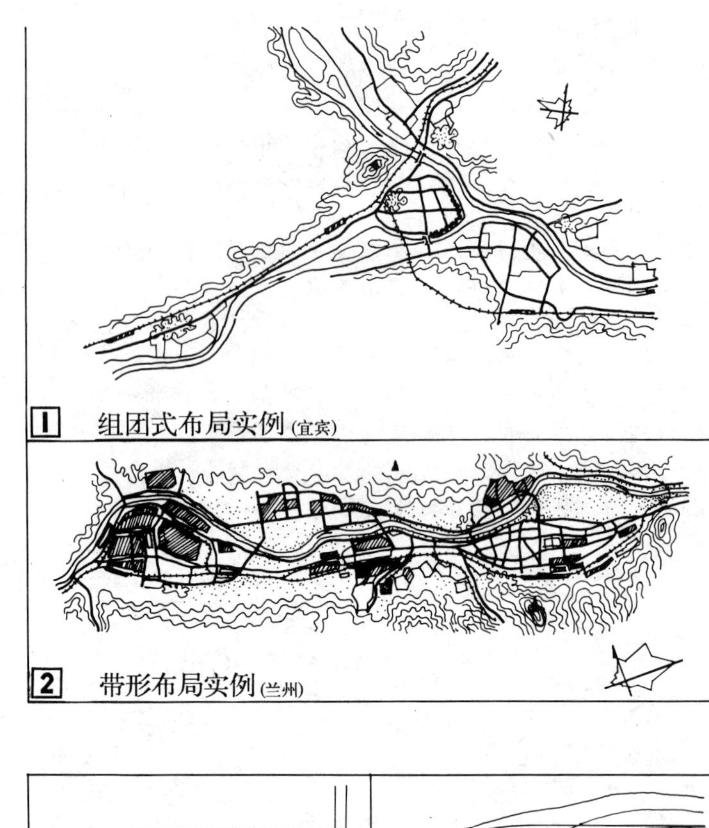

1　组团式布局实例（宜宾）

2　带形布局实例（兰州）

山地居住组群布局　3～16

山地居住组群可采用点状、线状、片状及混合式布局。点状布局易于适应地形，布置灵活。线状布局可与等高线平行、垂直或斜交布置，也可顺等高线成曲折形，构成外部休息空间。片状与混合布局则是以上两种布局的综合，以适应多种多样的地形条件，创造丰富多采的群体景观。

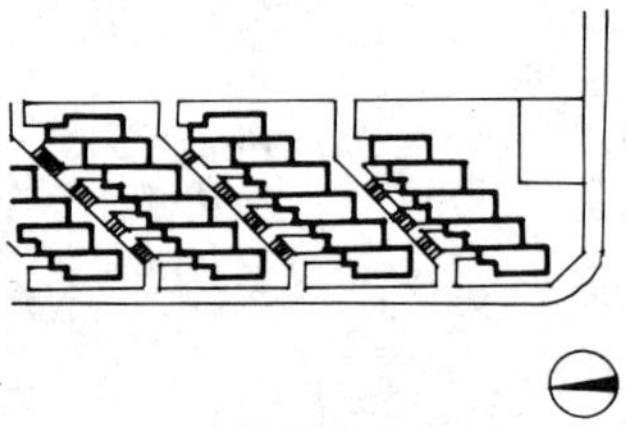

9　线状布局—斜错型

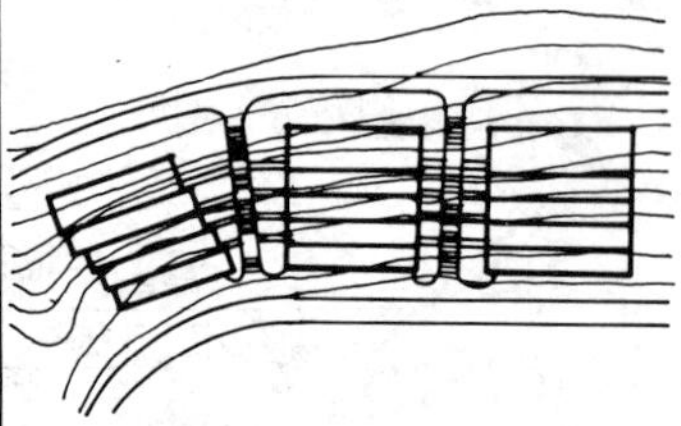

13　片状布局—由块型构成

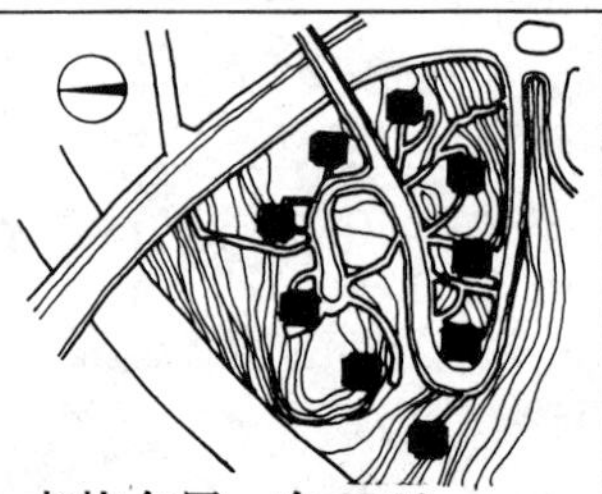

3　点状布局—向心型

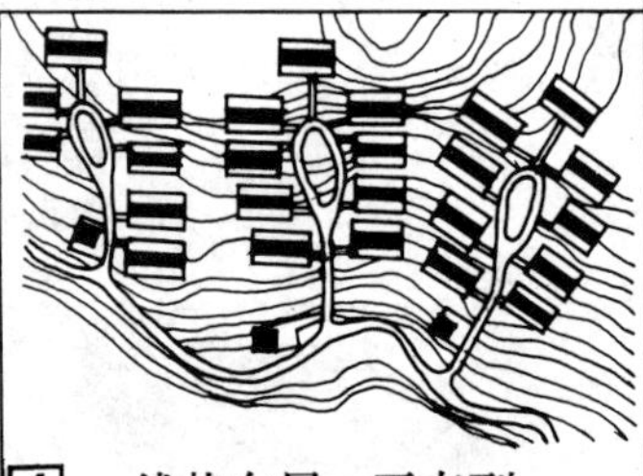

6　线状布局—平直型

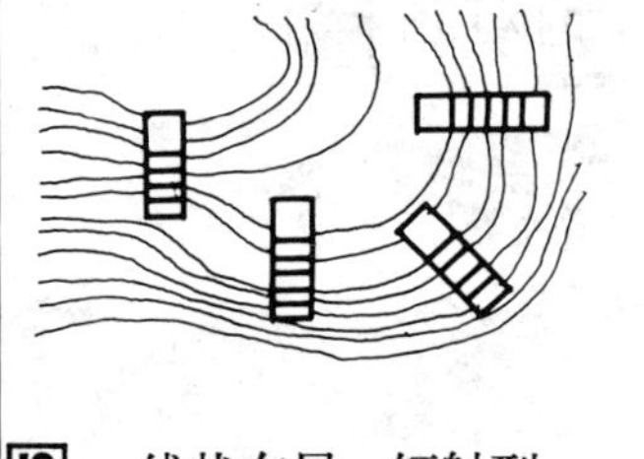

10　线状布局—辐射型

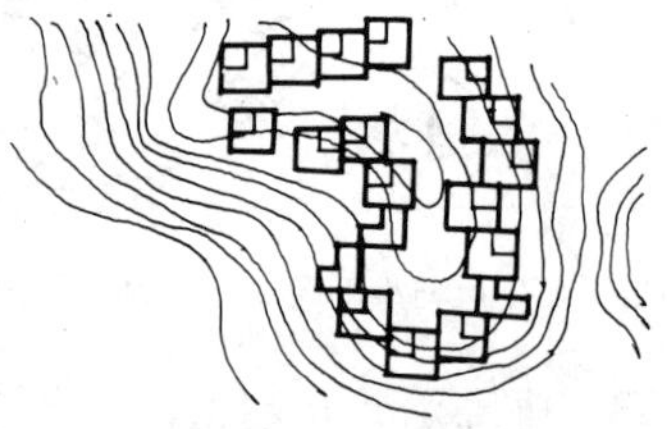

14　片状布局-自由的片状布局

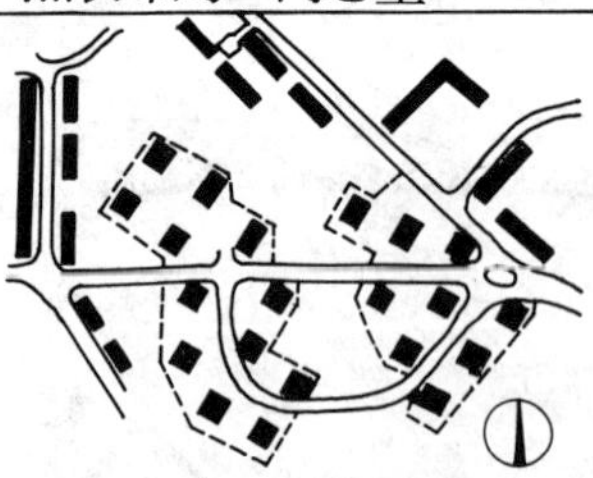

4　点状布局—围合型

7　线状布局—折线型

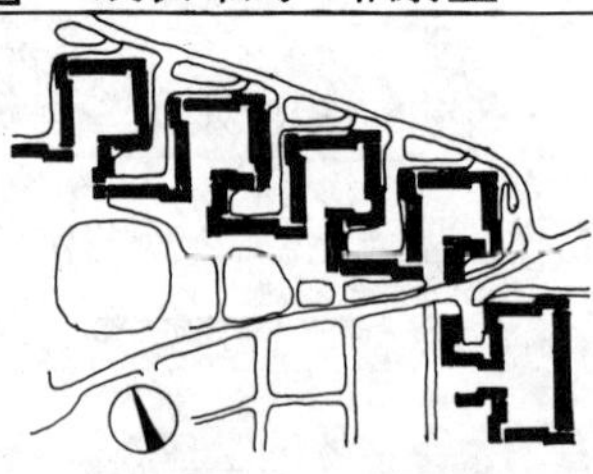

11　线状布局—围合型

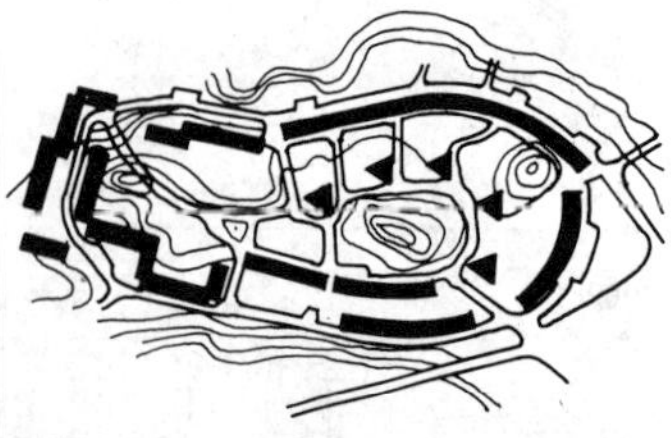

15　混合布局

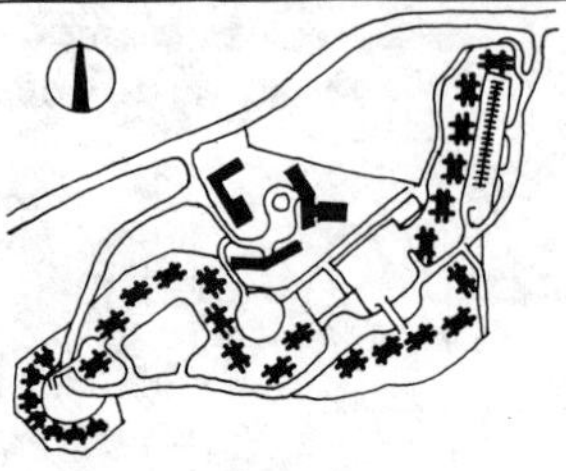

5　点状布局—散点型

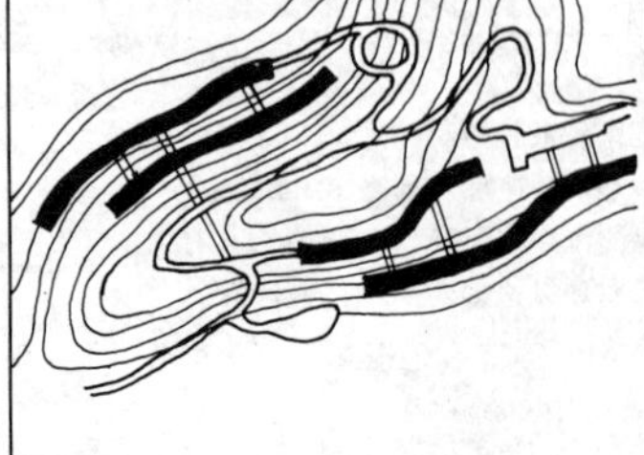

8　线状布局—曲线型

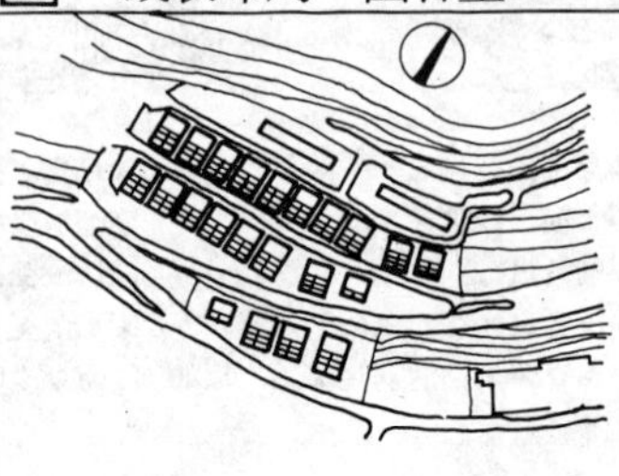

12　片状布局—由平直型构成

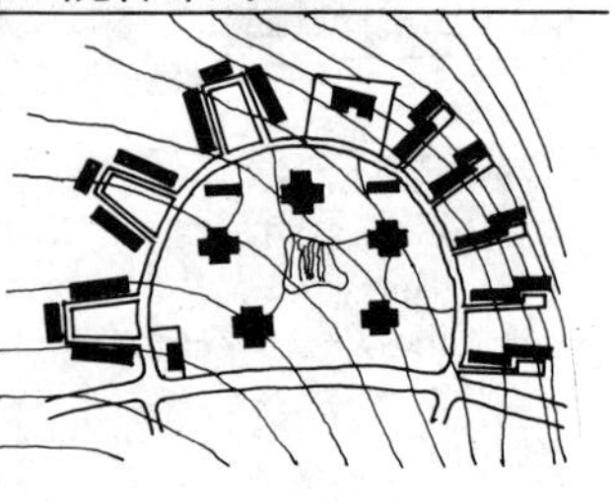

16　混合布局

山区道路路线分类及其特点

山区道路按路线与地形的关系可分以下几类

一、沿溪线 路线沿山脚、河谷方向敷设，走向大致与溪流平行。路线地势较低，容易选到线短、坡小的平直路线，一般应用较多。[1]a

二、山脊线 路线在山峰顶部（或接近顶部）贯连。由于山峰高低不一、线形走向起伏、弯曲，一般不宜选用。[1]d

三、山坡线 路线沿低于分水岭而高于河谷底的山坡布置。具有前两种路线的优缺点，应用较多。[1]b

四、越岭线和跨谷线 路线跨越山岭或山谷，与分水岭或河谷横交。路线工程艰巨，建设投资高。[1]c、e、f

五、平直线 山区缓坡地带或局部地段，可采用平直线。线路展线顺直，道路纵坡平缓（可在6%以下），应用广泛。

山区道路网形式

山区道路网布置受地形条件限制较大，其特点是弯道较多，蜿延曲折，纵向坡度起降变化较大。为了满足交通运输要求和保证行车安全，道路布置必须符合有关道路设计技术标准，并充分考虑结合地形、地势、地物条件，因地制宜地处理好道路路线的平面与竖向关系。

一、环状布置 道路沿山丘或凹地环绕平行等高线布置，形成闭合或不闭合的环状系统 [2]a、b。

二、枝状尽端式布置 道路结合地形、沿山脊、山谷（沟）或较平缓地段布置，呈树枝状或扇形的尽端道路。这种布置比较灵活，可较好地适应地形的起伏变化[2]c、d。

三、盘旋延长线路布置 由于地形高差较大，可将道路盘旋布置（盘山形[2]f），或与等高线斜交布置（之字形[2]e）。

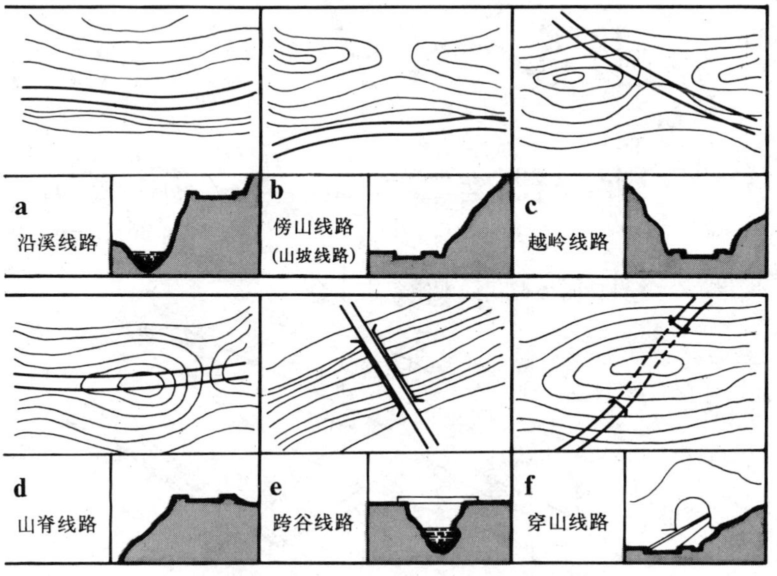

[1] 山区道路路线分类

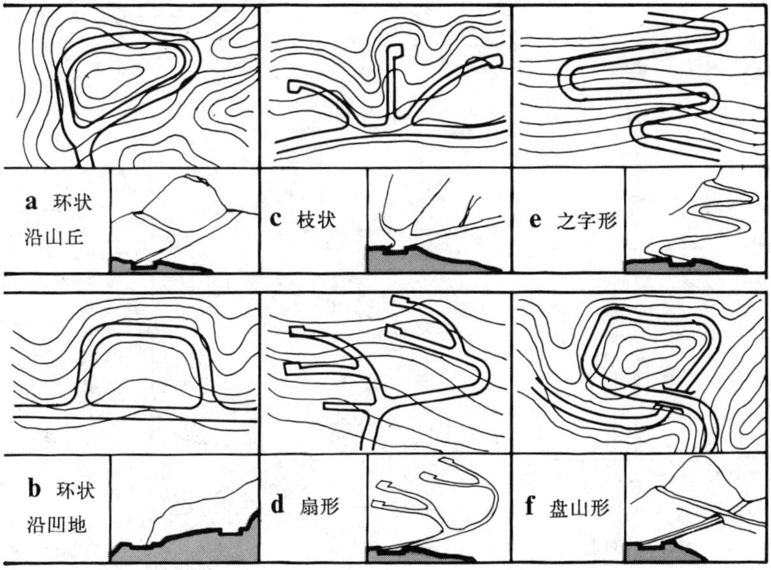

[2] 山区道路网形式

山区道路网布置要求

道路网的布置	道路网应密切结合地形布置，以减少土石方量。明确道路的功能分工，使道路布置主次分明。尽量将主干道沿平缓的坡地和谷地布置，以获得良好的交通条件；次干道及居住区道路可以采取较大坡度，或在线型上采取特殊处理。充分利用地形高差，组织立体交叉、垂直交通。充分注意道路网的整体性，避免衔接不良或局部标高相差过大。
道路的纵坡	干道的纵坡一般控制在5%以内，最多不超过7%。人行道的纵坡一般以5%为宜。居住区主要道路纵坡，应尽量满足自行车行驶的要求，自行车行驶的适宜坡度是2%以下。 居住区的一般道路有坡道及梯道两种形式。平缓的坡道，供车辆和行人两用，坡度宜在7%左右，个别段落不宜超过8%。坡度在15%以上时，宜采用梯道，只供人行。 居住区内部道路坡度，如不能满足上述要求时，可迂回敷设，以增加道路，相对地降低坡度。
道路的横断面	道路的宽度不宜过大，也不宜强求一致，应该因地制宜、灵活处理，避免土石方量过大。主干道上的车道宽度，一般不小于3.5m。可以把人行道的宽度变化作为调整整个道路宽度的重要手段。 对市中心等大量人流集散的地方，应采取明确划分干道功能，组织交通性质、交通种类的分流，开辟复线交通，提高道路的技术标准等措施，解决道路宽度不足的问题。 根据不同地形，可以采取不同标高的横断面，见[3]，以节约土石方量。居住区内部道路可以采取混合断面的形式（不分车、人行道）。

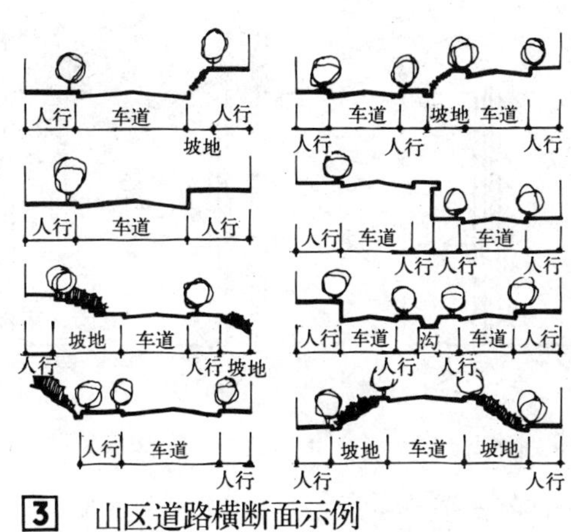

[3] 山区道路横断面示例

架空索道

架空索道是带有集中驱动装置和钢索、支架组成的架空运输道，它能跨越山谷、河川、洼地和爬行较陡的山坡，适用于山区或地形复杂地区运送物料和人员。

架空索道按其运输形式分为循环式和往复式两类。表 1

表 1

循环式架空索道	双线	由承重索和牵引索组成，承重索为悬吊运输工具用，既承重又起轨道作用，故又称轨索。牵引索不承重，为索引运输工具用。索道依靠支架架空，索道支架高度常为 10～15m，两支架间的距离（跨度）通常为 50～1000m（最大可达 1500～2000m）。爬坡坡度可达 40～45%（20°50′～24°15′），运输能力为 50~300t/H。[2]
	单线	只有一根承载索，同时起承载和牵引作用，最大跨度可达 500～1000m，爬坡坡度达 70%（35°），运输能力为 10～150t/H [1]
往复式架空索道		亦称轻便索道或轻便缆索起重机，按其线路与固定方式，可分为单端往复式和双端往复式两种，运输能力一般只在 10~50t/H 以下。因其设备简单、投资少、建造快及适应地形变化等特点，广泛用作物料运输。[3]

1 传动装置　2 传动索　3 矿斗　4 支架　5 导轮　6 站房

[1] 循环式单线架空索道示意

1 传动装置　2 承载索　3 牵引索　4 料斗　5 承载平衡重　6 牵引绳平衡重　7 支架

[2] 循环式双线架空索道示意

单端往复式索道　双端往复式索道

[3] 往复式架空索道示意

缆车

缆车是斜坡交通运输工具之一，也是钢丝绳运输的一种形式，其特点是车厢上无动力，以机房中的卷扬机绞动钢丝索牵引车厢，沿斜坡道运行，适宜陡坡运输。

缆车系统由卷扬机、轻便轨道、载货小车、装卸设备及站房等组成。缆车车道纵坡一般为 20°～50°之间，车道长度一般在 150～300m，最长可达 400～500m，每车运量可载重 1～5t，最大月运量可达 4 万 t。缆车线路还可跨越铁路、公路及河流等，组成立体交叉运输。

缆车按运输方式可分为上下往复式和循环式两类。表 2

表 2

上下往复式缆车	这种缆车利用钢丝绳牵引1～2个载货小车，一上一下运送货物。按照线路型式的不同，又可分为单轨直线式、双轨平行式、双轨剪刀式和双轨鱼腹式等几种[4]。
循环式缆车	这种缆车的牵引钢绳沿着一定的轨道循环回转，若干载货小车可根据需要挂上或摘下，因而能继续不断的运行，对于工厂原材料和成品的连续运输比较方便[5]。

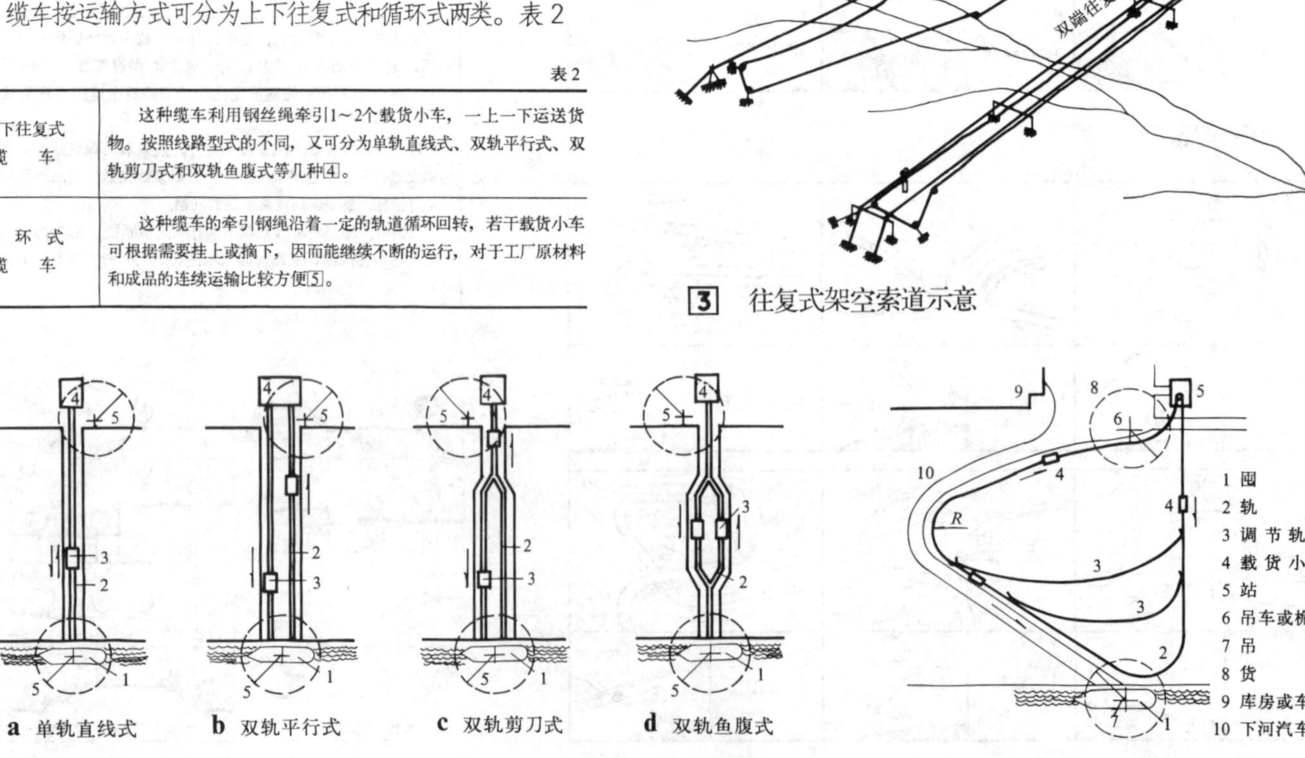

[4] 往复式缆车示意　1 囤船　2 轨道　3 载货小车　4 站房　5 吊车或桅杆

[5] 循环式缆车示意

山地建筑适应地形的处理手法

传统的山地建筑在解决建筑与地形的竖向关系方面，创造了极为丰富的空间处理手法，建筑随地形的高低起伏，或筑台、提高勒脚；或掉层、错层、跌落；或悬挑、附岩、架空等等。综合运用这些手法，可以节约土石方工程量，争取建筑空间，使建筑与地形有机地结合。

一、平基筑台。在基地坡度不大的条件下，用挖填土石方、砌筑勒脚堡坎等手段为建筑平整基座，此法施工简单，且不影响建筑平面及上部结构，见1～2。

二、灵活组织建筑物内部空间。采用错层、掉层、跌落、错迭等手法，使建筑物适应地形的变化，取得经济合理的良好效果，见3～6。

三、利用和争取建筑空间。为了充分利用用地面积，适应地形的复杂变化，节约基础工程量，可在有限的基底面积上，将上部建筑向四周扩展，以争取更多的使用空间。常见的手法有悬挑、架空、吊脚、附岩等，见7～9。

四、组织分层入口。结合地形和道路灵活安排建筑入口，可以在底层、上层、中间任何一层，也可以从几层分层入口，这样可相对减少上楼的层数、不作或少作楼电梯，避免内部的穿行与相互干扰，见10。

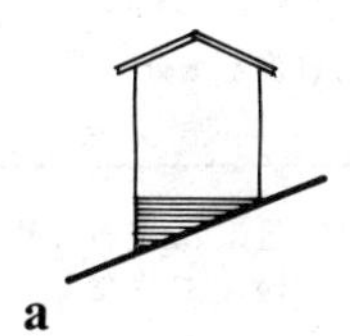
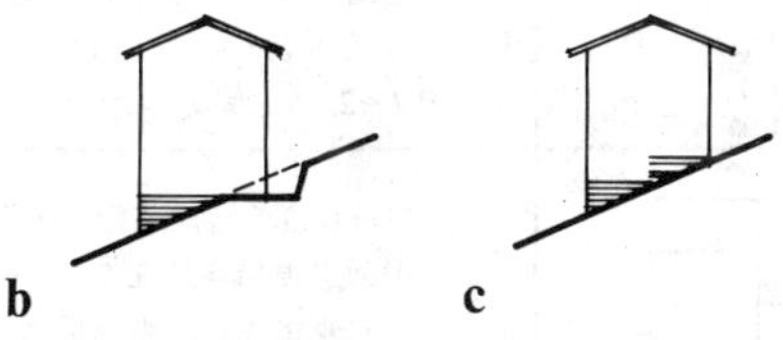

将房屋四周勒脚高度调整到同一标高，作为建筑基底的处理手法。适用于坡度平缓的地段，当坡度过陡时，则设勒脚层。

1 提高勒脚

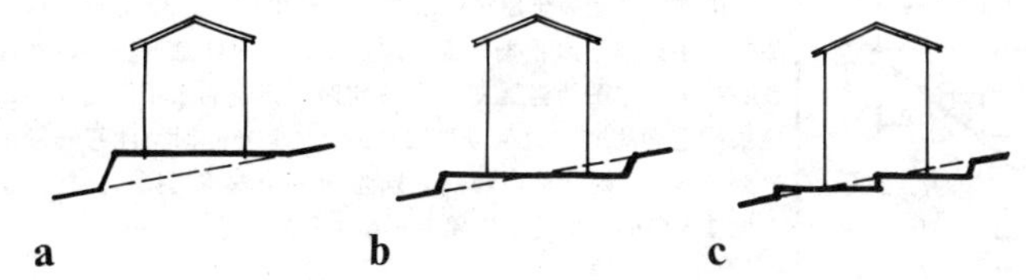

对天然地表进行开挖和筑填，使其形成平整台地，用来修筑房屋的处理手法。适用于坡度平缓的地段。

2 筑台

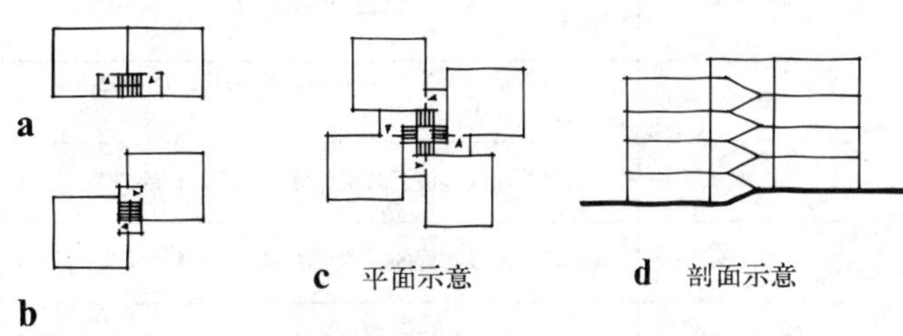

在房屋内同一楼层作成不同标高，以适应地形坡度的处理手法，常利用楼梯平台的不同高度作错层布置。

3 错层

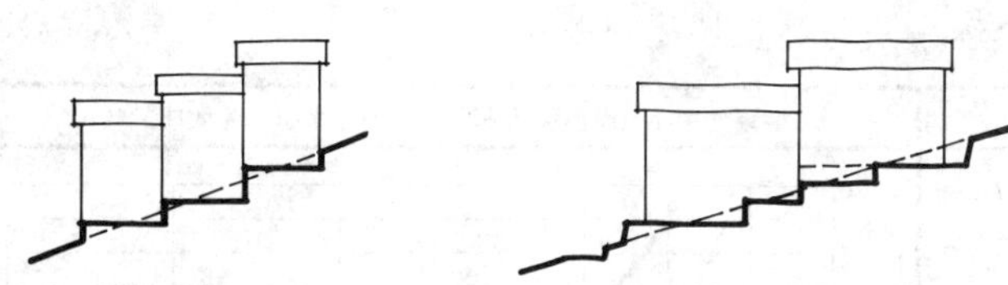

房屋以开间或单元为单位，顺坡势沿垂直方向段段跌落，形成阶状布置的一种处理手法。跌落高差和间距可以随地形不同进行调整，对坡度的适应能力较强。

4 跌落

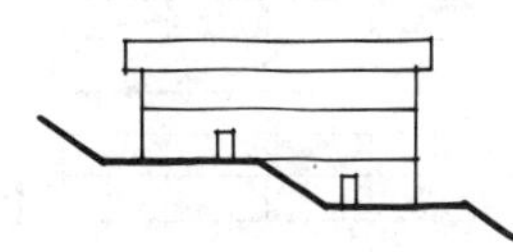
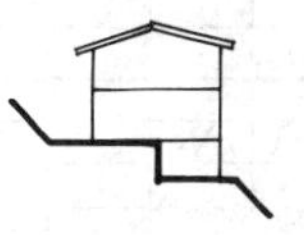
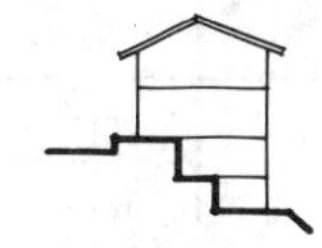

房屋基底随地形筑成阶状，并使其阶差等于层高的一种处理手法，有沿纵轴掉层，沿横轴掉层，分阶掉层及局部掉层等。

5 掉层

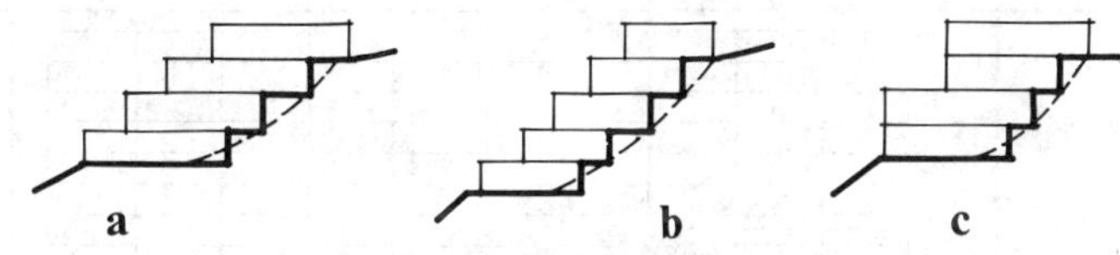

房屋顺坡势逐层或隔层沿水平方向作一定距离的错动和重迭形成阶状布置的一种处理手法。适用于陡坡地段，其适宜坡度可达50～100%，错动的水平距离宜为1～2开间。

6 错迭

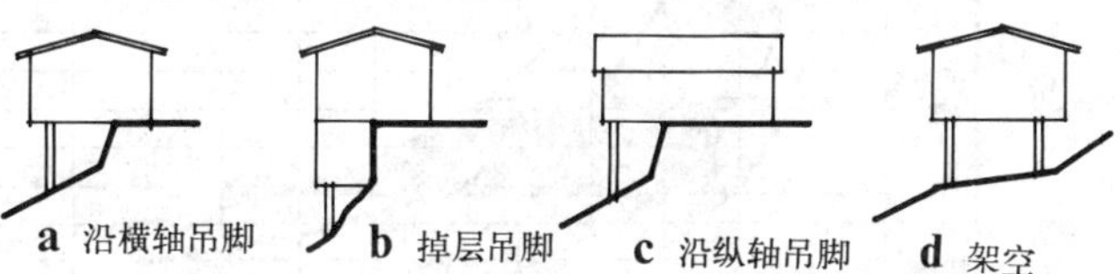

房屋的一部或全部支承在脚柱上，使底部凌空的一种处理手法。此法能灵活适应不同的地形条件，特别对陡坡、临河坡地及悬崖峭壁地段修建房屋提供了可能性。

7 吊脚与架空

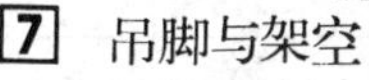
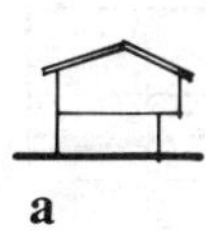
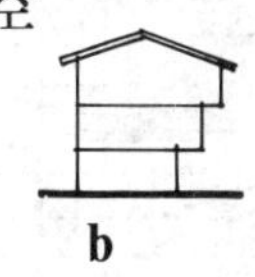
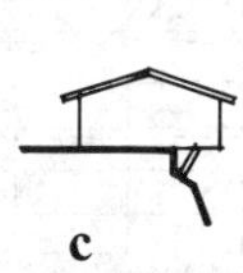
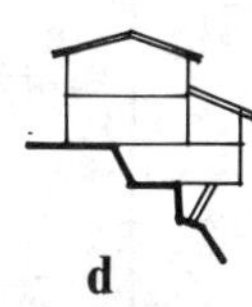

利用挑楼、挑廊、挑阳台、挑楼梯等来争取建筑空间扩大使用面积的处理手法。常用于地形复杂，坡度较陡地区。

8 悬挑

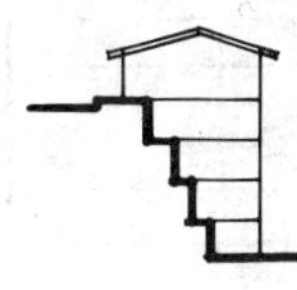
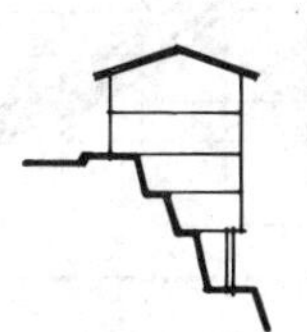

房屋贴附在岩壁修建的一种处理手法。常与吊脚、悬挑等手法配合使用，以充分利用建筑地段和空间。

9 附岩

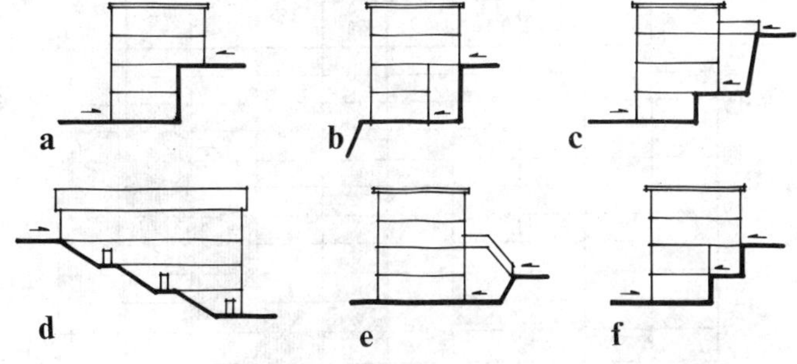

10 分层入口 利用地形高差按层分设入口，可使多层房屋出入方便。

处理手法与适应坡度的关系

表 1

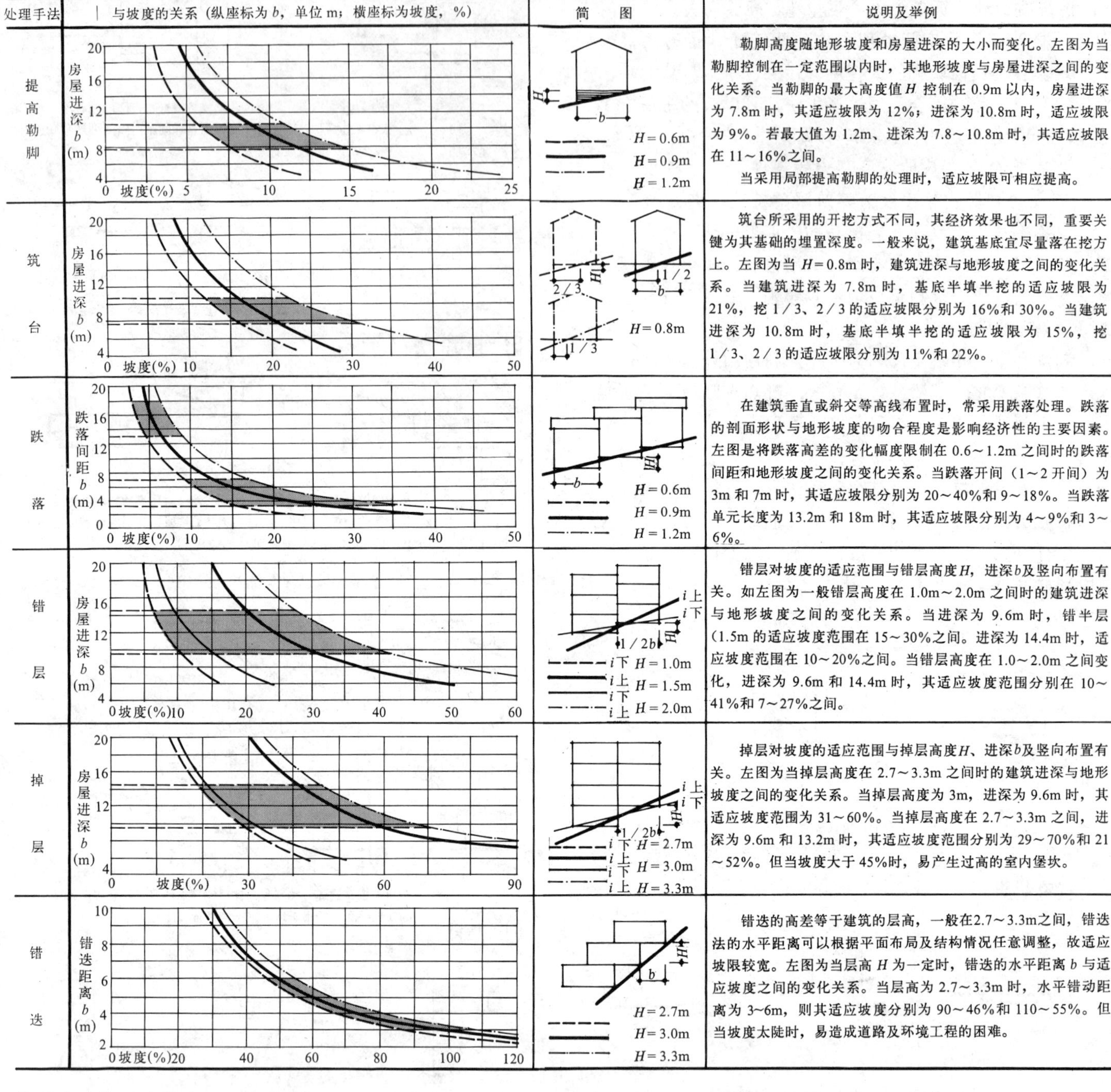

处理手法	与坡度的关系（纵座标为 b，单位 m；横座标为坡度，%）	简图	说明及举例
提高勒脚	房屋进深 b (m)；坡度(%)	$H=0.6$m $H=0.9$m $H=1.2$m	勒脚高度随地形坡度和房屋进深的大小而变化。左图为当勒脚控制在一定范围以内时，其地形坡度与房屋进深之间的变化关系。当勒脚的最大高度值 H 控制在 0.9m 以内，房屋进深为 7.8m 时，其适应坡限为 12%；进深为 10.8m 时，适应坡限为 9%。若最大值为 1.2m、进深为 7.8～10.8m 时，其适应坡限在 11～16%之间。 当采用局部提高勒脚的处理时，适应坡限可相应提高。
筑台	房屋进深 b (m)；坡度(%)	2/3　1/2　1/3 $H=0.8$m	筑台所采用的开挖方式不同，其经济效果也不同，重要关键为其基础的埋置深度。一般来说，建筑基底宜尽量落在挖方上。左图为当 $H=0.8$m 时，建筑进深与地形坡度之间的变化关系。当建筑进深为 7.8m 时，基底半填半挖的适应坡限为 21%，挖 1/3、2/3 的适应坡限分别为 16%和 30%。当建筑进深为 10.8m 时，基底半填半挖的适应坡限为 15%，挖 1/3、2/3 的适应坡限分别为 11%和 22%。
跌落	跌落间距 b (m)；坡度(%)	$H=0.6$m $H=0.9$m $H=1.2$m	在建筑垂直或斜交等高线布置时，常采用跌落处理。跌落的剖面形状与地形坡度的吻合程度是影响经济性的主要因素。左图是将跌落高差的变化幅度限制在 0.6～1.2m 之间时的跌落间距和地形坡度之间的变化关系。当跌落开间（1～2 开间）为 3m 和 7m 时，其适应坡限分别为 20～40%和 9～18%。当跌落单元长度为 13.2m 和 18m 时，其适应坡限分别为 4～9%和 3～6%。
错层	房屋进深 b (m)；坡度(%)	i上 i下 1/2b i下 $H=1.0$m i上 i下 $H=1.5$m i上 $H=2.0$m	错层对坡度的适应范围与错层高度 H，进深 b 及竖向布置有关。如左图为一般错层高度在 1.0m～2.0m 之间时的建筑进深与地形坡度之间的变化关系。当进深为 9.6m 时，错半层（1.5m 的适应坡度范围在 15～30%之间。进深为 14.4m 时，适应坡度范围在 10～20%之间。当错层高度在 1.0～2.0m 之间变化，进深为 9.6m 和 14.4m 时，其适应坡度范围分别在 10～41%和 7～27%之间。
掉层	房屋进深 b (m)；坡度(%)	i上 i下 1/2b i下 $H=2.7$m i上 i下 $H=3.0$m i上 $H=3.3$m	掉层对坡度的适应范围与掉层高度 H、进深 b 及竖向布置有关。左图为当掉层高度在 2.7～3.3m 之间时的建筑进深与地形坡度之间的变化关系。当掉层高度为 3m，进深为 9.6m 时，其适应坡度范围为 31～60%。当掉层高度在 2.7～3.3m 之间，进深为 9.6m 和 13.2m 时，其适应坡度范围分别为 29～70%和 21～52%。但当坡度大于 45%时，易产生过高的室内堡坎。
错迭	错迭距离 b (m)；坡度(%)	$H=2.7$m $H=3.0$m $H=3.3$m	错迭的高差等于建筑的层高，一般在2.7～3.3m之间，错迭法的水平距离可以根据平面布局及结构情况任意调整，故适应坡限较宽。左图为当层高 H 为一定时，错迭的水平距离 b 与适应坡度之间的变化关系。当层高为 2.7～3.3m 时，水平错动距离为 3～6m，则其适应坡度分别为 90～46%和 110～55%。但当坡度太陡时，易造成道路及环境工程的困难。

处理手法的适应坡限和适应坡度范围（表中跌落法前为适应坡限、错层法后为适应坡度范围）

表 2

处理手法	提高勒脚	筑台 填 2/3	筑台 填 1/2	筑台 填 1/3	跌落 单元	跌落 开间	错层	掉层	错迭	架空

坡度(%)：20、40、60、80、100

$i=1:1$；$i=1:2$；$i=1:3$；$i=1:4$；$i=1:10$

各种坡度上不同处理手法的经济性

表 3

坡　度	适应的处理手法
10%	平行等高线布置的建筑以筑台法较经济，垂直等高线的可用跌落法
25%	以错层法较经济，其次为掉层法或筑台法
33.3%	平行等高线布置的以掉层法和错层法较经济
25～33.3%	垂直等高线的可用开间跌落处理，或跌落加掉层处理
50～66.6%	采用掉层法较经济，也可采用错迭法

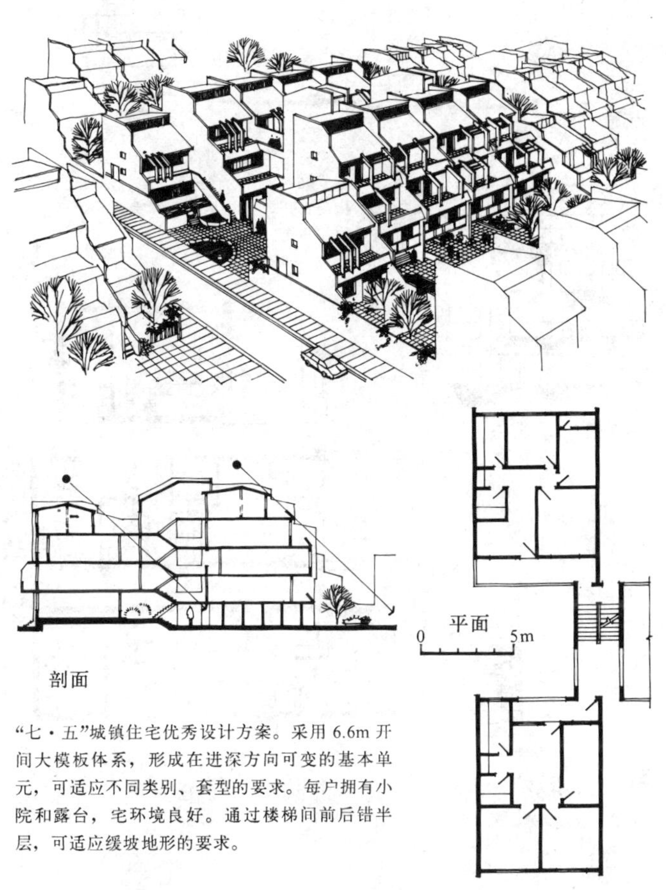

“七·五”城镇住宅优秀设计方案。采用 6.6m 开间大模板体系，形成在进深方向可变的基本单元，可适应不同类别、套型的要求。每户拥有小院和露台，宅环境良好。通过楼梯间前后错半层，可适应缓坡地形的要求。

1 错层式台阶住宅

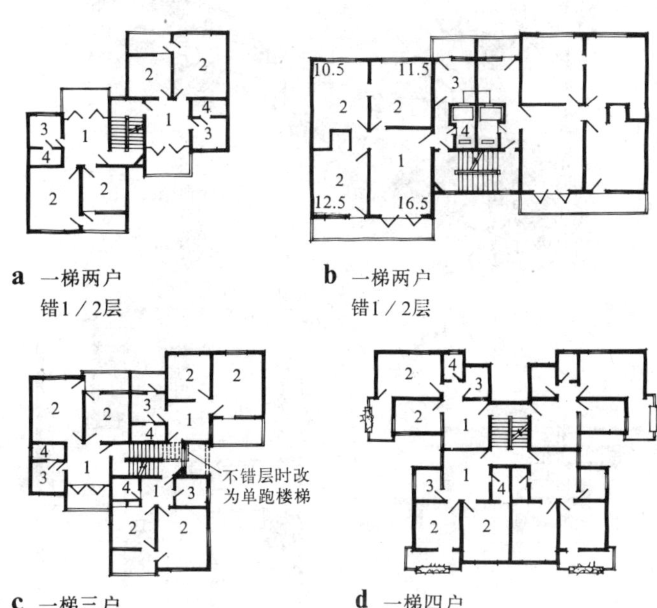

a 一梯两户 错1／2层

b 一梯两户 错1／2层

c 一梯三户 错1／2层

d 一梯四户 错1／2层

1 客 厅
2 卧 室
3 厨 房
4 卫生间

为了适应山地的地形变化，常可利用楼梯平台的不同高度，沿房屋的横轴或纵轴进行错层处理。可以随地形坡度大小的不同，采用双跑、三跑、四跑或不等跑楼梯，作出不同高度的错层处理。

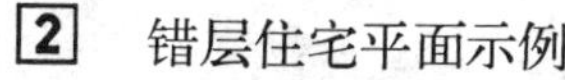

2 错层住宅平面示例

1 堂 屋
2 居 室
3 厨 房
4 粮 仓
5 杂物间
6 畜 舍
7 禽 舍
8 后 院
9 沼气池
10 晒 台

全国农村住宅优秀设计方针。利用两种院落组合方式，有机地处理地形的高差，可在坡度 10°～30°的坡地上建造多种户型的农房。

3 山地农村住宅

利用地形高差作跌落处理，底层与二层分别入口，二层由外楼梯直接进宅。或作错层处理，由内楼梯不同高度的平台进宅。

4 坡地低层住宅

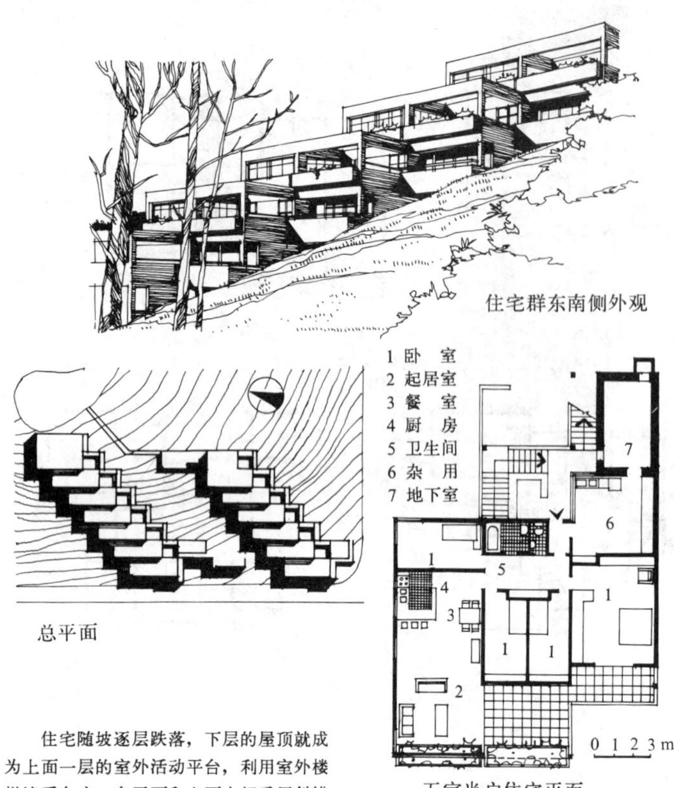

住宅群东南侧外观

总平面

1 卧 室
2 起居室
3 餐 室
4 厨 房
5 卫生间
6 杂 用
7 地下室

五室半户住宅平面

住宅随坡逐层跌落，下层的屋顶就成为上面一层的室外活动平台，利用室外楼梯连系各户，在平面和立面上都采用斜错构图，建筑与坡地环境有机地结合。

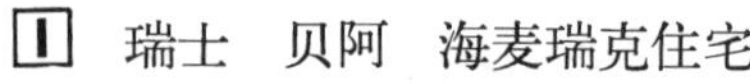

1 瑞士　贝阿　海麦瑞克住宅

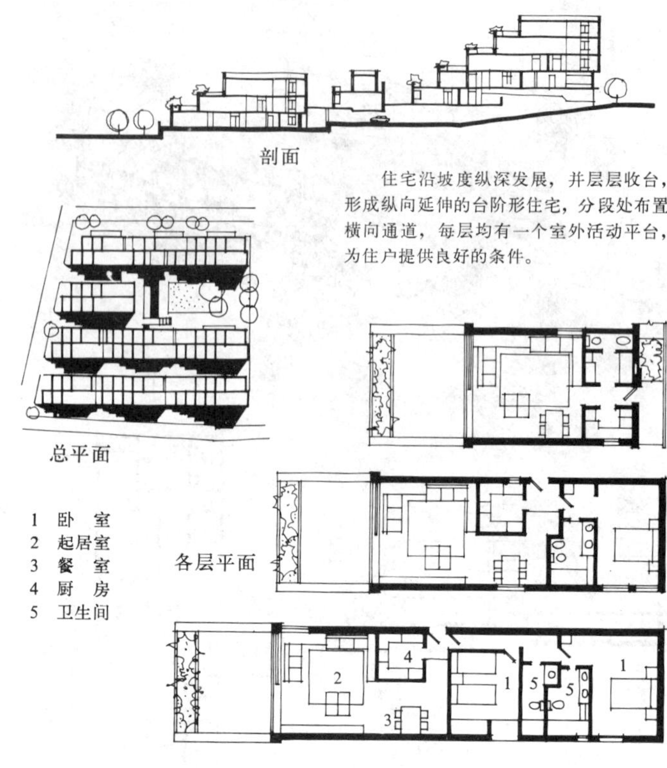

剖面

住宅沿坡度纵深发展，并层层收台，形成纵向延伸的台阶形住宅，分段处布置横向通道，每层均有一个室外活动平台，为住户提供良好的条件。

总平面

1 卧 室
2 起居室
3 餐 室
4 厨 房
5 卫生间

各层平面

2 西班牙　格罗纳　高尔夫俱乐部住宅

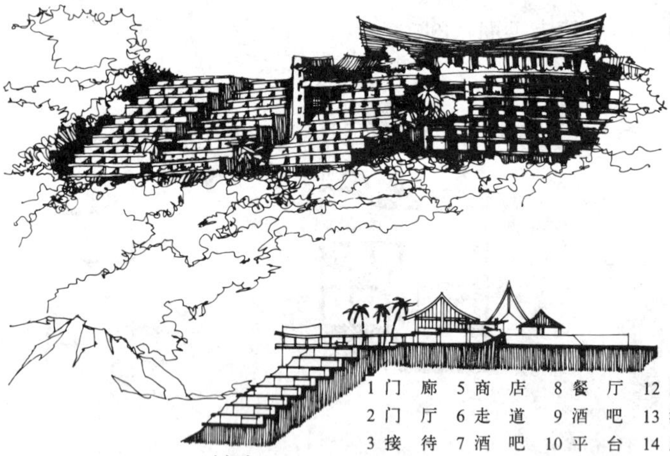

剖面

1 门 廊　5 商 店　8 餐 厅　12 阳 台
2 门 厅　6 走 道　9 酒 吧　13 浴 室
3 接 待　7 酒 吧 休息厅　10 平 台　14 厨 房
4 管 理　11 客 房

旅馆的公共部分位于海拔 60m 的高地上，200 间客房部分利用沿海岸依势建成阶梯形，面临 10 层高，通过电梯上下。建筑表现为波里尼西亚（中太平洋群岛）村屋式风格，与地形环境紧密结合，视野开阔，观景极佳。

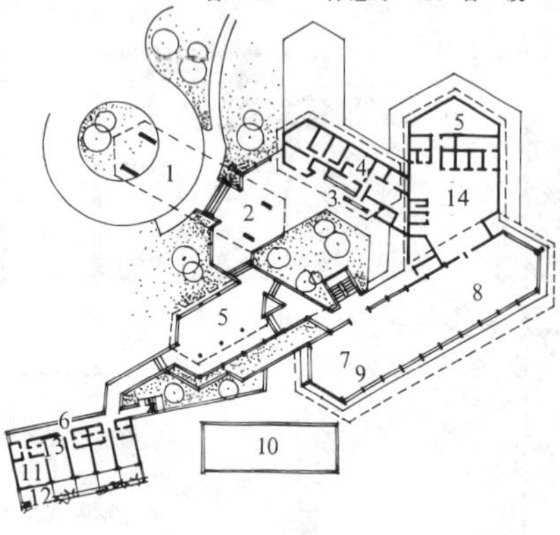

3 南太平洋塔希提岛　塔哈拉洲际旅馆

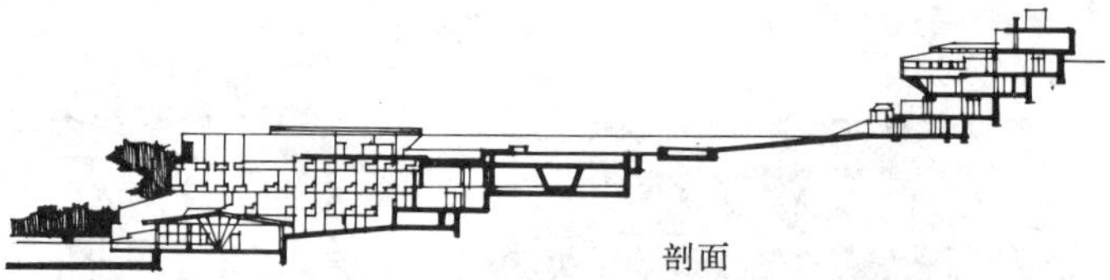

剖面

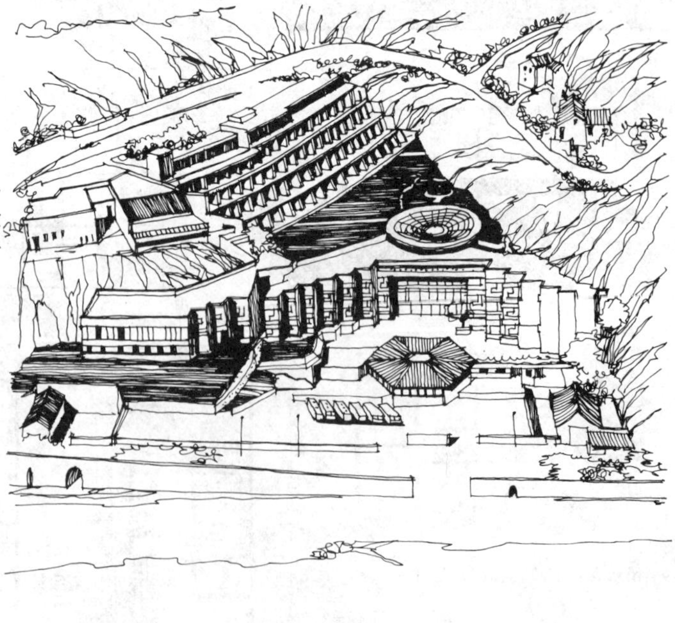

旅馆座落在海岸的陡坡上，设计中，充分利用分阶的台地，在陡坡与缓坡上分上下两段布置客房与餐厅、酒吧等公共活动场地，中间阶梯地带为草坪及游泳池。

4 葡萄牙　基辛布拉　都玛尔旅馆

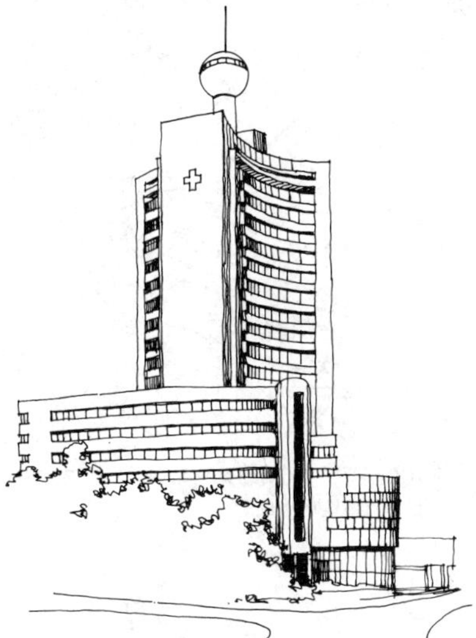

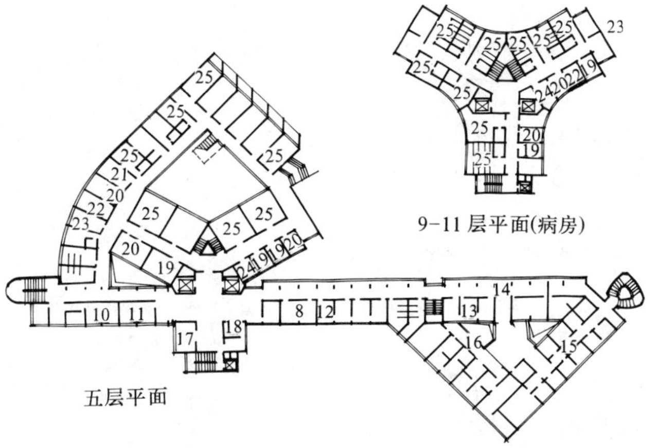

9-11 层平面(病房)

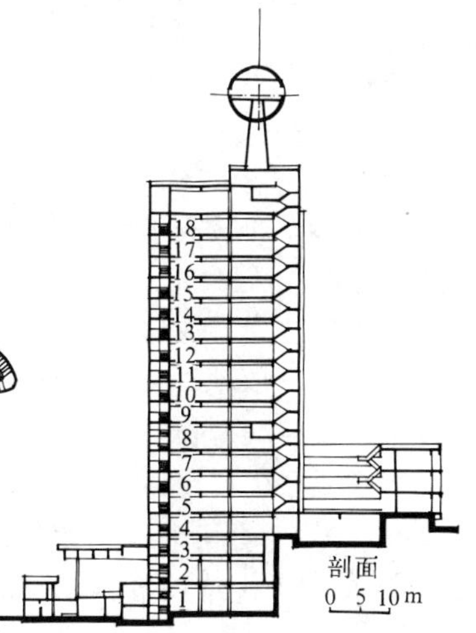

五层平面

剖面

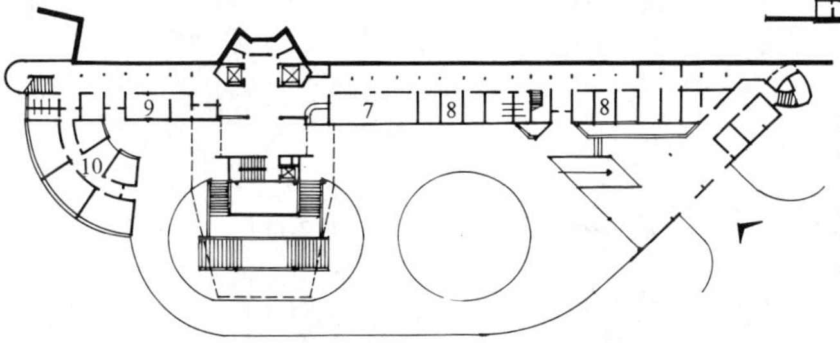

0 5 10m

二层平面

1 门　厅	9 X　光	18 诊　断
2 挂　号	10 手　术	19 医　办
3 消防泵房及水池	11 针　灸	20 护　办
4 变配电	12 理疗科	21 办　公
5 车　场	13 中医科	22 治　疗
6 车　库	14 耳鼻喉科	23 污洗消毒
7 抢　救	15 妇产科	24 配　餐
8 各科诊断	16 眼　科	25 病　房
	17 入院处	

急救中心位于城市道路的交叉口，城市景观的显要位置，基地与道路自然高差达14.8m。设计中利用其特殊的地理位置、地形条件，将建筑主体布置在高台上，建筑居高临下，倚山面水，视野开阔，体型高耸挺拔，并与临街堡坎绿化相结合，表现了山城的独特风貌。为了方便就诊，将入口层下降以接近道路，通过内部楼梯可上至门诊层。同时，利用城市路坡形成的高差，分别设置不同的出入口，做到功能分区明确，避免了人、车流交叉。

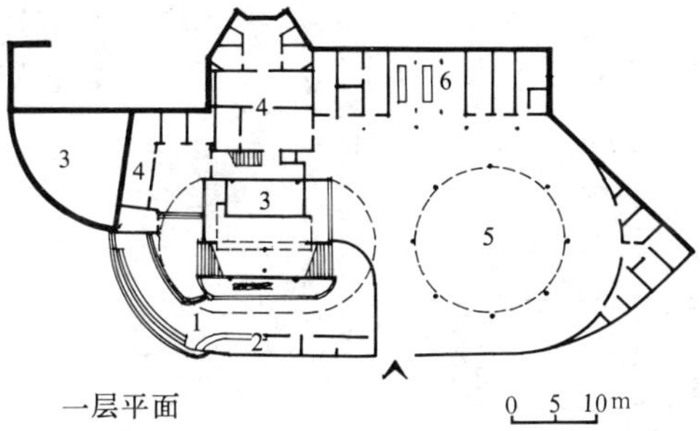

一层平面

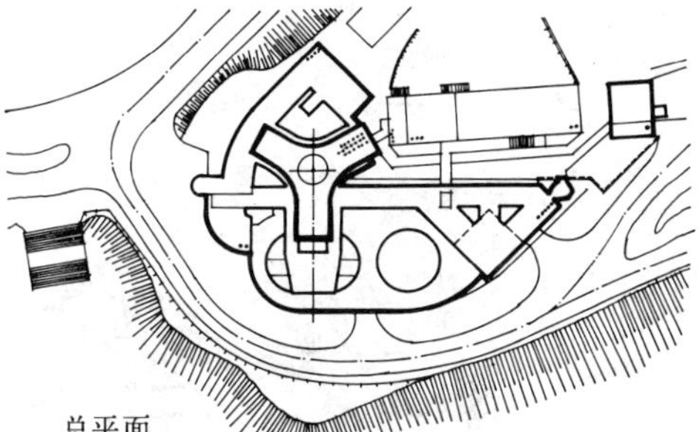

0 5 10m

总平面

1 重庆急救中心

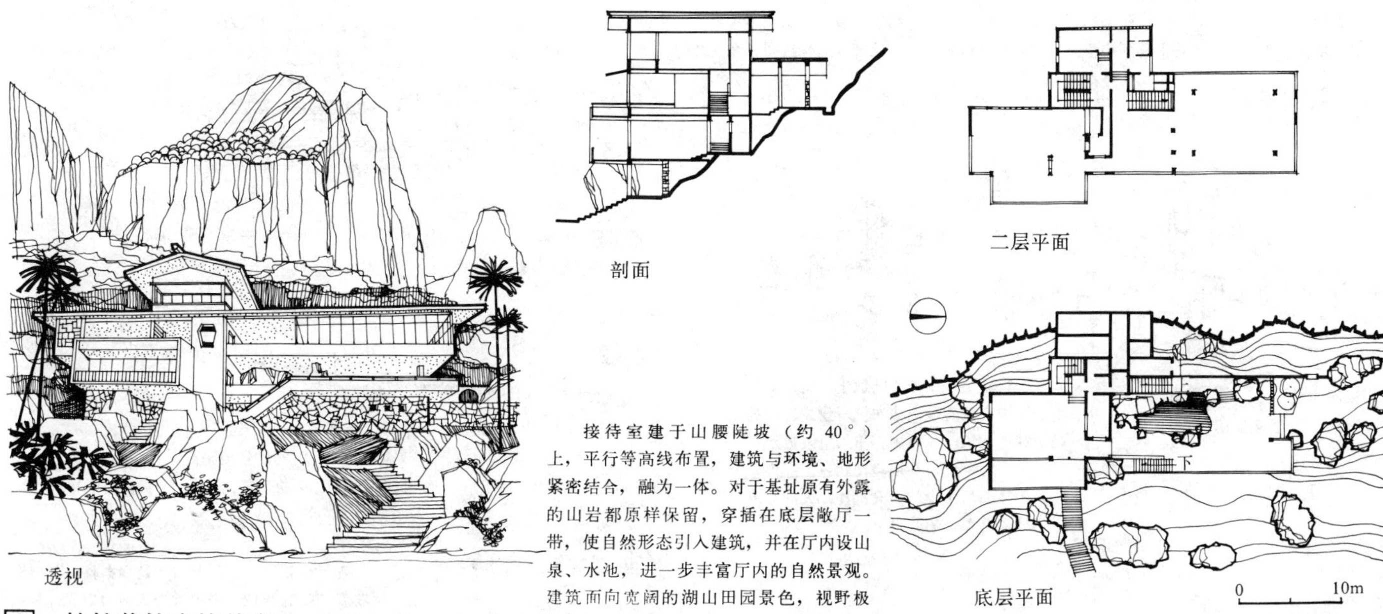

接待室建于山腰陡坡（约 40°）上，平行等高线布置，建筑与环境、地形紧密结合，融为一体。对于基址原有外露的山岩都原样保留，穿插在底层敞厅一带，使自然形态引入建筑，并在厅内设山泉、水池，进一步丰富厅内的自然景观。建筑面向宽阔的湖山田园景色，视野极佳。

2 桂林芦笛岩接待室

生产线路

山地建厂的生产线路系统，在满足生产流程、保证工程质量的条件下，合理利用地形、节约土石方量，一般有三种形式：

一、纵向式　生产线路沿厂区或车间纵轴方向直线进行，厂房基本布置在同一或相邻的等高线上。多适应于狭长地带，见①。

二、横向式　生产线路垂直于厂区或车间纵轴进行，厂房按生产顺序依地形由高向低逐个布置。适宜于依靠自重的重力作为厂内物料运输的工厂，见②。

三、综合式　生产线路呈环状，厂房的布置综合了纵、横两种形式。适宜于较大的箕形地段，或因受地形限制，要求生产线路以灵活的布置形式来适应地形的特征，见③。

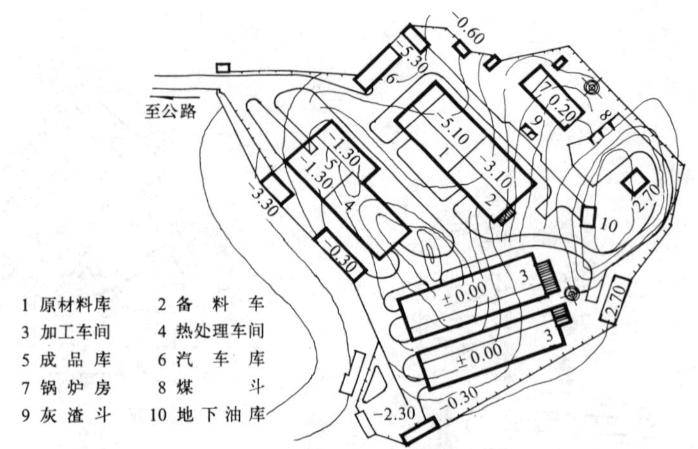

1 原材料库　2 备料车
3 加工车间　4 热处理车间
5 成品库　6 汽车库
7 锅炉房　8 煤斗
9 灰渣斗　10 地下油库

a 某锻造厂　大车间分幢布置，节约土石方，简化结构。生产工艺要求有高差的车间，地面利用地形作成阶台。

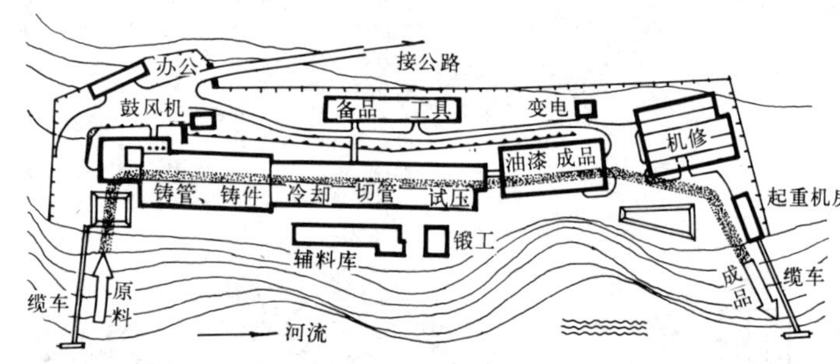

a 某铸管厂　坡地铸管厂，各车间的纵轴顺地形等高线布置

1 铸工　2 锻工　3 金工　4 热处理　5 小机件加工　6 大机件加工　7 木工　8 木模库　9 杂品库　10 油料库　11 瓶装气体　12 变电站　13 锅炉房　14 煤库　15 木材库　16 压缩空气站

b 某机械厂　厂区地形起伏复杂，较平坦部分的等高线与小山头不平行，将主要厂房沿平坦部分等高线布置，其他部分的轴线扭转角度使与小山头等高线平行布置。

①　纵向式举例

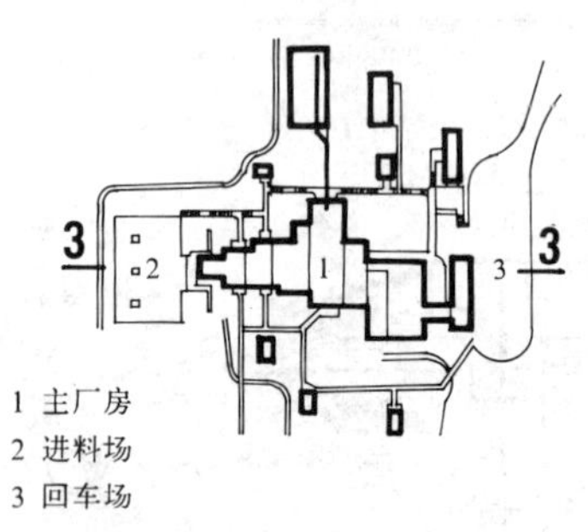

采石场　成品　3-3

1 主厂房
2 进料场
3 回车场

某石棉粗选厂　厂区位于山腰的陡坡上，将主要厂房沿坡向垂直等高线布置，建成连续的阶梯式建筑，原料用自重架空索道运送入厂，尾矿出口利用轻便轨道，厂内垂直运输除采用少数提升机外，大部分利用地形落差，使其自流。

②　横向式举例

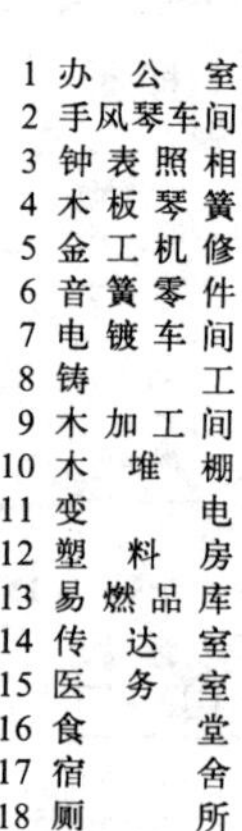
1 办公室
2 手风琴车间
3 钟表照相
4 木板琴簧
5 金工机修
6 音簧零件
7 电镀车间
8 铸工
9 木加工间
10 木堆棚
11 变电
12 塑料房
13 易燃品库
14 传达室
15 医务室
16 食堂
17 宿舍
18 厕所

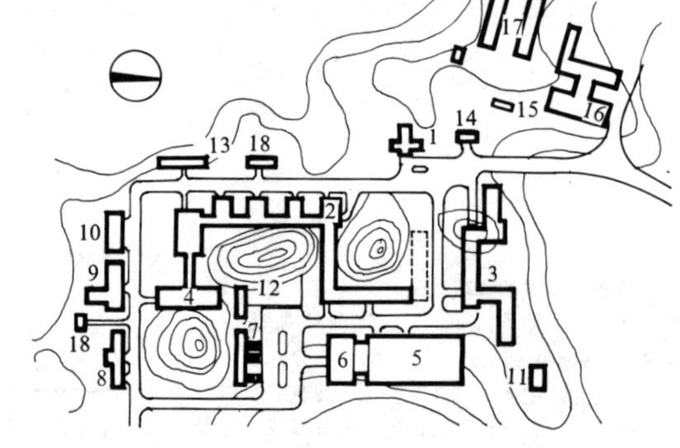

b 某乐器厂　厂区内有几个小山头，主要厂房沿等高线、环绕山头布置，250m长的手风琴车间沿等高线成曲尺形布置在同一标高上，节约了大量的土石方，满足了反复交叉的生产流程的需要。

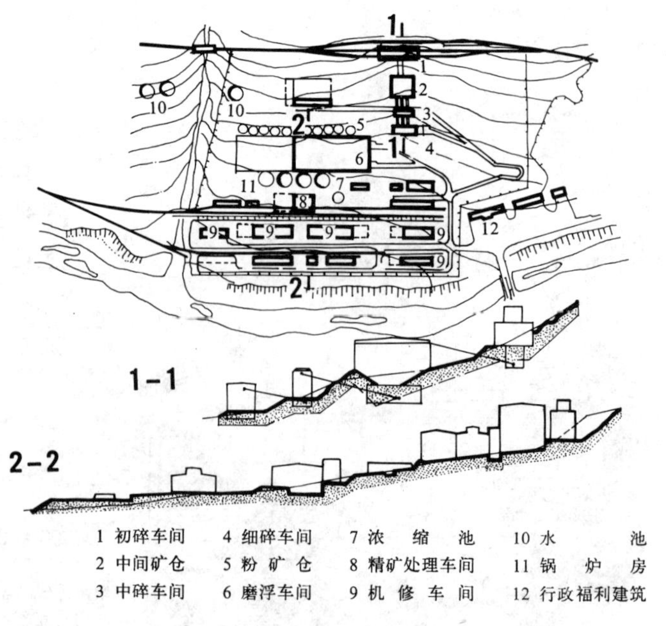

1 初碎车间　2 中间矿仓　3 中碎车间　4 细碎车间　5 粉矿仓　6 磨浮车间　7 浓缩池　8 精矿处理车间　9 机修车间　10 水池　11 锅炉房　12 行政福利建筑

c 某有色金属选矿厂　有色金属选矿厂，其生产过程条件，能够利用坡度较陡的场地，实现重力方式运输方式，根据生产工艺特点，合理利用地形布置总平面。

③　综合式举例

布局形式

一、顺沟集中布置 工厂的建、构筑物及设施沿山沟布置，根据山沟的形状和大小，按生产流程，依山就势顺沟布置，但须注意防洪、排洪处理，并避免发生滑坡、塌方等问题。见[1]

二、顺坡集中布置 这种布置方式能适应不同性质、不同规模的工厂，适于这种布置方式的场地，多位于坡度不太陡、较开阔的山麓坡地上，厂区沿纵向等高线布置，横向则相应地垂直等高线。为了利用地形，多将厂区沿等高线划分为若干区带，在区带间设置台阶，主要建、构筑物则成组集中布置在相应的主要台阶上，而辅助建、构筑物则因地制宜地采取自由式布置，分布于次要台阶上。见[2]

三、山凹地带集中布置 在山凹地带，地形多呈马蹄形，当相邻凹地能够串连时，可采用箕形凹地串连集中布置的方式。这类布置由于厂房三面环坡，截洪、排洪和排水系统组织要求严格。见[3]

四、沿山丘环状布置 这种布置适应某些工厂生产工艺流程较为灵活，又能充分利用地形条件。见[4]

五、沿江台地（或坡地）集中布置 根据工厂生产特点和场地地形特征，工厂的生产工艺流程可平行（或环行）等高线布置，也可垂直等高线布置。见[5]

河沟
河滩填土
1-1
桥
河沟
原地面线
2-2
河沟
国家公路
生活区

某厂沿山沟布置。这种布置一般宜选在山沟较为宽阔，两侧的山又不高的沟地，场地纵坡为1～3%的地带建厂，对外运输以道路为主。

[1] 顺沟集中布置

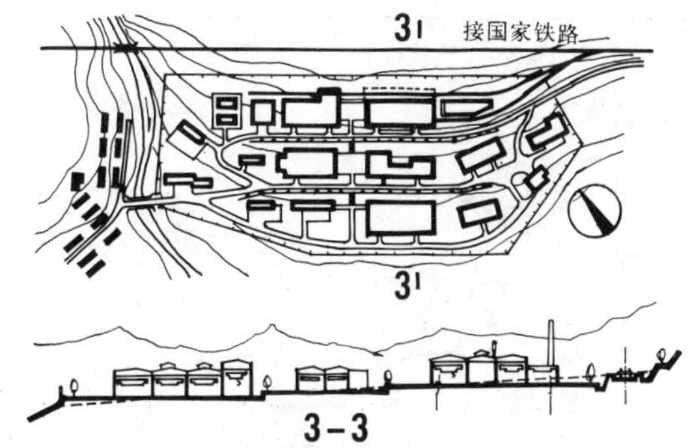

某机械厂集中布置在坡地上，厂区场地分为几个台阶，将运输量大的备料车间、成品仓库成组地布置在厂区最上的台阶上，便于铁路引入，其余车间则在不同台阶上布置，以道路联系。

[2] 顺坡集中布置

某厂利用相邻凹地，构成箕形凹地串连集中布置的工厂总平面，厂房布置充分利用了地形，使小块用地组成了有机的生产整体，布置也较为集中紧凑，生产管理较为方便。

[3] 山凹集中布置

厂房环山丘布置，能充分利用荒坡、瘠地，节约土石方量，适用于单一的纵向生产流程，且横向流程简单的小型工厂。

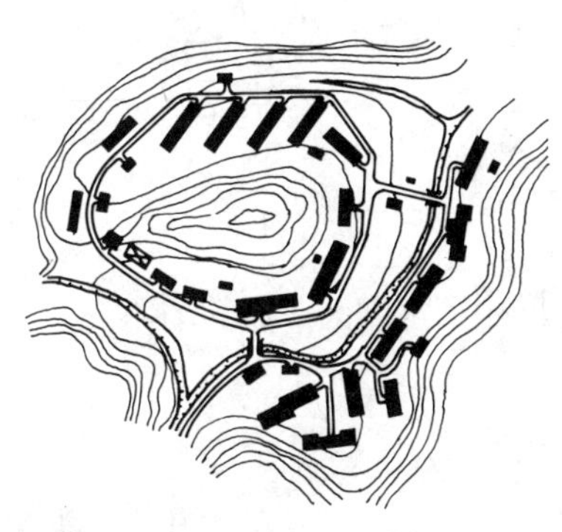

[4] 环山丘布置

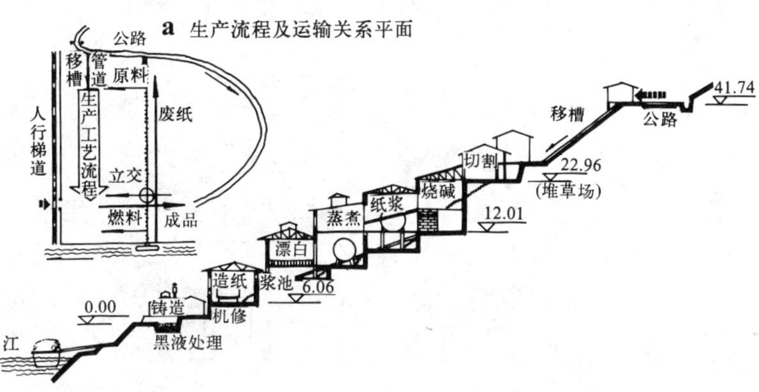

某造纸厂利用沿江坡地，将主要生产线路垂直沿江坡地集中布置，原料用缆车运至厂区最高处的备料车间，物料利用位能由上至下进行生产作业。

[5] 沿江台(坡)地布置

生土建筑[1]形成·特点·分类·分布

生土建筑的形成·特点

生土建筑是指利用生土材料营建主体结构的建筑，或在原状土中挖凿的窑洞或利用生土、沙石掩覆的各类建筑。它始于人工穴居、半穴居时期，已有悠久的历史。这里所指的生土建筑，只限于地表浅层，不包括地下深层的地下建筑。伴随着环境科学的发展，它和以保护自然环境为宗旨的生态建筑学（Ecology Architecture）有密切关系。

生土建筑的特点是可以就地取材，易于施工，便于自建，造价低廉，冬暖夏凉，节省能源，节约占地；有利于生态平衡、隔音，减少污染。因此，这种古老的建筑类型至今仍然具有生命力。现在世界上约有1/3的人口居住在各类生土建筑之中。但是各类生土建筑都有开间不大、布局受限制、日照不足、通风不畅和潮湿等缺点，需要改进。

中国窑洞区分布简图

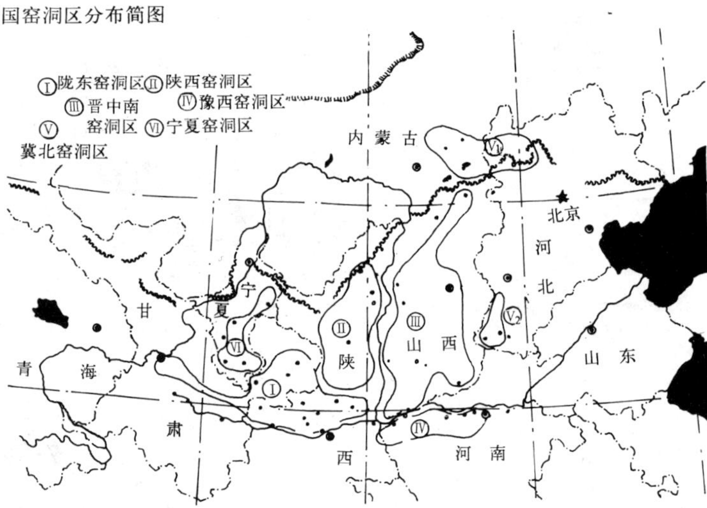

1 中国窑洞区分布简图

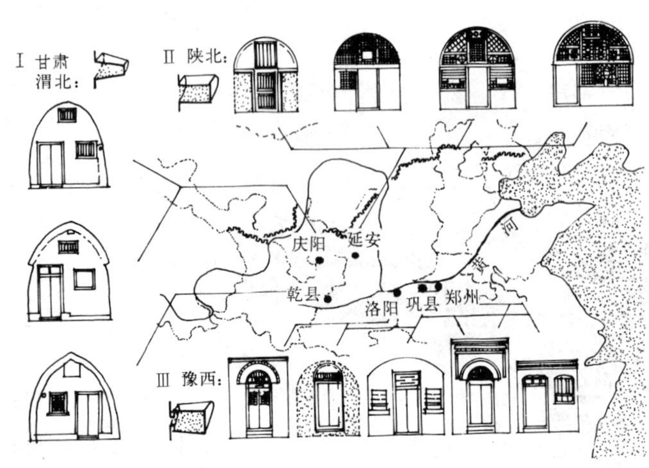

3 各窑区的窑洞形态

分类

生土建筑的分类

一、窑洞	二、土筑建筑	三、掩土建筑
1. 靠崖式窑洞 2. 下沉式窑洞 3. 独立式窑洞	1. 夯土墙生土建筑 2. 土坯墙生土建筑 3. 编笆草泥墙生土建筑	1. 地上掩土建筑 2. 半地下掩土建筑 3. 地下掩土建筑

分布

一、窑洞的分布：我国窑洞主要分布在黄河中游的黄土高原地带，可分为六大窑洞区（见1）。位于非洲大陆的突尼斯，现今也存有窑洞。

二、生土建筑的分布：据联合国统计，世界上约有1/3的人口居住在各类的生土建筑中。不论是发展中国家，还是工业发达的欧美诸国；也不论是寒冷地区，炎热地带，甚至多雨地带、干旱地区，生土建筑遍布全球。

类型		图式	主要分布地区
(一)靠崖式窑洞	1.靠山式		1.陕北窑洞区 2.延安窑洞区 3.晋中窑洞区 4.豫西窑洞区
	2.沿沟式		1.陕北窑洞区 2.延安窑洞区 3.豫西窑洞区
(二)下沉式窑洞			1.渭北窑洞区 2.晋南窑洞区 3.豫西窑洞区
(三)独立式窑洞	1.砖石窑洞		1.陕北窑洞区 2.延安窑洞区 3.晋中窑洞区
	2.土基窑洞		1.陕北窑洞区 2.晋中南窑洞区
	3.其他类型		1.陕北窑洞区 2.晋南窑洞区

2 窑洞类型示意图

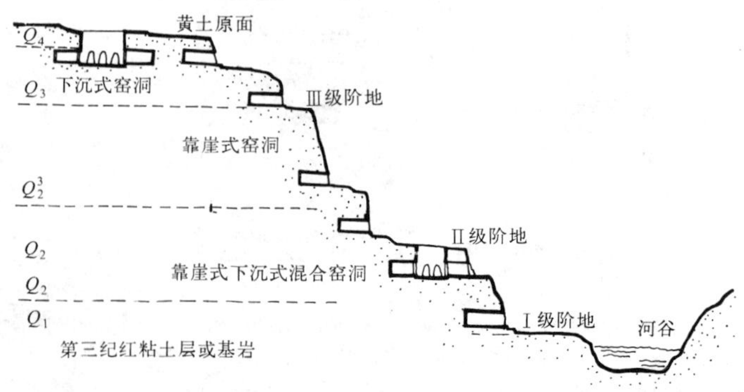

4 地貌和窑洞形式的形成

窑洞居民点规划要点

一、依山近水。

二、精心选择地貌：(1) 选在沟谷、山崖稳定、断面成U形、纵向坡度小的地点；(2) 土层密实均匀有足够厚度。若在原上挖下沉式窑洞，则需选在地下水位低，坚固密实，垂直节理好的Q_3马兰黄土或分布均匀的礓石层的地点；不能选在滑坡、塌陷、熔洞及断裂等不良地段。

三、气候与水文情况。如最冷月的气温和湿度；降雨量大，排水不畅，有洪水威胁的地方不宜建窑洞村。

四、靠近农田。

五、选择良好的方位，在避风、向阳、日照时间长的地点。

六、资源的可及性和邻近性。如道路网、公用设施（上下水设施）、基本生活用品的供应点的远近等。

七、文化福利设施状况。如托幼、小学、俱乐部等。

规划类型

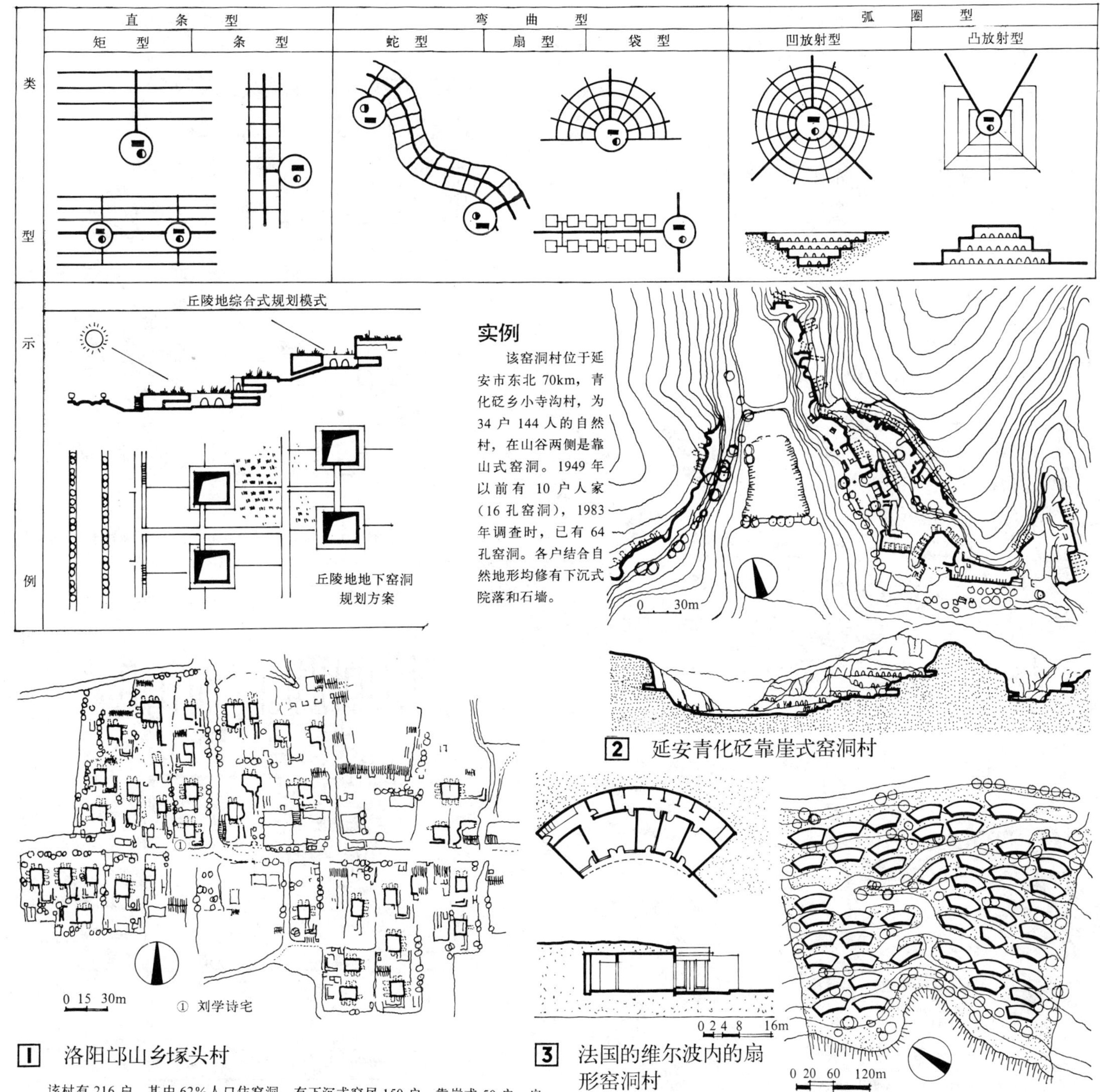

实例

该窑洞村位于延安市东北70km，青化砭乡小寺沟村，为34户144人的自然村，在山谷两侧是靠山式窑洞。1949年以前有10户人家（16孔窑洞），1983年调查时，已有64孔窑洞。各户结合自然地形均修有下沉式院落和石墙。

2 延安青化砭靠崖式窑洞村

1 洛阳邙山乡塚头村

该村有216户，其中62%人口住窑洞，有下沉式窑居150户，靠崖式50户，房屋250户。1987年4月在村西1km处修建了机场。出于旅游和文化保护的需要，日本东京工业大学来华留学的博士研究生，1988年曾向洛阳市政府提出了将该村改造为旅游窑洞宾馆的建议。

3 法国的维尔波内的扇形窑洞村

这是用现代材料建造的半地下掩土住宅，全村建在丘陵地上。1979年建成。建筑师：亨利·维多维斯波亚德。后来在西班牙的马德里也建了一个村。

15

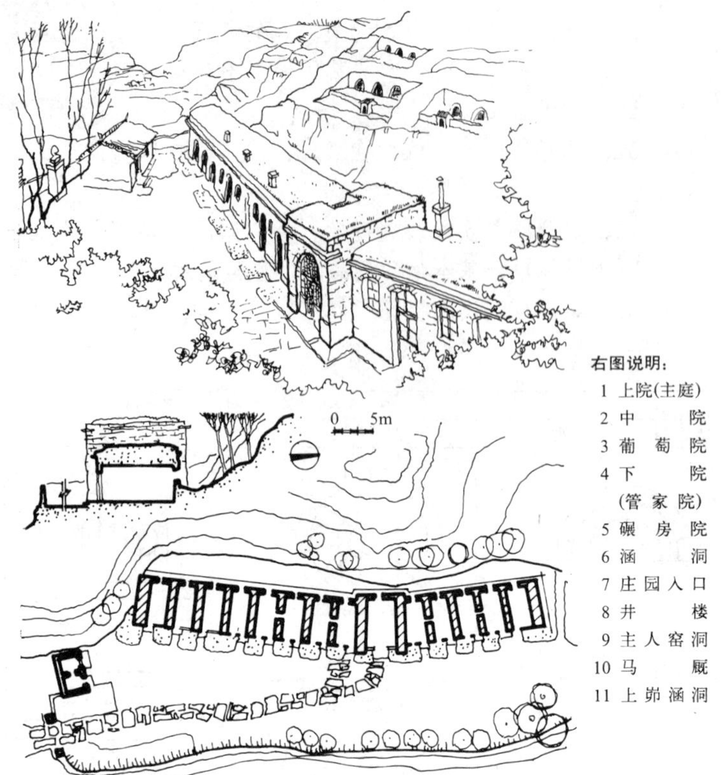

右图说明：

1 上院(主庭)
2 中院
3 葡萄院
4 下院(管家院)
5 碾房院
6 涵洞
7 庄园入口
8 井楼
9 主人窑洞
10 马厩
11 上峁涵洞

这是一座靠山的独立式石拱窑洞，覆土厚度1.3m，因窑洞后部设高窗，通风很好。现僻为纪念地加以保护。

1 陕西省延安市文化沟中共中组部旧址

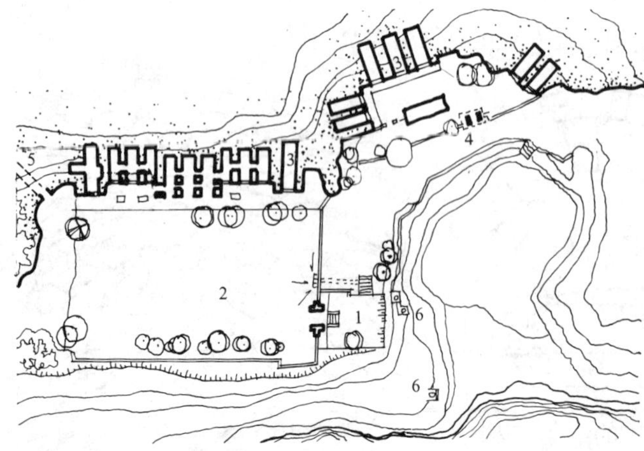

左图说明：

1 堡门
2 庭院
3 窑洞
4 中共12月会议旧址(老院)
5 防空洞入口
6 排水孔

这是11孔靠崖式石拱窑洞。窑洞平面布局新颖，功能合理；设有女儿墙和大挑檐，檐下有石刻龙纹托梁，中间三孔窗洞具有哥特式风格，内部装修十分讲究。

3 陕西省米脂县杨家沟马筑新院

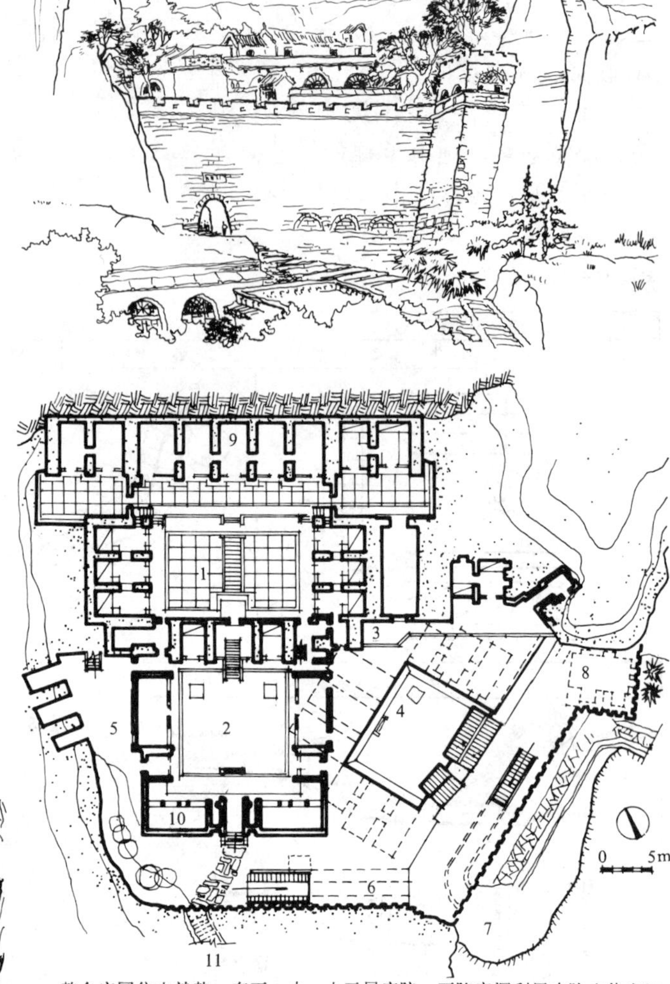

整个庄园依山就势，有下、中、上三层庭院，下院窑洞利用中院山体空间庄园正门通过台梯、涵洞，曲折迂回，意趣横生，堪称民居中的杰作。

2 西省米脂县刘家峁姜耀祖窑洞庄园

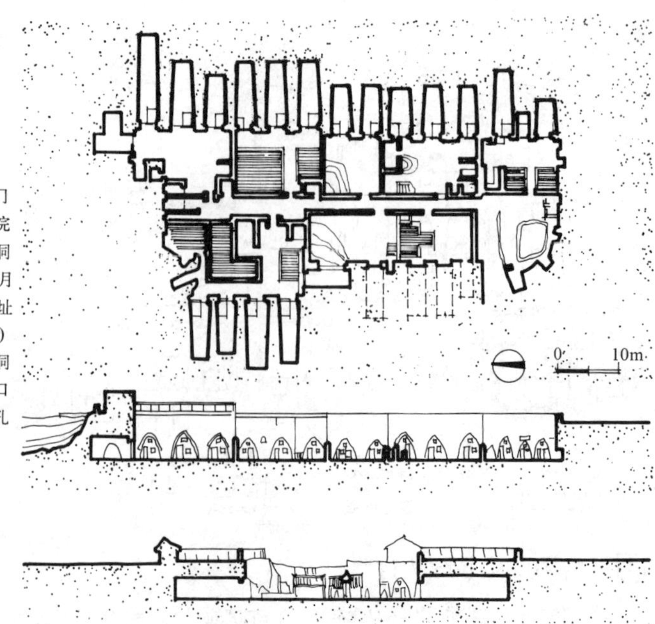

十户下沉式窑院，形成一个地下巷里，环境幽美、怡静。

4 甘肃省庆阳地区早胜乡北街窦家壕地下街窑洞

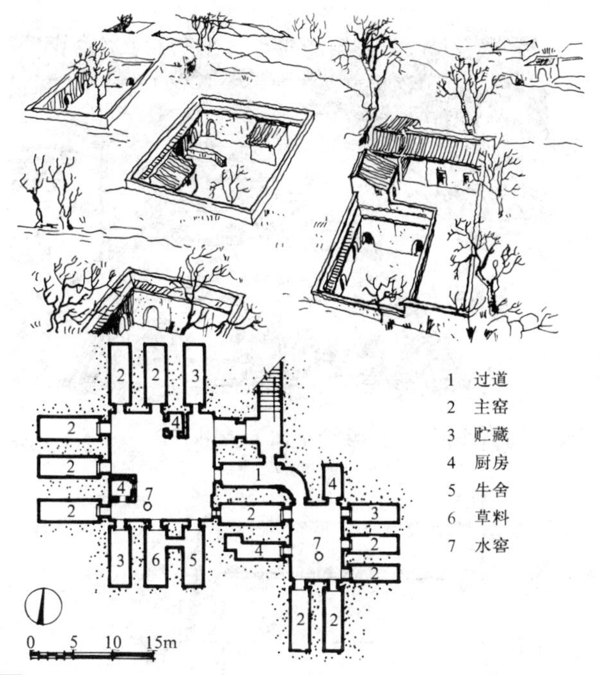

1 河南省洛阳市孟津县前海资村马才异窑洞住宅

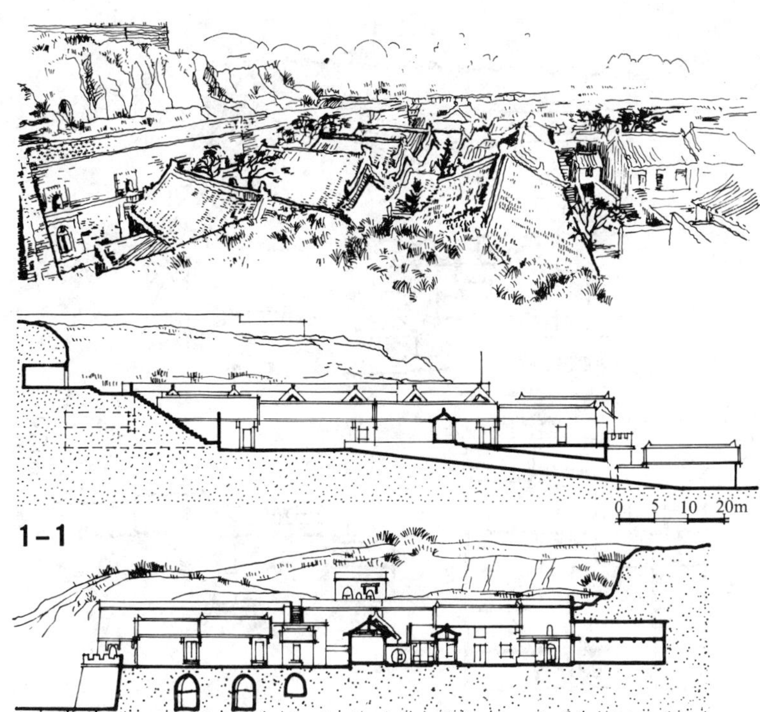

2 陕西省礼泉县王保京村窑洞学校

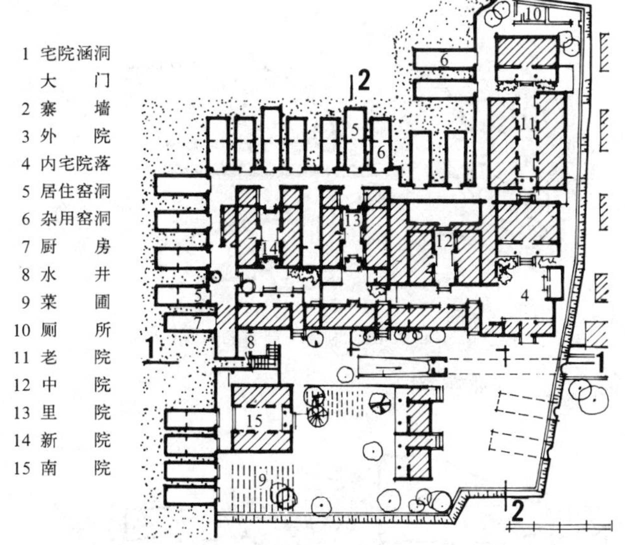

此庄园始建于清初，历经250余年至光绪22年（1896年）建成。靠山筑窑洞70孔，房舍250间，形成一座规模宏大的窑洞与房屋结合的庭院式建筑群。

4 河南省巩县"康百万"窑洞庄园

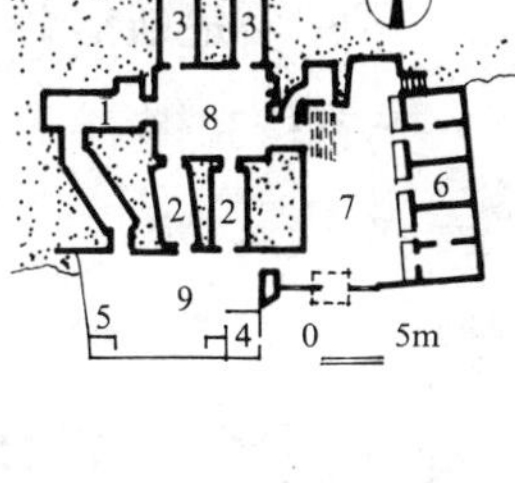

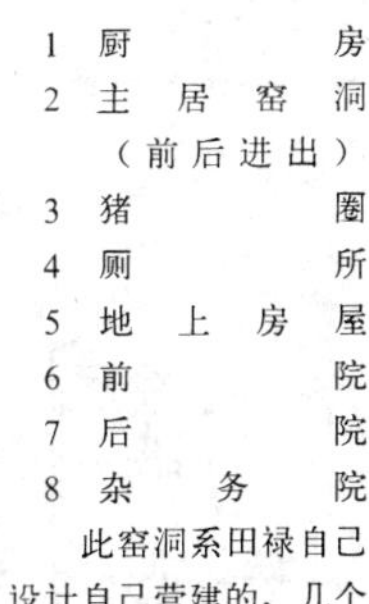

1 厨房
2 主居窑洞（前后进出）
3 猪圈
4 厕所
5 地上房屋
6 前院
7 后院
8 杂务院

此窑洞系田禄自己设计自己营建的，几个院落空间主次分明，功能合理，造型美观质朴。

3 河南省郑州市郊区田禄窑洞住宅

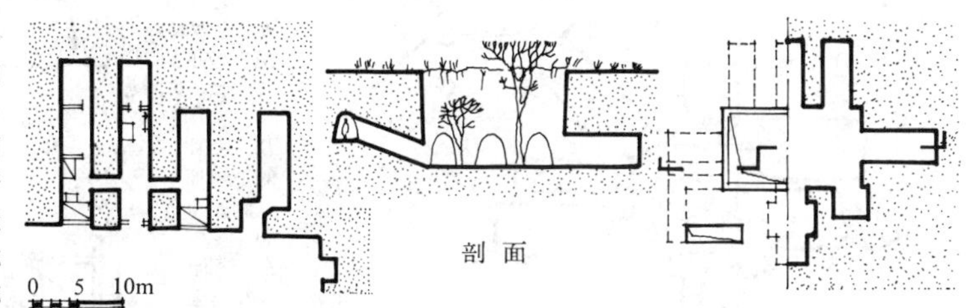

a 临汾地区羊舍村李伯存窑洞(靠崖式)

b 平陆县侯王村杜刚祥宅(下沉式)

5 山西省窑二例

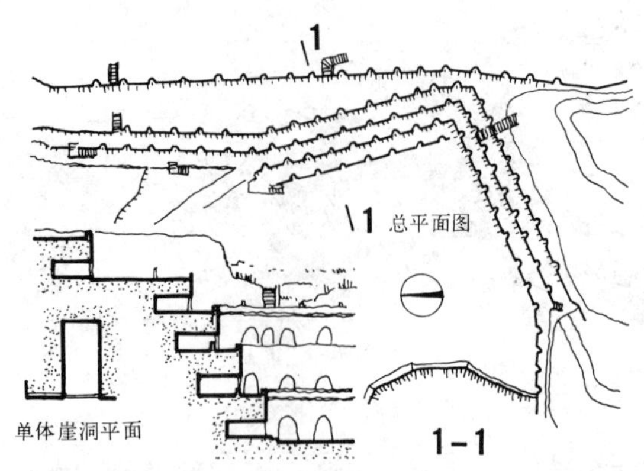

1 中国靠崖式窑洞（陕西榆林农业学校）

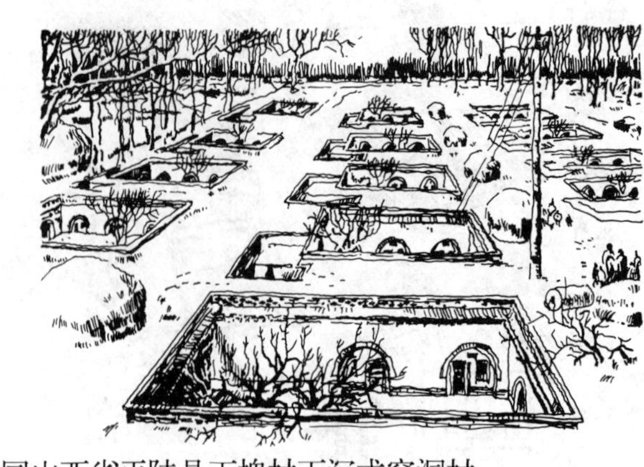

2 中国山西省平陆县下槐村下沉式窑洞村

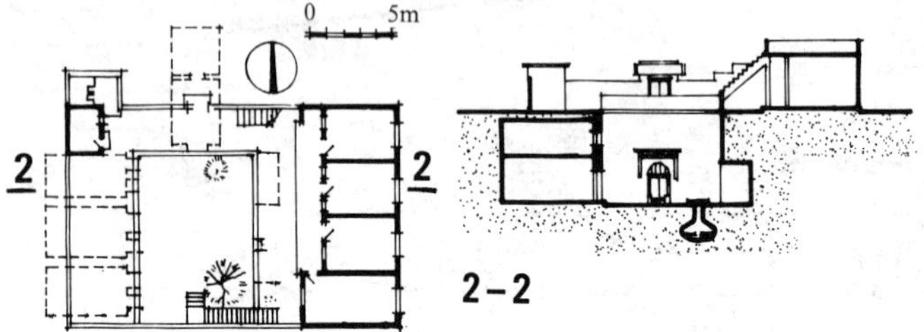

3 中国河南巩县西村二层下沉式窑洞（李宅）

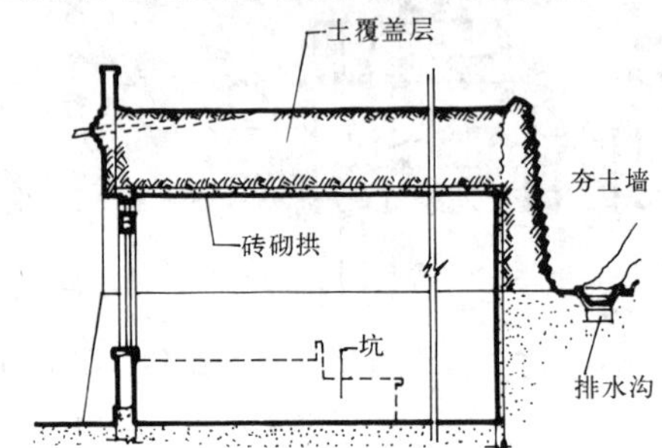

4 中国独立式窑洞（陕西省黄陵县）

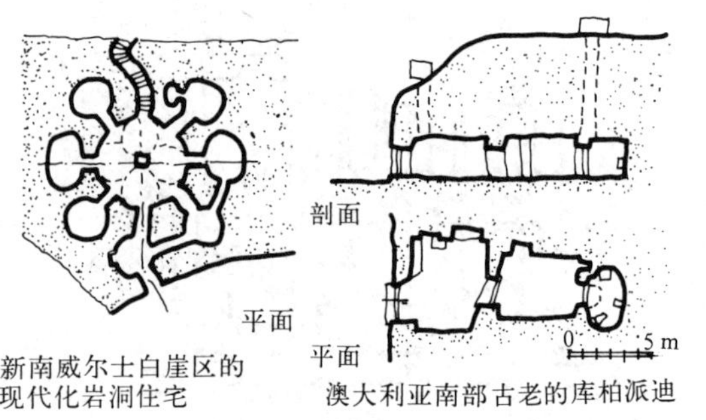

5 澳大利亚窑洞

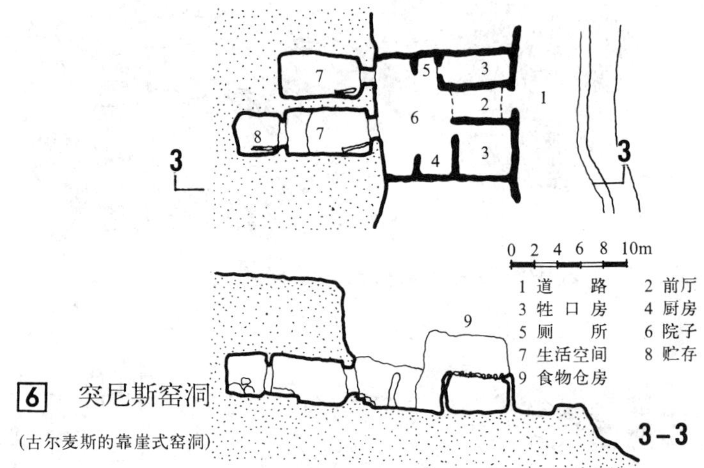

6 突尼斯窑洞（古尔麦斯的靠崖式窑洞）

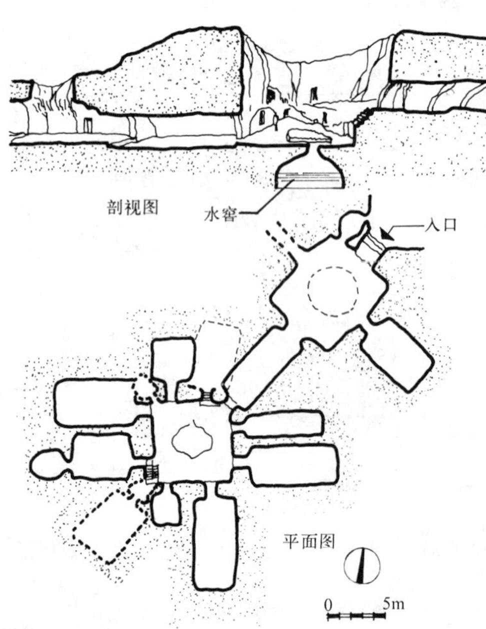

7 突尼斯窑洞（玛哈拉窑洞旅馆）

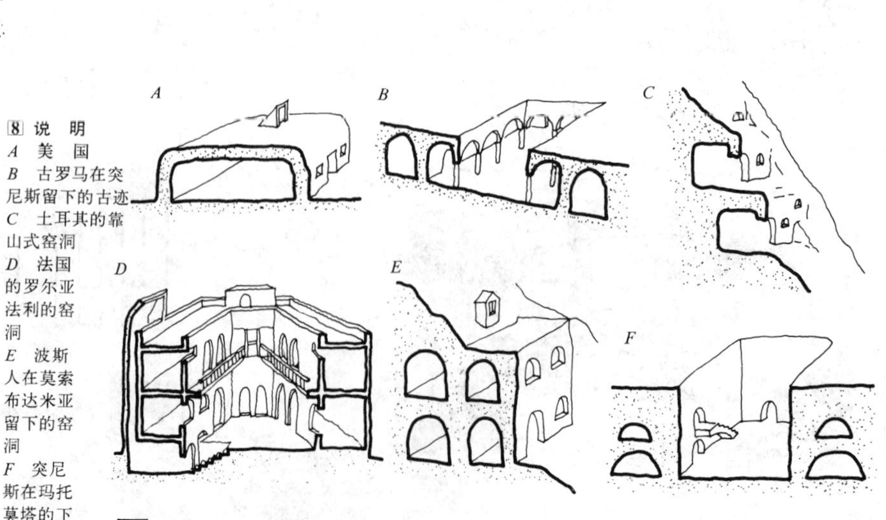

8 说明

A 美国

B 古罗马在突尼斯留下的古迹

C 土耳其的靠山式窑洞

D 法国的罗尔亚法利的窑洞

E 波斯人在莫索布达米亚留下的窑洞

F 突尼斯在玛托莫塔的下沉式窑洞

8 世界各地窑洞

结构类型

不衬砌洞室	利用黄土本身的物理力学性能取得稳定，适于小跨度黄土窑洞
有衬砌洞室	砖和土坯在黄土地层受腐蚀不严重，可用于中等跨度地下洞室
素混凝土衬砌洞室	采用于黄土地层中的一些军事工程

不衬砌黄土窑洞的结构设计要点

一、窑洞位置的选择：窑洞应选择厚层的黄土塬顶或发育已趋稳定的冲沟边域，在地层层位上尽量利用中更新世黄土（Q_2）和下更新世黄土（Q_1）的上层，条件限制时也可利用上更新世黄土（Q_3）的下层，而全新世黄土（Q）松软不宜利用。

二、窑洞的高宽比 高宽比（H/b）取决于使用要求和土质条件，土质越差，则高宽比越大。

三、覆土厚度 最小覆土厚度随土层强度增大而减小，随窑洞宽度增大而增大，但最少要保持窑洞的宽度。

四、窑洞间壁厚度 间壁厚度公式 $d=K(b_1+b_2)/2$

d——间壁厚度；b_1，b_2——相邻窑洞宽度；K——间壁系数(在 0.6～1.2 间波动)

地震烈度 综合调查理论分析，提出实用的不衬砌黄土洞室的建筑尺寸表（见表 1）

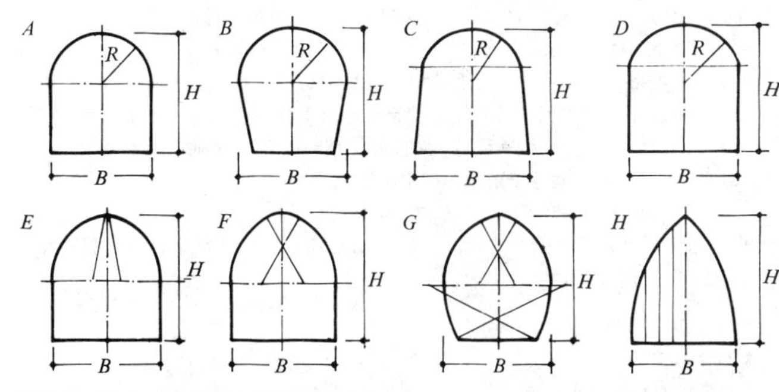

1 黄土窑洞拱形的类型

A—直墙半圆拱 B—外斜墙圆拱 C—内斜墙圆拱 D—直墙割圆拱
E—二心圆尖拱 F—三心圆拱 G—五心圆曲墙拱 H—抛物线拱

窑洞的拱形 不衬砌黄土洞室的内轮廓形状对洞室内壁土体的稳定有重大影响，我国黄土窑洞拱形最常见的是直墙半圆拱和直割圆拱（图1）；当窑洞较高时有外斜圆拱；较低时有用内斜墙圆拱；在土质较差时，常用二心尖拱、三心圆拱和抛物线拱型式；当遇到坚硬厚层的钙质结构层作窑洞洞顶时，个别也有用平拱的。

对地震区推荐的黄土窑洞的建筑尺寸

表 1

地区	地层 / 地震烈度 / 项目	新黄土（上更新世 Q_3）			老黄土（中更新世 Q_2）			古黄土上部（下更新世地层上部 Q_1）			说明
		七	八	九	七	八	九	七	八	九	
陕西中部 山西中南部 河南西部	窑洞最大跨度 max$b$	3.5m	3.4m	3.3m	3.7m	3.5m	3.4m	4.0m	3.6m	3.5m	1.本尺寸供窑洞建筑规划设计时用，实际施工时要根据地层情况进行调整 2.本表适用于稳定无裂缝、厚层的原生黄土地层 3.窑洞开挖后，必须在内表面抹草泥，防止风化
	最小覆土厚度 min$G$	4.0m	4.0m	4.0m	3.5	3.5m	3.5m	3.5m	3.5m	3.5m	
	最小间壁系数 min$K$	0.9	0.95	1.00	0.85	0.95m	1.0	0.80	0.90	1.0	
	窑洞高宽比 H/b	0.9～1.3			0.8～1.2			0.8～1.2			
陕西北部 山西西北部 甘肃东南部	窑洞最大跨度 max$b$	3.4m	3.3m	3.2m	3.6m	3.4m	3.3m	3.8m	3.5m	3.4m	
	最小覆土厚度 min$G$	4.5m	4.5m	4.5m	4.0m	4.0m	4.0m	3.5m	3.5m	3.5m	
	最小间壁系数 min$R$	0.95	1.0	1.1	0.9	1.0	1.1	0.8	0.9	1.0	
	窑洞高宽比 H/b	0.9～1.3			0.8～1.2			0.8～1.2			
宁夏南部 甘肃中部	窑洞最大跨度 max$b$	3.3m	3.2m	3.1m	3.4m	3.3m	3.2m	3.5m	3.4m	3.3m	
	最小覆土厚度 min$G$	5.0m	5.0m	5.0m	4.5m	4.5m	4.5m	4.0m	4.0m	4.0m	
	最小间壁系数 min$R$	1.0	1.1	1.1	0.95	1.1	1.1	0.9	1.1	1.1	
	窑洞高宽比 H/b	1.0～1.3			0.9～1.2			0.9～1.2			

砖衬砌洞室稳定性设计

据调查 71 个砖衬砌黄土洞室工程实例（其荷载只承受土压），经过统计和理论分析，在图中建议了衬砌厚度选择的曲线，即在安全前提下较为经济的砖砌经验公式：$d=0.03L+m$ 式中：d = 砖拱衬砌厚度(cm)，采用 MU5 砖，应二舍三入，凑成 6cm 的倍数；L = 洞室净跨(cm)；m = 依地质条件取用的常数，对中更新世下部黄土（Q_2'），m = 105；对中更新世上部黄土（Q_2'）m = 16.5；对上更新世黄土（Q_3）m = 16.5 或 22.5。

注：所统计的工程的基本条件：1.洞室建成后，衬砌基本稳定，安全可靠；2.洞室埋没于中更新世黄土（Q_2）或上更新世黄土下部（Q_3'）的原生地层，地层稳定，土质均匀，无地下水，无大裂隙存在；3.洞室覆盖土层厚度均能满足洞室稳定的要求，一般均大于 2.5～30 倍洞室净跨；4.H-洞室净高，L—洞室净跨，H/L = 1.0～1.2（当 L = 0.9～2.5m）；H/L = 0.8～1.2（当 L = 3.0～7.0m 时）。5.衬砌为等厚的砖拱墙，砖浆>M5（个别工程用石灰砂浆），砖为 MU5～MU10。

A 半圆拱直墙
B 二心圆尖拱直墙
C 三心圆拱直墙
D 五心圆落地拱
E 抛物线拱曲墙

2 砖拱衬砌的拱轴类型

在小跨度(L = 0.9～2.5m)洞室，由于荷载不大，可采用最简单的圆拱直墙；

在中等跨度(L = 3.0～7.0m)洞室，可采用半圆拱直墙、二心圆尖拱直墙、三心圆拱直墙、圆拱斜墙、近于抛物线的五心圆落地拱，以及外荷载垂直均布的抛物线拱曲墙衬砌。

图例：
上更新世黄土
$Q_3<5m^2$▲
5～10m²△
>10m²△
中更新世黄土
$Q_2<5m^2$●
5～10m²○
>10m²◎

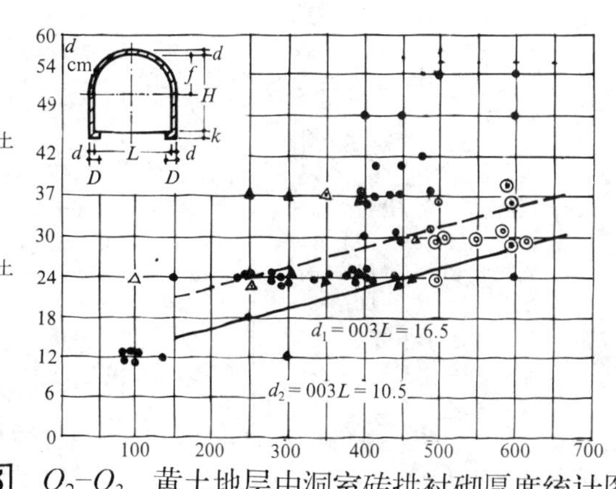

3 Q_2-Q_3 黄土地层中洞室砖拱衬砌厚度统计图

土的性质

一、水稳性（抗水性）　土坯或土墙遇水后，强度将会降低。随着浸水时间的延长，甚至促使土坯全部崩解，土墙倒塌。水稳性可用软化系数或崩解量表示。

软化系数——土坯或土夯体吸湿后降低了的强度与原有强度之比。

崩解量——土坯或土夯体在吸湿后崩解剥落的体积与其完好时体积之比。

水稳性也有用时间来表示的，即浸水若干时间后丧失承载能力。

土料中含粘粒越多，水稳性越好；含粉粒越多，水稳性越差。

二、收缩变形与裂缝　土坯或土墙在成形时需要一定的含水量，在成形后养护和使用期间，水分不断蒸发而使其收缩，如果土体内水分过多，干燥太快，就会引起土坯或土墙不均匀的变形和开裂。一般含水量在8～24%之间时，收缩最大，小于8%时，粘土几乎不因含水量的减少而引起收缩。

土中含粘粒越多，变形越大；含砂粒（粒径0.05～2mm）越多，变形越小。

三、粘结力　是决定强度的主要因素，粘粒的粘性很高，是粘土材料的胶凝物质，粘粒越多，强度越高。

四、简单的试验方法

1 粘结力

将标准稠度的试样模制成"8"字形试件，颈部最小断面积为5cm²（2.3×2.2cm），上下两端各装一个钩子。试验时，将试件挂在撑架上，并在试件下端挂一只小麻袋（或小筒）将干砂（或小粒状物体）均匀，缓慢地倒入麻袋，直到试件断裂。麻袋与砂的重量即拉断试件所需的荷重（g），如粘结力≥250g就可采用，否则需要加粘粒或其它掺合料。

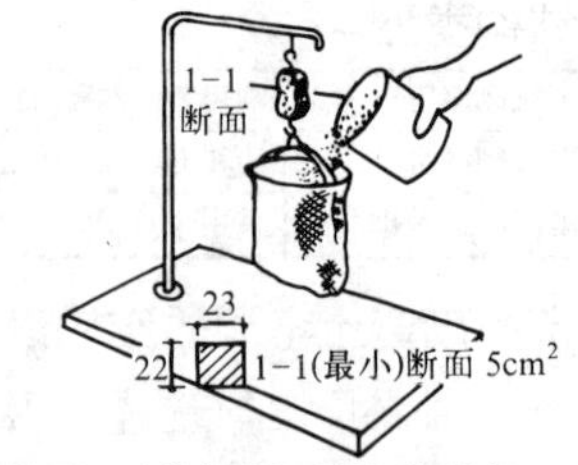

1

2 收缩

用标准稠度的粘土在木模（或铁模）中制成22×4×2.5cm的小方条，在其中划两根相距20cm的准线和一根中线，然后将试件放在10～20℃气温下晾干，经三天后再测两准线间的距离，如果收缩率≤1.5%就可采用，否则须加无机掺料。

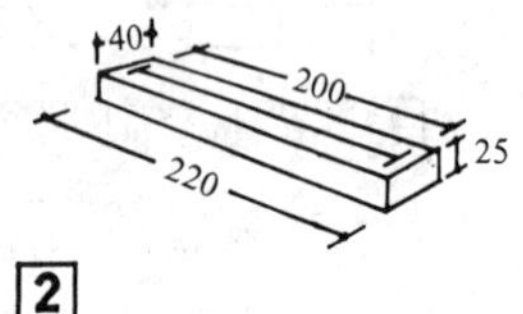

2

3 抗水性

试件可利用[2]中小方条，将其一端挂于台架上，另一端浸入器皿内水中达5cm。观察粘土浸水部分的破坏情况，并记下浸入部分被全部冲刷所需时间。若试件浸入部分在一小时内完全破坏，则该粘土抗水性差，不能采用，须加入适量的胶结料。

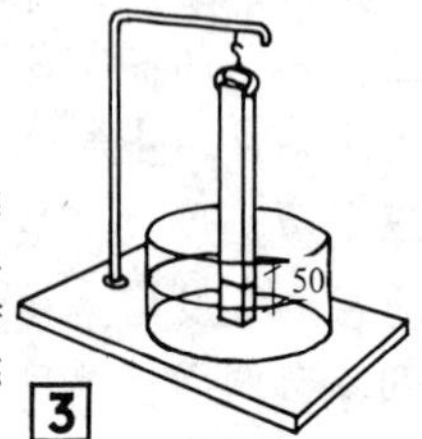

3

最优级配

土坯或土夯体的水稳性，塑性及强度除与土质有关外，还决定于土的颗粒组成。图中有网点的部分表示适宜的颗粒组成关系，且砾石（粒径>2mm）含量需小于10%。各地可根据具体情况，调配颗粒组成，或加入不同的掺料。

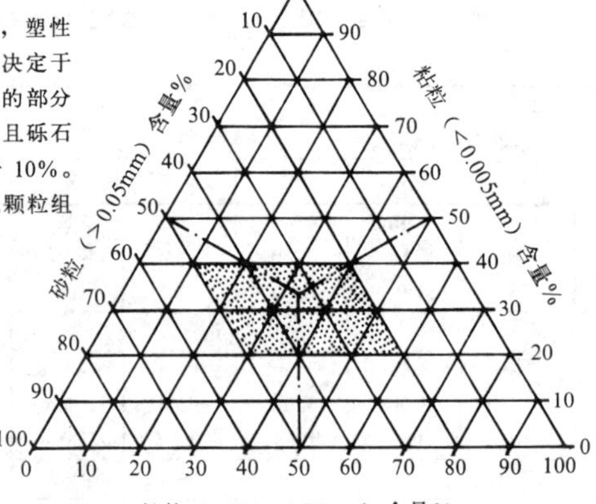

4　颗粒组成

掺料　为了提高土坯的力学性能，各地区可根据因地制宜、就地取材的原则，在制坯和夯墙时，加入各种掺合料。

常用掺料　表1

名称	规格	掺入量	备注
骨料：细粒石	粒径<1cm	10%	用于砂质粘土土坯
瓦砾	粒径≤5cm	—	用于筑土墙，减少粘土干裂
卵石	粒径2～4cm	—	
砂粒	—	—	
连结料：植物类			强度至少增加15%
稻谷草、麦秸	草段长4～8cm	6～15kg／m³	在砂质粘土和粘土中
谷糠	—	—	
松针叶	—	—	广西地区用
羊草	3cm	—	吉林省多用
动物毛发	—	—	
人工合成纤维	—	—	
胶结料：淤泥		3～4%	
生石灰	粒径≤0.21mm	5～10%	用于土质粘性不良和抗水性差时，采用地区较广，效果较好
消石灰	—	5～10%	
水淬矿渣粉	粒径≤0.66mm	10%	
水泥	300～400号	5～10%	宜用于砂粒土中，水泥土需养护14天以上。
沥青	—	2～8%	沥青和连结料同时使用时，沥青必须首先渗入粘土中彻底搅拌，而后加入连结料

各类土中掺合料的配合数量　表2

粘土种类	拉断应力值(g／cm²)	连结料数量(kg／m³粘土)	粘土与无机掺料之比
亚砂土	251～350	2	
	351～550	3	
亚粘土	551～750	5	5∶1
	751～1000	8	4∶1
粘　土	1001～1500	11	2.5∶1
	1501～1600	15	1.5∶1

粘土砂浆　土坯墙使用的砂浆为M0.2、M0.4、M1、M2.5四级。在基础及勒脚部分可采用石灰粘土砂浆或水泥砂浆，以提高砂浆的抗水性。

粘土砂浆质石灰粘土砂浆的配合比　表3

砂浆种类	掺合料种类	砂浆的体积配合比 稀粘土①：掺合料：砂	砂浆标号③ 干燥气候	砂浆标号③ 稍湿气候
用肥粘土②	—	1∶0∶5	10	2
用中肥粘土②	—	1∶0∶4	10	2
用贫粘土或砂质粘土	—	1∶0∶3	10	2
粘土砂浆	—	1∶0∶1	21	—
	—	1∶0∶2	16	—
	—	1∶0∶3	12	—
黄土泥浆	—	—	10	2
黄土砂浆				
黄土含砂率20～30%	—	1∶0∶1.5～1∶0∶1.2	—	—
黄土含砂率<20%	—	1∶0∶2～1∶0∶2.5	—	—
草泥浆	稻草或麦秸	草23kg／m³(黄土)	—	—
石灰粘土砂浆	粉状生石灰	1∶0.2∶3～5	4	4
	稀石灰	1∶0.3∶3～5	4	4

注：①稀粘土——圆锥体沉入深度为14～15cm。

②肥粘土和稀粘土容重为1300～1400kg／m³；中肥粘土的容重为1400～1500kg／m³。

③砂浆标号系指砂浆在具有天然湿度且不受水浸的墙壁砌体中的强度。

设计要点

一、软化

1.建筑地点：有洪水威胁或地下水位较高、排水不利的洼地及室内湿度较大的房屋，均不宜建造生土建筑。

2.必须特别注意防水与排水问题，民间一般采用长屋檐（至少挑出50cm，一般在70～80cm）、高勒脚（一般30～60cm，也有做至窗台高的，视地下水位及排水情况而定）、宽窗台（一般60cm左右）及墙面粉刷等防水措施。

二、刚度

1.生土墙体的抗拉强度很低，在平面设计时，应力求简单、匀称，尽可能做到上部荷载均布于各面墙体，避免墙体产生拉应力。平面最好是由简单整齐的封闭形单元组成。

2.尽量保证墙身互相连接好，避免孤立墙，在墙身交接处或墙身过长时，应加筋或设圈梁，房屋总长度不宜超过60m。

三、强度

1.生土墙体强度低，且受到施工条件的限制，因此，生土墙房屋一般不宜超过三层，层高不宜超3.3m，一般底层层高为3m左右，二层以上为2.6～3.0m之间。

2.跨度大于6m的屋架及超过1500kg的集中荷载，最好支承在砖柱上；若仍支承在土墙上须加垫板。

3.土墙不宜受偏心荷载。土墙建筑物的门窗洞口不宜大于120cm，窗樘高度不宜超过墙厚的4倍，洞口离墙角应不小于150cm，窗间墙宽度应不小于100cm，门窗洞口面积不宜超过墙身面积的40%。

承重墙在构造上的允许高度（单位：mm）　表1

横墙间距	无洞口墙厚			有洞口墙厚					
				减弱面积*＜50%			减弱面积＜25%		
	290	440	590	290	440	590	290	440	590
≤3200	4500	不限	不限	2500	6000	不限	3500	不限	不限
≤4500	3500	不限	不限	2000	4500	8000	2500	6500	不限
≤6200	2500	7000	不限	2000	3000	6000	2500	5000	9000
≤7200	2500	6000	10000	2000	3000	5000	2500	4000	8000

非承重墙在构造上的允许高度（单位：mm）　表2

横墙间距	无洞口墙厚			有洞口墙厚					
				减弱面积*＜50%			减弱面积＜25%		
	140	290	440	140	290	440	140	290	440
≤3200	4000	不限	不限	2000	3000	不限	3000	5000	不限
≤4500	2500	5000	8500	1500	2000	4500	2000	4000	6500
≤6200	2500	3500	6500	1500	2000	3000	2000	3000	5000
≤7200	2500	3000	5500	1500	2000	3000	2000	3000	4000

* 减弱面积是指洞口减弱的墙身承载面积。

基础、勒脚、护坡（散水）及排水沟要求

一、基础：一般常采用带形基础或矩形独立柱墩，最好不建在含水饱和的地基上。

二、勒脚：一般高于室外地坪300～500mm，且高于护坡（散水）顶点150mm以上，高于室内地面约两皮砖。常用材料有砖、片石或卵石；为了防水浸，也有采用白灰松烟勾缝的。

三、护坡（散水）：面层常用方砖、条砖、片石、卵石、戈壁粘土及碎砖三合土等。底层采用素土夯实，厚度＞100mm，宽度≃600mm，坡度一般为1：4。

屋面（从顶到底）（单位：mm）

吉林地区	吉林地区	黑龙江地区	甘肃地区	新疆地区	新疆地区
1. 纯碱土厚20 2. 碱土合羊草厚50～70 3. 羊草厚250 4. 编纹席 5. 秫秸箔或苇子二层	1. 碱土面层厚20 2. 泥土垫层厚80 3. 草泥厚30 4. 秫秸箔厚120	1. 碱土厚60～80 2. 干碱土面厚60 3. 粘土厚30 4. 草泥厚30～50 5. 秫秸厚150～200	1. 麦秸泥厚60 2. 麦秸泥厚100	1. 草泥厚120，分三次抹在土坯拱上	1. 草泥厚120，分三次抹（每m^3粘土加麦秸10～15kg） 2. 紧束苇箔厚120

山东地区	山东地区	河南地区	四川羌族地区	安徽巢县肥东地区
1. 灰泥厚20(上涂黑矾) 2. 草泥厚50 3. 素土厚100 4. 麦秸厚50 5. 秫秸厚100	1. 麻刀石灰 2. 麦秸泥粉面 3. 铺土厚200 4. 麦秸厚100 5. 秫秸厚150 6. 苇箔	1. 麦秸泥厚60～80 2. 石灰黄泥3：7 3. 麦秸 4. 芦席(高粱杆、芦苇) 5. 椽皮	1. 泥土厚100～200 2. 麦秸厚50～100 3. 小竹编笆 4. 树枝ϕ5～8	灰巴屋面：灰巴是用粘土作成的一种类似油毡的卷材，具有防水、隔热的性能 做法：在地上铺一层稻糠或草灰（不使灰巴与地面粘结），上撒一层乱稻草为筋，加泥抹平，厚约15mm，在其上可继续按上述方法作第二、三块。略干能卷起不碎时，即可用圆棒将其卷起铺在屋面上

山墙

土建筑一般采用硬山搁檩结构，因此山墙常承受屋顶荷载，且面积较大，易受雨水淋溅，所以要做一定的加强及防水处理。

1. 土山墙加砖腰线
2. 山墙加披瓦避水条
3. 砖砌五花山墙，土坯填心
4. 土山墙披草
5. 砖砌五花山墙，乱石填心
6. 石墙砖山尖
7. 全部石砌山墙

墙面粉刷

作法		做法内容
单层作法		1.麦秸泥浆厚15 2.牛粪+粉砂(1～2：10)+胶藤(一种细如铅丝的野生植物,每幢三开间房屋用20～25kg) 3.粘土+煤焦油+砂(1：0.03：1)
双层作法	打底	1.麦秸泥(1：1)厚10～15 2.粘土稻草砂浆厚10～15 3.掺灰泥(1：3～1：4)厚20 4.石灰+谷壳+黄泥(1：2：8)厚20 5.柴泥石灰砂浆 6.土墙上钉竹钉,上绕稻草或麻皮再进行粉刷
双层作法	罩面	1.麦糠泥(1：1)厚5 2.麦糠+泥+石灰(3：4：6)厚5 3.石灰砂浆厚2～5 4.石灰纸筋灰(10：1)厚20(亦有作再次捶打的纸筋灰,不开裂性能好) 5.禾草+砂+石灰厚10～15 6.水泥砂浆 7.麻刀灰
三层作法		1.底层：稻草泥 2.中层：麦糠泥 3.面层：纸筋灰

皂矾防水剂：肥皂水+明矾水(1：1.1)喷(或刷)三道

肥皂水重量比：肥皂+水＝5：95

明矾水重量比：明矾+水＝1：99

墙基防潮层

1. 砌二层掺石灰的土坯或筑一"板"掺石灰的土筑墙。
2. 芦苇或麦秸（压实厚度山东地区为50～100，陕西三原地为20）
3. 粒径100的卵石或小块石密排，以小砾石填充，黄泥浆（或水泥沙浆）找平。
4. 1：2粗砂水泥浆一层，厚20～30，上面砌砖一皮（用于砖勒脚上）
5. 涂刷热沥青（或石油沥青）一道，上面砌砖一皮（用于砖勒脚上）
6. 一毡二油防潮层（亦可用油纸代替油毡，用于砖勒脚上）

15

土坯及土坯墙制造方法

1.干打坯（压实坯）

（1）人工制作：选定土壤后，将土打碎，并调整湿度（将土握在手内成团，击之即散），然后分 1～2 次倒入木模内，夯实脱模即成。

（2）机械制作：将备好的土放在模型中，利用杠杆原理，按手柄即成。一般所制坯的耐压强度比手工制者提高 3～4 倍，生产效率可提高 0.5～1.5 倍。

2.湿塑坯（水脱坯）

将土壤和草段拌合成均匀的泥浆，闷沤 2～3 天。用铁铲铲起泥浆以 60°斜角放置，铲上泥浆不易落下或整块的落下为稠度合适。脱坯时，把粘土草泥浆用力抛入木模内，经踏挤压密实，将木模垂直平稳徐徐提起即成。

3.刀割水土坯及岱子块

刀割水土坯是在水稻收割后，待表层土壤达到一定含水率（牛在上面走时，脚印深度约为 1.5cm）然后碾压平整，再按尺寸划成土坯块，铲起晾干即可使用。

在东北地区有类似的做法，是利用水甸子，待水干后将密布细草根的土切成块，称作岱子块。

各类坯的比较

表 2

分类	生产效率（块／班）	施工占地	最佳含水量	干缩裂缝	水稳性	抗压强度（MPa）	备注
手工湿塑坯	400	较大	20～40%	有明显裂缝	较好	0.4～0.8	
机械干打坯	1400	较小	12～19%	无明显裂缝	较差	2.0～5.0	
手工干打坯	700	较小	12～19%	无明显裂缝	较差	0.8～1.0	
刀割水土坯	很高	很大		抗裂性好	好	0.6～0.7	影响农业生产

夯土墙及土坯砌体在受压时计算强度 R(kg／cm^2)

表 1

夯土墙			土坯墙							
含砂率（%）	含粉土率（%）	计算强度	土坯标号	砂浆标号（M） 0	0.2	0.4	0.7	1.0	1.5	2.0
40～50	30～20	1.7	7	0.7	1.2	1.5	1.7	2.0	2.2	2.5
			10	1.0	1.5	2.0	2.2	2.5	2.7	3.0
30～40	40～30	2.2	15	1.5	2.0	2.5	2.7	3.0	3.5	3.7
20～30	50～40	3.0	20	2.0	2.7	3.0	3.5	3.7	4.2	4.5
			25	2.5	3.0	3.3	3.7	4.0	4.5	4.7

注：①表内夯土墙部分系按每板四层下土计算。
②本表内容摘自江西省综合设计院1963年资料。

承重墙的最小厚度(mm)

表 3

	由地面至天棚高度(m)	2.5	3.0	3.5
墙的自由支承长度(m)	3.0	220	240	260
	4.0	240～300	260～330	300～360
	5.0	260～330	300～370	320～395
	6.0	300～380	320～400	360～440
	7.0	320～410	360～450	380～475
	8.0	360～450	380～480	400～510

注：①长度不宜 > 10m，高度不宜 > 4.5m。
②土坯墙的粉刷如能与墙身密实连成整体，可将粉刷厚度合并作为墙的厚度计算。
③内隔墙的最小厚度可乘0.9。

最佳含水量

最佳含水量是指在一定压力下把土料压实到最大密度的含水量。此时所制的密实度好、不粘模；坯的干容量大，抗压强度最高。

最佳含水量与土壤、掺合料的组成、制坯方法及制坯压力等因素有关。

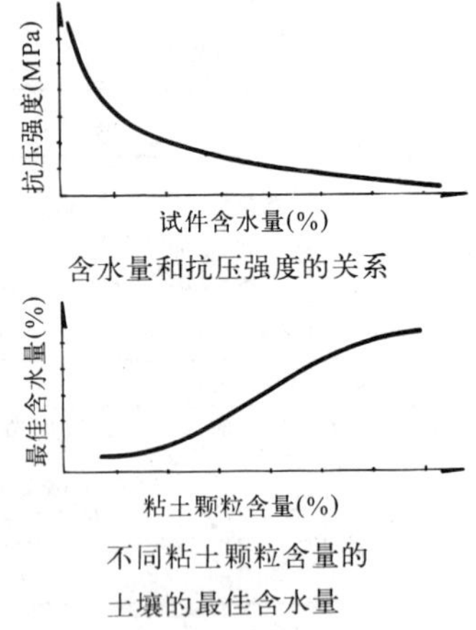

含水量和抗压强度的关系

不同粘土颗粒含量的土壤的最佳含水量

土料最佳含水量与最大干表观密度

表 4

试件名称	最佳含水量 W_0 (%)	最大干表观密度 (kg／cm^3)	压缩系数 $(K=\frac{V_{实}}{V_{虚}})$
纯土	12.54	2.05	0.468
掺 5%水泥	11.70	1.95	0.517
掺 10%粉煤灰	12.02	1.82	0.545
掺 10%消石灰	15.89	1.86	0.488
掺 5%石灰+10%矿渣粉	12.59	1.86	0.530
掺 0.5%麦秸	13.52	2.00	0.621

注：压缩系数以装料找平后松散状态计：
$V_{实}$：土料压实后的体积；
$V_{虚}$：装料找平后，松散土料的体积。

其它各类墙体

夯土墙	垛泥墙	草筏墙	拉合墙
直接将土料填入模板内夯实而成。又称土筑墙、打土墙、土桩墙、干打垒、版筑墙。按用料分，有素土筑及有掺料的两种；依砌筑形式分，有等厚及不等厚的两种。夯土墙承重一般要加筋（可用竹、木棒等）。 墙体的收分一般视墙高而定，6m 以下者不收分；6m 以上除加厚墙体外，还要作收分处理 质量：墙质密实，沉陷性较大，耐水性较好，但易开裂，有竖向通缝，整体性受影响	将泥及草（草段长约 10～30cm、掺量 15～20kg／m^3）混合加水（20～25%）拌合至不松散时，用四齿叉将其垛上墙身。又称土垛墙、草泥墙。待土质较硬后用叉或铲将墙身内外表面修平，再加面层。一般单层高屋（高≥2m）的墙厚为：底部 70cm，顶部 40cm，垛泥墙多用于淮北及辽北地区 质量：墙质最坚固，但沉陷性最大，耐水性较好，不易开裂，可做到无接缝，整体性好	在多草甸的地区（如克山、齐齐哈尔、营口）采用。又称草皮墙。每块大致为 20×20×40cm。由于致密的草根根网包裹住每颗土粒，故耐水性较强，保温效果好	将草浸在泥浆中拧成草辫，然后编在木骨架间。依草辫的方向分为卧拉合及挂拉合两种。墙体轻，保温好，可不做基础，墙身即使倾斜变形，也不致倒塌，但易下沉，须防止草辫腐烂

形成：

土筑建筑的承重结构和围护结构、拱顶及干旱地区的屋面，均用生土材料制作。有时也用木构架，其余部分用天然材料，如石灰、砖石水泥等。我国分布在各地的民居有许多都是这种土筑建筑。

由于各地区自然环境和民族宗教、风俗观念以及传统习惯的差异，形成极为丰富的土筑民居。

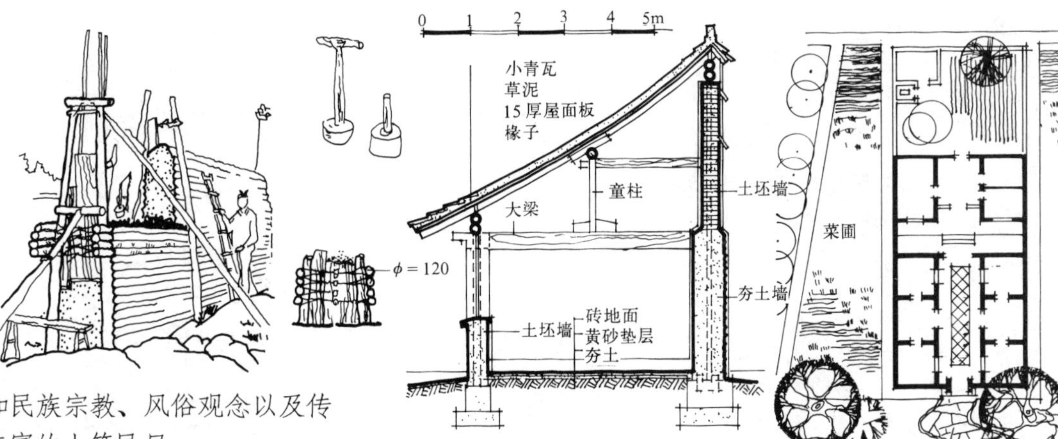

[1] 陕西省关中地区的土筑民居　关中民居为窄四合院，房子半坡屋顶，后墙下部夯土，上部砌土坯。宅院面阔不宽，进深较大，多有两进院。

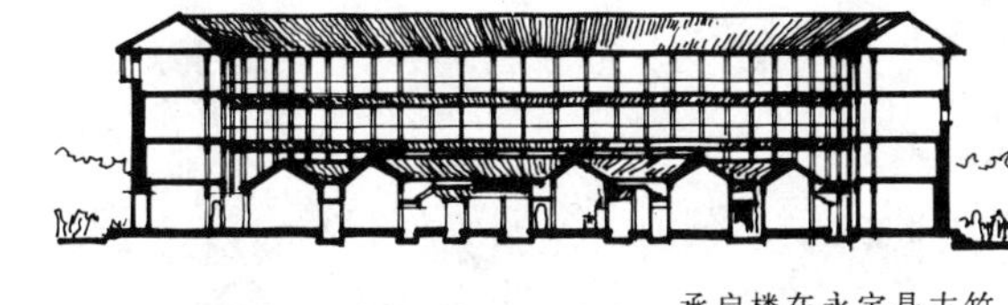

承启楼在永定县古竹乡高北村，为大型圆形土楼，高4层，檐口总高13m，外径72m，底层墙厚145cm，上层逐渐缩薄，4层95cm。均为夯筑墙。至今已有五百年的历史了。曾于1929年毁于战火，但墙体无损，后又重建，直至今日。

[2] 福建省永定县的客家土楼（承启楼）

[3] 内蒙古自治区东南部的圆形土筑民居

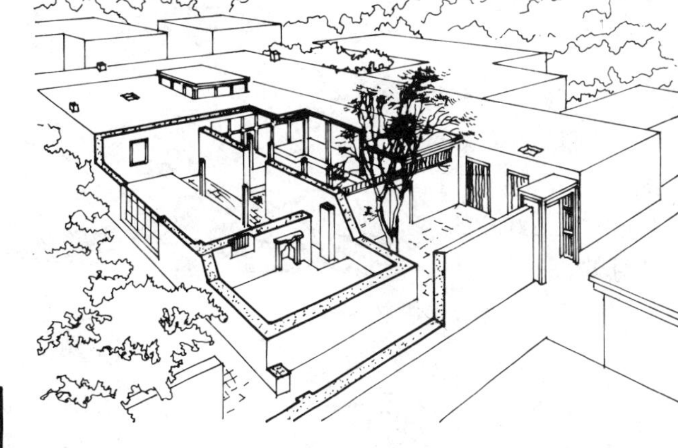

[4] 新疆维吾尔自治区和田土筑民居（阿克赛民居）

东北民居多为夯土墙，草屋面木屋架。夯土墙厚60～100cm，冬季靠火坑取暖。

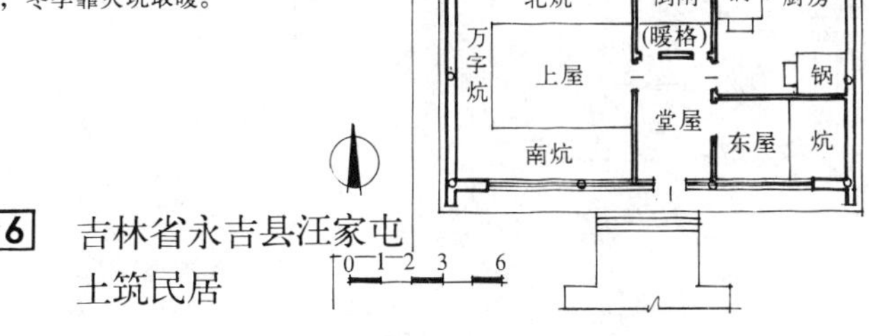

[6] 吉林省永吉县汪家屯土筑民居

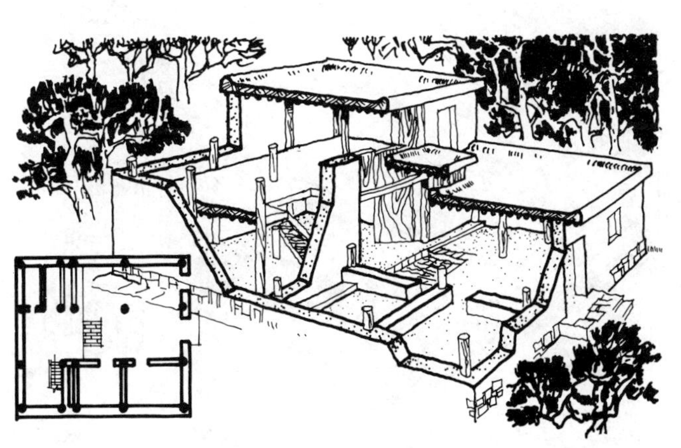

多建于海拔二至三千米高的山区。采用木梁柱支撑屋顶，土坯墙；平屋面覆土20～30cm，具有保温隔热作用，又作晒谷场。

[5] 云南彝族土掌房民居

15

形成·发展

当今世界从生态学、社会学和节能节地观点出发，从发展中国家到发达国家都在发展土筑建筑（Earth Construction）（生土建筑）。在美国，仅 1980 年一年间，近 176000 栋土筑房屋建成，其中 97%建在西南部。在新墨西哥州，已有 48 家工厂生产土坯，年产量四百万块。因此太阳能土坯别墅兴时起来。法国人口 15%居住在生土建筑之中。在发展中国家，土筑房屋更是行之有效的解决住房缺乏的办法。在秘鲁，60%的人家居住土坯、夯土房；卢旺达的首府 30%的住房用土筑房屋；也门、摩洛哥、突尼斯、马里、埃及和叙利亚更多。

1 美国新西哥州、阿伯葵克郊区的"拉鲁兹（La Luz）容 200 户的生土建筑高级住宅区

土筑建筑艺术的特征之一是可塑性，在土的表面可以作出具体的、直观的、可感的形象。非洲土筑建筑上的彩色浮雕和壁画，栩栩如生的生活话题，伊斯兰寺院的巨大体形和线脚，到处可见。左图是运用草泥施工中需分层待干时形成的艺术效果。

3 也门的草泥垛墙的土筑建筑

马里的生土建筑医疗中心 1977 年在欧共体资助下，在马里建了该医疗中心，1980 年曾获阿卡汗国际建筑奖。

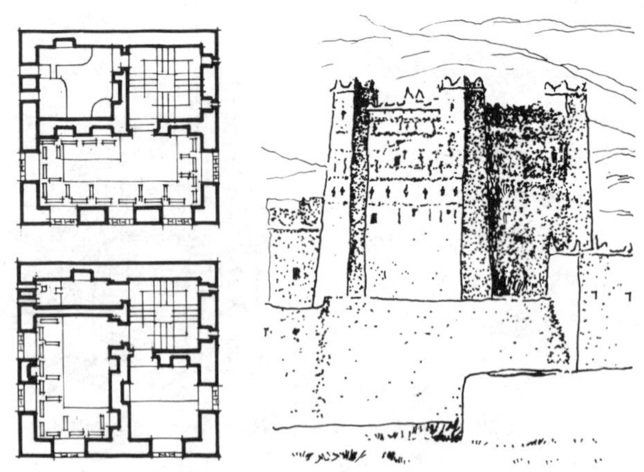

2 摩洛哥的具有传统文化的现代化土楼

也门、摩洛哥的多层土塔、土楼，历史悠久。山顶上美丽的村庄，许多密集的生土民居；沙特阿拉伯窄巷中尖拱、白墙和花窗，构成童话般的伊斯兰情调的地方特色。

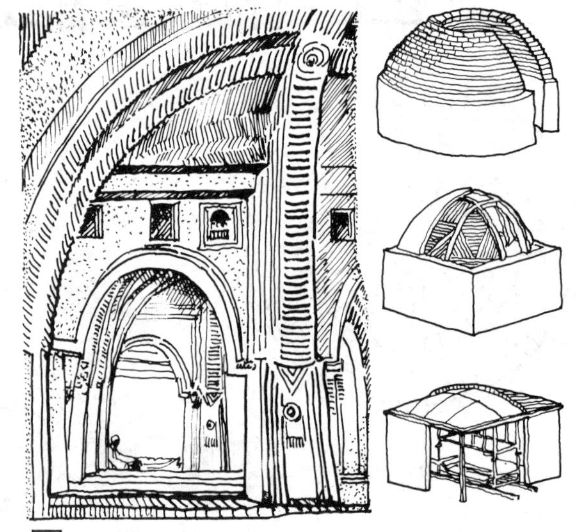

4 非洲、中东伊斯兰教清真寺中土坯穹窿拱内景

这种圆形土坯拱穹窿，被称誉为哈桑·法赛的土坯建筑艺术。哈·法赛（Hassan Fathy）为埃及著名建筑师，毕生专心研究土坯建筑。他写的《穷人建筑学》一书，已列为全球建筑系学生的必读书。1985 年在埃及召开的第十五届国际建协（U.I.A）大会上，将"改善人居质量奖"的金质大奖，颁给了这位 90 高龄的建筑师，表彰他为世界 20 世纪乡土文化建筑所作的宝贵贡献。

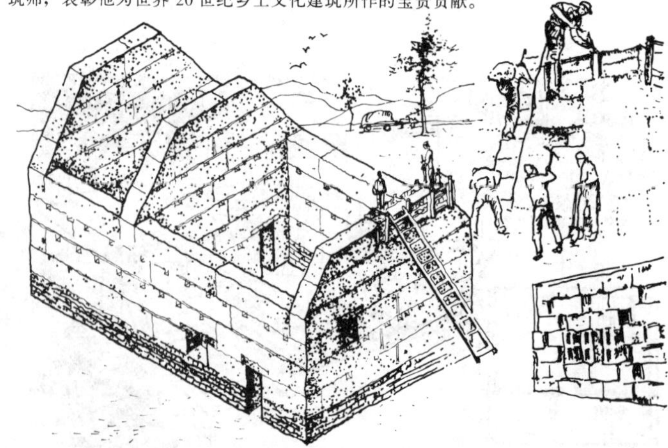

法国生土建筑研究中心（CRATERRE）在南美洲秘鲁设计的现代化夯土房屋和机制土坯房，在秘鲁得到了推广，获得政府支持和众多居民的欢迎。

法国生土建筑中心在秘鲁推广的土筑建筑（夯土墙建筑）

形成·发展：

掩土建筑又称覆土建筑（Earth Shelterd Architecture），是指结构部为非生土材料，但用生土覆盖或掩埋的建筑，以土、石、木等大自然的材料，与大自然密切联系着的建筑。现代已发展成用钢筋混凝土结构、薄壳作胎模，上边再覆土；甚至用盒子或箱形整体结构，然后埋掩，留出采光天井。利用土的热工性能，达到保温、隔热、消除噪音干扰和保持生态平衡的作用。自60～70年代以来在一些工业发达的国家相继发展了现代掩土建筑。

类型：

按其建筑形式分为以下三种类型：

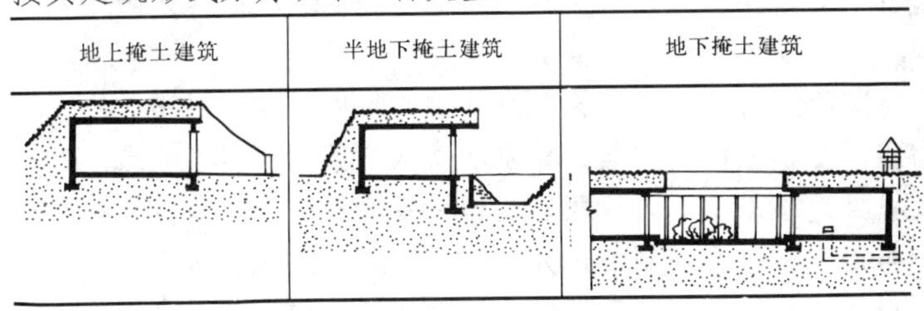

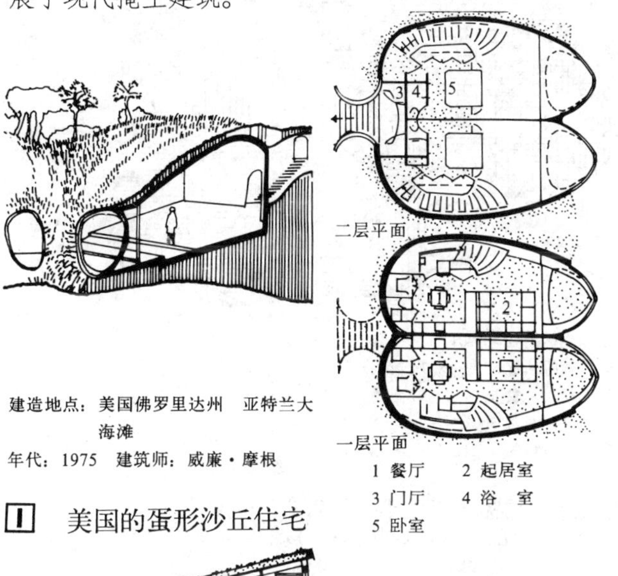

建造地点：美国佛罗里达州 亚特兰大海滩

年代：1975 建筑师：威廉·摩根

1 美国的蛋形沙丘住宅

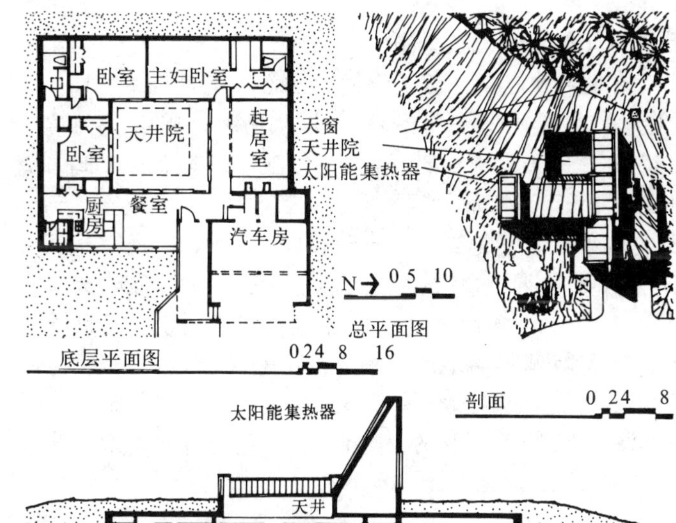

这是一幢地下掩土建筑，采用方形天井院布置。屋顶设有太阳能集热器和天窗。1977年建于俄勒冈州的波特兰市郊。 建筑师：诺尔·克腊科

2 美国 俄勒冈州的克腊科住宅

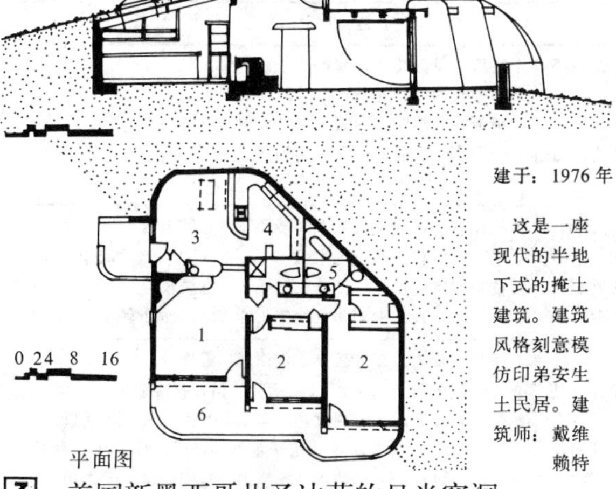

建于：1976年

这是一座现代的半地下式的掩土建筑。建筑风格刻意模仿印弟安生土民居。建筑师：戴维赖特

3 美国新墨西哥州圣达菲的日光窑洞

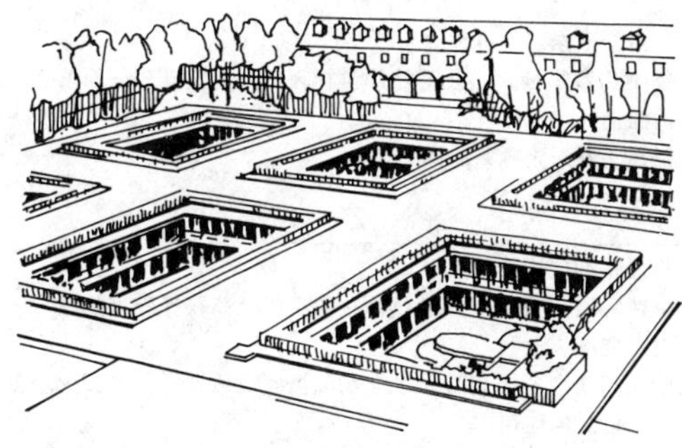

4 法国巴黎的联合国科教文组织的地下办公楼

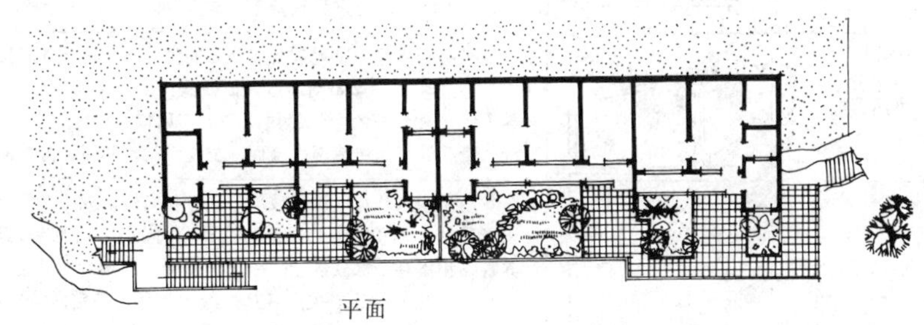

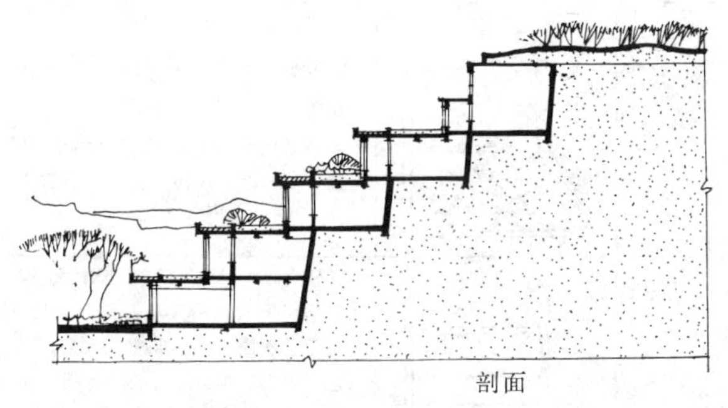

这是中国建筑学会生土建筑研究会的第一座实验工程 建筑大师任震英设计

5 中国 兰州市白塔山庄掩土住宅（1990年建成）

太阳能建筑[1]太阳能资源·集热方式

太阳能建筑定义及分类

经设计能直接利用太阳能进行采暖或空调的建筑，统称太阳能建筑。前者又称太阳能采暖建筑，简称太阳房，一般分为主动式和被动式两大类。

设计使用机械装置收集、蓄存太阳热，并在需要时向房间提供热能的建筑，称主动式太阳房。根据当地气象条件，在基本不增设附加机械设备的条件下，通过建筑布局、构造和材料等的处理，使建筑本身能够吸收、蓄存太阳热，从而达到采暖目的的建筑，称被动式太阳房。本章主要介绍被动式太阳房的有关内容。

我国太阳能资源及其分布

我国地域辽阔，根据全国近700个气象台站长期实测所积累的数据资料表明，全年日照时间最长的有2800～3300h，年日照时数大于2200h（即每天平均日照时数大于6h）的地区，占国土面积的2/3以上。而且绝大部分采暖地区均分布于长日照区域内，这些地区日照时数每天≥6h的年总出现天数大都在200天以上，多的可达300多天。根据太阳能年辐射总量的多少，可把我国不同地区归纳为*A*、*B*、*C*、*D*、*E*五类，见[1]。*A*、*B*、*C*三类地区属太阳能资源丰富的地区，面积约占我国总面积的2/3以上（这与日照时数较多的地区分布是相一致的）。原则上*A*、*B*、*C*三类地区均可利用太阳能，但由于在不同地区太阳能的季节分布不同，因此两个同属于一类（如*B*类）地区的不同城市，利用太阳能进行采暖的气象条件的好坏也会有所不同。

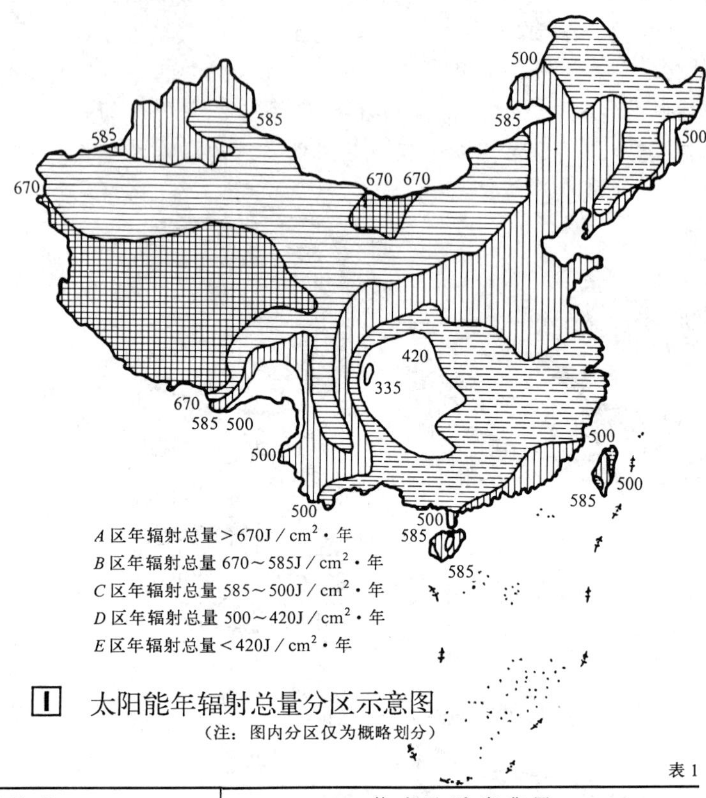

[1] 太阳能年辐射总量分区示意图
（注：图内分区仅为概略划分）

被动式太阳房基本集热方式及特点

表1

基本集热方式	剖面简图	集热及热利用过程	特点及适应范围
直接受益式		1.采暖房间开设大面积南向玻璃窗，晴天时阳光直接射入室内，使室温上升 2.射入室内阳光照到地面、墙面上，使其吸收并蓄存一部分热量 3.夜晚室外降温时，将保温帘或扇关闭，此时蓄存在地板和墙内的热量开始向外释放，使室温维持在一定水平	1.构造简单，施工、管理及维修方便 2.室内光照好，也便于建筑外形处理 3.晴天时升温快，白天室温高，但日夜波幅大 4.较适用于主要为白天使用的房间
集热蓄热墙式		1.在采暖房间南墙上设置带玻璃外罩的吸热墙体，晴天时接受阳光照射 2.阳光透过玻璃外罩照到墙体表面使其升温，并将间层内空气加热。供热方式：被加热的空气靠热压经上下风口与室内空气对流，使室温上升；受热的墙体传热至内墙面，夜晚以辐射和对流方式向室内供热	1.构造较直接受益式复杂，清理及维修稍困难 2.晴天时室内升温较直接受益式慢。但由于蓄热墙体可在夜晚向室内供热，使日夜波幅小，室温较均匀 3.适用于全天或主要为夜间使用的房间，如卧室等
附加日光间式		1.在带南窗的采暖房间外用玻璃等透过材料围合成一定的空间 2.阳光透过大面积透光外罩，加热日光间空气；并射到地面、墙面上使其吸收和蓄存一部分热能；一部分阳光可直接射入采暖房间 3.日光间得热的供热方式：靠热压经上下风口与室内空气对流，使室温上升；受热墙体传热至内墙面，夜晚以辐射和对流方式向室内供热	1.材料用量大，造价较高。但清理、维修较方便 2.日光间内晴天时升温快温度高，但日夜温差大。应组织好气流循环，向室内供热；否则易产生白天过热现象 3.日光间内可放置盆花，用于观赏、娱乐、休息等多种功能；也可作为入口兼起冬季室内外空间的缓冲区作用
对流环路式		1.在太阳房南墙下方设置空气集热器，以风道与采暖房间及蓄热卵石床相通 2.集热器内被加热的空气，借助于温差产生的热压直接送入采暖房间；也可送入卵石床蓄存，而后在需要时再向房间供热	1.构造较复杂，造价较高 2.集热和蓄热量大，且蓄热体位置合理，能获得较好的室内温度环境 3.适用于有一定高差的南向坡地
水蓄热屋顶式		1.以导热好的材料作顶棚，承托屋顶吸热蓄热水袋，上设活动保温盖板。 2.冬季晴天时，白天打开盖板，使水袋吸收太阳热；夜晚关闭盖板，使蓄存于水袋的热量向室内辐射，使室温上升 3.也可用于夏季，白天关闭盖板，让低温的水袋吸收室内热量以降室温；夜晚打开盖板，让吸了热的水袋向凉爽夜空释放热量，使水温下降	1.构造复杂，造价很高 2.集热和蓄热量大，且蓄热体位置合理，能获得较好的室内温度环境 3.较适用于冬季需采暖，夏季需降温的湿热地区。可大大提高设施的使用率

注：1.在实际设计中，可选用一种基本集热方式，也可同时采用两种或多种基本集热方式成为组合式，可兼有所选方式各自的特点，且能相互补充，协同工作。
2.在我国已建成的太阳房实例中，以直接受益式、直接受益窗+集热蓄热墙二者组合式为最多。在某些地区则多采用直接受益窗+附加日光间二者组合式。

被动式太阳房集热方式的选择

一、选择集热方式时应考虑以下因素：

1.气象因素：不同的气象条件对每一种集热方式的工作状态的好坏具有直接的影响。充分考虑气象因素能更好地发挥不同集热方式的优点，避免其缺点。如直接受益窗易受气象变化的影响而导致室温波动较大，因此它较适于那些在采暖期连续阴天较少出现，且持续时间短的地区选用，尤其更适于在采暖期最冷日室外最低气温相对较高的地区；如能配合使用保温帘则可较好地发挥其集热效率高的特长。在采暖期中连续阴天出现相对较多的地区，宜选用热稳定性较好的集热蓄热墙集热方式，因为当连续阴天出现时它能比直接受益窗使室内损失较少的热量。

2.抗震因素：直接受益式太阳房在南墙面上的开窗洞口面积通常很大，这对于地震区的砖混结构建筑（尤其楼房），按抗震结构设计要求，开窗面积受一定限制，以致往往难以达到较好的采暖要求。而集热蓄热墙的墙体部分既可作为集热蓄热构件，同时又是抗震所需的结构体，具有一定的承载力。因此，在地震区建太阳房应充分利用抗震结构墙体来设置集热蓄热墙（或附加日光间）等集热方式，以便同时满足集热和抗震要求。

3.房间使用性质因素：选用一种集热方式，并不只是集热越多就越合适，还要考虑其所集热量向室内提供时是否能与使用房间所需的用热情况相吻合。对于主要在白天使用的房间，如起居室（堂屋）等，应以保证白天的用热环境为主，如选用直接受益窗或附加日光间就能比较好地满足要求。而对于那些以夜间使用为主的房间，如卧室等，选用具有较大蓄热能力的集热蓄热墙就比较有利。它不但能蓄存一定的热量延迟到夜间供热，同时也能在白天部分地向室内供热，使室内温度保持在一定水平上。

4.经济因素：选用集热方式必须考虑经济的可能性。

二、集热方式的一般选择规律：

1.对于起居室、办公室、教室等一类主要在白天使用的房间，应首先考虑选用直接受益窗或附加日光间。在气象条件较差地区可适当增加集热蓄热墙。直接受益窗必须加设有效的保温装置。在一般情况下宜以直接受益窗为主，辅以其他集热方式。

2.对于卧室一类主要在夜间使用的房间以及地震区，可考虑选用集热蓄热墙式；为满足采光要求，选用一定量的直接受益窗是必不可少的。当直接受益窗采用散射透过材料或反射百页帘来提高室内四壁的蓄热量时，可适当加大直接受益窗的面积，并配合使用保温装置，以使系统具有更高的集热效率。

被动式太阳房方位的确定

当接收面面积相同时，由于方位的差异，其各自所接收到的太阳辐射量也不相同。设朝向真南（非磁南）的垂直面在冬季所能接收到的太阳辐射量为100%，那么其他朝向的垂直面所接收到的太阳辐射量的百分数如[1]所示。从[1]中看出，当集热面的朝向偏离真南的角度超过30°时，其接收到的太阳能量就会急剧减少。因此，为了尽可能多地接收太阳热，应使被动房的方位限制在偏离真南±30°以内，见[1]。超过了这一限度，不但影响冬季太阳能的采暖效果，而且会造成其它季节的过热现象。

在限制被动式太阳房的方位偏离真南30°以内的前提下，还应考虑气象因素的影响，结合当地的气象特点，对被动式太阳房的朝向作些微小的调整。表1为部分地区一天内太阳能最佳利用时段及朝向调整。如果某一地区冬季常有晨雾出现，这时以略偏西为好；反之若下午常出现云天，则略偏东为佳。当建筑受场地的限制无法避开遮挡时，也应把遮挡做为确定朝向的一个考虑因素，可通过适当调整集热面的朝向来避开和减少上午或下午遮挡的影响。但遮挡的面积也不能过大，处于上午9点至下午3点之间的遮挡应小于10%，否则对集热效率影响太大，不利于太阳能的利用。

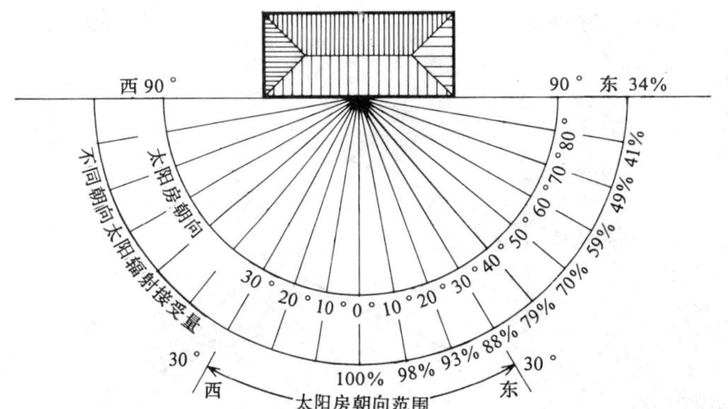

[1]

16

部分地区一天内太阳能最佳利用时段及朝向调整　　表1

地　　区	季节分布特　点	最佳利用时　段	朝向调整
甘肃西部、内蒙巴盟西部、青海海西州一部	秋强夏弱	中午	正　南
青海南部、西藏大部	冬强夏弱	上午	南略偏东
青海西南部	冬前强后弱	上午	南略偏东
内蒙乌盟、巴盟及伊盟大部	春强秋弱	上午	南略偏东
山西北部、河北北部及辽宁大部	春强夏弱	中午	正　南
河北大部以及北京、天津和山东西北一角	秋强夏弱	中午	正　南
陕北及陇东一部	春强秋弱	下午	南略偏西
青海东部、甘肃南部、四川西部	冬强秋弱	中午	正　南

确定依据

常规建筑一般按冬至日正午的太阳高度角确定日照间距，这就会造成冬至前后持续较长时间的日照遮挡。如天津按此计算，从 11 月 9 日至 2 月 1 日的 84 天中得不到 5h 的满日照。通常冬日自 9 点至 15 点的 6h 太阳所产生的辐射量约占全天辐射总量的 90%左右，如前后各缩短半小时（9:30～14:30），则降为 75%左右。因此，9 至 15 点区段内不宜产生较大遮挡。建议太阳房日照间距按保证冬至日正午前后共 5h 的日照取值。

简略计算法

当正南方遮挡建筑东西向形体较长时，保证正午前后总计 t 小时的日照间距可按下式简略计算：

$$L_t = H \cdot \left(\mathrm{tg}\varphi - \frac{\sin\delta}{\sin\varphi \cdot \sin\delta + \cos\varphi \cdot \cos\delta \cdot \cos 15t/2} \right)$$

当 $t=5$h（即 9：30～14：30）时：

$$L_5 = H \cdot \left(\mathrm{tg}\varphi - \frac{\sin\delta}{\sin\varphi \cdot \sin\delta + \cos\varphi \cdot \cos\delta \cdot \cos 37.5^\circ} \right)$$

其中：L_t——保证t小时日照的间距，m；

H——太阳房南方遮挡建筑的遮挡高度，m；

φ——太阳房所在地区的地理纬度；

δ——冬至日太阳赤纬角，$\delta=-23°27'$

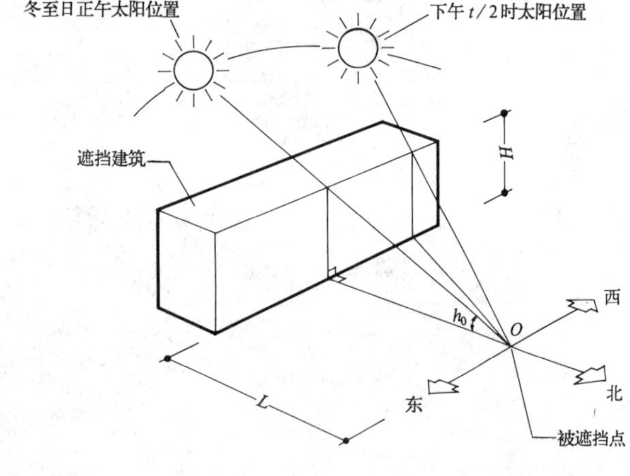

1

太阳房前方遮挡建筑遮挡高度 H 的确定

H 应自太阳房南集热面的底边算起，有三种情况：

一、集热面底边在首层室内地面标高处（采用竖向集热蓄热墙或附加日光间时），见[2]a；

二、集热面底边在首层室内地面标高以上（采用直接受益窗时，位于窗台标高处），见[2]b；

三、集热面底边在首层室内地面标高以下（采用采光沟加大集热面时，位于沟底）见[2]c。

关于理想日照间距的几点说明

一、通常认为：如一天的日照时数少于 6h，太阳能的利用价值就会大大下降。因此设计太阳房时应尽可能地利用自然条件，避免因遮挡造成有效日照时数的缩短。

二、理想日照间距较适于宅基地较为宽裕的广大农村，而不适于房屋密度较大的城市。

三、当太阳房前方遮挡建筑东西向形体较短，太阳可绕过遮挡物而保证有效日照时数时，可适当缩小日照间距。

四、由于冬季太阳的高度角较低，水平面对阳光的反射作用较强。因此，采用理想的日照间距，除能保证有效日照时数外，还有利于大大提高地面（反射板）的反射增益。表 2 为普通材料水平面反射率。

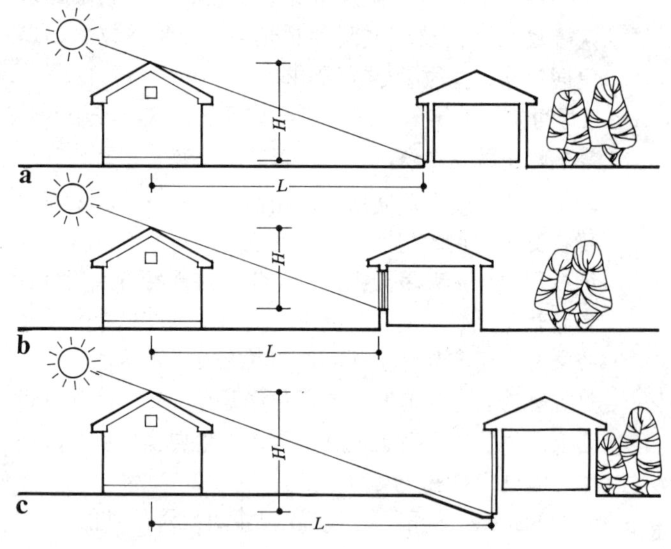

2

部分采暖城市理想日照间距计算 表1

城市名称	地理纬度	冬至日赤纬角	冬至日正午高度角 h_0	冬至日 9：00(15：00) 高度角	冬至日 9：00(15：00) 方位角	冬至日 9：30(14：30) 高度角	冬至日 9：30(14：30) 方位角	保证冬至日 6h 日照的间距	保证冬至日 5h 日照的间距
拉萨	29°42′	-23°27′	36.85°	21.48°	44.21°	25.79°	38.33°	1.8H	1.6H
开封	34°50′		31.72°	17.77°	42.95°	21.72°	36.95°	2.3H	2.0H
石家庄	38°04′		28.48°	15.38°	42.29°	19.13°	36.24°	2.7H	2.3H
和田	37°07′		29.43°	16.01°	42.47°	19.89°	36.44°	2.56H	2.2H
青岛	36°04′		30.48°	16.68°	42.68°	20.73°	36.67°	2.4H	2.1H
天津	39°06′		27.54°	14.62°	42.12°	18.29°	36.03°	2.8H	2.4H
北京	39°57′		26.60°	13.99°	41.96°	17.60°	35.87°	3.0H	2.5H

材料反射率 表2

材料	反射率%
新降雪	87
铝箔	85
白漆	80
绿漆	50
红砖	45
混凝土	40
镀锌铁	35
草地	31

被动式太阳房的建筑外形选择

一、平面形状选择

1.被动式太阳房通常主要将南墙面作为集热面来集取热量，而将东、西、北墙面作为纯失热面。

2.按照尽量加大得热面和减少失热面的原则，应选择东西轴长、南北轴短的平面形状。

3.建议太阳房的平面短边与长边长度之比取 m∶n=1∶1.5～4 为宜，并根据实际设计需要取值，见[1]。

二、剖面形状选择

1.应遵守减少失热面和争取朝阳面的基本原则。

2.对于墙体，可采取降低北向房间层高和东、西、北墙外侧堵土的办法，来减小失热墙体的面积。

3.对于屋顶，常配合北侧房间降低的方案采用南坡小北坡大的斜屋顶。应选用大于外墙热阻值的构造。

建筑平面布局

一、应根据自然形成的北冷南暖的温度分区来布置各种房间。这种布局有利于缩小供暖温差，节省供暖需热量。

二、应把主要使用房间（人们长时间停留，温度要求较高的房间）如起居室、餐室、书房及卧室等布置在利用太阳能较直接的南侧暖区；一些次要房间（人停留时间短、温度要求较低的房间）如厕所、厨房、储藏间、走道、楼梯间等布置在北侧较冷的区域。北侧诸房间的围合，对南侧主要房间起到良好的保温作用，见[2]。

北侧处理　为减少北墙散热和改善北侧背阴环境，有以下措施：

一、降低北侧房间层高：由于北侧的次要房间面积都不大，所以对层高要求相对较低。可用降低其层高的方法，使纯失热面的北墙面积减小，见[3]a。

二、减小北侧房间的开窗面积：由于这些房间对自然采光的要求相对较低，故应大大减小其窗面积，以减少冬季冷风的渗透。

三、北侧房间卧入土中：可取得减小北墙面积和消减北侧阴影区的效果。适于地下水位低的干燥地区，见[3]c。

四、北墙覆土保温：北墙外侧堆土台，见[3]b；或利用向阳坡地形，将北墙嵌入土坡，见[3]d。除有利于北墙的保温外，还可由此而大部或全部地消除北侧阴影区。

出入口设置　应尽量避开当地冬季主导风向，并采取相应的防风挡风措施：

一、门斗：太阳房的冬季主要出入口应设置防风门斗。

1.南门斗：可作成凹式、凸式或端角式，见[4]a～c。

2.东西门斗：一般在东西山墙处作成凸式，并将外门变为南向，见[4]d、f。

3.北门斗：可作成凹式、凸式或端角式，并尽可能将外门改为东向，见[4]e。

二、挡风墙和树：在有条件的情况下，可在冬季主导风向一侧设置挡风墙或种植常绿树木，见[4]g、h。

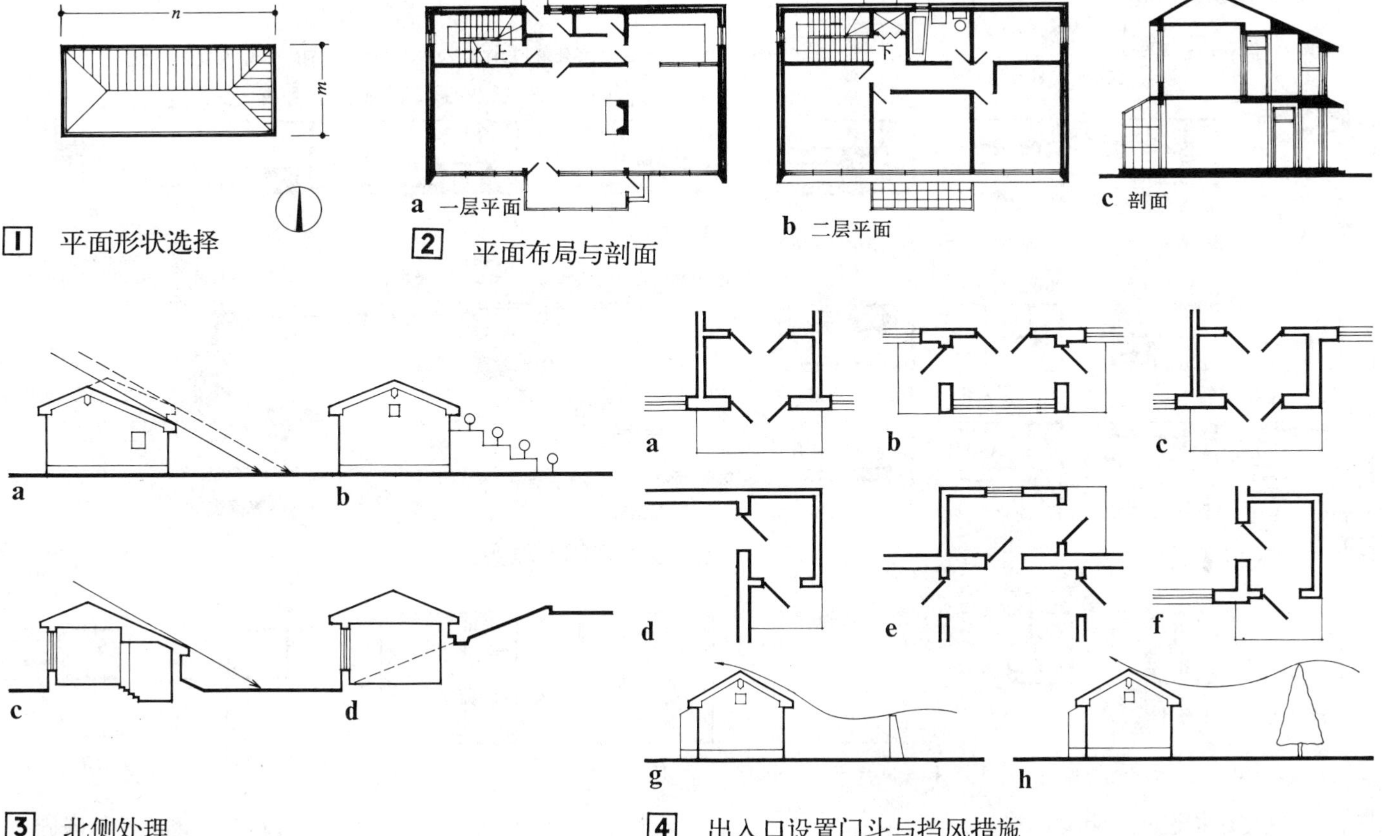

[1] 平面形状选择

[2] 平面布局与剖面

[3] 北侧处理

[4] 出入口设置门斗与挡风措施

直接受益窗是应用最广的一种方式。其特点是：构造简单易于制作、安装和日常的管理与维修；与建筑功能配合紧密，便于建筑立面处理；室温上升快，一般室内温度波幅稍大。

在窗的设计中，应注意：根据热工要求恰当地确定窗口面积；慎重地确定玻璃层数与做法；减少窗洞范围内的遮挡；合理确定窗格划分、开扇的开关方式与开启方向；构造上既要保证窗的密封性，又要减少窗框、窗扇自身的遮挡；解决夜间保温问题，也是不可忽视的内容。

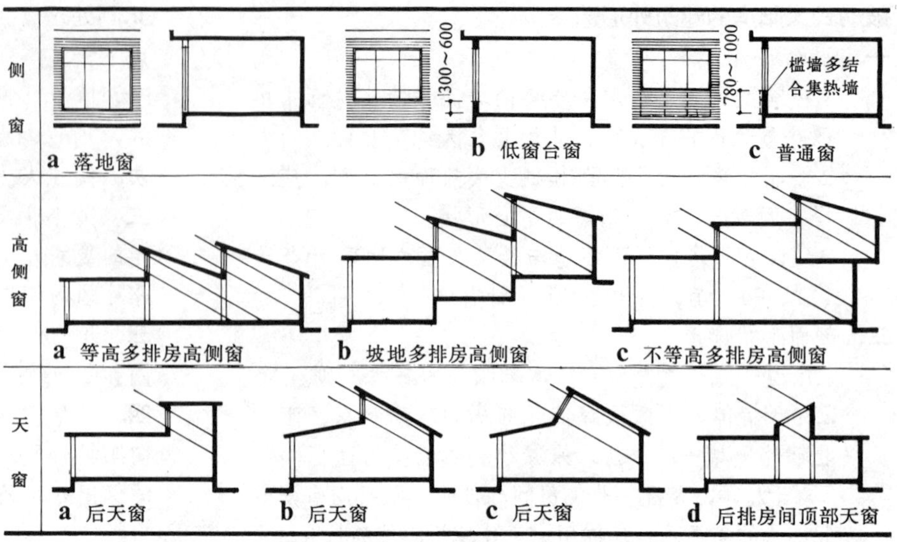

侧窗

a 落地窗　b 低窗台窗　c 普通窗

300～600　780～1000　槛墙多结合集热墙

高侧窗

a 等高多排房高侧窗　b 坡地多排房高侧窗　c 不等高多排房高侧窗

天窗

a 后天窗　b 后天窗　c 后天窗　d 后排房间顶部天窗

1 基本形式

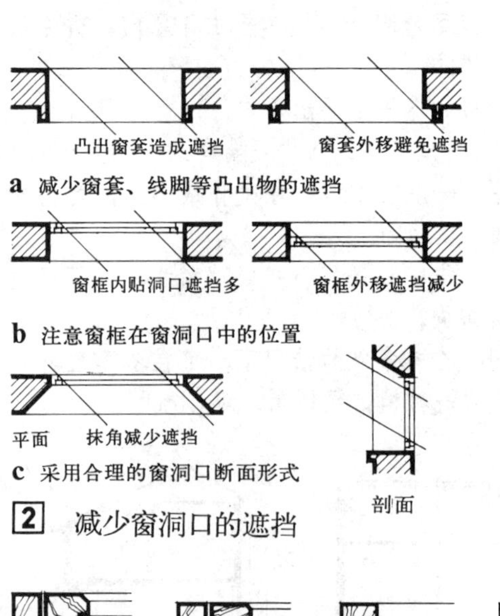

a 减少窗套、线脚等凸出物的遮挡

b 注意窗框在窗洞口中的位置

c 采用合理的窗洞口断面形式

2 减少窗洞口的遮挡

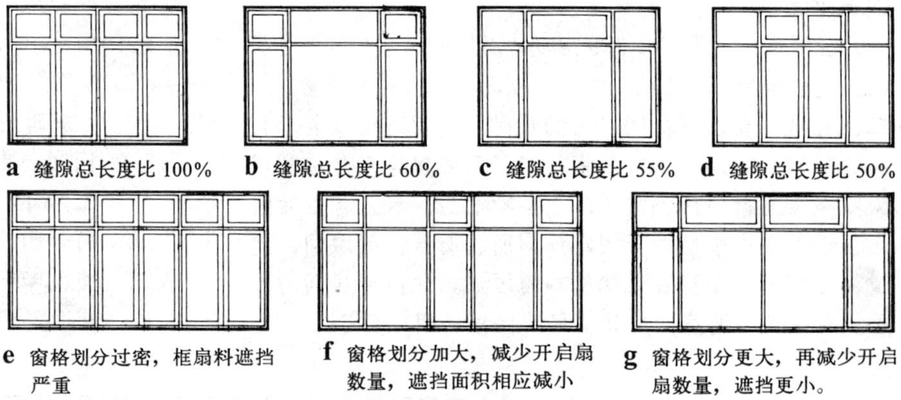

a 缝隙总长度比 100%　b 缝隙总长度比 60%　c 缝隙总长度比 55%　d 缝隙总长度比 50%

e 窗格划分过密，框扇料遮挡严重

f 窗格划分加大，减少开启扇数量，遮挡面积相应减小

g 窗格划分更大，再减少开启扇数量，遮挡更小。

3 合理的窗格划分

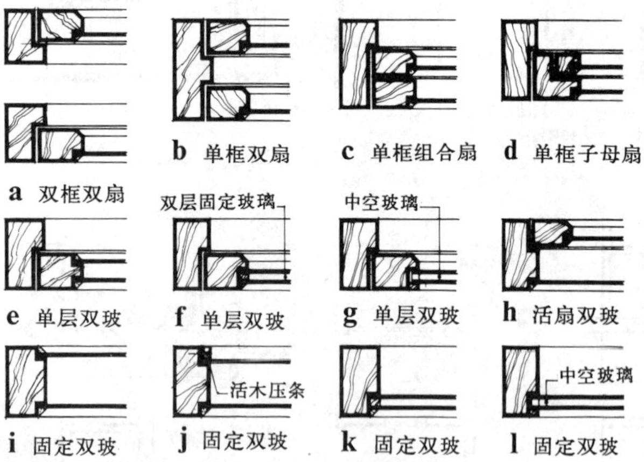

a 双框双扇　b 单框双扇　c 单框组合扇　d 单框子母扇

双层固定玻璃　中空玻璃

e 单层双玻　f 单层双玻　g 单层双玻　h 活扇双玻

活木压条　中空玻璃

i 固定双玻　j 固定双玻　k 固定双玻　l 固定双玻

4 窗层数组合方式

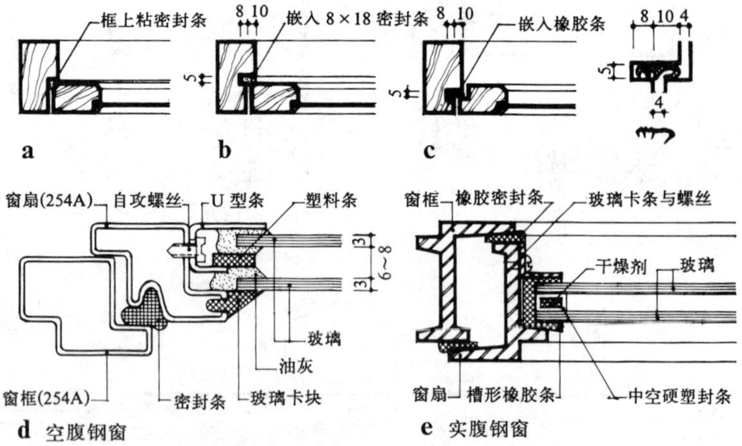

（尽量减少扇框本身的遮挡和扇框之间的缝隙，保证窗的气密性）

框上粘密封条　8 10 嵌入 8×18 密封条　8 10 嵌入橡胶条　8 10 4　5　4

a　b　c

窗扇(254A)　自攻螺丝　U 型条　塑料条　3　6～8　3　玻璃　油灰　窗框(254A)　密封条　玻璃卡块

d 空腹钢窗

窗框　橡胶密封条　玻璃卡条与螺丝　干燥剂　玻璃　窗扇　槽形橡胶条　中空硬塑封条

e 实腹钢窗

5 窗扇密闭处理实例

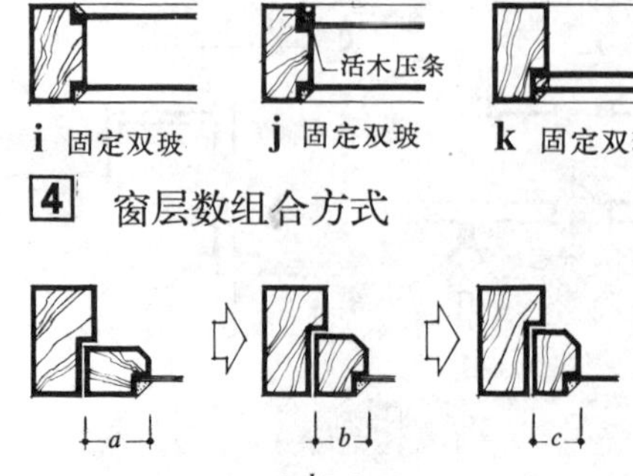

a 改变窗扇断面形式，减少自身遮挡

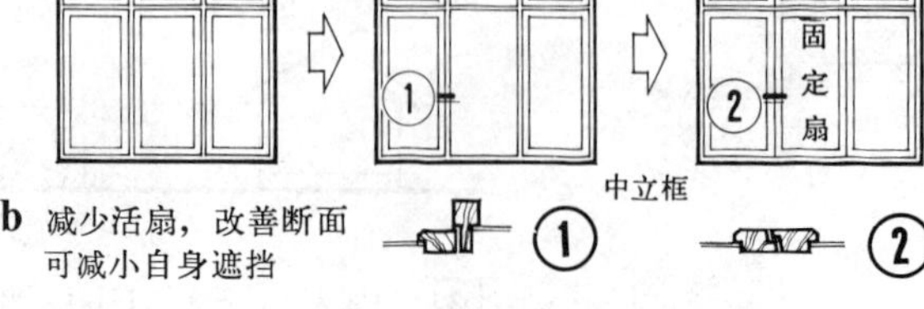

b 减少活扇，改善断面可减小自身遮挡

6 改进窗扇构造减小自身遮挡

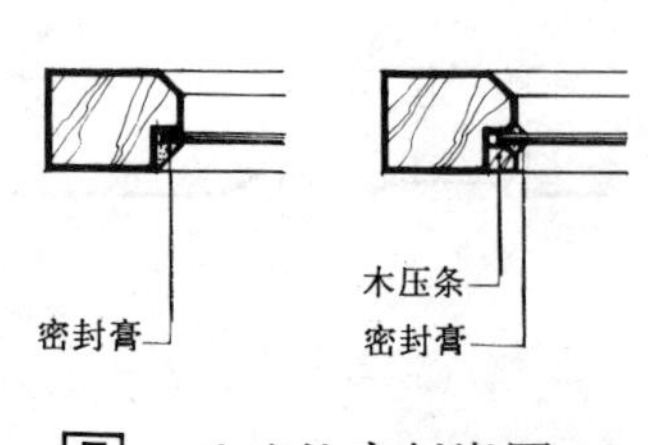

7 玻璃的密封嵌固

集热蓄热墙是间接受益的一种方式。其特点是：在充分利用南墙面的情况下，能使室内保留一定的南墙面，便于室内布置，可适应不同房间的使用要求；与直接受益窗结合使用，既可充分利用南墙集热，又能与砖混结构的构造要求相适应；用砖石等材料构成的集热蓄热墙，墙体蓄热在夜间向室内辐射，使室内昼夜温差波幅小；在顶部设置夏季向室外的排气口，可降低室内温度。

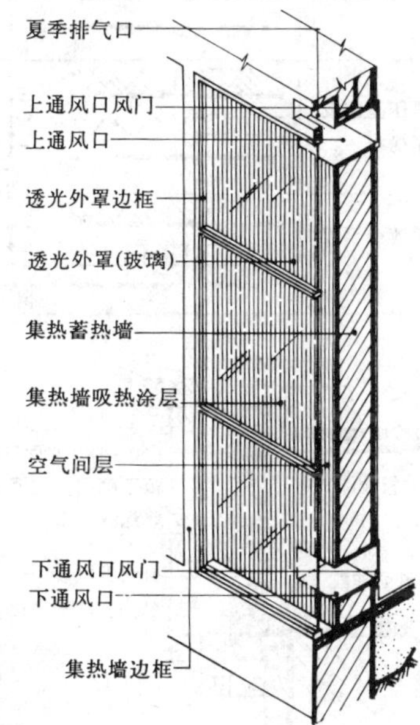

1 集热蓄热构造组成

设计要求 表1

1.综合建筑性质、结构特点与立面处理的需要，并在保证足够集热面积的前提下，确定其立面组合形式

2.合理选定集热蓄热墙的材料与厚度。并注意选择吸收率高、耐久性强的吸热涂层

3.结合当地气象条件、解决好透光外罩的透光材料、层数与保温装置的组合设计，及外罩边框的构造做法。边框构造应便于外罩的清洗和维修

4.合理确定对流风口的面积、形状与位置，保证气流通畅。为便于日常使用与管理，宜考虑风门逆止阀的设置

5.选择恰当的空气间层宽度，为加快间层空气升温速度，可设置适当的附加装置

6.注意夏季排气口的设置，防止夏季过热

7.集热蓄热墙整体与细部构造设计，应在保证装置严密，操纵灵活与日常管理维修方便的前提下，尽量使构造简单，施工方便，造价经济

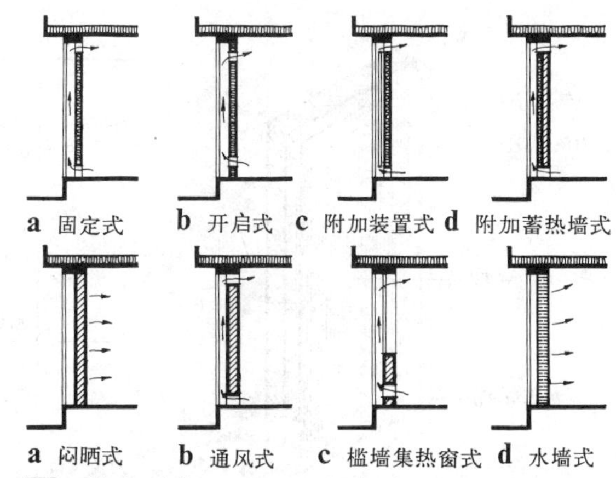

2 基本形式（上为集热墙，下为集热蓄热墙）

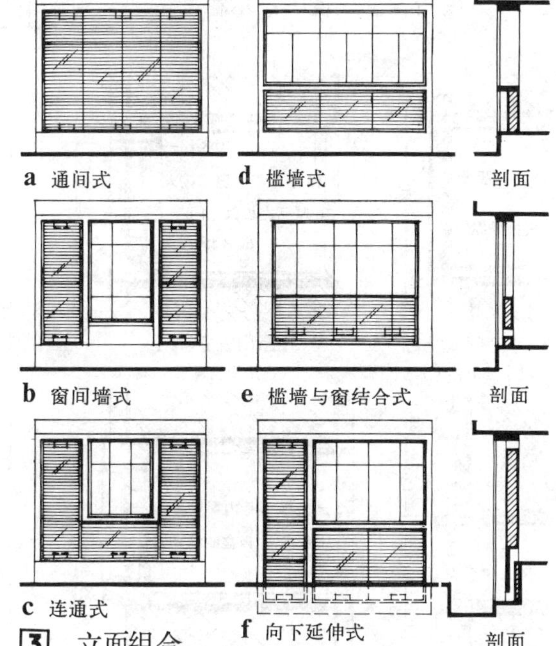

3 立面组合

集热蓄热墙推荐厚度 表2

墙体材料	推荐厚度(mm)
土 坯 墙	200～300
粘土砖墙	240～360
混凝土墙	300～400
水 墙	150 以上

透光材料组合及透过率 表3

材 料 与 组 合	层数	透过率(%)	热 阻 值
3 厚平板玻璃	1	0.78～0.85	0.004
5 厚平板玻璃	1	0.77	0.006
双层 3 厚玻璃(间层 10～20)	2	0.65	0.148～0.168
外层 3 厚玻璃,内层 1 厚玻璃钢	2	0.68	0.149～0.169

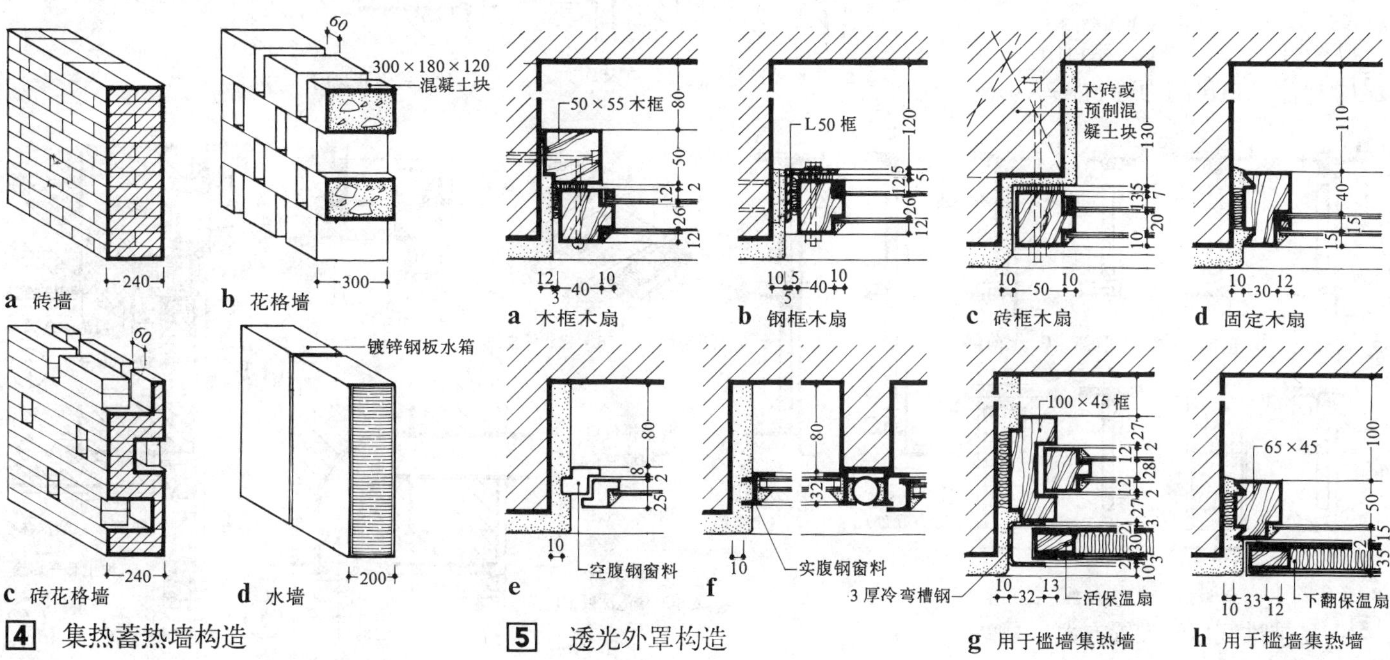

4 集热蓄热墙构造

5 透光外罩构造

B
L
H
空气间层(F_k)
对流风口(F_t)
集热蓄热墙(F_j)
对流风口(F_t)

1 集热墙各部尺度关系示意

集热墙各部尺寸与设计要点

集热墙	集热墙面积(F_j)应根据热工计算决定。方案设计时，可按房间地板面积的 0.25～0.75(常用 0.4～0.5)进行估算
空气间层	空气间层宽度(B)宜取其垂直高度的1/20～1/30 集热墙一般为 75～150；集热蓄热墙宜为 80～100mm 为提高间层空气的升温速度，可在间层加设附加装置，常用附加装置见右表
对流风口	对流风口面积(F_t)一般取集热蓄热墙面积(F_j)的 1～3%，集热墙风口可略大些。建议采用下式：对流风口面积＝空气间层截面积(F_k) 风口形状一般为矩形，宜做成扁宽形。对于较宽的集热墙可将风口分成若干个，在宽度上均匀布置。风口在高度上的位置，上下风口垂直间距应尽量拉大。上风口应设在顶部，下风口应尽量降低

几种附加装置

材　料	构 造 形 式
涂黑镀锌钢板	50 50
涂黑钢板网	50 50
涂黑压型钢板或瓦楞板	40 30 40
涂黑镀锌钢板格片	30 40 30

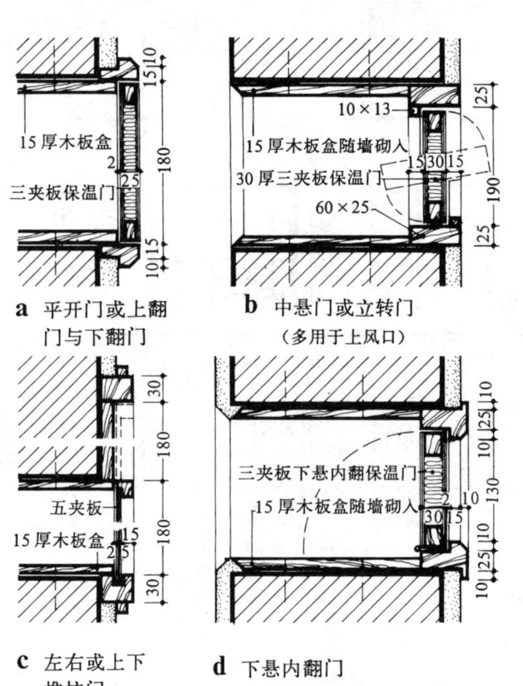

a 平开门或上翻门与下翻门
b 中悬门或立转门(多用于上风口)
c 左右或上下推拉门
d 下悬内翻门(多用于下风口)

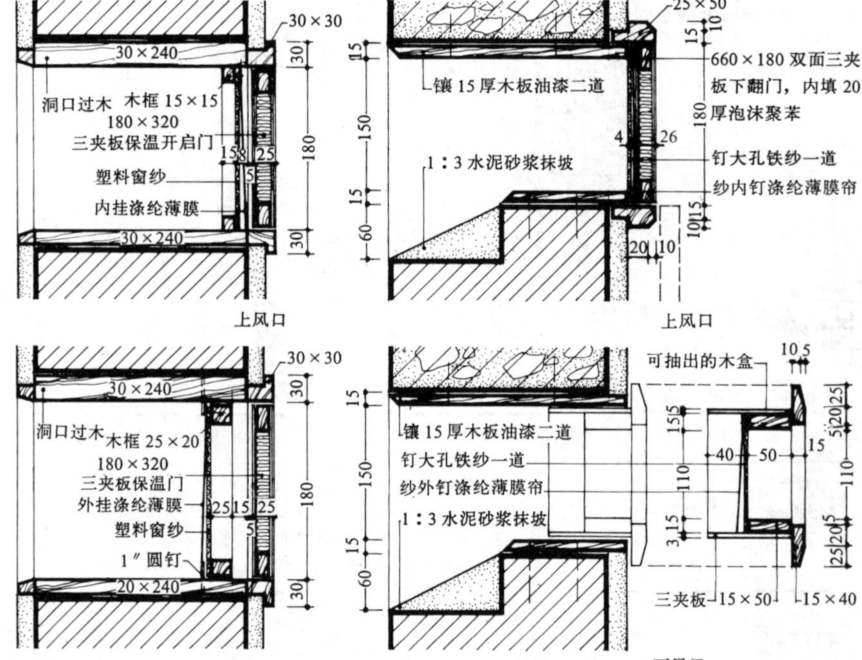

e 活框式逆止风门
f 抽盒式逆止风门

2 对流风口风门构造(上图左侧均为室内)

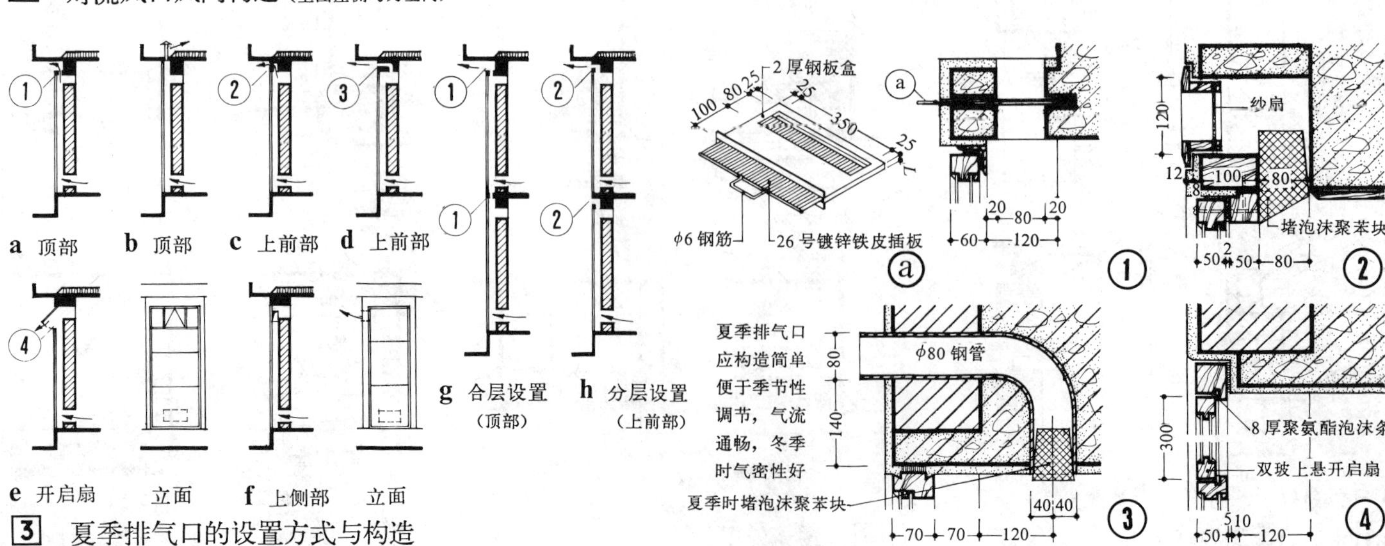

3 夏季排气口的设置方式与构造

附加日光间是直接受益与间接受益系统的结合。其特点是：集热面积大，日光间内室温上升快；日光间可结合南廊、门厅、封闭阳台设置，室内阳光充足可做多种生活空间，也可作为温室种植花卉，美化室内环境；日光间与相邻内层房间之间的关系比较灵活，既可设砖石墙，也可设落地门窗或带槛墙的门窗，适应性较强；日光间内中午易过热，应采取通畅的气流组织，将热空气及时传送到内层房间；热损失大，日光间内室温昼夜波幅大，应注意透光外罩玻璃层数的选择和活动保温装置的设计。

对流式	直射式	混合式
日光间与内室之间的公共墙体的作用与集热蓄热墙相同，应开设上下风口，以组织好内外空间的热气流循环	落地窗作用同直接受益窗，设部分开启扇，以组织内外空间的热气流循环，也可设门连通内外空间	公共墙上可开窗和设槛墙，使内室既可得到阳光直射，又有槛墙蓄热之效益。窗开扇墙设孔以组织热气流循环

1 基本形式

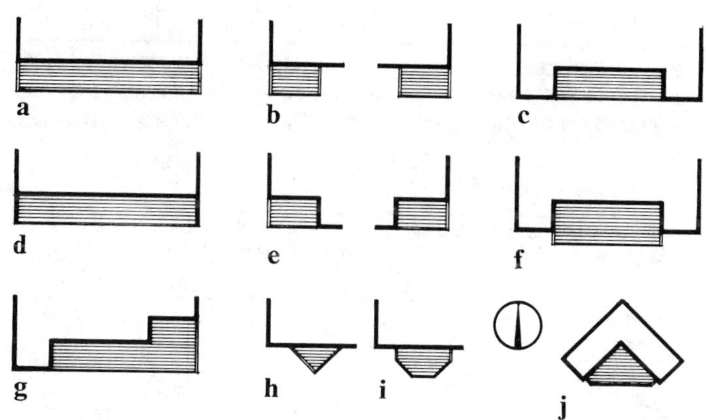

2 日光间的平面位置

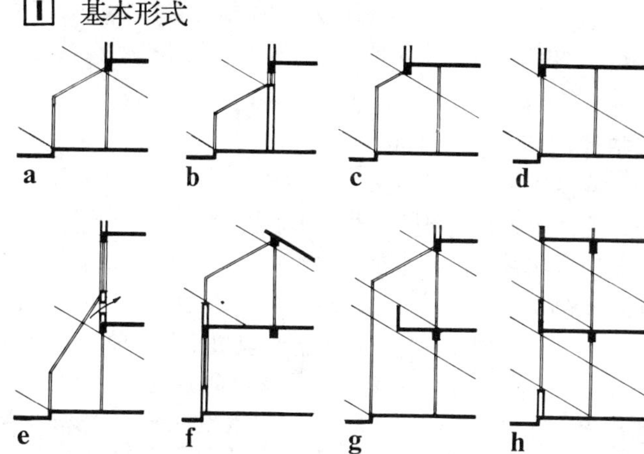

3 日光间的剖面位置

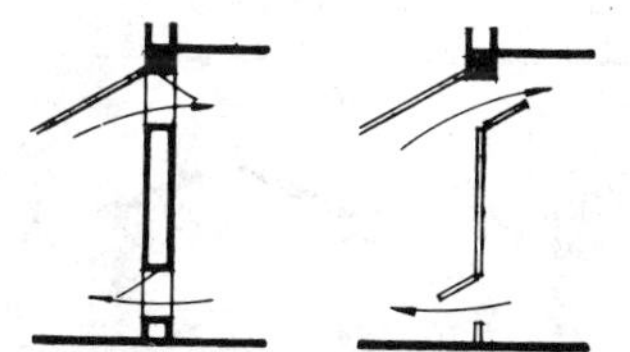

上风口应设在顶部，下风口应接近地面。开扇应顺风流方向设置如图 b

4 通风口的设置

设计说明

1.组织好日光间内热空气与内室的通畅循环，防止在日光间顶部产生“死角”
2.处理好地面与墙体等的蓄热
3.合理确定透光外罩玻璃层数，并采取有效的夜间保温措施
4.注意解决好冬季通风排湿问题，减少玻璃内表面结霜和结露
5.采取有效的夏季遮阳降温措施

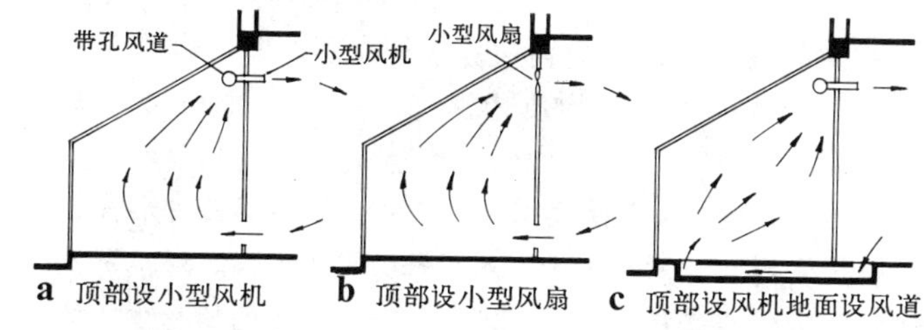

5 辅助动力的设置

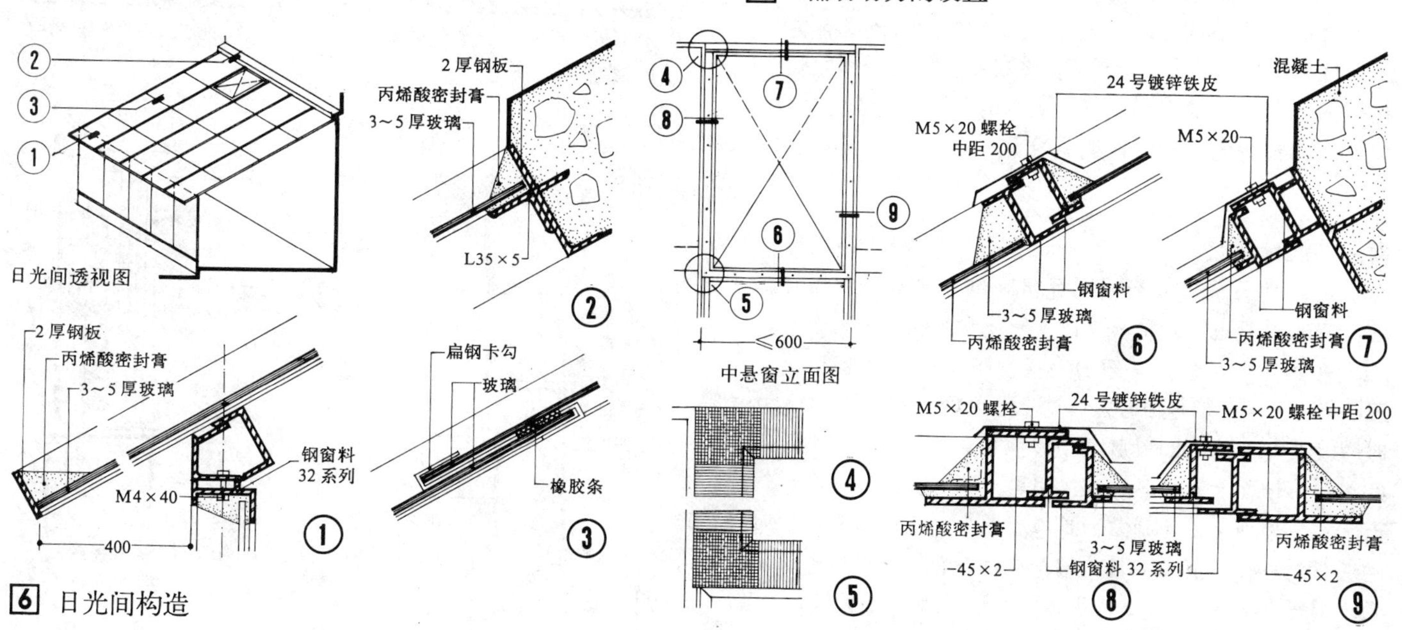

6 日光间构造

16

蓄热体的作用和要求

在被动式太阳房中需设置一定数量的蓄热体。它的主要作用是在有日照时吸收并蓄存一部分过剩的太阳辐射热；而当白天无日照时或在夜间（此时室温呈下降趋势）向室内放出热量，以提高室内温度，从而大大地减小室温的波动。同时由于降低了室内平均温度，所以也减少了向室外的散热。蓄热体的构造和布置将直接影响集热效率和室内温度的稳定性。对蓄热体的要求是；蓄热成本低（包括蓄热材料及贮存容器）；单位容积（或重量）的蓄热量大；化学性能较稳定，无毒，无操作危险，废弃时不会造成公害；对贮存器无腐蚀或腐蚀作用小；资源丰富，当地取材；容易吸热和放热；耐久性高。

蓄热体材料类别及性能

蓄热材料分为显热和潜热两大类：

一、显热类蓄热材料：显热是指物质在温度上升或下降时吸收或放出热量，在此过程中物质本身不发生任何其他变化。显热类蓄热材料有水、热媒等液体及卵石、砂、土、混凝土、砖等固体。它们的蓄热量取决于材料的容积比热 $\gamma \cdot C_p$ 值。表 1 为常用显热蓄热材料的某些性能。

二、潜热类蓄热材料：潜热蓄热又称相变蓄热或熔解热蓄热，是利用某些化学物质发生相变时吸收（或放出）大量热量的性质来实现蓄热的。相变材料一般有两种：

1.固体⇌液体：物质由固态熔解成液态时吸收热量；其反相，物质由液态凝结成固态时放出热量。

2.液体⇌气体：物质由液态蒸发成气态时吸收热量；其反相，物质由气态冷凝成液态时放出热量。

在实际应用中多使用第一种形式，因为第二种形式在物质蒸发时体积变化过大，对容器的要求很高。潜热蓄热体的最大优点是蓄热量大，即蓄存一定能量的质量少，体积小（如以重量比表示，潜热蓄热体为 1 时，水为 5，岩石为 25；如按容积比，则为 1∶8∶17）。缺点是有腐蚀性，对容器要求高，须全封闭，造价高。国内采用的相变材料主要是10水硫酸钠（芒硝）$Na_2SO_4 \cdot 10H_2O$ 加添加剂。几种相变材料的性能见表 2。

蓄热体设计要点

一、墙、地面蓄热体应采用容积比热大的材料，如砖、石、密实混凝土等；也可专设水墙或盒装相变材料蓄热。

二、蓄热体应尽量使其表面直接受阳光照射，见[1]。

三、砖石材料作墙地面蓄热体时应达 100mm 厚（>200mm 时增效不大）。对水墙则体积愈大愈好，壳应薄，导热好。

四、蓄热地面及水墙容器应采用黑、深灰、深红等深色。

五、蓄热地面上不应铺整面地毯，墙面也不应挂壁毯。对相变材料蓄热体和公共墙水墙，应加设夜间保温装置。

六、对于集热蓄热墙，其蓄热体的设计要求，见[6]。

常用显热蓄热材料的某些性能　　表 1

材料名称	表观密度 ρ_0 (kg/m³)	比热 C_p (kJ/kg·℃)	容积比热 $\gamma \cdot C_p$ (kJ/m³·℃)	导热系数 λ (W/m·K)
水	1000	4.20	4180	2.10
砾　石	1850	0.92	1700	1.20～1.30
砂　子	1500	0.92	1380	1.10～1.20
土(干燥)	1300	0.92	1200	1.90
土(湿润)	1100	1.10	1520	4.60
混凝土块	2200	0.84	1840	5.90
砖	1800	0.84	1920	3.20
松　木	530	1.30	665	0.49
硬纤维板	500	1.30	628	0.33
塑　料	1200	1.30	1510	0.84
纸	1000	0.84	837	0.42

注：水的容积比热最大，且无毒价廉，是最佳的显热蓄热材料，但需有容器。而卵石、混凝土、砖等蓄热材料的容积比热比水小得多，因此在蓄热量相同的条件下，所需体积就要大得多，但这些材料可以作为建筑构件，不需容器或对其要求较低。

几种相变材料性能　　表 2

主要相变材料及比例 (%)	添加材料及比例 (%)			熔点范围 (℃)	熔解潜热 (J/g)	比热 ($\frac{kJ}{kg \cdot ℃}$)	容重 ($\frac{kg}{m^3}$)
	硼砂	悬浮介质	其他盐类				
10水硫酸钠 86.7	3.8	纸浆 3.7	5.8	15～23.8	125.6	1.76～3.3	1400～1450
10水硫酸钠 83.8	3.8	纸浆 3.7	8.7	12～21	125.6	1.76～3.3	1400～1450
10水硫酸钠 93.0	3.0	纸浆 3.7	0.3	30	146.5～167	1.76～3.3	1400～1450
10水硫酸钠 75.6	3.8	硅藻土 7.0	13.6	12～19.6	104.5～159	1.76～3.3	1400～1450

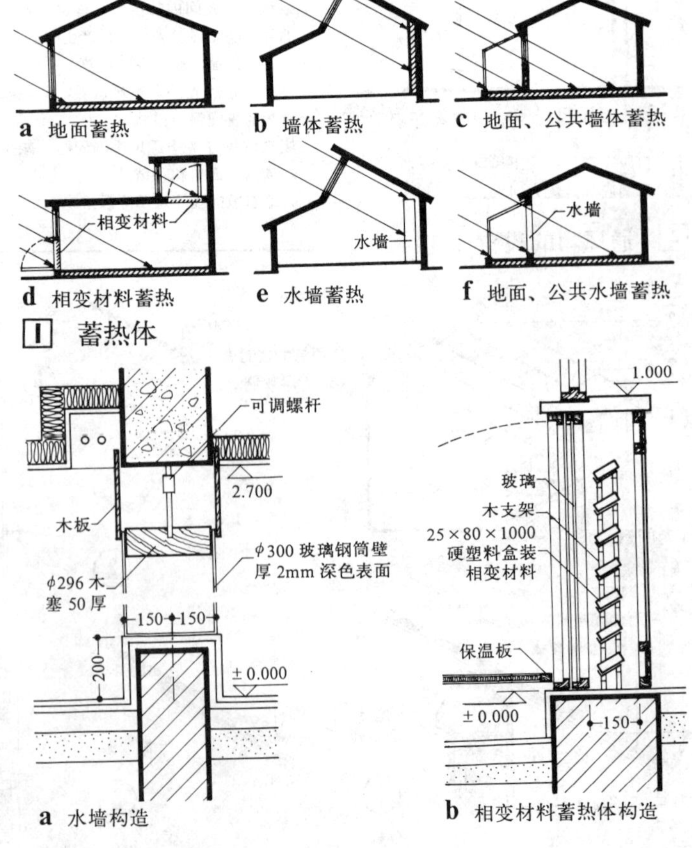

[1] 蓄热体

[2] 蓄热体构造实例

太阳房活动保温装置的作用

被动式太阳房的南向，均设有各种类型的太阳能集热构件，如直接受益窗、集热蓄热墙、日光间等。它们当受到阳光照射时，是得热构件；而当无阳光照射（阴天或夜间）时，就会变成失热构件。集热构件上的玻璃窗和玻璃盖板的传热系数很大，通过它损失的热量约占整个房屋传导热损失的 1/4~1/3。因此，在集热构件上加设活动保温装置（用于阴天和夜间）十分必要。太阳房其他朝向的房间，为采光通风需要开设的一些小面积窗，在整个采暖期内的任何时间里都是热损失较大的失热构件（热阻值仅相当于保温墙体热阻的 1/15~1/10）。因此，在这些窗上加设活动保温装置更不可少。

活动保温装置的类型

按其安装位置，可分为装在玻璃外侧，玻璃内侧及两层玻璃之间三种。按其材料和构造，主要分为保温窗和保温帘两类。保温窗由硬质复合保温窗扇和窗框组成。保温窗扇由面料和心料复合而成。面料起保护心料和装饰作用，有塑料壁纸、胶合板、装饰板、镀锌薄钢板、铝板等。心料有纤维状、粒状、块状三种，常用的有玻璃棉、矿渣棉、岩棉、膨胀珍珠岩、聚苯乙烯泡沫塑料（板或散粒）、聚氨酯泡沫塑料（硬质或软质）。保温帘由软质或硬质复合帘、启闭装置和密封导槽组成。

保温窗的开启方式和构造

开启方式与普通窗基本相同。常用构造见1~7。

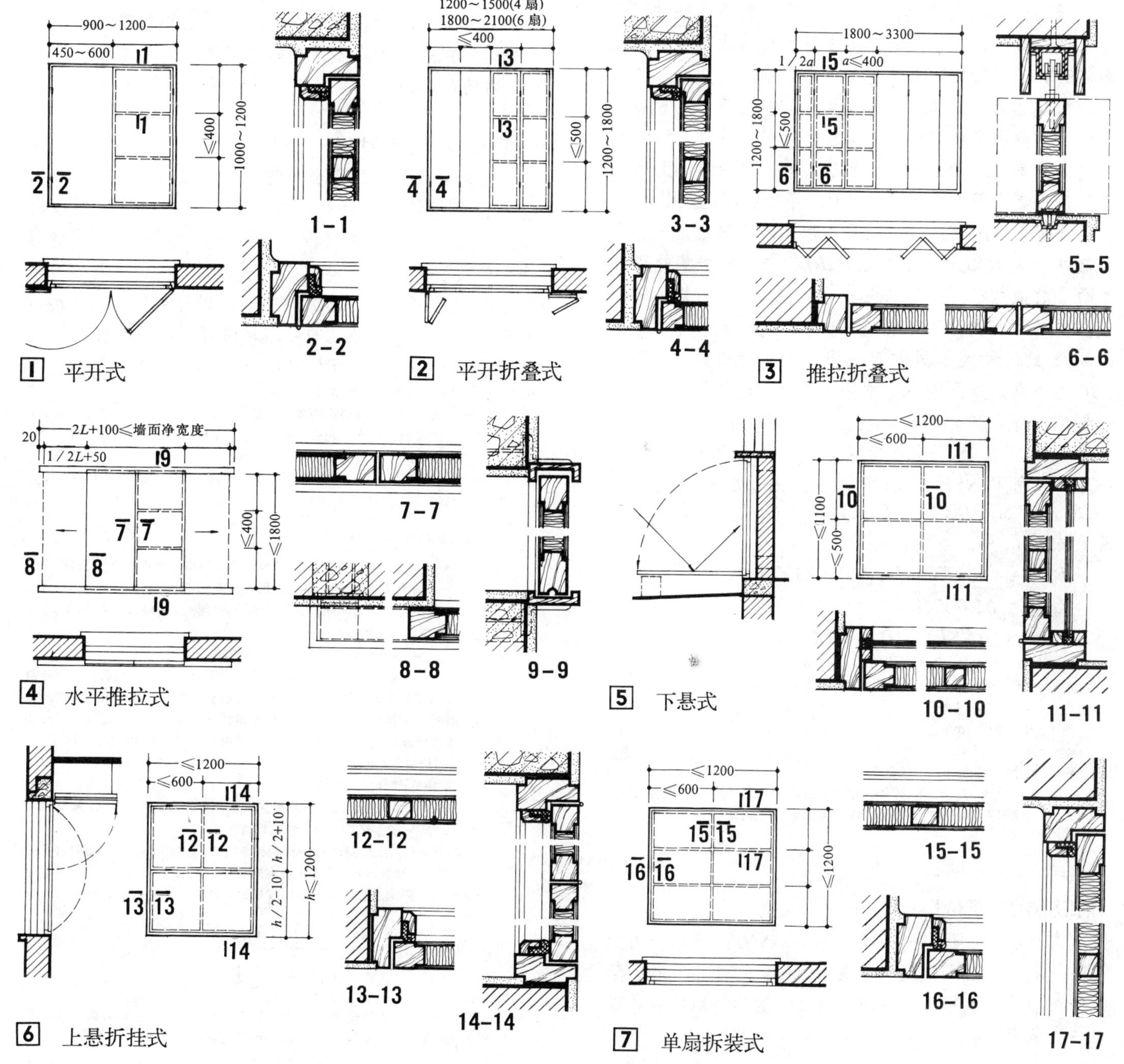

被动式太阳房热工设计简介

根据具体条件和要求不同，可分为精确法和概算法两种。本章仅作简介，详细内容须参见有关设计手册。

精确法是基于房间热平衡建立起的被动式太阳房动态数学模型，逐时地模拟太阳房热工性能的方法。利用动态数学模型可以分析影响太阳房热工性能的因素，预测其长期节能效果，以及对太阳房的构件和整体进行优化设计。这种方法使用计算机程序进行运算，较为复杂。

概算法是根据已知条件，通过查图表（这些图表是在某一特定条件下，将按标准计算方法得出的数据绘制成有参数变化的函数关系曲线图或表）和简单计算求得所需值。例如，已知太阳房所在地区的太阳能辐射值、采暖期度—日值、太阳能集热方式、集热面积、保温构造、活动保温装置及其性能，以及蓄热特性等条件，即可以通过查图表和简单计算的方法求得该太阳房的节能率 SSF。也可设定节能率指标的条件下，以同样方法求得所需集热面积 A 等。在求得太阳房节能率后，也就可通过公式算出采暖期内所需辅助热量 Q_f。这种方法的优点是简捷易行。缺点是不够精确，有少量误差；且当条件不符合制定图表的有关规定时，不能利用这些图表。

负荷集热比（LCR）法是最常用的概算法之一。负荷集热比是太阳房热负荷系数 BLC 与太阳房集热面积 A 两个数值之比。LCR 是影响太阳能供热总特性的一个最重要的可调参数，它影响在一定室外气象条件下的室内温度变化和太阳房的节能率。不同地区的 LCR 与 SSF 的关系是不同的，它取决于太阳入射量和采暖期度—日值。此方法使用的图表主要是 SSF 与 LCR 的函数关系曲线图或表。计算步骤为：1.计算 BLC；2.计算 LCR；3.利用 SSF 与 LCR 函数关系曲线图或表，由 LCR 查出 SSF 值；4.由公式计算出 Q_f 值。各种值的计算公式如下：

$$BLC=(\sum KF+G\,C_p)\,24,\mathrm{kJ/day\,℃};$$

$$LCR=BLC/A$$

$$Q_f=(1-SSF)\,DD_y\cdot BLC$$

式中：$G=V\cdot n\cdot\gamma$——每小时室内换气量，kg/h；

K,F——外围护结构（不包括集热面）的传热系数和传热面积；

C_p——比热，kJ/kg ℃；

V——房间体积，m^3；

n——房间换气次数；

γ——室外气温条件下的空气容量，kg/m^3；

DD_y——$\Sigma day(T_r-\overline{T}_a)$，即某一地区的采暖期度—日值$DD_y$等于采暖期天数内每一个室外日平均温度($\overline{T}_a$)低于室内设计温度($T_r$)的差值($T_r-\overline{T}_a$)的总和。

太阳房热性能评价指标

一、太阳能保证率（太阳能贡献率）SHF：太阳房内为维持一定设计基准温度（指根据人的舒适性指标和实际可达到的采暖水平而设定的室内最低温度）所需的热量（供热负荷）中，由太阳能获热量所占的百分率。

$$SHF=\frac{\text{太阳房总净太阳能得热量}}{\text{太阳房维持设计基准温度时的总耗热量}}\%$$

二、太阳房节能率 SSF：太阳房与对比房在达到同等设计基准温度的条件下相比，太阳房总节能量与对比房采暖热负荷总能量之间的百分比。对比房是在实际评价中为对比而选取的一栋与太阳房建筑面积、建筑布局相当的非太阳能采暖的常规房屋。在使太阳房与对比房控制在相同的设计基准温度的条件下，实测（或计算）出两者所耗热量后，即可由下式求得 SSF：

$$SSF=1-\frac{\text{太阳房辅助热量}}{\text{对比房的热负荷}}=\frac{\text{太阳房总节能量}}{\text{对比房的热负荷}}\%$$

三、热舒适性：人体对环境的舒适感。影响因素很多，主要有周围环境的温度、湿度、人体与空气相对运动速度、人体与环境的辐射热交换，以及人的衣着和活动量大小的变化等。国内多采用室内空气平均温度、室温在一天内的最大波动值及最低空气温度值作为评价指标。

太阳房经济性评价指标

包括寿命期内的资金节省 SAV 和回收年限 n。前者指在保证维持相同的热舒适性和设计基准温度的条件下，太阳房的增投资（指采取太阳能采暖措施比普通房增加的投资）在寿命期内比普通房的采暖运行费的资金节省量。后者指太阳房的增投资，以每年节省采暖运行费产生的经济效益偿还的年限。两者的计算方法如下：

一、资金节省 $SAV=PI\,(LF\cdot CF-A\cdot DJ)-A$

式中：PI——折现系数，常用取值为4%；

LE——太阳房相对普通房的年节能量（kJ/y）；

CF——常规燃料价格，此处为煤价（元/kJ）；

A——总增投资（元）；

DJ——维修费用系数，即每年用于系统维修的费用占总增投资的百分率。

以上各量的计算公式如下：

1.折现系数 $PI=\frac{1}{d-e}\left[1-\left(\frac{1+e}{1+d}\right)^{Ne}\right]$

式中 d——年市场折现率，此处为银行贷款利率，常用取值为 5%；

e——年燃料价格上涨率，常用取值为 0；

Ne——经济分析年限，此处为寿命期年限，常用取值为 20 年。

2.太阳房年节能量 $LE=Q_{aux,o}-Q_{aux}$

式中 $Q_{aux,o}$——当地典型普通房年辅助能耗；

Q_{aux}——被动式太阳房年辅助能耗，即为使房间空气温度不低于舒适温度的下限而消耗的辅助热源的能量。当室温高于舒适温度的上限时，利用自然通风降温，而不消耗任何常规能源。辅助能耗可由下式计算：$Q_{aux}=L\cdot(1-SHF)$，式中 L 为被动式太阳房的热负荷。

3.常规燃料价格 $CF=CF'/q\cdot EFF$

式中 CF'——煤价(元/kg)；

q——标煤发热量(kJ/kg 标准煤)，常用取值为 29260kJ/kg 标准煤；

EFF——火炉效率(%)，常用取值为 50%。

4.总增投资 A=（太阳房的围护结构保温费用+集热构件费用+南向普通砖墙费用）-普通住房南向结构及窗门费用。

即被动式太阳房总初投资与相同规模的普通住房总初投资的差值。

二、回收年限 $n=\frac{In[1-PI(d-e)]}{In\left(\frac{1+e}{1+d}\right)}$

注：回收年限n，即为使资金节省计算公式中的 SAV＝0时的Ne值，也即当 PI＝A/（CF·LE−A·DJ）时，由折现系数计算公式求出的 Ne 值。

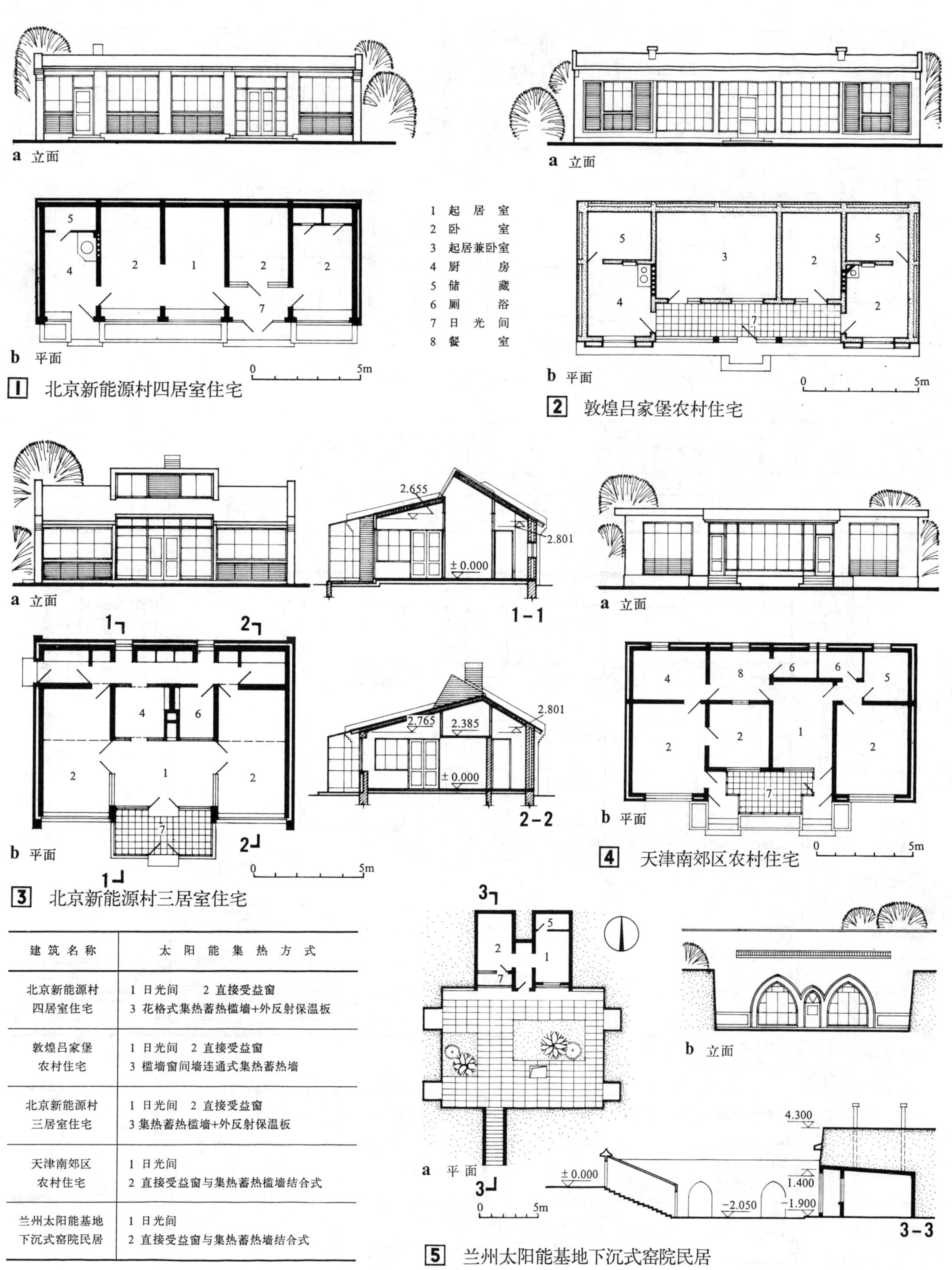

建筑名称	太阳能集热方式
北京新能源村四居室住宅	1 日光间 2 直接受益窗 3 花格式集热蓄热槛墙+外反射保温板
敦煌吕家堡农村住宅	1 日光间 2 直接受益窗 3 槛墙窗间墙连通式集热蓄热墙
北京新能源村三居室住宅	1 日光间 2 直接受益窗 3 集热蓄热槛墙+外反射保温板
天津南郊区农村住宅	1 日光间 2 直接受益窗与集热蓄热槛墙结合式
兰州太阳能基地下沉式窑院民居	1 日光间 2 直接受益窗与集热蓄热墙结合式

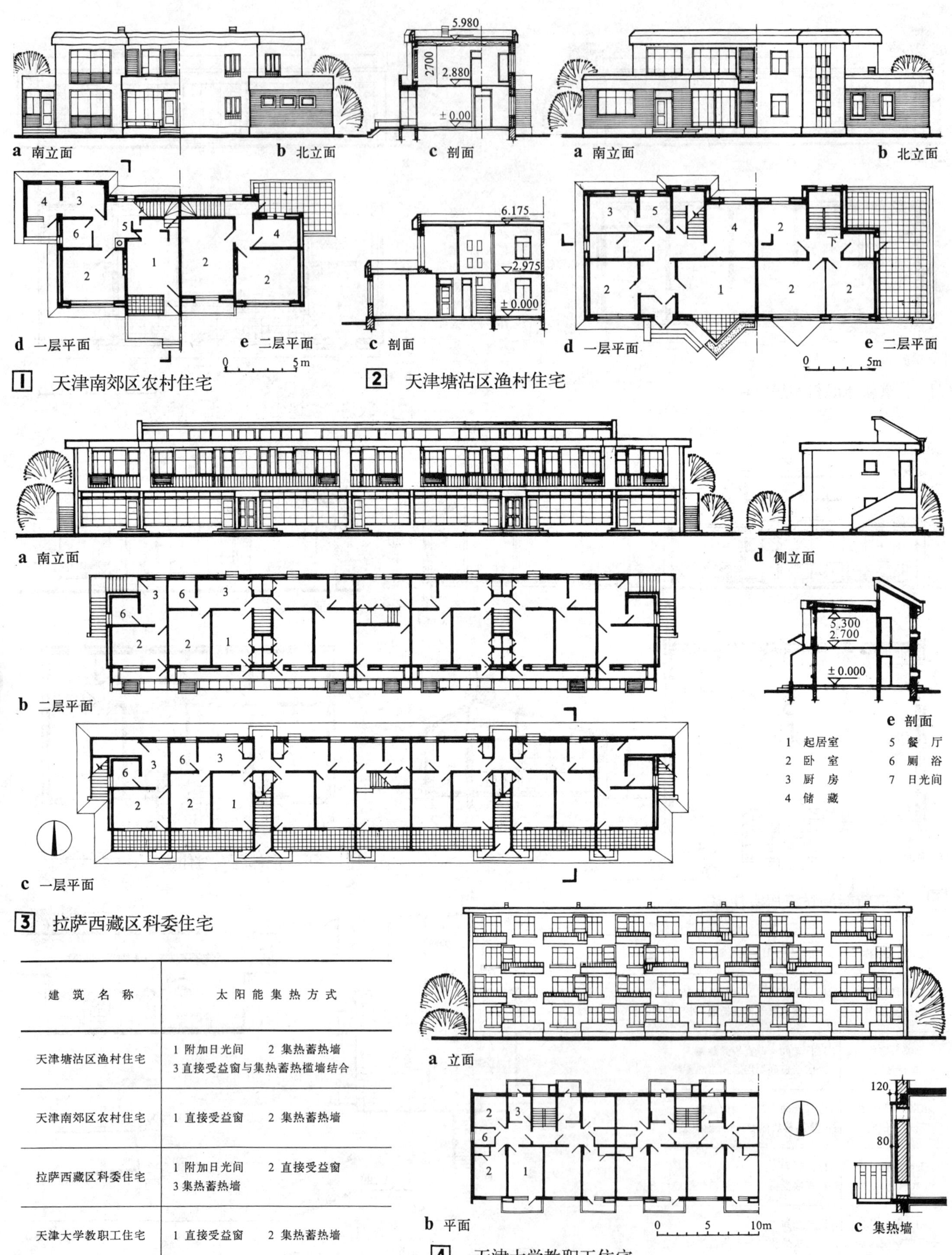

a 南立面　b 北立面　c 剖面　d 一层平面　e 二层平面

1 天津南郊区农村住宅

a 南立面　b 北立面　c 剖面　d 一层平面　e 二层平面

2 天津塘沽区渔村住宅

a 南立面　b 二层平面　c 一层平面　d 侧立面　e 剖面

1 起居室　2 卧室　3 厨房　4 储藏　5 餐厅　6 厕浴　7 日光间

3 拉萨西藏区科委住宅

a 立面　b 平面　c 集热墙

4 天津大学教职工住宅

建筑名称	太阳能集热方式
天津塘沽区渔村住宅	1 附加日光间　2 集热蓄热墙 3 直接受益窗与集热蓄热槛墙结合
天津南郊区农村住宅	1 直接受益窗　2 集热蓄热墙
拉萨西藏区科委住宅	1 附加日光间　2 直接受益窗 3 集热蓄热墙
天津大学教职工住宅	1 直接受益窗　2 集热蓄热墙

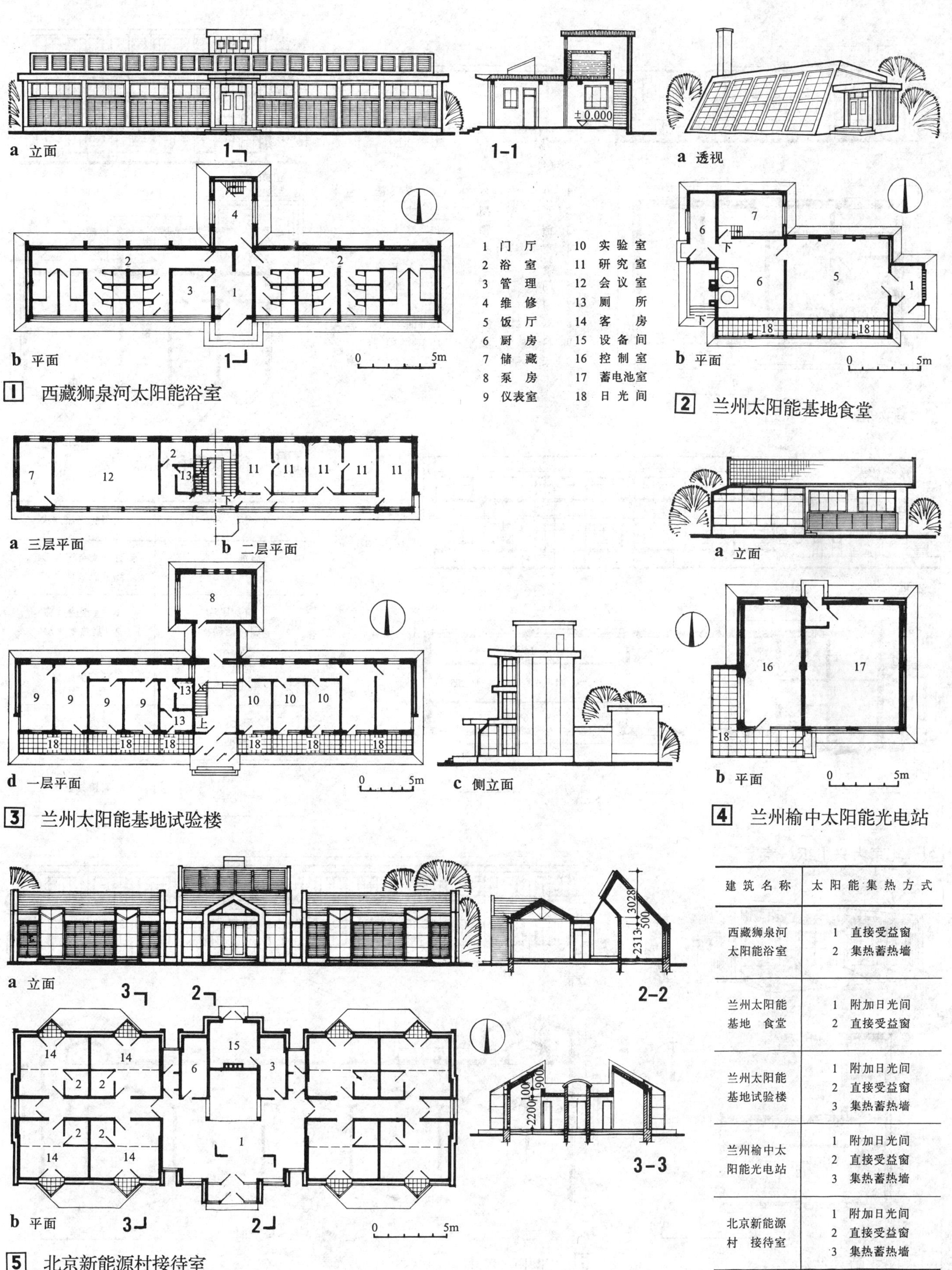

1 西藏狮泉河太阳能浴室

2 兰州太阳能基地食堂

3 兰州太阳能基地试验楼

4 兰州榆中太阳能光电站

5 北京新能源村接待室

建筑名称	太阳能集热方式
西藏狮泉河太阳能浴室	1 直接受益窗 2 集热蓄热墙
兰州太阳能基地 食堂	1 附加日光间 2 直接受益窗
兰州太阳能基地试验楼	1 附加日光间 2 直接受益窗 3 集热蓄热墙
兰州榆中太阳能光电站	1 附加日光间 2 直接受益窗 3 集热蓄热墙
北京新能源村 接待室	1 附加日光间 2 直接受益窗 3 集热蓄热墙

16

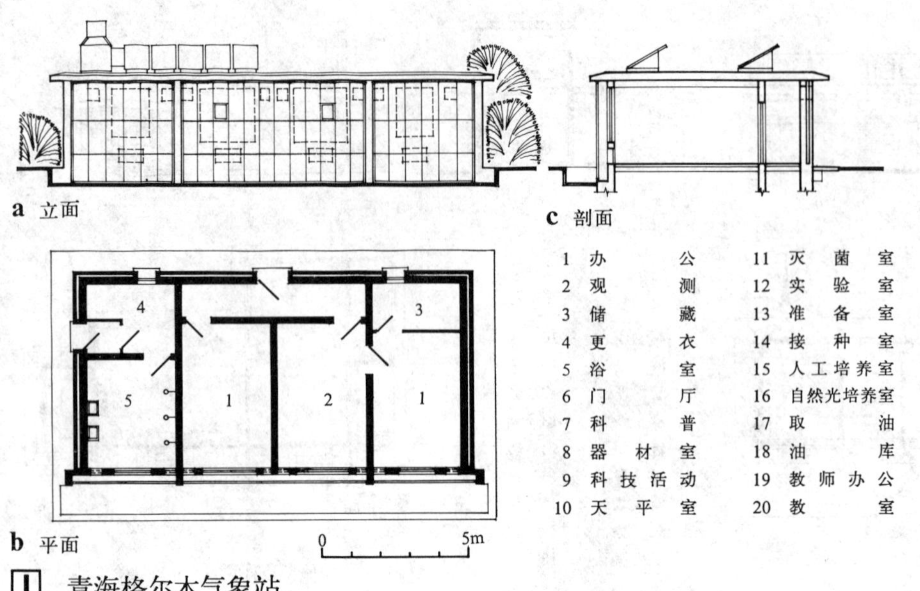

1 青海格尔木气象站

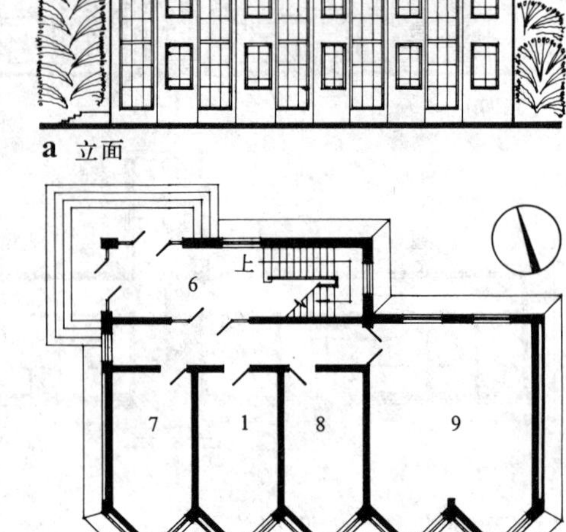

2 青海民和科技活动楼

建筑名称	太阳能集热方式
青海格尔木气象站	直接受益窗与集热蓄热墙结合式
青海民和科技活动楼	1 直接受益窗 2 集热蓄热墙
北京大兴组织培育室	直接受益窗
河北蔚县粘油库	直接受益落地窗+外反射保温板
郑州陈寨小学	直接受益窗

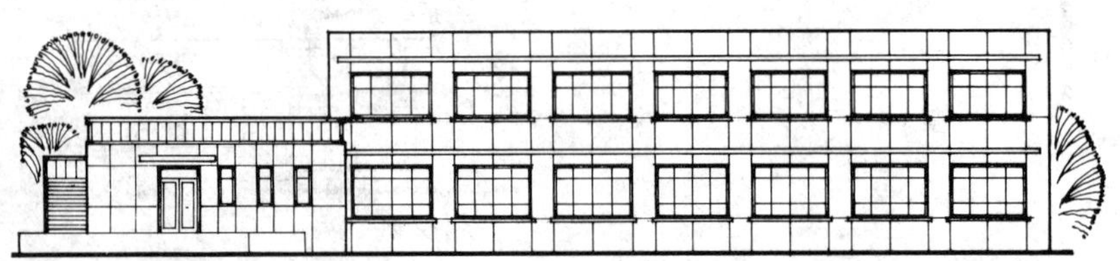

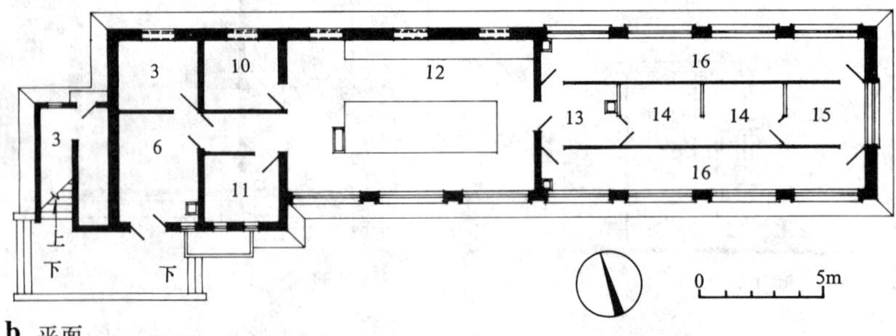

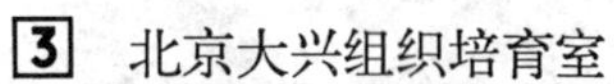

3 北京大兴组织培育室

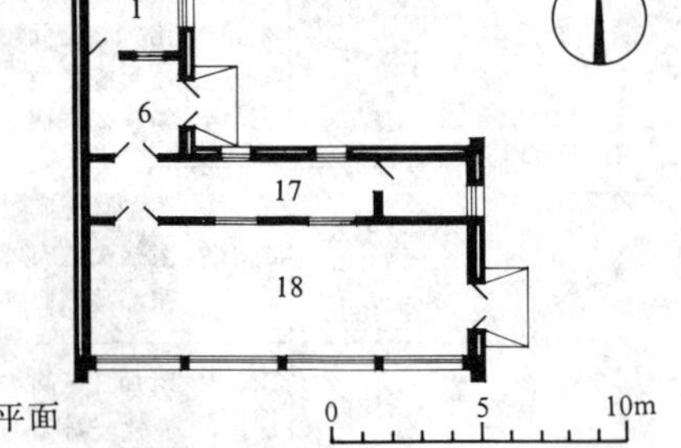

4 河北蔚县粘油库

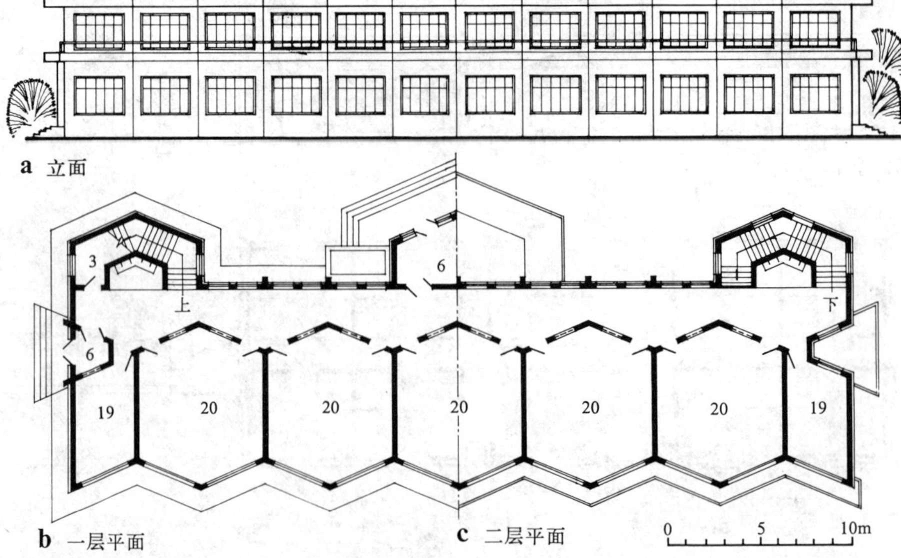

5 郑州陈寨小学

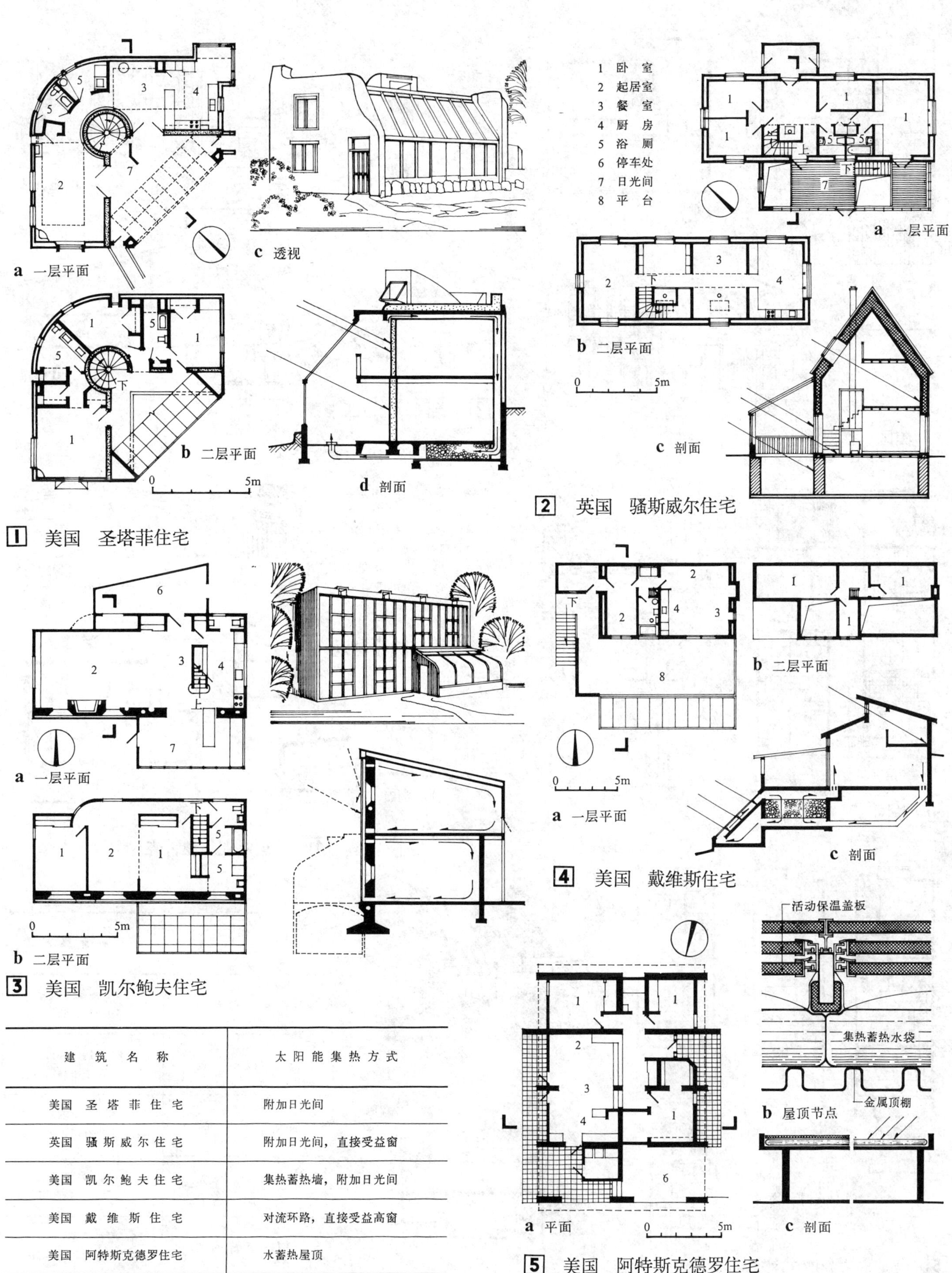

建 筑 名 称	太阳能集热方式
美国 圣塔菲住宅	附加日光间
英国 骚斯威尔住宅	附加日光间，直接受益窗
美国 凯尔鲍夫住宅	集热蓄热墙，附加日光间
美国 戴维斯住宅	对流环路，直接受益高窗
美国 阿特斯克德罗住宅	水蓄热屋顶

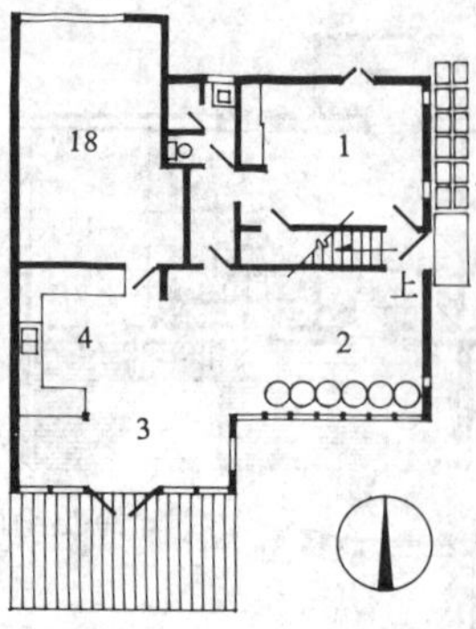

a 一层平面

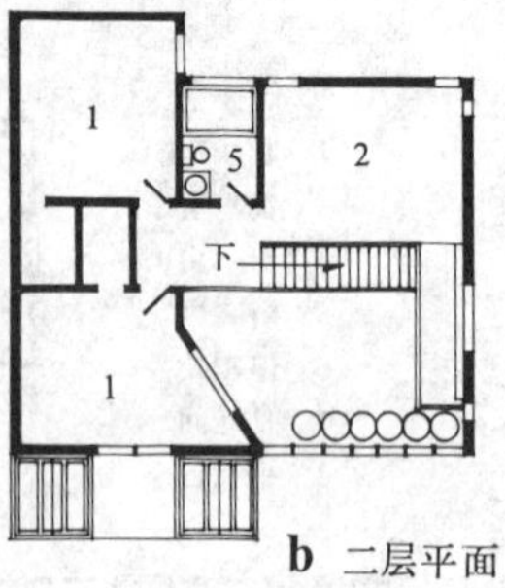

b 二层平面

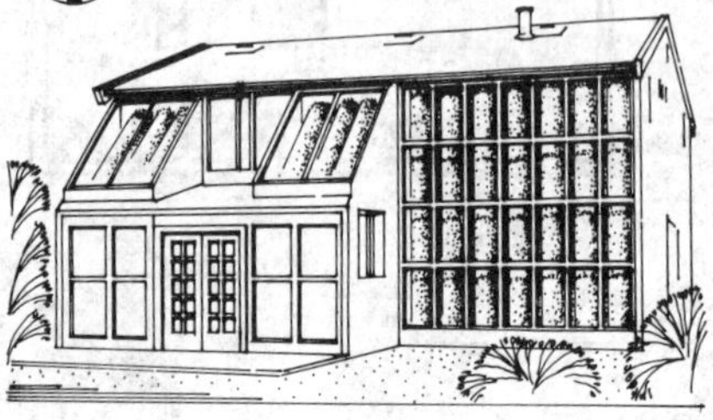

c 透视

[1] 美国 亨特住宅

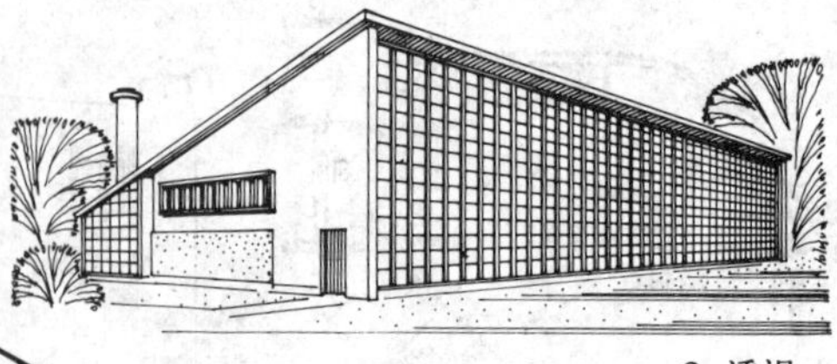

c 透视

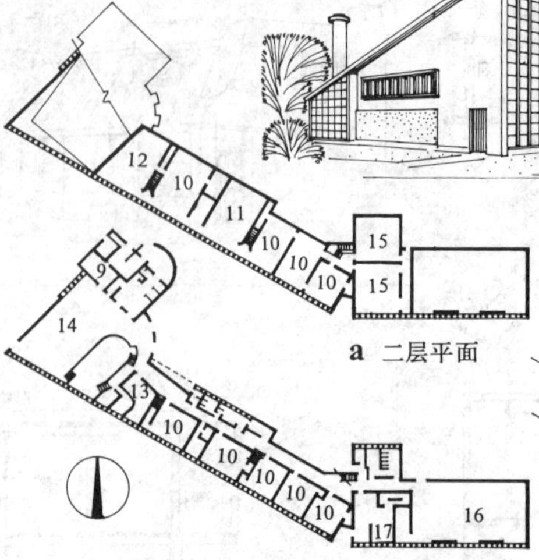

a 二层平面

b 一层平面

d 剖面

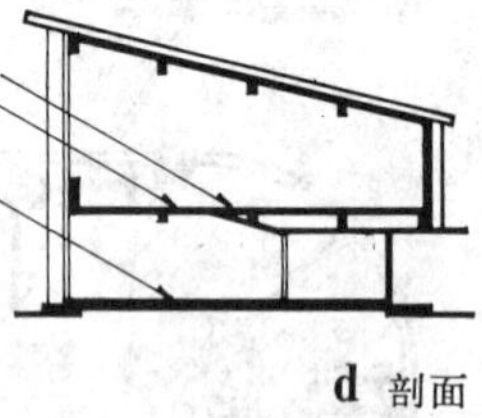

[2] 英国 沃拉西学校

1 卧室　11 实验室
2 起居室　12 图书室
3 餐室　13 办公
4 厨房　14 会议室
5 厕浴　15 劳作室
6 书房　16 体育馆
7 洗衣　17 更衣室
8 餐具　18 汽车库
9 储藏　19 工具室
10 教室　20 日光间

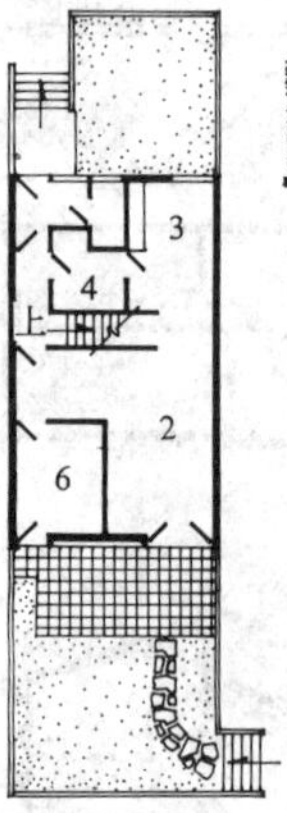

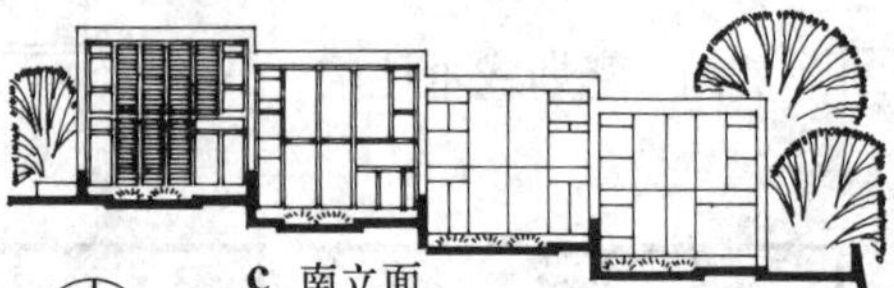

a 一层平面

c 南立面

b 二层平面

冬白天
冬黑夜
夏白天
夏黑夜

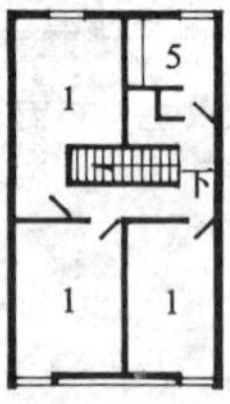

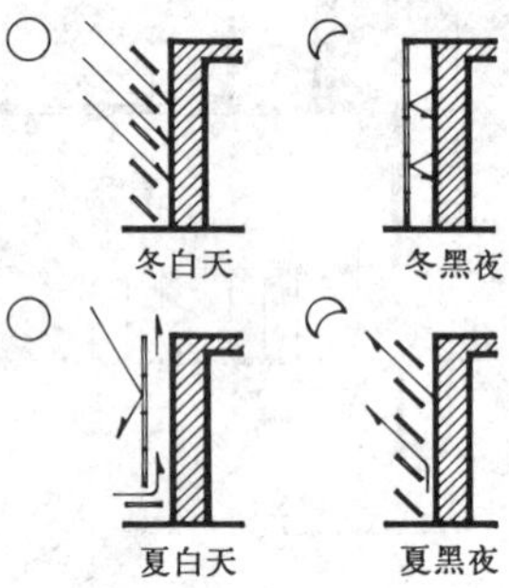

[3] 法国 马赛住宅

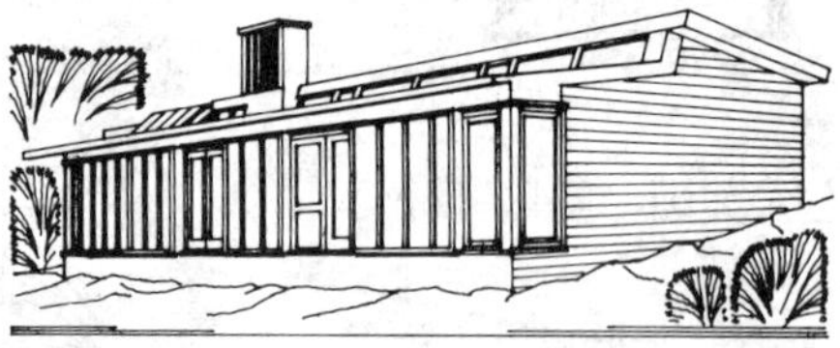

a 透视

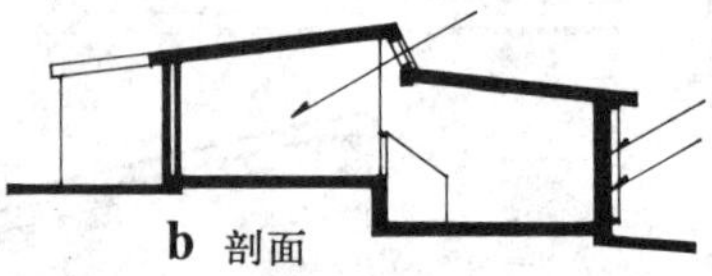

b 剖面

c 平面

[4] 澳大利亚 佛古森住宅

a 二层平面

b 一层平面

c 地下层平面

d 透视

e 剖面

f 总平面

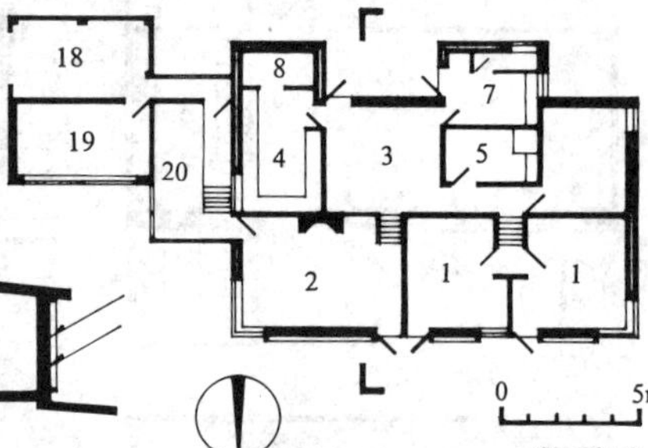

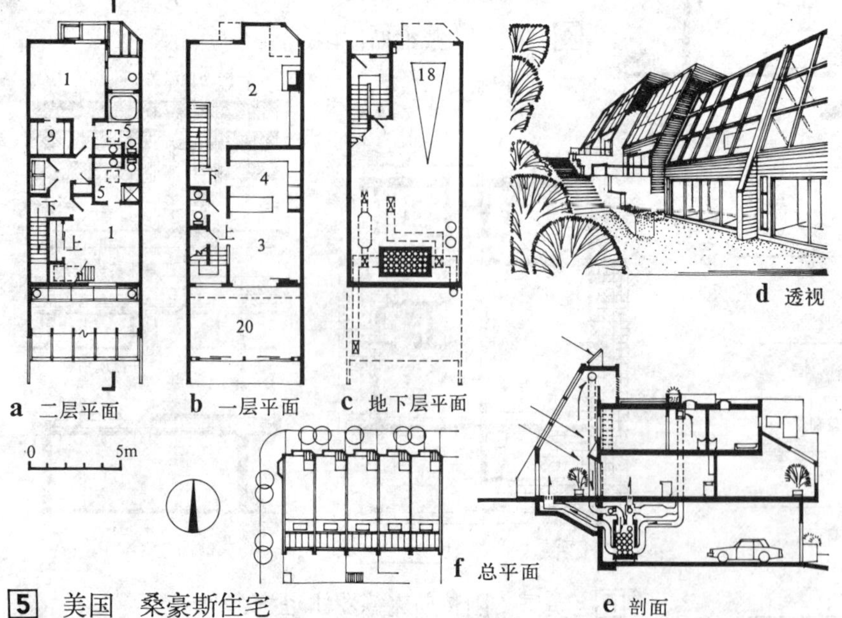

[5] 美国 桑豪斯住宅

建筑名称	太阳能集热方式
美国 亨特住宅	1 集热蓄热水墙 2 直接受益窗
英国 沃拉西学校	1 直接受益窗 2 集热蓄热墙
法国 马赛住宅	1 直接受益窗 2 铝百叶活动挡板
澳大利亚 佛古森住宅	1 集热蓄热墙 2 直接受益高窗
美国 桑豪斯住宅	1 附加日光间 2 相变材料蓄热箱